▲ 法国庭园（法国：凡尔赛宫）

▲ 英国民居（英国：白布里）

▲ 英国花园（英国：可达庄园）

▲ 英国花园（英国：彼特家庭园）

▲ 日本回游式庭园（东京都：都立清澄庭园）

日本山手意大利山庭园（神奈川县：外交官府邸）▶

公共绿地（1）

▲ 城市近郊月季园（大阪府：浜寺公园）

▲ 公园中的标志树
（山口县：云母博览会会场）

▲ 巨木行道树（英国：海德公园）

▲ 五彩缤纷的园林植被（加拿大: 伊丽莎白皇后公园）

▲ 街道地标（英国：爱丁堡）

▲ 自然式花卉栽植（加拿大：尼亚加拉公园）

▲ 椭圆形场地（岐阜县：养老天命反转地）

▲ 鸢尾类花园（山形县：鹤岗公园）

▲ 市民管理的梯田（东京都：枥谷户公园）

▲ 移动式组合盆栽（冲绳县：国营冲绳纪念公园）

▲ 休憩场所
（东京都：国营昭和纪念公园）

▲ 大型整形修剪的茶道庭园（东京都：新宿御苑）

道路绿化（1）

◀ 地区性道路单侧景观功能性栽植（山口县：农村地区）

▲ 自然树形行道树（东京都：表参道）

▲ 人工树形行道树（法国：香榭丽舍大街）

▲ 城市郊外的 3 列式绿化（加拿大：温哥华）

▲ 中心街区的 4 列式绿化（奥地利：维也纳）

◀ 小乔木绿化（兵库县：淡路）

◀ 旧日光街道的一里塚文化遗产（枥木县：小金井）

▲ 樱花绿化景观（东京都：皇居周边）

▲ 柳树行道树（东京都：清水门入口）

▲ 道路与住宅之间没有隔离的环境共生型街区（东京都：八王子南街）

▲ 宽广的绿道（山口县：公园道路）

河川绿化

▲ 河畔的景观栽植（广岛县：原子弹爆炸遗址附近）

▲ 考虑到景观美化的自然型河川（山口县：道路车站附近）

▲ 小紫森林（长野县：犀川河畔动植物自然生息地）

▲ 水生植物栽植（新潟县：城市绿化展示会场附近）

▲ 河边繁茂的巨木（德国：海德堡）

▲ 溪流、石桥、植物（英国：康沃尔地区）

▲ 蜻蜓飞舞的水池中的水草
（山口县：云母博览会会场）

▲ 滨水绿化景观营造植被（广岛县：城市绿化展示会场）

◀ 湖畔的景观营造植被（加拿大：路易斯湖）

◀ 左：改造前的混凝土护岸
右：护岸改造后的生物生息空间
（东京都：日野市水路）

建筑物等绿化（屋顶绿化）

▲ 具有存在感的屋顶绿化（福冈县：ACOROS 福冈——对 14 层的建筑物进行绿化的日本最大的屋顶绿化）

▲ 有乐町 KORINE（东京都：有乐町交通会馆屋顶——薄层部分利用 7cm 的人工轻质土壤栽植芳香植物与景天类植物）

▲ 木台花园（东京都：小松公司总部屋顶——利用循环土壤主要栽植 1 年生花卉）

▲ 樱花庭园（东京都：小松公司总部屋顶——利用赤土、黑土、富士砂栽植的垂枝樱花等植物）

▲ 治疗空间（东京都：圣路加国际医院屋顶——以 50 ～ 80cm 厚的黑土、珍珠岩混合土作为客土栽植杜鹃等）

▲ 中庭绿化（广岛县：宾馆内部）

▲ 人工基础绿化（东京都：晴海 TORITON）

◀ 宾馆周边绿化
（东京都：1972 年
栽植数年后）

宾馆周边绿化 ▶
（东京都：2002
年的绿色通道）

▲ 公共建筑物绿化
（山口县：县厅大楼）

▲ 叶子花的墙面绿化
（冲绳县：宾馆内部）

▲ 爬山虎的墙面绿化
（比利时：布吕赫）

▲ 阳台绿化
（东京都：六本木 AKU 楼）

学校设施绿化、斜面绿化

▲ 儿童游乐场（宫崎县：小学校正门）

▼ 长满爬山虎的校舍
（英国：剑桥大学）

▲ 花卉庭园（兵库县：县立淡路景观园艺学校）

▲ 松柏类园（兵库县：县立淡路景观园艺学校）

▲ 樱花道（福岛县：霞之城公园）

▲ 波斯菊花山（东京都：国营昭和纪念公园）

因为成为原生长地新的利用规划的障碍，此地的杨梅不得不被移植，该树正好成为山口云母博览会会场的标志树，成为有效利用的典范。

①搬运（从宫崎县把树龄 120 年以上的树木运往山口县，并经由海底隧道运输）

②松开捆绑的树冠（松开没有经过短截与修剪的、已经被捆绑了近 1 个月的冠幅为 6m 的树冠）

③卷干（因为工程的关系，移植时期在 10 月进行，对干周 180cm 全体进行卷干作业）

④栽植（因为是填海地，进行客土改良后，设置隔断海水的遮断层，然后栽植树高 12m 的树木）

⑤支柱与浇水（因海风强，土壤环境恶劣，所以设置地下支柱，充分浇水。因为进行了疏枝而进行叶面和树干的洒水）

▲ 加拿大营建的自然再生园（兵库县：淡路花博会场）

▲ 草坪与毛茛类的共生
（佐贺县：国营吉野之里历史公园）

▲ 草地和住宅林（荷兰：赞丹环境绿化地带）

▲ 嵌草铺装停车场（冲绳县：国营冲绳纪念公园）

▲ 草坪球场（东京都：国营昭和纪念公园）

以草坪铺覆的园路（比利时：加尔姆丹特植物园）▶

◀ 赤松林管理与林床的水仙
（茨城县：国营常陆海浜公园）

▲ 街灯的花球景观（比利时：布吕赫）

▲ 由三色堇组成的毛毡花坛
（长崎县：荷兰村）

▲ 马缨丹与四季秋海棠的庭园景观
（加拿大：尼亚加拉）

▲ 马缨丹与四季秋海棠的庭园入口
（加拿大：尼亚加拉）

▲ 岩石花坛（加拿大：伊丽莎白皇后公园）

▲ 花境（加拿大：伊丽莎白皇后公园）

植被的管理等

◀ 在自然式木槽中的丛植（东京都：六本木 AKU 楼）

▼ 冬牡丹的保护与覆盖
（东京都：上野东照宫）

▲ 月季拱架（埼玉县：国际月季与园艺展示会）

▲ 庭院小品
（荷兰：马尔根岛）

▲ 摘除由台风造成伤害的花朵
（山形县：KAMUTEN 公园）

▲ 花之浮岛（荷兰：2002 年园艺博览会）

▲ 花篮（荷兰：2002 年园艺博览会）

园林植物景观营造手册

——从规划设计到施工管理

[日]中岛宏 著
李树华 译

中国建筑工业出版社

著作权合同登记图字：01-2006-3966号

图书在版编目(CIP)数据

园林植物景观营造手册——从规划设计到施工管理/（日）中岛宏著，李树华译. —北京：中国建筑工业出版社，2011.3
ISBN 978-7-112-12848-8

Ⅰ.①园… Ⅱ.①中… ②李… Ⅲ.①园林植物-景观-园林设计—技术手册 Ⅳ. ① TU986.2-62

中国版本图书馆CIP数据核字（2011）第007689号

责任编辑：王莉慧　刘文昕
责任设计：董建平
责任校对：陈晶晶　赵　颖

园林植物景观营造手册
——从规划设计到施工管理
[日]中岛宏　著
李树华　译
*
中国建筑工业出版社出版、发行（北京西郊百万庄）
各地新华书店、建筑书店经销
北京嘉泰利德公司制版
北京云浩印刷有限责任公司印刷
*
开本：787×1092毫米　1/16　印张：34¼　字数：746千字
2012年5月第一版　2012年5月第一次印刷
定价：**109.00**元
ISBN 978-7-112-12848-8
（20110）

前　言

人们常常认为：植物不会说话。但是，从五官感觉的角度来看，植物有明显的季相变化，不断地与我们交流，就像耀眼的钻石呈现在我们的眼前。

尝试着与这样的植物进行对话交流，笔者把它作为毕生的工作已经四十余年，先后从事了公园绿地、道路绿化、河川绿化、港湾绿化、屋顶绿化、校园绿化等各种绿化工作。

笔者悟出：对植物打开心扉，用心去与植物对话是植物种植的第一步。然而，虽然在工作中接触到了从种植的规划、设计到施工、管理等所有的领域，但是却没有发现对我影响较深的参考图书，只能通过实际工作收集、积累自己的相关资料。随着对这些资料的修改、总结、记录，并对作为讲义的这些资料进行了一些增补并建立系统，非常幸运，过去有幸出版了《种植的设计、施工、管理》。该书出版之后得到了好评，不仅成为造园师，更成为土木工程师、建筑师、群众团体等很多人的喜爱、收藏。笔者在由衷表示感谢的同时，更加认识到人们对于绿化关心程度的不断提高。

现在，借《种植的设计、施工、管理》一书售完的机会，并为了适应时代的发展，更换了一半以上书前的彩色图片和书中内容，推陈出新，以《园林植物景观营造手册》为书名，作为对长年收集、积累资料的集大成而正式出版。

笔者对现在正在推行的新技法、自己的经验和其他前人的实践技法等，建立了详细的目录，对其能够适应时代的发展而进行了不懈的努力。

笔者认为，与法国的巴比松画派的米勒、柯罗、卢梭等所描绘的枫丹白露的森林一样，绿化、种植是美的世界、爱的世界。为了实现这一思路，本书由绪论，种植植物，种植基盘，种植规划、设计、施工、管理，种植实例 8 章构成，不仅为政府、民间的绿化工作者，也为绿化志愿者、艺术家、学生等提供参考，在进行简单的易于理解的解说的同时，压缩了原版的《种植的设计、施工、管理》的页数，以便阅读。

基于长年追求公园绿化的理想境界，我一直带有对新兴事物的好奇心、探索心，所提供的从事实际业务的经验，希望可以成为同样从事绿化行业的各位的参考，并能激励人们创造丰富绿色空间的营造活动。

人的幸福与所有的生物一起共有，如果本书能对绿色可持续环境的形成发挥作用，作者将倍感欣慰。

最后，向提供各种宝贵资料的各位表示衷心的感谢。

中岛　宏

2004 年　万物吐绿之时

目　　录

第1章

绪论

1.1 人与绿色

表示“绿”（green）的语源出自印度－伊朗语系的ghra，带有成长的含意，意味着新生命的诞生。亦即，绿把无机物变成有机物，是从生命根源产生的力量；花是象征这种潜在力量的优美表现，是对生命的赞美和讴歌。

对于绿充满的敬爱之意，正是人类对于自然与生命的精神基础。

日本的自然富有四季变化，通过赏花和赏红叶等各种各样的形式来表现对花和绿的敬畏与赞美，培育人们丰富的情感。江户时代的园艺文化，不仅达到了当时世界的最高水平，而且对欧美也产生了影响。

为了将这些遗产在未来的城市文化中得以继承与利用，著者将与读者一起进行如下思考。

1.1.1 花与绿的文化

(1) 江户时代的园艺

身为征夷大将军的德川家康，自庆长8年(1603年)建立幕府以来，使快速发展的江户(今东京）成为世界大都市之一。通过朝觐轮替制度聚集全国商富，使之成为繁华的消费城市，发展最盛时期人口多达130万，八百零八个町的繁荣被称为“花之江户”。作为江户的特色，人们难以忘记的就是“花与绿”。

在德川将军家，从第一代的家康、到秀忠、再到第三代的家光都是有名的花卉爱好者。各位诸侯贵族等因为竞相敬奉珍花奇木而热衷于园艺，从诸侯到旗本和御家人等的武士，还包括部分的僧侣等都成为江户园艺的最初发起人。

各诸侯都拥有气派的庭园，而城镇中居住的市民在露天欣赏园艺。江户文化可以说是花与绿的园艺文化。

纵观大量的园艺书籍，日本最初的园艺书籍有水野元胜的《花坛纲目》，京都誓愿寺和尚安乐庵策传的《百椿集》，元禄5年（1692年）花木专家伊藤伊兵卫、三之丞出版的收录334个杜鹃品种的图集《锦绣枕》，元禄8年（1695年）收录有杜鹃、牡丹、芍药、樱花、槭树等394种植物的园艺书籍《花坛地锦抄》等。另外还有，记载了花木专家伊藤伊兵卫、政武培育的100个彩叶槭树品种，并把吉宗将军所作的槭树图片追加在卷首的《追加枫集》等。此外现在备受关注的园艺疗法和芳香疗法中经常提到的《广益地锦抄》等，还有一些有关药用植物的著作。花木专家伊藤伊兵卫家位于染井村，被称为“江户第一盆栽花木商”。后来出现了衰败的趋势，取而代之的是以盆栽花木、租摆业务为主流的花木商的兴起。从此以后，神社内和坐席长凳上开始流行陈列观赏牵牛花的“牵牛会”，作为表现人物与风景的“人形造型菊花”也开始登场。

此外，万年青、报春花、松叶菊等植物也开始流行，珍奇的牵牛花也被大量地培育出来。在京都、大阪、江户三都市中举行并记录的“牵牛会”图谱数册流传后世。

通过这些书籍和图谱可以看出，江户是一座富有优美的绿色街景的城市，在此基础上发展起来的园艺技术，亦即“花与绿”的文化位居世界最高水平，即使在当时的锁国时期也给予了世界巨大的影响。

(2) 江户时代的园地

明历大火（1657年）之后，江户城新建造了很多包括花木商店在内的带有大庭园的武士家屋，江户成为充满绿色的大城市，拥有多处可以欣赏“花与绿”的娱乐名所。

在日历上通过附加富有四季变化的名所成为江户花历，并且名所介绍册中标记有花历。人们频繁地游览各个名所，赏花成为江户市民一年之中的生活内容。赏花之中最有人气的是樱花，众多的赏樱名所中最繁盛者当为上野、墨田堤、飞鸟山等。而赏花时女性的衣着装饰也成为浮世绘流行的表现题材。

园艺趣味虽然是在上流社会中发展起来的，但江户的花木商则朝着造园艺术与花卉技术两个方向发展。树木、花卉已被培育出了多个园艺品种，把这些花木配置于庭园之中受到人们的喜爱，同时也公开举行栽培技艺的比赛活动。

第三代德川将军家光时代的宽永2年(1625年)，在上野的忍冈建成了作为幕府祈愿所的“东睿山宽永寺”，将当时关东的珍贵樱花收集栽植于内（现在的上野公园等），宽永末期，该处成为江户第一赏樱名所，受到市民的喜爱。

第八代德川将军吉宗，在江户城的东西南北四面，分别根据规划配置了富有特色的公共游园，种植樱花和槭树等，为民众提供游憩场所。东侧为墨田川东岸堤（现在隅田公园的一部分），种植有樱花、榉树、桃树等。西侧，征收百姓土地，建成广阔的供将军狩猎老鹰的场所，在其一角，种植红、白桃花。南侧濒临江户湾（现在的东京湾），为眺望绝景之地，是将军狩猎老鹰的另一处场所，此处在享保初期开始种植樱花。北部，为可以远眺到日光、筑波山的飞鸟山（现在的飞鸟山公园），此处主要栽植山樱，并于次年春天栽植了大量的樱花和松树。

吉宗的公共游园，在与自然相隔离的城镇化环境中，为承受巨大压力的庶民提供了放松和山野游览的场所，为如今的娱乐游憩提供了思路。与具有知名公园的欧洲国家相比，日本自古代开始，就创设了公共绿地。

为了重新创造与过去的江户相同的、与自然相调和的美丽的城市，2002年2月，以江户设府400周年为契机，东京都开始建造具有丰富绿地、环境舒适的国际性大都市。

1.1.2 传统节日与花语

(1) 一年四季的传统节日

春季梅花、樱花、牡丹，初夏菖蒲，秋季枫叶等的赏花、赏叶，与中秋的赏月、冬季赏雪一起成为日本的代表文化之一。

另外，赏花时的梅祭（纪念活动）、樱祭、菊祭等与当地的庆祝活动相结合，以寺庙、神社或者公园为据点，对乡镇振兴发挥着重大的作用。

1）正月

正月在迎接岁神时，作为象征设立门松，材料除了松类之外，还有山茶、竹子、柃木等。不同地方，设立不同特色的门饰。

另外，为了祝贺新年，用松树、竹子、梅花等材料，插成花束，或者在迎接春天的壁龛上摆饰寓意吉祥的春之七草。

2）女儿节

在3月3日，给少女塑像供奉桃花、白酒、菱饼、年糕等，祝福女孩顺利成长。

在古代，上巳之日（3月初的巳日）为驱邪活动日，与江户时代的人日（1月7日），端午节（阴历5月5日），七夕（阴历7月7日），重阳（阴历9月9日）一起被定为五节。

因为供奉桃花，所以也被称为“桃花节”。

3）花祭祀

阴历的4月8日，为祝贺佛祖释迦摩尼生日的节日。

用杜鹃、油菜、紫云英、木兰、豆花等铺在屋顶上，做成花的佛堂，并供奉佛像。

4）孩子日

5月的节日，据说是从平安时代开始流行，因为使用香气很高的菖蒲来驱邪，所以又被称作“菖蒲节”。武家政权确立以后，菖蒲与“尚武”谐音，而成为对男儿的祝贺。二战之后，作为祈愿孩子顺利成长的“孩子日”，被定为国民的节日。

5）七夕

阴历7月7日之夜，是一年一度的祭祀牛郎星和织女星相会的日子。

在竹枝上写诗、歌，以彩色纸折成鹤，祈祷书法、裁缝的长进。

该纪念活动，据说是在奈良时代从中国传来，江户时期以后在民间广为流传。

6）盂兰盆节

在阴历7月15日左右，举行祭祀祖先神灵的活动，在佛坛之前或者精灵棚中供奉食物、装饰盆花。

虽然以千屈菜作为盆花供奉于佛前的较多，但生长在山野的桔梗、龙牙花、石竹等也被称作盆花，也有的把去山野采摘盆花解释为以花作为象征到山中去迎接精灵。

（2）花语

①树木的花语（表1−1）

②花卉的花语（表1−2）

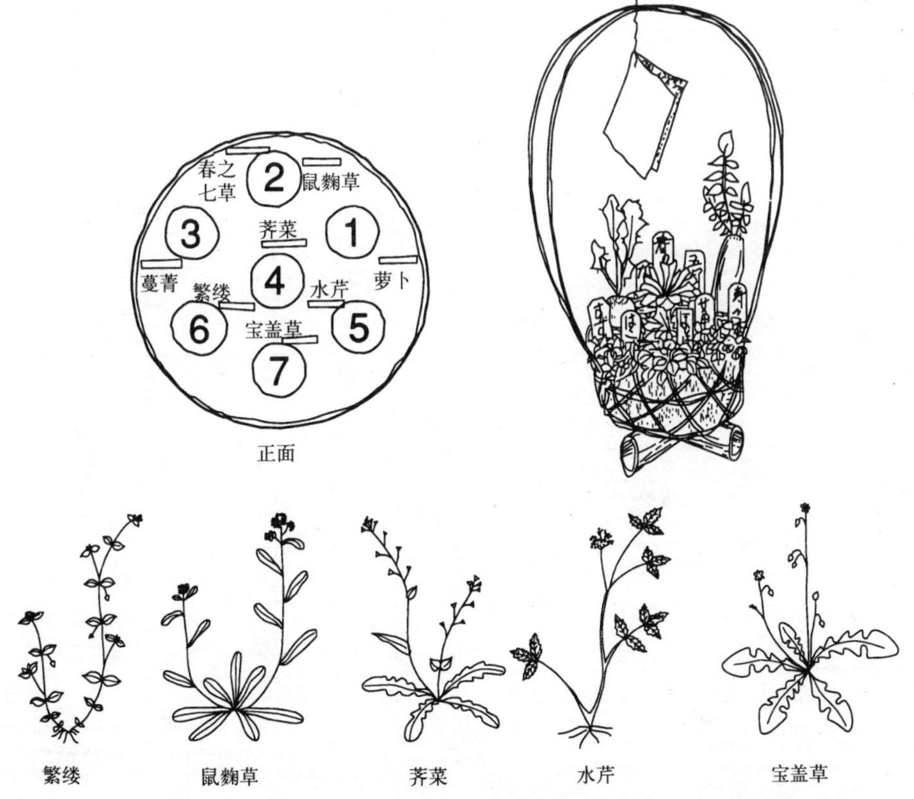

图1−1 春之七草（作图1973年）

树木的花语

表 1–1

编号	植物名		花语
A	桉树		回忆
B	八仙花		高傲，炫耀
		白	易变†
		天空色	冷淡†
		桃色	处女的幻想†
	白桦		光和丰富，柔和†
	扁柏		意志坚强*，不死，不灭†
C	草珊瑚		幸福*
	侧柏		一生不变的友爱†
	茶梅	桃 红白	无比喜悦*
			谦让†
			娇爱†
	常春藤		诚实，结婚
	梣		高洁，庄严†
	柽柳		犯罪†
	赤扬		庄严†
	垂柳		悲泣、哀悼
	刺槐		友情
D	灯台树		耐久力†
	棣棠		崇高† 旺盛△
	丁香	紫	初恋的感激† 初恋的回忆△
		赤	爱之萌芽†
		白	无邪气†,△
	东北红豆杉	(树)	悲哀，死亡†
	冬青卫矛		厚遇†
	杜鹃		节制
	椴树		夫妻之爱
F	扶桑	(树)	常具新美，纤细美†
G	柑橘		值得爱的人*
		(树)	宽容†
		(花)	纯洁，结婚的喜悦
	橄榄		平和†
	高山杜鹃		危险，野心*
			危险，警戒*
	枸橘		静寂*
	广玉兰		高贵的精神*，对自然之爱，壮丽△
H	海棠		美女*，温和†
	合欢		温和之脸，常微笑*
	核桃		智慧、知识*、知性
	槲寄生		征服，战胜困难
	花楸		用心，慎重†
J	夹竹桃		注意，危险†
	接骨木		热心
	金桂		淡雅*，高洁†
	金缕梅		咒文，灵感†切合实际地想，按捺不住地想*
	金雀儿		谦逊，清楚
	金银花		心爱，友爱
L	蜡梅		慈爱†
	冷杉		时间，升进，高尚†
	梨		友情* 爱情†
		(树)	安慰†
	李子		困难、劳苦
	栎类		强健、健康的*
			勇敢，欢迎
	栗子		理解我*
			给我公平†
	连翘		希望†
	凌霄		名誉
	罗汉柏		不变的友情，不死，不息†
	落叶松	(树)	大胆，无远虑†
M	马褂木		田园的幸福†
	马醉木		牺牲
	毛株木		耐久力△
	梅花		高洁，不俗*
			忠实，独立
	牡丹		害羞， 富贵†
	木槿		劝导、邀请
	木兰		壮丽* 对自然之爱†
N	南蛇藤		真实†
	南天竹		爱心无限†
	柠檬		热意，诚实的爱†
O	欧石楠		孤独
P	爬山虎		友爱，结婚*
	枇杷		再起，再生*
	苹果		诱惑，选择，名声†
	葡萄		仁爱*，慈善，陶醉、狂气†
	菩提树		结婚，誓约
Q	七叶树		豪华†
	槭树		向上*，远虑，隐栖
R	日本柳杉		忍耐，耐艰辛*
			坚固†
	日本木兰		友情，友爱
	瑞香		光荣、荣誉、不灭
S	桑树		不受重用
		白实	智慧†
		黑实	我对你无助†
	山茶	赤	自豪*，控制的美德†,△
		白	可爱* 难以言表的魅力†
	山月桂		大志，大的希望△
	山茱萸		持续，耐久
	珊瑚树		宝物，贵重物，顺从*
	石榴	果实	圆熟优美
			愚钝
	柿子		黑暗*
			美丽的自然中隐藏自己†
	水蜡树		禁制†

续表

编号	植物名		花语
S	水青冈	（树）	隆盛，繁荣†
	丝兰		雄壮†
	松树	（树）	悲哀，慈爱，力量，不老长寿（东洋）
T	桃		无与伦比
	贴梗海棠		平凡，单调
	铁杉		不动情*，克己，禁欲†
W	无花果	（果实）	争论
X	西南卫矛	（树）	铭记你的魅力†
	西洋杜鹃		自信，喜悦，薄命，薄幸*
		红丝	节制，爱的快乐†
		白	得知被爱而兴奋
	西洋七叶树		天分，天才
	橡皮树		永久的幸福†
	杏		疑惑
	绣线菊		值得钦佩†
	悬铃木		天才†
	雪松		坚强，决心为你而生†
Y	盐肤木		庄严，知性美†
	杨树		悲哀，哀惜，勇气†
	椰子		胜利†
	野漆树		真心†
	叶子花		热情†
	银桂		初恋
	银杏	（树）	长寿†
	樱花		清廉洁白，华丽

编号	植物名		花语
Y	榆树	（树）	威严，爱国心†
	圆柏	（树）	援助，保护†
			救助*
	月桂	（树）	光荣，荣誉，胜利
	月季		爱
		白	尊敬†
			我与你相配△
		桃	一时感动†
		黄	爱的减退，嫉妒
		一重	淡白† 单纯△
			恋爱的告白
		花束	调和
		野生	孤独、朴素的美
		叶	会获得希望
Z	柞栎	（树）	不忠†
	栀子		自己不幸，条件不佳*
			非常高兴†
	柊树		慎重，用心
	竹柏		恨，憎恶*，想†
	紫荆		不信仰，背叛†
	紫藤		美的诞生，欢迎*
			陶醉于恋爱，美丽的未知之士†
	紫薇		雄辩
	棕榈		胜利

* 公園植栽の手引き—公園緑地の計画と実施別冊—. 1978.10.10，長崎県土木部都市計画課監修，長崎県都市計画協議会

† 花ことば，引田茂著，保育社

△ 花言葉全集，山口美智子著，タキイ種苗

花卉的花语　　表 1–2

编号	植物名		花语
A	矮牵牛		与你在一起则平和△
B	百日红		对离别后朋友的思念†
	半边莲		恶意†
	浜菊		友爱†
	报春花		初恋†
	波斯菊		少女的真心†，调和，善行△
C	彩叶草	（叶）	淳朴的家风†绝望之恋†
	侧金盏		招来幸福（日本）
			悲伤的回忆（西洋）
			庆贺△
	雏菊		天真无邪，平和，希望，美人
D	多花报春		富贵，神秘，骄傲†
H	海石竹		同情，可怜†
	荷兰菊		信赖†
	花环菊		占有欲†
			真实之恋†

编号	植物名		花语
H	花蔓草		年轻友情，快乐的追忆†
	花毛茛		极具魅力，具有魅力的有钱人，忘恩†
	火焰木		低俗的心†悲哀，绝望△
J	鸡冠花		漂亮，爱情，奇妙†
	金莲花		爱国心，胜利△
	金鱼草		出风头、多嘴†
	金盏菊		分别的悲伤†推定·臆测，否定△
	菊花		清净，高洁†，高贵△
		赤	我爱†
		白	真实†
		黄	微爱†
K	孔雀草		
L	老来红		不老不死，假装，卖弄†
M	茅草		势力

续表

编号	植物名		花语
M	美女樱	淡红	家族和睦†
		赤	同心协力†
		紫	迷信†
		白	为我祈祷†
	美人蕉	赤	坚实的末路†
		黄	永续†
S	三色堇		思忆†，思考△
	蛇目菊		窃喜†
	射干		反抗†
	矢车草		纤细，优雅
	石蒜		悲伤的回忆†
	石竹		女性的爱
	水仙	白	骄傲，欲望†
		黄	回归爱情†
	(喇叭水仙)	黄	尊敬，单相思†
	四季秋海棠		亲切，细致，单相思†
	松叶菊		懒惰†
	松叶牡丹		可怜，无邪†
T	唐菖蒲		用心，坚固，秘密约会†

编号	植物名		花语
T	天竺葵		爱情†
		浓红	愉快，安乐†
		黄	偶尔相会†
		浓色	忧郁†
W	万寿菊		嫉妒，悲哀†
X	香雪球		战胜美的价值△
	向日葵	小轮	光辉，爱慕†
		大轮	伪富，假有钱†
		赤	富贵，神秘，骄傲†
Y	一串红	紫	智慧†
	樱草		
	羽衣甘蓝	(叶)	利益†
	郁金香		博爱，名声†
		赤	爱的宣言
		黄	无望的爱
		白	失恋†
		紫	永远的爱情†
		绞	美丽的憧憬
	鸢尾		好音信†

† 花ことば，引田茂著，保育社
△ 花言葉全集，山口美智子著，タキイ種苗
无记号者→†＋△

1.2 城市、农村和绿化

一般来讲，绿、绿地是指其主要构成要素的植物，广义来讲，是指包括大地、水等基本有机的空间要素在内，并把这些作为一个整体称为绿地或者公共空间。

1.2.1 时代的潮流

(2002 年 5 月　公园绿地研究会报告书节选)

当考虑绿、绿地所发挥的作用时，有必要探讨经济社会的潮流。

(1) 全球规模的环境问题日益明显化

以地球变暖为首的环境问题已超越国境成为全球规模共同的课题，保护自然环境、确保生物多样性、构筑循环型社会等已成为国际社会的责任。

具体的对策为：成为温室效应的废气吸收源的树林的栽植、管理，为了确保生物多样性而确保生物生息的区域，为了水循环的健全化而确保雨水的浸透面，为了防止与能源消费抑制相关的热岛效应现象而确保城市内绿地，以及被绿地所包围的密集市区的诱导等，人们期待绿、绿地具有多样的功能。

(2) 向少子化、老龄化与城市型社会的转变

日本的总人口，在 2006 年达到高峰之后，将正式进入减少的局面，经预测少子化、老龄化的社会现象将更加加剧。日本在高度经济增长期，作为人口和产业的基盘急速向城市化进展，林地、农田向城市型土地利用转换，人口有减少的趋势，导致至今为止对外延市区的扩大的收缩。与此相适应，城市政策从新市区的建设向原有市区的再生，城市建设方面，从开发压力的限制向具有市民积极参与的达成一致意见的城镇建设转换。

此外，随着少子化、老龄化社会的发展，可以预想所有已经形成的市区的社会资本积累产生不均衡现象，有必要对城市现有空间进行重新组合。其中，在促进以高龄者为首的市民健康的场所，几代人之间可以进行交流的同时，必须保证形成下一代孩子们的教育场所。

（3）伴随着产业构造重新调整的土地利用规划

临海地区的工业地域等，从以广大土地为必要条件的重、厚、成长型产业向轻型产业转换，从而出现了土地利用的重新调整。在既成市区内或者既成市区相邻接之地出现了大规模的工厂用地，在泡沫期的末期随着企业内部形态的再构筑，企业所有的土地作为游览用地开始走向市场，开始了既成市区土地利用的重新规划。

此外，对于东京等木结构建筑密集市区，通过确保道路建设和周边的绿地空间，促进了防灾环境轴的形成，在其他的地域，灵活运用城市再生特别措置法制度，加速了民间主导的市区的再开发。利用这次市用地再开发的机会，积极地确保绿、绿地。

（4）公众参与在各种领域的进展

伴随着国民的定住化、劳动时间的缩短、学校每周5日制等的进展，市民对社会活动的参加开始频繁化。信息化的进展也加速了这种活动，市民开始参与各种社会活动，并发挥作用。由NPO法等的制定，市民开始为了参与社会活动而进行规则的制订，在公共空间为了引入这种活动，进行参与社会资本的建设、管理的系统制订也是必要的。

1.2.2 城市与农村的绿化、环境

（1）城市绿化

城市的绿化给予人们休憩与情趣，不仅使街道景观美丽协调，而且对进行安全舒适的城市生活发挥着不可缺少的作用。

日本自古以来被赋予丰富的绿色文化，具有季相变化的绿地培育了美丽的国土和日本固有的文化，并且人们的生活也与绿色建立了不解之缘。

但是，随着城市化的进展，城市的绿色也在急速减少，特别是在大城市，导致了城市环境的恶化，给生活在城市中的人们带来了各种各样的不良后果。

近年来，虽然国民对都市绿化的关心程度显著提高，但是确保城市中的绿地工作却很迟缓，其中，公园、绿地、广场、街道等广义的绿地自由空间的缺乏，作为城市的构造问题，给生活环境带来了最深刻的影响。这些绿地与建筑用地等私有空间共同构成城市空间，成为支撑城市活动与机能的骨骼。

今后，在国民意识变化、信息化、技术革新等的进程中，城市的舒适、人与人、人与自然接触的兴趣更加高涨，城市绿化所发挥的作用比以前更加重要。

照片1-1 日本最初的西洋公园——日比谷公园和皇居外苑

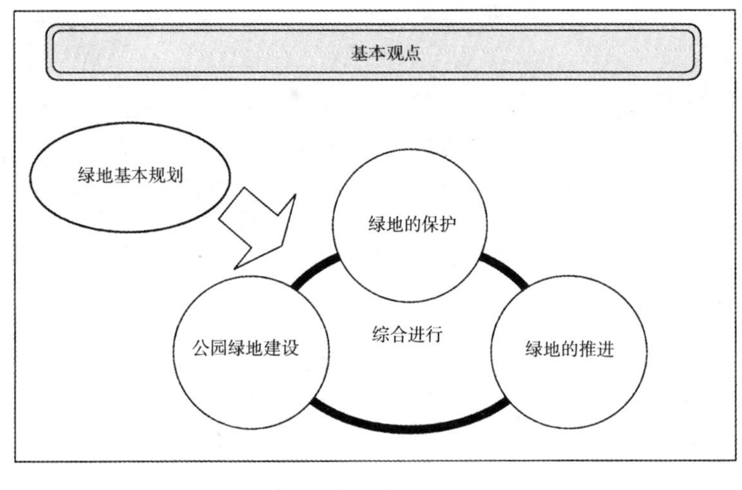

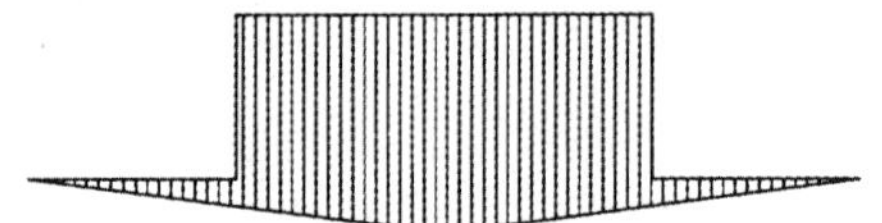

有关城市绿地措施体系

〈国土交通省的措施〉
〈地方公共团体的措施〉

总规划
措施的开展

社会资本建设重点规划〔社会资本建设重点规划法〕
绿化政策大纲
·近郊绿地保护规划（以首都圈·近畿圈为对象）
·古都保存规划（以古都为对象）
·国营公园的建设

广域绿地规划（以都道府县为对象）
绿地基本规划（以市町村为对象）
绿地保护
绿地营造
城市绿地保护法
绿地保护
·绿地保护地区
·市民绿地制度
·其他法律等的制定
·历史性风土特保存地区
·生产绿地地区
·保存树木制度
·基于自治体独自的条例等的制度）
绿化的推进
民有土地的绿化
·绿化设施建设规划认定制度
·绿地协定制度
公共公益设施的绿化
公园绿地的建设
都市公园的建设
·立体公园
·借地公园（借地建造的公园——译者注）
都市公园法
技术开发·普及启发

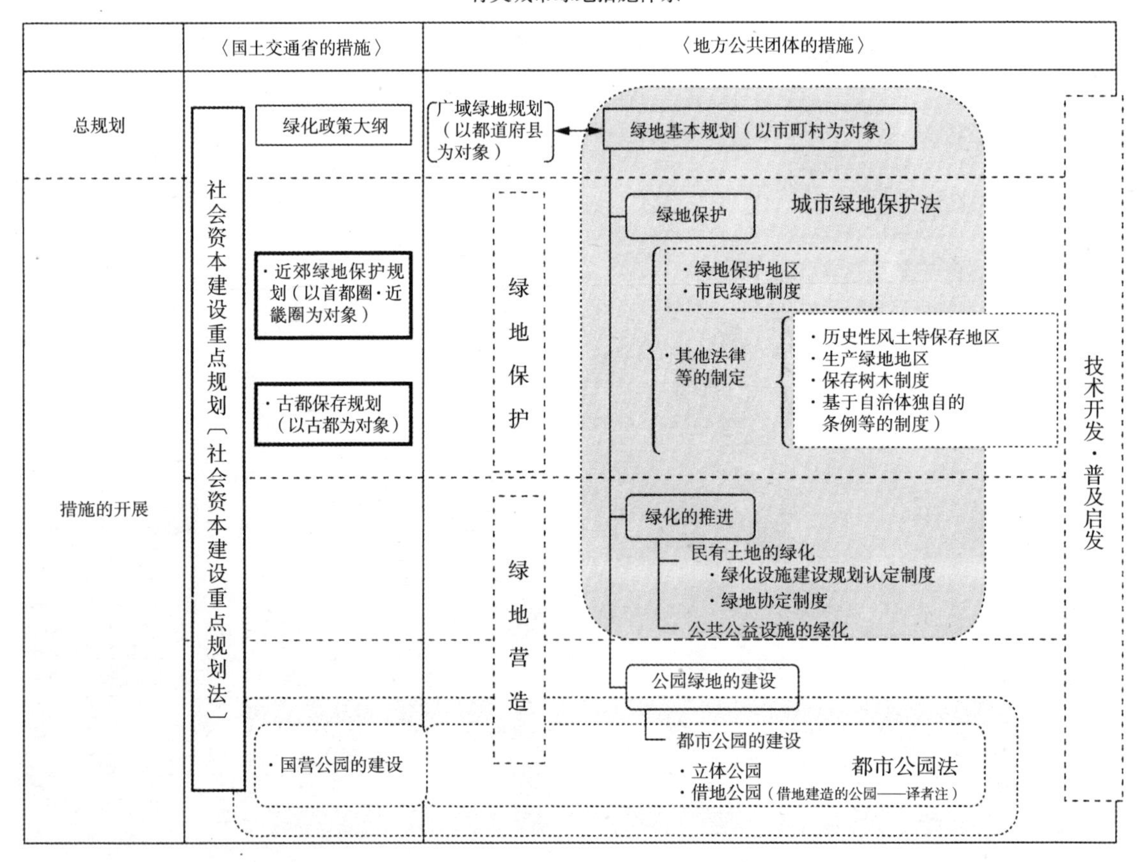

（引自根据国土交通省的资料改编）

图 1–2

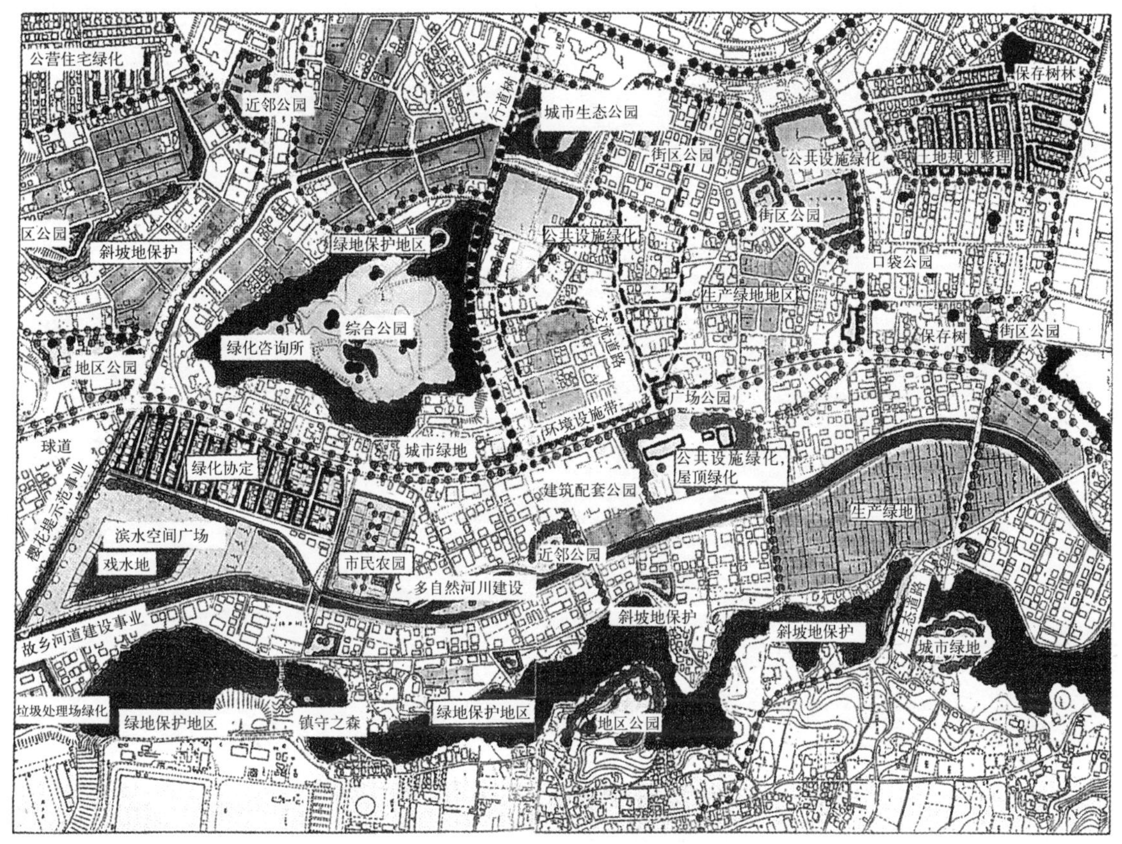

图 1-3 绿地网络建设推进印象图

（2）农村环境

具有丰富的绿地、水等自然资源的农村地域，对于保护国土、保护自然环境、提供游憩娱乐场所等，发挥着多方面的功能。这种农村地域所发挥的作用开始受到重视，并在发挥农村空间特质、考虑自然环境和农村景观的农村地域建设受到社会的关注。

因此，与农业农村建设事业相关的环境建设事业，作为地域全体应当追加可实施性的环境建设相关事业，通过考虑市、町、村建立的《农村环境建设规划》所处位置、保护自然环境和农村景观等的综合、一体地进行建设，形成舒适、丰富的地域环境，对促进农村的活力具有重大意义（图 1–4，表 1–3）。

1.3 绿地的功能和空间

绿地是指现存植被和人为的植被，同时也包括园林种植的植被。

人和植被的关系可以认为：人们脱离狩猎、采集的生活、开始栽培农作物时作为出发点。但是，人们不仅为了食物而进行栽植，而且也为了营造良好的地球环境、生活环境而努力进行着栽植植物、养护管理植物的活动。

在现代，有必要对绿地的重要功能、绿地与人们共存的地球环境、生活环境的本来面貌进行探讨。

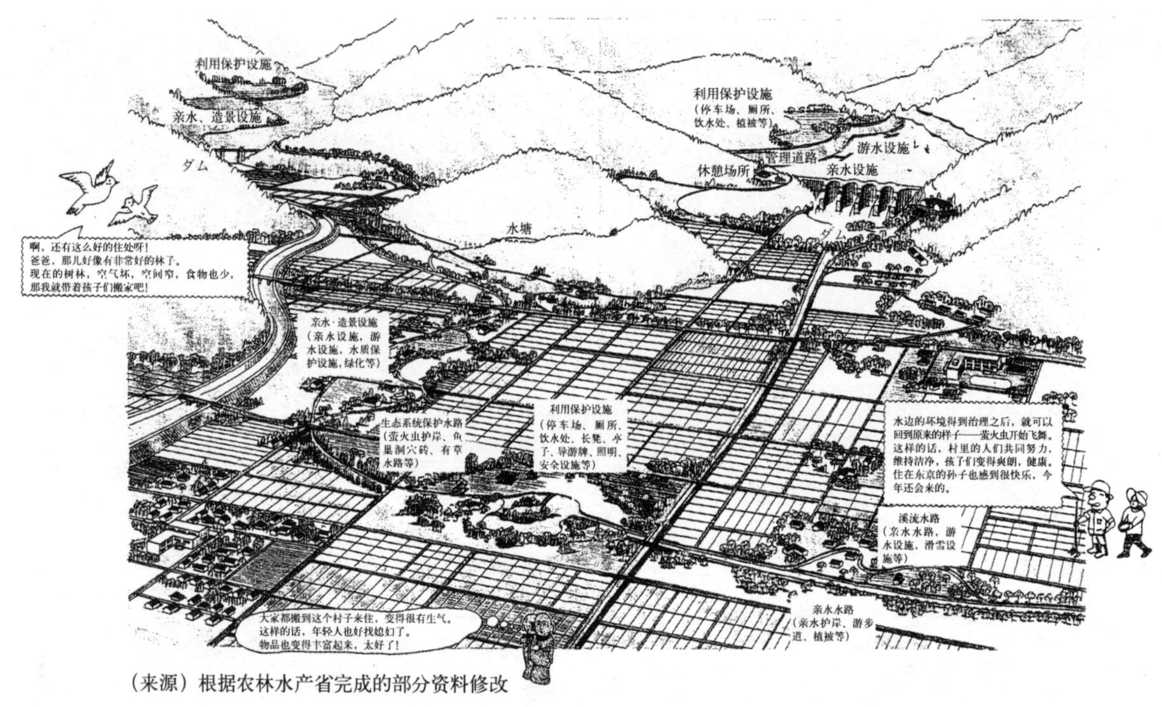

（来源）根据农林水产省完成的部分资料修改

图 1–4　田园、滨水的环境建设

表 1–3

建设种类	建设内容
1 农村滨水空间建设 • 农用给排水设施建设 • 集落排水路建设 • 滨水环境建设 • 历史性土地改良设施的建设	补充农村滨水空间的环境网络，考虑了生态系统的保护和造景要求。 • 深水场所建设（确保冬季、缺水期生息环境） • 拓宽水路、营造曲线道路 • 确保村落水边景观等 • 作为滨水网络据点设施的建设等（水生动植物等的保护） • 在保护历史价值前提下的历史性土地改良设施的建设等
2 农村绿地空间建设 • 农用道路建设 • 农业村落道路建设 • 绿化设施建设	补足农村绿地空间环境网络，考虑生态系统的保护和造景的建设。 • 斜面绿化、植树、小动物横断洞、铺装特别处理等 • 随着农村道路机能的补充，确保充足的生活空间 • 作为绿地网络的据点设施的建设等（昆虫、野鸟等的保护）
3 农村环境建设 • 农村公园绿地建设 • 聚落防灾安全设施建设 • 聚落农园基盘建设	为了提高农村舒适性、安全性以及生态系统的保护，进行据点的建设 • 增进地域居民的健康，生态系统保护空间的建设等 • 为了聚落的防灾，安全设施的建设等 • 提供农业体验场地等，确保生物生息空间
4 生态系统的保护空间建设 • 圃场建设 • 鱼道建设 • 土壤环境建设	 • 为了产生生物生息环境（生态保护池等）的圃场建设 • 为了确保河川生态系统的保护等的鱼道的建设 • 为了防止耕土流入等的设施的建设

1.3.1　绿地的特殊性

这种象征生命与生长的绿地，与人类相同，也是一种生物活动，它具有与建筑、土木构造物相异的特殊性。

首先，因为绿地必须遵循自然法则，在一定的气候影响下生长一生，因此对环境有要求。

对环境而言，要求日照、温度、水分、土壤等，这些要求并不完全相同，而是根据种类和植物个体的不同而不同。规划地域对植栽不适合的情况下，有必要进行人工照明、保温、防风、防潮、土壤改良、灌水、排水等措施和管理规划。

其次，植物根据昼夜的不同和日周期的变化，其萌芽、开花、结果、红叶、落叶等物候也发生相应变化。另外，随着时间的变化，自然状态下向极相方向变化，有人为影响的情况下向代偿植被变化，即使在相同气候风土下也会出现各种各样的景观。在这些变化之中，特别是季节的变化成为植栽施工工期的限定要素。由于对于施工工期没有进行考虑而造成植栽失败的事例很多。

此外，因为植物的生长是长期的，规划目标的制定必须考虑到该期间的养护管理方法和树木的供给。

再次，树木与人工材料不同，形态、树高等没有均一性，即使相同的树种与产地，其性质和形状也不同。这些差异在表现为树种特性的同时，也因生长环境的不同而不同。即使同一树种，在阳地和阴地的不同生长状况，对于日照的要求也不同。另外，在沙壤和黏质土壤不同的生长状况下，根的性质也不一样。但是，树木的性质和形状，并不是在无限变化之中，而是在一定的变化范围之内，因为树木存在固有的秩序、调和、统一，设计者有必要掌握树种选择和设计的知识。

最后，土木、建筑等无机的构造物，随着时间流逝会逐渐老朽化，但属于有机构造物的植物，具有伴随着时间经过而不断生长的特性。所以，与无机的构造物在施工结束时就完成相比较，想要达成属于生物类的植物的目的，在施工完成之后，还受到以后的养护管理所左右。

日本的著名建筑师安藤忠雄的“建筑随着时间的推移而产生风化，与自然一起呈现出美的状态。树木可以很好地隐藏建筑的缺点”，给我们留下很深的印象，在此之后，著者也认为建筑应该与自然很好地共生，并在各种报告会上提倡这种观点。

如上所述，作为绿化材料的植物与人工材料不同，可以说是缺少均一性、同一性、加工性而是富有变化的多样的素材。所以，规划者、设计者等应该具有造园学、生物学（生态学、生理学、形态学）、土壤学、气象学等丰富的知识，通过表现技法等，把作为绿化素材的植物按照设计意图有秩序地进行安排。

照片 1-2 榉树与郁金香的搭配造景

1.3.2 绿化的功能和效益

关于绿化的功能和效益有多种论述，因立场和对象选取的出发点和评价方法存在差异，所以可以分为主观的与客观的效果。

关于主观的效益，由个人主观判断的情况很多，在把握定量、定性的方面上很困难。但肯定的是人类在由其创造的环境影响下，身体的结构和感官（视觉、听觉、触觉、味觉、嗅觉）受到了熏陶，受到了触动。亦即，人类不只是利用植物的支配者，而是作为有生命的物质与其他生物的共生物。

关于客观效益（物理的效益，生物、化学的效益），诸多研究者已经对其重要性作了定量的把握，现把这些整理如表 1-4 所示。

定量的绿地效益　　表 1–4

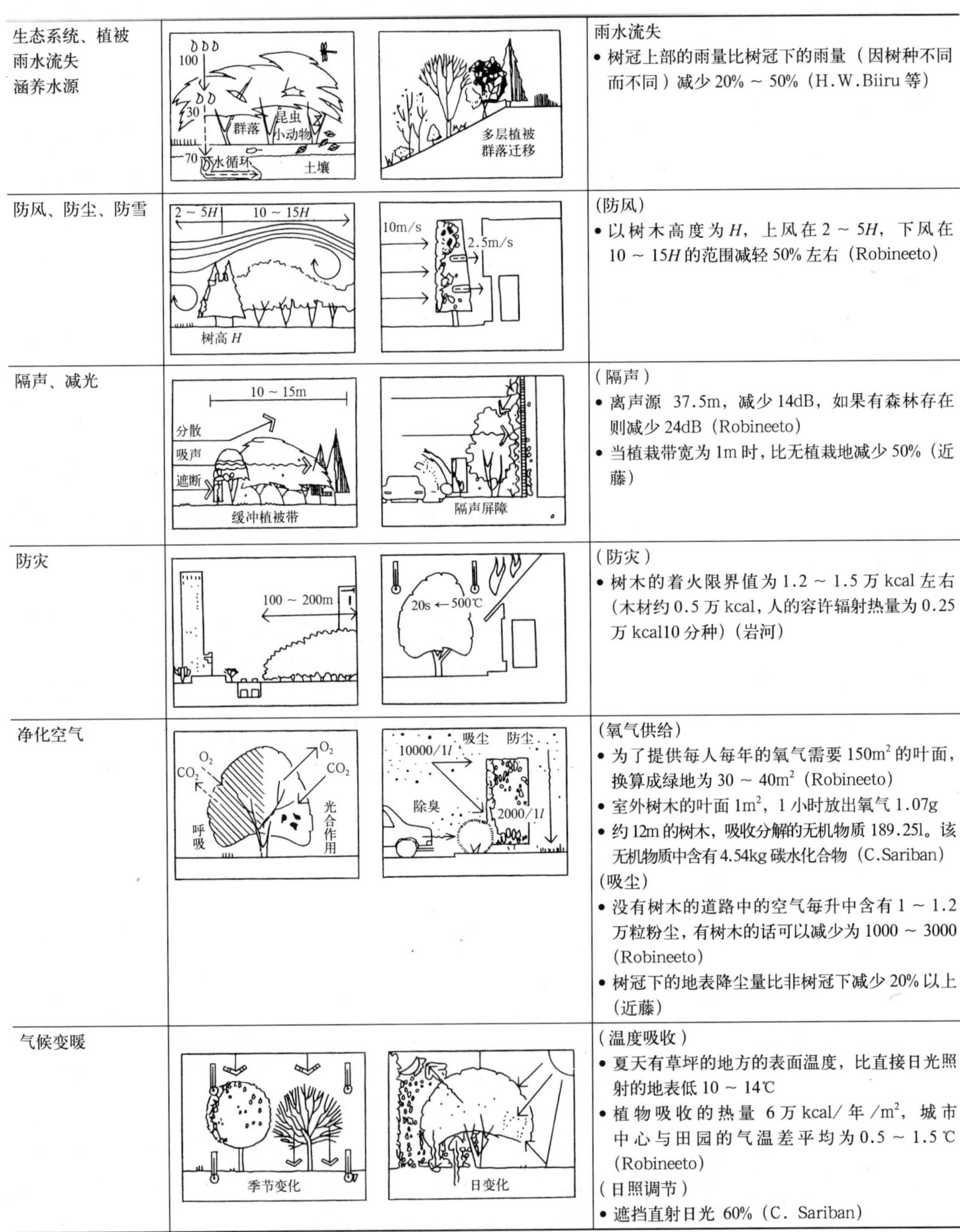

项目	定量效益
生态系统、植被 雨水流失 涵养水源	雨水流失 • 树冠上部的雨量比树冠下的雨量（因树种不同而不同）减少 20% ~ 50%（H.W.Biiru 等）
防风、防尘、防雪	(防风) • 以树木高度为 *H*，上风在 2 ~ 5*H*，下风在 10 ~ 15*H* 的范围减轻 50% 左右（Robineeto）
隔声、减光	(隔声) • 离声源 37.5m，减少 14dB，如果有森林存在则减少 24dB（Robineeto） • 当植栽带宽为 1m 时，比无植栽地减少 50%（近藤）
防灾	(防灾) • 树木的着火限界值为 1.2 ~ 1.5 万 kcal 左右（木材约 0.5 万 kcal，人的容许辐射热量为 0.25 万 kcal10 分种）（岩河）
净化空气	(氧气供给) • 为了提供每人每年的氧气需要 150m² 的叶面，换算成绿地为 30 ~ 40m²（Robineeto） • 室外树木的叶面 1m²，1 小时放出氧气 1.07g • 约 12m 的树木，吸收分解的无机物质 189.25l。该无机物质中含有 4.54kg 碳水化合物（C.Sariban） (吸尘) • 没有树木的道路中的空气每升中含有 1 ~ 1.2 万粒粉尘，有树木的话可以减少为 1000 ~ 3000（Robineeto） • 树冠下的地表降尘量比非树冠下减少 20% 以上（近藤）
气候变暖	(温度吸收) • 夏天有草坪的地方的表面温度，比直接日光照射的地表低 10 ~ 14℃ • 植物吸收的热量 6 万 kcal/ 年 /m²，城市中心与田园的气温差平均为 0.5 ~ 1.5 ℃（Robineeto） (日照调节) • 遮挡直射日光 60%（C. Sariban）

（参考、引用）图说《生活環境と緑の機能》（产业技术中心），《緑からの発想》（思考社），《建築知識別冊緑と空間演出》（建知出版）

植物的景观功能和效益 **表 1–5**

		观看方式（场所与植物）	感觉方式（场所中存在的植物和人）
[领域] 境界 领域 遮蔽	遮蔽　地界 · 领域	• 成为遮挡视线的屏幕	• 柔性隔开
[指标] 中轴	中轴　折线　曲线	• 统一街道景观 • 诱导视线	• 产生统一性、印象性
地面 标志	观赏点　遮蔽　对比	• 作为地点标志 • 使空间带有尺度感	• 提高印象能力 • 吸引人心
[调和] 前景 背景	前景　前景统一　背景	• 软化都市硬质（景观）部分	• 调和感良好
接点(外部化)		• 引起地域水平变化，使斜面具有自然感	• 在身旁感觉到自然
接点(内部化)		• 建立空间相互的景观关系 • 具有装饰性	• 柔性区分空间
(娱乐) 遮阳	树林　绿道　亭子	• 提供树荫	• 营造具有休憩感的环境 • 具有凉爽的感觉
栽培 观赏	游戏　栽培　树干　叶　花　果实　观赏	• 表现四季变化 • 展示	• 营造赏花、赏红叶等场所 • 营造人们集会、游玩、交谈的场所 • 培育 • 吸引人心

（参考、引用）图说《生活環境と緑の機能》（产业技术中心）、《緑からの発想》（思考社）

这些各方面的功能，在狭小的范围从单一的角度来看可以利用植物以外的人工物代替，但作为生命体的植物带有综合的、复合的功能效果，这一点具有重要意义。

对于绿化来说，要求满足所有的景观功能，首先，植物作为视觉对象而存在，其次，要考虑人的心理、生理受到的影响。关于植物的景观功能和效益整理如表 1–5 所示。

1.3.3 绿化政策大纲

（1994 年 7 月　建设省都市绿化对策 8.9 节录 ）

本大纲，在建设部门鉴于环境政策的重要性，根据 1994 年 1 月制定的《环境政策大纲》等，面向 21 世纪初期，为了形成具有丰富和舒适的绿色植物的生活环境，使国民能够享受平等、健康、舒适的文化性较高的生活，修改了《城市绿化对策推进纲要（1983 年 3 月改正 ）》中《关于绿化的推进——以 21 世纪"绿色文化"为目标（1984 年 12 月决定 ）》的内容，明确了与绿地保护、创建、活用相关政策的基本方向和目标，为了对上述内容进行综合实施而作出总结。

Ⅰ　实施对策的基本方向（省略）

Ⅱ　基本目标和措施的综合展开（省略）

Ⅲ　具体的实施对策

1．关于绿地的保护、创建、活用的综合计划的制订

为了进一步积极推进绿地保护、创造、活用，在从前的实施对策的基础上，有必要根据城市公园等的建设、公共公益设施等的绿化、民用绿地的保护、民有地的绿化等地域的状况，积极地推进综合的、计划性的绿地保护和绿化的推进。

此外，政府、市民、企业等涉及范围较广的主体，从各自的角度出发进行绿地的保护，绿化的推进，切实地出台、实施一些综合、系统的政策，包括建设城市公园，限制城市规划的地域地区制度等，出台诱导性政策，灵活运用城市绿化基金、志愿者，利用广告等软性政策。因此，推进基于城市绿地保护法的绿地保护及与绿化推进有关的《绿地基本规划》的制订。

2．绿地的创建和活用

为了建设、灵活运用绿地，基于城市绿化的植树等五年规划，在推进城市公园、道路、河川及倾斜地等公共公益的设施等绿化的同时，积极推进民有地的绿化。

此时，作为有关市民身边的绿色的城市公园和道路、河川等的绿化，在得到公园爱护团体等志愿者活动的协助的同时，对于市民和企业等个人进行的绿化活动，政府应该适当的给予支持措施。

（1）公共公益设施绿地的创建和活用

为了形成城市骨骼的绿地进行系统地建设，灵活运用城市公园的临近道路、河川（河川、大坝、沙防、海岸）、陡倾斜地、污水处理场等（污水处理场、水泵场及开放水路）、官公厅设施以及公共资金等，积极地创造住宅地绿化，并进行有效的利用。

① 城市公园的建设和管理

对于城市中成为绿地核心地点的城市公园，基于城市公园建设五年规划的基础上推进切实的建设事业。

此时，为了与社会经济的变化、国民需求的多样化相适应，根据大城市、地方城市、农山渔村等地域实际情况，灵活运用地域的独特性和创新特点，使之成为多样的交流场所，并成为绿化文化发起的据点，特别是推进以下方面的城市公园重点的建设。

a 与高龄化等的进展相对应，考虑到高龄者、残疾人等的利用，为了使国民都能进行多样的娱乐和交流，推进身

边的城市公园的建设。

b 为了增进国民的身心健康、增强体质等，促进丰富的绿化环境的形成，推进能够进行森林浴的树林地和与多样的体育活动、健康运动相对应的运动设施的建设。

c 树立地球环境的观点，有助于减轻城市热岛现象、保护城市内自然环境、促进城市居民与自然的亲密接触，推进城市绿地和自然生态公园（Urban ecology park）的建设。

d 对于地震火灾时设想受害较大的大城市区域、东海 · 南关东区域等广大的避难地，紧急推进形成避难路线的防灾公园，并且进行重点建设，旨在分散避难困难区域的人口。

e 伴随着自由时间的增加，相应的闲暇需要多样性，在进行城市公园移动帐篷场所的网络建设的同时，有效地运用生产绿地，推进市民农业园建设事业。

② 道路绿化

基于道路建设五年计划、道路环境规划等，综合的、有规划性地推进道路的绿化。

a 为了提高景观性、沿途生活环境的保护，为了提高道路交通的安全性、快速性，对于人行道、道路两旁斜面、环境设施带、隔声屏障等进行绿化。

b 对于成为城市和地方脸面的道路，为了建设绿化丰富的道路空间，推进宽人行道、小型空间的建设，通过县花、县树的活用，形成具有浓厚乡土特色的行道树。

c 在住宅和商业地域，为了确保步行者和骑自行车的人之安全，推进形成绿色、润爽、舒适的道路环境“步行者专用道”，“交流道路”和交叉点附近的小型空间的建设。

d 对于宽道路两侧的建设，通过道路周边的栽植、造景等，推进能够一边骑自行车一边可以进行自然体验和观察的道路的建设。

e 利用间伐材料、被大风吹倒的树木等进行道路斜面的绿化，在扩大道路设施的木材利用的同时，通过落枝、落叶的循环利用，把树木作为肥料来有效利用。

③ 丰富的滨水绿地的创造

因为城市中的河川，在形成都市骨骼等城市构造上具有重要的作用，积极地进行丰富的滨水绿化景观的工作。此外，对于城市中的大坝、防沙以及海岸，必须进行与周边的自然环境相协调的绿化。

a 河川

为了进行河川环境的适当的保护和活用，基于河川环境管理基本规划，实施河川环境建设事业等。此外，实施贮留浸透型的雨水流出抑制对策，有益于地下水的涵养。

在保护、创造河流原有的丰富自然环境的同时，为了形成润爽的滨水环境，推进“多自然型河道营造”，“家乡的河道建设事业”，“樱花堤示范事业”等。

为了通过与河道的接触，促进形成良好的性格和增进身心健康等，增进社会的心理治疗效果，推进溪流的创建、有变化的水际线的建设，清流的确保等。

为了推进河川区域的绿化，进行作为公园绿地游水地的灵活运用及其建设。

b 大坝

为了在大坝贮水池中防止浊水，通过贮水池水质保护事业，进行斜面绿化。此外，在有助于大坝管理的同时，为了在大坝周边形成水和绿色丰富的休憩场所，通过在湖面灵活运用环境建设事业，进行栽植和铺覆青苔等。

c 防沙

在城市及周边地域确保绿色和滨水空间，为城市居民提供游憩场所的同时，为了有助于润爽舒适的城市环境的创造，实施防沙环境建设事业。

考虑溪流所具有的丰富的自然环境，推进“水和绿化丰富的溪流防沙事业”，“故乡防沙事业”等。

d 海岸

为了增进舒适的海边利用，防止来自海滨的飞沙等，进行种植，推进海岸环境建设事业。

④ 斜面绿化

为城市居民提供休憩场所，并在景观构成上成为重要要素的城市急倾斜地的绿化，考虑实施自然环境和景观的陡倾斜地崩塌对策事业，推进安全、满坡翠绿的斜面的形成。

⑤ 污水处理厂的绿化

为了使下水道的污水处理厂及水泵场，与都市居民的生活环境相协调，推进设施周边的绿化。

另外，为了推进城市公园等一体化的建设，设置公共下水道的雨水渠、城市下水道周边进行绿化、设置游步道等。

由下水道污泥形成的有机肥料作为栽植基盘的土壤改良剂进行利用之外，进行贮留浸透型雨水排水设备的普及，有益于地下水资源的涵养。

⑥ 政府机构设施的绿化

政府机构设施，在建设时努力确保绿化的同时，作为公共建筑物应当对街道作出贡献，推进绿化事业。

在以政府机构为核心的据点性高的城市面貌形成的同时，为了促进良好市街地环境的形成，而应积极地推进绿化。

⑦ 利用公共资金所提供的住宅绿化

在公共资金所提供的住宅中，构成一个整体的小区，确保小区内的公共空间，通过签署绿化协定积极进行绿化，推进丰富的、润爽的绿化，丰富居住环境，提高地域的环境质量。

⑧ 绿化树木规格等的充实

为了绿化能够顺利地实施，充实绿化树木的品质、大小、规格等标准。

（2）与市区开发事业等成为一体的绿地的创造与灵活利用

① 市区开发事业的推进

在土地区划整理事业等的市区开发事业推进之时，道路、河川、公园绿地等公共设施的绿化，应与依据绿化协定等宅地的绿化进行一体的、综合的建设，旨在促进丰富的、美丽的街道绿地的营造。

② 生态城市的建设

基于城市环境规划，综合实施有关绿地环境、水环境、节省能源、再循环等城市环境政策，通过生态城市（环境共生城市）的实现，形成包含绿地在内的良好的城市环境。因此，通过生态城市建设推进事业（城市环境基盘建设推进示范事业），推进先驱型、示范式的城市环境建设。

③ 环境共生住宅街区的建设

基于环境共生住宅街区建设指针，综合实施有关节省能源、节省资源、绿地环境、水环境等住宅街区建设，形成良好的住宅街区。因此，推进环境共生住宅街区模范事业与模范式的住宅街区建设。

④ 各种示范事业等的实施

为了形成美的景观，促进绿地建

设，推进“润爽、绿色、景观示范街区营造”、“城市景观形成示范事业”、“故乡的面貌营造示范土地区划整理事业”、“标志道路建设事业”、“环境低负荷型建筑建设事业”等示范事业。

(3) 民有地的绿地创造与灵活利用

为了创造绿化丰富、润爽的城市环境，与公共公益设施等的绿化一起，推进占有城市街区面积一大半的民有地的绿化十分重要。

因此，通过行政、市民、企业等的适当作用分担和相互连携、协力，对住宅地、工厂、事务所、商业业务地域等民有地进行绿化活动（当地工作），与公共公益设施等的绿化一起，有规划性地、一体地进行推进。

此时，对于民有地的绿化和公共公益设施等的绿化一体地进行建设，旨在形成绿化丰富、协调的街道景观。

① 促进绿化协定的缔结

进一步促进绿化协定的缔结，推进住宅地和商业、业务地等的绿化，促进绿化丰富的城市营造活动。

② 城市绿化基金的扩充

通过公众参与推进民有地等的绿化活动（当地工作），进一步扩充城市绿化基金。

③ 市民农园的建设与推进

有效地利用生产绿地地区等，作为家人与自然亲近、土地接触的场所，推进市民农园的建设。

④ 对沿街建筑物占地内的绿色创造的支持

为了形成绿化丰富的步行空间，支持沿街建筑物占地内的公共空间的建设。

3．绿地的保护

为了适当保护绿地，要促进指定绿地保护地区、灵活运用风景地区制度、保护生产绿地地区等。这种场合下，为了减轻环境的负荷，保护野生生物的生息空间，充实有益的绿地，与城市多样的绿地进行系统、有机的结合，目标在于形成充分考虑自然生态系统的人类和自然共生的绿地生态网络。

进一步，在进行城市公园、道路、河川、急倾斜地等公共设施的建设时，考虑到与良好的自然环境的协调，推进城市、生态、公园、生态道路、多自然型河道营造等的事业。

照片 1–3 滨水生物的生育、生息环境的营造

(1) 绿地保护区的指定的促进（省略）

(2) 风景地区制度的活用，生产绿地地区的保护（省略）

(3) 与自然环境调和的宅地开发的推进

在进行一定规模的开发时，虽然在植物生育上确保了必要树木的保存，进行了表土保护等必要措施，但是在近年的住宅地开发时，郊外的丘陵地开发度增大，为了形成对自然环境恰当的保护的绿色丰富的住宅地，进行与自然环境相协调的住宅地开发。

(4) 考虑到对自然环境保护的公共设施的建设

① 对城市公园进行良好自然环境的保护，推进自然生态公园 （城市、生态、公园）、城市树林的建设，作为环境教育与自然观察的场所进行利用。

② 进行良好的自然环境保护的路线的选定、桥梁 · 山洞构造的采用、动物用的横断构造物（动物之道）的设置、代替的环境建设、表土的保护 · 灵活利用等，推进对生态系统进行细致考虑的道路（生态道路）的建设。

③ 对于原有道路的填土和去土等形成的斜面，灵活运用潜生自然植被等进行再绿化。

④ 在对现状的河道进行详尽的规划外，推进灵活运用自然的多样性护岸的建设，浅滩、深水潭的创造，鱼道的设置等，为了保护、创造河道应有的自然环境的“多自然型河道营造”等。

⑤ 对具有良好景观的斜面绿化进行适当的保护，实施防沙事业（山腹技法、防沙林营造等）、急倾斜地崩塌对策事业，推进安全、绿化丰富的斜面对策。

(5) 保存树木 · 保存树林的指定的促进

基于“关于为了维持城市的美观风景的树木保护的法律”（树木保护法），进行城市美观风景的维持，对于城市规划区域内现存树木和树木的集群之中按照一定的标准作为保存树木或者保存树林进行指定。

第 2 章

栽植植物

2.1　植物的生活

38 亿年前，从海里诞生的生命在各种各样的环境条件下生长、繁衍、分化。在进行园林绿化时，了解植物的形态、功能、分布、构成，把握生长周围的气象、土壤等环境条件非常重要。

2.1.1　植物的构造和功能

构成植物体的器官大致可以分为根、茎（树木为干、枝）、叶、花。根构成地下部分，茎与叶主要构成植物体的地上部分。

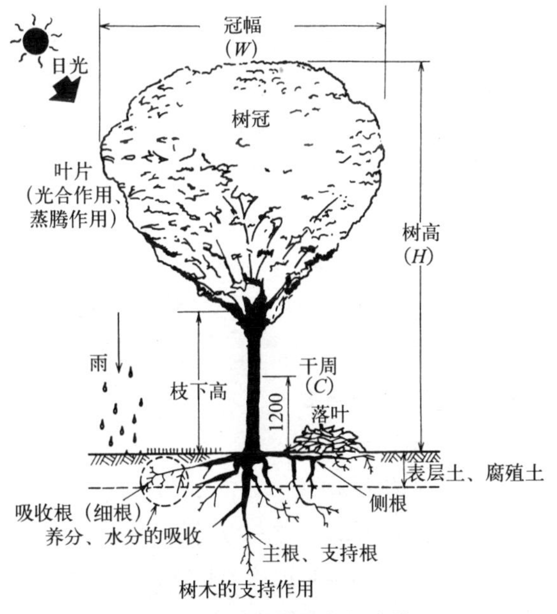

图 2–1　树木的形态与功能

①根是高等植物的地下部分，由主根、支持根、侧根形成根系。

主根和支持根具有支持植物体的功能，深入土壤、中支持树体。另外，侧根先端的吸收根（须根、细根）具有吸收地下水分和养分的功能。此外，植物根系还有贮藏的功能。 树木的根的伸展方式与树木所生长的自然立地条件关系密切，包括表层土的深度、土壤硬度、土壤水分、地形等，即使是同一树种其根系的发达程度也会不同。根系与树木移植的难易度有较强的关系。一般来讲，浅根性和密生细根的植物比较容易移植，直根系和根系粗、少的植物移植困难。

依据形态，树木的根系分为主根、侧根、气根、附着根、地下茎、根状茎等；根据土壤中根的伸展状态可以分为浅根型、中间型和深根型。

②茎上生长有叶、芽、生殖器官，从外侧按照顺序有表皮、皮层、内皮组织，内皮以内的部分称为中柱。

裸子植物与双子叶植物的中柱上维管束呈轮状排列，一般外侧为韧皮部，内侧为木质部，韧皮部把叶片制造的养分输送到根部，木质部把根吸收的水分和养分输送到叶器官等。

树木的干部支撑着由枝、叶构成的树冠，在能够抵抗风雪的同时，分裂组织通过持续旺盛的细胞分裂，进行伸长生长和增粗生长。

分生组织包括茎的先端和根的末端的生长点（顶端分生组织），茎、根的木质部和韧皮部之间的形成层，进行二次增粗生长的植物的茎、根的主要皮层内的愈伤形成层等。外皮部能够抵御病虫害、冻害，起到保护的作用。

③叶为侧生器官，通过进行光合作用制造养分，进行养分的转换、水分的蒸腾等。叶片可以分为叶身、叶柄、托叶等部分。

具有 1 片叶片的为单叶，有数片小叶的为复叶。复叶包括类似三叶木通、复叶槭（3 小叶）的三出复叶；木通、七叶树等的掌状复叶；刺槐、紫云英等的羽状复叶；合欢、苦楝等的二回羽状复叶等。

对于叶在茎上的排列方式（叶序），在一

个节上着生1片的为互生、2片的为对生、多片的为轮生。

叶的组织可以分为被称为叶肉的基本组织系统的表皮、气孔、水孔等的表皮系统，以及被称为叶脉的维管束系统。

构成叶肉的组织之一是叶的表皮下部分分化的长形细胞的栅栏组织。栅栏组织为含有叶绿体最多之处，水生植物和耐阴树木不发达，一般叶片较薄。

叶又分为阴性叶和阳性叶，阴性叶适于在弱光下进行光合成，对风和干燥抗性差，与此相对，阳性叶具有耐风、耐日射的构造，在弱光下进行光合作用的能力弱。

蒸腾为植物体内的水分变成水蒸气的蒸发现象。叶的蒸腾有通过气孔进行的气孔蒸腾和通过表皮进行的表皮蒸腾。

气孔一般是由位于叶片内侧的两个孔边细胞围成的孔，孔边细胞的膨压高则气孔打开。高温、干燥、强风等情况下，蒸腾快速进行引起浸透压变高，根毛产生吸水力对水分进行吸收。夜间，气孔关闭等不进行蒸腾，根压变高，从水孔把植物体内的水分向外排出。

④花为有性生殖的芽条。植物的芽分为叶芽和花芽。根据花着生的位置将其分为顶生花、侧生花；根据雄蕊、雌蕊的有无分为单性花和两性花等。

树木停止伸长（营养生长）之后，树体的一部分根据生理状态，从营养器官的形成向生殖器官的形成转变而被称为花芽分化，然后，进行开花结实，繁殖下一代。

导致花芽分化的条件，主要受树体内的营养状态和气温、日照、湿度等环境条件，从根吸收的养分与在叶片中生成的同化物质的绝对量的多少，及其平衡程度的影响。亦即，C/N比大，花芽分化旺盛进行，青年树的营养生长旺盛的情况，或者通过强修剪引起新梢萌芽的情况，花芽分化变少。

花色的化学物质构成，可以分为类胡萝卜素（黄～橙～橙红色）、类黄酮（黄酮、黄酮醇白～淡黄色、查耳酮、奥纶黄～橙赤色、花青素橙红～红～紫～青）、胡麻苷（黄～赤～紫）、叶绿素（绿）4大类。

2.1.2 植物的扩展

在陆地上，适合于各地域气候、土壤的植物依照集团进行生活。

（1）植被

植被，大概来讲可以说是植物的集团，又称植生。

现在土地上生长繁育的植被，有不受人为干涉处于自然状态生长的自然植被和在一定的人为条件下形成的代偿植被（人为植被）。原始植被是未受人为影响之前的植被，即自然植被。潜生自然植被，与当地的代偿植被相对，当人为影响停止后，能够向当地的自然植被方向演替。虽然潜生植被为现实上不存在的、理论上的植被概念，但在选择绿化树种时十分重要。

（2）植物分布

群落是植被按照一定的规律形成的集团，简单地称之为群落或者植物社会。

植物群落的概观被称为相观，它取决于群落内最大、个数最多的优势种。

随着纬度变高、温度发生变化，群落发生如下的变化：热带雨林→阔叶常绿树林→阔叶落叶树林→针叶树林→寒地荒原。

根据雨量、保水力不同，群落发生如下变化：树林（雨林）→草原（季节草原）→荒原（沙漠 · 海边）。

日本南北长，气候变化丰富，气候区分为寒带、温带、暖带、亚热带4分区。此

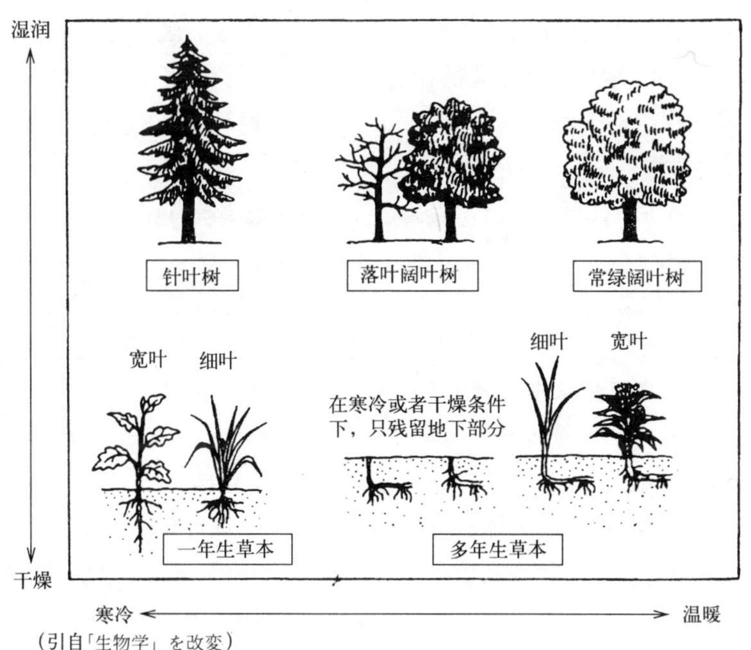

图 2-2　与气候相关的植物的生活型

外，地区不同，年平均降水量存在差异，同时受四面海流的影响发育为各种各样的植物群落。

南北细长的日本，植被水平分布复杂，从北向南分布着常绿针叶树林、落叶阔叶树林、常绿阔叶树林、亚热带阔叶树林。

树木水平分布的详细情况参照 2.3.2 节。

海拔高度每增加 100m，气温降低 0.6℃，从低地向高地的气温变化，可以看出与水平分布类似，垂直分布也不同。例如，中部地区的低地为常绿阔叶树林，但在高山上，随着高度增加，气温变低，垂直分布呈现以下状况：

①低山地带　700m 以下——常绿阔叶树林

②山地地带　700 ~ 1700m——阔叶落叶树林（栗子、水青冈）

③亚高山地带　1700 ~ 2500m——针叶树林（日本铁杉）

④高山地带　2500m 以上——偃松群落、高山草原

此外，自然林的阶梯结构，可以分为形成林冠最高层的乔木层，其次为亚乔木层、灌木层、草本层、苔藓层等。乔木层为 8m 以上，亚乔木层为 3 ~ 8m，灌木层为 0.8 ~ 3m，草本层为 0.3 ~ 0.8m，苔藓植物层为 0.3m 以下。

（3）植物群落的演替

迁移是指在某一场所，当地存在的植物群落的构成种产生变化，变为其他的植物群落。从最初的植物侵入后开始覆盖裸地的前期开始，到多种植物侵入、成为变化少的、稳定的终极群落（极相）的变化过程称为演替系列。

演替系列有从完全的裸地开始的一次演替系列和群落被破坏后开始的二次演替系列。一次演替系列有从岩石地等开始时所见的旱生演替系列和湖沼等开始陆化时所见的水生演替系

列。在旱生演替系列中，熔岩上出现的先驱种（先驱植物）为藓苔植物、地衣类和监藻植物。水生演替系列中湖沼出现的先驱种有石菖蒲、杉叶藻、菹草等沉水植物。

从日本的一般的旱生演替可以看出，因为裸地的营养盐分少、温差大、保水力弱，植物难以生长。该类环境首先侵入的植物为苔藓植物和地衣类的一部分，随后变为草本可以生长的环境，一年生草本、多年生草本开始繁茂。其后，向灌木林→阳树林→阴树林方向演替，达到极相林后进入稳定状态，土层也随着植物的演替产生变化。最后变为能满足森林形成条件的环境。同时，动物也随着植物的演替产生变化。

2.1.3 生态系统的结构

生态系统是指某地域的所有生物与其周边环境之间，通过由生产者、消费者、分解者、非生物环境进行的物质循环和能量流动而相互作用构成的一个统一整体。

所有生物生活所必需的能量为太阳的能量。能够利用太阳能的绿色植物、光合成细菌、化学合成细菌制造有机物的为生产者。把植物制造的有机物当作食物摄取，把这些作为营养的异养生物为消费者。进一步把食用植物、动物的遗体进行分解的细菌、霉类等为分解者。

特别是消费者有捕食者和被食者的关系，可以分为初级消费者、次级消费者……高级消费者。

草食动物为初级消费者，肉食动物为次级消费者，进一步与三级消费者、四级消费者相联系。

捕食者和被食者的关系称为食物链。该关系复杂，成为网络状，被称为食物网。此外，食物链上位者与下位者相对，称之为天敌。

通过碳、氧、氮等有机元素和水等生物所必需的物质，自然界的生物与非生物间不间断地循环着，随着物质的循环引起能量的流动。

生态系统有森林生态系统、草原生态系统、海洋生态系统、湖泊生态系统、沙漠生态系统、城市生态系统等类型，从数滴水开始到宇宙生态系统为止有各种各样的领域。

2.1.4 生殖和个体繁殖

（1）生殖

生殖分为有性生殖和营养生殖（无性生殖）。把由种子形成的植物总称为种子植物，可以分为被子植物和裸子植物。

被子植物的胚珠由心皮包被，雌蕊中形成被称为子房的保护部分，可分为单子叶植物和双子叶植物。裸子植物，就像苏铁科、银杏科、针叶树等，胚珠没有被心皮包被，呈现裸露状态。

授粉指被子植物的花粉附着于柱头、裸子植物的花粉到达珠孔的现象。授粉有相同个体花之间进行的自花授粉和不同个体花之间进行的异花授粉。

根据授粉的方式有以风作为媒介的风媒花（蒲公英、榆属等）、以水为媒介的水媒花（金鱼藻、大叶藻等），以昆虫作为媒介的虫媒花（月季、兰科等）等。

被子植物的受精和裸子植物的受精不同，被子植物中，附着于柱头的花粉发芽长出花粉管，花粉的核分为花粉管核和生殖核，并在花粉管中移动。然后生殖核二分为两个精核。到达花粉管的先端的胚囊时先端破裂，其中的一个精核和卵细胞融合，而另外一个和两个极核合并，该种受精为双受精。

营养生殖的器官有根、茎、芽、叶等。

根有类似于大丽花、红薯一样的根部粗大、储藏养分的块根。

茎有类似于结缕草、竹子、地被竹等粗大多肉的地下茎，有与芋头、土豆一样的地下茎粗大无皮的块茎，与唐菖蒲、番红花一样的地下茎成为球状的球茎，与百合、水仙一样的短茎富含养分、以鳞片包被的鳞茎等。

叶有与四季秋海棠一样的不定芽。芽有卷丹、薯蓣一样，腋芽肉质化成为子珠的珠芽。

（2）繁殖方法

为了扩大植物的数量，不能完全放任于自然繁殖，而有进行规划性繁殖的必要。繁殖方法分为种子繁殖（有性繁殖）的播种，营养繁殖（无性繁殖）的扦插、嫁接、压条、分株等方法。

1）种子繁殖（有性繁殖）播种法

a. 优点、缺点

i）优点

- 能够简单地进行大量苗木的生产。
- 培育自然、优美的树形，寿命长。
- 直根生长，根盘良好，初期生长快。
- 能够通过变异进行品种改良。

ii）缺点

- 根据孟德尔法则，不能完全遗传母株的特性。
- 营养生长状态持续时间长，开花结实需较长时间。

b. 种子的种类

种子形状：为了能够通过自然界的风、水、动物等进行移动和繁殖，有具翅果、棉毛、突起等的种子，还有被木栓层、果肉等包被的种子等。

种子大小：从大如椰子的种子到小到用肉眼难以分辨的种子。

种子发芽所需时间长短不一：i) 罗汉松等着生在母株上时，已经发芽；ii) 红楠、枹栎、柳树等落地后 10 日左右开始发芽；iii) 七叶树、青冈栎、樟树等秋季形成种子，翌年 3 月左右发芽；iv) 樱花、灯台树、杨梅等的种子在秋季播种，春季开始发芽，夏、秋季继续发芽，到了翌年春季发芽才完成；v) 花楸等种子，需要 1–4 年陆续发芽；vi) 荚蒾秋季播种，翌春不发芽，隔了 1 年后的春季发芽等。

种子的休眠：包括与外部环境无关的自发休眠，和外部环境具备后进入休眠的他发休眠。

自发休眠的原因有：i) 种皮坚硬；ii) 胚尚未完成、尚处于休眠状态；iii) 果肉和种皮中含有发芽抑制物质等。对于这些处于休眠状态种子的打破方法包括：i) 茶梅、山茶花、睡莲等坚硬者，利用小刀或者锉子刻伤种皮；ii) 刺槐类等坚硬者，利用 80℃左右的热水浸种处理；iii) 山楂、山茱萸、铁冬青等胚处于休眠者，利用与湿砂混合进行低温贮藏层积法打破休眠；iv) 多花蔷薇、十大功劳、枸骨、杨梅等果肉含有发芽抑制物质者，则把果肉清洗去除。

c. 发芽条件

种子发芽必须具备水分、温度、光照、氧气等环境条件。

水分能够软化种皮，打破胚的休眠，激发与胚中氧气活动有关的生理活动。

温度，为了胚中氧气活动旺盛地进行，20℃左右较为适合。适温根据种子不同而不同，具有寒带产种子低，热带产种子高的倾向。

光照，根据植物种类不同，分为发芽时需光的好光性和不需光的嫌光性。一般嫌光性多，此类种子在播种时应当进行覆土。

d. 播种方式

根据播床不同，可分为直播、床播、箱播、盆播。

直播和床播，适合于容易发芽种类的大量播种。箱播和盆播易于管理，适合于贵重、少量种子的播种，也有利于小苗的移栽。

播种方法分为点播，条播，撒播。

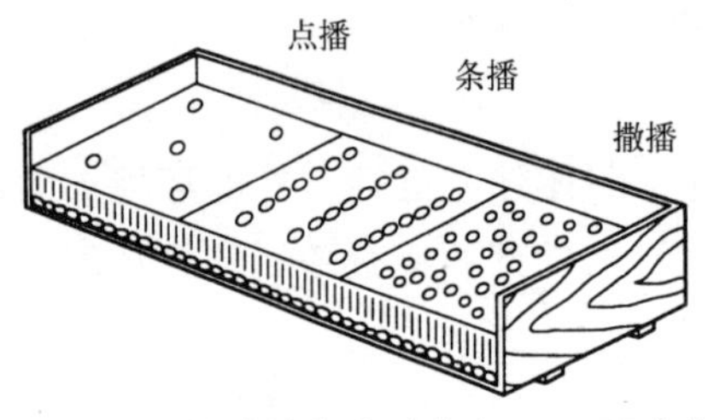

图 2–3 播种的方法（中岛 1977 年）

2）营养繁殖（无性繁殖）

①扦插法

a. 优缺点

利用生长中的树木的一部分（枝、根等）进行繁殖的方法。

纪念性树木、有传说的树木和特殊品种的树木，以及如有枯损再难以得到的种类、为了保持与母株带有同一遗传特性等作为防止意外事故的发生所对应的方法，就是利用扦插与压条的繁殖方法进行树木的克隆。

克隆是指通过单一细胞或者通过个体的无性繁殖，进行与母株具有相同特性的生物复制。

i) 优点

- 适合于种子繁殖困难的树种，能够短缩开花结实的时间。
- 与播种相比，短时间内能够大量增殖苗木量。
- 容易繁殖与亲本具有相同特性的树木。

ii) 缺点

- 与播种相比，花费更多的劳力，成活率低、损失大。
- 进行大量苗木生产时，插穗不容易获得。
- 与实生苗相比，根系浅，平展分布，随着树龄的增加生长能力变弱。

b. 扦插方式

i) 扦插法，分为露地插、全光喷雾插、密闭插等。

- 露地插为插于露地的一般方法。
- 全光喷雾插：利用喷雾装置进行喷射雾气，提高空中湿度的方法。因为比露地插发根率高，适于适期以外的扦插和露地扦插困难的种类。
- 密闭插：利用塑料布密封，保持内部的空气湿度进行扦插的方法。保热效果好，使内部气温、地温上升，空气中湿度也提高，发根率良好。

ii) 扦插，根据插穗枝条分为顶芽插、枝插、半枝插（图 2–4）。

- 顶芽插：以枝条先端作为插穗，形态好，易于得到生长快的扦插苗的方法，与枝插相比插穗数少。
- 枝插：以枝条的中部作为插穗，一枝可以得到数根插穗的方法，形态不一致，生长迟缓。
- 半枝插：进一步对枝插的插穗进行分割，比枝插易于得到大量的扦插苗。

iii）特殊扦插法，分为根插，叶插，叶芽插，干插，嫁接插，深层插等（图 2–5）。

- 深层扦插：把插床深挖到 80cm 左右，插穗虽与床底有一定间隔，但尽量接触土壤的方法。

深层扦插的插穗，把发育旺盛的珊瑚树、冬青卫矛、日本花柏等向阳处的枝条按照 1.0 ~ 1.5cm 长度分切，在水中进行一昼夜浸泡后扦插。

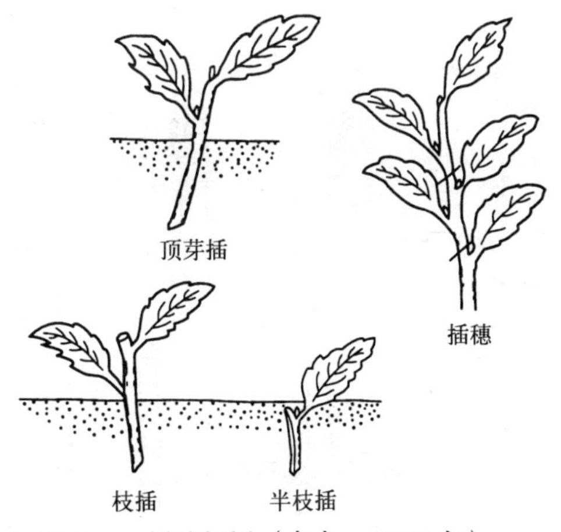

图 2-4　插穗扦插（中岛　1977 年）

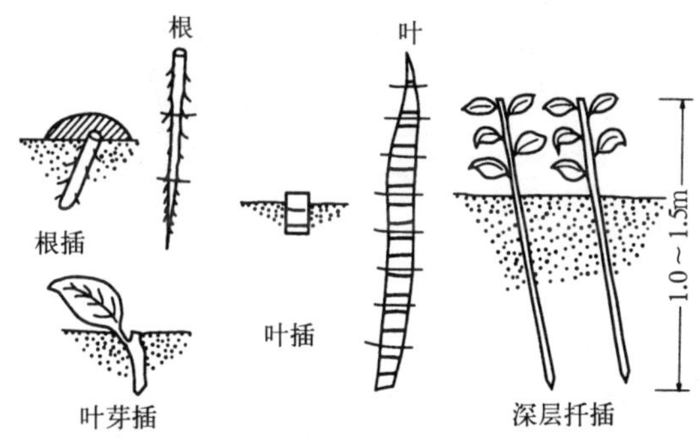

图 2-5　特殊扦插（中岛　1977 年）

c. 扦插的时期有 2 ～ 3 月的春季扦插、6 ～ 7 月的梅雨季节插、7 ～ 8 月的夏季扦插、10 ～ 11 月的秋季扦插，如果采用全光喷雾插和密闭插的方式，则扦插的时期可以放宽。

- 落叶树和针叶树适合于春季扦插，称为“熟枝扦插”，即利用没有长出新芽的去年生枝条作为插穗。

- 常绿阔叶树，适于梅雨季节扦插，称为“绿枝扦插”，即利用当年伸长的绿色的、一定程度上有硬化组织的枝条作为插穗。

d. 扦插方法采用向阳生长健壮的枝条浸水后，剪除部分枝叶，修整切口，以叶梢接触程度的间隔把插穗的一半左右插于基质中。

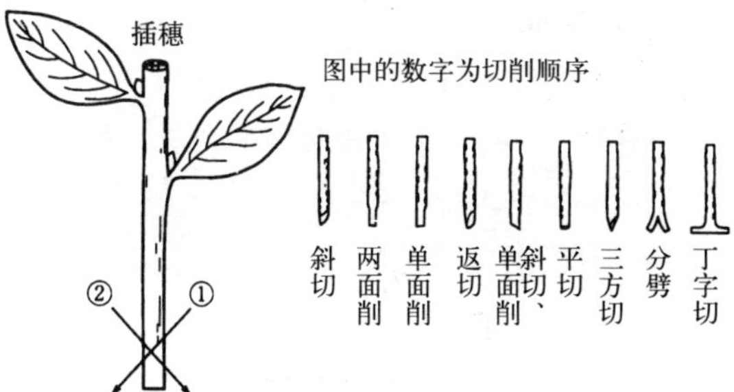

图 2-6　插穗切口的切法（中岛　1977 年）

插穗，必须利用满足生根所必需的贮藏养分、粗长（10 ～ 15cm）的枝条；为了有效保持光合作用和蒸腾作用关系应保留部分叶面积（2 ～ 3 叶）；为了促进生根物质的形成诱导生根，切口要用锐利的小刀进行切削，楔形较为合适。

促进生根的方法有生根剂（IAA，NAA，IBA），处理方式有蘸粉法和浸渍法。

e. 扦插基质以满足 i）透水性良好；ii）透气性良好；iii）有保水力；iv）有保温力；v）无菌状态；vi）没有杂草、砖砾的混入；vii）pH 值适合于扦插等条件者为佳，河沙、红土、鹿沼土、苔藓、腐殖土、蛭石等适合。

②嫁接法

a. 优缺点

把生长中的亲本的一部分与砧木进行接合的繁殖方法。

i) 优点

- 适合于播种、扦插不易成活的树种的繁殖。
- 因为能够获得与亲本相同特性的苗木，可以进行优良品种的保存。
- 嫁接后，因为有砧木而生长旺盛。
- 因为砧木多系适应能力较强的种类或类型，可以得到抗逆性强的苗木。

- 比扦插苗能够更早地开花结实。

ii) 缺点

- 为了有利于砧木和接穗的愈合，技术要求熟练。
- 嫁接比扦插繁琐，大量生产困难。

b. 嫁接的生理

砧木和接穗关系的重要性在于二者之间的亲和性。亦即同品种间嫁接全部可能，同种异品种间的嫁接几乎全部可能，同属异种间的嫁接可能性大，同科异属间嫁接可能性小。异科间接木全部不可能。

砧木和接穗的形成层相互接触形成愈伤组织，砧木和接穗间的养分水分互通，之后被接树木发芽生长、增粗而完成嫁接。

c. 嫁接的方式

i) 嫁接的方法有砧木栽植状态的嫁接与砧木挖出状态的嫁接。

ii) 嫁接，按嫁接位置分为低接、腹接、高接、根接；按嫁接方法分为切接、劈接、舌接、芽接、靠接等（图 2–7）。

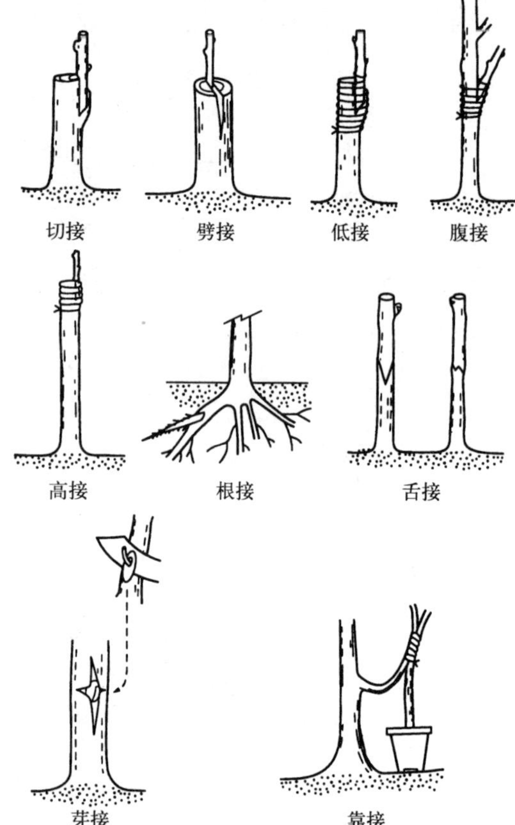

图 2–7　嫁接的方法（中岛绘图　1977 年）

嫁接的时期和方法　　**表 2–1**

树种	时期	接穗采取期	嫁接状态	嫁接方法	砧木	备注
梅花	3 月上旬～下旬	3 月上旬～下旬	栽植	切接	野梅	使用嫁接砧木
梅花	8 月中旬～下旬	8 月中旬～下旬	栽植	芽接	野梅	使用嫁接砧木
海棠	3 月中旬～下旬	2 月中旬～下旬	栽植	切接	海棠	使用嫁接砧木
枫树	2 月上旬～下旬	2 月上旬～下旬	挖出	切接	山槭	使用温床
枫树	3 月上旬～下旬	—	挖出	桥接	山槭	
柑橘	4 月上旬～5 月上旬	4 月下旬～5 月上旬	栽植	切接	枸橘、柚子	使用实生砧木
茶梅	2～4 月	2～4 月	挖出	劈接	山茶花、茶梅	使用插木 · 实生砧木
广玉兰	4 月中旬～下旬	4 月中旬～下旬	栽植	切接	日本辛夷	使用实生砧木
山茶花	2～4 月	2～4 月	挖出	劈接	山茶花、茶梅	使用扦插 · 实生砧木
玉兰	2 月上旬～中旬	2 月上旬～中旬	挖出	切接	日本辛夷	使用温床
玉兰	3 月中旬～下旬	3 月中旬～下旬	挖出	桥接	日本辛夷	
玉兰	9 月上旬～中旬	9 月上旬～中旬	栽植	芽接	日本辛夷	使用实生砧木
月季	1 月上旬～2 月上旬	1 月上旬～2 月上旬	挖出	切接	野蔷薇	使用实生砧木
月季	8 月中旬～下旬	8 月中旬～下旬	挖出	切接	野蔷薇	使用实生砧木
月季	5 月下旬～9 月中旬	5 月下旬～9 月中旬	栽植	芽接	野蔷薇	使用实生砧木
紫藤	3 月中旬～下旬	2 月中旬～下旬	栽植 · 挖出	切接	野生紫藤	使用共砧
牡丹	9 月上旬～中旬	9 月上旬～中旬	挖出		牡丹、芍药	使用实生砧木
松树	2 月下旬～3 月下旬	2 月下旬～3 月下旬	挖出	劈接	黑松	
桃	3 月中旬～下旬	2 月中旬～下旬	栽植	切接	山桃	使用实生砧木
桃	8 月中旬～9 月上旬	8 月中旬～9 月上旬	栽植	芽接	山桃	使用实生砧木
丁香	3 月中旬～下旬	2 月中旬～下旬	栽植	切接	水蜡	使用扦插砧木

（引自《造園植物と施設の管理》）

③压条法

a. 优缺点

将亲本的一部分刻伤促使新根长出，然后从亲本上切离，作为独立植物体进行培育的繁殖方法。

i) 优点

- 播种、扦插、嫁接等繁殖不可能的树种也可以容易地进行繁殖。
- 成活率确定，能够得到大苗。
- 生长季节随时可以进行压条。
- 缩短开花结实时间，保持亲本特性。
- 老化部分也可以诱导发根，可以用来制作盆景。
- 作业简单易行、安全，容易成功。

ii) 缺点

- 压条操作过程复杂。
- 繁殖系数低，进行大量增殖困难。

b. 压条生理

地下部水分由木质部导管向上自由输导，但是地上部分合成的贮藏养分在受伤部分向下方的输导受到抑制，产生不定根。对于生根，适当的温度、湿度和黑暗状态是必需的。

c. 压条的方法

压条有高压法（枝压）、压状法（曲状压条）、培土法（整株压条）、连续压条法等。

i) 高压法：把远离地面的高处枝条刻伤，进行环状剥皮，用苔藓和培养土等包裹周围，外侧用塑料布包紧，待大量生根后切离亲本的方法。

ii) 压状法：把枝条弯曲后的一部分（枝先端 15 ~ 30cm）埋入土中，使其生根后切离亲本的方法。对埋入部分刻切或者环状剥皮，利用生根粉，具有效果。

iii) 连续压条法：枝条全体水平接触地面并埋土，把枝条上的侧枝露出地上促使生根，

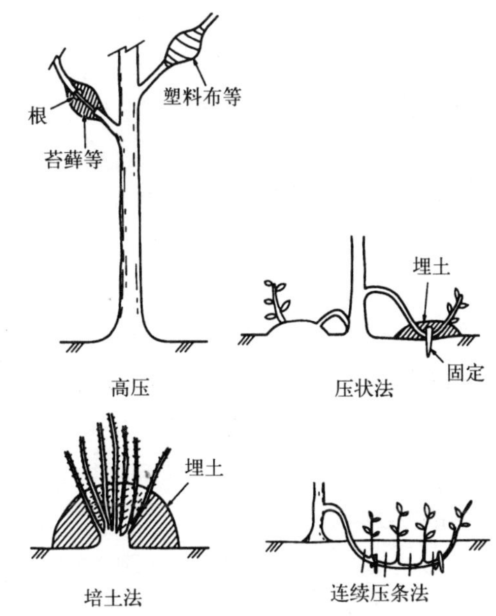

图 2–8　压条的方法（中岛绘图　1977 年）

生根后切离亲本的方法。侧枝的不定根、横卧枝的芽开始生根，随着芽、侧枝的伸长进行埋土，这种方法称为活断层法。

压条的母树被称为亲本，扦插困难的树种、珍贵树种、分枝好的树种等多作为亲本。作为压条的枝条，选用无病虫害、健壮生长、二年生以上的枝条为好，直径 1 ~ 2cm 的枝条最适。

d. 压条时期树液流动的期间随时可以进行，但对于高压法，常绿树是从休眠芽开始活动的 4 ~ 5 月初，落叶树在新梢叶片繁茂的 6 月前后最适；压状法、连续压条法在休眠芽开始活动之时为好，埋土法在春季发芽前，或者当年生的新枝伸长的 6 ~ 7 月为最适。

④分株法

植物体的地下生长的萌芽（地被竹、竹子、观音竹、棕榈等）、从根生出的不定芽的植株（八仙花、绣线菊、南天竹等），在地下把亲本切断，分为小植株的繁殖方法。

a. 优缺点

i) 优点

对扦插、嫁接不可能的树种也适合。

ii) 缺点

分株操作繁琐，并且进行大量增殖困难。

b. 分株的方法

分株的方法有：i) 八仙花、贴梗海棠等从地中的茎、枝条节间或者从侧芽长出新梢或根的分株方法；ii) 绣线菊等从根的不定芽长出新梢的分株方法；iii) 竹子等地下茎的节间发出新地下茎的分株方法；iv) 玫瑰等利用吸芽进行分株的方法等。

c. 分株时期、灌丛式的灌木类、竹子类、地被竹类等在移植可能的时期都可以进行分株；常绿树 3 月下旬～ 4 月上旬，落叶树 2 月下旬～ 3 月上旬，热带性的椰子类或者棕榈科植物，5 月中旬～ 6 月最适。

分株后水分吸收能力衰减，应当努力抑制蒸腾，对于分株后根少的植株，遮除光照，根特别少的情况下，在干燥的季节，到成活为止每 2 ～ 3 日进行一次浇水。

2.1.5 植物的生长环境

绿化树木和草坪等植物，到了春天便会萌芽，通过伸长生长长出新叶、新梢，进一步增粗生长，成为成熟的叶和枝。

开始时，消费贮藏物质进行生长。之后，随着成熟绿叶光合作用的进行，以光合产物为素材，利用从根部吸收的无机盐类，转变为蛋白质、纤维素、蜡质、脂肪等构成植物自身的物质，健全的生长变为可能。

光合作用的同化量因树种不同而有差异，主要受到叶面受光量和气温的影响。一般树木的成熟叶片在充足日照、适当温度、充足水分供给的情况下，光合作用量增加，形成健壮的植物体。

所以，对于植物的生长创造最好的生长环境是必要的。

（1）气候条件

1）光照

光照充足的情况下，则叶片厚、叶色浓；光照弱则叶片薄、叶色偏黄。这种薄叶的光合产物少，生长不良。榉树长成大树后，树冠内侧的叶因受光量不足，同化量和由呼吸作用引起的消费量不均衡，经常发生枝枯现象。

一般来讲，树木适合的光照时间为晴朗的中午。盛夏的下午光照过强，反而引起光合成产物的减少。这是因为比起光合作用，消费能量的蒸腾作用、呼吸作用较大。这种理论是光照过强会对植物体的机能造成危害的生理学说。

如果在适合植物光合作用的范围内，则日照愈强光合产物愈多。如果栽植在日照时间短的场所，应当在中午时使植物接受充足的光照。

2）温度

温度和光具有密切的、不可分割的关系。

气温和植物的萌芽、展叶、开花、红叶等生长过程密切相关，能够引起光合作用、呼吸作用、水分和养分的吸收等代谢速度的变化，从而影响生理作用。

在温暖地区，植物通常在 25℃左右同化量最多，超过 35℃反而低下。

土壤温度，如图 2-9 所示，不仅能够影响植物发育，而且还影响到种子发芽、养分和水分的吸收、微生物活动、病虫害的发生等。

温度在日平均 5℃以上的期间称为植物期间，树木在该温度下开始生长，在此以下则进入休眠状态。

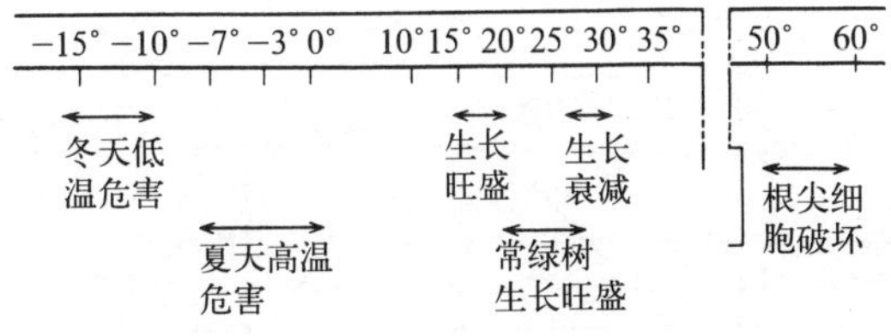

（引自《ランドスケープNo.14》）

图 2-9 土壤温度和植物生长

在气温低的冬天，地上部分没有枯死的植物，生长活动停止，含水量减少，贮藏的淀粉和蛋白质被分解变为水溶性糖和蛋白质，细胞内的浸透压增大以防止细胞内结冰，能够抵抗寒冷。

落叶树落叶后，厚的树皮包裹芽体过冬，以适应寒冷。

气温对植物不是单一地发挥作用，而与其他因子进行复合作用，如与水相关的蒸腾作用、光照下的光合作用、花芽分化等。

3）水分

构成植物体细胞 70% ~ 90% 的成分为水。

如果水分丧失，细胞中的代谢便不能顺利地进行。水是植物生活中不可缺少的重要因子，和土壤有很大的关系。

水分通过根吸收、经过木质部运输到枝叶并在枝叶进行蒸腾，水分代谢与光合作用有很大的关系，为了提高光合量，充足的水分供给成为其前提条件。

水分的供给减少，则蒸腾受到抑制，气孔关闭，如果进一步恶化，则会在夏天出现落叶现象，不再进行光合作用，树木开始衰亡。

关于树木的水分消费量如表 2-2 所示，如胸径 27.8cm、树冠面积 33.8m^2 的悬铃木，8 月晴天中，每日平均的水消费量为 616kg（1 升的瓶子约有 342 瓶）。

在这种生长环境中，栽植在道路两旁的行道树就要发生大量的水分蒸发，不难推测，公园的树木会蒸发更多的水分。

4）风力

即使土壤中水分充足，也会因直射日光、高温、强风的综合作用，引发树木组织的脱水症状，组织被破坏，吸水能力丧失，树木出现枯死现象的情况时有发生。

特别是在夏季和冬季的干燥期，强风给树木带来极大危害。这是因为根处于不能吸水的状态，由风强制性地引起枝叶蒸腾，水分散失，进而导致枯死。亦即由于根的吸水与枝叶的蒸腾不均衡，树木受到危害。

行道树每日平均的水消费量（kg/棵） 表 2-2

调查区	胸径（cm）	树冠面积（m^2）	树种	晴（280cal）			（160 ~ 280cal）		
				8 月	9 月	10 月	8 月	9 月	10 月
日比谷公园	8.8	3.4	银杏	12.4	14.5	1.3	7.2	8.6	0.8
越中岛	5.3	2.3	银杏	6.7	4.3	0.3	4.1	2.6	0.2
等等力	8.6	3.7	银杏	38.1	41.5	6.0	23.6	25.7	3.7
上野警察	17.2	18.7	悬铃木	378	344	162	234	213	101
大岛 4 条街	13.8	13.1	悬铃木	192	104	13	119	64	8
羽根木	13.5	17.5	悬铃木	385	352	124	238	218	76
第 5 大岛小	9.4	10.3	悬铃木	167	142	24	1.3	88	14
代田 3 条街	8.4	14.5	悬铃木	82	13	4	50	8	2
越中岛	14.5	9.7	银杏	43	46	7	27	28	4
小金井	27.8	33.8	悬铃木	616	—	—	353	—	—

注：单位为 $CO_2 \cdot mg \cdot dm^2 \cdot h^{-1}$ 作为平均值求出。

植物枯死：当体内水分减少，由于带状细胞膜内侧的原生质膜离缩，引起原生质分离为主要原因。一方面，通过细胞膜的伸缩，物质通过；另一方面，虽然原生质膜允许水分通过，但不允许养分通过。由于干燥植物的细胞外部溶液的浓度变高，水分通过原生质膜从浓度低的内部向浓度高的外部移动，随之产生萎缩，所以细胞膜几乎不能收缩而导致原生质分离。

另外，风会导致土壤水分蒸发，造成土壤干燥。为了防止这种现象的发生，进行防风、覆盖除草、敷土、浅度中耕等管理十分重要。

（2）植物的生活型

植物在不适于生活的季节（低温、干燥等），产生抵抗芽。根据芽的位置，可以把植物的生活型分为以下6类。

①地上植物（Ph）：芽的位置在地上0.3m以上

②地表植物（Ch）：芽的位置在地上0.3m以下

③半地中植物（H）：芽在地表面

④地中植物（G）：芽在地中

⑤一年生植物（Th）：芽在种子之中

⑥水生植物（HH）：芽在水中

（3）耐阴树与喜阳树

根据各自的光饱和点（在一定的光强以上光合作用量不再增加的光照度值）不同，树木分为耐阴树和喜阳树。对于光饱和点高的植物（喜阳树），在比较强的光照下光合作用量增加，弱光下，光合作用量降低，生长变慢。

光饱和点低的植物（耐阴树），即使光照增强，光合作用量在一定程度上不会增加，强光还会引起危害，可以有效地利用弱光进行生长（图2−10）。

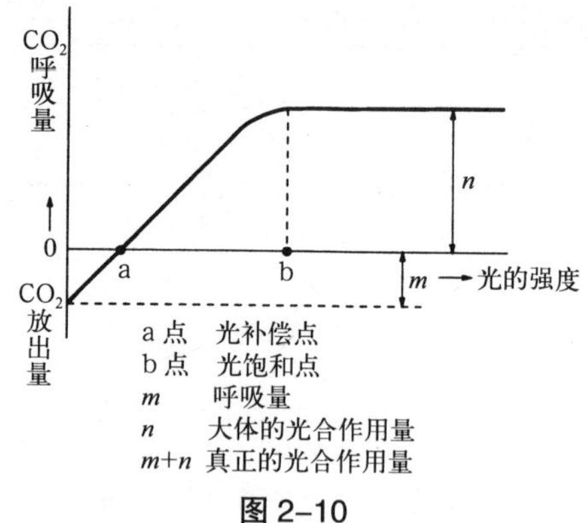

图2−10

在生长时，即使成为日照较强的森林等的上层，也能够繁茂生长的栲类、水青冈等阴性树种，被称为条件性的阴性植物。与此相对，在强光下不能生长的植物被称为绝对的阴性植物，构成森林下层的草本等多为此类。

在光饱和点以上，即使增加光强，光合作用量也不发生变化。在光饱和点以下，光照变弱，则光合作用量减少。当变成某一光强时，表面上CO_2吸收量变为0，然而实际上该点的光合作用量不是0，而是光合作用速度与呼吸作用速度相同，把此时的光照度值称为光补偿点。

在没有光的地方，只单单有呼吸作用，进行CO_2的排出。

此外，日照时间在植物的花芽形成时期为最大的外部影响条件。

2.2　树木的美与芳香

2.2.1　树木的个性美

与动物园中展示的动物的形状、色彩差异一样，植物也有各种各样的形态，植物具有作为植物的，甚至是作为植物品种的个性美。

个性美有在主观立场和客观立场上感知到的美感。

(1) 主观美的要素

在主观情感上，植物的美常常用诗来表达。

时常会想起这篇文章，根据绿色——行云流水、花与树的对话，以“花开之时”为题，“抬头往上看，无数的樱花花瓣在头上形成一面天幕，心情走向远方，越来越远。花与花重叠在一起，深色部分与浅色部分巧妙地竞相开放，花开之时是如此的美丽。”当欣赏白桦的干皮时，“三角形状的柔软的白桦的叶片，无论绿叶还是黄叶都是那么的美妙，白桦的树皮也很美，白色光滑的树皮如肌肤，散发着想用手触摸的光泽。最有趣的是揭下它的树皮，白而纯洁，童年时认为这是个宝物，而认真地把它放入了宝物箱。”

(2) 客观美的要素

在客观存在中，有以植物自身的姿形形成的形态美(树形),以色彩形成的色彩美(树色)，以香气形成的芳香美（香木），以群体形成的生态美（植被）等。

①树木的形态美（树形）

树冠美、树干美、枝条美、叶簇美、根盘美

②树木的色彩美（树色）

树冠色彩美、树干色彩美、新绿红叶美、花色美、果实色彩美

③树木芳香美（香木）

④树木生态美（植被）

群落美、孤赏树之美

2.2.2　树木的形态美

树木由地上部的叶、枝、干及地下部的根组成。树木的树形由枝和叶等构成的树冠形态决定。

(1) 树冠

树冠为树木的梢头部分，指由枝叶构成的块状形态。根据树种不同，有顶芽生长优势强

照片 2-1　松类的树冠、树干之美（净土之浜）

的主干通直的规则形树形，有幼树时生长优势强、但到一定年龄之后侧芽的生长增强、主干进行分枝树冠为不规则形的树形等，表现了各自树种固有的形态。树冠的自然树形有圆锥形、圆柱形、杯状形、球形、卵形、不规则形等；此外，人工修剪的树冠，几何学的表现形式如方形、圆形、鸟兽形等。

与“自然树形”相对的“人工树形”是指通过对树木进行人工的整形修剪、诱导等使干枝与树冠在不影响树木正常生长的前提下，按照各种意图进行人工整形形成的树形。作为人工树形代表的有块状修剪形、树干形、萌芽形、叶簇形、矫正形等（图 2-11）。

(2) 花冠

不是观赏如菊花和牡丹一样单朵花的美，而是观赏作为集合的、整体的花序的美。

根据花的着生方式，花冠有斑状、线状、冠状、纯状等。

①斑状

在绿色背景下花的集聚呈现出点块形状：八仙花、高山杜鹃、瑞香、丁香、夹竹桃等。

②线状

花沿着枝条着生呈现线状：麻叶绣线菊、胡枝子、绣线菊、连翘等。

③冠状

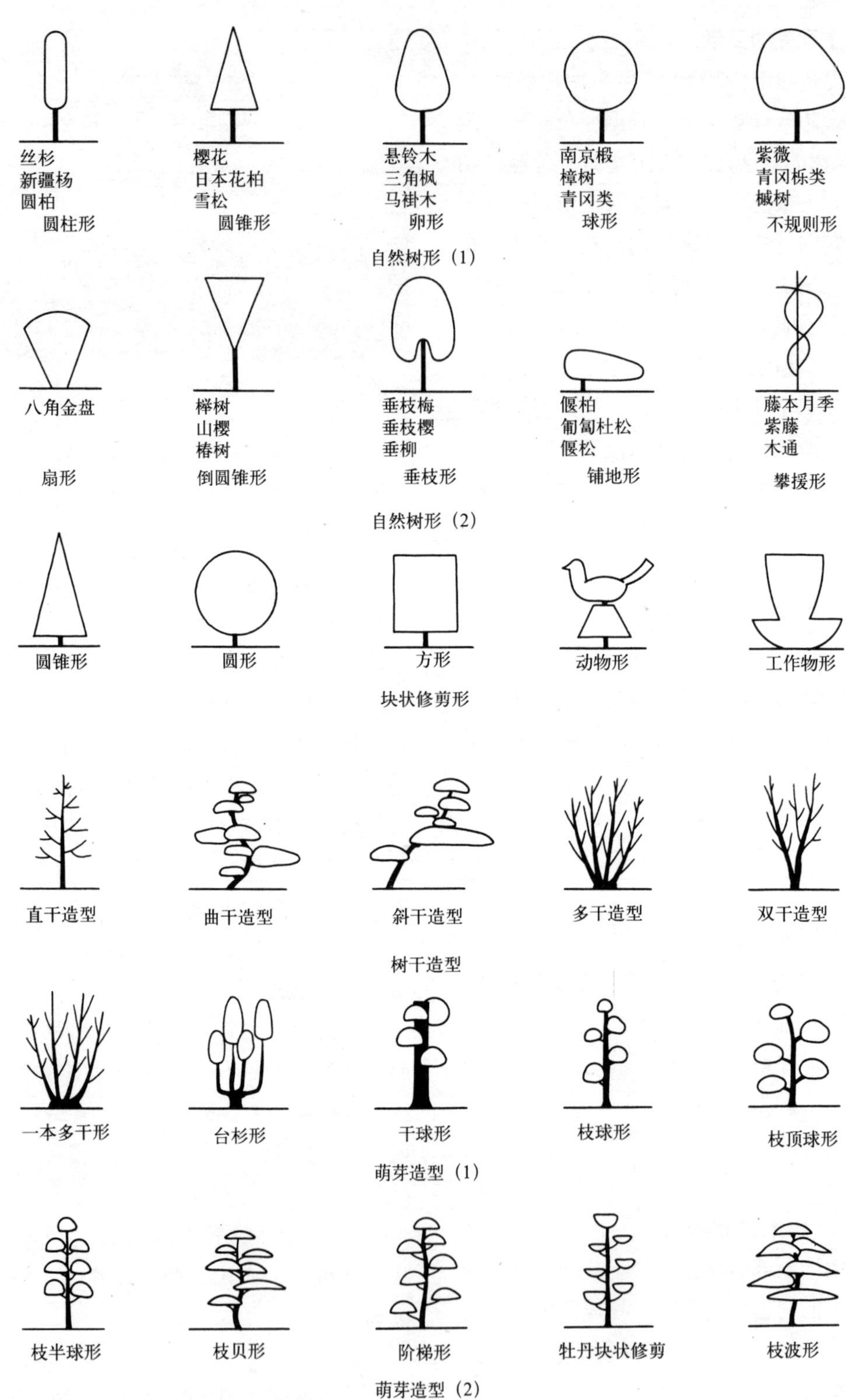

图 2-11　树冠的形态（中岛绘图　1972 ~ 1992）

花集聚于枝梢开放，呈现树木全体被外围花隐埋的形状：杜鹃、紫薇、踯躅类等。

④纯状

先花后叶、树冠整体充满了星星点点的花朵：梅花、日本辛夷、染井吉野樱、桃花等。

（3）枝条

枝由主枝和萌生于主枝上的小枝构成，主枝基本上决定了枝形，小枝使细部呈现出纤细之美。

主枝的形状分为向下形、向上形、斜上形、水平形、波状形、下垂形等（图 2−12）。

落叶树，诸如梅花、朴树、柿树、连香树、榉树、糙叶树等在落叶期，其优美的枝条姿态就可呈现出来。

（4）叶簇

叶，作为构成树木外观的要素，非常重要。

叶的形态、形状因树种不同而有差异，这些形态、形状一起形成了树木的美。在绿化树木中，比起每个叶片的性状来，叶的集合，亦即叶簇的性状更受到重视。

叶片的形状，每种树木各不相同，细分起来有很多种，但大致可分为阔叶、针叶、线形叶（松类、苏铁）、鳞叶（日本花柏、扁柏）四种。在绿化树木中，把针叶、线形叶、鳞叶当作一类，所以把叶形大体上分为阔叶与针叶两类。

对于叶簇来讲，根据生活形的分类，有一年中都有叶片的常绿树，有冬季落叶的落叶树。一般常绿树适于暖地，落叶树适于寒地栽植，但也存在例外的树木。

叶簇的形状，有大形者和小形者，如图 2−13 所示有半球状、波状、小波状、块状、立面状、扭曲状等。

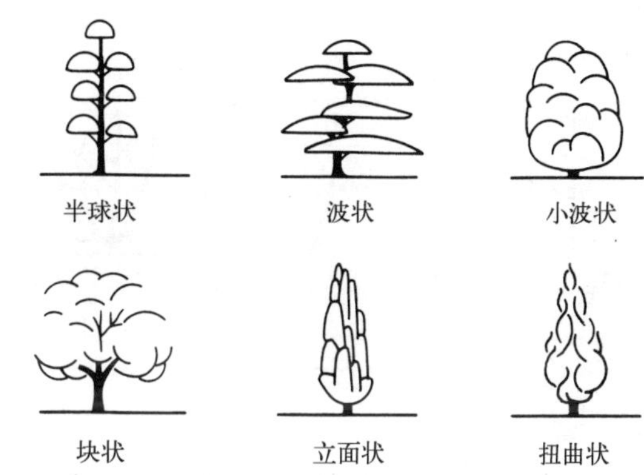

图 2−13 叶簇的形状（中岛绘图 1972 ~ 1992 年）

一般来讲，老树的叶簇形成固有的形态，表现出美感。所以，为了在树木修剪整形时产生年代感等，可以参考青冈栎类、冬青、松类、罗汉松等老树固有的叶簇形态进行维护管理。

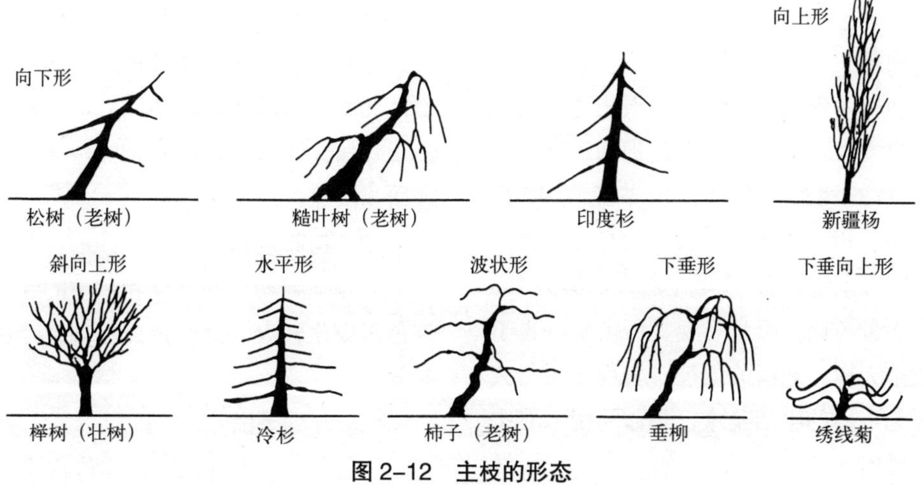

图 2−12 主枝的形态

（5）树干

树干如图 2-14 所示，作为树木个体的特性有直干、曲干、斜干、藤本，还有因立地条件和造型呈现出特异的形态。此外，有单干者、双干者或者多干者，还有一本多干者，除了树木的自然形态之外，还有人工造型而成的。

一本多干者为没有主干、从根基萌发出多数的干的树木。该树形保证了各种美的均衡。

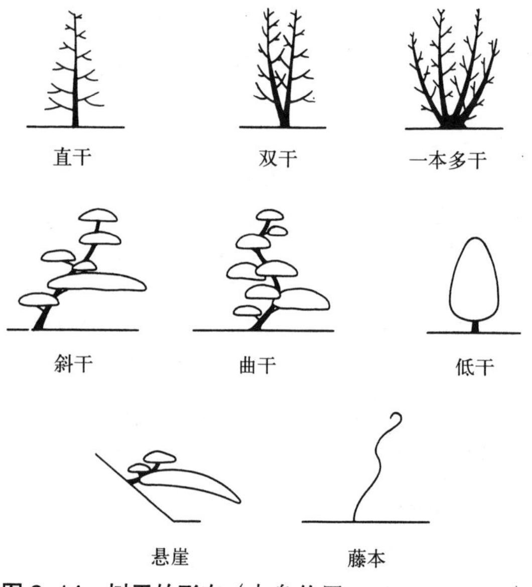

图 2–14 树干的形态（中岛绘图 1972 ~ 1992）

（6）根盘

根盘为树木根际部分，与侧根相连、使树干基部变粗生长，支持根呈现开张的状态。根盘达到观赏的树龄，樱花、山茶花需 40 年左右；枫类、榉树需 50 年左右；银杏、柞栎、日本柳杉、日本花柏需 70 年左右；松类需 100 年左右，树种不同，根盘可观赏所需年限也不同。根盘是大树、老树的象征，表现了树与大地紧密融为一体的生活景象，是作为树木姿态美的一大要素。

（7）根系

根据形态，树木根系可分为主根、侧根、气生根、附着根、地下茎、根茎等，根据地下伸展的状态分为浅根型、中间型、深根型。

树木根的伸展与树木生育中的自然立地条件关系密切，不同的表层土深度、土壤硬度、土壤水分、地形等，即使同一树种的根系的发达程度也有差异。根系与树木移植的难易度关系很大。根系形态一般如图 2-15 所示，可以看出一个趋势，即是特别缺少主根者、侧根多水平分布的浅根型和须根密生者移植比较容易，与深根型相比容易产生风倒现象。直根系和粗根（细根少）者移植困难。

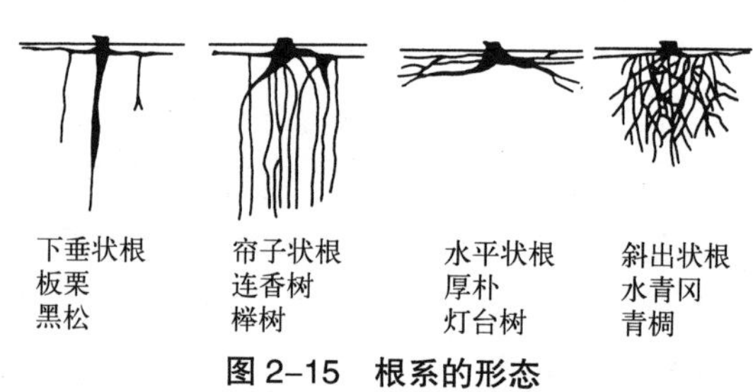

图 2–15 根系的形态

2.2.3 树木的色彩美

树木的色彩作为观赏的对象有（1）树冠色彩；（2）树叶色彩；（3）花色；（4）果实色彩；（5）干色等。

（1）树冠色彩

树冠色彩主要反映叶色。虽然叶色随立地条件和季节等的不同而不同，但一般来讲，常绿阔叶树为暗绿色，落叶阔叶树为亮绿色，针叶树为浓绿色。

（2）树叶色彩

从春季到初夏的新绿和秋季的红（黄）叶等色彩变化较大的落叶树成为观赏叶色的主要对象。

- 新叶的美丽

白色——七叶树、西洋芦竹等

淡红至红——鹅耳枥、野梧桐、马醉木、光叶石楠、樟树、紫薇、香椿、南天竹、接骨木等

赤褐——连香树、山樱等

淡黄至橙——铁椆、枫类、椿树、山茶花等

淡绿——落叶松、柽柳、灯笼花、榉树、柳树、马褂木等

黄绿——落霜红、莽草、玉兰、冬青等

黄——黄金柏等

- 红叶的美——鸡爪槭、柿树、荚蒾、黄杨、杜鹃、络石、三角枫、灯笼花、爬山虎、花楸、乌桕、南天竹、卫矛、盐肤木、日本枫、野漆树、美国狭叶四照花、狭叶十大功劳、小檗、四照花、山槭、日本杜鹃等。
- 黄叶的美——野梧桐、地锦槭、银杏、连香树、落叶松、七叶树、马褂木、厚朴、杨树、落羽松等。
- 彩斑的美——桃叶珊瑚、八仙花、圆柏、水蜡树、枷椤木、瑞香、美国狭叶四照花、柊树、常春藤、冬青卫矛、八角金盘等。

普通的叶色为绿色，但也有黄色、白色环轮、条斑、散斑等美丽的彩斑叶，园艺上的此类珍品、奇品受到重视。彩斑叶形成的原因有遗传和病毒两种，在植物学上当作变种或者品种的较多。造园材料中彩斑的色彩有金黄、白、淡黄色等。

（3）花的色彩

在形成彩色的绿化空间中，花发挥着重要的作用。

对于花色，有如樟树一样不引人们注意的小绿花，有惹人眼目的可以分为红、白、混合三种花色的，也有如八仙花一样的花色富有变化等。

- 黄色——金雀儿、迎春、山茱萸、穗状蜡瓣花、少女蜡瓣花、金丝桃、金缕梅、连翘、棣棠等
- 红色——海棠、夹竹桃、石榴、紫薇、杜鹃、月季、贴梗海棠、碧桃、山茶等
- 白色——美国狭叶四照花、梅花、溲疏、栀子、荚蒾、日本辛夷、石斑木、瑞香、广玉兰、玉铃花、白玉兰、绣线菊、琉球杜鹃等
- 蓝紫色——八仙花、泡桐、铁线莲、紫玉兰、紫藤、木槿、丁香等
- 橙黄色——金桂、凌霄、山杜鹃、日本杜鹃等

照片 2-2　槭树属的叶片 155 种（中岛收集）

花期和花色（中岛 1972 ~ 2004 年制）　表 2-3

月份	常绿树	落叶树	特殊树、藤本
1月	寒山茶（红）、茶梅（红、白）、山茶（红、桃、白）	梅花（红、白）、蜡梅（淡黄）	
2月	瑞香（白、紫）、山茶（红、桃、白）	梅花（红、白）、金缕梅（黄）、蜡梅（淡黄）	
3月	马醉木（白）、含笑（白）、瑞香（白、紫）、山茶（红、桃白）	梅花（红、白）、迎春（黄）、日本辛夷（白）、山茱萸（黄）、檀香梅（黄）、穗状蜡瓣花（黄）、绯寒樱（红）、少女蜡瓣花（黄）、贴梗海棠（红）、金缕梅（黄）、碧桃（桃、白）、连翘（黄）	
4月	马醉木（白）、乙女山茶（桃）、久留米踯躅（红、桃、白）、月桂（淡黄）、瑞香（白、紫）	大岛樱（白）、海棠（红）、泡桐（浅紫）、日本木瓜（朱红、黄红、白）、麻叶绣线菊（白）、日本辛夷（白）、唐棣（白）、里樱（桃）、李叶绣线菊（白）、垂樱（淡红）、白棣棠（白）、染井吉野（浅桃）、灯笼花（白）、穗状蜡瓣花（黄）、郁李（桃）、白玉兰（白）、紫荆（紫）、狭叶四照花（红白）、少女蜡瓣花（黄）、贴梗海棠（红、白）、三叶踯躅（紫红）、木兰（紫）、碧桃（桃、白）、山樱（淡红）、棣棠（黄）、绣线菊（白）、郁李（白）、丁香（白、紫）、连翘（黄）、日本杜鹃（朱红）	木通（淡紫）、紫藤（紫、白）
5月	大紫踯躅（紫）、山月桂（淡红）、杜鹃（红、紫）、石斑木（白）、广玉兰（白）、海桐（白）、琉球踯躅（红、桃、白）	水蜡（白）、溲疏（白）、野茉莉（白）、金雀儿（黄）、雪球荚蒾（白）、荚蒾（白）、泡桐（浅紫）、麻叶绣线菊（白）、锦带花（红）、刺槐（浅黄）、岩藤（红紫）、山梅花（白）、玉铃花（白）、金钟花（红白）、月季（各种）、厚朴（白）、牡丹（红、紫、白）、三叶踯躅（紫红）、锦鸡儿（黄）、棣棠（黄）、狭叶四照花（白）、北美鹅掌楸（黄绿）、紫云英踯躅（朱红）	金银花（白）、常绿忍冬（暗红）、藤本月季（红）、络石（白）
6月	金丝梅（黄）、栀子（白）、小栀子（白）、杜鹃（红、紫）、广玉兰（白）、金丝桃（黄）	八仙花（青、紫）、象牙红（赤）、绣球花（青）、石榴（红）、光叶绣线菊（淡红）、苦楝（白）、金钟花（红）、岩藤（红、紫）、灯台树（白）、丁香（紫、白）	
7月	夹竹桃（赤、白）、金丝梅（黄）、金丝桃（黄）、重瓣栀子（白）	八仙花（青紫）、槐树（浅黄）、象牙红（赤）、绣球（青）、紫薇（红、白）、夏山茶（白）、合欢（红）、芙蓉（红、白）、木槿（红紫、白）	凌霄（橙）
8月	六道木（淡红）	紫薇（红、白）、芙蓉（红、白）、美丽胡枝子（紫）、木槿（赤紫、白）	苏铁（橙黄）
9月	六道木（淡红）、金桂（黄）	紫薇（红、白）、芙蓉（红、白）、美丽胡枝子（紫）、胡枝子（紫）	
10月	六道木（淡红）、金桂（黄）	月季（各种）	藤本月季（红）
11月	茶梅（红、白）、金桂（白）、茶（白）、枸骨（白）		
12月	寒山茶（红）、茶梅（红、白）、山茶（红、桃、白）、枇杷（白）	蜡梅（淡黄）	

（4）果实的色彩

果实的色彩多为红色、黄色、白色、青紫色系等。

果实同花一样，可以表现季节感，应该考虑其成熟期。此外，果实能成为鸟类的食物，可以起到招引鸟类的作用。

- 红（赤）色——桃叶珊瑚、秋胡颓子、山桐子、落霜红、柿树、荚蒾、皂荚、石榴、南五味子、珊瑚树、新木姜子、枸骨叶冬青、草珊瑚、具柄冬青、楤木、海桐、花楸、南天竹、接骨木、灯台树、火棘、西南卫矛、朱砂根、厚皮香、矮金牛、狭叶四照花、毛樱桃、罗汉松等。
- 黄色——银杏、枸橘、山东木瓜、日本木瓜、栀子、茶藨子、草珊瑚、苦楝、

柑橘、柚子等

- 白色——南天竹（白果南天竹）、草珊瑚等
- 蓝紫色——木通、桑树、葡萄、紫珠、琉璃果落叶松等

（5）树干的色彩

树干一般以褐色为多，具有美丽干色的较少。

- 白色——白桦、白皮松、泡桐等
- 绿色——桃叶珊瑚、梧桐、桉树等
- 黑色——野茉莉、大叶钩樟等
- 红色——赤松、枫树、山东木瓜、紫薇、大紫茎等

2.2.4　树木的芳香

花木欣赏中，除了观花之外还有闻香。近年来，为了为盲人与视力不佳者提供植物欣赏环境，专门建造了种植芳香植物的公园。

香气的来源几乎全为花，但也有来自于叶、果实、枝等。

- 花香——野梧桐、美国山梅花、梅花、野茉莉、槐树、含笑、台湾含笑、泡桐、金桂、海州常山、栀子、日本辛夷、重瓣樱（香味樱类）、紫木兰、瑞香、金银花、广玉兰、楤木、络石、南天竹、紫藤、刺槐、玉兰、月季类、柊树、柃木、白粉金合欢、厚朴、牡丹、茵芋、桂花、厚皮香、丁香、蜡梅等
- 叶香——樟树、月桂、花椒、莽草、北美香柏、肉桂等
- 果实香——山东木瓜、樟树、贴梗海棠、柚子等
- 枝香——槐树、大叶钩樟等

2.2.5　树木的生态美

作为孤赏树可以表现一棵树固有的美，并能成为与周边环境相协调的标志树。但是，就如武藏野的杂木林和北原白秋的落叶松林一样，比起一棵树木，树林更能表现出群植形成的丰富的植物群落美。

2.3　树木材料

2.3.1　树木的分类

树木可从①植物分类学；②产地；③生态；④形态；⑤观赏对象；⑥性质；⑦功能、用途等诸方面进行分类。

①植物分类学上的分类：科 family、属 genus、种 species、变种 variety、品种 forma；

②产地上（分布上）的分类：热带树木、亚热带树木、暖带树木、温带树木、亚寒带树木、寒带树木。另外还有乡土树种、外来树种等；

③生态上的分类：乔木（上木）、小乔木、灌木（下木）、草本、地被、藤本植物、水草等；

④形态上的分类：树冠、枝条、叶簇、花冠、树干、根盘。另外还有针叶树、阔叶树、单子叶类树木等；

⑤观赏对象上的分类：观花类（花木）、观叶物、观果类、观干类、芳香类（香木）、特殊物类等；

⑥性质上的分类：常绿树（夏木）、落叶树（冬木）；还有喜阳树、耐阴树；又有耐阴树、耐旱树、耐湿树、耐烟树、耐潮树、耐寒树、耐风树等；

⑦功能、用途上的分类：庭园树、公园树、行道树、绿篱树。还有防噪声树、庭荫树、防风树、防火树、遮蔽树等。

2.3.2　树木的水平分布

在南北细长的日本，因为南北气温相差较大而植被的分布复杂，从北往南依次分布有常

绿针叶林、落叶阔叶林、常绿阔叶林、亚热带阔叶林。

常绿针叶林：作为北海道东北部平地和东北地区山地的极相林，代表性群落有马代冷杉林、库页冷杉林等。

落叶阔叶林（夏绿树林）：作为北海道西南部以及东北地区北部平地和本州中部以南山地的极相林，代表群落有水青冈林、蒙古栎林等。

常绿阔叶林（照叶树林），作为本州南半部、四国、九州平地的极相林，代表性群落为栎类林、栲类林等。

亚热带阔叶林，作为冲绳、小笠原的极相林，代表性群落有椰子林、藤黄类林等。

一直在当地生长的树木成为该地的乡土树种，为最适合于该地的树木。例如，把热带地区常见的树木栽植到温带地区，虽然有对环境适应能力强的树种，但不适合该地环境的为多数。因此，在栽植树木时，必须参考平均气温

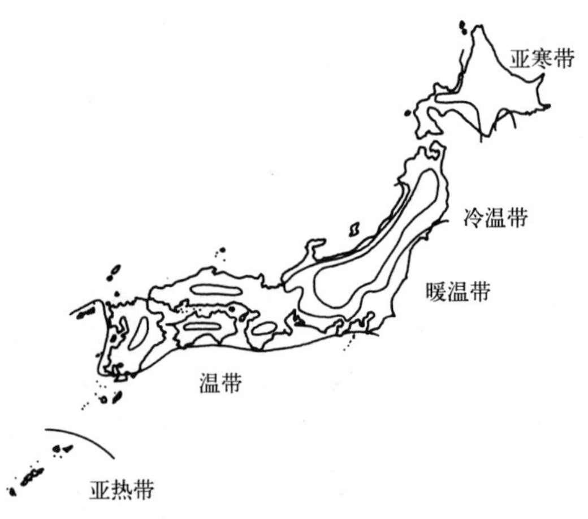

①亚寒带：月平均气温在 10 ～ 20℃ 1 ～ 4 个月，其他时间为低温的地带
②冷温带：年平均气温为 6 ～ 13℃的地带
③暖温带：温暖指数在 100 ～ 140m.d 的地带
④温带：相当于所谓的照叶树林带的无霜地带，温暖指数在 140 ～ 180m.d 范围内
⑤亚热带：最寒月平均气温不低于 0℃的无霜地带，温暖指数在 180 ～ 240m.d 范围内

图 2–16

和温暖指数选择适宜的植物种类（图 2–16），或者有必要把树木放置于温室等适合其生长的环境中。

2.3.3　树木的性质

根据性质，树木有（1）耐阴；（2）耐干旱或水湿；（3）耐亚硫酸气体；（4）耐汽车尾气；（5）耐海潮风；（6）耐风；（7）耐火灾；（8）耐瘠薄等类型。

（1）耐阴树木（耐阴性树种）

树木的枝叶需要日照，只是程度有所差别。有些树种在日照地生长不良，但在阴地能够生长良好，并生长为本来的树姿。一般来讲，该类树不喜好日照而有耐阴性，这些树种被称为耐阴树种。耐阴性根据植栽土壤、树种、环境等因素出现各种差异。特别耐阴的树木被作为极耐阴树。此外，樟树等树种，幼年期为耐阴树，成木后变为喜阳树。反之，不耐阴的树种被称为喜阳树（表 2–4）。

（2）耐旱或耐湿树木（耐干旱、耐湿树种）

不同树种对土壤湿度的适应程度不同，树木的植栽受到湿度高低的限制（表 2–5，表 2–6）。

（3）耐瘠薄的树木

大部分树木在中性土壤中可以生长，但各种树木适合的土质有所不同。

豆科植物有与根共生的、可以固定游离氮素的根瘤菌，耐瘠薄种类多。如果栽植树木与栽植场所的土质不相适合的话，应当混入适当客土进行土壤改良（表 2–7）。

（4）作为标志（纪念树，都道府县的花木等）使用的树木

作为标志使用的树木，应该选择树形良好、生长势强、病虫害少、管理容易的树种，

耐阴树木 **表 2-4**

	乔木 · 小乔木	灌木	地被、草本
强耐阴性 300 ~ 8000lx （10% 以下）	树参类、具柄冬青、柊树	桃叶珊瑚、钝齿冬青、假叶树、十大功劳、柃木、狭叶十大功劳、朱砂根、八角金盘	常春藤、大花杓兰、华岩扇、虾被兰、延龄草、万年青、细辛、吉祥草、孔雀蕨、扇脉杓兰、疏叶卷柏、铁筷子、再力花、麦冬、铃兰、菖蒲、细叶麦冬、七筋姑、大吴风草（不开花）、小射干、平枝栒子、舞鹤草、鬼蒟蒻、矮金牛、虎耳草、龙目蕨（其他蕨类）
耐阴性 6000 ~ 40000lx （10% ~ 15%）	罗汉柏、东北红豆杉、罗汉松、香榧、铁冬青、杨桐、珊瑚树、西洋大叶樱、西洋十大功劳、红楠、铁杉、山茶、德国杜松、小交让木、水青冈、冬青、厚皮香、交让木	八仙花、马醉木、六道木、绣球、荚蒾、山月桂、寒山茶、枷椤木、栀子、花椒、莽草、十大功劳、高山杜鹃类、石斑木、瑞香、草珊瑚、朝鲜钝齿冬青、黄杨、海桐、胡颓子、浜柃木、姬罗汉柏、冬青卫矛、茵芋、八角金盘、山踯躅	马蹄金、筋骨草、凤仙花、倭竹、佛甲草、金钩吻、冰芭蕾草、玉簪、箬竹、小栀子、箬竹、棶木、南五味子、射干、垂枝木藜芦、扶芳腾、络石、爬山虎、野白芨、矮毛茛、蜘蛛抱蛋、卡尔米金丝桃、花蔓草、顶蕊三角咪、圆叶景天、七姐妹藤、禾叶土麦冬、珍珠菜
半耐阴性 30000 ~ 60000lx （50% ~ 75%）	铁椆、枹栎、野茉莉、日本花柏、女贞	金丝梅、连翘、茶、南天竹、卫矛、日本毛女贞、野丁香、十大功劳、桂花、木槿	观赏禾本科等多数

（引自《植栽基盤整備・基礎編》）

耐旱树木 **表 2-5**

种类	耐旱性强	耐旱性弱
针叶树	赤松、东北红豆杉、圆柏、落叶松、黑松、五针松、多行松（赤松的品种）、红松、冷杉、刚松	罗汉柏、罗汉松、日本花柏、日本柳杉
常绿阔叶树	蚊母树、乌冈栎、杨梅、桉树	
落叶阔叶树	银杏、梅花、槐树、枹栎、樱花、垂柳、白桦、刺槐、赤杨、白柳	朴树、枫类、日本辛夷、椴树、大紫茎、狭叶四照花、南京椴、北美鹅掌楸
针叶灌木	偃柏	
常绿阔叶灌木	马醉木、六道木、海桐、假叶树、胡颓子、南天竹、浜柃木、柃木、火棘、冬青卫矛	山月桂、高山杜鹃、瑞香
落叶灌木	金雀儿、迎春、木半夏、贴梗海棠	八仙花、麻叶绣线菊、棣棠
特殊树	苏铁、龙舌兰	
地被	地被竹类、结缕草	斑竹、观赏禾本类
藤本	木通	

耐水湿树木　　　　表 2–6

种类	耐水湿性强
针叶树	香榧、侧柏、日本柳杉、红松、铁杉、北美香柏、水杉、冷杉、落羽松、罗汉松
常绿阔叶树	树参类、珊瑚树、尖叶栲、桉树
落叶阔叶树	梧桐、榔榆、枫香、山桐子、无花果、朴树、柞栎、连香树、麻栎、日本辛夷、紫薇、垂柳、椿树、苦楝、台湾枫、香椿、七叶树、水蜡、花楸、合欢、赤杨、紫茎、杨树、灯台树、糙叶树、狭叶四照花
常绿灌木	桃叶珊瑚、草珊瑚、朱砂根、八角金盘
落叶灌木	八仙花、溲疏、雪球荚蒾、绣球、柽柳、山楂、茶藨子、灯笼花、穗状蜡瓣花、金缕梅、棣棠
藤本	爬山虎、扶芳藤、紫藤、木天蓼
其他	川竹

耐瘠薄树木　　　　表 2–7

种类	树种
针叶树	赤松、罗汉松、黑松、日本金松、竹柏、圆柏、刚松
常绿阔叶树	杨梅
落叶树	朝鲜槐、皂荚、垂柳、乌桕、刺槐、合欢、紫荆、赤杨、日本楤木
常绿灌木	胡颓子
落叶灌木	牛奶子、金雀儿、木半夏、荻、锦鸡儿
特殊树	苏铁
藤本	蔓胡颓子、紫藤

纪念种植用树木　　　　表 2–8

种类	树种
针叶树	赤松、黑松、日本金松、大王松、德国杜松、雪松、水杉、落羽松
常绿阔叶树	含笑、桂花、樟树、月桂、广玉兰、杨梅、桉树、交让木
落叶树	银杏、梅花、槐树、连香树、榉树、樱花类、玉兰、狭叶四照花
特殊树	苏铁、椰子类

都道府县的县花，县树，县鸟　　　　表 2–9

地名	县花	县树	县鸟	地名	县花	县树	县鸟
北海道	玫瑰	虾夷松	丹顶鹤	滋贺	高山杜鹃	槭树	鸊鷉
青森	苹果花	罗汉柏	白天鹅	京都	垂樱	北山杉	大水雉鸟
岩手	泡桐花	南部赤松	野鸡	大阪	梅花、樱草	银杏	百舌
宫城	宫城荻	榉树	大雁	兵库	野菊	樟树	鹳
秋田	款冬	秋天柳杉	鸲雉	奈良	重瓣樱	日本柳杉	知更鸟
山形	红花	樱桃	鸳鸯	和歌山	梅花	乌岗栎	白眼鸟
福岛	短花杜鹃	榉树	黄鹟	鸟取	二十世纪梨	枷椤木	鸳鸯
茨城	月季	梅花	云雀	岛根	牡丹	黑松	大天鹅
枥木	八潮杜鹃	七叶树	琉璃鸟	冈山	桃花	赤松	野鸡
群马	羊踯躅	黑松	鸲雉	广岛	山槭	山槭	鱼鹰
埼玉	樱草	榉树	灰斑鸠	山口	夏橘	赤松	灰鹤
千叶	油菜花	罗汉松	黄道眉	德岛	蓼兰	杨梅	白鹭
东京	染井吉野樱花	银杏	赤味鸥	香川	橄榄	橄榄	杜鹃鸟
神奈川	卷丹	银杏	海鸥	爱媛	柑橘	松类	知更鸟
新潟	郁金香	山茶	朱鹭	高知	杨梅	日本柳杉	世路鸟
富山	郁金香	柳杉	榛鸡	福冈	梅花	踯躅	黄莺
石川	贝母	罗汉柏	山鹰	佐贺	樟树	樟树	喜鹊
福井	日本水仙	松类	斑鸫	长崎	云仙杜鹃	圆柏、山茶	鸳鸯
山梨	富士樱	枫树	黄莺	熊本	龙胆	樟树	云雀
长野	龙胆	白桦	榛鸡	大分	丰后梅	丰后梅	白眉鸟
岐阜	紫云英	东北红豆杉	榛鸡	宫崎	文殊兰	酒瓶椰子	白腹鸲雉
静冈	踯躅	桂花	三光鸟	鹿儿岛	雾岛杜鹃	樟树	琉璃松鸦
爱知	燕子花	三角枫	红角鸮	冲绳	象牙红	琉球松	野口啄木鸟
三重	鸢尾类	神宫柳杉	白鸻				

适合冲绳种植的植物　　　　表 2–10

	树种	花期	草本	花期
乔木	黄金凌霄	3～4月	郁金珊瑚花	1～12月
	相思树	4～5月	一品红（露地栽植）	6～9月
	大黄槿	6～9月		
	凤凰木	6～9月		
	台湾紫薇	7～11月		
	大花素馨花	11～4月		
小乔木	琉球绯寒樱	1～2月	藤本植物（墙面用）	花期
	罗汉松叶试管刷花	3～9月	火焰藤	1～3月
	黄花槐	5～6月	叶子花	1～5月
		10～12月		9～12月
	大蝴蝶	6～11月	大花老鸦嘴	1～12月
			小凌霄	1～12月
			台湾牵牛	1～12月
			南天素馨	3～12月
			大花有明藤	4～10月
			突拔忍冬	5～9月
			印度使君子	6～11月
			大蒜藤	9～12月
灌木	沙漠玫瑰	1～12月	彩叶植物	花期
	郁金珊瑚花	1～12月	彩叶草	2～11月
	花丁字	1～12月	酒瓶椰子	
	琉球木槿	1～12月	铁苋菜	4～6月
	老鸦嘴	1～12月	刺茉莉	5～9月
	马缨丹	2～11月	无花果	10～12月
	南洋樱花	3～9月		
	南方番茉莉	4～9月		
	龙船花	6～8月		
	赪桐	6～9月		

从时间上来讲，具有历史性、乡土性的、有由来的珍贵树木成为优选树种（表 2–8 ～表 2–10）。

（5）作为野鸟食饵使用的树木

食饵植物是指其果实、种子、花蜜等能够作为树林中野鸟的食饵的树种，有雌雄同株、异株等（表 2–11）。

食饵树木　　　　表 2-11

野鸟 食饵植物	1 蓝啄木鸟	2 红啄木鸟	3 赤腹鸫	4 红腹灰雀	5 鹫鸶	6 兰鹊	7 松鸦	8 乌鸦	9 河金翅雀	10 野鸡	11 斑鸠	12 小鸭	13 小啄木鸟	14 竹鸡	15 小白头翁	16 鸟+可	17 蜡嘴雀	18 北红尾鸲	19 白腹鸟	20 麻雀	21 斑鸫	22 鸭	23 黄道眉	24 野鸭	25 金翅雀	26 白头翁	27 白眉鸟	28 山雀	29 鸲雉	30 连雀	31 琉璃鹟鸟	合计	雌雄同株	雌雄异株	果熟期(月)
常绿树																																			
1 桃叶珊瑚																					○	○										2		○	12
2 铁椆										○				○										○								3	○		10
3 钝齿黄杨						○				○											○	○					○		○			6		○	10～11
4 樟			○			○		○			○			○							○	○				○	○		○	○		11	○		10～11
5 栀子																					○	○					○					3	○		10～12
6 铁冬青			○							○				○					○		○	○								○		8		○	11～12
7 杨桐					○					○	○								○			○					○					6	○		10
8 茶梅											○											○					○					3	○		10
9 珊瑚树																						○				○						2	○		9～11
10 莽草										○	○																	○				3	○		9
11 乌饭树										○											○											2	○		10～11
12 棕榈							○																									1		○	10
13 青椆							○			○				○														○				4	○		10
14 白樟								○		○												○										3		○	11～2
15 尖叶栲					○					○	○																					3	○		10
16 具柄冬青										○				○				○			○	○							○			6		○	10～11
17 红楠			○			○													○			○				○						5	○		10～11
18 大叶冬青						○															○	○										3		○	11～12
19 茶树								○						○								○										3	○		11
20 黄杨								○		○	○										○	○										5	○		10
21 山茶																						○					○	○				3	○		10
22 海桐						○																○				○						3		○	10～11
23 胡颓子								○							○							○										3	○		5～6
24 南天竹						○															○	○				○						4	○		10～12
25 月桂			○																		○	○										3	○		11
26 女贞			○			○		○			○										○	○							○	○		8	○		10～11
27 十大功劳			○																		○											2	○		17
28 柃木	○		○			○		○	○	○	○			○				○	○		○	○	○	○			○		○		○	17		○	10～11
29 火棘			○															○			○	○				○						5	○		10～11
30 枇杷						○		○		○												○					○					5	○		5～6
31 冬青卫矛			○						○	○				○				○	○		○	○							○		○	10	○		10～12
32 石栎					○					○																			○			3	○		10
33 朱砂根																					○											1	○		10～6
34 冬青			○							○	○			○							○	○				○						7		○	11～12
35 厚皮香																○		○				○										3	○		10
36 八角金盘																					○	○								○		3	○		3～5
37 矮金牛							○	○		○	○					○					○										○	7	○		11
38 交让木			○								○								○		○	○										5		○	10
针叶树																																			
1 赤松	○						○		○	○	○			○		○				○	○	○	○		○			○	○			14	○		10
2 东北红豆杉		○					○		○								○		○		○	○						○		○		9		○	10
3 罗汉松																	○					○										2		○	10
4 香榧										○																						1		○	10
5 黑松									○	○	○			○		○			○	○			○					○	○			10	○		10
6 日本花柏																					○	○										2	○		9～10
7 日本柳杉						○			○	○				○		○									○			○	○			8	○		10
8 圆柏									○																				○			2	○		10～11

续表

食饵植物 \ 野鸟	1 蓝啄木鸟	2 红啄木鸟	3 赤腹鸫	4 红腹灰雀	5 鸳鸯	6 兰鹊	7 松鸦	8 乌鸦	9 河金翅雀	10 野鸡	11 斑鸠	12 小鸭	13 小啄木鸟	14 竹鸡	15 小白头翁	16 鸟+可	17 蜡嘴雀	18 北红尾鸲	19 白腹鸟	20 麻雀	21 斑鸫	22 鹎	23 黄道眉	24 野鸭	25 金翅雀	26 白头翁	27 白眉鸟	28 山雀	29 鸲雉	30 连雀	31 琉璃鹟鸟	合计	雌雄同株	雌雄异株	果熟期（月）
落叶树																																			
1 野梧桐						○					○				○			○							○						5		○		10
2 牛奶子						○														○	○					○					4	○			10
3 水榆花楸																				○	○							○			3	○			10
4 多花泡花树								○		○	○			○						○											5	○			10
5 大吴风草						○								○							○										3		○		10 ~ 11
6 无花果						○									○											○					4	○			6 ~ 7
7 银杏								○		○																					2	○			
8 香椒子						○			○	○			○		○			○		○	○					○				○	10		○		10
9 水蜡			○			○				○						○				○	○					○		○			8	○			10 ~ 11
10 黄莺忍冬						○	○	○			○				○						○				○	○					8	○			5
11 五加		○	○							○	○				○					○	○				○	○					9		○		10
12 毛叶石楠										○										○						○					3	○			10 ~ 12
13 梅花				○																	○					○					3	○			6
14 落霜红						○												○		○	○							○			5		○		10 ~ 11
15 漆树	○	○						○		○			○	○		○											○	○		○	10		○		9
16 灰叶稠李														○	○										○						3	○			8
17 野茉莉							○	○		○	○			○			○				○						○	○			9	○			10
18 朴树			○			○		○						○	○		○		○	○	○				○	○			○		12	○			10
19 柿树			○			○		○		○				○		○	○			○	○				○	○			○		12	○			10 ~ 12
20 荚蒾	○					○				○	○			○				○		○	○							○			9	○			10 ~ 11
21 鸡树条荚蒾																				○								○	○		3	○			9 ~ 10
22 枸杞						○				○									○												3	○			10 ~ 11
23 海州常山			○					○			○					○		○		○	○				○						8	○			10 ~ 11
24 盐肤木					○	○	○	○		○	○	○											○					○			9	○			10 ~ 11
25 栗树							○																					○			2	○			10
26 大叶钩樟			○			○		○												○								○			5		○		10
27 桑树			○			○		○			○				○						○				○	○					9	○	○		6 ~ 8
28 枹栎					○		○			○				○		○	○											○			7	○			10
29 野鸭椿										○											○							○			3	○			10
30 华山矾								○		○										○			○								4	○			9
31 山楂						○		○		○											○										4	○			10 ~ 11
32 花椒						○		○	○	○	○				○			○			○					○				○	10		○		10
33 黑枣						○		○		○										○	○				○				○		7	○			10 ~ 11
34 三叶海棠										○				○		○				○						○					5	○			9 ~ 10
35 苦楝						○		○											○		○				○						5	○			9 ~ 10
36 染井吉野			○	○		○	○	○		○	○				○	○					○				○	○	○				13	○			6
37 山槭																			○	○								○			3		○		10
38 大叶冬青							○	○		○	○									○	○	○		○		○					9	○			10
39 垂丝卫矛										○										○											2	○			10 ~
40 白蜡											○																	○			2		○		0
41 梨						○		○												○											3	○			10
42 木半夏						○		○							○						○					○					5	○			7 ~ 8
43 花楸	○		○											○					○	○	○								○	○	8	○			9 ~ 10
44 卫矛								○		○	○			○				○		○	○					○		○	○		10	○			10 ~ 11
45 接骨木						○	○	○	○	○										○	○							○			8	○			10
46 盐肤木	○	○	○			○	○	○		○	○		○	○		○		○		○	○				○	○	○	○		○	19		○		10
47 猫乳						○				○																			○		3	○			10
48 玉铃花								○		○																	○	○			4	○			10
49 榛子							○			○				○		○												○			5	○			10
50 野漆树	○	○			○			○		○	○		○	○		○	○	○		○	○				○	○		○		○	17		○		10 ~ 11
51 狭叶四照花						○														○	○										3	○			10
52 黄花槿										○	○			○							○							○			5	○			10
53 赤杨										○														○							2	○			10
54 竹叶椒											○										○										2		○		10
55 厚朴		○					○			○				○											○						5	○			9

续表

食饵植物＼野鸟	1 蓝啄木鸟	2 红啄木鸟	3 赤腹鸫	4 红腹灰雀	5 鸳鸯	6 兰鹊	7 松鸦	8 乌鸦	9 河金翅雀	10 野鸡	11 斑鸠	12 小鸭	13 小啄木鸟	14 竹鸡	15 小白头翁	16 鸟＋可	17 蜡嘴雀	18 北红尾鸲	19 白腹鸟	20 麻雀	21 斑鸫	22 鹎	23 黄道眉	24 野鸭	25 金翅雀	26 白头翁	27 白眉鸟	28 山雀	29 鸲雉	30 连雀	31 琉璃鹟鸟	合计	雌雄同株	雌雄异株	果熟期（月）
56 黑枣																					○	○					○					3	○		10～11
57 西南卫矛											○										○	○										3		○	10
58 四照花								○		○	○		○	○	○						○	○		○		○						10	○		8～10
59 省沽油										○	○			○			○				○											5	○		9～10
60 糙叶树			○			○		○		○	○			○			○		○		○	○				○			○	○		13	○		10
61 荚蒾										○											○											2	○		10
62 紫珠	○			○		○			○	○	○			○					○		○						○					10	○		10～11
63 小檗										○											○											2	○		10
64 桃				○		○											○															3	○		7
65 蝴蝶荚蒾										○				○							○											3	○		10
66 牛筋树			○																		○											2		○	9
67 山樱			○			○	○			○	○				○							○				○	○		○			10	○		6～7
藤本																																			
1 木通	○						○	○		○			○	○								○					○		○			9	○		10
2 蘡薁	○									○						○					○	○				○			○			7	○		10～11
3 常春藤			○																		○	○								○		4	○		4～5
4 熊柳			○			○	○			○				○		○			○			○				○						9	○		8
5 菝葜							○			○									○		○											4		○	10
6 软枣猕猴桃							○	○		○	○					○					○	○				○			○			9		○	10
7 金银花																						○					○					2	○		10
8 爬山虎			○				○	○		○						○					○											6	○		10～11
9 藤本漆树							○	○		○			○								○								○			6		○	10
10 南蛇藤						○				○				○			○	○			○	○					○		○	○		10		○	10
11 扶芳藤	○								○	○	○		○	○		○					○	○				○			○			11	○		10～11
12 革叶多花蔷薇							○		○	○	○											○										5	○		11
13 多花蔷薇	○		○		○	○				○	○			○	○			○	○		○	○				○			○	○	○	16	○		11
14 多花紫藤								○		○	○													○					○			5	○		10～11
15 蛇葡萄						○		○		○	○			○		○			○		○	○		○		○	○		○	○		14	○		10～11
16 鸡矢藤			○	○	○	○				○	○			○	○	○		○			○	○				○	○		○		○	16	○		10
17 木天蓼						○															○											2		○	10
18 三叶木通										○												○										2	○		10
19 山葡萄		○								○	○			○							○	○										6	○		10～11

（引自《造園施工管理（技術編)》）

2.3.4 树木的特性

树木的特性如表 2–12 所示。

树木特性表 表 2–12

树种	适宜栽植地	土壤	抗性	移植的难易时期
针叶树				
赤松	北海道（南部），本州，四国，九州	砂壤	弱烟，弱潮，耐寒	× 2月下～4月
罗汉柏	本州，四国，九州	黏土	耐寒，耐阴	× 3～5月，9～10月
东北红豆杉	北海道，本州，四国，九州	黏土	耐阴，弱暑，耐寒，耐旱	× 3～4月
中国粗榧	本州，四国，九州	砂壤	耐烟，耐潮，耐寒，耐阴	× 11～1月下
罗汉松	本州（关东以南），四国，九州	砂壤	耐暑，弱寒，耐阴，耐潮	△ 3月中～4月上，6～7月
圆柏	本州，四国，九州	砂壤	耐潮，弱阴，弱湿	× 4～5月，9～10月
贝圆柏	北海道（南部），本州，四国，九州	壤土	耐烟，耐潮，耐旱	× 3～6月
花柏	北海道（南部），本州，四国，九州	壤土	弱烟，弱潮	× 4月，梅雨前
香榧	本州，四国，九州	黏土	耐湿，耐烟，弱潮，耐风，耐寒，耐阴	△ 3～4月，10～11月
落叶松	北海道，本州（东北，长野）	砂壤	弱烟，弱潮，耐旱，耐寒，耐火	× 11～3月

续表

树种	适宜栽植地	土壤	抗性	移植的难易时期
枷椤木	北海道，本州，四国，九州	黏土	耐烟，耐寒	× 4月上
黑松	本州，四国，九州	砂壤	弱烟，耐潮	○ 6月，9～10月，2～4月下
日本金松	北海道（南），本州，四国，九州	砂壤	弱烟，耐寒，耐阴	× 3～4月，10～11月
侧柏	北海道（南），本州，四国，九州	黏土	弱烟，耐寒，耐湿，弱阴	× 3～5月
五针松	北海道，本州，四国，九州	砂壤	耐潮，耐旱，耐寒	△ 2月下～4月上
丝杉	本州（南），四国，九州	壤土	弱荫，弱寒	× 4～6月
日本花柏	北海道（南部），本州，四国，九州	壤土	弱风，弱烟，弱潮，耐寒	3～4月，10～11月
日本柳杉	北海道，本州，四国，九州	砂壤	弱烟，弱火，弱潮	△ 3～6月
大王松	四国，九州	砂壤	弱寒，耐暑，耐阴	× 3月
多行松（赤松的品种）	本州，四国，九州	壤土	弱烟，弱潮，耐旱	2月下～3月下
红松	本州（中，北部）	壤土	耐旱	× 2月下～4月上，10月上
铁杉	本州（东北南部以南），四国，九州	壤土	耐寒，耐阴	○ 2月下～3月中
德国冷杉	北海道，本州，四国，九州	砂壤	耐寒，耐阴，耐烟	△ 2月下～3月中，12月
竹柏	本州（关东以西），四国，九州	壤土	弱烟，耐潮，耐阴	× 5月
北美香柏	北海道，本州（东北，长野）	壤土	耐潮，耐阴，耐湿，耐寒，耐旱，弱潮	△ 9月上～11月，2～4月
日本花柏		壤土	弱潮	△ 2月下～7月上
扁柏	北海道（南部），本州，四国，九州	黏土	耐寒，弱潮，弱风，弱烟	○ 3～4月，10～11月
雪松'粗绿黄'	北海道（南部），本州，四国，九州	砂壤	弱烟，耐阴，弱潮，耐寒，耐暑	○ 3～6月，9～11月
日本花柏	北海道（南部），本州，四国，九州	壤土	弱烟，弱潮，耐寒	△ 2月下～3月中
姬小松	本州（中部），四国，九州	砂壤	耐潮，弱烟，耐寒	× 3～4月
偃柏	本州，四国，九州	砂壤	耐潮，耐烟	△ 3～4月，10～11月
水杉	北海道（南部），本州，四国，九州	砂壤	耐湿	○ 3～4月
冷杉	北海道（南部），本州，四国，九州	砂壤	弱烟，弱潮，耐寒	2～3月
罗汉松	本州（关东以西），四国，九州	砂壤	耐潮，弱寒，耐湿，耐阴	○ 3月中～4月上
落羽松	北海道（南部），本州，四国，九州	壤土	耐湿	△ 3月上～4月上，10月中
刚松	北海道	砂壤	耐旱，耐湿，耐寒	△ 11～12月，2～3月
常绿树				
铁椆	本州（东北南部以西），四国，九州	壤土	耐烟，耐潮，耐寒，耐阴	5～6月
蚊母树	本州（南部），四国，九州	砂壤	耐潮，耐烟，耐旱，耐阴	○ 4～5月，9～10月
钝齿冬青	北海道，本州，四国，九州	砂壤	耐烟，耐火，耐阴	△ 5～7月
乌岗栎	本州（关东以西），四国，九州	砂壤	耐烟，耐潮，弱寒	5～6月
含笑	本州（关东以西），四国，九州	砂壤	耐阴	× 4月下～5月
树参	本州（东北南部以西），四国，九州	不限	耐烟，耐湿，耐阴	× 6月中～7月上
光叶石楠	本州（东北南部以西），四国，九州	壤土	耐其他种类危害，耐烟	× 5～6月，9月下～10月上
夹竹桃	本州，四国，九州	砂壤	耐烟，耐潮，弱寒	○ 5月上～10月上
樟树	本州（东北南部以西），四国，九州	壤土	耐潮，耐烟，弱寒	△ 5月上～7月上
铁冬青	本州（东北南部以西），四国，九州	壤土	耐烟，耐潮	○ 6月，10月，5～8月
月桂	本州，四国，九州	黏土	耐烟，耐阴	× 4～6月，9～10月
杨桐	本州，四国，九州	砂壤	耐烟，耐阴	× 5～6月
茶梅	本州，四国，九州	砂壤	强烟，耐阴，耐潮，弱寒	△ 3月下～5月
珊瑚树	本州（东北南部以西），四国，九州	壤土	耐潮，耐湿，耐阴，耐烟，弱寒	○ 6月上～7月上，9月下～10月上
青椆	本州，四国，九州	砂壤	弱烟，耐阴，耐潮，耐寒，耐其他种类危害	△ 5月上～6月下
白樟	本州，四国，九州	壤土	耐烟	△ 5～6月
尖叶栲的品种	本州（东北南部以西），四国，九州	壤土	耐烟，耐潮，耐湿，耐阴	○ 5～6月
西洋博打木			耐潮，耐烟	△ 5～6月
西洋十大功劳		壤土	耐烟	×
具柄冬青	本州（东北南部以西），四国，九州	壤土	耐寒	△ 5月
广玉兰	本州（东北南部以西），四国，九州	砂壤	弱潮	× 断根处理，5月下～10月上
红楠	本州（南），四国，九州	壤土	耐烟，耐潮，弱寒	○ 5～6月，6～7月
大叶冬青	本州，四国，九州	壤土	耐烟，耐阴	5～6月
山茶	北海道（南部），本州，四国，九州	砂壤	耐烟，耐阴	○ 3月下～4月，6月中～7月上，9月下～10月上
尖叶栲	本州（中南部），四国，九州	壤土	耐烟，耐潮	5～6月，9～10月
女贞	本州，四国，九州	不限	强健，耐烟，耐寒，耐阴	○

续表

树种	适宜栽植地	土壤	抗性	移植的难易时期
竹柏	本州（关东以西），四国，九州	砂壤	耐盐	× 5月
日本毛女贞	北海道（南部），本州，四国，九州	砂壤	耐烟，耐寒，耐潮，耐阴	10～4月
博打木	本州（中，南部），四国，九州		耐潮，耐烟，弱寒	5～6月
十大功劳	北海道（南部），本州，四国，九州	砂壤	耐潮，耐烟，耐寒，耐阴	6月
枸骨	本州，四国，九州	不限	耐烟，耐阴	△ 6月
小交让木	本州（中，南部），四国，九州	砂壤	耐潮	5～6月
厚朴	本州（南部），四国，九州	壤土	耐潮，弱寒	× 6～7月
黄杨	北海道（南部），本州，四国，九州	壤土	耐烟，耐潮	5月上～7月下
石栎	本州（东北南部以西），四国，九州	壤土	耐潮，耐烟，弱寒	5～6月
柑橘	本州（南），四国，九州	壤土	耐潮，弱寒	4～6月，9～10月下
桂花	本州，四国，九州	砂壤	弱潮	○ 5月中～7月上，9月下～10月上
冬青	本州（东北南部以西），四国，九州	壤土	耐烟，耐潮，耐阴	○ 6月，10月
厚皮香	本州（东北南部以西），四国，九州	壤土	耐烟	○ 3月～7月上
天竺桂	本州（中，南部），四国，九州	壤土	耐潮	× 6～7月
杨梅	本州，四国，九州	砂壤	耐烟，耐潮，耐阴，耐旱，弱寒	× 断根处理，5月中～7月下
桉树	本州（东北南部），四国，九州	砂壤	耐潮，弱寒，耐湿	× 5～6月
交让木	本州（东北南部），四国，九州	砂壤	耐潮，耐烟，耐阴	3月上～4月上，6月上~7月上
落叶树				
梧桐	北海道（南部），本州，四国，九州	壤土	弱强风，耐烟，耐湿	○ 3～4月，10月上～11月
野梧桐	本州，四国，九州	壤土	耐其他种类危害	2～3月
榔榆	北海道（南部），本州，四国，九州	黏土	耐湿，耐潮	10～11月，2～3月
美国枫香	本州，九州	黏土	耐湿	△ 3月
山桐子	本州，四国，九州	壤土	耐湿	○ 3月中、下
无花果	本州，四国，九州	壤土	耐湿	○ 3月
银杏	北海道，本州，四国，九州	砂壤	耐火，耐烟，弱潮，耐寒	○ 2月上～4月中
朝鲜槐	北海道，本州，四国，九州	壤土	耐烟，耐寒	2月下～3月中，10～11月
水蜡	北海道，本州，四国，九州	不限		○ 2～3月
梅花	北海道，本州，四国，九州	壤土	耐旱，耐寒，弱潮	○ 11月上至下，2月～3月中
落霜红	北海道（南部），本州，四国，九州	壤土	耐寒，弱潮	○ 3月，11月中～4月
野茉莉	北海道（南部），本州，四国，九州	不限	弱潮，耐寒	3～4月，10～11月
朴树	本州，四国，九州	黏土	弱旱	○ 10～11月，2～3月
槐树	北海道，本州，四国，九州	壤土	强健，耐旱，耐寒	× 2月下～4月上，10～11月
胡桃楸	北海道，本州，四国，九州	壤土		
象牙红	本州，四国，九州	壤土		3～4月
海棠		砂壤	弱潮，弱烟，耐寒	○ 10～11月
枫类				
地锦槭	本州，四国，九州	壤土	弱潮	× 2～3月，10～11月
鸡爪槭	本州，四国，九州	壤土		3月，10～11月
三角枫	北海道（南），本州，四国，九州	壤土	弱潮，耐烟，耐寒	3～4月，10～11月
野村槭	北海道，本州，四国，九州	壤土	强健	2～3月，10～11月
日本槭	北海道，本州，四国，九州	壤土	弱阴，弱烟	2～3月
山槭	北海道，本州	壤土	弱烟	
柿树	本州（东北南部以西），四国，九州	不限		× 2～3月，10～11月
柞栎	北海道，本州，四国，九州	黏土	耐湿	× 2月下～3月，10～11月
连香树	北海道，本州，四国，九州	不限	耐火，弱风，弱潮，耐寒，耐湿	○ 3月，9～11月
山东木瓜		壤土		10～11月
加路利杨	北海道，本州，四国，九州	壤土	耐烟	○ 3～4月上，9～11月
梓树		壤土		10～11月
黄檗		壤土		3月
泡桐	北海道，本州，四国，九州	砂壤		3月
银白杨	北海道，本	壤土	耐烟，耐潮	○ 3～4月上
麻栎	北海道，本州，四国，九州	黏土	耐湿	× 2月下～3月，10～11月
栗树	北海道（南部），本州，四国，九州	砂壤	弱烟，弱潮	11月，3月
榉树	北海道（南部），本州，四国，九州	黏土	强健，耐烟，耐寒	○ 2～3月，10～11月

续表

树种	适宜栽植地	土壤	抗性	移植的难易时期
枹栎	北海道，本州，四国，九州	壤土	耐烟，耐潮，耐寒	○ 2月下～3月，11～12月
日本辛夷	本州，四国，九州	壤土	耐烟，耐湿，弱潮	× 3月上～5月中，9月下～10月中
桤木叶唐棣	本州（中南部），四国，九州	壤土		2月下～3月下，10月下～12月上
樱花类				
大岛樱花	北海道，本州，四国，九州	壤土	耐烟，耐潮	○ 2月下～3月下，10月下～11月下
里樱	北海道（南部），本州，四国，九州	壤土		○ 2月下～3月下
垂樱		壤土		○ 2月下～3月下
染井吉野	北海道（南部），本州，四国，九州	壤土	耐烟	○ 断根处理，2月下～3月下
绯寒樱花		壤土		○ 10月下～12月上，2月下～3月下
山樱	北海道，本州，四国，九州	不限	耐烟	○ 10月下～12月上，2月下～4月下
石榴	本州，四国，九州	砂壤	强健，耐潮，耐寒	○ 4～5月，10～11月
紫薇	北海道（南部），本州，四国，九州	壤土	耐潮，耐湿，耐寒	○ 5月上～9月
山茱萸		石灰质壤土	弱潮	3月上～中，11～12月上
垂柳	北海道，本州，四国，九州	壤土	耐烟，耐湿，弱风，耐寒	○ 2月下～7月上，9月下～11月上
星花木兰		黏土	强健	× 2月上～3月上
椴树	北海道，本州，四国，九州	不限		11月，2～3月中
白桦	北海道，本州（东北，关东，北陆，中部）	砂壤	弱烟，耐潮，耐寒	○ 2月下～3月上，10月上～11月下
椿树	北海道，本州，四国，九州	黏土	耐湿	3月，10月
悬铃木	北海道，本州，四国，九州	砂壤	强健，耐烟，弱风，耐寒	○ 10～12月上，2月下～3月下
苦楝	本州（东北南部以西），四国，九州	砂壤	弱寒，耐湿	3～4月，10～11月
鹅耳枥	北海道，本州，四国，九州	黏土	弱潮，耐寒	2月下～3月上，10月上～11月下
台湾枫	本州（中南部），四国，九州	壤土	耐湿	○ 3月中
香椿	本州（中南部），四国，九州	不限	耐湿	3～4月，9～11月
七叶树	北海道，本州，四国，九州	黏土	耐湿，耐寒，耐烟，耐火，弱风	○ 3～4月，10～11月上
椤	北海道，本州（东北，关东，北陆，中部）	砂壤	耐湿，耐潮，耐烟，耐寒	2月下～3月中，10月中～11月中
大紫茎		壤土		○ 2～3月
花楸	北海道，本州，四国，九州	砂壤	弱烟，弱潮，耐湿，弱寒	2～3月
乌桕	本州（关东以西），四国，九州	壤土	耐潮	× 4月下～5月上，9月下～10月下
卫矛	北海道，本州，四国，九州	壤土		○ 3月，10～11月
刺槐	北海道，本州，四国，九州	砂壤	耐烟，耐潮，耐寒	○ 3月中
接骨木	本州，四国，九州	壤土	耐阴	○ 2～3月
盐肤木	北海道，本州，四国，九州	壤土	耐潮	△ 2～3月
合欢	北海道（南部），本州，四国，九州	砂壤	耐潮，耐湿，耐寒	△ 2月下～3月中，10月下～11月下
玉铃花		壤土	耐烟，耐寒	3月上～5月，10～11月
玉兰	本州（南部），四国，九州	壤土	弱烟，弱潮	× 断根处理，3月下～5月中，9月下～10月上
野漆树	本州（关东以西），四国，九州	壤土	强健，耐潮	4月，9月下～11月下
紫荆	北（南部），本州，四国，九州	砂壤	耐寒	× 断根处理，3月上，3月中
狭叶四照花	北海道，本州（东北，关东，北陆，中部）	砂壤	弱潮，耐旱	○ 3月上～4月中
碧桃	北海道，本州，四国，九州	砂壤		2～3月，10～11月
刺桐	北海道，本州，四国，九州	壤土		×
春榆	北海道，本州，四国，九州	黏土	耐湿	10～11月，2～3月
赤杨		不限	耐湿，耐寒，弱烟	10月下～11月下，2月下～3月上
紫茎		壤土	耐烟，耐阴，耐湿，弱寒	3～4月
水青冈		砂壤	弱烟，弱潮，耐寒	○ 11月，2～3月
厚朴	北海道，本州，四国，九州	壤土	弱烟，弱潮	× 3月上～4月上，9月下～11月上
南京椴	北海道，本州，四国，九州	壤土	弱旱	○ 3月，11月
杨树	北海道，本州，四国，九州	壤土	耐烟，弱风，耐寒，耐湿	○ 3～4月上，9～11月下
灯台树	北海道，本州，四国，九州	壤土	耐湿	2～3月
木槿	北海道（南部），本州，四国，九州	黏土	耐寒	3月下～4月，5～6月
糙叶树	本州（东北南部以西），四国，九州	黏土		2～3月，10～11月
木兰	北海道（南部），本州，四国，九州	壤土		3月中～4月上，9月中～10月下
日本桤木		砂壤	弱烟，耐潮，耐寒	10月下～11月上，2月下～3月上

续表

树种	适宜栽植地	土壤	抗性	移植的难易时期
白柳		砂壤	耐湿	
狭叶四照花	本州，四国，九州	石灰质壤土	耐烟，耐湿，耐寒	○ 3月上～中，11～12月上
北美鹅掌楸	北海道（南部），本州，四国，九州	黏土	弱旱，耐烟	× 3月下～4月中
华东山柳	北海道，本州，四国，九州	壤土		△ 2月下～3月
针叶灌木				
枷椤木	北海道，本州，四国，九州	壤土		× 断根处理，3月下～4月上
玉圆柏		砂壤	耐烟，耐潮，耐寒	3月下～7月上，9月下～10月下
矮丝柏		壤土		4～5月
杜松	北海道，本州，九州	砂壤	耐潮，耐寒，耐烟	3～4月
偃柏	北海道（南部），本州，四国，九州	砂壤	耐烟，耐潮，耐旱	3～4月，10～11月
姬罗汉柏			耐烟，耐阴	2月下～3月中，9月下～11月
常绿灌木				
桃叶珊瑚	北海道，本州，四国，九州	砂壤	强健，耐烟，耐潮，耐湿，耐寒，耐阴	○ 4～7月，9～11月
马醉木	北海道（南部），本州，四国，九州	砂壤	强健，耐寒，耐阴	○ 4～6月
六道木	本州（东北南部以西），四国，九州	壤土	耐潮，耐烟，耐寒，耐阴	○ 3月中，下
钝齿冬青	北海道，本州，四国，九州	砂壤	耐潮，耐烟，耐寒，耐阴	5月，10月
枸橘	北海道（南部），本州，四国，九州	黏土	耐烟	○
山月桂	本州，四国，九州	壤土		4～7月
寒山茶	本州，四国，九州	砂壤	耐烟	△ 4～5月
金丝梅	本州，四国，九州	不限		○
小叶黄杨				6～7月
栀子	本州，四国，九州	壤土	弱潮，耐阴	○ 5月上～10月上
小栀子	本州（东北以南），四国，九州	不限		
莽草	本州，四国，九州	不限	耐烟，耐阴	○ 6月上，9月下
中国十大功劳			耐寒	△ 4～6月
高山杜鹃	本州（东北南部以西），四国，九州	黏土	弱旱	× 5月上
瑞香	北海道（南部），本州，四国，九州	砂壤	强健，耐烟，耐阴	× 3月中下
草珊瑚		壤土	耐湿，耐寒，耐阴	× 3～4月
石斑木	本州（东北南部以西），四国，九州	砂壤	耐烟，耐潮，耐阴	× 5月下～9月下
茶树	北海道（南部），本州，四国，九州	砂壤	耐烟，耐阴	× 3月中～5月，9～11月
踯躅类				
大紫踯躅	北海道，本州，四国，九州	壤土	耐烟	○ 3～6月，9～12月
雾岛踯躅	北海道，本州，四国，九州	不限		○ 3～6月，9～12月
久留米踯躅	北海道，本州，四国，九州	壤土		○ 3～6月，9～12月
杜鹃踯躅	北海道（南部），本州，四国，九州	壤土	弱潮，耐寒	○ 3～7月，9～11月
琉球踯躅	北海道，本州，四国，九州	壤土		
海桐	本州，四国，九州	砂壤		9～10月
假叶树		砂壤	耐烟，耐旱	5～6月
胡颓子	北海道（南部），本州，四国，九州	砂壤	耐潮，耐烟，耐旱，耐寒	4～6月
南天竹	北海道（南部），本州，四国，九州	砂壤	强健，耐雪，耐潮，耐寒	○ 3～4月，10～11月
六月雪	北海道（南部），本州，四国，九州	壤土	弱潮	○ 3～4月，9～11月
浜柃木	本海道（关东以西），四国，九州	砂壤	耐潮，耐烟，耐寒，耐旱，耐阴	○ 4～6月
枸骨	北海道，本州，四国，九州	壤土	耐烟，耐寒，耐烟	9～10月，4～梅雨期
柃木	本州，四国，九州	砂壤	强健，耐烟，耐潮，耐旱，耐寒，耐阴	○ 3～4月
金丝桃	本州，四国，九州	不限		○ 2～3月
火棘	本州（东北南部以西），四国，九州	壤土	强健，耐烟，耐潮，耐旱，耐寒	3月
冬青卫矛	北海道（南部），本州，四国，九州	砂壤	强健，耐阴，耐潮，耐旱，耐寒	○ 4～5月
龟甲冬青		砂壤		3月中～7月中
圆叶石斑木	本州（东北南部以西），四国，九州	砂壤	耐烟，耐潮，耐阴	5月上，10月下
朱砂根	本州（东北南部以西），四国，九州	不限	耐湿，耐阴	× 5～6月
八角金盘	北海道，本州，四国，九州	壤土	强健，耐烟，耐湿，耐寒，耐阴	○ 3月下，6月中，9月

续表

树种	适宜栽植地	土壤	抗性	移植的难易时期
落叶灌木				
牛奶子	北海道（南部），本州，四国，九州			△　4～5月，9月
八仙花	北海道，本州，四国，九州	壤土	耐烟，耐阴，耐湿	○　9月下～11月，3月下～4月上
水蜡	北海道，本州，四国，九州	不限		○　2～3月
溲疏	北海道（南部），本州，四国，九州	不限	耐寒	○　2～3月，10月下～11月下
金雀儿	北海道（南部），本州，四国，九州	不限	耐寒	3～4月
迎春		砂壤	耐寒，耐旱	○　3～4月，10月上～11月下
雪球荚蒾	本州（东北南部以西），四国，九州	壤土	耐旱	○　2月下～3月中，10月下～11月下
绣球	北海道（南部），本州，四国，九州	壤土	耐湿	○　10月下～11月，3月中～4月上
荚蒾		壤土	耐阴，耐烟	○　2～3月
枸橘	北海道（南部），本州，四国，九州	黏土	耐潮，耐寒	4月下，10月
柽柳	北海道，本州，四国，九州	壤土	耐潮，耐旱	○　4～5月
金丝梅		壤土	耐阴	2～3月，10～11月
日本木瓜	本州（中部），四国，九州	壤土	耐潮	△　9～10月
麻叶绣线菊	北海道，本州，四国，九州	不限	耐潮，耐寒	○　2～3月，10～11月
山楂		壤土	耐湿，耐寒	10～11月
花椒	北海道（南部），本州，四国，九州	不限	耐寒	×　3月下～4月，10～11月
李叶绣线菊		不限		2月中～3月上，11～12月上
光叶绣线菊	本州，四国，九州	不限	弱潮	○　10～11月，2～3月下
白棣棠	本州，四国，九州	壤土	耐阴	2～3月
茶藨子		壤土	弱烟，耐湿	3～4月
锦带花	北海道，本州	壤土		
灯笼花	北海道，本州，四国，九州	壤土	强健，弱潮，耐湿，耐寒	○　3～6月
穗状蜡瓣花		壤土	弱潮，弱烟，耐湿	10月下～11月，3月中
木半夏	北海道，本州，四国，九州	砂壤	耐潮，耐旱	○　3～4月，10～11月
腺齿越橘		壤土		△　3～4月
卫矛	北海道，本州，四国，九州	不限	弱烟，弱潮，耐寒	○　11～12月，3月下
郁李	北海道，本州（关东以北）	不限	耐烟，耐寒，耐阴	2～3月，11月中，下
岩藤	北海道，本州，四国，九州			2月下～3月中，10月下～11月下
山梅花	北海道，本州，四国，九州	壤土	耐湿	3月
荻	北海道，本州，四国，九州	砂壤	弱潮，耐寒	○　3月，10月下～11月下
金钟花	北海道，本州，四国，九州	砂壤		
玫瑰	北海道，本州（北，中部）	砂壤	耐潮	△　2～3月
黄花木槿		砂壤	耐潮	
月季	北海道，本州，四国，九州	壤土		○　2月下～3月下，12月
日上少女蜡瓣花	本州，四国，九州	不限		2月下～3月上，10月下～11月下
醉鱼草	本州（东北中部以南），四国，九州	砂壤		○　3～4月，10～11月
芙蓉		黏土		3月中～下
贴梗海棠	北海道，本州，四国，九州	壤土	强健，耐烟，耐寒，耐旱	○　9月下～10月下
牡丹		石灰质，壤土	弱潮	9月下～10月
西南卫矛		不限	耐寒	○　10～12月
金缕梅		黏土	弱烟，弱潮，耐寒，耐湿	3月中，10月下～12月上
三叶踯躅	本州，四国，九州	壤土		△　3月
木槿	北海道（南部），本州，四国，九州	壤土		○　3月下～4月
紫珠	北海道（南部），本州，四国，九州	不限	耐阴	○　2～3月
锦鸡儿		壤土	耐阴，耐旱，耐湿	3月中
小檗	本州（中南部），四国，九州	壤土	弱烟，弱潮，耐寒	○　3～4月，10～11月
棣棠	北海道，本州，四国，九州	不限	强健，耐湿	○　3月，10～11月
绣线菊	北海道，本州，四国，九州	不限	弱潮，耐寒	○　2～3月，10～11月
毛樱桃		不限	弱烟，弱潮	○　2～4月上，11月下～12月
丁香	北海道，本州（东北，关东，北陆，中部）	黏土	弱暑	3～4月，10～11月
连翘	北海道，本州，四国，九州	壤土	耐烟，弱潮	2月下～4月上，春分，梅雨期
日本踯躅	北海道（南部），本州，九州	壤土		○　2～3月，3～6月
蜡梅		砂壤(肥)	耐烟	○　2月

续表

树种	适宜栽植地	土壤	抗性	移植的难易时期
特殊树				
橡皮树			耐潮，弱寒	○ 5～6月
棕榈	本州（关东以西），四国，九州	壤土	耐烟，耐潮，耐阴	○ 4～7月，秋季不适
苏铁	本州（关东以西），四国，九州	砂壤	耐干，耐烟，耐潮，弱寒	○ 6月～9月
朱蕉	本州（关东以西），四国，九州	不限		
芭蕉		壤土	耐湿	3～4月
酒瓶椰子	北海道（南部），本州，四国，九州	砂壤	耐烟，耐潮，耐旱	○ 5～6月
龙舌兰		砂土	弱寒，耐旱，耐烟，耐潮	幼时容易
藤本植物				
木通	北海道，四国，九州	黏土	耐寒	○ 3～4月，10～11月
珍珠莲	本州（关东以西），四国，九州		耐阴，耐寒	
西洋常春藤		不限	弱寒	○ 3～6月，9～12月
浓香探春		不限		○ 4月
常春藤	北海道（南部），本州，四国，九州	壤土	耐湿，耐阴	3月中～下，6月中～7月上
南五味子	本州（中南部），四国，九州	不限	弱烟	○ 3～4月，10～11月
金银花	北海道，本州，四国，九州	不限	耐寒	○ 3～6月
突拔忍冬		壤土		
南蛇藤	北海道，本州，四国，九州	壤土	耐潮，耐烟，耐寒	○ 3月上，10～12月
蔓胡颓子		壤土		3～4月
扶芳藤	北海道，本州，四国，九州	壤土	耐湿，耐寒，耐潮，耐暑	○ 3～6月
络石	北海道（南部），本州，四国，九州	不限	耐阴，耐寒	
爬山虎	北海道，本州，四国，九州	壤土	强健	○ 11月，12月
凌霄	本州，四国，九州	砂壤	耐潮，耐烟，弱寒	○ 3～4月，10～11月
紫藤	北海道，本州，四国，九州	黏土	强健，耐寒	○ 11～3月
葡萄		砂壤	弱烟，弱潮	○ 10～11月，2～3月
木天蓼		不限	耐寒，耐湿	6月
三叶木通	北海道，本州，四国，九州	黏土	耐寒	○ 3～4月，10～11月
七姐妹藤	本州，四国，九州	黏土	耐烟	3月中，6月
竹类				
倭竹		壤土	耐阴，耐旱，耐烟	入梅，6月下，9月下
方竹		壤土	耐旱	5月中～6月
刚竹（金明竹）			弱风，弱旱	5月
箬竹				2月中～下
紫竹				
业平竹				3月下
无毛蕨叶苦竹				
淡竹				3月下
凤尾竹				5～6月
刚竹	本州，四国，九州		耐寒	3月下
川竹				
毛竹				2月中～下
矢竹				3～4月

注：用语说明

1. 树种：先以针叶、常绿、落叶的顺序，再以日语五十音图的顺序排列。
2. 栽植适地：表示可能栽植的地区，要比天然分布广。
3. 移植的难易：×＝难，○＝易。

2.4　地被植物等材料

地被植物，英语为 Cover Plants，过去以地面覆盖的植物作为主体，随着城市化进展，也开发出用于斜面、建筑的墙面等场所的新的绿化植物素材。

2.4.1　地被材料

（1）草坪

草坪的历史：早在奈良时代“羊胡子草”就已经被当作覆盖地表的植物。《作庭记》中记述了宇治平等院中的扇之草坪，这是作为最初在庭园中使用的草坪。之后在庭园中也被使用，但大量使用是到了江户时代，用于各贵族名家竞相建造的回游式庭园中。例如后乐园、六义园等，通过对栽植在筑山上的植物的修剪，并以景观性好的草坪作为配景材料，构成庭园。随之，出现了草坪生产者。

文明开化带动了草坪的大发展。以前的草坪草，与明治以后从欧美引入日本作为草坪材料的西洋草相对比，被称为日本草。西洋草为俗称，原来作为牧草，后来转为草坪草，以北海道为中心扩展开来。

草坪材料随着在明治以后居住环境的西洋化、二战后高尔夫球场的兴建高潮以及社会形势的变化等需求量的扩大，发展壮大成为了现在的草坪产业（表 2–13）。

（2）地被（草坪以外的）材料

草坪以外的地被植物，可以分为木本类和草木类（表 2–14）。

草坪草的种类与特性　　表 2–13

	生长季节	种类（名称）	原产地	繁殖材料	生活型	适应性					
						土壤质地	土壤湿度	生长温度	耐阴性	耐践踏	耐修剪
日本草	夏季（暖季型）	结缕草	北海道北部以外的日本全境、朝鲜、中国北部	苗、种子	匍匐	砂壤	干	高温冷凉	中	强	强
			东南亚、太平洋诸岛	苗、种子	匍匐	砂壤	干	高温	稍强	强	强
		沟叶结缕草		苗、种子	匍匐	砂壤	干	高温	稍强	强	强
		姬高丽草	东北地方的一部分、关东以南的各地	苗、种子	匍匐	砂壤	中	高温	中	弱	强
西洋草		绢草、丝草	九州南部、五岛、小笠原、东南亚	种子	匍匐	砂壤	干湿	高温	弱	强	强
		一般狗牙根类（中型）	南非、印度，从热带到暖带	苗	匍匐	黏土	干	高温	弱	强	强
		非洲狗牙根类（小型）	南非	苗	匍匐	黏土	干	高温	弱	强	强
		改良狗牙根类	在美国培育改良	苗	匍匐	砂壤	干	高温	强	强	强
	冬季（冷季型）	羊草	西印度、中美、非洲	种子	匍匐	黏土	湿	冷凉～低温	中	中	中
		小糠草	欧洲、亚洲、北非	种子	直立 匍匐	黏土	湿	冷凉～低温	中	稍强	中
		丝剪股颖	北半球的温带	苗、种子	直立 匍匐	黏土	湿	冷凉～低温	中	稍强	中
		匍匐剪股颖	北半球的温带	苗、种子	匍匐	黏土	湿	冷凉～低温	强	中	中
		小华北剪股颖	北半球的温带	种子	直立	黏土	湿		强	强	中
		草地早熟禾	北海道、本州、四国、欧洲、亚洲	种子	匍匐	黏土	湿	冷凉～低温	强	中	弱
		加拿大早熟禾	北海道、本州、四国、欧洲、亚洲	苗、种子	匍匐	砂 壤、黏土	干	高温～低温	强	中	中
		大羊茅	北半球	种子	直立	砂质	干	高温～低温	中	中	弱
		羊茅	北半球	种子	直立	砂质 壤土	干湿	高温～低温	中	强	强
		红羊茅	欧洲、北非、西伯利亚	种子	直立	壤土	湿	冷凉～低温	中	中	强
		黑麦草	欧洲	种子	直立	壤土 砂质	湿	冷凉～低温	稍强	中	中
		多花黑麦草	欧洲					冷凉～低温			

（注）除一～二年生长的意大利 · 法国草坪以外，其余都是多年生草坪
（引自「造園施工管理（技術編）」を改変）

木本类

地被植物（草坪以外）材料

表 2–14

名称	科	原产地	性 状					
			生长类型	树高（m）	匍匐	花色	花期（月）	果实颜色
木通	木通科	本州、九州	落叶藤本	{10 ~ }	藤本	淡紫	4 ~ 5	绿紫
六道木	木樨科	本州、九州	半常绿灌木	100 ~ 200		桃白	6 ~ 10	
薜荔	桑科	关东以南	常绿藤本	{5 ~ }	葡萄	绿紫黑	5 ~ 6	
钝齿冬青	冬青科	北海道、九州	常绿灌木	150 ~ 9000		淡白黑	6 ~ 7	
倭竹	禾本科	本州、九州	常绿灌木	50 ~ 200	地下茎			
常春藤	五加科	东亚，北海道、九州	常绿藤本	{10 ~ }	藤本	黄绿	10	紫黑
龟甲黄杨	黄杨科	北海道、本州中南	常绿灌木	20 ~ 30				
日本木瓜	蔷薇科	日本	常绿灌木	20 ~ 30		赤朱	4 ~ 5	
箬竹	禾本科	本州、九州	常绿灌木	40 ~ 150	地下茎			
小栀子	茜草科	东北、九州	常绿灌木	30 ~ 40		白	7	
杜鹃踯躅	杜鹃花科	关东、九州	常绿灌木	15 ~ 90		各色	6 ~ 7	
金银花	忍冬科	北九州	半落叶藤本	{10 ~ }	藤本	白（香）	5 ~ 6	
西洋常春藤	五加科	欧洲，北非，西亚	常绿藤本	{10 ~ }	藤本	绿	9 ~ 10	
草珊瑚	草珊瑚科	本州南部、九州	常绿灌木	30 ~ 90		淡黄绿	6 ~ 7	朱红
黄杨	黄杨科	中国，日本中南部	常绿灌木	100 ~ 500		淡黄	3 ~ 4	
爬山虎	葡萄科	日本，中国	落叶藤本	{15 ~ }	藤本	（黄绿）	6 ~ 7	紫黑
花蔓草	夹竹桃科	南欧，北非	常绿灌木	{5 ~ }	葡萄	淡青	5 ~ 7	
扶芳藤	卫矛科	北海道、九州，朝鲜	常绿灌木	{10 ~ }	藤本			
络石	夹竹桃科	本州、九州	常绿藤本	{5 ~ }	藤本	白	5 ~ 6	
假叶树	百合科	南欧、北非	常绿灌木	20 ~ 40		白	7 ~ 8	赤
凌霄	紫葳科	中国	落叶藤本	{3 ~ 6}	藤本	红橙	7 ~ 8	
岸刺柏	柏科	北海道、九州	常绿灌木	30	葡萄枝条			
偃柏	柏科	九州、东北	常绿灌木	30 ~ 60	葡萄枝条			
六月雪	茜草科	中国	半常绿灌木	60 ~ 100		白，淡红紫	5 ~ 6	
浜柃木	山茶科	关东以西九州，中国台湾，朝鲜	常绿灌木	150 ~ 500		绿白	12 ~ 4	
南五味子	木兰科	本州中部以西	常绿藤本	{5 ~ }	葡萄	淡黄白	4 ~ 5	红
金丝桃	金丝桃科	中国	半落低	30 ~ 60		黄	6 ~ 7	
平枝栒子	蔷薇科	中国西部	常绿灌木	40 ~ 90		白淡红	6	红
朱砂根	矮金牛科	东南部，关东南部、九州	常绿灌木	30 ~ 60		白	7	红
七姐妹藤	木通科	关东九州	常绿灌木	{15 ~ }	藤本	白淡红紫	5	紫
矮金牛	矮金牛科	朝鲜，中国，北海道、九州	常绿灌木	10 ~ 20	地下茎	白淡红	7 ~ 8	赤红

草本类

名称	科	原产地	性 状				
			生长类型	草高（cm）	丛匐	花色	花期（月）
马蹄金	旋花科	热带地方，北美南部	常多	2 ~ 5	匍	黄绿	5 ~ 6
筋骨草	唇形科	（未译）	半落多	10 ~ 20	匍	青白	5 ~ 6
玉竹	百合科	北海道、九州	落多	30 ~ 40	下茎	白绿	5 ~ 6
淫羊霍	小檗科	本州	落多	15 ~ 25		淡紫，白	4
大杉苔	杉苔科	日本全境		3 ~ 15	匍		
佛甲草	景天科	本州、九州	常多	10 ~ 30		黄	6 ~ 7
活血丹	唇形科	日本全境	半落多	5 ~ 15	匍	淡紫	4 ~ 5
细辛	马兜铃科	本州中部	常多	5 ~ 10	地下茎	暗紫	10 ~ 11
吉祥草	百合科	关东、九州	常多	15 ~ 30	地下茎	淡紫	10
银梅草	茄科	阿根廷	落多	5 ~ 10	匍	白（香）	6 ~ 8
葛藤	豆科	北海道、九州	落多	{10m ~ }	蔓	紫红	6 ~ 7
疏叶卷柏	卷柏科	本州、九州	常多				

续表

名称	科	原产地	性状				
			生长类型	草高(cm)	丛匐	花色	花期（月）
小滨菊	菊科	北海道，关东太平洋岸	常多	匍	匍	白	10
翠云草	卷柏科	中国，南关东以西	半常多	15 ~ 50	匍		
匍匐福禄考	花荵科	北美	常多	1 ~ 10			
				5 ~ 10	匍	桃，白，紫青	4 ~ 5
射干	鸢尾科	中国中部，本州九州	常多	30 ~ 50	下茎	淡紫	5 ~ 6
麦冬	百合科	中国，北海道、九州	常多	10 ~ 20	下茎	白，淡紫	7 ~ 8
白车轴草	豆科	欧洲原产，九州、北海道	常多	5 ~ 20	匍	白	6 ~ 7
玉簪	百合科		落多	15 ~ 40		淡紫	6 ~ 7
铃兰	百合科	日本中北部，高山带	落多	15 ~ 20	下茎	白	4 ~ 5
石菖蒲	天南星科	本州、九州	常多	20 ~ 30		黄	4 ~ 5
龙田石竹	石竹科		常多	15 ~ 30	匍	白，紫，红，桃	5 ~ 6
谷渡蕨	水龙骨科	本州南部	常多	50 ~ 100			
葱兰	石蒜科	南美	常多	20 ~ 25	下茎	白	8 ~ 9
矮麦冬	百合科	奥地利、西伯利亚	常多	5 ~ 10	下茎		
野白芨	百合科	本州中部以西	常多	30 ~ 50		白，淡紫	7 ~ 8
灰毛茛	毛茛科	北海道、本州中部	常多	15 ~ 30	匍	黄	5 ~ 6
花韭	百合科	阿根廷	落多	10 ~ 15	球	白淡紫	3 ~ 4
浜玉簪	蓝雪科	中欧、北美	常多	10 ~ 20		桃白	4 ~ 5
蜘蛛抱蛋	百合科	中国原产，日本全境	常多	30 ~ 45	下茎		
顶蕊三角咪	黄杨科	北海道、九州	常多	15 ~ 20	匍	白	4 ~ 5
松叶菊	番杏科	南非	常多	15 ~ 30		桃，紫红，红，白	5 ~ 6
贯众	水龙骨	本州，四国，九州	常多	30 ~ 90			
禾叶土麦冬	百合科	中国，关东、九州	常多	30 ~ 50	下茎	淡紫，白	8 ~ 9
虎耳草	虎耳草科	本州、九州	常多	5 ~ 10	匍	白	5 ~ 7
燕麦草	禾本科	欧洲	落多	20 ~ 30	下茎		

注：1. 常落一栏，表示常绿和落叶，常多为常绿多年生草，落多为冬季地上部枯萎的多年生草，常灌为常绿灌木，落蔓为落叶藤本。

2. 丛匐一栏表示丛生或者匍匐性，下茎表示地下茎、根茎，匍为地上匍匐茎、匍匐性，蔓表示藤本植物。

（引自《造園植栽の設計と施工》）

2.4.2　草花材料

（1）花坛材料

花坛材料主要有两大类，即经西洋品种改良的球根花卉和一年生花卉，以及日本乡土的、以宿根草本为主的花卉。

日本的园艺文化，大体上是从江户中期至末期的以乡土宿根花卉作为主流。明治维新的文明开化从西欧引入了大量的花坛花卉品种，使花坛材料开始发生变化。与以宿根草本为主体，品种少、数量少、使用方法也被限制的草花相比，花坛的概念有了新的解释。在此之前在日本没有花床、花钟等使用方法。

花卉学家塚本洋太郎认为，在园艺植物方面，珍贵外来植物的引进是促进发展的原因。

在植物种类少的西欧，特别是原产植物的园艺化少，外来植物中大部分已经被园艺化。该种状况在德国也是有的，根据Maria Sibylla Merian所著的《新花卉书（Neue Blumenbuch）》中所述，对德国来说，几乎所有的园艺植物都是外来植物，其中以球根花卉和一年生花卉为主。

花坛用花卉材料（中岛作表 1977 ~ 2004 年） 表 2–15

生活型	花坛类型	名称	高度（cm）	株高（cm）	花色	花期（月）	定植期（季、月）
一·二年生花卉	春花坛用 春~夏	翠菊	20 ~ 80	15 以上	赤 · 白 · 桃	6 ~ 9	秋
		满天星	30 ~ 50	20 ~ 30	赤 · 白	4 ~ 5	秋
		花菱草	20 ~ 30	20	黄	5 ~ 6	秋
		金鱼草	15 ~ 60	15	桃 · 黄 · 白	5 ~ 9	秋
		金盏菊	30 ~ 40	15 ~ 20	黄 · 橙	4 ~ 6	8 ~ 10
		香雪球	10	15	白 · 淡紫 · 桃	4 ~ 7	秋
		香豌豆		—	白 · 赤	5 ~ 7	秋
		桂竹香	30 ~ 60	20	白 · 桃 · 赤	4 ~ 6	秋
		石竹	15 ~ 20	10	白 · 赤	5 ~ 6	秋
		三色堇	15 ~ 20	15 ~ 25	紫 · 黄 · 白 · 赤 · 褐	3 ~ 6	8 ~ 10
		雏菊	10	10	赤白	3 ~ 6	8 ~ 10
		虞美人	60	20	赤 · 白	5 ~ 6	9 ~ 10
		柳穿鱼	30	20	赤 · 紫 · 黄	4 ~ 8	9 ~ 10
		福禄考	20 ~ 40	20	桃 · 白 · 赤	5 ~ 7	10
		二月兰	30	15	紫	4 ~ 5	秋
		矢车菊	20 ~ 80	15 ~ 30	青 · 白	2 ~ 5	8 ~ 10
		羽扇豆	60 ~ 90	20 ~ 30	青 · 赤 · 黄	4 ~ 5	9 ~ 10
		半边莲	15	15	青 · 白 · 紫	4 ~ 7	8 ~ 10
		勿忘我	10 ~ 50	15 ~ 20	青	4 ~ 5	9 ~ 10
	秋花坛用 夏~冬	荷兰菊	20 ~ 30	20 ~ 30	青 · 白 · 桃	6 ~ 11	3 ~ 4
		非洲凤仙	20 ~ 50	15 ~ 20	赤 · 白	6 ~ 10	3 ~ 4
		紫茉莉	60 ~ 90	30	红 · 黄 · 白	6 ~ 11	3 ~ 4
		黄花波斯菊	50 ~ 60	50	黄	6 ~ 10	春
		鸡冠花	30 ~ 60	15 ~ 20	赤 · 黄	6 ~ 9	春
		彩叶草	50 ~ 90	30 ~ 60	白	6 ~ 11	春
		波斯菊	30 ~ 60	15 ~ 20	赤 · 黄（叶色）	5 ~ 10	春
		一串红	30 ~ 60	20 ~ 50	赤 · 紫 · 白	6 ~ 11	春
		蜀葵	200	50	赤 · 黄 · 白	7 ~ 8	春
		夏堇	15 ~ 30	15 ~ 20	紫 · 白	7 ~ 10	4 ~ 5
		长春花	20 ~ 50	10 ~ 15	白	7 ~ 9	4
		一品红	60 ~ 90	15 ~ 25	赤 · 黄（叶色）	6 ~ 10	春
		羽衣甘蓝	30	30	白（观叶）	11 ~ 2	8 ~ 9
		向日葵	30 ~ 120	50	黄	8 ~ 9	4
		百日红	20 ~ 60	15 ~ 30	黄 · 白	4 ~ 11	春
		四季秋海棠	20	20	赤	4 ~ 11	2 ~ 3，10 ~ 12
		矮牵牛	15 ~ 20	15 ~ 20	赤 · 白 · 紫	5 ~ 11	1 ~ 9
		凤仙花	20 ~ 50	—	赤 · 白 · 紫	6 ~ 8	3 ~ 5
		大花马齿苋	10 ~ 15	20 ~ 25	赤 · 紫 · 黄 · 白	6 ~ 8	3 ~ 4
		万寿菊	15 ~ 50	20 ~ 25	黄 · 橙	4 ~ 11	3 ~ 6
宿根花卉	春花坛 春~夏	百子莲	60	30	黄 · 白	7 ~ 8	春
		鸭嘴花	80	50 ~ 100	紫 · 褐	7 ~ 8	春 · 秋
		落新妇	30 ~ 90	30	赤 · 桃 · 白	5 ~ 6	春 · 秋
		海石竹	15 ~ 30	10 ~ 15		4 ~ 5	春 · 秋
		耧斗菜	25 ~ 30	20	青	5 ~ 6	春 · 秋
		风铃草	50 ~ 80	30 ~ 40	紫 · 桃 · 白	5 ~ 6	春
		萱草	30 ~ 60	20 ~ 30	赤 · 黄	5 ~ 6	春 · 秋
		桔梗	20 ~ 60	10 ~ 20	青 · 白 · 桃	6 ~ 9	春 · 秋
		燕子花	60 ~ 90	30	黄	5 ~ 6	秋
		玉簪	30 ~ 40	20	青 · 白	6 ~ 8	春 · 秋
		槭叶蚊子草	60	20		6 ~ 7	春 · 秋
		地毯赛亚麻	10	10	白	6 ~ 7	春 · 秋
		天蓝绣球	60 ~ 80	30	青 · 白	7 ~ 8	春 · 秋
		小鸢尾	15	5 ~ 10	青 · 黄 · 白	6 ~ 7	春 · 秋
		芍药	60 ~ 90	30	白	5	秋
		滨菊	50 ~ 60	15 ~ 20	白	5 ~ 6	春 · 秋

续表

生活型	花坛类型	名称	高度（cm）	株高（cm）	花色	花期（月）	定植期（季、月）
宿根花卉	春花坛　春～夏	德国鸢尾	30 ~ 80	30	青 · 白 · 黄	5 ~ 7	初夏
		白芨	30	5 ~ 10	紫 · 白	5 ~ 6	春
		琉璃菊	50 ~ 60	20 ~ 30	紫 · 白	6 ~ 7	春
		瞿麦	30 ~ 60	20	白	5 ~ 6	春 · 秋
		德国蓟	30	30		5 ~ 8	春 · 秋
		剑叶兰	30 ~ 100	20 ~ 40	黄	6 ~ 8	春
		花菖蒲	60 ~ 90	30	青 · 紫 · 白	6	春 · 秋
		侧金盏	15 ~ 30	15 ~ 25	黄	3 ~ 4	秋
		顶蕊三角咪	20 ~ 30	根茎	观叶	—	春 · 秋
		芙蓉类	100 ~ 150	50	赤	7 ~ 9	春
		多花报春	20	10 ~ 15	青 · 黄 · 白	4 ~ 5	秋
		深山鸡儿肠	30	根茎	青 · 白	6 ~ 7	春 · 秋
		匍匐福禄考	10 ~ 15	15 ~ 25	紫 · 青 · 白	4 ~ 5	春 · 秋
		丝兰	100	30	白	6	春
		燕麦草	20	10	观叶	—	春 · 秋
		麦冬	15	10	观叶	—	春 · 秋
	秋花坛　夏～秋	线叶艾	10 ~ 30	根茎	黄	10	春 · 秋
		非洲菊	40 ~ 50	15 ~ 20	赤 · 黄 · 白 · 橙	5 ~ 11	春 · 秋
		菊类	30 ~ 50	10 ~ 20	黄 · 白	10 ~ 11	5 ~ 6
		紫菀	80 ~ 100	15 ~ 25	青	9 ~ 11	春
		白芨	30	5 ~ 15	观叶	5 ~ 6	春
		小叶绿类	15	5 ~ 15	黄 · 赤 · 绿	9 ~ 11	春
		蓍草	50 ~ 60	30	白 · 黄	6 ~ 10	春 · 秋
		滨菊	30	20	白	10	春 · 秋
		花叶芦竹	200	100	白	9 ~ 11	春
		美女樱	15 ~ 20	10 ~ 15	赤 · 白 · 紫	5 ~ 11	春
		景天	50	20	淡红	7 ~ 10	春
		黄花油点草	30 ~ 70	根茎	红 · 白 · 紫	9 ~ 10	春
球根花卉	春季花坛	鸢尾类	50	15 ~ 20	黄 · 白 · 紫	5	秋
		罂粟莲花属	20 ~ 30	15	赤 · 紫 · 白 · 桃	4 ~ 5	9 ~ 10
		朱顶红	50 ~ 70	20	赤	5 ~ 7	3
		花韭菜	20 ~ 60	10 ~ 20	白	4 ~ 6	9 ~ 10
		花叶芋	60	20 ~ 30	白 · 黄 · 赤	6 ~ 7	3 ~ 4
		唐菖蒲	60	10	赤 · 桃 · 白 · 黄等	7 ~ 11	2 ~ 8
		番红花	10	5 ~ 10	紫 · 黄 · 白	3 ~ 4	9 ~ 10
		地中海蓝钟花	20 ~ 50	15	青 · 白等	5	9 ~ 10
		姜花	150	30	黄 · 白	7 ~ 9	3 ~ 5
		水仙	20 ~ 40	10 ~ 20	白 · 黄	1 ~ 4	9 ~ 11
		郁金香	20 ~ 50	10	赤 · 黄 · 白等	4 ~ 5	秋
		风信子	20	10 ~ 15	紫 · 白	3 ~ 4	秋
		葡萄风信子	20	10 ~ 15	紫	4	秋
		百合类	30 ~ 150	15 ~ 30	黄 · 白	6 ~ 8	秋
		花毛茛	20 ~ 30	20	赤 · 黄	5	秋
	秋季花坛	美人蕉	60 ~ 150	30 ~ 50	赤 · 黄 · 白	5 ~ 11	春
		葱莲	20 ~ 30	10	白	7 ~ 10	秋
		大丽花	30 ~ 150	20 ~ 50	赤 · 白 · 黄 · 紫	5 ~ 11	春
		石蒜	30	15	赤	9 ~ 10	春

水生植物

花卉名称	原产地	草高（cm）	花期（季，月）	花色	系统品种
溪荪	日本	30 ~ 50	6	紫	
凤眼莲	热带，亚热带，非洲	20	夏	浅紫	
慈菇	日本	60 ~ 100	夏～秋	白	
燕子花	日本	50 ~ 70	6	紫	
香蒲		150	夏	茶（穗色）	
纸莎草	热带非洲、埃及	100		观叶	
旱伞草		50	夏		
睡莲		—		观叶	热带性，耐寒性
西湖芦苇		100 ~ 300		白，黄	
木贼		50	夏	秋	白斑
荷花		—	6	观叶	
花菖蒲	日本	60 ~ 90		白 · 桃 · 紫 · 青	熊本，伊势，江户
水葱		50 ~ 100	夏		
再力花		150		紫 · 叶（青色）	

花坛用强调材料（中岛作表　1977 ~ 2004 年）　　**表 2–16**

植物材料	
针叶树	圆柏
	枷椤木
	日本花柏
	北美香柏
	日本香柏
	偃柏
	‘粗绿黄’日本花柏
常绿植物	六道木
	钝齿冬青
	乌岗栎
	踯躅
	小栀子
	杜鹃
	石斑木
	茶
	六月雪
	冬青卫矛
落叶植物	水蜡
	灯笼花
	贴梗海棠
	小檗
特殊树木	丝兰
	龙舌兰
	棕榈
	苏铁
地被植物	白三叶
	匍匐福禄考
	西洋草坪草
	日本草坪草

石材	
砂	砂（暗黑色）
	白川砂（白）
	寒水石（白）
	石（茶）
	蛇纹石（青）
	温芳石（黑）
砂砾	砂砾（暗黑色）
	淡路石（白）
	大（黑）
	小田原石（黑）
	小笠原石（青 · 赤 · 白）
	那智（黑 · 白 · 紫 · 赤）
	川（褐）
	佐渡石（赤）
石	玉石
	大谷石
	铁平石
	丹波石
	筑波石
	鞍马石
	纪州青石
添景物	
	时钟
	装饰盆钵
	壶
	雕像
	照明

其他材料	
木材	原木（烧）
	角材
	木砖
	板材（各种）
竹材	青竹（筒）
	竹片
钢材	棒钢
	钢板
	钢管
混凝土制品	混凝土管
	混凝土砖
	混凝土平板
	混凝土岩板类
	水泥瓦
黏土制品	砖
	陶管
	瓦
	瓷砖
	园艺用土钵
玻璃制品	玻璃空心砖
	玻璃砖
	瓶（啤酒等）
塑料制品	塑料管
	波板
	化妆板
	平板

虽然不能与西欧相比，但日本也同样出现了这种倾向，只是不太严重。宝应 13 年（1763 年）小野兰山的《花汇》中，上卷有草本植物 100 种、下卷有木本植物 100 种，其中木本、草本外来种的原产地以中国的为最多。

这种大量引入外来种的做法从 18 世纪开始流行，明治维新之后，日本的园艺受西方园艺文化的影响，现在这种发展趋势越来越明显。

花坛的材料除了花卉之外，还有作为镶边材料的石材、作为强调材料的灌木等。

（2）利用直播方法的花卉造景材料

利用直播方法的花卉造景材料如表 2–17 所示。

直播花卉造景材料　　　　表 2–17

一、二年生花卉　　　　（中岛作表 1987 ~ 2004 年）

植物名称	花色	花期（月）
大花月见草	黄	6 中 ~ 8 下
霞草	白	4 中 ~ 6 中
黄花波斯菊	红，黄	7 中 ~ 10 中
金鱼草	黄，桃，橙，赤	5
金鸡菊	黄	5 ~ 6
金盏菊	橙，黄	3 ~ 4
滨菊	白	6 中 ~ 8 上
醉蝶花	桃	8 上 ~ 10 中
波斯菊	赤桃白，混色	9 下 ~ 11 上
高雪轮	桃	6 中 ~ 8 中
白妙菊	黄（银叶）	6 中 ~ 7 中
油菜花	黄	5 上 ~ 6 下
花菜（白菜花的品种）	黄	3 中 ~ 4 中
花菱草	黄	4 中 ~ 5 下
早开波斯菊	赤桃白混合	9 上 ~ 10 下
蛇目菊	黄蛇眼睛的颜色	5 中 ~ 8 下
矮雪轮	桃	4 中 ~ 7 下
虞美人	赤，桃	5 中 ~ 6 下
万寿菊	黄	6 中 ~ 7 下
二月兰	紫	4 中 ~ 6 下
矢车菊	赤白桃，青紫红	4 中 ~ 6 下
紫云英	红	4 下 ~ 5 下
野生一串红	赤	8 上 ~ 9 下
勿忘我	蓝	4 下 ~ 6

宿根花卉　　　　（中岛作表 1987 ~ 2004 年）

植物名称	花色	花期（月）
百子莲	蓝色	7 上 ~ 7 下
落新妇	红、粉红	6 中 ~ 7 下
美国芙蓉	红、粉红、白	7 中 ~ 8 下
冬季波斯菊	黄	10 中 ~ 11 中
大金鸡菊	黄	5 中 ~ 7 中
宿根天人菊	黄带红色轮环	7 上 ~ 8 中，9 中 ~ 10 中
瞿麦	桃	6 中 ~ 7 下
桔梗	紫	6 中 ~ 7 中
黄花蓍草	黄	6 中 ~ 7 下
玉簪	紫	7 中 ~ 7 下
铁筷子	薄红紫、白	2 中 ~ 4 中
小菊	红、黄、白	9 中 ~ 11 中
孔雀美女樱	红紫	7 上 ~ 10 下
匍匐福禄考	赤桃，白	5 上 ~ 5 下
射干	白	7 上 ~ 8 中
宿根鼠尾草	蓝紫	7 中 ~ 10 中
宿根香豌豆	桃、白	6 中 ~ 7 下
宿根福禄考	桃，赤紫	7 上 ~ 9 下
宿根羽扇豆	赤桃紫混色	6 上 ~ 7 下
月见草	黄	6 下 ~ 10 上
大吴风草	黄	11 中 ~ 12 中
天人菊	赤目黄	6 上 ~ 9 中
剑叶兰	红、黄、橙黄	7 上 ~ 8 中
黄花菜	黄	7 上 ~ 8 中
蓍草	白	7 上 ~ 8 下
花菖蒲	紫、粉红、白	6 中 ~ 7 中
美女樱	紫桃	6 中 ~ 10 下
石蒜	赤	9 下 ~ 10 上
牛眼菊	白	5 中 ~ 7 上
萱草	黄	6 中 ~ 7 下
向日葵	黄	10 中 ~ 11 中
油点草	紫白	10 中 ~ 11 中
松球菊	黄	7 中 ~ 9 下
松叶菊	桃	6 上 ~ 7 下，9 中 ~ 10 中
美国薄荷	桃	6 中 ~ 7 下

2.4.3　斜面绿化材料

以前的斜面绿化，主要是以外来植物种子为材料，进行高速道路的建设和大规模土地改造时的边坡喷附等。弯叶画眉草对于高速道路的斜面构成了弧线，成为新的道路景观。后来，从斜面保护力、生态学理论、养护管理等角度出发对日本的斜面绿化材料开始摸索，并开始进行外来种与乡土种的混合播种、乡土植物的

斜面绿化材料 **表 2–18**

科名	生长年限	植物名	生活型	草高（cm）	气候条件	叶色
禾本科	多年生	狗牙根	下繁型	10 ~ 15	适于温暖地区，耐寒性不强，但有耐旱、耐病性	冬季地上都枯死
		草地早熟禾	同上	30 ~ 60	耐高温耐旱性弱，耐寒性、耐阴性强	常绿
		匍匐剪股颖	同上	30 ~ 60	气候的适应性强，有耐旱性，也可耐荫	同上
		肯塔基引草	上繁型	30 ~ 60	耐寒、耐旱、耐阴性强，一般对气候的适应性强	同上（冬季干燥则变褐）
		弯叶画眉草	丛生型	60 ~ 100	耐热、耐旱性强，没有耐寒、耐阴性	冬季地上都枯死
		沙画眉草	中繁型	60 ~ 80	比较适应高温，耐旱、耐热性强，但耐寒、耐阴性弱	同上
		鸭茅	上繁型	80 ~ 100	气候的适应性强，耐旱、耐热、耐阴性强	常绿
		黑麦草	下繁型	50 ~ 70	喜好温暖，但耐寒性强，耐旱、耐热性弱	同上
		小糠草	中繁型	60 ~ 70	气候的适应性强，耐旱、耐热、耐寒性强，耐阴性弱	同上
		梯牧草	上繁型	80 ~ 120	适于冷凉地区，耐寒性强，耐旱，耐热性差	同上
		小糠草	同上	80 ~ 130	适于冷凉地区，耐阴性特强，耐热、耐旱性也强	冬季地上都变褐
		无芒虎尾草	同上	80 ~ 120	适于温暖地区，耐旱，耐热性特强也有耐阴性，没有耐寒性	同上
		巴伊阿雀稗	下繁型	30 ~ 70	适于温暖地区，耐旱、耐热性强	冬季地上都枯死
		结缕草	匍匐型	5 ~ 20	喜温暖，有耐寒性。没有耐阴、耐湿性	冬季地上都枯死
		沟叶结缕草	同上	5 ~ 20	同上述相同，但更喜温暖	同上
	短年生	黑麦草 HI	上繁型	50 ~ 80	有适应性，耐湿、耐寒性强，耐旱、耐热性弱	常绿
		多花黑麦草	同上	120 ~ 140	喜冬季温暖并且湿润	同上
豆科	多年生	白三叶	同上	20 ~ 30	喜冷凉、湿润，耐热、耐寒性强	常绿
			中繁型	40 ~ 70	适应性强，耐旱性特别强	同上
		白车轴草	匍匐型	5 ~ 20	喜冷凉地区，有耐阴性。适于向阳地，但没有耐寒性	同上
		葛藤	藤本	长 10cm ~	喜温暖地，有耐寒性，适于阳地	冬季地上都枯死
其他	多年生	佛甲草	丛生型	10 ~ 30	适于温暖地区，喜阳地	常绿
		马蹄金	匍匐型	3 ~ 5	耐寒性弱，喜阳地，也有耐阴性	同上
		射干	上繁型	30 ~ 40	喜温暖地区、半阴地	同上
		松叶菊	林生型	15 ~ 20	喜阳地、温暖地区	冬季温暖地区之外全枯死
		麦冬	同上	5 ~ 20	喜温暖地区、阴地	常绿
		荻类	同上	100 ~ 180	耐高温、干燥性特强	落叶
		金雀儿	同上	100 ~ 200	适于温暖地区，稍有耐寒性， 耐旱性强	落叶
		偃柏	匍匐型	30	适于温暖地区，喜阳地，有耐寒性	针叶
		爬山虎类	藤本	长 10m ~	喜冷凉地、阳地	落叶
		踯躅类	丛生型	30 ~ 60	适于温暖地区，喜阳地，有耐阴性	常绿
		地被竹类	同上	100 ~ 200	适于温暖地区，喜阴地	同上

（引自《多摩ニュータウン植栽基本計画》改编）

乡土草本植物的特性　　表 2–19

植物名	性质	植物名	性质
截叶铁扫帚	1. 即使硬质土壤，也良好生长 2. 在瘠薄地、干燥地、砂地也可以生长 3. 能混播，根系发达 4. 作为肥料的价值高 5. 可以采收种子	虎杖 大虎杖	1. 耐瘠薄，山地绿化效果好 2. 可在干燥地生长，地上部生长良好 3. 耐寒性强 4. 发芽期短 5. 发芽晚，不齐 6. 根系为粗根 7. 冬天枯萎，多变为裸地状
牡蒿 山蒿（虾夷蒿） 魁蒿	1. 地上部生长良好 2. 利用地下茎繁殖，根系发达 3. 耐湿地，耐寒性也强 4. 采种容易，也可进行分株 5. 混播比较容易 6. 发芽比较迟，初期繁茂迟 7. 落叶多，作为土壤肥料良好 8. 冬季地上部枯萎成裸地状	茅	1. 生长速度快，为多年生 2. 地上部扩展大，覆盖面积大 3. 根系发达 4. 采种容易，可以分株 5. 在干燥地、砂地等皆可生长 6. 在荒山绿化上，可多使用 7. 发芽迟，不齐，初期生长慢

灵活运用、利用乡土植物进行斜面的固定等的研究（表 2–18，表 2–19）。

近年来，除了利用植物保护斜面之外，为了达到斜面景观修复的目的，还利用绿化砖等进行挡土墙的绿化，从以前的只在缓坡倾斜的斜面绿化，发展到现在的对一定坡度的陡坡也进行绿化。

第3章

种植基盘

3.1　土壤的生命

在自然界，一把土中含有与地球人口（约50亿人）相同数目的微生物。

自然是无限美的世界，种植基盘，是表现美丽世界的自然之源。

3.1.1　土壤的功能

对于植物来说，土壤在支撑、固定一定重量植物体的同时，还供给根系生长所必需的水分、养分等。所以，成为绿化基质的土壤与土木建筑物等作为支持基盘的土壤，在形态等方面是不同的。

从与根系的关系方面来看，土壤具有以下功能：

①保证根的自由生长

植物充分的生长就是根紧密地伸展于大地之中。根可以进行良好伸长的土壤，必须能够适度地提供空气、水分、养分，从地表开始有一定深度和广度的软土层是必要的。植物的根能够充分地进行其生理机能的土层被称为有效土层。

②持续不断地供给根空气

空气，不仅对根呼吸是不可缺少的，而且对于土壤中的生物活动及其相伴随的物质变化、分解以及腐殖质的形成都是不可缺少的。土壤的氧气消费被称为土壤呼吸，在积水的情况下，土壤对根的氧气供给几乎停止，经常会发生根腐烂现象。

③持续不断地供给根水分

土壤水分溶解土壤中的养分，供植物吸收。另外，土壤水的多少支配着微生物的活动状态。土壤中固体粒子的间隙中存在着土壤水分和土壤空气，所以，土壤中的砂和黏土的比例如果不在适度的范围内，对水分和空气的供给就会产生障碍，成为影响树木生育不良的因素。

④持续不断地供给根养分

植物生长的必需元素中，碳素以 CO_2 形式被叶片吸收，氧气（O_2）除了主要通过呼吸作用从根和叶吸收之外，还通过水和氢一起被吸收。其他各种元素在土壤中以各种各样形态的化合物存在，分为被植物的根可吸收形态和不可吸收形态。一般来讲，以水溶化形态、稀酸溶解形态以及以负离子形态吸附在土壤粒子表面的，可以理解为是可被根吸收的形态。这种形态之下的养分被称为土壤的有效养分（可给态养分）。

养分与人类的养分一样，须达到一定的平衡。

此外，如果土壤中含有有害物质，或者盐类浓度（电导度）高，土壤进行还原的话，就会引起根活动的障碍，降低根的吸收力。

⑤维持、促进土壤生物的活动

植物的根在土壤中形成适当的空隙，并在根的周围形成土壤团粒结构。另一方面，通过氨基酸、糖类的分泌、老细胞的枯死、分解等使根际的微生物活性化。土壤中的生物遗体，被土壤生物群所分解，一部分分解为无机化合物，残留部分为腐殖质。蚯蚓、马陆、团子虫、螨类等土壤动物，食用生物遗体和腐殖质等，既可作为粪便又可以搅动土壤，促进其松软化、团粒化等，为促进良好土壤的形成作贡献。细菌、菌类、藻类等土壤微生物对于生物遗体的分解和腐殖化、有机物的无机化等发挥作用。

3.1.2　土壤的性质

土壤（Soil）是占有地壳表层一定厚度的松软的物质，其母质物是巨大岩石和石砾、砂泥、火山喷出物、有机物等堆积的表层部分，通过温度、空气、水、生物等作用产生变化而成。土壤主要由依靠风化作用形成的矿物成分组成，同时混杂着一定有机物的腐朽物，这种有机成分便是腐殖质 (Humus)。

土壤的颜色（土色）主要取决于铁类化合物和植物遗体分解产生的腐殖质。通过微生物作用形成的腐殖质是褐色或者黑色的有机物。这些无机矿物、有机物（动植物遗体）、土壤生物、土壤水分、土壤空气等各构成要素相互影响，在达到一定平衡状态的基础上创造了植物的生长环境。

（1）土壤的物理性质

植物必需的水分和养分是从土壤中吸取的，所以，土壤的通气性、透水性、保水性良好是必要条件。

土壤的物理形态包括固相、液相、气相三相。固相包括砂、黏土、有机物等固体部分；液相包括重力水，毛细管水等水分；气相是除去固体、液体外的空间部分。对于果树和作物的生长最理想的三相的比例是：固相 50%（含腐殖质 4%），液相 25%，气相 25%。

这种状态的土壤十分重要，因为土成为团粒构造是必要的。团粒构造是指单一的土壤颗粒聚合形成团粒，即土壤颗粒和腐殖质结合形成小团粒，该种团粒进一步结合形成直径为 0.5 ~ 2mm 大小的团粒，小团粒间保持有水分，大团粒间存在空气。团粒的大小、形状因土壤条件和环境条件不同而有差异。

团粒构造形成的促进方法有有机物、石灰、土壤改良材料的使用，覆盖、客土、耕作等。

（2）土壤水分

植物不停地从根部吸收水分，然后从叶片蒸发水分。从叶片蒸发水分的活动称为蒸腾作用。蒸腾量大于吸收量时，叶片出现萎蔫，或出现落叶，严重时会出现枯死现象。

①土壤水按照土壤颗粒吸附保持力的性质进行分类，有重力水、毛细管水、吸湿水、结合水。树木能够吸收利用的有效水分是大部分毛细管水和部分重力水，重力水的吸收利用量虽然比毛细管水少，但可对树木提供溶解于其中的氧气。

- 重力水：是在重力作用下，在土壤的颗粒间移动的水，其中渗透到地下的水称为渗透水，到达不透水层后蓄留的水为停滞水，沿着不透水层流动的水称为地下水。

在极端的情况下，如渗透水不足时会引起干旱危害，停滞水多时由于氧气不足，会引起根部腐烂。

- 毛细管水：是通过土壤颗粒间的毛细管引力而保持、移动的水。增加毛细管水的保有量对植物生长非常重要，土壤的团粒构造是最适合这种条件的土壤构造。
- 吸湿水：是在土壤颗粒表面由土壤颗粒和水之间的分子间引力而保持的薄膜状水。因此，它非常难以移动，不能被植物利用。
- 结合水（化合水）：土壤颗粒内部的结合水，即使加热到 110℃也不能蒸发，不能被植物利用。

②从用水管理的方面对土壤水进行分类，包括浸透水（剩余水）、有效水、无效水。

悬铃木与银杏中水的上升速度的比较（盛夏晴天→1年中水最早上升之时）　表 3–1

树种	树龄	推定值（正午～4时）
银杏	5年以上	20 ~ 25cm/h
银杏	5年以下	25 ~ 30cm/h
悬铃木	5年以上	30 ~ 35cm/h
悬铃木	5年以下	35 ~ 45cm/h

浸透水（剩余水）：降雨之后，砂土经数小时、黏质土经数日流失于地下的水。此时土壤中的残余水分为田间持水量，从田间持水量的状态向土壤水分减少的方向发展时，树木开始萎蔫（初期萎凋点）。如果水分进一步减少，则树木的萎蔫不会恢复，该时为永久萎凋，表示这时的水分为萎凋系数，属于有效水和无效水的临界。

一般所谓的有效水是指从田间持水量到萎凋系数之间所保持的水分量。

田间持水量和萎凋系数，适于计算有效水分，因为测定繁琐，以在实验室中能够测定的水分当量和吸湿系数代用。

③ pF 表示法：表示土壤水分和土壤颗粒的结合力强弱的方法。在 pF1.7 ~ 4.2 范围内的水分对树木有效。pF 是 Schofield 提出的表示法，土壤颗粒对水的吸附强度用水柱压的对数来表示，例如 $pF=\log H10^4=4$。

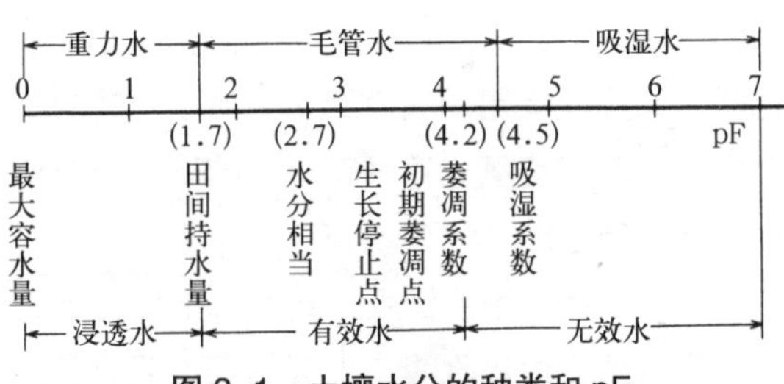

图 3–1　土壤水分的种类和 pF

（3）土壤空气

土壤的空隙可以分为粗空隙（非毛细管空隙）和微空隙（毛细管空隙）。粗空隙被土壤空气所占据，微空隙保持水分。土壤空气的主要成分与大气中的碳和氧相同。土壤中，微生物和植物根的呼吸作用生成的 CO_2 气体（0.1% ~ 10%），比大气中的（0.03% ~ 0.05%）略多，氧的含量为 10% ~ 20%，比大气中（20% 多）少。由于氧气对于植物根和微生物等是必需的，为了增加土壤的空气通透性，常进行土壤翻耕来改良土壤。

（4）土壤质地

土壤质地是通过砂（粗砂、细砂）、壤土、黏土的各成分的粒径组成来表示，根是否能顺利地供应水和空气，土壤质地的影响很大（表 3–2，表 3–3）

日本农学会的粒径区分法　表 3–2

砾		2mm 以上
砂	粗砂	2 ~ 0.25mm
	细砂	0.25 ~ 0.05mm
	微砂	0.05 ~ 0.01mm
黏土		0.01mm 以下

国际土壤学会的粒径区分法　表 3–3

砾		2mm 以上
砂	粗砂	2 ~ 0.2mm
	细砂	0.2 ~ 0.02mm
壤土		0.02 ~ 0.002mm
黏土		0.002mm 以下

砂土的保水性差，容易干燥，易发生干害，需进行少量多次的灌水。

黏土的透水性、通气性差，土壤中缺乏氧气，阻害根系的生长。

黏土的土粒表面附着负电荷，吸引带有正电荷的 Ca^{2+}、Hg^{+}、K^{+}、NH_4^{+} 等养分的能力，亦即养分吸收力（土壤吸收力）强。

理想的土壤是砂土和黏土按适当的比例进行混合，并加入适量的腐殖质。这种状态下，保水性、保肥力都比较高，同时，土壤松软、通气性好。

土壤的透水性，因构成土壤的土壤粒子的大小、形状、土壤粒度组织、构造等不同而不同，空隙小的土壤透水性差。砂和砾的空隙比例大，并且连通，所以透水性好。

保水性随着壤土成分的增多变好，砂土成分越多越不良。

作为种植土壤，埴壤土（CL）、壤土（L）、砂壤土（SL）较为适合。

土壤质地区分，按照表 3–4 所示，根据一定土壤量中黏土的含有量（%）进行分类。

土壤质地分类的对比

（2004 年制）　　　　**表 3–4**

国际土壤学会法	日本农学会法
砂土 壤质粗砂土 壤质细砂土	砂土 （12.5% 以下）
粗砂壤土 细砂壤土	砂壤土 （12.5% ~ 24.9%）
壤土 质壤土	壤土 （25.0% ~ 37.4%）
砂质埴壤土 埴壤土 质埴壤土	埴壤土 （37.5% ~ 49.9%）
砂质埴土 轻埴土 质埴土 重埴土	埴土 （50% 以上）

注：（ ）内为黏土含量

（5）腐殖质

①腐殖质的形成过程

首先，微生物将生物遗体分解为简单的有机化合物，其中，蛋白质被微生物吸收并对微生物细胞的形成起作用，然后，通过微生物将由遗体分解产生的化合物合成、聚合为腐殖质。同时，生物遗体中，糖、淀粉、纤维素成为微生物的能量，不形成腐殖质。

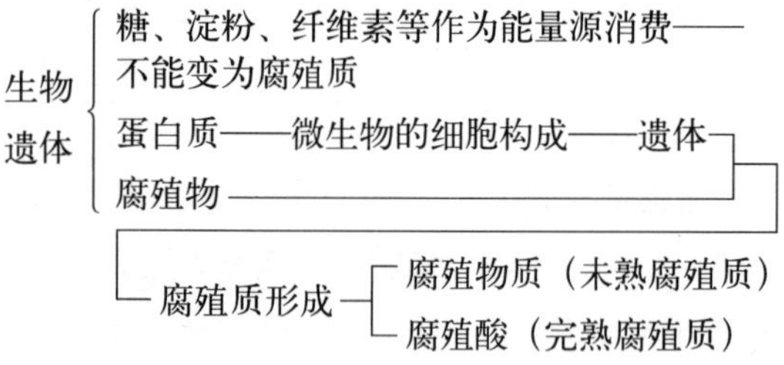

生物遗体
- 糖、淀粉、纤维素等作为能量源消费——不能变为腐殖质
- 蛋白质——微生物的细胞构成——遗体
- 腐殖物

→ 腐殖质形成
- 腐殖物质（未熟腐殖质）
- 腐殖酸（完熟腐殖质）

土壤中腐殖质含量在 20% 以上的为腐殖土，土壤断面为 A_0 层，相当于 A 层的部分。

②腐殖质的作用

- 土壤呈褐色或黑色，提高地温，使土壤松软。
- 促进土壤的团粒化，增强保水力和保肥力。
- 增强微生物的繁殖活动，促进有机物的分解。
- 缓冲作用大，增强盐基吸收保持力。
- 阻碍磷酸与铝、铁的结合，提高溶解度。
- 腐殖质、有机酸、生长素等促进植物的生长。
- 被分解后成为植物的养分，二氧化碳可溶解钙。

（6）土壤的化学性质

土壤中除了含有磷酸、铝、铁等外，还含有多种矿物质和微量元素。这些成分之中，微粒子的土壤胶质的静电力吸引盐基和氢素，如果氢离子过多则变为酸性。这种性质称为土壤的化学性质。

土壤中磷酸的一部分，与铁、铝相结合，成为植物不能利用的形态而沉淀。火山灰中铝、铁的含量多，硅铝比较小的土壤，磷酸吸收力极强，作为肥料施入的磷酸，植物的使用率较低。

土壤中矿物质成分之一的氧化铝为铝的酸化物，又称酸化铝。氧化铝在土壤中与硅酸结合存在，硅酸与氧化铝（铝土）的比例用分值表示就是硅铝比（SiO_2/Al_2O_3）

一般植物喜 pH 值 6 ~ 6.5 的土壤，但是日本降水多、地形险峻，土壤的表层养分易流失，导致土壤酸性化和养分缺乏等，易形成阻碍植物生长的状态。这种情况有必要考虑用石灰中和或者施用堆肥等。另外，在城市内的公园、行道树的土壤和海岸填土地、内陆造成地等，土壤的干燥化、盐碱化、有时的湿地化等，易于发生与自然土壤不同的生长阻害要因。该种情况如果利用石灰，反而会导致植物生长不良。

导致土壤酸性化的三大原因：

①通过雨水溶脱的酸性化

土壤经雨水洗刷，长期的钙、锰等置换性

盐基与水中的 H^+ 相置换，盐基溶脱，增加了置换性的 H^+。

②生理的酸性肥料与其他肥料的酸性化

氯化钾、硫酸钾、氯化氨、硫酸铵等施肥地变为酸性化。

③通过硫酸的酸性化

温泉、硫化物采挖场在河道上流时，排水流入河川使水酸性化。从火山的喷气孔和工厂的烟囱放出硫化氢、二氧化硫致使土壤硫酸化。

土壤的酸碱度有酸性和碱性（盐基性），中间为中性。分为不同的阶段，用 pH 表示。水是非常的微小量，如果详细表示的话，用下列式子表示氢离子与氧化氢对水的解离。

$$H_2O \rightleftharpoons H^+ + OH^-$$

这个解离在平衡状态时，氢离子浓度 $[H^+]$ 和氢氧根离子浓度 $[OH^-]$ 的积在一定的温度下是一定的，在常温下约 10^{-14}，亦即：

$$[H^+] \times [OH^-] = 10^{-14}$$

水中的氢离子和氢氧根离子处于一方增加则另一方减少的负相关关系，氢离子浓度大时呈酸性，10^{-7} 时为中性，小于该值为碱性。

pH 是从氢离子浓度大的一方开始分为 14 段，pH 值小则表明氢离子浓度大，呈酸性，反之是碱性，这个关系如下图所示。

$[H^+]$	1	10^{-1}	10^{-2}	10^{-3}	10^{-4}	10^{-5}	10^{-6}	10^{-7}
pH	0	1	2	3	4	5	6	7
	强酸性			弱酸性				中性

10^{-8}	10^{-9}	10^{-10}	10^{-11}	10^{-12}	10^{-13}	10^{-14}
8	9	10	11	12	13	14
弱碱性			强碱性			

（7）土壤的保肥力

土壤中除含有氮（N）、磷（P）、钾（K）三要素之外，还含有钙（Ca）、镁（Mg）、硫（S）、铁（Fe）以及几种微量元素。

土壤的保肥力：黏土和腐殖质或者由两者形成的团粒的量越多则保肥力越强，黏土和腐殖质的质量也对保肥力有很大的影响。

黏土和腐殖质形成的胶质表面含有大量负离子的土壤较好（盐基置换容量的大小），它随着黏土的质量不同而不同。

带有负离子的土壤胶质周围虽然只吸附盐基和氢离子，但容易被其他盐基置换。

$$[\text{黏土离子}]^{-}_{-}\ Ca^{2+} + \frac{K^+}{K^+} \longrightarrow [\text{黏土离子}]^{-}_{-}\ \frac{K^+}{K^+} + Ca^{2+}$$

这些氨化氢、钾离子、钙离子、镁离子、钠离子等的盐基被称为置换性盐基。

（8）土壤微生物与土壤动物

土壤不单是由岩石和砂砾组成，而是由岩石和砂砾与植物、动物、微生物遗体的分解产物混合形成的。

土壤中生存着无数的土壤动物和微生物，与它们的生活相伴随，常常发生各种各样的化学变化。例如土壤中有机物的排泄，有机物的分解并放出二氧化碳，再通过植物的光合作用蓄积在体内的碳素循环等，微生物在土壤中促进物质循环的进行。现在，作为地球环境问题话题的碳素循环，其特殊途径就是使动植物遗体成为碳化的煤炭、石油，耗时较长的则通过燃烧，以空气中 CO_2 的形式还原。

①土壤微生物

生物遗体（有机物）的分解是通过细菌、菌类等微生物的活动完成的。就如（4）土壤质地（5）腐殖质中说明的，有机物是养分吸收、形成团粒构造的必要条件，对于促进有机物的分解，微生物的旺盛繁殖是必要的。

细菌的大小大约为 1/1000mm，是微小并且是最原始的生物，每克土壤中含有的数量约在 100 万以上。在这些细菌中，有对分解堆肥起作用的纤维素分解菌，有使氨氧化的硝酸菌，有固定空中氮素的氮素菌和根瘤菌等有益细菌，反之也有类似如植物病原菌一样的有害细菌。

菌类是比细菌稍显进化的生物，从微小物到用肉眼能看见的有很多种类。菌类的特性是一般对酸性的抗性强，而细菌一般喜中性环境，土壤中的化学变化在土壤为中性条件下细菌起主导作用，酸性条件下细菌的作用衰减，菌类的作用则比较强盛。

②土壤动物

从类似于蚯蚓和昆虫等体形较大的到显微镜动物，其数量众多。后者中主要为原生动物，每克土壤中约存在 1 ~ 10 万个。

蚯蚓每年搬运土的重量估算为 15~36t/hm^2，在把澳大利亚的沙漠变为草原的土壤改良过程中发挥了巨大的作用。

3.2 种植基盘的规划

3.2.1 种植基盘营造的过程

种植基盘是植物能够进行正常生长状态的基础，包括植物的根系能够伸长范围的土层（有效土层）以及进行这种伸长过程的环境。

即使植物的根系生长不受阻碍，在物理、化学方面具备适合植物生长的条件，能保证植物正常生长发育，在一定范围内、以一定厚度形成的土层为种植基盘。

种植基盘的营造程序一般如图 3-2 所示，按照规划 - 设计 - 施工 - 管理的顺序进行。

在此，将种植基盘规划、设计、施工、管理的作业内容分开说明。

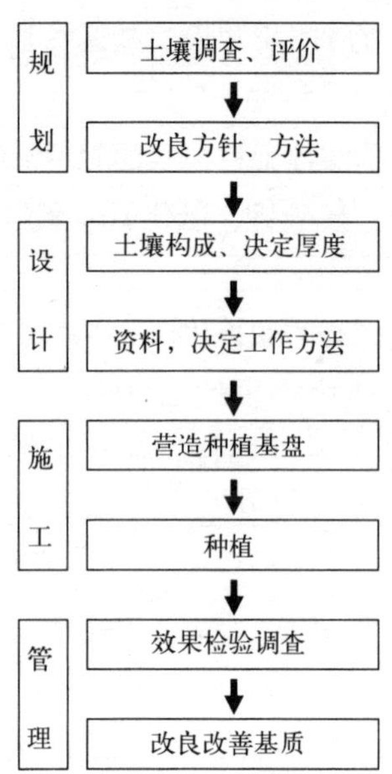

图 3-2　种植基盘的营造程序（1998 年制　中岛）

规划是在对种植环境的立地、地形、用途和种植的目的、内容、预算等条件明确的基础之上进行调查分析，根据结果决定营造何种种植基盘，探讨、决定改良的方针和方法。

设计是为了营造符合目的的种植基盘，决定种植基盘的断面构成（土层构成、厚度等），土壤的构成材料（土壤的种类、混合比例等）以及做法（施工机种，耕作次数等）。

施工是按照施工顺序实施土壤改良、构造种植基盘。

管理是检查植物种植后状态的过程，目的是使植物能够正常成活，如果没有成活则应当进行改良、改善。

3.2.2 土壤调查

为了对对象地现状的土壤状况进行恰当准确的基盘营造，对对象地的现状和土壤状况进行预备调查、土壤诊断（现有地土壤调查）、土壤分析非常重要。基于该结果，作出现有基盘是否适于种植的判断。

（1）预备调查

通过文献调查、口头调查、现场调查等，进行调查区域的建设过程、一次性基盘的营造、一次性基盘的种类、广域的土壤位置等的调查。

一次性基盘根据其建立的原因可以分为①自然地形形成的基盘；②建设施工形成的基盘（取土、埋土等）；③埋填土形成的基盘（建筑后剩余土、塘泥土、废弃物等）；④人工基盘、建筑物（屋顶、墙面等）。根据这些特性进行适当的基盘营造是必要的。

（2）土壤诊断

按照土壤诊断的顺序进行查对，通过查对的数值按对应诊断标准划分等级，判定种植基盘的适宜性。并且基于该结果，确认树势阻害要因以及土壤改良方案。

简易土壤诊断　　表 3–5

透水 · 通气性

判定	降雨第二天土壤的干湿情况	山中式透水通气测定装置的测定值
强	没有积水，踩在上边没有粘的感觉	10^{-3}cm/s 以上
中	有星星点点的积水，但没有严重的粘脚感觉	10^{-4} ～ 10^{-3}cm/s
弱	有粘脚现象，踩不进土中去	10^{-6}cm/s 以下

保水性

判定	连续晴天时土壤的干湿情况	最大含水量
强	用手握土，手掌上残留有湿气	干土重的 80% 以上
中	用手握土，能感到湿气	干土重的 40% ～ 80%
弱	用手握土，感觉不到湿气	干土重的 40% 以下

硬度

判定	用大拇指按压土壤断面	山中式硬度计数值
大	用大拇指使劲按压没有凹陷	30mm 以上
中	用大拇指使劲按压有凹陷	20 ～ 30mm
小	用大拇指轻轻按压容易产生凹陷	20mm 以下

腐殖质

判定	土壤颜色、触感、重量	腐殖质含有率
很富有	呈现黑褐色至黑色，比较松软	20% 以上
富有	呈现黑褐色至暗褐色，触感滑软	20% ～ 10%
含有	稍带混浊的色彩	10% ～ 5%
缺少	色彩鲜明	5% 以下

日本农学会法 土壤质地判定（指头法）

土壤质地	标准	成为绳状时的形状
砂土	无论怎样搓，土壤还是颗粒状，不能形成一体	
砂壤土	多少有些成为一体，当把其反过来时绳状不能保持延长，反过来时变为伸长的粗绳（>3mm），再延长或弯曲时则断掉	
壤土	反过来时变为伸长的绳（3mm），再延长或弯曲时则断掉	
埴壤土	反过来时变为伸长的细绳（<3mm），再延长或弯曲时则断掉	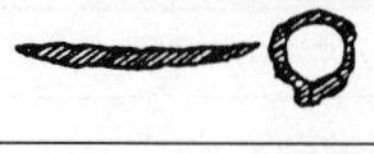
埴土	反过来时变为伸长的细绳（<3mm），再延长或弯曲时可以结为环状	

利用指头法进行土壤判定，以下列要领进行较好：

①手掌上放入 1 勺土，一滴一滴地加入水，搓成类如耳垂的形状。

②用两手搓，搓成绳状。这时可以通过手的热度判断干燥度，根据需要适当加水。

③与左图相比较，判断相当于哪一种。

④利用数种土壤进行练习后，即能够进行判定。

（3）诊断结果的评价

土壤调查的方法有土壤固有的断面调查和利用检土杖等进行的土壤采收。

诊断方法有简易诊断和分析评价的方法（表 3–5，表 3–6）。

3.2.3 改良方针

种植基盘的土壤适合植物的生长发育，必须满足下列条件：

①植物的根系能够进行伸长与扩张。

②具有植物能够生长的土层厚度。

③透水性、通气性良好。

土壤的诊断标准　　表 3–6

诊所项目		诊断标准	诊断方法
物理性	表土厚度	0　10　30cm　灌木～乔木	实测（卷尺等）
	有效土层	0　30　60　120cm	实测（卷尺等）
	透水通气性	弱　中　强	降雨后的干湿情况或者山中式透水通气测定装置
	保水性	弱　中　强	连续晴天情况下干湿情况或者最大容水量
	地下水位	50　100cm	实测（插入检土杖等）
	构造	块状　垫状　粒状	观察
	土壤质地	砂土　砂壤土～壤土　黏土	手的触感，利用刀子切割的断面，自然状态的物理性质等
	土色	灰色　褐色　暗褐～黑色	观察
	硬度	30　20mm　0	山中式硬度计或者用指尖的按压
	砾石、夹杂物	富含　含有　无	观察
化学性	pH（KCL）	4　5　6　7	土壤检定器，pH 试纸法
	EC（1：5）	毫克　0.7　0.5　0.3　0	携带式电导度计
	无机氮素（氨＋硝酸）	20　10　5mg　0	土壤测定器
	有效磷酸	0　5　10mg	同上（土壤 100g）
	磷酸吸收系数	2000　1000　0	同上（土壤 100g 吸收磷酸的量，以 mg 为单位表示）
	盐分	200　50mg　0	同上
	其他	养分欠缺，注意漏水水质	

□良好、▨稍不良好、■显著不良的范围

从表面到 60cm 以内有▨者需要土壤改良、有■者需要土壤改良或者土壤交换。

（引自《緑化に関する調査報告書》）

④有适当的保水性。

⑤土壤硬度适中。

⑥酸度适中。

⑦含有一定量的养分。

⑧不含对根系有害的物质。

以上述这些条件为目标，结合以下几方面基础检查，决定改良方针。

①考虑周围环境，以环境共生为目标，进行重视生态平衡的基盘营造。

②把现地的土壤作为资源，积极地灵活应用并在考虑循环的前提下进行营造。

③利用自然的再生能力，以自然物必须回归自然状态的方式进行营造。

④平衡掌握土壤的固相、气相、液相，考虑渗水等自然浸透的营造。

⑤在考虑基于现况调查基础上适当地营造适于微生物、土壤动物生存的基盘营造。

3.2.4 表土的保护与利用

（1）土壤断面构成

一般的土壤断面构成如图 3−3 所示。土壤根据岩石等矿物质的风化程度分为 A_0 层（堆积层），A 层（溶脱层），B 层（集积层），C 层（母材层）。这些风化物中动物的遗体、植物的腐烂枝条、落叶等分解成的有机混合堆积物被称为表土，A_0、A 层就相当于这一层。表土是植物生长发育最理想的土壤，所以有必要进行表土的保护和利用。

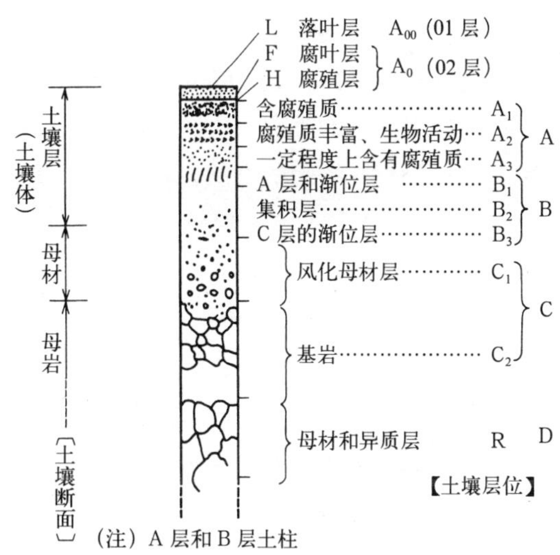

图 3−3 土壤断面构成模式图

表土的功能如表 3−7 所示。

（2）表土的复原利用

自然土壤的表土，是长年由微生物进行物质循环而形成的富含腐殖质的重要资源。所以，进行土木施工的取土、填土时要对自然土壤作检查，在规划和设计阶段就有考虑施工完成后对表土进行复原的必要。

现在，因为在城市周围种植现场附近寻找客土用土的采取地十分困难，而只能远距离运土，从环境、经济等方面来看也期待着表土的复原利用。

（3）表土的保护

表土的保护指有必要对土壤的采取、储藏、

表土的功能　　表 3−7

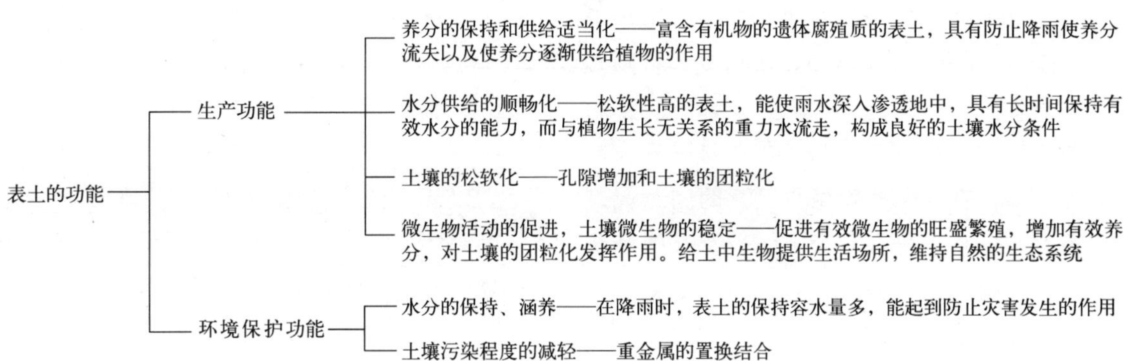

填埋方法等进行周密的规划。在进行规划时，要调查地形、地质、土壤、植被等现状。

选择应当保护的具有表土的对象地和堆积场所，探讨挖掘、运输的方法，堆积、贮藏的方法，土量的分配计划以及填铺的方法等。

保护表土的注意事项如下：

- 在开挖表土时，应当伐去树木，除掉根系、障碍物等，开采以 A 层为中心的土壤层（表土），在指定场所堆积。
- 在进行表土堆积时，采取必要保护措施防止降雨使养分流失、风使之吹散、日照使之干燥等。
- 采后的表土以及临时堆积的表土，运输至新的种植地并填铺。
- 为了防止土壤崩裂和干燥，栽种树木，设立围挡。
- 为了防止土壤干燥，可以种植豆科植物，或者铺覆落叶、草坪、地被等。

（4）表土保护的法律制度

原联邦德国建设法（1950 年）规定的表土堆积方法是："建筑物的建筑变更时以及地表物质变更时，对于挖掘的表层土，以能够再利用的状态进行保存，并且在此状态消失之前必须进行保护"，并且制定了法规。日本于 1974 年对城市规划法中的一部分进行修正，开发许可制度全部适用于城市规划区域的同时，为建筑物以外的特定场所（与造园有关的高尔夫球场、运动场、游园地、墓园等为对象）附加了规定。

关于树木保存、表土保护等的标准适用于进行 1hm^2（为了保护环境，被认定为特别必要的时候，日本都道府县政府在都道府县的规制下则定为 0.3hm^2）以上的土地开发。在开发区域，在确保植物生长发育的同时规定进行必要的树木保存、表土保护及其他必要措施的实施。

具有高度在 10m 以上的树木和 5m 以上的树木的群体规模达 300m^2 以上的土地，原则上作为公园或者绿地进行配置。

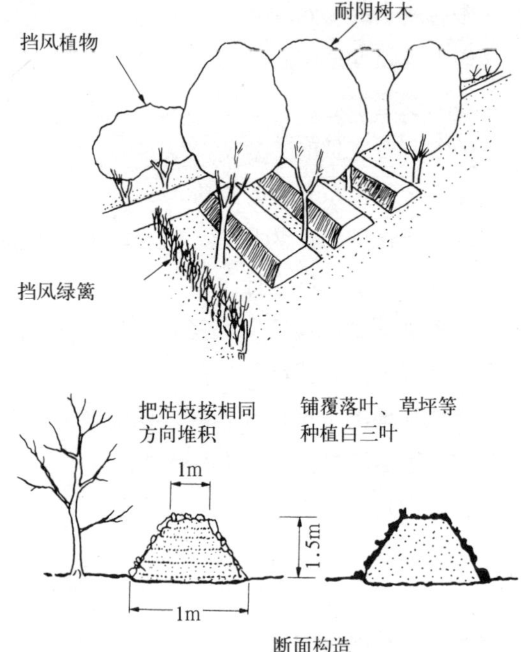

图 3–4　原联邦德国建设法的表土保护法

在高差超过 1m 的取土和填土，或者取土和填土的面积超过 1000m^2 以上时，对于该取土和填土部分（道路的路面部分、没有必要种植植物的部分以及植物的生长发育能够被确保的部分除外），必须采取表土的复原，客土，土壤的改良等措施。

"表土的复原"是指保存开发区域内的表土，在开发施工的最后阶段覆盖表土。"客土"是从开发区域外运来表土，对区域内有填铺必要的部分进行填铺。另外，"土壤的改良"是通过撒施土壤改良材料、施肥，作为进一步为防止根部腐烂而粉碎岩盘的措施。

3.2.5　改良技术方法

植物基盘的改良技术，根据目的可以分为如图 3–5 所示的几种方法，主要有通过物理技术进行的土层改良，以及混入改良材料与其他

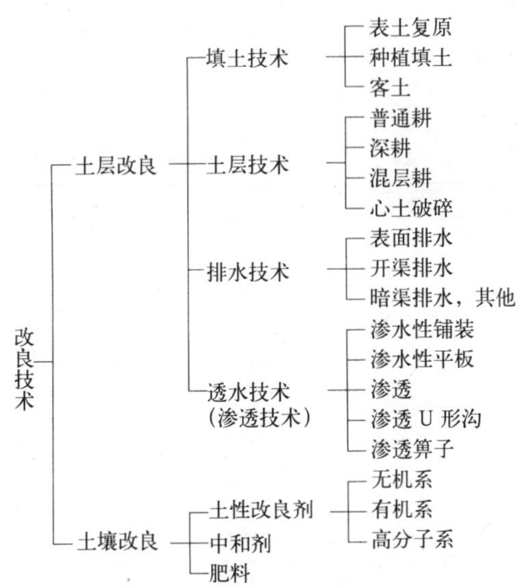

图 3–5　种植基盘的改良技术

材料的物理、化学结合的土壤改良。

（1）填土技术

填土技术是为了确保植物生长发育基盘所需的有效土层，填入适于植物种植的土壤的方法。如果种植地的土壤不适于植物的生长发育，对种植地进行适当的填土和客土等改善处理十分重要。

1）种植填土

种植填土是指为了保证植物良好的土壤环境而填入适于植物生长的土壤的过程。

适合于种植的填土材料，根据国际土壤学会和日本农学会的分类标准分为壤土、砂壤土、砂质黏壤土、砂质黏土、黏土。

2）客土

客土是为了确保树木生长发育所必需的有效土层，以及保证新栽树木根系的成活、促进生根，从规划地（现场地）以外运来优质土，放入种植坑、种植穴等，在有限范围内使用的方法。

对于土壤的物理性质、化学性质恶劣，或土壤中混入夹杂物明显的场地，由于该处的土壤难于保证树木正常生长发育，要进行客土，对生长基盘进行改良。

此外，在新栽树木根量与树木体量都少的情况下，剪掉受伤较多的根，在根坨周围填入优质的客土，通过根与土壤的紧密结合保护根系，促进生根。

客土的种类有种植带客土和种植穴客土两种。

种植带客土是把客土填入类似连续种植带树坑的方法，以形成带状绿地、花坛、行道树等为目标。

种植穴客土是指栽植单棵树木时，在把树木栽植于种植穴中后，作为回填土填入客土的方法。

（2）松动土层技术

松动土层是指为了提高有效土层的质量，维持树木的生长发育，保护种植基盘的有效土层而对土层进行耕作，可以缓解土壤过湿等土壤环境压力。

松动土层的方法有普通耕作、深耕、混层耕作以及心土破碎等，在设计时首先要对土壤条件进行调研，选定最适合的松动土层技术。

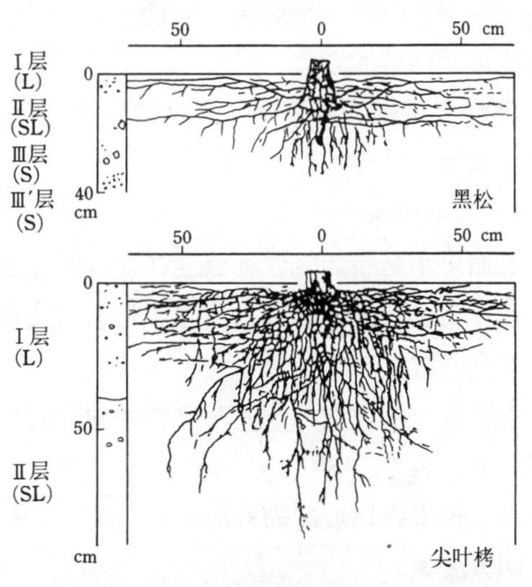

有效土层不足导致深根性的黑松根系无法伸展

（引自《東京港臨海部緑化のための土壌・根系・生態調査報告書》）

图 3–6　土层厚度影响根系的发达程度

1）普通耕作

适用于进行过填土、客土，且种植基盘下层为优质土的情况；或者欲栽植地被植物，其种植基盘为优质土，而表层土被重型机械碾压过的情况。

2）深耕

因树木种类不同而不同，如深根性树木的有效土层较深（通常 40 ～ 80cm），有必要对表层土进行此种耕作。

3）混层耕作

如填土的填埋地，下层土为板结、通透性不良的坚硬层的情况；或者表层土为不良土而下层土为优质土的情况；又如客土（填土）的土壤与下层土的土壤性质不同的情况，为了确保有效土层的土壤结构具有连续性，而进行混层耕作。

4）心土破碎

心土破碎是在土壤硬度高，深耕和混层耕作均难实施的情况下进行。

（3）排水技术

排水是指在土壤过湿状态下，为了防止植物生长受到抑制和根部腐烂，而使土壤中的空气和水流通良好的方法。

排水方法有表面排水、开（明）渠排水、暗渠排水等。

1）表面排水

表面排水是指为确保种植地在降雨时不发生积水，能够快速排除降水而修建带有坡度的种植基盘的方法。

表面排水的坡度，虽因草坪和裸地等有所不同，但一般为 1/30 ～ 1/20。

表面排水修建坡度的方法有单向流、分开流、四方流等。

2）开（明）渠排水

在种植地区的周围设置排水沟、L 形沟、U 形沟等，利用集水井排除地表水的同时，切断外部水的流入。

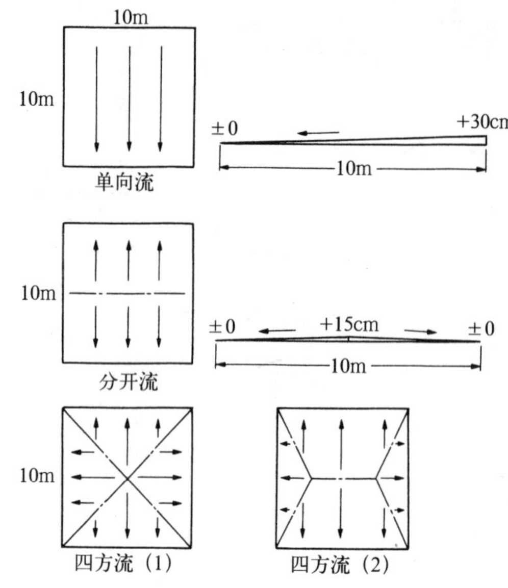

图 3–7　表面排水的坡度

3）暗渠排水

暗渠排水有暗渠法、砂沟法、渗透柱法等。

①暗渠法

暗渠法是指埋设用于透水的水泥管等排水设施以及无机质改良材料，进行排水的方法。

在规划阶段，要对地形、地质、地下水位、降雨量、总排水规划等进行调研，作出暗渠排水的总体初步规划，决定采取鱼骨式、平行式等暗渠排水方式。

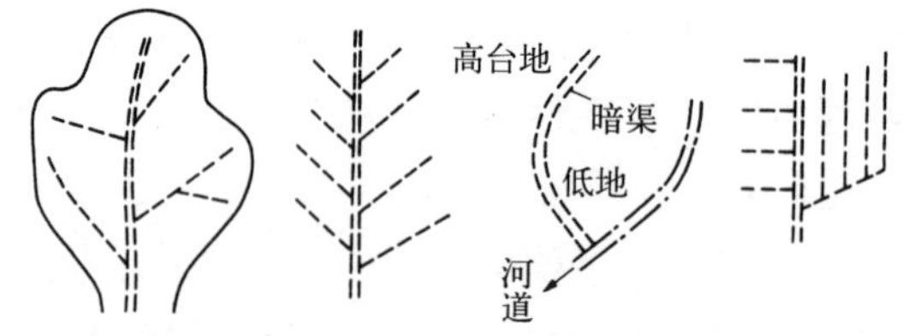

图 3–8　暗渠排水的主要设置方式

在设计阶段，根据集水面积、降雨强度等，决定暗渠的深度、间隔和口径等。例如，在渗透箅子和砂暗渠并用的情况下，通过主透水管进行长距离排水，从主管的分枝进行短距离砂

暗渠排水（图 3–9）（详细的渗透设施参照第 7 章种植管理中的浇一节水）

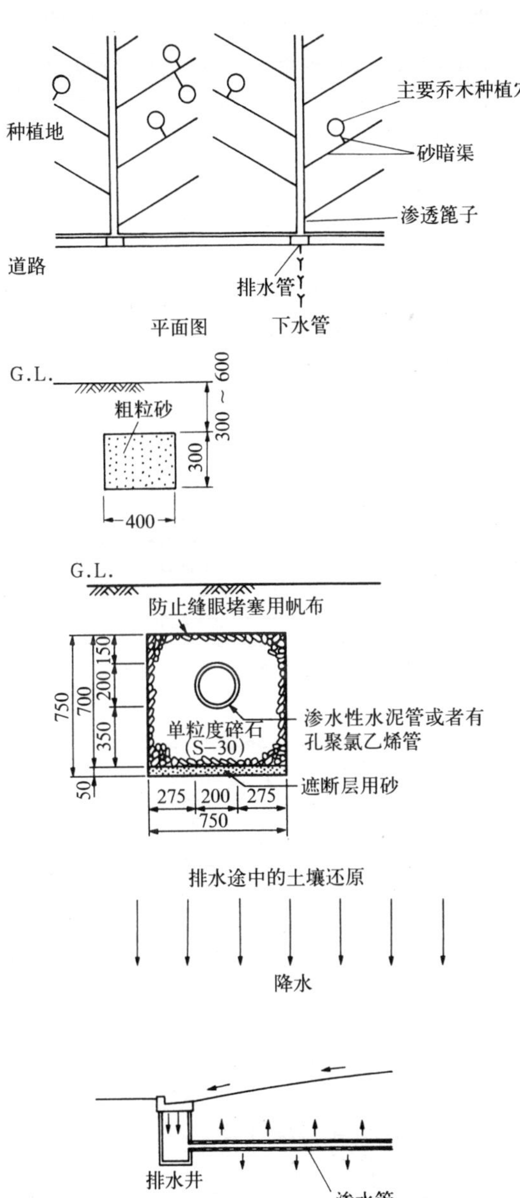

图 3–9　渗透箅子和砂暗渠并用实例

②砂沟法

砂沟法是指在种植基盘不透水的情况下，用挖掘机等挖掘机械开沟挖槽，埋砂以改善土壤的透水性、通气性的方法。

砂沟的底部应稍有倾斜以利排水，如果能与管渠等并设则排水效果更佳。

③渗透柱法

渗透柱法是指在种植基盘存在不透水层，但不透水层的厚度比较薄，并且其下层存在透水层的情况时，把种植穴的一部分进行疏通直到下层的透水层为止，回埋砂和土壤改良材料，以改善土壤透水性和通气性的方法（图 3–10）（实例参照第 7 章植栽管理 7.3.5 保护）

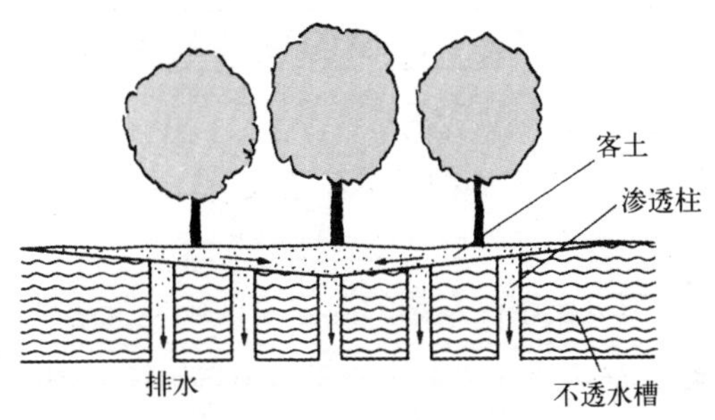

图 3–10　通过渗透柱的排水

（4）土壤质地改良技术

土壤质地改良是指为了促使植物生长发育良好，利用土壤改良材料，促进种植基盘的理化性质进行土壤改良的方法。

土壤改良材料包括有机系列、无机系列以及高分子系列，从使土壤良好的角度来看混入有机物是最重要的。施用有机物可以促进微生物和土壤中动物的旺盛活动，在改善土壤养分循环的同时，促使土壤软化，改良团粒构造。

但对于强酸性土壤只施用有机物难以改良，有必要施用石灰等中和剂；在低湿地施用有机物反而会引起根部腐烂，因此必须灵活使用无机系列的土壤改良材料。土壤改良剂的选择，必须在掌握各自特性的基础上，进行适当的施用（详细参照 3.3.2 土壤改良材料）。

土壤改良剂中，根据肥料的使用法有普通肥料（保证有效成分的含有率）的使用和特殊肥料（不能保证有效成分的含有率）的使用。

施肥，通常与土壤改良区别开来，但从广义上讲，含有肥料三要素的一般性施肥也属于土壤改良的一环。例如，磷酸肥料（通过多量施用对火山灰土进行改良）和微量元素肥料等，其肥料和土壤改良剂成为一体，不可区分。

1）施用方法

因为种植后进行土壤改良的操作比较困难，对于有必要进行土壤改良的种植地，必须在种植前，土地平整的阶段实施土壤改良。

考虑到土壤改良剂施到土壤深层与种植地土壤的混合施工较困难，以 15 ～ 20cm 的深度为限。但由于植物根系在地表下 30cm 处分布集中，分布面扩展到树冠投影范围。

所以土壤改良剂的混施深度应尽量达到地表下 30cm 左右，施工困难的情况要保证 20cm 左右。

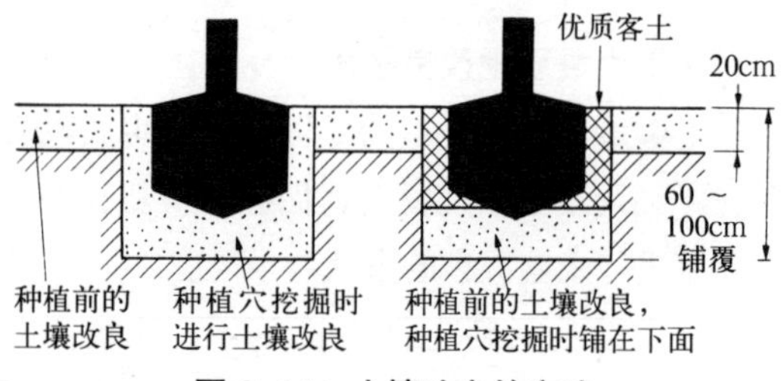

图 3-11　土壤改良的方法

种植植物时，在种植坑周围，利用土壤改良剂或者优质客土从根坨周围到土壤深层进行改良。由于施工费用等问题进行全面土壤改良困难的情况，最少要进行种植坑周围的土壤改良。

主要土壤改良材料施用量（草稿）　表 3-8

（1996 年制，中岛）

土壤	改良材料	施用量
火山灰土壤	松软、保水、透水、通气性好，但对磷酸的吸收力强，可用于 pH 的调节、肥料成分的添加。	
	腐殖质等草炭、苔藓类	土量的 10 % ～ 20% 以下
	强酸性的情况混入石灰	3g 左右 /l
	泥炭类	土量 2% ～ 5%
	亚炭类	土量 2% ～ 5%
	树皮堆肥	土量 10% ～ 20%
	因为磷酸肥料形成酸性土壤的情况	过磷酸石灰　15kg/m³
		可溶性磷肥　3 ～ 5kg/m³
	中性土壤的情况	过磷酸石灰　3 ～ 5kg/m³
黏土质土壤	促进透水、通气性的改良剂	
	腐殖质等草炭、苔藓类	土量的 10% ～ 20% 以下
	珍珠岩等天然岩石、矿物	土量的 5% ～ 10%
砂质土壤	促进保水力和养分吸收保持力的改良剂	
	腐殖质等草炭类	土量的 10% ～ 20%
	泥炭类	土量的 2% ～ 5%
	亚炭（幼年炭）类	土量的 2% ～ 5%
	树皮堆肥	土量的 10% ～ 20%
	优质黏土	土量的 5% ～ 10%

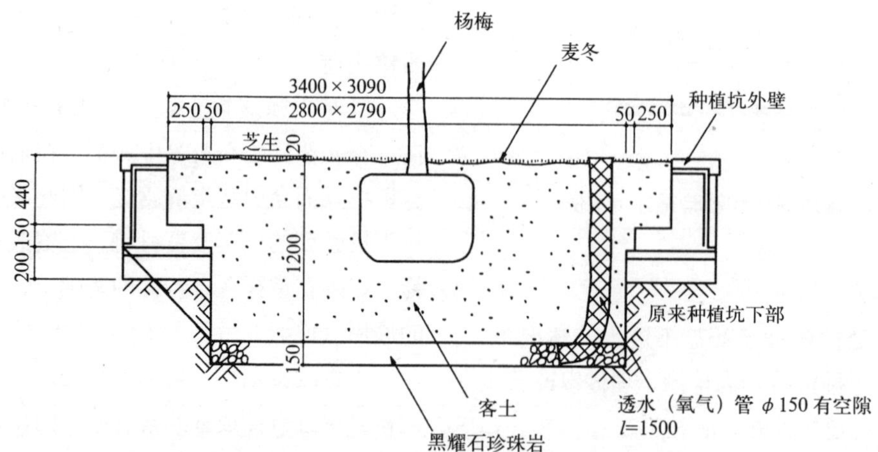

图 3-12　植树带种植坑内土壤改良实例（东京市立潮风公园）

2）施工方法

在耕作的阶段，把土壤改良剂全面、均匀地铺撒之后使用小型拖拉机或者手扶拖拉机（两轮）翻地、碎土，同时进行混合。种植穴周围的土壤改良是在植物种植时人工进行。

3）施用量

土壤改良剂施用量参考表3−8的数值，根据土壤调查的结果对施用量进行调整。

（5）施用中和剂

中和剂是指土壤表现为强酸性或者强碱性时，以改良土壤接近中性为目的而施用的材料。

中和剂包括以下几种酸性改良剂和碱性改良剂。

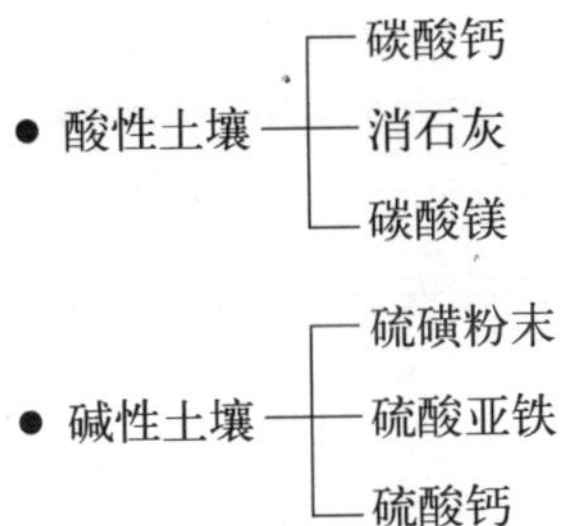

碳酸钙的施用量参考表3−9。

土壤往碱性变化1个pH值碳酸钙的用量
（单位面积为10hm²，深度10cm）　**表3−9**

类型	腐殖质缺乏（5%以下）(kg)	含有腐殖质（5%～10%）(kg)	富含腐殖质（10%～20%）(kg)	备注
砂土	56	112	169	利用消石灰、生石灰时，以该数值分别乘以0.74、0.56进行换算
砂壤土	112	169	225	
壤土	169	225	300	
埴壤土	225	281	375	
埴土	281	328	450	

（6）施肥

施肥是指通过养分的供给以促进新栽树木的生长、维持树势的过程。

肥料成分有氮、磷、钾、钙、镁、硫、铁、亚铅、铜等，这些是除营养元素的氮、氢、氧以外的元素。其中氮、磷、钾为肥料的三要素（详细情况参照第7章种植管理7.3.3施肥和7.3.5保护）。

3.3　种植基盘的设计

种植基盘的改良设计包括基于基盘改良技术的基础上所进行的施工时期、施工方法、有效土层设计、机械类型等的选择，并最终以种植基盘营造设计书的形式进行总结。

改良技术如表3−10所示，因为分为建设阶段实施内容、种植阶段实施内容以及施肥等种植后才得以表现效果的内容等，所以对与工程程序和种植目标形态有关的施工时期以及施工范围进行检验是必要的。

工程程序和技术种类　　　**表3−10**

工程程序	技术种类	
建设阶段	填土	表土复原
		优质客土
	土层	心土破碎
	排水	暗渠排水
		渗透柱法
	透水	渗透U形沟
		渗透井
		渗透箅子
种植时	土层	耕作
	排水	表面排水
	透水	透水性铺装
		透水性平板
	土壤改良	有机质系
		无机质系
	中和剂施用	
	客土	种植穴客土
		大型种植穴客土
种植后	施肥	

特别要注意种植地的种植土构造、有效土层厚度、土壤的硬度。

在具体施工时进行如下检验：①调节与其他施工的冲突、对施工顺序等进行检验；②与其他设施，如排水等设计内容和位置、水平高度等进行详细的调整；③原则上采用施工容易的、较为经济的施工方法。

3.3.1 有效土层

（1）有效土层范围

有效土层是指具植物根系可以自由生长的松软度、土壤既不过湿又不过干的良好土质的水平及垂直土层范围。

通常树木的根系范围在水平方向上可以伸展到树冠边缘处，所以以树干为中心，至少到达树冠外缘的水平投影面作为有效土层的水平范围（表 3–11，图 3–13）。

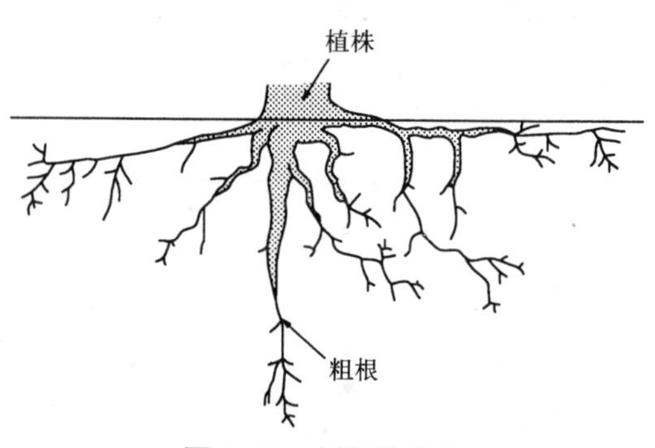

图 3–13 树根的分布

另一方面，在垂直方向上，以乔木为例，支撑树体的支撑根通常可以深扎到地表以下 1.5 ~ 2.0m 的深度，而吸收养分的吸收根通常以分布在地表以下 30cm 处范围内最多，所以至少以吸收根圈作为有效土层的范围，在该范围内尽量使用肥沃土。

（2）地下水位深浅

地下水位的深浅，是决定有效土层厚度的主要因素之一，地下水位高，水位之下根几乎不伸长。地下水位一般在 1m 以上的场地，栽植适合于低湿地的树种或者浅根性的灌木，并进行种植基盘的改良。

（3）有效土层设计

在进行种植地的基盘营造时，如何对提供给植物生长发育必需的水分和养分、并且作为根系生长发育环境的有效土层及其构成进行设计是最重要的问题，在符合种植等设计意图的基础上，有必要进行充分探讨。

屋顶花园等人工基盘的有效土层厚度直接与填土、盛土量有关，比起普通种植地原来的土壤状况，盛土量是确保新的有效土层的关键。

在屋顶绿化中，难以确保有效土层厚度的情况较多。在土层厚度小的情况下有关根的生长发育注意事项如表 3–12 所示。

人工基盘上植物的生长发育，不只与土量，而且与土壤的性质、排水构造等都有关系。作为土层厚度的标准设计值，设定了植物能够良好生长发育的生活界限范围。这些标准设计值的前提是年降雨量 1600mm 以上，土壤中含有

不同土层深度的根系分布（中野） 表 3–11

树种		深根性			浅根性		
		赤松	日本柳杉	枹栎	扁柏	日本花柏	狭叶四照花
树龄（年）		45	50	40	50	47	35
树高（m）		14	16	16	14	16	15
胸径（cm）		26	32	26	23	36	22
粗根的分布（%）	0 ~ 20cm	37	30	30	46	39	48
	20 ~ 40	29 82%	18 81%	31 78%	16 82%	33 85%	28 89%
	40 ~ 60	9	15	11	20	13	13
	60 ~ 80	7	18	6	10	9	10
	80 ~ 100	2	12	3	6	5	2
	100 ~ 150	9	4	13	3	1	
	150 ~	6	3	8			

（引自《公園緑化工事の積算》）

薄土层对根的生长发育的影响　　表 3-12

	土层厚度较小的情况下根的生长发育
浅根性植物	• 细根多，横向伸展的根多，易于适应
深根性植物	• 根粗，粗的直根向下伸展，需要土层有一定厚度 但是，即使深根性植物也对环境有适应能力
其他注意事项	• 通过排水层设计，改良土壤水分条件，对于促进根的生长发育十分重要 • 生长快的植物，短时间内在水平方向上可长出多数细根，易于适应环境

适度黏土的良质土壤。

在进行有效土层的设计时，有必要充分考虑原有基盘、种植规划、排水状况、表土保护、经济性等诸多因素。

3.3.2　种植基盘材料

（1）种植基盘用土

种植基盘用土，一般要求松软、富含腐殖质，从粒径大小来说，属于砂壤土、壤土、埴壤土的土壤较适合。土壤是持续不断地供给植物充足的水分和养分的供体，通过控制优良土壤的水分、养分供给量能够使植物的生长发育保持良好的状态。根据植物所要求的土壤条件不同，在进行种植规划和设计的同时有必要进行土壤种类的调研分析。此外，在基盘为不属于砂壤土、壤土、埴壤土的土壤时，尽量在进行土壤改良后才可使用。

如今，即使土壤改良剂已经普及，改良法不断发展，但不管是从植物生长发育方面，还是从资源的有效利用方面来看，富含成熟腐殖质的表土是最好的种植基盘用土。

1）火山灰土壤

在火山众多的日本，火山灰堆积而成的土壤较多。全国土地的20%左右是由火山灰堆积而成，代表地区就是关东地区，并且以关东以北和九州为多。从挖掘的自然状态火山灰土壤的断面可以看到，最上层纯黑色，其下为褐色，再下层出现轻石层。

这些混有腐殖质的黑土作为植栽用土，性能极其良好，相对于全日本的火山灰土壤来说是最易于利用的土壤。其特征如下：

- 轻（孔隙极多）。
- 保水性良好。
- 透水性良好。
- 腐殖质含有率极高。
- 不含石砾。
- 酸性。
- 因为对磷酸吸附性强，所以易于导致磷酸不足。

同样为火山喷出物的灰色～白色的砂质土在日本九州南部、青森县、北海道广为分布，它被称为白砂，在种植中作为砂使用。

此外，虽然园艺用的鹿沼土、日向土、十和田砂、富士砂等形态和硬度不同，但都属于火山喷发的堆积物。

2）真砂土

真砂土是花岗岩和花岗闪绿岩等风化形成的产物，但不是经花岗岩直接风化而成，而是受地下深层热水等作用形成。

真砂土在日本中部、近畿、中国、四国等地，九州北部、福岛县沿岸等很多地方均有分布，以及其他地方也有零散分布。真砂土为其普通名称，又有薄土（爱知）、温土、面土（香川）的别名。

作为种植用土使用的真砂土种类多样，有被称为“水真砂”和“赤真砂”的颗粒细小与火山灰土相似的良质种植用土，又有只含有砂砾的粗粒者，被称为“真砂土”而在园艺界流行。除了土壤化良好的真砂土以外的普通真砂土，如果按自然状态使用具有以下问题，但作为砂质使用也有其优点。

- 整体为砂～砾，保水性差。
- 保肥力弱，养分极少。

- 变为固结状态后，多透水不良。
- 重，搬运花费劳力。

3）山砂

山砂作为种植用土使用，遍布全国，其母材也多样。

①软砂岩风化后形成

在被称为第3纪的100万年前的地层，初露地表时为可用镐头凿上痕迹程度的硬度，但经风化后形成零散块状物，可以利用崩塌后的堆积物。

②白砂堆积层

火山喷出物中灰色或者白色的砂。混有比较硬的块状物，但很快经风化颗粒变细。单独使用容易结块，与有机改良材料混合使用效果良好。

③砂丘土

在具有大砂丘的海岸平原，大致被推断为古砂丘的砂土，可以作为山砂使用。

④河川堆积土

平原和扇状地是由河川冲积而来的石、砂粒、砂、黏土等堆积而成，远离水流路线之处为细颗粒的堆积物。其中一部分作为山砂等种植用土，以及使用其他别名进行利用。类似于砂壤土颗粒大小的河川堆积土，含有适度的养分，为优质用土。

4）其他土

①砂（海岸地带的砂）

在海岸砂丘地，基盘多为砂。日本海岸线特别多，紧邻太平洋一侧有广阔的砂丘地。

虽然砂的透水性良好，但保水性、保肥性差，几乎不含有养分和腐殖质。此外，还有夏季经太阳辐射后温度升高等缺点。并且地下水位普遍较高，根在地下不能伸长而产生枯死或部分枯死现象，对于这类砂土要进行一定程度的改良。

②黏土

黏土是在日本分布广泛而又最难利用的土壤。

透水性不良，干燥后变硬，潮湿时又变为泥泞状态，难以耕作使用。水分移动缓慢，连续无降水天气时，表层变得干燥。

以下几点为黏土必要的改良措施：

- 改善透水性（下层设暗渠排水）。
- 增大孔隙（使其土壤空气量增加）。
- 防止干燥固结。
- 提高水分移动的速度。

③泥炭

在日本北海道分布广泛，由低湿地植物的残骸堆积而成。因为其处于过湿状态，控掉水分进行干燥是首要工作。此外，由于其为强酸性而有进行pH调节的必要。

④土丹

在进行大规模工程之后常常会出现软质的凝灰岩～砂岩。

开始时为固结状态，种植困难，但因易于风化而龟裂形成大块，又通过碎化促使其变细，使植物根系可以伸长。

土丹中，时常表现为极强酸性，应当引起注意。

⑤泥状沉淀物质

海和湖沼底部沉积的淤泥，细微颗料多，性质类似黏土和泥沙。

围海地和填海地易于见到，开始时极为柔软，干燥后产生收缩，出现大的裂缝。

改良的要点是混合大量砂等，提高透水性。

海底的泥状沉淀物质，含有的盐分即使数年之后还有残存。该种土壤的改良要点也是混合砂，改良透水性后，能够迅速除去其盐分。

（2）土壤改良材料

土壤改良材料是通过改良物理和化学性质不良的种植基盘、维持并增加地力，以形成利于植物良好生长发育的环境。

土壤改良剂大体分为有机质系、无机质系（矿物质）、高分子系。其中有机质系的材料具有广泛、实用的效果。

1）有机质土壤改良材料

以动植物残骸为主体的加工产物。原料涉及多方面，以类似于工业制品等一次性原材料的剩余部分加工后进行灵活运用为目的，形式多种多样。

土壤改良的原理：①通过腐殖酸或者木质素、磺酸的活性，加强土壤的保水力和微生物的活性。②磷酸肥料在土壤中防止铝、铁等结合变为不溶态，从而促进铁的吸收。③通过缓冲作用，调节土壤的酸性，促进土壤中钙和镁的移动。④增大盐基、养分的保持力和供给力，促进植物的根系伸长等。

在将来的土壤改良中，有必要考虑使用作为废弃物循环利用的下水污泥堆肥、修剪掉的枝叶堆肥、木屑等。

有机质土壤改良材料　　表 3–13

材料名称	原料	制法	效果	用途
泥炭系（高位泥炭，其他的干燥粉碎物）	泥炭	在泥炭中加消石灰，加热加压	• 增强对 pH 的缓冲能力 • 保肥力增强 • 腐殖质增加 • 提高土壤的保水力、松软性	• 泥炭等适合于赤土、重黏土施用量为容积比的 10%～20% 以下。施用过多，引起土壤干燥 • 当改良材料原来为强酸性，每升应当添加 3g 左右的石灰（石灰、消石灰） • 可以通过添加市场上销售的肥料等加工品来调节 pH 值 例如在火山灰土、砂质土中按容积比 2%～5%施用适当
	草炭	在草炭中加入石灰后的中和产物		
		草炭处理后产物		
	苔藓	泥炭经干燥、粉碎后产物		
		泥炭经干燥、粉碎后产物		
亚炭系（年轻炭，亚炭，褐炭等利用硝酸或者硫酸分解后的产物）	亚炭	亚炭经硝酸分解、加入石灰中和后产物		
		亚炭经硝酸分解用氨中和后产物		
		亚炭经硝酸分解、利用蛇纹岩粉末中和后产物		
树皮系［树皮堆肥］（把树皮利用鸡粪尿素等发酵后的产物）	树皮	阔叶树的树皮中加入鸡粪等，长时间堆积、腐熟	• 土壤松软化 • 促进微生物的活动旺盛 • 改良土壤的物理性质 • 保肥力增强 • 养分的供给 • 增加腐殖质	适用土壤范围广。特别适合于赤土、砂质土，及有细粒和粗粒、粗粒者，种植后进行铺覆也有效。使用量为土量的 10%～20%。要特别注意制品的腐熟度
纸浆残渣（制纸工程中的副产物）的处理后产物	稻草、纸浆等制纸残渣	稻草、纸浆制造残渣处理物	提高土壤的松软保肥力；促进微生物活动旺盛	适合于重黏土 使用量按容积比为土量的 2%～5%
		制纸残渣的处理物、促进完熟后		
		制纸残渣的处理物中、增加保肥力		
堆肥系（垃圾、城市污水等城市废弃物的堆肥）	城市垃圾、屎尿污泥、污水污泥	污水的情况，处理后的沉淀物进行干燥处理或者通过堆肥装置进行发酵	作为堆肥代用品有效	
动植物体碎片	海草粉末		蛋白质为主体，促进土壤微生物的活动、增加氮素	适用于瘠薄地
	鱼粉			
	酵素碎片			

（出自《造園緑化材の知識》部分改编）

无机质土壤改良剂 表 3-14

材料名称	原料	制法	效果	用途
沸石	沸石	沸石的粉末（北海道、日本东北部产）	良质的黏土。养分保持力（盐基置换容量）大，富含硅酸、铁、微量元素等。	沸石膨胀性小，适于重黏土的改良，混入容积比为土量的5%～10%
	凝灰岩	凝灰岩的粉末		
皂土	黏土	北海道，群马县产	良质的黏土。含钙、镁、钾等，改良土壤酸度，提高保肥力	皂土有膨胀性小，适于改良砂质土壤
蛭石	蛭石	蛭石高温烧成	多孔的小块状物质，透水性、通气性、保水性优良	适于重黏土、砂质土。干燥条件下，全面混合，提高保水性。低湿条件下，下层层状施用，利于排水。有细粒、大粒
珍珠岩	珍珠岩	珍珠岩石经高温烧制而成		
		磷酸盐		
石灰质材料	石灰石		中和酸性土壤，磷酸有效化，微生物生长活性化	由pH值决定施用量。栽植树木时，pH5.5以上不施用

（出自《造園緑化材の知識》）

高分子系土壤改良材料 表 3-15

材料名称	原料	效果	用途
树脂	聚乙烯酒精（聚乙烯酢酸塑料添加物）	以离子结合力为主体；土壤团粒化剂；促进团粒形成，增强保水性。	适于壤土，埴壤土
	密胺（密胺系树脂）		
	聚乙烯	改良通气、透水性。	
	尿素系（尿树脂的发泡体）		
聚乙烯阳离子	烯烃系（丙烯酰胺）	比树脂更为强力的土壤团粒化剂	适于重黏土
	乙烯系（乙烯氧化物）		

（引自《造園緑化材の知識》）

2）无机质系土壤改良剂

几乎全为高温处理的矿物制品，多为粉末、多孔性物质。该类材料表面积大，盐基置换容量、膨润保水性高。因此，可以改良土壤的透水性和保水性，利于肥料养分的吸收。因为其多孔、质量轻，可以作为人工基盘的轻质土使用。此外，还有中和酸性土壤、促使磷酸肥料有效化等作用，改良效果同石灰肥料。施用后的pH在6.5～6.2之间。

3）高分子系土壤改良剂

以化学物质为主体的土壤改良材料，由分子数大的化合物组成。

通过促进土壤颗粒的相互结合形成团粒，改良保水性、通气性以及透水性等土壤的物理性质，效果显著。

3.3.3 机械种类的选择

在讨论了改良方法后，还要计算需要土量以及改良材料用量，最后决定采取人力还是机械进行施工。

在进行需要土量以及改良材料用量的计算时，在从经济方面考虑的同时，还要考虑机械施工的可能性，因机械施工的作业效率高。

对于植物来说，土壤的通气性、保水性、透水性在其生长发育过程中有着极其重要的作用，适度的土壤空隙率是必要的。一般土木工程中的土方施工，填土时可以进行压实，但种植地如果过度镇压会使土壤变得不适于植物的生长发育，因此施工机械种类、施工方法的选择等，必须经过充分的考虑。机械种类的选择可以一般土木工程作为标准，但在种植地的基盘营造时，使用接地压小的机械，选择与基盘状况和作业目的相适应的机械种类是必要的。在使用推土机进行有效土层的填土工程中，相对来讲接地压小的湿地推土机较为适合。

3.3.4　新土木工程预算体系

（1）新土木工程预算体系

日本建设部（现国土交通省）为了改善公共工程预算情况，以下列内容为目标开始进行《新土木工程预算体系》的编制工作。

- 预算内容对于发包方与承包方都易于理解。
- 关于合同的图表类（数量总表、规范说明书等）始终按照统一格式。

其他内容包括工程种类的体系化、名称的统一化、共通规范说明书的修订等。

（2）工程种类的体系化

工程种类的体系化是指，在工程制定时要作成工程数量总表以及预算书，对于这些工程构成内容、记述方法进行标准化处理。

为了标准化工程的构成内容易于视觉上的直观理解，工程成果以《体系图》的树状图来表示。

在公共事业领域《公园》的工程种类体系中的《绿化基盘技术方法》如表 3-16 所示。

公共事业领域《公园》的工程种类体系中的《绿化基盘技术方法》　表 3-16

水平 1 工程分类	水平 2 工程种类	水平 3 种别	水平 4 细别
基盘营造	撤除设施	略	略
	现场建设	略	略
	种植基盘营造	透水层	开渠排水
			暗渠排水
			纵穴排水
		土层改良	普通耕作
			深耕
			混层耕作
			心土破碎
		土壤质地改良	土壤质地改良
			施用中和剂
			除盐
			施肥
		表土填土	留用表土填土
			发生表土填土
			采取表土填土
			购入表土填土
		人工基盘	人工基盘排水层
			过滤
			人工基盘客土
		造型	表面加工完成
			筑山
	立面建设	略	略
	公园电缆管道工程	略	略
	挡土墙	略	略

3.4　种植基盘的施工

3.4.1　透水层处理

种植基盘透水性的改良是在由下层基盘状态、地表形状导致种植基盘过湿的情况下进行。

基于设计图的基础上进行暗渠排水是种植基盘工程中最初阶段进行的作业内容，除了参考排水平面图外，还有必要确认种植平面图中排水管的位置、坡度等。

暗渠排水的施工在原则上按照渠线的设

定、配置材料、掘削、临时回埋、排水口施工的顺序进行。

①掘削是从下流至上流、从集水渠至引水渠的方向进行。

②管渠的设置应该考虑土壤水易于流入管内，并且能够防止土砂的流入。施工应该选择在干燥期进行。

③回埋：以掘削地的场地恢复为目的，在充分考虑沟渠的保护、管道固定、水道功能的提高等前提下进行施工。在配管设置之后至少要有 10 ～ 20cm 的临时回埋，施工在干燥期进行。例如修挖砂沟法，使用开槽机挖宽 1 ～ 2m，深 0.5 ～ 1m 的沟槽，填满砂后进行种植。使用的土壤材料从植物的生长发育角度出发，以含有部分黏土的砂壤土为好。

纵穴排水，一般应用两侧流水法，即把铁制圆筒打入不透水层下部的砂层内，圆筒内填满砂土后，把圆筒拔出的方法。

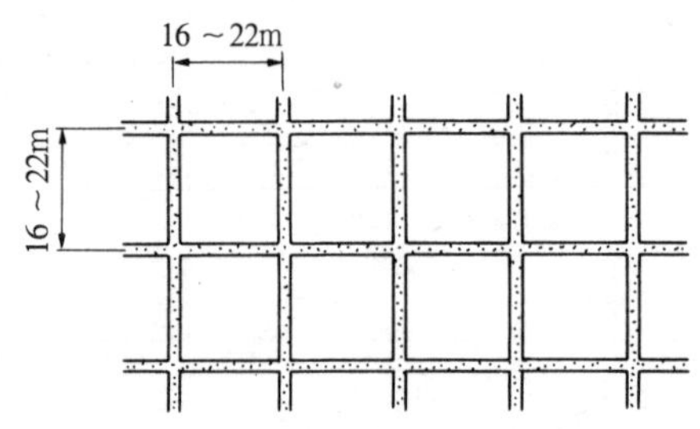

图 3–14 暗渠排水、引水渠的深度以及间隔

3.4.2 土层改良

土层改良是指按照设计说明书所示的耕作方法和使用机械对基盘进行耕作，它可以缓解土壤空气的不足、土壤过湿等，并可扩大树木的根域范围。

耕作方法有普通耕作、深耕、混层耕作、心土破碎等。

利用机械在适宜范围内耕作，否则碾压后会造成土壤构造不良，不要在降雨后立即耕作，应该在表层土壤干燥后进行。四次以上的耕作比起碎土效果来，其履带受板结挤压的弊害更大，有必要注意其后果，参考表 3–17。

土壤改良作业与次数　　表 3–17

作业	标准次数
为了与填土融合，其层之下的下层基盘的耕作	1 ～ 2 次
耕作（为了有效土层）	2 次
与改良材料等的混合	2 ～ 3 次
粒度的改良	3 次
土块等碎土	根据土壤状况，3 次

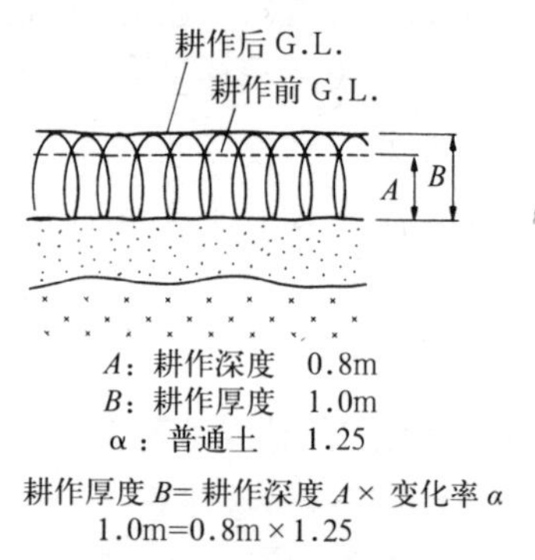

图 3–15 土壤耕作的深度

3.4.3 土壤质地改良

利用改良材料等改良处理。为了缓解与植物生长发育有关的根系土层内的土壤环境，基于设计说明书的改良处理方法，在参考改良材料的特性和确保其与基盘土壤相融合的基础上，进行施工。

3.4.4 表土填土

根据下层基盘的排水性以及土质，如果不对下层基盘进行营造，植物的根系就无法扎入下层基盘中，乔木的生长就会受到抑制，并且在台风等强风下会有倒伏的危险。

所以在进行表土填土时，为了使填入的表土层和下层土层相融合，对下层基盘耕作之后再填入设计书中所示厚度的表土，从而确保有效土层的厚度。

表土铺覆的方法尽量用人力进行施工，在

耕作方法和适用机械　　表 3-18

耕作类型	目的	耕作方法	适用机械	适用地	备注
普通耕作	扩大有效土层，改良通气透水性	反耕方式		没有不良土的基盘或者土壤硬度高的基盘深耕、心土破碎后整地	有效土层厚度薄，与其他的土层处理同时进行
		破碎方式			
		破碎搅拌方式			
		破碎方式			
深耕	扩大有效土层，改良通气透水性（土壤改良的基本作业）	耕作		下层土不为不良土、心土破碎以外的基盘	适用范围大 对种植基盘的置入要进行充分的检验
		掘起处理			适用范围大
		掘削翻起方法			适于小规模地
混层耕作	扩大有效土层，促进土层的均一化	耕起	混层耕 深耕	有必要进行物理性质改良的情况	物理性改良
		重叠处理			
		翻起置换			
心土破碎处理	改良通气透水性，确保土层的连续性	破碎工		岩盘、重黏土、岩石地带	适用范围大
				重黏土地带	排水效果好
		其他		硬盘	适用范围大
			爆破	硬岩	
				软岩～硬岩	

（引自《特殊土壌地における植栽のための土壌改良工法の基準等に関する研究》）

格子状暗渠技术（单位：m）　　表 3-19

土壤质地	粒径 0.02mm 以下重量比（%）	暗渠的深度与间隔（m）			
		0.8	1.0	1.2	1.4
重黏土	100 ~ 75	6 ~ 8	6.5 ~ 8	7 ~ 9	7.5 ~ 9.5
普通黏土	75 ~ 60	8 ~ 9	8.5 ~ 10	9 ~ 11	9.5 ~ 11.5
黏质壤土	60 ~ 50	9 ~ 10	10 ~ 11.5	11 ~ 12.5	11.5 ~ 13.5
普通壤土	50 ~ 40	10 ~ 11.5	11.5 ~ 13	12.5 ~ 14.5	13.5 ~ 16
泥炭	—	10.5 ~ 13.5	12 ~ 16	13.5 ~ 18.5	15 ~ 21
砂质壤土	40 ~ 25	11.5 ~ 14.5	13 ~ 17	14.5 ~ 19.5	16 ~ 22
壤质砂土	25 ~ 10	14.5 ~ 18	17 ~ 22	19.5 ~ 26	22 ~ 30
砂土	< 10	> 18	> 22	> 26	> 30

（引自根据农业土木学会编《農業土木ハンドブック》改编）

（参考）**格子状的暗渠技术**

格子的间隔，根据土壤质地和暗渠深度的相关关系进行估算。假定种植地的主要土壤质地为砂质壤土，暗渠的深度为1.4m，暗渠的间隔则约为16 ~ 22m。

机械施工的情况下，应该首先确保营造下层基盘时，大型机械不会造成过度碾压以及造成下层土的混入等，避免表土性质的损坏。

种植基盘，与土木建筑等基盘不同，由于要考虑施工机械对填土材料的碾压而造成的对种植地的影响，所以要选择接地压小的机械种类，机械的碾压次数也有必要进行限制。此外，在进行表土的铺覆时，要防止机械对土壤团粒的破坏，注意碾压的强度，确保土壤的硬度、通气性、透水性、保水性等。

在对种植地进行平整时，为了不使表面积水而稍带坡度。

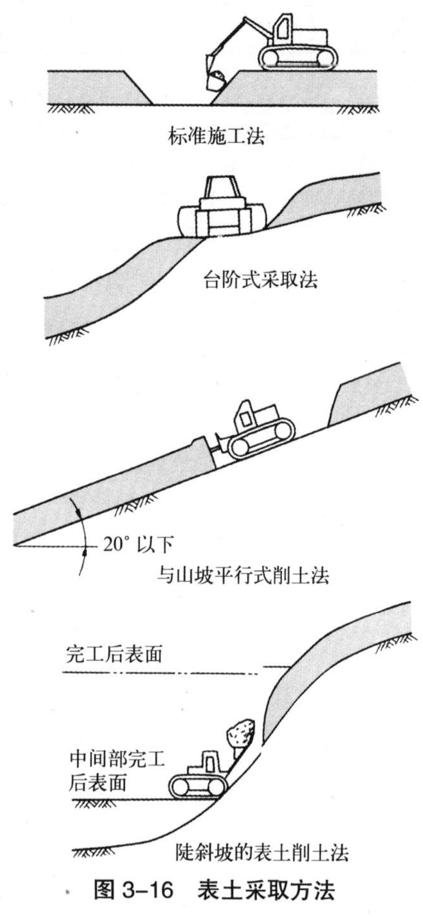

图 3–16　表土采取方法

3.5　种植基盘的管理

3.5.1　种植基盘的培育管理

（1）促进土壤成熟

在人为干涉少的情况下，随着树木的生长、枝叶繁茂，落叶和树木的枯死部分堆积于地表，通过慢慢的分解：①形成表土，逐渐变厚；②表土层的腐殖质、营养成分增加；③促进微生物和小动物的生长发育，土壤团粒构造发达等。如自然森林地一样，种植基盘内的土壤也一年比一年趋于成熟。

- 通过有机肥料的继续施用，促进树木的根系发达，土壤中的微生物增加，积蓄养分，团粒结构发达。
- 通过堆肥，如树皮、木屑、落叶、枯草等植物的残余材料覆盖，在防止干燥的同时，有增进团粒结构等效果。
- 虽然因树木的生长状况不同而有差异，但如每年每平方米平均施用 10 ～ 20g 氮素量的有机肥料，随着落叶的堆积，基盘逐渐接近于自然状态，而后完全可以放任于自然状态。
- 在裸地栽培植物，把这些植物砍伐掉铺覆在地表面，代替堆肥供应土壤中的养分。为该目的而被栽植的植物称为绿肥植物。
- 比起单单在裸地中施用肥料，种植地被植物的同时又施用有机质肥料，这种叠加作用有进一步促进土壤成熟的效果。
- 植物的根系，在土壤中形成网络状，改良通气性、透水性，腐烂的根成为腐殖质使土壤肥沃。
- 通过根系的改良效果，再通过种植基盘育成管理技术的研究开发，进一步缩减管理成本和除去生长阻碍因素的营造方法值得期待。

（2）向明治神宫的森林学习

明治神宫建设以前，除了有一部分的松类、日本柳杉、栎类、栲类的树林和农地、苗圃外均为荒芜土地，没有良好的土壤条件。但是在建设之后，即使在大气污染十分严重的城市环境中，与其他的城市绿地相比，维持着较高的活力，发挥着不同的环境保护功能。可以说，因它长年持续不断的自我改善土壤环境，促进了微生物和小动物的生长，提高了腐殖质的形成效率，提高了土壤的肥沃度（表 3–20）。此类土壤的雨水渗透性良好，地下 3 ～ 4m 处保存着丰富的地下水。正是这种自我平衡的生态系统的确立，成为其形成优秀绿地的关键。这个人工建造的森林，现在已具有不劣于自然森林的资质条件，为城市绿化起到了示范作用。

植被的差异与土壤动物的关系（1972 年　本多氏）（单位：m^2）　　表 3-20

场所 / 植被 / 分类	明治神宫						
	银杏、榉树	尖叶栲	枹栎	樟树	扁柏、日本柳杉	草坪	裸地
腹足纲	676	872	576	1144	112	80	
贫毛纲（蚯蚓类）	48	56	648	200	1304	184	
蛛形纲（盲蛛目）					80		
（蟹虫目）	50			16	8		
（红蜘蛛目）	34	224	16	16	32	8	
（真蜘蛛目）	296	96	80	304	104	24	
甲壳纲（等脚目）	2080	496	1112	5112	1488	8	
倍脚纲	1194	968	360	424	128		
唇脚纲	230	448	272	384	200	24	
昆虫纲（水虱目）	220	112	16	112	136	48	
（小虫目）	150	16			64	72	
（直翅目）	32			8			
（蠼螋目）			8				
（蟑螂目）					8		
（蓟马目）	42			104			
（半翅目）		8	16	8	8	48	
（鳞翅目幼虫）	2			488		64	
（双翅目幼虫）	190	56	88	208	8	24	
（鞘翅目幼虫）	38	160	72	40	56	136	
（鞘翅目成虫）	220	40	192	576	56	256	
（膜翅目蜂类）	618	16	8	16	8		
（膜翅目蚂蚁类）	2512	904	40	64	560	656	
轮虫纲			40	8	16		
涡虫纳					8		
总计	8632	4472	3544	9332	4384	1632	0

3.5.2　种植基盘的养护管理

（1）除去生长阻碍因素

尽量使植物生长发育的基盘的土壤状态处于种植时的状态，如果存在阻碍植物生长发育的因素，则要除去。

作为土壤的物理性不良因素有：①对植物根的伸长影响较大的土壤硬度；②成为植物枯损直接原因的排水性等。

作为土壤的化学性不良因素有：①对植物养分吸收影响较大的土壤酸度；②土壤养分的欠缺等。

- 种植地的土壤，种植植物后，随着时间的推移、由踏压等行为的影响产生板结化，土壤硬度变高。

在土壤硬度高的状态下，对根的呼吸所必需的氧气不能顺利供给，植物不能健全地生长发育，有必要进行土壤的快速改良。改良方法是利用空气注入式深耕机等对板结土壤进行耕作，通过耕作在空隙中施用土壤改良材料。

- 空气注入式深耕机，如图 3-17 所示，把压缩空气注入到衰弱树木种植基盘的表层以及下层，通过空气压提高土壤孔隙度，促使土壤松软化，并且补给氧气，是一种省力的土壤改良方法。
- 但施工时应当特别注意由电动打孔机等重型机器引起的过度转压、踏压，流入表面流水等易产生土壤透水不良现象，造成根腐烂。

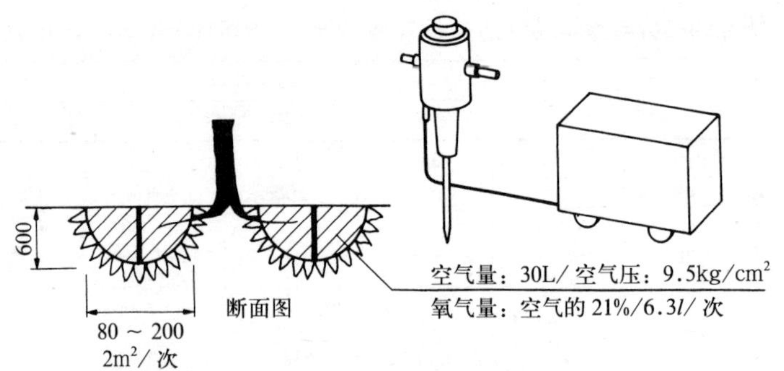

图 3-17　利用空气注入式深耕机的空气注入

生长发育状况（东京都农业试验场）　　表 3-21

处理方法		树高	树冠	干周	试验开始时（昭和 49.3.14）干周的变化（开始时 =100） 1974.5.16	74.11.28	75.6.3	75.12.18	76.7.23	76.12.10	77.8.12	77.12.9
无肥料		6.5	3.7	38.3	100	100	101	103	104	105	108	108
树冠下施肥	表层	7.1	3.0	38.5	100	100	101	103	105	106	108	108
	下层	6.9	3.7	38.1	100	102	103	106	110	113	120	122
根基施肥	表层	7.4	2.9	38.0	101	101	104	107	110	113	120	121
	下层	7.0	3.1	39.5	100	101	102	105	107	109	112	113
只有空气压入		7.5	3.1	36.5	101	102	103	105	108	111	116	117

改良方法为不透水层的插入、暗渠排水设施的设置、地表流出水的迂回和排水孔导入、透水性提高的土壤改良等措施。

- 种植地的土壤，随着时间变化，其化学性质也发生变化，变为碱性或者强酸性（碱性与酸性的改良详细方法参照 3.2.5（4）土壤质地改良处理）。

（2）土壤养分的改良方法

对土壤养分欠缺的改良方法，即把落叶和木屑的堆肥、树皮堆肥与高位泥炭土改良材料等在地中 30cm 处与原有基盘进行混合，粒肥（豆炭状）、棒肥（棒状）等肥料施用于开花后

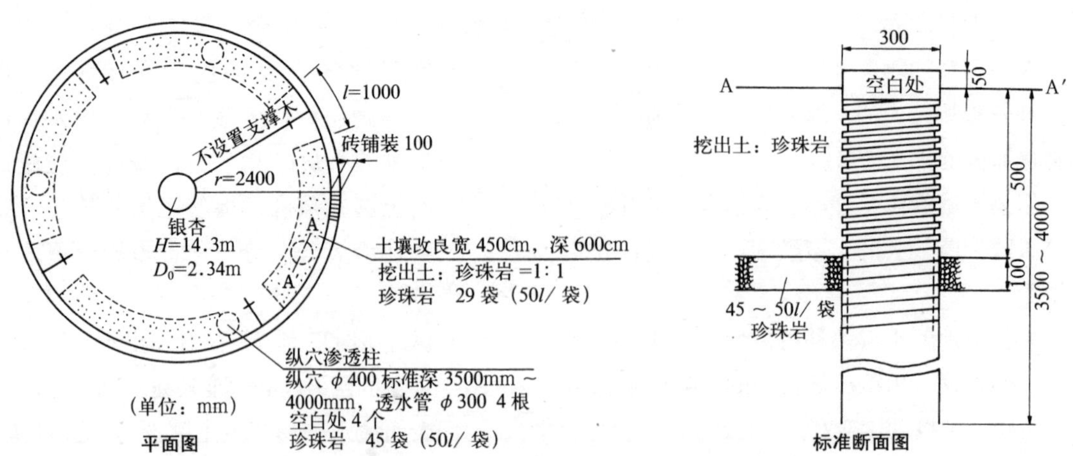

图 3-18　不透水层的插入和土壤改良实例

照片 3–1 不透水层的插入施工中

照片 3–2 透水性的土壤改良施工

的樱花和衰弱树木周围。一般可以增加土壤的保水性，促进土壤团粒化，提高养分保持力，减弱酸性与碱性危害。

施肥方法：

● 落叶和木屑的堆肥法

落叶和木屑堆肥法　　**表 3–22**

300
500

干周	1 棵树平均施工面积 (m^2)	1 棵树平均掘削土量 (m^3)	1 棵树平均堆肥量 (kg)
60 ~ 100	4.32	1293	64.6
101 ~ 200	5.88	1764	88.2
201 以上	7.45	2235	111.7

● 高位泥炭土壤改良材料法

高位泥炭土壤改良材法　　**表 3–23**

R_2
R_1
300
500

干周 (cm)	1 棵树平均施工面积 (m^2)	1 棵树平均掘削土量 (m^3)	1 棵树平均堆肥量 (l)
60 ~ 100	4.31	1293	129.2
101 ~ 200	5.88	1764	176.4
201 以上	7.45	2235	223.2

● 固体肥料 + 有机肥料

干周 60 ~ 100cm
(4 处)(0.36m^3)
固体 0.84kg/ 棵

干周 101 ~ 200cm
(6 处)(0.54m^3)

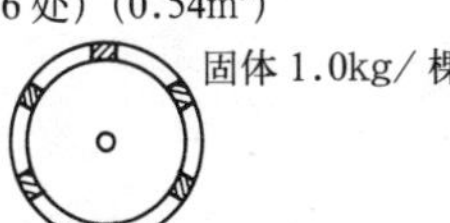

干周 201cm 以上
(8 处)(0.72m^3)

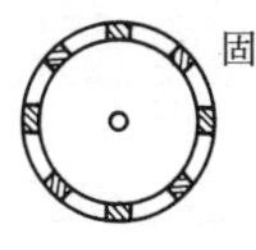

固体 1.16kg/ 棵

1 处的规模
(0.09m^3)
1000
300
300
300

● 树木用注入肥料
(径 3cm，长 30cm)

干周 60 ~ 100cm (3 棵)
树木
肥料

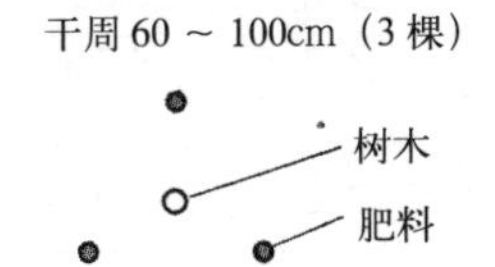

干周 101 ~ 200cm(5 棵)

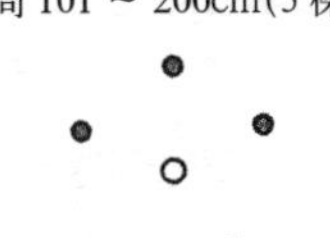

干周 201cm 以上 (8 棵)

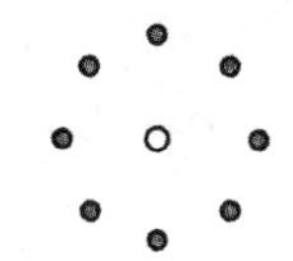

第4章

种植规划

4.1　种植程序

（1）种植的程序

种植的程序（经过、过程）根据规划对象的性质、尺度的差异，内容多少有些变化，但一般来说，按照调查－规划－设计－施工－管理的顺序进行。

在具体的实施阶段，最初的规划由于现状条件、经费、运营体制等会有所变更，而实际的实施过程则如图 4-1 中所示，一边不断反馈，一边从调查到管理的方向连续循环进行。

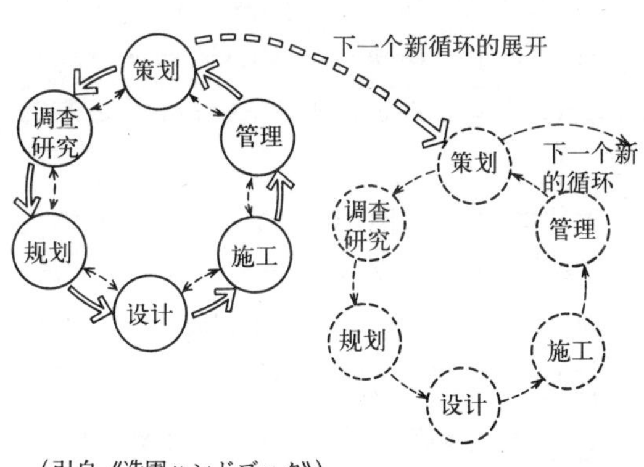

（引自《造園ハンドブック》）

图 4-1　造园规划的循环图

在此，将种植的程序按照种植基本规划、种植基本设计、种植施工设计、种植施工和种植管理的内容进行论述。

种植规划就是指根据种植地的基本条件，明确种植的意义和目标，对其功能、景观等种植规划基本方向进行定位，明确种植空间的形象构成。

种植设计分为种植基本设计和种植施工设计。

种植基本设计是在基于规划的基础上，对规划的内容进行现场检验，并进行与其他规划的调整工作，确定种植施工实施的方向。

种植施工设计是为了具体营造种植空间，对种植施工必需的设计图、设计说明书、示范等作成设计说明书进行总结。

种植施工是指基于施工设计的植物种植与现场相对应，在所规定的工期内进行合理的施工过程。

种植管理是指对施工后的种植空间，基于规划意图进行持续性的养护、培育、维持以及更新等一系列的内容。

无论处于何种立场，种植的一系列作业内容的程序要记在心头，从综合统筹到各项内容实施有进行统一考虑的必要。

（2）环境评价

在决定开发项目时，不只从项目的成本预算、安全性等方面进行考虑，还要从其他各种观点出发进行探讨。为了防止拟建项目对环境的不良影响，对于环境保护有进行进一步讨论的必要性，从以上观点出发就产生了环境评价（环境影响评价）制度。

环境评价制度是指在决定开发项目的内容时，对于其对环境产生的影响进行调查、预测、评价，公布该结果，听取居民、地方公共团体等意见，在此基础上，达到发挥环境保护作用的目的。

美国自 1969 年最初将环境评价制度化以来，带动了世界各地的环境评价制度化。日本于 1972 年提出只限于公共事业的环境评价，之后，于 1993 年制定了《环境基本法》。利用环境评价推进确立该法正确位置的契机，进行了由政府指导的相关制度的调整，并于 1997 年 6 月制定了《环境影响评价法》(环境评价法)。

环境影响评价法的目的是对于大规模项目制定环境评价的程序，通过项目内容中所反映环境评价的相关结果，保证项目建设在充分考虑环境的基础上进行。

环境评价法的对象包括道路、河流、土地区划整治、新住宅市街区的开发、工业新区建设、宅地建设、填海造地和排水开垦地等13种。其中，规模大、对环境影响大的项目规定为“第一种项目”，其次相应的项目为“第二种项目”。全部的“第一种项目”和部分的“第二种项目”，若被判定为“必要者”就要执行环境评价的手续。

“第二种项目”是否实施环境评价根据个别项目的内容进行判定。判定的过程被称为过滤（过筛）。

环境评价的对象项目、调查、预测、评价方法要尽早征求居民和地方公共团体等的意见，在此基础上选定。这种顺序被称为浏览观测，有精选的意思。

理论上，环境评价中项目对环境的影响按政策、规划阶段、实施阶段、完成阶段、完成后的管理阶段进行考虑。

早期广泛地进行对环境的考虑，其组成有以政策（policy）、规划（plan）、程序（program）三个（P）内容为对象的环境评价，亦即战略性的环境评价（SEA：Strategic Environmental Assessment）被提出。

代偿措施是指对环境的影响进行回避、减低，根据需要实施代偿措施，实现环境保护目标的环境保护措施。作为代偿措施的内容，有植被与绿化种植的规划、设计、施工、管理等。

4.2 调查分析

种植规划是指根据种植的目的和环境条件等，通过研究种植功能和创造景观，进行种植空间的创造过程。

规划的内容应当符合种植目的，为了体现对象地的特色以及达到预期的种植景观，在规划之前要先进行调查分析。

（1）调查规划的制定

为了高效率地确定调查项目、调查精度、调查方法等，对规划条件进行整理分析，明确把握规划目标，制定调查规划。

作为规划条件，对于公园、绿地规划等，应把握城市公园的类型、规模等；对于道路绿化，应把握道路的规格、构造、功能、道路地域划分等。此外，还有必要对公园、绿地各方面的相关要求进行整理。

（2）现状的把握

现状把握的目的是为了对规划方针的制定，进行必要的数据收集以及确认主要的规划条件，对于应该执行建设的规划项目以及成为公园、绿地特征的必要项目进行必要的预测、调整。

现状的把握是指明确主要对象地的基本状况，其方法有现存资料的收集和现场勘查两种。

现存资料的收集，是规划方案中基础资料的一种获得方法，简便并且有效可行。

应收集资料的内容与种植的关系见表4-1，表4-2所示。

现场勘查，一般是根据现状平面图、现存资料等进行拟规划地的勘查，以充分把握规划制定上的制约因素、障碍物及其特征。

对现状地的勘查，主要调查内容包括以下几个方面：

1）土地条件调查

对于该处土地概况的把握，包括对土地的朝向、坡度、水流方向、泉水的有无以及这些特性的量化指标等方面进行调查。

此外，如果该处土地为埋土填海所形成，则通过把握以前土地的状况、建成地材料以及建成后经过的年数，可以预测将来对植物生长会造成危害的因素（表4-3）。

自然环境调查　　表 4–1

调查项目	调查内容	与种植的关系
气候	月平均气温、积温 月最低气温、月最高气温 湿度、蒸发量 年降水量 月降水量 日照时间 风向、风力 降霜的初终日 生物季节	树种的选择（规划） 种植时期（施工、管理） 浇灌设施（规划、设计） 树种的选择（规划） 浇灌、排水设施（规划、设计） 种植时期（施工、管理） 树种的选择（规划） 照明设施（规划、设施） 防风设施（规划、设计） 种植时期（施工、管理） 树种的选择（规划） 种植时期（施工、管理）
地形	倾斜、方位、起伏坡度	树种的选择（规划） 保护设施（规划、设计）
地质	地质断面、地质图	保护、排水设施（规划、设计）
土壤	土壤断面 土壤分布图 物理性质 化学性质	树种的选择（规划） 表土保护（规划、设计） 种植方法（设计） 土壤改良（设计） 施肥（施工、管理）
水分收支	地下水位 降雨、流失、渗透、蒸发	树种的选择（规划） 排水设施（规划、设计）
植被	现存植被 潜生自然植被	树木、树林的保护（规划） 保护设施（规划、设计） 树种的选择（规划）
动物	哺乳类、鸟类、鱼类、昆虫类的分布	种的保护（规划） 保护设施（规划、设计） 有害动物的驱除（管理）
特殊环境	潮风 大气污染 水质污染 土壤污染	树种的选择（规划） 防潮、防风设施（规划、设计） 树种的选择（规划） 浇灌设施（规划、设计） 排水设施（规划、设计） 土壤改良（规划、设计）

（引自《都市公園技術標準解説書》）

社会环境调查　　表 4–2

调查内容	调查内容	与种植的关系
土地利用	土地利用状况 土地利用规划 各种设施配置 土地所有权关系	种植规划全体
法制规定	法律、条例等的规定	种植规划全体
社会	历史性 乡土景观 文化 习俗 对绿地的关注程度 农业、园艺 植物市场 施工行业	种植规划全体（历史性～对绿地的关注程度） 病虫害的防治（规划） 树种的选择（规划、设计） 施工规划（设计、施工）

（引自《都市公園技術標準解説書》）

土地条件调查　　表 4–3

土地条件		调查内容
一般土地	耕作地	耕作物的种类；病虫害的发生情况；农药污染的情况。
	森林	表土的状态；作为保存林的价值；森林的利用；管理情况；植被状态；
	宅地	有害、有毒物质的有无。地下埋设物、构造物
特殊土地	临海填海地	临海地的气象条件；土性；pH；填土厚度；盐离子浓度。
	水田地	透水性；土壤的污染；土壤质地。
	低湿地	地下水位；涌水的流出；填积物的状态；淤泥。
	沼泽地	低湿地。
	工业废弃物场地	把握工业活动；土壤污染；把握填埋方法。
	工厂地	废弃物的状况。
	取土地	表土的有无；厚度；水流的方向；露出土壤；土木机械牢固的程度

2）土壤调查

种植的树木，能否进行顺利的生长发育，形成该种树木本来的树形，并发挥其各种功能，其重要影响因素取决于土壤条件的好坏（图 4–2）。（详见第 3 章种植基盘）

3）植被调查

调查种植地、绿化规划用地及其周边的树林、草地的植物种类、生长发育状况，是进行植物种植规划的重要环节，可以根据调查结果判断种植规划和树种选择的正确与否。

此外，调查内容还包括为推测树木生长状况指标而进行的树木活力度调查（表 4–4，图 4–3）。

4）景观调查

以视点和视觉对象物作为考虑对象，区别可见方位、不可见方位，考虑能看到者、不能看到者等的情况（表 4–5）。

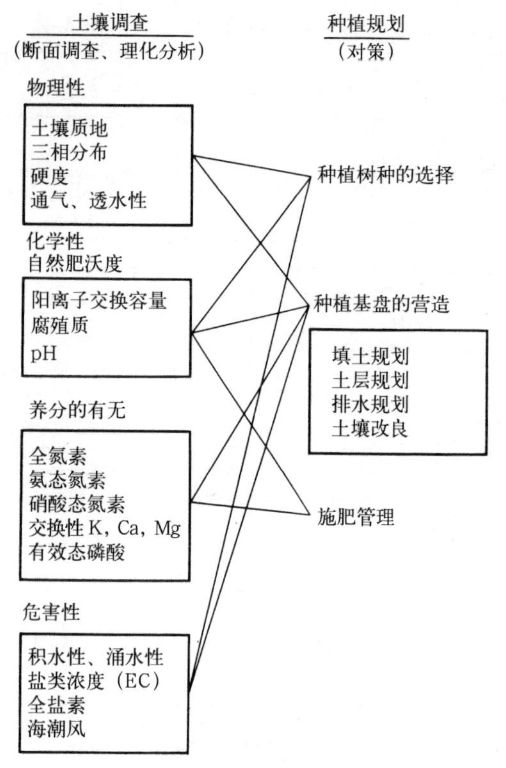

图 4-2　土壤调查项目

景观调查　　表 4-5

眺望景观	山川、树林等自然景观，村落、建筑物等人工景观
现场地内的架空景观	电线、电话线、高压电线等
建筑物的情况	规模、形态、日照时间、阴阳面、有无压迫感等

5）地下埋设物等的调查

对地下水道、煤气管道、排水设施、雨水通道、地下构造物、净化槽、地铁等地下埋设物的深度以及分布情况进行调查。

（3）数据的选择、分析

收集到的数据中有各种图、表、地图、印象图等。其中既有有用的数据，也有无用的数据，根据一定的方针，进行数据的选择、分析。

此外，根据规划对象，没有必要对以上所有数据进行收集，在进行收集之前，基于调查规划基础，进行高效率的工作是必要的。根据规划的特点，收集全部外部条件数据，进行概

树木活力度调查　　表 4-4

调查项目	1．良好、正常	2．普通、接近正常	3．恶化	4．显著恶化
树势	生长旺盛	多少有些影响，但不明显	异常、一眼可知	生长衰弱，难以恢复
树形	保持自然树形	一部分出现杂乱，但接近本来树形	自然树形进一步破坏	自然树形全部破坏，呈畸形
枝的伸长量	正常	稍少，但不明显	枝短小、细	枝极端短小，有生姜状的节间
枝叶密度	正常，枝叶密度保持平衡	普通，比1稍差	稍疏	枯枝多，叶少；密度显著稀疏
叶形	正常	稍有歪斜	中等程度的变形	变形显著
叶的大小	正常	稍小	中等程度变小	非常小
叶色	正常	稍异常	异常	显著异常
坏死（叶面细胞组织的破坏）	没有	少量	相当多	非常多
萌芽期	正常	稍迟	明显迟	—
落叶状况	春季或者秋季正常落叶（1年1次）	与正常落叶期相比稍早（1年1次）	不时落叶（1年2次）	不时落叶（1年3次）
红（黄）叶状况	正常	色泽稍浅	一部分叶变红（黄），但色彩不好	不变为红（黄）叶，呈污浊状态，落叶
开花状况	开花良好	开花较少	稍有开花	全部不开

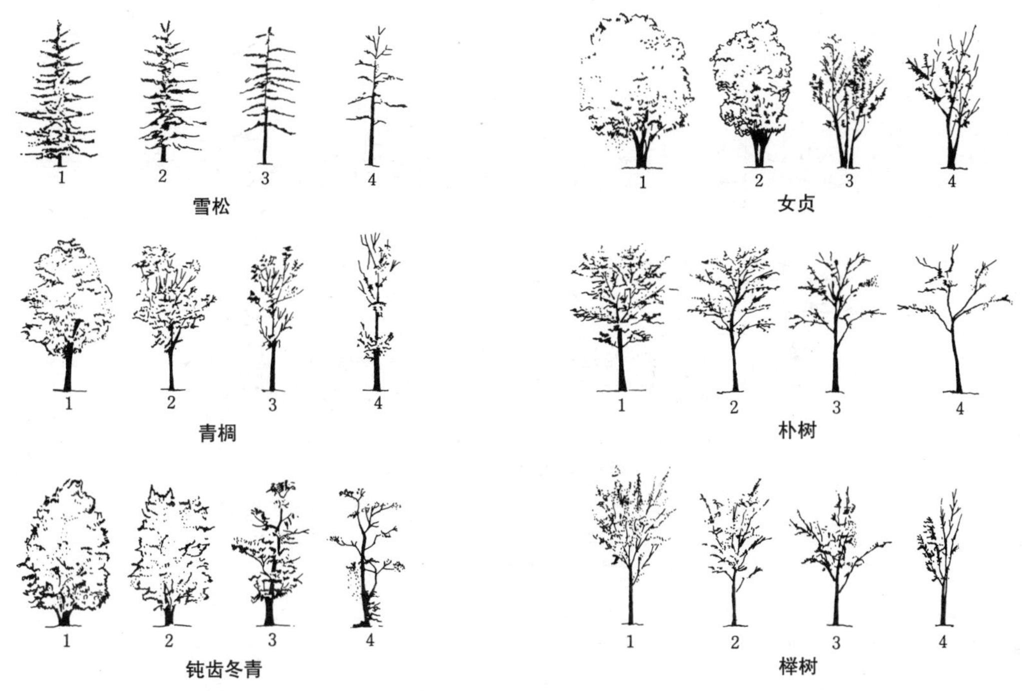

图 4–3　树木活力度

括分析之后再进行内部条件数据的收集。

无论如何，数据的选择分析应该通过客观性高的指标和评价方法进行。

与造型性质的作业相比，这些为极其细致的工作，是构成规划骨架的重要因素，该阶段积累资料的多少决定了规划、设计的质量。

4.3　基本方针的制定

基本方针的制定是指根据整理之后的条件以及对现状分析得到的资料进行分析，在综合考虑的基础上明确规划的基本方针的过程。

（1）目标年限的设定

因为种植规划的主要材料是有生命的植物，所以与设施规划相比，需要预测长期的生长过程，因此完成目标年限的设定十分重要。

目标年限的设定，是在预想将来的种植地及周边整体景象的同时，把握规划地整体的规划年数，并在周边地区有远期规划的情况下，将其规划年数、规划的进一步阶段性规划以及种植空间各项功能的发挥年限纳入考虑范围（图 4–4）。

完成目标的类型有类似于国际花卉博览会场建设的早期完成型，类似于明治神宫由民众赠献树木进行森林建设的将来完成型，以及这两类中间的类似于一般性城市公园的中间完成型。

90 年前，通过日本全国赠献树木（约 10 万棵）栽植而成了明治神宫的森林。在栽植历史上特别值得记载的是，它以接近自然森林状态为目标，以 100 年为完成期限，按照做成的三个阶段的预期林相图实施（见图 4–5）。

这是在充分研究森林演替过程基础上，基于生态系统科学的森林营造活动。如今该森林的状况比起当初的预想，更加快速地接近目标，目前正处于朝最终目标的理想森林状态（极相）的发展过程中。

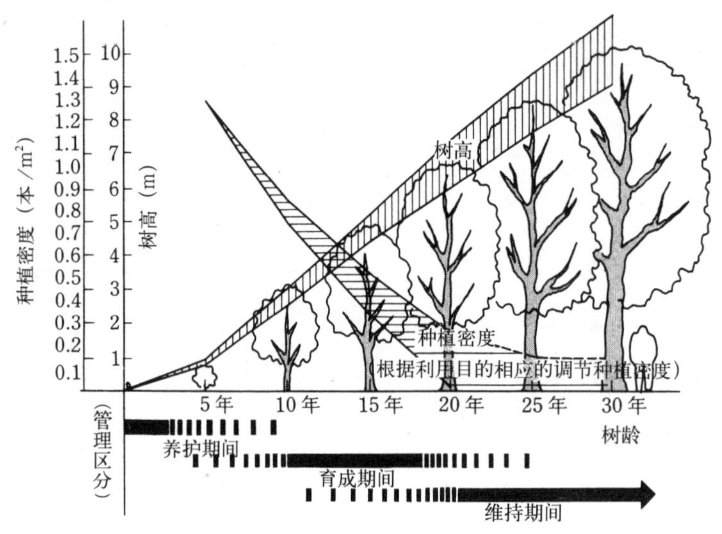

（注）养分低的土壤条件下的树林生长的预测

图 4–4

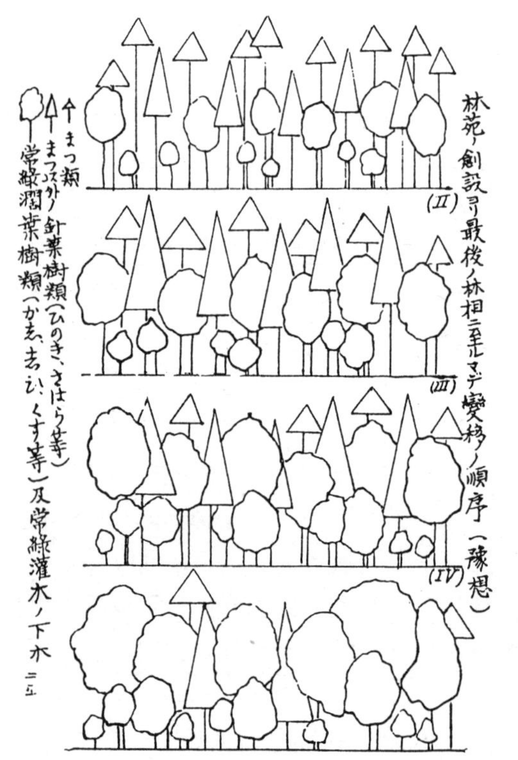

（注）表示“从林地的创设开始到终极林相为止的演替顺序”的预期林相图

图 4–5　树木生长度预想图

（2）规划主题的设定

种植不仅要与规划地内部，还要与城市及其周边地区的环境保护和景观协调一致，从地区、近邻、规划地等各种尺度范围设定规划主题也是必要的。

地区阶段的种植地要在考虑城市的地理、历史背景等城市特性的同时，明确其在城市总体绿地规划中的位置，形成与城市景观的统一和一致。此外，还需致力于创造具有气候、风土等地方特性的种植空间。

近邻阶段的种植地要根据其周边的土地利用等特性，考虑与周边环境的一致性，注重周边特性的创造。

另外，周边地如有将来规划等情况，与这些预期规划进行充分调整也十分重要。

规划地阶段的种植地，需要在充分考虑景观形态和环境特性的同时，进行个性空间的创造。

最后，在分析时，要关注种植地的小气候和人们的利用形态。

基于以上的分析结果，综合考虑各个阶段的方向性，对种植地整体进行规划主题的设定。

（3）基本方针的制定

基本规划方针的制定是把规划的目标年限和规划主题的设定结果作为种植地总体规划的基础进行整理的过程（详见第8章施工实例）。

根据完成目标类型，不只考虑从苗木到大树的树木生长，还要考虑从第一阶段至目标的某一阶段的发展过程。

2阶段种植在环境条件恶劣的种植空间常被利用。例如，在1000年前，森林就被砍伐的日本滋贺县田上山，到优势种的松类生长为止，先栽植具根瘤菌的植物，由根瘤（粒）菌的作用把游离的氮素固定于土壤中，再通过栽植发挥肥料作用的肥料木（肥培木，肥培树）紫茎达到森林的再生。

3阶段种植如明治神宫的森林，以建设目标的现有树木和从全国各地赠献的树木如松类、扁柏、冷杉、栎类、米槠、香樟等，进行了3个阶段的种植过程。这是根据以下方法进行栽植的：当上层乔木的松类受烟害枯死后，扁柏、冷杉等生长成为上层乔木，当这些枯死后其林下栽植的对烟害耐性强的栎类就生长成为上层乔木。

【实例　城市公园植物种植的基本方针】

①与市区相邻接的公园外围进行防火、防风、防尘、防噪等遮断效果好的遮断种植。对于此种种植，其遮蔽效果为首先考虑的方面，以多层林的形式，高密度进行种植。

②内部的基调种植中，栽植各种成为植物群落背景的准遮蔽植物。

③重视道路曲线外侧、直线的顶端部分、中轴的焦点部分、中轴的结束部分，进行造景种植。

④在构成植物景观的基础上，作为重视中轴的规划，考虑树林的深远和其他景观要素的效果表现。

⑤根据大小群体把植物按照树种分开，再按疏密进行配植，在园内的重要场所设置植物配植的重点区域。此外，配植大树群落强调景观要点。

⑥在主要景观眺望点栽植能够成为画框（框景）的树木。

⑦强调园路在林内、林缘、林中空地通过的视觉效果，使游人感到树林的景观变化，注意这种林地的配置。

⑧设置接近竣工时植物种植空间形态部分，与使用苗木类的准完成型的植栽部分。

⑨园路、广场多植绿荫树，使广场有较多的树荫。

⑩树种选定时，选择易移植、移植后生长旺盛的树种。

⑪对于学术性、稀有性、自然性、景观性等评价较高的现有树木尽量在原有位置保留。

4.4　种植规划

种植规划是在调查与分析规划条件、自然条件、土地条件结果的基础上，基于规划方针，对以下事项进行综合的探讨，然后进行确定：

①现存植被的保护、利用；

②种植地的分区；

③种植材料的选择；

④种植地环境压力的改善；

⑤种植和其他设施的整合；

⑥施工规划概要；

⑦管理规划概要；

⑧经费预算；

⑨完成种植规划图和说明书。

4.4.1　现存植被的保护、利用

现存植被的保护、利用规划是指确定：①场地现存植被的区域；②现存植被对象等内容。

（1）保护、利用现存植被的区域

场地内现存林地的植被保护、利用区域要根据现场周边的植被现状、乡土树种、景观、现存树林的环境保护功能、防灾功能、恢复的难易程度、学术上的重要程度、文化遗产价值、生长状况、规模等进行确定。

1）保护区域

对于价值高的植被的保护、利用的可能性有必要进行规划性的考虑。为了保护价值特别高的植被区域，进行保护利用，甚至禁止入内。

2）利用区域

即使随着现场地的建设要进行植被砍伐，对于可以被利用的植被要尽量考虑其移植的可能性。

（2）保护、利用现存植被对象

对于保护、利用区域内的优势个体、群体拟定进一步的详细保护、利用计划，力求有效的利用。

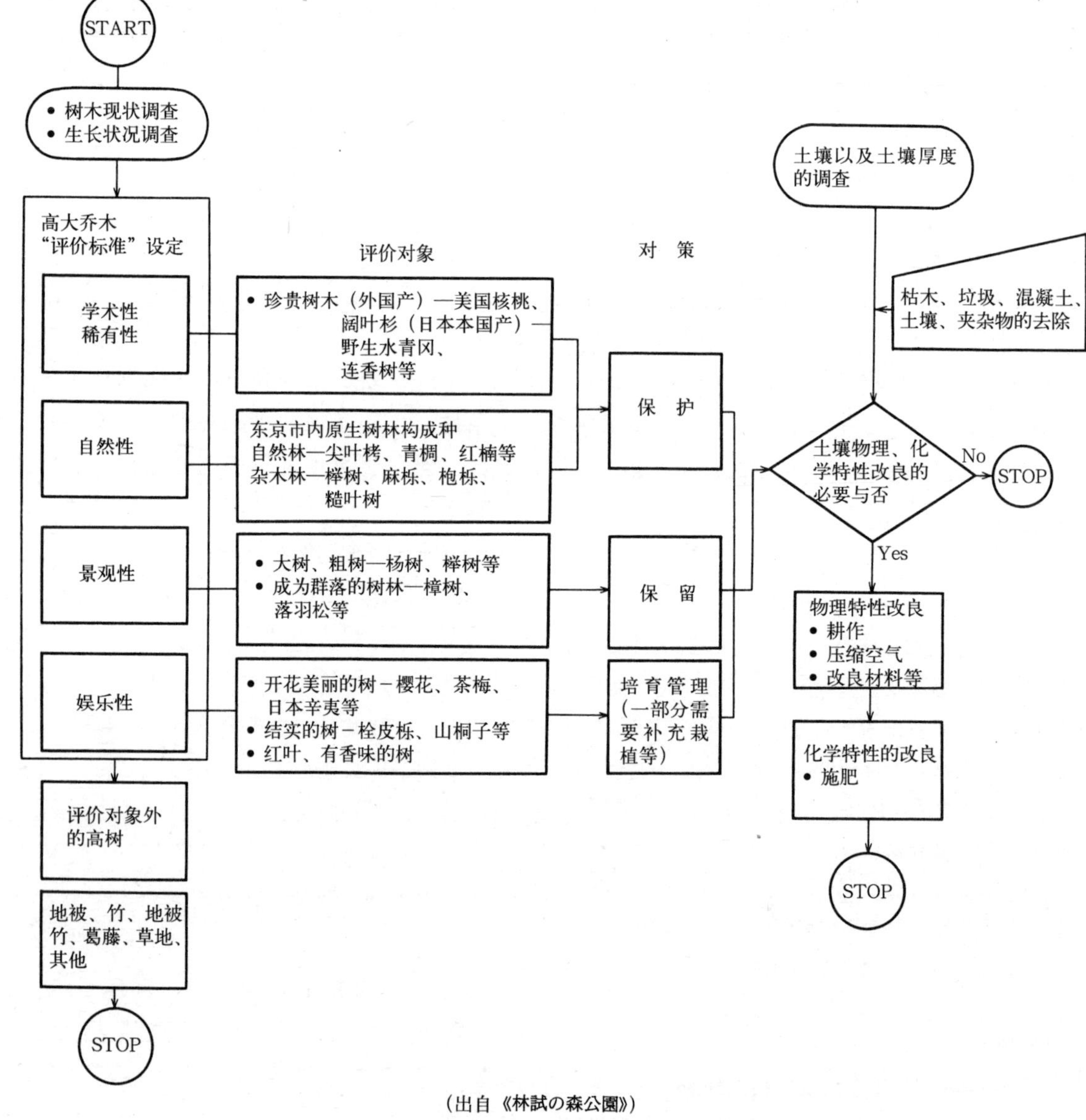

（出自《林試の森公園》）

图 4–6　树木的评价程序

例如，对于具有学术价值的植被，与历史、文化习俗等相关的植被，成为教育和研究对象的植被，景观效果好的植被，具有娱乐价值的植被等，有必要探讨在植被地分区中进行保护、保全或者利用的方法。

从东京市立林业试验场的森林公园可以看出，在对树木进行评价时，设定学术性以及稀有性、自然性、景观性、娱乐性四项评价标准，以图 4–6 所示的顺序进行评价。

4.4.2 种植地的分区

分区（土地区域划分）是指作为平面规划的第一阶段，对规划地内的种植树木以适当目的进行配置。

该项规划在遵循基本方针的基础上，通过对种植功能、种植景观等综合探讨，进行综合的、均衡的规划。因此，主要进行下述内容的探讨：

①考虑功能的整合；

②景观印象、造景手法的整合；

③各区域应有的功能、性质、位置、面积、形状的设定；

④入口以及道路性质、位置、规模的设定；

⑤各分区间的联系。

（1）功能规划

功能规划是从绿地的功能、效果作用的观点进行探讨，营造与规划地所要求的目的、功能相对应的种植空间。绿地如前述（第 1 章 1.3.2“绿地的功能和作用”）有多种功能，一般来讲每个种植空间都有几种功能。

功能规划的程序为：遵循基本方针，基于规划地内部条件和规划地周边的环境条件进行分析，设定规划地所要求的功能之后，作成功能图。

功能图是对各项功能的组合与整理，设定的功能应与设施分区，步行、车道规划，规划地周边的环境条件相联系，以易于理解的图面形式进行表现。

在功能设定时，有必要把握下列种植功能：

环境保护功能有地域的空气净化、微气候的调节、防风和防潮等对特殊生长环境的缓和，防灾和防噪等对人危害的缓和等。

此外，其利用形式有：供游人在绿荫下休息、草坪上运动娱乐、林间散步、体会四季变化和观赏花草等。

在考虑植物生态功能的基础上对这些利用形式进行综合性规划，也是主要的探讨内容之一。

1）种植功能的组合

在进行功能组合时注意以下几点：

①力求与各种相关法规的结合；

②考虑功能间关联的有无和程度；

③考虑人、车流动的动向变化；

④与周边环境条件相联系；

⑤进行立体性思考；

⑥对植物等材料的考虑；

⑦进行成本预算；

⑧对利用者的考虑；

⑨易于养护管理。

2）组合手法

①手法 A

分割空间、考虑功能的方法。

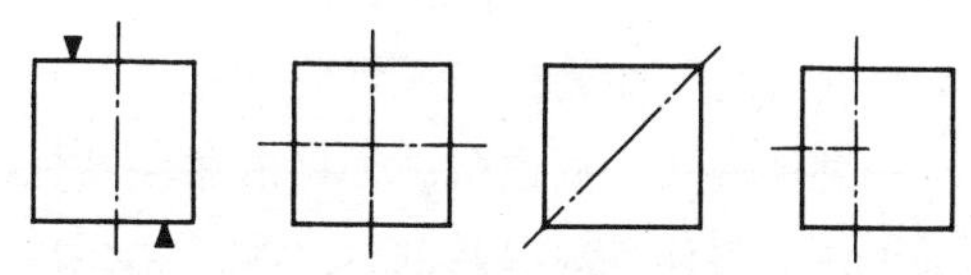

▲ 为主干线入口（主入口）

图 4–7

②手法 B

通过功能的结合形成空间，构成整体的手法。

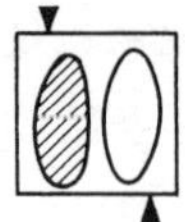
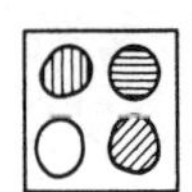

图 4–8

③手法 C

先进行功能分割，在此基础上进行空间分割，最后构成整体的手法。

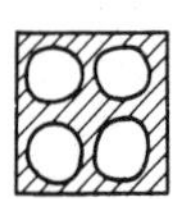
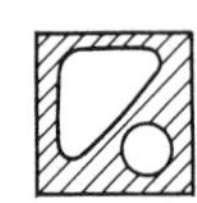
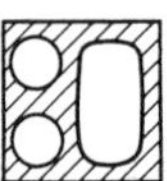

图 4–9

④手法 D

把功能的结合通过几何学的考虑构成空间的方法。

进行大规模公园规划时的常用手法。

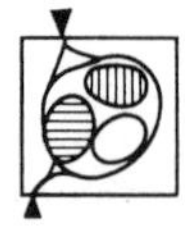
圆形
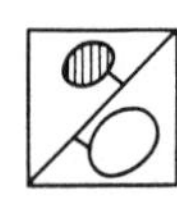
分枝型
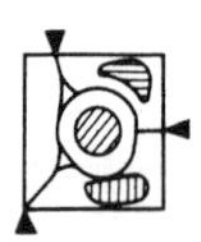
小圆形
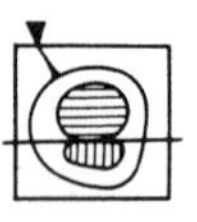
折中型

图 4–10

（2）景观规划

从景观形成的观点进行探讨，构成舒适的、与周边环境协调的种植空间。

景观规划的顺序：首先是进行景观构想，再进行景观构成的分析，通过印象草图和规划图等易于理解的形式进行表现。

景观构想，即为在遵循规划主题、基本方针、规划地性质、周边和规划地的景观特性的基础上，对整体景观以及部分景观的构想用草图等进行分析。

通过对整体以及部分景观构想及景观意向的调整，总括规划地整体的种植景观印象，使之成为优美的绿化景观。

此种方法是印象先行的感性方法，参考树木个体美等景观特性和其他的种植实例等，形成丰富的景观（树木的特性参照第 2 章绿化植物）。

景观构成是以景观印象构想为基础，利用空间强调等景观构成手法，对规划地整体的景观构成进行探讨，并在平面图上进行位置表示。

1）空间强调手法

空间强调手法主要有地标、透景、框景、天际线、障景等。

①地标

营造土地的标志性记号的方法。在地域空间中，作为人们能够确认自己所处位置的线索，大树、有量感的树林等可以发挥该作用。

照片 4–1　地标的例子

②轴线

也称为通景，在一定方向上利用轴线营造景观的构成手法。一般来讲，利用自然式植物种植，如通过行道树的栽植形式限制视线的范围，构成视野通线，旨在轴线方向上起视线引导作用。

③框景

利用数棵或者数十棵树的树干、枝下高构成画框的边缘，通过该画框，强调深远空间效果的手法。

照片 4–2　轴线的例子

照片 4–3　框景的例子

④天际线

用景观上连续的树群在远处天空上构成画面轮廓线的手法。以天空作为背景，对树林的轮廓剪影的描绘使空间气氛发生大的变化。

照片 4–4　天际线的例子

⑤障景

在易于引起注意的园路的尽头或是从狭窄黑暗处看到光亮处等，在视线的正面栽植回应视线的树木，给予视觉快感的手法。

照片 4–5　障景的例子

2）公园中的景观构成

公园的主要种植位置可以分为：①公园外围；②园路两侧；③建筑物周边；④广场；⑤停车场；⑥斜坡等。

①公园外围

一般沿着外周栽植有防噪、防火等遮蔽功能的植物，但根据周边的土地利用状况，有必要考虑其对周边地区的造景功能，注重景观构成。

照片 4–6　公园外围种植的实例

②园路两侧

让使用者能够进行舒适的散步、通行的植物种植，强调入口的空间创造和强调建筑物等的目标景观构成。此外，使用者通过接近围合空间旁侧，或者进入其内部，能够强烈感觉到空间变化和空间美，增加舒适性，所以对于园路两侧的植物造景手法应该予以特别考虑。

照片 4-7　园路两侧种植的实例

③建筑物周边

建筑物周边的植被，除了现存树木之外，原则上在靠近建筑物之处不能栽植特别高大的乔木。

在稍远离建筑物的位置，与建筑物相关的植物种植方式有背景种植、基础种植。背景种植是种植在建筑物后方的植物，给予建筑物安稳的感觉，同时增强美感，主要多用大型乔木。

基础种植是在建筑物的两侧，栽植以乔木为中心的小型树丛。栽植位置的选择、中心树的高低、树冠的形状等都会给予建筑物外观各种不同的影响。

照片 4-8　背景树的实例

④广场

广场是人们进行交流的场所，同时又具有休憩、集会等使用功能。

照片 4-9　广场的种植实例

广场的植物种植不仅是构成广场空间的要素，而且具有遮阳、观赏、造景、象征等其他功能。

⑤停车场

停车场占据公园的一部分面积，一般不作为种植地，因此成为影响风景的景观，所以尽量植入树木，构成与公园绿地环境相协调的停车场景观。

另外，宽阔的停车场内部和面向道路的出入口附近等重要的标识位置，要种植标志性树种，形成富有变化的景观。

照片 4-10　停车场种植实例

⑥斜坡等

斜坡上的植物易于被看到，多成为造景上的节点景观。利用灌木、地被植物进行艺术性配置是必要的。一般在斜坡边缘进行艺术性种

照片 4-11 斜坡种植实例

植，在中部与顶部进行模拟自然生长状态的植物配植，形成自然式景观。

在宽大的斜面上，从斜面边缘到中部方向以灌木配植成波状效果，以表现广阔与深远，形成丰富的景观。

3）种植景观实例

①地域景观

在风土中培育而来的固有景观，具有乡土性，带有亲切感和魅力。

照片 4-12 地域景观实例

②与规划地和周边环境相协调的景观

把规划地附近的树林、水面、山体等融入规划地内形成景观的方法。

③规划地整体统一的景观

为了保持种植地的统一性，可以统一构成景观主体的树种、设定栽植重点等，使种植的形态具有秩序感。

照片 4-13 与规划地和周边环境相协调的景观实例

照片 4-14 规划地整体统一的景观实例

（3）分区

配置规划是依照种植目的，通过植物材料的平面构成、竖向构成以及景观构成，提出具有前瞻性的种植空间方案的过程。

配置规划的一般程序是遵循基本方针，通过功能规划和景观规划的重复组合，进行种植空间的分区（大概配置构想），完成配植规划图（参照图 4-11）。

在进行分区时，要对单位空间的规模和形态进行探讨。

1）单位空间规模的探讨

单位空间表示的是功能配置图中所示的各个分区，在此探讨其具体的空间形态。各单位空间具有各自的功能，也是决定空间质量和大小的主要因素。

（1）现状调查

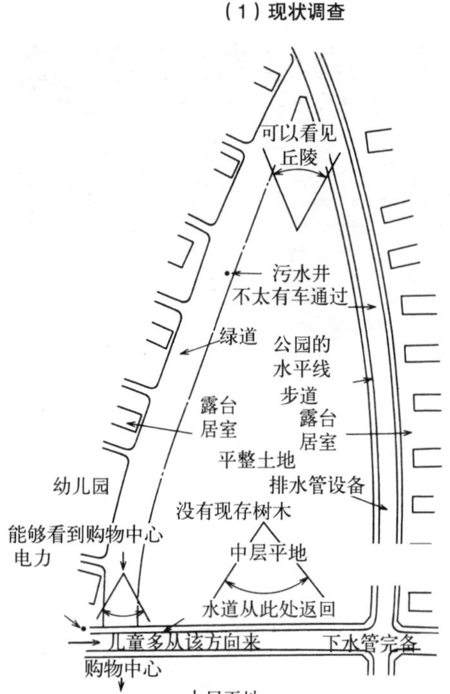

（2）分区图

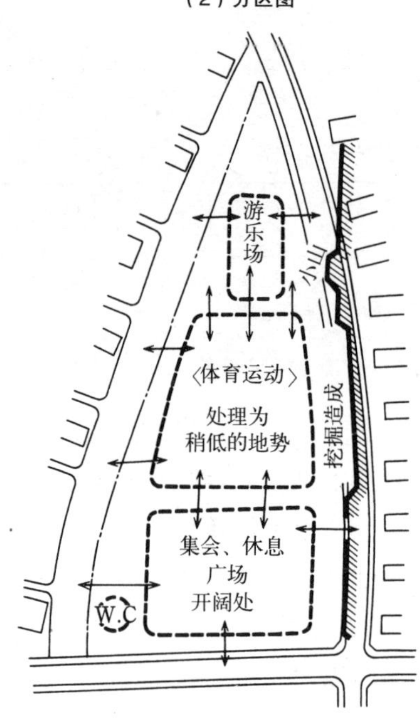

（3）种植分区

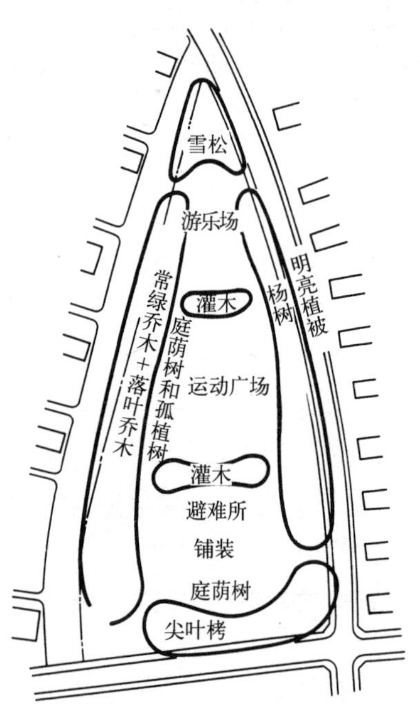

（4）配植规划图

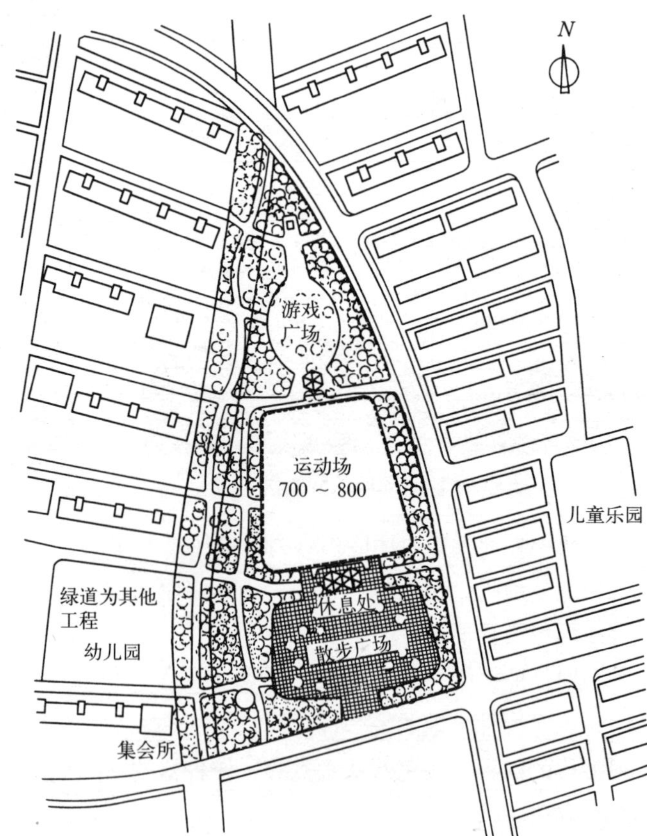

图 4–11　分区和配植规划图的制作

确定了各个单位空间所要求的种植功能，进一步将其组合形成骨架，探讨必要的空间大小（不仅包含宽度，还包含高度）。此时，在已经给予的现场地的大小关系中，考虑到各个空间大小的相互平衡后再决定（表 4–6）。

2）单位空间形态的探讨

在探讨单位空间规模的阶段，也可以在一定程度上决定其空间形态。在此，从现场地整体的形态关系方面进行考虑。

决定空间形态的方法，以下几种应用较多：

①轴线

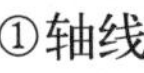

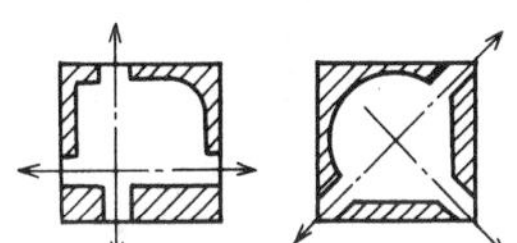

②现场地外形

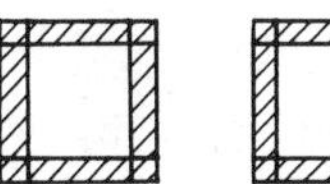

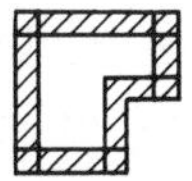

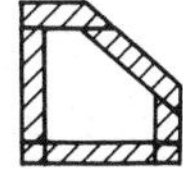

③网格

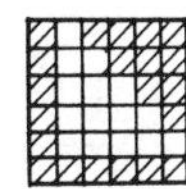

④圆、圆弧

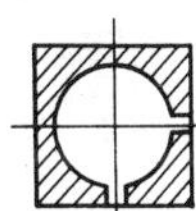

⑤设施的形状

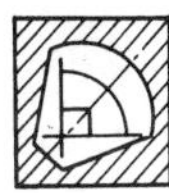

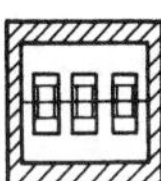

种植空间的密度和特性　　　　表 4–6

基本型	树林构成	密度（郁闭度）	空间特性	管理特性
散植	• 以单层树林为基本 • 草坪及其他的草地为主体，为了兼顾造景和绿荫等功能，形成乔木疏植的景观	3 ～ 10 棵 /100m²（小于 30%）	• 视线好、为开放性景观 • 娱乐行动的自由度大，利用度高	• 高度集约型管理标准 • 踩踏的影响最强，落叶有机质还原难，必须在建设初始营造成最好的立地条件
疏植	• 复层林的乔木为主 • 在一定程度上控制乔木层覆盖度的同时，对灌木层的覆盖度进行严格控制的树林构成	10 ～ 20 棵 /100m²（30% ～ 70%）	• 光线透射到林床，形成明亮的树林空间 • 利用度和娱乐的自由度受到制约	• 中密度的管理标准 • 有必要对密度进行人为地控制
密植	• 以多层林为基本 • 乔木层、小乔木层的树冠相互重合，形成郁闭的树林	20 ～ 40 棵 /100m²（70% 以上）	• 内部为封闭的、黑暗的、阴郁的空间 • 物理性能上，形成遮蔽性能高的空间 • 人为干扰少、自然度高的树林空间	• 极低密度的管理标准 • 基本的管理是放任于生态系统的自我维持

（引自《公共用緑化樹木適正化調査報告》改编）

实际上，以上方法相互结合综合使用来决定空间形态的情况较多，但养成对单位空间所要求的规模和形态进行考虑的习惯十分重要。

以种植分区为基础进行植物配置的探讨，绘制配植规划图。

在规模较大的种植地采用网格法，按照以下顺序进行总括：

①在种植对象地的现状图上按照功能类别的设置标准进行机械性的配置；

②在功能类别图上依照基本方针设定目标种植景观；

③密度类别配置图（图 4–12）——以②为基础，区分密植、疏植、散植，根据网格（格子）进行分区（表 4–6）。

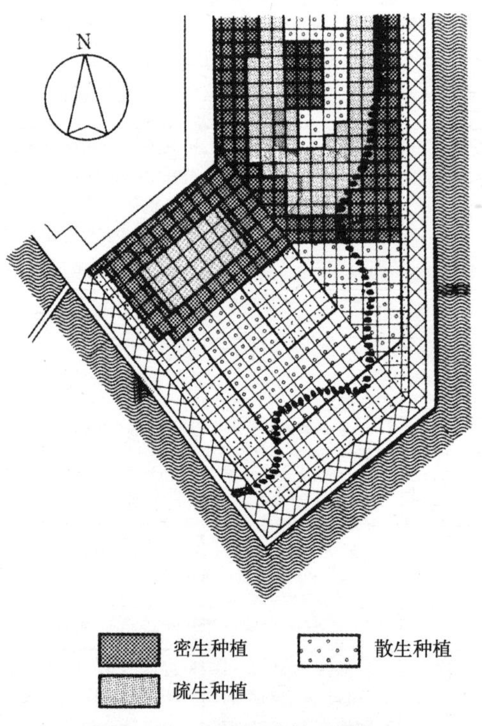

图 4–12　不同密度的配置图

④构成种类配置图（图 4–13）——以②为基础，区分针叶树、阔叶树，常绿树、落叶树，根据网格（格子）进行分区。

⑤种植分区（图 4–14）——把③、④进

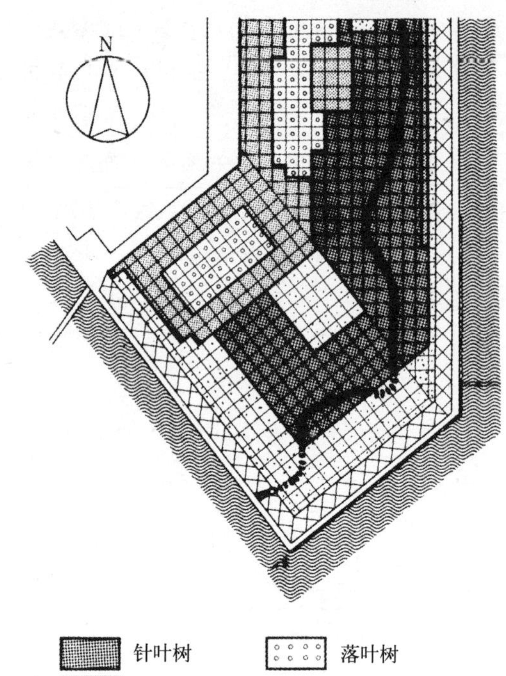

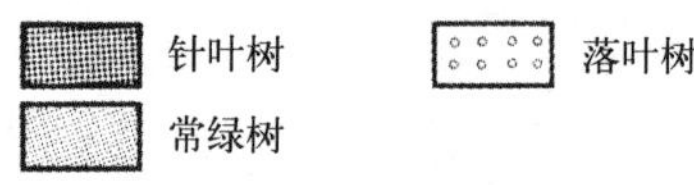

图 4–13　构成种类配置图

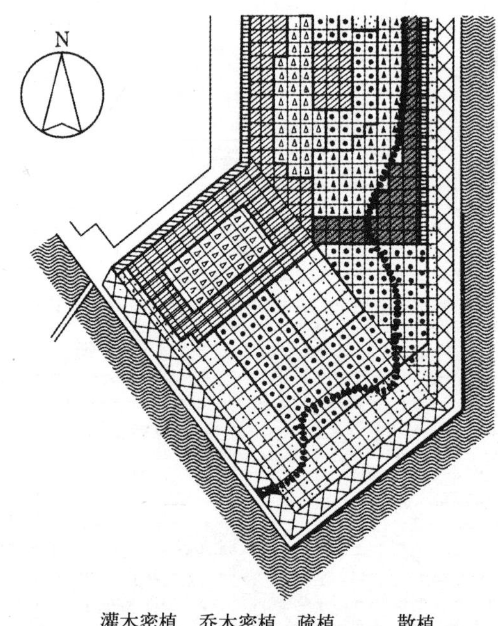

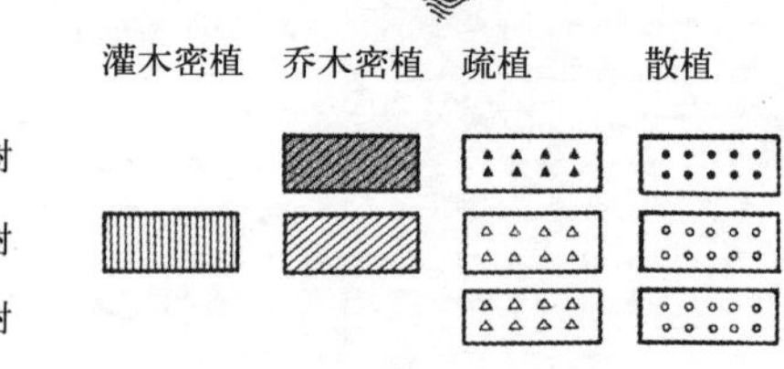

图 4–14　种植分区图

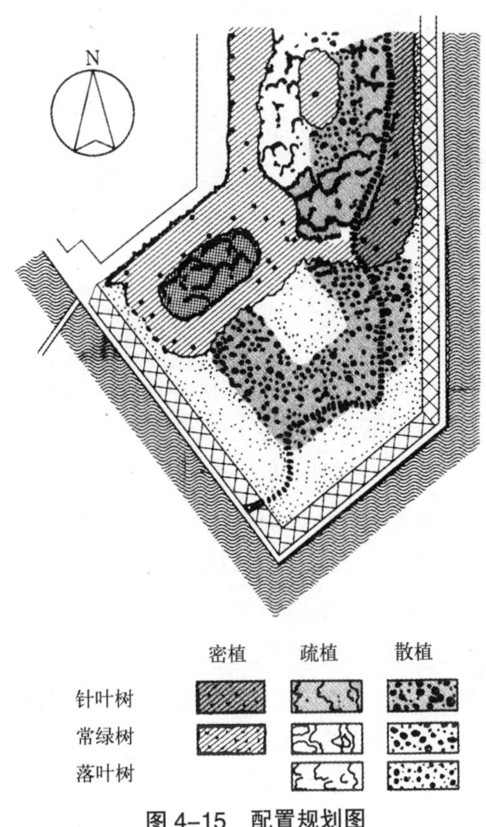

图 4–15　配置规划图

行结合，根据网格（格子）进行分区。

⑥配置规划图（图 4–15）——根据⑤，绘制最终的目标种植规划图。

4.4.3　植物材料的选择

植物材料的选择是为了实现种植目的、发挥功能效果，选择适应规划地环境条件的能够良好生长的树木等。

植物因种类不同对生长环境的要求也不同，为了形成长期稳定的植物景观，必须考虑地形、气象、土壤等环境条件，在此基础上进行植物材料的选择（详见第 2 章绿化植物 2.1.5 植物的生长环境）。

适合于栽植的植物，含有适应环境的植物和对环境有耐性、抗性的植物两类，应当注意其不同点。此外，若环境条件恶劣则有必要进行人为改良。

规划阶段的这些工作内容，是为了实施设计以及制定指标，常常要考虑与种植目的、种植功能的结合，把基本规划意图明确地传达给设计者并作成适宜树种一览表。

例如，以防海潮风为目的的树林，如何构成植物群落（图 4–16）是规划中制定的指标之一，在设计中按照这些指标，在进行植物材料的生长状况、种植时期、施工技术水平等技术探讨的基础上，进一步决定树种或品种、规格。

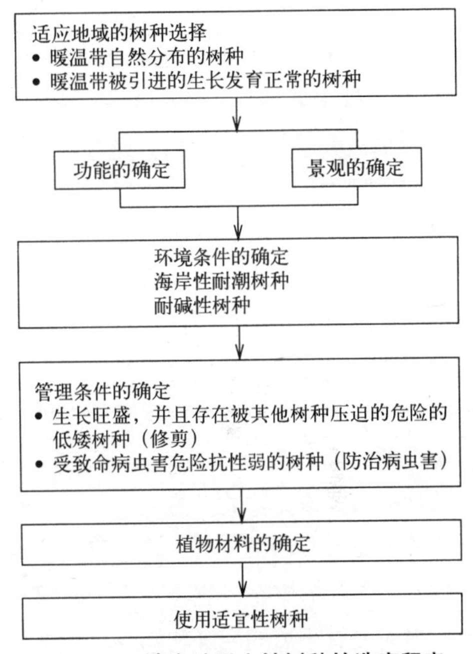

图 4–16　填海地适宜性树种的选定程序

4.4.4　种植地环境压力的减缓

种植地的环境如果不适于准备种植植物的生长，则有必要进行环境的整治和改善规划。

图 4–17 所示为环境要素对植被（植物生命体的集合）有相关的促进（+）或者阻碍（–）作用，在此把种植地的环境要素对植被的生长所施加负影响的程度称为环境压力。

这些环境压力的主要影响以及减少、降

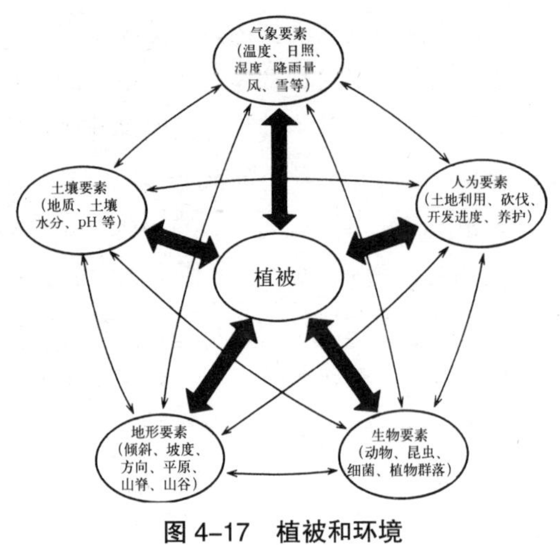

图 4–17　植被和环境

低这些负因素的方法（改善或者减缓的方法）以图表的表现形式可以分为（1）气象要素，（2）土壤要素，（3）生物要素，（4）人为要素（图 4–18）四个方面。

4.4.5　种植与其他设施的结合

为了实现种植与其他设施的结合，在充分把握相关设施规划内容的同时，分析两者功能的整合、景观的均衡以及种植保护的实施，确定种植规划。

从种植与其他设施的功能关系来看，两者既有积极关系又有消极关系。为了将这些相互关系达到规划性的整合，就要求充分理解规划内容、形成没有矛盾的配置和构成。此外，各要素在从功能的角度进行配置和构成时，应该构成视觉上舒适的景观，形成综合的、易于利用的空间。

景观的构成有多种方法，最基本的考虑方法为尽可能把多样的设施和植被结合形成均衡的景观。在进行种植规划时，有必要对这些问题进行综合探讨。

近年来，城市公园的规划多把草地作为广场进行利用，在树林中也可以进行散步等的种植植物和使用者之间可以进行直接接触的规划形式比较多见。在这种重视与自然接触的规划中，有必要对于平面规划上的利用路线、利用空间等的正确配置，利用时期的限定等进行多角度考虑。

4.4.6　施工规划概要

施工规划是基于种植规划目标而展开的对绿化技术的方向性、施工时间、营造方法进行探讨的过程。

种植规划中对于施工的考虑，在设计阶段与具体的施工规划不同，应该以合理的施工规划所必需的基本事项的探讨为主体。

种植施工的特征是以植物作为施工的素材。所以，植物种植时期，施工工程、施工方法成为主要内容。在探讨这些内容时，特别要充分考虑与邻近设施施工的关系和机械利用、材料搬入等影响施工现场的场地条件，所以必须制定一个切实可行的施工规划。

4.4.7　管理规划的概要

管理规划是指进行与规划目的、功能和立地条件相对应的养护管理的方式方法的探讨，使种植按照预期的理想种植空间方向发展。

所以，在进行种植规划时，对主要引进树种的选择、种植模式进行探讨的同时，还要对种植后的养护管理进行充分的分析，从而形成有效的管理方式。

种植后的管理，一般多以与植物年间生育相对应的日常养护管理作为探讨对象，但必须考虑基于多年后的景观效果、进行阶段种植等植物的养护管理模式，或者适于移栽植物的养护管理方法。

设定阶段性目标的管理分为保护养护阶段、培育阶段、维持阶段等。

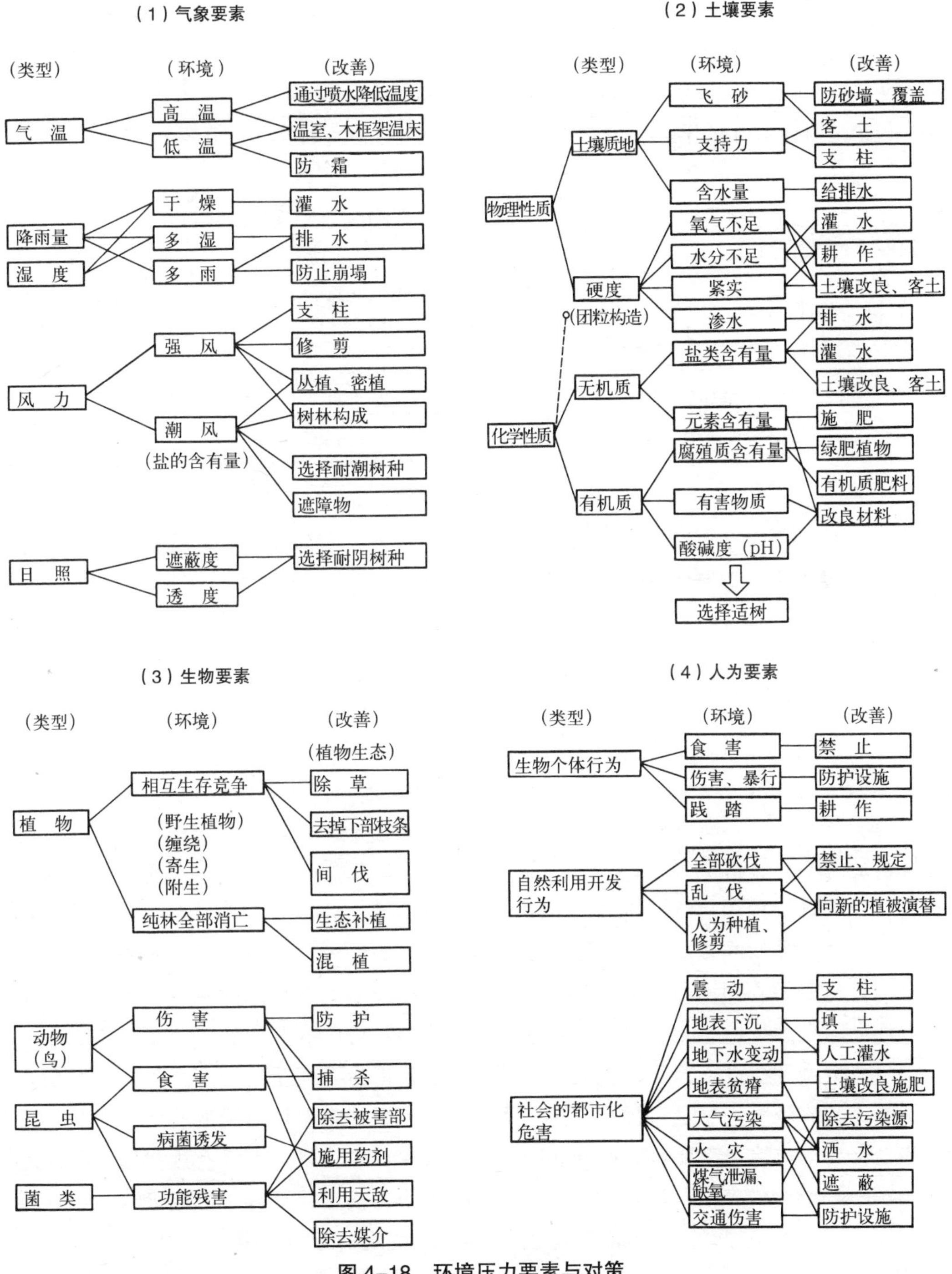

图 4-18　环境压力要素与对策

1）保护养护阶段

最初种植的苗木如果为 2 ～ 3 年生苗，则到种植后第 5 年左右为止，杂草生长势的旺盛程度可以想象。

2）培育阶段

第10年以后树木快速生长，树冠相互交接，树高接近3m。杂草受到遮挡、压迫，虽然生长势小但也是树林景观的组成部分。

3）维持阶段

第20年以后，基本具备了树林的形态，林间空间利用变为林下空间利用。

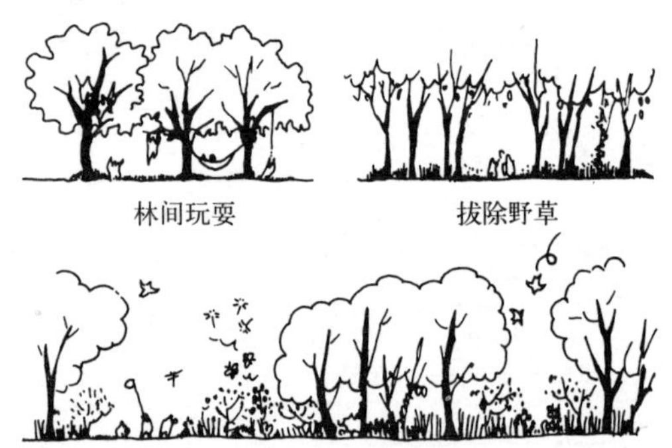

林间玩耍　拔除野草

接触其他生物

特别是对于自然植被规划，一般选用速生树种，在先锋树种和后续树种结合的种植规划中，必须以最初的栽植状态不断发生变化为前提进行养护管理。为了恢复到自然状态，对现在的自然环境有必要进行相应的管理，为了使后继种植进行理想的生长必须对先锋树种进行砍伐等，制定植被演替的管理计划也是必要的。这些需要考虑的问题有必要在规划阶段进行确定。

此外，有必要考虑种植地的管理主体如何进行组织，以及相关管理基本要点的把握。

最后在决定种植地整体的养护管理水平的同时，把种植地管理上的注意事项等作为管理方针进行总结概括。

4.4.8　工程经费预算

基本规划的经费预算成为事业规划的基础。

在进行种植规划和设计时，经费是决定工程质量的重要因素，按照种植的目的和作用、规划的内容、完成时期等，计算出大概预算。经费由土地费、工程费、事务费等构成，但如果没有特殊的情况，主要对于工程费的设定进行讨论。

在基本规划的阶段，由于没有详细设计但又不得不进行某种程度上的预算，经常采用算出每个区域的大概数量，根据标准单价，计算出每个工种的概算经费的方法。可以参考其他公园的实例，初步确认工程费的金额是否合理。

4.4.9　种植规划文本的作成

种植规划图作为种植规划的总括，把基本规划图（种植平面图）、规划说明书及其他形式的图纸（断面图、鸟瞰图、透视图等）作为成果进行整理。

基本规划图（种植平面图）是对种植的植物种类、规模、配置、形态等进行总结，用平面图的方式进行表现。此外，为了向当地居民说明城市公园的情况，也为了让没有直接参与公园规划的人能够看明白，完成图尽量利用易于理解的图面。特别是规划者将自己的规划意图传达给所有者和居民，可以利用的表现、演示手段有规划图、断面图、鸟瞰图、模型、展示牌、局部鸟瞰图、图片、说明书、口头说明等。

基本规划说明书是从最初决定规划内容开始，按照规划的程序，从规划区域的现状和场地分析到规划内容的探讨、确定为止的过程，保证说明书的内容使第三者易于明白。

此外，利用基本规划图等不能完全表现的内容，则可以利用文章、图、表等进行总结。概算经费也记载于该说明书中。

另外，参考文献要明确表明其出处。

4.5　法律、政策以及标准等

4.5.1　有关树木保护的法令

随着城市中建筑的增多，城市中树木处于年年减少的趋势，此外，大气污染、汽车尾气排放等使树木枯损的现象泛滥，为了维持城市的美观，以城市环境的健康发展与提高为目的，日本于1962年制定了树木的保护法规。

（1）保护树的指定

①市镇村的负责人，在认为有必要维持城市规划区域内美观时，可以指定满足一定标准的树木、树林作为保护树或者保护林。

②对于文化遗产保护法中被指定的保护林，森林法中指定的防护林以及国家、地方公共团体的所有林，依据本法规不予以指定。

③市镇村的负责人向该树木或者树林的所有者通知其规定，对于被指定的树木等应当设置表示标识。

（2）保护树、保护林的指定标准

1) 保护树的指定标准

树木符合以下各项标准，生长健全、并且有极美观的树姿。

①高度在1.5m时干周在1.5m以上者。

②高度在15m以上者。

③一本多干的树木，高度在3m以上者。

④攀援树木、枝叶面积在30m^{2}以上者。

2) 保护林的指定标准

树林符合以下各项标准，林内树木健全、并且林内树木有极美观的树姿。

①该树林占地面积在500m^{2}以上者。

②构成绿篱的树林，其绿篱的长度在30m以上者。

4.5.2　公园绿地的标准

（1）城市绿化推进纲要（节选）

在进行城市公园建设时，为了维持植物景观丰富、形成接近自然的环境，不同种类的公园确定各自的绿化面积率［由树木、花卉、草坪等绿化的土地面积（单株树木等绿化面积难以测定时，为枝叶的水平投影面积）占场地总面积的比例］。

居住区公园和城市主要公园	50%以上

（但有街区公园以及运动公园时为30%以上）

缓冲绿地及绿道	70%以上
城市绿地	80%以上
墓园	60%以上

（2）城市公园的种类

城市公园的种类见表4-7所示。

4.5.3　道路绿化的标准

（1）道路绿化技术标准（节选，东京都）

第1章　总则

1-1　目的

本标准是道路绿化制定的一般技术标准，以合理地进行道路规划、设计、施工、管理等为目的。

1-2　适用范围

本标准适用于道路法中的道路绿化。

1-3　用语定义

1　道路绿化

以提高道路功能和环境保护为目的，对道路区域内的现存树木进行保护，以及进行新的种植，

城市公园的种类 **表 4–7**

种类	类型	内容
居住区级公园	街区公园	主要以供街区内居住者使用为目的的公园，服务半径为 250m 以内的范围，每个公园的大小按照面积 0.25ha 的标准进行设置
	近邻公园	主要以供近邻居住者使用为目的的公园，每个近邻居住区一个公园，服务距离为 500m 的范围，每个公园的大小按照 2ha 的标准进行设置
	地区公园	主要以为供徒步圈内居住者使用为目的的公园，服务距离为 1km 的范围，每个公园的大小按照面积 4ha 的标准进行设置
	特定地区公园（乡村公园）	城市规划区域外以农、山、渔村镇生活环境的改善为目的的特定地区公园（乡村公园），每个公园的大小按照面积 4ha 以上的标准进行设置
城市主要公园	综合公园	以供全体城市居民休息、观赏、散步、游戏、运动等综合使用为目的的公园，根据城市规模，每个公园的面积按照 10 ~ 50ha 的标准进行设置
	运动公园	主要以供全体城市居民运动为主要使用目的的公园，根据城市规模每个面积按照 15 ~ 75ha 的标准进行设置
大型公园	区级公园	主要为补充超过市镇村区域以外的区级的以娱乐需要为目的的公园，在每个地区的区域单位内，面积按照 50ha 以上的标准进行设置
	娱乐城市公园	以满足大城市及其都市圈内多样并且富有选择性的众多娱乐需要为目的，基于综合的城市规划，以自然环境良好的地域为主体，以大规模的公园建设为核心设置各种娱乐设施的地域，从大城市及其都市圈容易到达的场所，其规模以 1000ha 为标准设置
国家公园		供应超过一个县市的区域，以广泛利用为目的、由国家设置的大规模公园，每个面积按照大约 300ha 以上设置。作为国家的纪念公园设置时，应该按照与其相对应的内容进行规划
缓冲绿地等	特殊公园	风致公园、动植物园、历史公园、墓园等特殊公园，根据其目的进行设置
	缓冲绿地	以大气污染、噪声、震动、恶臭等公害的防止、缓和或者石油精炼厂企业地带等灾害的防止为目的的绿地，为了使公害、灾害发生源地区与居住地区、商业地区等分离、遮断，在必要位置依照公害、灾害的状况进行设置
	城市绿地	主要以城市自然环境的保护改善，提高城市的景观质量为目的而设置的绿地，每个面积按 0.1ha 以上标准设置。但是在建成区有良好的树林地的情况或者通过植树增加都市绿地和改善都市环境为目的而设置绿地的情况，规模以 0.05ha 以上为标准。（含有不通过城市规划规定，通过借地进行建设作为城市公园的用地）
	绿道	以确保灾害时避难道路畅通性、城市公园的安全性以及舒适性等为目的，为了邻近居住区或者邻近居住区之间相互联系设置的植树带以及以步行路、自行车路为主体的绿地、宽度以 10 ~ 20m 为标准，以及为了公园、学校、购物中心、停车广场等相互连接而设置

注：近邻住区 = 被交通干线、街道等所围成的 1km^2（面积 100ha）的居住单位。

并对其进行管理的工作。

2　道路植被

通过道路绿化在道路绿地中栽植的树木等。

3　行道树（成行种植）

道路绿地中以行列形式栽植的乔木。

4　乔木

树高 3m 以上的树木。

5　小乔木

树高为 1m 到 3m 的树木。

6　灌木

树高不足 1m 的树木。

7　草坪草

以草坪的建设为目的、种植的禾本科草本植物。

8　地被植物

以地面及墙面覆盖为目的栽植的植物（除了草坪草）。

9　花卉

以观赏为目的栽植的草本花卉植物。

10　种植地

对现存树木等的保护地，或者新种植的场所。能够作为种植地而被利用的场所，除了以专门栽植树木等为目的而被确定的种植带之外，还有步道、分隔带、道路边坡等。此外，栽植花卉的花坛也在种植地范围之内。

11　种植带

以良好的道路交通环境的建设或者对沿路良好的生活环境的保护为目的，为了栽植树木以路缘石、栏杆及其他类似的辅助设施（以下称为“缘石”）进行区域划分，设置带状的道路绿带的部分。

12　植树带坑

主要为了栽植行道树（成行种植），把步行道、自行车道及自行车步行者（以下称为“步道”）的一部分利用缘石等进行区域划分设置的植栽地。

13　环境设施带

基于《关于利于道路环境保护的道路用地的取得及管理标准》（1974 年 4 月 10 日，建设省都技发第 44 号 · 道政发第 30 号 · 都市局长 · 道路局长颁布）设置的干线道路沿线的生活环境保护的道路部分，由种植带、路肩、步道、副道等构成。

14　种植基盘

种植地的土壤和填装土壤的容器，也包括种植地构造。

第 2 章　道路绿化

2–1　道路绿化的基本方针

道路绿化是在提高道路景观质量以及沿线的生活环境保护的同时，以有利于道路交通的快适性、安全性、生态性等为目的，积极并且有计划性的绿化实施作业。

2–2　道路绿化的功能

道路绿化按照大的分类有如下的功能。道路栽植具有多重功能，通过努力使这些功能发挥综合作用，有必要进行良好的道路环境的建设。

1　提高景观质量的功能；

2　生活环境保护功能；

3　遮阳功能；

4　交通安全功能；

5　自然环境保护功能；

6　防灾功能。

第 3 章　道路绿化规划

3–1　规划

道路绿化的规划是进行与道路规划及地域特性相适应的道路绿化，以充分发挥绿化的功能为目的，在道路的设计、施工、管理中始终贯彻绿化方针，以规划目标设定绿化目标，在此基础上完成种植规划及养护管理规划。

此外，对于现存的树木、树林等，尽最大努力使之融入到道路绿化规划中去。

3–2　道路绿化目标

3–2–1　规划条件

作为道路绿化的规划条件，在把握道路的

规格、构造、交通特性等道路规划的相关事项，雪、风、雨等气象条件以及沿线的土地利用、历史、文化、自然等地域特性的同时，明确道路绿化所要求的主要功能。

3–2–2　绿化目标

绿化目标取决于种植地的基本配置、配置的基本构成及树种的基本构成。

1　种植地的基本配置

作为种植地的基本配置，有以下几个方面：

(1) 植树带

设置植树带时，宽度以1.5m为标准。

(2) 步道等

在可以栽种行道树的步道，为了设置行道树（成行种植）的种植池，在每种道路规定宽度的基础上，原则上再增加1.5m的宽度。

(3) 分离带、交通岛

在分离带及交通岛（以下称为“分离带等”），原则上其宽度为1.5m以上时，在确保对交通视觉不会产生障碍的范围内设置栽植带。此外，对于花坛等，即使在该宽度以下也能设置。

(4) 道路斜面

对于道路斜面，在不影响其稳定的情况下能够设置栽植地。

(5) 环境设施带

以环境设施带作为栽植地时，要确保植树带有一定宽度。如果环境设施的宽度为10m，则植树带的宽度为3m以上，20m的情况则为7m以上。

(6) 高速公路出入口

对于高速公路出入口，在不影响交通视距的情况下可以设置种植地。

(7) 服务地区、停车场地区

对于服务地区及停车场地区（以下称服务区等），在不影响交通视距的情况下可以设置种植地。

2　配植的基本构成

在决定是自然式种植还是规则式种植的种植模式的同时，决定乔木、小乔木、灌木等植物的构成形式及其各自的高度、宽度、枝下高等。

3　树种的基本构成

决定常绿树、落叶树以及针叶树、阔叶树等种类和构成。

3–3　根据道路分类的绿化目标（省略）

3–4　道路种植规划

3–4–1　规划条件

作为种植规划的规划条件，除了绿化目标外，还要把握道路绿化的完成时期。

3–4–2　种植规划

为了实现绿化目标而进行的种植规划。

种植规划是确定种植地的详细规划、树种等的详细规划以及配置的详细规划的过程。

3–4–3　种植地详细规划

种植地的详细规划是决定种植地的平面配置形式。

3–4–4　树种等的详细规划

树种等的详细规划是决定具体的树种等。此外，一般的注意事项有以下几点：

1　树木

(1) 与道路的空间规模相匹配的树种。

(2) 适用于地域特性的树种。

(3) 适应于气候及气象条件的树种。

(4) 在积雪地区，选择不易受雪压危害的树种。

(5) 对不良土壤等环境适应能力强的树种。

(6) 姿态优美的树种。

(7) 对病虫害抗性强、对步行者不产生危害的树种。

(8) 易于成活、生长良好的树种。

(9) 养护管理容易的树种。

(10) 市场购买容易的树种。

2　草坪

以使用日本草坪草为主，但在寒冷地区以西洋草坪草为主。

3　地被植物

地被植物具有对土壤、构造物等进行覆盖

的作用，适于扩大绿化困难场所的绿化面积，具有一般的树木绿化没有的优点，所以应充分把握这些特点，努力做到适地适树。

4　花卉

花卉，艳丽多彩，应充分把握各自特点，努力做到适地适材。另外，与树木等其他植物材料相比，具有观赏期短、病虫害抗性弱的缺点，尽量选择缺点少的种类。

3–4–5　配置的详细规划

决定配置方式、种植密度、形状尺寸等。此外，一般的注意事项有以下几方面：

(1) 易于发挥必要的绿化功能；

(2) 管理容易；

(3) 与完成时期的预期目标相对应；

(4) 不影响道路交通的顺畅；

(5) 与多角度视点及移动速度相对应；

(6) 避免以易于发生病虫害的单一树种所进行的绿化；

(7) 在积雪地区，考虑到降雪时的管理，采取合理的形状与大小；

(8) 在强（海潮）风的地区尽量进行群植。

3–5　管理规划

3–5–1　规划条件

作为管理规划的规划条件，要把握绿化目标及种植规划。

3–5–2　管理规划

为了适当地推进道路绿化，要确定管理规划。

管理规划应该在考虑种植后植物的生长阶段以及季节性变化的基础上进行。

第4章　设计、施工

4–1　设计、施工的基本概念

4–1–1　设计

道路绿化的设计是在规划的基础上进行的，除了要考虑种植基盘等与种植地相关的条件之外，还应充分把握气温等气象条件，形成道路绿化植物所需的良好生长条件。

4–1–2　施工

在进行道路绿化施工时，先制定施工规划，在与树种生活习性以及地域气象条件相对应的基础上，还要注意工程管理、质量管理、安全管理等。

4–2　种植基盘的营造

4–2–1　种植基盘营造的方针

对于种植基盘，必须预先调查其适合性，必要时进行种植地的改造以及土壤的改良。

4–2–2　种植基盘调查

对种植基盘的调查，包括确保其排水性、通气性以及保水性良好，对所栽植的植物没有化学性的生长危害因素。

4–2–3　种植地构造的改良

种植地构造如果满足不了与植物生长相对应的有效土壤量、表面排水及地下排水等诸条件的需要，就要通过耕作、排水处理等方式进行改良。

另外，在高架桥下等雨水水分供给不足的场所，应该设置灌水设施。

4–2–4　土壤的改良

如果土壤不能保证保水性、通气透水性良好，或者具有化学性的危害因素，以及表土的保护利用较困难的情况下，利用客土以及土壤改良材料进行改良。

4–3　树木的种植

4–3–1　树木种植的基本要点

树木的种植要求对生长良好的树木在适合的种植时期、短时间内以及没有损伤的前提下进行种植。

此外，种植后通过支柱支撑以及进行适当的保护培养，促进成活。

4–3–2　树木的检查

当树木运输到种植现场时，通过确认其尺寸规格、品质规格及数量来进行树木的检查。此外，如果有必要还要到购买苗木的苗圃进行检查。

4–3–3　种植时期

在进行种植时，为了能够在与地域及树种

等相对应的种植时期进行，必要时需进行工程的调整。

4-3-4　种植方法

树木的种植要采用与树木的性状相对应的正确手法。此外，尽量缩短从树木的挖掘到种植完工的工程时间。

4-3-5　非季节的种植方法

树木的种植要在适合种植的时期进行，但有时不得不在不适期（非季节）进行，在此情况下，除了使用集装箱运输的树木及带有根坨的树木之外，在种植时及种植后要进行灌水等保护措施，以促进成活。

4-3-6　支柱

支柱除了考虑树木的形状、种植地风的状况、树木倒伏时对道路交通的影响程度之外，还应考虑道路空间规模以及与沿路景观的协调等，在此基础上，决定材质及形式。

4-3-7　保护培育

树木种植后，进行灌水等适当的保护培育措施，以促进成活。

4-4　草坪的建设

适合铺设草坪的材料，必须确保没有杂草的混入。施工时，在确保排水性正常和排除石砾的同时，在接缝处填土、压实、灌水。

4-5　地被植物的种植

地被植物的选择要确保其没有损伤，原则上在使用容器苗时要进行细致的操作。在种植时，通过覆盖防除杂草；在进行墙面绿化时，根据必要设置攀援辅助设施。

4-6　花卉的种植

花卉是易于损伤的材料，原则上使用容器栽培苗并且要细致地施工。种植时，根据草花的形状、色彩、设计形式等进行艺术搭配，达到最佳效果。

4-7　现存树木的保护

在进行道路的新建及改造时，对现存的树木、树林等对道路绿化有用者，尽量按照原状进行保存。从立地条件等来看，如若不得不进行移植的情况，则选择合适的时期和方法进行移植。

（2）道路绿化的功能和配置

道路绿化功能和配置见表 4-8。

（3）行道树和占用物件、建筑界限

行道树在法律上被规定为“道路的附属物”(道路法第 2 条),被作为“道路构造的保护，安全、顺畅的道路交通的确保，及其他在道路管理上必要的设施和工作物”。

1）占用物

占用物是根据道路法第 32 条以及施行令第 7 条限定列举以外的、没有被认定的物件。其中与行道树关系紧密者见表 4-9 所示。

2）建筑界限

依照道路构造法令，为了确保道路上车辆和步行者的交通安全，设定了在一定范围内不能建设会成为障碍物的建筑界限。具体来讲，设定的车道侧为设计车辆高度的 3.8m 再加上余高至 4.5m，步道侧为 2.5m。

在建筑界限内，不能设置桥墩和桥台、照明设施、防护栏、信号灯、道路标识、行道树、电线杆等设施。

但是，因为每棵行道树的形状不同，并不一定全在建筑界限内。此外，由于车道与步道建筑界限的限制，有时行道树会被处理为只有一侧侧枝。

通常，易修剪整形或者经过数年生长后可以全部处理者，种植时在一定程度上可适当调整（图 4-19）。

绿化功能和配植 **表 4–8**

绿化功能		配 植
景观功能	装饰功能	种植形式根据周边景观决定； 西洋式建筑物：规则式种植；日式建筑物：自然式种植； 灌木与大乔木、小乔木相组合成为单纯的植被景观
	遮蔽功能	自然式种植，易于与周边环境相协调； 大乔木、小乔木和地被植物相组合的植被构成
	景观综合功能	规则式种植为基本； 大型场所采用自然式种植； 乔木为主体的纯林结构
	景观调和功能	种植形式为自然式； 植被构成，以灌木为主体与大乔木、小乔木组合。应用适宜的地被植物（藤本植物）
生活环境保护功能		种植形式根据周边景观以及种植地的宽度决定。植被构成为乔木、小乔木、灌木三层以上，使用形状不同的树种组合成多层结构
绿荫形成功能		种植形式，根据周边景观以及种植地的宽度决定； 植被构成，乔木与灌木形成一层，或者分为两层但比较稀疏
交通安全功能	遮光功能	种植形式，在狭小的种植地一般采用规则式，比较宽阔的种植地多采用自然式； 植被构成，由小乔木形成一层、或者加上灌木形成两层，根据交叉点部位等状况调整高度
	视线引导功能	种植形式，一般为规则式； 植被构成，小乔木或者大乔木为列植，为了确保连续性，把同一规格树木按照同一间隔进行种植；树高为 1.5m 以上
	交通分隔功能	种植形式，一般为规则式。但在自然景观优美的区域、并且种植地宽敞的场所，采用自然式种植效果好； 植被构成，灌木一层，树高一般在 0.8m 上下
	标识功能	为了突出于周边的植被树木，其前后采取不同形式的种植，大尺寸的树木单独进行孤植
	缓冲功能	种植形式，根据周边景观以及种植地的宽度来决定； 植被构成，最好为小乔木、灌木两层； 随着汽车行进速度的增加，需要大规模的配置
自然环境保护功能		种植形式，争取采用与周边自然景观相协调的自然式； 植被构成，从森林保护的观点种植，由小乔木和灌木形成两层结构
防灾功能		种植形式，尽量采用自然式种植； 植被构成，防止飞砂、雪压时，树林的效果好

（引自《道路緑化ハンドブック》）

与行道树关系紧密的占用物及其对行道树的影响 **表 4-9**

物件	占用物	对行道树的影响事例
1 号物件	电线杆、电线、变压器、邮筒、公共电话亭、广告牌，其他类似物件（例如派出所、公交车站、消火栓等）	• 与行道树的修剪有关 • 根据设置场所，为了避免与电线塔接触的修剪、为了提高广告牌、标志的可视性的修剪等
2 号物件	水管、下水道、煤气管道、其他类似物（例如石油管道、供热管道、废弃物处理管道等）	• 地下占用物，这些工程可能会引起行道树的根部被切断，地下水环境、土壤环境等发生变化 • 随着电线在地下形成的空洞、沟等对根的生长空间产生阻碍
3 号物件	步廊、避雪处、其他类似物（例如遮阳处、拱廊等）	• 覆盖在行道树上空，抑制了降雨对水分的补给 • 拱廊等与树冠争夺空间，很大程度上抑制了枝条的伸展空间
4 号物件	根据政令（第 7 条）所定物件 1）广告板、标识、旗杆、停车计时装置、幕及拱门 2）工程挡板、脚手架、值班室、其他工程设施	• 对于 1）有提高可视性的修剪等 • 对于 2）设置行为对行道树的枝条产生危害

（引自《道路緑化ハンドブック》）

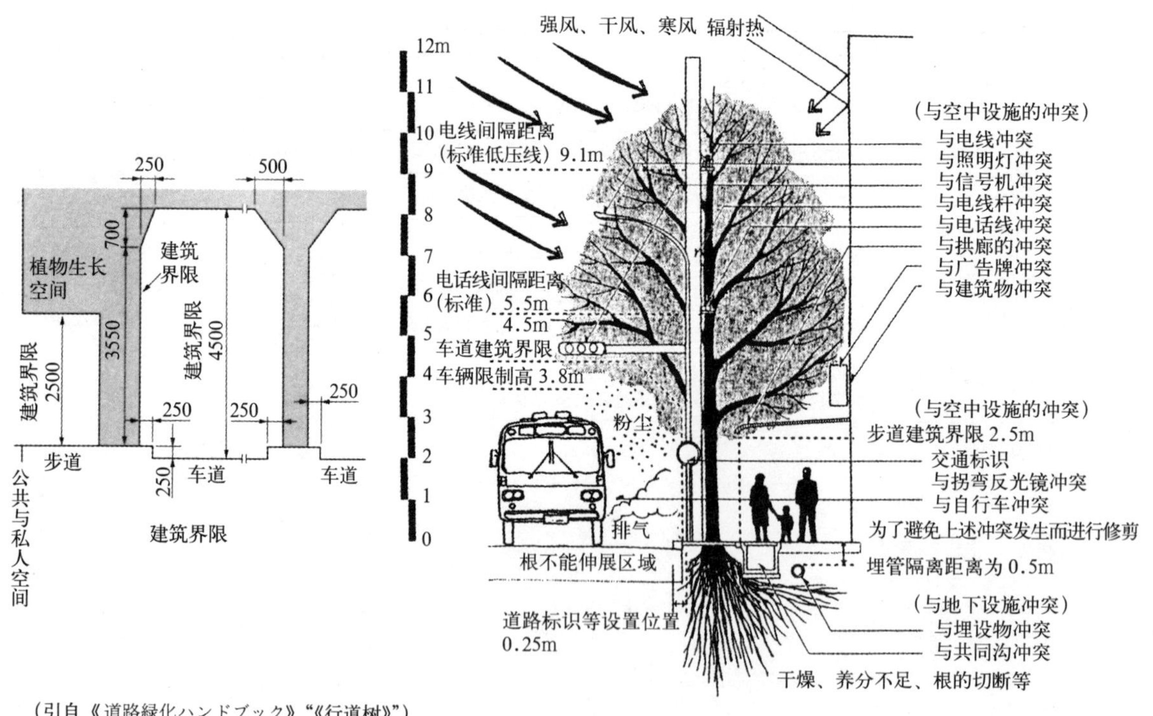

（引自《道路緑化ハンドブック》“《行道树》”）

图 4-19　行道树和占用物、建筑物界限

（4）东京都道路绿化标准

关于道路绿化（东京都建设局）

1）概念、目的

“道路绿化”是指通过对道路和其沿线的公共设施进行统一的绿化建设和管理，达到①提高步行者步行空间的安全性、舒适性；②沿路公共设施的美观性。这两方面目标的同时实现，将提高公共设施的形象并创造丰富的绿色城市环境。

2）解释

①对象

道路绿化的对象范围如下：

其中，东京都建设局作为“道路绿化的建设”的内容有“沿着公园的道路绿化”和“沿着公共设施的道路绿化”2种项目。

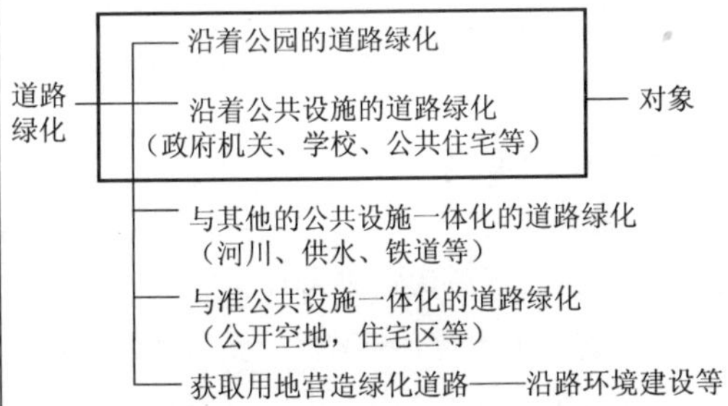

②建设内容

建设的基本考虑方法如下：

• 空间设计

道路和沿路公共设施的一体化的设计，在两者的边界上，尽量避免分隔空间的墙与栏杆的设置，在不可避免的情况下，对于空间设计尽可能进行两者一体化的考虑。

• 植被

考虑道路、沿路设施双方的利用状况、管理规划等，在维持绿化一体化的同时，种植多种富有季节感的植物材料，达到“步行道路舒适”、“富有绿色景观的公共设施”的目标。

• 铺装照明

从为行人营造舒适的步行道路的角度出发，选用安全、舒适，与环境相适应的铺装材料和照明设施。

• 其他

为了表现道路绿化的效果，根据需要设置相关设施（紫藤花架、景石、介绍牌等）。

③管理区分

对于成为规划对象的每个公共设施，结合有关绿化道路的维持管理进行管理。因为公共设施不同，其管理体制和管理形态也相异，统一的管理区分的设定相当困难。

此外，绿化道路区域内的财产管理，原则上归属于道路建造前的地基边界的管理。

（参考）通用设计

未来社会老龄化现象更加严重，老龄者、残疾人寻求自立，在社会中与一般健康市民进行相同生活的 “常态化”思想是重要的关键词。

参加社会生活时，“移动”为不可缺少的行为，对于老龄者和残疾人在“移动”时存在着各种各样的障碍，在步行空间的建设中要求去除物理性障碍，这种设计概念被称为“无障碍设计”。但是近年来，不单是物理障碍的去除，在所有的环境规划中对于任何人都适用的“通用设计”的概念需求日益增加。为了实现这种理念，在道路的具体规划中有①通行性的确保（步道宽度的确保）；②安全性的确保（防止跌倒、打滑等）；③舒适性的确保（休憩设施的设置等）。

4.5.4 河川绿化的相关标准

（1）在河川区域内树木的砍伐、种植标准

（建设省河川局：当时）

（意义）

第一、该标准是针对河川区域内进行的树木砍伐、种植以及树木的养护管理，制定的必要的河川管理的一般技术标准。

（定义）

第二、基于该标准，以下各编号中出现的词语的

含义，在标准中都有规定。

一、挖入河道　在平均的一定区间的情况下，规划水位在堤内地盘高度以下的河道的规定堤防高度（从堤内地盘填土或者到护墙为止的高度）未满 60cm 者。

二、侧　带　河川管理设施的构造见第 24 条中规定的侧带。

三、河道的高水平台　河川法（以下简称为“法”）第 6 条第 1 项第 3 号规定的土地中除去游水地、湖沼及贮水池之外者。

四、游水地　为了降低下游河道在发生洪水时的流量，在与河道邻接处设置的流水贮留土地。

五、湖沼的岸边　规划的高水位没有水面坡度的湖沼，由河川法第 6 条第 1 项第 3 号所规定的土地中除去与水库贮水池相关内容之外者。

六、高规格堤防　河川法第 6 条第 2 项规定的堤防。

七、自立式护岸　含有自立式的钢板护岸以及混凝土挡土墙护岸等基础构造的护岸。

八、乔　木　附表“树木分类表”中属于乔木类的树木以及与此类似的树木、成年乔木的高度在 1m 以上（注：附表省略，以下相同）

九、灌　木　附表“树木分类表”中属于灌木类的树木以及与此类似的树木，成年灌木的高度在 1m 以下。

十、耐风性树木　附表“树木分类表”中属于深根性树木以及与此类似的树木，被认为有耐风性的树木。

十一、耐湿性树木　附表“树木分类表”中的耐湿性树木和与此类似的树木、被认为有耐湿性的树木。

（适用范围）

第三、该标准适应于除去“法”第 6 条第 1 项规定的河川区域、同条第 3 项规定的林带区域以及水库贮水池相关区域之外的区域中的以下行为：

一、河川管理者进行树木的砍伐

二、河川管理者进行树木栽植以及河川管理以外者基于第 27 条第 1 项得到树木栽植许可进行植树。

三、河川管理者进行的树木管理以及河川管理以外者基于法第 27 条第 1 项得到许可对所栽植树木进行管理。

（基本方针）

第四、树木不能成为洪水发生时水位上升、沿着堤防的高速流动等水利上的障碍，另外，也不能成为河川利用上的障碍。为进一步保护河川的良好环境，按照河川建设规划，进行适当的树木砍伐、植树造林以及树木养护管理工作。但是，要保证树木具有的缓和洪水流势等治水功能以及生态系统的保护、良好景观形成的环境功能正常发挥，就要对树木的生态特性等进行详细的考虑。

第二章　树木的砍伐

（一般标准）

第五、1　当树木被认定成为水利上的障碍时，考虑树木所具有的治水功能及环境功能，依照障碍从大到小的顺序进行砍伐，成为基本措施。但是，当树木的根对水闸等河川管理设施有恶劣影响时，要实行去除等措施。

2　在选定砍伐方法时，保证砍伐掉的树木不能重新萌发。

3　当把树木群落进行部分保留时，以在一定区域内集中保留为原则，对以下几点进行考虑：

一、保留树木群落的生长状况。

二、发生洪水时不会产生倒伏以及没有被水冲走的可能性。

第三章　植树

（一般标准）

第六、1　考虑气候、土壤、灌水频率等环境条件，选定乡土树种，为了不使树木发生倒伏或者随水流出进行适当植树。

2 植树的位置为挖入河道的河岸、堤防的内侧、侧带、河道的高水位平台、游水地、湖沼的岸边及高规格的堤防。

（在挖入河道的河岸植树的标准）

第七、1 挖入河道的河岸植树的情况：栽植的位置由河川管理用路[含道路法（1952年法律第180号）规定的道路与兼用者（以下称为“兼用道路”）]以及河岸斜面，其枝条、根系没有侵入民用地的界限或者道路法所规定的道路（以下称为“道路”）的建筑界限。

2 在挖入河道的河川管理用路（包含兼用道路的情况）植树时，在符合以下标准的前提下进行。

一、栽植的乔木是耐风性树木。

二、栽植乔木的护岸，其高度高于规划的最高水位。

三、栽植树木的主根在长大后不对护岸构造产生危害，与护岸顶部保持一定距离。

四、河川管理用路在兼用道路以外的场地，

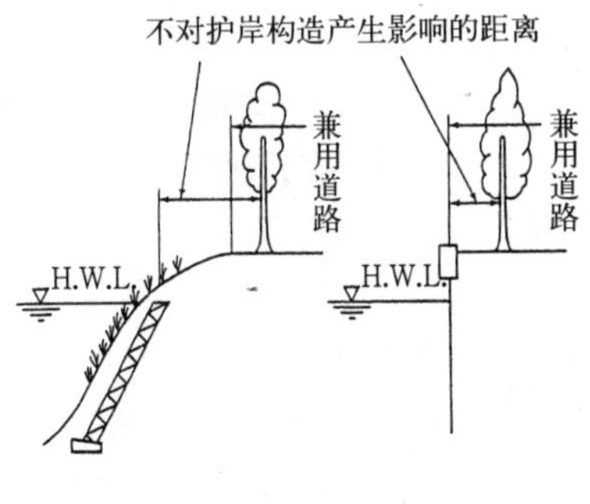

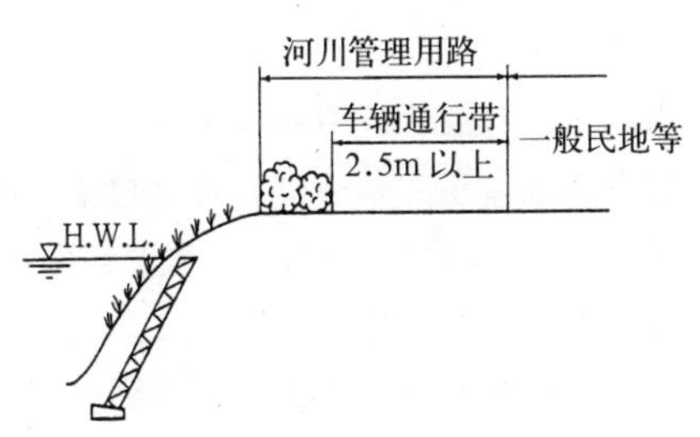

无论堤内侧还是堤外侧进行植树，都要确保2.5m以上的车辆通行带，不对河川管理车辆的通行造成影响。

3 在河岸边坡植树时，在符合下列标准的前提下进行：

一、进行植树的护岸，其高度高于规划的最高水位。

二、进行植树时，实施铺覆草坪等保护边坡的处理。

三、考虑发生洪水时，流水的疏通和边坡的稳定。

四、乔木的种植，限于在河岸斜坡肩堤内侧的河川管理用路（含兼用道路）的场地。

五、种植的乔木为耐风性树木。

六、栽植树木的主根在长大后不对护岸构造产生危害，与护岸顶部保持一定距离。

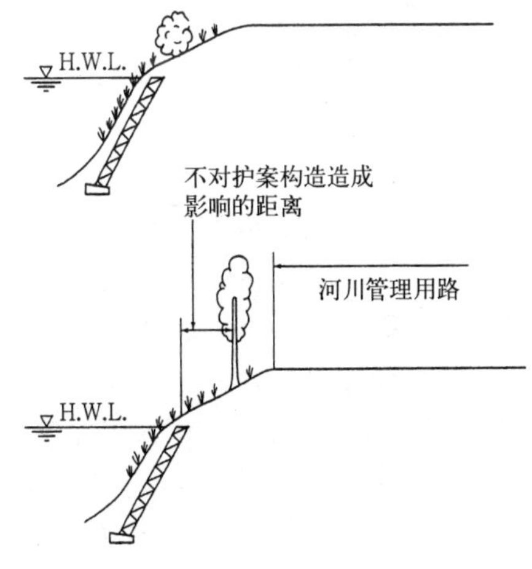

（在堤防的内侧植树的标准）

第八、在堤防的内侧进行树木的栽植，应该符合以下标准：

一、植树的位置，没有产生漏水等问题的可能性，限于对堤防保护上没有问题的区间。

二、树木的枝、根等没有侵入旁边的民用地的界线或者道路的建筑界限。

三、栽植的树木的主根在长成后不深入到规

划堤防（与规划横断形相关的堤防部分，以下同）之内，沿内侧小段的堤防斜坡的基部进行必要的填土，根据需要设置周边设施。在保证此行为不对水防活动等产生影响的同时，注意填土不能损坏堤防的稳定性。

四、在三的填土部分实施铺覆草坪等进行边坡的保护处理。

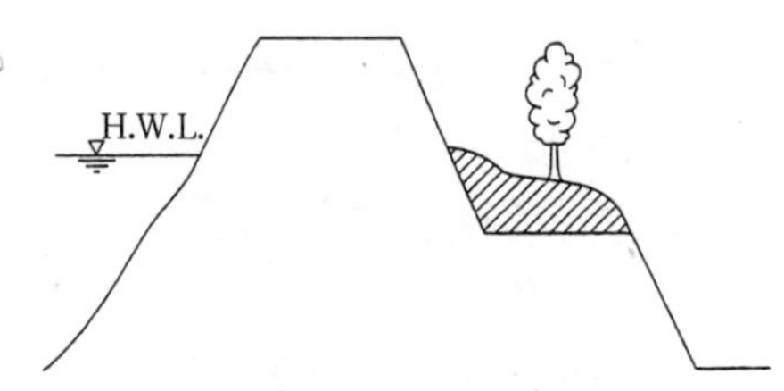

（堤防侧带的植树标准）

第九、在堤防的侧带植树时，在符合以下标准的前提下进行：

一、植树的位置，没有发生漏水的可能性等，限于堤防保护上没有问题的区段。

二、树木的枝条、根等不侵入旁边的民用地的界线或者道路的建筑界限。

三、在第1种侧带中的树木种植只限于灌木。

四、在第2种侧带中的乔木的栽植只限于有利于水利活动的场地。

五、栽植的乔木的主根在长成之后不会进入规划堤防内。在有填土部分的场地，根据需要在堤防内侧斜面和填土部分之间设置路缘设施以及透水篦子等。此种情况下的填土不能损坏堤防的稳定性。

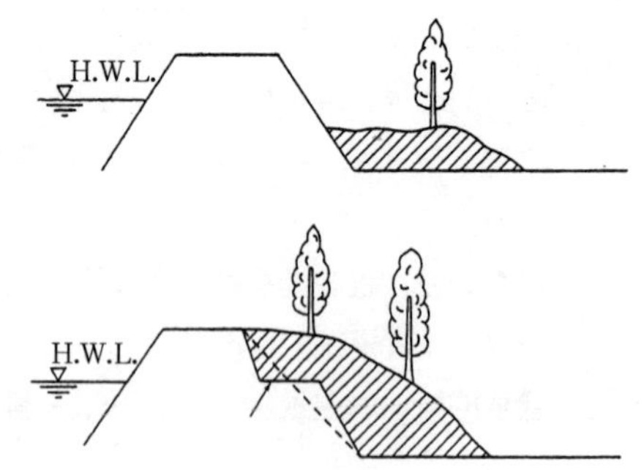

六、对五的填土部分实施铺覆草坪等边坡保护处理。

（河道的高水床栽植灌木的标准）

第十、在河道的高水床栽植灌木时，在符合以下标准的前提下进行：

一、栽植灌木时，在堤防的斜面基部和低水位平台顶部留有10m以上的距离。

二、栽植群生灌木时，河川横断方向的群植的宽度（两个以上的群植的场合为其和）为高水位平台宽度的四分之一以下。此外，列植时，河川纵断方向的列植延长为100m以下，列植的间隔在50m以上。

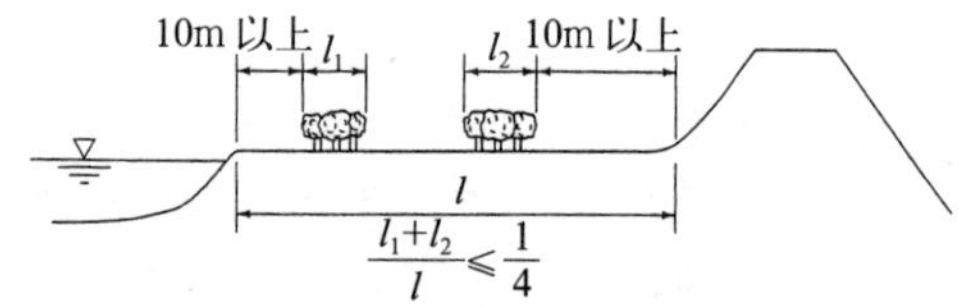

（河道的高水床栽植乔木的标准）

第十一、河道的高水位平台栽植乔木时，选择在以下所列区域之外的区域，并且在泄流能力比较大的区域进行。

一、对堤防有危险影响可能的区域。

二、对河川管理设施有危险影响可能的区域。

三、所栽树木发生倒伏或者有被冲出的可能的区域。

四、1　所栽树木发生倒伏或者流出，对河道等有产生堵塞可能的区域。

2　在可能的高水位平台植树，依下表中所示的密度进行种植。但是，河川宽度与上下游相比，处于水流宽的突然扩展处等，洪水时流水为死水状态或者近于死水状态，并不是对于规划高水流量的疏通没有必要的流下断面区域（以下称为“死水域”）。但是，h_{fp}为高水位平台上的规划最高水位的水深，b_{mc}、b_{fp}为低水位平台宽度、高水位平台宽度，从植树许可区域的平均的河道形状来看，除去死

表（1）植树条件和容许植树密度（上限）河床坡度 $i_b < 1/2, 500$

高水位平台的水深 h_{fp}（m）	b_{mc}/b_{fp} 低水路宽度／高水床宽度 但是，高水位平台宽为除去死水域的左右岸宽度的总和　（单位：株／ha）										
	0.2	0.4	0.6	0.8	1.0	1.5	2.0	3.0	4.0	5.0	6.0
0.5	3	4	5	6	6	6	6	6	6	6	6
1.0	3	3	4	5	6	6	6	6	6	6	6
1.5	2	3	4	4	5	6	6	6	6	6	6
2.0	2	2	3	4	4	6	6	6	6	6	6
3.0	1	1.5	2	2	2	3	4	6	6	6	6
3.5	1	1	1	1.5	1.5	2	3	4	5	6	6
4.0	0.5	0.5	0.5	1	1	1	1.5	2	2	3	4
5.0	0.2	0.5	0.5	0.5	0.5	1	1	1	1.5	2	2
6.0	0.2	0.2	0.2	0.2	0.2	0.5	0.5	0.5	1	1	1

表（2）植树条件和容许植树密度（上限）河床勾配 $i_b < 1/2, 500$

高水敷水深 h_{fp}（m）	b_{mc}/b_{fp} 低水路宽度／高水位平台宽度 但是，高水位平台宽为除去死水域的左右岸宽度的总和　（单位：株／ha）										
	0.2	0.4	0.6	0.8	1.0	1.5	2.0	3.0	4.0	5.0	6.0
0.5	2	3	4	5	5	6	6	6	6	6	6
1.0	2	3	3	4	5	6	6	6	6	6	6
1.5	2	2	3	3	4	5	6	6	6	6	6
2.0	1.5	2	2	3	3	4	6	6	6	6	6
3.0	1	1	1.5	2	2	3	3	5	6	6	6
3.5	0.5	1	1	1	1.5	2	2	3	4	5	6
4.0	0.2	0.5	0.5	0.5	0.5	1	1	1.5	2	2	3
5.0	0.2	0.2	0.5	0.5	0.5	0.5	1	1	1	1.5	2
6.0	0.2	0.2	0.2	0.2	0.2	0.2	0.5	0.5	0.5	1	1

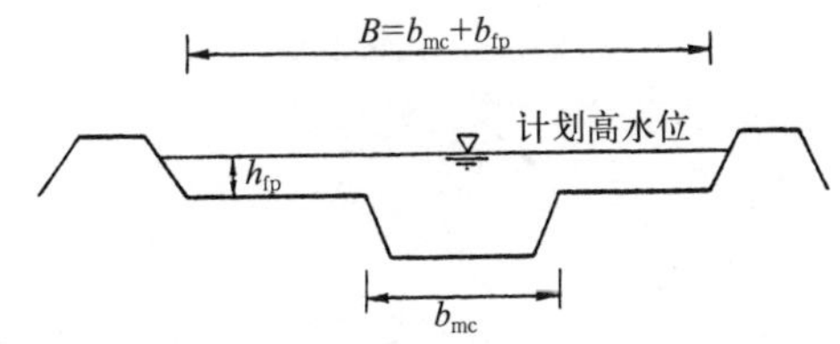

水域的横断形状。

3　高水位平台种植乔木时，在符合以下标准的前提下进行：

一、乔木的栽植，在堤防的斜面基部及低水位平台宽度留有20m以上的距离，并且在堤防的斜面和规划高水位的交界处留有25m以上的距离。

二、河川横断方向上的植树间隔为25m以上。

三、河川纵断方向上植树的间隔为（20 + 0.005Q）m（Q是规划高水流量，单位为m^3/sec，以下同）（超过50m的情况为50m，以下同），在未满上述标准时，在沿着洪水时流线的眺望线上进行种植。

四、栽植的乔木为耐风性树木。

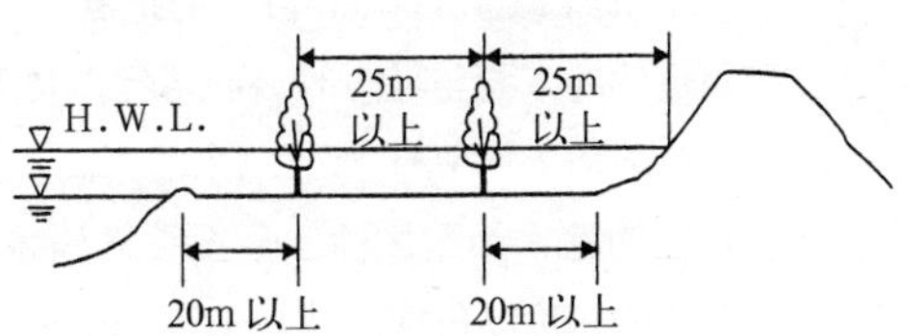

五、栽植的乔木为在流水中的投影面积不特别大的树种。

（游水地中的植树标准）

第十二、游水地中植树时，在符合下列标准的前提下进行：

一、植树只限于在发生洪水时不会随水流出者。

二、植树对游水地的贮水功能有影响时，在确保代替容量的前提下进行植树。

三、灌木的栽植，在从堤防斜面基部、溢流设施以及排水门 5m 以上的距离进行，同时，从发生洪水时的水深、流速等来决定防止流出的措施或者找出不会流出的位置。

四、乔木的栽植，在从堤防斜面基部、急速流行设施及排水截门保留 15m 以上的距离进行，同时，从发生洪水时的水深、流速等来决定防止流出的措施或者找出不会流出的位置。

五、栽植的乔木为耐风性、耐湿性的树木。

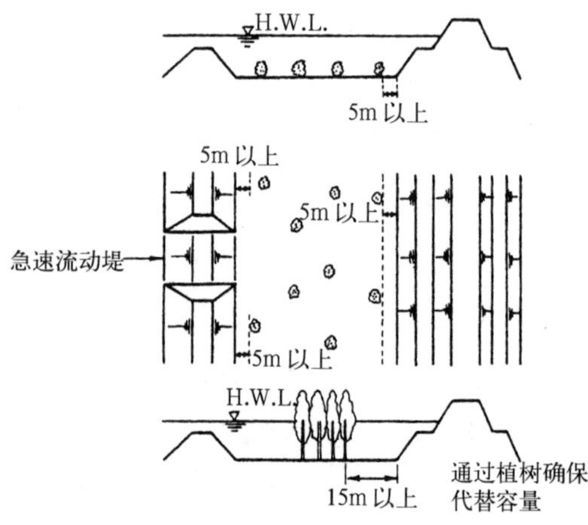

（湖沼岸边植树的标准）

第十三、湖沼的岸边植树时，在符合以下标准的前提下进行：

一、栽植的灌木要与堤防的斜面基线以及低水路斜面上部留有 5m 以上的距离。

二、栽植的乔木要与堤防的斜面基线以及低水路斜面上部留有 15m 以上的距离。

三、栽植的乔木为耐风性、耐湿性的树木，植树的密度以每株占地 0.1ha 为限度。

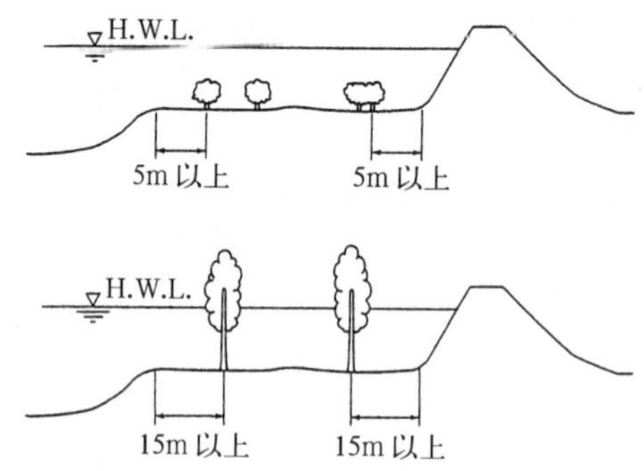

（高规格堤防的植树标准）

第十四、高规格堤防植树时，在符合以下标准的前提下进行：

一、对于高规格堤防平台内的植树，在与挖入河道的河岸植树的相同标准下进行。但是，在高规格堤防所要求的断面尚未完成的情况下，在填土部进行植树，植树位置应该处于树木的主根长成后不会侵入规划堤防内为准。

二、对于高规格堤防平台外的植树，可以随意进行。

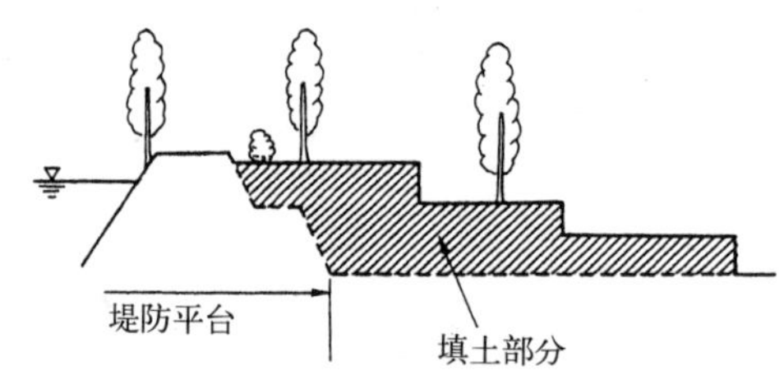

（种植特例）

第十五、以下几项，通过数值解析、水理模型实验等被认定为不是治水的障碍的，不受该章节的规定限制，能够进行种植。

一、从洪水流势的缓和等治水功能出发而进行的植树。

二、从生态系统的保护、良好景观形成等环境功能出发而进行的植树。

三、从作为亲水设施等安全对策出发而进行的灌木的栽植。

第四章　树木的管理

（树木的管理）

第十六、1 对树木进行定期的调查、检查以及适当的养护管理（基于法第 27 条第 1 项“树木的栽植许可的指导监督”，以下同）

2 所植树木被认定为有倒伏或者随水流流出的可能性，则根据以下的规定进行适当的养护管理：

一、随着树木的生长，树形变大，流水和风对其作用也变大，因此要保持适当的树形。

二、生命力衰弱的树木，倒伏时间难以预测的情况，进行砍伐等处理。

（绘制高水位平台种植许可地图）

第十七、河川管理者对于所管辖区域内的河川，对在河道的高水床上栽植乔木的要求较多的区域，在把握树木对治水影响的基础上，调整、记载乔木可以栽植的区域、栽植乔木的可能数量等，绘制成高水位平台种植许可地图。

（2）“自然型河川营造”实施要领

（建设省河川局：当时）

第一、目的

该要领是基于“自然型河川营造”的推进，通过制定基本事项，以良好的水边空间的顺利营造以及对此事业的积极推进为目的。

第二、定义

“自然型河川营造”是指考虑河川原有的良好的生物生长环境，对其优美的自然景观的保护和营造同时进行的实施工作。

第三、“自然型河川营造”的实施

（1）“自然型河川营造”的实施对象为以下几点：

①一级河川、二级河川以及备用河川。

②一级河川的指定区间、二级河川以及备用河川的已经着手进行改造的区间。

（2）“自然型河川营造”的对象范围，不只是未进行改造的区间，而且也包括改造已设构造物的区间以及改造结束的区间。

（3）实施“自然型河川营造”的河川管理者，在对以下事项充分分析的基础上制定实施计划，以及每年的年度实施计划。

此外，“自然型河川营造”在当前尚为示范性实施项目，到制度完善为止，根据需要可与事务所、执行人员进行充分的协议。

①对于预定实施区间的水文特性进行详细的调查分析。

②对已经建设的设施进行适当的维护管理。

（4）河川管理者，在实施规划确定后应迅速进行具体的设施建设。

第四、河川改造规划完成时的注意事项

（1）河川管理者在管辖河川改造规划或者河川改良工程整体规划等完成时，特别注意以下事项：

①对于平面规划，避免过度改变，努力对现在河川所富有的多样性环境进行保护。

②对于横断面规划，尽量避免设定标准断面之后，采用上、下流相同宽度的规划，能够确保更宽处则确保宽度，在确保河道贮留能力的同时，灵活运用被确保宽度的用地断面，进行“自然型河川营造”。

③对于护岸技术，在调查水理特性、用地状况等的基础上，选择能够创造生物良好生长环境与自然景观的保护、营造的适当方法。

（2）“关于河川局所管国家辅助事业的全体规划的认可”（1976 年 4 月 12 日建设省河总发第 138 号河川局长颁布）记载：（1）承担者发生变更的情况，河川管理者在实施规划的同时接受河川改良工程整体规划的变更认可。

第五、良好的水边空间的保护　　（以下省略）

4.5.5 关于建筑物绿化的法令

（1）绿化设施建设规划认定制度

绿化设施建设规划认定制度是在绿地少的办公街区等难以获得城市公园用地，以及可以绿化的空地有限的地区等，满足了一定条件的绿化设施的建设规划，得到市镇村负责人的认定，并且进行支援的制度，于2001年5月根据城市绿地保护法创设。

绿化设施建设规划认定制度的概要　表4–10

制度概要	• 为了推进城市绿化，关于建筑物的屋顶、空地以及其他地域内的绿化设施的规划（绿化设施建设规划），得到市镇村负责人的认定与支持的制度
支援措施	• 关于满足一定条件的绿化设施的建设规划，以减少固定资产税中纳税等支援措施的形式
对象地区	• "绿地基本规划"所规定的"应该重点推进绿化的地区"（绿化重点区）
对象建筑物	• 民间、公共的建筑物都可为对象。另外，对既存建筑物绿化设施进行建设的情况，包含对现存绿化设施重新建设的场地
对象面积	• 1000m^2以上
绿化面积	• 占地面积的20%以上

1）建设规划的认定条件

①在绿地基本规划中的绿化重点区内的土地，②进行绿化设施建设的建筑物占地面积在1000m^2以上，③绿化设施的面积占建筑物占地面积的比率（绿化率）为20%以上。

2）绿化率的计算方法

省令规定：①对于树木来说包括树木树冠的水平投影面积以及草坪等地被覆盖部分的水平投影面积；②对于墙面绿化则为绿化长度乘以宽度得到的面积。

3）支持措施等

在固定资产税的纳税上，5年的固定资产税比绿化设施相关的固定资产税的纳税标准降低二分之一。

（2）东京都的绿化标准

在日本，最初对新改建楼房实施"屋顶绿化"的义务，于2000年修订了"东京关于自然保护和恢复条例的概要"，并于2001年4月1日开始实行。同时，绿化的标准也得以修订。

1）绿化面积的标准

①地面绿化

在现场地内的地面部分，根据以下公式算出的面积（包含人工基盘以上以及与街道邻接部分的绿化面积），通过树木进行绿化。

在有特殊理由的情况下，地面绿化相当困难时，可以通过建筑物上树木绿化的面积（限于固定式种植基盘）进行代替。

a. 以外设施

面积要大于通过A或者B计算出的面积中的较小者

A：（占地面积－建筑面积）×0.2

B：{占地面积－(用地面积×建蔽率×0.8)}×0.2

b. 适用于综合设计制度等规划的建筑物占地面积或者再开发地区的规划（限于再开发地区建设规划所规定的区域）、高度开发利用地区或者特定街区内的建筑物用地。

面积要大于C所计算出的面积

C：（占地面积－建筑面积）×0.3

※ 综合设计制度等(建筑基本法第59条的2，第86条第1项、第2项以及第86条的2第1项)

※ 再开发地区规划（都市规划法第12条的4中第1项第3号）

※ 高度开发利用地区（都市规划法第8条第1项第3号）

※ 特定街区（都市计划法第八条第1项第4号）所规定。

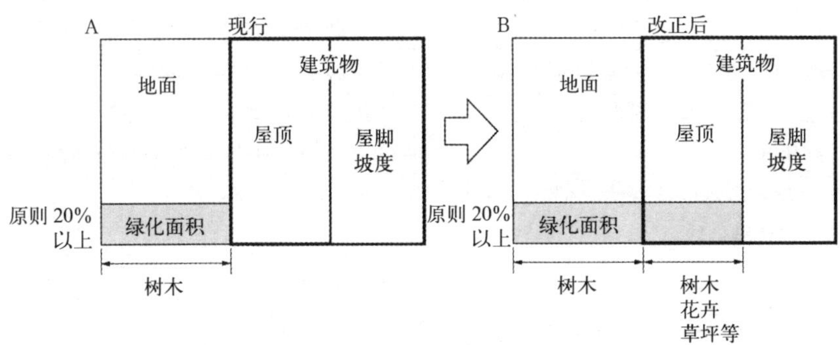

图 4–20　东京都义务绿化面积的扩大

按道部绿化标准（率）　　　　**[规则附表第四]**

设施类型＼地基占地面积	小于 1000m²	1000 ～ 3000m²	3000 ～ 10000m²	10000 ～ 30000m²	30000m² 以上
住宅、旅馆设施	6/10		7/10		8/10
室外运动设施、室外娱乐设施、墓地、废弃物等的处理设施	7/10			8/10	
工厂、店铺、事务所、停车场、材料放置场、作业场	3/10	5/10	6/10	7/10	
机关、学校、医疗设施、福利设施、集会设施	6/10	7/10			8/10
除此以外的设施	3/10	6/10		7/10	

备注：1. 住宅是指共同住宅（走廊、楼梯以及墙壁等为两户以上共用的住宅），长屋或者一户的占地在千 m² 以上的住宅。
2. 设施的分类主要根据一层部分的用途。

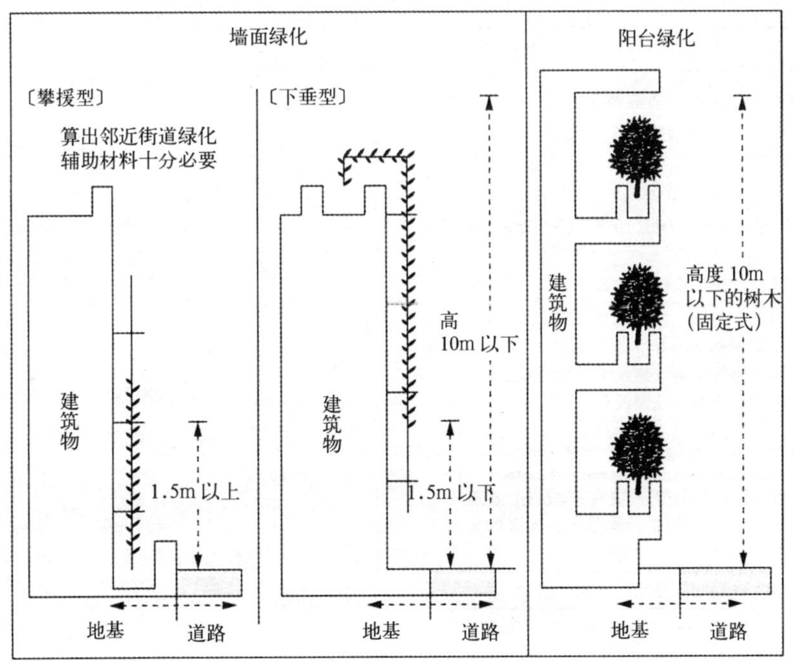

②建筑物上的绿化：

建筑物上（屋顶、墙面、阳台等）的绿化面积根据以下公式算出面积，通过树木、草坪、多年生花卉等进行绿化。

建筑物上的绿化有困难的特殊情况，可以通过地面树木绿化进行代替。

a. 以外的设施

大于根据 D 计算出的面积

D：屋顶的面积 ×0.2

b. 综合设计制度下的再开发地区的规划、高度开发利用地区或者特定街区内的建筑物

大于根据 E 算出的面积

E：屋顶的面积 ×0.3

2）街道邻接部分的绿化标准

道路邻接部分的长度与以下的“道路邻接部分标准率”相乘得出的长度以上的占地要利用树木进行绿化。

道路邻接部分绿化长度≥道路邻接部分长度 × 道路邻接部分绿化标准（率）

东京关于自然保护与恢复条例的概要（2000 年 12 月修订）　表 4-11

修订后的概要	• 日本最初的对于新改建楼房承担“屋顶绿化”义务的规定 • 屋顶是指建筑物的屋顶部分、是人可以出入及可以利用的部分。屋顶面积是指除去太阳发电板、空调等楼房管理必要设施的设置等绿化困难部分以外的面积
对象设施	• 以下地基面积 1000m² 以上（公共设施 250m² 以上）的设施 ①新建、改建和增建的建筑物； ②增设的停车场、材料放置场及作业场等； ③建设的墓地（或者与之类似者）； ④建设的室外比赛设施及室外娱乐设施； ⑤建设的废弃物等处理设施； ⑥除了上记①～⑤之外建设的其他工作设施
绿化标准	• 综合设计制度下的再开发地区的规划、高度开发利用地区或者特定区域内的建筑物场所，屋顶面积的 30% 以上；其余的场所为 20% 以上
其他	提出绿化规划书、绿化竣工报告书

此外，建筑物地上部分的高度在 10m 以下时，邻接道路的墙面利用藤本植物进行绿化（目标墙面绿化的部分达到眼睛的高度（1.5m））；此外，阳台利用植物进行绿化（植物可以从道路侧看到），与街道绿化重复的部分除外，对于街道邻接部分的绿化长度可以进行叠加。

3）其他

①树木的栽植以每 10m² 内乔木 1 棵、小乔木 2 棵以及灌木 3 棵以上为绿化标准。

②绿篱则以树冠能够相互重合（30cm 间隔）的标准进行栽植，也可以进行能够增加绿量的乔木种植。

③街道邻接部分植栽地的缘石高度应当很低，不能超过 40cm。

4）绿化面积的计算

①地面部分的绿化面积

a. 树木绿化

利用缘石等划分出的种植地的面积为绿化面积，也包含伸出种植地的树冠部分的投影面积以及与树木一体的设施和水池的面积。

b. 绿篱

绿篱长宽相乘得出的面积为其绿化的面积。绿篱宽度以 0.6m 为标准算出绿化面积。

c. 单株树

i）乔木

以树冠投影面积作为绿化面积。一般情况下，单株乔木（种植时高度 2m 以上）平均投影面积可以按照 3m² 计算。此外，高度超过 3m 的乔木，以其高度的 70% 作为直径求算圆的面积，以此作为绿化面积。

ii）小乔木

单株小乔木（种植时高 1.2m 以上）平均投影面积可以按照 2m² 计算。

iii）灌木

对于枝叶伸展直径达 60cm 以上的单株灌木（种植时高度 0.3m 以上），其单株的绿化面积按 1m² 计算。

对于枝叶伸展直径未满60cm的单株灌木，或者群植灌木（2～8棵）的枝叶伸展直径达60cm以上（种植时高度0.3m以上）时，其绿地面积按平均$1m^2$计算。

②建筑物空间（屋顶、墙面、阳台等）的绿化面积

栽植树木、草坪地被植物、多年生花卉等植被时，按照种植基盘的面积计算其绿化面积。其中超出种植基盘边界的树冠投影面积以及与树木成为一体的水池面积全部归入绿化面积。

此外，可移动式种植基盘（种植槽）的容量在100L以上者也为计算对象。

a．屋顶

屋顶是指建筑物的屋顶部分、人可以出入以及可以利用的部分。

i）建筑物是根据建筑标准法第2条第1项及第2项中“建筑物及特殊建筑物”所规定。

ii）在屋顶，人的出入是指通过电梯、楼梯和平面层等具备来往可能性设施。

但是利用梯子上下的屋顶不属于该范畴。

（3）城市建筑物绿化技术指南（节选）（东京都新宿区）

第一部　基础理论篇

第一章　总论

1-1　目的

《城市建筑物绿化技术指南》（以下简称为《技术指南》）是为了实现东京都新宿区绿化条例（1990年11月30日条例第43号）第1条的目标，基于同条例第3条第2项，通过制定关于城市建筑物的屋顶、阳台、墙面等人工基盘绿化标准的方式，进行城市建筑物绿化技术的普及。

1-2　《技术指南》的构成

《技术指南》是关于城市建筑物绿化必要的技术，一般性考虑事项编入第一部“基础理论篇”，具体考虑事项编入第二部“绿化技术篇”，此外，对于施工的程序以及检查事项编入第三部中。

1-3　《技术指南》的要点（省略）

1-4　安全性的确保（省略）

1-5　用语的定义

1　城市建筑物：在城市内人们用于生活和事务活动的建筑物，主要指具有钢筋或者钢筋混凝土结构的建筑物。

2　人工基盘：成为种植植物支持基盘的城市建筑物的屋顶、阳台、外墙壁等构造部分。

3　屋顶：为建筑物的屋顶部分、人可以出入以及可以利用的部分。

4　阳台：位于建筑物的侧面、具有向外部突出的构造，与室内相连、也是人可以出入的部分。包括塔式建筑的露台。

5　墙面：城市建筑物的外壁部分。

6　环境压力：导致植物生长不良的影响因素，如干燥、强风、强日照等环境因素。

7　城市建筑物绿化：利用树木、花草等在屋顶、阳台、墙面的全部或是一部分进行植物栽植的过程。

8　正规绿化：从建筑物开始设计时，就预留能够永久支持乔木、小乔木栽植建筑结构以作为人工基盘的绿化方法。

9　简易绿化：在既存建筑物上，对没有预留绿化用人工基盘的建筑进行人工基盘营造的绿化方法。

10　容器植物：利用较大型的盆钵等容器进行栽植的植物。

11　种植地的分界线：植栽地的绿化植物种植部分与其之外的界限。

12　乔木：种植时高度在3.0m以上，将来能够成长为5m以上大树的树木。

13　小乔木：种植时高度从1.5m到3.0m之间，将来不能够成长为大树的树木。

14　灌木：种植时高度不到1.5m，将来也不能成长为比较高的树木。

15 地被植物：草坪草、常春藤、三叶草等匍匐于地面的植物。

16 贴植：栽植于墙体的前部，通过对其枝条的引导和修剪，做成与墙面平行的平面树形的方法。

17 覆盖：利用砂砾、树皮等对地表面进行铺覆。

第二章 城市建筑物绿化

2-1 新建建筑物与现存的建筑物

对于新建和增建的城市建筑物，以正规绿化为目的，从建筑物的规划、设计阶段开始，就探讨、调整必要的构造，选择安全、切实可行的绿化技术手法。

对于现存的城市建筑物，首先要对建筑物的老化度、耐荷载等情况进行充分的调查，检查构造及防水、其他设备等的合理性，如果以上都满足绿化条件，则进行正规绿化和简易绿化合适的绿化手法选择、现场绿化施工。此外，还要充分检查讨论接近植物种植地的方法、安全对策、防水层的改建以及改建时防水层的撤除等，同时还有其他结构的改良、修补、增强等内容。

2-2 正规绿化与简易绿化

一般城市建筑物上的绿化由于建筑物的寿命长短受到限制。

现在，随着建筑物的耐用年数变长、防水等技术改进，种植基盘可以维持长期稳定的使用状态。

所以，在考虑城市建筑物的绿化时，从绿色植物的存活和生长的维持出发，尽量采用正规绿化方式。即使采用简易绿化也要进行良好的养护管理，以达到绿化的目的，也可以考虑用正规绿化的方法代替或者与正规绿化进行结合。

2-3 建筑物各构成部分的绿化

1 屋顶

城市建筑物上虽然风力强，但日照和雨水条件能够得以保证，可以在宽广的屋面采用与地面上相同的标准进行绿化以及进行水面的规划。但是，由于塔楼、电梯设施、冷却塔、高架水槽、换气塔、控制塔等附属设施的存在，实际上能够进行绿化的空间受到限制。

新建的建筑物应该预先对附属设施、构造进行考虑，使其符合要求。

从实际的绿化实例来看，低于十层的中层建筑物进行屋顶绿化的居多。

2 阳台

城市建筑物的阳台是从道路取景或者外部景观构成的重要场所。居住者可在狭小空间中进行绿色植物的观赏。在进行绿化之前的建筑物施工时就设置种植槽，为了建筑物整体适合新宿区城市景观而进行用花卉等绿色植物的阳台绿化。特别是面向道路的建筑物阳台更应当进行积极的绿化。

建造阳台时应该考虑支撑种植槽等构造的坚固程度和浇灌配套设施。

3 墙面

城市建筑物的墙面占建筑表面积的比例比屋顶大，是进行绿化的重要场所。进行绿化时，要在考虑与包括阳台绿化在内的建筑物整体绿化用得较多的植物材料相协调的基础上实施。特别是为了提高能源利用的效率，城市建筑物西侧进行墙面绿化十分重要。

墙面的朝向不同，日照、雨水等自然条件也有差异，有必要考虑对强风的防止对策。

第三章 城市建筑物绿化规划

3-1 绿化规划的考虑方法

在准备进行城市建筑物的绿化时，参考以下的规划流程图进行绿化规划。

城市建筑物的绿化规划是由绿化部分的建筑规划、种植规划及管理规划构成。为了使植物能够长期地进行良好的生长发育，城市建筑物绿化需在基于详细的技术探讨的基础上确定，采用常用的绿化方针进行适当的绿化实施也是必要的。

3-2 绿化规划前提条件的把握

作为规划的第一阶段，首先是整理规划的前提条件、绿化可能空间、绿化目的、绿化内容、

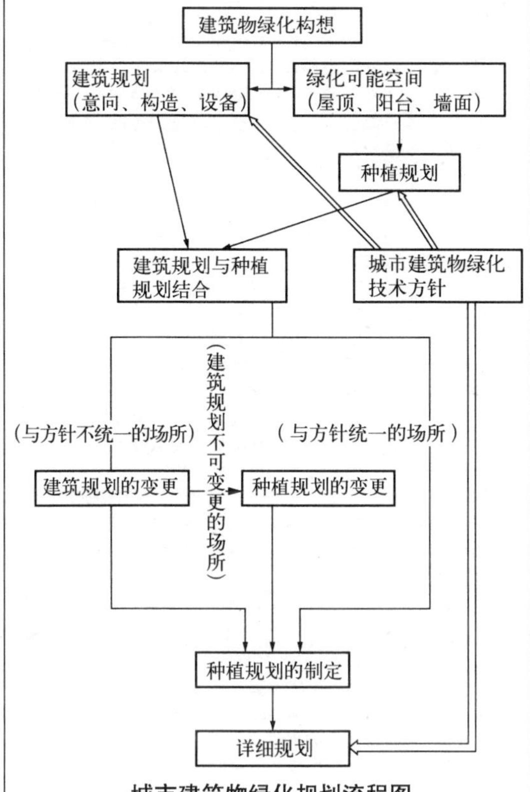

城市建筑物绿化规划流程图

维持管理体制，最后设定绿化目标。

①规划前提条件：建筑用途、预算、立地、自然条件、社会环境；

②绿化可能空间：屋顶、阳台、墙面等绿化的位置、规模、形态；

③绿化目的：业主的要求与愿望（提高景观质量、生活环境保护、防灾、心理影响效果、经济效果、自然环境恢复等）；

④绿化形式：自然型、公园型、庭园型、活动型、休息型、栽培型；

⑤空间利用：个人利用、对特定人群开放、完全开放；

⑥管理体制：管理形式、管理成本。

3−3　建筑规划的调整

为了制定规划的基本方针，对于建筑规划与绿化目标实现的相关部分进行调整。

通过绿化可能空间与建筑意向的调整，形成建筑物整体上的统一。

相关的法律规定

类别	相关法规	与绿化的关系
大规模开发	城市规划法 城市再开发法 东京都综合设计许可纲要 东京都特定街区利用标准	空地及公共空地等指定的绿化义务承担
中高层建筑物的纠纷预防	与东京都新宿区中高层建筑物的建筑相关纠纷的预防与调整条例	中高层建筑物的屋顶绿化产生的遮阳，对于近邻影响的纠纷解决
安全性、避难、防灾	建筑标准法与施行法令相同 东京都建筑安全条例 消防法与施行法令相同	避难：5层以上的百货店的屋顶广场，不能放置对避难产生障碍的设施。在重点避难场所，有利于顺畅通行等的安全规定：扶手栏杆等设防止摔倒坠落的设施等
荷载	建筑标准法施行法令	屋顶广场及阳台的荷载
绿化	东京关于自然保护与恢复条例同施行规则 东京都新宿区绿化条例同施行规则	绿化规划书的提出 绿化标准

当该空间不能保证植物进行良好生长时，建筑方应当进行空间位置和施工方法等的变更调整。

3−4　法律规定

在进行绿化规划的制定时，应当确认其与建筑标准法等建筑相关法令、条例、指导纲要等是否符合。

3−5　绿化规划要点

绿化规划是指设置适合植物生长发育的种植基盘，并且进行合适的植物配植。

为了使恶劣的环境压力对植物的影响达到最小限度，进行切实可行的规划是绿化规划的要点。

在城市建筑物绿化中的环境压力及其相应对策见第三部分的检查表（省略）。

绿化目的	绿化规划
1. 环境改善	要求绿量多，确保种植的永久性，实现近自然状态的绿地
2. 节省能源	对建筑的光照调节、隔热、放热等作用，预测其效益，进行绿化规划
3. 防灾	具有防火、遮蔽作用的树种及要求高度的选择性规划
4. 雨水对策	设置适合于流出缓慢、有贮留、过滤等作用的种植绿化及基盘装置，在土层较厚的情况下有效
5. 景观	从外部看景观效果好，种植树木的同时，利用花草等营造景观。考虑与地面上普通绿化的景观联系、与建筑物的关系
6. 欣赏	以庭园形式进行利用和从建筑物内部欣赏为目的，配置水池等其他造园设施
7. 遮蔽	以设施的遮蔽、私密性的确保等为目的，其种植密度和方法不同，可以兼顾防灾作用的植物配置
8. 趣味	与花草栽培、耕作菜园、嗅闻花香等个人兴趣相结合。土壤表面裸露的情况较多，此处挖土回填的现象较多，尽量避免土壤的飞散
9. 休憩	设置椅子、桌子等休憩设施。同时考虑栽植乔木形成绿荫、由藤本植物形成花架等
10. 轻度运动	草坪的面积大。土壤选用踩压也不易板结的种类。进行球类运动时，要防止球的飞出。同时防止其对下层空间产生噪声、振动的影响
11. 经济利益	出于提高收益的考虑，作为网球场、纪念会场等场所进行利用。进行与周围空间形成遮蔽的绿化以及分隔空间绿化等。同时防止其对下层空间产生噪声、振动的影响
12. 疗养	营造鸟语花香的绿化空间，香气、挥发性物质促进心理安宁和治疗的效果
13. 自然生态系统的恢复	考虑吸引鸟类以及维护昆虫的生息环境等，种植能够为鸟类提供食物的树木以及设置水面等。注意在管理上不能使用化学药剂

3-6 绿化规划方法

3-6-1 根据利用目的进行绿化规划

在对绿化规划进行具体化时，与下表的绿化目的相对应，为了能够最大限度地发挥绿化效果进行的植物种植。

3-6-2 根据建筑用途种类的绿化规划

根据作为住宅或者店铺等建筑的各种不同用途，依照目的进行不同形式的绿化，考虑各种功能需要。

建筑用途	绿化规划
1. 大型建筑物	为特定人群使用，注意其安全性和防灾等功能。具有对环境改善效益大的可能性，所以以永久性和大面积绿化为重点进行规划
2. 租赁用事务所	为特定人群使用，注意其安全性和防灾等功能。设置运动场时也要进行周围的绿化
3. 公司用建筑物	为提高职员的业余生活进行规划。可以进行轻度运动、植物栽培、招引鸟类的规划。也可以作为节省能源的对策
4. 大型店铺	为不特定的大量人群使用、公共性强，确保避难通道。虽然以造景、景观的视觉效果为绿化目的，但尽量规划大面积绿地
5. 与事务所、店铺合用的住宅	建筑物上部为住宅的情况下，在满足个人嗜好多样性的基础上努力进行考虑到公共性的绿化方式
6. 共同住宅	使用权、管理责任等较易成为问题，在规划时需要签署绿化协议。无论谁为管理者，其他人都可以进行管理。不同住户的阳台可以根据所有者的兴趣设置花木种植槽
7. 单户住宅	根据业主的喜好进行绿化。同时在利用花木种植槽绿化时，力求绿化的统一性
8. 医院	可以作为患者疗养的场所进行利用。尽可能使园路、室内及庭园地面之间没有高差。进行绿化规划的同时，作为休憩的场所，有必要设置长条凳等
9. 学校	学校种类和利用目的不同，绿化规划的形式也相异。进行与草坪构成游乐场地、教育用的草花栽培、昆虫和小动物的饲养等目的相结合的规划。绿化地也是情操培养的场所
10. 其他公共建筑物	村镇中心的绿化，具有提高景观质量、环境改善等绿化公共意识的功能。尽可能对外部开放

在具有“绿地为公共财产”意识的基础上进行各种不同的规划。

3-6-3 种植规划

种植规划是为了达到绿化目标，具体详细地确定种植位置、树种、配植方式及空间构成的过程。

植物的生长发育与种植基盘的性质、浇水、施肥、修剪、病虫害的防护等管理措施有紧密关

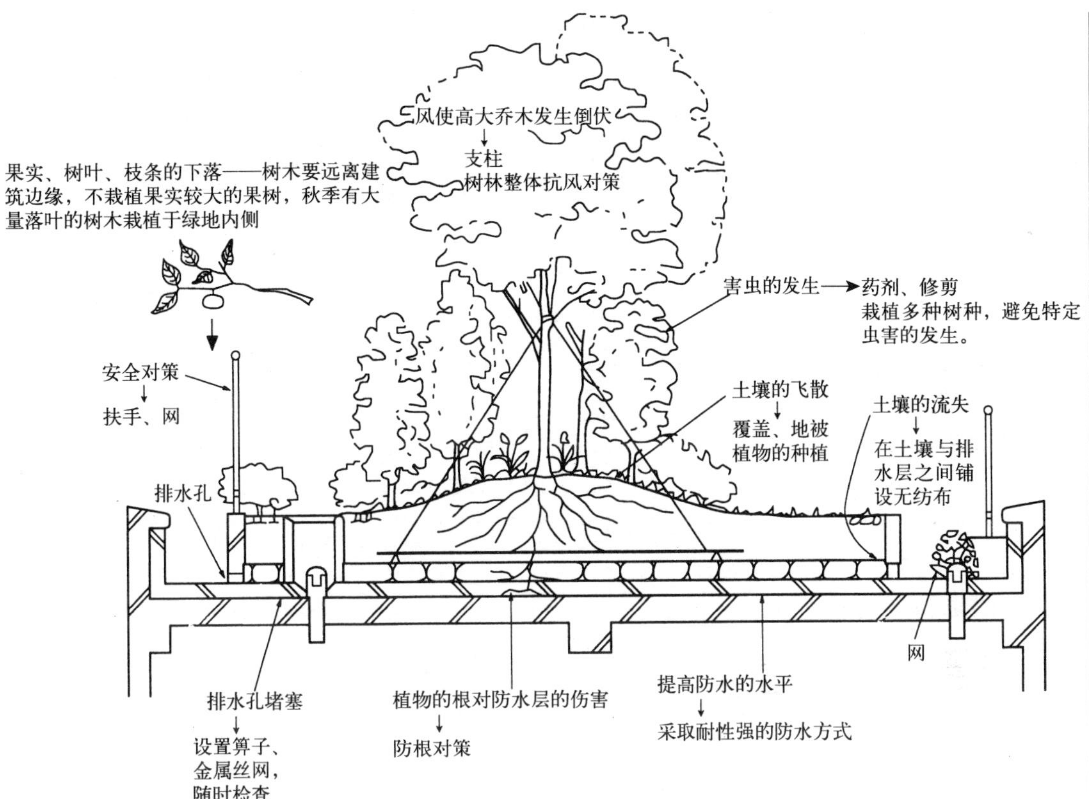

系。如果种植基盘不完善，在管理上也费工费时。所以，不仅要对种植基盘、种植树种进行严格选择，而且要设定管理形式、内容、方法等，在此基础上，进行植物种植规划。

正规绿化中，在荷载、抗风对策等难以实施增强的场所，栽植小乔木较好，既确保安全性、同时也节省费用。在屋顶绿化中，即使不种植乔木，也可以达到所期待的目的。

(1) 确定该场地的环境压力；

(2) 管理形式、内容、方法、种植密度、费用的设定；

(3) 植物栽植上关键问题的把握及解决方法的探讨；

(4) 浇水、保水、排水方法的设定；

(5) 土壤厚度、土壤类型、土壤构成的设定；

(6) 抗风对策的制定；

(7) 树种的选择、树高的选择、种植位置、种植构成的设定；

(8) 管理用机器的设定。

3-6-4　养护管理规划

管理规划是在确定绿化目标及植物种植规划的基础上，预测树木的生长情况和病虫害的发生等年间变化的工作内容，与植物种植规划同时进行。

建成费用与养护费用具有密切的关系，在控制建成费用、建成费用低的情况，如果不提高养护管理的水平则植物的生长发育不良。

(1) 管理形式的设定

1) 委托专业人员进行管理；

2) 由所有者进行自主管理；

3) 由专业人员与所有者共同进行管理。

(2) 管理内容

1) 建筑管理：防止排水设施的堵塞、防水层的劣化、漏水等；

2) 种植基盘管理：浇水设施、土壤管理等；

3) 种植管理：浇水、施肥、修剪、落叶处理、除草、病虫害防治、植物替换等；

修剪对于小乔木和乔木来说也是不可缺少的。

(3) 种植管理方法

设定保护管理、培育管理、抑制管理、危害管理、更新管理等年间计划。

(4) 管理水平

特别对于浇水的方法，其频率要比露地情况的标准高。在管理标准不能提高的情况下，则要确保种植基盘构成、树种选择的合理性。

第四章　设计、施工的注意事项

4-1　屋顶及阳台绿化

4-1-1　建筑方面的注意事项

建筑要在注意以下各项内容的基础上进行设计。此外，由于种植与建筑有密切的关系，对双方的要求和内容要进行充分调整。

4-1-1-1　绿化位置

对于建筑物上的绿化，在考虑风力、光照、雨水等环境条件的基础上，进一步探讨设施器械、避难通道等来设定绿化的位置。

特别是对于高度较高、在与其他建筑的位置关系作用中风力较强的场所，强风会致使植物倒伏、干燥等现象发生，因此，考虑利用建筑物进行避风、选择适当的绿化位置。

4-1-1-2　荷载

在建筑构造上，不得不考虑的荷载因素主要是树木和土壤层的重量。

对种植物的荷载应该考虑伴随着植物的生长发育，植株增大导致荷载增加所引起的楼体的支撑构造安全问题。种植物的重量不能偏向建筑某一侧，而应该使荷载广泛分布，对于特别重的部分尽量利用柱、梁来承担。

在设计建筑结构时，对于该点应该进行充分的考虑，以安全性为出发点，进行梁的间隔确定等各种建筑结构的分析。

4-1-1-3　防水

对人工基盘的防水要进行充分的处理，防止其向建筑内部漏水。

在细部进行防水设计，特别要注意与土壤衔接部分以及排水篦子部分的处理。人工基盘的墙面的防水在立面上也要进行充分的考虑。

防水层的劣化主要是由紫外线辐射和温度变化引起的，虽然通过种植植物的方法会使劣化现象不易发生，但植物种植场所与非植物种植场所的接合部分容易劣化，在屋顶进行全面土壤铺覆，在其上覆盖铺装也是一种方法。

防水原则上是采用安全性能够保证的沥青防水或者改良沥青防水。

4-1-1-4　给水

为了植物的生长发育需要进行必要的水分补给，设置与植物种植规模相应的给水管管径。为了使给水管不产生外露现象，应该考虑管线配置以及使其隐藏的方法。在采用自动浇水装置时，作为备用另外设置人力浇水用的水栓等设施。

利用高架水槽时，要注意水压不能确保的场所。

4-1-1-5　排水

为了排除降雨等产生的多余水，注意排水坡度、排水方法等，进行植物种植基盘内长期蓄留水分的设计。

4-1-1-6　电气设备

为了使各种电气设备装置正常地运作，对它的容量、安置位置、地线等进行设计。进行不使配线外露的配线隐藏方法的设计。

在进行照明设计时，选择对植物影响小的方法。

设置管理用以及其他工作可以利用的插座。

4-1-1-7　安全对策

建筑物以及其上的植物种植在符合法律相关规定的同时，制定能够进行安全的、有根据的利用及管理规划。

供大量人群利用的场所，要确定避难路线、开放时间以及上锁等安全管理措施。

扶手的高度要采用使用者合适的利用高度，确保 1.1m 以上。

确保为了通行、作业等的管理用通道。

4-1-1-8　与其他使用目的的调整

建筑物屋顶以及阳台绿化，在设计时要与其他的使用功能进行调整，把握移动路线和利用方法，进行适当的植物配植。

4-1-1-9　建筑附属种植槽

为了安全地进行屋顶、阳台、墙面绿化，对于建筑物设计时的附属种植槽进行检查。

在阳台上设置种植槽的场所，其结构要能够耐受承载。在屋顶栽植标志性的大树时，建筑可以附带适当的种植槽。

提高女儿墙上的防水高度，利用在屋顶上的附属种植槽进行植物栽植，在防水层的保护、植物的生长发育方面效果良好。

4-1-1-10　到达种植地的方法

为了便于对种植地的利用和树木的养护管理等，有必要考虑到达种植地的方式对建筑构造的影响。

作为到达方法有电梯、内部楼梯、外部楼梯等，梯子只作为管理时使用。

4-1-2　植物种植方面的注意事项

人工基盘受基盘构造的影响较大，植物受到各种特有的环境压力的影响，具有考虑相应对策的必要。植物种植的注意点是制定缓和环境压力的对策。

为了使植物能够适应人工基盘的环境，苗木在种植槽内进行培育也是一种有效的方法。

4-1-2-1　绿化位置

城市建筑物的绿化处于较高的位置，易受到自然的强风与从周围的高层建筑物吹来的风以及其他高层建筑物的遮阴等影响。建筑物的高度、方位角度、建筑形状、周围的状况等环境压力相异，应详细调查各种环境压力，在此基础上探讨种植位置、种植基盘营造、树种选择、养护管理方法等。

在夜晚不能接受到露水的露天场所，要防止树木的枯萎。

4-1-2-2　荷载与土壤厚度

从对植物体的支撑，养分、水分的持续、稳定的供给来看，一定的土壤厚度十分必要。

人工基盘在构造上不可避免地受荷载的限制，植物的生长发育也受土壤厚度所左右。

虽然自然土壤有利于植物的生长发育，但其比重大，不能使用此种土壤时，尽量使用轻质土壤改良混合材料和人工轻质土壤。该情况下土壤的有效水分含量得以改善，使用较少土壤种植植物成为可能，但其负面影响为土壤太少，根部容易板结，应当引起注意。

4-1-2-3　保水与排水

为了植物的生长发育，土壤中存在适度水分是必要的。相反，过剩的水分对植物产生不良影响的同时，还会增加荷载、具有易漏水的危险。因此，应当设定能够适度保水与迅速排水的土壤结构与土壤厚度。

4-1-2-4　给水方式

浇水对于保持一定的土壤水分状态是必要的，但人工基盘与地表面相比易干燥，维持种植植物的生长，浇水是必要的。管理者如果能够进行细致的浇水，植物的生长发育良好。而实际上水量不足的情况较多，可安置手动或是自动设定水量的自动浇水装置。

如果使用自动浇水装置，从养护管理方面可以起到省力的效果。

4-1-2-5　防根对策

由于植物的根侵入防水层的空隙，导致漏水的危险性增大。

防水层具有防止根的伸入构造的同时，还可考虑与防根帆布等结合使用。

栽植根容易扎入防水层的竹类时，要充分考虑防根对策。

4-1-2-6　支柱与防风对策

对于人工基盘上的防风对策包括树木的防风对策以及防止土壤飞散的对策。

在进行人工基盘绿化时，由于土壤厚度小、土壤质地轻以及施工方面的制约，与地面上不能采用同样的支柱方法的场合较多，要采用对防根、防水层没有影响的方法。

易遭受强风危害的地方，树木不能进行孤植。可以进行适当的群植，建造类似于防风林的树林。

人工基盘上的土壤易干燥、并且质轻，表面土壤易飞散，通过覆盖或者栽植地被植物的方法来保护土壤。

4-1-2-7　种植地的划分

划分的构造、材质、立面高度等决定了土壤的容量，很大程度上也决定了可以栽植的树种以及树木大小。

种植地的划分，对于新建建筑没有种植槽的情况和现存的建筑都是必要的。划分不会导致土壤紧实、破坏，也防止了人为践踏对土壤的破坏。

4-1-2-8　土壤构成

人工基盘上的土壤选用保水性、通气性以及排水性优良者。为了确保土壤满足以上条件，确保植物生长发育所需的土壤厚度，对于种植基盘的土壤构成，按下表的对应策略进行设计。

问题点	对应策略
1. 减轻重量就难以确保土壤厚度，致使土壤保水量难以确保。土壤厚度越少导致浇水频率越高	通过人工轻质土壤的使用或者混合轻质改良材料的使用，减轻重量、增加土壤厚度。通过改良材料的混合，改良其保水性、通气性、保肥性，对少量土壤进行有效利用。通过浇水补足水分不足。对土壤表面进行覆盖，防止水分蒸发
2. 土壤板结现象	使用不易板结的土壤 混合促进团粒化的有机质、无机质改良材料。通过覆盖、种植地被植物防止土壤表面的板结
3. 土壤板结、导致水的渗透能力降低，引起土壤中氧气不足	使用改良材料改善通气、透水性。在确保排水层中的空气的同时，通过插入空气管和使用平面排水材料，从外部把空气引入排水层
4. 水分供给过剩、土壤排水不良的场地，由于土壤湿度过大引起烂根	由排水层和排水管并用进行排水
5. 不能接受雨水的场所，灌水、排水不能适当进行的场所，要有合理的排水方法，土壤中的肥料、盐类沉积对生长产生危害	表层土壤的替换或者使用较多的水分对土壤进行清洗
6. 普通的浇水方法使土壤表面形成土膜、水的渗透能力降低，成为土壤中空气不足的原因	点灌、滴灌等灌溉方法的探讨、不含有细微颗粒土壤的使用
7. 由风力造成土壤飞散	土壤表面的覆盖、地被植物的种植
8. 由落叶产生的自然循环的肥料功能丧失	提高土壤的保肥性，通过施肥补给
9. 根的发育所需的必要土壤量的不足引起根停止生长、植物生长发育也停止	土壤的全部或者部分替换 使用不易产生根部板结的土壤

4-1-2-9　植物种植构成与配植

植物种植构成不是从平面上，而是从立面上进行考虑。

以减缓建筑物绿化的各种环境压力为目标，进行乔木、小乔木、灌木以及地被植物的复层组合，决定其高度、宽度、配植、密度、形状大小等。

配植要与绿化目的相结合，并且按照施工后易于养护管理的方向进行规划。

4-1-2-10　人工轻质土壤的利用

人工轻质土壤是以人工植物种植基盘所使用的土壤为开发对象的土壤，质轻，并使薄层种植土施工成为可能。但是要在排水、浇水、施肥、树木支撑等方面进行特别考虑，应当注意其物理特性与施工条件。

4-1-3　施工管理上的注意事项

植物种植施工使用的是有生命的植物材料，因此保证施工的迅速性是必要的。但是在同一施工现场相关的施工工程错综复杂，通过制定施工计划，与相关的工程间施工时期、施工场所进行协调，实现品质管理、安全管理、工程管理的顺利进行。

进行正在使用过程中的建筑物的植物种植施工时，根据建筑物的使用情况制定施工材料的运输计划。

4-2　墙面绿化

墙面绿化是利用植物的吸着、攀附、悬垂等生长特性进行绿化的一般方法，还包括在墙面上设置特殊装置种植植物，或在墙的前面列植树木，或是使用平面网把树木的枝条进行引导修剪成墙面贴植的种植方法。

4-2-2　植物种植基盘的营造

4-2-2-1　根伸展的基盘

墙面绿化中，不存在作为种植基盘的土壤，或者即使存在，其对植物的生长也不理想，因此营造确保根系伸展良好的基盘十分重要。供根系伸展的基盘，应根据需要进行土壤的更换，施行土壤改良等，采取适当的坡度进行排水，使植物生长发育健全。

在墙面中嵌入盆钵等使根系伸展的基盘时，要充分进行给、排水的处理，防止水分渗入墙体或者滴漏于墙体之外。

使用附着根型植物的场所，通过使用附着根的辅助材料，可保证良好的生长发育。

4-2-2-2 植物体的支撑

为了通过藤本植物对墙面进行牢靠、有效的绿化，根据绿化墙面的材质与植物的特性，探讨进行攀附辅助材料的设置。

使用具有吸盘型附着功能的藤本植物之外的其他藤本植物进行墙面绿化时，应该使用攀附辅助材料。辅助材料的形状、尺寸等随附着植物的种类不同而不同。利用金属网丝时，有卷须的藤本植物可以自己卷附生长，其他的藤本植物如果不进行引导则不能附着。

墙壁前面栽植树木作成贴植的形式也有进行引导的必要。

4-2-3 墙面绿化的应用

用于墙面绿化的藤本植物也可用于石墙和混凝土挡土墙、砖墙、预制构件墙等，但从绿化的休憩环境、城市景观、防止偷盗、防止灾害等角度出发，原则上修建为绿篱较好，作为不得已的对策，利用藤本植物进行绿化也有效。

由石头堆砌的挡土墙等，应当注意根的侵入以及生长造成的对墙体的损坏。

4-2-4 施工管理上的注意事项

施工时，把握树种特性，整理植物以及建筑物双方不合适的条件，并且注意施工时期。

攀附辅助材料在建筑物竣工之后再施工时，应当充分注意其强度。

具有附着型根的植物通过金属网丝等攀附时，随时注意诱导作业。

4-3 现有建筑物的应用

4-3-1 事先调查和建筑物诊断

对现有建筑物进行绿化时，进行适当的事先调查和建筑物的诊断，分析荷载、建筑的老化度、防水层的劣化度的影响等。

为了绿化进行防水层的改修时，原有的防水层与上部防水层给予保留，上部防水层之上铺设新的防水层，植物种植设计必须与之对应。

4-3-2 施工条件的把握与技术的选择

施工条件包括对建筑的层数以及施工材料的搬入方法、工期、预算、工程的影响等进行把握。

施工技术根据施工条件进行选择。

现有建筑的情况，施工材料往屋顶的搬运问题较多，其搬运路线对于工期、预算有较大的影响。

应当制定与建筑的使用者没有冲突的搬运计划。

4-3-3 植物种植基盘的选择

土壤、排水、给水、防根、支柱、种植、区域划分等植物种植基盘的构成，要注意荷载和绿化的位置。

荷载、土壤厚度条件不允许的情况下采用简易绿化。

第五章 植物材料的选择

5-1 绿化技术与植物材料

植物材料和人工材料不同，具有生物的特性。绿化技术是在基于植物的生态习性的基础上创造植物生长环境的技术。

制定绿化计划，要了解植物材料的特性，选定适于建筑物空间绿化环境的植物种类。如果该空间不适于植物种植，应该作出改变绿化技术的判断，使植物的生长变为可能。

树木根据其生态习性分为针叶树、阔叶树，常绿树、落叶树，乔木、小乔木、灌木等；根据耐性分为耐旱、抗风、耐阴、耐火植物等；生长特性上又有生长的快慢，根的深浅性，移植的难易程度等区别；此外，从观赏性上又有观花、叶、果实、香气等的区别。

5-2 植物选择的一般注意事项

作为城市建筑物绿化用植物的一般选择要点是在以下的内容中，根据绿化目的和对象空间的特性进行选择。

(1) 符合目的性：与绿化目的相一致的植物种类；

（2）环境适应性：耐环境压力的植物种类；

（3）生长特性：树形，移植、生长的难易，是否适合整形修剪；

（4）养护管理：病虫害的多少、修剪的频率等管理的难易程度；

（5）社会性：与建筑及周边环境的协调。

5-3　植物种植环境与选择标准

5-3-1　屋顶绿化

属于人工基盘的屋顶给予植物的环境压力主要包括干燥、根伸展的限制、风害等及其引起的生理危害。

选择基本上适于对屋顶环境具有耐性的植物，亦即选择耐旱性较强，能够承受强风影响的植物。

在建筑物绿化的屋顶上，根据面积、雨水、日照等条件不同，可以在其他方面进行多样性的利用，对其利用目的也要进行多样的设定，并栽植与之相适应的植物种类。

5-3-2　阳台绿化

从阳台的构造、空间关系等考虑，种植草花或者低矮花木是可行的。

虽然个人的兴趣与管理方法限制着绿化空间，但选择树种还是需要在考虑与建筑物整体统一性的前提下进行。

在公共住宅中，并不是每户独自地进行植物种植，而是由管理者组织协商统一植物种类。

在利用草花进行绿化时，尽量选用花期长的种类，并且要考虑种植位置进行种植。

5-3-3　墙面绿化

进行墙面绿化时，需要考虑①绿化位置的小气候、立地条件与环境压力；②墙面的构造、形态、尺寸、方位等；③所期望的绿化效果的意象图；④到成年树所需的年数等方面。

进行墙面绿化的植物，其特性必须满足以下条件：

在利用藤本植物进行墙面绿化时，从特性上利用苗木进行栽植的情况多，到墙面全部被覆盖为止所需年数较长。

①树木或者多年生草本，可以采用持久的绿化方式；

②生长旺盛，墙面被迅速覆盖；

③植物的形态、绿化状态景观效果好；

④抗性强，养护管理容易；

⑤病虫害少；

⑥耐干旱，在瘠薄地也可以进行较好的生长。

5-4　容器植物的利用

5-4-1　使用范围和特色

利用容器种植植物的方式能够在屋顶等人工基盘上比较容易地种植草花和树木。

最大的特点是可搬运、可临时摆设以及应用范围广，从正规绿化到简易绿化都可以应用。

容器内栽培的植物，在种植时不会受到伤害，可进行非季节施工。另外，也可以在不对枝叶进行修剪的情况下进行栽植。

利用容器种植植物进行配植能够进行自由的变更。

5-4-2　设计上的注意事项

进行实际的设计时，考虑容器本身与建筑外观、屋顶气氛的协调，还要考虑容器的设计和植物的组合以及美化效果等。

撤除容器绿化时，应该使用坚固的撤除材料。

5-4-3　施工管理

比较重的种植容器，考虑利用机械进行摆设。

容器进行长时间摆设使用，或是种植草花时，有必要进行适当的植物更替施工，且设计时应该考虑养护管理。

第六章　养护管理的方法

6-1　养护管理的基本考虑方面

养护管理大体上分为绿化设施管理和植物种植养护管理两大类。绿化设施管理需要定期地对设施进行必要的检查补修工作；而对于植物，进行与生长发育相适应的管理也是必要的。

建筑物的管理，特别是对排水孔、篦子的检查等应频繁进行。

由防水层导致的漏水现象，多由落叶、垃圾、淤泥等堵塞了排水孔、篦子，导致雨水等积留，超过了防水立面上的放水线而造成。

定点检查排水孔、篦子等的好坏直接影响防水层的寿命。

对于大规模绿化的情况，需要制订管理手册，确定管理体制。

6-2　植物管理

植物的养护管理是必要的，包括修剪、施肥、除草、病虫害防治等。

特别是浇水，要根据植物种植基盘、植物的状态、季节进行相应的管理。

随着植物的生长发育导致承重的大幅度增加，这种现象是不期望出现的。

对台风、强风等事前收到预告时，采用转移盆钵和种植容器；对有折断危险的植物对枝条进行修剪、诱导等措施。

6-3　设施的补修

关于绿化设施的设备，考虑到各个部件的耐用年数不同进行补修。

6-4　植物种植的养护

植物种植的养护是对于植物的枯损、倒伏、断枝等现象，为了维持景观、防止危险发生而实行的补植、采伐、修剪等。

（4）关于屋顶绿化的法规制度、构造标准

关于屋顶绿化的法规制度、构造标准等参见表4-12所示。

荷载

为了建筑构造的安全性，规定了屋顶所承受的最低荷载。但是，人们在进行屋顶绿化时，没有考虑人们进入的情况，对此情况没有标准可循。此外，对于古建筑，过去规定的标准有了几次变更，个别的情况不得不重新计算荷载。

建筑标准法施行条令85条规定了不同房屋种类的屋顶、梁、柱等的荷载。

建筑物各部分的荷载应当根据该建筑的实际情况进行相应计算。但是，表4-13所示的关于房屋屋顶的荷载，同表中的①、②或者③

表4-12

考虑项目	法令、条例	规制的概要与检查项目
荷载	建筑标准法施行令第84条、第85条	由绿化造成的荷载
避难	建筑标准法施行令第126条第2项	5层以上的百货店的屋顶成为屋顶广场，不能设置避难上造成障碍的设施； 必须直接能够与避难楼梯通行
防止跌落	建筑标准法施行令第126条第1项	栏杆扶手的高度为1.1m以上；栏杆扶手建于填土层之上的场所，填土层之上为高1.1m以上
遮阳限制	建筑标准法第56条的2	屋顶绿化的遮阳限制值不在法律对象范围之内，但区政府有确认的必要
景观	新宿区景观条例	根据景观条例或者同要纲的限制内容
近邻纠纷的解决	中高层纷争预防条例	屋顶绿化遮阳对近邻的影响

栏中所确定的数值与楼板面积相乘可以计算出结果。

4.5.6　关于工厂绿化的法令等

（1）工厂绿化与工厂立地法

以工厂和周边地区的生活环境进一步协调为目的，从“尊重地方公共团体的自主性”“推进绿地的建设效果”“促进工厂设施重建”“各种法规的正确化、合理化”的观点出发，对于“工厂立地法”进行了如下的修订：

①地方公共团体的绿地率的设定

日本都道府县以及政令指定城市，对于绿地率、环境设施率等在国家规定的范围内，原来由国家制定的统一标准可以用根据地方实际情况所制订的地区标准所代替。

②对地方公共团体提出申请的全面决定权转让

准备新设的特定工厂等在提出申请时，把必要事项等提交给上级的报告等材料的决定权，由国家向都道府县负责人以及城市负责人进行全面转让。

表 4-13

房屋类型 \ 构造物对象的计算		① 屋顶的结构计算（单位：1N/m²）	② 大梁、柱或者基础的结构计算（单位：1N/m²）	③ 地震力计算（单位：1N/m²）
(1)	住宅居室、住宅以外的建筑物卧室和病房	1800（180kg/m²）	1300（130kg/m²）	600（60kg/m²）
(2)	办公室	2900（290kg/m²）	1800（180kg/m²）	800（80kg/m²）
(3)	教室	2300（230kg/m²）	2100（210kg/m²）	1100（110kg/m²）
(4)	百货店和店铺	2900（300kg/m²）	2400（240kg/m²）	1300（130kg/m²）
(8)	屋顶广场或者露台	根据（1）的数值，但是，作为学校和百货店用途的建筑物，根据(4)的数值计算		

注：房屋的类型的（5）～（7）省略

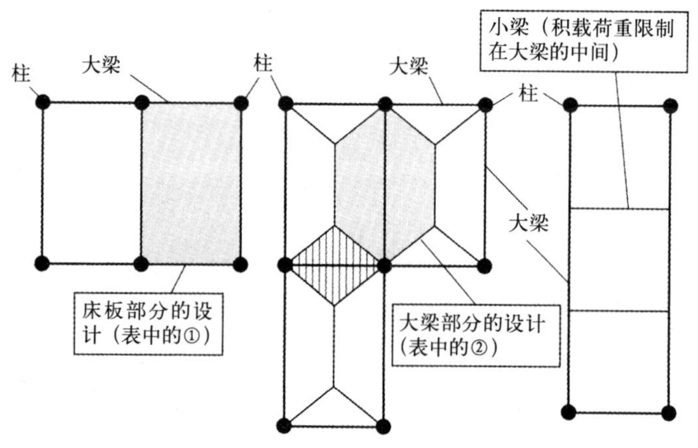

③在工业集中地中建设绿地

在与工厂集中分布的工业集中地相邻接的土地上，通过建设绿地等有规划性的环境建设，以改善周边地区的生活环境为目的，把这些绿地与工厂内部的绿地同算作绿地率的计算之内。

④其他

根据处罚规定的处罚金额的提高、权限委任规定的废止等进行了所有规定的制定和法令、 准则、标准的制定。

（关于工厂环境准则的公示）

第 4 条　经济产业负责人、管辖制造业等的负责人与行政机关协定，并且听取工厂环境以及工业用水评审会的意见，对于次要的事项，关于制造业等相关的工厂以及工业制造场的环境准则进行公示。

一、根据制造业业种的分类，生产设施（物品的制造设施、加工修理设施以及其他的设施，以下同）、绿地（植物种植以及其他的相关设施，以下同）以及环境设施（绿地以及与绿地相关的设施，对于有助于工厂周边地区的生活环境的保持者，以下同）的各种面积与占地面积对应比例的事项。

二、根据环境设施以及设置的场所，致使工厂等周边的地区的生活环境恶化的设施所规定的配置相关事项。

三、关于前两条所列举事项的特例如下所示：

1．在工业集团地（与制造业有关的两个以上的工厂或者企业用地以及相邻接的部分作为公共绿地、道路以及其他设施之用地的获得，或者将其建成一体的土地，以下同）设置工厂和企业的情况下，与工业集团地进行整体的考虑被认为是适合的。

2．与工业集团地［与制造业相关的两个以上的工厂及企业集中设立一体的土地（包含工业集团地），以下同］相邻的土地中，对于通过绿地或者环境设施的规划有助于周边地区生活环境的改善，因此认定在工业集团地上设置工厂或者企业的用地，把工业集合地、绿地或者环境设施作为整体的考虑被认为是合适的。

第4条的2　1　都道府县对于该都道府县的区域内，从自然、社会的条件判断，通过关于绿地以及环境设施的面积对占地面积的比例的事项（以下对于该内容称为“绿地面积率”）相关的前条第1项的准则，被认定为比按照其他准则更合适于该区域。对于该区域的绿地率，下列条例能够代替同条第1项的准则进行适用（在第9条第2项 第1号中称为“地域准则”）。

2　经济产业负责人以及制造业负责人，与行政机关负责人进行协议，并且听取工厂环境以及工业用水评审会的意见，关于绿地面积率等，公示各区域区分的标准。

3　第1项的条例，同该区域范围的明确。

（2）关于老化工厂改造的规定

在工厂立地法中，关于工厂立地法施行之前（1974年）设置的工厂，亦即“原有工厂”，与工厂环境法施行后所设置的工厂“新设工厂”不同，因为占地基面积25%的环境设施（其中20%为绿地）的建设比较困难，在进行生产设施的重建等工厂布局改造时，与生产设施相应的楼房面积相对应的绿地建设被义务化。但是，如果满足了以下条件，即使在不能确保与楼房面积相应的绿地的情况下，也有可能进行重建。

（条件）

不论满足以下的1）或者2）的条件，在能够减轻对周边环境负荷的场所，即使满足不了根据公式计算出的绿地或者环境设施的面积也有进行重建的可能性。但是，只限于楼房面积没有超过原来面积的部分。

1）对象工厂条件

以下的①与②都应该满足。

①由于老化有必要对生产设施进行重建的工厂，可期望通过重建景观提高周边区域的生活环境。

②重建后进行最大努力的绿地建设，使绿地面积或者环境设施面积得到一定改善。

2）生活环境保护等条件

以下的①～③内满足其中之一的场合

①不扩大现有的生产设施面积，只进行单纯的改建、更新。

②把生产设施与住宅进行分离，住宅的空间中确保绿地，考虑周边生活环境基础上使布局得以改变。

③立足于工业专用地域、工业地域等，周边没有住宅等。

（3）每个区域的划分标准

基于工厂立地法第4条的2中第2项所规定的绿地面积率成为区域划分的标准，如表4-14所示。

表 4–14

	第一种区域	第二种区域
绿地面积占地基面积的比例	(20% ~ 25%)以上	(15% ~ 20%)以上
环境设施面积占地基面积的比例	(25% ~ 30%)以上	(20% ~ 25%)以上

(备考)

1. 第一种区域以及第二种区域,如以下各项中所记区域:

一、第一种区域:与居住用地相结合具有商业、工业用途的区域,为了保护区域内居住者的生活环境,特别是应该重点考虑绿地及生活环境的设施建设的区域。

二、第二种区域:主要为工业用地的区域,为了不使区域内居住者的生活环境恶化,有必要进行绿地以及环境设施建设的区域。

2. 在进行区域的设定时,为了适当的推进绿地建设,从保护周边地区的生活环境的角度出发,注意以下各项:

一、关于都市规划法第 8 条第 1 项第 1 号所规定用途的地域中所定的区域,原则上依照以下原则进行划分:

作为"第一种区域"能够设定的区域、作为"第二种区域"能够设定的区域以外的区域;

作为"第二种区域"能够设定的区域工业专用区域、工业区域;

即使为工业区域,但正如多数居住者混合的用地,在设定为第二种区域的用地下,在特定工厂周边区域中,对于被认定为生活环境保持十分困难的区域,不应根据用途而应根据区域进行划分。

二、至于在城市规划法中没有规定的地域,参考今后的用途、现在的用途以及周边地区的状况等作为发展方向,进行区域的划分。

三、此外,在设定第二种区域的场所,工厂周边存在有森林、河川、海和运河等环境设施,该区域内对居民的生活环境影响小的区域。

最后,在设定第二种区域时,通过对目前的绿地率只停留在百分数的状况而言,以前形成的工业集中地的区域中第二种区域的设定,促进了工厂绿地的建设,结果比现在绿地的建设发展得更好。

4.5.7 室外教育环境建设事业(文部科学省)

(1)目的意义

为了进行具有健康、富有情感的儿童的成长教育,对学校的室外教育环境进行建设、完善。

(2)补助率

1/3。

(3)对象学校

公立小学、初中、高中、中等教育学校、盲人学校、劳教学校、护理学校、幼稚园。

(4)补助期限

到 2006 年为止。

(5)补助对象设施

表 4–15 所示设施以及这些设施所附带的其他设施作为对象。

(6)补助对象的工程费

如表 4–16 所示。

表 4–15

补助对象设施	具体设施	具备的条件
室外运动场 （高中、中等教育学校的后期课程、幼稚园除外）	操场 操场（覆盖草坪）	暗渠排水、表面排水、表面铺装等一体化进行建设的设施 具有作为操场的必要功能，进行暗渠排水和表面排水等一体建设的、铺设草坪的设施
室外学习设施（包含建筑屋顶） （高中、中等教育学校的后期课程除外）	学校生物栖息空间 （自然体验广场） 森林观察 学习园 运动体验广场	能够观察水生植物、鱼等的小河、池塘等，能够与自然（绿色植物）一体化（带有对自然的关心）的场所 在加深对树木理解的同时，能够与小鸟、昆虫等接触的绿色的场所 在培育草花、蔬菜、果树等的庭园中能够进行收获果实的（体验）场所 草坪或者有铺装的广场等，能够进行自由的运动体验
防灾广场	防灾绿地 喷灌 井 防火水槽 给水槽 储蓄仓库 室外厕所	为了防止燃烧、由能够耐火灾的树木构成的绿地， 设置于防灾广场、防灾绿地中的灌水设施 为了确保防火用水、饮用水的设施 用于确保喷灌用水、防火用水的水槽 用于确保饮用水的给水槽，在防灾广场上设置水泵和配水管等的装备 确保学生的防灾用品、食物、物资等的储备 确保在防灾广场中可以使用
室外运动广场（只有幼稚园）	可以攀爬的树林 摔跤草坪 探险山丘 玩具 长跑跑道 花的通道 玩耍场地	在平地上疏植着高大乔木 在某一集中空间内覆盖草坪，可以自由出入 利用起伏地形或者假山，可以进行攀登运动 有很多玩具 与操场、自行车道相分隔的跑道 由藤本植物等构成，其下设置能够摆动的运动设施 铺装或者改良后的场地，能够进行球技和球类游戏等
室外集会设施（只有幼稚园）	室外平台 交流广场 接触小径 野炊场所	带有平台和观众席（没必要有椅子） 有草坪、长凳等可供多人进行语言交流 为了教师与学生、学生之间的相互交流设置的设施（散步路、游步道等） 可供多人在室外炊食用，包括室外供应食物设施

表 4-16

工程费	摘 要
树木 （乔木、灌木） （草本、草坪）	设施构成的对象（也包含以为了植树目的的土壤）
假山、水池	尽量使儿童能够进入
室外平台	符合建筑物条件者除外
长凳	以固定于土地者为对象
花坛、花田	固定于土地者以及作为室外学习设施的建筑物屋顶也在对象之内（腐叶土等的客土也在对象之内）
饮水场、洗足场	以附设于室外教育环境设施者为对象
厕所	属于建筑条件者除外。但是，在进行防灾广场建设时没有该限制
防球栏杆工程	以附设于室外教育环境设施者为对象
铺装工程	以附设于室外教育环境设施者为对象
储备仓库	与校舍、室外运动场的独立储备仓库为对象
洒水设施	喷灌、水枪、水泵、散水栓以及这些的附属管道作为对象
防火水槽	防火水槽以及这些的附属管道作为对象
给水槽	给水槽、水泵以及这些的附属管道作为对象
钻井工程	钻井、水泵以及为了钻井的地质调查费作为对象
游戏设施	属于一般游戏设施的秋千、森林、铁棒、滑梯等除外
给排水工程	室外教育环境附属设施不在对象内
电气工程	室外教育环境设施附属的播音设备、照明设施等为对象。但室外运动场的照明设备在对象外
防范设备	室外教育环境设施附属的监测等为对象（包含延伸到建筑内的监视装置的电线）
拆除费用	伴随着工程的拆除、或者成为障碍的原有的室外设施（栏杆、排水、侧沟、花坛、铺装以及树木等。但是，只限于工程实施范围内者）的拆除费用、拆除后恢复费以及树木的移植费成为对象
施工设计费	以除去实施设计费后以对象工程费的 1/100 的限度作为对象
事务费	对象外

第5章

种植设计

5.1　设计程序

（1）基本设计的程序

设计是根据基本规划创造种植空间的过程，包括基本设计和施工设计。

基本设计是在确认种植基本规划中设定的内容和新的指示事项的同时，进行种植地的调查与相关设施的调整等设计条件的整理。

在该基础上进行功能设计、景观设计、种植树种的选择和植物配植等基本设计。

（2）基本设计的作用

在施工设计之前的基本设计作业过程或者所取得的成果具有多项的作用。

①通过基本设计获得的全部工程费用作为已有经费可以考虑使用。此外，在面向工程实施的预算阶段，可用通过该过程取得的工程费实施设计。

②在确定全部工程费的同时，各年度的工程费也要被确定。基于通过以上所得到的工程规划，作为工程认可的行政手续的资料可以使用。

③对该阶段的成果进行实施时，应该充分考虑各工种、各施工区域或者数年间对工程的对应关注。

④作为以工程为前提的当地和相关机关调整资料的使用情况较多。这时，不仅要对全体对象进行说明，还要对面向非常具体的工程实施的调整等较多内容进行说明。

⑤基本设计通过对各种设施、规模等进行明确的确定，作为公园以及绿化设施的管理经营方面或者作为含有组织对应的软材料，发挥很大的作用。

（3）施工设计的步骤

施工设计是基于基本设计和负责人的指示，对相关的部分进行详细的调整，决定种植树木的树种、形状大小等，作成必要的施工详图以及施工费用预算等资料的过程。

施工设计与基本规划、基本设计的不同点在于把设计内容正确地传达给施工者，使设计与竣工之后的植物空间之间没有差异。

施工设计首先基于给予条件的植物种植设计，在与现场地的对应位置上进行详细调查。在进行了这些调查以及分析后，决定作为配植设计的种植树木的树种以及形状尺寸，在对植物配植进行分析后，绘制植物种植设计图进行总括。

其次，在调查了设计树木的生态习性和规划地的环境之后，进行保护、养护设施的设计，以及进行基于这些设计的工程费用的预算。为了准确地传达以上的设计内容作成特殊文本，最后对全部设计内容的设计图纸进行总括。

5.2　设计方针

5.2.1　调查分析

（1）基本设计调查

此处的调查是在对基本规划中收集的资料进行灵活应用的同时，根据种植基本规划，对现场地形状进行确认等，表 5-1 中为所列举的确认内容。

基本设计调查内容　　表 5-1

条目	内容
场地、种植地	现场地与种植地形态的确认等
现存树木、树林	树木，树林的规格大小，树林构成树种，应该保护、保存的树木、树林，可能移植的树种等
小气候	季节风的方向、强度，种植地特有的小气候条件等
景观	眺望地点，景观障碍物的位置、规模，中轴线，地理标志的位置，形状等
地上条件	场地内的电线、电话线、供电线等的位置、高度
地下埋设物等	上、下通水管道，排水设施等埋设物的位置、埋设深度、地下停车场、地铁等地下设施的位置、深度等
种植基质	有关土壤的理化性质的断面调查，化验分析 在有效土层下部构造的基质、土层调查

(2) 施工设计调查

此时的调查是在进行基本设计的内容、植物和机械的搬运以及可施工性、基盘的状况等的设计条件确认的同时，对设计对象的场地条件进行现场勘查的过程。

此外，将植物种植基盘建设预想为通过运输土壤施工的情况，对采土的位置进行调查（详细内容参照第3章种植基盘）。

5.2.2 制定方针

(1) 基本设计方针的制定

基本设计方针是根据从基本规划和调查分析得出的设计条件，进行基本设计时设定的基本思路。

在进行基本设计方针的制定时，要做到：①从技术的立场对于基本规划内容进行分析，②沿着基本规划方针对具体事项的关联领域进行调整，在确认规划方针是否变更的同时，整理基本思路。

(2) 实施设计方针的制定

实施设计方针的制定是以基本设计以及根据确认调查的分析得出的设计条件为前提，是对种植地的设计条件设定基本的思路。

在制定设计方针时，要做到：①对在基本设计中所示内容的详细部分进行分析；②对于具体的设计内容以及施工时期等与关联领域进行调整，在确认设计方针是否变更的同时，对基本的思路进行整理（详细参照第8章施工实例）。

5.3 现存树木(林)的保护

对现存树木（林）进行保留，在提高绿化的标准、进行资源有效利用的同时，达到与周边树木（林）的协调，在景观形成上发挥较大的作用。此外，比起新的植物种植来，现存树木（林）可以使高质量的植物种植空间尽早完成。所以，场地内对植物种植设计有用的现存树木，应尽量进行保护和利用。

5.3.1 现存树木的保护

现存树木中，根据调查、规划的分析结果被指定应该进行保护时，对这些植物的特性和所在公园的利用形态等进行充分分析和保护设计。

保护设计，是在充分考虑现存树木的生物特性的基础上，根据立地条件和个体的状况选择对应的方法，进行适当的保护处理。

进行树木保护时，制约条件是生长环境的变化。首先，由于踩压把土壤压实，降低了树木的健康状况，有时会造成枯死。此外，在树木的根系周围取土、填土给地下水以及根的先端部的吸收带来很大的影响。所以，尽量不要使现存树木的立地条件发生变化，园路等相关的施工和其他事项会对应该保护的树木造成损坏，这与树木的寿命长短有很大关系，应该运用适当的手法和对策。

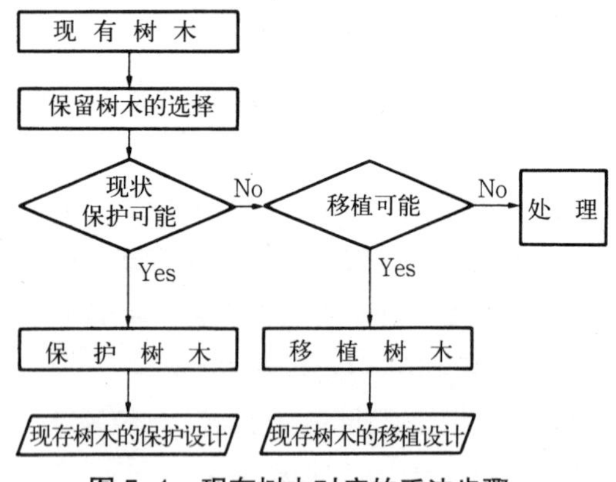

图5-1 现存树木对应的手法步骤

(1) 根的保护区域

树木的吸收根的先端在树冠的伸展范围内分布，主根一般在枝条伸展幅度约1/2范围内分布。

原有景观树木的主根系，常见有与行道树

种植坑相同大小空间上的装饰性铺装，对树木的生长造成极大危害。

如果时间允许的话，预先进行根坨的准备，促使根坨内吸收根的萌发；如果没有时间，至少要对在根际直径的 6 ～ 10 倍处，或者树冠冠幅的 1/2 ～ 3/4 的范围进行必要的保护。

树林中根的保护区域，原则上是在保护树林带外侧的树林高度的 1/2 ～ 2 倍宽度的范围。

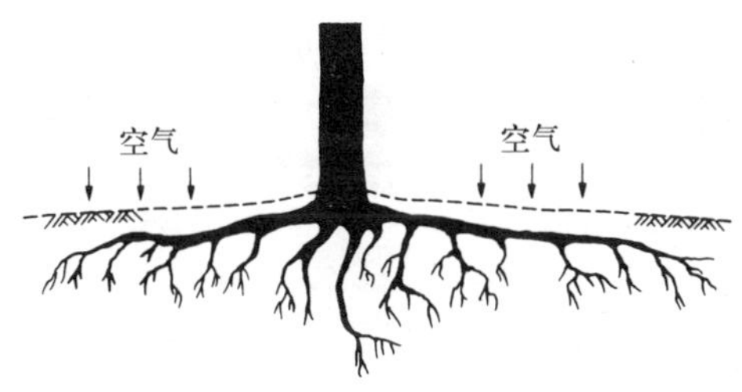

（引自《造園植物と施設の管理》）

图 5–2　健全根的范围

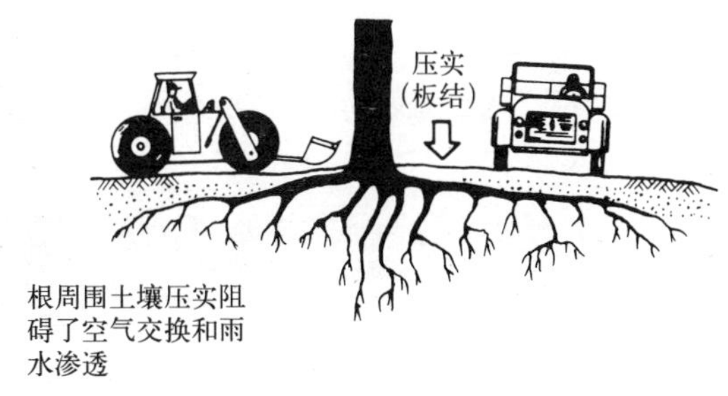

（引自《造園植物と施設の管理》）

图 5–3　在根系范围内机械的损害

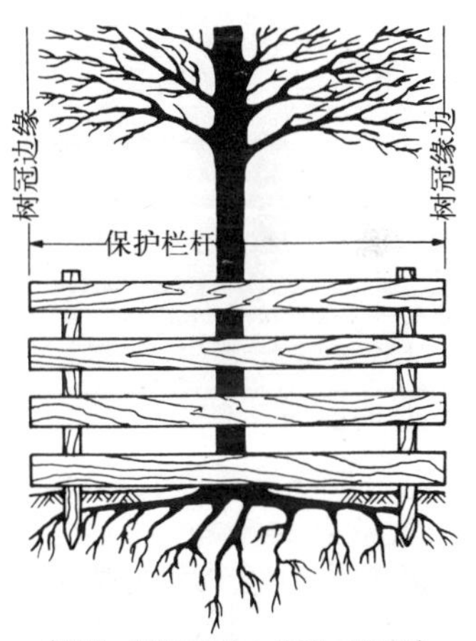

（引自《造園植物と施設の管理》）

图 5–4　根系范围内使用保护栏杆的保护对策

（2）防止碾压的保护

建设时的车辆和机械造成的碾压，除了阻碍空气的交换使根的呼吸困难之外，还妨碍了雨水的渗透，使水分和养分的吸收变得困难。此外，对土壤中的有机物产生影响，妨碍了能够使土壤肥沃的微生物的繁育，降低了树木所吸收营养物质成分的质量。因此，导致树木的发育不良，生长衰弱，不久便枯死。

保护对策是设置保护栏杆或者石砌矮台（墙）。保护栏杆一般采用绳索栏杆和木制栏杆；石砌式可永久性使用，应充分考虑整体规划，进行自然式石砌、圆石砌、间知石砌、方形石砌、小口石砌等。

（3）取土的保护

在现存树木的根系范围内进行取土，既降低了地下水位又切断了根系先端的吸收根，影响其对水分的吸收。如果进一步切断支持根，树木会有被风吹倒的危险。此外，挖掘机还会导致根的裂伤和折伤，引起根的腐烂，即使没有受伤的根长时间露出、放置于空气中，干燥也会引起腐烂现象。

保护对策是利用在根周围固定木桩的方法防止切断根的干燥和枯死，但在施工开始前，预先促使根坨内吸收根的发生，在其外侧进行挖土。如果施工时间不富余，要充分考虑树木根际直径以及枝条伸张的范围，在不影响树木的范围内进行挖土等，根据需要进行相应的研究。

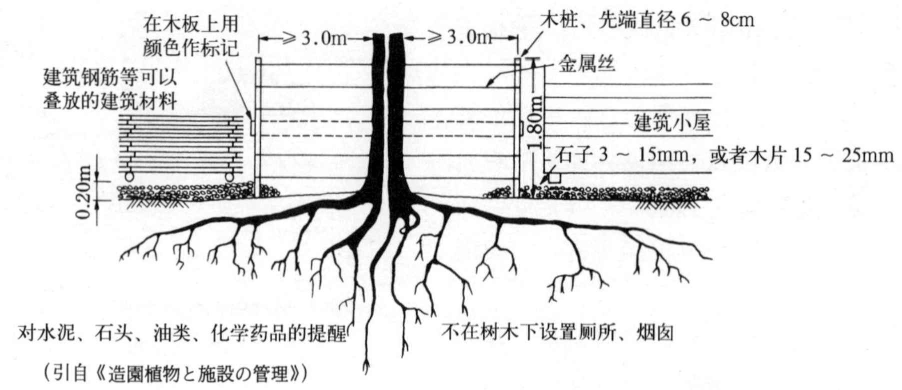

（引自《造園植物と施設の管理》）

图 5–5　根系范围的施工现场以及材料放置场所的保护对策

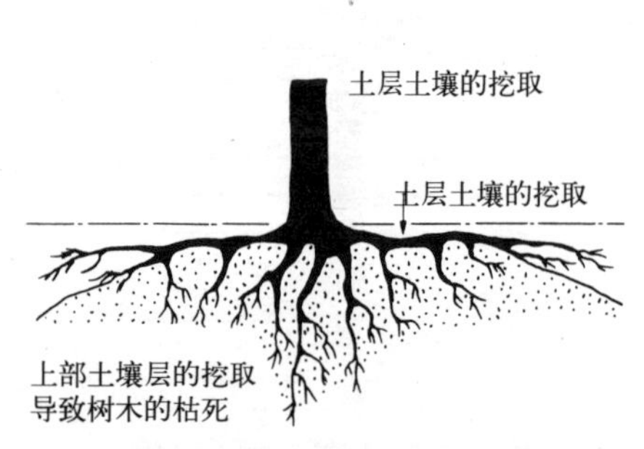

（引自《造園植物と施設の管理》）

图 5–6　由根系范围内土壤的挖取造成的危害

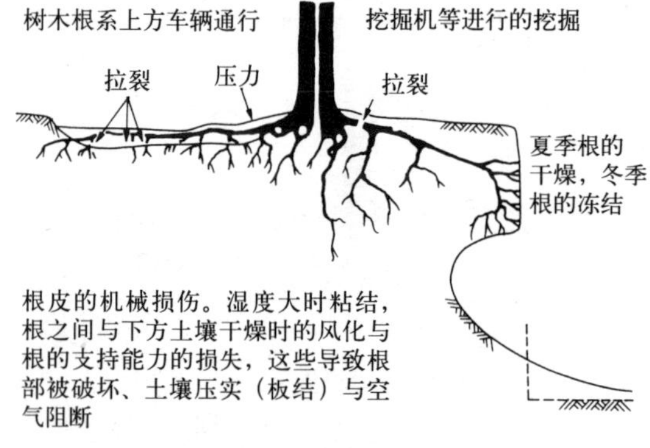

（引自《造園植物と施設の管理》）

图 5–7　由根系周围挖土造成的危害

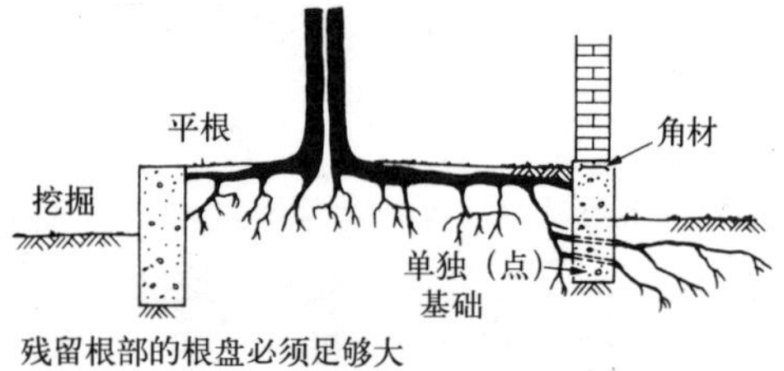

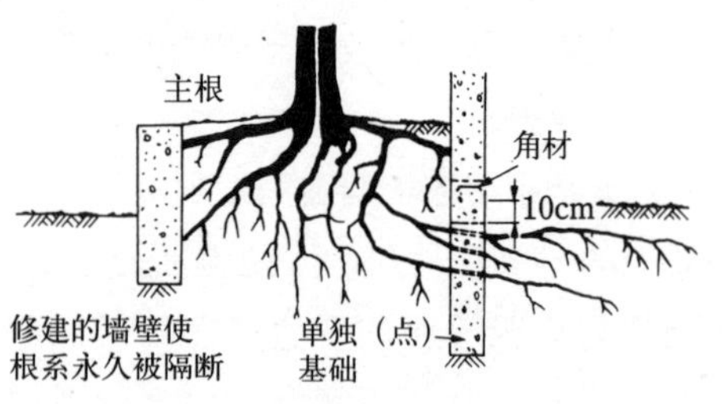

为了使具有深根性、多根的树木受伤后早日康复而对残余根系进行暂时的水分补给

（引自《造園植物と施設の管理》）

图 5–8　在根系范围内挖掘造成的危害

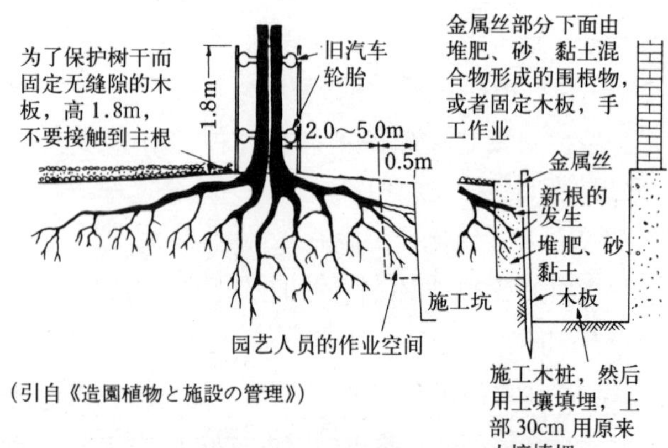

（引自《造園植物と施設の管理》）

图 5–9　对根系范围内挖掘时的对策、树干保护

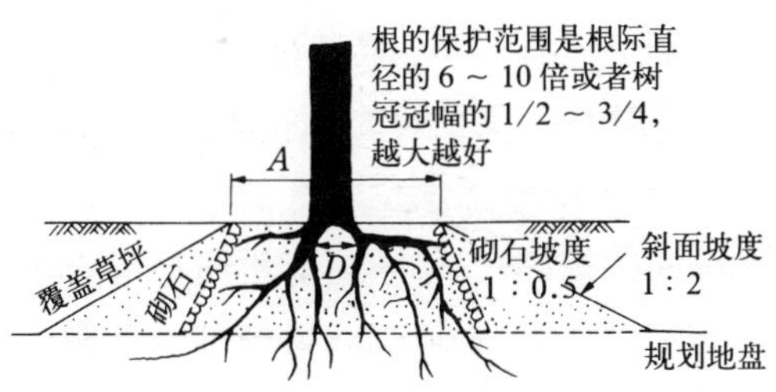

（引自《公共用緑化樹木植栽適正化調査報告書》）

图 5–10　进行挖土情况下的根系的保护对策

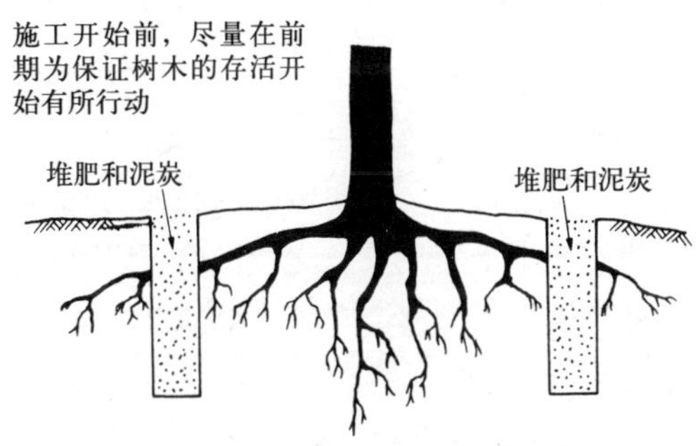

（引自《造園植物と施設の管理》）

图 5–11　利用工程木桩围根的保护对策

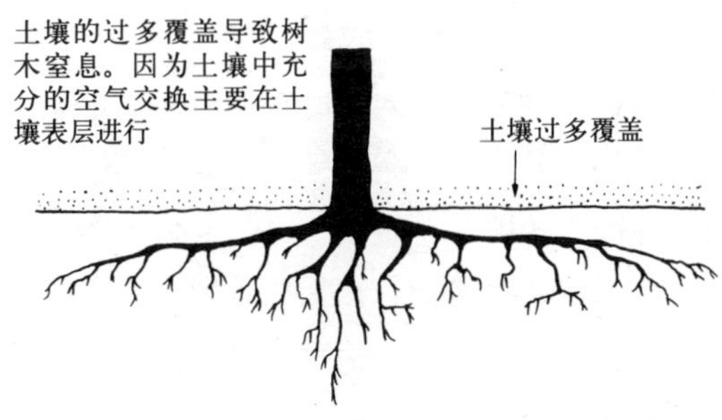

（引自《造園植物と施設の管理》）

图 5–12　根系范围过多埋土造成的危害

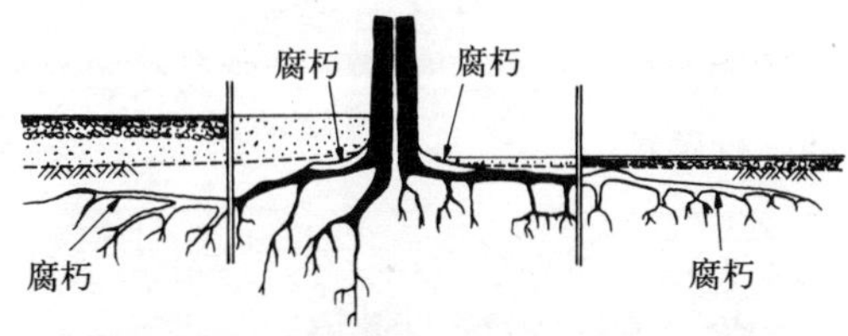

根系范围过多覆盖土壤对树木有害。因为树木的种类与年龄存在差异，水分与空气不能流通的土壤以及隔断空气的道路覆盖导致根系枯死，深埋的主根处产生腐朽现象。平行伸展根的树木仅因数厘米的黏土导致窒息，坚硬的覆盖会变得越来越硬

（引自《造園植物と施設の管理》）

图 5–13　根系范围过多埋土造成的危害

在挖土面上设置砌石、铺石、覆盖草坪等，在防止根系干燥的同时，设立支柱也是必要的。

（4）填土的保护

如果在现存树木的根际位置处填土，水分吸收与氧气的供给将变得困难，不仅影响树木的生长发育，还容易发生由菌类引起的病害。因此，较厚填土成为导致树木窒息枯死的原因。

此外，生根力强的树木在老根的上部长出新根，该现象会导致树木长势衰弱。

作为保护对策，原则上不在根际周围进行填土，在根际周围修设保护用的穴槽。穴槽的直径是根际处直径的6～10倍，在进行根部全部的通气排水处理的同时，利用砌石和铺石等保护填土面，防止土砂流入。在不得已进行树木根际处填土时，至少在树冠投影范围内，在原地盘土上设置通气及排水层，在其中铺设透水管，使原来的根能够进行对外通气、游离水和过剩水排除等。另外，在填土根际的周围利用鹅卵石以及砂砾埋设至地表以利于通气透水，并根据需要进行相应的处理。

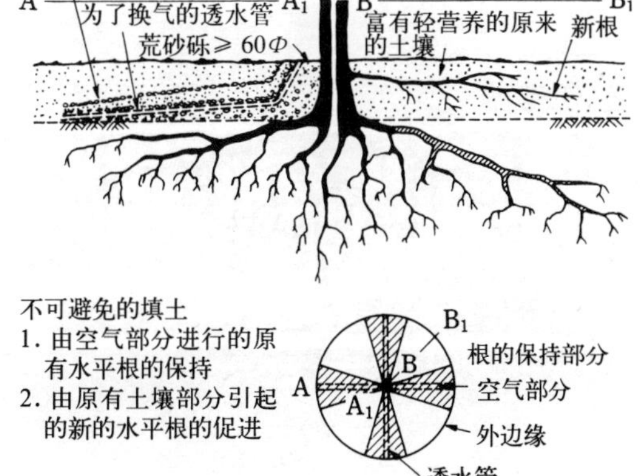

（引自《造園植物と施設の管理》）

图 5–14　对于根系范围内填土的保护对策

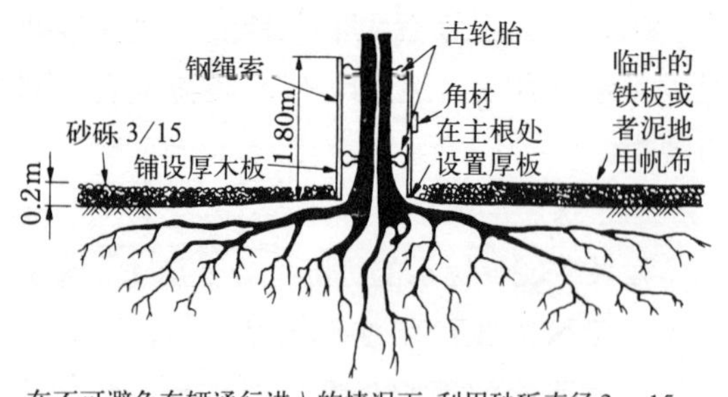

在不可避免车辆通行进入的情况下，利用砂砾直径 3 ~ 15mm，厚度 20cm 或者厚度为 15 ~ 25mm 的木片进行保护

（引自《造園植物と施設の管理》）

图 5-15　在根系范围内铺设砂砾时的对策

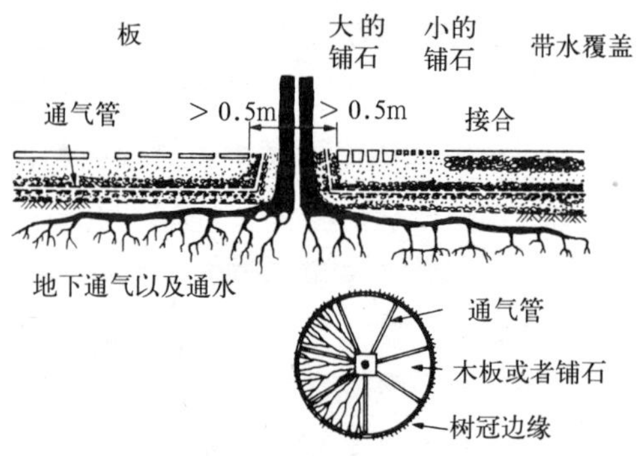

（引自《造園植物と施設の管理》）

图 5-16　对于根系范围土壤紧实的保护对策

（5）对地下水位低的保护

由于地下水位低，树木所受的损伤主要是干旱，甚至造成枯死现象。由树冠的先端枯死开始，根据树龄和土壤种类不同损伤程度不同，地下水位过低将导致树木全部枯死。

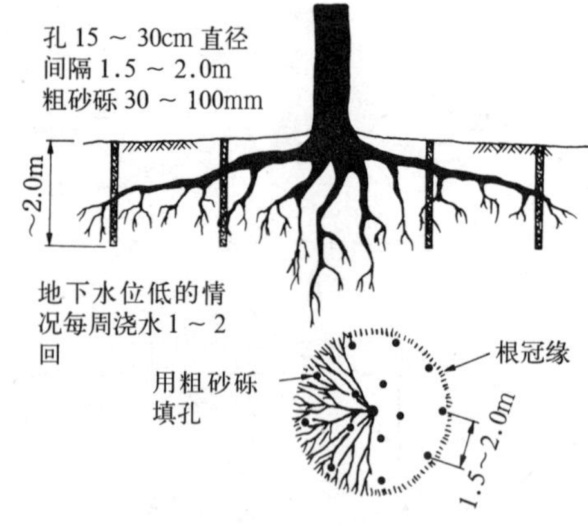

（引自《造園植物と施設の管理》）

图 5-17　地下水位低的对策，浇水

根据永久性地下水位降低和间断性地下水位降低的不同，保护对策也不同。

在永久性地下水位降低的情况下，只有浇水能达到效果，但因为费用高只适合于贵重树木，对于一般新栽的树种可以重新选择其他树种。

在间断性地下水位降低的情况下，设置雨水渗透设施或把填满砂砾的浇水孔按照 1.5 ~ 2m 的间隔设置，在干旱期施行灌水。地下水中养分低时，浇水时有必要添加肥料。设置简单的肥料沟施用即可。

除了浇水之外，叶面施肥也能提高树木的抵抗性，减少水分蒸发，这种供给可以维持生命。每年给树干、枝、叶喷施溶液 3 ~ 4 回较为合适。

（6）树林挖土、填土的保护

针对树林的情况，挖土、填土一般在根的保护区域外进行。对于挖土、填土形成的坡面，为了防止其表面侵蚀和崩塌，在采用构造物、种植、排水等的保护对策时要充分考虑地质条件、地形条件、水分条件等，还要特别注意对坡面的排水处理。

利用构造物保护，在受北风影响的区域可以利用网状栏杆或种植植物等措施进行防风保护对策。

利用植物种植保护，用于对在日照强、土壤易干燥的场所和环境变化（植物社会的平衡、小气候的变化、人为的影响）中容易受影响的树种进行保护。

5.3.2　现存树木的移植

通过调查、规划、分析，规划地内存在着优秀的树木，要进行合理的移植利用。在把握树木的树势、形状、数量等同时，对树木的特性、移植方法、搬出方法等进行充分分析，并在此基础上进行移植。

移植的条件（2004 年　中岛）　　**表 5–2**

<table>
<tr><th colspan="2">灵活运用方面</th><th colspan="2">技术方面</th></tr>
<tr><td colspan="2">规划要点（方针、主题）</td><td rowspan="2">树木移植特性</td><td>个体特性（形状、树势、根系等）</td></tr>
<tr><td rowspan="2">树木特性</td><td>个体特性</td><td>树种特性（生活特性、根系特性等）</td></tr>
<tr><td>树种特性</td><td rowspan="4">施工条件</td><td>作业工程（施工时期、断根处理的有无等）</td></tr>
<tr><td colspan="2">相关者意向（业主等）</td><td>环境（作业性、障碍物、土壤等）</td></tr>
<tr><td colspan="2">相关法规等</td><td>搬运环境（搬运距离、法规、障碍等）</td></tr>
<tr><td colspan="2">社会需要（有效利用等）</td><td>费用等（建设费、安全、管理条件等）</td></tr>
</table>

移植的条件是根据树势、成活的难易、移植工期、时期、作业环境、搬运环境等项目对现存树木是否能够进行移植作出判断。

对于树势，通过对树势和活力等个体特性调查，判断枝叶、根的耐修剪能力和再生能力。

对于成活难易，通过对不同树种成活的难易度、根的状态等树种特性调查，判断是否容易成活、根的状态如何。

对于移植工期，根据种植的施工时期，挖取根坨等作业工程的调整，对以下作出判断：在适期是否能够进行掘取、种植，根坨挖取作业从工期上来看是否可行。

移植的时期一般选择在植物生长从停止到发芽前的休眠期，这个时期基本上都可以进行移植。但是，根据当地的气象特性，有时会有萌芽早晚和寒暑害等问题，在理解这些条件的基础上选定合适的移栽时期是必要的。（详见第 6 章植物种植施工 6.3.1 树木移植技术）

5.4　植物种植基本设计

植物种植设计包括植物种植基本设计、植物种植施工设计。植物种植基本设计大体上可以分为功能设计和景观设计。

5.4.1　树木的功能设计

功能设计是为了确保在植物基本规划中设定的规划地栽植的功能效果，进行树木的组合和配植构成，此外，还应对使用的树种特性等进行详细分析。

（1）防风种植

防风植物种植是指通过改变风向、减弱风速起到预防强风，排除、防止由风引起的尘土、盐分以及雪等带来的危害等作用的植物种植。

关于树林的防风效果，日本柳杉、青棡、榉树、黑松等多被应用在过去的农家房屋周围，作为乡土景观也表现出特有的景象。

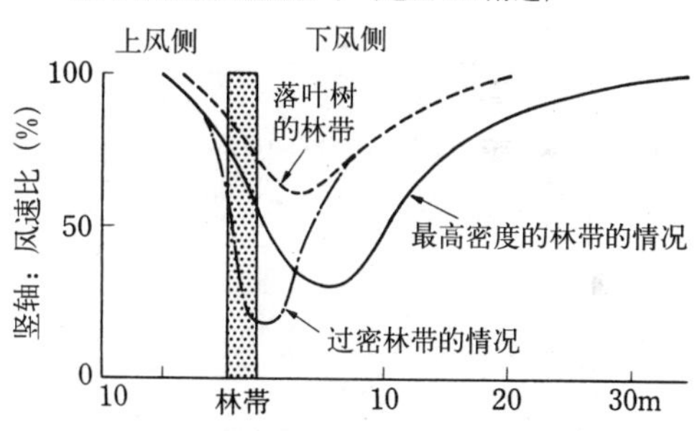

（引自《植栽の理論と技術》）

图 5–18　林带的距离（树高的倍数）

防风效果与外缘部的树冠曲线和树木的高度有关，影响到上风侧（树高的 6 ～ 10 倍）、下风侧（树高的 25 ～ 30 倍），效果最明显的是表现在下风侧树高 3 ～ 5 倍附近，风速减弱到 35%。

风速的减弱量与树林的密度和高度有关，枝叶郁蔽度在 60% 左右、绿篱在 50% 左右时，

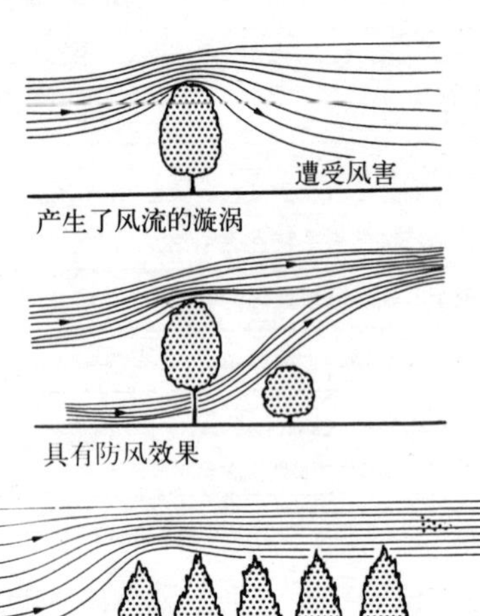

图 5-19 防风效果与风速

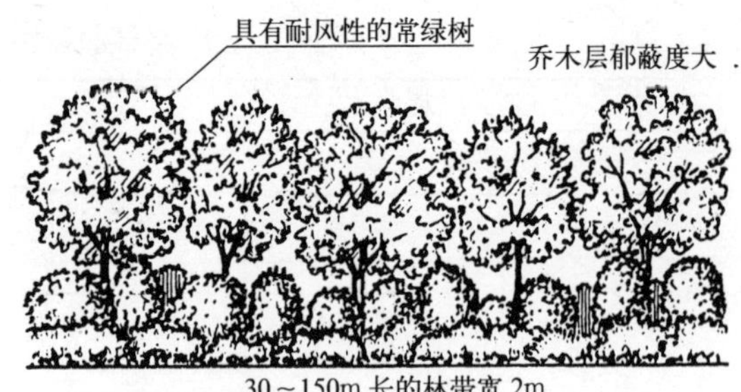

（引自《港湾緑地整備マニュアル》）

图 5-20 防风种植实例

适用于防风种植的植物栽植参考实例（成年树形） 表 5-3

类型	累计绿化覆盖率	每 $100m^2$ 树木株数		
		乔木	小乔木	灌木
3 层型	130% 左右	6 棵左右	15 棵左右	30 棵左右

（引自《港湾緑地整備マニュアル》）

防风效果较好。

风不能透过的高密度的植物种植，在其前后表现的防风效果显著，下风侧空气薄，树林后部产生漩涡，下风侧的林缘受到影响。

1）植物种植构成

- 采取间隔为 1.5 ～ 2.0m 的正三角形种植方式。
- 树列为五至七株列植，宽度为 10 ～ 20m。
- 植树带的长度至少在树高的 12 倍以上。
- 防风种植带的位置与主风向成直角，地形上为菱形或者设置斜面铺装。
- 上风侧种植灌木、下风侧种植乔木，林缘部为树冠曲线。
- 防雪林基本上类似于防风林，但宽度至少要在 30m 之上，考虑改造施工时相当于原来的 2 倍是必要的。
- 缺少用地的情况下，采用 1 林带 2 树列形式，距目的物 15 ～ 20m 的距离。

2）种植所用树种

- 选用深根性、枝干粗壮、枝叶密的常绿树。
- 防雪植物的种植，选用耐寒风性强、生长旺盛、枝条不易被雪压断的树种。

防风种植所用树木种类 表 5-4

类别	树种
针叶树	罗汉松、黑松、麻栎、日本柳杉、刚松
常绿树	栲类、樟树、珊瑚树、水青冈、山茶、冬青卫矛、尖叶栲
落叶树	连香树、榉树
其他	竹类

（2）防火种植

防火种植是指在火灾发生时，种植树木通过阻止火灾蔓延和火星，达到火灾熄灭和阻断放射热目的的植物种植（图 5-21）。

树林的防火、耐火效果，在以前发生的关东大地震，近年发生的酒田市大火灾中有充分的体现。防火种植与空地相比，更能发挥防火效果。

例如，根据记载，作为空地的本所被服厂遗址（约 8ha）的情况，烧死者 4 万余人；与此处相邻的安田庭园（约 1.3ha），避难者（2 万余人）幸存下来。

树木利用释放的水蒸气形成保护膜，阻断火灾的放射热，减缓燃烧。

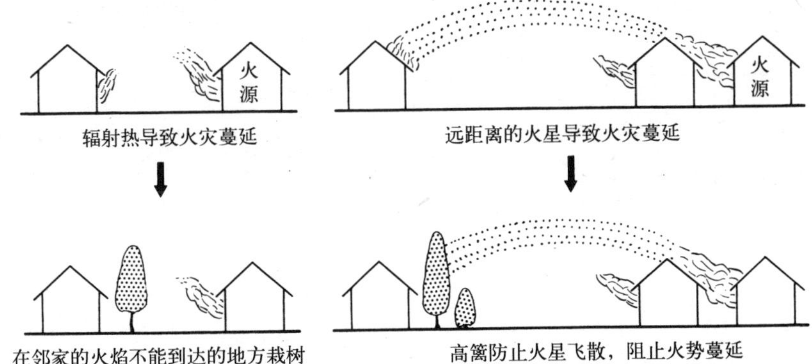

图 5-21　防火树木种植

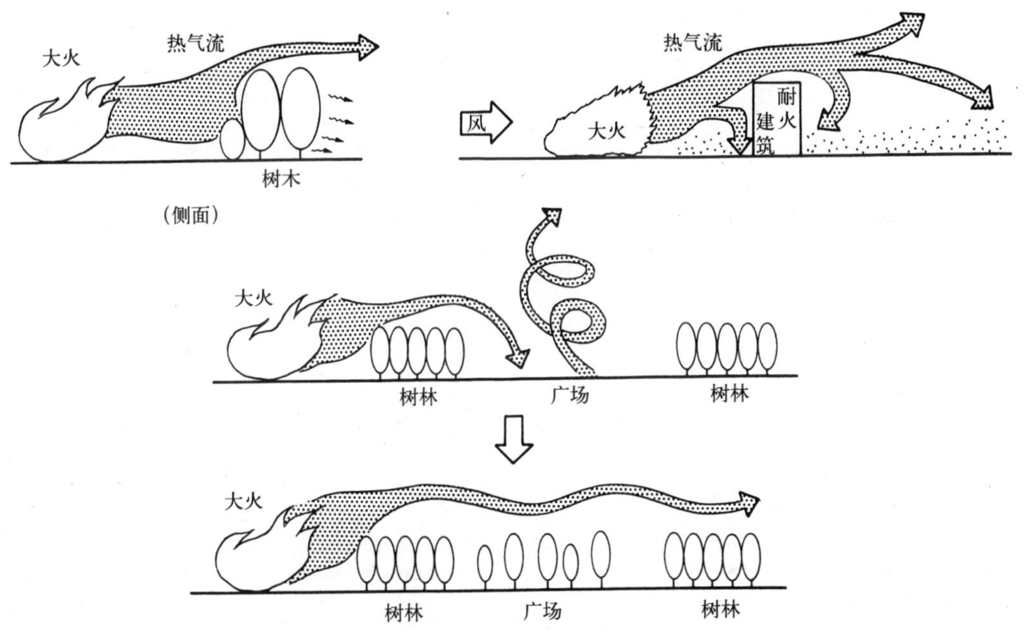

（引自《中野刑務所跡地利用基本構想に関する調査》）

图 5-22　热气流的流动

此外，树木的存在阻碍了火灾发生时形成的上升气流的流动，阻断了火势蔓延，阻止了飞火的危害（图 5-22）。

1）种植构成

- 防火种植带按照复数列植配植，即使前边的植物带着火，后边的植树带可以起到防火效果。
- 树木之间没有间隙，隔热力强，但根据实验说明，交互 2 列 5 棵种植形式比株距为 1 棵的正列 3 列 9 棵相间种植形式更有效（表 5-5）。
- 根据火灾的大小（主要为火焰的高度）以及火灾与植树带的位置关系来决定种植的树高。
- 防火植树带的宽度，如表 5-6，表 5-7 所示，对于一般由火灾与地震引起的火灾通常是不同的。
- 植树带以树高 10m 以上的乔木交互、种植密度为 $4m^2$ 种 1 棵树的形式，乔木的前面列植灌木，树冠呈现曲线。

不同配植方法的阻热率　　表 5-5

		1 列	2 列	3 列
没有间隙	正列	○○○ 73.0%	○○○ ○○○ 89.2%	○○○ ○○○ ○○○ 94.6%
	交互		○○○ ○○ 94.6%	○○○ ○○ ○○○ 94.6%
间隙为1棵大小	正列	○ ○ ○ 24.3%	○ ○ ○ ○ ○ ○ 40.6%	○ ○ ○ ○ ○ ○ ○ ○ ○ 48.7%
	交互		○ ○ ○ ○ ○ 56.8%	○ ○ ○ ○ ○ ○ ○ ○ 91.9%
间隙为1/2棵大小	正列	○ ○ ○ 48.7%	○ ○ ○ ○ ○ ○ 67.6%	○ ○ ○ ○ ○ ○ ○ ○ ○ 78.4%
	交互		○ ○ ○ ○ ○ 86.5%	○ ○ ○ ○ ○ ○ ○ ○ 94.6%

（引自岩河信文《都市防火と樹木の効果》）

防火树带的评价标准　　表 5-6

防火树带的宽度（m）	乔木的树高（m）	评价	
		常绿树带	落叶树带
50 以上	18 以上	AA	A
30 左右	18 以上	A	B
	10 左右	B	B−C
15 左右（高木 3 列以上）	10 左右	C	C
10 以下（高木 2 列以上）	10 左右	—	—

评价符号的含意　　表 5-7

	符号	防火效果的程度
非常灾害应急时的大火灾	AA	即使在燃烧最盛期，火灾面积大，风速 10m 每秒以下，能够有效达到阻止燃烧的目的
	A	即使在燃烧最盛期，火灾面积大的情况（高 30m、宽 100m 以上），风速 5～6m 的程度，有阻止燃烧的效果
	B	在燃烧最盛期，除了火灾面积大的情况（高 30m，宽 100m 以上）之外，有阻止燃烧的效果
	C	在燃烧最盛期，火灾面积比较小的情况下有效，但火灾面积大的情况（高 30m，宽 100m 以上）没有阻止燃烧的效果
	—	火灾初期或者终期有效，但在燃烧最盛期几乎无效，如果在无风状况下，稍有效果

防火植物种植所用树种（参考）（完成于 1998～2004 年　中岛）　　**表 5-8**

强度	常绿阔叶树	落叶阔叶树	针叶树
A	桃叶珊瑚、铁榈、钝齿冬青、光叶石楠、橡皮树、茶梅、珊瑚树、青榈、莽草、瑞香、尖叶栲、垂叶冬青、山茶、女贞、枸骨、冬青卫矛、冬青、厚皮香、八角金盘、交让木	银杏、槐树、柞栎、椿树、三角枫、灯台树	东北红豆杉、罗汉松、日本金松
B	乌岗栎、栀子、杨桐、石斑木、广玉兰、海桐、柃木、枇杷、石栎、杨梅	梧桐、山桐子、无花果、朝鲜槐树、梅花、麻栎、栗子、桑树、榉树、枹栎、椴树、悬铃木、七叶树、爬山虎、花楸、玉铃花、玉兰、枫香、厚朴、北美鹅掌楸	中国粗榧、落叶松、杉木、朝鲜五针松、青杆类、雪松、花柏、冷杉
C	桂花、樟树	地锦槭、朴树、连香树、紫藤、糙叶树	虾夷松、圆柏、日本柳杉、偃柏、库页冷杉、杜松、偃柏

2）种植树种

- 植物材料是一般具有热阻断效果大，枝叶自身着火点高，引燃所需时间长，起火后火势弱等倾向的材料。
- 为了提高防火植树带的防火效果，在火灾发生率高的冬季，要保证常绿树的枝叶繁茂，并保证有一定的树高。
- 防火树选用常绿、阔叶密生、叶含水量多、叶肉厚的树种。反之，易于燃烧的叶片细薄、枯叶残存的树种不宜选用。
- 耐火树选用树皮有厚的木栓层保护、萌芽力强，枝叶、树干燃烧后树木能够自发萌芽、树势能够恢复的树种。

3）树种

防火植物种植带所使用的树木为遮蔽率高、耐火性强的树种。其中的耐火性与含水率和含油率有关。一般认为耐火性强的珊瑚树、银杏等含水率高。此外，樟树、桂花、库页冷杉、日本扁柏、日本柳杉、北美香柏等含油率高，桃叶珊瑚、珊瑚树、银杏、青椆、尖叶栲、东北红豆杉、罗汉松等含油率低。

（3）防海潮风种植

防潮植物种植是以减弱海潮风风速、缩短盐分飞散距离，吸附飞散盐分为目的的植物种植。

海潮风和盐分的共同作用使植物过度蒸发导致脱水，对植物造成的伤害比一般的风害大。潮风害对植物的影响以前都在植物学、林学方面开展过研究。防海潮风的植物种植，树种的形状、密度、组合是重要的。但是，在海潮风特别强的地方，仅利用选择树种和植物种植方法来防止海潮风害是不够的，还要进行必要的防海潮风设施的建设（图 5−23）。

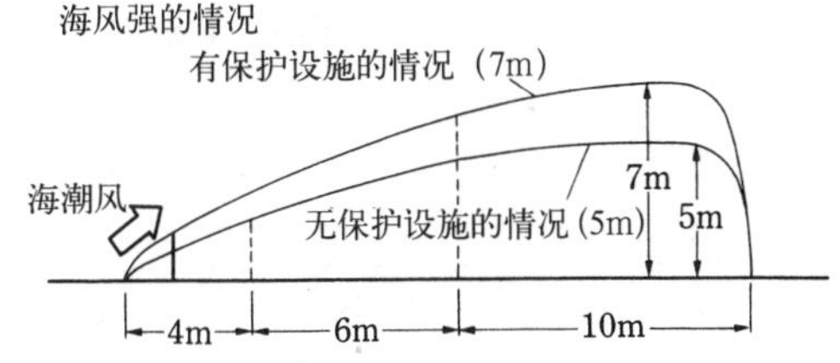

保护设施（防风网、竹篱笆等）的有无与林冠线断面的变化

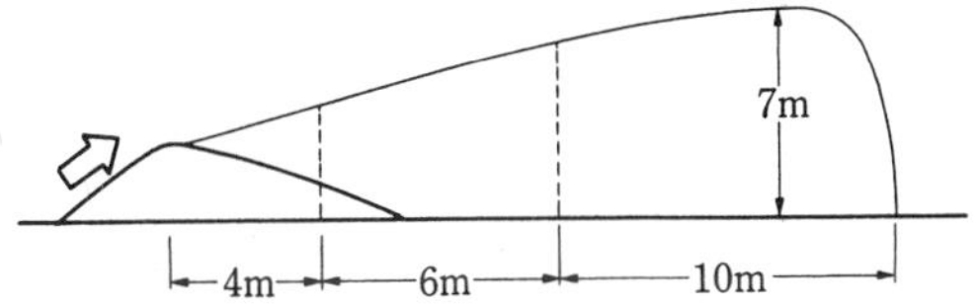

保护设施（土坡）与林冠线断面

（引自《東京湾埋立地緑化計画調査報告書》）

图 5−23　保护设施与林冠线的断面构成

1）种植构成

- 因为海水的飞沫直接接触植物体时树林不能生长，在海岸首先种植地被植物，其后面种植耐海潮风害强的 A 级树种，保护其他的树木。
- 树林构成与海潮压强度相对应，前缘树林以小乔木、灌木为主体，后边的林带由具有树冠的乔木类构成。各种树林原则上在低木林带的后边和乔木林带的前边没有空隙直接相连，可以提高耐海潮风效果（图 5−24）。

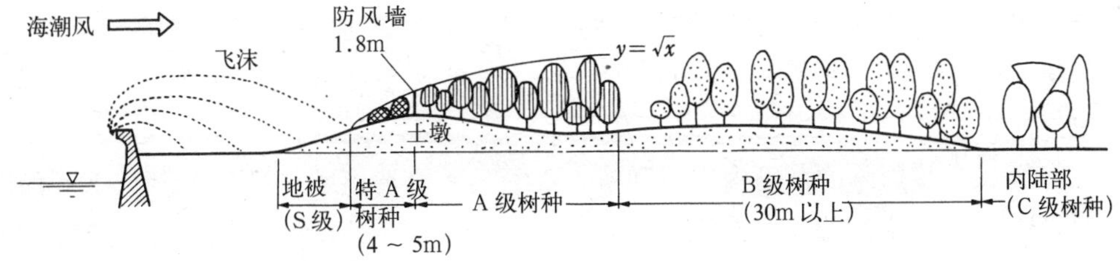

（引自《東京湾埋立地緑化計画調査報告書》）

图 5−24　防海潮风植物种植的标准构成

与防海潮植物相对应的参考种植实例（成年树形）　表 5-9

类型	概要	累计绿化覆盖率	形成 $100m^2$ 树木所需棵数		
			乔木	小乔木	灌木
三层型	高遮蔽率	130% 左右	6 棵左右	10 棵左右	45 棵左右

（引自《港湾緑地整備マニュアル》）

防海潮种植所用树种　表 5-10

所用场所	植物种类	使用植物名	可使用的植物名
S 级地被植物 能够接触到海水飞沫的地被	地被	大穗结缕草、狗牙根、黑麦草	矶菊、矮生苔草、砂钴苔草、松叶菊、海边香豌豆、匍匐苦荬菜、海滨蒜、肾叶打碗花、萝背板草
特 A 级植物 处于海潮风最前边的树林	针叶	黑松、偃柏	
	常绿	枹栎、石斑木、海桐、海边柃木	
A 级植物 紧接于最前边的前边树林（含特 A 级）	针叶	黑松、偃柏	
	常绿	枹栎、夹竹桃、柽柳、石斑木、海桐、秋胡颓子、海边柃木、冬青卫矛、龙舌兰	浓绿龙舌兰、卵叶女贞、芦竹、蔓胡颓子、地被竹类、圆叶胡颓子、矢竹
	地被		金边剑麻、蒲苇
B 级植物 A 级植物群落后侧生长的树林	常绿乔木	圆柏、樟树、铁女贞、珊瑚树、红楠、山茶、女贞、日本毛女贞、枸骨、白粉金合欢、尖叶栲、冬青、厚皮香、森岛金合欢、杨梅、交让木、短叶土杉	罗汉松、黄肉楠、白樟、大叶樱、小交让木、厚朴、月桂、桉树类
	落叶乔木	象牙红、槐树、大岛樱、里樱、垂柳、三角枫、刺槐、合欢、悬铃木、杨树、山樱	野梧桐、天仙果、柞栎、樗叶花椒、银白杨、接骨木、荻、赤杨、木麻黄、日本桤木类
	常绿灌木	桃叶珊瑚、六道木、钝齿冬青、大紫踯躅、寒山茶、大紫茎、杜鹃踯躅、瑞香、西洋大叶樱、十大功劳、柃木、八角金盘	橄榄、柑橘类、爬山虎、红千层、圣诞欧石楠、络石、单叶蔓荆
	落叶灌木	八仙花、紫穗槐、金雀儿、洋白蜡、锦带花、紫荆、芙蓉、美丽胡枝子、胡枝子	牛奶子、金丝梅、平枝栒子、黄花槐、木半夏、红花刺槐、黄槿
	地被	英国常春藤、荷包牡丹、白三叶、麦冬	美人蕉、吉祥草、匍匐福禄考、射干、水仙、天竺葵、瞿麦、大吴风草、雏菊、露花、蓬蒿菊、松叶菊、燕麦草

- 防海潮风林的理想宽度在 70 ~ 110m 之间。但是，在现实中土地保证困难、海潮风害不是特别严重的地方，20m 以上宽度的树林即可产生效果。
- 在海潮风直接影响的范围内进行群植，采用密植方式减弱风压，使通过树林的风量减少，减轻海潮风害带来的影响。
- 在后侧树林中有必要进行一定程度上的植物造景种植，可考虑进行乔木、小乔木，喜阳树、耐阴树的生态组合，在林间修建游步道、自行车道、小规模广场、草坪地等。
- 在海潮风特别强的场所，为了保证苗木、树木成活率，生长时尽量构筑防风墙。此外，如果进行堆土的话，则可以降低所需树木的高度。

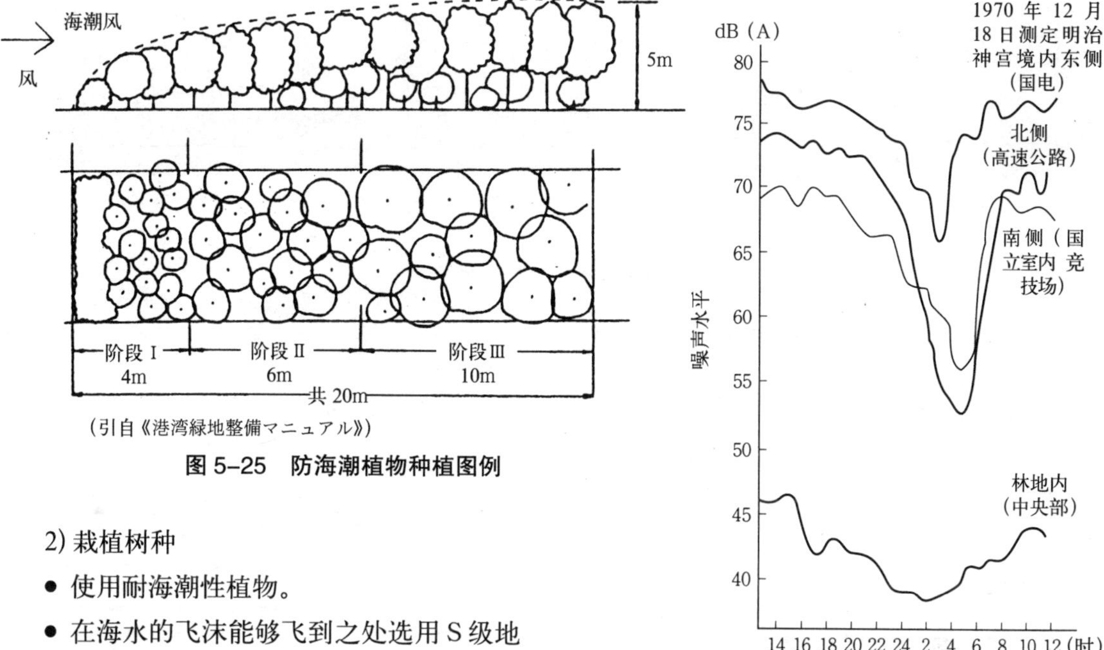

（引自《港湾緑地整備マニュアル》）

图 5-25　防海潮植物种植图例

图 5-27　绿地的隔声效果（本多，1972）

2) 栽植树种

- 使用耐海潮性植物。
- 在海水的飞沫能够飞到之处选用 S 级地被植物。
- 在面对海潮风的 A 级植物的最前侧树林中选用特 A 级植物。
- 紧接于前侧特 A 级的树林选用 A 级植物。
- A 级植物后侧树林选用具有比较耐海潮风的 B 级植物。
- 在 B 级植物的后侧，使用作为内陆地区树林的一般造园树木。

（4）防噪声种植

防噪声种植是通过吸声、隔声、使噪声的传播路径回折变长等达到降低噪声级、缓和噪声对人的心理影响为目的的植物种植。

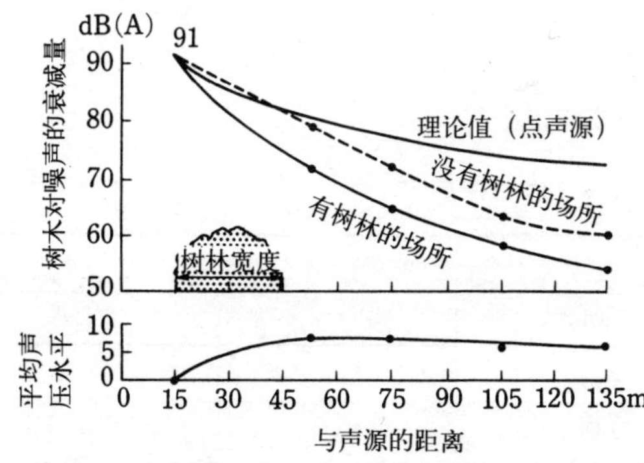

图 5-26　树林带对噪声的衰减（卡车噪声的情况）

植物种植对噪声的减弱值是种植密度、配植方式、树种选择、形状大小、枝叶密度等因素综合发挥作用的结果。

所以，离噪声源近的植树带外围部分设置对噪声衰减效果好的隔声屏障（人工制品）、混凝土墙、土堆、石墙等，以及近年来在铝合金框架上固定纤维布等以隔声和吸声为目的的制品。这些物品与植物种植并用效果较好(见图 5-29)。

1）植物种植构成

- 植物种植构成不是单一种植，而是乔木、小乔木、灌木复层植物种植，比起一般的植物种植密度、郁闭度要大。
- 植物带在与声音的传播路线成直角方向处栽植成绿篱状，离声源越近降噪效果越好。
- 只有植物带的情况下，理想的宽度为 20 ~ 50m（植树带宽度 25m 时降低声音约 5dB，宽度每增加 25m 约降低声音 5dB）。

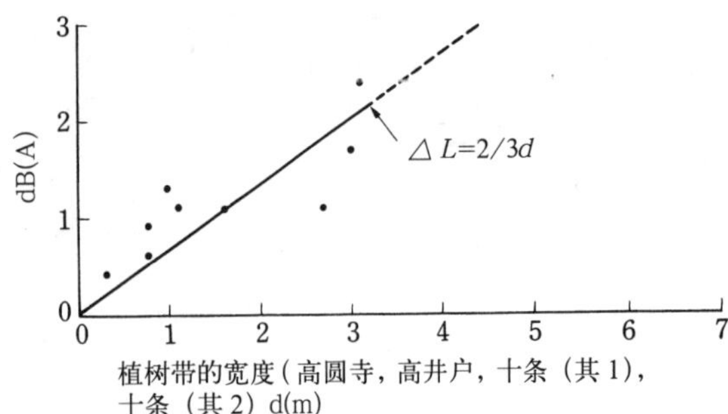

图 5–28　植树带的宽（厚）度与降音效果的关系

防噪音种植用树木　　表 5–12

类别	树　种
针叶树	圆柏、雪松
常绿树	枹栎、树参、光叶石楠、夹竹桃、樟树、铁冬青、月桂、杨桐、茶梅、珊瑚树、白樟、尖叶栲、广玉兰、山茶、女贞、竹柏、日本毛女贞、柊树、枸骨、厚朴、尖叶栲、冬青、厚皮香、肉桂、杨梅
针叶灌木	球形圆柏
常绿灌木	桃叶珊瑚、马醉木、六道木、钝齿冬青、石斑木、瑞香、茶树、杜鹃类、海桐、胡颓子、柃木、冬青卫矛、龟甲冬青、八角金盘
落叶灌木	连翘

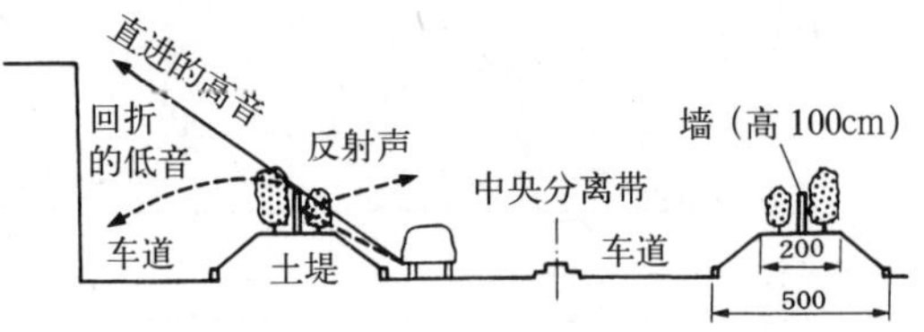

（1）车道和侧道处于同一标高，土堤宽度最小与墙并用的实例

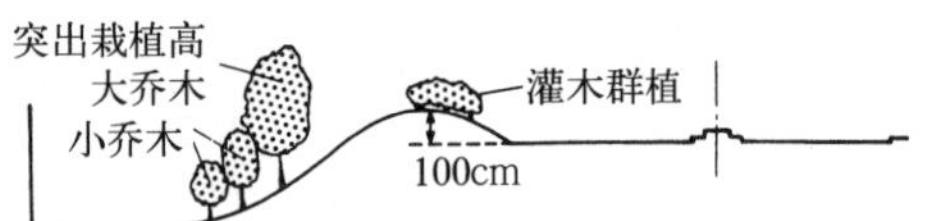

（2）车道位于土坡外地面的高处，土堤宽度有富余的实例

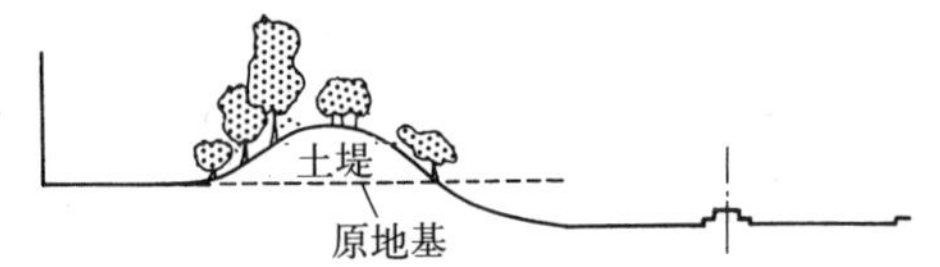

（3）车道位于土坡外地面的低处，利用挖掘高速车道的土方筑土堤的实例

（引自《植栽の理論と技術》）

图 5–29　墙、土堤和植物的组合

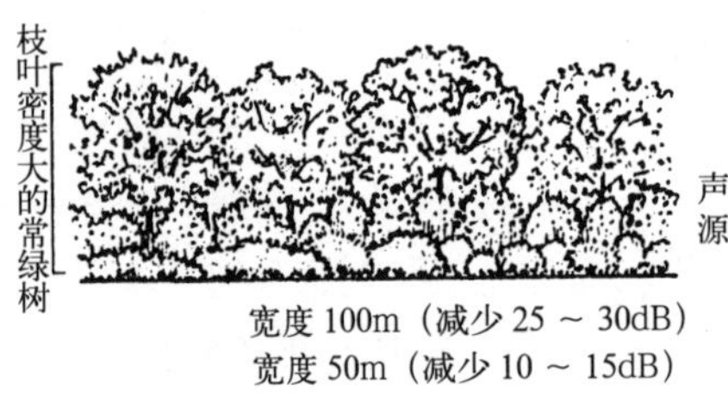

（引自《港湾緑地整備マニュアル》）

图 5–30　防噪音植物种植图例

与防噪音植物栽植相对应的参考种植实例（成年树形）　　表 5–11

	概要	累计绿化覆盖率	$100m^2$ 所栽树木棵数		
			乔木	小乔木	灌木
三层型	乔木多的例子	100% 左右	6 棵左右	5 棵左右	20 棵左右
三层型	灌木多的例子	100% 左右	3 棵左右	9 棵左右	70 棵左右

（引自《港湾緑地整備マニュアル》）

2）种植的树种

- 枝叶密、叶形大的常绿乔木。
- 有枝下高的情况时，乔木要与灌木组合。
- 种植落叶树时，前后栽植常绿树种。
- 能够耐汽车尾气的抗性树种。

（5）净化空气的植物种植

净化空气植物种植是指通过对废气状污染物的吸收和对灰尘状污染物的吸附达到净化空气目的的植物种植。

净化空气的方法，有减少大气污染物质以及清除该种物质。但是，现实中完全防止空气污染很难实现。为了减轻空气污染，通过种植比较耐污染的树木进行有效配植，力求达到空气净化。

空气污染物质包括瓦斯状气体和灰尘状的污染物质。

有毒气体包括燃料燃烧产生的二氧化硫（SO_2）、一氧化碳（CO）、氮素氧化物、碳化氢素等，以及化工厂产生的硫化氢（H_2S）、氨气（NH_3）、乙烯（C_2H_4）等。此外，二次产生的废气，例如硫酸雾和氮素氧化物经紫外线照射后进行二次反应产生的氧化剂等。其中二氧化硫（SO_2）与氧化剂进行光化学反应产生的光化学雾是植物受害的主要污染物质。

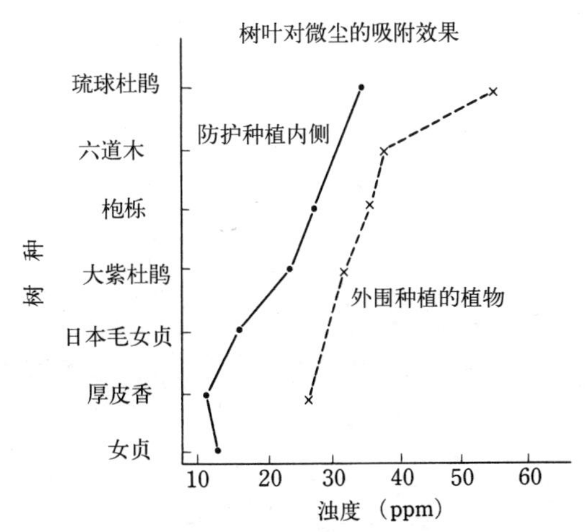

图 5–31　防护种植的效果

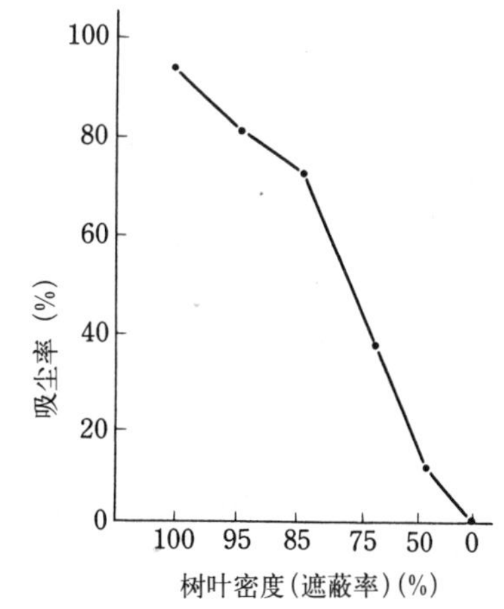

（引自《東京都内造園樹木に対する公害調査研究》）

图 5–32　树叶密度与灰尘附着效果（冬青卫矛）

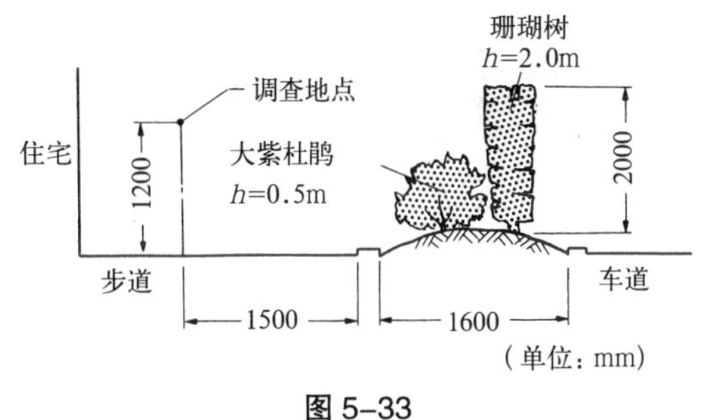

图 5–33

表 5–13

	浮游粉尘（mg/m³）		铅（mg/m³）		一氧化碳（mg/m³）	
	8～12点	13～17点	8～12点	13～17点	8～12点	13～17点
施工						
外周	395	420	1.36	2.86	3.2	5.6
内周	200	438	0.68	2.23	3.3	5.7
未施工						
外周	570	726	3.76	4.85	5.3	8.6
内周	496	658	3.20	4.55	4.8	6.7

（出自《環状7号線グリーンベルト造成に伴う公害調查》）

明治神宫森林的二氧化硫（SO_2）浓度是周边城市街道的1/10以下，可见有一定宽度和厚度的绿带对污染物质有吸附作用（图5–34）。

1）种植构成

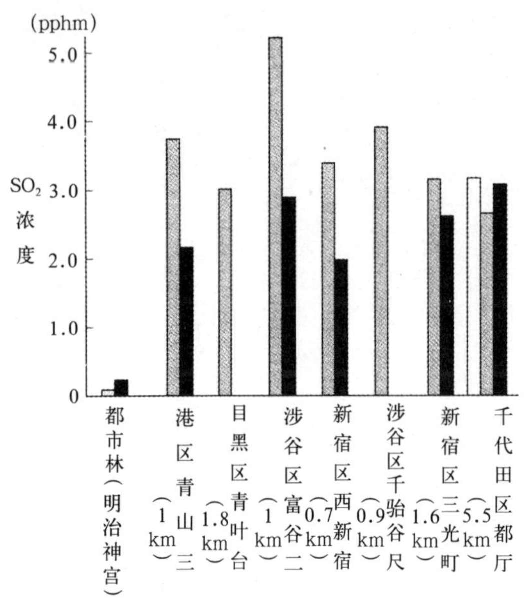

图 5–34　周边街区与城市林地内部 SO_2 量的比较（电导率法）（本多，1972）

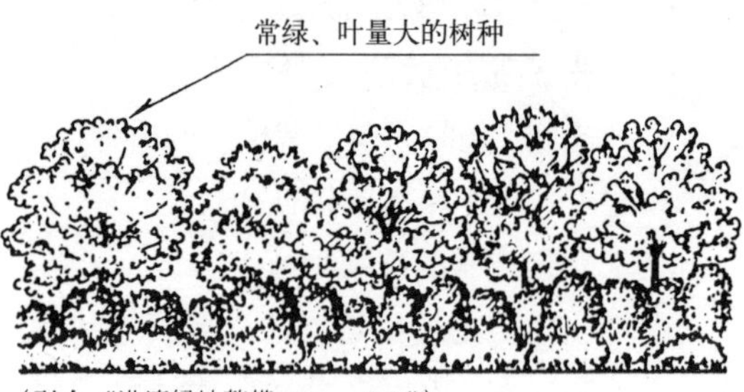

（引自《港湾緑地整備マニュアル》）

图 5–35　净化空气种植实例

与净化空气植物配植相对应的参考种植实例（成年树型）　　**表 5–14**

类型	概要	累计绿化覆盖率	达到 $100m^2$ 树木生长所需棵数（最高～最低）		
			乔木	小乔木	灌木
三层型	灌木密植	100% 左右	3 棵左右	8 棵左右	75 棵左右
三层型	疏林场地	60% 左右	3 棵左右	5 棵左右	15 棵左右
高、低二层型		60% 左右	3 棵左右		45 棵左右

（引自《港湾緑地整備マニュアル》）

能够耐汽车尾气的树种　　**表 5–15**

种类	耐性强	耐性弱
针叶树	罗汉松、圆柏、粗榧、竹柏、日本扁柏、杉木	赤松、日本金松、日本柳杉、雪松
常绿树	麻栎、乙女山茶、夹竹桃、樟树、铁冬青、月桂、杨桐、茶梅、珊瑚树、白樟、广玉兰、红楠、女贞、柊树、枸骨、尖叶栲、冬青、厚皮香、日本山茶、杨梅、交让木	青likely冈、米槠
落叶树	梧桐、榔榆、银杏、大岛樱、石榴、垂柳、悬铃木、三角枫	野梧桐、无花果、梅花、朴树、柿子、榉树、日本辛夷、染井吉野樱花、梨、西南卫矛、碧桃、糙叶树、羽毛枫、北美鹅掌楸
常绿灌木	桃叶珊瑚、马醉木、六道木、钝齿冬青、大紫杜鹃、龟甲冬青、栀子、莽草、石斑木、瑞香、海桐、胡颓子、南天竹、柊树、柃木、火棘、八角金盘	雾岛杜鹃、琉球杜鹃
落叶灌木	连翘	八仙花、灯笼花、胡枝子、绣线菊、丁香

耐二氧化硫气体的树种 表 5-16

类别	耐 性 强	耐 性 弱
针叶树	中国粗榧、罗汉松、圆柏、粗榧、德国青杆、龙柏、日本扁柏	赤松、镰仓扁柏、落叶松、日本金松、日本花柏、日本柳杉、多行松、竹柏、姬小松、冷杉
常绿树	铁椆、蚊母树、钝齿冬青、光叶石楠、夹竹桃、樟树、铁冬青、月桂、杨桐、茶梅、珊瑚树、青椆、白樟、米槠、西洋大叶樱、西洋柊树、广玉兰、垂叶卫矛、山茶、尖叶栲、女贞、日本毛女贞、大叶樱、柊树、枸骨、黄杨、尖叶栲、厚皮香、冬青、交让木	
落叶树	梧桐、野梧桐、地锦槭、槐树、柞栎、杨树、银白杨、枹栎、垂柳、悬铃木、三角枫、七叶树、榉、玉铃花、紫茎、狭叶四照花、北美鹅掌楸	海棠、栗子、紫薇、白桦、染井吉野、花楸、日本槭（羽扇槭）、玉兰、赤杨、水青冈、厚朴、山樱、鸡爪槭
针叶灌木	罗汉柏、球形圆柏、岸刺柏、偃柏、罗汉柏	
常绿灌木	桃叶珊瑚、六道木、钝齿冬青、大紫踯躅、枸橘、寒山茶、莽草、石斑木、茶、海桐、假叶树、胡颓子、海边柃木、十大功劳、柃木、火棘、圆叶伞形花石斑木	雾岛踯躅、瑞香
落叶灌木	八仙花、花椒、郁李、贴梗海棠、木槿、蜡梅	茶藨子、灯笼花、穗状蜡瓣花、西南卫矛、葡萄、金缕梅、小檗、毛樱桃
特殊树	棕榈、苏铁、丝兰	
攀援植物	落霜红、凌霄	五味子

- 栽植小乔木、灌木、地被或者藤本植物进行组合配置，确保一定的通气性，以便有效导入污染物质。
- 以常绿阔叶树为主体，但是这种栽植模式缺乏四季变化，并且给人沉重感，可通过栽植落叶树、花木类等，作为主景点增加季节感。
- 种植宽度，公园中最小限为 4 ~ 5m，一般 10m 以上为好，以吸收汽车尾气为目的的种植要确保 20 ~ 30m。

2）种植树种

- 对公害具备抵抗性，光合作用能力强（表 5–15，表 5–16）。
- 为常绿树，枝叶茂密，树龄长，将来能够成长为健壮树形。
- 对灰尘污染物吸收强的树种，要求有突起、毛、锯齿等复杂的叶面形态，体量小的树种。
- 一般要求叶数量多，抗病虫害能力强，移植后易成活的树种。

（6）绿荫种植

绿荫种植是利用树木树冠遮挡日光，产生降温效果，营造适合于休憩和活动的舒适环境的种植。

道路绿化中，树木枝叶覆盖上空，可以缓和寒暖与干湿的变化，为道路使用者提供舒适的空间。具体来讲，夏季中午时，树木的枝叶不仅遮挡日光的直射，还能防止直射日光造成路面温度上升的反射效果，加剧叶面的蒸腾而起到吸收热量的作用，从而对道路和周围环境的升温有抑制作用。

1）种植构成

- 绿荫种植是夏季中午或傍晚夕阳照射时，在广场和休憩场所形成树荫而种植的树木。

- 树木和树荫的关系如图 5-36 ~ 图 5-38 所示，根据场所和目的进行配植。
- 绿荫的种植形式有规则式种植和自然式种植。
- 规则式种植是指同种同规格的树木按等

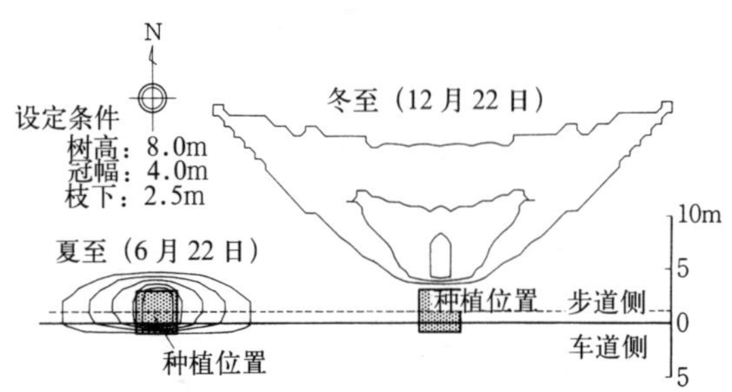

图 5-36　乔木种植日影时间图（夏至和冬至的情况）

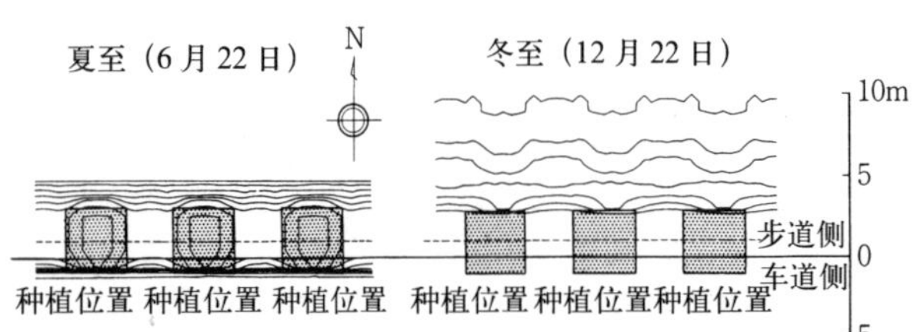

图 5-37　乔木种植日影时间图（东西方向道路的情况）

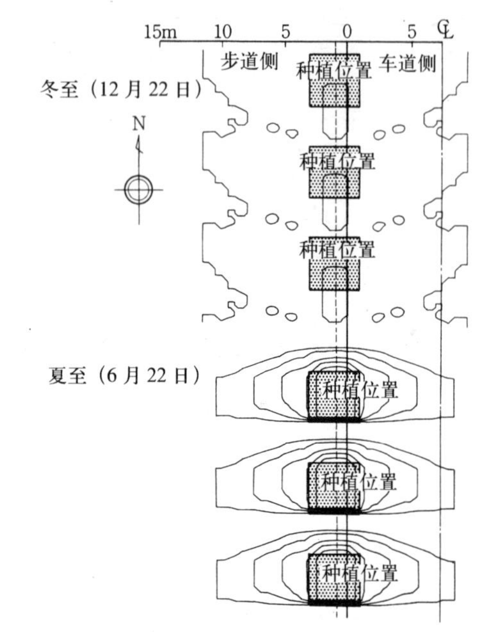

图 5-38　乔木种植日影时间图（南北向道路的情况）

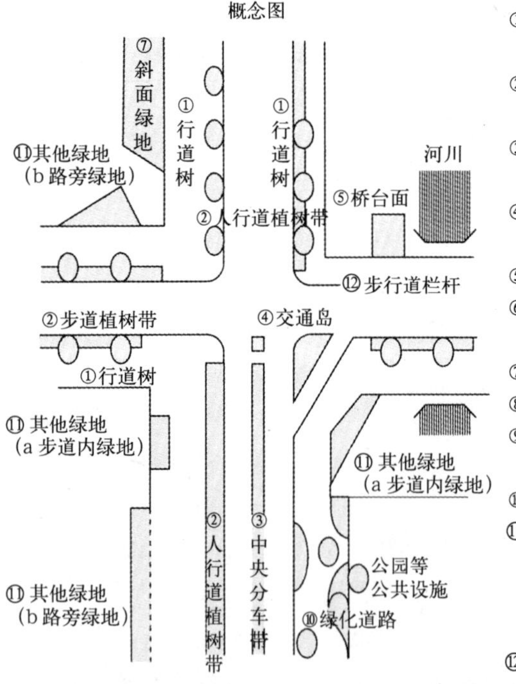

用语定义

① 行　　道　　树：在道路用地内，与车道相平行的列植的乔木（包含人行道植树带内列植的乔木）。

② 人行道植树带：在人行道的车道侧，为了栽植树木等，由路牙等分割的带状部分。

③ 中 央 分 车 带：车线双向方向隔离，为了确保侧方空地所设的带状道路部分。

④ 交　　通　　岛：为了确保安全与通畅，或者确保横断马路步行者的安全，在交叉点、车道分歧点等处设置的岛状设施。

⑤ 桥　　台　　面：位于桥墩下，为确保桥墩更换的道路用地

⑥ 出　　入　　口：把交叉道路的交叉部变为立体化，并使这些交叉道路相互联络的设施。

⑦ 斜 面 绿 地：道路用地内斜面中的绿化部分。

⑧ 墙 面 绿 化：道路用地内墙面中的绿化部分。

⑨ 环境设施带：为了保护沿道生活环境的道路的部分，由植树带、路肩、人行道等构成。

⑩ 绿 化 道 路：道路绿地与道路邻接公共设施的绿地成为一体的场所。

⑪ 其 他 绿 地：不属于上述设施的绿地（含街角的庭园）

a　步行道内绿地

b　路旁绿地

c　道路侧残留的绿化场所

⑫ 步行道栏杆：在狭窄宽度的步道的栏杆上缠绕藤本植物而进行绿化的场所

图 5-39　道路种植的基本配置（东京都）

间隔或一定比例，在直线和平行线上列植。

- 规则式种植适于强调整齐美的列植和行道树；自然式种植在舒适的休憩广场、休闲娱乐广场、人们重视的绿化道路、步行者专用道路等地应用效果良好（图 5–39 ~ 图 5–41，表 5–17，表 5–18）。

2）种植树种

- 为了夏季遮阳，冬季透光，通常优先选择落叶树种。
- 为了使树冠大、在树下碰不到头，枝下高要求 2m 以上的乔木。
- 为了能够充分遮阳，叶片要大，树冠不要太密实。
- 靠近树木时，没有恶臭、针刺、病虫害等。
- 即使根部经踩踏板结，但对生长发育影响小，树形优美。

3）行道树树种

- 种植乔木的树形为直干，枝下高 2.5m 以上。此外，原则上树高在 4m 以上，

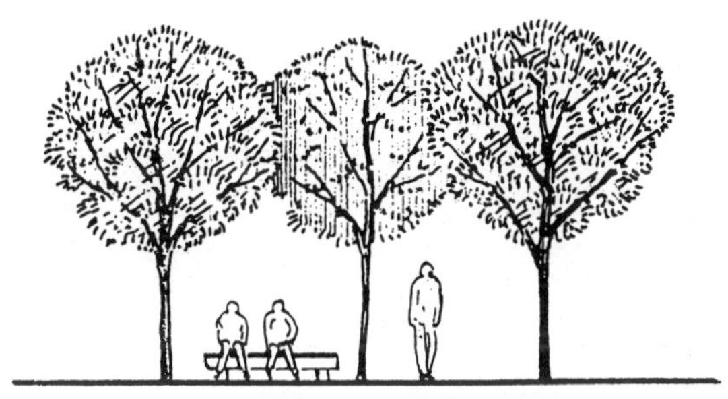

（引自《港湾緑地整備マニュアル》）

图 5–40 休憩广场实例

休憩广场种植参考实例 表 5–17

类型	概要	累计绿化覆盖率	100m² 所需树木棵数		
			乔木	小乔木	灌木
乔木主体型 3 层型	广场种植 高遮蔽率	60% 左右 130% 左右	5 棵左右 6 棵左右	— 10 棵左右	— 50 棵左右

（引自《港湾緑地整備マニュアル》）

图 5–41 娱乐广场种植的参考种植实例（成年树形）

与娱乐广场种植相对应的参考种植实例 表 5–18

类型	概要	累计绿化覆盖率	100m² 所需树木棵数		
			乔木	小乔木	灌木
乔木主体型 3 层型	广场的植栽 树林散步等	60% 左右 130% 左右	5 棵左右 6 棵左右	— 10 棵左右	— 50 棵左右

（引自《港湾緑地整備マニュアル》）

行道树用树　　表 5-19

行道树名	日名	汉字名	别名
银杏	银杏	银杏树，公孙树，(鸭脚树)	
悬铃木		(美国梧桐) 悬铃木（法国梧桐) (英国梧桐)	
三角枫		三角枫（唐枫，雅枫）	
樱花	染井吉野 山樱 里樱	染井吉野 山樱	（园艺种多） （变种，园艺品种多，一般园艺品种名）
榉树	榉树	榉，槐，(榉榆)	
槐树	槐树	槐，槐树，(鬼木，玉树)	
樟树	樟树	樟，(楠，香樟，脑木)	
柳树	垂柳	垂枝柳，(垂柳，垂杨，水柳)	
灯台树	灯台树	(花水木)	
梧桐	梧桐	梧桐（青桐，碧梧，碧桐）	
枫香	枫香	(枫香)	
杨梅	杨梅	山桃（杨梅，山樱桃，鹤顶红）	
北美鹅掌楸	北美鹅掌楸	百合木（百合树，半缠木）	
刺槐	刺槐	刺槐（真槐，拟合欢）	
七叶树	七叶树	七叶树（橡木，天师栗，枥）	

各种道路类型的绿化目标　　表 5-20

道路类型				种植地基本配置	种植形式	种植构成	树种构成
一般道路	城市居住地区	主要干线道路 干线道路		步、车道间植树带	原则 规则式种植	乔木 · 小乔木 · 灌木	在分析生长条件的基础上，根据周边现存植被树种构成以及必要的绿化功能
				隔离带		小乔木 · 灌木	
				宽的隔离带		乔木 · 小乔木 · 灌木	
				交叉点隔离带		灌木	
				交通岛		灌木，根据情况可以为乔木	
				环境设施带	自然式 · 规则式	乔木 · 小乔木 · 灌木	
		辅助干线道路 其他道路		步、车道间植树带	原则 规则式种植	乔木 · 灌木	
				步道车道植树			
	城市非居住地区	主要干线道路 干线道路	商业地区	步、车道间植树带	原则 规则式种植	乔木主体 · 灌木 · 草花	在分析生育条件的基础上，根据周边现存植被树种构成以及必要的绿化功能
				步道植树			
				隔离带等			
			工业地区	步、车道间植树带	原则 规则式种植	乔木 · 灌木	
				隔离带等		小乔木 · 灌木	
				宽的隔离带		乔木 · 小乔木 · 灌木	
		辅助干线道路 其他道路		步车道间植树带	原则 规则式种植	乔木 · 灌木	
				步道车道植树			
	地方的中心地区	主要干线道路 干线道路		步车道间植树带	原则 规则式种植	乔木 · 灌木	在分析生长条件的基础上，根据周边现存植被树种构成以及必要的绿化功能
				步道车道植树		乔木 · 灌木	
				隔离带		小乔木 · 灌木	
	地方的一般地匹	主要干线道路 干线道路		道路斜坡	自然式 · 规则式	乔木 · 小乔木主体	

续表

道路类型			种植地基本配置	种植形式	种植构成	树种构成
一般道路	风景区道路 城市代表道路	城市代表道路	根据种植带、步道等，隔离带等对象道路宽度，沿道状况等均匀配置	原则 规则式种植 广场等 可以自然式种植	乔木 · 灌木主体	在分析生长条件的基础上，根据周边现存植被树种构成以及必要的绿化功能
		风景区道路	道路立面等	原则 自然式	乔木 · 小乔木 · 灌木	由周边现存植被树种构成上决定
汽车专用道路	城市		植树带	自然式种植	高木 · 中木 · 低木多层构成	在分析生长条件的基础上，由周边现存植被树种构成以及必要的绿化功能决定
			隔离带	规则式种植	小乔木	
			道路斜面	自然式种植	绿化功能考虑	
	农村		隔离带	规则式种植	小乔木	
			宽的隔离带	规则式 · 自然式	小乔木 · 乔木	
			道路立面	自然式种植	绿化功能考虑	
	出入口		道路立面等（注意交通视距）	自然式种植	沿着路灯 乔木 · 小乔木 其他 乔木 · 小乔木	
	服务区		园地	自然式种植	乔木 · 灌木	
			外侧隔离带		乔木 · 小乔木 · 灌木多层构成	
			道路立面		绿化功能考虑	
汽车专用道路等以及步行者专用道路			道路立面广场等	自然式种植标准	乔木 · 灌木	根据周边现存植被树种构成决定
构造物周边等			遮声壁周围，构造物周边，停车场适合位置	原则自然式种植	与构造物等景观的协调以及绿量的增大 停车场乔木 · 灌木	根据周边现存植被树种构成决定

（引自《道路緑化ハンドブック》）

树干周长18cm以上的乔木（表5-19）。

- 种植间隔以6～8m为标准，但是根据地域条件不同有所差异。
- 树形整齐优美、直干，树干纹理、色彩优美。
- 树势强健耐整形修剪，枝条萌芽力强。
- 枝条密生，形态、色彩优美、卫生，夏季遮阳效果好。
- 原则上使用落叶树。
- 繁殖容易，生长快，移植简单。

4）道路绿化树种

- 树形优美，枝叶茂密。
- 健壮，对恶劣环境（大气污染等公害、干燥、瘠薄、热辐射等）的适应性强，生长力旺盛。
- 栽植养护容易，可以进行老树移植。
- 耐病虫害、台风等强风，可以实施强修剪、整姿，恢复力强。
- 没有毒性、刺毛以及臭味，不会给市民带来不适感。
- 能表现乡土特色的树种。
- 使用灌木等树种时，为了将来能维持种植时大小，在树种选择时，要充分考虑种植地的宽度与植物的树形，生长程度等。
- 小乔木种植主要使用常绿树。交叉路口和人行横道附近的种植要确保视野。
- 灌木种植主要使用常绿树。
- 中央分车带的种植，原则上分隔带宽度

道路绿化用树木 表 5-21

类型	针叶树	常绿树	落叶树
乔木	圆柏、雪松、松类（赤松、黑松、多行松）、水杉	蚊母树、栎类（铁椆、乌岗栎、青椆）、樟树、广玉兰、红楠、厚朴、尖叶栲、冬青、铁冬青、杨梅、交让木	梧桐、榔榆、银杏、梅花、桃花（含杏）、野茉莉、槐树、榉树、朴树、糙叶树、连香树、槭类（鸡爪槭、三角枫、红角枭）、樱花类（江户绯寒、大岛樱、寒山、垂樱、山樱）、紫薇、山茱萸、垂柳、星花木兰、椴树、玉铃花、玉兰、紫玉兰、七叶树、红花七叶树、白蜡、大紫茎、紫茎、乌桕、刺槐、合欢、灯台树、狭叶四照花、枫香、悬铃木、槭叶枫香、北美鹅掌楸
小乔木		钝齿冬青、光叶石楠、含笑、金桂、银桂、月桂、茶梅、珊瑚树、西洋大叶樱、山茶属、棕榈、柊树、枸骨、厚皮香	落霜红、荚蒾、海棠（花海棠）、石榴（花石榴）、西洋白蜡、白蜡、西南卫矛、锦带花、溲疏、紫荆、金缕梅、美国金缕梅、中国金缕梅、木槿、丁香、蜡梅
灌木	枷椤木、球形圆柏、低矮松柏类、岸刺柏、偃柏	桃叶珊瑚、马醉木、六道木、重瓣栀子、栀子、小栀子、山月桂、寒山茶、石斑木、瑞香、踯躅类、海桐、南天竹、六月雪、海边柃木、十大功劳、狭叶十大功劳、西洋黄杨、草珊瑚、朱砂根、矮金牛	八仙花、金雀儿、金丝梅、金丝桃、麻叶绣线菊、连翘、光叶绣线菊、踯躅类（灯笼花、三叶杜鹃、山杜鹃）、郁李、麦李、日向四照花、穗状蜡瓣花、芙蓉、贴梗海棠、牡丹、芍药、胡枝子、紫珠、小紫珠、棣棠、绣线菊、李叶绣线菊、毛樱桃
攀援植物		珍珠莲、南五味子、常春藤、络石、木通	爬山虎、南蛇藤、铁线莲、凌霄、藤本月季类、紫藤
特殊树木	丝兰、龙舌兰、棕榈、瓶子兰类、椰子类		
竹类以及地被	东根竹、倭竹、箬竹、其他竹类、龟甲冬青、草坪草（结缕草、沟叶结缕草）、顶蕊三角咪、麦冬		

在 1.5m 以上，宽度在 4.0m 以上时可以栽植乔木（表 5-21）。

（7）遮蔽种植

遮蔽种植是指除了用于遮掩外观上不美观的场所、构筑物和工作物等，为了保护个人隐私，阻挡从外部看进内部的视线和视野等之外，还用于以防止汽车等的光线、汽车尾气或者从广场等飞来的尘土和土砂等为目的的种植（图 5-42，图 5-43）。

在行道树的间隔为树冠直径的 2 倍以下注视前方时，侧方的遮蔽对象物被行道树遮挡，不能看清被遮挡的对象。这是因为在人类视野先端部知觉低下的原因。另外，在视角 30° 以内的前方如果行道树重复，侧方的视线会被完全遮挡。

视点的位置大致确定时，为了遮蔽对象物，应在视点与对象物之间栽植树木。

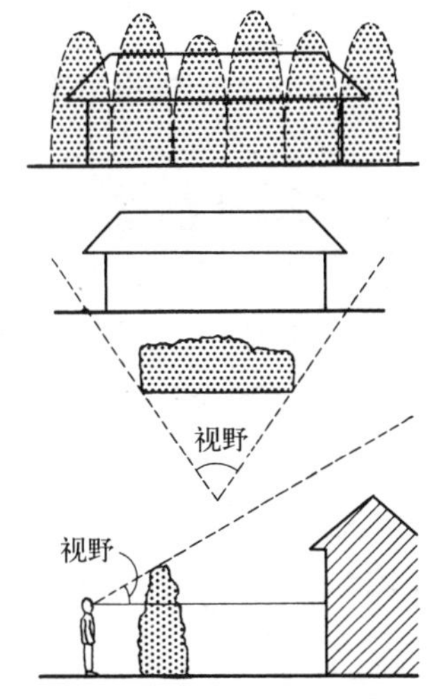

图 5-42　视野与遮蔽种植的位置

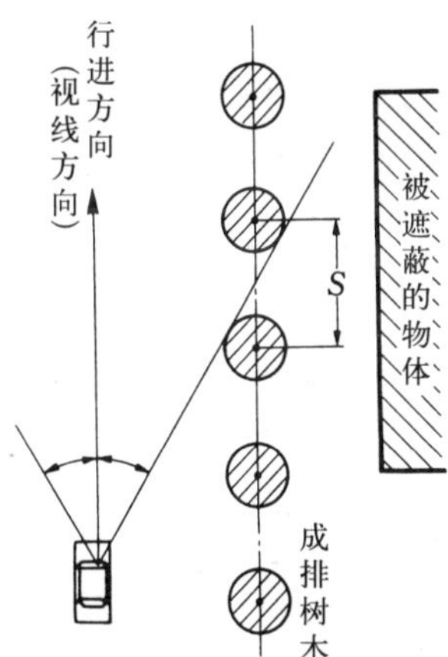

图 5-43　行走时的成排树木和遮蔽物的关系

1）种植构成

- 根据遮蔽物的对象和遮蔽程度，改变种植的宽度、形状和密度。
- 外观上，为了尽早达到保护隐私的效果，采用树冠相连的一列种植。

图 5-44　遮蔽种植实例

- 需要达到一定高度的情况下，把乔木修剪成高篱状，或在金属网上使用藤本植物进行绿化。
- 根据种植宽度要求，可以采取交互式二列种植，或者把乔木、小乔木、灌木进行组合构成复层种植的效果较好。

2）种植树种

- 常绿树是最理想的，但根据遮挡程度也可以使用落叶树。
- 树冠大，枝叶细密，下枝不上扬。
- 生长快，萌芽力与耐修剪能力强。
- 抗病虫害能力强，容易管理。

遮蔽种植用树木　　表 5-23

类型	树种
针叶树	赤松、罗汉柏、圆柏、粗榧、侧柏、日本扁柏
常绿树	铁椆、钝齿冬青、乌岗栎、光叶石楠、夹竹桃、樟树、珊瑚树、青椆、尖叶栲、女贞、枸骨、日本毛女贞、桂花、冬青、厚皮香
常绿灌木	桃叶珊瑚、海桐、假叶树、柃木、火棘、冬青卫矛、八角金盘

与遮蔽种植相对应的参考种植实例（成年树形）　　表 5-22

类型	概要	累计绿化覆盖率	100m² 所需树木棵数		
			乔木	小乔木	灌木
3 层型	高遮蔽率	130% 左右	5 棵左右	15 棵左右	40 棵左右

（引自《港湾緑地整備マニュアル》）

（参考）**利用种植的遮蔽理论**

如图 5−45 所示，人、遮蔽种植和遮蔽对象物位于同一水平面上。

$$\tan \alpha=(h-e)/d=H-e/D$$

e：眼睛的高度，人在站立时为 150 ~ 160cm，坐着时为 110cm，开车坐在驾驶席上时为 120cm。日本情况如下：在室内就座时，榻榻米上为 70cm，榻榻米高 45cm 则为地上 115cm，坐在西洋式的沙发上时为 100cm，为室内地面 +100cm 左右。根据此时的状况进行实测。

α：眼睛和遮蔽物最上部形成的垂直角（实测或者求算）

β：眼睛和遮蔽物最下部形成的垂直角（同上）

H：遮蔽物高度（实测）

h：遮蔽种植高度

D：视点和遮蔽物之间的水平距离（实测）

d：视点和遮蔽种植之间的水平距离。

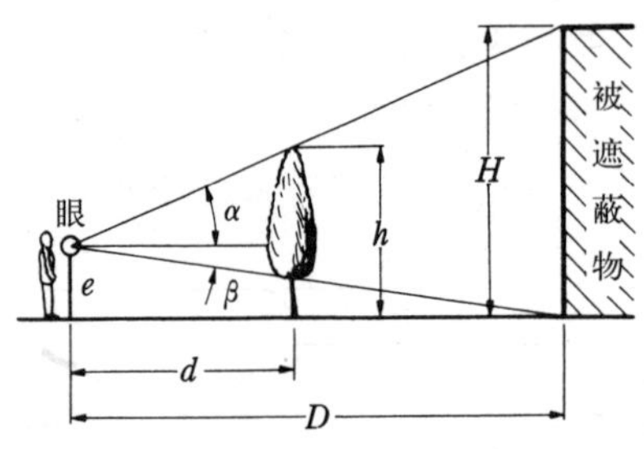

图 5−45　遮蔽种植与被遮蔽物的关系

（8）隔离（绿篱）种植

隔离种植是指作成绿篱状的，除了禁止进入、表明界限的作用之外，还具有遮蔽、通风调节、防火、防尘、日照调节等功能的种植。

在设计绿篱时，要充分把握种植地的自然环境条件和规划目的，并选择适当的绿篱植物种类。

绿篱有内篱和外篱之分，外篱有高篱和低篱（境界绿篱）之别。内篱根据材料分为藤本植物篱、混植篱、竹篱、花木篱、草木篱、小果树篱等。

1）种植的构成

- 主要为防止进入，采用四格篱与金属栅栏等并用的方式。
- 当绿篱起边界作用时，比起境界线来，绿篱厚度要在长成后的 1/2 上下时栽植植物。有时根据情况使用带刺的树种。
- 防风用高篱的设置位置要朝当地主风向的方向种植。
- 在难于种植绿篱植物的狭窄场所，可利用藤本植物攀援金属丝栅栏的方式。

2）树种选择

- 尽量选用常绿树。
- 选用叶、枝皆佳、外姿雅致、优美者。
- 萌芽力强，耐修剪。
- 枝叶密生，下枝不易枯萎。
- 生长旺盛，病虫害少。
- 侧根发达，容易移植。

3）竹篱的选择

- 没有地下茎，如果有也是短小者。
- 选择即使叶小、密生时，内部也不枯萎者。
- 萌芽力强，寿命长。
- 节间多芽，耐修剪。

绿篱种植用树　　表 5−24

类　型	树　　种
针叶树	罗汉柏、东北红豆杉、圆柏、粗榧、罗汉松、龙柏、枷椤木、侧柏、日本花柏、日本柳杉、铁杉、北美香柏、日光花柏、日本扁柏、桧柏、雪松
常绿树	铁椆、钝齿冬青、乌岗栎、树参、光叶石楠、夹竹桃、茶梅、珊瑚树、尖叶栲、青椆、米槠、女贞、日本毛女贞、柊树、枸骨、石栎
落叶树	银杏、杨树
常绿灌木	桃叶珊瑚、马醉木、六道木、钝齿冬青、瑞香、茶树、杜鹃类、六月雪、海边柃木、火棘、十大功劳、柃木、冬青卫矛、龟甲冬青
落叶灌木	溲疏、枸橘、麻叶绣线菊、灯笼花、玫瑰、月季类、贴梗海棠、木槿、绣线菊、连翘
藤本植物	木通、爬山虎、南五味子、金银花、常春藤、南蛇藤、藤本月季、扶芳藤、凌霄、木天蓼、三叶木通、七姐妹藤

绿篱树种（根据目的 · 用途分类）　表 5-25

类　型	树　　种
速　生	（针）日本花柏、日本柳杉，（常）日本毛女贞，（常灌）火棘、冬青卫矛，（落灌）溲疏、枸橘
慢　生	（针）东北红豆杉、桧柏、罗汉松、日本金松（常）钝齿冬青、栎类、山茶
耐修剪	（针）罗汉柏、东北红豆杉、中国粗榧、日光花柏，（常）栎类、光叶石楠、夹竹桃、珊瑚树、栲类、柊树、冬青，（常灌）茶树、瑞香、海边柃木、火棘、冬青卫矛、龟甲冬青，（落灌）灯笼花
高篱	（针）罗汉松、黑松、日本柳杉、日本扁柏、雪松、短叶土杉，（常）栎类、珊瑚树、栲类、红楠、山茶、石栎，（落）银杏、杨树
有刺	（常）柊树、枸骨、十大功劳，（常灌）月季类、火棘类（落灌）枸橘、贴梗海棠、小檗
海岸地带	（针）短叶土杉、桧柏、黑松，（常）夹竹桃、珊瑚树、红楠、杨梅，（常灌）石斑木、海桐、海边柃木、冬青卫矛

注：针→针叶树，常→常绿树，落→落叶树，常灌→常绿灌木，落灌→落叶灌木

绿篱树种（根据绿篱种类分类）　表 5-26

类　型	树　　种
边界绿篱	罗汉柏、钝齿冬青、乌岗栎、杨桐、茶梅、日本花柏、柊树、枸骨、日本扁柏、厚皮香
土坡绿篱	钝齿冬青、石斑木、瑞香、球形圆柏、灯笼花、海边柃木、龟甲冬青
花木绿篱	溲疏、迎春、栀子、杜鹃类、南天竹、西南卫矛、贴梗海棠、绣线菊、郁李、连翘
混合绿篱	钝齿冬青、寒山茶、小野珠兰、伞形花石斑木、球形圆柏、杜鹃类、灯笼花、瑞香、海边柃木、柊树、十大功劳、柃木、金丝梅、龟甲冬青、小檗
竹篱	东根竹、方竹、箬竹、紫竹、淡竹、丰后竹、凤尾竹、人面竹
藤本绿篱	木通、转子莲、铁线莲、贯叶忍冬、南蛇藤、络石、凌霄、南五味子、七姐妹藤
草本绿篱	牵牛花、落葵、苦瓜、葫芦、倒地铃、瓠子、茑萝
果树绿篱	木奶子、树莓、枸杞、木半夏、郁李、海棠、重瓣茶藨子、高大越橘、毛樱桃

- 病害虫少，外观优美。

（9）生态种植

以自然生态的保护、恢复为目的的种植，尽可能保持与当地自然相近的状态。

该种植方法是以植物生理学、植物生态学、林学、造园学等学科为基础的，应用生态学领域研究的内容，适合于大面积的情况，是建造所谓的为了恢复自然的“森林”地最重要的种植手法。

生态种植的主要因素如气象因子、土壤因子、生物因子、人为因子等环境条件综合起来对植物发挥作用，此外，植物个体与种类之间既能共存，又进行激烈的竞争，这些因素相互作用以及各自的立地条件相适应构成了特有的植物群落。因此，这不是个体水平上的问题，而是群体水平上的问题。

对有关东京都的冲积洼地、武藏野台地、丘陵地的植被情况分析发现：自然植被以尖叶栲－矮金牛群落、青椆群落、榉树亚群落为代表，代偿植被以麻栎－枹栎群落、鹅耳枥群落、枹栎－栗子群落以及红松－枹栎群落为代表。

现有的环境中，在不存在群落成立条件的情况下恢复自然植被非常困难，短期内恢复几乎是不可能的。

代偿植被的恢复从其过程分析比较容易，在进行群落种植时，首先进行代偿植被的复原，进行培育管理促进土壤微生物的物质循环，调节林内光量。要达到长期的绿化效果，必须进行植被的复原或代偿植被的维持。

根据目的、功能、环境条件，种植手法，分为如表 5-27 所示的四种：①生态的手法；②林业的手法；③造林的手法；④造园的手法。

1）种植构成

- 以次生林为目的的情况下，落叶树的树苗（高度 1 ～ 1.5m）按照 $1hm^2$ 面积内

2000 株的密度种植。

- 以极相林为日的的情况下，相同密度下，落叶树与常绿树的比例以 7∶3 进行种植。
- 为了保护这些种植地，有必要在四周外围采取防护种植。此时，在一定时期内可以考虑禁止人进入种植地。
- 考虑到将来的植被多样化，生物生息空间、排水等应当尽量使地形起伏，设置池塘和溪流。

2）程序表（图 5–46，图 5–47）

种植手法的探讨 表 5–27

手法的分类	目的、要求	投资	时间	植被生长结果	技术	特征
1. 生态的手法	自然恢复、森林培育	投资小	相当长期	从自然迁移到极相林	应用生态学	作为技术注意维护工作。经过一定时间后，放任于自然发展
2. 林业的手法	防止风沙和水土流失、生产用材	最小限投资	一定长期	从第一次人工林到防灾林	林业技术	期待着依靠绿肥树木进行土地改良，利用代偿植被
3. 造林的手法	减弱风速	效果的投资	短时间	群落的绿地（演替的可能性）	林业、造园 } 综合技术	给予土地生态的可能性，首先使强健者稳定下来，然后在其庇护下向下一步的风景植被演替
4. 造园的手法	营造景观	投资大	短时间	庭园的景观林	造园技术	调整有限度，要求的景观有时会难以实现

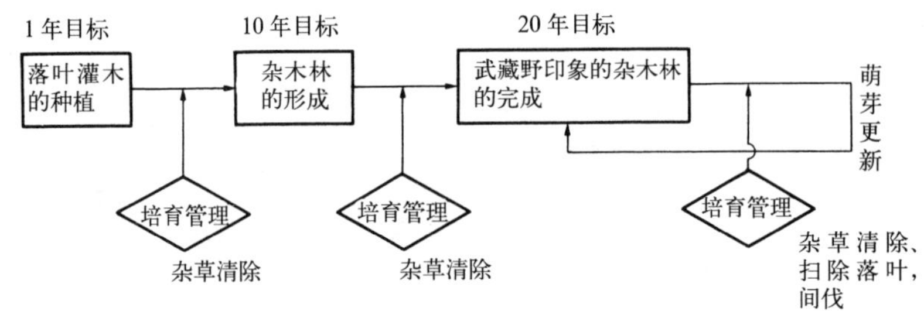

图 5–46 代偿植被（次生林）的复原

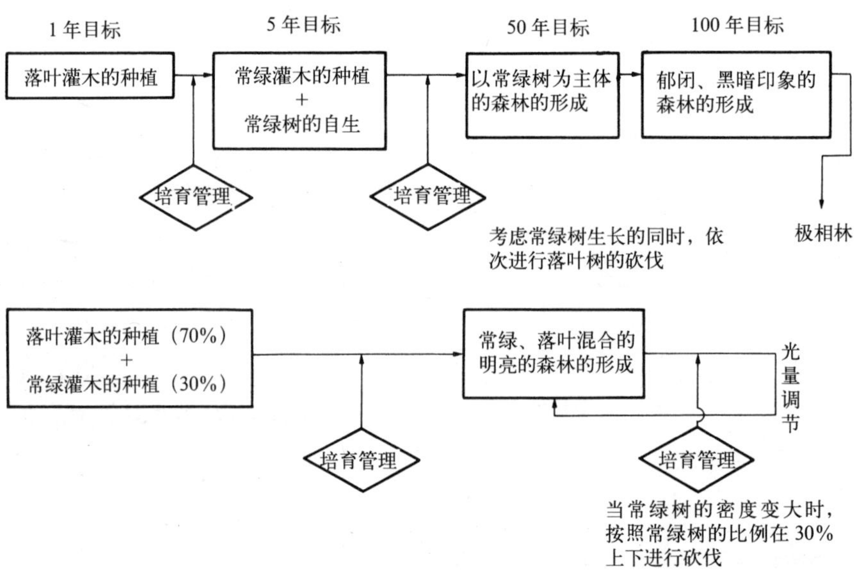

图 5–47 自然植被的复原

5.4.2　树木的景观设计

景观设计是根据基本设计方针，以种植基本规划所制定的景观构成规划图和景观印象草图为基础，对种类构成、配植形式层次构成等基本事项进行分析，最后总括为景观构成设计图。

（1）种类构成（平面）

1) 常绿树和落叶树的比例

树木的种类有常绿树、落叶树、针叶树等。

对树种的景观特性进行考察后发现，针叶树中的落叶性针叶树给人明亮、舒畅的感觉。海边林的代表树种为黑松，虽然为常绿树，但透光率高，一年中始终保持明亮，在轻快之中带有厚重的感觉。

常绿树与落叶树相比，一般生长慢，不耐瘠薄和干燥，缺乏萌芽、再生力，具有黑暗、重厚的感觉，使人沉着，营造出庄严肃穆的气氛。

落叶树，冬季明亮通透，具有包容力，给人亲和感。夏季郁蔽，但与常绿树不同，光线通过枝叶空隙显得明亮轻快。此外，新绿、红叶、落叶等富有四季变化。

特殊树木给人带来富有南国风情的放松感，竹类等富有日本庭园的意境和田园野趣。

单一树种构成的林地，植被形态明显，空间单纯明快，能够表现树木形质的群体效果。但是在公园等场所，这种单一树种构成的树林对鸟类、动物等的栖息环境不利，有时还会导致病虫害等毁灭性的危害。

由针叶树、常绿树、落叶树等多种树木构成的组合植栽地，通过统一处理可提高景观效果。

常绿树与落叶树比例不同导致繁茂率有差异。在冬季，这种差异更大。

在公园中，为了使种植景观产生对比效果并强调重点，应该种植适当比率的常绿树和落叶树。在一般的种植地中，常绿阔叶树与落叶阔叶树的比例为 3 ∶ 7。

道路绿化方面，选择常绿树、落叶树，还是混合应用，需要考虑沿途的景观和种植的主要功能。

常落比和繁茂率　　表 5–28

群落常落比	夏季繁茂率	冬季繁茂率
3：7～0：10	94.2%	41.7%
10：0～7：0	91.5%	84.0%

按城市公园的类别调查常绿树与阔叶树的具体比率可以看出，综合公园、运动公园、动物园和庭园等常绿树的比率高。街区公园、近邻公园、地区公园、植物园、广域公园等落叶树的比率高。

从东京都立公园种植的树木来看，乔木中的针叶、常绿、落叶树的使用情况：针叶树主要是在构成林冠线，现在使用量处于减少或者维持不变，大约每年的使用率为 10%。

常绿树主要作为基本的绿量和植栽骨架来使用。自 1965 年始，数年追求“防公害树木”而多用了防噪音、防尘植栽的树木，近年来这些树种的使用量有减少的倾向。

近年来落叶树的使用比率正在增加，这与常绿树使用比率减少的倾向有关。落叶树作为重点景观的花木，可以营造四季变化（萌芽、嫩叶、浓绿、红叶、落叶、裸木）的景色。近年来，为了表现武藏野的特色和营造次生林景观，大量使用了麻栎、枹栎、鹅耳枥等杂木类树种，使落叶乔木的使用比率有所增加。

从灌木中的针叶、常绿、落叶树使用的变化状况来看，常绿树的使用量远比落叶树高，常绿树的使用率约为落叶树的 4 倍。

但是，近几年来落叶灌木的使用量正在增

多，和落叶乔木的增加成正比。

常绿灌木，尤其是杜鹃类（大紫杜鹃、杜鹃、久留米杜鹃等）正在被大量使用。

八仙花、连翘、灯笼花等代表季节特征的、色彩鲜明的观赏花木类也正在被大量使用。

针叶灌木的使用比率非常少。

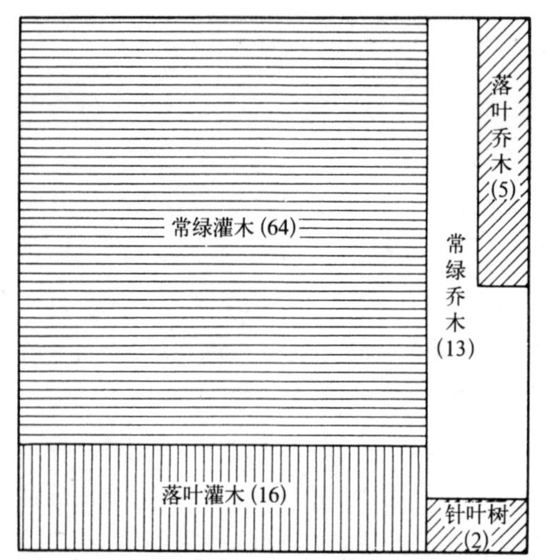

图 5–48　栽植树木使用状况比例（乔木・灌木，针叶・常绿・落叶树）

东京都的道路树中，落叶与常绿的构成比中落叶树有减少的倾向。

（参考）**明暗的分配系统**

明亮色彩系列……特别是落叶树树皮视觉效果强的例子

白色系	绿色系	黄褐色系	赤褐色系
白桦	梧桐	华东山柳	紫茎

暗色彩系列……特别是常绿树树叶的视觉效果强的例子

暗绿色系	浓绿色系	青绿色系	绿褐色系
日本柳杉	日本扁柏	青橺	尖叶栲

2）树木与地被植物的比例

作为种植构成的基础单位，把握树木、地被等景观和功能特性至关重要。

树木（林）给人以垂直感，草坪等地被植物则给人以水平的扩展感。

树木在生态上具有防潮、防火、防风、防噪音、遮光等重要作用，地被植物则主要具有运动、娱乐的作用。

另外，在人为干扰少的树林中，树木与地被植物的数量和规模都大，表现出“丰富绿色”的景观特色。

从不同的城市公园来看，自然林比例高的有综合公园，风景公园，动、植物园，历史公园，广域公园等。人工种植林地比例高的有街区公园、近邻公园、地区公园、庭园等。草坪地比例高的是运动公园。

3）季节感的表现

在种植景观设计中，四季应时植物通过花的开放、叶和果实的色彩、香气等表现季节感和丰富的空间感。

在满足种植的目的和功能的同时，季节感的表现通过在春、夏、秋、冬的循环周期中进行组合，注重景观调和。

设计时，必须做到事先充分把握植物材料的特性（详情参照第 2 章的种植植物）。

（参考）**花期的逐渐变化型配置实例**

- 对梅花、山茶、樱花等有很多种、品种的树木，在树形、花期等方面存在差异者应避免混合使用（图 5–49）。
- 可以进行花期的随机抽样型配置。

（2）配植形式

树木的配植分为整形种植和自然种植，又可分为构成种植、技巧种植以及不同作用树木等。

整形种植以行道树等为代表，注重功能、种植、管理等作业的合理性。

种植构成一览表　　表 5–29

公园种类	构成比例（%）						乔木形状尺寸比例（%）								种类比例（%）		
	自然林	种植林地	草坪地	草地	花坛	其他	15cm以下	15～29cm	30～59cm	60～99cm	100～139cm	140～209cm	210～299cm	300cm以上	针叶	常绿阔叶	落叶阔叶
街区	8.6	58.9	21.6	9.2	1.4	0.3	12.3	41.3	24.7	14.8	5.5	1.3	0.1	0.0	18.1	38.6	43.3
近邻	13.8	42.4	28.8	12.5	0.3	2.2	20.5	31.3	33.8	10.4	1.8	0.6	0.9	0.9	21.3	30.6	48.1
地区	30.4	32.6	24.8	10.0	0.2	2.0	18.3	24.0	39.4	13.9	3.1	1.0	0.2	0.1	27.5	21.1	51.4
综合	52.1	21.6	17.3	7.0	0.2	1.8	12.3	16.3	18.4	29.0	13.1.	7.1	3.2	0.6	21.2	46.7	32.1
运动	33.4	20.3	33.1	9.8	0.1	3.3	26.6	38.1	22.4	6.7	1.6	1.3	0.3	3.0	16.7	49.0	34.3
风景	67.3	16.9	2.6	10.5	0.3	2.4	4.9	26.0	53.4	11.3	2.4	1.1	0.6	0.3	45.4	20.1	34.4
动物园	46.2	41.0	6.8	5.0	0.5	0.5	5.7	17.6	42.6	26.0	6.1	1.3	0.5	0.2	22.8	39.4	37.8
植物园	43.5	26.3	14.8	9.6	1	4.9	26.7	11.6	16.7	27.0	16.7	1.2	0.1	0.0	6.6	32.7	60.7
历史	48.6	26.3	7.9	13.3	0.1	3.8	29.6	18.5	22.9	14.8	6.5	6.3	1.2	0.2	22.8	39.4	37.8
广域	54.6	18.9	14.0	11.3	0.3	0.9	37.7	29.1	25.5	6.1	1.2	0.4	0.0	0.0	30.6	27.7	41.7
庭园	8.4	58.3	18.8	9.9	0.4	4.2	2.1	70.5	8.6	10.1	5.0	2.6	0.8	0.3	11.8	58.1	30.1
其他	46.0	31.9	13.8	8.1	0.1	0.1	25.9	21.6	44.9	5.1	1.8	0.7	0.0	0.0	8.9	70.3	20.8
全国平均	37.7	32.9	17.1	9.7	0.4	2.2	18.6	28.8	29.3	14.6	5.4	2.1	0.7	0.5	20.5	40.2	39.3

有效回答 400 余个公园的平均种植构成

（引自《公園管理基準調查報告書》）

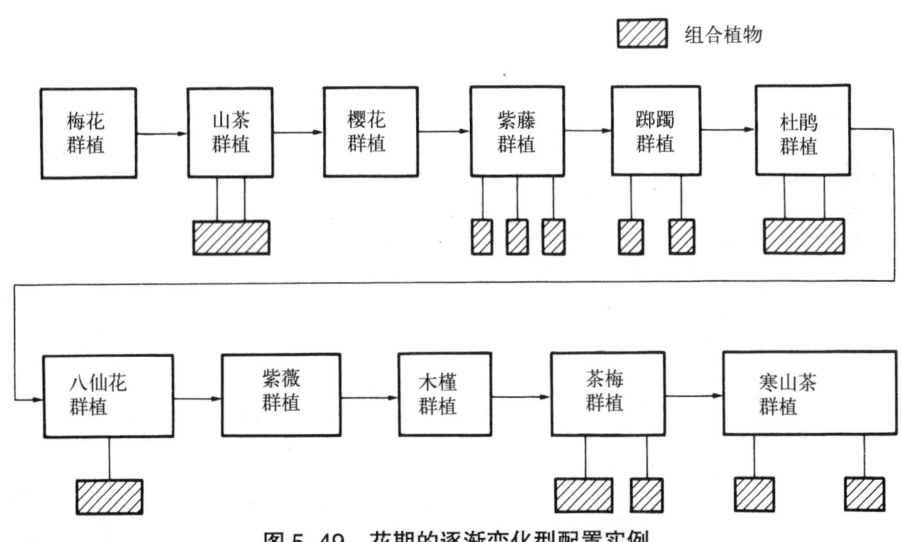

图 5–49　花期的逐渐变化型配置实例

自然种植从景观的特性出发在庭园等的种植中被广泛应用。根据植栽的多样性，而不是从庭园的形态出发，自然种植包括：①构成种植，②技巧种植，③象征种植，④写实种植，⑤功能种植，⑥美学种植。单纯的种植也包含复杂的要素，这些保持着紧密关系的要素构成了种植。

1）构成种植

根据构成又可分为：①平面式构成种植，②立面式构成种植，③绘画、插花式构成种植，

④数量式构成种植，⑤关联、对立式构成种植，⑥协调式构成种植，⑦位置（要点）式构成种植等。

①平面式构成种植

包括线状种植、面状种植、带状种植等（图5–50～图5–52）。

线状种植有一列、二列、数列的直线或曲线的整形种植，以表现优美的线条种植。

面状种植利用单棵树和群植树种植，具有面的扩展感，考虑内部种植、两边种植、全周种植、全面种植等整形或自然的图案。

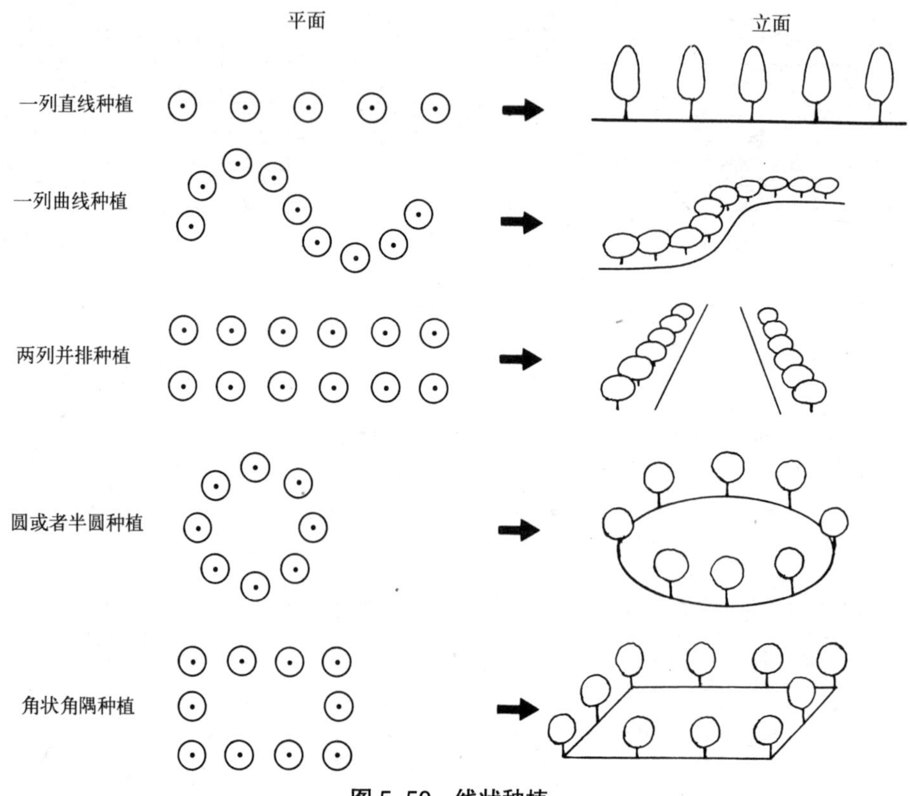

图 5–50　线状种植

图 5–51　面状种植

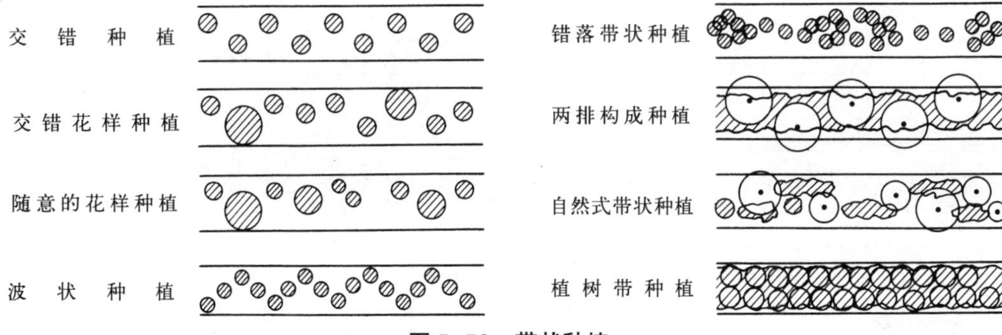

图 5-52　带状种植

带状种植在带状的种植地进行，配植方法有交错种植，交错花样种植，随意的花样种植等。

②立面式构成种植

立面种植包括种植的立面形态和立面图案(图 5-53，图 5-54)。

种植的立面形态有凸形（中间高）、凹形（中间低）、斜形（一侧高）、水平形等构成，也能表现像八岳山、筑波山等的形状。

种植的立面图案根据树木的组合能够表现出如音乐节奏的形态。

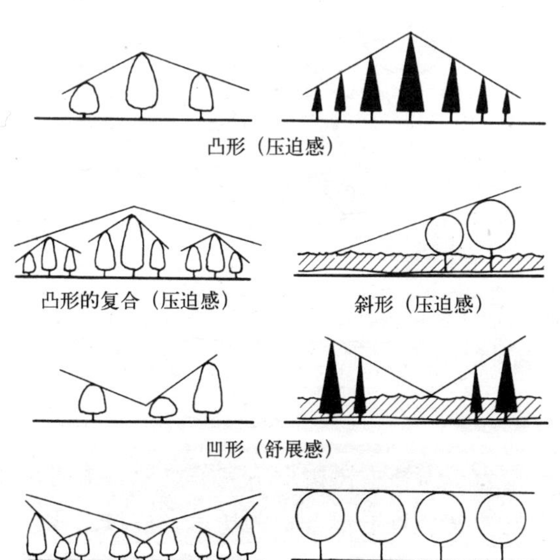

图 5-53　立面种植

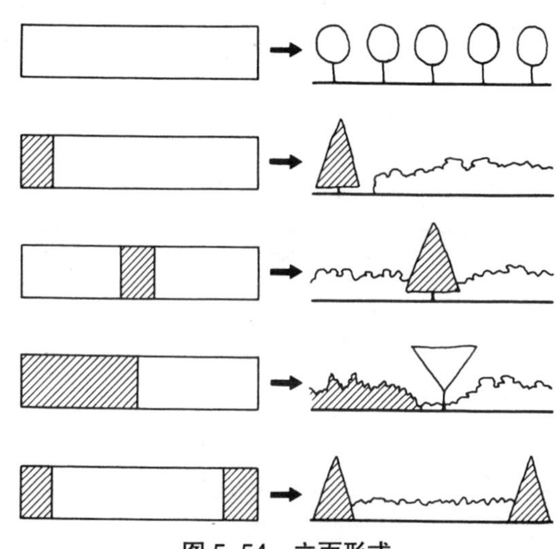

图 5-54　立面形式

③绘画、插花式构成种植

绘画式种植和插花式种植被称为日本庭园种植的独特手法，利用以前的绘画构成，与花道的真、行、草基本形或者天地人三才的手法，种植庭园树木的方法(图 5-55，图 5-56)。即使今天庭园的群植形式，也是基于插花比例和绘画构图的方法进行配植的。此外，在被称为三角艺术的盆景中，以不等边三角形的各顶点的配植形式作为一个复合单位，然后由三个复合单位构成总和单位。

法国著名印象派画家保罗 · 塞尚的《牛奶罐与苹果》是表现重量和安定感的著名绘画作品。以此为启发，不等边三角形的手法被应用在种植设计中。

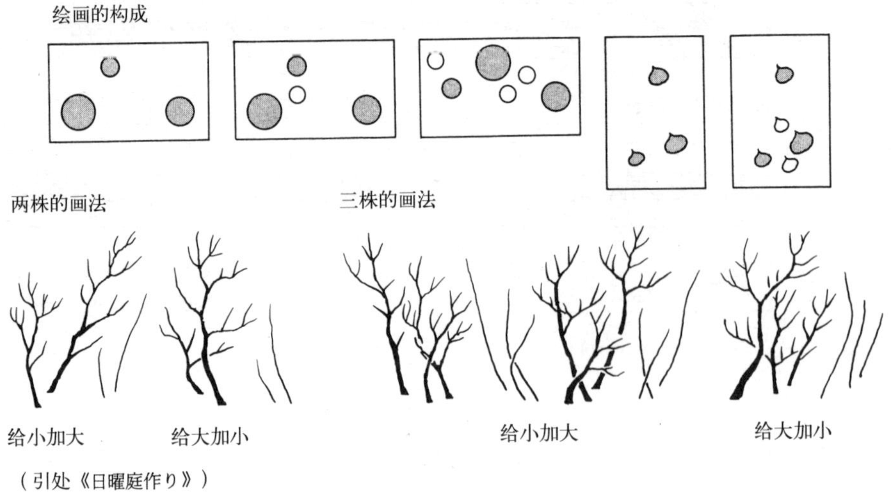

绘画的构成

两株的画法

三株的画法

给小加大

给大加小

给小加大

给大加小

（引处《日曜庭作り》）

图 5–55 绘画式种植

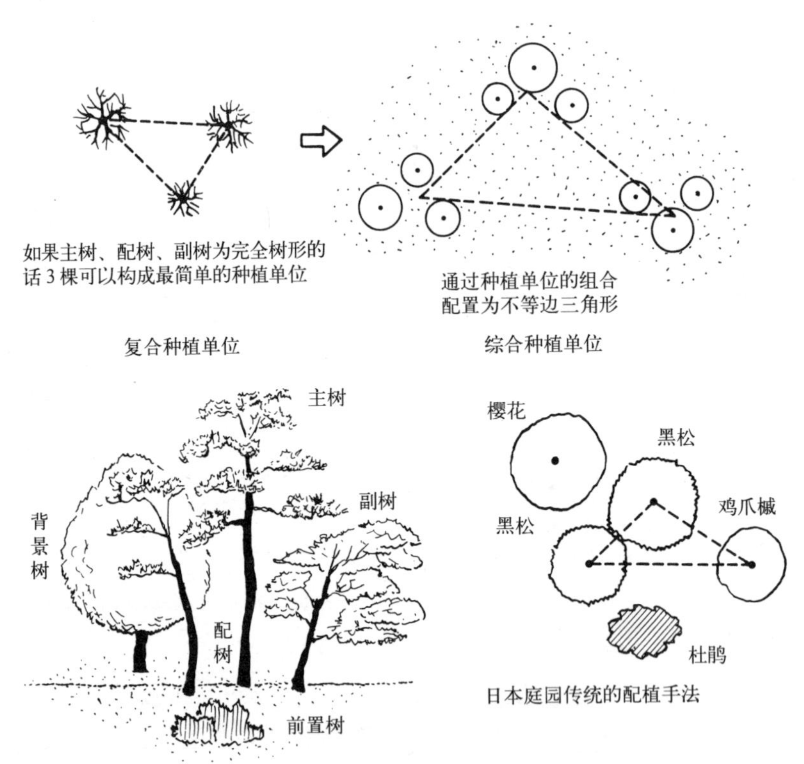

图 5–56 群植种植

种植单位由以下树木构成。

● 主树

作为群植的中心存在，成为主景树，要求树要高，树干、树形美丽，树冠开张，支配整体的群植树木。

● 配树

为了弥补主树树形不完美之处，或者为了与主树相配合而配植的树木，应该选用与主树相调和的树木（以与主树为同种的树木为主）。

● 副树

为了与主、配树相对比而栽种的树木，使用与主树、配树不同的树种（针叶树→阔叶树，常绿树→落叶树），主树作为顶点构成不等边三角形，在协调平衡的基础上栽植。

● 前置树

当主树、配树、副树构成的景观不完全的情况下，作为补充，在立面上使树冠线和地表相连接的植栽。

● 背景树

根据种植单位配植的树木群的背景不完备时，为了弥补该缺点而栽种的树木。一般而言，选用常绿阔叶树，枝叶密生、树枝开展的树种较为合适。

④数量式构成种植

日本在过去的庭园种植中，喜欢用阳数的奇数如一棵、三棵、五棵、七棵进行栽植。

一棵种植，作为具有强烈表现的单位，最能发挥树木本身的美学价值。

例如，在庭园中种植 1 棵树时，应种于最重要的位置，选则树木形态时，在日本为自然形的枝干优美者，在西洋为整齐美丽者。

二棵种植，作为配合相称的构成单位，在日本神社佛堂等庄严、肃整的地点使用。另外，左右对称的情况树种可以不一样，在庄严中表现出轻松、亲和感。例如紫宸殿左侧是樱花，右侧是柑橘。

三棵种植与一棵种植、二棵种植相对，一棵是点的种植，二棵是线的种植，三棵则构成平面。另外，三棵的种植可以使人想象到不等边三角形，具有安定感，也可与其他易于关联的形状相搭配，逐渐配置形成优秀的种植景观。

五棵种植可以考虑以 1 棵为中心的种植，与二棵、三棵的种植构成均衡栽植。

⑤关联、对立式构成种植

2 棵树木种植的间距，决定了 2 棵树木之间是关联还是对立的感觉关系。

树木的高度分别为 H_1，H_2，树木的距离为 L 的情况下，$L < H_1+H_2$，树木的高度之和大于间距时，表现出关联性；$L > H_1+H_2$，树木的高度之和小于间距时，表现出对立性。另外，在对立的情况下再加进 1 棵树就表现出关联性。在同一树种的情况下以上关系成立，如果树种和树形不同的情况，即使是关联的关系也表现出对立性。

⑥协调式构成种植

不同种类树木的群植之间通过栽植其他树

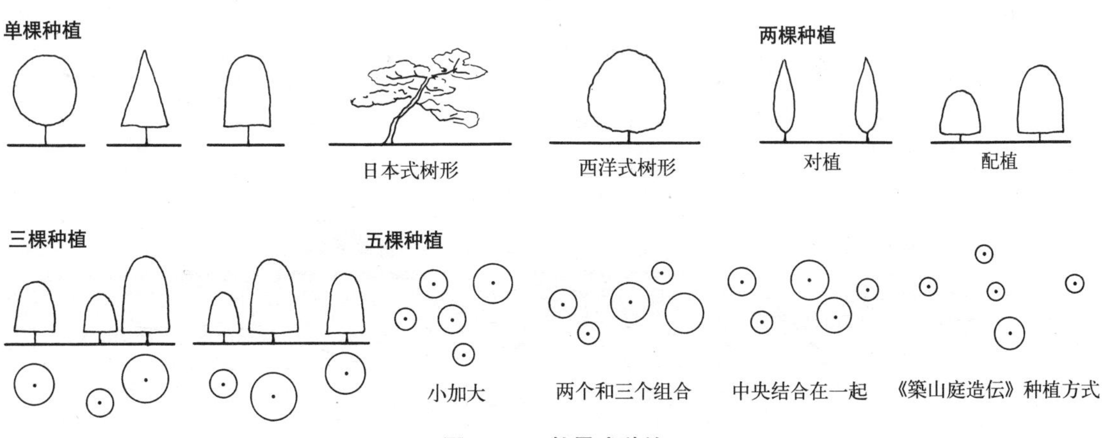

图 5–57　数量式种植

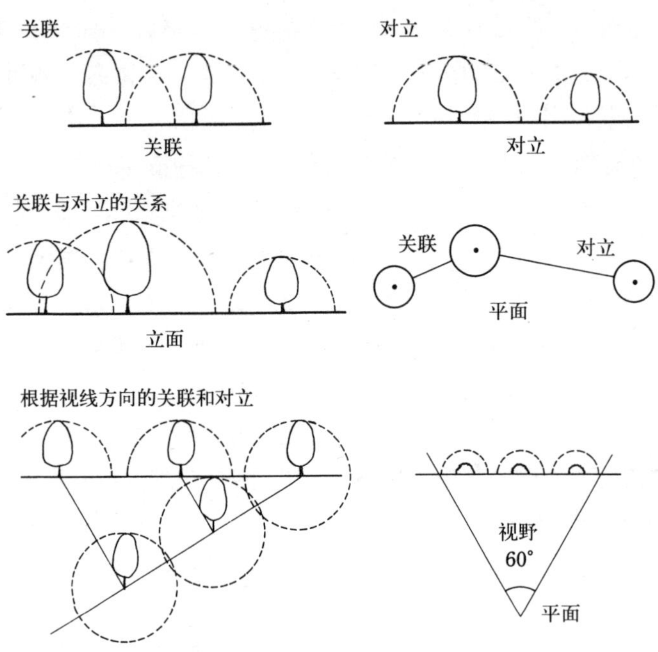

图 5-58　关联、对立式种植

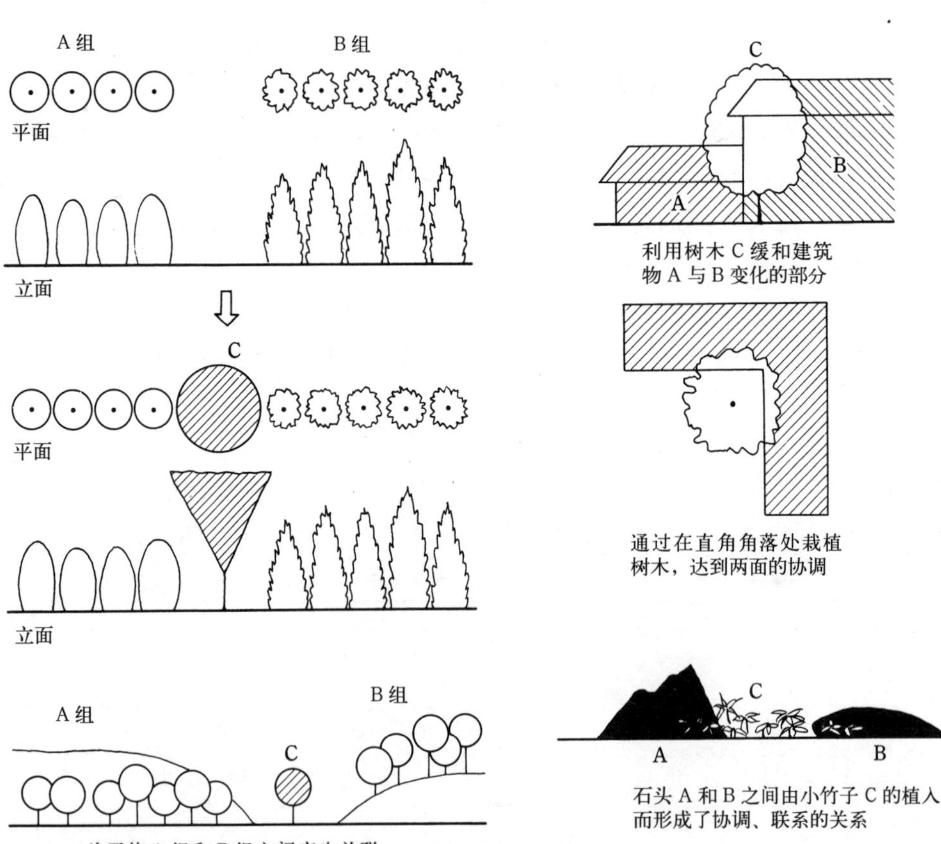

图 5-59　联系、调和的种植

木取得关联性、使群植全体成为有关联的栽植，或者即使群植之间有关联性但有不适感时，为了协调而栽植其他树种的种植，这是配植上常用的手法。

例如异形的建筑物之间种植树木达到协调的目的，在两个石头之间配植灌木等达到协调的目的。

⑦位置（要点）的构成种植

平面形、立面形、立体形等都有各自的要点，例如在圆形的中心和圆周，矩形对角线的交点和四个角点，线段的中心点和黄金分割点（比例为 1∶1.618）等。

另外，在建筑物周边栽植的要点，有左右对称合适的点、一侧添景协调的点、构成画框的建筑物两端附近的点等。

在这些重要位置上不单单考虑配植，还应考虑到石头的大小等，进行各种各样的研究。

2）技巧种植

通过种植，树木比实际显得更为宽大，使空间感觉比实际上更宽广、更有纵深感的配植。

例如，为了使没有纵深感的庭园增加其纵深感，应用叶片细小、叶色深的树木当作远景种植在庭园较远处，而叶片粗大、叶色浅的树木种植在近处。此外，在庭园边缘配置绿荫树，透过枝条眺望庭园，或在中间处的一部分栽植植物，这会使得庭园比实际上更有深远感。

这样的配置和配植是技巧的一种方法。

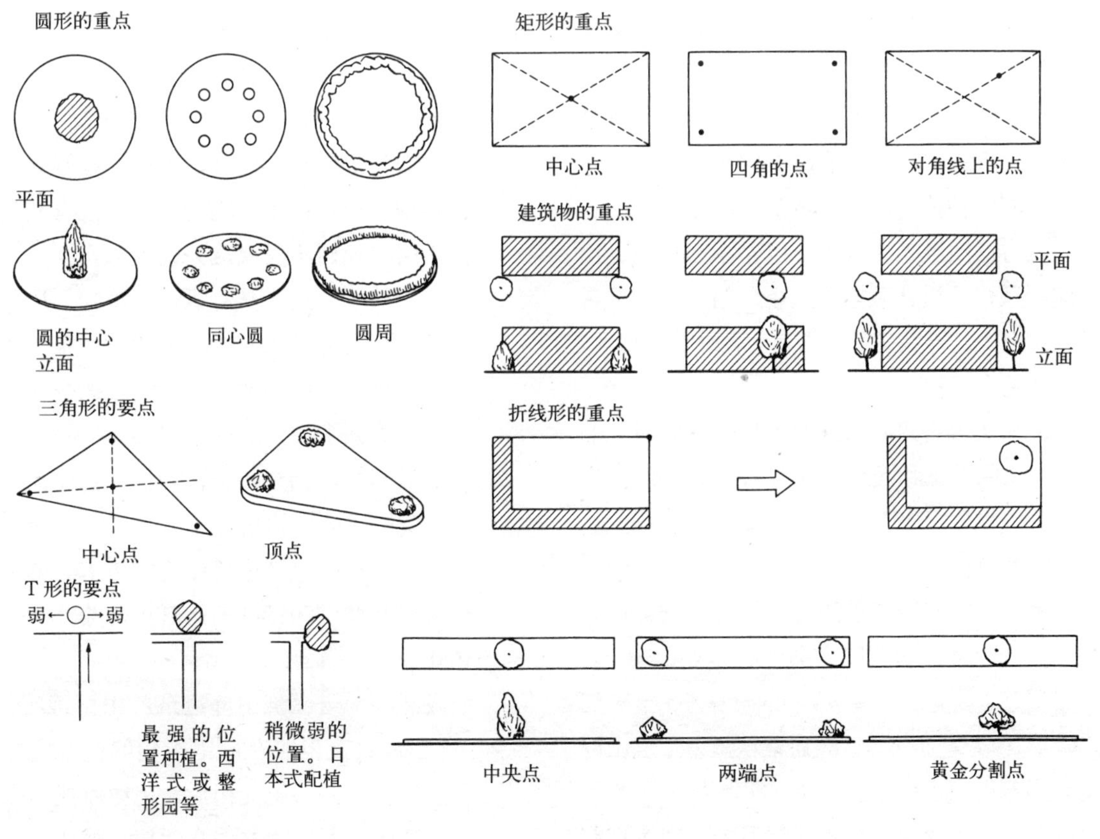

图 5–60　位置的种植

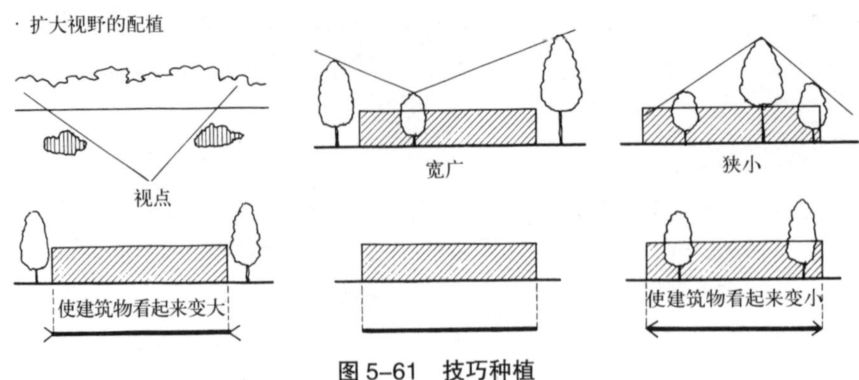

图 5–61　技巧种植

3）象征种植

修剪树木使其象征山、海洋、云彩、晚霞等的方法。

日本庭园中，通过大片修剪达到这种表现效果的实例很多，例如表现大仙院的瀑布景观是在石头上面通过修剪山茶表现山，眺望孤篷蓬庵方丈庭的船冈山时，把两重的绿篱当作船，表现在海洋中航行的景观。即使现代，东京文化会馆的片状修剪，驹泽奥运会公园的片状修剪等都是为了象征山而作的大型修剪，这种种植作为建筑物构成要素也易于与环境调和。

4) 写实种植（摹写种植）

模仿自然风景的种植，以杂木林风格、山谷河川风格、松林风格、水乡风格等对象为常见模仿形式。这些有时是群落，有时是天然林，有时还是人工林。

例如从小石川后乐园的松林中可以看到的日本乡土的森林和武藏野的杂木林，由此可见，日本的现代公园中正在使用写实栽植的手法。

5) 角色树

是日本庭园造园手法之一的传统的配植方法，在江户时代的造园古书中有多处记述（北村援琴著：《筑山庭造录》前篇（1735 年 · 江户时期 · 享保 20 年），离岛轩秋里著：筑山庭造录后篇）。使用角色一词，即是起作用的树木的意思，各种树具有各自的目的，在各自应有的位置上进行配植。

- 真正树——《筑山庭造录》中记载有："成为庭园的主（主景）树。根据该树配置其他树木。因此，此树的栽植成为庭园树木栽植的第一工作，所以称之为真正树。以松柏二木比较合适，然而以松为上。作为主观全园草木的树木，应该为大树"。一般使用常绿树，如粗榧、罗汉松、松类、日本金松、日本扁柏、紫杉、桧柏、冬青、厚皮香等。
- 景养树——《筑山庭造录》中记载有："庭园中岛上有松称之为景养树。根际处用小型木栅栏围圈，除此树之外没有其他小树。此树将发展成为整个庭园树木之一的景观，选择具有飘逸、雅致、风流的树姿，能够耐人吟味的树木栽植。根据与瀑布、洗手钵、真正树枝条分布等相配合进行栽植。如果真正树为松类，则景养树应为观叶类，如果真正树为观叶类则景养树为松类"。

和真正树相对比产生对照美的树木。如果真正树为阔叶树则为针叶树，真正树为针叶树则为阔叶树。

- 寂然树——《筑山庭造录》中记载有："非常繁茂但应在庭中边角的恍惚之处栽植。一旦栽植此树后，庭园就成为一个整体，所以称之为寂然树。从此树开始逐渐往深远处栽植。最初栽植的树即

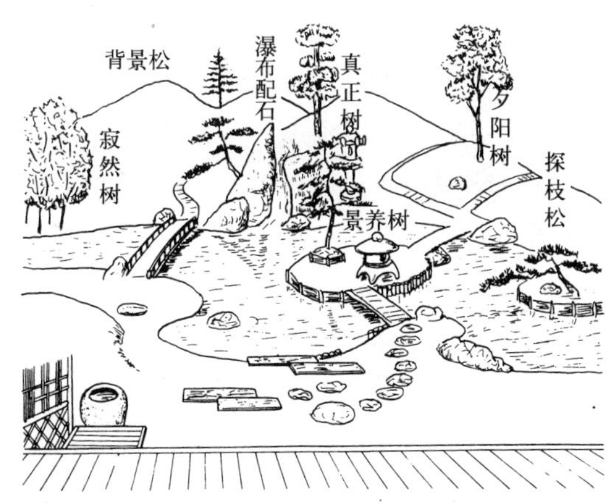

图 5–62　筑山

是寂然树”。

庭园朝南时，在东侧一角上种植树木，选择常绿针叶树或常绿阔叶树，特别是选择树干和枝叶优美者进行栽植。

- 夕阳树——《筑山庭造录》中记载：“树木应当选择枫树或梅花、樱花，或者叶片革质，或者红叶者栽植。应该考虑夕阳这个名字含意的表达。如图 5–62 所示，离开其他景物之后可以形成独立的景物。因此，称之为夕阳树。栽植选择类似于开花者、红叶者。如果栽植绿叶者，它必须或能开花，或能变红”。

与东侧的寂然树相对，西侧栽种的树木，主要选用落叶树。

- 探枝松——《筑山庭造录》中记载：“被称为探枝松，此处也可栽植桧柏、龙柏之类，栽植时使树势倾斜于溪水之中”。一般选用黑松、赤松、罗汉松、枷椤木、偃柏等。
- 背景松——《筑山庭造录》中记载：“如果庭院空间狭小，在墙外种植亦可。不限于松树，为直干、叶片色彩有变化者为好。对树木形态没有特别要求”。另外，又有：“背景树在园内三分、外七分进行造景。树以松为好，或栎类、梅花、罗汉松等亦可”。
- 庵旁树——《筑山庭造录》记载：“北陆的坐凳旁或峠茶荒原屋轩附近，种植树木，成为建筑物的小荫。此树何种树种皆可，但以松树为第一，其次为栗树、柿树”。

图 5–63　庵旁树

- 桥头树——《筑山庭造录》记载：“所谓桥头树就是在桥头栽种的树木，其枝叶伸出于桥上，水中有倒影。何种树种皆可”，常用柳树、枫树等。

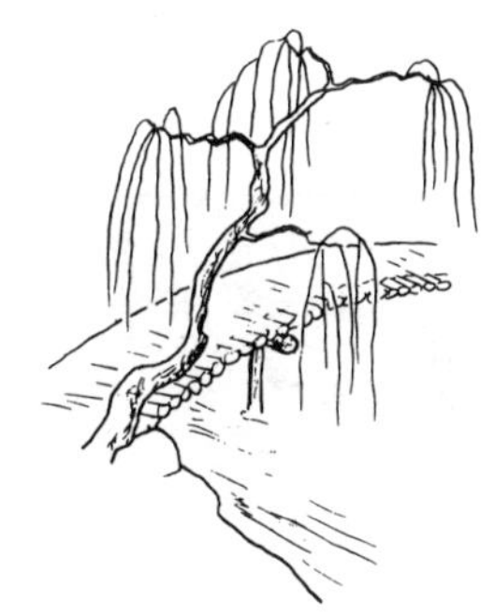

图 5–64　桥头树

- 篱端树——《筑山庭造录》记载：“在篱笆端部添加树木，称之为篱端树。树的高度应与绿篱的高度相同。何种树种皆可，但以清

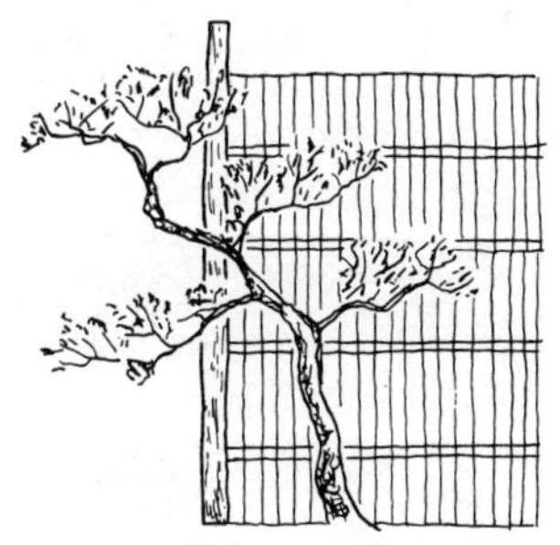

图 5–65　篱端树

致高雅的树木为好”。

- 袖香树——《筑山庭造录》记载：“所谓袖香树是指在篱笆基部种植梅花，树枝不宜太多。”
- 灯笼旁树——《筑山庭造录》记载：“灯笼之后，或者两侧添植树木。定要种植，这便是灯笼旁树。”一般使用松类、栎类、冬青、厚皮香、罗汉松、钝齿冬青、粗榧等。但雪见型灯笼、神前形灯笼旁边不宜配栽树木。
- 灯障树——《筑山庭造录》记载：“灯障树是指在灯笼前面栽植树木，其枝叶对灯笼的遮掩使灯笼恍惚可见，形成幽闲的景象，并且成为灯口的遮障。夜里灯笼里是明亮的，但难以看清庭园的风景，然而它可成为所眺望庭园中美丽景观的一部分”。一般使用枫类、落霜红、西南卫矛等。

图 5–66　灯笼旁树

配列美的法则与配置技法　　表 5–30

法则	配植技法	实例
统一	为了使各式各样事物形成愉快美丽的集合体，集合中应该有主要的共同要素，并且具备能够统一全体调子的性质	茶室庭园的栽植（以暗色统一全体），花坛的花卉，真正树，主树
单纯	日本柳杉和扁柏等的单纯林，栽植相同树种、相同形状的行道树和行列树，宽阔的草坪、竹林等，单纯、明快、条理清楚，不混乱	孤植树，行列树，整齐林，修剪绿篱
反复	相同形状、相同大小或者相同强度者反复出现的形式。具体的应用为行道树和行列树，表现出庄重感和爽朗感。如果重复过多则会单调，会给人带来痛苦感和倦怠感	行列树，绿篱，纯林（统一感）
变化	将一定的浓度、大小、强度等按照一定的顺序，向强弱、大小、高低、明暗等某个方向逐渐变化的状态就是变化。进一步，如果一部分或高或低反复出现波形的渐进形式，就变成了节奏	乔木→小乔木→灌木的植栽，树冠色彩的组合，绿篱的整形修剪，修剪后的树冠线形
对称、均整	以一条线作为中轴线、左右等距离配置相同的物体形成左右对称形，以一点为中心形成放射对称形。两种都具有整齐的安定感，和严格的形式美的效果	二列直线植栽，整形式庭园的正面景色、环植
平衡、均衡	假定以某一条线作为中轴，其左右的物体不是相同形态，但是能够感觉到其数量、强度的同等，这时均衡美就产生了。在形状的微妙变化过程中能够感到稳定的快感是最高贵的美感之一	主树、配树、副树、前置树等的配植，主树的整姿法，竖向树木与横向生长的灌木
对照	所谓对照是相邻的物体在形态方面有显著差异的情况，并通过变化使双方的特性得以强调结合，强烈地感觉到明快的美感。例如圆和椭圆，自然树和天然石产生调和美，球和正方体，绿色的森林和红色的桥形成对比美。但是，对照的效果有时是微妙的，如果搭配不当会导致强烈的不快感，产生丑陋的感觉	常绿树与彩叶树，林冠线的变化，潺潺的流水与直立形的杨树，常绿乔木与其下红色的花朵
协调	形态相似的物体处于相邻位置时，感到的美感就是协调。选出变化中的一部分使之进行对比也是协调。具有稳重的稳定感的特性，被评价为有品位的美感	红色的月季和粉红色的月季，陡峭的山和雪松，常绿阔叶树和平缓的假山
比例 · 比率	长方形物体的短边和长边之比，十字形交叉的纵线和横线的长度比，直线的分割比等成为简单的整数比例时感到的美。例如，1∶2、2∶3、3∶5 等以直觉能够感觉到的范围比例	树高和冠幅，花坛的尺寸，整形修剪的形状，石组的配置，黄金比例 1∶1.618

- 钵前树——《筑山庭造录》记载：“手水钵之前栽植树木，树体位于钵口之上，枝叶伸出者为好，但应位于水面上方1尺2～3寸之处。枝叶向前探出的程度以手水钵前面为限，树木种类或为马醉木、或冬青卫茅、或南天竹、或柃木、或桃叶珊瑚等，此外只要是不招昆虫的树木皆可……根据与手水钵同样的心得栽植树木。”
- 瀑布配树（飞泉障树）——《筑山庭造录》记载有：“瀑布口、池塘前边、瀑布前方种植树木，使飞泉之水隐约可见，越往里树木越黑暗。在何种树种皆可，但以常绿树为好”。
- 配墓树——《筑山庭造录》记载有：“任何种树种皆可。在墓地后方或是墓地旁边等种植恰好，只是树木的枝叶应当探向墓地之上为好”。
- 门冠树——为江户市街中常见的栽植方式，在门口一侧种植松树。所以，被称为“门冠松”，现在，私人庭园中随处可见。除了松树之外，还有罗汉松、五针松、栎类等，主要使用常绿树种。

6）排列美的法则

把排列美的法则和种植的配植技法整理如表5–30所示。

5.4.3 层次构造

（1）层次种植

层次的构成是根据植物的划分有乔木、小乔木、灌木以及地被植物形成的种植立面构成，有疏密的程度、郁闭的程度、遮蔽的程度、视线的确保、林床的利用空间（散步、休憩等）等单位。

从树高的景观特性来看，8.0m以上的大乔木成为景观的地上标志，与中高层建筑物等景观相协调。乔木是构成绿色景观的主体，创造出绿意盎然的景观。小乔木明示界限等，形成功能性的绿色景观，灌木形成具有季节感富有变化的绿色景观。

根据层次的空间构成分为四层种植、三层种植、二层种植、一层种植。

空间能够完全分离的四层种植，适合应用于重视环境保护功能和富有自然多样性的种植

种植的层次　　表5–31

层次名称		种植模式	主要功能	共同功能
层次	一层种植	乔木	绿荫、地标	造景
		小乔木	遮蔽	同上
		灌木	遮光	同上
		地被	立面保护、防尘	同上
	二层种植	乔木+灌木	绿荫	同上
		乔木+小乔木	遮蔽	同上
		小乔木+灌木	隔断	同上
		乔木+地被	地标、绿荫	同上
		小乔木+地被	隔断	同上
		灌木+地被	隔断	同上
	三层种植	乔木+小乔木+灌木	缓冲，遮蔽	同上
		乔木+小乔木+地被	遮蔽	同上
		乔木+灌木+地被	绿荫、绿道，自然林	同上
		小乔木+灌木+地被	遮蔽，遮断	同上
	四层种植	乔木+小乔木+灌木+地被	地被缓冲遮蔽，自然林	同上

种植形式实例 **表 5 32**

种植形式		种植形式图	层次组合	种植场所
单　植			乔木＋地被	草坪广场
列植	等间隔		乔木＋地被 乔木＋灌木＋地被	
	不等间隔		乔木＋灌木＋地被	绿道
群　植			乔木＋地被	自然林（单一林）
			乔木＋灌木＋地被 乔木＋小乔木＋灌木＋地被	自然林（混交林）
			乔木＋灌木＋地被 乔木＋小乔木＋灌木 乔木＋小乔木＋灌木＋地被	文化设施，广场周边
			乔木＋地被 高木＋灌木＋地被 灌木＋地被	景观种植地
			乔木＋小乔木＋灌木 乔木＋小乔木＋灌木＋地被	缓冲种植地

照片 5-1　倾斜型

照片 5-2　墙壁型

空间。

空间能够从视觉上分离的三层种植，适合应用于重视遮蔽的情况和由林缘线的变化等形成多样绿化的种植空间。

通过树林视野能够确保的二层种植，对明亮开放的景观形式的形成具有良好的效果。

能够感觉到开放空间的一层种植，对确保视野的形成和空间的利用具有良好的效果。此外，以乔木为主体的情况下，能够营造以绿色地标构成的景观空间。

林缘栽种的层次有从灌木到小乔木、再到乔木阶段的变化类型（倾斜型），林缘部为闭合状，呈现壁状（墙壁状）（照片5–1，照片5–2）。

对这些层次的灵活运用，基于种植的目的、功能和景观印象等进行分析。

（2）图案式种植

装饰图案化的配植，应用灌木对乔木下面进行根盘绿化和片状修剪，形成图案等具有现代设计感觉的配植方式。配植形式有利用灌木的整形种植、自然种植以及大规模片状修剪等种类，通过考虑、分析地基的形状和规模、乔木的配植方法、灌木的种类等设定种植形式。

整形种植的形式有圆形种植、半圆形种植、方形种植等，自然种植的形式有月牙形种植、重叠形种植、云形种植、波浪形种植、L形种植、

带状种植、分散型种植等。

根盘绿化可以消除由树冠重量产生的不稳定感，使上、下保持平衡、营造稳定的景观。

片状修剪的栽植具有以下特征：

照片5–3　圆形种植

照片5–4　月牙形种植

照片5–5　重叠形种植

照片5–6　云形种植

照片5–7　L形种植

照片 5-8　大片修剪种植

因为染井吉野樱花种植时的间隔太窄（4 ~ 6m），个体在生长的同时还要与其他植株争夺光线，导致了这种树形的形成。使植株只在枝条先端的高处有少量的花朵开放（上野公园）。

照片 5-9　染井吉野樱花相互竞争的实例

- 面的栽种不会遮掩视线，能够形成明亮、开敞的种植景观。
- 种植地等用带状绿地镶边可以起到集中种植景观的效果。
- 建筑物、墙、构造物等基部进行绿化，可增加协调性，软化构筑物的坚硬感。
- 利用花等表现季节的绚丽色彩。

5.4.4　种植密度

（1）标准种植密度

植物为了生存会对环境诸如生存空间、光、水分、养分等产生要求，从而使植物之间发生竞争。（照片 5-9，照片 5-10）

特别是到了一定的季节，花木就像鸟儿在空中展翅飞翔一样，在空中伸展枝条，盛开花朵供人们观赏。人们应该通过观察、分析花木的生长状态，使它们避免竞争，减少植物生长的压力，这就要求我们园林工作者首先考虑种植密度问题。

种植密度在依据种植的目的、功能和种植的目标形态的同时，还要考虑植物之间的相互竞争、分区等特性和不同植物间的养护管理标准等，要设定每一个种植分区。

从城市公园的种植密度（表 5-33）来看，$100m^2$ 中种植 6 棵以上的乔木常见于街区公园、综合公园、风景公园、植物园、庭园等，$100m^2$ 中种植 20 株以上的灌木常见于近邻公园、地区公园、植物园等。

与照片 5-9 相同的树苗、相同的时期以较宽的间隔种植的结果，没有竞争对手的树木，枝条可以自由的伸展，使花朵从枝条基部开到树顶。这是人和植物建立信赖关系的结果（上野公园）。

照片 5-10　染井吉野樱花的低密度种植实例

树林有散生林、疏生林、密生林，其中成为娱乐活动直接对象的散生林种植密度低，一般为树林下开阔的乔木单层林（详细参照第 4 章种植规划 4.4.2 种植地分区表 4-6）。

在海风影响强烈的临海地，即使为抛物线状的林冠，密度低、林冠没有郁闭的情况，其内部海风强烈地吹入，出现受害的危险性大。为了树林形成，应当进行高密度的种植使树冠尽早达到郁闭的效果。

各类城市公园的标准种植密度　表 5–33

公园类别	种植密度[注]				
	乔木（棵 /m²）	灌木（棵 /m²）	群植（m²/m²）	球形（株 /m²）	绿篱（m²/m²）
街区	0.068	0.133	0.109	0.014	0.025
近邻	0.051	0.244	0.087	0.002	0.012
地区	0.053	0.203	0.105	0.006	0.011
综合	0.089	0.198	0.073	0.018	0.006
运动	0.035	0.163	0.070	0.005	0.043
风景	0.136	0.119	0.028	0.003	0.003
动物园	0.051	0.091	0.001	0.000	0.010
植物园	0.264	0.486	0.192	0.010	0.010
历史	0.055	0.043	0.048	0.005	0.013
区级	0.046	0.049	0.035	0.002	0.004
庭院	0.097	0.099	0.161	0.009	0.020
其他	0.036	0.230	0.028	0.003	0.006
全国平均	0.082	0.170	0.078	0.014	0.014

（注）种植密度：乔木（棵），灌木（棵），群植（m²），球形（m²），绿篱（m）÷（种植地 + 草坪地 + 草地）面积

公园的种植区种植标准密度　表 5–34

种植分区	内容		植栽密度的间隔
隔离种植	狭小的种植宽度	乔木 小乔木	800 棵 /hm² 1200 棵 /hm²
	宽广的种植宽度	乔木 小乔木	500 棵 /hm² 600 棵 /hm²
自然林	林内利用的情况	乔木	350 棵 /hm²
	禁止进入林内的情况	乔木 小乔木	500 棵 /hm² 200 棵 /hm²
列植	速生树种	乔木	8 ~ 10m 间隔
	慢生树种	乔木	6m 间隔
群植灌木	密　植	速生树种 慢生树种	1.5 ~ 3 棵 /m² 4 棵 /m²
	疏　植	速生树种 慢生树种	1 ~ 1.5 棵 /m² 2 ~ 3 棵 /m²

（引自《昭和記念公園基本設計報告書》）

不同树形的标准行道树的间隔距离　表 5–35

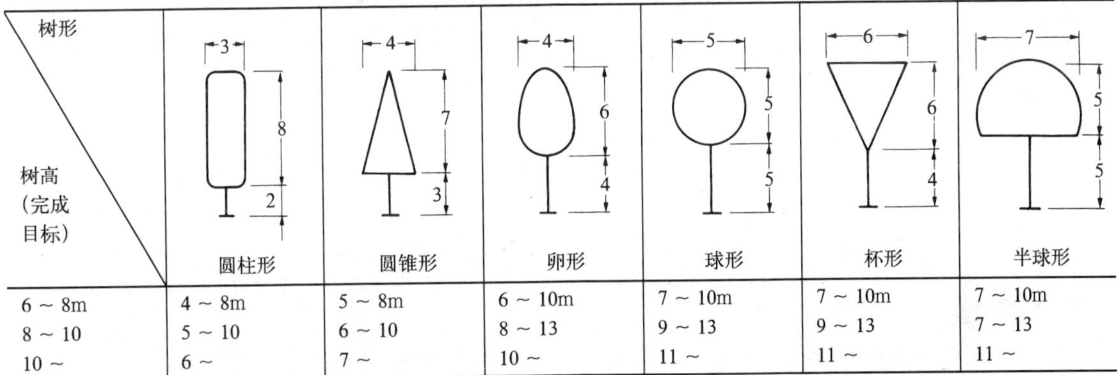

树形 / 树高（完成目标）	圆柱形	圆锥形	卵形	球形	杯形	半球形
6 ~ 8m	4 ~ 8m	5 ~ 8m	6 ~ 10m	7 ~ 10m	7 ~ 10m	7 ~ 10m
8 ~ 10	5 ~ 10	6 ~ 10	8 ~ 13	9 ~ 13	9 ~ 13	7 ~ 13
10 ~	6 ~	7 ~	10 ~	11 ~	11 ~	11 ~

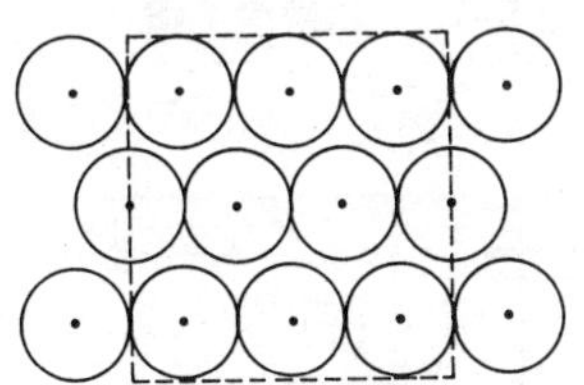

冠幅 30cm 9 棵 /m²

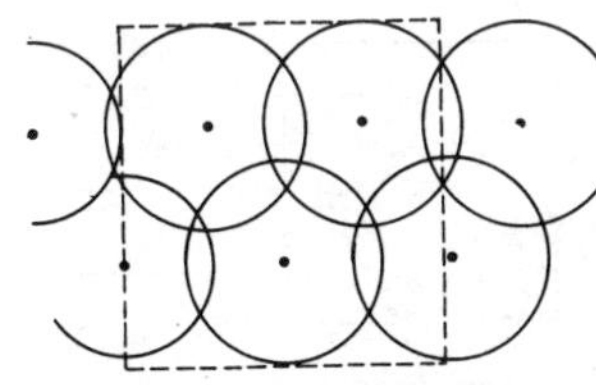

冠幅 60cm 4 棵 /m²

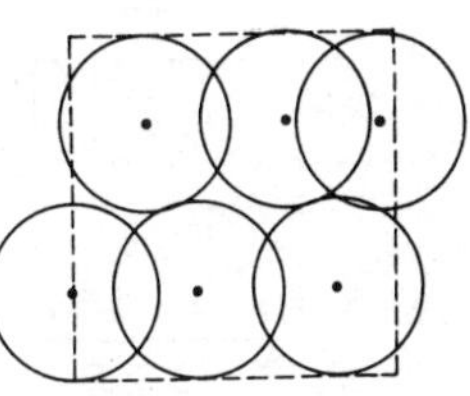

冠幅 45cm 5 棵 /m²

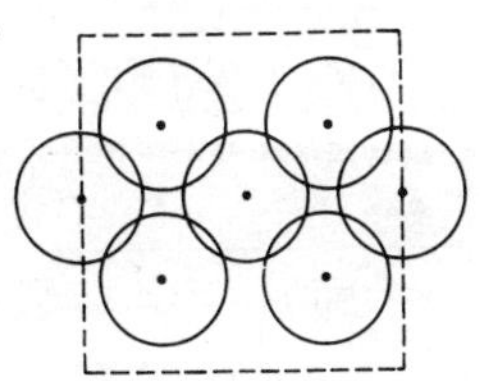

冠幅 40cm 6 棵 /m²

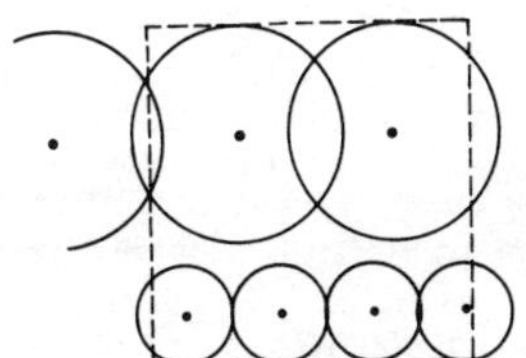

冠幅 60cm 2 棵 /m²
冠幅 30cm 3.5 株 /m²

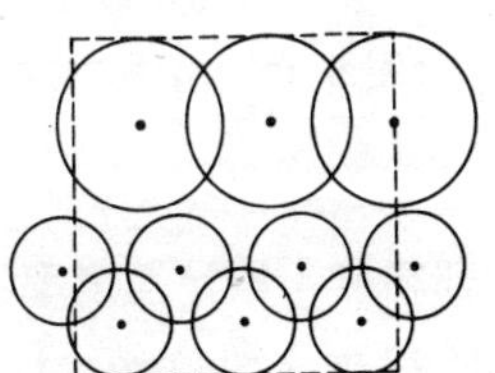

冠幅 45cm 2.5 棵 /m²
冠幅 30cm 5 株 /m²

图 5–67　灌木种植密度

（2）各层盖度构成比

种植地的植物群落构成分为乔木层、小乔木层、灌木层，各层树冠在地表的投影面积与种植地的面积相比所得的比例分别称为乔木层盖度、小乔木层盖度、灌木层盖度等，这些各层的盖度相互间的构成比称为各层盖度构成比。

不同层次盖度构成比的计算方法如下：

如图 5–68 所示，设定各层，计算各自的盖度构成比。

阶层盖度（%）=（该层的地表面的垂直投影树冠面积／单位种植地面积）×100

- 其次求出不同层盖度相互间的构成比。

亦即，乔木层盖度为 A%，小乔木层盖度为 B%，灌木层盖度为 C%，不同层盖度构成比例为 A：B：C。

例如，乔木层盖度 A=70%，小乔木层盖度 B=30%，灌木层盖度 C=20%，不同阶层盖度构成比例，A：B：C=70：30：20=58：25：17。

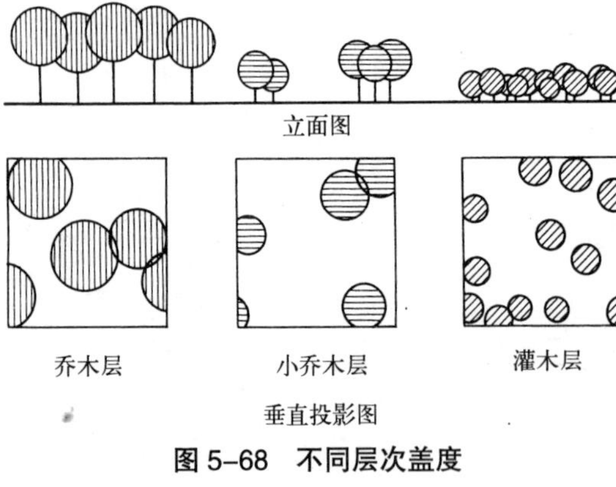

图 5–68　不同层次盖度

（3）郁闭度（累计盖度率）

为各阶层盖度的总和，超过 100%也是可能的。例如，A+B+C=70+30+20=120（图 5–69）。

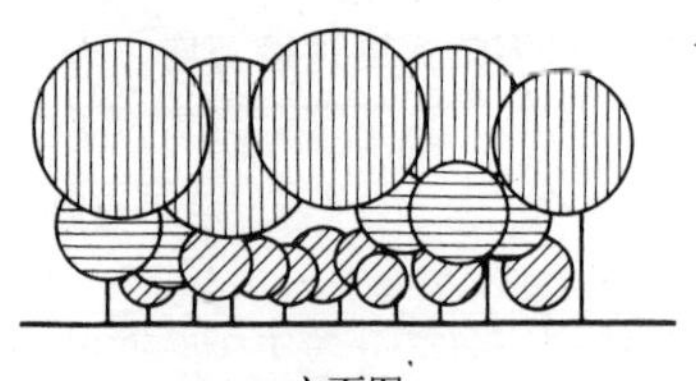

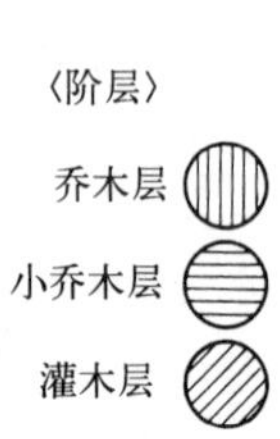

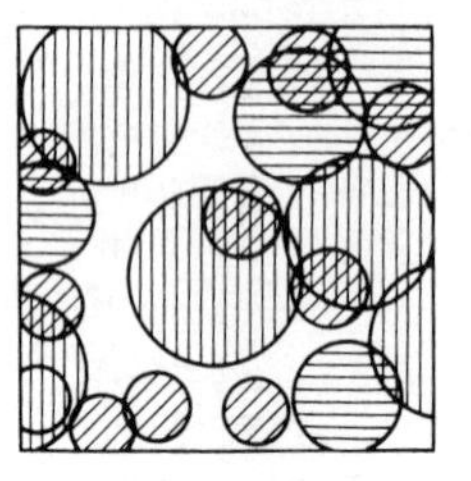

图 5–69　种植地不同层次投影图

（4）疏密度（遮蔽率）

种植地植物构成的垂直投影面积，与种植地垂直面的投影面积的比率为疏密度（遮蔽率）。亦即，图 5–70 所示，由斜线部的点线围起的单位面积的比率（表 5–36）。

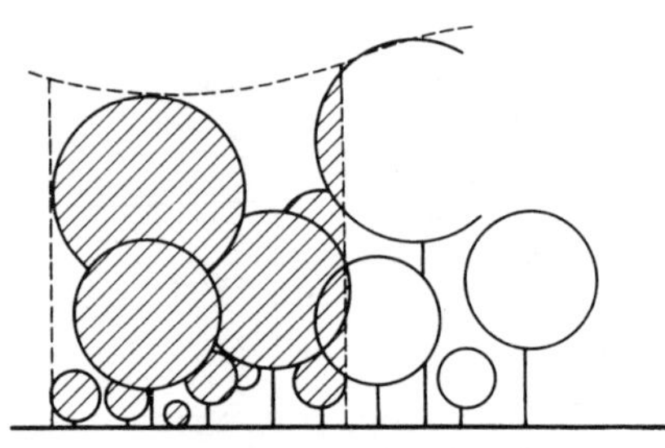

图 5–70　疏密度的概念

乔木遮蔽率　　表 5–36

遮蔽率	遮蔽的状况
90% 以上	对树木背后的白墙壁等通过透视部分有所感知程度
88%±10%	对透视可能的部分能够感知
78%±10%	可以感知到背后部分，但不清楚形状
64%±20%	对背后的形状（比较微小的东西）能够感知
40%±20%	对背后的形状（比较微小的东西）能够感知
20% 以下	感知到仅有一点被遮掩程度

（引自《港湾緑地整備マニュアル》）

5.4.5 使用树木的选择

种植使用树木等，基本上从在种植基本规划中确认的适合于种植目的、满足要求功能的适当树种群中选择，还要求是与种植地整体景观相一致的树种组合。

（1）功能构成树种的选择

选择功能构成树种时，在前面叙述的功能设计的不同功能树种选择条件基础上，选择最能发挥该功能的树种。但是，在重视功能构成树种选择的同时也需要对自然环境、生长性、景观性进行充分的考虑。

（2）景观构成树种的选择

在景观构成树种选择时，在前面叙述的景观设计的种类构成、配植形式、层次构成等基础之上，选择最能发挥表现该景观的树种。

在自然种植的配植形式下，以构成景观的乔木为主体进行树种的选择，花木类种植的园艺品种等，一般在乔木决定后再进行树种的选择。

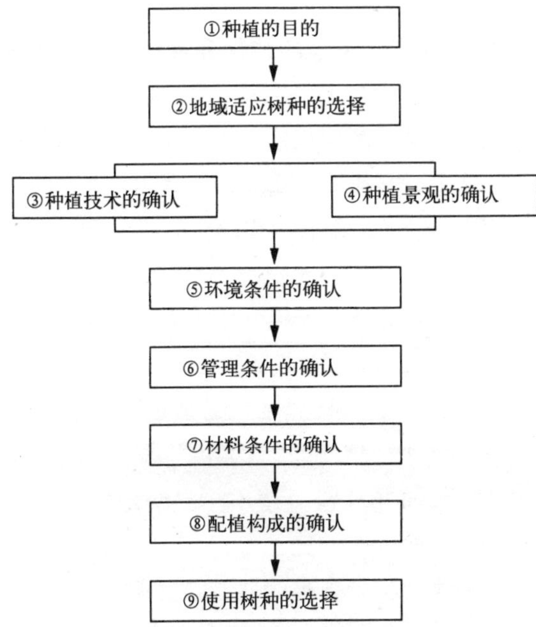

图 5-71 种植使用树木的选择步骤

1932 年在当时的芝增上寺前与照片 5-12 在相同位置（都立芝公园）。

照片 5-11 以松为主体的道路两侧绿化的种植

（与照片 5-11 相同位置）现在日比谷道路的汽车多，松树已被取代，使用了环境中的树木。

照片 5-12 以樟树、尖叶栲为主体的种植

在整形种植的配植形式时，需要对选定条件与树形、树高、生长势等树木特性和修剪等人力管理的适合性进行分析。

（3）使用材料应具备的条件

选择不同功能、景观构成树种的可能的种植树种时，需对以下的事项进行研究，然后精选种植树种。

①适合于地域环境（地形、气象、土壤等）；

②与景观协调；

③耐人为制约（移植、大气污染等）和环境压力；

④具有抗病虫害能力，很少遭受病虫危害；

⑤养护管理容易；

⑥购买容易。

5.4.6 地被设计

(1)草坪的设计

地被植物中草坪在运动和娱乐广场、绿带之外，在高尔夫球场、集体住宅周边、工厂开发区以及道路绿化带等地都有很高的需求。

1）草坪的功能

从防止扬沙开始，草坪具有防止跌倒造成的伤害、防止出现降雨时的泥泞、防止下霜时的危害、减缓气温的突然升降等功能。此外，从施工经费来看，比较低廉，这是草坪受人们喜爱程度逐渐增加的原因之一，已经有越来越多的人认识到了草坪所具有的实用和观赏价值。

2）草坪的种类

草坪草在植物学上多属于禾本科，大致可分为日本草和西洋草两类。

绿化经常使用的草的代表种类主要有以下8种。

①日本草

结缕草、沟叶结缕草、绢草。

②西洋草

改良狗牙根类、匍匐剪股颖类、小华北剪股颖类、大羊茅类，黑麦草类。

3)草坪的特性

①日本草的特性

- 夏绿型，高温期生长旺盛，但冬季地上部枯萎休眠。
- 春季发芽，绿色美丽，但叶质较硬。
- 能够修剪成为细小柔软的草坪。
- 利用匍匐茎繁殖，不直立生长，所以能省略部分草坪养护管理工作。
- 不能通过种子繁殖，人力和资金投入多。
- 对土壤的适应能力强。
- 耐干旱、耐践踏，病虫害很少。
- 耐空气污染、耐海潮风、波浪飞沫等。
- 在荫处和低湿地生长发育不良。

②西洋草的特性

- 多用西洋草的原因在于其常绿性。
- 常绿性的草主要是北方冷季型草，耐荫能力强，冷凉气候下生长发育良好。
- 叶质软，绿色深，很多能成为牧草。
- 适应土质、气候的数种草种混播，能确保长期绿色效果。
- 高草种类多(1米左右)，修剪、割草的次数多。
- 种子繁殖容易，新设草坪所需经费和人力少。
- 不耐干燥，需经常浇水。
- 需肥较多。
- 耐夏季高温多湿能力弱，易受病虫危害，所以药剂喷洒成为必要。
- 耐践踏性比日本草差。

4）草坪草的选择

在进行草坪草的选择时，充分把握气象条件、土壤条件等各种环境条件，种植地、草坪广场等种植对象地的特性和种植地的利用形态，同时考虑与上层乔木、灌木的协调。

- 结缕草耐干燥能力强，在海岸、沙质地能旺盛生长，主要用于高尔夫球场的外侧、公园的自由广场、运动场等。
- 沟叶结缕草与结缕草相比，叶形纤细，叶质柔软，所以常用于庭园、公园、高尔夫球场的球道等。
- 绢草茎、叶纤细，易形成密度大的草坪。与结缕草、沟叶结缕草相比，生长弱并且慢，适用于温暖地方，用于关西以西的庭园等。
- 改良狗牙根类耐践踏能力强，恢复快，适宜在操场、校园等践踏频率高的草坪使用。匍匐型，用苗繁殖。生长期和沟叶结缕草相同，耐寒性比沟叶结缕草稍弱。

- 匍匐剪股颖类一般从东北到北海道都可利用，在西洋草中为常绿、感觉柔软的种类，易形成缀密的草坪，可用于高尔夫球场果岭和公园的一部分。
- 小华北剪股颖类是北海道的代表草种。改良品种对环境适应能力强，特别是耐阴力强，没有病害，高温期生长良好等特性，可用于庭园、公园、住宅区、工厂内绿地等。
- 大羊茅类是对环境适应能力极强的草种，为粗壮直立型，弥补了其他优良草种的弱点，起到维持草坪的作用，可用于坡地绿化和海边填埋地等环境条件恶劣的地方。
- 黑麦草类中有黑麦草和意大利的多花黑麦草，多花黑麦草具有越年草的性质即夏天枯萎，冬天绿色，可以作为延长绿草期种类灵活使用。
- 日照好的地方选用沟叶结缕草，半荫地选用结缕草、匍匐剪股颖类，在荫地选用小华北剪股颖类等。注：保持5 小时以上日照时间为良好日照的标准。
- 草坪类的繁殖方法有植生带铺设、播草和播种等，根据种植地特性和种植草坪种类决定其繁殖方法。
- 草坪的种类，在第2章植物种植中有记载。

（2）地被（草坪草以外）植物设计

地表植物有面的扩展性，利用覆盖地表的植物具有能够防止沙尘、冻土、防止侵蚀、改良土壤、调节微气候的效果，能够起到运动休憩和景观美化的作用。

地被植物种植是保持土壤水分、维护土壤膨松化等改良土壤条件的有效手段。

亦即，可防止地表土壤水分的直接蒸发及雨水通过地被逐渐渗透到地下。在表土流失少、雨水进行有效利用的同时，通过地表植物自身起到对地表有机物的供给和避免树林下践踏的作用，达到土壤膨松化的目的。

1）配植

地被植物的配植，在考虑种植地的利用形态和上层栽种的乔木、灌木的构成树种以及地被植物特性的基础上，对种植密度和配置种类进行分析、确定。

- 考虑建筑、树木、日照时间等的基础上进行配植。
- 考虑种类混合特性的基础上进行配植。
- 考虑种植对象地的特点（气象、可否进入、践踏程度、行为的类型等）的基础上进行配植。

2）种植构成

①种植地

种植地的情况，以不允许人的进入作为前提条件，林缘部的地被种植是必要的，内部不进行地被植物种植，对落叶进行自然的堆积是有效的。落叶的堆积有利于物质的循环、利用、

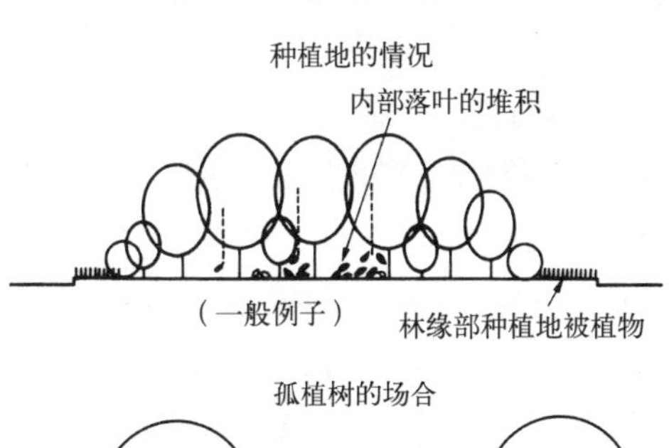

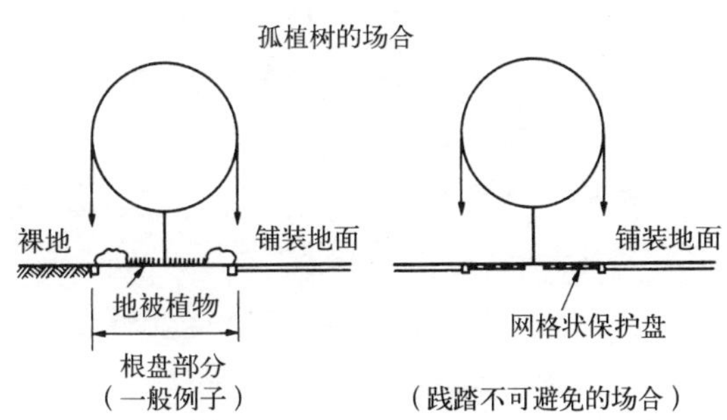

图5–72　地被等植栽构成

覆盖等。但是，如果种植地规模小或在人容易进入的场所，内部种植地被植物是必要的。

②孤植树

孤植树，一般在广场上作为绿荫树的情况较多。

根部被践踏土壤板结程度显著，即使裸地、铺装地部分也要求根部土壤的松软化，因此，种植地被植物是必要的。

3）材料特性

- 作为平面、立体的群植覆盖状态的观赏植物，可以进行平面、立体的设计。
- 能够防止边坡等土壤的侵蚀，使其具有观赏价值。
- 适合用于树木难以绿化的楼体等的墙面，和不能种植乔木的小面积环境（场所）。
- 由树木、建筑物等形成荫蔽处的场所可利用的种类多。
- 围篱绿化所利用的攀援性植物，外部的遮蔽、绿荫、冬季防寒的效果较好。
- 一般而言，与草花类相比对杂草的抵制能力强，所需除草劳动力少，全部覆盖之后几乎没有杂草的生长。

4）地被植物的选择

地被植物的注意事项以及常用的地被植物应具以下特点：

- 植物体的生长高度低（30cm以下是理想高度），太高的植物体需要经常修剪。
- 尽量使用冬天叶不枯萎、常绿的多年草本植物，景观美、效果好。
- 植物体高度低，由地下茎、匍匐茎繁殖生长旺盛，地表被覆度大。
- 在成丛生长的植株之间不留下裸地，应尽量密集栽植。
- 尽量不使用生长旺盛、短时间内需要修剪的，抗病虫害较弱、经常需要进行药剂洒施的，杂草多、除草费工费时的种类。
- 叶、花美丽，没有恶臭和刺毛，无汁液的。这些无论从美观上还是使用功能上都是必要的。
- 树种已在第2章种植植物中有记载。

5.4.7 花卉种植设计

（1）花坛设计

花坛不是观赏花卉的个体美，而是观赏花卉的集体美和调和美。

花坛的设计是指在一定的区划场所，考虑花卉材料的色彩、形状、背景等条件进行配植的过程。

1990年举办的“国际花卉与绿色植物博览会”中的花之谷等，考虑各种花卉的形状和色彩，进行巧妙的配植，与周围环境协调，花坛表现出花卉的群体美具有较高的观赏价值。

1）环境调查

花坛设置场所的环境决定了花坛的种类、色彩搭配、材料和生长、开花时期等，在花坛施工前需要进行充分的调查。

①位置，朝向（南向、东南向、日照、与风向的关系）

②面积（大小、边界）

③地形（平地、倾斜地）

④土壤的现况（物理性、化学性、水分）

⑤周围的情况（背景的自然条件、附近建筑物）

⑥给水、排水的关系

花坛的设置场所的光照情况对植物的生长造成影响，一般应该选择日照好，能防御北风的南向或东南向，供水、排水良好的场地。

2）花坛的土壤

①优良土质

适于花坛的优良土质应符合以下要求：第一，有机物含量多，外表为黑色，土质柔软；第二，浇水、下雨时排水状态良好；第三，土中不混有石子、小石头、树根等。

总是处于柔软状态的土，降雨后表面不板结，干燥后表面不形成裂缝，能够储藏草花生长必需的水分和肥料。

②砂质土的改良

大部分为砂质土，保水力差，对养分也没有保持能力，需多次施肥。另外，地表温度既易变热又易变冷的土质，不适合做花坛用。

作为改良法是填入大约一半的田园土后，每年施用堆肥、树叶等有机物肥料。

③黏质土的改良

大部分黏质土为砂壤土，黏性重，通透性不良，导致肥料的分解慢。为此，施用速效肥、堆肥和石灰等促使快速分解。该种土壤不适合于花草栽培。

改良方法是加入河沙和树叶，增加耕作次数，尽量使土风化。

④酸性土的改良

土壤中缺乏石灰质的土质，使肥料变坏，长时间的降雨导致土中的石灰质流失，土壤自然带有酸性，在这种土壤中，杂草代替了花卉的生长，不适合花草栽培。

改良法为撒石灰、施用堆肥等有机质肥料。

⑤干燥土的改良

阳坡和日照好的场所，土壤易于干燥，不适合花草栽培。

补充土壤水分和肥料十分重要。改良法为冬季掺入落叶、杂草、腐叶、堆肥、稻草秆等，设置灌水设施，充分灌水。

⑥客土替换

垃圾的填埋场等对花卉来说土壤条件恶劣，不适合做花坛之用。

作为新的尝试，挖去深度大约30cm的恶劣的表层土壤，用河沙和腐质土以1：1 比例混合作为客土替换。

混合后土壤具有一定的重量，能够长期使用，不易使手变脏，具有优良的排水性、保水性、通气性等优点。

3）花坛的种类

花坛大致分为平面花坛、立体花坛和其他花坛。平面花坛包括模纹花坛、边缘花坛等。立体花坛包括分界栽植花坛，群植花坛，金字塔花坛等。

①平面花坛（图案花坛）

平面花坛是以观赏平面美为主，有模纹花坛、边缘花坛。花坛的形状有正方形、长方形、圆形、椭圆形、星形等，在这些形状之中进行图案制作，图案不要过于细腻。另外，花卉的开花时期如果不一致，会影响观赏效果。

模纹花坛是利用几何学模纹和图案模纹进行平面的划分，种植美丽花卉的花坛，在广场和草坪的中央等使用生长高度低的材料，进行模纹的制作。作为强调材料有时会选用修剪后的常绿灌木类材料。制作可以俯视的沉床花坛等效果良好。

边缘花坛是在水池周围或者沿着园路、分界栽植的前面等狭长的场所栽植的带状花坛，用于花坛与花坛的连接。在带状场所之中分为几个分区，使用高度低的花卉材料配置图案，栽植球形灌木作为强调材料。

②立体花坛

立体花坛是观赏立体美为主的花坛，包括分界栽植花坛、群植花坛、金字塔花坛。

分界栽植花坛是在交界处种植的，沿着建筑物、篱笆、园路的带状花坛，因为多从一侧进行观赏，所以前面使用高度低、后面使用高度高的材料。一般后面使用花木的情况多，当然被修剪植物也可。尽量全部种植宿根花卉和多年生花卉，并按照能够四季开花的形式进行配植。

群植花坛是在宽广的场所，将开花时期相同的数种花卉进行群植的花坛，具有能从四周观赏的特征。周围使用高度较低的材料，中心使用生长高度较高的丝兰、凤尾兰、球形圆柏、瓶子兰、棕竹等强调材料。通过伴随季节交替、不同种类开花达到观赏的效果，以一、二年生花卉为主体，虽然名为群植花坛，但不适合于使用过多的种类。

金字塔花坛是指金字塔形状的花坛，在中心部位设立支柱，在其上固定圆锥形状的框架，四周悬吊花草。从侧面看具有金字塔状圆锥形特征，能从四周进行观赏。

③其他花坛

有岩石花坛、挡土墙花坛、沉床花坛、水栽花坛、移动式花坛、组合式花坛等。

岩石花坛是为了再现自然景观，在岩石组合中配植高山植物和野生植物，尽量模仿自然能够进行自然栽植。

挡土墙花坛是把倾斜地作成石组状，在石组构成的墙体表面上配植植物。

沉床花坛是花坛的床面比地面低的花坛，从周围俯视可以一目了然的观赏。使用生长高度低的材料，与模纹花坛进行同样的种植，在中心多设置水池、喷泉、雕像、装饰盆钵等小品。

水栽花坛是在水池、水槽等水中种植植物的花坛。较简单的方法是将水生植物种植盆钵中然后沉在水池底部。

移动式花坛是在各种形状、大小、材质的种植箱、盆钵中栽植花卉形成的组合盆栽，通过各种配置、组合，摆饰于窗边、屋顶、大门口、大街、广场等的手法。

种植箱就是为了栽植植物的容器，但是近年来，复合式设计和可用于大规模造景的，与

照片 5-13　大楼入口处设置的移动式花坛

复合式街道装置相结合的，超轻量的，配备有浇灌设备者等各种形态、色彩、规模、材质的盆钵都在市面上出售。在配植时，考虑透水性、排水性、通气性和直射日光的反射等，中心放土较高，但为了从外侧看不见土，在外缘种植低矮花草。

以国际花卉与绿色植物博览会为契机，人们对花卉造景的要求度高涨，比起花卉本身，人们的需求开始转向绿化空间。

对于表现方法，不只限于以前的在容器与花坛中栽植花苗，组合式花坛等利用容器进行立体表现的方法，在广场等大面积的地方播种园艺花卉种子形成类似花草田野景观的方法，以及在林床和草地上利用野生花卉进行花卉景观的创造等的灵活运用方式成为引人注目的焦点。

组合式立体花坛有高度 8 ~ 10m 的木制柱状组合的花塔、花球、花台、花盘、花屏风等。

照片 5–14　植物园内的组合式立体花坛

4）花坛的形状

花坛的形状有从简单到复杂的各种各样的图案，但以圆形和方形为基本形状。

圆形使人感到温和，所以利用范围最广，利用圆形进行各种各样的组合构成各种图案。

方形是用直线围成，给人庄重、严肃的感觉，一般花坛看起来规整。

方形包括有尖锐冷硬感的三角形、平静坚固感的正方形、稳定舒畅感的菱形、稳定有整体感的多边形，直线形花坛中最常用的是长方形。

花坛的位置确定之后，进行考虑处于该位置的花坛的平面形状和模纹的图案。

图案以种类、色彩统一的、简单大方的模纹为好。

5）花坛色彩搭配

花坛色彩搭配的好坏给观赏者带来强烈的印象。

所谓色彩搭配，就是把数种色彩组合在一起给人以整体感，花坛的美观主要由色彩的调和来表现。

花坛的色彩是通过把花卉单株色彩进行集体配植来表现，它决定了花卉的选择和配植面积的大小。另外，通过与环境适宜的色彩搭配的选择，达到了整体的调和。

在草坪内，适合应用黄、橙、红等暖色调，在石组和混凝土人行道附近适合应用蓝、紫等的冷色调进行调和。边缘花坛和分界栽植花坛等，明度高、鲜艳的植物栽植于低处，或者近前方，明度低、暗色的植物栽植于高处或者远处。

对于模纹花坛和群植花坛，花坛的中心配植强色彩植物，周围用互补色配色效果佳。白色配置于近前方使花坛看起来宽广。白色配置于远处，只有白色引人注目，整个花坛显得狭小，所以应当注意。

设计选用鲜明单纯的色彩或者对比鲜明的色彩，利用彩色铅笔等进行数次配色对比试验。

实际的花草约 20% ~ 40% 以上为绿色，完工后的花坛不能比规划中的颜色呈现阴郁的感觉。

6）花坛的材料

适合花坛的花卉的种类和品种很多，实际应用时首先选择适合于群植的材料，其次选择具有以下特性的材料：

①材料高度在平面花坛中，要低矮、整齐，在立体花坛中要高、耐风能力强；

②材料姿态选用强健、分枝力强、枝叶整齐的；

③花色色彩鲜艳、尽量选择单色大花的；

④开花时期相同，花期（盛花期）长；

⑤抗性强，耐干燥、强风、公害等；

⑥由于大量使用，要求价格稳定、购买容易；

⑦栽培、移植容易的种类。

花坛的材料，为了增加花坛的美观，减低材料费和管理费，有时还使用花卉以外的材料，诸如石材、小品等（详情参照第 2 章绿化植物 2.4.2 草花材料）。

（2）通过直播法的花卉造景设计

直播法进行花卉造景，草花种子繁殖容易，可利用容易获得的世界各地的野生花卉或者园艺花卉，在与人们生活空间相关的场所形成花草原野的景观。

直播等花卉造景的特征与花坛花卉培育管理不同，在施工、管理上很少费时费工。

但是，为了使直播混植的绿化在绿化对象地被确认之后，并在一定时期内形成高质量的绿化效果，在设计、管理阶段要采用简单有效的处理措施。

1）利用直播等花卉造景的定义

利用直播等花卉造景，作为原则进行如下定义：

①材料

种植材料为从市场上容易获得的园艺用花卉，主要利用播种法进行繁殖、栽培。

②对象空间

大规模公园，娱乐设施的广场、空地和道路，园路两侧的带状地等为其覆盖的对象。

③种植和管理

播种后，除了进行简单的除草管理等之外，基本上处于放任不管的状态。

2）利用直播等花卉造景的意义

①杂草对策

比起让杂草随意生长，更应该利用自然的力量、法则和植物的特性，让花卉在自然状态（放任状态）生长。这种观点从人类社会和环境方面来看是有意义和效果的。

②观光资源

花卉可以作为观光资源进行利用，也具有振兴当地产业的可能性。

若以观光为目的，为了在一年四季形成美丽的花卉景观，有必要进行植物种类的选择、花卉配置的艺术处理和一定程度上的养护管理（例如宫崎生驹高原）。

③通过地区振兴和直播等的花卉造景

另外，作为观光事业开展的一环，提高地区影响力和振兴花卉园艺事业的结合具有很大的可能性（例如花的街道的德岛县阿波町）。

④加深游览胜地的印象

对于加深滑雪场、高尔夫球场、高原别墅地等游览胜地印象的效果明显。

3）直播等花卉造景的对象空间

为了给以单调的草坪草为主体的植被地增添色彩，和作为表现人们集会空间的花卉造景手法在日本已经得到认可。

①以往的绿地

对于以往的边坡、裸地的单纯从防止侵蚀和土壤流失等防灾利用进行考虑。

②城市内的公共空间

到目前为止，作为以单一草坪绿化方式施工的道路、铁路、住宅区等的边坡、道路边、绿地、草坪广场、滨河绿地等，开始进行城市内公共空间的造景绿化。

此外，作为在城市内所见的杂草化空地的造景手法使用也引人注目。

③郊外、游览胜地

在高尔夫球场、夏季滑雪场、西洋式简易旅馆等游览胜地设施的造景中也被有效利用。

4）种植环境调查

对于直播花卉的造景，因为绿化对象地的种植条件不同，花卉的种类、种植形态，种植方法也不同，在种植前必须进行环境调查。

种植环境调查内容如下：

①气象条件；

②地形、立地条件；

- 平坦地、边坡、人造边坡；
- 裸地、空地、荒地、原野；

③面积、规模等；

④土壤条件；

可种植花卉的空间　　表 5–37

空间类型	花卉种类	野草类	花坛用花卉	直播花卉造景
公园	草坪广场		○	○
	树林（疏林）下	○	○	○
	树木下层（根际部绿化）		○	
	园路两侧（分界栽植）		○	○
	全部绿地	○	○	○
道路	取土、填土斜面			○
	构造物斜面			○
	路旁	○	○	○
	中央分离带		○	○
	出入口、停车场、服务区等绿地	○	○	○
	根部周围		○	
铁路	取土、填土斜面	○	○	○
	站台		○	
住宅用地	取土、填土斜面	○	○	○
	草坪广场		○	○
	疏林草地	○	○	○
	树木下（疏林下）		○	
	园路两侧（分界栽植）		○	○
	全部绿地		○	○
建筑空间	屋顶		○	
	墙壁		○	
	阳台		○	
	室内	○		
	外部构造		○	
城市广场			○	
绿道、商业步行道路			○	
滨河绿地		○	○	○
河川堤防		○		○
空地 · 人造地				○
郊外、观光名胜区		○		○

⑤水分条件；

⑥杂草环境条件。

5）直播花卉造景的种植条件

成为施工对象的土壤条件恶劣、炎热夏季和严冬时期极端的气候条件以及在杂草生长旺盛繁茂的情况下，由直播混植的花卉造景手法成功形成优美的环境以及使其继续生长十分困难。

在充分掌握各种植物特性的基础之上，按照以促使花卉发芽、生长培育为目的的基本条件，随时进行相应的管理工作是必要的。

利用何种方法使粗放的施工和管理达到成功，是绿化设计者和管理者需要解决的一大难题。

①气象条件

直播花卉造景与树林、种植花坛相比，易受气候和人为的干扰。

各种种子的发芽和初期生长对于合适的温度有要求。除了波斯菊等适应性强的种类之外，有必要了解大部分花卉所要求的气象环境条件。

a．积雪期、冬季的对策

积雪期超过 100 天的场所和 10 月已降雪的场所，尽量不采用秋播方法，春季（高原地区雪化之后）至初夏播种效果良好。

b．考虑年间气象条件

在高山和欧洲型气候地带，春季（或者夏季）一齐开花，但在气候不同的日本，开花期设定的规划很重要。

另外，考虑到冬季的景观，有必要通过采取常绿植物的直播，延长花卉造景观赏期。

②地形条件

a. 斜面种植

直播花卉造景最好选用地形平坦的场地。近年来，在取土斜面上开始实施花卉种植，但是，一般的园艺品种在斜面绿化中进行种植其立地条件不太合适。

作为斜面种植的问题有施工困难程度、绿化植被（草坪）和花卉的混播问题、施工费用的成本问题等。

b. 种植场所

根据问卷调查的结果，直播花卉造景应在图 5–73 所示的空间场所。

直播花卉造景使用主要植物的特性

表 5-38

植物名（品名）	种植适期表（○----播种期，——生长期，⌒发育开花期，× 枯死消亡（种子落下）；4月～12月，1月～12月）	发芽适温 / 生长温度 / 发芽天数	开花时高度（cm）	$1m^2$的播种量（单位）（ml）	适地 暖地	适地 寒地
松球菊		20℃ / 8～35℃ / 10～25日	40～60	1.0	◎	◎
大金鸡菊		20℃ / 10～25℃ / 8～10日	50～80	3.0	◎	○
牛眼菊		20℃ / 10～25℃ / 10～13日	40～60	1.0	○	○
蛇目菊		20℃ / 10～25℃ / 8～10日	40～60	0.5	○	○
蓍草		20℃ / 10～25℃ / 14～20日	50～70	0.3	◎	○
波斯菊（秋季开花）		20℃ / 10～25℃ / 5～6日	60～100	3.0	◎	○
霞草		18℃ / 18～25℃ / 5～6日	50～70	0.3	○	○
矢车菊	只在寒冷地区进行春播	15～20℃ / 10～20℃ / 10～13日	60～80	1.0	◎	○
油菜花		20℃ / 1～15℃ / 3～5日	40～60	0.5	◎	○
高雪轮		18℃ / 5～25℃ / 5～6日	20～50	0.5	○	○
花菱草	散落种子发芽	15～17℃ / 5～17℃ / 14～16日	60～80	1.0	◎	○
天人菊		20℃ / 8～25℃ / 10～14日	50～70	10.0	○	○
二月蓝		18℃ / 5～25℃ / 15～20日	30～50	0.5	○	○
月见草		20℃ / 20℃ / 8～10日	80～100	5.0	○	○
紫云英	如果在晚春播种，有可能会出现不开花的现象	20℃ / 5～25℃ / 7～10日	20～30	1.0	◎	○

注：播种量是单独品种播种时的用量

（引自种苗（株）No.7 1988.3）

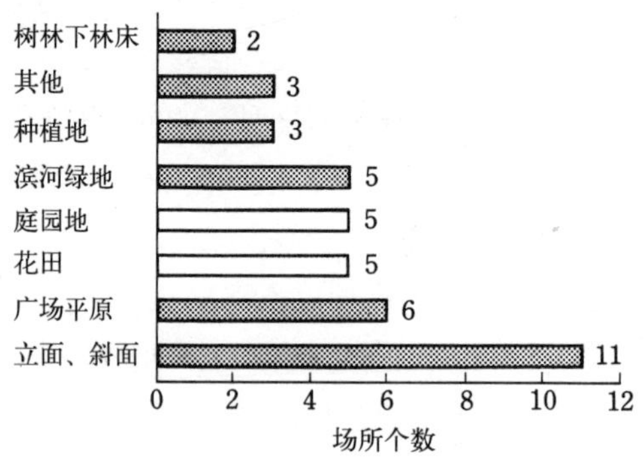

图 5-73 种植场所

③土壤条件

成为绿化对象场地的土壤的大部分肥料养分缺乏，有机质含量少，保水性、保肥性差。

作为适合直播花卉造景的场地具有以下特性：

- 表层蓬松柔软的土壤；
- 地表以及近地表处没有岩石以及岩石地低盘；
- 大块石块不多。

④水分条件

水分条件一般不需要作过多的考虑，但在播种之后到发芽为止的半月之内不能出现干燥现象。

⑤杂草对策

周围的生长势强的杂草会干扰妨碍初期生长，成为枯死的原因。适合的绿化对象地为没有杂草（特别是宿根性杂草），且杂草种子不多的场所。

6）直播花卉造景的类型

考虑到使用者利用直播花卉造景目的的不同，直播花卉造景手法有各种各样的类型。实际上，多由以下的单位进行组合形成各种类型。

类型划分　　表 5-39

①　种植形态	草地型 ⟷ 林床型
②　管理程度	粗放型 ⟷ 人工型
③　种植材料	种子 ⟷ 球根苗
④　生活型	一二年生草花 ⟷ 宿根花卉
⑤　种植方法	1～数种 ⟷ 多数混合

①种植形态

- 草地型

实现大规模绿化的粗放管理。广场、原野成为纯花卉景观的类型，大部分应用直播等方法进行花卉造景。

- 林床型

这是对没有必要进行集约管理、对于乡土野生草花而开发的培育技术。以灵活运用城市近郊杂木林的休闲娱乐、景观创造为目的进行猪牙花、桔梗、石蒜、日本百合等野生草花的种植。

②管理程度

- 粗放型

栽植后任其自然生长，尽量不进行任何人为管理的类型。进一步包括无管理的天然更新类型。

- 人工型

进行与花坛管理相近的、较高质量的管理。

③提供种植材料的形态

- 种子

作为直播等花卉造景一般使用种子，但是移植时花费时间多。在引入外国产的直播等造景花卉种子时，存在与本国的乡土气候不适应的种类，如果不进行栽培试验就使用的话非常危险。

- 直播苗

利用在苗圃中培育的直播苗进行栽植的手法。直播苗的栽植有规定的时期。即使多年生花卉，在栽植当年就可以开花成为其优点之一。

- 直播等花卉造景的制成品

为了在绿化对象地中用固定种子进行绿化，把种子与腐质土等装入特殊袋中的种子胶带、种子箱、或者在特殊的培育地上栽植幼苗、块状垫子上的小苗进行组合的制成品已被开发。特别是对斜面等，在施工现场可以进行灵活运用。

④生活型

- 一、二年生花卉

短期内生长并开花。通过对春天开花的两年生花卉与秋天开花的一年生花卉的搭配使用，可以进行春秋两季的花卉欣赏。

- 多年生花卉

因为多年生花卉在播种当年不开花的种类多，所以把一年生花卉和多年生花卉进行组合使用非常重要。

⑤种植方法的种类

- 多种花的混播

根据花卉造景的地区、用途、目的选择适宜的各种各样的种子进行混播。通过混播，不同种类的花卉相继开放，观赏期长。即使其中的几种不适于种植地立地条件，剩余的种类还可以进行切实可行的绿化。

通过多种色彩花卉的混合，使艳丽的色彩得以弱化，可以得到稳重的色彩效果。同时，各种花卉所吸引的蝴蝶种类的增加也是一个优点。在播种时，有必要充分地考虑各种草花种类的性状、高度、花色、花期等。

- 外国产种子的混播

美国产混合种类适于在日本利用，可达到花卉造景效果。其中有在市面上出售的专为边坡绿化用的草坪草与直播花卉造景的混合种子。

- 与牧草种子的混播

花卉与牧草种子的混播能够对对象绿化场地起到保护作用。在没有达到理想的情况下，有时会出现牧草田野中金鸡菊零零星星开放的景观，只能给人萧条寂寞的感觉。

照片 5-15　滨河绿地的花卉造景（花菱草、霞草）

7）开花目标的检查

以现场调查为前提，在充分了解业主要求的基础上，决定花卉的种类、播种量、播种时期。

对于花卉的播种量要以各种花卉的发芽率、长成株数等试验数据为基础，算出最终开花的棵数。

因种类不同而不同，但一般 1m^2 中种植 50 ～ 100 株左右为最终目标。

8）使用花卉的探讨

花卉色彩的设计，根据业主要求基础上考虑到花的色相、高度、花期、利用目的等进行确定。（详细参照第 2 章绿化植物）

5.4.8　斜面绿化设计

利用植被进行斜面绿化是指在裸地的斜面上，通过人为的植物繁殖进行表面覆盖，可起到防止雨水对表土的侵蚀、根的固定防止土壤的崩塌、地表温度的调节等作用，通过改善土壤理化性质、土壤的肥沃程度等，利用植被使斜面能够长期稳定并得以绿化，达到形成优美景观的目的。

利用植被的斜面，在营造适宜植物生长培育基盘的基础上，种植适于绿化目的、地域环境的植物。

（1）种植基盘的营造

为了植物的生长和稳定，种植基盘在不断受到侵蚀和崩塌的影响下必须稳定。对于不稳定的斜面或者将来有不稳定可能的斜面，在植物种植前，为了使斜面稳定必须设置绿化基础施工。

1）斜面的坡度

在斜面建造时必须注意的问题是根据土质状况决定坡度的大小，但土木工程等一般会造成陡坡度斜坡的形成。

但是，从防灾和景观的角度来看，应当尽量营造缓坡度的斜坡。

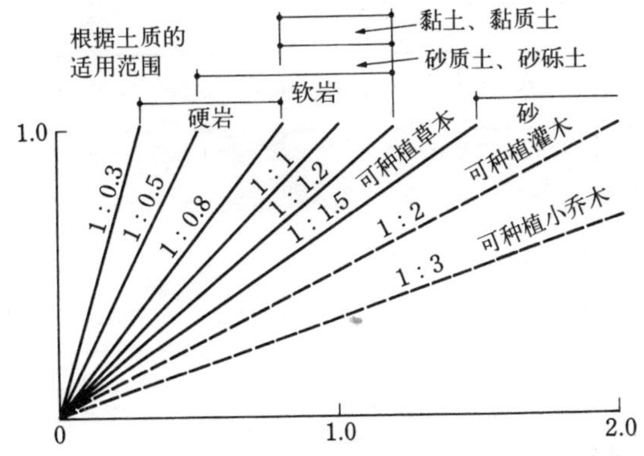

图 5–74　取土的标准坡度与可能种植植物的坡度

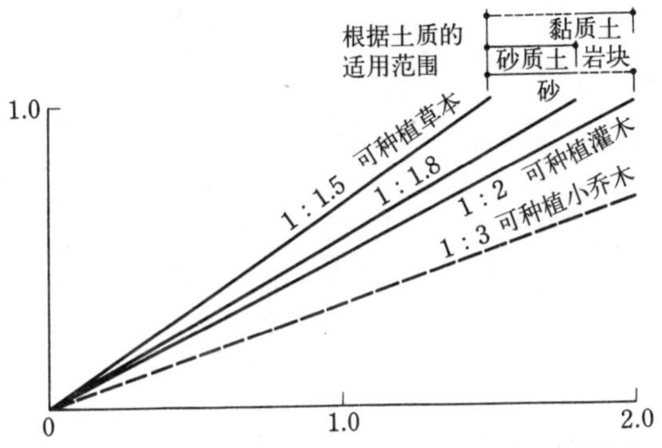

图 5–75　填土的标准坡度与可能种植植物的坡度

种植灌木类时坡度为 1/2 以上，种植小乔木时坡度为 1/3 以上。

2）斜面的曲线处理

近年来，斜面的曲线处理成为一般问题。这种现象不只是因为目前的直线斜坡在自然景观中产生失调感，而且在滑坡防止上也存在许多问题，在斜面肩部、基部以及顶部都要进行曲线化处理。

3）斜面的排水处理

斜面因受到各种气象条件的影响产生了各种被破坏的现象，特别是要注意雨水的危害。在有从斜面肩部上部的雨水沿着斜面流下的可能性时，在斜面肩部设置排水设施，防止表面水的侵蚀。另外，在有小坡段的情况时，应在小坡段上设排水沟，防止雨水流入下部斜面。

（2）斜面绿化的施工方法

绿化施工方法有：草本的种子直接播种的播种绿化施工方法与把生产的容器苗栽植到斜面上的栽植施工方法（图 5–76）。

种播施工方法有各种各样，在此，分为如表 5–40 所示的喷附种子施工和植被栽植施工两种方法。

栽植施工方法，表 5–40 所示的分为日本草和木本类的灌木类、藤本植物类。植物材料尽量采用乡土植物。在斜面上栽植灌木的情况下，从美观上来讲，地被植物避免使用植株高的西洋草，多用日本草。

近年来，混凝土墙面表面被覆爬山虎类植物，或者在种植坑中填置客土种植灌木类等，使斜面的景观得以美化。

斜面绿化方法一览　　**表 5–40**

绿化方法＼项目			内容（标准断面、尺寸等参照图 5–76）	施工注意事项	优、缺点	用途
播种	喷附施工	种子喷附施工（A）	把种子、肥料、土壤等材料和水形成较硬、泥状混合物，使用喷附机械喷附于斜面之上的方法	• 施工之前，除去斜面的垃圾以及斜面表面的石头、土、根等 • 斜面干燥的情况下，对斜面进行缓慢的浇水，湿润深度达到 20cm 以上	• 适合大规模斜面 • 适用于高处，陡坡施工	• 填土以及取土 • 适合种子喷附施工（c） • 可以与开沟客土法并用
		同上（B）	种子、肥料、纤维等材料用水浸泡，用特制水泵等喷附机械喷附到斜面上的方法	同上	• 适合于大规模斜面 • 施工强度大 • 适于低处、缓坡	• 填土与取土 • 可以与开沟客土法并用

续表

绿化方法 \ 项目			内容（标准断面、尺寸等参照图 5-76）	施工注意事项	优、缺点	用途
播种	喷附施工	同上（c）	预先对斜面全面喷附客土，之后进行种子喷附法（A）或者(B)的施工	• 施工之前，除去斜面的垃圾以及斜面表面的石头、土、根等 • 客土 74μ 筛子（No.200）通过量 30% ～ 70%，砂砾大小 6mm 以下，砂砾量 5% 以下	• 不良土质的施工 • 需要两道工序 • 适合于大规模斜面	• 取土 • 对不良土质的施工
播种	喷附施工	同上（D）	对于斜面预先挖掘沟槽，填满客土后进行种子喷附施工（A）或者(B)	同上	• 不良土质的施工 • 沟槽客土由人力进行 • 适用于低处、缓坡处	同上
播种	植被施工	植被垫施工	装有种子、肥料等的垫子对斜面进行全面覆盖的施工方法。垫子材料有无纺布、粗眼织布、布纸、稻草垂帘、席子、切短稻草、无纺布垫等。此外，与树脂网等并用能够增加强度	• 施工前先把斜面凹凸处进行平整，除去石块、杂草等。 • 每 m 使用 8 根固定扦，固定网垫 • 垫子相互重叠部分进行穿插，重叠宽度 5cm 以上 • 斜面肩部水平部被覆 30cm 以上	• 施工随后防止雨水冲裂 • 有保温效果 • 可以小面积施工	• 填土以及取土 • 补修用 • 冬季施工
播种	植被施工	植被带状施工	装有种子、肥料等的带状布或者纸，在填土斜面的台层边缘进行水平的条状插入的方法	• 种子带间隔斜面以 30cm 为标准 • 修整台段边缘时，对于已经修好的部分不能有土散落 • 斜面顶层平台处的草坪较高，为 5 ～ 10cm	• 水平带状处有防止表土冲刷的效果 • 单价便宜 • 施工强度小	• 填土
播种	植被施工	植被盘施工	肥土或者腐殖土压制成成形板块状，其上播放种子，在斜面上按照一定间隔水平挖沟，进行带状铺覆的方法	• 把盘放置于沟中时，地盘与盘之间不能有空隙，要紧密接触 • 宽度为 20cm 的植被盘每枚使用 2 根固定扦 • 防止斜面肩部的崩坏，肩部上侧放置 1 列以上的植被盘	• 客土效果好 • 含有有机肥料，肥效长 • 单价高	• 取土 • 软岩、砂质土施工
播种	植被施工	植被袋	在肥土中混入种子，放置于网袋中，在斜面上按照一定间隔挖掘水平沟，进行网袋的铺覆施工	• 材料混合时，在土中加入粒状肥料、种子进行充分搅拌 • 土壤含水比例以 20% 为标准 • 每袋使用 2 根固定扦 • 地盘与袋没有空隙，充分接触密着	• 种子肥料流失少 • 有柔软性，易于地盘密着 • 可以在陡坡以及冬、夏期施工	• 取土、冬夏期施工
播种	植被施工	植被坑穴	斜面挖穴，穴底部混入固体肥料、添加剂，其上放置种植纸，覆土，覆膜养护的施工方法	• 在斜面一般开挖直角穴，在陡坡上开挖斜向穴 • 挖穴直径 6 ～ 10cm，深 15cm，交互状，每 $m^2$13 个 • 客土充分压密插入	• 全面覆盖施工慢 • 可进行深处客土 • 肥料客土不会流失	• 取土 • 硬土质施工
播种	养护管理	植被盆钵	预先在斜面上挖穴，为交互状，穴内填入肥料等，把栽培有草坪草的泥炭制盆钵埋入土中的施工方法	• 穴按照每 $m^2$9 ～ 11 个挖掘 • 穴的直径与盆钵的大小相同，放入后之间没有空隙	• 预先栽培，有确定性 • 栽培的场所、期间成为必要	同上

续表

绿化方法＼项目			内容（标准断面、尺寸等参照图 5-76）	施工注意事项	优、缺点	用途
植栽	日本草坪草	铺覆草坪	从斜面肩部把块状草坪的长边按水平方向排列，为了使草坪与斜面密着进行拍打，用固定扦固定，分无缝隙铺覆和有缝隙铺覆	• 草片对着坡度，长边在水平方向上使用 • 坡度缓和处在缝隙处填土 • 交互铺覆 • 固定扦按照草片 1 枚使用 2 根为标准	• 在施工的同时铺覆草坪 • 施工能力弱 • 夏季施工时，易于干燥	• 填土、取土
		带状铺覆草坪	从使用土层段土的斜面基部开始，把块状草坪的长边沿着斜面进行水平方向的排列，埋土，根据作法打层段，形成斜面	• 带状间隔沿着斜面以 30cm 为标准 • 斜面肩部的水平草坪覆土 5 ~ 10cm，稍高	• 全面铺覆慢 • 施工能力差	• 填土
	木本类	灌木类	使用胡枝子、金雀儿等豆科灌木覆盖。此外，从美观上看，尽可能植栽花木。刺槐、柳树类、日本桤木等小乔木类，作为固沙植物多被利用	• 不留裸地，紧密植栽 • 如果有裸地，利用草坪草（日本草）被覆 • 种植小乔木、乔木的情况，进行斜面保护上的处理	• 在施工同时被覆 • 可以观赏花等 • 陡坡（1 成以上）不可能施工 • 单价高	• 填土、取土 • 特别需要美观的场所
		藤本植物	栽植爬山虎、常春藤、葛藤等。多在砌石、水泥喷附等构造物之上覆盖	• 不良土质处多，种植穴尽量挖大（径 30cm 程度），进行客土、施肥	• 一定程度上，到生长为止需要管理	• 取土 • 已经处理过的构造物
构造物并用		斜面框槽施工	在斜面上，用特制水泥砖组合框槽，在斜面覆盖分割的框槽内填客土，栽植植被进行绿化的施工方法	• 斜框内铺覆草坪时，框槽内进行密实客土	• 以各种各样的植被施工方法为标准	• 取土
		砌石施工	利用圆形石、自然石、切割石等进行铺盖。缝隙处栽植草木进行绿化。此外，在铺盖水泥砖的斜面，利用藤本植物进行绿化覆盖，也可在砖上开挖洞穴栽植植物	• 避免利用乔木	同上	• 填土、取土
		编制栅栏	利用小竹扦、树木枝条和合成树脂材料等，为了防止斜面表层滑坡的施工。利用柳树类、胡枝子等作为木桩使其发根。编栅间栽植植物进行绿化	• 以各种各样的植被施工方法为标准	同上	同上

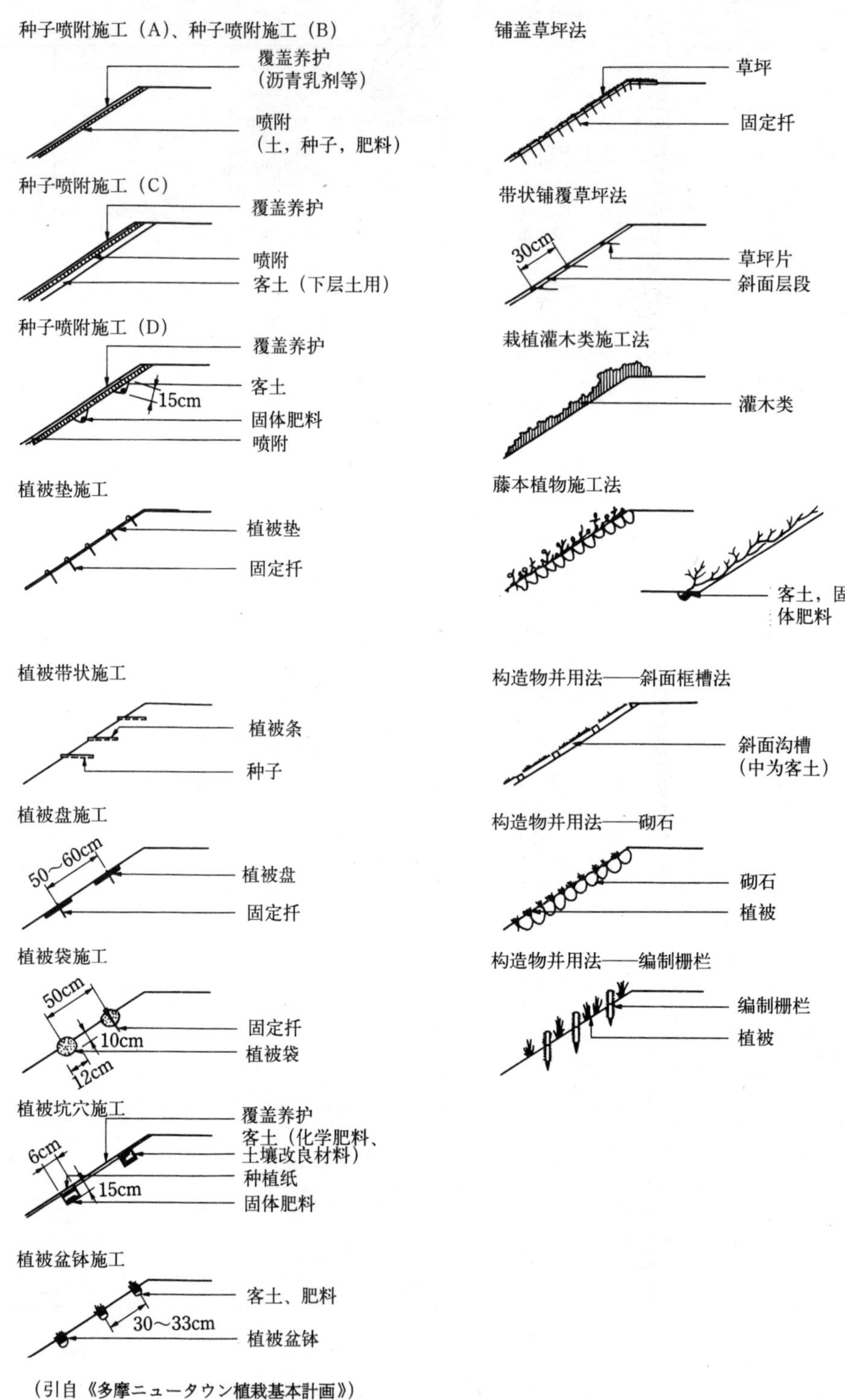

图 5-76　斜面绿化施工方法的标准断面、尺寸等

此外，为了提高造景的效果，直播花卉造景手法也正在被试验推广中。

照片 5–16　火车站前应用特制砖的斜面绿化

（3）斜面绿化施工方法的选择

斜面绿化施工方法的选择，在对目标植被形态、斜面的坡度、斜面的土质和气象条件等综合分析的基础上进行确定。

1）目标植被形态

目标植被形态包括自然植被型的草地与自然林、造景植被型的地被与植被林（表 5–41）。

2）斜面的坡度

斜面坡度 30 度以下时，乔木、小乔木能够生长，60 度以上时很难栽植植物。

3）斜面的土壤硬度

对于植物的生长，根能扎入土壤时的土壤硬度指数（山中式）在 26mm 以下。植物生长发育上，最适合的土壤硬度指数为 15 ~ 20mm。在土质松软的情况(10mm 以下)，要防止土壤干燥和水土流失的发生；相反，在土壤坚硬的情况（30mm 以上）下，开沟、填客土等处理是必要的。

植被目标形态与适应施工方法　表 5–41

目标植被形态	使用植物	适应施工方法
草地	外来草本	种子喷附施工、植被垫施工、植被坑穴施工、植被带状施工、植被袋施工
自然林	外来草本 乡土植物	植被垫施工、植被袋施工、植被坑穴施工
地被	草坪 地被植物	植被盆钵施工 铺覆草坪施工 带状铺覆草坪
人工林	草坪 苗木、扦插苗 灌木、藤本植物	种植施工

4）斜面的土质、气象

地质、气象根据条件具有多种性质，通过详细的场地调查进行确切的判断。

（4）斜面绿化植物的选择

1）乡土植物的选择

乡土植物的利用，有利于植被维持和长期生存。乡土植物的选择要适合以下条件：

①能够确保（苗木）需求量；

②适应性强、繁殖容易等；

③在瘠薄地中可以生长，具有根瘤菌的植物；

④植物的繁殖力、萌芽力、再生能力强；

⑤能够作为先锋植物。

2）草种的选择

选择适合于以下条件的草种：

①瘠薄地中可以生长，对于干燥、日荫具有特殊适应性，抵抗力强；

②生长力旺盛、繁茂，生育初期的覆盖效果良好；

③生长发育具有永续性，土壤的固定效果好；

④具有一定土壤改良效果和肥沃化能力；

⑤种子发芽力强；

⑥一般选择常绿多年生草，不易在斜面上发生火灾危险；

⑦环境、土地、景观保护方面效果良好；

⑧种类见第 2 章种植植物部分的记载。

3）播种量

播种量由以下公式算出：

$$W=G/S \cdot P \cdot B$$

W：单位面积播种量 (g/m^2)

G：单位面积期望生长株数 (株 /m^2)

S：单位重量的平均种子粒数（粒 /g）

P：纯度（%）

B：发芽率（%）

播种量一般以 m^2 作单位，算出的禾本科植物的生长期望数为 5000 ～ 10000 株 /m^2 作为标准量，但必须根据施工地条件、施工日期、播种方法、植物生长形态等决定播种量。例如，考虑到寒冷地区、高海拔地区等的生长温度、生长日数等，播种量要增加 10% ～ 20%。

5.4.9　建筑物绿化设计

近年来，通过由《城市绿地保护法》修订带来的税金减低以及东京都《东京自然保护和恢复条例》的修订，要求对屋顶、墙面实施绿化，此外其他地方公共团体的条例和辅助制度的制定等，都使屋顶绿化的需求出现了急增的状况。产生这种状况的背景是通过建筑物的平屋顶、斜坡屋顶、阳台绿化、墙面绿化等，可以缓和城市热岛现象，抑制雨水的流失，吸收、固定二氧化碳等，形成湿润、舒适的城市环境，此外，还可以减弱火灾的灾害、隔热遮声、防止防水层劣化、防止构造物裂缝、防止反光现象等，具有改善室内、室外环境的效果。

（1）屋顶等的绿化设计

屋顶等的绿化空间包括人工基盘的屋顶、阳台（含露台）等的绿化。

屋顶是指建筑物的屋顶部分、人可以出入以及可能利用的空间，屋顶上可以进行绿化的空间为除去建筑物屋顶部分中楼房管理必需的太阳能利用系统、塔屋、电梯设施、清洁塔、高架水槽、换气塔、制冷装置等附属设施之外的被限定部分。

1）设计步骤

屋顶等绿化依照建筑物的寿命和建筑构造限定了绿化方法。新建与增建的建筑物，在设计时要考虑能够承受乔木（参照第 4 章种植规划 4.5.5 关于建筑物绿化的法令）、小乔木的永久性种植的荷载与耐用年数的建筑结构，进行正规绿化。另一方面，对于现存的建筑物的情况，事前要调查建筑物的老化度和耐荷载能力等，确定采取正规绿化还是简易绿化。通过调查，决定采取简易绿化方式进行良好的维持管理满足绿化目的，还是能够维持长期稳定的绿化状态的简易绿化与正规绿化相结合的方式，或是采取正规的永久性绿化方式（图 5–77，表 5–42）。

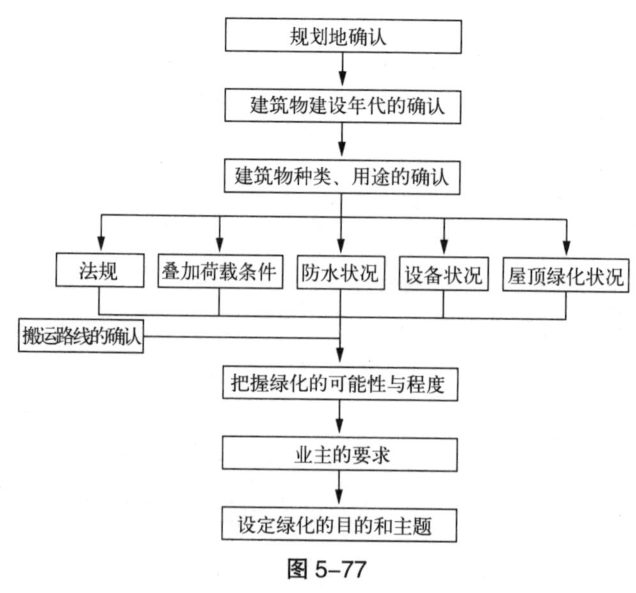

图 5–77

开始阶段的注意事项　　表 5–42

规划地的确认	• 预先确定位置，把握地区的气候特征、建筑的多雪地带等条件，地区不同，温度、降雪量则不同
建筑物建设年代的确认	• 建设年代不同，建筑物标准有差异。特别是要注意 1981 年以前的新耐震构造以前的建筑物
建筑物种类和用途的确认	• 根据大型建筑物、公共住宅等建筑物的用途不同，绿化目的、绿化内容不同
法规	• 把握荷载、栏杆、日照规律、避难道路等，把握适用法律规定
荷载条件	• 对于建设年限长的古老建筑采取混凝土块，检验其混凝土的强度
防水状况	• 检验防水层的劣化状态，讨论改建、改修的必要性
设备状况	• 确定给水、电气设备的有无。确定水源的上水、中水、雨水储留
屋顶利用状况	• 掌握现在的建筑物利用状况。掌握清洁塔等屋顶设施的状况
搬运路线的确认	• 确定材料搬运的方法、放置场所
把握绿化的可能性与程度	• 确定庭园类型、绿化类型
业主的要求	• 听取业主的要求愿望
设定绿化的目的与主题	• 根据确定的条件、业主的要求、愿望设定主题

（引自《ルーフ・スケーピング技術と市場への展開手法調査報告書》）

在进行绿化设计时，根据绿化对象空间的制约条件，明确以有生命的植物作为主要材料种植的长期计划，决定功能、效果等基本方向，进行作业总括，设定绿化空间的主题，明确意象构成。另外，这些对象空间是处于半开放的空间，从养护管理的角度进行主要树种的选择和绿化构成等配植设计的同时，兼顾粗放管理、集约管理以及中间管理等类型的管理内容，争取达到与城市景观绿地构成网状化的绿化布局（表 5–43）。

绿化类型有教材园、药草园、菜园（农园）、花园、花坛、草原、草地、广场、公园、庭园、生物生息空间等绿化模式。

设计阶段的注意事项　　表 5–43

规划条件的确认	• 在规划阶段对各种条件进行现场确认 • 确认搬运路线、施工机械的集中、施工
规划方法的制定	• 进行详细部分的检验，制定规划阶段的基本方针
种植基盘设计	• 具体检查规划对象的荷载，决定最终的土层厚度。另外，确定使用的土壤改良剂的种类和施工方法
种植功能设计	• 种植功能具体的位置，设定种植构成等
种植景观设计	• 设定景观重点，决定深远、广阔等具体的景观构成
使用树种选择	• 根据经济性、养护管理等要求，选用能够同时满足种植功能、种植景观的树种
配植设计	• 植物种类之间的配置 • 设定植物的形状大小、种植密度等
养护管理	• 进行防风支柱、覆盖等的设计
种植管理规划的制定	• 制定基于具体设计的管理体制、方法、作业、工程等
设计文本的制作	• 把以上调查结果，以图面、文本、预算书、设计说明书等形式进行总结

（引自《ルーフ・スケーピング技術と市場への展開手法調査報告書》）

在屋顶，虽然通常风力强，但日照、雨水得以保证，通过防水、防根等构造，采用保水、灌水、排水等方法，以及通过对土壤的研究，采用支柱保护、抗强风对策等，能够进行与地面相同的绿化和水面的设计。

阳台是从道路、外部能够看到的重要的景观绿化的场所，可以在狭窄的空间进行花卉与绿色植物的观赏、娱乐，但支持种植的基盘要坚固，具有防水、防根等构造，需考虑采用保水、灌水、排水等方法，并探讨土壤的厚度、种类、构成，支柱保护、抗风对策等。

2）土壤厚度和荷载对策

- 在进行绿化时，对于建筑物的老化度、相关法规、构造标准、对植物的生长及种植内容有影响的土壤的厚度、种类（自然土壤、改良土壤、人工土壤等）、构成等进行调查，以期能够进行有效的管理。
- 为了建筑物的安全性，建筑标准法施行法令第 85 条中规定了不同楼房种类的地面、柱、梁的荷载重量。
- 荷载有土壤、排水材料、植物的重量等，根据内容还应当加入边缘材料、铺装材料等。土壤、排水材料的重量应该按照湿润时的比重进行计算（见表 5–44，表 5–45）
- 植物的重量，考虑种植后的生长量，需计算地下部根坨和地上的干、枝叶等。根坨的重量，根据土壤的比重进行计算。（见表 5–46，表 5–47）。

植物的重量　　表 5–46

植物的重量，在种植后生长量基础上进行计算。树木重量是把地下部分的根坨的重量和地上部分干枝的重量分开进行计算。根坨的大小、树形因树木的种类而有所不同。根坨的重量换算为土的比重（关东土为 1.8）进行计算。

树木地上部分的重量由以下公式求得

$$W=k\pi(d/2)^2 HW(1+p)$$

d：大概直径（m）

H：树高（m）

k：树形形状系数≒0.5

W：单位体积树干的重量 1.100 ~ 1.300kg/m³

P：根据枝叶多少的增减率 0.1 ~ 0.2

- 种植基盘分为自然土壤、改良土壤、人工轻质土壤、薄型人工轻质土壤（表 5–48）。
- 屋顶面积 100% 进行种植，采用人工轻质土壤时，住宅的土层厚 7cm 以下，所以只能限于苔藓类和景天类。学校等建筑屋顶土层厚为 15cm，上面可栽草坪

土壤荷载（湿润时）　　表 5–44

材料		比重	土层厚				
			30cm	45cm	60cm	90cm	150cm
土壤	关东土	1.8	540kg	810kg	1.080kg	1.620kg	2.700kg
	黑土	1.6	480kg	720kg	960kg	1.440kg	2.400kg
	园圃土 7：珍珠岩 3	1.3	390kg	585kg	780kg	1.170kg	1.950kg
	园圃土 5：珍珠岩 5	1.1	330kg	495kg	660kg	990kg	1.815kg
	人工轻质土壤	0.55 ~ 0.7	180kg	270kg	360kg	540kg	900kg

排水材料荷载（湿润时）　　表 5–45

材料		比重	排水层重			
			10cm	15cm	20cm	30cm
排水材料	砂土	1.7 ~ 2.1	190kg	285kg	380kg	570kg
	人工轻质土壤	1.2 ~ 1.5	135kg	202kg	270kg	405kg
	黑耀石珍珠岩	0.2	20kg	30kg	40kg	60kg
	板状人工制品	13 ~ 20kg/m²				

不同树木形状的重量（地上部分＋地下部分）　　表 5-47

干周	树高（参考）	针叶容量（m^3）	针叶重量（kg）(1)	干、枝叶的容量（m^3）	干、枝叶的重量（kg）(2)	合计重量（kg）(1)+(2)
10cm 以下	2.5m	0.017	31.0	0.0013	1.70	32.7
10 ～ 15cm	3.5m	0.028	51.0	0.0041	5.30	56.3
15 ～ 20cm	4.0m	0.061	110.0	0.0084	11.0	121.0
20 ～ 25cm	4.5m	0.110	199.0	0.0147	19.1	218.1
25 ～ 30cm	5.0m	0.170	306.0	0.0235	30.6	336.6
30 ～ 35cm	5.5m	0.210	378.0	0.0314	40.8	418.8
35 ～ 45cm	6.0m	0.400	720.0	0.0626	81.4	801.4
45 ～ 60cm	7.0m	0.740	1332.0	0.130	169.0	1501.0
60 ～ 75cm	8.0m	1.320	2376.0	0.233	303.0	1679.0
75 ～ 90cm	9.0m	2.080	3744.0	0.386	502.0	4246.0
花卉						1.5kg/ 株
铺覆草坪						18kg/m^2

屋顶绿化的种植土壤　　表 5-48

比较项目		自然土壤	改良土壤	人工轻质土壤	薄型人工轻质土壤
特征		• 排水层上填自然土壤方法	• 为了使自然土壤轻质化，提高保水性、通气性，混入土壤改良材料的方法	• 为了使轻质化，使用开发土壤的方法 • 有无机物系、有机物系、混合系等	• 为了超轻质，使排水层、培土与植物构成一个整体的方法
湿润时的比重		1.6 ～ 1.8	1.1 ～ 1.3	0.6 ～ 0.8	—
必要土层重	草坪	30cm	30cm	15cm	8cm
	灌木	45	45	20	15
	小乔木	60	60	30	—
	乔木	90	90	50	—
排水层		必要	必要	必要	构成一个整体
灌水设备		必要	必要	必要	• 也有利用雨水的无灌水型
适用场所		• 适用于能做屋顶花园的大规模场所	• 一般的屋顶绿化多用	• 适用于现有建筑物上的绿化	• 同左 • 适用于倾斜屋顶

并进行灌水。

- 屋顶面积的 20% 进行绿化，采用人工轻质土壤时，在住宅屋顶上，土层厚 30cm 上下可以栽植一些灌木。在学校等屋顶上，土层厚度 50 ～ 60cm 可以栽植乔木，并附设灌水设备（表 5-49）。

3）保水、排水的对策

- 土壤在通过加入土壤改良材料达到轻质化的同时，还要求在保水性、透水性、通气性上具有优良特性。
- 除了一部分人工轻质土壤之外，一般为了防止土壤与排水层之间由土壤流失造成的排水层的堵塞，需要铺设透水帆布。
- 适度的水分对植物生长非常重要，但土壤中过剩水分的存在会导致植物根系腐烂，为了使剩余水分尽快排出，要注意排水坡度、排水方法等。

种植地的叠加荷载　　表 5–49

土壤的种类	断面图	草坪	灌木	小乔木	乔木
自然土壤	自然土壤 排水层 防水层 楼板 t1 t2	排水层（t1=80） 0.08×0.2=0.016t/m² 黑土（t2=300） 0.3×1.6=0.48t/m² 草坪　18kg/m² 计　514.0kg/m²	排水层（t1=100） 0.1×0.2=0.02t/m² 黑土（t2=450） 0.45×1.6=0.72t/m² 低木　30kg/m² 计　770.0kg/m²	排水层（t1=150） 0.15×0.2=0.03t/m² 黑土（t2=600） 0.6×1.6=0.96t/m² 中木　32.7kg/m² 计　1022.7kg/m²	排水层（t1=200） 0.2×0.2=0.04t/m² 黑土（t2=900） 0.9×1.6=1.440t/m² 高木　418kg/m² =83.6kg/m² 计　514.0kg/m²
改良土壤	改良土壤 排水层 防水层 楼板 t1 t2	排水层（t1=80） 0.08×0.2=0.016t/m² 改良土（t2=300） 0.3×1.3=0.39t/m² 草坪　18kg/m² 计　424.0kg/m²	排水层（t1=100） 0.1×0.2=0.02t/m² 改良土（t2=450） 0.45×1.3=0.585t/m² 低木　30kg/m² 计　635.0kg/m²	排水层（t1=120） 0.12×0.2=0.024t/m² 改良土（t2=600） 0.6×1.3=0.48t/m² 中木　32.7kg/m² 计　836.7kg/m²	排水层（t1=150） 0.15×0.2=0.03t/m² 改良土（t2=900） 0.9×1.3=1.170t/m² 高木　83.6kg/m² 计　1283.6kg/m²
人工轻质土壤	人工轻质土壤 排水层 防水层 楼板 t1 t2	排水层（t1=70） 0.07×0.2=0.014t/m² 人工轻质土壤（t2=150） 0.15×0.625 =0.093t/m² 草坪　18kg/m² 计　125.0kg/m²	排水层（t1=100） 0.1×0.2=0.02t/m² 人工轻质土壤（t2=200） 0.2×0.625 =0.125t/m² 低木　30kg/m² 计　175.0kg/m²	排水层（t1=120） 0.12×0.2=0.024t/m² 人工轻质土壤（t2=300） 0.3×0.625 =0.187t/m² 中木　32.7kg/ m² 计　243.7kg/m²	排水层（t1=150） 0.15×0.2=0.03t/m² 人工轻质土壤（t2=500） 0.5×0.625 =0.312t/m² 高木　83.6kg/m² 计　425.6kg/m²
薄型人工轻质土壤	薄型人工轻质土壤 防水层 楼板 t	草坪　（t=40 ~ 140）　30 ~ 70kg/m² 其他　（t=25 ~ 200）　25 ~ 65kg/m²			

- 排水的坡度，最好为 1/75，最低要在 1/100 以上，排水沟的水的坡度以 1/50 最好。
- 排水的方式有从雨水排水层的最底面排水和利用雨水储留两种方式，根据这两种方式进行排水设计。
- 底面（暗沟）排水方式有以下两种：一种在土壤下部铺设透水材料，利用地板坡度排水的面排水，另一种是由暗渠、透水管等集水设施的集水排水方式，根据这些进行设计（见表 5–50）。
- 尽量排水孔设置为两处以上，配水管直径为 100mm 以上，在排水孔周边等地，会产生土壤流失的情况，应该铺设透水帆布。
- 排水层材料包括采用火山砂、珍珠岩等砂砾状排水材料，鸡蛋槽和双重构造的板状排水材料，合成树脂透水管等线状排水材料等，利用这些材料进行设计。
- 板状排水材料有能存水和不能存水两种类型，此外还有多种多样的产品被开发。
- 线状排水主要用于使表面水尽快排出，与面的排水方式相组合效果好。

4）灌水和灌水施设

排水方式的概要　　　　**表 5–50**

方式	概要	详　细		
楼板排水（面排水）	土壤下部铺设通水材料，在楼顶楼板防水层上面的排水	基质类	砂子	土壤厚度 1/5 ～ 1/3，避免使用排水能力差的砂
			碎石	含微粒子的碎石不适合
			火山砂	稍轻，多少有保水能力
			黑耀石珍珠岩	轻，多少有保水能力
		化学制品类	非保水类型	约厚 7 ～ 50mm 轻，易于施工
			保水类型	排水层保水 储留水浸润上部土壤
暗渠排水	利用暗渠、透水管进行集水的排水	U 字沟或者透水性 U 字沟的逆向设置		重量重，施工性不良
		合成树脂类透水管		轻，曲线施工可能
		填入珍珠岩的排水管		轻，曲线施工可能。排水能力比合成树脂类透水管稍弱
并用型排水	面排水与暗渠排水并用，适用大面积地区	以暗渠收集面进行排水		
表面排水	超出土壤吸收水分能力的范围时，通过表面坡度排水	把土壤表面流出的水集于 U 字沟、填充砂砾沟、透水管，进行排水或者浸透于种植土壤		

（引自《新宿区技術指針》）

- 主要是通过雨水供给水分，由于土壤质和量的不同会出现不足的情况，另外，没有来自于地中毛管现象的水分供给，易于干燥，所以有必要进行灌水。
- 理想的必要土壤厚度如图 5–78 所示，但由于荷载原因不能够有足够土厚时，应当设置灌水装置。
- 因为环境条件恶劣，为了防止水分散失，在确保土壤厚度和使用保水性强土壤的情况下，在干燥期利用水管进行灌水方法达到目的。
- 填土厚度在 40cm 以下，栽植根系浅的花卉、蔬菜等时，尽量设置散水栓、喷头等灌水设施。
- 灌水装置的设置场所分为地上灌水、地中灌水、底面灌水三种方式，底面灌水有能够储留雨水、中水的类型。

5）防水和防根的对策

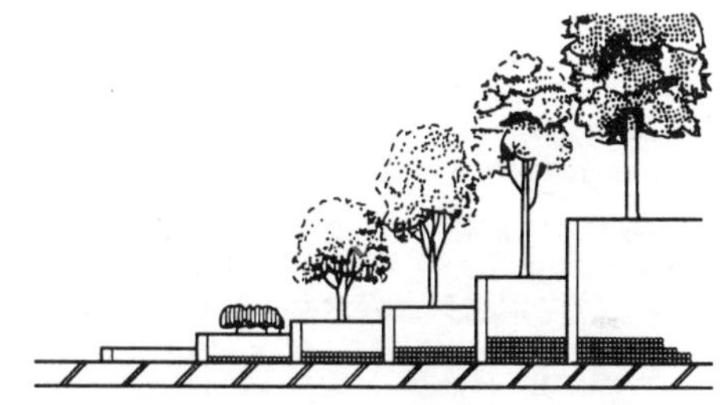

填土厚度	～ 15cm	30cm	45cm	60cm	90cm	150cm
排水层厚度	—	10cm	15cm	20cm	30cm	30cm

根据植物大小所需的必要的土量

（1）草坪	A	C	C	C	C	C
（2）小灌木	—	A	A	C	C	C
（3）大灌木、小乔木	—	A	B	C	C	C
（4）浅根性乔木	—	—	A	B	C	C
（5）深根性乔木	—	—	—	A	B	C

—：种植困难，不可能生长
A：灌水水分充足则可能生长
B：从小苗阶段进行种植，则可能生长
C：只需普通的管理就可以生长
（引自《建築空間の緑化手法》）

图 5–78

- 绿化施工之后，防水的改修成为困难的工作，应该考虑到常为湿润状态，应采取漏水危险性小的防水方法。

- 一般来说，采用耐久的沥青压入混凝土的防水方法，但在水泥浆防水等简易防水的情况下，也可利用容器绿化法进行绿化设计。
- 使用沥青防水时，为了发挥混凝土的功能，可以采用由缓冲防止层、防根层、排水层、过滤层、土壤层构成的方法。
- 帆布防水方法是使用接合部没有漏水危险的帆布，铺覆防止缓冲材料之后在其上铺设种植基盘。
- 防止缓冲材料，一般多采用施工容易的厚度为5mm以上的无纺布，也可以使用嵌入纤维的沥青帆布、水泥预制板、强化水泥板等。
- 植物的根部会损伤防水层，侵入接缝处，特别是对现有建筑物和露出防水的情况时，要采取有效的防根对策。
- 为了轻量化，撤去现存的压制混凝土等，可以采取人造橡胶与FRP复合涂膜防水，防根用帆布和防水用帆布的双重防水方法（表5–51）。
- 为了防止漏水，要注意在靠近女儿墙的直立部分，防水材和排水篦子的接合部位进行防水、防根设计。直立部分要高于种植基盘15cm之上。

6）支柱和防风方法

- 绿化位置越高则与地上越不同，风特别强，要考虑风害对策。
- 因为建筑物绿化的土壤薄层属于轻质，所以支柱很重要。
- 支柱要根据土层厚度、构造物的构造、树木的形状等进行设计。
- 构造物上一般土层浅，比起三角形支柱来，开字形支柱或者兀字形支柱更有效。
- 采用固定于墙面的钢绳对根坨进行固定的方式，并与支柱并用，可以防止树木倒伏，但由于支柱对种植的视觉效果有影响，应该尽量避免使用支柱。
- 风吹可导致土壤飞散，土壤越轻越容易飞散。为了防止土壤飞散，可以采取栽种地被植物、用碎石、木屑覆盖等措施。

防根用帆布的种类　　表5–51

材料	材料组成		施工方法
不透水帆布	不透水性人造橡胶等		在植栽基盘排水层之下铺设。施工时要十分小心，并在接合部重合的基础上进行。根如果侵入排水层，排水功能可能减弱
透水帆布	物理的	由化学纤维紧密纺织而成，细根不易通过	种植基盘的排水层之上铺设。不会降低排水功能
	化学的	为化学物质，可以使根生长停止（约50年有效）	化学物质，使根的发育停止。帆布上面4～5cm为止为根不生长空间。在排水层上面铺设

7）种植构成与种植树种

- 考虑绿化位置和周围的环境，采用使植物生长良好的方法。
- 在通过风、旋转风以及楼间风等风力影响比较大的场所，避免栽植乔木。如果栽植乔木，必须采取一定的防止倒伏对策。
- 在不能直接接受雨淋的地方，尽量避免栽植植物。如果植栽时，要十分注意浇水问题。阴处要注意选择耐阴植物。
- 上风向处栽植植物要密植，防止风进入植被内部。此外，该处树种要具有耐风、耐干旱性。
- 栽植单棵树木时，选择挡风面积少的树种、树形。
- 小乔木、乔木的种植密度以栽植后2～3年长成树冠相互接触的程度为标准。灌木的种植密度以种植后1年以内的树冠长满程度为标准。
- 通过灌木、地被植物以及覆盖物等，使土壤不外露。

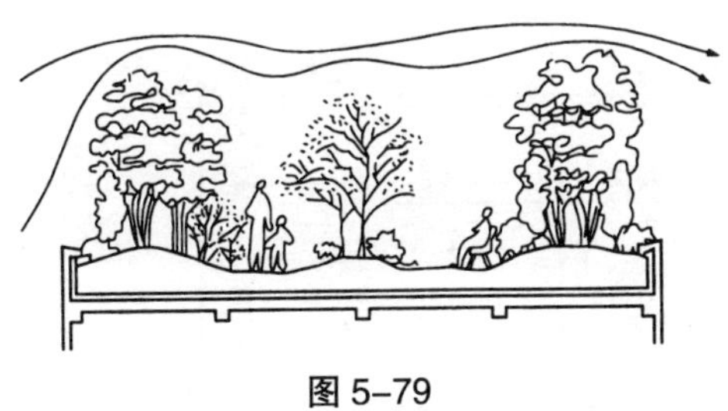

图 5-79

- 覆盖是以防止土壤干燥、土壤飞散、反光、杂草发生为目的、用木屑和帆布等覆盖树木根基部的方法，在屋顶绿化时，还有防止轻质土壤飞散的效果（表5-52）。
- 在利用播种法进行绿化时，为了防止乌鸦类的损害，必须使用塑料网。
- 在容易被踩踏的草坪场所，考虑使用不板结的珍珠岩等材料。在频繁遭踩踏的区域，要注意使用草坪踩踏保护材料。
- 绿化材料的选择，参照第 4 章 4.5.5“关于城市建筑物绿化技术指南”（东京都新宿区）。

覆盖材料的种类　　表 5-52

类别		防止杂草	防止干燥	土壤改良	美观	施工性	循环性	经济性
有机质系	铺覆稻草	○	◎	◎	○	○	◎	◎
	树皮	○	◎	○	◎	◎	○	×
	木屑	○	◎	○	○	◎	◎	◎
	树皮纤维	○	◎	◎	◎	◎	○	○
无基质系	火山砂砾	○	○	—	○	◎	○	△
	防止杂草的帆布	◎	○	—	×	×	△	△

（2）墙面绿化的设计

1）墙面绿化手法

- 墙面绿化要在考虑环境、构造以及植物生长特性的基础上，选择适于建筑物绿化的手法。
- 墙面的环境、构造不同，绿化的手法也有差异，考虑植物的生长特性，选择适合该建筑物的绿化手法。
- 墙面攀援（吸着攀援型）的绿化，把附着性攀援植物栽植在建筑物基础附近，

人工基盘绿化所用树木（1996 ~ 2004 年制，中岛）　　表 5-53

类　别		树　种
乔木	常绿树	东北红豆杉、桧柏、树参、栎类、粗榧、金桂、樟树、铁冬青、黑松、尖叶栲、青椆、广玉兰、多行松、红楠、花柏类、厚朴、罗汉松、冬青、厚皮香、天竺桂、交让木
	落叶树	榔榆、梅花、野茉莉、连香树、榉树、枹栎、日本辛夷、樱花、白桦、鹅耳枥、七叶树、大紫茎、乌桕、玉兰、灯台树、水青冈、西南卫矛、桃、狭叶四照花、鸡爪槭、华东山柳
小乔木、灌木	常绿树	桃叶珊瑚、罗汉柏、马醉木、六道木、乌岗栎、金雀儿、含笑、山月桂、寒山茶、枷椤木、夹竹桃、金丝梅、低矮松柏类、茶梅、杜鹃、高山杜鹃、石斑木、瑞香、踯躅、山茶、常绿山楂、海桐、偃柏、六月雪、海边柃木、十大功劳、金丝桃
	落叶树	八仙花、溲疏类、海棠、荚蒾、早花旌节花、麻叶绣线菊、山楂、光叶绣线菊、灯笼花、穗状蜡瓣花、冬青卫矛、郁李、麦李、胡枝子、紫荆、海棠果、少女蜡瓣花、贴梗海棠、牡丹、金缕梅、三叶杜鹃、棣棠、绣线菊、丁香、连翘、蜡梅
特殊树		地被竹类、棕榈、苏铁、竹子、酒瓶兰、椰子类
攀援性植物	常绿	紫藤、辟荔、素馨、爬山虎、铁线莲、南五味子、金银花、贯叶忍冬、南蛇藤、花蔓草、凌霄、常春藤、木通
地被植物	落叶	筋骨草、吉祥草、顶蕊三角咪、沟叶结缕草、苔藓类、匍茎通泉草、地被竹类、丛生福禄考、射干、木藜芦、石菖蒲、荷包牡丹、结缕草、金丝桃、大花萱草、矮金牛、禾叶土麦冬、麦冬

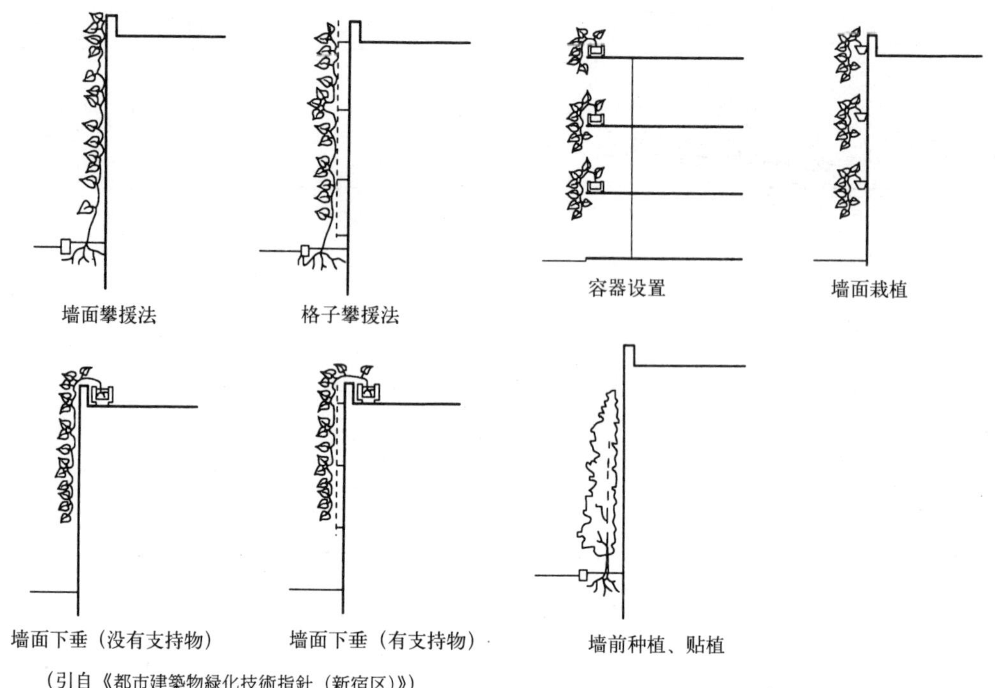

（引自《都市建築物緑化技術指針（新宿区）》）

图 5–80　墙面绿化的手法

使其直接附着于墙面，进行攀援绿化的手法。进行绿化时，一般来讲，比较多孔质的墙面，类似于混凝土砖的表面，比光滑的墙面易于攀援。

- 格子攀援（卷须攀援型）的绿化，就是把卷曲性（卷曲型）植物、附着性（吸着型）植物等栽植在建筑物的地基附近，使其攀援于墙面上设置的格子、网状物之上或者进行引导使植物攀援的绿化手法。特别是对于附着性植物，有必要进行引导。进行绿化时，要根据攀援性植物的种类，形状，选择格子和网状物的种类、大小。
- 墙面下垂（下垂型）绿化，就是在屋顶上种植藤本植物，使其沿墙面下垂的绿化手法。绿化时要注意风会使植物产生摇动，有些植物会产生生长不良的现象，应当注意避免植物的摇摆。
- 容器设置（容器利用型）绿化，就是在阳台和露台上放置容器，其中栽植藤本植物、草花、灌木进行墙面绿化的手法。通过枝叶、茎叶下垂和有美丽花朵等植物的使用，提高造景效果。此外，灌木类种植时要靠近墙面。
- 墙面种植（墙面的种植槽）的绿化，就是在墙面上设置的种植容器的基质中，栽植常春藤、天竺葵、四季秋海棠等草本花卉进行绿化的手法。在绿化时，要考虑墙面上设置基质的耐久性、安全性、美观性，并且要确保植物生长必需的水分。
- 墙前种植，就是通过墙前植栽和贴植的绿化，接近建筑物进行植物栽植的绿化手法。贴植手法就是引导树木的枝叶呈现多样的形状，使其厚度变薄紧贴墙面的平面树形的绿化。该手法在狭窄的绿化空间也可以利用，今后应进行积极的

在墙面上设置的种植容器内栽植美丽的常春藤、四季秋海棠等草本类，可以使过路人观赏娱乐（北海道小樽）。

照片 5–17　墙面种植的绿化

灵活运用。

2）墙面绿化的种植基盘

根据绿化手法选择种植基盘，种植的必要土壤量是以覆盖墙面面积作为树木表面积进行计算的。

- 种植基盘应该根据绿化手法选择适合植物生长的良好土壤。
- 没有土壤基盘时，应在其他的现场施工地制作种植槽等种植基盘。
- 爬山虎类直接附着在墙面时，选择易于附着构造的墙面。此外，易于发生水分

墙面绿化用植物　　**表 5–54**

植物种类	叶	花（遮蔽性）	年间伸长	攀援形式	支持力	覆盖规模	高度限度	常绿与落叶
木通	分为五裂，类似于手掌状，淡绿	紫色，下垂开放，耐欣赏（疏）	2 ~ 3m	卷曲	大	中	8 ~ 10m	落叶
叶子花	叶的一部分为明亮的红色，美丽	花美，黄，红（疏）	2 ~ 3m	卷须（有刺）	大	大	5 ~ 8m	半落叶
辟荔	大小为 1 ~ 2cm 左右的心形	（密生）	2m	吸盘	大	中	4 ~ 5m	常绿
西洋常春藤	有各种各样的种类，叶 3 ~ 5 裂，大小为 2 ~ 20cm	（密生）	1 ~ 3m	气根	小	中大	3m	常绿
常春藤	深绿色、有光泽，老枝叶卵形，一般有 3 ~ 5 裂	（密生）	1 ~ 2m	气根	大	大规模	30m	常绿
南五味子	椭圆形，长度 5 ~ 10cm，宽度 3 ~ 5cm，柔软，一面光滑	果实红色美丽（密生）	1 ~ 2m	卷须	大	中	1 ~ 2m	常绿
金银花	椭圆形叶，淡绿	（密生）	6 ~ 7m	卷须（右旋）	大	小	10m	常绿
藤本月季		花有各种各样（疏生）	1 ~ 2m	人为的支持	小	中	10m	落叶
贯（盾）叶忍冬	抱茎叶	花美，红色（疏生）	1m	卷曲	大	小	5 ~ 7m	落叶
南蛇藤	淡绿	果实美丽（疏生）	6m	卷曲	大	中	12m	落叶
络石	浓绿	（疏生）	1m	气根	小	中	3 ~ 6m	常绿
凌霄	复叶	花大而美（疏生）	2 ~ 3m	气根	大	中	7m	落叶
七姐妹藤	类似于木通，但较厚	（疏生）	1 ~ 2m	卷须	大	中规模	4 ~ 5m	常绿
爬山虎	有趣的叶形，秋叶变红	（密生）	3 ~ 5m	有吸盘的卷须	大	大	20m	落叶
紫藤	复叶	花穗状下垂（密生）	3 ~ 5m	卷曲（右旋）	大	大规模	12m	落叶

（引自《造園緑化材の知識》）

在墙面积留的现象，因此要求墙面具有防水性，防水所用的水泥涂布具有优良的亲和性。

- 墙面上设置种植基盘时，要充分考虑浇水、植物更换等管理内容。
- 墙面的种植已经成为体系进行系统的施工、销售等。植物材料以花卉为主体，所以植物的定期更换是必要的。

3）辅助材料

- 利用吸盘型、附着型植物以外植物进行墙面绿化时，需借助攀援辅助材料。与墙壁之间的距离因植物种类不同而不同。
- 附着根型的植物难于附着于光滑、干燥的墙面，可以考虑把根附着的树蕨板固定在建筑物墙面的方法。
- 辅助材料可以用于混凝土建筑物墙面（楼体墙壁、柱、楼梯、贮水槽、门壁等）。在砌石、水泥面、混凝土砖、岩盘等斜面上也可以利用。

4）种植树种

- 绿化材料的选择，参照第 4 章 4.5.5《城市建筑绿化技术指南》（东京都新宿区）。

（3）中庭（室内）绿化的设计

用于中庭（室内）空间绿化的植物，会给人带来宁静感，同时还有很多其他的效果。但是，由于室内空间植物的存在，是以人的生活和其功能、效率优先为前提的，所以中庭（室内）绿化与室外的绿化有所不同，需要较高的设计技术、管理技术。

1）绿化手法

- 室内空间的绿化手法，属于种植基盘的种类、栽培基质的种类、使用植物的种类、植栽构造的种类、绿化部位等主要因素的组合，应该在考虑室内构造、规模、空间特性、用途等基础之上进行利用。
- 种植基盘的种类有人工基盘型、容器型、营养液栽培型、自然基盘（原地盘灵活运用）型等，其中使用的基质有土壤栽培、人工培养土栽培、砂粒栽培、水培等。
- 植物的种类大致上分为观叶植物和庭园植物，根据种植构造类型，以乔木、小乔木、灌木、地被植物的组合确定绿化手法。
- 为了使植物能够健壮生长，并最大程度发挥室内绿化的目的和功能，设计时要先调查光照、温度、水分、风力、

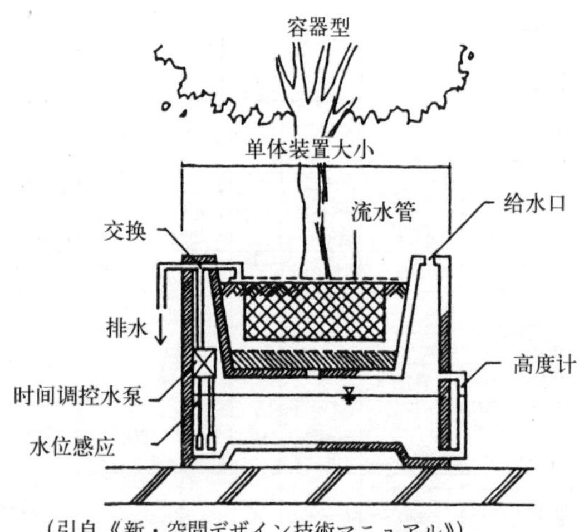

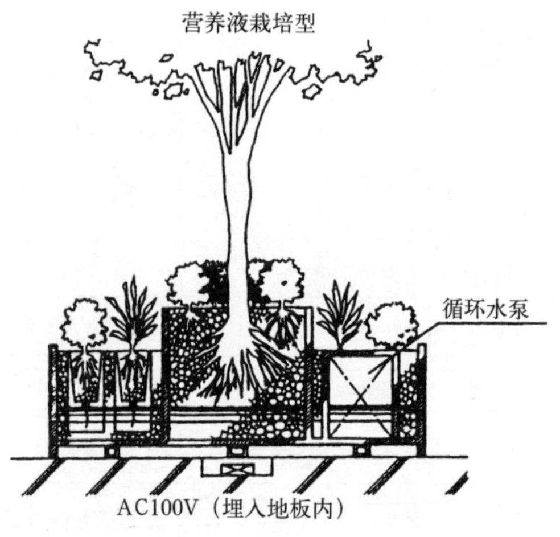

（引自《新・空間デザイン技術マニュアル》）

图 5-81　种植基盘的实例

室内绿化用树 表 5–55

种类		树种
乔木	常绿树	乌岗栎、树参、铁冬青、月桂、尖叶栲、青棡、广玉兰、垂叶冬青、枇杷、桂花、冬青、厚皮香、日本山茶、杨梅、桉树、交让木
	落叶树	铁椆、龙牙花、山桐子、银杏、野茉莉、槐树、槭类、连香树、山东木瓜、梓树、泡桐、胡颓子、榉树、枹栎、日本辛夷、唐棣、樱花类、石榴、紫薇、山茱萸、鹅耳枥类、中国金缕梅、岛紫薇、白桦、椿树、苦楝、香椿、七叶树、大紫茎、乌桕、合欢、玉铃花、玉兰、野漆树、灯台树、紫茎、悬铃木、厚朴、南京椴、杨树、冬青卫矛、西洋七叶树、金缕梅、紫玉兰、枫香、桃、柳树类、北美鹅掌楸
小乔木、灌木	常绿树	桃叶珊瑚、马醉木、六道木、钝齿冬青、光叶石楠、枸橘、含笑、山月桂、金桂、夹竹桃、栀子、平枝栒子、茶梅、山茶、珊瑚树、高山杜鹃类、石斑木、茶树、黄杨、踯躅类、山茶品种、海桐、假叶树、南天竹、毛女贞、六月雪、海边柃木、柊树、十大功劳、枸骨、柃木、龟甲冬青、火棘、西南卫矛、朱砂根
	落叶树	八仙花、溲疏、落霜红、金雀儿、迎春、雪球荚蒾、海棠、荚蒾、柽柳、金丝梅、日本木瓜、大叶钩樟、麻叶绣线菊、山楂、星花木兰、光叶绣线菊、白花棣棠、灯笼花、穗状蜡瓣花、冬青卫矛、郁李、紫藤、圆锥绣球、胡枝子类、花刺槐、紫荆、月季类、少女蜡瓣花、醉鱼草、木芙蓉、小檗、贴梗海棠、牡丹、三叶杜鹃、木槿、棣棠、绣线菊、丁香、连翘、日本杜鹃、蜡梅
特殊树		苏铁、棕榈、龙舌兰
竹类		倭竹、寒山竹、方竹、金明竹、紫竹、箬竹、菲白竹、业平竹、淡竹、凤尾竹、布袋竹（刚竹的变种）、刚竹、川竹、毛竹、矢竹

土壤等室内环境，选用适合室内环境条件的绿化手法和植物材料。

2）室内绿化的种植基盘

- 室内的绿化空间，一般来说人工基盘多，进行 2 层以上的绿化时要受到荷载条件的限制。因此，有必要在参考人工基盘绿化基础上进行种植基盘的设置。
- 室内绿化基盘大多数是在自然土壤中加入蛭石、珍珠岩、腐质土等土壤改良材料，并混入适量河砂等形成人工基质。
- 必须十分注意给水、排水的方法，近年来，开发了给水、排水装置与种植基盘一体化的室内绿化专用方法。此外，为了使地面在冬季保持一定温度，有设置加温装置的实例。
- 人工基盘型是在地板上铺盖防根帆布、轻质骨架材料、透水帆布、客土、覆盖材料等，进行种植，这种方法多见于大规模的室内绿化。
- 人工基盘型多使用轻质、通气性高的改良土壤和人工轻质土壤，灌水设施为自流型和设置于底面的浇水装置。
- 已经开发了室内绿化专用的基质，它可以吸附室内主要污染物的苯、甲醛、三氯乙烯等挥发性物质和过滤细菌。
- 为了能通过土壤防止室内污秽和实现灌水管理省力化，水培技术作为种植基盘的灵活运用的绿化手法得以开发，并有进一步发展的可能性。
- 容器型的土壤多用人工基质，通过装置全自动的灌水设备，在钵底由毛细管现象吸水的浇水方法得以开发。
- 营养液栽培型的培土使用泡沫砖，通过底部的毛细管现象根可以吸收营养液。
- 营养液栽培型的设置形式，会出现一棵树木得病所有树木被传染的可能性，管理时要十分注意。
- 植物根系的土壤表面有防止干燥、防止杂草发生、防尘、美化等目的，通过放置树皮、碎石、泡沫砖等进行覆盖。

3）自然太阳光的采光系统与补光装置

- 自然太阳光的室内采光系统是指利用聚

光镜集光、通过光纤维对光的供给系统、镜子对太阳光的反射等供给太阳光直接照射不到的场所的系统，有通过放置物面反射镜进行光的收集和传达的系统。

- 利用光纤维的光供给系统，在狭窄空间、曲折空间等纤维可以通过的场所，都可以进行光的供给。
- 反射太阳光的供给系统，本质上可以供给与天然的太阳光完全相同的能量，如果需要方向转换，则需要调节镜子朝向。
- 简便的补光装置是把各种荧光灯、高压钠灯、复合灯、水银灯等各种各样的照明灯安装在天井、墙面、地板等处进行补充光照。
- 目前，金属高质灯与高压钠灯等组合，与所种植各种植物的光特性相匹配进行效率性照明的手法，以及具有与太阳光相同波长特性的人工太阳照明灯等得以开发，作为补光装置进行利用。

4）种植构成和种植树种

- 进行室内绿化时，不只是栽植多种植物，而是要在充分考虑室内空间的特性、该场所适合的设计等基础上进行设计。
- 栽植的植物在恶劣的生长环境下，有时会不能健壮的生长，需要进行换植，因此，从规划、设计阶段就要考虑到搬入、搬出路线和易于换植等问题。
- 在日照等环境条件有限制的室内绿化中，从植物的多年生长和美观上来看，栽植时就应该以完成状态的完成型进行绿化。所以，栽植的材料多用容器栽培的苗木。
- 在环境条件被制约的室内空间中，为了使植物健壮生长，管理十分重要，在规划、设计阶段应充分考虑换植所用树木的培育、管理运营体制等。
- 在光条件被制约的室内空间中，在光照条件好的地方栽培的植物，直接栽植时会引起生长障碍，应当在遮阳棚等低光照条件下对植物进行适应驯化后再使用。
- 在进行植物的选择时，室内温度、湿度、光照、土壤等条件对植物生长有影响，但光照条件最重要。
- 光强用照度（lx）表示，不同植物种类对光照强度有各种各样的反应。例如多数观叶植物的耐阴性较强，落叶树、花木类的喜阳性较强。

室内的环境特性和对植物的生长影响　表 5–56

光	光强不足	植物的光合作用受阻碍，生长困难
	光的照射方向为一个方向	由于趋光性使枝叶倾斜，树冠变形
	紫外线被遮除	叶薄，大型化，杀虫杀菌效果差
温度	冷气	在冷气吹出口处的冷风造成干燥
	暖气	特别是落叶树的红叶、落叶现象异常
	年温差小	植物的生活现象错乱
水	不能接受自然降雨	不能供给土壤水分 附着于枝叶上的尘埃不能被冲洗
风	通风不良	不能促进植物、土壤的水分蒸发，吸收营养水分的能力下降 病虫害的发生率变高 植物的生理活动不能正常进行
土壤	不存在土壤	没有植物的生长基盘，生长困难

（引自《緑空間の計画と設計》）

室内空间的光照强度和绿化植物导入的可能性（大概标准）　　表 5–57

绿化植物的种类＼光照强度（lx）	100	200	300	500	1000	1500	2000	3000
有较强耐阴性的观叶植物	×	□	□	○	○	○	○	○
有一定程度耐阴性的观叶植物	×	△	□	□	○	○	○	○
有较强耐阴性的地被植物	×	□	□	○	○	○	○	○
有一定程度耐阴性的地被植物	×	×	×	△	□	○	○	○
有较强耐阴性的常绿树	×	×	△	□	□	○	○	○
有一定程度耐阴性的常绿树	×	×	×	×	△	□	○	○
有一定程度耐阴性的落叶树	×	×	×	×	△	□	□	○
喜阳的落叶树、花木	×	×	×	×	×	×	□	□

（注）×：不能栽植
△：可数月内栽植生长（数月交换）
□：可 1~2 年内栽植生长（1~2 年内交换）
○：可长期间栽植生长

（引自《緑空間の計画と設計》）

- 把室内空间的光照强度分为 100 ~ 3000lx，在各种光照条件下可能栽植的植物群，近藤三雄博士总结为表 5–57 所示的 8 种类。生活上的光照情况，在室内制图时为 2000lx，做细致工作时为 1000lx，读书时为 500lx，模糊但可以看到字时为 1lx。

照片 5–18　室内的人工基盘和利用容器的绿化

大型观叶植物　　表 5–58

植物名称	最低光量（lux）	最低温度（℃）	植物名称	最低光量（lux）	最低温度（℃）
印度橡皮树	600	5 ~ 7	蔓绿绒属	500	10 ~ 13
‘斯克瑞文利’橡皮树	800	7 ~ 10			
‘黑色公主’垂叶榕	700	5 ~ 7	小叶喜林芋	500	7 ~ 10
榕树	700	10 ~ 13	蔓绿绒属	500	10 ~ 13
榕树（品种）	700	7 ~ 10	琴叶喜林芋	500	13 ~ 15
琴叶榕	600	13 ~ 16	蔓绿绒属	500	10 ~ 13
小叶南京椴	800	13 ~ 16	蔓绿绒属	800	10 ~ 13
袖珍椰子	800	10 ~ 13			7 ~ 10
变叶木	1000	15 ~ 18	蔓绿绒属	500	
荷威棕	600	7 ~ 10			10 ~ 13
露兜树	600	10 ~ 13	法国橡皮树	700	7 ~ 10
南洋杉	800	10 ~ 13	鹅掌柴	700	10 ~ 13
绿萝	600	15 ~ 16	蝴蝶花	700	7 ~ 10
异味龙血树	600	10 ~ 13	印度榕树	600	10 ~ 13
‘金蔷薇’异味龙血树			垂叶榕	700	7 ~ 10
龙血树（品种）	600	10 ~ 13	青珊瑚	600	10 ~ 13
枣椰子	600	10 ~ 13	龟背竹	500	10 ~ 13
新西兰朱蕉	1000	5 ~ 7	大丝兰	800	10 ~ 13
熊掌木	1000	3 ~ 5	月桂	800	3 ~ 5
	600	6 ~ 8	琉球乌蔹莓	700	7 ~ 10

（引自《緑空間の計画と設計》）

小型观叶植物 表 5-59

植物名称	最低光量（lux）	最低温度（℃）	植物名称	最低光量（lux）	最低温度（℃）
爪哇万年青	600	13 ~ 15	花叶万年青(品种)	600	15 ~ 16
'银皇后'万年青	600	13 ~ 15	花叶万年青(品种)	600	15 ~ 18
天冬草	800	7 ~ 10	明脉萝绿绒	600	10 ~ 13
文竹	500	8 ~ 10	袖珍椰子	700	7 ~ 10
斑叶红凤梨	600	13 ~ 15	龙血树	600	10 ~ 13
圆叶福禄桐	1000	15 ~ 18	斑叶凤梨	1000	15 ~ 16
大叶秋海棠	900	7 ~ 10	彩叶凤梨	900	10 ~ 13
吊兰	600	7 ~ 10	彩叶凤梨	1000	13 ~ 16
凤梨	800	13 ~ 16	扶桑	800	10 ~ 13
小叶朱蕉	600	10 ~ 13	二歧鹿角蕨	1000	10 ~ 13
香朱蕉	600	10 ~ 15	薜荔	600	7 ~ 10
旱伞草	800	10 ~ 13	虎尾兰	600	7 ~ 10
鸟巢蕨	600	10 ~ 13	红手掌	600	10 ~ 13
岛珊瑚凤梨	1000	7 ~ 10	卵叶豆瓣绿	600	10 ~ 13
白斑鸭跖草	700	5 ~ 7	斑叶豆瓣绿	600	10 ~ 13
海芋	500	10 ~ 13	豆瓣绿	600	10 ~ 13
银苞芋	700	10 ~ 13	虾衣花	600	10 ~ 13
大银苞芋	700	10 ~ 13	绿萝	500	10 ~ 13
朱蕉	600	10 ~ 13	龙血树（品种）	600	7 ~ 10
金边吊兰	700	7 ~ 10	白脉竹芋	500	7 ~ 10
矮棕榈	1000	5 ~ 7	肾蕨	500	7 ~ 10
花叶万年青	600	15 ~ 16			

室内绿化花卉（1996~2004 年中岛制） 表 5-60

草花

	种　类
春播一年生花卉	翠菊、万寿菊、含羞草、紫茉莉、荷兰菊、福禄考、旱金莲、醉蝶花、鸡冠花、波斯菊、彩叶草、一串红、四季秋海棠、毛地黄、千日红、夏堇、花蔓草、美女樱、老来娇、茑萝、羽衣甘蓝、向日葵、百日红、孔雀草、矮牵牛、凤仙花、松叶菊、圆叶茑萝
秋播一年生花卉	香雪球、霞草、羽扇豆、黄花羽扇豆、金鸡菊、金鱼草、金盏菊、春菊、高代花、瓜叶菊、香豌豆、非洲紫罗兰、石竹、桂竹香、花菱草、蛇目菊、三色堇、矮雪轮、高雪轮、矢车菊、半边莲、勿忘我
宿根花卉	莱蓟、山梗菜、红花除虫菊、蜘蛛兰、虾蟆花、落新妇、花菖蒲、海石竹、矶菊、鸢尾、冬季波斯菊、虾脊兰、宿根福禄考、大金鸡菊、大天人菊、唐松草、非洲菊、燕子花、扶郎花、落叶生根、黄花虾脊兰、桔梗、黄花蓍草、黄花蓬蒿菊、玉簪、日本樱草、嘉兰、小菊、小滨菊、樱草、地黄、匍匐福禄考、德国鸢尾、射干、滨菊、芍药、银莲花、白芨、白妙菊、睡莲、琉璃菊、西洋唐松草、天竺葵、美国薄荷、荷兰鸢尾、堆心菊、朝鲜蒿、大吴风草、德国铃兰、夏菊、矮鸢尾、菖蒲、随意草、萍蓬草、姬蓍草、侧金盏、樱草、蓝雏菊、凤眼莲、松叶菊、再力花、深山鸡儿肠、鼠尾草、桃叶风铃草、新比紫菀、蛇鞭菊、观赏草类、尼罗蓝刺头
春植球根花卉	朱顶红、美人蕉、球根秋海棠、唐菖蒲、文殊兰、大岩桐、姜花、葱兰、大丽花、晚香玉、肉色姜花

续表

	种　类
秋植球根花卉	金莲花、地中海蓝钟花、酢浆草、卷丹、药百合、石蒜（一种）、小苍兰、小卷丹、水仙、番红花、忽地笑、美丽百合、雪片莲、郁金香、聚铃花、铁炮百合、麓葱、水仙、花韭菜、葡萄风信子、石蒜、百子莲、风信子、重瓣口红水仙、布罗地石、天香百合、喇叭水仙、金莲花、琉璃风信子

5.4.10　学校设施绿化的设计

为了使学校设施在绿化效果与新的视点方面相对应，对设施营造提出了新的要求，文化部为了促进对环境关爱的学校设施（生态校园）示范项目的建设，进行专项资金补助。公立学校作为对象成为都道府县和市町村事业的主体，使校园草坪化、设置作为生物生息空间的室外绿化，建筑物的墙面绿化和屋顶绿化，如果得到生态校园示范项目的认定可以从国家得到补助。1997 年到 2003 年 4 月之间总共有 22 所学校作为自然共生型示范项目得到认定。

需要说明的是，全国的公立学校用地中，小学为 48%、中学为 52%，但进行校园草坪化的学校不足 1%。

（1）学校设施的绿化

学校设施绿化的意义，不仅可以在环境保护上发挥效果，而且可以：①确保形成良好的场所，丰富学生的品格；②确保形成环境教育和体验实习的场所，并确保绿地的保护效果。以上两个方面正是校园绿化的硬件与软件的效果。

文化部为了改善学校教育，重新修订了学习要领大纲。学校开始实行 5 日制并注重综合的学习时间，增加体验学习，使学校设施的状况发生变化。与这些课题相对应，于 2001 年 3 月制定了小学与中学设施建设方针，2002 年 3 月制定了幼儿园设施建设方针。修订后新的学校设施建设方针中，包括：①推进综合学习的设施等，形成以学生为主体的活动设施建设；②作为生活场所的设施，与环境共生，成为安全、舒适的设施建设；③学校、家庭、地区相结合，形成学校开放的设施、环境与地区互动的设施建设等。

学校设施绿化的种类，分为门口绿化、校园道路绿化、广场绿化、室外运动场绿化、运动场周边绿化、屋顶绿化、室内绿化、建筑物周边绿化及其他绿化等。

（2）室外运动场的草坪化

2003 年 7 月 18 日，中等教育审议会提出了“关于提高学生体能的综合方针”草案的报告。根据这个报告，草坪可以缓冲跌倒造成的伤害，学生们可以做放松的运动，体力较弱的孩子们也可以在室外进行锻炼运动，达到活动的效果，因此，使学校和社会体育设施的运动场草坪化具有重要的意义。另外，将草坪化学校的运动场对外开放，可以促进学生与当地居民的交流，因此，近年来社会体育设施和校园的草坪化的实例随处可见。

草坪可以防止伤害，这不仅提高了运动的娱乐性，而且草坪化的地表作为室外的地毯，具有优美的景观效果。草坪可以防止降雨引起的泥土飞溅。与裸地相比较，草坪可以抑制强风引起的飞尘，使其减弱 14% ~ 24%，还可以使地表温度夏季低冬季高，调节小气候。另外，可以成为环境教育的活教材和实习场所等，具有多样的效果。

1）设计上的注意事项

- 选择适合校园气象条件（日照等）和使

用目的的草坪草；

- 选择年间耐践踏、能够养护管理的草坪草；
- 考虑到土壤板结现象进行种植基盘的施工；
- 配置对根系有促进效果的给排水设备；
- 设计时要考虑到在草坪养护期间有合适的场地代替运动场；
- 土壤中混入能够促进草坪生长发育、肥效持续的肥料；
- 养护管理能够得到学生家长、周围居民的协力合作；
- 每个学生平均草坪面积为 $15m^2$ 以上；
- 设计时要考虑缓和踏压、板结，保护草坪的生长；
- 对利用频度高的草地要设置保护材料和缓冲材料。

2）草坪草的选择条件

- 生长快、繁殖力旺盛；
- 叶片密度高、杂草少发生；
- 能够承受大量学生的高频度使用；
- 受践踏损伤之后恢复速度快；
- 不受土壤性质的限制能够进行良好生长；
- 一年之间形成室外地毯；
- 粗放管理、无农药管理等，养护管理容易。

3）草坪草的种类

- 从东北地区北部到北海道地区，一般小华北剪股颖类、黑麦草类、羊茅类等适用，在关东以西地区因为夏季耐高温能力弱，病虫害多发生，有必要进行频繁的修剪（图 5–82）。
- 在温暖的地区，一般结缕草类、结缕草的矮生品种、沟叶结缕草、狗牙根类等适用，但在冬天地上部枯死、杂草侵入，造成裸地的现象。草坪草种类详细情况参见第 2 章绿化植物 2.4.1 地被材料(1)草坪部分。
- 在高尔夫球场、足球场等，冬季绿化可用暖季型草坪，对黑麦草等冷季型草坪进行补种工作，每年都要反复进行秋季播种、春天更新作业，但在校园中使用还存在问题。
- 对出现的上述问题进行完善，校园中不能像在公园的草坪广场上只种植暖季型草坪，重要的是与冷季型草坪的混植。
- 千叶大学的浅野义人的试验证明，狗牙根类和小华北剪股颖或者红羊茅混植的

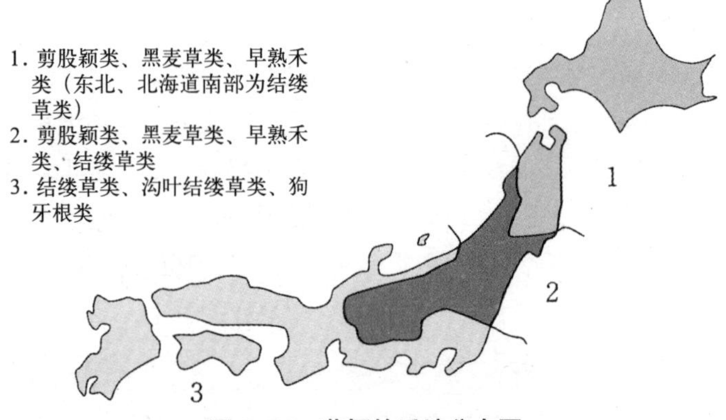

图 5–82　草坪的适地分布图

草坪，通过践踏试验，冬天和夏天地上部密生，耐践踏性高，且杂草发生可能小，效果显著。

浅野义人的践踏试验和共存稳定性试验结果表明，上述草坪草比较适合校园绿化使用（表5-61，图5-83）。

狗牙根单植区、小华北剪股颖与羊草的混植区冬季踏压后导致土壤比重的变化（浅野义人）

表 5-61

试验区	比重（g/cm³）		b/a
	非践踏区（a）	践踏区（b）	
Berm	0.598	0.706	1.18*
Berm+KB	0.616	0.655	1.06
Berm+TF	0.607	0.629	1.04

Berm：狗牙根
KB：小华北剪股颖
TF：羊茅
*：1% 水平显著

4）校园草坪化的实例

在东京都杉并区的基本规划中，把“学校和保育园等园地生态性提高”和“学习环境的改善”放到区政府重点工作的位置。在2001年度校长会上，对校园的绿地化和生物生息空间的设计当作学校工作的内容进行了说明。区立的 I 小学和 H 小学校两校希望学校成为绿地化的对象。在进行校园绿化时，选用草坪与其他地被植物（车前、白三叶等）等绿化植物，区政府与两校教师、后援会进行了视察和讨论。形成的结果是 I 小学校重点进行操场的绿化，然后达到校园全面绿化；H 小学作为进行爆竹节的纪念活动的场地对校园周边进行了草坪绿化（表 5-62）。

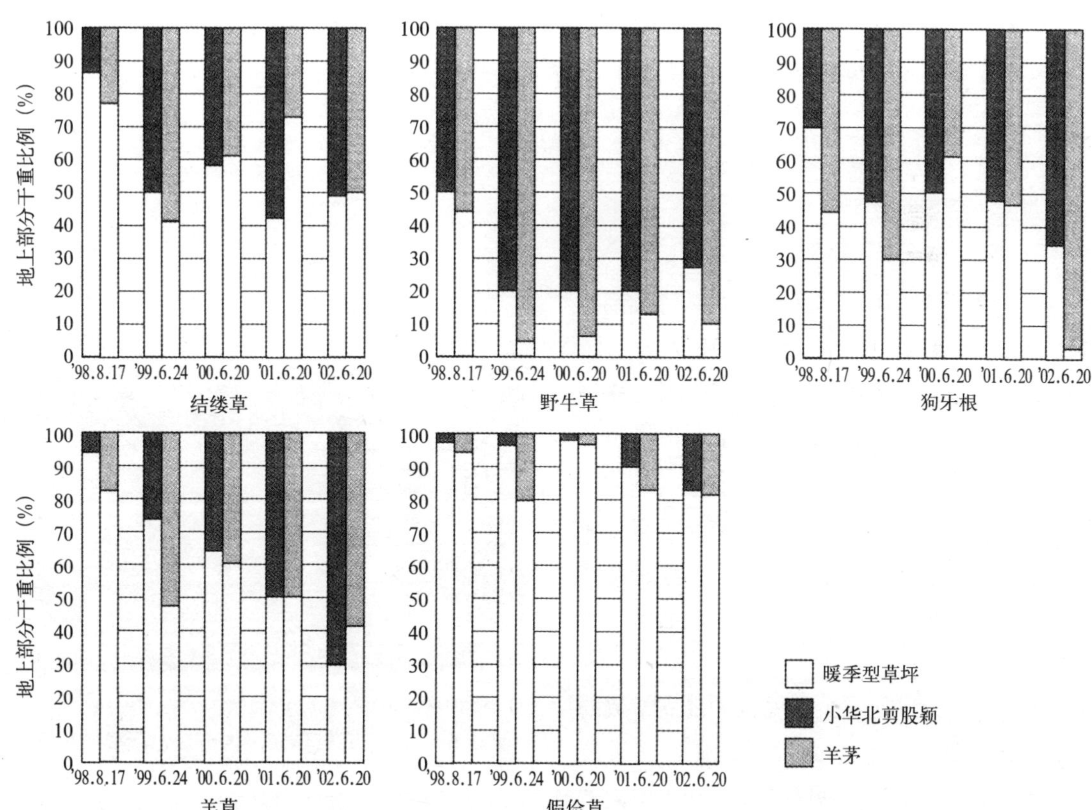

图 5-83 暖季型草坪与冷季型草坪的混植后共存性的年度变化（浅野义人）

校园绿化建设概要 表 5-62

设施名称	I 小学	II 小学
所在地	杉并区	杉并区
场所、规模	校园全面绿化（操场全面），面积：$2575m^2$	校园周围绿化（除去足球场之外）面积：$1064m^2$
草坪的种类与栽植方法	羊茅（70%） 草地早熟禾（20%） 黑麦草（10%） 冷季型三种混合播种法	铺设草坪方法（沙土覆盖）
基盘构造物	去掉现存的灰尘铺装以及沙混土 20cm 后，铺设土沙混合土（砂 8：黑土 2） 暗沟排水：5m 间隔 浇水设备：在已有的喷头灌溉的基础上，新设可动式灌溉喷头 4 处	去掉现存尘土铺装 13cm 后，10cm 深度耕作，然后加入田园土 76%，泥炭 7%，珍珠岩 10%，腐叶土 7% 混入耕耘 暗渠排水：没有 浇水设备：新设可动式灌溉用喷头 4 处
施工期间	2001 年 10 月～2002 年 3 月，播种：2001 年 11 月 18 日	2002 年 1 月～2002 年 3 月，铺设草坪：2002 年 3 月上旬
断面概略图	冷季型草坪三种混合播种法 200 土砂混合土（沙 8：黑土 2） 长纤维无纺布 砂 150 ○浇水管直径 50mm 150 250	铺设草坪法（接缝处 10mm） 200 田园土 76%，泥炭 7%，珍珠岩 10%，腐叶土 7% 混入耕作
机材管理	草坪修剪机（人座式 1 辆，自动式 2 辆，手动式 10 台），播种机 1 台，电动划线机 1 台，仓库等，种子等消耗品	草坪修剪机（自动式 2 辆，手动式 10 台），割草机 1 辆，移动式喷头，散水喷头，浇水管，肥料等消耗品
管理委托 （2002 年度）	草坪维持管理指导委托（24 工种） 草坪检查、育成指导、修剪、浇水、施肥、草坪更新、覆盖土、播种、喷洒杀虫剂、喷洒杀菌剂、养护、除草、剪后垃圾处理	

（引自《平成 15 年造園夏期大学》）

I 小学，校园从全部（$2575m^2$）垃圾铺装变成自然的草坪，并向周边地区开放。学校、地区、家庭三者之间组成组织（简称为 I 绿色工程）共同进行草坪的维持管理工作（照片 5–19，表 5–63）。

草坪化的课题是由于人为践踏导致裸地化和杂草化而提出的，应当选择适当草坪种类并进行管理。草坪面积人均在 $15m^2$ 以上可以承受践踏。

随着出生人口的减少，现在的公立学校的校园已经达到每个学生 $26.2m^2$，通过实现校园的草坪化，可以期待地区居民与师生走向共生的方向。

（I 小学的草坪，转载自《东京与绿色》）

照片 5–19　正在校园草坪内打滚、玩耍的孩子们

在校园中，可以看到学生们蹦跳、打滚等尽情玩耍的身影，听到他们的欢声笑语，即使

2002 年度 I 小学校草坪管理工作表　　表 5-63

作业内容		4 月	5 月	6 月	7 月	8 月	9 月	10 月	11 月	12 月	1 月	2 月	3 月	合计	备注
(1) 修剪	学校（教职员工，学生）	3 次	3 次	3 次	1 次	—	1 次	3 次	1 次	—	1 次	2 次	2 次	20 次	
	I 绿化小组	4 次	3 次	2 次	2 次	1 次	—	1 次	1 次	1 次	—	—	1 次	16 次	
	小计	7 次	6 次	5 次	3 次	1 次	1 次	4 次	2 次	1 次	1 次	2 次	3 次	36 次	
(2) 灌水	学校（教职员工，学生）	10 次	7 次	14 次	19 次	24 次	17 次	15 次	17 次	8 次	5 次	2 次	3 次	141 次	
	I 绿化小组	4 次	3 次	2 次	2 次	1 次	—	6 次	7 次	1 次	4 次	—	2 次	32 次	
	小计	14 次	10 次	16 次	21 次	25 次	17 次	21 次	24 次	9 次	9 次	2 次	5 次	173 次	
(3) 施肥	学校（教职员工，学生）	—	—	—	—	—	1 次	—	1 次	—	—	—	1 次	3 次	粒状 2
	委托专业单位	—	1 次	1 次	—	1 次	—	1 次	—	—	1 次	—	1 次	6 次	粒状 3 液肥 2
	小计	—	1 次	1 次	—	1 次	1 次	1 次	1 次	—	1 次	—	2 次	9 次	
(4) 更新	委托专业单位	—	—	1 次	—	—	1 次	1 次	—	—	—	—	—	3 次	
	小计	—	—	1 次	—	—	1 次	1 次	—	—	—	—	—	3 次	
(5) 覆盖	委托专业单位	—	—	1 次	—	—	—	1 次	—	—	—	—	1 次	3 次	沙土
	小计	—	—	1 次	—	—	—	1 次	—	—	—	—	1 次	3 次	
(6) 播种	学校（教职员工，学生）	—	—	—	—	—	—	—	—	1 次	—	—	2 次	3 次	
	委托专业单位	—	—	1 次	—	—	—	1 次	—	—	—	—	—	2 次	
	小计	—	—	1 次	—	—	—	1 次	—	1 次	—	—	2 次	5 次	
(7) 养护	学校（教职员工，学生）								○	○	○	○	○	保养：随时	
主要纪念活动（数字为日数）			⑲放飞飞机模型	①草坪玩耍	⑬草坪讲座	㉛绿色剧场	㉙运动会		①研究会	㉕播种环境课时		②立春纪念活动	⑯一年中期中一部分移植 2 次	每周环境课时中进行草坪学习和管理学习等	

（引自《平成 15 年造園夏期大学》）

摔倒也不用担心，学生们正在玩耍中提高体育运动能力。

（3）屋顶绿化

1）屋顶绿化

一般屋顶上风力强，但可以确保日照和雨水，通过考虑防水、防根的构造，采取保水、浇水、排水等措施，和土壤的选择、支柱保护、强风等对策，可以规划与地面上相同的绿化与水面。

在进行绿化时，建筑物的老化度、荷载、植物的生长情况以及种植后的管理内容都影响到土壤的厚度、种类（自然土壤、改良土壤、人工土壤等）、构成等，对这些进行研究，进行有效的管理十分必要（种植基盘、种植构成、种植树种等设计的详细情况参见 5.4.9 建筑物绿化设计的部分）。

2）墙面绿化

墙面上一般利用藤本植物的①下垂、②吸附攀援、③缠绕攀援等生长特性进行绿化。一般在墙面上设置装置进行绿化，或者有贴植的绿化方法。贴植绿化是指在墙面的前面对种植植物的枝条进行引导修剪，形成与墙面平行的平面树形的手法。

绿化时，建筑物表面的面积比例比屋顶大，是绿化的重要场所，选择时根据墙面朝向，以降低日照、雨水差异及强风等影响，前提是选择合适的墙面构造，另外还要考虑包括阳台在内的全体建筑物应与花卉植物相协调。

不能只注意这些硬件方面，现在，人们缺乏在自然中的体验活动，在软件方面，即通过对作为有生命教材的植物、动物、昆虫等进行观察、接触、栽植、培育、管理等，培养学生对自然的了解和热情，促进环境教育和情操教育。“综合学习时间”的提出，通过精心策划可以期待取得多样灵活的效果。

另外，为了维持学校绿化，教育委员会、学校、学生家长、社会义务团体等地区社会成为一个整体，协力实施，组织方式以及学习植物栽培都十分重要。

例如花卉，通过规划设计者、管理者、利用者、家长以及教育者的关心，让学生调查原产地，可学习地理；调查何时引来，可学习历史；调查萌芽、开花与温度的关系，可学习生物；调查棵数、种类的比例，可学习数学；一边观察一边写生，可训练美术；观察之后用语言表示，能提高语文水平；把叶片加工成口笛，这是音乐和演剧等的教材。

另外，通过 “在严酷的屋顶等环境中生存与枯死”的体验，和通过玩耍、触摸、栽植、培育、管理、食用等形成心心相连，培养尊重生命，善于合作的意识，增强道德心以及心灵安定感，并达到维持身体功能等的治疗效果，对“虐待”、“拒绝来校”等社会问题的解决发挥作用。

（4）校园生物生息空间

生物生息空间是 Bio（生物）和 Top（场所）的合成语，在德国，是生态学词语，是生物生息最小空间单位的含义。

生物生息空间的营造，通过营造水体、树林等自然基盘，形成生物的生态环境，促进生物的多样化。

虽然多数动物都处于移动之中，但从技术上可以观测的种类有：①鸟类、②蜻蜓类、③蝴蝶类、④萤火虫类、⑤鱼类等。

1）设计上的注意事项

- 在对规划设计场所的生物进行详细调查的基础上，使该场所与周边环境具有联系性。
- 确保动物的迁移路线、植物的传播路线以及林地、草地、水域等多样性的环境。
- 不修设混凝土护岸等人工设施，以形成水环境的循环。因为人工设施会妨碍小型哺乳动物和水生昆虫的生息、繁殖、迁移。
- 确保落叶、朽木等成为小型昆虫、小型动物，以及捕食它们的小型哺乳类、小型鸟类等的生息环境和营养源，提供有机的循环环境。
- 在被限制的空间中明确引入动植物种类，管理时限制使用农药，适当利用天敌进行综合防治。

2）自然基盘的营造

- 在建筑等规划用地内，如果存在良好的生态环境，就要力求对生态环境的影响达到最小化。
- 进行基盘营造时，根据恢复目标规划静止水、流水、裸地、草地、树林等。
- 静止水要根据水池、池沼、存水处、蓄水池、湖泊等的水深、水质、水底情况、水边、小岛、坡度、护岸等进行设计。
- 流水要根据河道、小河、溪流、沟渠等的流速、水深、水量、水质、底质、坡度、护岸、浅水区、深水区、存水区等进行设计。
- 草地根据低茎草地、中茎草地、高茎草

水上栽植适应性评估　　表 5-64

No.	供试植物名称	评估项目									备注
		(1)	(2)	(3)	(4)	(5)	(6)	(7)	合计	评估	
1	美国鬼针草	2	4	4	5	4	5	2	26	B	生长良好，根量多
2	虾夷龙胆	5	1	1	1	1	5	1	15	C	栽植后很快枯死
3	绣线菊	5	3	3	2	2	2	5	22	C	生长不良
4	水田芥	5	3	4	4	3	1	1	21	C	虫害发生，影响生长
5	弯囊苔草	4	5	4	4	3	5	5	30	A	常绿，可以越冬
6	马蹄莲	5	4	3	2	2	3	4	23	C	生长不良
7	美人蕉	2	4	4	4	5	4	4	27	B	花大美丽，造景效果好
8	黄菖蒲	5	3	4	4	4	4	4	28	A	花黄色，美丽
9	田皂角	3	3	2	4	4	2	2	20	C	生长良好，虫害多
10	慈菇	5	3	3	3	2	5	4	25	B	生长不良
11	洋麻	2	3	5	5	4	4	3	26	B	大型种倒伏
12	日本萍蓬草	5	3	2	2	2	4	1	19	C	水中比水上生长良好
13	小卷丹	5	1	1	1	4	4	1	17	C	栽植后很快枯死
14	小地瓜苗	4	3	5	5	4	4	4	29	A	生长良好，有匍匐茎
15	波斯菊	3	3	3	4	5	5	2	25	B	花美丽
16	大种半边莲（洋）	5	2	2	1	4	4	1	19	C	栽植后很快枯死
17	大种半边莲（日本）	5	3	2	2	4	4	1	21	C	栽植后很快枯死
18	藨草	2	5	4	4	3	5	4	27	B	病虫害少
19	棕榈莎草	2	5	5	5	4	5	5	31	A	植株高，除花之外观赏价值高，固定困难
20	白花蚕茧草	3	2	3	4	4	4	3	23	C	茎叶强度稍弱
21	菖蒲	5	4	3	4	3	5	5	29	A	常绿，可以越冬
22	水芹	5	3	2	2	4	2	1	19	C	发生虫害，影响生长
23	木贼	4	3	3	1	3	5	4	23	C	根量极少
24	虎尾兰	4	4	4	4	3	4	4	27	B	花美丽
25	星宿草	5	3	3	2	4	4	4	25	B	生长不良
26	花菖蒲	4	3	4	4	4	5	4	28	A	花美丽
27	羽扇豆	1	5	5	5	4	5	4	29	A	地上下部生长良好、植株固定难
28	白三叶	5	4	3	4	2	3	4	25	B	地下茎长入水中
29	水烛	2	5	4	4	5	5	4	29	A	可长期观赏肉穗花序
30	花叶菖蒲	5	5	3	2	2	2	5	24	B	生长不良
31	纸莎草	4	5	4	4	2	5	5	29	A	常绿，可以越冬
32	野灯心草	3	5	5	4	2	5	5	29	A	常绿，可以越冬
33	细叶莲子草	5	3	3	4	4	4	3	26	B	生长不良
34	茭白	4	3	3	3	4	4	4	25	B	唯一的禾本科植物
35	水莎草	4	5	5	4	4	5	4	31	A	生长不良
36	水美人蕉	2	5	4	5	5	3	4	28	A	生长良好
37	水龙	5	2	5	5	5	1	4	27	B	虫害大
38	水木贼	5	2	2	2	2	5	4	22	C	不适合水上，斜面繁茂
39	水虎尾	5	3	4	3	4	5	4	28	A	花美丽
40	水芭蕉	5	1	1	1	1	4	1	14	C	不适合水上栽培
41	千屈菜	4	4	4	4	5	5	4	30	A	花持续时间长造景效果好
42	睡菜	5	3	1	2	1	4	1	16	C	栽植后很快枯死
43	小羽扇豆	4	5	5	5	4	5	5	33	A	最适合水上栽培
44	分株紫萁	5	3	2	1	1	5	1	18	C	不耐淹涝、根量极少
45	芦苇	5	3	2	1	2	4	4	21	C	生长不良，根量极少

点数＼评估项目	(1) 株高	(2) 茎叶强度	(3) 繁茂力	(4) 根量	(5) 花	(6) 病虫害	(7) 生长期
5	0～50cm	强	旺盛	多	有 · 长	少	多年生（常绿）
4	50～80cm	稍强	稍强	稍多	↑	稍少	〃　（休眠）
3	80～110cm	中	中	稍少	↕	中	一年生（短期休眠）
2	110～150cm	稍弱	稍弱	少	↓	稍多	〃　（长期休眠）
1	150cm 以上	弱	弱	极少	无 · 短	多	种植后枯死

评估基准 0 ≤ C ≤ 23，24 ≤ B ≤ 27，28 ≤ A

（引自《月刊日造協》）

地等植被情况，干燥地、湿地、斜坡等地形条件，土壤条件和日照等气候条件进行设计。

- 树林根据乔木林、灌木林、主群落、次群落等植被情况，干燥地、湿地、斜坡地等地形条件，土壤条件和日照等气候条件进行设计。

3）植物的引入

- 对周边地区的植物进行调查，选择适合的植物材料。
- 种植设计，要考虑树种的种植密度、种植构成、群落层次等。
- 在购买植物材料时，弄清生产地，选择乡土树种。
- 在使用自然植物材料时，在规划阶段就要研究材料的供应。
- 小苗，应在现场周边地区采集种子进行繁殖培育。
- 在设计阶段开始要考虑采取水草清除、落叶清除、割除下草、疏枝、采伐等管理措施。
- 为了借助飞来生物物种进行自然繁衍，有必要对种植基盘的施工进行适当处理。
- 为了防止植被演替引起生态系统的变化，有必要面向恢复目标进行适当管理。
- 关于种植树种，详见第2章种植植物2.3.3（5）作为野鸟食饵使用的树木。

4）动物的引入

- 为了不使生态系统发生混乱，选择与当地相适应的、自然中存在的生物物种。
- 通过建设生息环境和改善条件等，使动物能够自然地迁入。
- 人为引入时，不能从周边引入没有稳定性的生物物种。
- 从采集地引入生物物种后，从遗传基因来说，应当从现场周边4～5km范围内选出开发预定地。
- 引入后，跟踪调查定居、繁殖等动向，研究生态的适应性。
- 根据生态适应性探明的结果，如果发现问题应当尽快解决。

5）蜻蜓类的实例

以在日本，与人类关系密切的，学校生物生息空间中实例最多的蜻蜓为例说明。

蜻蜓类与蟑螂类、蜉蝣类等都属于最古老昆虫系统中的群体，地球上约5000种，日本分布约有200种。蜻蜓目大体上可以分为前翅和后翅几乎相同大小的均翅亚目、比起前翅来后翅稍宽的不均翅亚目、太古时代开始生息的悰（螅）蜓亚目三个亚目（表5–65）。

蜻蜓目的分类一览表　　表5–65

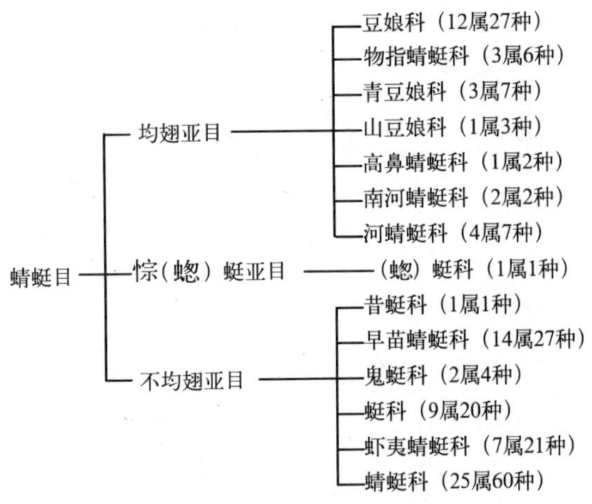

蜻蜓一般为1年出现1次的1代1年型，但早苗蜻蜓为2～3年型，鬼蜓为3～4年型，昔蜓为6～7年型的幼虫期间。蜻蜓的成虫一般有从春季到夏初出现和从夏季到秋季出现的，但江鸡、银蜓等从春季到秋季均出现。

蜻蜓为肉食性，幼虫捕食蝌蚪、水蚤、轮虫的小动物和水生昆虫、鱼苗等，成虫捕食蜉蝣、浮尘子、蚊子等小昆虫。

蜻蜓的生息环境有水边环境和草原、森林

等环境，与这些相互连续的环境形成共有的多样性空间十分重要。

蜻蜓的幼虫有在静水性和流水性水域生息的倾向。根据种类不同，即使同为静水性又因池、沼、湿地、深水、水域、底质、日照、水生植物、周边环境等不同而不同；流水性水域又因上游、中游、下游、流速、水质、河底种类等不同而不同。

蜻蜓的成虫期在水边附近的草原、林地、山地等渡过，接下来的成熟成虫又回到水边进行交尾、产卵，最后结束一生。

蜻蜓等有能够生息的自然环境，如果孩子们能一同来这里捉蜻蜓，就说明生物生息空间的规划取得成功。

将来，要在把握野生生物生息地实情，弄清楚生物总体技术的基础上，通过生物生息空间的网络化，在美丽的大自然中营造与鸟、昆虫、小动物一起生息的空间，使校园中充满欢声笑语。

5.4.11　基本设计文本的完成

种植基本设计文本的完成是汇总种植基本设计的成果。在进行种植基本设计汇总时，对相关各方面进行充分的讨论，达成共识，作为最终成果进行整理。

成果包括种植平面图（公园的情况，比例尺 1/200～1/1000）、设计说明书（说明书、种植管理、施工预算）、主要断面图等内容的报告书。

（1）基本设计图的绘制

种植基本设计图是把配植基本设计的成果进行图面化的过程。此外，为了能够从空间上理解整体状况，应当根据需要绘制鸟瞰图。

在进行配植基本设计时，根据功能设计和景观设计，使植物与种植地以及周边环境相协调，通过对树木等平面、立面的组合，形成各个分区的汇总，决定配植的基础单位，进一步确定植栽密度和使用树种，通过各种技术深入到细部设计中去。

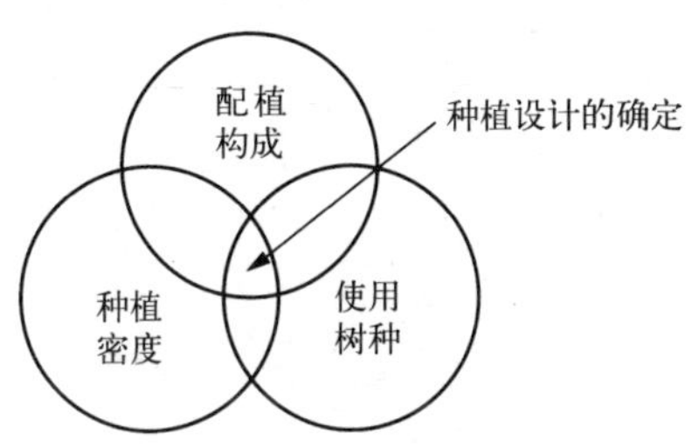

图 5–84　种植设计的决定

在图面绘制过程中，为了能够充分表现配置的意图，对景观树、花木类等的主要构成树种进行各自表现，在只用平面图难以表现配植意图时，应该考虑绘制手绘图、剖面图等来表达。

此外，作为完成预想图，它是设计、施工的方针，该图面上表示的内容在实施设计、施工时不能有大的变更，这一点要十分注意。

（2）种植管理的设定

种植基本设计阶段的种植管理是根据种植的目的、功能，进行目标形态以及管理条件的研究，对于与设计意图以及用地条件相适应的管理水准，从树木的长年变化等时间的侧面考虑进行设定。从管理方面进行种植设计的研究也是必要的。

管理水准是设定管理的程度，是在管理阶段决定管理体制、管理方法等的基本问题。

公园的种植管理，通过保护以及利用目标的设定，对管理体制、管理方法的提示和主要项目进行维持管理费用的预算。例如大面积树林的情况下，从管理人力、经费对应的现实性来看，原则上以维持管理为最小限度。但是，对于种植初期的管理、与公园内

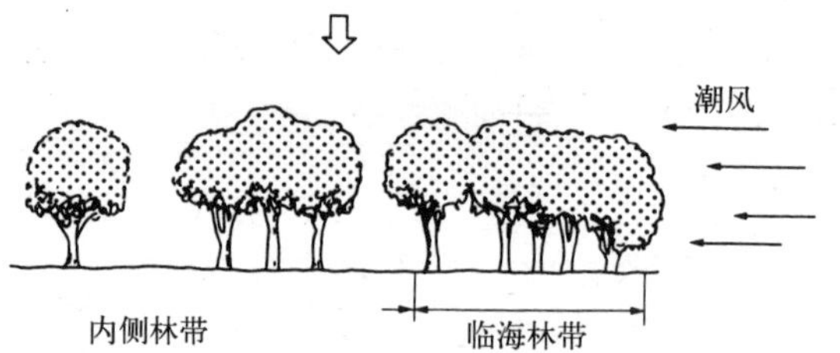

图 5–85　在临海地带通过林带间伐进行景观营造的实例

部的使用目的、使用时期相应的特定管理，以及明显的生长不良和生长障害发生时进行的必要管理等，有必要作为预测的对策进行事先制订。

滨海地带的绿化，从植物的年生长周期来看，最初栽植的树木与侵入的主要杂草之间的竞争是主要问题，但是随着时间的推移，海潮风对树木生长的影响成为主要问题，这就需要对栽植树木的空间环境条件进行综合研究。在此之上，为了加速树木成林，良好的养护管理是必不可少的。

用材林，以得到主干材料为主要目的，为了缓和树木个体间的竞争有必要进行间伐。但是，以公园利用为主要目的的场合，在设定预期的树林密度的基础上决定间伐等的管理水平是必要的。

生长速度不同的多种树木混交的树林，在郁闭状态下，由竞争产生倒伏的危险性较低，通过自然稀疏进行密度调整，使得与环境相符合树林的发育成为理想状态，以郁闭树木状态为目的的部分没有必要进行间伐。

但是，在公园的林间和林下作为利用要求高的部分，由于树林郁闭造成树木衰弱，为了考虑景观效果需要进行间伐。

（3）施工费的预算

基本设计阶段施工费的预算是确定实际预算额的基础和依据。

因此，通过比基本规划更接近实际情况的预算，可以确保栽植设计的可实现性。

施工费预算的数值，一般不仅是以实施设计为目的的研究数值，而且还是实行编制预算的参考值，以基本设计图为基础，计算主要数量，进行种植地各部分的概略数值的计算。

施工费预算，一般以单位数量为标准的费用，与每种工种或者各规划空间单位的施工量相乘算出。

例如都市公园，根据“新土木施工计算大全用语定义集（公园绿地编)”(财团法人经济调查会发行）对各种专项工程进行预算（图5–86，图 5–87)。

计算时，在参考各种案例以及实例的基础上，使用市面销售的“计算资料”或者“建筑造价”等，其中没有记载的材料、施工项目等的预算，应当参考厂家资料进行适当的施工费以及管理费的计算。

此外，以施工预算费为基础，考虑到预算规模，制定年度计划和考虑施工内容的施工计划。

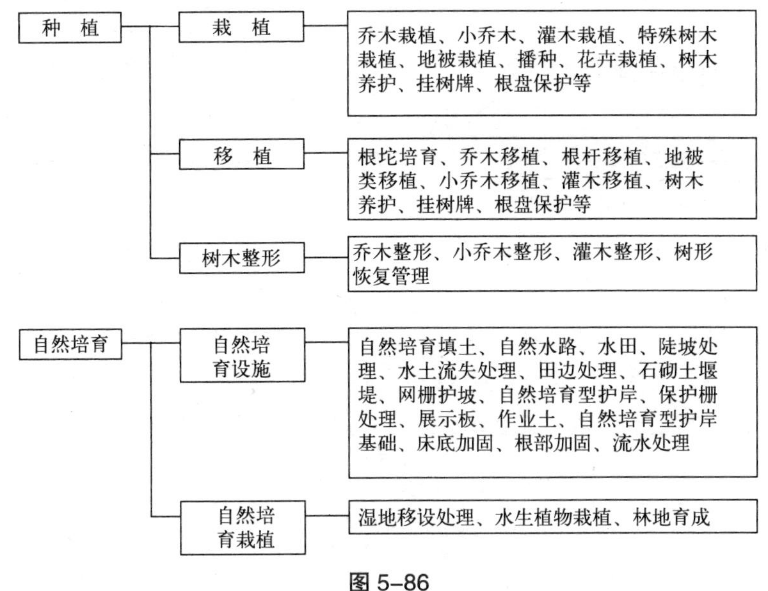

图 5–86

水平 1	栽植技术
用语的定义	预算上的注意事项
使用种植材料，对公园绿地环境和景观进行建设施工的总称。 种植施工，包含种植、移植、树木整姿等施工内容分类	

水平 2	栽植技术
用语的定义	预算上的注意事项
与植物的栽植有关的施工内容的总称，包含以下工种： · 乔木栽植　　· 花卉栽植 · 小乔木、灌木栽植　　· 树木养护 · 特殊树木种植　　· 挂树牌 · 地被种类种植　　· 根盘保护 · 播种	

图 5–87

5.5 种植实施设计

5.5.1 配植实施设计

配植实施设计是基于种植基本设计，确定具体的树木种类、形态大小以及种植位置，进而绘制出种植施工图的过程。

种植设计图，是通过平面图表现三维空间构成，在施工时进行必要指示、传达信息的图纸。绘制正确无误、易于明白的图纸是十分重要的。

（1）树木种类、形态大小的确定

在进行树木种类选择时，对于在种植基本设计中有可能被选定的树木群，进行土壤性质、排水、日照、风力等局部的环境条件以及树形美、色彩美、芳香等景观的研究，从美观性、经济性、施工性以及维持管理等方面，进行树木种类、形状大小的设定。最后，对于同一规格的树种大量使用的情况，和不同形态大小的大树等使用的情况，在进行调查的基础上，通过绿化树木调达难易度判定会议公表的每月的《判定结果》(《计算资料》,《建设物价》中转载)、

各种苗木出圃的规格标准　　表 5–66

出圃形态	出货指标				生长年数	代表树种
	规格	一般出圃树木年数	形状	出圃比例		
灌木	高 60cm 冠幅 45cm	4 ~ 5 年	高 0.3m 0.45m (0.6) 1	 5% 30 50 15	杜鹃 2 3 4 6	桃叶珊瑚、八仙花、六道木、荚蒾、山月桂、夹竹桃、黄山梅、麻叶绣线菊、光叶绣线菊、石斑木、毛瑞香、西洋高山杜鹃、草珊瑚、杜鹃、杜鹃类、白花吊钟花、南天竹、卫矛、十大功劳、少花蜡瓣花、大叶黄杨、龟甲冬青、朱砂根、重瓣栀子、八角金盘、柳树、连翘
小乔木	高 1.8m 冠幅 45cm	7 ~ 8 年	高 1m 1.5 (1.8) 2 2.5 ~ 3	 10% 30 30 15 15	厚皮香 4 6 8 9 12	钝齿冬青、乌岗栎、梅花、圆柏、海棠、扇骨木、枸橘、山东木瓜、枷椤木、红梅、五针松、茶梅、日本花柏、珊瑚树、花椒、山茶、假山茶、美国侧柏、日本女贞、齿叶木犀、日本罗汉柏、桂花、厚皮香、槭树属、日本柳杉
乔木	高 3m 干周 15cm	行道树 4 ~ 5 年 观干树木 7 ~ 8 年	干周 9cm 12 (15) 18 30	 5% 20 50 15 10	樱花　日本石柯 3　5 4　6 5　7 7　11	梧桐、刺槐、银杏、香榧、香樟、榉树、日本木兰、重瓣樱、青冈栎、棕榈、染井吉野樱、大王松、广玉兰、三角枫、玉兰、悬铃木、杨树、松属、柳树

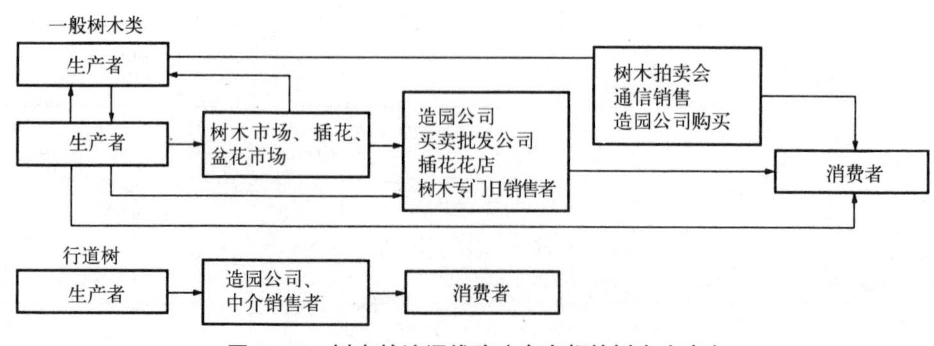

图 5–88　树木的流通线路（东京都的树木生产）

对园林树木生产业者进行调查，根据社团法人日本植树协会开设的日本列岛植物园网页，确认可以供给的树木种类和数量之后，决定所使用的树木。

树种的形态大小，参考《公共用绿化树木等的品质大小规格标准（草案）》进行选定。

1）公共用绿化树木等的品质大小规格标准（草案）

（节选）

（适用）

本标准（草案），主要是有关适用于城市绿化的公共用绿化树木等的品质、大小的规定，也适用于树木等的出圃时期。

另外，本标准（草案），对于公共设施等过程中使用的绿化苗木的必要最小限度的种类，进行了规定，作为使用情况的一个标准。所以，在满足地域的特性和绿化目的等基本要求之外，并不限制其他树种的使用，或者其他大小规格以外的树木等的使用。

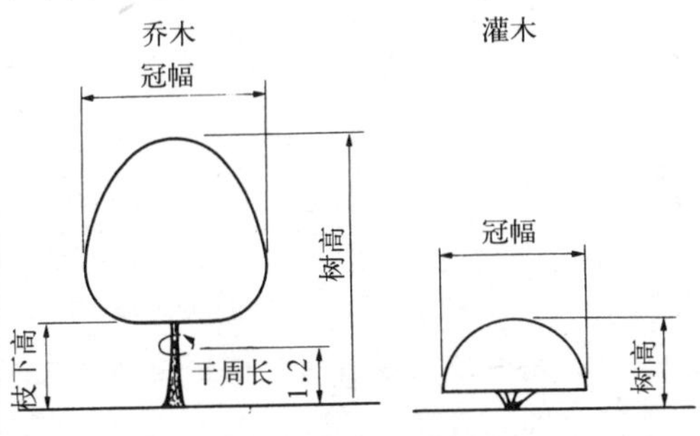

（定义）

用　语	定　义
公共绿化树木等	主要指公园绿地、道路、其他公共设施等公共绿化使用的树木等的材料
树形	由树木的特性、树龄、管理状态形成的树干、树冠等构成的固有形态。把树种特有形状作为基本形状培育成的树形称为自然树形
树高 (用*H*表示)	从树木的冠顶到根基上端（地表）的垂直高度，不包含徒长枝高度。此外，椰子类等特殊树的树高为树干部的垂直高度
干周 （用*C*表示）	树木干部的周长是对根部上端1.2m的位置测定。该部分如果有分枝，对分枝上部进行测定。如果有两个分枝，则以各自干周的70%之和作为干周值。如果记载的为“根基周长”则为根基部的周长
冠幅（枝冠） （用*W*表示）	树木向四面伸展的枝（叶）的长度。根据测定方向长度会出现不同的数值，则取最长和最短长度的平均值，不包括徒长枝长度。灌木的冠幅称为叶冠
一本多干	树木根基处进行分枝，呈现丛生状。另外，把丛生状的灌木称为灌丛
一本多干分枝数(用*B.N*表示)	一本多干树形的分枝数目。对于树高与分枝高的关系有以下的规定： 一本2干：一分枝达到了所要求树高的高度，另一分枝达到树高的70%。 一本3干以上：对于指定分枝数的半数以上达到树高要求，其他的达到所要树高的70%以上
单干	在树干基部没有分枝，只有一个主干
根坨	树木移植时，挖掘出的包裹着根系的土坨的总称
不带土挖掘	树木移植时，不带土进行挖掘。又把这种挖掘根系的方式称为裸掘
打包	树木移植时，带着土坨进行完整挖掘，为了不使根部土壤脱落，在土坨表面用草绳等其他材料进行牢固的捆绑后进行移植
容器	栽植树木等的容器
整形树木	在树形方面不任其自然生长，而是与树木的自然形状有差异，借助人力加工成各种树形
树丛式培育	把几株树木的根靠合在一起，培育成一体化的树形
嫁接树形	把整株树木或者一部分进行嫁接培育形成的树形

（规格构成）

规格包括品质规格和大小规格两部分，把两规格的规定合在一起即是树木的规格。

（品质及大小的确定）

在进行品质及大小确定时，要充分考虑每个树种的特性。规格中规定的大小值为表示的最低值。所以，符合该规格者必须大于规定的大小尺寸值。

（品质的表示项目）

本部分内容将在种植施工的品质管理章节进行论述。

（尺寸的表示项目）

树木的尺寸，指标有：树高（*H*）、干周（*C*）、冠幅（叶幅）（*W*）、分枝数（*B.N*）等。

草坪的尺寸，根据需要应以分割的大小作为标准。

其他地被类的尺寸，应根据实际需要确定地被竹类与草本类的株芽数、木本类的高度与分枝数，藤本类主要以藤茎长度作为标准。

（尺寸的表示单位）

树高（*H*）、干周（*C*）或者冠幅（*W*）以m为单位。一本多干类的分枝数（*B.N*）用“○本多干”表示，干数则以2～、3～等来表示。

（品质规格表）

详细内容在种植施工的品质管理部分论述。

2）树木的生产

成形树木生产时，有必要掌握一定树形和根部造型的栽培技术。为了培育具有整齐树形的树木，需要在苗圃移植时对树木的前后朝向进行更换，并使构成树冠的枝叶表面疏密一致，使其长势均衡。此外，进行根部修整时，需在苗圃移植时进行断根处理，促使细根的萌生和水平根的生长，可以承受远距离的运输。

树木整形后的基本干形有直干型、斜干型、曲干型三种。

①直干型

主干垂直的树形。分枝间距自下而上逐渐变小，左右枝条的长度相等。树高为1～2m、枝条数少者被称为“秃形树”，适合在以草坪为主体的庭园中栽植。

图5–89　直干整形

②斜干型

从树干中部伸出一长枝（探出枝），从该主枝着生处开始弯曲而形成斜干式。“门冠松”和“探枝松”属于该树形。前者栽植于门口，探出枝覆盖大门之上；后者栽植于水池边，探出枝伸探于水池之上。后者的探出枝较长，树的高度较低。

● 一般造型方法

将5～6年生的苗木倾斜栽植，把要弯曲之处作为探出枝的枝条进行整形，使主干在该位置与地面成垂直状态。实生苗与山地采挖苗的造型方法相同。

● 促成成型方法

主要针对山地挖取苗木，把能够成为探出枝的苗木进行倾斜栽植，在该位置切断主干，而以该处的轮生枝（或者对生枝）作为替代的主干进行整形的方法。因以枝条作为主干进行整形而被俗称为“枝心整形”。

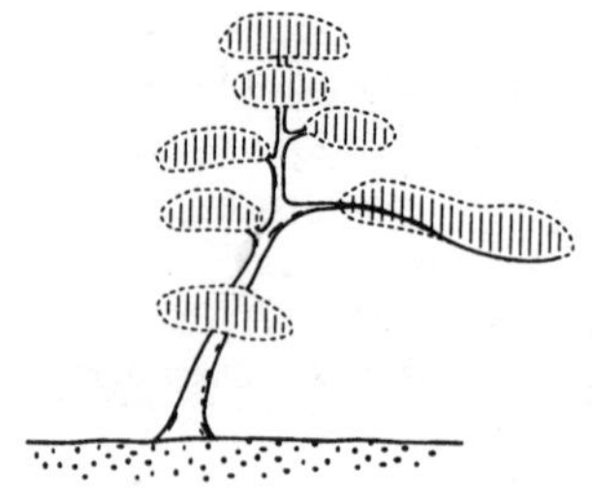

图5–90　斜干整形

③曲干型

是树干弯曲的树形。曲干的弯曲度下部大，上部逐渐变小，呈现自然的弯曲状态。主干顶部正好位于根基垂直向上之处。

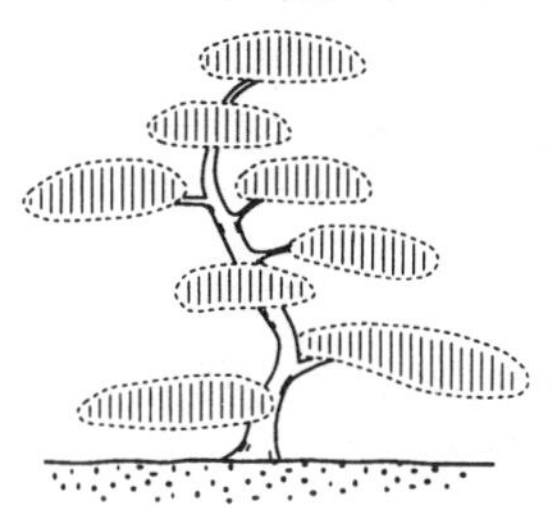

图 5–91　曲干整形

把 5 ～ 10 年生的苗木稍稍进行倾斜栽植，在地面上插上 2 ～ 3 根坚固的支柱并使主干缠绕该支柱。弯曲幅度大处，用细绳或者稻草进行保护性捆绑，防止树枝折断或者树皮脱落。

叶簇的整形形式有半球式、贝壳式、阶梯式、牡丹式等。

①半球式

树枝较多、修剪成为球形或者椭圆形，适合于高的树木整形。

②贝壳式

树木整形的一种，又被称为“分散球式”。近似于半球式，但比半球式长，先端的枝叶呈现为扁平状，几乎接近平面，下表面为水平状，酷似一枚贝壳倒扣在树枝上。罗汉松类多采用该种整形法。

③阶梯式

树木整形的一种。对小枝集中于树枝先端的树木进行整形而形成树形的总称。从下往上呈现阶梯状。

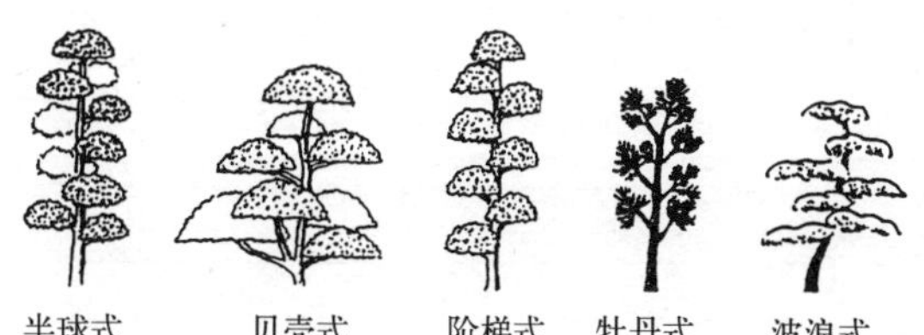

（引自《公共用緑化樹木品質寸法規格基準（案）の解説》）

图 5–92　叶簇整形形式

④牡丹式（牡丹形修剪）

对罗汉松类的枝条先端进行修剪，使小枝叶较为集中，冬季在其上积雪后呈现白牡丹花盛开状态，由此而得名。

（2）种植位置、密度的确定

树木栽植的位置，参考树木发挥作用、主树、副树、配树等各种技法，从完善基本设计的方向对细部进一步设计，同时进行植物配植。通过配植确定树木栽植位置时，有必要对树木的种植间隔，亦即种植密度进行充分考虑。

一般情况下，乔木的形状大小和种植密度，除了考虑种植的目的、功能，还要考虑植栽施工完成的时期。但是，在确定小乔木、灌木等的形状大小时候，应尽量栽植接近树木生长完成时的形状大小的树木。

1）乔木的确定

①早期完成型

在早期完成型的情况下，从种植设计到种植施工完成时间比较短，尽量在早期就达到种植目标，应选用成形树，并根据种植密度决定树木种植时的形状尺寸。

②中期完成型

在中期完成型的情况下，从种植设计到种植施工完成时间比较充裕，应根据种植目标尽量使用乔木或者小乔木。因此，树木种植的筹备工作比较容易，也可以尽量节俭资费。在这种情况下，不用考虑由于杂草丛生导致生长衰弱的现象，种植密度可以根据完工时的形状大小进行决定。

③将来完成型

在将来完成型的情况下，从种植设计到种植施工完成有十分充裕的时间，根据种植目标或者使用乔木，或者使用接近灌木的形状大小的树苗。但是，在种植树苗的情况下，由于杂草的生长有可能影响到树苗的生长，对种植床内的杂草等进行管理是十分必要的。因此，在幼木种植时，可以采取加大种植密度的措施，

种植密度与种植目标 表 5-67

		密生林	疏生林	散生林
黑松林型	种植初期 ⇩ 培育期 ⇩ 目标		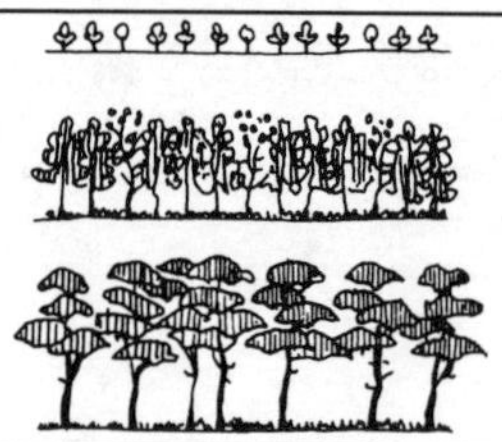	
常绿林型	种植初期 ⇩ 培育期 ⇩ 目标	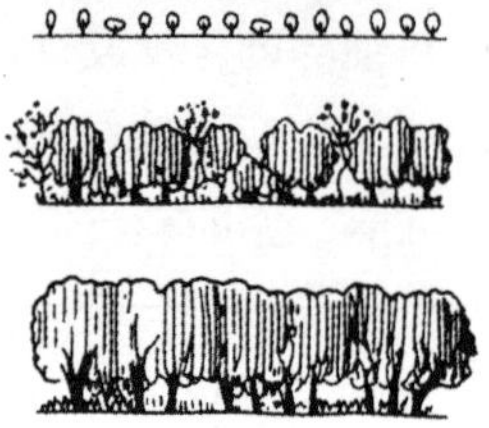	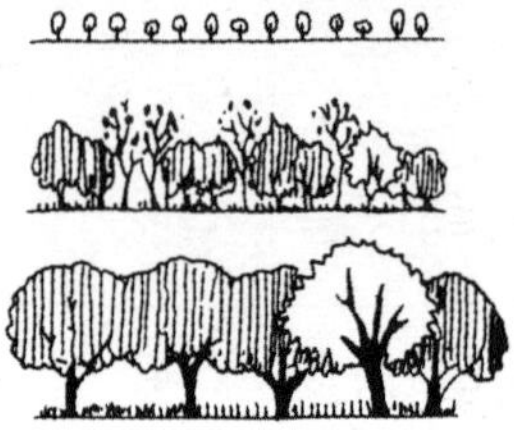	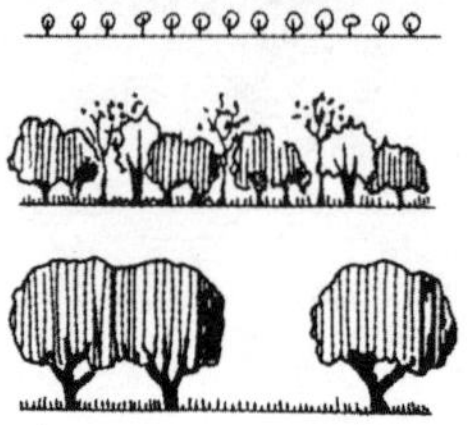
落叶林型	种植初期 ⇩ 培育期 ⇩ 目标		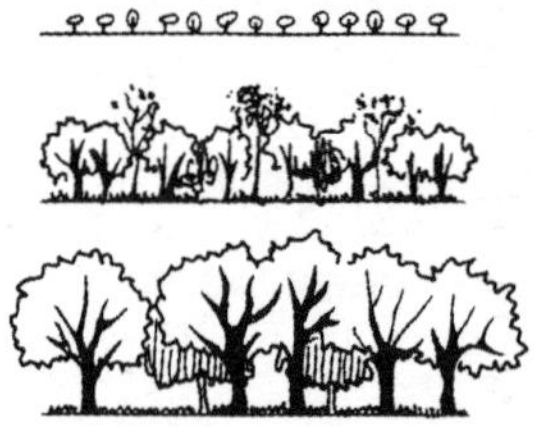	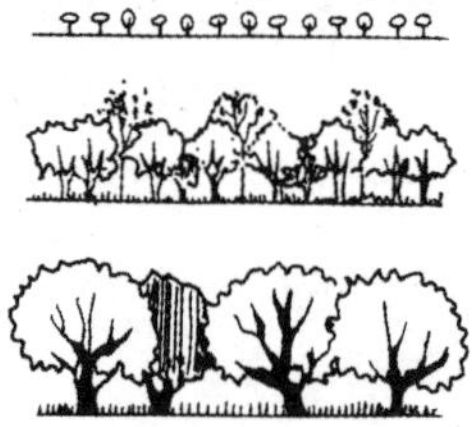

（参考）

集中居住区内伴随树木生长可能出现的问题及解决对策 表 5-68

类型	问题	原因		对策			问题用语的说明
		树木的生长		设计			
		旺盛	不良	密度	位置	树种	
居住区的问题	日照障碍（住宅）	○			○		住宅地日照被遮挡
	日照障碍（室外）	○		○		○	园地、草坪、灌木等的日照被遮挡
	通风障碍	○		○	○		住宅等地方通风不良
	街灯障碍	○			○		路灯的光照被遮挡
	道路障碍	○			○		对人通行形成障碍
	防范上的障碍	○			○		树木成为遮光区，成为防范上的障碍
	视线上的障碍	○		○	○		树木遮挡通透性，造成人、车的通行危险
	毛虫等的障碍				○	○	毛虫等的发生，对人的危害，引起人的厌恶感
	架线障碍	○			○		
	噪声障碍		○	○	○		树木较少，导致车辆噪声产生危害
	由照明引起的障碍		○	○			树木少，导致车辆、路灯产生光危害
	落叶方面的障碍	○		○	○	○	落叶引起排水沟堵塞，扫除花费时间
	施工破坏	○					根系引起道路受破坏
景观问题	树形不良	○	○		○		
	树势不良		○			○	
	种植过密	○		○			
	种植不足			○			
管理问题	增加管理费用技术的	○		○		○	
	相应困难	○					

○：在原因栏中，表示直接的原因，在对策栏中，表示效果最明显的对策

（引自《植栽樹木の活着，生長とその阻害要因に関する調査研究》）

形成早期郁闭空间，防止杂草侵入，随着幼苗的生长有必要进行间伐等相应的管理措施。总之，选择幼苗种植时，不仅要考虑种植费用，而且还要考虑养护管理的经济性。

2）小乔木、灌木的确定

小乔木、灌木与乔木相比，容易受杂草的影响，因为种植时的形状尺寸小，可以减少经费开支。因此，种植目标为小乔木、灌木时，虽然种植形状较小的幼苗可以节约费用，但是进行清除杂草等工作所需的管理费用更多，选用接近完成形的形状大小的树木、根据树种的各自特性确定适合的种植密度更为重要。

另外，进行配植时，要考虑以下的周边环境：

- 树木与建筑物的间隔，要考虑到不能产生以下现象：室内采光不足、树木落叶、来自屋顶的降雪，从外墙壁的日照反光等。种植位置不仅可以调和与建筑物的关系，而且可以防止由采光、通风不良和落叶等产生的危害。
- 在进行相邻周边的配置时，应该考虑到不应该使枝叶和根的生长对临近地区产生影响。
- 应考虑到对电线杆、路灯以及标志物（交通标志、介绍标志等）的障碍。
- 在汽车出入口附近，为了不对交通产生障碍（视距的障碍等），应当注意树木的高度和间距。
- 随着乔木、小乔木的生长，树体变大，应当注意不能够对建筑附属物（排水沟、排水管、路牙石等）产生损害。

（3）保护、养护管理的确定

种植的保护和养护管理就是根据种植地的气象条件进行防寒、防暑、防倒伏等，以促进树木种植之后，树势处于衰弱状态的乔木、小乔木的成活与生长。

保护和养护的措施有，在种植设计阶段应考虑支柱固定、干部包裹、覆盖遮阳网、地表覆盖、防风（防潮）网、根部保护设施等事项，养护管理阶段应考虑防雪吊绳、遮阳棚、防霜等事项。

1）支柱（控制木）

支柱是通过固定地上部分，防止风对根坨的破坏和细根的切断等，使植物正常生长的同时，发挥防止倒伏、倾斜等作用的支撑物。

①支柱形式

支柱有配木、八字形捆绑支撑、联合支撑、鸟居等形式，这些总称为控制木。另外，广场和容器中的景观用树木不宜设立支柱，所用支柱应固定于土中，不宜被看见，以免影响观赏。

②支柱的设计

在设计支柱时，应考虑种植地状况、树木大小、树形等因素。

选定支柱应考虑的条件如下所示：

a．强度

支柱材料要求的强度是受风力影响弯曲后具有恢复能力，因此支柱材料具有弹性成为必要条件，木材、竹材、钢绳等在这方面具有优势。

b．耐久性

栽植的树木成活后根系伸展，支柱的支撑作用就没有必要了，通常生长快的树木为3年前后，一般树木需要5～6年时间。

c．美观

支柱在树木种植等绿化过程中是比较显眼的存在物，或成为点缀物，或影响美观。所以，支柱材料要选用与周围环境、树木的形状相协调的材料。

近年来，有时使用与树木相同粗度的支柱，但效果较差。

d．管理

树木，特别是道路绿化中需要的树木，易于管理成为重要的条件。尤其是那些在树木成活、生长之后不再发挥作用时易于去掉的更适于种植路边。

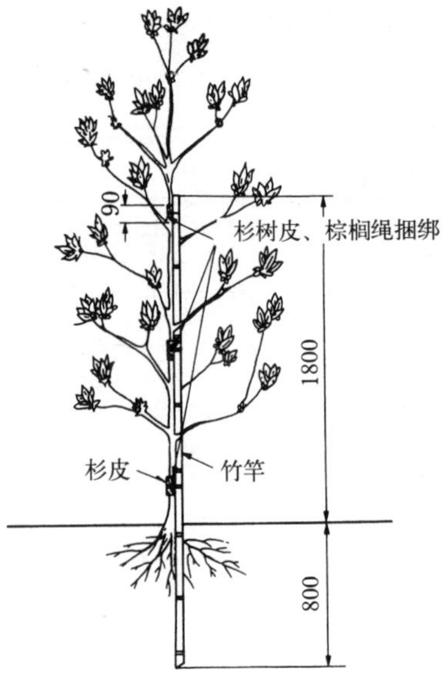

图 5-93　配木（配柱）

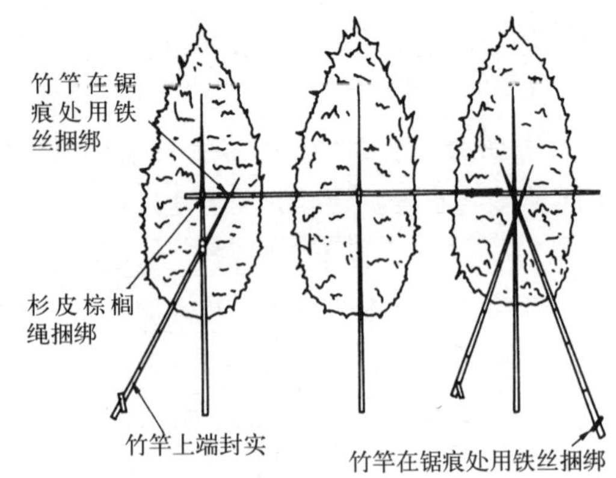

图 5-95　联合支撑

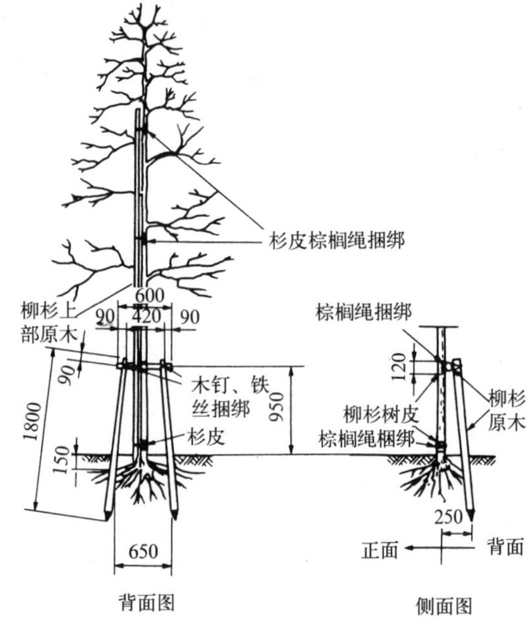

图 5-96　二脚鸟居

八字型捆绑支撑

上端封实

在锯痕处用铁丝捆绑

杉皮棕榈绳捆绑

竹竿

在锯痕处用铁丝捆绑

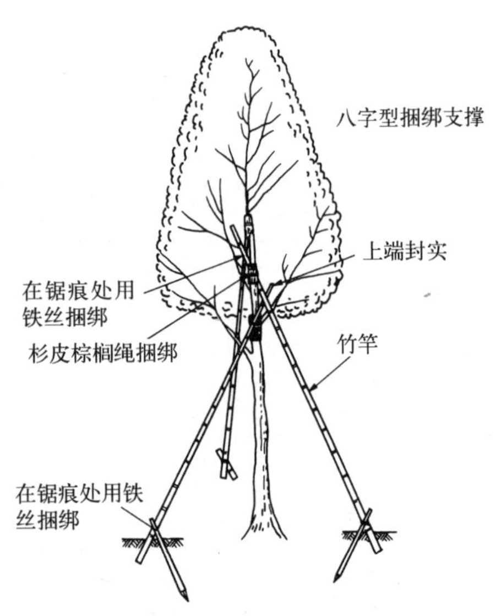

图 5-94　八字形捆绑支撑

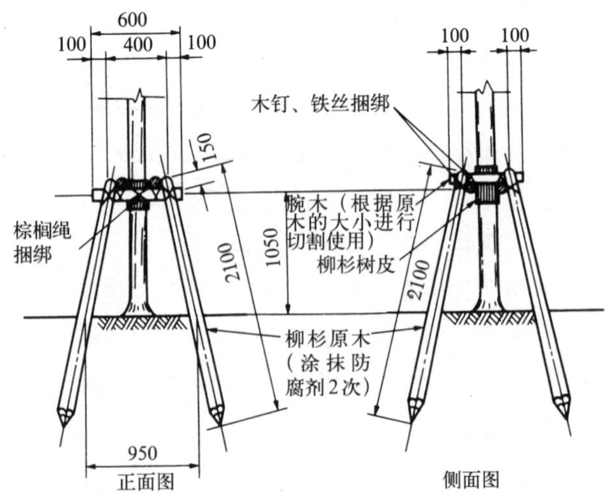

图 5-97　二脚鸟居组合

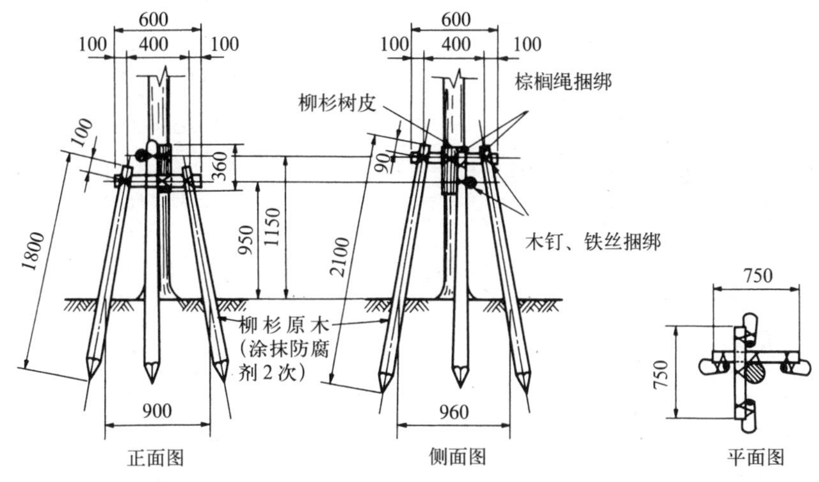

图 5–98　十字鸟居

支柱形式一览表　　　　**表 5–69**

形状 / 形式	树高 1.5～1.9m	树高 2.0～2.5m	干周 9～14cm	干周 15～19cm	干周 20～29cm	干周 30～39cm	干周 40～49cm	干周 50～59cm	干周 60～74cm	干周 75～89cm	干周 90～119cm	干周 120～149cm	备注
配木（一本支柱）–1	—	—											适用于幼木
配木（一本支柱）–2	—	—											
二脚鸟居（用配柱1）			—	—	—								适用于广场、行道树等
二脚鸟居（用配柱2）					—								
三脚鸟居						—	—	—					
十字鸟居						—	—	—					
四脚鸟居							—	—	—				
八字形捆绑（竹竿三根）		—	—	—									适用于大规模栽植地
八字形捆绑（原木三根）					L=4m —	—	—（L=6~7m）	—	—				
竹竿联合支撑	—	—											适用于列植等

支柱材料主要有柳杉原木、竹竿等，近年来，开始使用由钢材和合成树脂组成的制品。

钢材和合成树脂的优点在于它们是工厂生产，同一品质的物品可以大量购买，施工简单。此外，耐腐朽，属于半永久性。缺点是对风等缺乏恢复力、没有弹性、不经济、在土中难以固定。另外，合成树脂受热后容易变形，太阳光照射后易老化、强度降低。

但是，这些素材有很多优点，通过对作为支柱材料条件的耐久性、强度、管理、美观等的研究开发，有待进一步扩大利用。

e. 支柱的选择

在支柱选择时，一般大树、独立树的栽植间隔大，难于采用联合支撑方式，多利用长的原木，采用八字形固定支撑法。该法是对风害具有最强抗性的支柱方式。联合支柱多用于比较近距离栽种的树木，或者狭小间隔列植的树木。对于细的树木多使用竹竿代替长原木。此外，行道树、公园广场的小树木和宽间隔列植的树木多使用鸟居型支柱。

2）树干缠裹

树干缠裹是为了防止树木种植后受冬季冻害而产生破裂等，以及由夏天的直射日光引起树木灼伤，所采取的保证树木成活与促进生长的有效措施。

树木遭受寒冷，细胞内部水分溢出细胞外侧的细胞间，产生冻结现象。轻度的冻害会有冻伤痕迹残留，但危及树干木质部时会产生霜害，有纵裂现象，进而发展为霜肿，有可能引起树木腐朽、枯死。

树木遭受阳光直射时，导致干部蒸发的停止，容易发生灼伤现象，有时树皮枯死，有可能引起树皮脱落。为了防止上述树木伤害，采取相应的保护措施，在树干部缠绕稻草、草席、专用布带等成为最适的防护方法。

适于干部缠裹的树种有日本木兰、尖叶栲、假山茶、多花狗木、山槭、厚皮香等树皮薄容易产生烧伤的树木。青冈栎、樟树等暖温带的树木，大树、老树以及非季节移植的树木也多采取该措施。

3）地表覆盖

地表覆盖是以防止土壤干燥、旱害发生，调节地温，抑制杂草，防止霜害，改良土壤等为目的，对栽植后的树木基部的土壤进行覆盖。

地表覆盖的材料有稻草、草席、干草、落叶、锯末、稻壳、玉米芯、树皮堆肥、树皮片、塑料布等。选择材料时，要考虑造景地点和地域等因素选择合适的材料。

4）遮阴网

遮阴网，在非季节移植和暖地性树木的栽植时，对于抵御冬季寒冷以及由风产生的干燥对树木产生危害等方面，具有显著的效果。材料选用合成纤维丝等粗织而成的薄的网状布，有黑色、白色、绿色等。另外，因丝的粗细与织法不同遮光率有差异。

5）根（根围）的保护设施

根的保护设施在防止由土壤的踏固引起土壤硬化，扩大步行者空间，确保周边雨水的流入等方面具有良好的效果。

根的保护设施的种类，大体分为踏压防止盘（保护盘）、栽植框（行道树框）、透水性铺装等。形式有防护一棵树木的、有用镶边石材做成的防护单数或者复数树木的，也有四角、圆形、不规则形等各种。

材料有在水泥砖上开眼提高透水性的，有铸铁制的篦子盖、污水盖，有回折格子状的，有塑料制成的踏板等。近年来，铁制品与塑料制品被广泛使用。在选材利用时，要考虑到规划地的空间特性、利用特性、造景要素以及养护管理等方面。另外，防护设施的形状还要考虑对象树木的根系范围，并对其将来的生长情况进行充分的研究，因为充足的发展空间对于树木健壮的生长是非常必要的。

5.5.2 实施设计图文件

（1）设计图文件的地位

设计图文件是植物栽植地的业主（甲方）给予施工者（乙方）信息传递的一个方法。一般由设计图纸、设计文书、说明书等构成，它们相辅相成，起着把业主方的意图正确地传递给施工方的作用。

设计图文件的地位处于如图 5-99 所示流程中的实施设计阶段中。对于业主方来说，将与基本构想、基本规划、基本设计相连续的意图正确反映的同时，施工者方能够明确地把握具体内容，设计图文件是可以进行正确预算的图书文件，并且根据这些图纸能够进行具体的施工。

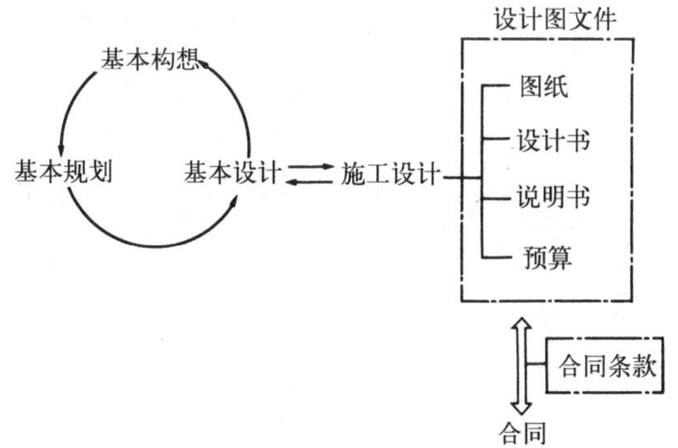

图 5-99　设计的流程

（2）设计图

设计图具有把业主方的意图传达给施工方的目的，能够把握施工整体的概况。

设计图的种类因施工的种类、内容而不同，在此以公共绿化空间种植施工的设计图为例进行说明。

①施工场所向导图

工程施工现场在地图上的说明向导图（1/10000 ~ 1/25000），上方为北，进行作图。

②位置图

包含周边的平面图，表示工程施工范围的图面（1/500 ~ 1/1000），并记入周边道路等的名称。

③总平面图

表示工程全貌的图面（1/500 ~ 1/2500）。

④种植平面图（配植图）

明确表示树木种类、种植位置等的平面图，一张平面图表示了三维空间的构成。

⑤基盘营造图（场地营造图）

为了进行取土、填土等的土地营造图面，有营造平面图、纵剖面图、横剖面图。

⑥排水平面、剖面图等

为表示排水施工内容的图纸，如果没有排水剖面图，则应该标注坡度、管种、管径等。其他的给水、电力等的设备平面图也应该根据必要绘制。

⑦现状平面图（实测平面图）

以现状测量图为蓝本表示现存树木、移栽对象树木等。移栽树木数量较多时，应该绘制其他的移植平面图。

⑧详图（详细平面图）

对施工区域的一部分进行扩大，明示其详细情况的图纸（1/10 ~ 1/100）。

⑨施工图

根据现场状况可以得知设计图与现场实际情况存在若干差异。在这种情况下，现场施工管理者应该根据现场地情况绘制施工图。

⑩施工变更图

已经定下来的种植规模与位置等有可能与签订合同时的情况不完全相同。明示变更内容的图纸被称为变更图，用红笔标注变更场所，黄笔标注原来设计，这样可以清楚表示出变更前后的关系。

⑪ 竣工图

在工程的施工上表明设计变更的成形图。特别是种植位置、数量等，为了使自然素材能够与现场相对应，施工时的设计图和竣工后之间存在若干差异，修正原设计图而作成的图纸。工程的竣工检查，管理者的交付等都是依据该竣工图进行，应当正确无误。

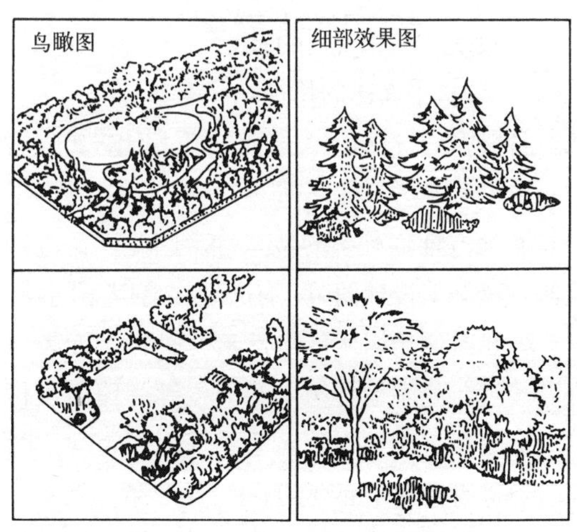

图 5-100

⑫ 其他图纸

为了把设计者的意图更直观的传达给施工者，有时还会绘制透视图、鸟瞰图、局部效果图等。

公共种植施工在以上的图纸中，①～⑧为签订合同时绘制，⑨在施工前绘制，⑩在施工变更时绘制，⑪在竣工前绘制而成。

（3）种植平面图（配植图）

1）种植平面图的绘制

种植平面图中，在表示使用树种的种植位置的同时，作成使用树木一览，除了表示树种名、形状尺寸、数量之外，还应该标注出客土、支柱形式、干部缠裹等的有无（参照第8章施工实例）。

- 在种植平面图上，如果很难同时标注乔木、小乔木、灌木、地被的种植位置的情况时，应该分别绘制乔木、小乔木的种植平面图和灌木、地被的种植平面图。
- 原则上，使用材料一览表放在设计图的右侧。
- 平面图的比例尺一般用1/100～1/500的比例，复杂的情况下可以作成局部的放大图。
- 有必要进行假植的场合，要明确表示出假植地点和支柱的有无。

2）种植平面图的特征和注意事项

种植施工与土木、建筑等施工相比，①规格化、标准化困难；②工种多样并且为小规模；③具有地方性物种多的特殊性。因此，在进行绘制种植施工设计图时，有必要注意以下问题。

- 在对使用树木等自然素材进行图面表现时，应考虑把树木的印象等在图中进行表现，而且对记入方法等图面表现方法进行考虑是必要的。
- 细部表现困难的情况，通过局部效果图、鸟瞰图等使设计示意图易于理解。
- 多个施工工种同时表现的情况下，在图面上对全体的关联性有明确表示的必要。
- 在设计图难于表现的情况下，有必要使用其他的特殊方法进行标注。

3）图纸表示符号

就像前面所述，为了使图纸明确传达设计的意图，并且根据该图纸可以进行预算、施工。所以，必须在图面上明确表示构成图面的线、点、符号、记号、文字、数字等。

①文字、数字

原则上使用从左往右横书、常用汉字、片假名以及平假名、现代假名、阿拉伯数字等，明确整齐书写。

②测图记号、方位

利用一般方法书写（图5-101）

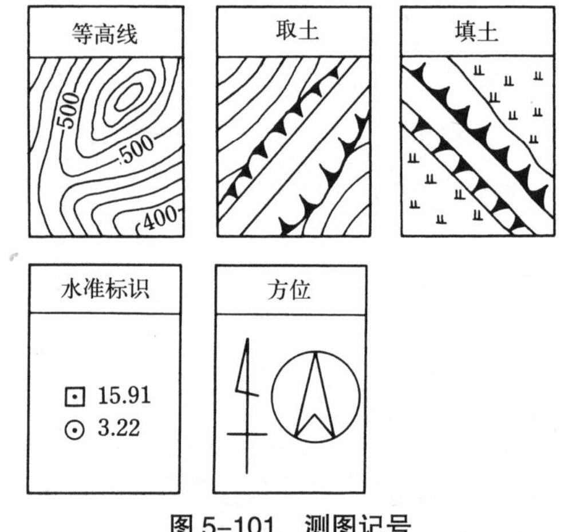

图5-101　测图记号

③在断面图上，特别是有必要表示特殊材料的情况下，用表5-70以及其他的表示方法表示。

4）种植的平面表示

作为表示方法，每个树种有一定的规定，有手绘的，有规定好的，有出售的印章形式等。一般使用树种多的情况下要用图例，图例采用写实的图案。（图5-102，图5-103）

材料的断面图例　　　　表 5-70

材料	图例	材料	图例
土		砂 垃圾 水泥	
砂石			
碎石块		混凝土	
铺砖等		石材（含人造石）	
木材（含合成板）		金属	
		水	

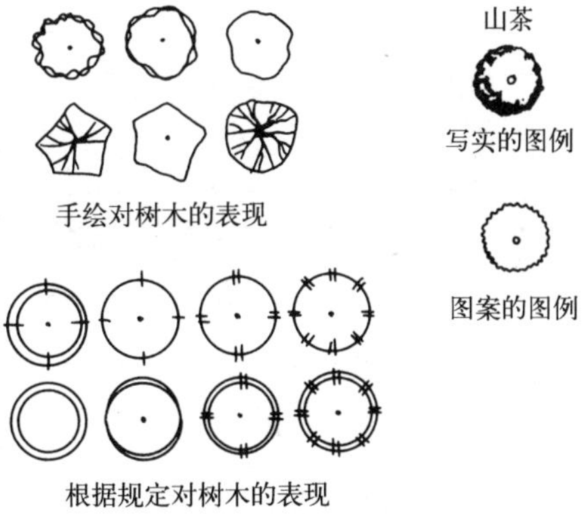

手绘对树木的表现

根据规定对树木的表现

山茶

写实的图例

图案的图例

图 5-102　树木的表现

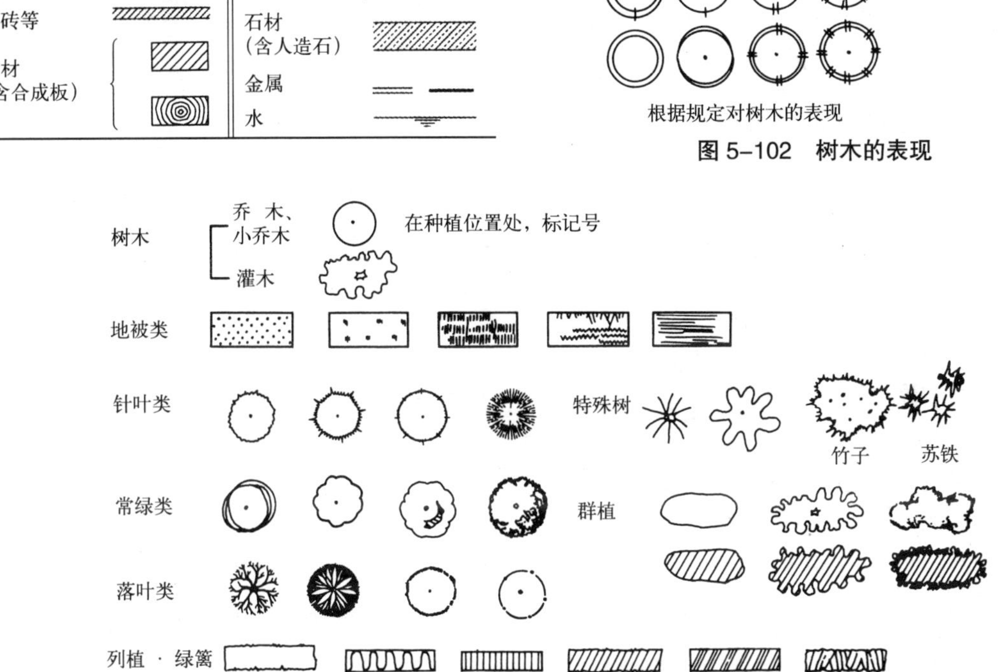

图 5-103　种植的平面图例

①种植的表示，通过平面图例、植物名或者简称、规格以及数量等标记进行表示。

②平面图例的标记依照以下进行：

- 树木，原则上以实线圆表示。但是，根据需要通过外轮廓线的变化、虚线等区别表示（图 5-104）。

图 5-104

- 平面记号的大小原则上根据设计时树木的冠幅的大概尺寸表示。
- 干的位置有明确表示必要的情况参照图 5-105。

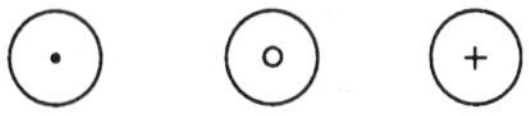

图 5-105

- 表示树木群体时，用树群的外轮廓线表示（图 5-106）。

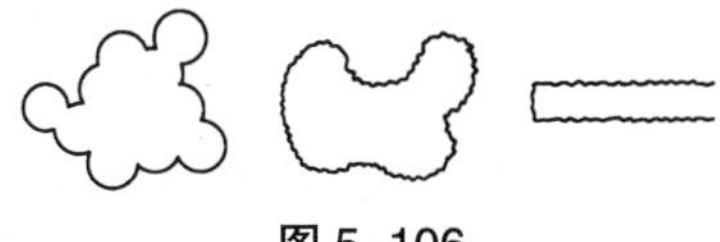
图 5-106

- 草坪、地被竹等的地被类用表示范围的外形线表示。但是，根据必要通过外轮廓线的变化、虚线等区别表示（图5–107）。

图 5–107

- 草坪等，其范围通过路牙石等区划线有明确表示，可以省略种植的外轮廓线。

③植物名的记述如下所述：

- 植物名，原则上以日本名为标准，但是，在图中可以使用省略符号。
- 植物名原则上用片假名表示。

④规格的表示如下所示：

- 树木的规格，原则上包括树高（*H*）、胸径（*C*）、冠幅（*W*），以及根据必要表示枝下高。其单位为 m，标记单位符号。

  榉树　*H*6.0　*C*0.3　*W*4.0

- 地被类等，利用高度、冠幅、藤茎长度、盆钵直径等进行适当的规格表示。单位用 cm，标记单位符号。

  西洋常春藤　　*L*30

  阿龟竹　12cm　VP

⑤数量、密度等的标记如下所述：

- 数量在规格之后标记，根据必要标记单位符号。
- 平面记号的数量可以明确看出的话，图中的数量标记可以省略。
- 同一种类、规格的植物连续或者接近之处标记的情况，可以以图 5–108 的方法标记数量。

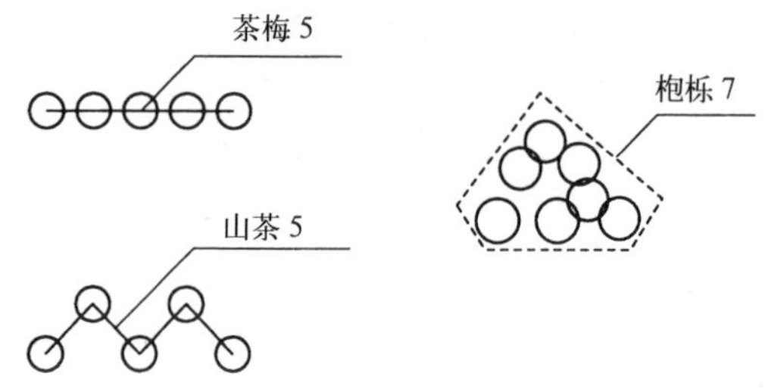

图 5–108

- 有必要表示栽植密度的情况，与数量一起标记。

  5 棵 /m^2　　3 棵 /m　　@8m

- 在以外轮廓线表示树群时，由两种以上的植物形成的混合植栽也可以表示。该情况下，对于构成树群的植物名、数量以及构成比率等，都有必要进行标记。

5）植物的立面表示

植物的立面表示一般是指树木的形态、形状等写实的表现（图 5–109）。

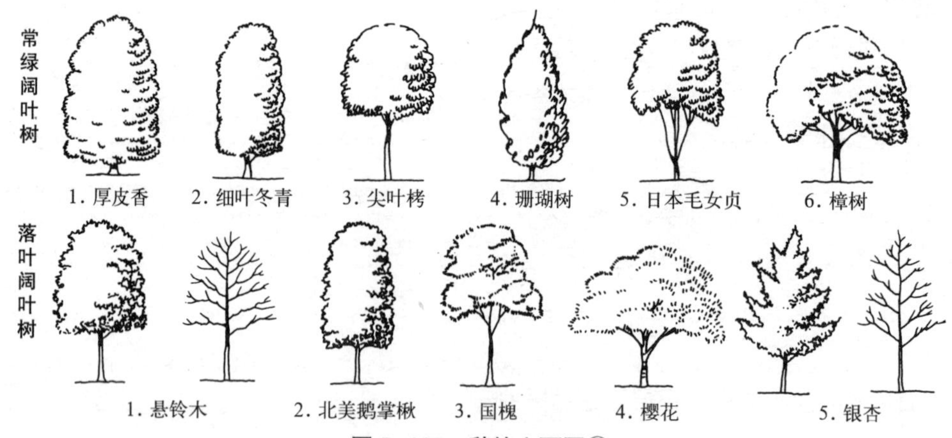

图 5–109　种植立面图①

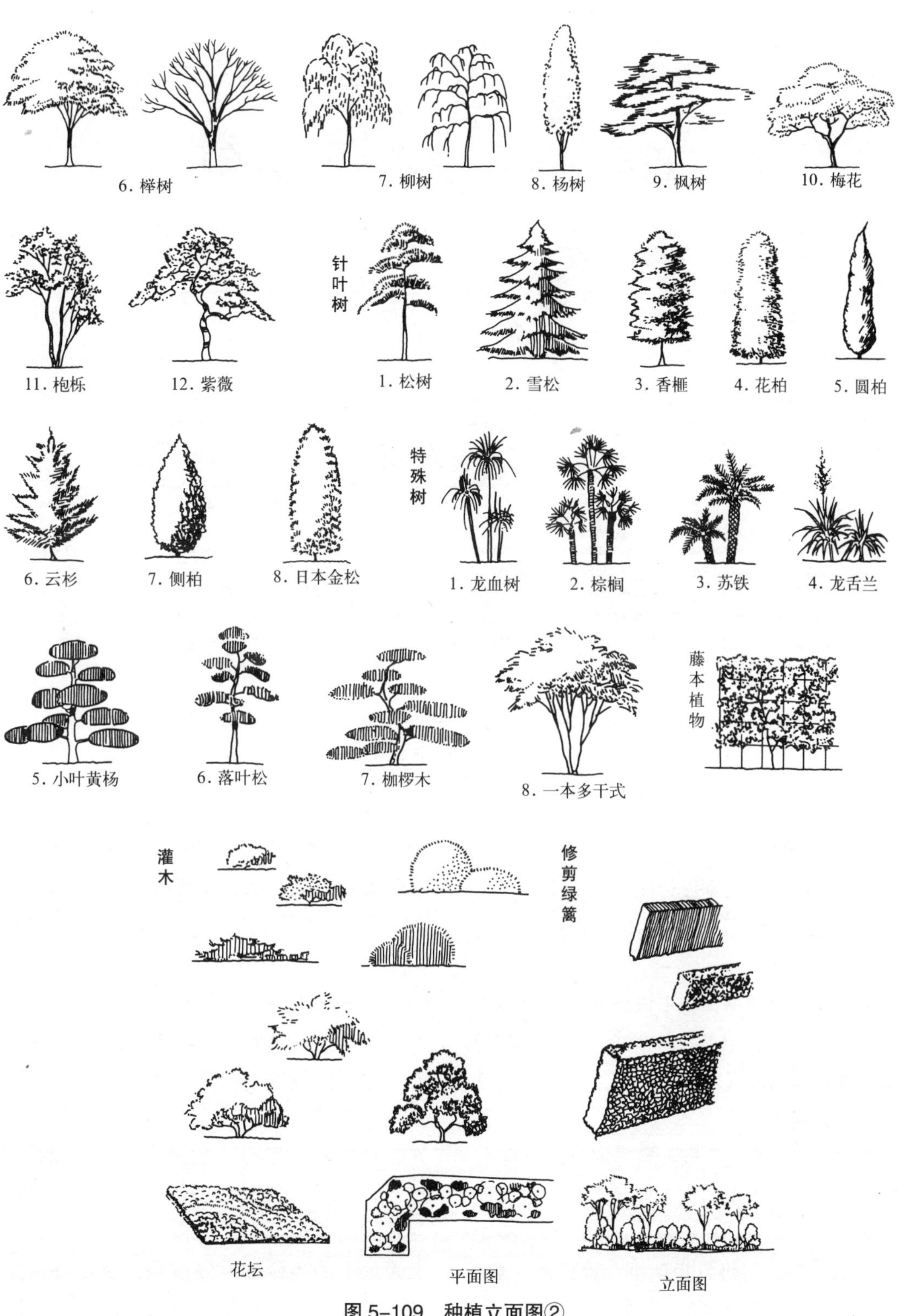

图 5–109　种植立面图②

图 5-109　种植立面图③

（4）设计说明书

设计说明书是根据设计图纸，摘出材料的种类、数量等，利用适合的步骤、单价等而完成的详细说明书。

施工设计说明书由施工设计概括书、各工种内容书（总括表）、工种内容书、单价明细表、费用明细表等构成（表 5-71）。

（5）说明书

说明书对广义的合同而言是必要的书面文件之一，是设计人员向施工技术人员传达设计图中难以表现施工项目材料、工法、完成精度等内容的说明，与设计说明书、设计图一起，在项目施工上，具有重要意义的文书。

因此，文书内容要简洁，有正确的构成，不要与图面重复，不要重复说明。

一般情况下，官方招标的工程项目的说明书要求，由一般记载共同事项的标准说明书（共同说明书）和记载特别重要事项的特殊说明书构成。

1）标准说明书（共通说明书）

是为一定的事业主体表示进行一定范围内的施工的说明书，包括适用范围、用语解释、设计图书的适用和释义、费用负担、官方等的各种手续、法令的遵守、报告书的提出、施工的广告、施工用设备等的总则事项、完工、项目施工的适当化、安全管理、竣工等、施工管理上的各论的遵守事项、施工特别注意以及遵守事项等概括的材料。公共事业用的标准说明书分为材料和施工两部分，为国家、公共团体、地方等企业主体具备的独自的资料。

（参考）　**公园绿地设计业务内容**　**表 5–71**

	基本构思	基本规划	基本设计	施工设计
把握现状	• 资料收集 • 社会，人文，自然条件等的整理 • 场地勘查	• 资料收集 • 社会，人文，自然条件等的整理 • 场地勘查	• 场地勘查	• 场地勘查
分析条件	• 现状把握及基本条件分析 • 问题的提出和分析	• 现状把握及基本条件解析 • 问题的提出与分析	• 各种条件的确认，整理收集 • 公园利用性质分析（服务半径，服务人数）	• 诸条件的确认 • 专门技术资料的收集
确定方针	• 构思的确定 • 基本方针的确定	• 公园位置确定 • 公园功能的确定 • 引入功能的确定 • 景观的确定	• 建设的确定 • 设计理念的设定	
构思，规划，设计	• 概略区域的探讨 • 分区规划 • 交通规划探讨	• 分区 • 交通规划分析 • 建成规划分析 • 设施配置的分析	• 建成设计的分析 • 设施配置的分析 • 供给处理设施设计的分析 • 种植设计的分析	• 材质的分析 • 细部构造的分析 • 施工方法的分析
实施方案的分析，完成		• 预算工程费的确定 • 分期规划的概略分析 • 管理运营规划的概略分析	• 预算工程费的确定 • 分期规划的分析 • 管理运营规划的分析	• 施工预算的确定和施工预算的调整
成果介绍	• 基本构想图绘制 • 基本构想说明书的编制 • 效果图的作成	• 基本规划平面图绘制 • 基本规划说明书的编制 • 鸟瞰图绘制	• 基本设计平面图绘制 • 主要设施构造图绘制 • 基本说明书的编制 • 鸟瞰图绘制	• 用地平面图绘制 • 一般平面图绘制 • 剖面图绘制 • 造成平面图绘制 • 施工平面图绘制 • 设备平面图绘制 • 种植平面图绘制 • 施工详图绘制 • 说明书的编制 • 构造、容量计算书的编制 • 数量设计书的编制 • 平面数量的计算 • 设计依据的编制 • 项目清单的编制

在进行设计说明书、设计图的制作时，要把握标准说明书的内容，确认该内容是否能够传达设计者的意图。

标准说明书的构成并没有固定格式，大概含有以下条项：

①一般事项

- 适用范围
- 用语的定义
- 疑义的解释
- 现场的内容等的轻微变更
- 向官方提出的手续
- 提出材料
- 法令的遵守
- 日雇劳动力
- 特殊合同的关联事项
- 施工后材料的处理
- 材料的搬运和保管
- 施工后建筑土的处理
- 废料的处理
- 砂土、材料的搬运
- 对居民的宣传
- 费用负担

- 变更关系资料的编制
- 施工所用的必备的土地和水面等

②准备工作

- 施工的准备
- 施工规划书
- 住所、放置材料的仓库等
- 施工内容等标识的设置
- 施工监理办公室

③施工管理

- 施工管理
- 施工的检查与讨论
- 施工机械器具等
- 周日、休息日以及夜间作业
- 与其他施工的关系
- 施工关系书等的准备
- 施工记录照片
- 检查结果的报告

④安全管理

- 一般事项
- 交通以及保安措施
- 事故防止
- 公害防止
- 现场整理整顿

⑤竣工

- 现场整理
- 竣工图、竣工说明书
- 记录照片
- 标牌

⑥材料

- 一般材料
- 供给材料、生产材料

⑦施工

- 设施施工
- 种植施工等

2）特殊说明书

对于共通说明书不能适用的特殊条件、特殊工程等的施工，为了把业主的意向充分传达给施工者，把各种施工附加在特殊说明书上，进行施工材料、施工时期、施工方法、竣工精度等规定的材料。种植施工把作为自然素材的树木进行美的使用，因为包含标准事项中不能规定的内容，所以，特殊设计说明书的作用大。

特殊设计说明书有附加资料的方法和图纸记载的方法，内容少的时候，利用图面的空白比较容易明白，施工时也容易利用。

特殊设计说明书的记载内容如下所示：

①一般事项，总则

关于特殊设计说明书的适用范围、用语定义、设计图书的适用和疑义、轻微变更工程的管理、安全管理等相关内容的记载。

②材料

关于植物材料的规格、品质等内容的记载，有如下内容：

- 直干、斜干、造型树等的树形以及品质、花色等的确定。
- 关于根坨品质的要求。
- 关于山地采挖苗木的栽培场圃年历的确定。
- 干部缠裹等防护养护材料的指定。

③种植基盘

在种植基盘营造时记载指示事项等，内容如下：

- 营造时防止过度碾压。
- 对过度碾压基盘的改良措施。
- 改良剂的品质、使用量以及混合方法的指定。
- 营造时临时排水等措施。

④施工

说明有关树木的种植方法、移栽方法等相关内容。内容如下：

- 确定种植顺序。
- 对于在重要的景观场所上的种植等，确

定所使用树木树形的选定方法。

- 说明树木搬运方法。
- 明确关于移植树木的挖掘、打包、修剪等内容。

⑤养护

种植后浇水等养护方法的记载。

5.5.3　设计业务委托

(1)委托的种类

委托分为项目的施工前进行的设计委托、测量委托、地质调查委托等，以及为了公园管理作业进行的作业委托（养护管理委托）（作业委托费用根据内容分为委托费用和劳务费用两种方式）。

(2)委托费用的构成

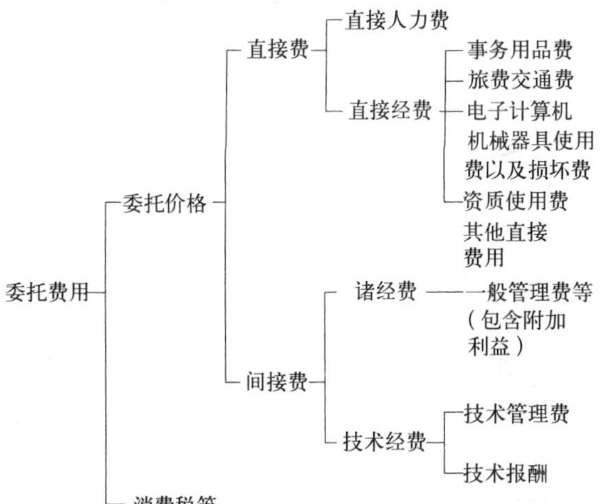

* 在直接人力费中，绘图技术人员费用不包括间接费。

(3)委托设计书的构成

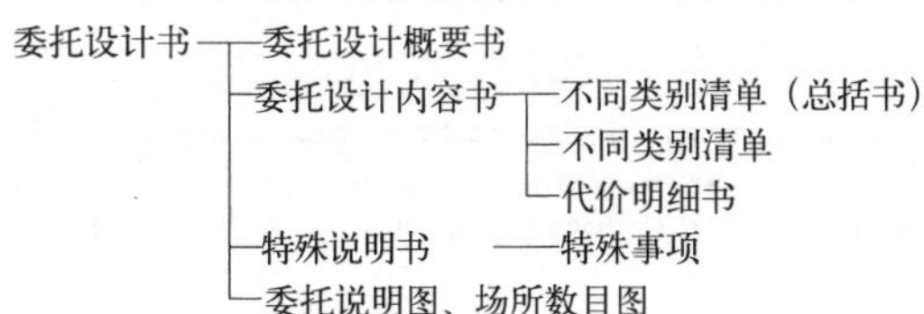

5.5.4　设计业务合同

(1)再委托

1）合同书中规定的“主要部分”是指以下记载的内容，承包方（乙方）不能将这些内容进行再委托。

①设计业务中的综合策划、业务完成管理、手法的决定以及技术的判断。

②工程解析中手法的确定以及技术的判断。

2）承包方（乙方）对于类似于印刷、打字、装订、计算处理、临摹、资料整理、模型制作等简单业务进行再委托时，没有必要取得发包方（业主）的准许。

3）承包方在进行上述规定业务以外的二次委托时，必须取得发包方（业主）的准许。

4）承包方在进行设计业务等再委托时，通过书面与分包明确合同关系的同时，对分包在设计业务等实施方面进行适当指导，并在管理下实施设计业务。

(2)成果的使用等

1）承包方按合同规定，得到业主的准许单独或者与他人共同完成，并且可以作为成果发表。

2）承包方关于著作权、资质权以及其他第三者的权利对象的设计方法的使用，设计书中没有明确表示，其费用负担应根据合同书向业主请求支付，在与第三者进行补偿条件交涉之前必须得到业主的同意。

(3)保密义务

根据合同书规定，乙方在项目实施过程中所知的有关秘密不能向第三者泄露。

5.6　种植施工的预算

5.6.1　预算所处的地位

施工费用的预算，不仅招标方（业主），承包方（乙方）也有进行预算的必要。

承包方预算的目的在于，确定所需要的经费开支从而根据独自的预算标准对总数量、经费等进行控制，最终决定合同的预定价格。

承包方在接受业主委托时，首先充分把握设计内容，确定估算价格。

配植施工设计 ………使用树种、形状大小的确定，种植位置的确定，养护管理的确定

↓

设计图的绘制 ………总平面图，种植平面图，基盘结构图，现状平面图，给、排水等设计图以及各种详图的绘制

↓

数 量 计 算………土方量计算
树木等的计算

↓

施工规划的制定………施工技术的选定，工期的确定
建设机械的机种、规格以及机械组合的选定
临时设施、机械设备的选定

↓

特殊说明书的编制………共通说明书中没有记载的、特殊必要的事项，图面上没有表示、合同上的必要事项

↓

各种单价的确定 ………材料单价、人工单价、机械器具损失材料等的确定

↓

预算：

直接施工的预算………步骤的决定
单价表，清单的编制
直接施工费用的计算

↓

工 期 的 计 算………工作顺序的决定
根据1天的平均工作量算出施工天数，要考虑到雨天、周日、节假日等，算出工期

↓

共通设施费的计算……搬运费、准备费、工程损失防止设施费、安全费、劳务费、技术管理费、营造修缮费等的计算

↓

现场管理费的计算

↓

一般管理费的计算

↓

设计书的审查 ………综合设计书的确认

↓

设计图总结 ………设计说明书、设计图、说明书等的总结

↓

预定价格的确定………合同担当者确定预定价格

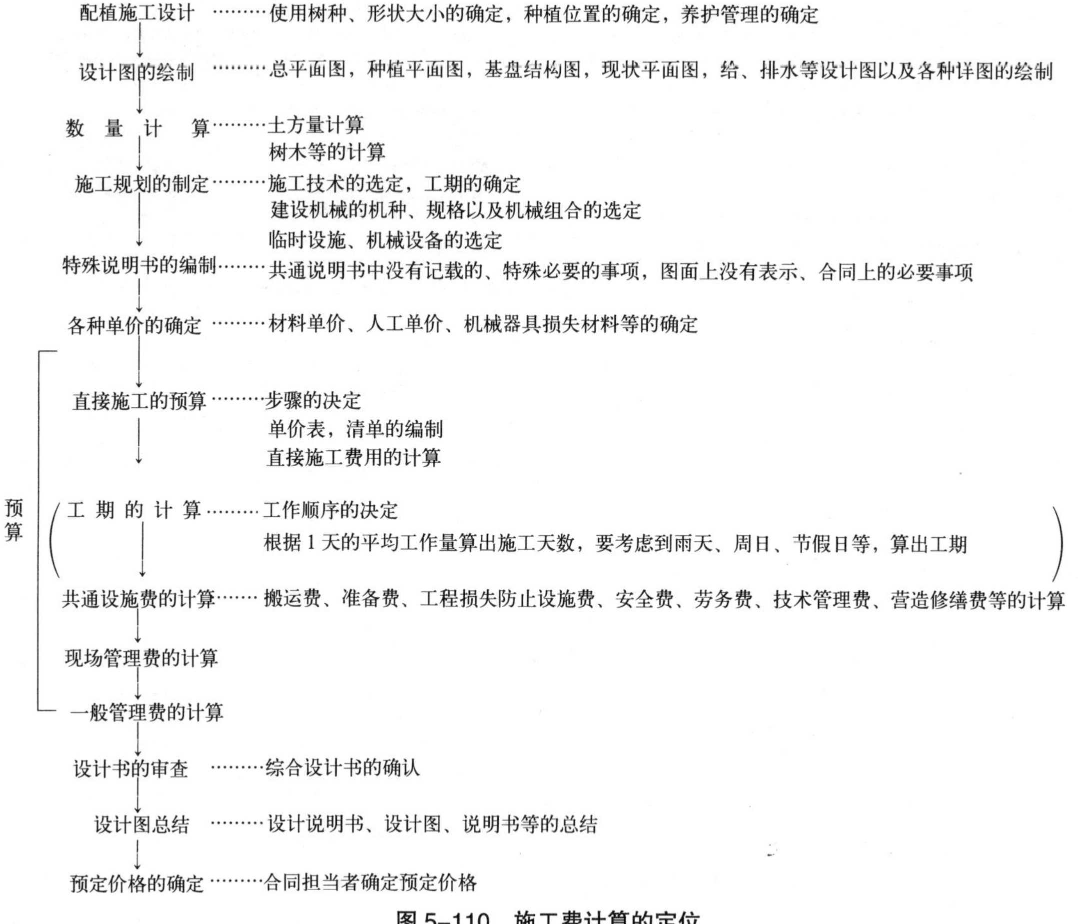

图 5-110 施工费计算的定位

5.6.2 施工费的基本构成

(1) 承包工程费的构成

承包工程费由图 5-111 所示构成。

(2) 直接工程费

1) 直接工程费的构成

直接工程费是指为了达到营造施工目的直接投入的费用，由材料费、劳务费、直接经费等构成。

2) 直接工程费的内容

①材料费

材料费是施工中使用的材料费用，由使用量和搬运储藏以及施工中的损失量的实际值相加而成。

②劳务费

劳务费是项目的施工过程中必要的人力费，所需人员根据现场的条件和规模大小而确定，应该考虑工程上的最佳配置进行计算。对于长时间所需要的要进行规划配置，避免资金浪费。

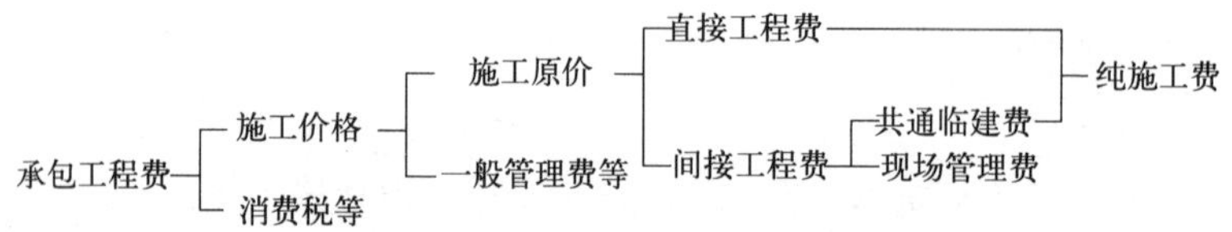

图 5-111 承包工程费的基本构成

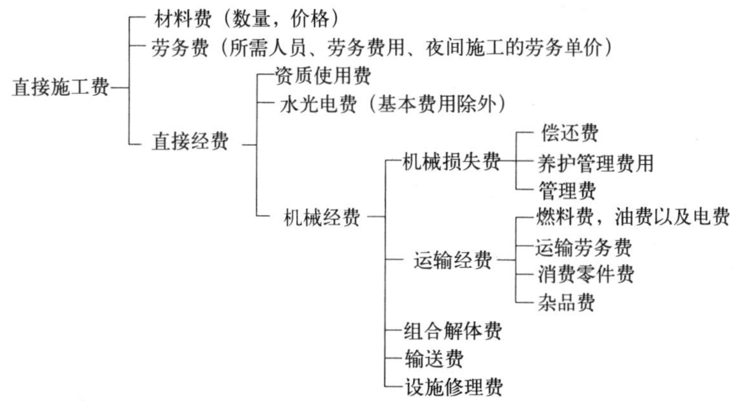

图 5-112　直接施工费的构成

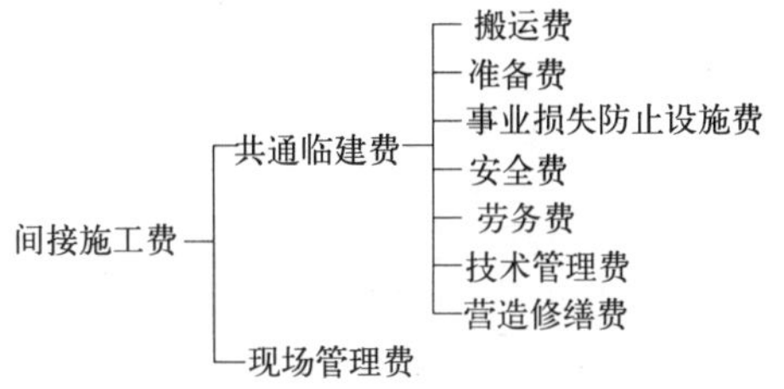

图 5-113　间接施工费的构成

③直接费用

施工过程中直接需要的费用，通常由资质使用费、水光热电费、机械经费 3 项费用构成。

④各项杂费

a 各项杂费的定义

该作业必要的人工、机械损失以及材料等金额与整体费用相比较非常小时，确保预算的合理化，对零头处理并进行计算。

b 单价表

• 单价表（列表中各种杂费率的情况）

每一单位数量的单价表的合计金额，有效数字为 4 位作为原则，对于所定的各项杂费率以内，对零头处理进行计算。

• 单价表（列表中没有各项杂费率，只对零头进行处理的情况）

每一单位数量的单价表的合计金额，有效数字为 4 位作为原则，对零头处理进行计算。

• 金额以“各项杂费”的名称进行计算。

c 清单表

诸杂费不算在内。

⑤零头整理

a 单价表的各种构成要素的数量 × 单价 = 金额，从小数点以后第 3 位舍去，保留到第 2 位。另外，明细书的各种构成要素的数量 × 单价 = 金额，不够 1 日元时舍去，最后为个位。

b 共通临建费率计算的金额不满 1000 日元时舍去，以 1000 日元为单位进行计算。

c 现场管理费的金额不满 1000 日元时舍去，以 1000 日元为计算单位。

（3）间接工程费

1）间接工程费的构成

间接工程费是指，整体工程共通的必要的费用，由共通临建费和现场管理费构成，有能够直接计算的和不能够直接计算的，根据直接施工费的比率进行预算。

2）间接工程费的内容

①共通临建费

共通临建费对各种工种的划分率进行计算，用加法的方式进行预算。

工种区分不受工程名的限制而是根据工种内容适当地选择确定。

共通临建费　　　　表 5-72

搬运费、准备费、事业损失防止设施费、安全费、劳务费、技术管理费、营造修缮费

②现场管理费

现场管理费是在工程施工时，为管理工程所必要的共通临建费以外的经费，纯工程费（直接工程费＋共通临建费）与规定的标准系数相乘算出。

现场管理费　　　　表 5-73

人工管理费、安全训练等需要的费用、租赁税费、保险费、从业员工工资补贴、退休金、法定福利费、福利费、办公用品费、通信交通费、交际费、补偿费、招标经费、工程登录费等需要的费用，杂费

（4）一般管理费等

一般管理费等与工程没有直接关系，但在进行工程施工时，在企业的总公司与分公司之间，作为企业活动的继续运营所必要的费用，各个承包工程造价中的分配构成的经费，包括原价性强的一般管理费与由附加利益构成的费用。

一般管理费等　　　　表 5-74

一般管理费	工作人员报酬、从业人员工资、退休金、法定福利费、福利费、修缮维持费、办公用品费、通信交通费、动力费、用水光热费、调查研究费、广告宣传费、交际费、捐赠费、用地费与房租、减价补偿费、试验研究费补贴、开发费补贴、租赁税费、保险费、合同保证费、杂费
附加利益	法人税、都道府县民税、市町村民税等、股份分配金、工作人员奖金、内部扣留款、支付利息、减价费、支付保证金、其他营业外费用

5.6.3　直接工程费的计算

直接工程费为材料费、劳务费与直接经费的合计。

（1）材料费

材料费由其计算数量乘以材料单价算出。

1）材料的计算数量

计算出在设计图中表示的设计数量，加上搬运、储藏、施工中的损失量等即可算出。

单位参照以下：

m（路牙石等的长度），m^2（草坪等的面积），m^3（沙子、砂石等的体积），kg（铁丝等的重量），棵（树木，原木等的数量），丛（灌木等的数量），枚（柳杉树皮等的数量），把（棕榈绳小捆等的数量），束（竹竿等的数量），盒（钉子等的数量）。

2）材料单价

材料单价，由各招标机关统一规定的单价，但使用没有规定单价的材料时，首先根据物价资料，其次根据估价的方法确定材料的单价。

①根据物价资料的方法

作为物价资料，现在有（财）经济调查会发行的《计算资料》以及（财）建设物价调查会发行的《建设物价》。

因为各种资料因调查方法不同，即使同一物品也未必价格相同。所以在预算时，应该对各资料价格在充分调查的基础上确定材料单价。条件相同时，一般采用较低的价格。

②采用估算的方法

估算原则上依赖 3 ～ 5 个采购公司，进行对比后决定。

在单价采用时，应当认真核查内容，确保真实可靠的基础上决定材料单价。

价格的决定方法采用平均值。但是估算书多的情况下，因招标公司不同而不同，一般采用最低的价格。但是，估算价格时应当排除极高值与极低值。

在进行估算时，应当注意以下事项。

- 估算依赖内容要根据图纸等易于理解的资料。
- 选择估算公司时既要客观又要公平。

- 估算要求以文本等形式进行。
- 估算要求时，要对交纳期以及现场条件等进行标记。
- 明确记载材料的收纳场所、数量、有效期，特别是有效期易于忘记，应当特别注意。
- 估算期间留有一定的期间。
- 材料的单价应当确认是到达施工现场的单价，还是一般的市场价格（不包含搬运费用）。

3）杂物的处理

在杂物清单书以及单价表中计算的材料中，把小物件一起计算的同时，还应考虑零头处理。

（2）劳务费

劳务费是由所需人员与劳务单价的乘积所计算出的结果。

1）劳务所需人员

所需人员数量原则上根据标准工数。所谓的标准工数就是各招标机关统一的使用工数。

工数（处理一定单位的作业必要的作业量）包括人力施工工数与机械施工工数，为预算不可缺少的一部分，因技术者的能力、施工时期、施工时间、施工期限、工作程度、现场的条件等有差异。因此，该种情况下，应当考虑现场条件、工程规模等进行适当的工数预算。

2）人工单价

人工单价是支付给劳务者的日工资，是指按照熟练程度、能力等支付给直接从事作业、白天工作8小时的劳务者的基本工资。对于夜间工作等情况，根据劳动条件要有补助。

根据劳动者、雇佣的时间、经验年数等因素，人工单价有所差异，在进行预算时应当适当地对单价进行统一便于预算。

由担当公共工程的农林水产省、国土交通省构成的公共事业劳务费调查联络协议会，在每年11月对全国10个月的资金台账进行普查，其分析结果于第二年4月公布，并确定适当的劳动单价。

该劳务费调查的结果，作为前面两省的公共施工预算用的劳动单价设定的依据，也作为大多数都道府县、公共团体及其他机关团体的人工单价确定的依据。

（3）复合、合成单价

通常由材料费和劳务费构成，亦即材、工共同合成的单价。各种工种的明细书的单价多使用这种复合单价。

合成单价由多个复合单价组合而成。

（4）市场单价

市场单价是指构成工程的部分或者全部的工种，不包含工程数量在内的材料费、劳务费、机械经费等平均施工量的市场价格。专门施工者承包施工项目进行的施工成为一般的工种，相当于原来承包与承包之间的市场形成的直接施工费。

5.6.4　间接施工费的计算

（1）共通临建费

1）共通临建费的计算

共通临建费，根据表5–75的工种划分的各项目所定的比例计算额与加和计算得出，将下面提到的各种对象额求出的比例，与对应对象额相乘得出金额。

2）比率计算部分

对象额（P）＝直接施工费＋（供给品费用
＋无偿借用机械等评价额）
＋事业损失防止设施费

无偿借用机械等评价额
＝无偿借用机械与同机种、同型号的机械等材损额（业者持入的材料）
－该建设机械等的设计书所需经费
（无偿借用机械等材损额）

共通临时设施费率 表 5–75

第 1 表

对象额 / 适用划分 / 工种划分	600 万日元以下	600 万日元至 10 亿日元		10 亿日元以上
	比率	成为由共通假设费率的公式计算出的比率，但是，系数根据下列算出		比率
		A	*b*	
公园施工	20.31	1278.0	−0.2654	5.22
铺装施工	21.77	660.1	−0.2186	7.12
道路改良施工	20.88	1156.5	−0.2572	5.60

第 2 表

对象额 / 适用划分 / 工种划分	600 万日元以下	600 万日元至 10 亿日元		10 亿日元以上
	比率	成为由共通假设费率的公式计算出的比率，但是，系数根据下列算出		比率
		A	*b*	
道路维修施工	21.21	1351.9	−0.2662	10.03
河川维修施工	22.70	3257.4	−0.3182	9.27

公式

$K_r=A\cdot P^b$

K_r：共通假设费率 (%)

P：对象额（日元）

A,b：系数

（注）K_r 值，小数点以下第 3 位四舍五入进 2 位。

表 5–76

施工地区、施工场地划分		修正值 (%)
城镇		2.0
山间偏僻地与孤岛		1.0
地方部	施工场所受一般交通影响的情况	1.5
	施工场所不受一般交通影响的情况	0.0

3）共通临建费率的补充修正

共通临建费率的确定要考虑到施工地域、施工场所等要素。共通临建费率的修正如表 5–76 所示。

4）由积累计算的部分

- 积累计算的部分要与直接施工费同样准确，并应该把握现场条件，适当的计算出积累计算必要额。
- 对搬运费、准备费、工程损失防止设施费、安全费、劳务费、技术管理费、营造修缮费等，根据必要进行积累计算。

5）提高形象经费

- 考虑到工程现场的周边环境、现场条件以及劳动者的作业环境等，需要改善环境时，把临时设备、安全设施、营缮设施等作为“土木工程提高形象经费”进行积累计算。
- 关于提高形象的具体的实施内容、实施时间要在施工规划书中提出。
- 施工结束时，提供能够提高形象的实施照片。
- 工期设定时，有必要考虑到提高形象的问题。

（2）现场管理费

1）现场管理费的计算

- 现场管理费，要在根据工种划分由各种纯施工费求得的现场管理费率乘以纯施工费所得数值的范围之内。
- 对于由两种以上的工种构成的工程，选择主要工种的现场管理费率，另外，根据施工条件，不应考虑施工名称而是考虑工种。

2）现场管理费的调整

根据施工地域、施工场所决定

考虑施工地域、考虑施工场所的现场管理费率的调整见表 5–78。

各种工种的现场管理费率标准值　　表 5–77

第 1 表

纯施工费 / 适用划分 / 工种划分	700 万日元以下	700 万日元至 10 亿日元		10 亿日元以上
	比例	由现场管理率的公式计算出的比率，但是，系数根据下列算出		比例
		A	b	
公园施工	25.03	81.0	−0.0745	17.30
铺装施工	20.87	50.2	−0.0557	15.83
道路改良施工	25.25	70.9	−0.0655	18.25

第 2 表

纯施工费 / 适用划分 / 工种划分	700 万日元以下	700 万日元至 10 亿日元		10 亿日元以上
	比例	由现场管理率的公式计算出的比率，但是，系数根据下列算出		比例
		A	b	
道路维护施工	27.14	69.1	−0.0593	23.18
河川维护施工	24.04	77.3	−0.0741	19.74

公式

$J.=A\cdot N_p^b$

J_0：现场管理费率（%）

N_p：纯施工费（元）

A，b：系数

（注）1.J_0 的值，小数点以下第 3 位四舍五入到第 2 位。

2. 与 N_p 的计算有关的钢桥框、水门等的施工场所制定的费用积累计算时，不考虑施工场所原价。

表 5–78

施工地区、施工场所的划分		调整值（%）
城区		1.5
山间偏僻地与孤岛		0.5
地方部	施工场所受一般交通影响的场合	1.0
	施工场所不受一般交通影响的场合	0.0

注：1. 施工地域的划分如下所示：

城区：施工地域为人口集中地区（DID 地区），以及类似于该类的地区。

山间偏僻地与孤岛：施工地域为人事院规定的工资补助特殊地区，以及类似于该类的地区。

地方部：施工地域为上述以外的地区。

2. 施工场所的划分如下所示：

一般受交通影响的情形

①施工场所，一般受交通影响的情形。

②施工场所，受地下埋设物影响的情形。

③施工场所，50 米以内人家（民家、商店、楼房等）相连的情形。

5.6.5　一般管理费的计算

（1）一般管理费的计算

一般管理费为一般管理费以及附加利益额的合计额，其值应在表 5–79 的各种工程原价求得的一般管理费率乘以该工程原价所得到的金额范围之内。

一般管理费率（预付金额为 35% 至 40% 的场所）　表 5–79

施工原价	500 万日元以下	500 万日元至 30 亿元	30 亿元以上
一般管理费率	14.38%	一般管理费率公式计算出	7.22%

算式

一般管理费率算式

$G_p=-2.57651\times\log(G_p)+31.63531(\%)$

G_p：一般管理费率（%）

G_p：工事原价（单位日元）

注：G_p 的值，小数点以下第 3 位四舍五入取 2 位。

一般管理费 = 工程原价 × 一般管理费率 × 一般管理费率的调整系数

（2）一般管理费率的调整

1) 根据预付金的支出比例的差异的做法

预付金支出的比例在 35% 以下的场合的一般管理费率，表 5–80 所示的各种预付金支出比例划分规定的调整系数乘以在（1）中算出

一般管理费率的调整　　表 5-80

预支出比例区分	0% 以上 5% 以下	5% 以上 15% 以下	15% 以上 25% 以下	25% 以上 35% 以下
调整系数	1.05	1.04	1.03	1.01

注：表 5-79 求出的一般管理费率应当乘以调整系数得出的百分率，小数点以后第 3 位四舍五入取 2 位。

一般管理费率得出百分率。

2) 支付品的处理

支付材料等费用计算时，不包含该支付品费成为一般管理费的计算基础的施工原价。

3) 对于合同的保证金的处理

确定预付金支出比例的差异调整值时，把增算的调整值当作一般管理费。

5.6.6 种植工程的计算

(1) 种植工程的构成

种植工程的标准构成如下所示：

1）乔木种植

乔木材料 + 挖掘种植坑 + 干部包裹 + 客土 + 种植 + 设立支柱

供给材料的种植以及移植的情况包含

缩根 + 挖掘 + 搬运

2）灌木移栽

灌木材料 + 挖掘种植坑 + 客土 + 种植

3）地被类植栽

地被类材料 + 栽植 + 客土(压缝土)

4）机械化种植

- 小型挖掘机开挖种植坑 + 人力辅助
- 人力挖掘种植坑 + 吊车进入
- 小型挖掘机开挖种植坑 + 吊车进入

(2) 计算的注意事项

1）种植工程的特殊性

种植树木具有以下特殊性：①多种类多规格（高度、冠幅、胸径）；②生长周期长，忍耐经济波冲击弱、生产、出圃不整齐；③种植、移栽具有季节性；④树木需要为少量、分散，树种、规格没有可代替性；⑤工期的完成受各种因素及其他工程的影响。

因此，在进行预算前有必要进行事先调查。

2）计算条件的调查

在进行计算时，在整理检查规划、设计时给予条件的同时，有必要对计算条件进行调查。

- 主要调查项目

①施工场所

是否进行机械施工、支柱的选择、搬运方法、少量搬运的必要性。

②地形、地质、土质

地下水位、基盘改良的必要性。

③气象、水文

施工时期的植物保护养护的必要性。

④劳务

现场调剂的范围、单价、能力。

⑤资料，材料

市场的有无、形状大小的确定、运输状况。

⑥动力

配置电力或者电力以外的动力设施的必要性。

⑦给水

灌溉方法。

⑧交通

铁道、公路、轮船堵塞度。

⑨社会条件

公害问题、居民意识。

3）种植地的建设工程

种植地的施工机械

种植地中，为了不使机械造成过度辗压，选用湿地推土机和超湿地推土机等与地面接触面积少的施工机械。

植树带、植树池等的部分客土，小型开挖机 0.1 ~ 0.35m^3 合适。

适合各种作业的机械　　表 5–81

作业种类	建设机械种类	具体的各种工种
开挖	推土机	树木植株、竹根、草坪、草、房屋基础的除去、撤去等工程中使用
掘削・装载	小型挖掘机	以山地状态的土砂等为对象的土方施工中使用（掘削和装载作业）
搬运	推土机、卡车	以松软状态的土砂等为对象的土方施工时使用
平整	推土机、马达平路机	在土方施工中，土砂、铺装施工中碎石、沙等的平整时使用。
坚固镇压	铺装滚轮机、轮胎滚压机、振动滚轮、减震器、推土机	土方施工中回填土时使用，铺装施工中铺床、路盘、表层等的辗压坚固时使用
耕作、搅拌	拖拉机（自动式）、耕作机	种植地土层改良以及砂土铺装时使用
构造物拆毁	大型拆毁机、手动拆毁机	混凝土等进行拆除时使用

公园施工中计算的标准机械种类　表 5–82

作业种类	作业内容	机械种类以及规格
掘削压土	通常 伴随造成大规模	推土机 3t 推土机 11t
掘削、装载	小规模 通常	挖掘机 $0.1m^3$ 挖掘机 $0.35m^3$

注：决定使用机械时应该注意以下几点：
①确认搬运路线。
②注意机械的组合（例如，$0.1m^3$ 挖掘机与 11t 卡车的组合不可）
③一般的机械施工比人力施工便宜，但根据施工量的情况也有人力施工便宜的情况。两者比较时，不要忘记机械施工中机械的搬运费。

土方施工机械应该根据施工目的、施工费、施工量、工期、工程、地形、地质、施工场所等进行选择。

4）表土的保护

表土作为种植用土十分重要，在进行计算时，应该对下列事项进行研究：

①准备工作

- 采伐的面积和表土的厚度。
- 移栽树木的有无。
- 伐根的处理（烧掉、埋掉）。
- 排水沟、砂土流出防护栅栏等。
- 临时放置场所的防火工作。
- 搬运路线与卡车大小。

②表土的采取

- 技术与机器种类的选择确定

从采挖地的地形、表土厚度、搬运路线等方面选择效率高的技术方法。

（例）平坦的地表、土层厚时，利用挖掘机进行挖掘、装载。

倾斜地、土层薄时，利用推土机进行挖土。

③表土的搬运

- 搬运路线、距离。
- 搬运地成为种植地的场合，结束后应当进行挖掘耕作等恢复工作，并计算费用。

④临时放置、堆积如图 5–114 所示。

- 为了防止斜面塌坏，利用滚轮镇压整形。一般以堆积高度 H=1.5m 为标准，3m 为限度作成等边梯形。
- 临时放置、堆积场所中，应设置挖掘排水沟、固土栅栏等。
- 长期堆积的情况下，为了防止土壤的流失，可以种植白三叶、草坪等进行覆盖。
- 临时放置场所

a. 平坦地

b. 为了防止土层的干燥、土壤的飞散，应选择风小的场所

c. 排水好的地方

d. 不对施工工程产生障碍的场所

e. 除了考虑前面所述用地、工程以外，还要考虑防灾避险对策。不能使施工机械对土层产生镇压板结的现象。

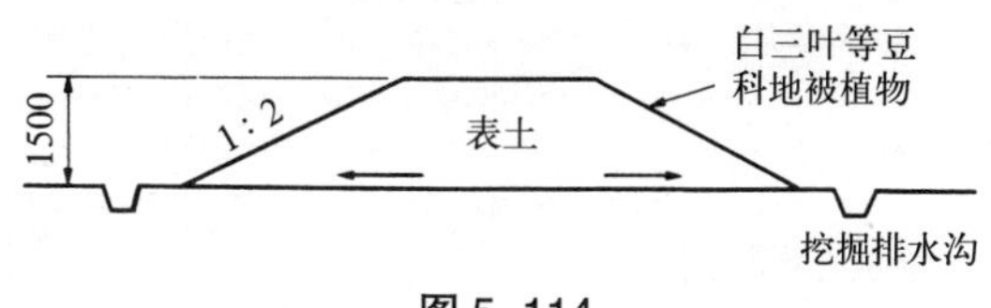

图 5–114

⑤复原处置

- 为了把临时放置土、堆积土搬运到种植地，需要对如何挖取、运送机械、搬运路线、搬运距离等进行研究。
- 根据土质情况，对粗糙层面土壤和表土进行混合搅拌。
- 土层恢复厚度，要从地区的土壤调查资料、经济性、确保量等方面进行分析。
- 进行土壤改良材料混合时，利用板耙、犁等机械进行混合搅拌。

5）斜面完工

斜面根据必要进行圆弧形处理。

原则上不在夜间进行作业。

准备晴天时用的洒水车、长期施工用的防尘栅等。

（3）种植工程的增加计算

属于种植树木的枯萎补偿的经费，增加种植直接工程费（材料费、劳力费）的0.5%。

（参考）关于种植工程的增加计算

建设省官技发第228号

1981年6月1日

各地方建设局长

建设大臣官方技术事务官

关于种植工程结束后的新植树木等的枯损，工程合同书第36条（担保）或者设计书所定的承包方进行新植树木的替换，但新植树木的枯损，即使具备通常的技术也有不可避免的情况。因此，与建设省直辖事业（除去营缮工程）有关的种植工程，根据下面记录的方式，种植费与一定的增加率相乘的费用（以下简称“种植增加”）进行预算，争取使植物的替换施工得以顺利地进行，以免产生遗憾现象而特此通知。

1. 成为增加对象的工程

成为种植增加对象的工程，与树木或者地被植物（覆盖地面的种植如草坪、地被竹类等

（参考）　**种植单价增加计算实例**

第　　号　　树 木 种 植　　每10棵的单价表

项目	名称	规格	单位	数量	单价	金额	摘要
劳务费			套	1			
	造园工程		人	2.3			
	普通作业员		人	1.4			
材料费			套	1			
	树木		棵	10			
	土壤改良剂		kg	10			
	支柱		组	10			
	杂物		套	1			
种植增加费			套	1			（劳务费＋材料费）×0.005
合计			棵	10			

第　　号　　铺 覆 草 坪　　每10m² 单价表

项目	名称	规格	单位	数量	单价	金额	摘要
劳务费			式	1			
	造园工程		人	0.01			
	普通作业员		人	0.47			
材料费			式	1			
	细叶结缕草		m^2	7.1			
	客　土		m^3	0.26			
	杂　物		套	1			
种植增加费			套	1			（劳务费＋材料费）×0.005
合计			m^2	10			

永久性植物）（以下简称为“树木等”）。有关的种植工程（也有包含其他种植工程的情况），根据设计书，枯损树木的更换成为业务的内容。但是，对于移植工程（包含由植物材料支给的工程）以及盘根工程被排除于种植增加费用的对象之外。

2. 预算方法

种植增加费用的预算，在进行栽植相关的单价设定时，种植材料（树木、草坪等地被植物、支柱、土壤改良材料、接缝客土、杂品等）的材料费及劳务费（挖坑、栽植、少量搬运、支柱固定、平整、接缝客土散布等所要的劳务费）按照 0.5% 的比例增加，以该单价进行预算。

3. 成为更换对象的树木

成为种植费用增加的树木等在工程完成交工后 1 年以内，出现枯死状态或者较栽植时的形姿不良（枯死部分已经达到占树冠 2/3 以上的情况，或者有通直主干的树木树高的 1/3 以上的主干枯死的情况，包含确实变成同样状态的树木）等情况，应当请施工者更换栽植与当初种植的树木同等或者以上规格的树木。

（4）计算要领

计算时应当对工种进行分类，根据每种工种的计算标准算出施工费。在种植工程中，如果采用土木、建筑、设备等的计算标准，应当考虑以下几点：

1）对不同目的的考虑

根据功能性、合理性、快适性与审美性的不同进行计算。

2）对分散性的考虑

根据分散性对计算标准进行调整使工数增加。

3）对小规模的考虑

根据工程和施工的规模进行适当的计算。

4）对生物环境影响的考虑

应充分考虑地形、气象、土壤以及工期进行计算。

在计算时，根据平时各公司整理的资料，要迅速并且准确性高地算出估算价格，需注意以下几点：

①在进行计算前，务必要调查现场与周边状况。

②熟读设计书，正确迅速地把握工程的范围和内容。

③根据《新土木工程计算大多用语定义集（公园绿地编）》按顺序进行计算。

④不要遗漏或读错图纸上的数量、大小、材料等。

⑤与计算内容相配合对设计数量进行分类。

⑥在注意施工方法、设备、工程等的同时，决定工程数量。

⑦为了不产生内容错误，进行再检查和对照。

（5）计算内容和设计方法

计算内容一般以下列形式作为设计书进行总结。

1）计算数量的算出

材料计算数量：材料、劳力计算书；

劳务必要人员：材料、劳力安排书。

2）单位工程单价的决定：单价明细书。

3）计算工程数量和单价工程量的复合单价的算定：费用明细书

工程设计书的构成　　表 5-83

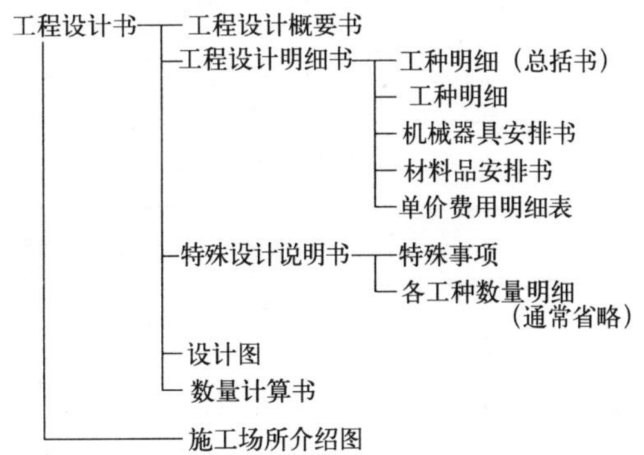

4）直接工程费的算定：工种类别明细书。

5）间接工程费的计算：各工种明细书（总括表）；

临时设施工程费；

现场工程费；

一般管理费。

6）工程费的总计：工程设计概括书。

（6）工期的计算

对于植物来说，各种树种有栽植适期，因此，不适期栽植成为植物枯萎的主要理由。

在设计阶段应该注意，施工阶段的适期栽植十分重要，成为设定工期时不可缺少的考虑因素。

①工期根据各主要工种进行计算作为标准。

这种情况下，由降雨影响造成工期的延长为实质工期的10%。

②工期根据下列算式规定的作为标准。

工期＝作业天数 ×1.10（降雨造成延长）＋准备日数等

作业天数：工程的施工天数，伴随外业的准备工作（除去准备天数期间中进行的作业）以及清理打扫现场所需天数。

准确天数：考虑施工规划书编制期间、沿道对策、交通协议期间等所定的天数，再加上盂盆节、年末年初的交通管制期间（除去工程施行规程第13条中记载的周六、周日、纪念日、年末年初休息日以及阴雨天）等不能进行作业的天数。

③在前面提到的计算中，考虑工程的内容、现场的状况、发生时期以及与关系相关的协议结果等，设定适当的工期。

④由变更设计引起的工期更正天数，要考虑变更条件进行计算。

⑤根据施工的性质、现场的情况等，施行规程第13条的记载的各项周日、纪念日等计算入施工工期，在《特殊式样书》中详细记述了其目的。

（7）工数

工数是用于栽植工程等的计算，对于各种

生长不良原因与出现数量 **表5-84**

生长发育不良原因	寒冷的原因	乔木		灌木	
		编号	出现数量	编号	出现数量
种植期不适		1	87	3	25
干燥		2	81	1	32
土壤不良		3	61	6	14
排水不良		4	47	7	9
日照		5	44	2	31
寒冷	○	6	40	4	17
强风		7	23	16	1
土坨不良		8	23	11	5
立地不适合	○	9	19	5	16
海潮风		10	14	14	2
冻冷害	○	11	13	8	8
病虫害		11	13	11	5
台风		13	10	17	0
日照不足		14	8	9	7
大雪	○	15	4	14	2
践踏		15	4	10	6
大气污染		17	2	13	3

作业种类单位（棵、m^3等）的施工所必需的劳务职种和数量，材料的种类和数量，建设机械的机种、规格和运送时间或者运送天数等，把这些数值和计算上的注意事项以表的形式进行总结就是工数表。

(参考) **本工程费明细** **表 5-85**

费用种类	工种	种别	细别	单位	数量	单价	金额	概要
本工程费	造景设施施工					日元	日 元	
		种植施工					924258	第1号内认书(2)
直接施工费							924258	
	共通临时设施费						187000	(300万日元以下) 924258×20.31%
				套	1			
纯工程费用							1152258	
	现场管理费						288000	(400万日元以下) 1152258×25.03%
				套	1			
工程原价费用							1365258	
	一般管理费						196000	(预付金35%～40%) 1365258×14.38%
				套	1			
工程价格							1561258	
	消费						78062	1561258×5% 不包含消费相当额
(承包工程费)		设计金额	计				1673320	

名称：种植工 内 书（乙） 1每套 第1号表

名 称	形状 · 大小	单位	数量	单价	金额	摘要
	H C W					
桂花	2.0-0.7	棵	5.0	13048	65240	第1号单价表
茶梅	2.0-0.6	棵	5.0	10435	52175	第2号单价表(省略)
日本山茶	2.0-0.6	棵	8.0	14756	118048	第3号单价表(″)
八仙花	0.5(3棵以上)	棵	50.0	946	47300	第4号单价表
卫矛	0.8-0.5	棵	70.0	1700	119000	第5号单价表(省略)
少花蜡瓣花	0.8-0.4	棵	35.0	1499	52465	第6号单价表(″)
柳叶箬	VP10.5cm3 芽生	m^2	22.0	13970	307340	第7号单价表
筋骨草	VP9.0cm	m^2	17.0	9570	162690	第8号单价表(省略)
计					924258	

名称：桂花 单 价 表 每100棵 第1号表

名 称	形状 · 大小	单位	数量	单价	金额	摘要
技术负责		人	2.0	22100	44200	工数表，结算资料
造园施工		人	15.0	16800	252000	″ ″
普通作业员		人	12.2	14600	178120	″ ″
桂花		棵	100.0	7300	730000	结算资料
支柱	H C W	组	100.0	940	94000	第9号单价表
种植增加费	2.0-0.7	套	1.0		6491	1298320×0.5%(劳务费+材料费)
计	一棵支柱				1304811	
		棵	1.0	当	13048	

名称：八仙花			单　价　表			每 100 棵　第 4 号表
名称	形状 · 大小	单位	数量	单价	金额	摘要
技术负责		人	0.2	22100	4420	工数表，计算资料
造园施工		人	1.2	16800	20160	〃　〃
普通作业员	H	人	1.0	14600	14600	〃　〃
八仙花	0.5(3 棵以上)	株	100.0	550	55000	计算资料
种植增加费		套	1.0		470	
计					94650	
		株	1.0	当	946	

名称：柳叶箬竹			单　价　表			每 100 棵　第 7 号表
名称	形状 · 大小	单位	数量	单价	金额	摘要
技术负责		人	0.8	22100	17680	工数表，结算资料
造园施工		人	3.2	16800	53760	〃　〃
普通作业员		人	3.4	14600	46640	〃　〃
柳叶箬	VP10.5cm3 芽生	株	4400.0	290	1276000	44 株 /m^2 结算资料
种植增加费		套	1.0			
计					1397080	
		m^2	1.0	当	13970	

名称：1 根支柱（添柱型）			单　价　表			每 100 棵　第 9 号表
名称	形状 · 大小	单位	数量	单价	金额	摘要
技术负责		人	0.3	22100	6630	工数表，结算资料
造园施工		人	1.5	16800	25200	〃　〃
普通作业员		人	1.1	14600	16060	〃　〃
竹竿		棵	100.0	400	40000	〃　〃　1 束 =4000÷10
种植增加费	末口 2.5cm10 棵束	套	1.0		6152	〃　87890×7%
计					94042	
		组	1.0	当	940	

第6章

种植施工

6.1 承包合约

6.1.1 承包制度

承包是指建设工程乙方接受工程的施工、完成工期，签订合同者对该工作支付报酬的合同，以建设行业法为准则执行。

在执行政府工程时，除了遵守建设行业法规之外，还应当遵守中央建设部门审议会制定的《政府工程标准承包合同条款》，目的在于合同的明确化、合理化。

建设行业法规是为了提高施工单位的资质，在建设工程的承包合同规定之外，对于建设行业的许可制度的实施、承包人的保护、有关建设工程的承包合同纷争的解决、建设工程施工技术的确保、对于建设业者的监督等而制定的。

（1）承包合同书的制定

建设工程的承包合同的当事者，以相互对等的立场公正地签订合同，根据诚信的原则必须履行。在签订承包合同时，合同双方应该将下表中的逐项进行填写，不得遗漏，签字盖章后进行相互保管。

- 工程内容
- 承包金额
- 工程开始时期和工程完成时期
- 承包金额的全部预先支付或者部分预先支付，以及对于完工部分支付的规定，支付的时期和方法。
- 由当事者的一方提出设计变更申请或者工程延期而造成工程全部或部分中止的工期变更申请，承包金额的变更、造成的损失以及金额的计算方法的规定。
- 由于自然灾害等其他不可抗力而使工期变更、造成的损失以及金额的计算方法的规定。
- 基于价格的变动或者变更引起的承包金额或者工程内容的变更。
- 由于工程的施工而使第三者受损失的情况下相关赔偿金负担的规定。
- 订购者提供工程使用的材料，或者建设机械及其他机械借贷时，其相关内容和方法的规定。
- 订购者对工程的全部或者部分的完成状况进行检查的时期以及方法及其交工时期。
- 工程完成后对承包金的支付时期和支付方法。
- 各当事者履行的延误以及不履行债务的情况下的延迟利息、违约金额等其他损失费。
- 合同纠纷的解决方法。

（2）承包款项和分包

建设工程的竞标者，由于工程量大并且继续签订合同，经济上处于优势地位，对其优势的地位进行不当利用以低价进行分包的现象并不少见。如果放任这种行为，引起承包人的经营恶化、工程遗漏、工程不良等现象，导致公众受害和劳动者受害，应当严禁承包人的这种低价额的承包合约，确保正常施工，禁止以低于通常必要定价的金额作为承包金额签订承包合同（法 19 条之 3）。

对于承包的建设工程，建设者有必要在施工过程中诚实履行承包合同。所以，对于建设者自己承包的建设工程，无论以何种手段和方法全部分包给他人是不允许的。同时，从其他的建设者手中全部承包该建设者所承包的工程也是被禁止的。但是，如果原承包人得到竞标者再次承包的许可，可以将施工工程全部分包给别人（法 22 条）。

（3）对分包者的保护

建设行业法中的规定有利于建设工程的分

包人的经济地位的确立，促进体制改善，对于原承包人承担的义务进行规定的同时，特别对特定建设业者分包金额的支付日期、对分包人的指导等相关义务作出相应的规定，目的在于保护分包人，以下是对分包人的保护规定。

- 分包人意见的听取——原承包人有针对工程的工程细节、作业方法等方面，听取分包人意见的义务。
- 分包金额的支付——施工完工后，原承包人应当在其接受工程款当日起的一个月之内，向建设工程的分包人支付金额，并且具有在尽可能短的时期内支付的义务（法 24 条）。
- 原承包人在领取工程预付款时，应当考虑分包人工程的需要，向其支付部分的工程预付金（法 24 条）。
- 检查以及交工——原承包人从接到分包人工程完成的通知之日到 20 日以内，进行竣工检查，并且尽量在短期内进行（法 24 条）。
- 交工——原承包人在确认完工后，必须迅速接受施工工程的交工。从分包合同中规定的工程完工时日开始的 20 日内的这段时间作为交工日的特约情况下，以该日作为交工日（法 24 条）。

（4）施工体制流程图和施工体系图的制作

为了确保建设工程的正常施工，对于合同的契约金额（当该分包合同有两个以上时，这些合同金额的总数）为 3000 万日元以上的特定建设工程时，依据国土交通省规定做成施工体制流程图，张贴于施工现场进行公示。

另外，承包者需制作一张表示各个分包者的施工分担任务的施工体系图，张贴于施工现场易于看到的场所（法 24 条）。

（5）建设行业法中的造园工程

1）工程的内容、例示的修正

建设行业法第 2 条第 1 项的附表的上栏中记载了建设工程的内容、例示的部分修改事项。

表 6-1

	工程的种类	造园工程的内容	造园工程的例示
新	造园工程	整地、树木的种植、景石的摆放等进行庭园、公园、绿地等的建造工程，对道路、建筑物的房顶等进行绿化，或者植被恢复工程	种植工程、地被工程、景石工程、地形工程、公园设备工程、广场工程、园路工程、水景工程、屋顶绿化等绿化工程
	建设行业法第 2 条第 1 项的附表	2003 年 7 月 25 日国土交通省告示第 1128 号 国土交通大臣	2003 年 7 月 25 日国总建 109 号 国土交通省综合政策局建设业处长
旧	造园工程	庭园、公园、绿地等的整地、树木的种植、景石的摆放等建造工程	种植工程、地被工程、景石工程、地形工程、广场工程、园路工程、水景工程
	建设业法第 2 条第 1 项的附表	1973 年 3 月 8 日建设省告示 350 号	1985 年 10 月 14 日建设省建设经济局长下发

2）工程内容的出发点

《关于许可业种的内容修正的出发点》（1985 年 10 月 14 日付以建设省经建发第 170 号建设经济局建设业处长通知）的部分修改。

① “广场工程”包括造景广场、草坪广场、运动广场等广场建造工程，“园路工程”是公园内的游人步行道、绿道等的建设工程。

② “公园设备工程”包括花坛、喷泉等造景设施、休憩场所等休憩设施、游戏设施、公共设施等的建设工程。

③ “屋顶绿化工程”是指对建筑物的屋顶、墙面等进行绿化的建设工程。

④“种植工程”包括植被恢复建设工程。

6.1.2　投标、合同制度

(1) 各种投标、合同制度

政府工程的投标、合同，要本着透明性、客观性、竞争性、效率性的原则，各地都在采用新的方式制定各种投标、合同制度。

为了提高投标和合同制度的透明度和客观性，在经营事项审查（经审）公示、等级的公示，预定价格的事前公示、事后公示等方面，国家和地方公共团体都有正式的规定。

为了投标和合同制度的竞争性、效率性，中央建设业审议会提出了四种竞标方式：①价格竞争型投标时VE（技术提案型竞争投标方式）；②技术提案综合评价方式；③合同后VE；④设计、施工一体竞标方式，尤其是技术提案综合评价方式和设计、施工一体竞标方式非常引人注目。

政府工程的投标和合同制度也对一些建设工程作出了一些新规定，如民间企业者投资和营造的公共设施等的建设、维持管理、运营等，社会资本的整备手法的PEI(Private Finance Initiative)和民间事业者等的建设、运营的承包，经过一定时间后公共设施的转让的BOT(Build Operate Transfer)方式。

(2) 技术提案综合评价竞标方式

该方式不仅根据价格，而且根据技术提案和价格进行综合评价来决定中标者的方式。

1）方式出发点

国土交通省从2000年度开始在一般竞争型投标和公募型指名竞争投标方式中，作为投标时VE(Value Engineering)方式的一类型，进行综合评价竞标方式。

投标VE方式中的技术提案包括施工提案型和设计施工提案型两种。

国土交通省的综合评价竞标方式，一般有以下程序：

- 通常的施工提案型投标时VE的情况，竞标者在投标说明书出示预定的标准施工方法，希望参加投标的施工业者提出预定的技术提案资料。
- 设计施工提案型投标时VE的情况，要求参加投标的施工业者，在设计书中作出标准的设计以及施工方法，根据这些不同的施工方法进行施工的情况，提出关于设计施工的技术提案资料。
- 对竞标者提出的技术提案资料进行审查，选定有资格参加竞标的人。
- 确定竞标资格要依照价格和价格以外的要素，进行综合评价，选择最有利的申请者作为最终的中标者。

2）综合评价的项目

有关评价项目的标准，要考虑以下的事项：

①关于综合造价的事项

- 商品寿命造价
- 其他

②关于工程施工对象的特性、功能的事项

- 特性、功能

③关于社会需要的事项

- 环境的维护
- 交通的畅通
- 特别的安全对策
- 节约资源或者材料循环利用对策

(3) 设计、施工一体竞标方式

该方式作为设计与施工为同一企业，作为企业体承担的所谓DB（Design Build）方式，多适用于海外工程的承包。

1）方式的出发点

国土交通省对于当前设计者和施工者的分工作了一下调整，提出了设计、施工一体竞标方式和管理技术活用的方式CM（Construction

Management）等。CM方式是灵活运用民间技术的一种方法，在个别工程的竞标者和施工者之间会介入竞标者的代理人，进行工程、造价、品质的管理。

设计、施工一体竞标方式，通过对设计技术和施工技术一体的开发，对各种施工者具有的特别的设计、施工技术一起进行灵活运用，成为适合承担工程的对象。它是根据概略的方式等接受设计方案，对于通过价格的竞争或者综合评价决定中标者、一起进行设计、施工的竞标方式。

对于一些可能性的工种，从一些存在变化的有生命的生长植物和使用自然素材进行景观创造方面进行思考，例如种植技术中提到的，花坛的素材、季节性、养护管理和移植工程中的断根、乔木移植、植株移植的枯死补偿等。

2）方式的流程

国土交通省的设计、施工一体竞标方式，如图6-1所示的程序流程。

（4）地方政府团体的合同

作为原则的民法以及其他私法规定，地方政府团体与私人处于同等地位，根据自愿的原则，地方政府团体可以作为竞标者签订工程承包合同。

但是，地方政府团体是以公共服务为目的，合同中有必要维护公共权益，为了确保公正性和经济性，根据地方自治法、条例以及规则等作出了相关规定。

1）合同的签订

合同的签订是经过议会的决议形成的预算的执行，本来是属于议会长的权限。但是，对于地方政府团体要签订的金额较大的重要合同，为了保障居民利益、该施工项目的顺利进行，对于达到一定金额以上者，要提交具体的签订合同并经过地方议会的审议。

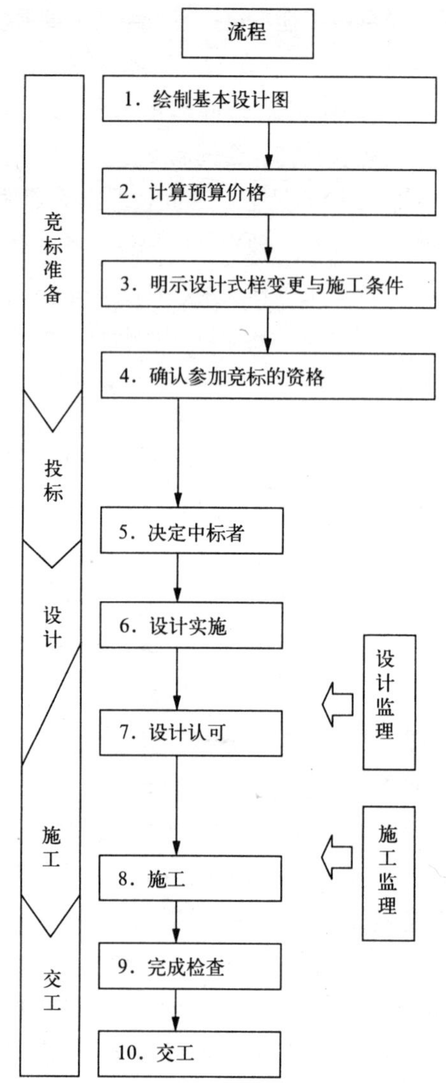

图6-1 实施设计、施工一体竞标方式的流程（草案）

2）合同签订的方法

根据地方自治法规定，地方政府团体作为建设工程承包者，合同双方的决定方法有一般竞争投标、指明竞争投标或者随意合同三种方式。

6.1.3 信息的电子化

（1）CALS/EC

1）CALS/EC的动向

CALS是1985年美国国防总省开发的军事

物质投标系统（Computer aided Acquisition and Logistic Support）的简称。之后，从军事部门向民间扩展，1994年之后，产品的开发、设计、承包、流通等必要文件及图纸，被作为计算机网络上的电子信息共享，作为变换系统（Commerce At Light Speed）开始普及。国土交通省利用CALS附加了网络信息的商业贸易的EC（Electronic Commerce）一词，成为CALS/EC，是国土交通省对“政府事业支援统合信息系统”的简称，利用互联网共享信息、互换信息。

在国土交通省，投标、签订合同时，包括竞标预定信息、投标公告、投标结果的投标信息服务和投标说明书、设计图，电子合同等的电子投标系统，另外，在调查、规划、设计、工程中实施业务成果的电子交换系统。

在维持管理方面导入公园绿地许可证等电子申请，在线维持管理系统加强了以GIS（地理信息系统）为基础的光缆通信设备。

2）CALS/EC的效果

通过CALS/EC的导入，可以产生以下效果：

①利用网上通信，可以减少投标手续和各种费用，可以节省时间，不受空间制约，减少文件制作的工作量。

②情报的电子化，降低了文件、图纸等印刷成本和资料管理经费。

③情报可以共享，都可以反复利用情报资源，提高作业效率，减少成本。

（2）电子投标系统

该系统可以用于一般竞争投标、公开指名竞争投标等各种投标方式，以前是招标人和投标人必须面对面交流，现在双方可以在网上受理一系列的投标手续，包括竞标资格的确认申请、确认结果的受理、开标和中标结果的受理等。

1）电子投标的作用

电子投标主要有以下作用：

①信息容易获得，确保了竞争性。

②可以得到多种技术方案，增加了中标机会。

③减少了投标人的差旅费，从而降低了建设成本。

④能够自动处理，减少了重复记录等的事务负担。

⑤减少了人、物的移动产生的能源消耗。

2）电子投标的应用

在政府事务中引入电子投标系统，在推广普及的同时，建立了电子投标信息中心，在这个中心对电子信息进行统一管理，这样可以对电子情报有效的应用。

参加电子投标需要得到国土交通省指定认证局发行的电子认证书。

6.2　施工管理

6.2.1　监理职责

（1）监督员的职责

监督员，作为投标者的代理人，是履行承包合同监督业务的执行者，在执行业务时，根据内部制定的规则，在上司的指挥监督下进行。监督者要维护投标者的代理人的利益，必须严格进行。同时，监督员又能够站在承包者的角度充分考虑他们的需要。

在合约书、图纸、文本规定的范围内，监督员必须进行以下工作：

- 工程的把握，到场，观察，检查
- 对承包者现场负责人的指示和承诺
- 详细资料、图纸的作成和交付
- 承包者资料的审查、保证
- 施工材料的检查、试验
- 不明确部分的确认，到场

- 设计变更的调查、协议、处理
- 施工变更的调查、协议、处理
- 产品质量、标准的检测
- 紧急情况的处理、报告
- 向上级的报告
- 批示事项的遵守

（2）现场负责人的职责

现场负责人，在履行合同时常驻现场，除了处理运营以及管理方面的事情，还要处理有关工程施工以及合同关系的事情，是在施工现场驻留的承包者的代理人。但是，在承包金额的变更、工期的变更、承包金的请求和领取方面没有权力。

为了确保施工的正常运行，施工现场必须明确技术主管或者监理技术者的职责，为了提高施工技术，设置技术检查制度（表 6–2）。

现场负责人，虽然与技术主管的职责不同，但是在负责人提出书面通知书、接受招标者的同意之后，现场负责人可以兼任技术主管（或监理技术人员）以及专职的技术者。

每个施工现场，都要从持有监理技术资格证的人中选出几个专职监理技术者。

建设行业法中的技术者制度 表 6–2

<table>
<tr><td colspan="2">许可业种</td><td colspan="3">指定建设业
土木工程业　钢构造工程业
建筑工程业　铺装工程业
管道工程业　电气工程业
造园工程业[注1]</td><td colspan="3">其他（左边以外的 21 种业种）</td></tr>
<tr><td rowspan="2">建设业的许可制度</td><td>许可种类</td><td colspan="2">特定建设业</td><td>一般建设业</td><td colspan="2">特定建设业</td><td>一般建设业</td></tr>
<tr><td>上岗执业资格证书</td><td colspan="2">一级国家资格者
国土交通大臣特别认定者</td><td>一级国家资格者
二级国家资格者
实际经验者</td><td colspan="2">一级国家资格者
实际经验者</td><td>一级国家资格者
二级国家资格者
实际经验者</td></tr>
<tr><td rowspan="5">工程现场技术者制度</td><td>原来承包工程承包金额合计</td><td>3000 万元[注2]以上</td><td>3000 万元[注2]以下</td><td>3000 万元[注2]以上不能签订合同</td><td>3000 万元[注2]以上</td><td>3000 万元[注2]以下</td><td>3000 万元[注2]以上不能签订合同</td></tr>
<tr><td>工程现场设置技术者</td><td>监理技术者</td><td>技术主管</td><td>技术主管</td><td>监理技术者</td><td>技术主管</td><td>技术主管</td></tr>
<tr><td>技术者的资格要求</td><td>一级国家资格者
国土交通大臣特别认定者</td><td colspan="2">一级国家资格者
二级国家资格者
实际经验者</td><td>一级国家资格者
实际经验者</td><td colspan="2">一级国家资格者
二级国家资格者
实际经验者</td></tr>
<tr><td>专任技术者</td><td colspan="6">承包金额 2500 万元[注3]以上</td></tr>
<tr><td>发证机关</td><td>发证者为国家、地方公共团体等</td><td>无要求</td><td>发证者为国家、地方公共团体等</td><td colspan="3">无要求</td></tr>
</table>

注：1. 造园工程业在 1995 年 6 月 29 日成为指定建设行业。造园工程的实例，参照 6.1.1 承包制度（5）建设业法等的造园工程事项。

2. 建筑整个工程的情况 4500 万元。

3. 建筑整个工程的情况 5000 万元。

现场负责人，是公司的现场业务代表，应以积极的态度完成施工任务，并注意以下事项：

- 施工内容的把握、实施
- 与招标人的监理之间的联络调整
- 施工进度，花费情况的把握
- 记录、上报、报告书等书面材料的整理
- 确保安全生产，遵守规律
- 处理与地方居民的关系
- 紧急情况的处理和报告
- 法令、标准的理解与遵守
- 履行上级指示事项
- 确保正当利益
- 人际关系的处理

（3）骨干技术人员的职责

1995年建设省制订的《建设产业政策大纲》，作为建设产业所必备的文件，明示了日本建设产业的问题、新的竞争时代的结构和建设产业政策的基本方向。

其中指出了日本建设业的产业组织上的特征以及中小型建设业者急增，多层化、系列化的发展，劳动条件较低，技术人员的不足，海外建设比重较低等需要解决的课题。

并且提出了新的竞争时代的结构，将来具有发展前景的经济社会框架的变化，新的竞标合同制度的方向，国际环境的影响等。

接下来，提出了三个发展目标（对国民的目标，对经营单位的目标，对从事建设产业者的目标），作为建设产业政策的三个基本方向。

为了实现这些目标，政策基本方向提出了八个项目，其中之一个是培养人才，进行技能的再评价等。

建设业正在迎接新的竞争时代的到来，今后如何提供便宜的产品十分重要。

特别是，建设产业活动具有单品接受订货生产、户外活动生产的特性，每个现场的条件都不同，所以要迅速培养适应特别条件的人才，迅速培养出能够在施工现场直接承担核心施工任务的优秀技能者，是今后我们在建设业中以廉价资本取得高额利润的关键。

基于以上原因，要求现场具有能够管理现场劳动的人员，和其他工种管理者进行必要的沟通，对于那些具有高效率的施工方法、优秀提案的优秀部长和协调者，亦即骨干技术员进行发掘、培养并被社会所利用。

“关于骨干技术员的发掘、培养、活用的基本方针”中，规定骨干技术员的培养目标是“在建设现场作为工长等，通过以下的工作，实施高效率、高生产的工程”，有以下四方面工作：

①根据现场状况对施工方法、工程提案进行调整。

②为了提高作业效率，向技术人员提出适当的施工顺序。

③对其他的技术人员的施工进行指示、指导。

④与各工序负责人进行协调工作。

（4）监理业务的程序

1）施工前的准备

①设计图纸的把握

监督员现场代理人，在工程施工之前熟悉设计图纸（合同图纸）内容，必须对设计者的意图进行深入的把握。

种植设计图一般是平面图，有部分的用立面图等表示三维的空间构成，但是这种方法有限度，所以根据需要，参考基本设计规划、基本设计等相关资料，和设计者讨论，力求施工的顺利进行。

②施工现场调查（设计图纸的现场核对）

在开始施工前为了确认设计图纸是否适合于现场状况，要对施工现场进行调查，以免对施工造成影响。

③施工讨论会

施工合同签订后，施工开始以前，监督员与现场负责人对施工全过程进行讨论，以免在以后施工过程中意见产生冲突。

④现场说明

对于工程的施工内容，为了避免设计者、监督员、中标人、施工管理者等意见产生分歧，监督员要在现场听取设计者的说明，进行讨论。监督员与现场负责人可以对讨论会的结果进行记录并保管，便于以后参考。

2）施工时的业务处理

为了确保施工的顺利进行，监督员必须派现场负责人或者技术主管常驻现场，同时听取施工进展报告，指挥现场施工，并提交施工规划书，把握施工状态。而且，在现场负责人或技术主管发生了违规行为时，或者认为其不称职时，监督员可以向上级推荐合适者并听从上级指示，做出必要的处理措施。

现场负责人必须常驻现场，并协助技术主管对施工进行指导、指挥，经常跟监督员保持联络的同时，根据需要提供施工状况的资料，并对其进行核查确认。

3）施工后的业务

现场负责人在施工结束后必须进行实地勘测，检查是否与施工图纸一致，把检查结果报告给监督员，作出竣工报告，并办理施工完毕手续。

监督员确认有关竣工的所有事项，办理竣工手续，并让施工人员准备检查时所需的资料，指示验收的准备。

①竣工确认和手续

a. 交工确认

根据实测情况完成竣工图纸，施工单位进行自检，并修改。

b. 各种资料的整理

包括各种过程记录照片、施工会议记录、各种品质证明书、试验结果、承包材料记录书和处理情况、各种协议书、其他相关施工文件、合同书、竣工报告等。

②完工（竣工）检查

a. 完工（竣工）检查

检查依据，检查器具的准备，检查的实施。

b. 记录被提出意见的事项以及需要修改之处

c. 修改并再检查

d. 完工后期工作

③ 完工的处理

a. 请求付款交接以及补偿

b. 施工金额详算

现场经费的统计及实际预算等。

c. 交接设施管理部门

d. 文件的整理及保管

e. 施工成绩的评定

f. 竣工认可

国家补助金，负担金等的交付。

g. 其他检查的准备

会计检查（国库补助事业）

财务检查

工程监察

会计决算监察等

6.2.2 种植业务的顺序和编制书面材料

（1）种植业务顺序和确认事项

参见表 6–3。

（2）种植施工的书面材料制作

从二战后到现在，政府项目施工系统正在发生着很大的变化。

可以设想招标者将从以往建造立场过渡到满足要求性能的购买立场。

1）在现场制作的书面材料

1994 年 12 月，通过修改施行令，进行栽植等造园建设业被定为指定建设业，从而规定了监理技术专任制。政府工程的施工管理由原

种植业务顺序和确认事项（1）　　表 6-3

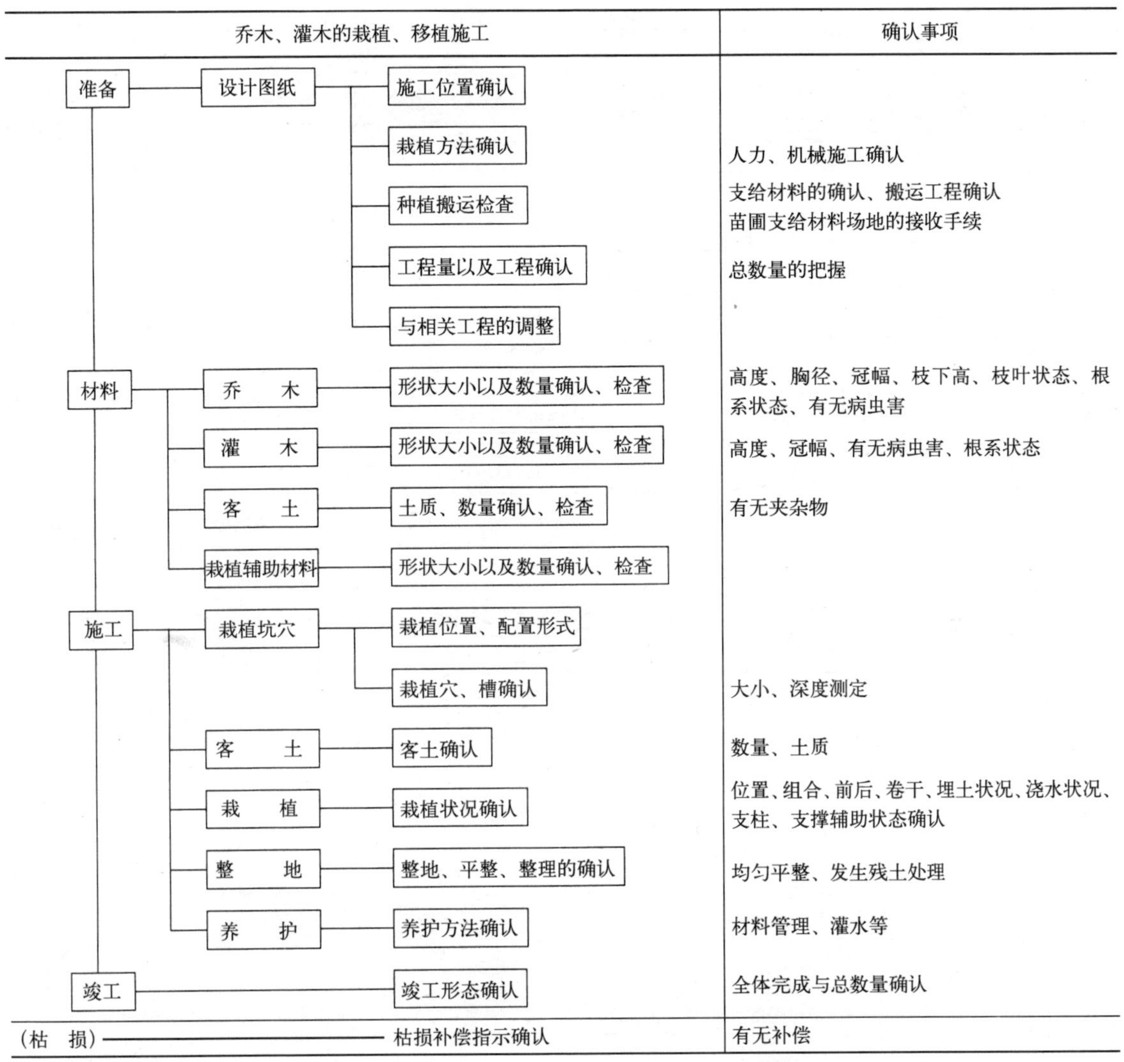

乔木、灌木的栽植、移植施工			确认事项
准备	设计图纸	施工位置确认	
		栽植方法确认	人力、机械施工确认
		种植搬运检查	支给材料的确认、搬运工程确认 苗圃支给材料场地的接收手续
		工程量以及工程确认	总数量的把握
		与相关工程的调整	
材料	乔　木	形状大小以及数量确认、检查	高度、胸径、冠幅、枝下高、枝叶状态、根系状态、有无病虫害
	灌　木	形状大小以及数量确认、检查	高度、冠幅、有无病虫害、根系状态
	客　土	土质、数量确认、检查	有无夹杂物
	栽植辅助材料	形状大小以及数量确认、检查	
施工	栽植坑穴	栽植位置、配置形式	
		栽植穴、槽确认	大小、深度测定
	客　土	客土确认	数量、土质
	栽　植	栽植状况确认	位置、组合、前后、卷干、埋土状况、浇水状况、支柱、支撑辅助状态确认
	整　地	整地、平整、整理的确认	均匀平整、发生残土处理
	养　护	养护方法确认	材料管理、灌水等
竣工		竣工形态确认	全体完成与总数量确认
（枯　损）		枯损补偿指示确认	有无补偿

来的以招标者为主的管理体制转变为施工单位自行管理的体制。

自行管理施工体制逐渐趋于稳定，从而提高了有执业资格证者的社会地位，并鼓舞了现场技术者的士气，同时省略了招投标双方之间的文件的检查核对、整理、制作等工作，减少了庞大、繁杂的工作量。

自行管理型施工一方面要求提案型的施工，要求对日常业务的管理要积极。

另一方面，对于每天的讨论会进行记录，管理业务精确度较高。

2）文件制作的要点

文件制作的含义，及一系列情报的通告。现场负责人将必要的资料包括工程关系、安全、数量确认，设计相关的限制与调整，变更相关部分等制作为书面材料。在此以作为基础资料的会议记录作为实例讲述书面材料制作的要点。

- 施工会议记录是为了保证招标者和各个施工单位之间在施工过程中不产生意见

种植业务顺序和确认事项（2） 表 6-3

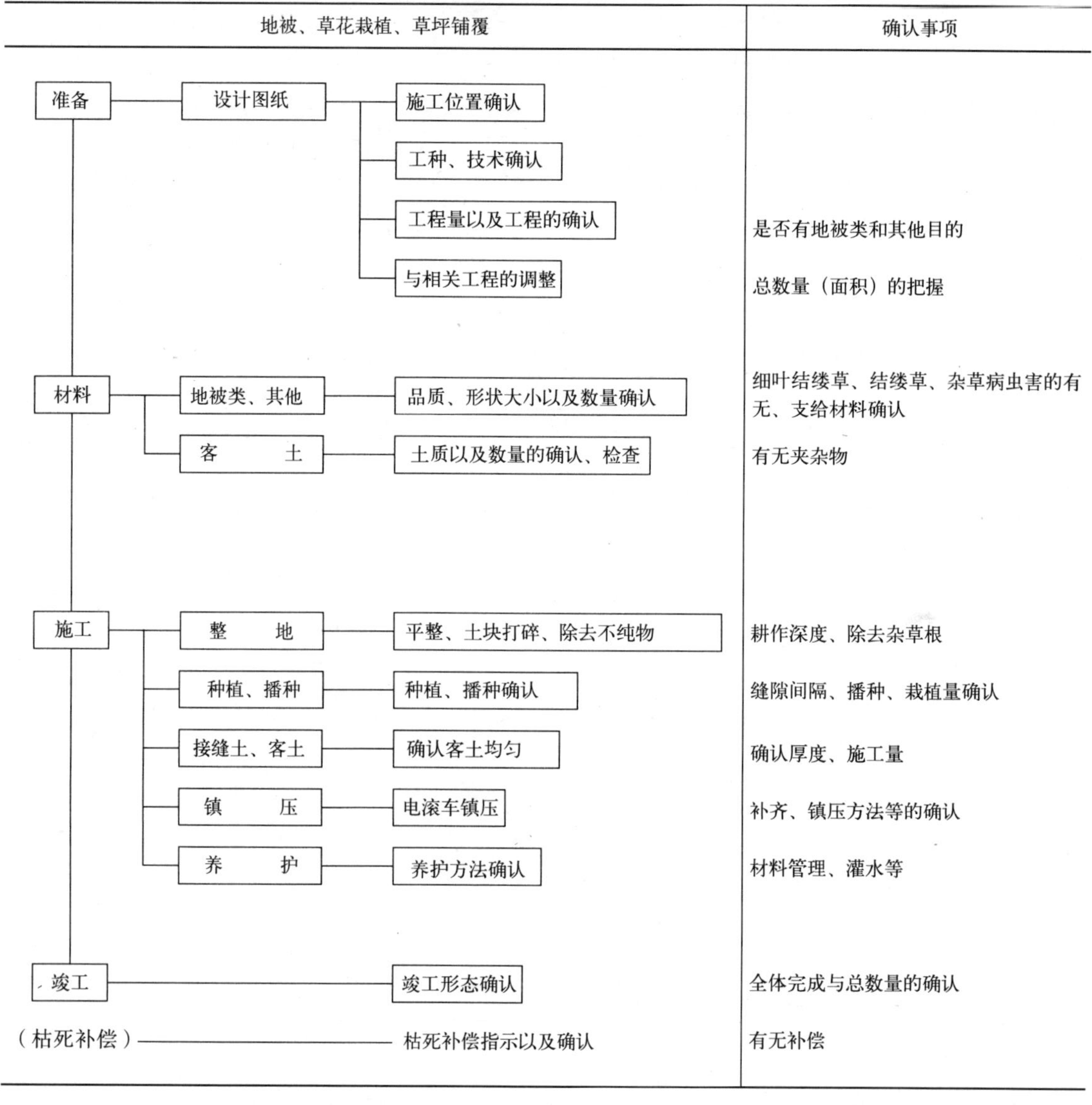

分歧，将其内容在当场进行确认，并得到各方面同意。

- 施工会议记录内容包括开会时间、开会地点、参加人与协商内容等，有的直接记入会议记录本，还有的临时记录于记事本和笔记本，会议结束后进行整理形成会议记录。
- 讨论会的重点在于确定议题，要让每个与会者明白讨论会的主题。
- 对于讨论的事项、问题、或者议论中心，必须对其论点进行明确的记录。
- 简洁记录最后得出什么结论，达成了什么样的协议非常重要，讨论会结束前当场向大家宣读，并得到一致认可。
- 有必要对工程施工关系记录流水账，根据日期顺序记录并进行整理保存。

3）工程会议记录

根据通用标准、附加标准，监督员行使的

种植业务顺序与确认事项（3）　　　　表 6–3

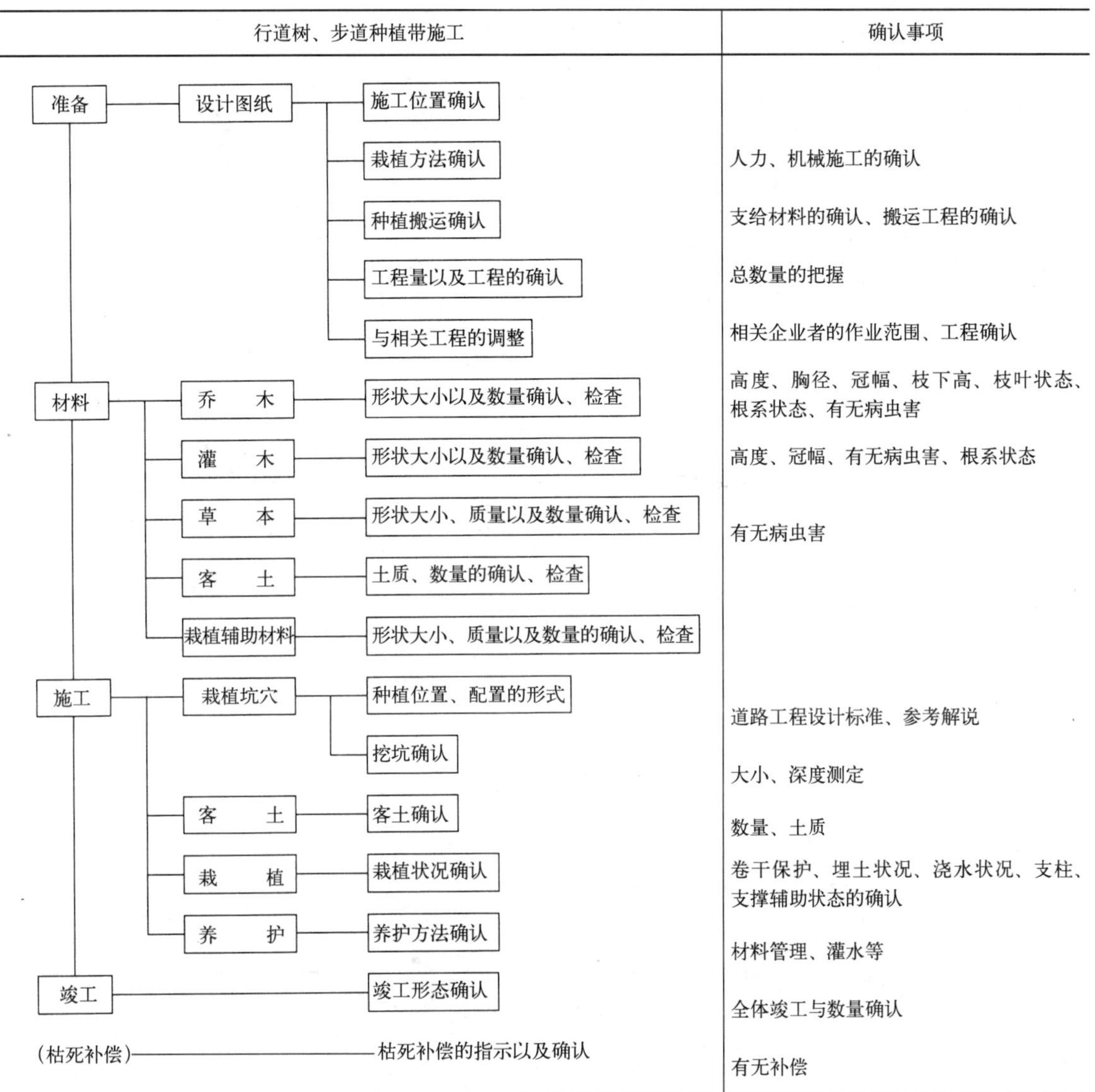

协议、指示、承诺、通知、提出、提示、报告、申报等都要按照工程会议纪要进行。

工程会议纪要是确保施工过程遵守合同规定的非常重要的文件。参考模板为1张、附加参考资料形成简单的纪要，无论甲、乙何方都可以提议双方认可的纪要。

文件要准确及时地作成，互相盖章后确认，基于该合同书的规定，可以作为施工变更等方面的依据。

4）施工会议记录

施工会议记录是基于施工会议纪要的现场负责人的重要记录。

会议记录包括议题记录以及要点要领。

会议记录可以作为一周工程表的总结与工程记录进行灵活运用。

5）用语定义

工程共通格式书以及工程承包合同书为书面记录。

（表格）

工　程　记　录　簿

<table>
<tr><td colspan="2">记录者</td><td>□投标者 □承包者</td><td>议 年 月 日</td><td colspan="2">年　　月　　日</td></tr>
<tr><td colspan="2">记录事项</td><td colspan="4">□指示　□协议　□通知　□承诺　□提出　□报告　□申报　□其他（ ）</td></tr>
<tr><td colspan="2">工程名</td><td colspan="4">○○○　　　工程</td></tr>
<tr><td colspan="6">内容

附图、其他附加内容</td></tr>
<tr><td rowspan="2">处
理
·
回
答</td><td>投
标
者</td><td colspan="4">上记　□指示　□承诺　□协议　□通知　□受理
□其他（　）

○　年　○　月　○　日</td></tr>
<tr><td>承
包
者</td><td colspan="4">上记　□了解　□协议　□提出　□报告　□申报
□其他（　）

年　　月　　日</td></tr>
</table>

注：合并作成两份，各自保管。

（填名者栏）

总括监督员	主任监督员	监督员	现场监督员

现场代理人	主任(监理)技术者

图 6-2　工程记录簿的实例

使用的用语定义如下：

①书面用语

- 指示是指监督员对承包者关于施工上必要的事项以书面形式写出，并让其执行。
- 承诺是指在合同文本中明确指出的事项，招标者或者监督职员与承包者以书面的形式所同意的事情。
- 协议是指招标者和承包者关于合同内容的事项以书面的形式，在对等的立场达成协议，得出结论。
- 提出是指承包者就工程以书面或者其他资料形式进行说明，提交给监督员。
- 提示是指承包者就工程以书面或其他资料的形式对监督员进行说明。
- 报告是指承包者就施工状况及结果以书

面形式告知监督员。

- 通知是指监督员对于承包者，或者承包者对于监督员，就有关工程施工方面的事项以书面形式告知对方。

②其他用语

- 确认是指对于合同图书中记载的事项，通过现场或者资料，与合同内容进行比较确认。
- 到场是指对于合同内容所记载的事项，监督员到现场进行确认。
- 阶段确认是指在设计图书中记载的施工阶段，监督员到现场检查，确认施工完成部分、品质、规格、数量等事项。
- 工程检查是指检查员按照合同书第31条、第37条、第38条，在工程款项结清后进行再次确认。

（3）工程变更

1）工程内容的变更

工程内容变更要依据合同书第18条（条件变更）以及第19条（设计图纸变更），从第20条到第24条以及第30条进行。第18条规定，在下列情况发生时，必须通知监督员，并请求确认。

如有下述情况发生时，可以发生变更：

- 设计图纸表示不正确的情况；
- 设计图纸与施工现场不符合；
- 设计图纸所表示的施工条件与实际不符；
- 工程的变更条件不在预期之内，遇到特殊情况。

但是，作为原则，只限于根据施工会议记录监督员做出变更指示的内容。

2）变更对象范围

设计变更时引起的合同变更，其范围规定如下：

- 在数量变更的情况下，设计表示单位不当不属于合同变更内容；
- 在施工条件不变时，与合同无关的内容和施工技术、数量等，原则上不能成为合同变更的对象。例如准备事项、脚手架等。
- 行政上的措施，参照6.2.4工程管理部分。

（4）工程图纸的电子版

近几年，在政府事业工程中，越来越多的工程图纸采用电子版格式。所以，以国土交通省的工程竣工图纸的电子图纸要领（案）（1991年8月）为例，介绍几项管理项目取得的成果。

1）工程管理项目

其中一个成果是电子媒体附加工程管理文件（INDEX_C.XML），并作为附件记入工程管理项目表。参见表6–4。

2）记事本管理项目

记事本管理（MEET.XML）项目记入管理项目，并作用附件添加到电子媒体，国土交通省发布的如表6–5。

3）施工规划书的管理项目

施工规划管理（PLAN.XML）项目记入管理项目，并作用附件添加到电子媒体，国土交通省发布的表如6–6。

工程管理项目

表 6-4

基础信息

范围	项目名	记入内容	数据格式	文字数	记入者	必要度
基础信息	媒介号码	记入提出媒介的编号	半角数字	8	□	◎
	媒介总张数	记入提出媒介的总张数	同 上	8	□	◎
	招标图纸文件文件名	记入保存招标设计图文件的文件名为“DRAWINGS.XML”	半角英数大写	127	▲	◎
	特别格式文件原创文件夹名	记入保存特别格式记录原件的文件夹名为“DRAWENGS\SPEC”(固定)	同 上	127	▲	◎
	讨论会记录文件夹名	记入保存讨论会记录文件名和讨论会文书原件文件夹名为“MEET”(固定)	同 上	127	▲	◎
	碰头会记录原件文件夹名	记入讨论会记录原件文件夹名为“MEET/ORG”(固定)	同 上	127	▲	◎
	施工计划书文件夹名	记入保存施工规划书管理文件夹与施工规划书原件文件夹名的文件夹名为“PLAN”(固定)	同 上	127	▲	◎
	施工计划书原创文件夹名	记入保存施工规划书原件文件夹的文件夹名为“PLAN/ORG”(固定)	同 上	127	▲	◎
	完成图纸文件夹名	记入保存招标图的图纸文件夹名为“DRAWINGS.XML”	同 上	127	▲	◎
	照片文件夹名	记入保存照片属性信息底片、照片文件夹、参考图文件夹的文件夹名为“PHOTO”(固定)	同 上	127	▲	◎
	其他文件夹名	记入保存其他管理文件、其他原创文件夹的文件夹名“OTHERS”(固定)	同 上	127	▲	◎
	其他原创文件夹名	记入保存工程履行报告书以及阶段确认书原创文件夹名为“OTHERS/ORG”(固定)	同 上	127	▲	◎

软件信息

范围	项目名	记入内容	数据格式	文字数	记入者	必要度
软件信息	软件名	记入制成的工程管理文件的软件名	全角文字 半角英数字	64	▲	○
	版本信息	记入制成的工程管理文件的版本	半角英数字	127	▲	○
	生产商名	记入生产商名	全角文字 半角英数字	64	▲	○
	软件生产者联络方式	记入软件生产者联络地点 （地址、电话等）	同 上	127	▲	○
	软件生产厂使用 TAG	记入软件信息预备项目	同 上	64	▲	△

工程信息

范围	项　目　名	记入内容	数据格式	文字数	记入者	必要度
工程名称等	承包年度	工程竞标年度	半角数字	4	□	◎
	工程号码	竞标者决定的工程编号	同上	127	□	◎
	路线水系名	按照 CORINS 的路线水系名	全角文字 半角英数字	64	■	○
	工程名称	工程名称	同上	127	■	◎
	工程分类	按照 CORINS 的分类记入 工程领域	同上	16	■	◎
	工程业种	按照 CORINS 的分类 记入工程业种	同上	16	■	◎
	工种	按照 CORINS 的分类记入 工程工种（可以复数输入）	同上	64	■	◎
	施工技术	按照 CORINS 的分类记入 工程技术、形式（可以复数输入）	同上	64	■	◎
	住所代码	代表地点或者施工场所的开始场所和完工场所的代码，从 CORINS 代码表中选择，记入（与 CORINS 的《施工场所代码》对应，可以复数输入）	半角数字	5	■	◎
	地址（施工场所）	尽可能详细记入代表地点或者施工场所的开始场所和结束场所（县以下的场所）（与 CORINS 的《施工场所》对应,可以复数记入）	全角文字 半角英数字	64	■	◎
	工期开始日期	记入工期开始年月日	半角英数字	10	■	◎
	工期结束日期	记入工期结束年月日	同上	10	■	◎
	工程内容	记入工程概要以及主要工种与数量	全角文字 半角英数字	127	□	◎
情报设施	设施名称	记入设施名称	全角文字 半角英数字	64	□	○
竞标者信息	竞标者　大分类	竞标者的部门名称，团体名等	同上	16	■	◎
	竞标者　中分类	竞标者的部门名称，分公司名等	同上	32	■	◎
	竞标者　小分类	事务所名等称	同上	16	■	◎
	竞标者代码	CORINS 使用的竞标者代码	半角数字	8	■	◎
承包者信息	承包者名	记入承包者正式名称	全角文字 半角英数字	127	■	◎
	承包者代码	记入竞标者决定的承包者代码	半角数字	127	□	○
备注		如果有备注项目的话记入（可复数记入）	全角文字 半角英数字	127	□	△

注：对于全角文字与半角英数字混在项目中，利用全角的文字数表示，半角英数字， 2 个文字相当于全角文字 1 个文字。

【记入者】■：从 CORINS 被输出的 CFD 文件夹 （CORINS2000 提出用文件夹形式）取出可能项目。

□：电子媒体记入项目。

▲：电子媒体作成软件自动记入固定值项目。

【必要度】◎：必须记入。

○：在一定条件下必须记入（知道数据的情况一定写上）。

△：任意记入。原则作为空栏，特殊情况下记入。

碰头会文件管理项目 **表 6–5**

范围	项目名		记入内容	数据格式	文字数	记入者	必要度
软件信息	软件名		记入碰头会文件管理文件夹软件名	全角文字 半角英数字	64	▲	○
	版本信息		记入碰头会文件管理文件夹版本名	半角英数字	127	▲	○
	制造厂家名称		记入软件制造厂家名称	全角文字 半角英数字	64	▲	○
	制造厂联络地点		记入制造厂家联络地点（地址、电话号码等）	同上	127	▲	○
	软件制造厂用 TAG		记入软件信息预备项目	同上	64	▲	△
讨论会文件信息 *1	系列编号		记入碰头会文件的系统编号	半角数字	15	□	◎
	讨论会文件种类		记入碰头会文件种类（指示、承诺、协议、提出、报告、通知）	全角文字 半角英数字	16	□	◎
	讨论会文件名称		记入讨论会文件标题	同上	40	□	◎
	管理区分		记入施工管理、安全管理、竣工管理、品质管理、竣工资金管理、造价管理、工程管理、照片管理	同上	16	□	○
	讨论会文件编号		记入碰头会文件中记载的号码 （按照提出日顺序记入号码）	半角英数字	15	□	○
	编制者		记入发行处和编制者	全角文字 半角英数字	40	□	◎
	提出对方单位		记入讨论会文件提出的对方单位（竞标者，承包者）	同上	40	□	◎
	发行日期		记入发行日期	半角数字	10	□	◎
	接收日期		记入接收日期	同上	10	□	◎
	完工日期		记入竞标者或者承包者处理、回答日期	同上	10	□	○
	原文件夹信息 *2	碰头会文件原件文件名	记入碰头会文件名称（含子文件）	半角英数 大写	12	□	◎
		碰头会文件原件文件夹作成软件版本信息	记入原件文件夹的编制文件软件和版本信息	全角文字 半角英数字	64	□	◎
		原件文件夹内容	记入原创文件夹的内容	同上	64	□	◎
	其他	承包者说明文字	承包者在碰头会文件上的附加评论	同上	127	□	△
		竞标者说明文字	竞标者在碰头会文件上的附加评论	同上	127	□	△
		备注	记入其他备注项目（可以多项输入）	同上	127	□	△

注：全角文字与半角英文数字混在项目中，用全角的文字数表示，半角英文数字的 2 个文字相当于全角文字 1 个文字。

＊1　施工规划书信息以下，施工规划书的数据部分可以多次重复录入。

＊2　原创文件信息对于一个施工计划书，管理的原创文件夹可以多次重复录入。

【记入者】□：电子媒体编制者记入项目。

▲：电子媒体编制软件等固定值自动记入项目。

【必要度】◎：必须记入。

○：在一定条件下必须记入（知道数据的情况一定写上）。

△：任意记入。原则上为空栏，特殊情况下记入。

施工规划书管理项目　　表 6-6

<table>
<tr><th>范围</th><th colspan="2">项目名</th><th>记入内容</th><th>数据格式</th><th>文字数</th><th>记入者</th><th>必要度</th></tr>
<tr><td rowspan="5">软件信息</td><td colspan="2">软件名</td><td>记入施工规划书管理文件夹应用的软件名</td><td>全角文字
半角英数字</td><td>64</td><td>▲</td><td>○</td></tr>
<tr><td colspan="2">版本信息</td><td>记入施工规划书管理文件夹应用的软件版本</td><td>半角英数字</td><td>127</td><td>▲</td><td>○</td></tr>
<tr><td colspan="2">制造厂家名称</td><td>软件制造厂家名</td><td>全角文字
半角英数字</td><td>64</td><td>▲</td><td>○</td></tr>
<tr><td colspan="2">制造厂家联络地点</td><td>制造厂家联络地点（地址、电话等）</td><td>同上</td><td>127</td><td>▲</td><td>△</td></tr>
<tr><td colspan="2">软件制造厂家用 TAG</td><td>记入软件信息预备项目</td><td>同上</td><td>64</td><td>▲</td><td>◎</td></tr>
<tr><td rowspan="8">施工计划书信息*1</td><td colspan="2">系列号码</td><td>记入施工计划书的系列号码</td><td>半角数字</td><td>15</td><td>□</td><td>◎</td></tr>
<tr><td colspan="2">施工计划书名称</td><td>记入施工计划书标题</td><td>全角文字
半角英数字</td><td>40</td><td>□</td><td></td></tr>
<tr><td rowspan="3">原件文件夹信息*2</td><td>施工计划书原件文件夹名称</td><td>记入施工计划书的原件文件夹名（含子文件）</td><td>半角英数字
大写</td><td>12</td><td>□</td><td>◎</td></tr>
<tr><td>施工计划书原件文件夹信息</td><td>记入原件文件夹的应用软件和版本信息</td><td>全角文字
半角英数字</td><td>64</td><td>□</td><td>◎</td></tr>
<tr><td>原件文件夹内容</td><td>记入原件文件夹内容</td><td>同上</td><td>127</td><td>□</td><td>◎</td></tr>
<tr><td rowspan="3">其他</td><td>承包者说明文字</td><td>记入承包者在图书上的附加评论</td><td>同上</td><td>同上</td><td>□</td><td>△</td></tr>
<tr><td>竞标者说明文字</td><td>记入竞标者在图书上的附加评论</td><td>同上</td><td>同上</td><td>□</td><td>△</td></tr>
<tr><td>备注</td><td>记入其他备注项目（可以多项输入）</td><td>同上</td><td>同上</td><td>□</td><td>△</td></tr>
</table>

注：全角文字与半角英文数字混在项目中，用全角的文字数表示，半角英文数字的 2 个文字相当于全角文字 1 个文字。

＊1　施工计划书信息以下，施工计划书的数据部分多次反复录入。

＊2　原创文件夹信息对于一个施工计划书的管理原创文件夹可以多次反复录入。

【记入者】□：电子媒体记入项目。

▲：电子媒体固定值自动记入项目。

【必要度】◎：必须记入。

○：在一定条件下必须记入（知道数据的情况一定写上）。

△：任意记入。原则上为空栏，特殊情况下记入。

6.2.3　施工规划

(1) 施工规划概述

1）施工规划目标

确立施工规划的目标时，应当明确种植工程的目的，在设计图纸基础上在规定施工期内正当使用费用，并且能够保证施工安全和工程质量。为此，要整体把握工程设计内容，对详细技术、方法和相关的工期、品质、造价（经济性）等方面，有必要从安全性、施工效率、施工难易度方面进行评价，以决定是否采用。

政府工程，在性质上为了保证投标者规定的质量、成果，在制定施工规划时，有必要与监督员进行充分协商、得到承认。

2）施工规划的基本方针

近年来，大规模的种植工程都多使用各种机械，相应的就要求采用合理的施工方法。

制定施工规划方案时，要制定满足设计条件的合理的、安全性高的施工规划。因此，施工规划制定时特别应该讨论的中心课题有：现场的条件、基本工程、施工方法、材料、劳务、机械的适当配置、临时物件的配置等。

特别是种植工程，在种植时期上受季节等条件的限制，同时要求施工者对这些工作比较熟练，在施工方法、劳动力、施工机械、材料、资金等方面，必须结合实际情况有计划地进行施工管理工作。

在决定施工规划是否采纳时，草拟两个以上的方案，比较二者的优缺点，采用适合现场地原有条件的方案。

（2）施工规划程序

施工规划程序依次如下：

1）事前调查

在对图纸、说明书等合同内容进行分析的同时，把握现场各种条件的实际情况。

2）基本方针的制定

施工方法根据施工顺序的技术、造价来决定。

3）作业规划的制定

制定机械选定、人员配置、每天作业量、作业程序等计划，制定详细的工程作业规划。

4）临时设备的设计和配置规划

5）详细工程表的制定

分析作业内容，考虑劳务、机械类的规划，利用 PERT(网络) 手法等作成最佳工程表。

6）供应计划的立案

根据工程规划等筹划以下方案：①分包；②作业员的分类、人数和使用时间；③机械种类、数量和使用时间；④材料的种类、数量和所要时间；⑤输送规划。

7) 在执行上述规划的同时，作成如下规划，①现场管理组织的编制；②实行预算书制定；③资金以及收支规划；④安全管理规划；⑤环境保护规划，及现场管理等各种计划。

制订施工规划的顺序，如图 6–3 所示。

（3）施工规划内容

制定施工规划时，要调查和规划的主要内容见表 6–7。

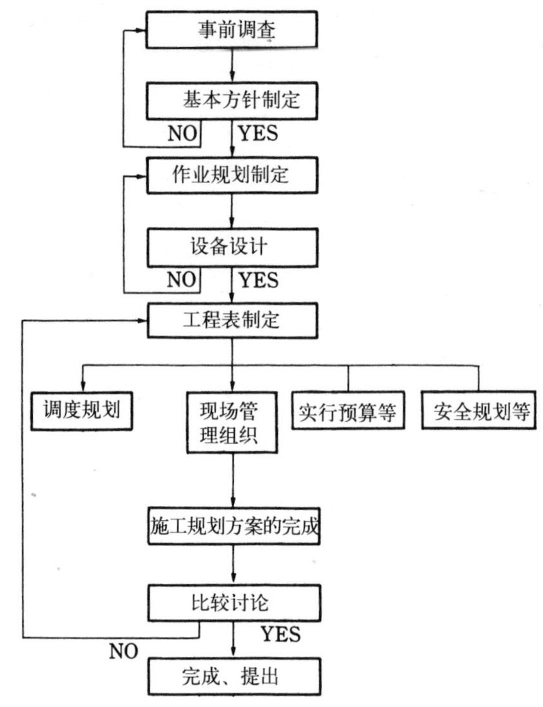

（引自《造園施工管理（技術編)》改编（2004 年））

图 6–3　施工计划书编制的程序（基本）

6.2.4　工程管理

（1）工程管理的把握

工程管理（process control）是指对参与工作的各单位进行有效组合，把各单位的工作进一步组合成综合工程，拟定工程计划，在此基础上研究作业的程序、准备，使工作在规定时期内完成的管理过程。

工程管理的目的是从施工活动的各个角度评价分析，使劳务、材料、机械设备等达到最有效的利用。从承包者来看，竞标者可以遵守工期、确保质量，对于内部则以最小的费用取得最大的安全生产，是从总体上管理工程的过程。

工程管理检查事项如下所示。

①保证施工的经济性和高质量，并且选择具可行性的最适工期。

②作成满足所定的工期、品质以及经济性

施工规划内容 **表 6–7**

项　目	内　容
（1）事前调查	
合约条件检查	合约关系书的检查，设计图纸的内容确认
现场条件检查	在现场调查所有现场条件，作成调查项目目录
（2）施工规划	
施工顺序与施工方法	制定基本方针、施工流程，选定施工方法等
临时设施规划	不只是设计图纸记载的设备，还对主要的临时设备所有的记载 临时建筑物，电力设备，给排水设备，装卸设备，搬运设备，混凝土制造，打击镇压设备，工程用道路，栈桥，足球场，固土、缔切、防护、安全设备，材料堆积场所，仓库等
工程管理规划	各工种的工期设定，休息日的设定，整体工程，详细工程完成，工程管理的方法
品质管理规划	品质以及竣工形态的管理方法、试验方法等的规划，工程照片拍摄规划，内部检查规划，施工管理标准等
筹措规划	劳务规划（职务种类，人数与使用规划） 机械规划（机械种类，台数与使用时间） 资财规划（种类，数量与所要时间） 分包规划（分包工种的决定，分包的选定） 输送规划（输送手段，输送路线，输送时期）
安全管理规划	安全卫生管理 安全卫生管理体制与组织的确立，灾害防治计划以及活动方针，各种安全管理事项的开展计划，安全卫生教育 交通管理，紧急状况时的措施
环境保护规划	自然环境保护规划以及建设工程的灾害对策 噪声、振动、煤烟、粉尘、水质污染、由挖掘等对临近房屋造成的影响，树木采伐，土砂和排水的流入，关于水井干燥等对策以及对其他临近地的影响的措施 作业环境设施准备（提高印象等）
建设废弃物处理以及建设副产物再生利用规划	建设废弃物处理规划，再生资源利用促进规划
施工体制规划	施工体制总账的整理准备 分包合同总账，分包合同申报书，施工体系图，现场组织，职务分担
其他规划	向各政府机关的申报事项 关于施工承诺、指示，关于协议事项 诸规划图表的编制与报告、程序设定 劳务管理规划、实行预算书编制、资金收支规划

（引自《造園施工管理（技術編）》）

条件的合理的工程规划。

③分析实施工程，进行与规划工程接近的合理的工程管理。

种植施工时，应该特别注意的内容如下：

①类似于移植、种植基盘施工等施工程序比较复杂的，做成明细工程表，并把握工程详细的动态。

②在种植施工时，依照工程表把握短时间的动态状况，不能临时拖延。

③特别注意与相关工程的协调和调整。

工程施工通常很难按计划进行，预想不到的障碍往往会影响工程的进度。为在预定的工期内完成，在随时把握工程进度状况的同时，如果工程产生了大的差异，应迅速采取措施，调整工程规划表。采取调整措施时，主要考虑工期、条件变更、工程的变更或中止等相关事项。

1）工期的变更和条件变更

工期的变更，由于天气等正当理由在工期内工程不能完成的情况下，由承包者提出工期延长的申请并与招标者进行协商。

条件的变更是在设计图纸与现场不一致的情况和按照设计图纸施工困难等情况下进行的，需要招标者与承包者协议决定。（详细内容参照6.2.2种植业务的顺序和编制书面材料）

2）行政上的措施

在该种情况下，有必要提出工期的变更和承包的变更。

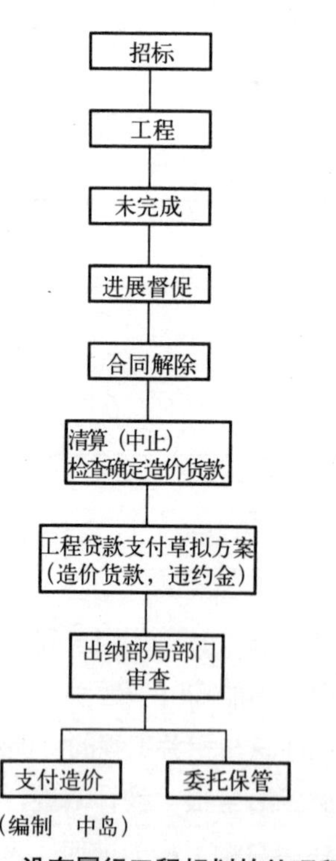

（编制　中岛）

图6–4　没有履行工程规划的处理程序

（2）工程规划

工程规划是为了使整个工程在工期内完成，根据施工规划的基本方针安排各工种的作业时期，使其按顺序和日程施工而进行的经济合理的规划，并作出工程进度表。

对于工程的规划与管理重要的是施工速度（图6–5）。

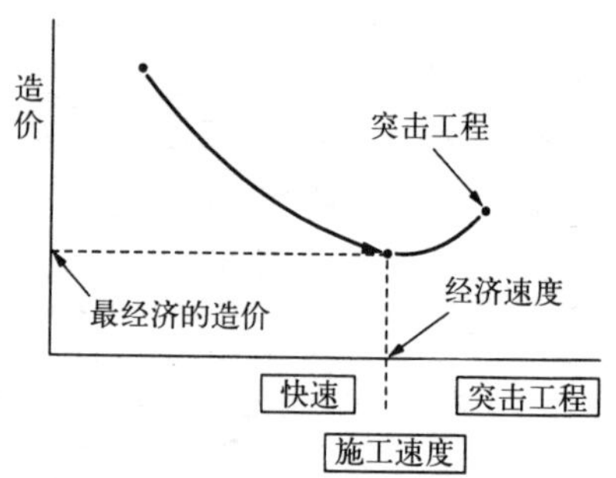

（引自《造園施工管理》）

图6–5　施工速度与造价的关系

1）如果施工提前，单位造价降低，这时的施工速度称为经济速度。

2）用比经济速度更快的速度进行作业的话，单位造价变高，以这时的施工速度进行的作业称为突击工程。

3）比经济速度慢的施工速度，固定造价变高、不经济。最大限的以经济速度提高施工量的工程规划、管理最理想。为了最经济地实施工程，不要采取突击工程，在经济速度方面，很重要的一点是充分地谋求增大施工量的规划、管理。因此，必须注意以下具体事项：

①临时设置工程，现场各经费在合理的范围内控制在最小限度。

②机械设备、消耗材料等要在合理的最小限内，尽量反复使用。

③整个工程期间，作业人数要进行均等分配。

④尽可能减少由施工的准备等待、材料等待等带来的工作人员和机械设备的时间损失。

(3) 工程表的种类

具体的实施工程规划，需要用工程表，对规划与实施状况不断地进行比较检查。

工程表分为基本工程表、部分工程表、细部工程表三类。基本工程表以年、月为单位，部分工程表和细部工程表以周、日为单位，可以对细部进行更加明确的检查。

工程表的制作手法有横线式手法、曲线式手法、网络式手法（PERT，CRM）等（表6–8）。

(4) 工程表的制作

1）各作业的施工天数

工程规划的计算与所需作业的天数有关，它是每天平均施工量与作业可能天数相乘得出的。

对象工种的作业可能天数，根据日历从指定工期内的总天数减去休息日和由于天气等其他不能作业天数而得到。

种植工程主要是户外作业，从现场地的气候统计进行降雨天数的预测，从现场地的地形、地质进行作业可能天数等的预测，还要考虑工程技术特性进行计算。

工程表制作手法的比较　　　　表6–8

	优　点	缺　点	用　途
横线式	1. 容易制作 2. 容易看明白 3. 容易修改	1. 作业间的关联不明确 2. 整体合理性欠缺 3. 不能表现大型工程的细部	1. 简单工程的工程表 2. 概略工程表 3. 紧急情况使用
曲线式	1. 预测与实际的差异比较容易掌握 2. 可以看出整体的倾向 3. 通过香蕉曲线可以得出管理目标	1. 不能表现细部 2. 不能进行各处工作的调和 3. 只能使用补充的手段	1. 与其他的手法并用 2. 金额的对照 3. 观察工程的流程、倾向
网络式	1. 有合理的说服性 2. 能够进行重点作业的管理 3. 体现整体和部分的关系	1. 制作花费时间 2. 修正变更花费时间 3. 复杂工程难以看明白（需要熟练）	1. 大型工程 2. 必须严守工期（重要工程 ） 3. 机械、材料、劳力的使用状况复杂的场合

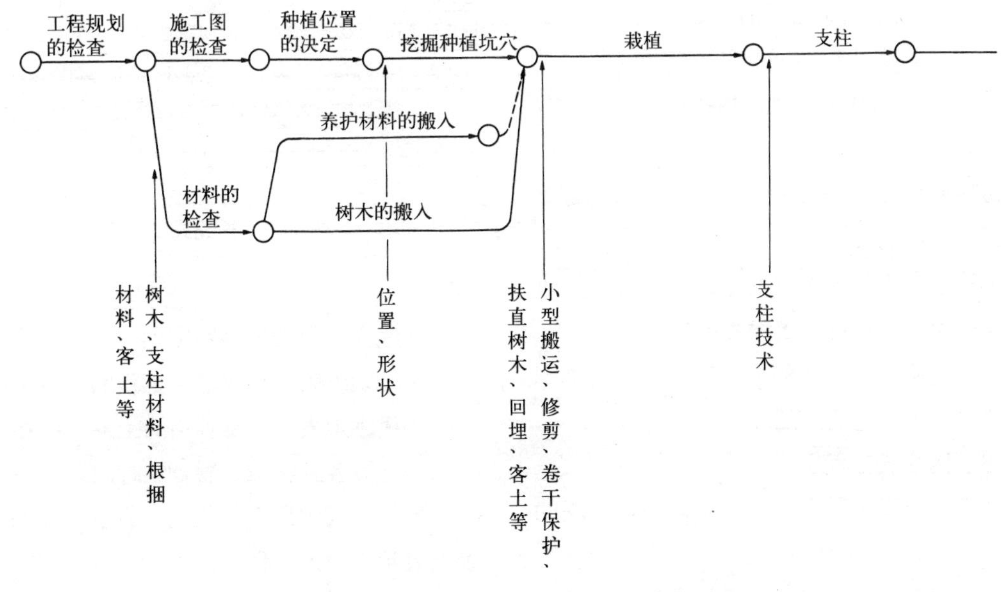

图6–6　树木种植工程（网络式手法）实例

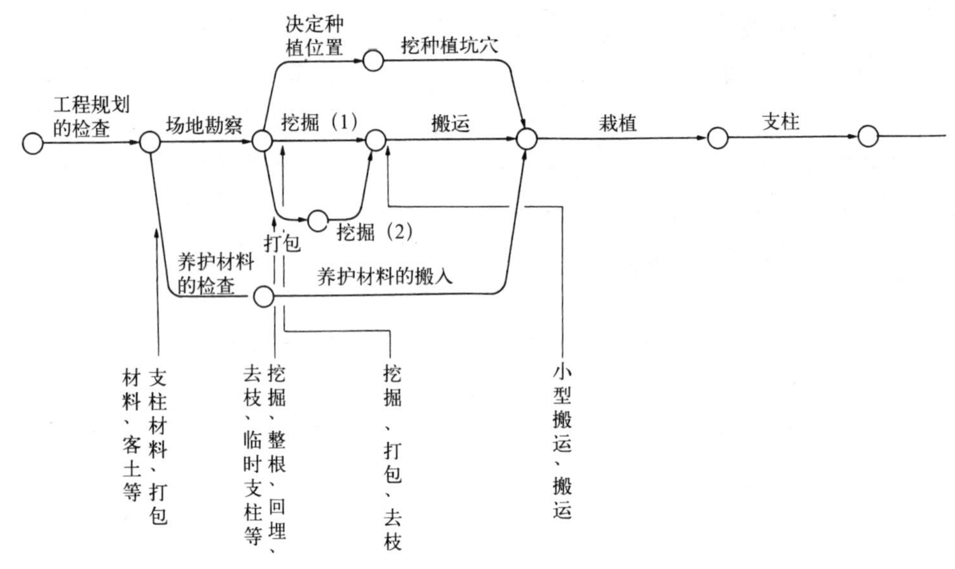

图 6-7　树木移植工程（网络式手法）实例

2）工程表制作注意事项

在进行工程表的制作时，有必要注意以下各点：

①树木，原则上应该在种植适宜期栽植。在工期与种植适期不一致的情况下，要特别考虑保护、养护以及施工的方法等方面。

②树木的移植时期因树种、移植适期、树木产地、气候等有所不同，根据现场各种条件修正规划。

③按照乔木、小乔木、灌木、地被的顺序进行种植工程的施工。

④种植施工一般是在其他的工程竣工后进行，应与相关工程进行工程协调。

⑤种植施工受天气的影响很大，要考虑到气象状况做出长远的规划。

（5）横线式工程表

横线式工程表，是工程表中应用最广泛的一种。

横线式工程表，纵轴表示构成工程的部分工程或者部分作业，横轴刻有时间尺度表示利用的工期。横线式工程表是在横轴上表示各作业完成的百分率（图 6-8）。

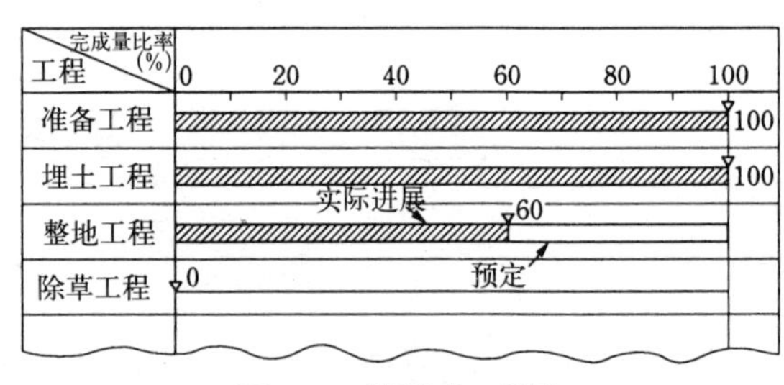

图 6-8　横线式工程表

横线式工程表编制顺序如下：

①纵轴上列出构成整个工程的所有工种。

②横轴上表示能够利用的工期。

③计算各工种施工需要的时间。

④将工期内所有竣工的工程和各工种在图表上表示，排列日程。

对于日程分配使用下列方法：

1）顺行法

先定下准备或者假设的开始部分作业的日期，逐次在图表上记录后续作业所需天数，在完成日期内也将最终部分作业表示在图表上。

2）逆算法

与顺行法相反，从施工最后一天开始以同样的顺序，决定各工作日期、天数。

3）重点法

以重点部分作业为原点，用顺行法或者逆算法决定其前后。

由表 6–9 可见，就像准备工作从 4 月 1 日开始 5 日结束一样，各作业的开始日和完工预定日用白线记入，此外，作业数量记入数量栏中。总表从 4 月 1 日开始，4 月 30 日完工，可以看出：工期总共为 30 天。

表 6–10 是预定工程与实际比较的实例。该表中预定 4 月 1 日开始施工，实际记录到 12 日。准备工作 4 月 1 日准备，4 日结束，块状铺覆工程比预定的 5 日提前一天着手,6 日下雨，停止作业，与预定相同，9 日完工，10 日填土，施工开始，12 日，填土工填土 1050m^3，完成比率为 70%。

横线式工程表制作简单，各作业着手预定和完工预定所需的天数明确，此外，规划日数与实际进展一目了然，能够把握预定开始日是否在预定日内完成是其一大优点。

但是，一个工程的工作，不能确实把握施工中间是推迟了还是提前了，此外，也不能把握对全体工程带来什么样的影响。另外，对于重点管理的作业，不能进行明确地把握是其缺点。

横线式工程预定表　　表 6–9

工种	单位	数量	开始日	完工日	4月（5　10　15　20　25　30）
准备工程	套	1.0	4.1	4.5	
块状铺覆工程	套	1.0	4.6	4.9	
填土工程	m^3	1500	4.10	4.15	
种植工程	本	150	4.15	4.24	
铺覆草坪	m^2	600	4.24	4.28	
收拾整理	套	1.0	4.28	4.30	

4 月 12 日管理实际进度表　　表 6–10

工种	单位	数量	开始日 预定/实际进展	完工日 预定/实际进展	4月（5　10 12　15　20　25　30）	4月12日完成量 数量	比率（%）
准备工作	套	1.0	4.1	4.4		1.0	100
			4.1	4.5			
块状铺覆	套	1.0	4.6	4.9		1.0	100
			4.5	4.9			
填土工程	m^3	1500	4.10	4.15		1050	70
			4.10				
种植工程	本	150	4.15	4.24		0	0
草坪铺覆	m^2	600	4.25	4.28		0	0
收拾整理	套	1.0	4.28	4.30		0	0

管理点　　□ 预定工程　■ 实际进度

（6）曲线式工程表

1）图式工程表

图式工程表，横轴表示工期，纵轴表示各作业的完成比率，是把工程进度图化的工程表（图 6–9）。

以前面的横线式的工程为例，图示为图式工程表的示意图，与横线式的实际进度相同，4 月 12 日的实际进度用虚线表示时，可以从虚线与实线的斜率的不同，得知作业进行率。坡度比预定变陡时则表示了作业的进行趋势。

图式工程表与横线式一样，制作简单，工期与所需天数明确。但是，不能明确表示重点作业和各作业间的相互关系，这是图式工程表的缺点。

2）完成部分累计曲线（完成部分工程曲线）

横轴表示工期，纵轴表示完成部分（全体完成为 100%）或者由工程量的累计看出工程进展状况的曲线。每天的完成部分曲线是正态分布曲线，开始为工程的准备，结束为完成点，收拾整理使进度钝化。因此，曲线前半部分是凹字形，后半部分是凸字形，形成 s 形曲线。

这种曲线的优点在于能够判断工程进度状况，缺点是不能明确表示工程完成部分的好坏（图 6–10）。

3）工程管理曲线（香蕉形曲线）

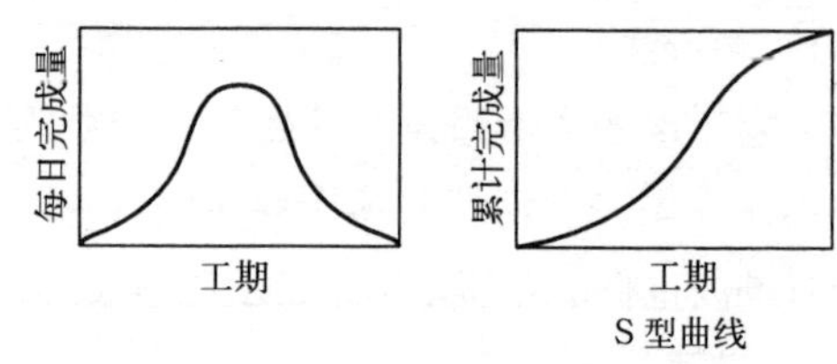

图 6–10　完成量累计曲线

将预计的工程曲线与实际进度在同一图上对比，管理工程的进度就是工程管理曲线。在美国，调查有关道路工程的完成量的变化区域，图表形式的结果表明，曲线的形状与香蕉相似而被称为香蕉形曲线。这个曲线，如果在时间经过率 x %之处，工程完成量在该曲线范围之内的话，表示了容许安全区域内的进度率。

这种曲线的优点是管理界限内的工程进度明确，缺点是完成量管理以外的工程进度不明确（图 6–11）。

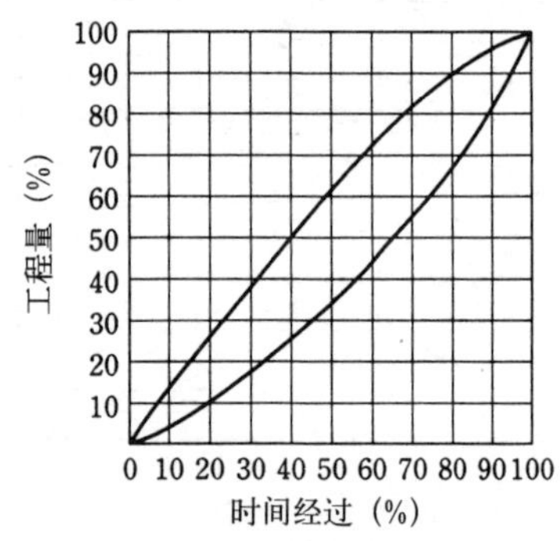

图 6–11　工程管理曲线（香蕉形曲线）

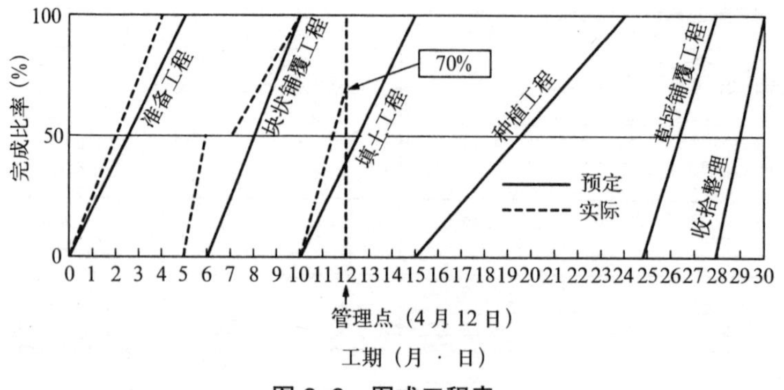

图 6–9　图式工程表

（7）网络式工程表

网络手法是1958年美国海军开发的PERT和CPM技术。

PERT是为了拟定计划并实施管理的日程计划与管理的技术方法。

CPM是把日程以网络图表示，发现最适工期、放置重点的技术方法。

网络式工程表，把整个工程分解成各个独立作业，把各作业的实施顺序用箭头表示，通过表示构成工程的全体作业的连续关系的箭头图，把握工程作业流程的工程表。

和过去凭经验和直觉种植树木、施工期难以预测的时代不同，近年来，种植工程的内容发生着剧大的变化，在各个方面多使用大型机械，质量、数量兼顾。

网络式工程表，弥补了以前横线式工程表的缺点的同时，又具有弹性，在完成计划的过程中，能够根据需要随时修改的同时又进行科学的管理。因此，对于已决定施工期进行高效的、经济的、科学的工程管理的工程表，具有以下特征：

①施工项目较多时，在整个工程中影响最大的为哪一个?

②工程延迟的情况下，对于每个作业投入多大的力量合适?

③为了使该工程高效的、经济性的完成，如何制订方案比较合适?

需要对上述特征进行综合的考虑。

但是，网络式工程表也有缺点。构成网络的各作业的工作速度如果不正确，整体精度会变低，与横线式工程表相比该工程表制作要花费财力与劳力，并且需要很多的数据作为参考。所以，并不是所有的项目都适合采用网络式工程表，应当根据工程的规模和类型选择合适的方法。

网络式工程表的作法如下：

1）轮胎图

利用网络手法制定规划时，绘制如图6–12所示的被称为轮胎式的图。轮胎图是使用符号作图。工程的每个步骤，利用图6–13所示的被称为活动的箭头表示。工作按照箭头的方向进行，在该作业的旁边如图6–14 所示表示作业的名称（使用符号也可以）。在这个工作符号的尾部和头部以圆圈表示。这个圆圈称为结合点，又是工作的结束时间和开始时间。

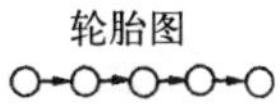

图6–12

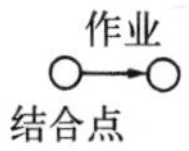

图6–13

图6–14

图6–15表示四个作业，这些作业如果A不结束，B就不能开始，紧接着，B不结束C就不能开始。

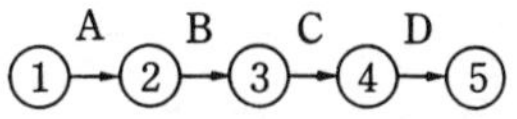

图6–15

图6–15所示，把前方的作业称为后方作业的先行作业，相反，后方作业成为前方作业的后续作业。亦即，A是B的先行作业，B是A的后续作业。作业B在作业A结束后才着手开始。

图6–15中，为了对表示结合点的圆圈相互识别，结合点的圆圈内记入号码，这些号码称为结合点号码。

图6–16为模型（也称为模型作业）的记号。模型作业为假设作业，原则上所需时间为0。模型在决定作业与作业的顺序关系时使

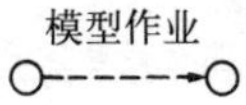

图6–16

用。利用上述符号和规定的轮胎图可以用来作图。

作图的顺序如下：

①横轴表示日期，表现作业天数的长短。

②休息日以及其他指定的不可能作业的日期作为天数进行延长。

③在图上用富余标志标明危险路线的所在。

④作图时以作业的最早开始时刻（ES）开始，最早结束时刻（EF）结束。

2）日程计算

①结合点的日程

计算结合点的日程方法有 2 种。

a．图 6–17，计算从结合点①到结合点⑥的连接工作路线的方法，该法又称为前进计算法。

b．从结合点⑥连接结合点①的，按照上述方法的逆向计算方法，称为后退计算法。

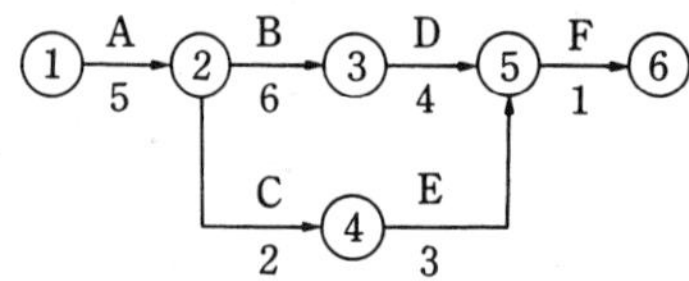

作业下的天数表示完成该作业所需要的天数

图 6–17

进行前进计算、后退计算的是结合点的日程计算。

对图 6–17 的轮胎式的结合点进行日程的计算。结果如图 6–18 所示。

在图 6–18 中，两行空格中记载的数字是各结合点的日程。上行为前进计算、下行为后退计算的日程，上行的日程称为最早结合点日程，下行的日程称为最迟结合点日程。

最早结合点日程是各自的结合点最早能够开始的日程，最迟结合点日程必须是最晚到达结合点的日程。但是，最迟结合点的日程，表示所有希望天数的总数。其次，以结合点的日程为基本，计算各作业的日程。

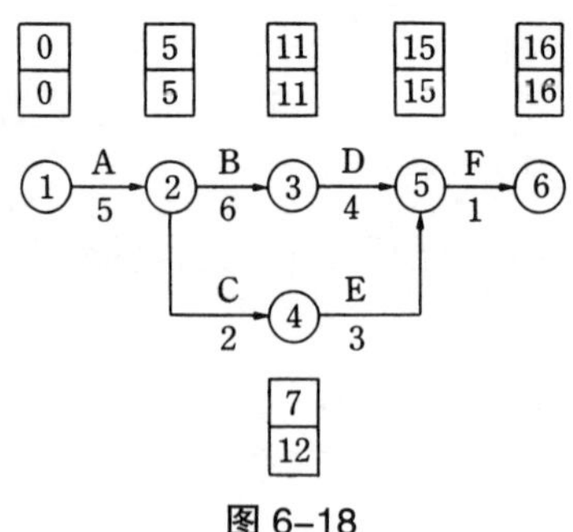

图 6–18

②作业日程

作业日程是图 6–18 所示的从作业 A 到作业 F 的日程 + 各自作业的日程。

作业日程根据各作业的最早开始日程、最早结束日程、最迟开始日程和最迟结束日程进行计算。

- 最早开始日程：能够开始工作的最早日程 A：0，B：5，C：5，D：11，E：7，F：15
- 最早结束日程：从最早开始日程的开始日开始到预定结束的日程 A：5，B：11，C：7，D：15，E：10，F：16
- 最迟开始日程：必须最晚开始工作的日程 A：0，B：5，C：10，D：11，E：12，F：15
- 最迟结束日程：必须最晚完成工作的日程 A：5，B：11，C：12，D：15，E：15，F：16

③富余

富余（剩余）包括全富余与自由富余。全富余（总计富余）包含作业的全体路线共有的富余天数，用最迟开始日程与最早开始日程的差表示，或者用最迟结束日程与最早结束日程的差表示。

自由富余是工程进行中一部分产生的富余天数，以作业最早结束日程结束，以后续作业的最早开始日程开始的情况下的富余。

全富余的计算结果总结如下：

	A	B	C	D	E	F
● 所需天数	5	6	2	4	3	1
● 最早开始日程	0	5	5	11	7	15
● 最迟开始日程	0	5	10	11	12	15
● 最早结束日程	5	11	7	15	10	16
● 最迟结束日程	5	11	12	15	15	16
● 全富余	0	0	5	0	5	0
● 自由富余	0	0	0	0	5	0

④危险路线

如前面所述，舍去全富余为0的作业则成为①→②→③→⑤→⑥。该种路线被称为危险路线，是最需要重点管理的路线。

○**实例（1）** 工期为28天的轮胎图的危险路线①→②→③→④→⑤→⑥（图6-19）

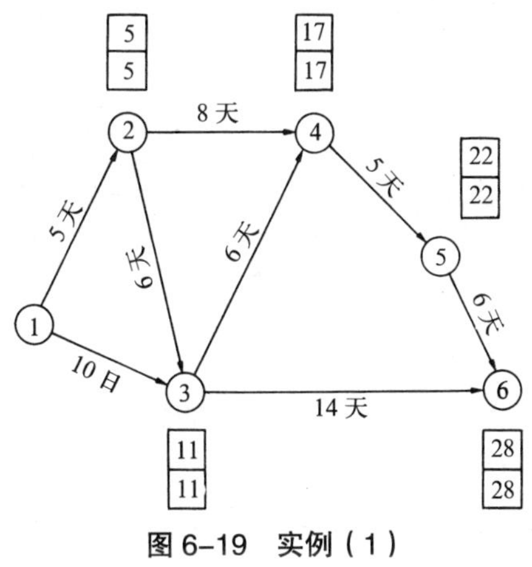

图6-19　实例（1）

○**实例（2）** 工期为40天的乔木和灌木的种植工程（图6-20）

对于该实例的最早开始日程与最迟结束日程计算如图6-21所示。

危险路线①→②→③→⑤→⑥→⑦→⑩→⑪→⑫

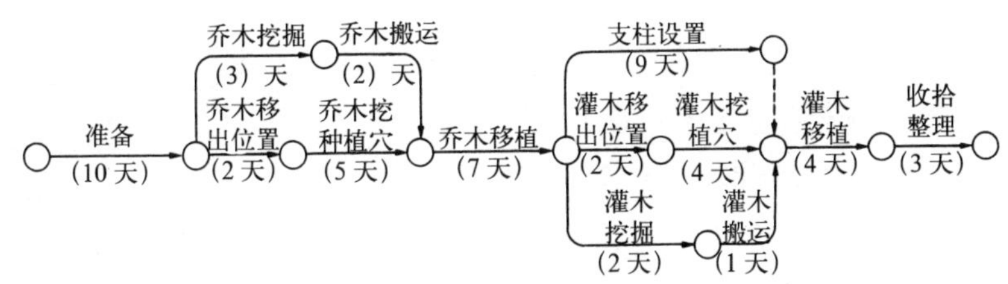

图6-20　实例（2）

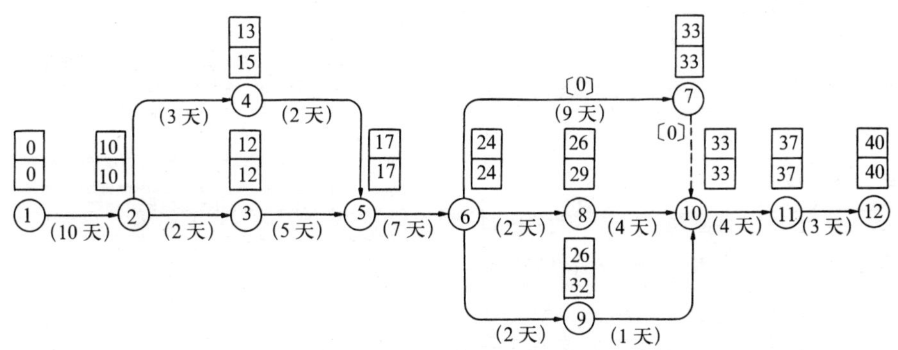

图6-21　实例（2）的最早开始日程与最迟结束日程计算

6.2.5 品质管理

（1）品质管理的把握

品质管理（quality control）就是确保施工品质满足要求，其品质适合于使用目的而进行管理的同时，防患于未然，提高作业信赖度、发现新问题的过程。

进行品质管理时，第一，考虑问题要用统计的手段和方法，第二，有必要进行有组织的、全面的品质管理。

为了在政府工程建设方面达到理想的效果，能够最经济地营造满足设计、形式的内容的设施，对工程的全部阶段进行考虑是必要的。

特别是，种植工程中使用的是树木、草皮等自然材料，若要按照竞标者的技术意图完成工程，这就提出了与土木、建筑等建设工程不同的品质管理要求。

（2）工程管理与品质管理

政府工程情况下，在竞标者的工程管理中，关于投标者对工程材料与施工上的品质管理、文本等说明在标书中已经作了规定。

1）工程材料的品质管理

①工程使用的材料，要符合材料文本的规格，要根据材料检查实施标准（参考）的《检查方法》进行检查，达到合格标准。

②受检材料，要在受检之前填写《材料检查申请品质管理成绩表》，并提交。

③中标者负责对合格的材料的整理保管工作。合格的材料在使用时受损变质时，要更换为新的材料需要进行再次检查。

④材料要经常整理、保养，对其进行检查保管，以免异种材料的混入。

2）施工品质管理

①通过工程标准文本规定的施工方法和时间、温度等的测定值，或者通过抽样试验以便为得到良好品质的构造物进行指示、指导、实施，确认其状况（施工方法、测定值或者试验

（参考）

东京都的检查方法　　表 6-11

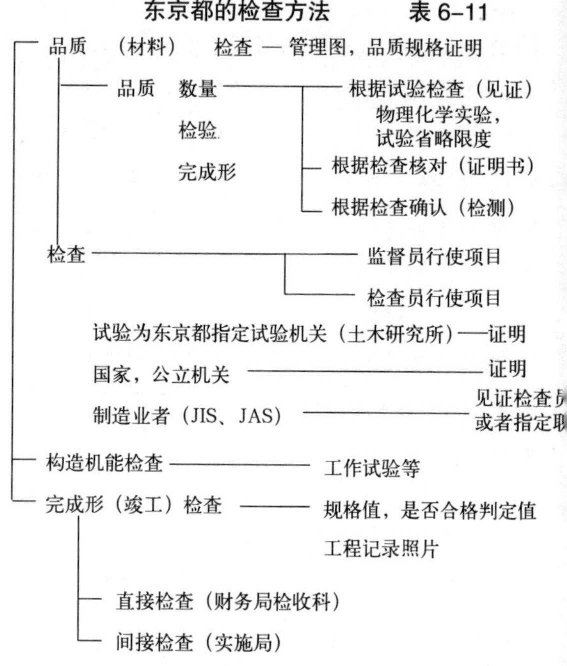

值）。

②如果确认结果没有满足要求时，直接向上级报告，请求指示。

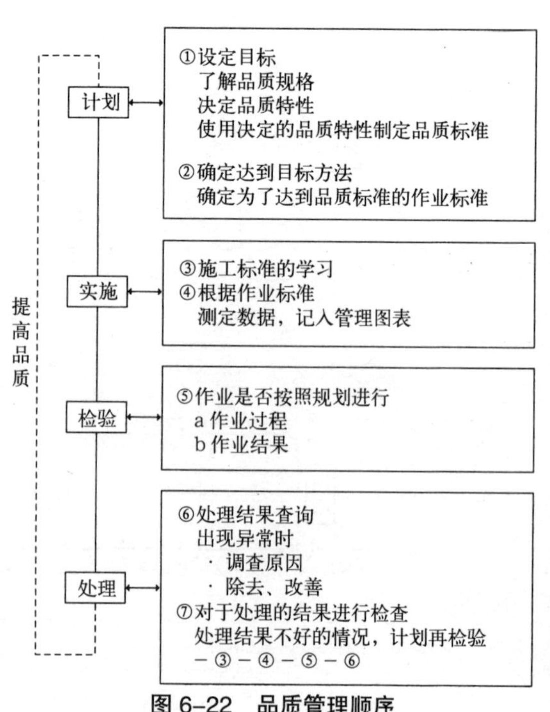

图 6-22　品质管理顺序

（3）品质管理的顺序

品质管理是对符合竞标者要求品质的物件，以经济的手段制定的体系。在品质管理时，制定品质特性然后制定品质标准，为了确定作为目标的品质标准制定作业标准、测定数据，解读后记入管理图表，并进行讨论。出现异常情况时，找出原因并给予解决。同时还要复查处理的结果（图6-22）。

在现场，有必要协助技术主管者，根据说明书正确把握品质标准进行品质检查。对种植工程所用的材料有必要进行管理以确保质量。

（4）品质特性的选择

进行品质管理，要在充分理解设计书、文本、特殊文本等记载的品质规格（设计品质）的同时，为了满足品质规格，必须决定主要管理的内容。选定成为管理对象的品质特性。管理对象的品质特性有植物、土、混凝土、沥青、钢材等材料以及使用这些材料加工制品的过程，在对采集品质发挥影响作用的因子中，尽可能在工程初期选择能够作为判定结果特性的材料。

（5）质量标准设定

选定品质特性后，其次要考虑以何种程度作为施工目标，决定品质标准，为了制定满足品质标准的质量标准，考虑到制品质量的差异程度，有必要在作业时决定质量目标。

（6）工作标准的设定

设定质量标准之后，为了达到标准的作业方法，还必须决定工作标准。为了确保工程安全，有必要对工作顺序、方法等进行具体的、详细的规定。

按照工作标准实施作业，在实施时有必要就工作标准问题进行适当的教育和培训。

（7）统计柱状图

在柱状图上对频率分布表进行图表化的表示，纵轴为频率，横轴为质量特性值，描绘出各代表值。

为了画出统计柱状图，尽量采集多的质量的数据，将其分为几个不同级别，在各级别中数出数据出现的频率，横轴表示品质特性值，纵轴表示频率。根据该图可以把握质量的中心倾向和出现差异的状态等。然后，通过在图上

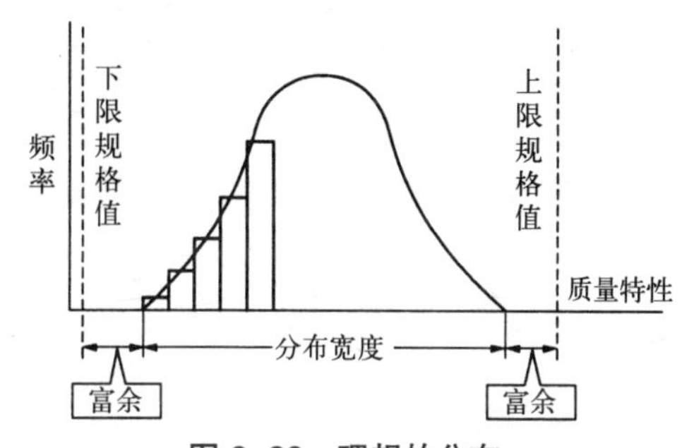

图6-23　理想的分布

加入规格线，能够得知其品质是否满足规格。（图6-23，图6-24）

（8）管理图

管理图（control chart）在进行制品品质管理的情况下广泛使用。

管理图是根据测定值的平均和范围，调查品质的稳定状态的手法，管理图分为计量管理图和计数管理图。

纵轴为制品的品质特性值，横轴为观测值，按照制作顺序记入数值绘制图表，以观测值的平均值为中心线，观测值上方的允许范围为上方管理界限线（Upper Control Limit：U.C.L），下方允许范围为下方管理界限线（Lower Control Limit：L.C.L）。

1）$\bar{x}$-R 管理图

$\bar{x}$-R 管理图是在对重量、长度、时间、引

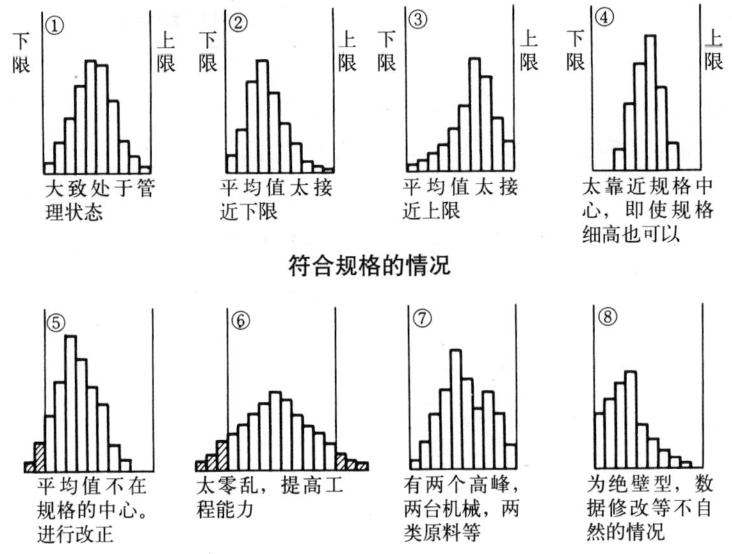

图 6–24　与统计柱状图的规格比较

力张力强度、硬度、纯度等计量值的同一性、一致性进行管理时使用，适用范围广。

$\bar{x}$-R 管理图由管理平均值 x 的变化与不规则的 R 的变化两个管理图组成，二者同时并行使用。

2) 管理图的看法

①工程处于稳定状态

满足以下条件时属于稳定状态。

a. 点分布在管理界限线内。

b. 点的排列方法没有不足之处。

②工程处于不稳定状态

a. 点分布在管理界限外（或者线上）。

b. 虽然点分布在管理界限内，但排列方式有不足之处。

③点排列方式的缺点

在以下情况，为有某种原因，迅速调查原因，并进行适当的处理。

a. 点分布在中心线上或下一侧的 7 个以上连续时。

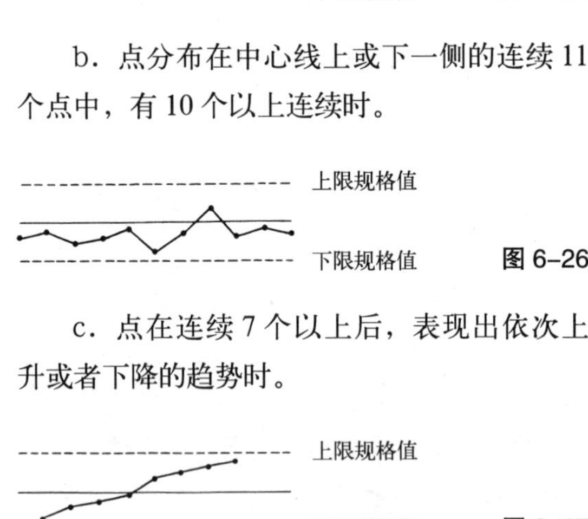

图 6–25

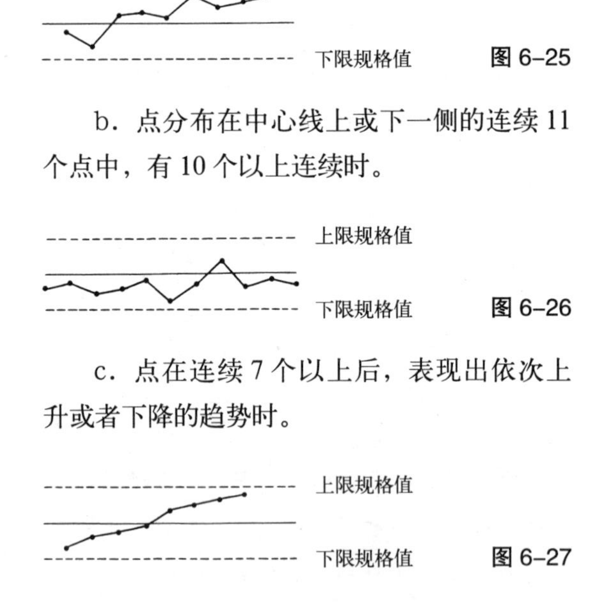

b. 点分布在中心线上或下一侧的连续 11 个点中，有 10 个以上连续时。

图 6–26

c. 点在连续 7 个以上后，表现出依次上升或者下降的趋势时。

图 6–27

d. 点呈现周期性的时而上升，时而下降时。

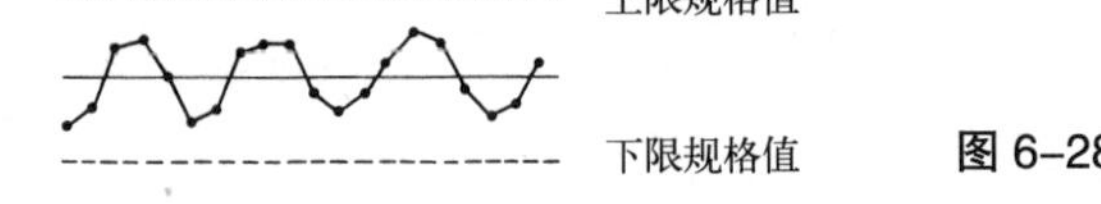

图 6–28

（9）检查

1）检查的种类

工程检查有以下几种：

①竣工检查

对工程是否依据合同按照图纸、文本完成进行严格的检查。

②部分竣工检查

对于工程，竞标者在设计图纸方面、在工程完成之前指定的部分工程完工时，对于指定部分进行竣工检查的过程。

③成果检查

承包者在工程完成前请求部分付款的情况下，对请求部分的相关工程的完工部分是否按照设计图和文本进行施工作出检查，以及对请求相关的工程现场内搬入工程材料等进行确认时作出检查的过程。

④中止检查

工程途中，解除合同时，为了接受施工已完成部分，对于完成部分是否按照设计图和文本进行施工作出检查的过程。

⑤确认检查（部分使用）

投标者在提交工程前，对于工程的全部或者一部分得到承包者书面同意使用时，对该（使用部分）工程是否按照图纸、文本进行施工的确认检查过程。

2）材料检查

材料检查就是根据合同对工程材料的质量、规格等，在使用前是否与图纸、文本等符合进行判定的过程。

通常，材料检查有直接由检察员行使检查者和监督员行使检查者两类。但不论何种情况下，都应该准备检查资料，整理合同书、文本、图纸、检查申报、试验结果表、证明书等文件，或者准备检查所需的必需工具。

还有，在对指定的事项进行迅速处理的同时，确认结果，并对监督员进行报告。

植物材料的检查有被称为下检查的生产地检查与搬入现场时的正式检查两类，但对于特别购置品、贵重品等，多省略下检查。

在下检查合格品上一定要进行标识，在现场搬入时有必要进行确认。但是，即使对下检查已经合格者，由于搬运等产生枝条折断等，在正式检查时也有认为不合格的情况。正式检查不单是对每个材料是否在规格范围内进行确认，而且确保在现场品质检查中不会出现混乱是必要的。

（10）品质尺寸规格

树木检查是对设计图上所表示的使用材料的品质、大小、数量进行确认检查的过程。

①树木因生产地的环境、生长时水肥管理状况不同，其树姿、树形也不同。因此，满足设计图所表示的形状尺寸（树高、胸径、树冠、枝下高等）为必须的条件，此外，树形、树势、根系的生长状态良好、无病虫害等是基本条件。

②树木是自然素材，即使形状尺寸相同，每棵树的姿态、形状、枝条伸展也各不相同。根据种植场所，应该在一定程度上对树干弯曲者进行充分的考虑，进行材料的检查。

③对树木起固定作用的支柱木材、卷干保护木材等也有规定的尺寸，选用优良材料。

④树木的品质规格参考以下记述进行检查：a. 树木品质确认要领；b. 公共用绿化树木等的品质尺寸规格标准（草案）。

⑤关于树木的尺寸规格，现在设计图中注明的树木尺寸值全部为最小限度，对于其上限值到上限阶层的尺寸值为大概参考值。关于数量，对于各树种确认指定的数量为大概参考值。

1）树木品质确认要领

树木品质确认如下所示：

①树形选择方法

a. 树冠中间没有空洞；

b. 不是单侧树枝；

c. 下枝没有往上伸展。

②枝条选择方法

a. 枝条充实（分枝良好）；

b. 节间顺畅；

c. 内膛枝多；

d. 枝条没有过度伸展。

③干的选择方法

a. 树干没有弯曲；

b. 不是在倾斜地培育的树木（根和干都没有弯曲）；

c. 没有寄生树或者极强的攀援性植物；

d. 避免有病虫害和部分腐烂的树干；

e. 即使有规定尺寸，避免老树（表皮不整齐，长有青苔，没有光泽，根据树种不同，有的表皮呈现深裂状态），选择充实有生气的树干。

2）公共用绿化树木的品质尺寸规格标准（草案）（摘录）（2003.6.22. 国土交通省颁布）

（品质的表示内容）

树木的品质从树姿和树势两大方面判定，判定内容表示如下：

- 树姿：树形（全形），干（只适用于乔木），枝叶比，枝叶密度，分支点的位置。
- 树势：生长，根，根坨，叶，树皮（肌），枝，病虫害（被害状况）

草坪的品质，由以下内容表示：

- 叶，匍匐茎，根，病虫害，杂草等

其他地被类的品质，由下列内容表示：

- 形态，叶，根，病虫害

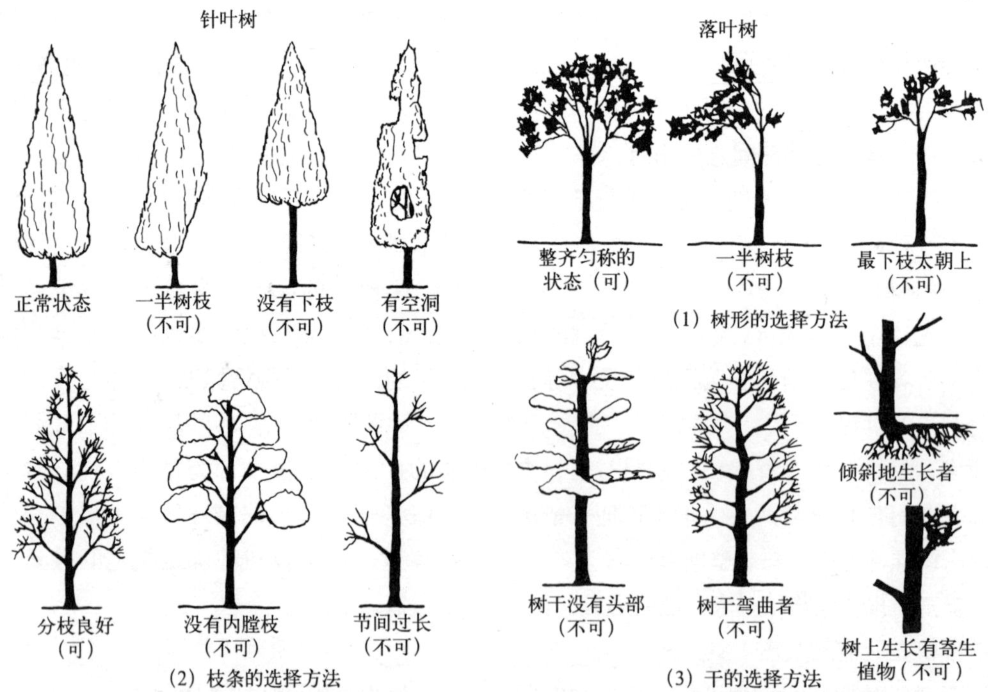

图 6-29 树木选择方法

（品质规格）

品质规格表（草案）（树姿、树势）　表 6-12

	项　目	规　　格
树姿	树形	根据树种特性为自然树形，树形整齐匀称
	干（只适用于乔木）	根据树种特性，树干为单干或者丛生状。但是，其特性上，对于斜干者不受该条限制
	枝叶分布	四方均等
	枝叶密度	根据树种特性，节间紧凑，枝叶密度良好者
	分支点位置	形成树冠的分支点的高度处于适当的位置
树势	生长	充实，有生机，生长状态良好
	根	根系发达良好，四方均等配分，根坨范围内细根多，处于不干燥状态
	根坨	根据树种特性有适当的根坨、具有完整根系，不会散坨而用打包或者由容器固定，处于不干燥状态。在挖掘时，特别注意根部保护（没有过分的干燥），保护根的健全性，避免损伤
	叶	保持正常叶形、叶色、密度（重叠），避免萎蔫（变色、变形）、没有软弱叶，生机勃勃
	树皮（肌理）	没有损伤，伤口不明显，处于正常状态
	枝	根据树种特性保留枝条，根据必要对徒长枝、枯损枝、折断枝等进行处理以及适当进行修剪
	病虫害	没有发生。即使过去发生过，比较轻微，处于几乎没有留过痕迹的良好生长状态

草坪类品质规格表（草案）　表 6-13

项　目	规　　格
叶	保证正常叶形、叶色，没有萎缩、徒长、蒸烧叶，处于生机勃勃的状态。全体处于均一密生状态，保持一定高度上进行修剪
匍匐茎	匍匐茎，处于生机盎然状态、密生
根	根伸展匀称，既没有干燥现象，又没有散土现象
病虫害	没有病害（病斑），没有虫
杂草等	没有石头与杂草、其他品种的混入。此外，根部处没有修剪后的枯叶堆积

其他地被类品质规格表（草案）　表 6-14

项目	规　　格
形态	适合植物特性的形态
叶	保持正常的叶形、叶色、密度（叶片着生），没有萎蔫叶（变色、变形）和软弱叶，生机盎然
根	根系发育良好，细根多，不处于干燥状态
病虫害	无病虫害发生　。即使过去发生过，发生轻微，不留有痕迹，培育状况良好

尺寸规格表　　表 6-15

工种	项目		规格值（mm）	施工管理标准		
				测定标准		测定场所
公园土木（适用于广场建造）施工	标准值		±60	在每个施工场所测定3处以上，测定每一个变化点。		
	长 宽	$L<30$m $L>30$m	−1% −300			
	坡 长	$L<5$m $L>5$m	−1% −2%			
树木种植施工	树高		−0	乔木、小乔木	参照图6–30	
	干周（带有草坪周长）		−0			
	叶片伸张直径		−0	灌木	参照图6–30	
地被类种植施工	树高		−0	每种植区测定3处以上，面积全部测定。		总边数的1/3以上
	边 长	$L\leqslant 50$m $L>50$m	−50 −100			
支柱施工（木材、竹材）	长度直径		−0 −0	200棵< 1%以上 200棵 > 30棵以上		与树木种植施工相同

（引自《秋田県施工管理基準》）

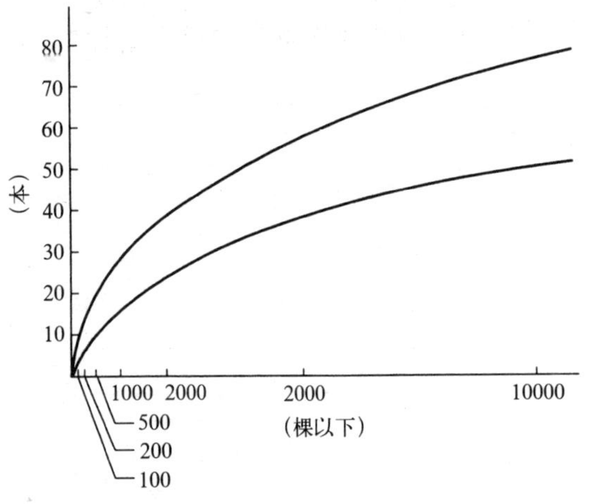

树木数量	抽出管理数量	
	乔木、小乔木	灌木
100 棵以下	5 棵	3 棵
200 棵以下	10 棵	6 棵
500 棵以下	20 棵	10 棵
1000 棵以下	30 棵	15 棵
2000 棵以下	40 棵	25 棵
5000 棵以下	60 棵	40 棵
10000 棵以下	80 棵	50 棵

（注）抽出管理数量是树种总数量的值

图 6-30　树木测定一览表

6.2.6　安全管理

安全管理是为了防止事故发生，以确保舒适的现场环境为目的而进行的管理。

（1）种植工程安全管理上的特性

1）易受气象条件影响

种植工程主要与土木工程一样，都是在室外以自然素材为对象进行的营造工程，施工时具有受气象变化和土壤条件等外界诸条件影响的特性。因此，应时常注意风雨或者温度的变化等，有必要做出周全的安全管理对策。

2）以自然物为对象

种植工程的主体是植物，要熟知树木、花草等自然对象物的特性。

每株植物的形状和性质都不同，而且每天的状态都在变化。所以，要多根据现场的实际情况进行施工。例如栽植时要根据根坨、叶量、周边状况甚至树木的生长状况选择支柱方法和方向，在树木管理修剪时要注意到枝条折断的难易、根和树干的状态等情况。

3）工程规模大型化

伴随着工程规模的大型化，在施工体制方面，原承包、分包的构造分化日益明显。因此，指挥命令系统交错，指挥一元化难于解决所有事情。此外，材料的搬运也有各种各样的问题，有必要十分注意搬运过程中的安全管理。

（2）劳动灾害

劳动灾害是指劳动者在作业过程中，由于相关建设物、设备、原材料等和作业行动以及其他业务引起劳动者负伤、疾病或者死亡等事故，不包含业务外发生的事故。

事故是扰乱正常事物运行的现象（例如物体落下、起重机倒塌）并伴随人员的伤害。事故由多种原因导致而发生，事故的后果是导致了人和物的损伤。

安全地进行施工，不只是人道的、经济的方法，而且还是社会的责任和义务。

例如，作业现场发生劳动灾害的情况，①对受伤害的工作人员及其家庭要负担疗养补偿费、休假补偿费等，还有用金钱难以计算的精神负担，本人的体力、能力的降低等。②除了机械和设备的损伤及运输修理、伤者的营救、津贴之外，由于同事士气的丧失等也造成金钱和时间上的损失。③劳动灾害对于社会影响，一般在伤害补偿、公司信用、工程投入停止等方面造成大的损失。

因此，随着种植工程规模扩大，其内容种类变化多样，而遵守安全管理关系法规，安全完成工程的管理能力极其必要。

1）劳动灾害发生的原因

劳动灾害具有不可抗力产生的和不可抗力之外以某种形式人为导致的事故。不可抗力产生的仅占全体的2%，几乎所有的劳动灾害都是人为因素造成的，亦即人灾，可以通过适当的管理防止事故的发生。

劳动灾害的原因包括物质条件的灾害和人为条件的灾害。

物质条件的灾害一般是使用者对机械、工具、搬运工具等机械类的使用方法和放置方法理解不够的情况下发生的，此外，在不稳定状态下的使用，以及这些机械的相互移动，不当的放置场所等也会导致灾害。

人为条件的灾害多为工作人员的疏忽或由错误导致的不安全作业产生的，包括身体、生理条件或者感情的不稳定等。此外，连续的刺激、熟练造成的过分自信也是造成事故的原因。

与种植有关的劳动灾害特征为，行道树和乔木的修剪、小乔木的整形、割草以及其他养护管理作业中的劳动灾害约占50%。

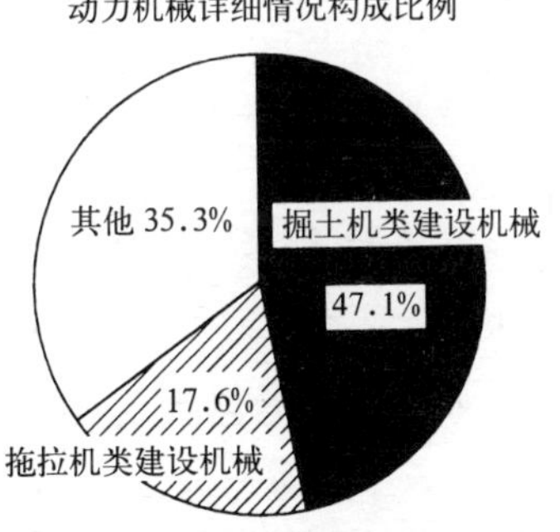

图6–31　土木工程业中劳动灾害原因分类构成

2）劳动灾害对策

为了防止劳动灾害，应该认真分析已发生的灾害，找出原因并进行系统的考虑防止对策是非常重要的。对于由物质原因造成危害的安全对策有：对机械、设备、工程现场的检查，遵守法令，以预防措施为主，利用检查目录是最有效的办法。

对于由人为原因造成危害的对策有：经常进行安全教育、安全工作，宣扬安全精神。对不熟练者、新加入者进行安全教育，对熟练劳动者进行连续的安全意识教育。安全工作从来都是形式上的，有全体人员参加的意识制度、建议制度的扩大，灵活进行适当检查，进行心理的稳定性检查等。

在实施工作时，要努力通过阶段性的工程调整，不同地区工程的实施，不同作业危险的预防措施，不同作业标准的设定，警报装置、标识设置等方法保障安全。

现场的具体对策如下：

- 作业开始前的早会和阶段性讨论会；
- 作业开始前的危险性和注意点的传达；
- 检查和监督工作人员的健康状态；
- 适当配置高龄者和有经验者；
- 对服装、装备进行指导、监督；
- 通过作业区域的确定和标识，保证安全；
- 非工作人员禁止进入作业现场；
- 开始作业前进行设备检查、调整；
- 对作业中可能出现的情况进行危险预测、训练；
- 进行安全检查和巡逻。

（3）劳动安全卫生法

1）劳动安全卫生法的制定和修改过程

对于劳动灾害的防止就是从保护劳动者的观点出发，战后，通过劳动标准法形成了统一的规章制度。其后，从1960年开始，伴随着国民经济的快速增长，新材料、新技术、新方法的采用，合办公司、租赁业等新型企业形态的出现，经济社会发生了显著变化，劳动灾害的防止也与此相适应开始了新的法制体系的建立，1972年6月8日作为单独法律制定了《劳动安全卫生法》。

2）劳动安全卫生法的目的和适用范围

劳动安全卫生法就是通过推进关于防止劳动灾害的综合的、规划的对策，在确保工地现场的劳动者安全与健康的同时，以促进形成舒适的工地环境为目的。

3）关于合办公司的适用范围（法第5条）

构成合办公司参与工程的人，构成人员中以一人定为代表，向都道府县劳动标准局长提出申报，另外，该代表者成为适用于劳动安全卫生法的事业方。

4）安全卫生管理体制

安全卫生管理体制《劳动安全卫生法》第3章有如下规定：①安全卫生管理者总则（《法第10条》）；②安全管理者（《法第11条》）；③卫生管理者（《法第12条》）；④作业主管者（《法第14条》）；⑤安全卫生责任者总则，基本安全卫生管理者（《法第15条》）；⑥安全卫生责任者（《法第16条》）。

劳动者人数通常保持在50人以上时，作业主管者之上设置安全卫生委员会，必须指定安全管理者、卫生管理者和产业医生；劳动者人数通常保持在100人以上时，作为工程实施的负责人，负责安全卫生管理者。

另外，工作人员在10人至50人之间时，作业主管者之上有设置安全卫生推进者的必要。根据作业指派和选任作业指挥者。

5）安全卫生教育

事业方在以下情况，对于所从事的业务必须进行相关安全或者卫生教育（同第59、60条）

①新雇用的劳动者；

②劳动者的作业内容变更时；

③从事危险或者有危害的工作，省令规定的使用劳动者时的特别教育（不满3t的车辆等建设机械的驾驶业务，由动力驱动的卷扬机的驾驶业务，小型起重机等驾驶业务，高度在2至10米之间的高处作业车的业务，不满1t的起重机的起重业务，由动力驱动的打桩机或者拔桩机的驾驶业务等）；

④新担任职务的负责人以及作业中直接指导或者监督劳动者的人员。

6）劳动安全卫生施行令

为了施行劳动安全卫生法而规定的具体化的法律内容。

①就业限制

事业方对于起重机驾驶以及其他的业务中按照政令所作规定，接受有关都道府县劳动标准局长发给执照者，或者都道府劳动局长或劳动标准局长指定者在进行了该业务相关的内容学习后，如果没有其他省令所决定的资格者。

a. 必要执照

- 载重5t以上的起重机的驾驶业务；
- 载重5t以上的移动式起重机的驾驶业务；
- 载重5t以上的人字起重机。

b. 技能学习必要者

- 驾驶载重1～5t的小型移动式起重机业务；
- 驾驶作业床高度10m以上的高处作业车业务；
- 驾驶机体荷重3t以上的车辆系建设机械的业务；
- 驾驶载重1t以上的起重机业务。

②申报

由政令规定的工地施工业种和具规模的事业方对于建设施工中的由省令所规定的工作，在工程开始之日起14天内，必须向劳动标准监督署长申报工作计划。

7）劳动安全卫生规则

《劳动安全卫生法》的第4章“劳动者的危险或者防止健康危害的措施”中记述了事业方应该采取的措施，根据事业方的措施劳动者应该遵守的事项等，规定标准的省令有《劳动安全卫生法》。

其内容为，在第1篇的通则中，规定了安全卫生管理相关体制、安全卫生相关教育、就业限制、健康管理、执照、安全卫生改善规划、监督等内容；在第2篇的安全标准中，规定了由机械产生的危险的防止，建设机械、不同形式保护工程、伐木作业等危险的防止等；第3篇的卫生标准中，规定了有危害的作业环境、保护工具等；第4篇中规定了与机械租赁者有关的特别规则。

（4）工程的安全对策

1）高处作业

尽可能避免高处作业，尽量在地上进行。种植工程中，因为使用树木材料，必须小心树上作业时的坠落发生。

①树上作业

- 确认树木没有腐朽、弱枝等，尤其特别注意承受身体重量的部分；
- 在高度2m以上的作业场所设置作业平台。此外，有坠落危险的地方，设置高度为75cm以上的坚固的扶手；
- 作业中实在无法设置作业平台时，使用防止坠落网；
- 从3m以上的高处扔下切断的树枝时，设置适当的投扔设备，安排专人监视；
- 没有设置预防危险措施时，不能从3m以上高处投下剪断的枝条。

②梯子、梯子竖立场所作业

- 梯子脚与水平面的角度在75度以下，使用金属器具固定梯子开张的双脚；
- 作业位置处要在水平面上，确保没有倾斜的支立梯子；
- 梯子顶板宽度在40cm以上，使用不柔软的坚硬梯子。

③梯子作业

- 使用坚固的、防滑的梯子；
- 原则上与水平面成75度夹角；
- 人员上下时，手里不能拿有器具；
- 基脚部分没有倾斜，稳定放置。

2）小型搬运作业

种植工程中进行树木、木材等材料搬运作业时，跌倒、落下等灾害多有发生。

- 重物（石材，骨材等）小型搬运时，根据搬运物的重量，确定搬运量，并对登高位置、搬运目的地进行检查，制定搬运方式；
- 长的物品（长圆木等），搬运前要确定其重量、材料前后有无障碍物、材料放置地点注意碾压物，在领导者指导下共同工作；
- 利用手推车的搬运，检查到搬运放置场所的路线，确认盛载量，用袋、箱盛装分散物品等。对于有可能翻倒、落下的物品用绳索捆绑，此外，确认重心位置不应该偏斜。

3）起重机作业

由起重机引起的灾害，主要是由机械本身缺陷砸碰其他物件，移动式起重机的翻转或者驾驶疏忽造成。安全对策如下：

①使用移动式起重机时，进行防止过度收卷装置的调整（《起重机安全规则第66条》）；

②起重货物时，使用脱落装置（《同67条》）；

③驾驶载重不满1t的吊车人员必须接受过特别安全教育（《同67条》）；

④驾驶载重1t至5t的吊车人员必须接受过移动式起重机技能培训；

移动式起重机标准信号　　　表 6–16

种类		移动式起重机	
		信号	摘要
吊梁	吊梁升高		手放在头上，然后大拇指朝上，其他手指握成拳头状呈水平状态，朝上方示意
	吊梁下降		手放在头上，然后大拇指朝下，其他手指握成拳头状呈水平状态，朝下方示意
主卷扬机	卷上		手在腿上拍打之后，一手升高，并画圆圈（打桩时主要作业的钢绳卷上）
	放下		手在腿上拍打之后，手臂呈水平状态，手掌朝下，朝下方摆动（打桩时主要作业的钢绳落下）
停止	停止		有规律地把手向上高举
	急停止		两手左右举起，急速向左右摆动

⑤驾驶载重 5t 以上的吊车人员，必须持有移动式起重机操作技能执照（《同 68 条》）；

⑥移动式起重机的驾驶人员在进行单独作业之外，规定一定的信号，由指定的信号人员执行信号指挥（《同 71 条》）；

⑦吊车不能一会运载，一会吊起货物（《同 72 条》）；

⑧ 驾驶者不能在吊着货物时离开驾驶位置（《同 75 条》）。

4）捆吊作业

起重机安全规则中，对于捆吊，因为钢绳断裂，捆吊不牢固等产生落下的危险，特此规定如下：

①起重机、移动式起重机和人字起重机的捆吊用钢丝安全系数为 6 以上，吊链的安全系数为 5 以上；

②起重机、移动式起重机和人字起重机捆吊用的吊钩和吊链的安全系数为 5 以上；

③驾驶吊重 1t 以上的移动式起重机的捆吊，要由接受过捆吊技能培训的专门人员操作，不满 1t 时的驾驶员必须接受特别安全教育（《同 221 条、222 条》）；

④作为移动式起重机的捆吊用具，不能使用以下物件：

- 钢绳构成部分已经有 10% 发生切断者；
- 钢绳直径的减少超过原来直径的 7% 者；
- 钢丝有断裂并且有显著变形、有腐烂；
- 吊钩，固定套环，钢绳圈等金属器具有变形，出现龟裂；
- 纤维绳索出现断裂者，有明显的损伤、出现腐烂者（《同 215 ~ 218 条》）。

⑤钢绳、吊链，两端的吊钩，固定套环，钢绳圈或者接头不具备者（《同 219 条》）。

5）安全对策检查目录

①场地

有圆木场地、钢管场地、吊式脚手架、栈桥等。

对于圆木场地有如下要求：

a．材料强度足够大吗？

b．是否有安装示意图？

c．构造尺寸是否按照规定？

d．上下摆幅、水平摆幅的交叉是否灵活？

e．是否有坠落的危险？

f．设置场地附近是否有架空电线？

g．与墙壁是否有一定间隔？

②临时机械

对于机械设备、驾驶作业、捆吊作业，起重作业有如下要求：

a．是否为具有驾驶起重机、人字起重机资格的人员？

b．是否超过规定的载重量？

c．是否进行横拉、急剧性操作？

d．是否熟悉标准信号？

e．升降搬运器中是否有人乘坐？

f．进行修理、检查时特别要注意。

g．人是否在货物摆动范围内？

h．移动式起重机的防止跌倒措施是否充分？

③挖掘和填土

对于人工挖掘作业、机械挖掘作业、土木支持保护施工、人工填土作业有如下要求：

a．是否进行了间隔挖掘？

b．斜坡坡度是否在安全规则的标准以内？

c．在1.5m以上的深度处是否附加栅栏？

d．堤坝栅栏上是否放置了重物？

e．作业者之间是否留有足够间隔？

（5）事故对策

在施工现场，事故已经发生的情况下进行迅速处理，有必要准备以下的事项：

- 紧急时的联络体制；
- 应急预案的编制；
- 应急处理、急救方法的训练；
- 急救医药用品的准备；
- 确认记录医院、警察局、消防局、劳动标准监督局的地址和电话号码；
- 事故报告书、事故顺序等的准备。

报告书记录的内容要领有时间、地点，受害者的住址、姓名、年龄、职业，事故原因、内容、记录照片，现场处理措施等。

6.2.7　照片管理

照片管理，为了确认证明工程进展状况以及工程内容是否按照设计图纸正确地进行，并对工程完工后难以确认的部分，确认地下隐藏的构造物、埋设物以及作业方法、外形尺寸、品质管理方法、施工位置等而进行拍摄保管。

（1）工程照片分类

工程照片分类如下：

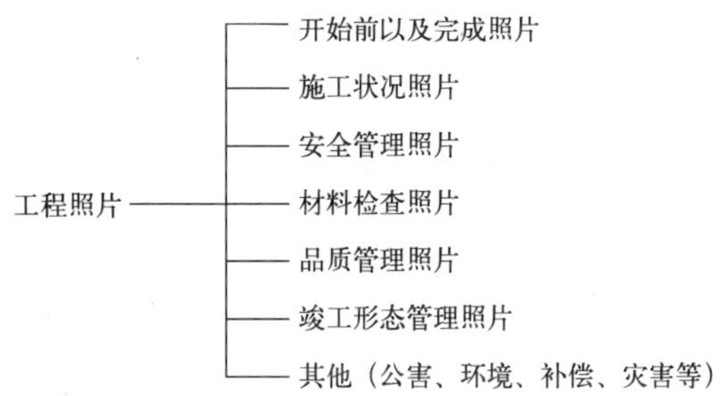

（2）拍摄计划

在动工前，现场负责人对于完工后难以确认的场所的规模、状况等进行明确的记录，而把“拍摄计划图”标示在平面图上，并把拍摄对象物作成明确的目录，以便得到监督员的认同。该项工作不仅可以对拍摄进行计划性准备，而且可以防止拍摄工作的遗漏（图6–32）。

种植施工时，在注意以下问题的同时，制定拍摄计划，并进行管理是十分重要的。

①对于种植穴形状、根坨尺寸等以后难以确认的尺寸，要拍影备用；

②由基盘准备、修剪等引起的形状的变化，在施工前和施工后分别拍摄；

③药剂、抗蒸腾抑制剂喷洒，施肥，灌水，客土等在施工后难以确认的作业，要对材料和施工过程进行拍摄；

④对于盆栽苗、支柱等种植材料，为了能够把握个体尺寸和数量，应集中在一起进行拍摄。

（3）照片拍摄的要点

1）工程照片拍摄计划书

在工程记录照片拍摄之前先要制定工程照片拍摄计划书，并在此基础上实施。

2）种植施工的拍摄内容

对于树木提供、移植树种的挖掘，主要树

种植

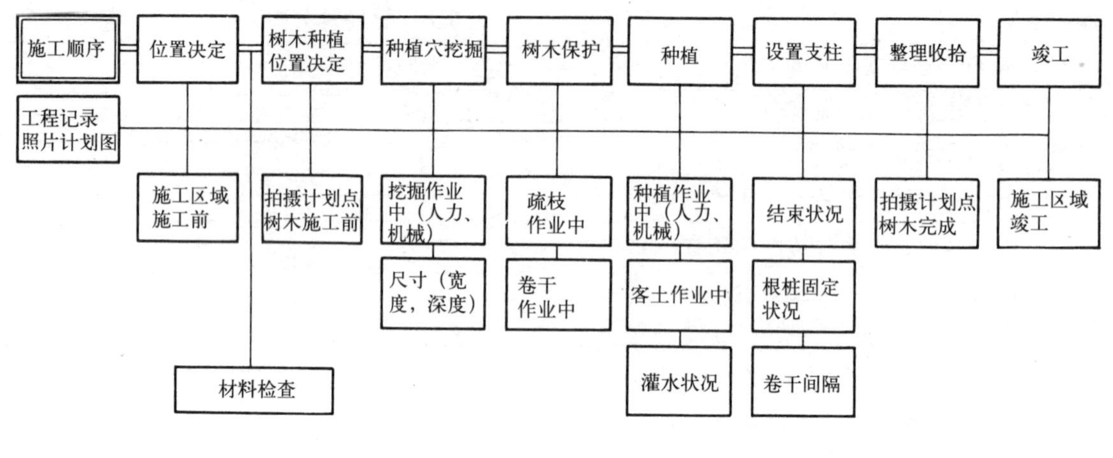

移植

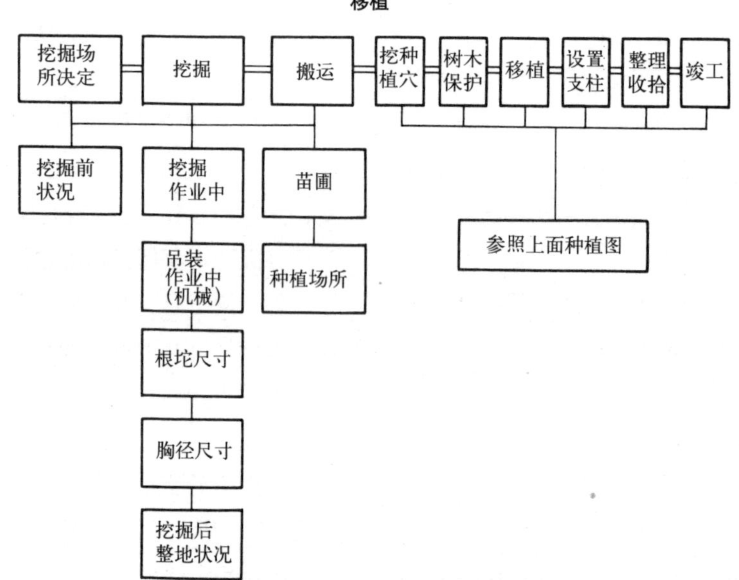

图 6-32　树木拍摄规划

木的修根情况，种植穴挖掘状况，客土、施肥状况，完成形态（种植后全景）等每种主要树种进行拍摄。对一本多干树木的客土、施肥状况，完成形态（种植后全景）等每个主要场所进行拍摄。

3）施工区间位置的表示

对于拍摄区间较长的物件，进行连接照片拍摄，在起点、终点和中间地点（数点）立上标杆，表示拍摄位置（测点）。

4）形状尺寸的确认方法

对种植穴等附近进行整理收拾后，为了能够判别形状尺寸、位置等，应添置黑板、水位标（测量板）、标杆或者丝带杆等。

这种情况下，为了易于进行位置确认，放置标志或者背景，在黑板上记入目的物的形状尺寸和位置（测点）。

另外，使用卷尺的情况下，使用能够正确地确认尺寸的方法拍摄。

5）拍摄时期

在施工过程中对于构筑物，不能错过拍摄

（参　考）

拍摄地点一览表《东京都工程记录照片拍摄标准》（摘录）　　表 6-17

（注意事项）1. 本拍摄场所一览表的拍摄项目及拍摄频率为标准范例，可以根据工程内容进行增减。
2. 拍摄频率中的所谓 1 施工单位是指对于施工场所的 1 块而言。但是，即使 1 块的形状尺寸、规格等变化也当作 1 个施工单位。
3. 品质管理照片中，把各种试验委托给官方机关的情况，省略试验实施情况照片。

照片类型	工种	种别	拍摄项目	拍摄时期	拍摄频率
施工前和完工照片	施工前		全景或部分代表相片	施工前	施工前 1 次
	完成		全景或部分代表相片	施工后	竣工后 1 次
施工状况照片	工程施工中		全景或部分的工程进度状况	施工中	适当
	临时设置	（省略）			
	与图纸不一致		图纸和现场地不一致的照片	发生时	一定
安全管理照片	安全管理	（省略）			
材料检查照片	材料检查		形状尺寸	检查时	每品种各一次
			检查实施状况	检查时	每品种各一次
竣工形态管理照片	斜面工程	铺覆草坪	覆土厚度 镇压状况	施工中	每 80m1 次 或 1 施工单位 1 次
		种子喷附	材料使用量	混合前	1 工程　1 次
			覆土厚度 施工状况	施工中	每 400m^{2}1 次或 1 施工单位 1 次
	行道树工程 种植 养护	行道树 植树	施工状况	施工前 施工后	适宜
		行道树 修剪	施工状况	施工前 施工中 施工后	1 工区每次 2 张
		行道树 喷药，施肥	施工状况	施工中	1 工区每次 2 张
			材料使用量	施工前 施工后	全部
	种植工程	乔木 （购入，支付，移植树等）	挖掘，修根情况	施工后	形状尺寸，每种等级主要树种
			种植穴的形状	施工后	
			客土，施肥，土壤改良的状况	施工后	
			卷干，支柱设置状况	施工后	
			完工形态（全景）	施工后	
		灌木 （购入，支付，移植树等）	挖掘，修根情况	施工后	形状尺寸，每种等级主要树种
			客土，施肥，土壤改良的状况	施工后 施工后	
			完工形态（全景）	施工后	
其他	阶段检查	施工检查	实施状况	实施中	每个项目 1 次
		在场施工	实施状况	实施中	每个项目 1 次
	赔偿关系		被害或损害状况	（发生前） 发生时 发生后	（　）表示每次可能的情况
	灾害照片		受灾状况和受灾规模	（受灾前） （受灾中） 受灾后	（　）表示每次可能的情况 具体情况

时期。特别是，对于施工结束以后难以确认的场所（水中或地下埋设的场所等）标志大致零位点，以便能够明确把握规模构造。

6）拍摄方法

常常按照一定的方向进行拍摄。

特别是有必要在同一个施工地点的各阶段进行拍摄时，为了易于确认位置而要使用同一背景。

7）局部扩大拍摄

在对某一部分有必要进行放大拍摄的情况下，在对该处全景拍摄后，必须对能够确认局部扩大拍摄的位置而进行拍摄。

8）拍摄对象重复的处理

对于拍摄对象重叠而判别困难的情况，原则上应在中间插上纸等遮蔽物。

9）照明

对于夜间工程等的拍摄，特别要注意照明以得到清晰的照片。

10）彩色照片

有必要识别色彩的情况下，需要拍摄彩色照片（例如注入药液，喷播种子等）

11）紧急报告

出现事故等有必要紧急报告的状况时，原则上使用快速成像相机进行拍摄。

12）拍摄结束的照片

整理拍摄结束的照片，随时接受监督员的检查。

13）拍摄照片的确认

拍摄结束的底片，迅速进行冲洗显像，成像后立刻检查。

14）照片的大小

照片的大小以笔记本大小为标准，按照施工顺序对各种工种进行系统整理。

15）照片说明

对照片画面中的黑板等的说明，尚不充分的情况下，在相片的空白处附上效果图或者说明。

16）底版册的整理保存

底片装入底片册中整理保存，保存时间必须到工程结束后2年以上。

17）相簿大小

相簿的大小原则上为四开大小（323×270mm）。

18）相簿封皮记录内容

记录的内容包括拍摄年度、工程编号、工程名称、工程个数、工程场所、承包公司名称、担当事项等。

（4）种植工程照片拍摄实例

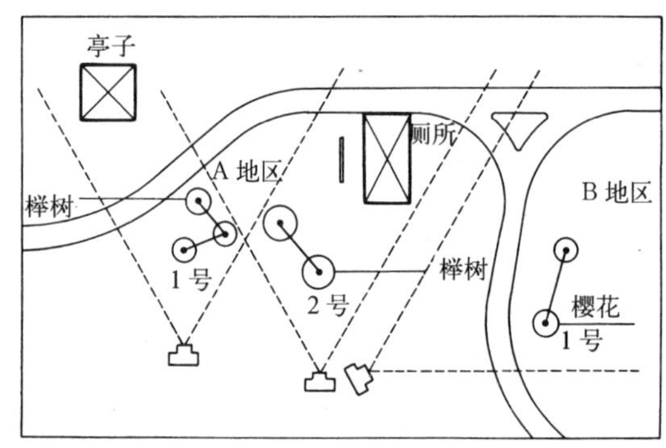

图 6–33 种植工程照片拍摄计划图

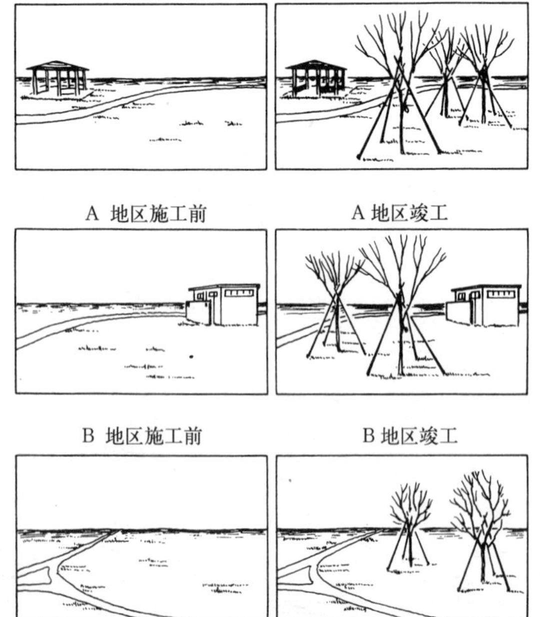

图 6–34 施工区域

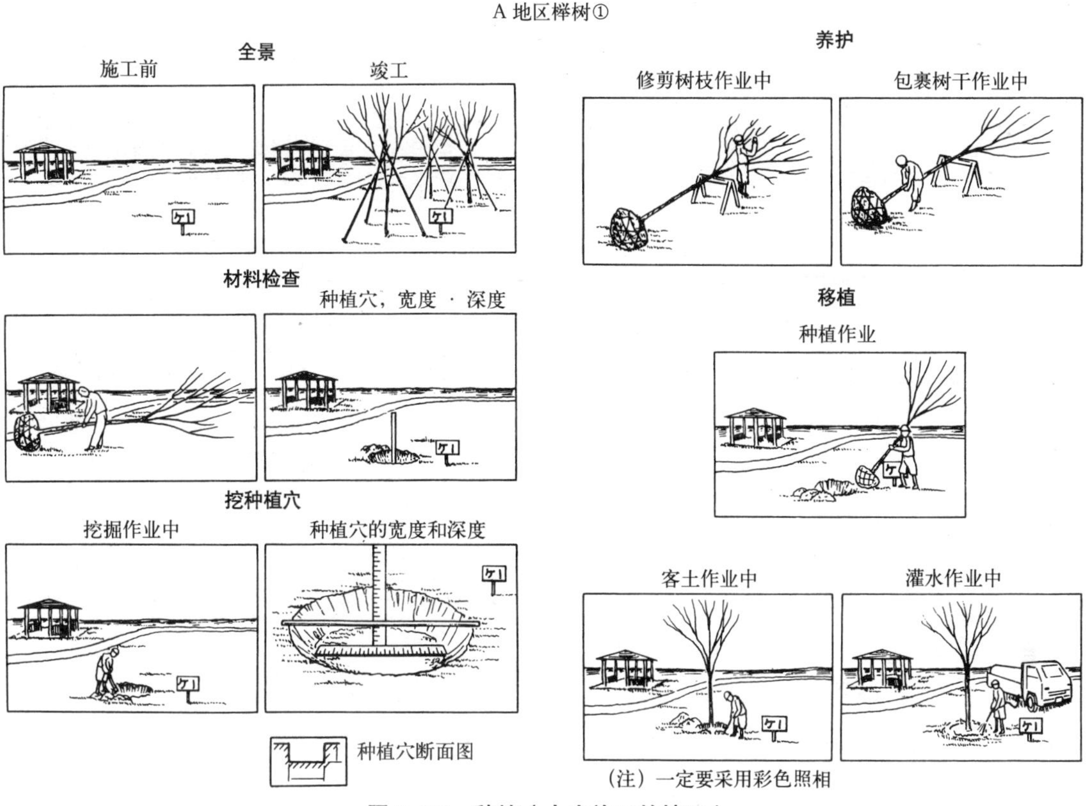

图 6–35　种植（人力施工的情况）

A 地区榉树②

以人力施工为标准，该处为挖掘种植穴、移植和机械施工的照片

挖种植穴

栽植

支柱

支柱固定情况

卷干间隔

竣工

结束状况

固定支柱状况

图 6–36　种植（机械施工的情况）

挖掘

挖掘前状况

挖掘作业中

吊运作业中

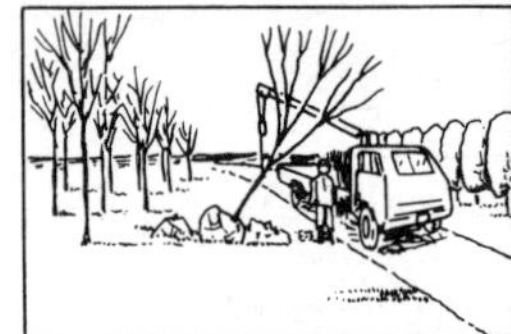

挖掘后整地情况

土陀尺寸（土陀直径 · 高度）

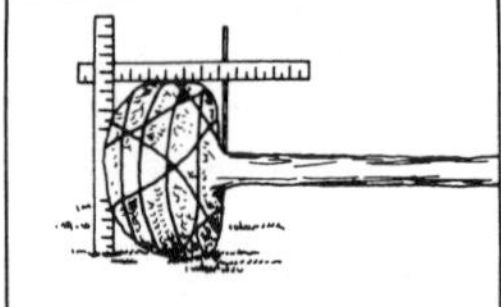

胸径尺寸

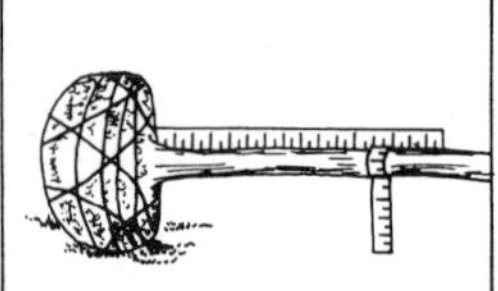

搬运状况

图 6–37　移栽（机械施工的情况）

（5）数码照片信息

近年来，逐渐提出利用数码相机拍摄现场照片的要求。鉴于此，以《国土交通省的数码照片管理情报标准（草案）》（2002 年 7 月）的节选作为实例进行介绍。

1）适用

《数码照片管理情报标准（草案）》是规定用电子媒体提供照片（工程、测量、调查、地质、施工方法、设计）时的属性信息的标准形式。

2）属性信息

照片管理要灵活运用所使用的属性信息，包括基础信息、软件信息、工程信息以及照片信息等。

基础信息是指项目文件夹名、使用标准等内容；软件信息是指利用的软件的基本内容。工程信息是指工程相关项目名称的工程内容；照片信息是指有关各个照片的内容。

3）文件夹构成

把照片以电子存储格式的文件夹分为业务和工程两类，分别以图 1（省略）和图 2（省略）表示。

在“PHOTO”文件的下面设置“PIC”和“DRA”文件。

“PIC”是表示保存的拍摄文件，“DRA”表示保存的参考图文件。另外，参考图是指对于拍摄位置、拍摄状况等进行说明的必要的拍摄位置图、平面图、图例、结构图等。

4）照片管理项目

在电子媒体中存储的照片信息管理文件夹（PHOTO.XML）中记入的照片管理项目如表 6–18 所示。

5）文件夹创建的注意事项

依照如下事项创建文件夹：

①文件夹名称为半角英文大写字体。

②在照片文件夹（PIC）以及参考图文件夹（DRA）之下直接保存文件，不按照层次分类。

6）文件夹样式

①文件形式

a. 照片文件

记录形式为 JPEG，对于压缩率、拍影模式要与监督职员协商之后决定。

b. 参考图文件

记录形式为 JPEG 或者 TIEF（G4）。JPEG 的压缩率、拍摄形式要与监督职员协商之后决定。TIEF（G4）采用图面可以识别的分辨率。

②文件夹名

这里所说的文件夹名是指，实体文件夹（照片文件夹和参考图文件夹）的命名规则以及照片信息管理文件夹的管理项目（照片文件夹名，照片文件夹日语名等）的命名规则。

③照片信息管理文件夹

照片情报管理文件夹是指记录“2. 属性信

照片管理项目 **表 6-18**

范围	项目名称		记入内容	数据格式	文字数	记入者	必要度
基础信息	照片文件夹名		存储照片的文件夹名称	半角英数大写字体	127	▲	◎
基础信息	参考图文件夹名		存储参考图的文件夹名称	同上	127	▲	◎
基础信息	适用标准		适用标准名称	全角文字 半角英数字	64	▲	△
基础信息	媒体信息备注		媒体信息备注项目	同上	64	□	△
软件信息	软件名		照片管理软件名	同上	64	▲	○
软件信息	版本信息		照片管理软件版本信息	半角英数字	127	▲	○
软件信息	制造商		软件制造商名称	全角文字 半角英数字	64	▲	○
软件信息	制造商联络方式		制造商联系方式（地址，电话号码等）	同上	127	▲	○
软件信息	软件制造商用 TAG		软件信息预备项目	同上	64	▲	△
工程信息	工程名称等	竞标年度	工程的竞标年度以阳历记入	半角英数字	4	□	◎
工程信息	工程名称等	工程编号	竞标者记入决定的工程编号	同上	64	□	◎
工程信息	工程名称等	河川－路线名等	工程对象的河川、路线名明确时记入	全角文字 半角英数字	64	□	○
工程信息	工程名称等	工程名称	记入工程名称	同上	127	□	◎
工程信息	工程名称等	工程地点	记入工程的施工场所	同上	64	□	◎
工程信息	工程名称等	工期开始日期	工程的开始日以 CCYY-MM-DD 方式（阳历年月日）记入	半角英数字	10	□	◎
工程信息	工程名称等	工期结束日期	工程的结束日以 CCYY-MM-DD 方式（阳历年月日）记入	同上	10	□	◎
工程信息	竞标者名称	竞标者－大分类	记入关于省厅名、团体名等竞标者的大分类	全角文字 半角英数字	16	□	■ ◎
工程信息	竞标者名称	竞标者－中分类	记入关于局名、分公司名等竞标者的中分类	同上	16	□	◎
工程信息	竞标者名称	竞标者－小分类	记入关于事务所等竞标者的小分类	同上	16	□	○
工程信息	竞标者名称	竞标者名单	记入 CORINS 的竞标者代码（8 位）	半角英数字	8	□	○
工程信息	承包者信息	承包者名	记入承包者名的正式名称。转包的场合，则相继记入转包的正式名称及代表公司名	全角文字 半角英数字	127	□	◎
工程信息	承包者信息	承包者代码	竞标者决定的承包者代码	半角英数字	64	□	◎
工程信息	承包者备注		承包者备注	全角文字 半角英数字	127	□	△
照片信息	照片文件信息	系统编号	照片系统号码	半角英数字	7	□	◎
照片信息	照片文件信息	照片文件夹名	记入包括子文件的照片文件夹名	半角英数大写字体	12	□	◎
照片信息	照片文件信息	照片文件日语名	记入照片文件夹的日语名	全角文字半角英数字	127	□	△
照片信息	照片文件信息	媒体号码	照片包含的电子媒体的媒体号码	半角英数字	8	□	◎
照片信息	照片文件信息	照片 MIME	照片文件夹的 MIME Type 设定	同上	127	▲	◎
照片信息	照片文件信息	照片文件夹信息预备	照片相关预备项目	全角文字半角英数字	127	□	△

续表

<table>
<tr><th>范围</th><th colspan="2">项目名</th><th>记入内容</th><th>数据格式</th><th>文字数</th><th>记入者</th><th>必要度</th></tr>
<tr><td rowspan="22">照片信息</td><td rowspan="7">拍摄工种划分</td><td>照片－大分类</td><td>拍摄照片的业务种类</td><td>全角文字</td><td>8</td><td>□</td><td>◎</td></tr>
<tr><td>照片划分</td><td>照片管理划分：施工前完成 · 施工状况 · 材料 · 安全 · 品质 · 竣工形态</td><td>同上</td><td>16</td><td>□</td><td>○</td></tr>
<tr><td>工种</td><td>新土木工程预算大系的水平 2</td><td>同上</td><td>20</td><td>□</td><td>○</td></tr>
<tr><td>种类</td><td>新土木工程预算大系的水平 3</td><td>同上</td><td>20</td><td>□</td><td>○</td></tr>
<tr><td>细别</td><td>新土木工程预算大系的水平 4</td><td>同上</td><td>20</td><td>□</td><td>○</td></tr>
<tr><td>照片标题</td><td>照片的拍摄内容、拍摄项目</td><td>同上</td><td>40</td><td>□</td><td>◎</td></tr>
<tr><td>工种划分准备</td><td>工种划分相关的预备内容（可复数记入）</td><td>同上</td><td>20</td><td>□</td><td>△</td></tr>
<tr><td rowspan="5">附加信息</td><td>参考图文件夹名</td><td>拍摄位置图、范例图等参考图的文件夹名</td><td>半角英数达文字</td><td>12</td><td>□</td><td>○</td></tr>
<tr><td>参考图文件夹日语名</td><td>记入有关参考图文件夹的日语名</td><td>全角文字
半角英数字</td><td>127</td><td>□</td><td>△</td></tr>
<tr><td>参考图标题</td><td>能够理解参考图内容的标题</td><td>同上</td><td>40</td><td>□</td><td>○</td></tr>
<tr><td>参考图 MIME</td><td>参考图文件的 MIME Type 设定</td><td>同上</td><td>127</td><td>▲</td><td>○</td></tr>
<tr><td>附加信息准备</td><td>有关参考图等附加信息的备注项目</td><td>同上</td><td>127</td><td>□</td><td>△</td></tr>
<tr><td rowspan="3">拍摄信息</td><td>拍摄地点</td><td>测点位置、拍摄内容、位置图图面上的符号等</td><td>同上</td><td>64</td><td>□</td><td>○</td></tr>
<tr><td>拍摄日期</td><td>加注拍摄日期
以 CCYY−MM−DD 方式（阳历年月日）记入</td><td>半角英数字</td><td>10</td><td>□</td><td>○</td></tr>
<tr><td>摄影信息准备</td><td>关于日期、拍摄等准备项目（可复数记入）</td><td>全角文字
半角英数字</td><td>127</td><td>□</td><td>△</td></tr>
<tr><td rowspan="2">施工管理信息</td><td>施工管理值</td><td>设计尺寸及实测尺寸等</td><td>同上</td><td>127</td><td>□</td><td>○</td></tr>
<tr><td>施工管理值准备</td><td>关于施工条件等施工管理值的准备项目（可复数记入）</td><td>同上</td><td>127</td><td>□</td><td>△</td></tr>
<tr><td colspan="2">状况说明准备</td><td>关于检查到场者、特殊事项等状况说明的准备内容</td><td>同上</td><td>127</td><td>□</td><td>△</td></tr>
<tr><td rowspan="2">其他</td><td>承包者说明文字</td><td>承包方在照片上的说明</td><td>同上</td><td>127</td><td>□</td><td>△ －</td></tr>
<tr><td>照片信息准备</td><td>其他准备项目</td><td>同上</td><td>127</td><td>□</td><td>△ －</td></tr>
</table>

（注）全角文字与半角英文数字混在项目中，表示全角的文字数，半角英数字的 2 个文字相当于全角文字 1 个文字。

＊1 照片信息，照片的数目反复登录。

＊2 附加信息，对于一张照片相关参考图数目的反复登录。

【录入者】□：电子媒体作者录入项目

▲：电子媒体作成软件等自动记入固定值的项目

【必要度】◎：必须记入

○：在一定条件下必须记入（知道数据的情况一定写上）

△：任意记入。原则作为空栏，如有特殊事项记入

■：对于电子交货对象工程不记入

电子订货对象以外工程的数码照片交货的情况下，根据必要度记入

息”的文件夹，在“PHOTO”文件夹之下保存。

保存形式为XML*文档（按照XML1.0），文件夹名称用半角英文大写字母记为“PHOTO.XML”。

④使用文字

对于XML使用文字，按照“土木设计业务的电子交货要领（草案）”、“工程完成书的电子交货要领（草案）”进行。

⑤照片编辑

考虑到照片的可信性，原则上不能进行照片编辑。但是，在得到监督（调查）职员承诺的情况下，允许进行旋转、全景、亮度的修正调节。

7）电子媒体

对于电子媒体以及电子媒体上张贴商标的规则，按照“土木设计业务的电子交货要领（草稿）”、“工程完成书的电子交货要领（草案）”进行。

8）有效像素

有效像素数以能看清黑板的文字为准（100万像素左右）。

9）多种电子媒体的情况

多种电子媒体的情况下，按照“土木设计业务的电子交货要领（草案）”、“工程完成书的电子交货要领（草案）”进行。

另外，只用数码照片交货的情况，多种媒体时都用统一的“PHOTO.XML”文件名保存。个别独立的内容，在每个媒体上能够独立为“PHOTO.XML”文件名，不宜随便进行细分。

10）拍摄频率和频率的确定

利用电子媒体的情况，按照《照片管理标准（草案）》所表示的拍摄频率进行。

词语

*3 XML Extensible Markup Language（“扩张型结构化记述语言”）文字列被称为名片用的〈　〉括起预约界定文字，记述文档的调整和其他文档的联系。文档的构造以DTD的文件夹定义，具有对于表现方法进行指定和能够对文件中的文字列附加意思的独自的名片进行扩张定义的特点。

6.3　移植施工

移植是指对根据设计图纸记载的原有树木进行挖掘、移动及在生长地相异的其他场所进行栽种的过程。

移植的程序包括施工前调查、断根、挖掘、土坨打包、搬运、栽植、养护管理等。

6.3.1　树木移植施工

（1）施工前调查

1）移植条件的整理

为了决定移植内容，根据需要进行场地调查，并对移植条件进行分析整理。移植条件是从成活力和移植技术的方面进行分析整理（表6-19，表6-20）。

2）移植的时期

进行树木移植时，选择树木固有的休眠期，亦即生长活动的停止时期进行移植是一般原则。特别是在进行大树、古树、贵重树木、移植困难树种的移植时，在最适期进行是必要的（表6-21）。

3）移植的难易

移植容易的树种有皋月杜鹃、密毛杜鹃、毛白杜鹃、玉铃花等。移植困难的树种有木兰属植物（木兰类、广玉兰、日本辛夷、厚朴等）、苦楝、合欢等，此外鳄梨、天竺桂、交让木、桉树等也被认为移植难成活。另外，一般灌木移植比较容易，但其中的石楠、石斑木、瑞香、茶树、海桐、火棘等移植相当困难，近年来多采用容器栽培法。

4）搬运距离、路线

尽管处于休眠期，树木还是存在呼吸，其根部受风和日光影响会引起干燥，这是树体枯损的原因。另外，搬运中由于震动引起滑动、土坨散坏，搬运距离较长等因素都对树木成活

移植条件的灵活运用（例）　　表 6–19

条件类型		项目
规划的需要		规划方针，规划主题，设计需求，价格比较等
树木特性（树木的价值）	树种特性	亲近性，地域特性，普遍性，美观性，快适性，季节性，独特性等
	个体特性	保护性，历史性，树姿（美观性），大小，树种代表性，杰出性，稀有性
相关者的意向		竞标者，关系部局，周边居民（市民）等
相关法规		保护规章制度，道路交通法等
社会需要		环境协调，有效利用，建设价格的削减等

移植条件的技术方面（例）　　表 6–20

条件类型		项目	
		地上部	地下部
树木移植特性	树种特性	成活特性，不定芽发芽力，生长速度等	根系特性
	个体特性	形状（大小、分枝），树势（健康状况，树龄等），历史	根系发达程度、根部病虫害
施工条件	挖掘处的作业环境	作业性（临时设施、支撑、坡度等），障碍物，地盘	地下埋设物，土壤
	搬运环境	搬运路线、限制、障碍物	
	种植处的作业环境	作业性，障碍物，气象，日照，方位	种植基盘（土壤，排水）
	作业工程	施工时期，有无假植，有无根部回剪	
	造价	临时设施费，（根部修理费），挖掘费，搬运费，栽植费	
	其他	安全相关事项，不明事项，临时易于变化事项等	
管理条件		管理体制，管理项目，管理频率	

（引自《樹木移植工事円滑化に関する検討報告書》一部分进行修改）

产生较大的影响，应尽量在短距离短时间内进行。

在构筑物之外搬运大树时，对道路、桥的宽度、构造等进行调查，确认是否可以搬运非常重要。

（2）挖掘

挖掘是将移植对象树木从生长地挖掘出来的同时，整理成能够进行搬运作业的形态。

挖掘有根部打草绳、过筛、追加挖掘、冻土法等方法，依照下列顺序进行：

1）灌水

在掘取的半日～1日前进行浇水，目的是使根和土壤紧密结合，防止挖掘时干燥以及运输中树木干燥。

2）枝条整理、剪枝

有下枝的树木在挖掘时会影响作业的进行，把下面的枝条用绳子往上方固定于树干上。同时将枯枝、弱枝、密生枝等剪除。前者称为枝条整理，后者称为剪枝。

3）土坨上方去土

挖掘前将土坨表面的土去掉，以防把杂草类运到移植处。另外，通过该项作业还可以确认根系伸展方向和伸展量。

4）临时支柱（防止倒伏）

对于3 m以上的乔木，为了防止强风造成树木倒伏，应当进行简单的八字支撑、绳索固

东京附近树木移植适期、移植不适期　　表 6–21

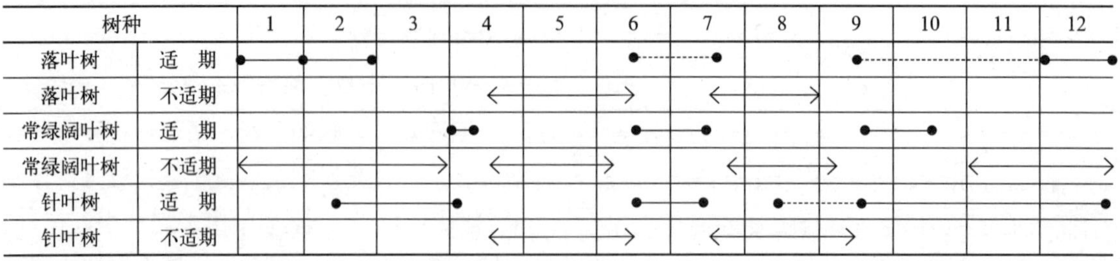

树种		1	2	3	4	5	6	7	8	9	10	11	12
落叶树	适　期	●——	●——●				●┈┈	┈●		●┈┈	┈┈┈	┈┈┈	●——●
落叶树	不适期				←——	——	→	←——	——→				
常绿阔叶树	适　期				●●		●——	●		●——	●		
常绿阔叶树	不适期	←——	——	——→	←——	——	→	←——	——	→		←——	——→
针叶树	适　期		●——	——	●		●——	●	●┈┈	●——	——	——	——●
针叶树	不适期				←——	——	→	←——	——	→			

——最适期　┈┈┈较适期

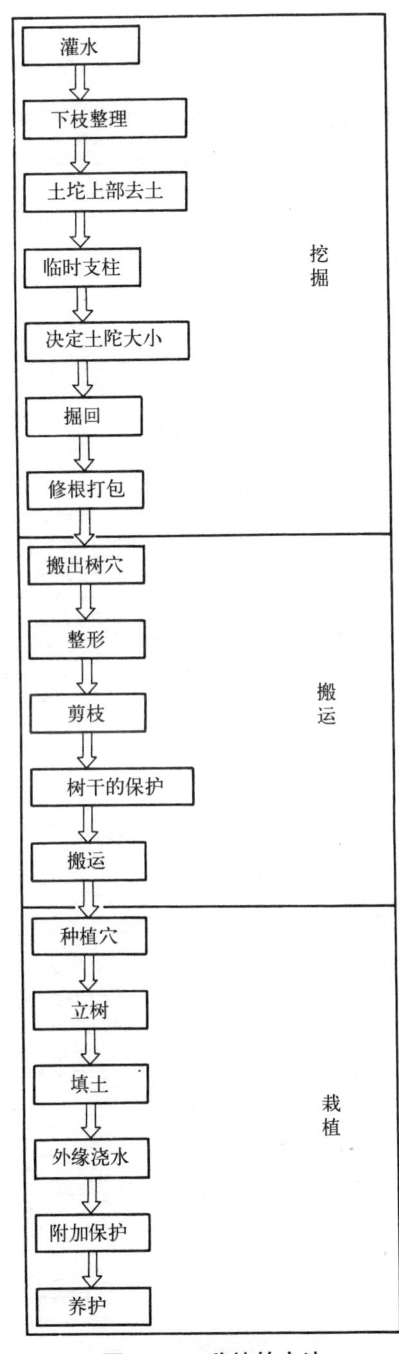

图 6-38　移植的方法

定等。

5）土坨的决定

土坨是移植树木时挖掘出的根的外形，为树木生长发育时在一定范围内扩展的根系与土壤交织在一起形成。与根没有紧密接触的土容易分离脱落，并在土坨中产生小的间隙，容易产生干燥危害。因此，根的状态不同，土坨的形状也不同。

树木的根系分为深根系和浅根系，深根性的针叶树和常绿树的土坨，比起直径大小来更重视深度，较浅根性的落叶树、灌木类的深度浅，但直径大。

一般土陀呈半球形状，根系浅的侧根扩展的情况下土陀多为平底形，另外直根系较深的情况土陀多为尖球形。

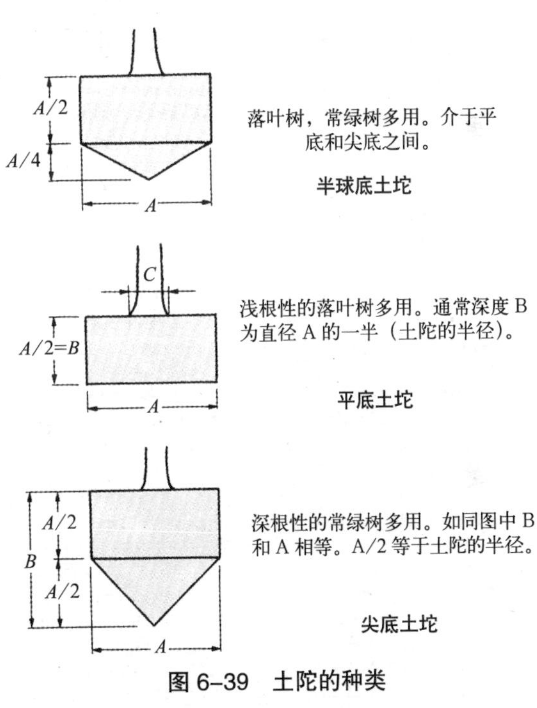

图 6-39　土陀的种类

6）修整土坨

修整土坨是在土坨直径外测垂直掘下，待侧根没有后开始往底部挖掘修成半圆形。最后削除侧土，并利用锋利的刀子切割侧根。在主根近处利用手锯切断，切口覆盖苔藓或者稻草。细根尽量保留，在捆绑时为了不使根坨受伤而将其卷入土坨内（详细参照6.3.2断根处理）。

7）捆卷打包

捆卷是指树木移植时为了不使根系干燥，保护细根，使根系与土壤密切结合而提高移植成活率，为了不使土壤散落而保持根系与土壤的结合状态挖掘，在土坨表面用草绳、蒲包等缠绕打包。以前多用稻草、草绳、蒲包等，近年来，混入加强型植物纤维的材料、麻布（黄麻）作为捆卷材料被广泛使用。

捆卷方法有水平捆卷和斜上捆卷。

- 水平捆卷

树木带土移植时或者修整土球时，围绕土球挖成圆环状沟槽形成土坨。挖掘后，为了不使土坨散落，用草绳在土坨侧面进行水平缠绕捆卷，该过程也被称为卷坨。

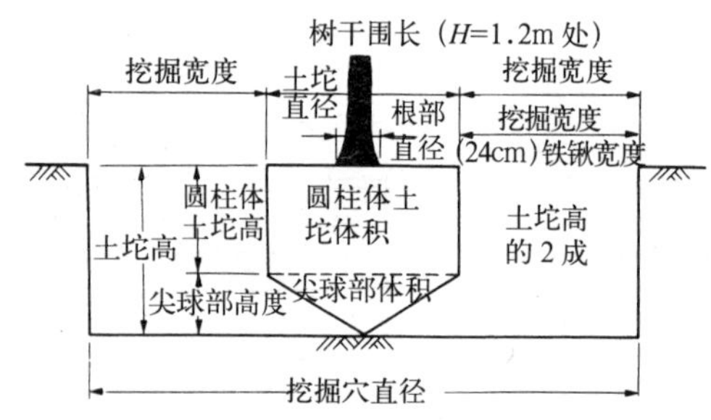

图 6-40　土坨大小的决定

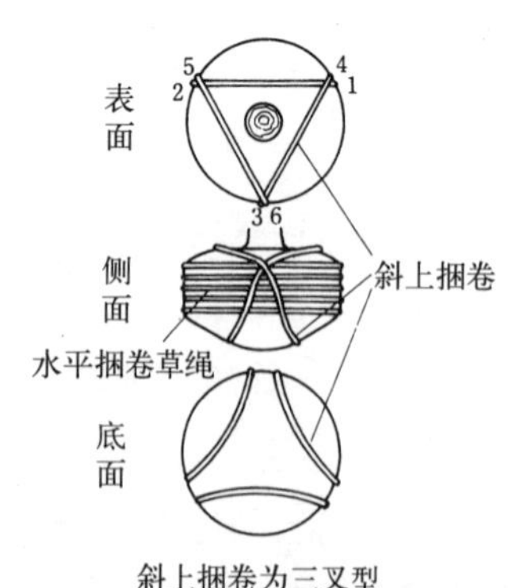

图 6-41　捆卷打包（水平捆卷、斜上捆卷）图

- 斜上捆卷

水平捆卷之后的捆卷方法，绳的末端固定于根际处进行捆卷。草绳从上部到底部，再从底部到上部并进行交叉捆卷缠绕。这种情况下，从土坨底部和土坨表面的棱角处拍击固定。捆卷有三叉、四叉、五叉、高密度捆卷等方法。

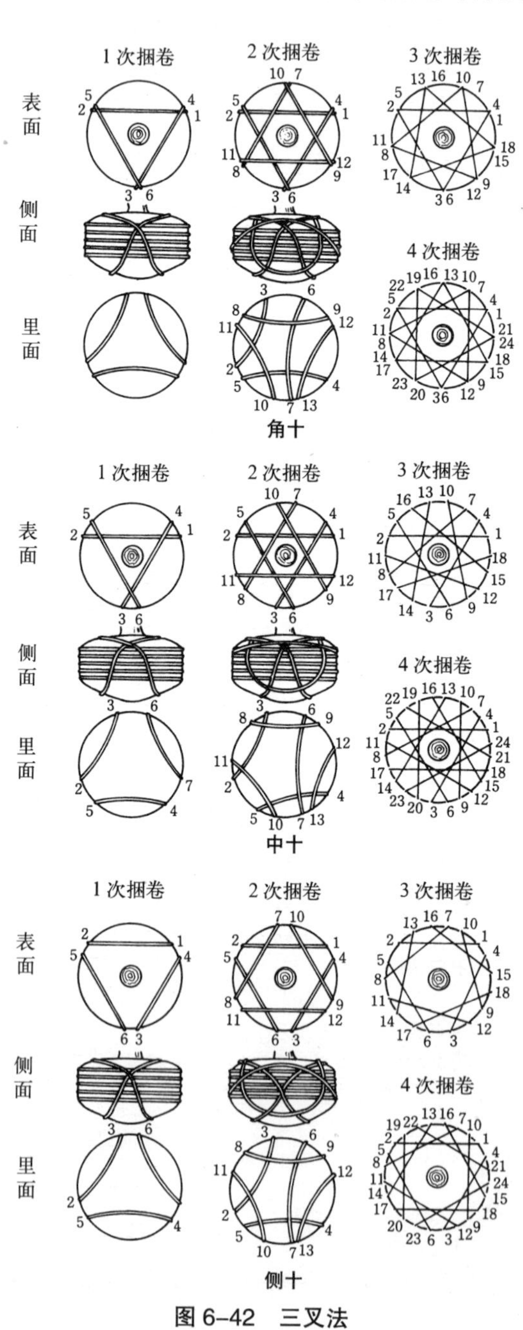

图 6-42　三叉法

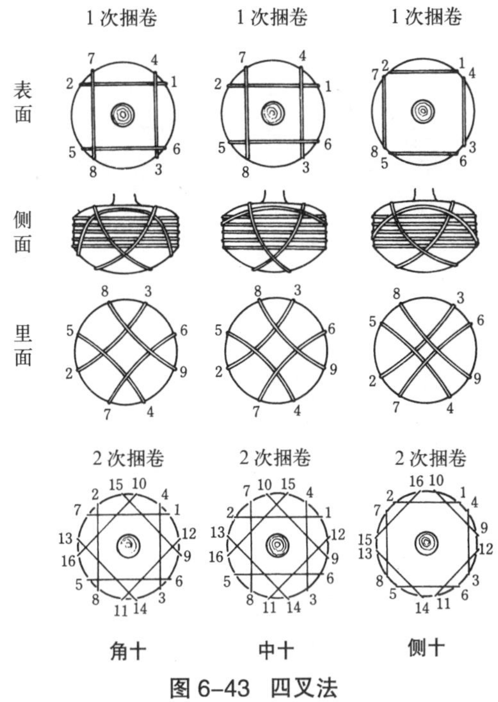

图 6-43　四叉法

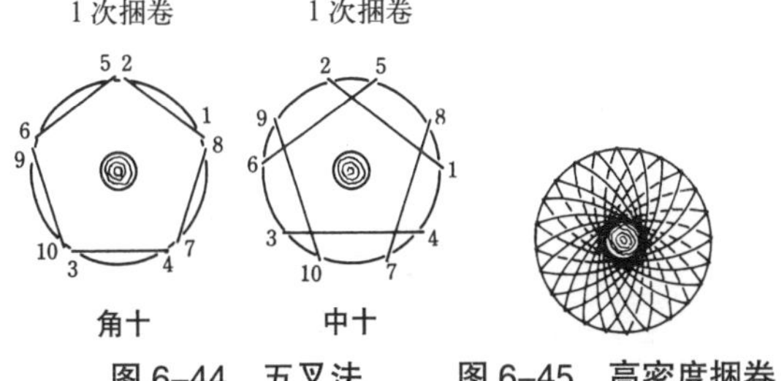

图 6-44　五叉法　　图 6-45　高密度捆卷

照片 6-1　松树土坨的捆卷

这些方法可以多次重叠使用。通常，壤土的土坨捆卷简单易行，砂土、泥土难于进行捆卷并容易散落，为了防止根部干燥而采用蒲包捆卷。小树可以使用稻草或者蒲包进行捆卷，该方法适用于一只手能轻松拿起的土坨。

- 其他

近年来作为土坨捆卷法的代用品，出现了用化学制品制成的网或特殊强化加工纸等材料，简单易行。

（3）搬运

1）搬出坑穴

捆卷结束后把移植树木从坑穴中搬出，有拿出、扛出、转出、埋土升高搬出、吊出、拽出等方法（图 6 -47，图 6 -48）。

①拿出

小树时，由 1 人到数人用手从坑穴中拿出。

②扛出

小树时，用肩扛出。

③转出

把土坨转在一张特制网上，一端固定在坚固的木桩或者近处树木的根际，另一端由人力牵拽，使土坨一边转出穴坑。

④埋土升高搬出

在倒下的土坨的下面垫土，左右交替翻滚移动、垫土，使土坨逐渐升高的方法。该法不适用于大树。

⑤吊出

使用人字形、吊链、起重机、起重汽车等将树木吊出。

⑥拽出

用于相当大的树木。当大树垂直搬出坑穴较困难时利用。

坑穴底部到上缘修整成斜面，把土坨通过斜面拽出，该种拽出机（卷车，板车，推土机，卡车等）也可用于搬运。

使用稻草的方法

a b a b b a b a

使用剪开蒲包的方法

穿过捆卷　折线捆卷（八字捆卷）

135°　45°　90°　60°　0°　ねじり

编织形　编织结三叉捆卷　四叉捆卷　五叉捆卷

草绳捆卷法

（引自《造園ハンドブック》）

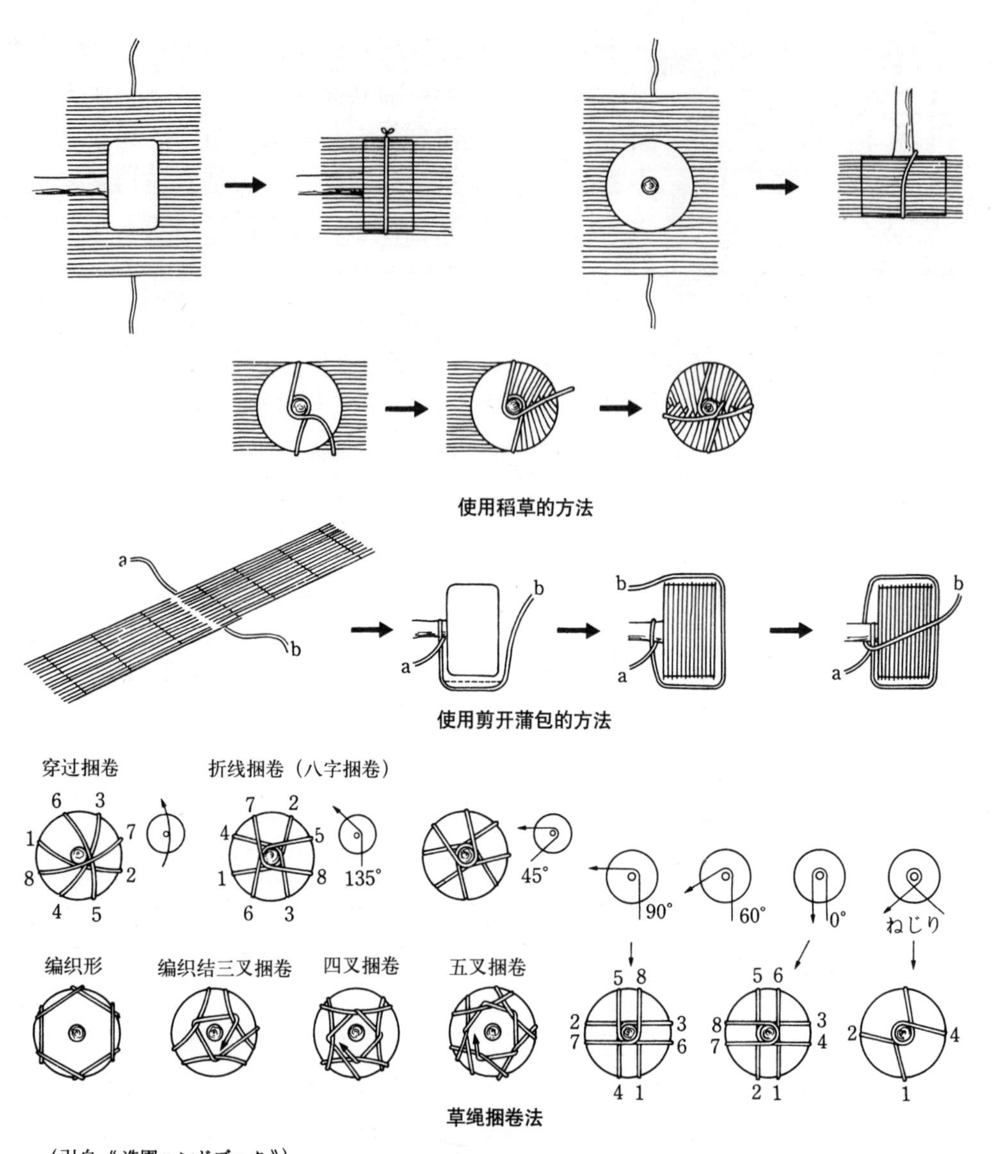

图 6–46　土坨捆卷的方法

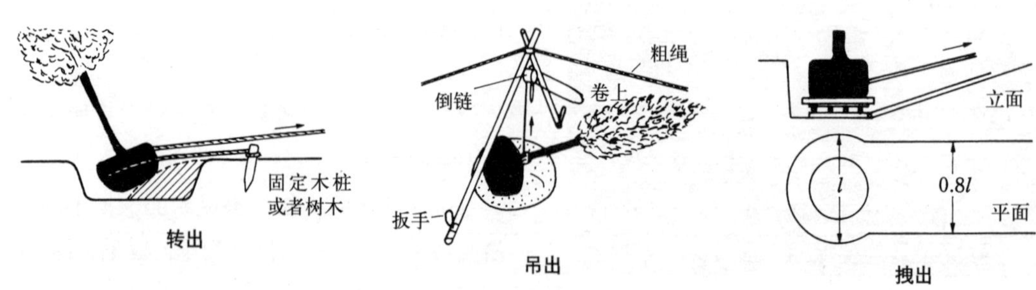

图 6–47　搬出坑穴的方法

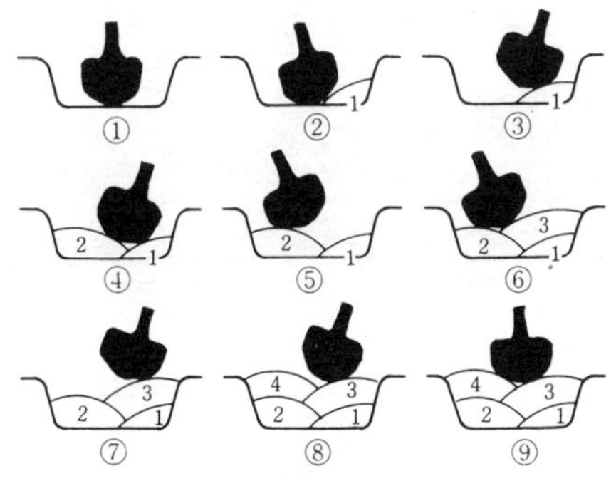

图 6–48　埋土升高搬出

2）伤口处理

搬出坑穴后，用锋利的刀子对直根的切口进行处理，并在切口处涂抹愈合剂。如果离栽植有一定天数时，利用剪开的蒲包覆盖于直根上以免干燥。

3）捆枝

捆枝是指树木移植时，搬运掘出的树木，伸展的枝条产生障碍时，将枝条向树干收拢的方法。从树梢开始，逐步向下一直进行到根际处的枝条。粗枝坚硬和容易折断的树枝不要硬弯，可在树枝上附加竹片、用草绳缠绑，使其弯曲并不易折断。此外，早春开始生长时，枝条柔软，容易受到肉眼不可看出的伤害，应当注意。

4）干部的保护

在装车和搬运时，为了不受伤，要用草绳或者蒲包等进行缠绕保护，对由伸展产生障碍的小枝进行捆绑整理，缩小分枝角。特别是早春树液流动旺盛的时候，要注意不能造成树皮的剥落。

5）搬运

搬运有倾倒搬运、直立拽引搬运、利用机械等方法。

①倾倒搬运

将移植树放倒搬运的方法，有人肩搬运、利用特制台车搬运、道板搬运等方法。

- 人肩搬运有 1 人扛，2 人抬，3 人一起抬，还有 4 人、6 人、8 人、10 人、12 人抬等搬运方式。

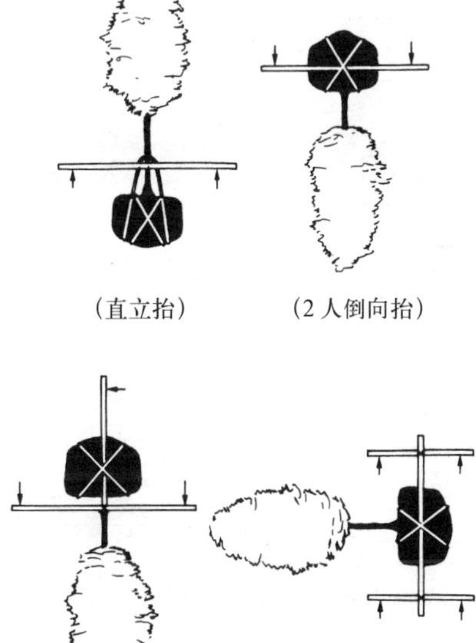

（注）↑处为抬起两人的肩膀受力处

图 6–49　肩搬运

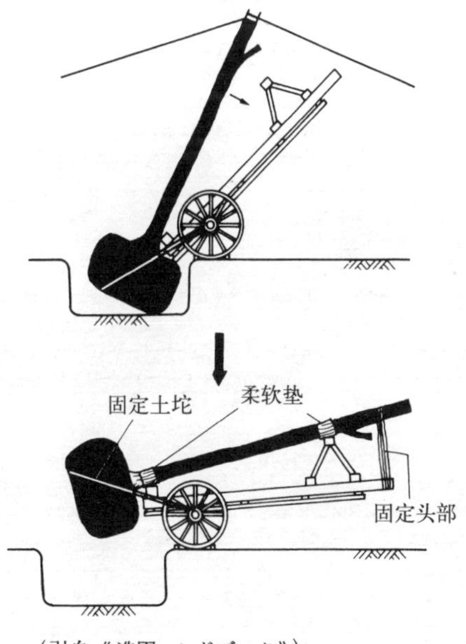

（引自《造園ハンドブック》）

图 6–50　台车搬运

- 利用特制台车搬运时，树木处于直立状态，将特制台车插入土坨一侧，慢慢把树干与车一同倒下将土坨拽出地表的方法。
- 道板搬运，又称拽动法，是在土坨和树

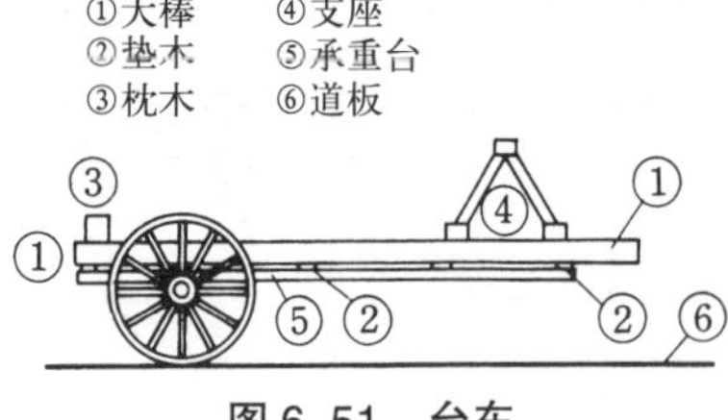

图 6–51　台车

图 6–52　平板搬运

搬运装置侧面

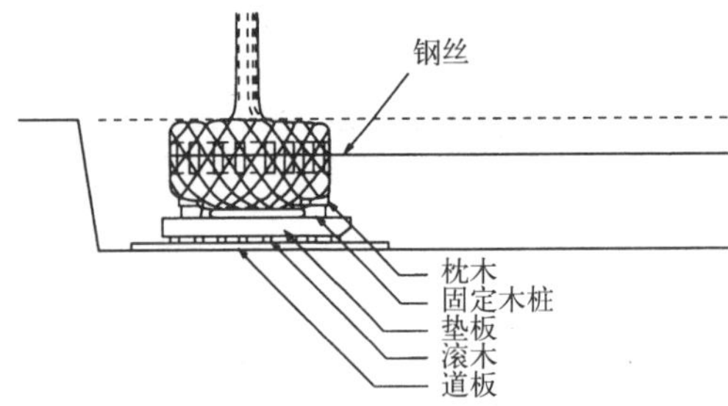

搬运装置断面

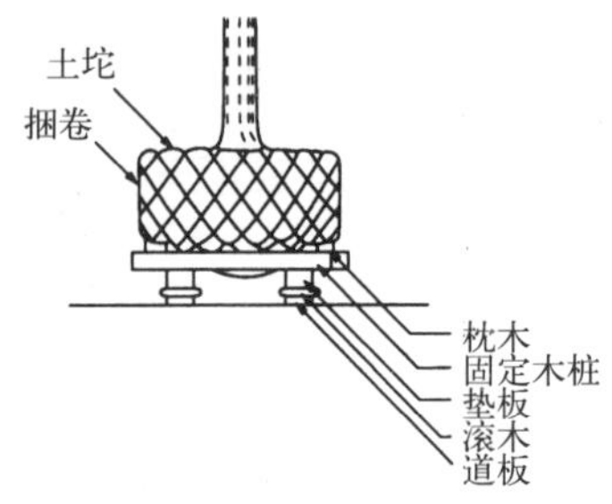

银杏　H=18m　C=3.42m　W=15m
1991 年 2 月静冈县热海市拍摄

①挖掘

③搬运装置

②土坨捆卷

④直立拽引搬运

图 6–53　树木的移植（直立拽引搬运）

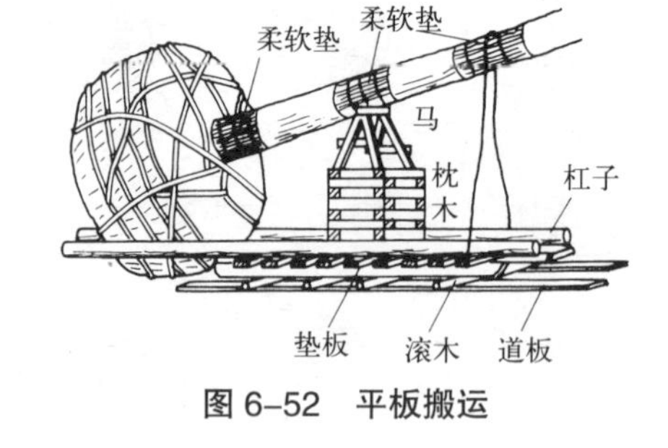

干下面铺覆道板，并列铺上滚木，重量重者利用卷扬机等往前拽拉滚动的搬运方法。树木有一定的高度，直立搬运危险时采用该法。

②直立拽引搬运

对于没有空间使其倾倒的大树，一般利用营造斜面、利用滚木将其搬运上来，有时直接利用该法进行搬运。但是在近距离搬运时，在挖掘坑穴和栽植坑穴之间沿着土坨底部挖一条沟，顺着沟地铺上滚木，将树干用支柱支撑在沟的两侧，这样就像是将大树吊起来移动一样，但实际上是利用滚木进行移动。

③机械搬运

树木的搬运如果具备必要的路况，可以使用吊车、起重机，利用卡车进行搬运。

利用机械搬运是目前最为普遍的方法，进行作业时，在树干的吊起位置一定要用适合物品进行保护。另外在起吊时，还要注意不要使钢绳与树枝交错，不能对其造成损伤。

进行大树搬运时，应该对施工方法和搬运路线进行事前调查，不要和《劳动安全卫生法》和《道路交通法》等相关法律法规发生矛盾。(要求延伸出车体之外的部分不超过车体长度的1/10，卡车左右不超过30cm，高度是从地面算起不超过3.5m。)

在树木搬运必要的路途中，如果无法使用带轮胎的车子的情况下，则使用带有滑轮的移植机械进行搬运。

在搬运过程（特别是直立姿态运输）中，还要对可能对树木通行产生障碍的物体进行处理。

必要高度＝树木高度+2.0m

必要宽度＝树冠宽度（树木胸径40cm以上者最低为4.0m）

使用移植机进行搬运的距离，虽然与土壤特性有关，但一般在2公里左右可以实现。可以使用移植机搬运的斜面，纵向坡度为20%（1：2），使用辅助重型机械（夯实机）把横向坡度整为接近水平状态后再进行搬运。

（直立拽引工程监督　图中人：作者）

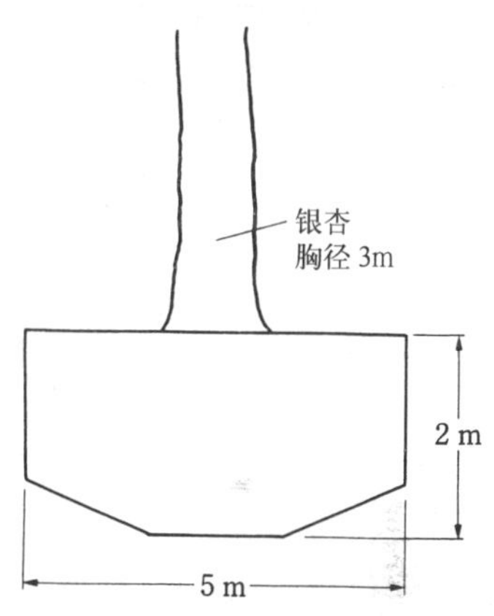

1975年7月（东京国立博物馆）拍摄

图6-54　直立拽引搬运的实例

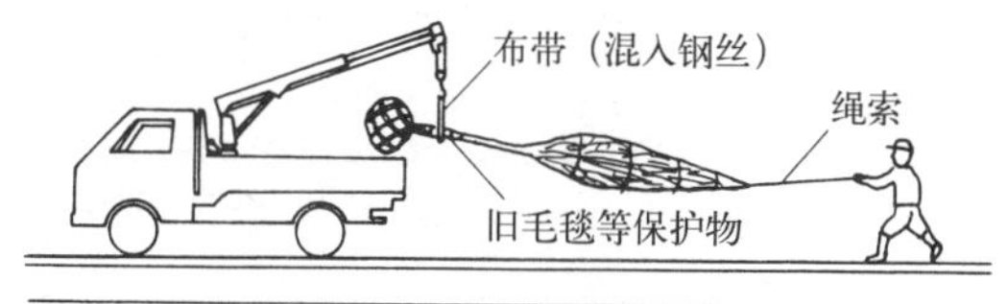

图6-55　卡车（装载、卸车）

（4）栽植（树木栽植施工）

运输到栽植地的树木应尽快进行栽植。为了使栽植工程能够迅速进行，事先要根据种植设计图确定好位置，挖好种植穴，根据需要在准备客土等全部材料的同时，还要采取有助于树木成活的各项措施。

移植树木的种植施工和新植树木的种植施工一样。因此应该按照种植施工的顺序进行施工（详细参照6.4的种植施工）。

（5）促进成活

移植的树木发出新根，随后须根发达，植物地上部分的蒸腾作用与水分吸收达到且保持平衡的状态即可称为成活。为了促进其成活，一般采取枝叶修剪、断根部处理、钾肥追加、侧根给水等措施进行处理。

1）枝叶修剪

移植过程中随着断根大大减弱了水分的吸收能力，蒸腾作用的平衡状态被打破，如果放置不管的话，树液会变浓、树势将不可避免地出现衰弱现象。因此，为了抑制蒸腾作用，移植前应该对植物的枝叶进行修剪。另外，有时还应该在叶面喷洒抗蒸腾剂的水溶液来防止蒸发，采取对移植结果有利的措施。抗蒸腾剂有以菜籽油为原料、高级酒精溶剂为主要成分的抑制剂，和含有微粒子高黏性油、石蜡等成分的抑制剂。使用喷雾器，在树冠表面（叶表、里面）均匀喷上指定浓度的雾状制剂，干燥后可在叶面、新梢部覆盖一层薄的保护膜、对于抑制叶面水分的蒸发具有效果。间隔5～7天连续喷洒2～3次为宜（表6–22）。

2）断根部处理

将断根部分的剪口用锋利的刀子重新切割，使用药剂进行消毒处理防止腐烂的同时，可以促进新根的产生。另外，还应在根的切口部分涂上9–苯甲基腺嘌呤和β–吲哚酢酸等药剂，目的在于促使移植树产生新根。

3）施用钾肥

夏天移植时在挖掘前一个月对移植树木使用钾肥，是促进非季节性移植树木成活的

维持水分吸收和蒸发平衡的措施 表6–22

项目	目标形式	措施方针	作业阶段	具体的技术
对水分吸收器官采取的措施	防止水分吸收功能的降低	防止根的机械损伤	掘取	• 带土充足的土坨 • 蒲包、稻草、草绳等进行土坨捆卷
		防止根的干燥	从挖掘到移植的期间	• 通过调整搬入工程和现场工程，缩短时间 • 通过事前准备掘取种植穴等，缩短时间
			搬运中	• 覆盖蒲包、帆布
			在现场人工进行的集中处理	• 覆盖蒲包、帆布 • 避免日光直射 • 适当灌水
			栽植	• 通过土、水管理，防止土坨周边土壤局部板结
	促进水分吸收器官的再生	促进根的再生	施工时期的决定	• 选择植物体内的储藏物质充实的时期
			掘取	• 整理根部断面的不整齐部分 • 尽可能避免新根的损伤
			栽植	• 通过土、水管理和添加木材，使土坨得到固定，防止再生须根的损伤
对水分蒸发器官采取的措施	水分蒸发机能的降低	除去叶片	掘取、栽植	• 剪除枝、叶
		防止干部的水分散失	掘取、栽植	• 用蒲包、稻草、草绳等捆缠干部
		防止由风带来的蒸发	栽植后	• 挡风
		通过药剂减低蒸发功能	栽植时	• 使用抗蒸腾剂

（引自《造園施工の実際》）

方法。

钾肥具有可以抑制植物水分蒸发、提高植物充实度的作用，增加植物对危害的抵抗力的作用，为了促使从夏天到秋天肥料吸收的活性化，利用该特性，在移植前施用钾肥。但是，冬天移植不需要剪切枝叶，在地表利用稻草、树皮堆肥等进行覆盖，地上部利用蒲包进行覆盖，防寒效果良好。

（6）非季节移植技术

非季节性的乔木移植方法，在此介绍自1970年以来已经多次实践成功的使用侧根给水的方法。

1）侧根给水法的移植顺序

如图6–56所示。

2）侧根给水法的施工

侧根给水法就是在对树木进行打包时，选择适当粗细的根，切断后从切口进行水分补充的方法。

非季节性的乔木移植，在移植的标准程序之外按照以下进行施工。

①在进行根部土坨捆卷打包时，原则上从四个方向选择出适当粗细的根进行切断。

②将断根部分用锋利的小刀重新切割，同时从切口供给水分。

③给水装置是容量为20L的聚酯罐并接上直径为10～15mm的橡胶管。

④为了在运输过程中使断根部分和橡胶管之间的连接不断开，可使用夹板，并用胶带固定。

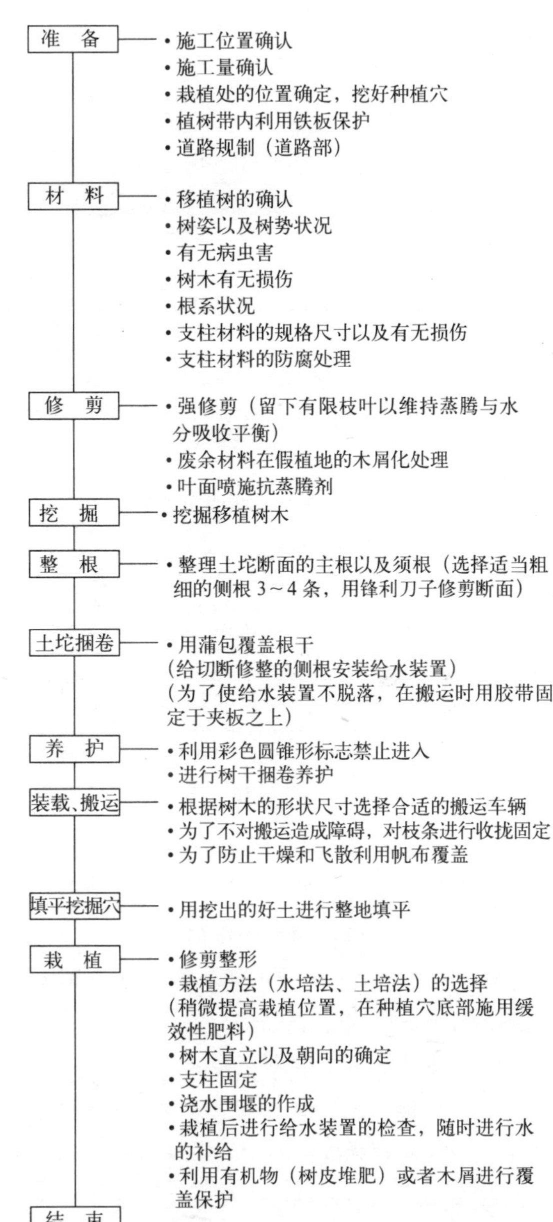

图6–56　侧根给水法的移植顺序（2001年制　中岛）

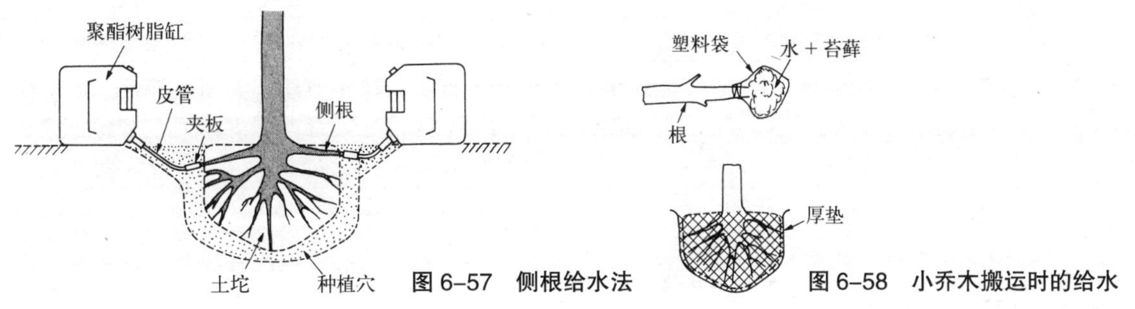

图6–57　侧根给水法

图6–58　小乔木搬运时的给水

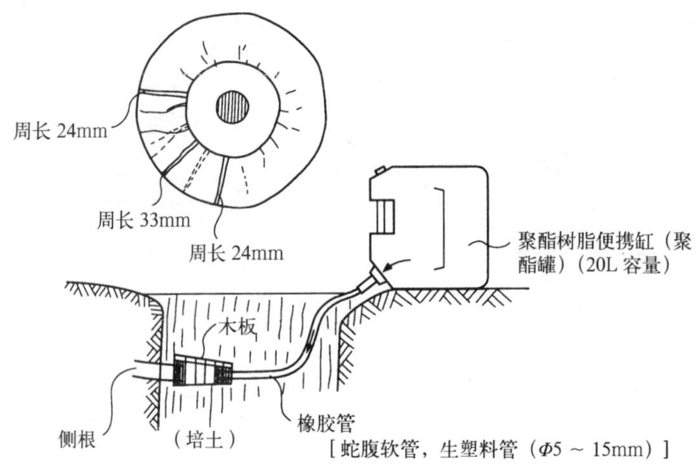

挖掘开始时粗的侧根少，但在 18 ～ 33mm 上下的根分布于土坨一侧，如图所示留下 3 条根，断根处理后安装给水装置。
移植　1970 年 6 月 30 日　约 20L × 3=60L
补给水　第 1 次　7 月 1 日　约 20L
第 2 次　7 月 2 日　约 15L
≀
第 3 次　7 月 9 日　约 13L

图 6–59　水杉的实例（东京都立有栖川宫纪念公园）
高 10m，胸径 75cm

⑤枝叶的剪除，可以促进蒸发和水分吸收的平衡，另外还可以在叶面上喷洒抗蒸腾剂。

⑥进行种植时，可以适当地稍微提高栽植高度，用 3 ～ 5cm 的有机质进行覆盖。

⑦种植后的 5 天内要每天、7 ～ 14 天时则隔天，检查水的情况并进行补水。

（7）成片移植工程

成片移植工程，从森林营造的角度出发，为了早期形成自然的、稳定的森林结构，不只移植成年树，还要对构成森林林床的灌木、草本植物、表土、微生物、小动物以及埋土种子等多样的生物体与成年树一起进行移植，属于自然植被生态恢复的施工办法之一。

①成年树的材料从稳定的具有活力的树林中选取没有病虫害、生长良好的树木。另外，还要考虑到搬运路线等条件，根据坡度、运输距离等进行选择。

②成年树的规格是根际直径的尺寸，一本多干式树形的树干尺寸是各个树干的根际直径综合的 70%。

③挖取时应避免在表土干燥的时期进行。另外，为了使根的损伤达到最小，在精心挖掘的同时，还要对侧根利用锋利的刀子进行切割处理。

④对于根部的细根和缠绕在成年树根际处的草本类的根茎进行去除清理。

⑤另外，栽植场所一般根据设计图纸来决定，但尽可能选择土壤和水分条件等立地条件与原地相同的地点。

6.3.2　断根处理

断根处理就是指在植物生长的地方，将根系的大部分在比将来要挖起的土坨稍大的范围切断，同时进行枝叶的修剪回缩以促使断根处新根的产生，该种方法即为断根处理。对于移植后不易成活的树种以及大树、贵重树木、外来珍贵树种进行断根处理都是有必要的。为了使长年没有移植的树木、贵重的树木、移植困难的树木种类等安全移植并能确保成活，而在搬运中又难免对全体根系造成损伤，所以在移植前 1 ～ 2 年必须进行断根处理。

经过断根处理后的根系，在土壤中吸收的水分和养分通过木质部运送到枝叶，叶面合成的营养物质则通过筛管运送到断根处促进新毛细根的生长，在土坨周围形成很多的须根，从而使移植成活变得容易。

（1）断根处理时期

断根处理在根系生长最旺盛的春季进行最好，直到梅雨季节都效果良好。在春季进行过断根处理后，落叶树移植可在当年的秋季到次年的春季进行；而常绿树移植则在次年的春季或者梅雨季节期间进行效果良好，当然有时会根据实际情况推后一年再进行移植。

（2）断根处理方法

断根处理的方法有掘沟式和断根式两种方法。

1）掘沟式

土坨直径一般是根际直径的 3 ～ 5 倍，在该处向下挖掘。保留位于土坨四面或是三面的

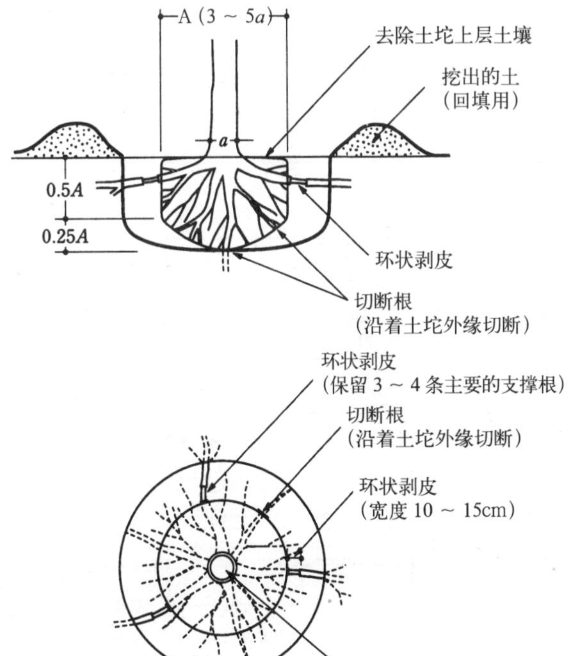

图 6-60　掘沟式断根处理的方法

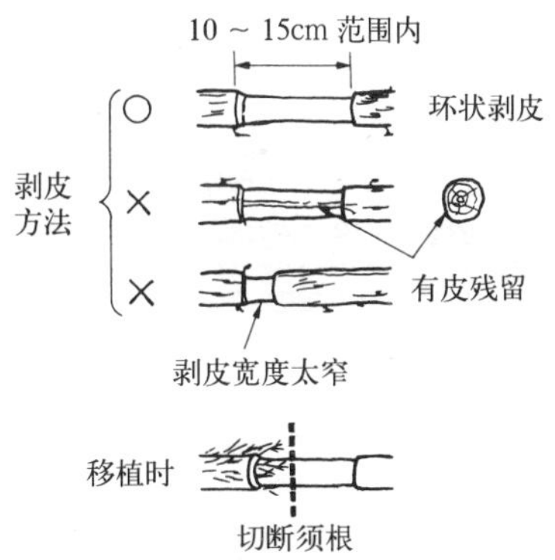

图 6-61　环状剥皮的图解

强根，其他的根沿着土坨外缘垂直切断，切口都要用锋利的刀子进行切割处理。

对于强根的断根处理，从土坨外缘向外 10 ～ 15cm 左右进行环状剥皮。这样就可以切断根系基部和根系顶端的养分流通。

然后用草绳将土坨进行捆卷打包，附加临时支柱进行支撑，对土坨下面的土进行疏松处理，检查下面是否有粗的直根。

然后进行填土回埋，进行枝叶疏剪，减少枝叶量，使用支柱进行支撑进行养护管理。根据情况，有时会分两次进行断根处理。

2）断根式

这是只切断侧根的方法，在树干周围简单地挖掘，将根切断。此外，使用断根剪刀从地表处将根切断也可以起到一定的效果。

这种办法适用于浅根性和非直根性树木，当周边状况、土壤特性等不适和进行土坨捆卷时采用。

断根处理后的养护和移植后的养护管理没有大的区别。

（3）断根处理作业

断根处理作业的顺序为下挖、整理根系、回填培土、枝条修剪、支撑、整理场地等工序。

1）下挖

和通常的栽植用土坨相同，先确定好大约是根际直径 3 ～ 5 倍的土坨大小，从周围垂直向

下挖掘。挖掘时，要尽量保留起支撑作用的粗根。

2）整理根系

支撑根为三面或四周的分布，沿着土坨外缘将其他根用锋利的刀切断，修整切口。对留下的支撑根进行 10 ~ 15cm 的环状剥皮。

3）填土回埋

为了使填土回埋的土壤和根系结合密切，要使用木棒将其捣实。

回埋使用土壤一般直接使用挖出来的土，混入表层土和草炭后可以促进根系生长。

4）整枝修剪

整枝修剪是为了保持与切断的地下部根系的平衡，一般常绿树剪除到原来枝叶量的 2/3 左右，落叶树则剪除到原来枝叶量的 1/3 的左右。

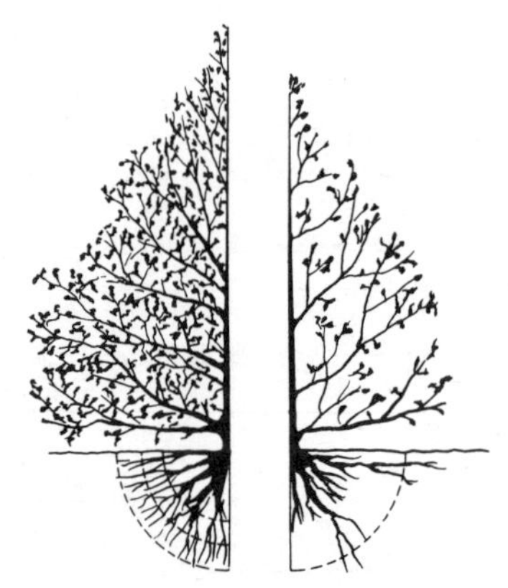

断根处理前（左）和断根处理后（右）的枝叶量、根量

图 6-62　整枝修剪

5）支柱

为了不使由于树木的倒伏和树木的摇晃导致新根的切断，要使用支柱对栽植树木进行支撑固定。

6.3.3　移植、栽植机械

种植工程考虑到场地条件、种植树木的数量、形状等，与绿化树木相结合，为了在各种场地条件中使树木健壮地生长而需要使用机械。

（1）使用机械

对于种植工程规模大、现场状况适合于采用机械施工时，可以达到省力、高效的目的。其他情况下，采用器具进行人工施工。

①挖掘种植穴的机械有挖掘机、掘穴机，器具有吊桥、铁锹等。

- 整枝修剪的机械有电锯，器具有手锯、枝剪、粗枝剪等。

②栽植机械有起重机、附带起重机卡车、吊车等，器具有吊链、三脚架等。当树木的重量在 5t 以上时危险性增加，利用起重机、吊车等施工安全性好。

③填土回埋的机械有推土机、铲车等，填土后浇水用的有洒水车、带有发动机的水箱车，器具有小木棒、皮水管。采用水埋时一边浇水一边用木棒进行捣实一边埋土的方法。

④支柱用的器具有木槌、榔头、钳子等。固定支柱时用榔头打铁钉，用钳子捆绑铁丝，用木槌打木桩。

- 高处作业可以使用高处作业车、梯子、人字脚架。

⑤搬运机械可以分为人力操纵机和机械操纵机，根据材料重量、搬运距离、搬运场所、

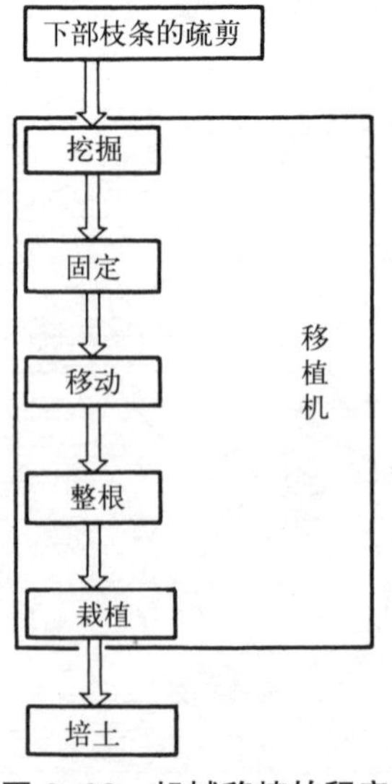

图 6-63　机械移植的程序

工作场所等不同使用机械也不同，有以下这些器具：

卡车、附带起重机卡车、起重机、吊车、挖掘机、推土机、卷扬机、吊链、两轮车、独轮车、特制台车、板车等。

作为代替以前人力作业的机械，随着诸如小旋转范围的小型油压挖掘机、推土机、挖掘机、打眼机等需求的增加，近年来开发出了各种大型化移植机械。

这些机械不是在泛用型机械上临时安装移植机等作业附件，而是对泛用型机械的一部分进行改造作为专门的移植机进行使用。

（2）主要机械

①起重机是通过起重机臂的伸缩、曲折、旋转、俯仰等进行卸载、搬运、固定工作的机械。

根据行动装置形式分为卡车式、轮胎式、履带式等，栽植主要使用的是卡车式起重机。

起重机大部分是油压驱动，臂长5m左右，起重能力有2～3t的小型机械，5t左右的中型机械易于使用。

机臂折叠式的类型是通过各种油压器具的简易安装，亦即螺旋形作业刀具的安装便可用于挖掘种植穴，机臂先端安装箱便可用于疏枝和高处作业，以及栽植树木时进行扶直使用。

②挖掘机广泛应用于挖掘工程，适用于沟槽挖掘工程的小型挖掘机也被开发出来，还有微小型。在下部安装铁链履带，可以在低湿地进行作业，如果安装上橡胶外套，还有防止在栽植地碾压的作用。

种植工程中经常使用油压式挖掘机的容量为0.1m^3、0.35m^3、0.6m^3。

③铲车系挖掘机是以铁铲为基本形，安装上各种配件后，成为适用于各种挖掘作业的机械，上部的旋转体与下部机械，可以做到360°旋转。

一般容量低于0.6m^3的为小型机械，容量在0.6～1.2m^3之间的为中型机械，容量在1.2m^3以上的为大型机械。

驱动方式有机械（绳索）式和油压式。行走方式有履带式和轮胎式。

④目前移植机械的共同点是不能单独进行移植作业，除了搬运作业之外在挖掘准备和栽植时，必须与挖掘机配合使用。

● U形铲移植机的优点

把推土机的铁铲取下来，安装上U形铲的配件，通过机体重机的推进力和油压的回转力，就可以成为掘取U型土坨的移植机。

可用于移植胸径周长90cm的树木。

把铲式拖拉机的铁铲卸下，安装上4枚独立的刀刃配件，通过油压装置的推压，成为挖掘圆锥形土坨的机械。

● 安装刀刃移植机的优点

可用于移植胸径周长70cm的树木，作为一种变化形式，有时还会安装在卡车上使用。

● TPM移植机的优点

TPM移植机从小型到大型的铁铲大小与母机种类没有关系，具有共通之处。

铁铲部分进行两面安装的构造，一旦闭合后其中的物品几乎难以脱漏，利用油压装置进行开关操作。

因为铁铲的运动是利用两个轴的运动，水平方向用力强，挖掘后在后底面上放下铁铲头部而进行操作，确保土坨不散坏，直到在栽植场所放下之后可以维持原有形状。

TPM中型、大型移植机有挖掘机型和推土机型两个种类。

● 叉式移植机（操纵型）的优点

叉式移植机的运动，与母机种类无关，具有共通之处。

叉具部分，宽度为1.5m左右篦子形叉具进行两面安装，以油压装置进行开关操作。

叉具开始活动时，沿着树木土坨外缘插入

TPM 移植机（铁铲型移植机）

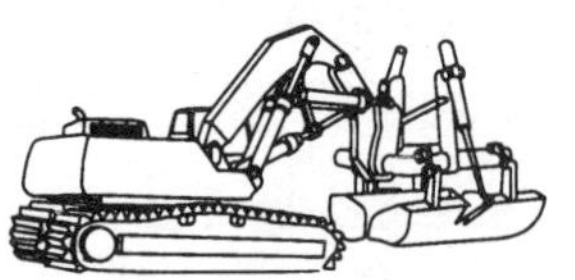

TPM 移植机

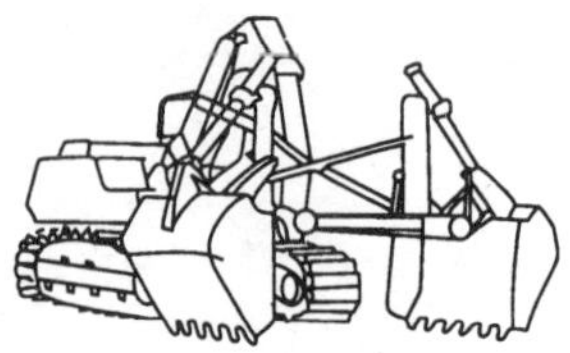

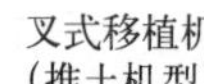

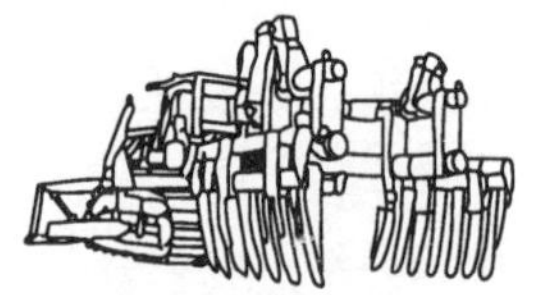

U 形铁铲移植机

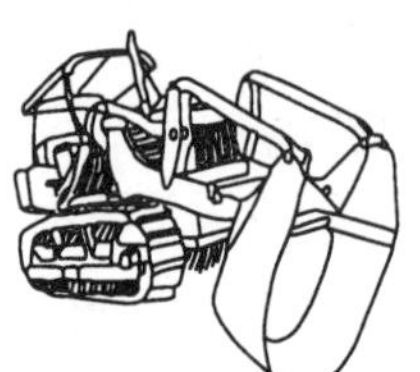

4 刀刃型移植机

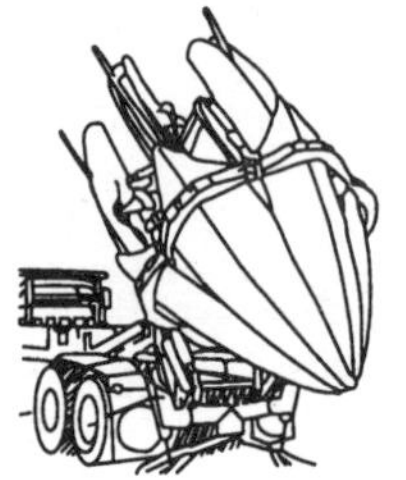

与 4 刀刃型同系列的移植机

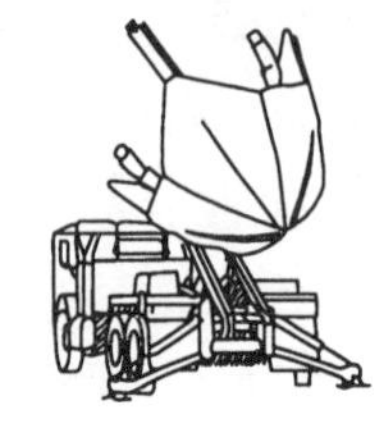

图 6-64　主要移植机的种类

照片 6-2　利用移植机械进行搬运

照片 6-3　利用机械进行移植

篦子型叉具，通过叉具旋转挖掘树木。

⑤起重机是在卷轴和卷盘上卷着电缆，用于吊放石头的机械。

有手动式和动力式（马达和引擎）两种，根据起重机转盘的个数分为单体式、双体式、多体式。动力起重机的起重能力为 0.75 ～ 4t。特殊的起重机包括在转盘内加入马达的携带用起重机和刮削用起重机等。

⑥吊链是在树木扶直和堆砌石组时，利用链子完成树木、石头的吊起、放下的机械，由滑轮、链子、吊钩构成，滑轮在吊钩处进行回转。链子有手拉链和吊物用链，手链往下拉，货物就升高。如果不遵守吊物载重量的限制，手链会有失效的可能。

⑦特制台车是当搬运卡车和机械不能进入的场所的搬运机械，应用于大树移植和搬运等。

在地面铺上道板，其上放置滚木，滚木上有平板。平板使用栲类的厚板，上面摆放放置搬运物的台棒（大棒）。另外，在台棒的四角有斜放的方材，还有固定土坨用的垫板和大木头类的辅助道具。

⑧滚木是在搬运树木时为了便于滚动的圆

木，放在道板和平板之间。滚木一般使用栲类、榉树等坚硬圆木，如果木质品难以承受的话可以使用铁制品。

6.4　种植施工

6.4.1　乔木种植施工

（1）种植时期

树木分为针叶、常绿、落叶树和竹类等，不同的树种有其不同的种植适期。在适期种植的树木其成活和生长状况良好。

1）不同树种的种植适期

①针叶树

栽植从2月下旬到4月中旬为好，其中最适期是从3月中旬到4月上旬，另外从9月下旬到10月下旬也比较适合。紫杉、冷杉、香榧、落叶松、青杆等植物是寒冷地区所产树种，在寒冷时期尽早完成栽植作业。银杏按照落叶阔叶树种的种植期进行栽植。

②常绿阔叶树

从3月下旬到4月下旬的春季发芽前为最适期，发芽后展开的新叶叶质硬化后的梅雨季，亦即6月中旬到7月中旬也比较适合。特别是樟树、夹竹桃、青冈栎、珊瑚树、广玉兰、鳄梨、月桂等，这些产于温暖地区的树木尽量在梅雨季节种植较为安全。

③落叶阔叶树

从落叶后到次年春芽萌发之前，在土地没有结冻时，就是10月下旬到12月中旬，和2月下旬到4月上旬为适期。总之，在落叶后到发芽前进行种植效果好。

但是，由于树种发芽时期各不相同，早发芽的树种有梅花、榉树、枫类等应该尽早进行种植。相反，梧桐、紫薇、柿树等发芽晚，只要是在发芽前就可以随时进行栽植。

④竹子类

在竹子根茎处萌发的竹笋开始发芽前为种植的最佳时期。不同种类竹子的地下茎（竹笋）生长时期也不相同，例如毛竹在4月上旬左右，苦竹在6月上旬左右，紫竹在10月上旬左右发芽。

⑤特殊树种

苏铁是在6～9月、棕榈从5、6月到秋末、芭蕉是从10月到3月上旬种植为宜。

以上是以温暖地东京附近为标准，不同地区的植物种植适期也不同。东京的3月中旬到4月下旬相当于东北地区4月中旬～5月中旬，北海道的5月上旬～6月上旬相当于关西地区的3月上旬～4月下旬、九州地区的2月中旬～3月中旬的气候。

2）非季节移植

植物种植从植物生理学的角度来看，在对植物损伤最低时的栽植适期进行种植为最理想的，如果在不得已的情况下进行非季节种植的话，应该注意以下几点：

①常绿树

常绿树的情况，将抗蒸腾剂喷洒到树冠表面和枝干上，使其表面形成一层保护膜。另外在10月以后，到1～2月的寒冷季节进行移植时，为了避免植物的树冠直接接触寒冷空气和冷风，可以使用风障或者使用竹类等对树冠进行保护避寒。另外，在根际部，铺覆稻草或茅草也可以起到一定作用。在根际四周铺覆稻草或杂草的话，可以提高地表温度，并具有一定的保温效果。

②落叶树

对于落叶树，为了抑制水分从叶面蒸发散失，应当将展开的叶子几乎全部去掉再进行栽植。另外，在进行枝条短截时，应在前一年对生长的枝条基部进行修剪。

如果在栽植后欲使去叶、剪枝达到最小限度，应该间隔数日对树冠全面喷洒一次抗蒸腾剂，总共喷洒数次，这样可以在叶面形成保护膜，有效地控制叶面的水分蒸发。

另外，为了促进毛细根的生长，可在土坨的周围喷洒生根剂，或在土坨周围混入树皮堆肥等，促进从根部萌发新根。

（2）种植准备

1）枝条的修剪

断根后的树木，因根部吸收水分减少所以要进行枝条的修剪，通过减少枝叶部的蒸发量，使水分的供给和消耗保持平衡，防止枝条枯死或者整株枯死。

对于搬运到种植现场的树木，首先将损伤枝条除去，然后剪除交叉枝、轮生枝、徒长枝等，再考虑到定植后的姿态，对树冠全体进行疏枝短截。

修剪的程度根据树种以及种植时间的不同有所差别。一般情况下，常绿阔叶树蒸发量旺盛的时期移植时，在保持树木本来姿态的基础上，将枝叶的 1/3 ～ 2/3 剪去。

近年来，通过抗蒸腾剂的喷洒抑制枝叶的蒸腾来促进树木成活，如果措施得当应用效果较好。

2）断根部位的处理

断根部位为新根萌发的部位，对在挖掘过程中损伤的根部，要用锋利的刀刃进行切割整理。另外，在保持断根截面清洁的同时还要防止腐烂，可以使用防腐剂进行消毒或者对断根部分使用生根促进剂处理，以便提高树木的成活率。

3）临时放置、假植

已经搬运到场地的树木于当天进行种植固然最好，但有时需要进行临时放置时，必须避开强风的场所、日照或者反射强烈的地方，利用透气帆布覆盖土坨等，进行充分的保护，在树木蒸发量比较小的阴天可以放置 1 ～ 2 天。

在因不可避免的原因导致临时放置时间变长的情况下，对于不带土坨的苗木，或种植时期不适合的树木，要挖坑穴，在土坨四周覆盖大量的土进行假植。

因蒸发造成已经挖掘出来树木的水分减少，成为种植后树木枯死的原因。

（3）种植穴的挖掘

种植穴是指为了栽植树木、根据种植设计图所定的位置挖掘坑穴。

种植穴在按照设计图纸、现场具体情况决定出位置后，再根据土坨的大小进行挖掘。

1）定点

定点就是按照乔木到小乔木的顺序利用木桩、竹竿等，按照设计图的位置进行初步定点，然后从主要的观赏点进行观察，并对栽植的功能、景观效果等印象进行考虑，调整木桩、竹竿的位置。这样，从各视点确定最佳位置，确定后用石灰画出种植穴坑的大小。

另外，考虑到乔木和小乔木的搭配，根据乔木和小乔木的位置确定灌木的位置，同样画出种植坑穴位置标志。

2）种植穴的富余空间

种植穴的大小以树木根坨的大小为标准，与土坨之间要有富余空间，以能利用铁锹自由进行操作为宜。

种植穴的深度，要考虑根坨的厚度，注意不要种植得过深。另外，树木的大部分根要向土地的深处伸展，因此，种植穴底部要进行特别处理使其松软，并尽可能施用客土和施用肥料。

在种植穴旁边，选择不影响树木短距离搬运或者其他施工作业的地方，准备指定的客土量。

一般用于客土的是田园土，在东京使用的是关东黄褐土和黑土，有时也把砂和土壤改良剂混合施用。一般客土越多越好，大体上要和树木的土坨具有同样的体积。

3）枯损原因的对策

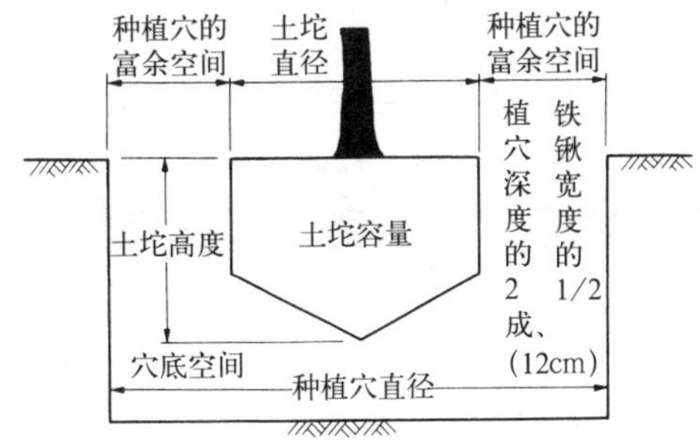

图 6–65　种植穴

在进行种植穴挖掘时，如果出现造成枯损诱导原因的冒水、积水、不良土壤等现象的情况，现场负责人要和监督员进行协议，有必要采取以下的措施：

①有大量瓦砾出现的情况，应该将种植穴的直径和深度都挖至原定的2倍，换用肥沃土，将瓦砾埋到无关紧要的场地或搬到别处。

②重黏土层

- 黏土层比较薄的情况如图6–66所示，一直挖到下层的好土处，使其通气、透水。

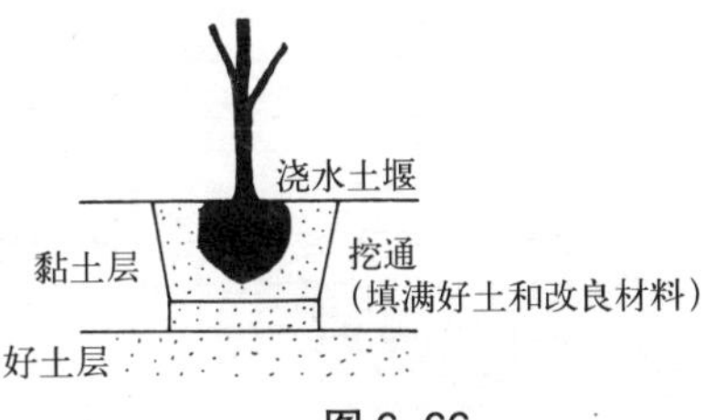

图 6–66

- 如果黏土层比较厚、种植穴在平地上的话， 则如图6–67所示，在种植地点堆土将植物种在高处，或者把栽植位置更换到黏土层薄处。
- 当黏土层比较厚、种植穴距离路边斜坡顶部比较近的情况时，与在平地上施工一样，种植穴的大小和深度按照原定的两倍挖掘，然后换上肥沃土壤，另外为了防止种植穴内积水，要用沟或者是管道从斜坡下侧进行排水。

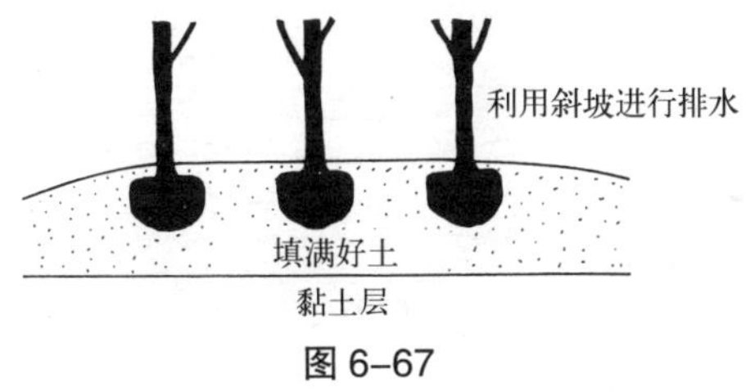

图 6–67

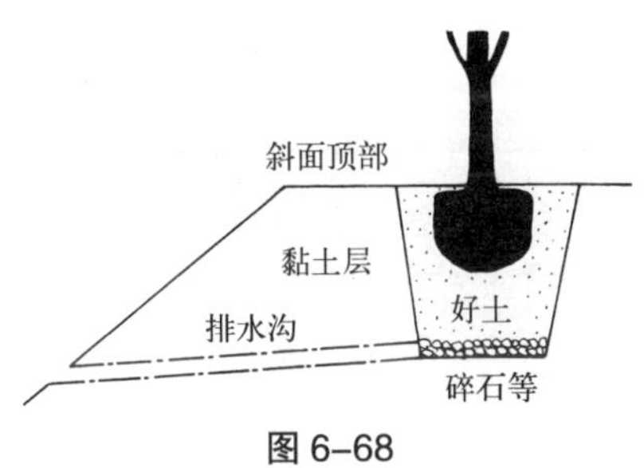

图 6–68

③如果是砂层的情况，所挖穴坑的直径、深度是原定的两倍，将好土和砂混合后埋到种植穴里。砂土的情况，树木要比平常栽植得深一些。

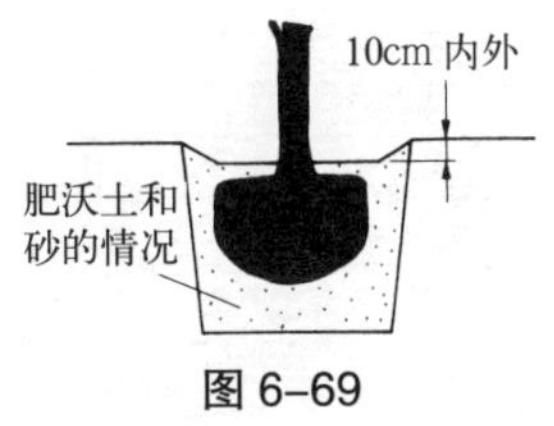

图 6–69

④淤泥的情况，原则上与重黏土层采取同样的处理方法。

⑤具有积水的情况

- 如果是不透水层浅薄、并且距离地表近的情况，如图6–70所示，将不透水层挖通。

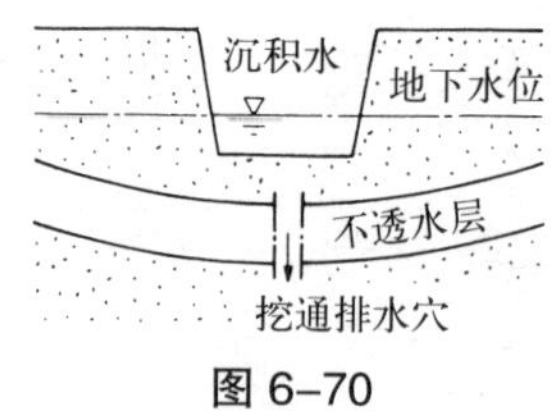

图 6–70

- 图 6–71 的情况，则是用铁锹对底部不透水层进行挖掘疏松搅拌。这是因为种植穴里沉积泥水中的细微土壤粒子沉淀，会形成不透水层。

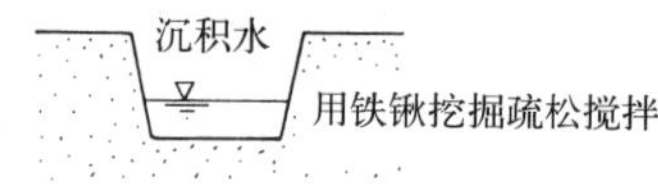

图 6–71

⑥冒水的情况

- 地表以下比较浅的地方有水脉的情况，在种植植物的地方挖沟切断水脉。

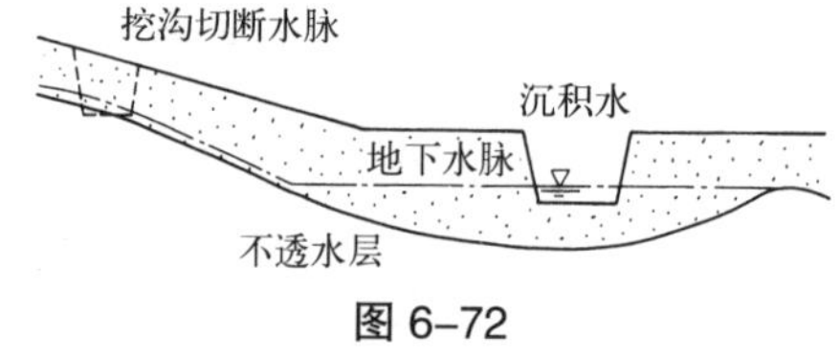

图 6–72

- 如果种植穴周围地下水位高的话，原则上是堆土然后再挖种植穴。地下水的水位以其水量最丰富季节的水位为准。

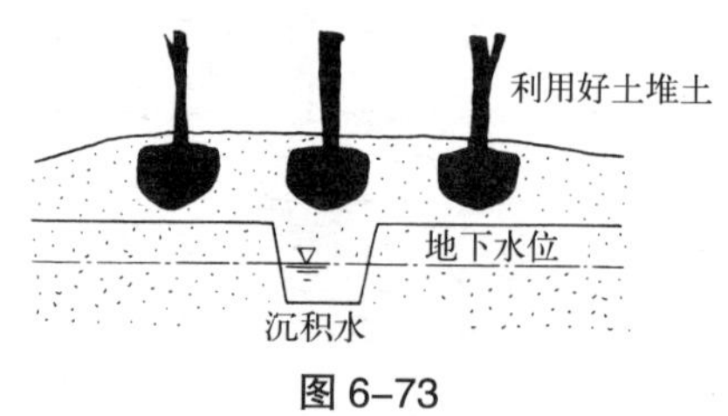

图 6–73

（4）立干（种植竖立）

立干是指在种植树木时，将树木放入种植穴，然后判断树木是否达到最优美的姿态或树形，仅仅把树干种植成与地面垂直并不一定是最好的树形。

立干包括对树木进行单棵种植的方法和数棵树木进行组合搭配后群体种植的方法。

在施工时，应该充分考虑设计意图，结合栽植树木的前后、分枝状况、树干的倾斜、树干间的搭配等，判断栽植姿态是否合适，然后再进行栽植。

1）树木前面、树木背面

树木前面为该树至今生长过程中接受阳光最多的一侧，其反面即是树木的背面。

在立干的时候，一般都是要将树木的前面朝向主要观赏点，偶尔也会有例外。例如，如果要观赏贵重树种的干或者是枝条，会将树的背面朝向主观赏一侧。

2）干的倾斜

树干多少都会有弯曲。根据弯曲朝向何方，哪个部位垂直，栽植后树姿的感觉都会产生变化。

按照栽植重心种植一棵树时，常将腹部向前作为观赏点，该树的顶梢和根际的连线与地面成垂直角度是比较常见的一种方法。但是，如果在受其他栽植重心影响的情况下，种植为

松树的例子

该种植右边是具有强影响力的栽植重心，有主树、配树、副树的变化

落叶树的例子

该栽植只有栽植重心，基本上不受其他影响时成为“种植”

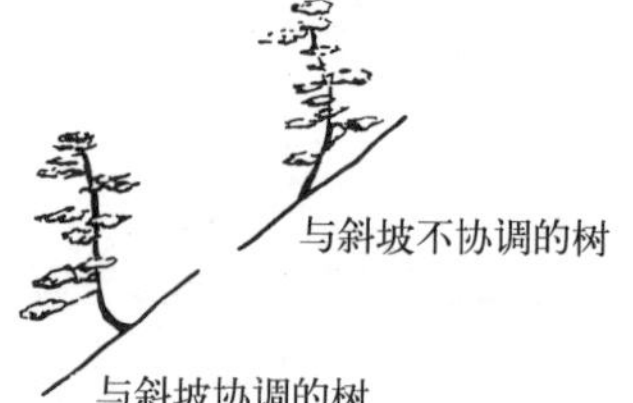

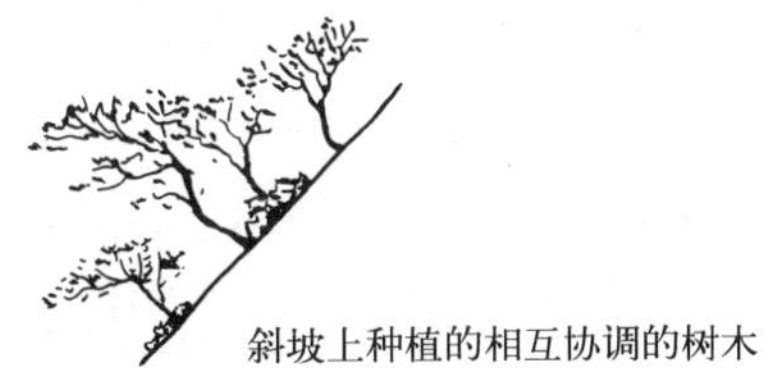
斜坡上种植的相互协调的树木

く形或者是乁形效果更佳。例如，在斜坡中部种植的树木，一般会采用く的形状或者是乁形状。

行道树的情况，一般是将树的正面朝向车道的方向，如果稍微有些弯曲则与正背面朝向没有关系，但应将弯曲朝向道路的方向，可以使用支柱或者配树进行矫正。

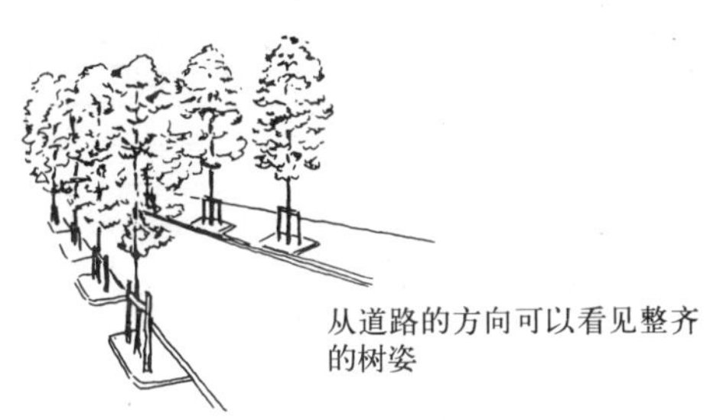
从道路的方向可以看见整齐的树姿

3）组合

把数棵树木的组合作为一个群体种植时，“主树”与“副树”的选择至为重要，与这些树木相配的各种树的选择时必须注意树干的变化情况。

在选择树木时，一般首先将最高的、最粗的选为主树。然后，根据主树的树姿、树势，选出那些在树木群中即使远离主树也可以体现整体感的树木。

干的种植方向不统一、造成气势上零乱的栽植

树种虽然单一，但进行过组合后形成了优美的种植群落

在对树木高度使用竹竿进行测量的基础上，如果有必要，可以在准备定植的地方事先竖起竹竿预测配置效果。

4）自然式种植技术（传统手法）

- 3棵以上的树木切忌栽在同一直线上；
- 切忌把同样规格大小的树木种植在一起；
- 切忌按照树木的高低，从高向低、或者从低向高排列栽植；
- 考虑到树木状况，采用不同的间隔，可以营造出幽深的感觉。最好的尺度比例为7∶3；
- 树木种植间距比较小的时候，尽量使树干的弯曲形状接近平行状态；
- 通过树木栽植位置前后空间幅度的变化，营造出幽深的感觉。例如，对于不等边的三角形种植来说，中间的树木比两侧的树木稍微种植得远一些的话，从前面的两棵树中间看过去，会觉得比较深远；
- 在下枝比较空的树木下面，添植灌木群。这是在过去一直被使用的“根部遮挡”的栽植手法；

易于搭配的不等边三角形的种植方式

等距离、等间隔、按照高低顺序由高到低，或者由低到高的种植方法，效果差

与树丛中心部栽植于近处的B相比，栽植于远处的A的效果佳

变换间隔，中间放入“小树”效果佳

树木之间具有立体美比例的空间，可以看出树的层次空间比例

- 在一组树木的旁边或者中间种植一棵比较矮小的树木，俗称“旁置”或者“联系”；
- 在一组树木中，在突出的一端种植树木。称为“漂出树”或者“飞出树”；
- 将特别想强调的想让人看的树木的一部分进行遮挡。采用这样方法，反倒比直接把整棵树木都暴露在外面更能突出树木的姿态美（详细的配植方式参照种植设计的5.4.2树木的景观设计）。

在右方具有强烈影响力的栽植重点的栽植

虽然附近有强的影响力，但没有栽植重心的情况或者没有弯曲树木的栽植

5）气势

物体都具有各种各样的质感和形状，其形状和放置方式、倾斜方式对任何人的眼睛来说都会具有空间的影响。

树木也是如此，枝条伸展有着明显的方向，给人一种似乎是在探求某个方向的感觉。

这种影响力的方向、范围、强度等综合起来被称作树木的气势，在配植时要加以利用。

在植物的配植中，对于富有个性的树种，应该重点突出其气势并配以丰富的变化，例如德国青杆和落叶松等植物，一般采用直线种植从而产生稳定感。

另外，即使同样的植物材料，根据设计意图的不同，也可以营造出不同的氛围。

这种气势的强弱，处于稳定形状的树木弱，具有动态感觉的树木强。另外，气势比较强的树木之间如果彼此都采用同样的方向进行组合就会产生出更加强烈的效果，此外，在其伸展的方向上需要比较宽广的空间。因此，与此相对，如果在反方向将气势相反的树木近距离地栽植到一起，而且在这个空间里放上其他物件，就会产生“互相对峙”的形态。

气势的表现中，最应该注意的是抑扬的把握，在植物群落的末端要进行“停顿”的处理。这在多数情况下，可以使用前面介绍的“飞出”或“漂出”的手法。

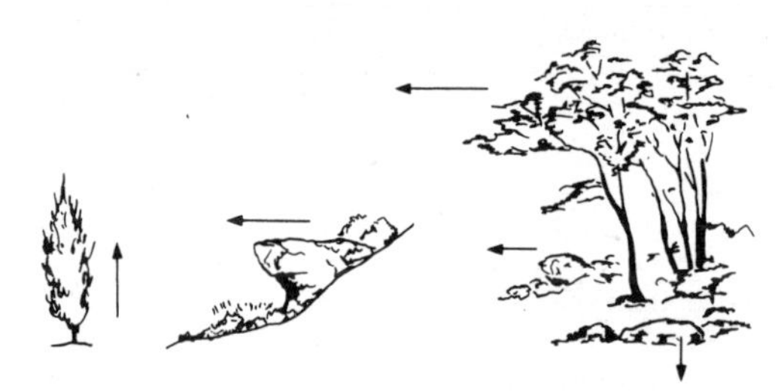

图6–74　气势、方向与强度

6）使用机械进行定植

近年来，在植物的定植中使用起重机等机械逐渐增多，该种情况下需要注意以下几点：

- 对现场的倾斜程度、地基强弱、空中线路、是否有障碍物等进行调查、确认，进行事前操作方法的研究以确保安全施工；
- 使用钢绳吊放树木时，树干和钢绳的接触点承受着树木的全部重量，如果钢绳将树干勒坏、组织纤维损伤，则会对树木的生长造成障碍，一定要对树干接触点部分进行保护处理；
- 为了避免由于操作不慎而损伤枝条或者是树皮，应该配置熟练的工作人员进行慎重的操作。

（5）埋土

埋土是指在进行树木种植时，在种植穴和树根土坨之间，填入挖出的土壤或者是客土，并进行整地，形成地盘（规划高度）。

在埋土作业之前，对捆卷土坨的草绳、稻草类等的处理方法因土质、该地的习惯不同而不同，一般在温暖地区，稻草类会很快腐烂，进行剪断放松后埋入土中的情况较多。而在寒冷的地区，比较粗的蒲包和厚的稻草、草绳等除去的情况较多。另外，近年来常使用以纸质短纤维为主要材料的无纺布，这种情况可在捆卷的状态下进行埋土，而使用塑料等化学纤维的情况，则一定要除去。

填土回埋分为水培和土培。

1）水培

一般多用该方法，树木扶立完成后把准备好的细土和客土进行填土回埋。

在种植穴内填入 1/2 ~ 1/3 的土后开始浇水，为了使土坨周围与水、土充分接触而用木棒捣入泥土。注水到土坨底部为止，变为泥土后按照顺序填土并重复上述内容，待土坨周围全部注满水后停止注水。等水渗透之后把剩余的土回填，轻轻地将土压实。

如果踏压不匀的话，栽植后地面会出现不同程度的下陷，根系细根露出土壤表面，造成树木枯死。另外，如果水培时使用水量少，土坨周围部分土壤出现板结现象，也不能达到理想的效果。

栽植灌木要在填土回埋之后，从上方一边注水一边把植株上下移动，使泥土与细根充分紧密地接触。此外，在皮管头部安装硬管，用硬管从植株周边插入土中，在土坨底部充分灌水，直到地面有水分渗出为止，这也是一种灌水方法。当水渗下之后按照上述方法进行作业，把剩余的好土回埋到规划地面高度，轻轻压实。

2）土培

不使用水、只使用细土对土坨周围进行回埋的方法，又名为“干培”。类似于松类、广玉兰、木兰、玉兰、日本辛夷、瑞香等根部不耐湿的树种多采用此法。为了不使土坨周围产生缝隙，少量填入细土后用木棒压实，然后再加土、再压实。该种情况下，不使土坨下面留有缝隙是非常重要的。

压实结束后在上部浇水。

（6）修树堰

修树堰是指沿着栽植树木的土坨外周做出适当宽度的沟槽或者圆畦，浇水时，土坨可以充足地吸收水分，但并不向外部溢出。

当土坨完全填土回埋之后，以树干为中心、沿着根际直径 5 ~ 6 倍的大小修成圆状土畦（高 10 ~ 20cm）用于灌水。行道树的栽植坑要比路牙石稍低，需要进行整地，以便存水。在倾斜坡地，斜面上方一侧要深挖修成浇水用的树堰。

另外，在制作树堰困难的情况下，为了能够简单地灌水直到地下深处，应该在根坨周围数处设置透水管、多孔管、聚乙烯管等。

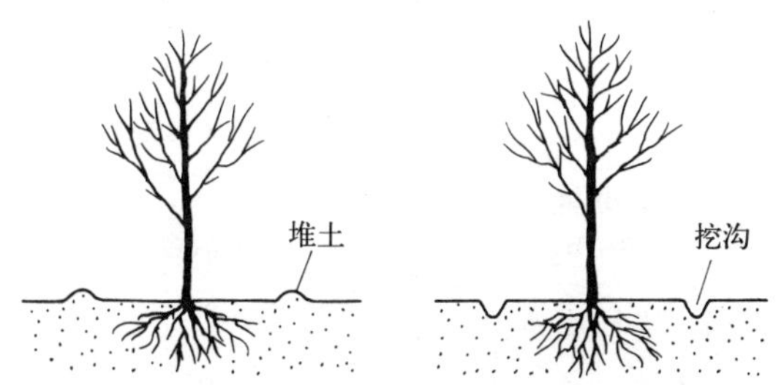

图 6-75 树堰

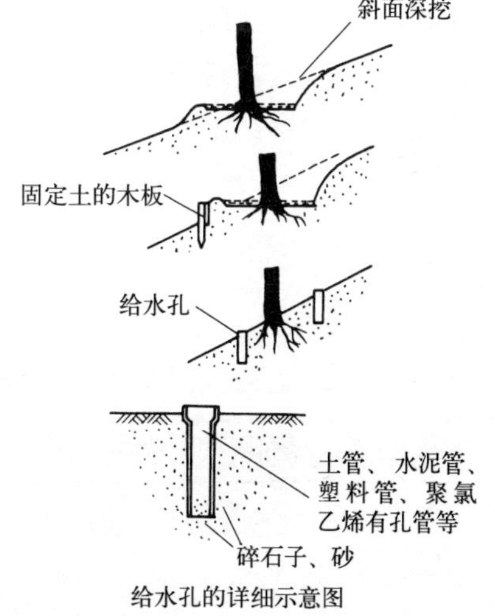

图 6-76 倾斜地的树堰给水孔的制作方法

（7）支柱（备用柱）

支柱是为了防止栽植后的树木产生倒伏、或者防止风吹产生的摇动而起到固定作用的支撑措施。支柱虽然根据树木的大小、姿态等有各种各样的方法，但是除了防止树木倒伏等实用方面之外，从景观上来讲进行美观设置也是十分重要的。为促进树木成活，使新土与根部密切接触、促进新根生长非常重要，一般采用日本柳杉原木、竹竿等设置与树木相谐调的支柱。

在进行支柱的设置时，考虑到防止风吹倒树干而在主要风向设置，八字形支撑的情况在地上 2/3 ~ 1/2 的高度；挂布架支撑的情况从地上 1/2 ~ 1/3 的高度进行坚固的设置。此外，由风引起的振动会对树皮造成损伤，在不妨碍树木增粗生长的情况下，在支柱与树木接触部分加垫柳杉树皮，用棕榈绳进行固定。

柳杉圆木之间固定时，除了用铁钉固定、用金属丝固定之外，还可以利用原木加工凹槽固定的方法。为了使支柱坚固而插入地表之下的“插地木桩”又被称为“插地桩”、“根固定木桩”，要以与支柱的原木构成 100° ~ 125° 的角度进行固定。

竹竿，一般选用 2 年生以上的无病虫害和无变色者较为理想，一般多选用苦竹类。在当作支柱使用的情况下，要从顶部的节的上部进行切割，以使雨水不会进入到竿中。为了不使捆绑部产生松缓，用木锯锯成粗糙状进行紧密捆绑，交叉部用铁丝固定。

使用铁丝或者钢绳作为支柱时，可以在钢绳中部利用松紧螺套进行绳索松紧调整。同时为了防止发生危险，用氯乙烯管等明确位置（支柱的详细情况，参见第 5 章种植施工设计 5.5.1（配植施工设计（3）保护、养护管理的确定部分）。

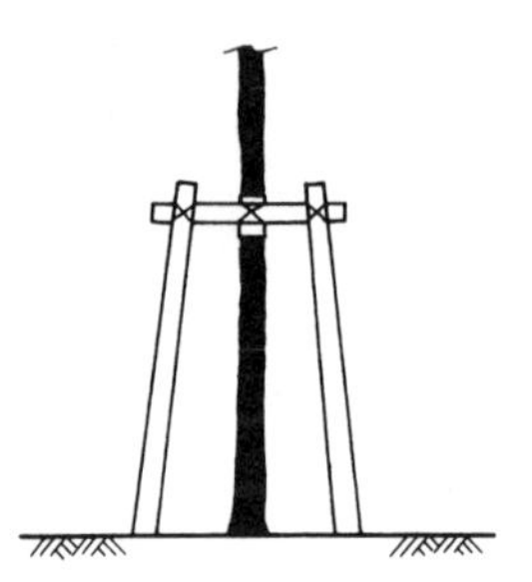

图 6–77　富士山型

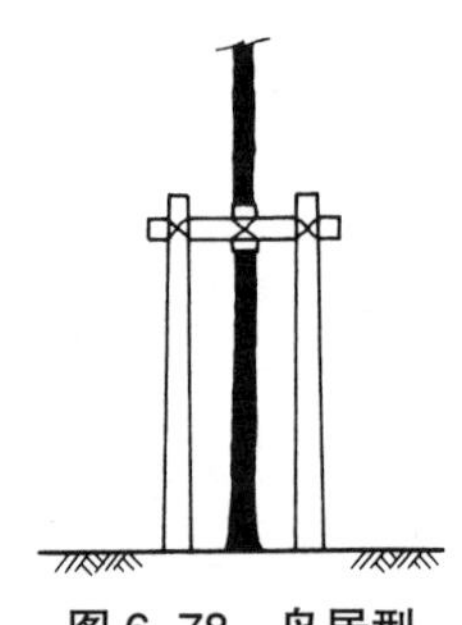

图 6–78　鸟居型

支柱形状的分类　　表 6–23

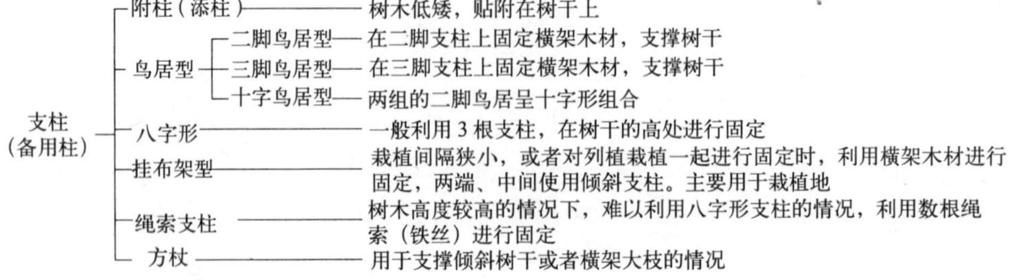

支柱（备用柱）		
附柱（添柱）		树木低矮，贴附在树干上
鸟居型	二脚鸟居型	在二脚支柱上固定横架木材，支撑树干
	三脚鸟居型	在三脚支柱上固定横架木材，支撑树干
	十字鸟居型	两组的二脚鸟居呈十字形组合
八字形		一般利用 3 根支柱，在树干的高处进行固定
挂布架型		栽植间隔狭小，或者对列植栽植一起进行固定时，利用横架木材进行固定，两端、中间使用倾斜支柱。主要用于栽植地
绳索支柱		树木高度较高的情况下，难以利用八字形支柱的情况，利用数根绳索（铁丝）进行固定
方杖		用于支撑倾斜树干或者横架大枝的情况

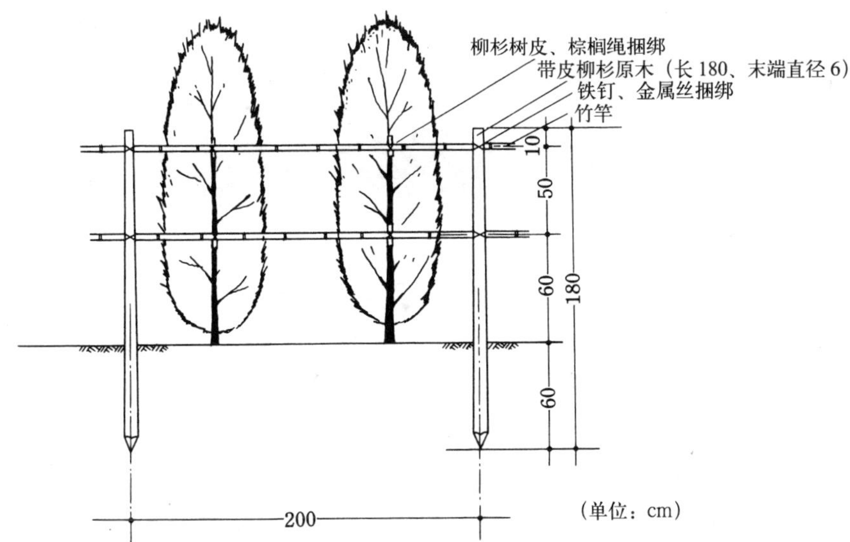

图 6-79　列植挂布架型 A 标准图

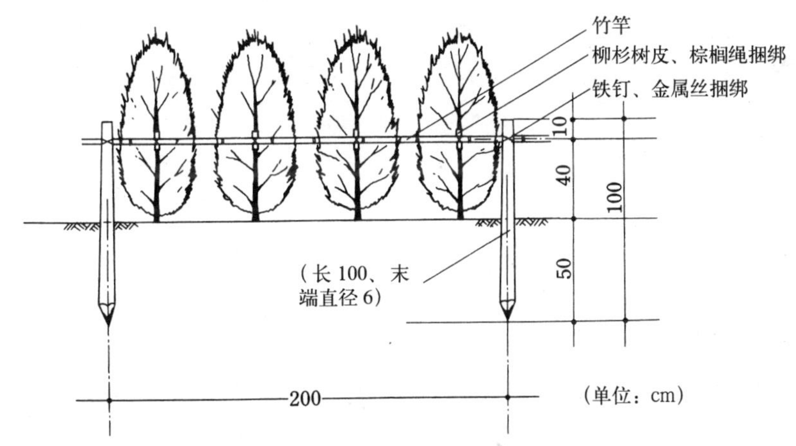

图 6-80　列植挂布架型 B 标准图

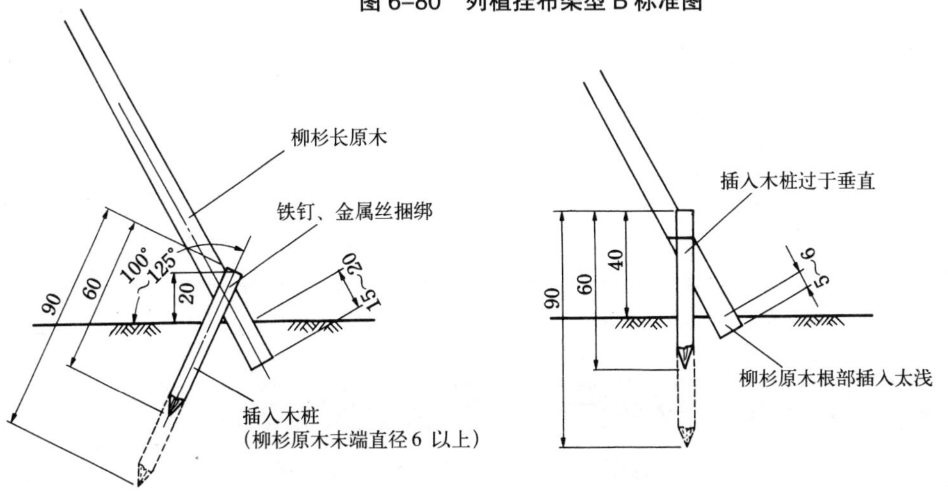

图 6-81　插入木桩

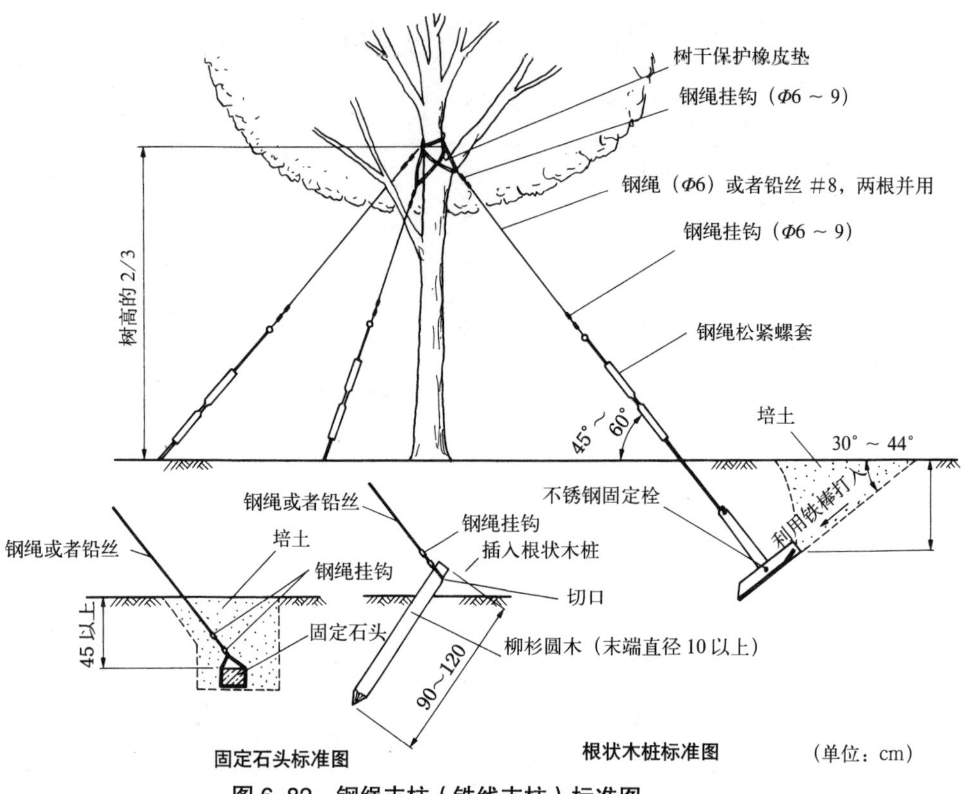

图 6–82 钢绳支柱（铁线支柱）标准图

（8）养护管理

养护是为了提高植物栽植工程时受伤树木的成活率，促进健壮生长的作业。养护工作应该按照设计图进行操作。

1）卷干

利用稻草等进行卷干，主要是为了防止夏季的树皮晒伤和冬季的冻害而对树皮进行的薄层保护，应该根据树木状态和栽植时期进行。一般使用稻草、蒲包、黄麻制的条带、竹片等材料。

稻草（蒲包）卷干，一般对从地面到树高 60% 左右范围内的主干和主枝的周围利用稻草等材料进行均匀包裹，在其上利用两根棕榈绳以 10cm 左右的间隔进行缠绕。

在稻草（蒲包）卷干的情况下，棕榈绳要较狭窄等间隔进行缠绕，以产生美感。

作为稻草和蒲包的替代品，可利用黄麻条带卷干，用布状的条带对主干和主枝进行缠卷，卷时要使条带的 1/2 进行重叠缠卷为标准。这种方法从美观上来讲相比稻草卷裹法效果较差，但工作效率高，即使不熟练者也可以进行施工。

竹片卷干主要用于人为活动频繁处树木的保护。

2）覆盖

覆盖是为了防止地面水分过度蒸发、土壤板结、冬季地面冻结、杂草发生，使用有机质材料铺盖地表，起到地表腐殖质还原的作用。经常使用的材料有稻草、蒲包、树皮碎块、树皮堆肥、塑料布、落叶等。

施工时，有必要注意既不能太厚，也不能太薄。太薄时没有效果，太厚又会成为病虫害滋生的场所。此外，当达到目的后应当尽快清除。

3）防风网

设置防风网是为了保护树木免受寒风危害和海风盐害等而采取的措施。常用的有遮阴网、农用防风网、土木用塑料网等。

乔木、小乔木，特别是秋天种植的香樟等温暖性树木，设置防风网时，原则上以一棵树为单位进行设置，网的高度、宽度要根据每株树的高低、树冠大小确定稍有富余的尺寸。此外，在保护植被防止海潮风侵害的情况下，要在海潮风的风向上设置。

4）抗蒸腾剂

为了提高树木的成活率，要根据树种、根坨的状态等喷洒抗蒸腾剂、生根剂等药剂。抗蒸腾剂是通过在叶面形成保护膜从而抑制叶面水分蒸发的药剂。

施工时，用喷雾器等对整个树冠进行均匀喷洒。

6.4.2　绿篱种植施工

（1）施工方法

绿篱的施工方法有直接播种法、扦插法和栽植苗木法等。

1）直接播种法

这是最简单的方法，但是形成绿篱需要相当长的时间，在这期间为了其生长良好需要养护管理，这是该方法的缺点。适合的树种有茶树、茶梅、青椆、铁椆等。

2）扦插法

只要有插条便可以进行扦插的简单方法，但是，要求施工地的条件非常好，而且在生根之前如果不进行精细管理就有枯死的危险。适合的植物有木槿、火棘、瑞香、珊瑚树等。

3）栽植苗木法

可以立即起到绿篱的作用，因为栽植后不需要太多的养护管理，因此是最常用的方法。

（2）施工顺序

利用栽植苗木形成绿篱的施工顺序，首先准备如表 6–24 所示的植物材料。表中表示的是宽 1.2m，长 18m——亦即 10 段的植物材料，根据建造绿篱的长度进行适当调整。

最初在地面上画出绿篱的长度，在两端朝地下 50 ~ 60cm 处打入“主木桩”。此时，应该考虑到道路和周边的情况，有必要预测将来绿篱的宽度，应尽量以边界处往后退 20cm 作为安全线。

其次，在主木桩之间以 1.8m（1 间隔）的间隔打入“间隔木桩”，高度要比“主木桩”低约 10cm。这种情况下，“主木桩”要使用较粗的原木，并在“主木桩”的稍内侧固定铁钉，在铁钉上固定水平线，沿水平线的外侧固定间隔木桩。与地面接触的 30cm 上下处属于最易腐烂的部分，需要涂上防腐剂，或者对木桩的表面进行熏烤。

沿着立柱的边沿，挖掘深度和宽度为 30cm 的条状沟，底部施用肥土，加入充分腐熟的堆肥，立柱之间用竹竿连接，在外侧打入 3 层或者 4 层的钉子（称为“横柱”）。钉钉子时会使竹竿劈裂，所以应该如图 6–83 所示先用锥子钻洞，再用钉子固定。另外，在连接竹竿时，应该把较细的一端插入较粗的一端。

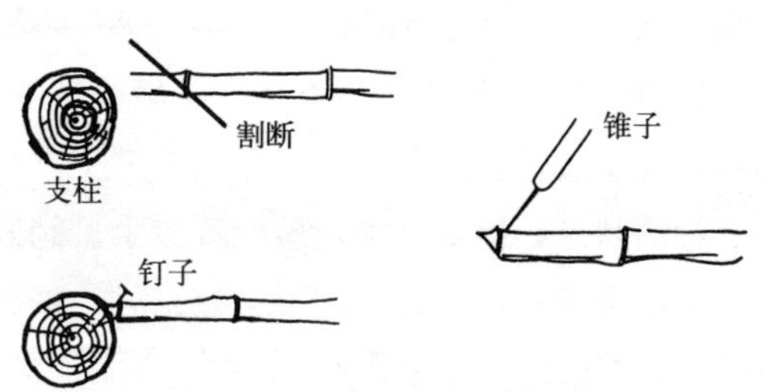

图 6–83　先端的固定方法

高 1.2m 的绿篱的材料表（长度为 18m）　表 6–24

材料	形状大小	数量	单位	摘要
苗木	高 1.2m	60.0	棵	植栽用
柳杉原木	长 1.8m 末端直径 9cm	2.0	根	主木桩用
柳杉原木	长 1.6m 末端直径 7.5cm	9.0	根	间隔木桩用
竹竿	12 棵一捆	5.0	捆	立柱、横柱、固夹用
钉子	长 6cm	0.15	kg	横柱固定用
棕榈绳	长 27cm、直径 3mm	15.0	把	捆绑用
园土		0.24	m^2	客土用
防腐剂		1.0	L	防腐用

因为横柱并不完全是直的竹竿，两端固定后多处于不水平状态。为了使其处于水平状态，如图 6–84 所示加入立柱，并在 2、3 处进行固定。

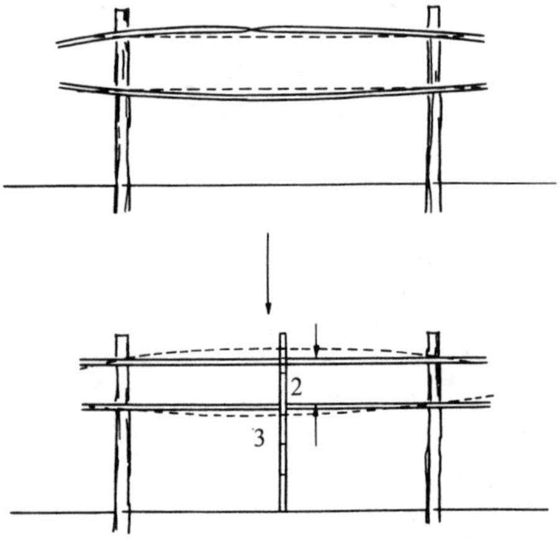

图 6–84

使用的植物多为 2 ~ 3 年生以上的苗木，一般高度从 60cm 到 1m 左右，每 1.8m 栽植 6 ~ 10 株。苗木的间隔为 18cm 以上较为理想，间隔在此之下植物难以生长，并且早期枝条就处于枯萎状态。但是，特别短期就急于见到效果的情况要密植，反之不急于见效果时，则应该疏植，使植物充分健壮生长。

栽植时，当埋土到 80% 时充分浇水，待水分完全渗透之后填土，并对根部进行轻轻踩踏。这种情况下，为了使苗木生长时不会被竹竿弄伤，在苗木之间固定与立柱同高的竹竿，该竹竿被称为“立柱”。

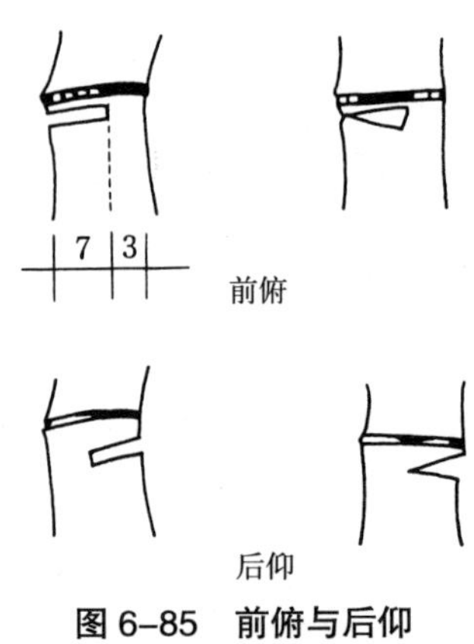

图 6–85　前俯与后仰

另外，调整立柱弯曲的方法，有如图 6–85 所示的前俯、后仰等方法。

其次从苗木外侧，在最初固定的 3 层或者 4 层的横杆上，另外固定竹竿 3 层或 4 层，中间夹住苗木和立柱。该作业称为“固夹”。

如此，在横柱、立柱、固夹的交叉之处利用棕榈绳进行紧密的捆绑，不使苗木产生摇动。最后，对苗木过长的枝条进行修剪。

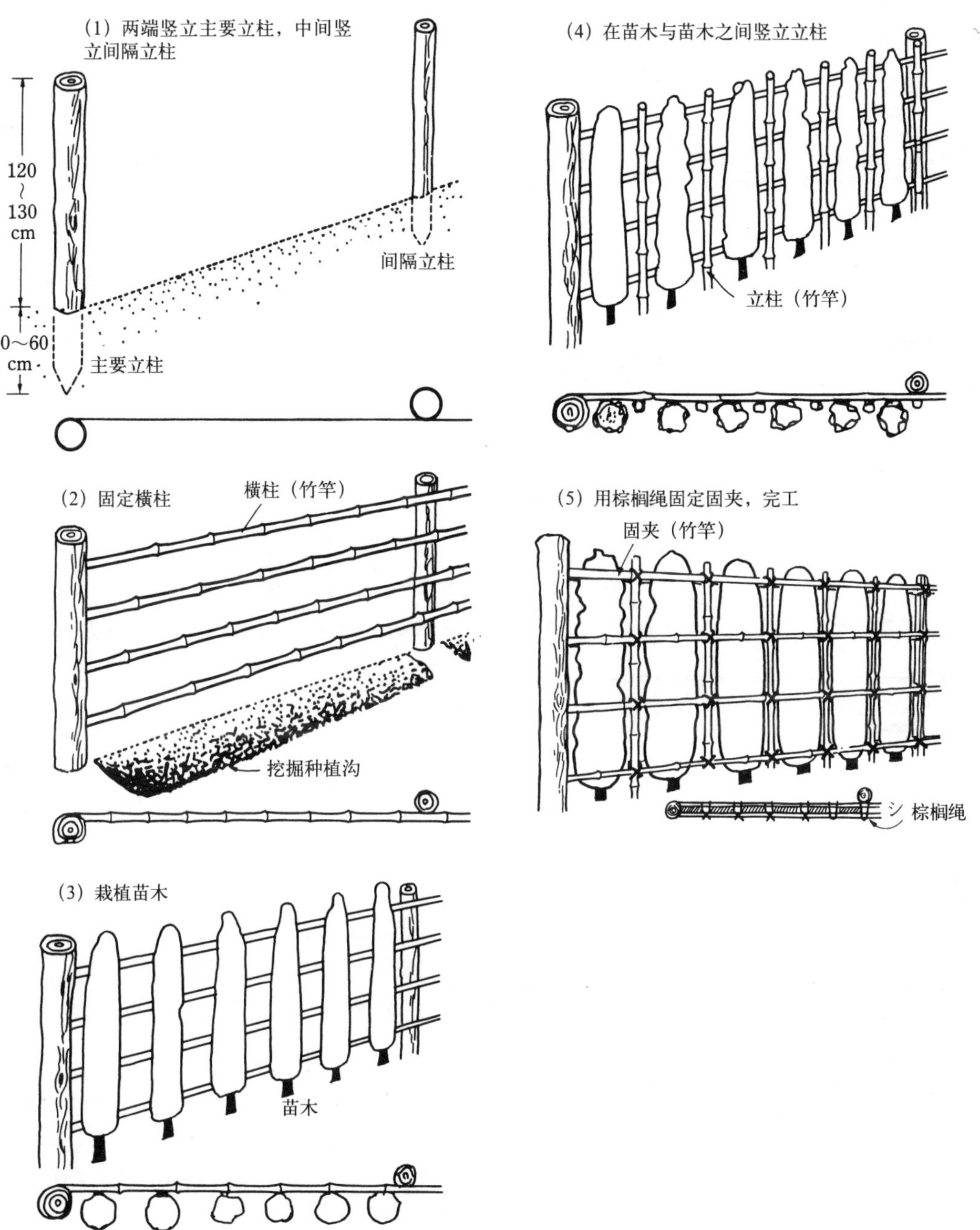

图6-86 绿篱的施工顺序

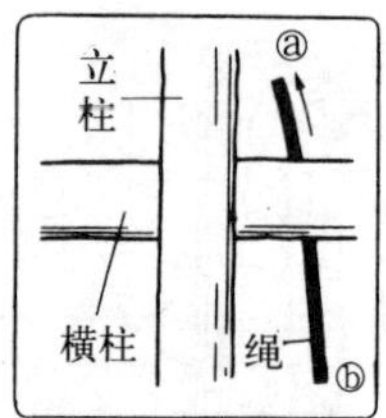

①用右手把绳子从横柱的后侧拽上

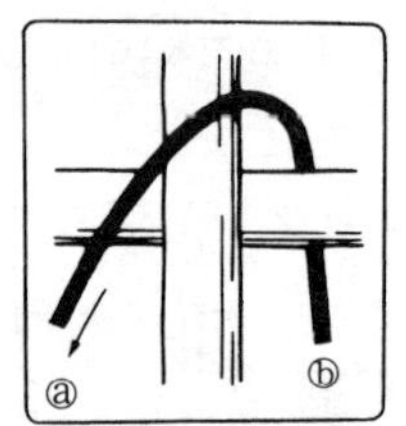

②用左手把绳子朝立柱的左下方拽紧

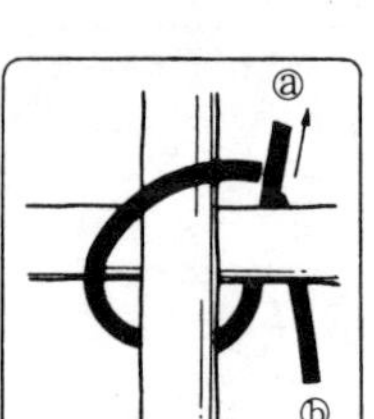

③用左手在交叉的后侧拽紧绳子使其交叉，用右手按住

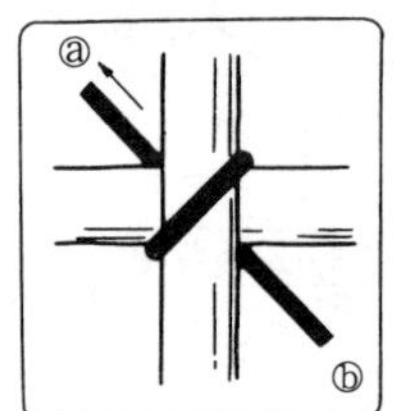

④用左右两手抓紧绳子，在交叉后侧打十字结，再拽往前面

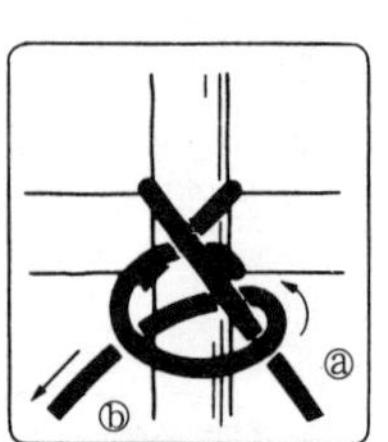

⑤左手押紧，用右手把ⓐ绳穿入中间、把ⓑ绳缠绕为环状

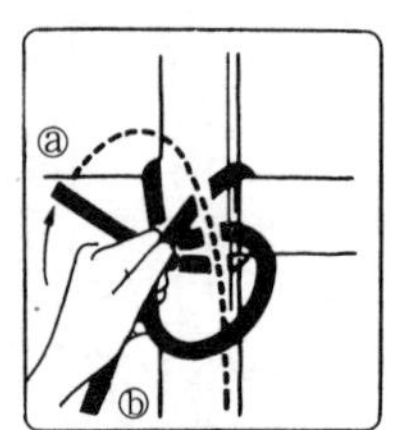

⑥用左手压住ⓑ绳，用右手将ⓐ绳由下左侧穿入ⓑ绳的环中

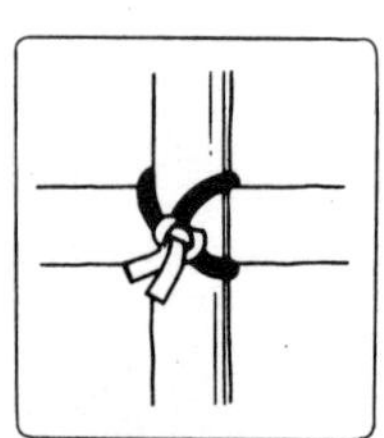
⑦左手压住ⓐ、ⓑ绳的交叉点，用右手将ⓑ绳打结后，用剪刀铰断长出的绳子

（引自《やさしい庭作り》）

图 6–87 打结

6.4.3 地被类种植施工

地被种植的施工，一般为种植工程的最后内容，往往由于相关工程的进展状况而错过了种植最适时期，由于施工机械的碾压造成种植地基盘过度板结。因此，应当考虑到材料搬入路线用地，整地工程造成的过度板结地等问题的对策，选择种植适期和种植方法。

种植适期取决于植物的生理、生态等内在条件和气温、水分等外在条件，为了能使植物顺利成活并良好生长，把握植物的特性和地域的气候特性是十分重要的。另外，在花坛内种植草花的情况下，选择与花期对应的种植时期也很重要。

（1）草坪种植施工

1）整地

把植物种植场所的地表翻到指定的深度，清除瓦砾、杂草等杂物。从管理上来看，特别低矮竹类、狗牙根、葛藤等深根性杂草的根，在整地时去除是必要的。翻地之后放置数日，在土壤酸度较强（pH5.5 以下）时要用中和剂进行土壤改良。

草坪草一般不喜湿地环境，地下水位较高的场所病害多，生长势差。为避免这种情况的发生，在草地的周围挖浅排水沟和营造斜坡（3%）进行土层改良，引导降雨时的多余水分随地表水流出（详细参照第三章种植基盘）。

2）施肥

在播种和种植草坪前施加基肥是有必要的。即使在铺覆草坪的情况下，施基肥也能够促进快速成活。草坪的基肥是将化学肥料和堆肥、油渣、鱼渣、骨粉等有机肥料进行混合后，均匀洒施。

在黏质土壤和砂质土壤的情况下，通过施

草坪基肥的成分标准（成分量）（单位：kg/10a）

表 6–25

草坪的种类	氮素（N）	磷酸（P_2O_5）	钾（K_2O）
沟叶结缕草类	8 ~ 15	10 ~ 15	10 ~ 15
剪股颖类	6 ~ 15	15 ~ 20	10 ~ 15
狗牙根类	8 ~ 15	15	15

用土壤改良材料，提高土壤的通气性和透水性，同时改善保水力和保肥力，非常有利于草坪的生长。在添加土壤改良材料时，要与基肥混合使用（详细参照第 7 章种植管理）。

3）整地

完成以上作业后，利用长柄竹萁、耙子、平整板等对高低不平的表面进行平整，并为了降雨不产生积水现象而造成中部稍高的地形。根据需要，进行一定量填土，为了不使表面产生凹凸不平的现象而进行踏压，或者利用碾子进行轻度镇压。这样，草坪种植前的准备工作就已结束。

4）草坪的种植时期

日本草坪草与狗牙根类的保绿期间为 4 ~ 10 月，因此，进行草坪铺覆、种植的最适时期为 3 ~ 6 月或者 9 月。春天太早，秋天太晚，根系尚未生长完全时，容易遭受霜害，导致枯死。

西洋草的播种或者块状铺覆，3 月中旬~ 5 月以及 9 月中旬~ 10 月上旬为最适期。盛夏时播种虽然正常发芽，但在其后的高温下容易枯死，另外，秋末播种会遭受霜害而枯死（表 6–26）。

5）草坪的种植方法

草坪的种植方法有块状铺覆、栽植和播种三种方法。

①块状铺覆法

块状铺覆法有按照全面铺覆、缝隙铺覆、交互铺覆、矩形相间铺覆、带状铺覆等在土地表面铺覆块状草坪的方法。铺覆后其上撒覆一层薄的良质园圃土。

全面铺覆，又称为“平铺”，是在块状草坪之间不留缝隙、紧密接触的铺覆方法，因为没有缝隙，短时间可以达到理想的效果，但对块状草坪的用量大。

缝隙铺覆法为普遍使用的方法，块状草坪之间要留有 3cm 左右的间隔进行铺覆，通过增大间隔的距离，可以增加铺覆面积。

交互铺覆、相间方形铺覆、带状铺覆是逐渐扩大栽植草坪铺覆面积的方法，这些方法虽然对草坪的需用量不大，但完工后的草坪有凹凸的残缺，必须用填土法来做填补处理。

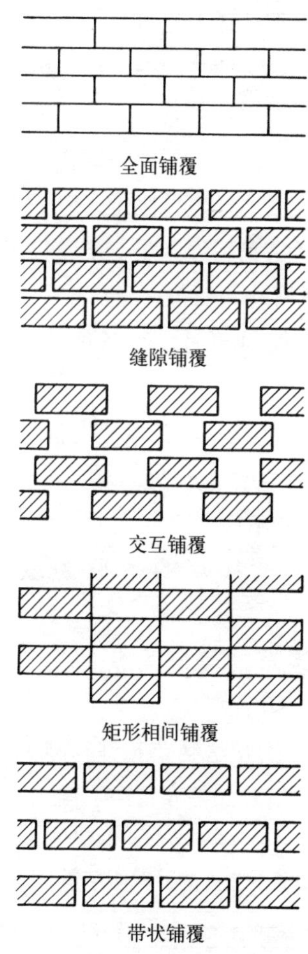

图 6–88　块状草坪铺覆方法

草坪种植时期一览表　　**表 6–26**

地区 / 种类	北海道地区	东北地区	关东地区	中京地区	关西地区	九州地区
草坪类	5 月～ 6 月	8 月 3 月～ 6 月中旬	9 月～ 10 月上旬 3 月～ 6 月	9 月～ 10 月上、下旬 3 月～ 6 月上旬	9 月～ 11 月中旬 3 月～ 6 月上旬	9 月～ 10 月 3 月～ 6 月

近年来，块状草坪的规格逐年变大。另外，交互铺覆、矩形相间铺覆、带状铺覆的施工实例逐年减少。

沿着块状草坪的缝隙长边为横缝隙，在倾斜地应该沿着等高线设定横缝隙。

块状草坪在铺覆时要用手适度压入表土，为了使之处于水平状态，应当用手或者木板一边轻轻拍打，一边一张一张地进行铺覆。为了使横缝隙美观，可以在进行铺覆前设置水平线。在所定的缝隙下铺覆草坪后，利用碾子（250kg以下）碾压或者木板拍打使土壤与草坪密切接合。

在倾斜地被指定要使用固定木扦时，每张草坪要用两根木扦进行固定，利用上述方法进行踏压。然后利用园圃土，把草坪草叶浅埋到1/2程度进行均匀覆盖。

进行缝隙铺覆时，在缝隙凹处充分填土，进行均匀扒平。

（参考）块状草坪铺覆使用材料

1. 沟叶结缕草、结缕草的标准尺寸，以及1束的数量如下：

- 沟叶结缕草的情况为纵14cm，横36cm，1束20枚
- 结缕草的情况为纵28cm，横36cm，1束10枚

2. 根据沟叶结缕草和结缕草的缝隙宽度，草坪材料使用量如表6–27所示。

根据缝隙宽度的材料使用量　　表6–27

草坪的种类	缝隙宽度(cm)	块状草坪实数(%)	缝隙率(%)
沟叶结缕草	2	83	17
	3	76	24
	5	65	35
结缕草	0	100	0
	2	88	12
	3	83	17
	5	75	25

注：根据《（参考）铺覆草坪使用材料》记载的标准尺寸算出的数值。

3. 草坪木扦的固定方法如图6–89所示。

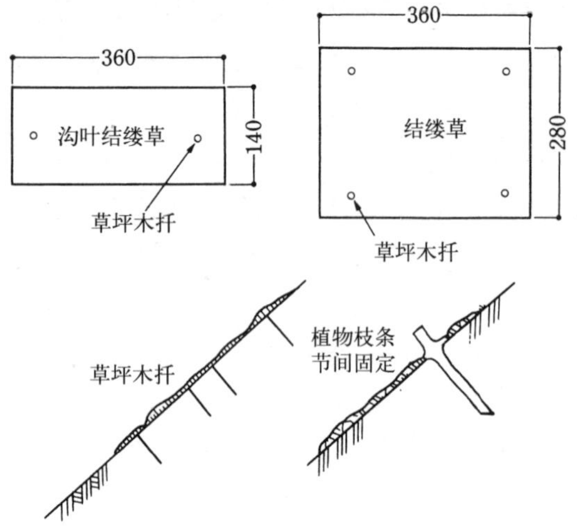

图6–89　草坪木扦的固定

②草坪栽植法

草坪栽植法就是将草坪草的母株进行分株，或者将匍匐茎进行浅埋的方法，主要是针对狗牙根类和匍匐剪股颖类进行的营养繁殖。另外，以生产沟叶结缕草和结缕草为目的的地区，也采用这种方法。

首先，对土地进行翻地平整，用铁锹以15～20cm的间隔挖出4～5cm的浅沟。在沟中埋入切断的匍匐茎（长度10cm左右），2～3根重叠放置，叶片的一半露出地面，茎的部分埋入土中，利用碎土填埋。如果栽植时能够使土与匍匐茎紧密接触，则有利于提高成活率。

作为带状栽植的另一种形式，把切断的匍匐茎撒播于浅沟中，其上撒埋薄的土层，然后进行轻轻镇压。无论如何，最后都要利用碾子进行全面镇压、平整，该项作业非常重要。

③播种法

播种法是用播种草籽的方法，在大面积的土地、树木种植预定地、倾斜地等处应用，防止飞砂、防止斜面水土流失等问题。种子主要为西洋草的剪股颖类、黑麦草类、早熟禾类等。

播种的方法是在播种床的表面利用耙子挖

主要草坪草的播种量和播种时期　　表 6-28

草坪草名称	播种量 (g/m^2)	在东京附近的播种时期
一种剪股颖	6 ~ 10	4 月中旬～ 5 月，9 月上旬～ 10 月
海滨剪股颖	6 ~ 10	4 月中旬～ 5 月，9 月上旬～ 10 月
一种剪股颖	8 ~ 12	4 月中旬～ 5 月，9 月上旬～ 10 月
高原剪股颖	8 ~ 12	4 月中旬～ 5 月，9 月上旬～ 10 月
多花黑麦草（一年生）	100 ~ 250	9 月下旬～ 10 月
一种黑麦草	100 ~ 250	9 月下旬～ 10 月
草地早熟禾	10 ~ 20	3 月下旬～ 4 月下旬，9 ~ 10 月
一种早熟禾	10 ~ 20	3 月下旬～ 5 月下旬，9 ~ 10 月
狗牙根	10 ~ 15	5 月下旬～ 7 月（秋播 不可）
一种结缕草	10 ~ 15	5 月～ 7 月

（引自《体系農業百科事典Ⅶ》）

浅沟，在其上撒播一半左右的种子，然后再对稀薄之处补充撒播。播种之后，用耙子沿着沟的纵向再度耙平，使土与种子充分混合。其后，用碾子平整后，再用喷壶或者喷头轻轻地浇水，此时不能产生水流冲失种子的现象。

播种时期以清晨和无风的阴天为最好，可以利用播种机或者简易播种机进行播种。

6）养护

草坪的养护管理根据种植方法的不同而不同，进行养护管理时必须注意以下各点：

①块状铺覆的情况下，栽植之后，待草和土壤密实结合约 1 周后，在缝隙的薄土之处填补土壤，充分浇水。

②栽植草坪的情况，栽植后 10 天左右，注意防止干燥，当土干燥后就要浇水。对于没有成活、枯死的部分，进行补栽。成活之后，生长非常迅速，每月施用化学肥料 1 次，按照 30 ~ 40g/m^2 的量进行追肥，要促进生长直到草坪全面覆盖地面为止。

③播种的情况，特别是发芽期间床土表面干燥时，利用喷壶或喷雾器轻轻地浇水而不使种子流失。一般 7 ~ 10 天即可发芽，发芽不整齐的情况下可以进行追播。发芽后 30 天左右、当草高长到 5 ~ 6cm 时将其进行整齐修剪到 3 ~ 4cm。此时的根系尚未完全发育，应该利用修剪功能好的剪草机进行轻轻地修剪，注意不要产生拔苗的现象。另外，要充分注意在降雨和灌水时，不要使种子产生移动和流失。

（2）藤本植物种植施工

1）种植时期

藤本植物的种植时期如以东京为标准，一般落叶藤本植物在萌芽前的 2 月～ 4 月上旬（2 ~ 3 月）和落叶后的 11 月～ 12 月中旬，常绿藤本植物在 4 月和梅雨时的 6 ~ 7 月和 9 ~ 10 月进行种植。

2）整地

种植场地的土壤要进行深度为 30cm 以上的翻地，打碎土块，清除瓦砾、杂草根等。种植宽度最好在 50cm 以上。根据对象物构造、场地的特殊状况，在难以保证 50cm 宽度的情况时，最低要确保 30cm 以上。

3）种植

根据种植图的所定数量，为确保根和茎叶等不受损伤而进行细致的种植。

根茎怕干燥，要注意运到现场后需快速进行种植。要使根系平均伸向四方，使土壤与植物紧密接触、进行培土，并且进行轻压。

种植数量虽然根据所使用藤本植物的种类、作为绿化对象的构造面的形状不同而不同，但一般以 50 ~ 100cm 的间隔种植 1 株作为标准。

4）灌水

种植之后的浇水要细致进行，不要使地表面产生高低不平的现象。

灌水是在种植后立刻进行，之后的 1 周内按照每隔 1 日灌水 1 次的标准进行，也可根据土壤、天气、气温等状况进行适当的调整。

5）牵引

藤本植物与其他的植物不同，没有固有的树形，在种植地点可以向上、下、左、右各个方向伸展。所以为了尽早达到绿化目的，向所定的部位进行牵引，并在所定的范围内、从既定形状进行牵引。

牵引的方法是：在坚硬的墙面进行附着型藤本植物的牵引时，利用塑料胶带进行固定。如果对象类似于混凝土砖一样硬度，则使用钉子和棕榈绳子进行固定牵引；如果为格子、栅栏时，则使枝条进行缠绕，并用棕榈绳进行固定。

6）保护

藤本植物一般多为栽植苗木，栽种后要进行覆盖保护。覆盖除了对植物本身具有保护作用之外，在苗木幼小时，还成为修剪和除草时的标志物。

6.4.4 花卉种植施工

（1）花坛、花境种植施工

1) 整地

设置花坛、花境的场地，为了在更换花苗时有利于花卉的生根和成活，必须进行翻地平整。这个整地过程，是花苗种植准备阶段十分必要并且重要的步骤。根据种植草花种类的不同，土地耕作深度也有所不同。将挖掘出的土壤放置于适当位置，进行日晒消毒；对于排水不良的场地，应当埋设排水管；在地下水位高的地方，要进行培土，并进行土层改良。

土壤为强酸性的情况，要施加石灰进行 pH 值调整，当在同一块地上进行过数次种植的情况时，为了避免连作危害也要进行土壤的更换（详细参照第 3 章种植基盘）。

2）人工培养土

移动式花坛、组装盒式立体花坛使用的土壤，因为根的生长空间有限而受水分条件的影响较大，所以，必须在注意以下各事项的基础上使用土壤：

- 用土清洁没有病原菌；
- 考虑到移动和立体的设置，采用易于搬运的轻质土；
- 保水性、通气性良好；
- 品质稳定。

一般使用的是在山砂和赤玉土中混入草炭土、蛭石等的土壤。

3）底肥（基肥）

花卉，特别是球根花卉，自身有养分的储藏，即使土壤瘠薄也可以进行生长，但是为了促使花色艳丽，延长花期，还是应该进行施肥。

肥料种类多样，特征各异，含有成分不同。如果施肥过量会引起植物生长危害。所以，应该根据植物的种类和土壤的性质等，适当调节施肥的成分和含量(详细参照第7章种植管理)。

种植花卉前，在整地时施加的肥料称为基肥，以堆肥等缓效性肥料为主。另外，为了植物活动开始时就可以吸收到肥分，应当加入速效性和缓效性混合的肥料。

对于组合盒式立体花坛等表现立体效果的，为了防止病虫害的发生不能使用堆肥，应当使用人工培养土栽培，以液态肥等作为追肥，在种植时施用肥效长的持续型肥料。

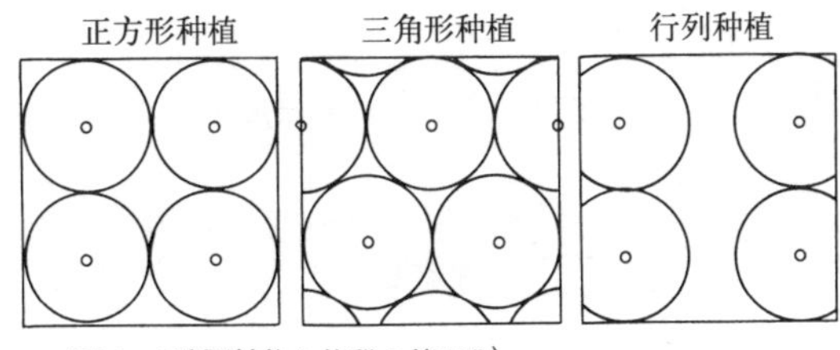

（引自《造園植物と施設の管理》）

图 6–90　花苗的栽植方式

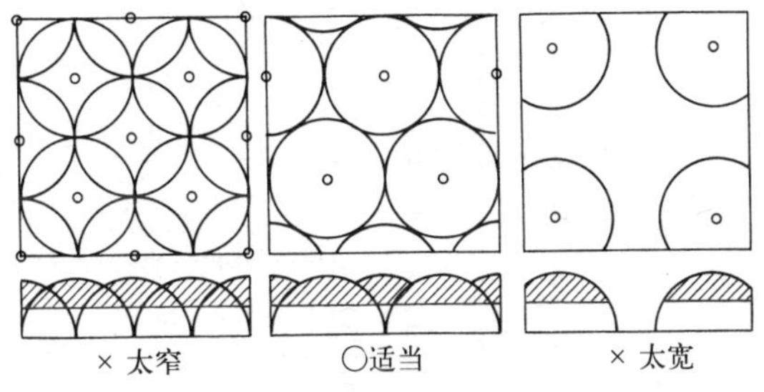

（引自《造園植物と施設の管理》）

图 6–91　花苗的栽植间隔（平面图、断面图）

4）栽植

对于花苗的栽植，按照正确顺序在早期内完成是十分重要的。

花苗栽植的方法有整形式栽植的正方形种植，没有间隙的三角形种植，成排的行列式种植。为了表现花卉美丽的效果，以不能看到地面为好，所以三角式种植为最适（图 6–90）。

栽植间隔，如果太宽，观赏效果不好；如果太窄，虽然开花密度高，但单株的开花数减少、株高徒长、茎叶和花均显示出柔弱的生长势，所以以草花在生长阶段以植株有适当接触程度的间隔为宜（图 6–91）。

栽植的注意事项如下：

①搬运中和种植前保持根部附带的土坨，避免长时间接受光照。

②种植时避开强风日，在阴天或者降雨前进行。

③栽植床要在种植前灌水，使土壤稳定，并用石灰和绳子等在床面上画出种植形状。

④花色搭配时要在各种花之间形成鲜明对比。

⑤在对角线上，种植同种类的花卉。

⑥在同一花坛中种植的同种类的花朵大小尽量相同。

⑦相邻栽植的花卉，选择株高、株形统一整齐的种类。

⑧栽植从花坛的中央开始。

⑨周边部位要比花坛的中央栽植密度大。

⑩栽植时，利用花铲或者手挖掘稍大的坑穴，保证根系的充分伸展。

⑪根际部分的土要进行轻压，不使土壤板结。

球根，只要依靠储藏的养分，在适当的温度和湿度下，就可以长出根并进行生长。

种植深度因植物种类不同而不同，大体上以球根高度的 2 倍为标准，进行土壤翻地时要比该深度深。为了第二年使用的球根增大，在土壤底部加施堆肥和鸡粪等，但不可使肥料与球根直接接触。栽植方法有挖开全部土壤直至埋球根深度后摆放球根的方法，和挖掘小坑在其中栽植球根的方法，无论何种方法都应该以球根花卉能够美丽、整齐盛开为目标而决定栽植的位置和深度。

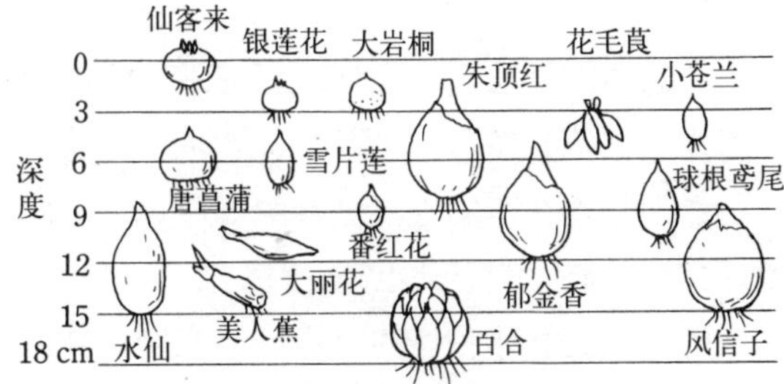

图 6–92　球根的种植方法

单栽球根花卉时，因为其展叶期短，休眠期地表面变为裸地，所以要与其他的地被植物进行搭配栽植（例如在草坪内种植番红花），或不同种类的球根花卉进行配植以延长观赏期（例如中国水仙与夏季水仙的混植），力求场地的有效利用。

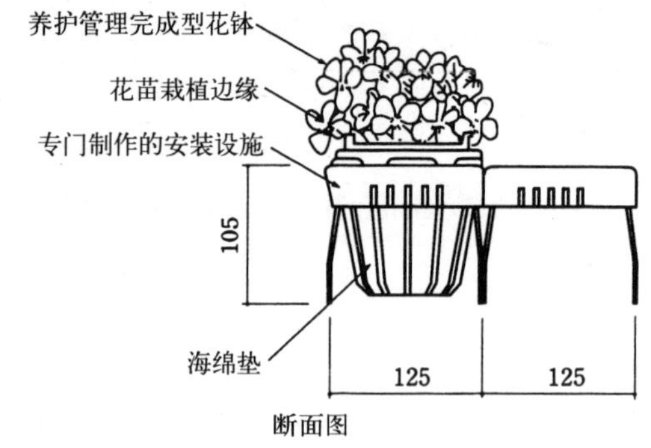

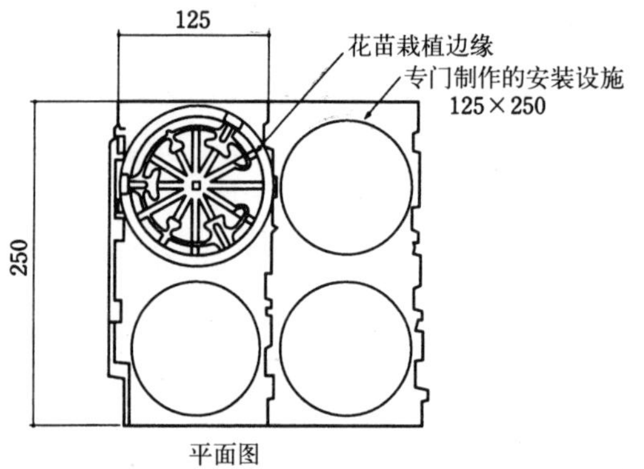

图 6–93　为花钵组合而专门制作的安装设施实例

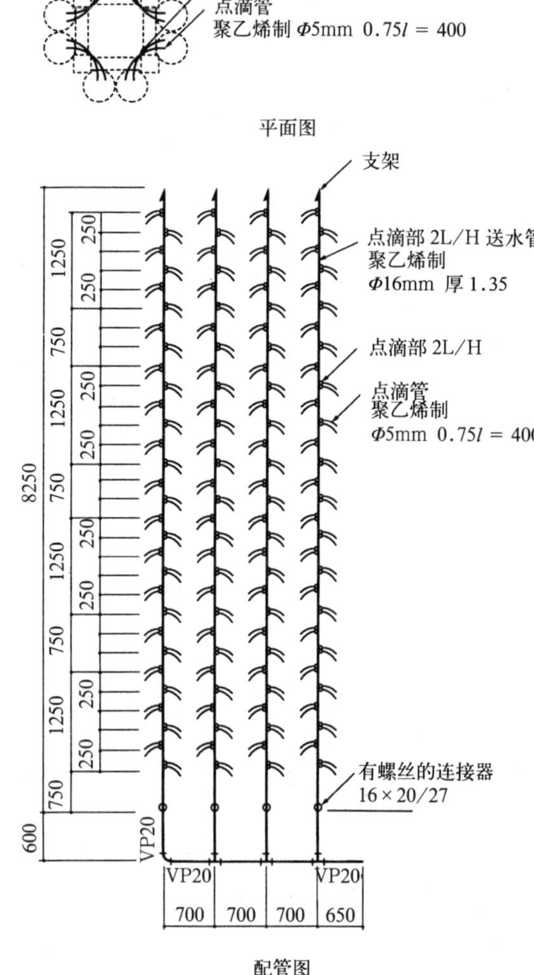

图 6–94　花塔躯体部分灌水设备的实例

移动式花坛、组合盒式立体花坛的更换栽植，根据种类、条件不同而有差异，但一般每年要进行 2 ～ 6 次。

移动式花坛的栽植要在注意以下诸点的基础上进行：

①为了能够从所有角度进行观赏，种植时应考虑到花苗的朝向、间隔、高度等。

②因为要在不同地点进行配置使用，因此要考虑到种植时的移动距离。

组合盒式立体花坛的容器已经开发出具备各种各样形态、色彩、规模、材质等的类型。另外，还有内部装有培养土的类型，以及内部没有培养土，而把栽有花苗的盆钵直接进行组合的类型。

前者有花卉组合和花卉吊篮，在容器中装入培养土，把花苗从育苗容器中取出进行栽种。花卉吊篮等放有培养土，在进行更换花苗时较费力，但因为有了培养土，栽培观赏期才会长。

后者可组合成球状、墙壁等可能的形状，把花苗从育苗容器中取出后，用无纺布等包裹根坨，利用专用工具固定于特制框架中。

把植物栽植于框架之中，根的生长空间受到限制，因而苗的生长也受到限制，但是花苗更换容易。

为了栽植后约 2 周内的养护管理省力，栽植时要配备灌水用配管，安装自动灌水装置。

5）浇水

栽植后，为了使根和土壤紧密接合要进行浇水。

对于正在开花的花苗避免从顶部进行浇水，应当把喷壶的壶嘴伸入花苗根部浇水。浇水要浇到盆土底部，直到新根长出之前必须每天浇水。

从栽植到成活和到开花的期间所需水量最大。为了使其盛开时花大，要在开花前进行充分的浇水。浇水要避开中午时间，应尽量在早晨进行。

（2）利用直播等手段的花卉景观营造施工

1）整地

在除去绿化对象地土壤松软的情况之外，还要对土壤进行深 20cm 左右的耕耘，除去瓦砾及其他影响生长的障碍物质。

在杂草生长的场地，尽量在不松动表土的前提下除去杂草。该种情况下，烧田农业手法最为有效，即利用火焰放射器除去杂草植株的种子。

2）基肥

因为利用直播等手段的花卉景观营造（野花混播）具有省时、省力的优点，虽然与花卉园艺用地的整理不同，但如果是肥料养分缺乏的土壤基盘，就有必要进行施肥和土壤改良。实际的施用量要根据绿化对象地的状况来决定。

肥料是缓效性的粒状固体肥料（$N:P_2O_5:K_2O=3:6:4$）按照 100 ～ 200g/m^2 的用量施用。这种用量的肥料不会阻碍种子的发芽，因为氮素少，会抑制茎叶的生长，还会促进由直播苗形成理想的花卉株形，使着花状况良好。

根据土质的实际情况，应当混入有机质土壤改良材料（例如树皮、堆肥等）。

3）播种时期

因为不同种子有不同的适宜发芽温度和初期生长温度，所以有必要根据种子种类对气象条件等进行调查，判断是否能正常生长。如果地温太高或者太低，都会造成种子不发芽，或即使发芽根系也不发达，常因干燥或霜降造成萎蔫枯死。

春播的情况，正与杂草的发芽、生长时期相重合，根据情况决定是否稍微错开播种时期，先使杂草的种子发芽，在完全除去这些杂草的 5 月上旬以后再通过花卉直播等方法进行花卉景观的营造，这是一种切实可行的方法。

秋播的情况，为了作好准备迎接长期的冬季干燥期，要培育成耐干燥状态下的实生苗，所以应当进行早期播种。

4）播种

种子的种类有各种各样的粒径、形状。所以比起使用散粉器播种来讲利用人工播种进行全面播种的效果更佳。

如图 6–95 所示，使用简单器具开掘播种沟，播种后利用新的竹扫帚轻轻地把波状的地方扫拂覆土是较为理想的方法。土块多的情况下，要用扫帚进行破碎、扫拂覆土作业。

播种混合好的种子时，按照图 6–95（3）所示利用器具来操作，相当于锯齿十分之三深度对大粒种子进行覆土。

斜坡的情况，只开挖小沟进行播种易遭受雨水冲刷流失，此时用绳子以 20 ～ 30cm 的间隔进行固定，利用草坪铺覆用的木扦进行固定后再进行播种（图 6–96）。

在播种大粒种子（羽扇豆、牵牛花、向日葵、紫茉莉）时，应当使用由 2 ～ 3 根拧成的绳子，可以防止表土的流出，覆土状况良好。播种之后要用竹扫帚进行均匀扫拂。

为了使花卉景观营造对象地中种子稳定发芽、生长，现在成功开发了用在无纺布、水溶性材料上粘涂种子、培养土和肥料的种子胶带、种子块垫等制品，在带状场地和斜面等可以灵活应用。

5）浇水、养护

播种后立即进行细致浇水，注意不能使播种后地面产生零乱现象。一定要根据气象状况进行适当浇水。

播种后，为了使表面不产生干燥现象，应当进行地表覆盖养护。

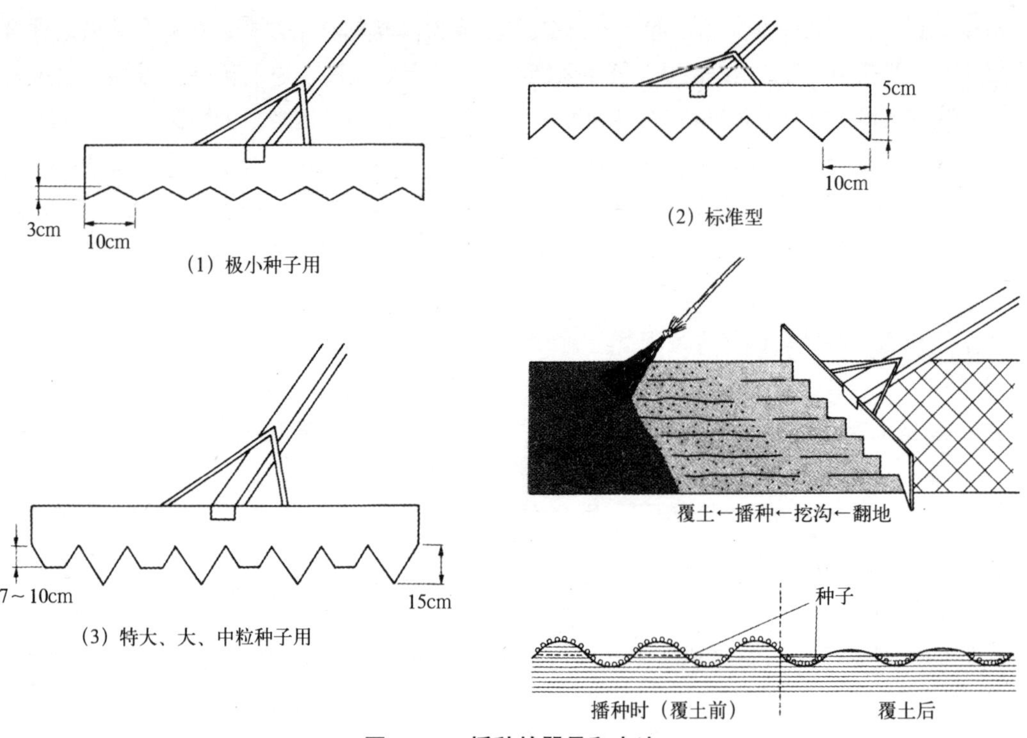

图 6–95　播种的器具和方法

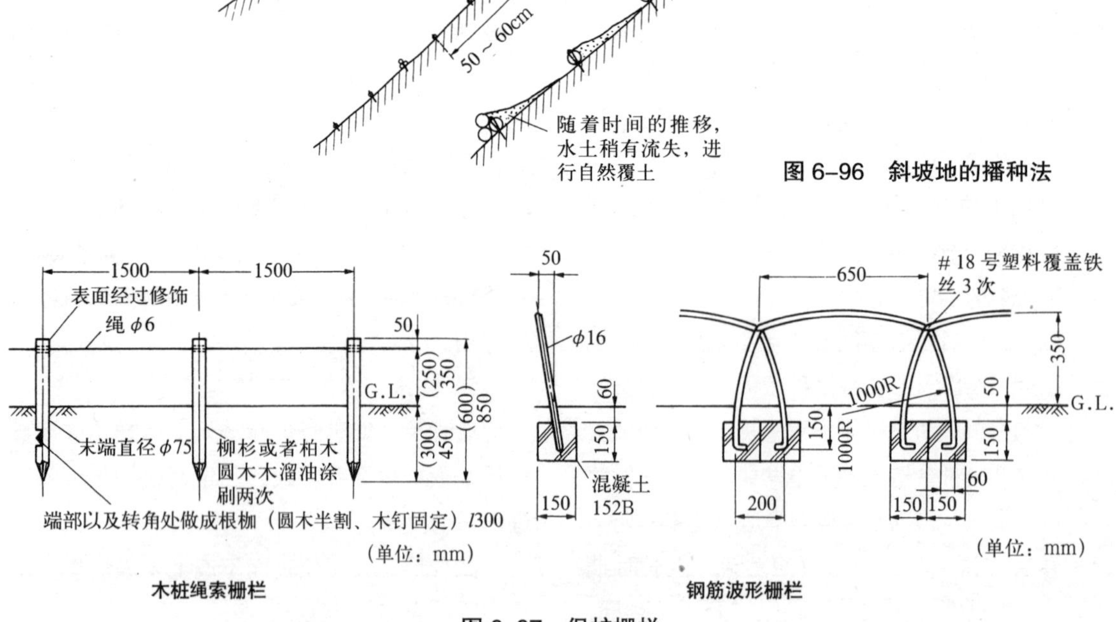

图 6–96　斜坡地的播种法

图 6–97　保护栅栏

6）保护

在植物发芽、生长的必要期间，通过设置栅栏等明确保护区域（图 6–97）。

在设计图纸中没有明确表示有无保护栏的情况下，在生长过程中，应当设置木栏和绳索等进行保护。

在设计图纸中明确表示出有保护栏的情况，或者可以预想保护区域中有人进入的情况下，应该考虑到草花的色彩、形状、周边环境等因素来进行保护栏的设置。

7）再播种

播种后应该注意施工后的发芽状况，对于由于发芽不良、生长不良以及强风暴雨等造成枯损形成裸地的情况时，有必要进行迅速的再播种。

6.4.5　斜面绿化施工

（1）施工时期

斜面绿化的施工时期与种子的发芽、苗的成活等有密切的关系，应当进行适期施工。

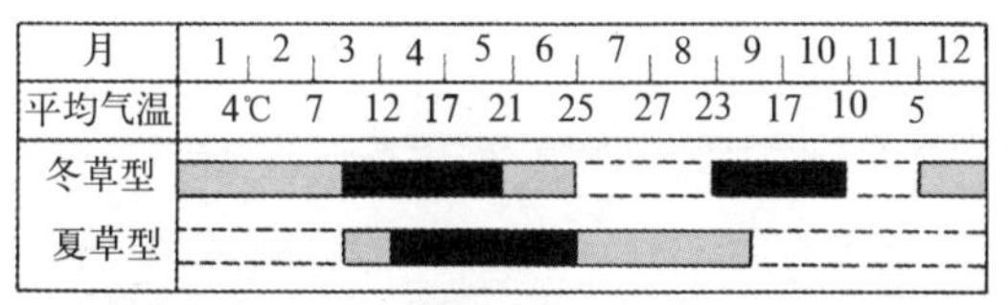

■播种适期 ▭播种可能期 ⌐ ¬不适期

图 6–98　外来植物的播种适期（以东京为标准）

在盛夏进行播种时，要在干燥期进行灌水养护；在冬季进行播种时，充分考虑养护方法作为前提条件。

（2）施工方法

施工时的注意事项如下：

①根据设计图纸对斜面进行整理，清除石块、树根、木棍等杂物。

②喷附使用的种子，要进行发芽试验确认品质，决定种类和播种量。此外，在进行种子喷附施工时，如果斜面处于干燥状态，根据必要进行浇水，20cm 以上深度都要达到湿润程度。

③种子喷附施工时，在检查材料使用量之后，按照水、水质材料、防止流失材料、肥料、种子的顺序往容器罐中投入，充分搅拌之后，使用喷附机械向斜面上均匀喷洒。为了确认施工范围，混入着色剂易于辨认。

④客土种子喷附施工，在确认材料使用量之后，把土、肥料、种子、水等投入容器罐，充分混合后按照所定厚度进行喷附。往铺有金属网的地方喷附厚度 3cm 以下土层时，有时表面会露出金属网。往防止流失材料上喷施沥青溶剂时，要在客土喷附后，待表面没有水流出之后进行。

草坪草的种类和标准施工时期　　表 6–29

草种	施工时期（日平均气温℃）			适地
	适期	可能期	不适期	
弯叶画眉草	（春）15 ~ 25	（春）10 ~ 15 （夏）25 以上 （秋）25 ~ 20	（春）10 以下 （秋冬）20 以下	本州、四国、九州
肯塔基 31 匍匐剪股颖 鸭茅 白三叶	（春）10 ~ 20 （秋）15 ~ 25	（春）5 ~ 10 （夏）20 ~ 25 （冬）5 以下	（春冬）25 以上 （秋）5 ~ 15	全国 本州，中部以上
沟叶结缕草 结缕草	（春）15 ~ 25	（春）10 ~ 15 （秋）25 ~ 15	（春）10 以下 （夏）25 以下 （秋冬）15 以下	
杂种绢草	（春夏）20 ~ 30	（春）15 ~ 20 （夏）30 以上 （秋）15 ~ 20	（春秋冬） 15 以下	关东以西，四国，九州

（引自《公共用緑化樹木植栽適正化調查報告書》）

⑤植生垫施工法因为斜面的凹凸不平而产生悬空现象，易于被风吹掉，所以必须在对凹凸不平的斜面进行平整之后进行施工。在施工时，把黏附种子的一面向下，使其与斜面紧密接触。特别是对植生垫的末端要进行充分的固定，并使其进入斜面的土壤之中。

不同施工方法最小的平均成活株数(60天)表6–30

工种	平均最小的长成株数	摘要
种子喷附、种子喷撒	1000株	每 m^2 的株数
植生盘	400株	
植生带	300株	
植生袋	250株	
植生穴	100株	
植生垫	1000株	

⑥植生带施工，是按照所定的间隔把所定宽度的2/3以上埋入土中的水平施工方法。

⑦植生盘施工，是以中心间隔50cm为标准在斜面上开挖宽21cm、深3cm的沟来进行设置。植生盘的设置是按照每平方米8枚的标准，为了不使地盘和植生盘之间产生空隙要进行镇压。

⑧植生袋施工是按照每米3袋的比例，每平方米6袋的标准，在不产生破损的前提下运往斜面，施工时确保不产生沉淀或者飞出，不产生缝隙而顺利施工。如果有缝隙的话，要利用黏性土进行填补。

⑨植生穴施工的斜面挖坑，应事先在坑的位置做上记号以利于施工。按照所定的直径和深度进行挖坑施工，在施用固体肥料后，利用土砂把坑穴填补到与斜面处于同一高度后，进行金属网铺覆和植物播种。

⑩因为植被施工表层的水土流失防止效果较差，原则上要以1～3年生的苗木栽植和播种施工同时进行。

种植面的坡度在25°以上的情况，一般不能够栽植乔木（详细的绿化技术请参照第5章种植设计5.4.8斜面绿化设计）。

（3）禁止进入

在施工、发芽以及生长的必要期间应当禁止进入现场。在通常情况下，该期间设定在施工后的60天前后。

（4）浇水、养护

施工后，根据斜面的水分程度进行判断，如果需要应当进行必要的浇水、养护。

但是，如要在夏季的晴天浇水，要避免中午的直射日光，尽量在早晨或者傍晚进行。

（5）补植

因植被的发芽不良、生长不良、强雨等造成植被的脱落，或者因地表水集中流下造成侵蚀产生裸地，应当迅速采取适当的补植措施，防止危害面积扩大。

6.4.6 屋顶绿化施工

施工阶段，要在把握设计意图的同时，充分考虑建筑屋顶上的现场条件进行施工规划书的制定。

（1）施工阶段的注意事项

施工之际，注意以下事项是非常重要的。

1）机械规划

- 对搬运工作进行研究，在使用电梯时，要确认物件的重量、大小等。
- 确认起重机械的旋转空间。
- 对施工场所的交通量、安全性也要进行充分的研究。

2）材料规划

- 因为材料放置场的空间难以确保，争取不要作出临时放置、假植的规划。
- 对于无法确保材料放置场所的情况，采用人力运搬。

3）劳务规划

- 因为存在防水层改修等需要多种工种的工程，应根据进展状况制订劳务规划。

4）临时设施规划

- 由于处于高处作业，因此要充分考虑扶手、防止跌落的安全网等安全设施的设置。

5）工程规划

- 充分进行与相关建筑工程的调整。
- 制定能够在种植适期进行种植的规划。
- 考虑种植的顺序，尽量不要对植物进行临时放置和假植。

6）施工管理规划

- 充分考虑到与相关工程的协调。
- 进行防水、排水等屋顶所要求的品质管理。

7）安全管理规划

- 从在高处作业这一点出发考虑施工人员的安全性。
- 注意防止坠落物对地上行人造成伤害。
- 采取防止防水层撤去作业噪音的措施。
- 注意起重机作业时不要触及到电线等。
- 防止由于强风等引起树木倒伏而采取设立支柱等措施。

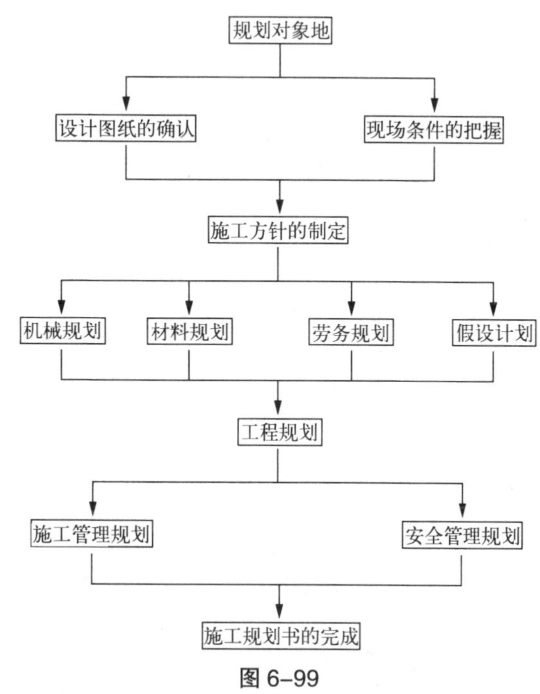

图 6–99

（2）施工中的技术检查

为了进行施工、养护管理，需要掌握各种知识、技术。表 6–31 总结了检查项目以及内容，在施工之时需要进行检查。

在防根膜上铺覆防止冲击的垫布

在人工轻质土壤中栽植低矮松柏类和芳香植物

照片 6–4　在专业技术学校屋顶上的屋顶花园作业实习（本书作者为任课老师）

施工中的技术检查　　表 6–31

检查项目	检查内容	备注
荷载承重	• 根据建筑标准法所定荷载承重 • 张力计算和承重计算 • 土壤和改良材料的重量 • 树木的重量 • 铺装材料、栽植容器等的承重	建筑标准法施行令第 85 条 有关柱、梁等的张力计算 土壤材料的比重 树木重量的计算方法
防水层保护	• 现在使用的防水技术 • 原有防水层的改修法 • 防水材料、工法的选定 • 防水层保护材料 • 防水层保护的注意点（施工上）	各种防水技术的特性 为了轻量化工法的变更，双重防水 轻质，耐根性，耐冲击性 冲击防止层，防根层 考虑到防止损伤的施工
排水处理	• 屋顶的排水法 • 种植基盘的排水方式 • 排水材料的特性 • 建筑物排水管的保护 • 排水层的保护	排水坡度，排水渠知识 全面排水、集水排水 排水能力，施工性 防止排水渠的排水孔堵塞 过滤材料
土壤构成	• 植物必需的土层厚度 • 植物生长和土壤的关系 • 种植基盘土壤的分类 • 土壤改良材料的种类和特性	有效土层厚度，荷载条件 土壤质地，透水性，pH，保肥力 自然土壤，改良土壤，人工轻质土壤 无机质系，有机质系
灌水系统	• 水源的确保 • 灌水方法和特性 • 雨水的利用	屋顶给水设备（上水、中水） 地上灌水，地中灌水，底面灌水 雨水贮存系统
树种选择	• 适应地域树种 • 屋顶环境和植物的耐性 • 与种植目的相结合 • 养护管理	种植适温带 耐风、耐干等 种植功能、种植景观 生长，耐病虫害等
法律规范	• 荷载承重 • 避难路线 • 防止摔倒 • 控制光线	床、柱、梁等的荷载荷重 特别避难阶段 扶手高度 近邻纷争的预防

（引自《ルーフ・スケーピング技術と市場への展開手法調査報告書》，其中一部分有修改）

第7章

种植管理

7.1　种植管理的基础

7.1.1　种植管理的范围

（1）种植管理的目的

1）种植管理的目的是基于种植规划、设计意图对构成种植地的植物的生长条件进行管理，进行形态的培育、维持和保护，达到预期的种植目的，发挥其功能。

通常，植物在种植之后很难完全发挥这些综合的功能，在养护管理过程中才逐渐开始发挥绿地的功能，再经过完成期向老化、衰退期转变。在进行种植管理时，要充分认识植物的每一个生长阶段，并进行适合于该阶段的养护管理工作。

2）进行种植管理时，要注意以下事项：

①充分了解种植地的自然环境、人为环境以及生长环境，进行与之相适应的管理。

②充分把握种植地应达到的目的、功能，进行与这些目的、功能相对应的维护管理。

③植物在1年中各季节有不同的生活形态，要充分把握该植物的特性，进行与植物的周年变化相对应的管理（图7–1）。

（2）管理方针的制定

根据种植规划、设计中制定的种植方针和种植功能分区等，设定管理对象的范围，决定种植管理水平的基本型，进行管理方针（管理出发点）的制定。

树木（林）管理水平的基本型可以分为：①在发挥种植树木自然特性的基础上进行人工的管理；②把种植树木培育成接近自然的植被；③对现存树木（林）尽量按照现状的形态进行维持；④对现存树木（林）按照自然状态进行养护（图7–2，图7–3）。

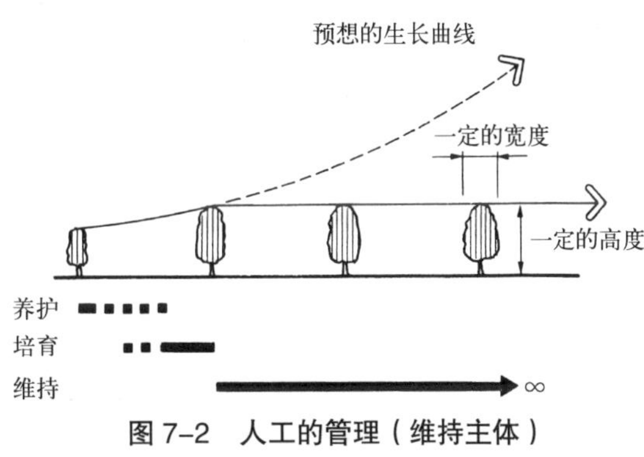

图7–2　人工的管理（维持主体）

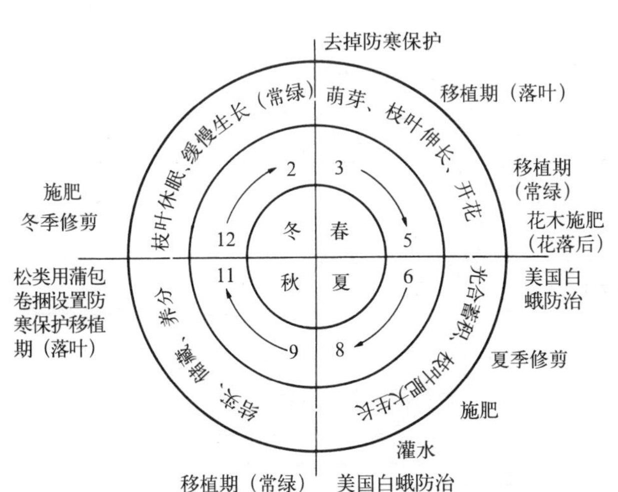

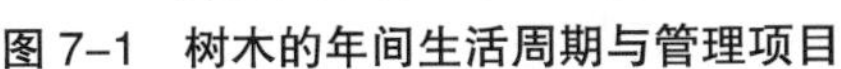

图7–1　树木的年间生活周期与管理项目

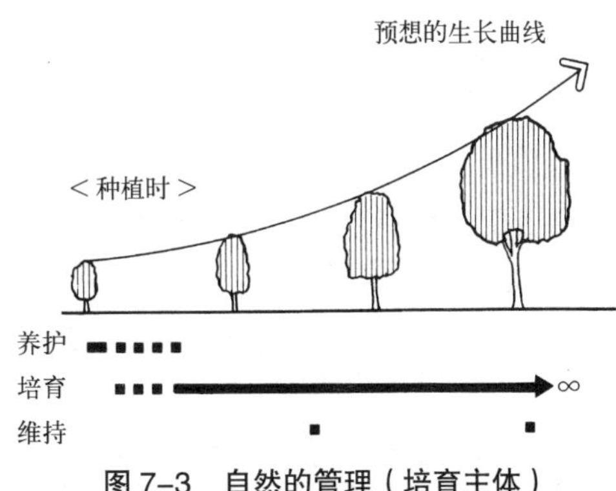

图7–3　自然的管理（培育主体）

草坪管理水平及对应方案　　表 7-1

管理水平	草坪的作用、功能	管理方案
Ⅰ	由单一草坪草构成，达到美观要求的景观营造、观赏草坪	因为重视造景，特别注意除草与病虫害的防治
Ⅱ	不仅有景观美化的功能，同时可供用餐、休憩等安静利用的草坪	与常见的草坪管理相同，作为草坪全部处于被覆状态进行管理
Ⅲ	游憩、运动等动态利用草坪以及美观要求度相对较低的草坪	最初作为草坪进行管理，但因其也包含草坪草以外的草本植物，所以可作为绿色草地进行管理

花卉管理水平及对应方案　　表 7-2

管理水平	花卉应用的形式	管理方案
Ⅰ	花坛、容器栽植	为了时常能够观赏到美丽的花卉，除了要进行定期更换植物之外，更要注意除草、消毒、摘除残花等，进行细致的管理
Ⅱ	宿根和一、二年生花卉的花田	因为为表现季节感强的花卉，根据各花卉的特性进行适当的管理，为保证花期的良好状态而进行管理
Ⅲ	通过直播的花卉景观营造	不同种类的花卉相继开花，尽量以延长观赏期为目的进行管理
Ⅳ	野草	考虑到割草时期、割草高度等进行管理，并努力管理以保证目标野草的繁殖

（3）周年变化的管理

为了达到基于管理方针的绿地种植管理目的，对应周年变化设定管理作业十分重要。

该周年变化可以分为从栽植到植物成活的养护阶段；达到培育目的形态为止的培育阶段；达到目的形态之后的维持（抑制）阶段。

养护阶段（种植后 1 ～ 3 年），根系尚未发达，生理性收支调节不稳定。另外，由于物理作用易出现倒伏现象等。该阶段的管理，要非常注意种植树木的成活问题。在管理项目中以保护管理作为重点管理内容。

培育阶段，根系发达，枝干生长旺盛。该阶段从保护管理转向以危害防治、培育管理为重点管理项目。通常实施的管理项目有现场观察、病虫害防治、修剪、施肥等。

维持阶段为种植功能充分发挥后的阶段，几乎处于长久持续状态，管理项目开始转向抑制、更新管理。实施的管理项目有现场检查、病虫害防治、修剪、施肥、中耕、更新等。

7.1.2　种植管理规划

管理规划是为了完成种植规划、设计意图中预期达到的种植空间，而进行适合的培育、维持等管理作业的规划，并且按照规划进行有计划的管理，使管理作业既经济又省力，最终达到管理的合理化。

（1）管理规划的条件

作为制定规划时的必要条件有环境条件、种植条件、生长条件以及其他条件。

①作为环境条件有气象、土壤、地形等自然条件和由利用频率等人为条件导致的各种影响。

②作为种植条件，要充分把握种植的类型、种植目的（意图）、种植的形态、规模、位置、数量等。

③作为生理条件，要充分考虑到生长、增粗可能需要的空间、种植构成、种植密度、周年变化、萌芽和花芽形成时期等。

④作为其他的条件，要考虑到制度、组织、预算、财源等养护管理体制。

如上所述，在考虑以上四个条件基础之上进行制定是必要的。

一般来讲，管理规划的制定应在规划阶段与设施规划的制定同时进行。

（2）时间作业规划

时间作业规划有以天为单位，或以月、年、数年甚至数十年为单位的规划，应当根据时间的顺序进行阶段性规划。

种植管理调查的主要内容　　表 7–3

	调查内容	相关管理要点
气象	最热月的最高温度	日照危害和旱害的预测和保护
	最冷月的最低温度	冻害的预测和保护
	暴风（20m/s）的风向	暴风的预测和迎风树木的保护
	一般强风的风向（季节风、楼风、地形引起的风）	减轻生长危害的对策
	积雪深度	雪害和寒风害的预测和保护
地形	霜道（由地形引起霜害的可能性）	霜害的预测和保护
	易引起寒风害的地形	根据地形、方位进行寒风害的预测和保护
	易引起冻害的地形	根据地形、方位进行冻害的预测和保护
	吹雪现象	雪害的预测和保护
	大气污染物的聚集	危害的预测和保护
	盐风害的可能性	盐风害的预测和保护
土壤	排水	根系的发达和对策。排水不良的情况，生长变坏，严重时枯死
	肥沃度	生长的好坏和对策
	pH（H_2O）	生长的好坏和对策。恶劣的情况导致枯死
	有害物质	生长的好坏和对策
	地下水位	与排水有关系，根系的发达和对策
	冻结深度	寒风害的预测和对策
植物的生理	病虫害的种类和发生时期	病虫害防治的时期和方法
	花芽形成的时期（不同树种）	修剪的时期和方法
	萌芽的特性（萌芽力）	修剪的时期和方法
	生长速度	功能完成的预测
	对异常气候的耐性	异常气候对不同树种的危害预测和保护
	杂草的种类和发生时期	除草的时期和方法

①日间或者月间单位的短期管理规划，以巡回检查、清扫、观察等定期作业为对象，基于这些规划制定出每天的作业规划。

②年度的管理规划，以树木的修剪、整形、草坪修剪、草花更换等作业为对象，在考虑年间气候和植物的生活周期、利用状况等基础上进行制定。

③从数年到数十年的多年度的长期管理规划，以主要植物的培育到接近植被完成状态为止期间的作业为对象，根据生长阶段设定逐渐发挥的目的、功能，进行规划的制定。

例如明治神宫的森林，预想到数十年～100余年的第4次的林相进行栽植，经过约90年成为现在的类似自然森林的形态。在制定管理规划时，首先调查管理条件的合理性、利用者的需求、形态、意识等，对结果进行反馈，充分发挥种植的目的和功能。

（3）年间作业规划

为了制定年间作业规划、实施种植养护管理作业，首先要对作业项目进行分类，以最少的经费达到最佳的效果，并进行作业项目的设定，作业频率、作业适期的选定。

1）作业项目的分类

因为对于种植管理所有的作业项目，难以快速地作出恰当、合理而又全面的规划，所以，最初应当对所有的作业项目按照定期作业、不定期作业、临时作业等进行分类。

定期作业包括对树木、草坪、花坛等的检查、清扫管理，不定期的作业主要包括枯损树木的清除、植物的补植、支柱的更换等。

临时作业有特殊人来访时的清扫，由台风、地震等灾害产生的恢复作业，以及在必要情况下进行的植物修整，倒伏树木的扶起等。

2）最少经费产生最佳效果

要有效地使用管理费用使其达到最佳效果，需要进行作业项目必要度的分级（优先顺序），根据必要度选择作业项目，在制订作业日程的时候，根据必要度的优先顺序实施适合的管理，达到作业的简单化、省力化。

3）作业适期的选定

管理作业，要充分认识植物的生理结构和萌芽、生长、增粗、结实等生活阶段，使各种

种植养护管理年间作业计划表 **表 7–4**

对象	管理作业	年间作业次数	管理地	作业时期（月）												摘　要
				4	5	6	7	8	9	10	11	12	1	2	3	
树木管理	常绿树修剪	1 ~ 2 次														花木类在花芽形成前进行修剪
	落叶树修剪	1 ~ 2 次	积雪地													
	整形	1 ~ 3 次	寒　地													
	施肥	1 ~ 2 次	积雪地													对于花后的追肥，要根据需要在花后进行
	病虫害的防治	3 ~ 4 次											（蚜虫）			药剂喷洒
	除草	3 ~ 4 次 2 ~ 3 次 4 ~ 5 次	寒　地 暖　地													
	灌水	适当	寒　地 暖　地													根据诸条件难以决定次数
	缠干	1 次			日灼保护						冻寒保护					
	卷布保护	1 次		（撤去）												对耐寒性弱的树木
	防霜	1 次		（撤去）												对耐寒性弱的树木
	蒲包包裹（冬季害虫捕杀）													（撤去）	（撤去）	
	防雪草绳吊枝	1 次	积雪地	（撤去）												
	倒木恢复	适当														台风造成倒木、半倒木
	枯损树木的处理	适当														适当
	支柱的修补和更新	适当	积雪地													适当 在积雪地下雪后进行损伤保护
	倒伏木扶起	适当														
	补植更新	适当	寒　地 积雪地													常绿阔叶树 6 ~ 7 月最适，针叶树柏科 3 月最适，如果根系好，1 年中均可
树林管理	间伐	适当														
	除伐清除藤本	1 ~ 2 次														除伐 1 年中

续表

对象	管理作业	年间作业次数	管理地	作业时期（月）4	5	6	7	8	9	10	11	12	1	2	3	摘　要
树林管理	打枝	1次														
	除草	1～3次														
	补植	适当	寒　地 积雪地													
草坪管理	修剪	6次 7～10次 3～4次	暖　地 寒　地													在没有必要形成单一种草坪的场地，最低修剪次数为3次
	施肥	1～3次	积雪地													
	填补缝隙土	1次	积雪地													
	病虫害防治	适当														杀菌剂，杀虫剂
	打孔	1次														根据板结程度不同，一般为1次
	除草	3～4次 2～3次 5次	寒　地 暖　地													
	灌水	适当	暖　地													
	更新补植	适当	寒　地													
花卉管理	移栽	适当	寒　地													根据种类适当进行
	灌水	适当														露地适当进行
	施肥	适当														1，2月施基肥，其他月份，在种植前适当进行
	病虫害防治	适当														适当进行
	除草	适当						除草								除草在花苗更换之间进行1次除草
	中耕	适当											中耕			适当进行
	摘心、摘花	适当														
	挖掘球根	适当														
立体绿化管理	施肥	1～2次														

续表

对象	管理作业	年间作业次数	管理地	作业时期（月）												摘要
				4	5	6	7	8	9	10	11	12	1	2	3	
立体绿化管理	立面草修剪	1～3次														
	病虫害防治	3～4次											（蚜虫）			
	灌水	适当	暖地													
	立面修补	适当														根据必要进行

各样的管理作业不违反植物的生物学特性。另外，对于有季节变动，考虑到年间的气候和利用状况等，选择实施的时期、方法。

7.1.3 管理的执行

（1）管理体制和 NPO

管理体制，是根据种植管理方针和种植管理规划的内容，为了实行该方针和规划内容而进行的有关体制和管理方式的研究，并进行基本管理体制的制定。

管理体制有直接管理和委托管理两种。

在推进由 NPO（民间非盈利组织）等对公园绿地进行管理运营的过程中，绿地管理机构制度是关于市民绿地的设置、管理，绿地的保护和绿化的推进情报的收集、提供等业务能够适当并且确实的进行的《民法》第 34 条的都道府县知事都为法人指定绿地管理机构，通过民间团体进行绿地的保护以及绿化的推进，在 1995 年的《都市绿地保全法》的修改时，创设的制度。

在 1995 年的修改中，“《特定非盈利活动促进法》第 2 条第 2 项的特定非盈利活动法人”，亦即所谓的能够指定 NPO 法人为绿地管理机构的同时，进行了绿地管理机构业务的扩大和扩充。

城市中绿地的管理是为了维持自然环境而增加必要的人为管理，全部工作利用行政手段进行，对存在财政困难的情况，则寄希望于市民的协助、参与。实际上，已经开始普及了由公园爱护会进行的公园管理活动、由市民参加的绿地管理等。

（2）管理和 GIS

1）GIS 数据处理

通过遥感和数字地理信息等，可以得到地区、区域规模的植被信息在进行植被的规划和管理时，能够在地理坐标上完成空间信息的处理。

使上述变为可能的是 GIS(地理信息系统)。通过 GIS 数据处理，可以进行以下的管理。

①财产管理（更新）容易进行；

②城市公园账务管理（更新）容易进行；

③与养护管理作业的连续顺畅进行；

④设计⟶处理⟶管理和数据的传递顺畅进行；

⑤多个公园间、整个城市公园的数据有可能成为共享。

2）巡查、检查

在管理上必不可少的工作就是数据的处理和定期的巡查、检查。

①巡查、检查的目的

巡查、检查的目的如下：

a. 种植地生长性的确认；

b. 种植地功能性的确认；

c. 种植地安全性的确认；

d. 种植地快适性的确认。

②巡查、检查的内容

巡查、检查的主要内容如下：

a. 种植地整体现状的准确把握；

b. 种植地内个体树木的现状，特别是倒伏、折枝等的把握；

c. 种植树木的病虫害、生长危害、损伤位置、土壤干湿等的早期发现；

d. 种植地的损坏、危险地点的早期发现。

③巡查、检查的频率

巡查，应当预先制定以年和月为单位的巡查计划，定出每次检查的检查目标、并有计划、有效地进行。

巡查、检查包括日常周期性进行的日常巡查、检查，以及台风等紧急状况时所进行的临时特别检查。

a. 日常巡查、检查，原则上乘坐巡查车进行目测，在重点地区停车进行检查，把握树木、草坪的生长状况，病虫害的发生状况、损伤状况，各种设施有无异常状况等（表 7–5）。

b. 紧急时的特别巡查、检查，包括梅雨季节的排水性等，台风期前后的树木倒伏、折枝等，暴雨集中的斜面崩塌、水淹等，大雪造成的树木倒伏、折枝等，干旱时植物的生长状况和土壤状况，地震发生时的树木倒伏、地裂等，以及在其他灾害发生后应迅速实施的检查项目。

3）应急处理

为了进行有效的管理，通常在把握这些变化的同时，努力达到对危害因子的早期发现，不要等危害恶化之后再对应处理，而为了能够早期应对，需要不停地在种植地进行巡查、检查。巡查检查中，如果发现危险的状态、疏忽点等，迅速处理是维持管理上的关键。“这是小事”的对待问题的态度不仅极其危险，而且还会对良好的管理带来不良的影响。对于简单的问题应该随时处理，紧急的工作要做临时处理，在实施其他必要应急处理的同时，立即向管理责任者报告状况，研究处理方案。

另外，对于巡查、检查，应急处理的结果应当记录在检查日志上。

7.1.4　安全管理对策

（1）灾害对策

灾害的种类可以分为由暴风大雨、积雪、地震、洪水、海啸等异常自然现象引起的自然灾害和由火灾、爆炸等人为原因引起的人为灾害。

1）灾害前的防灾对策

作为灾害前的防止对策有，为了适当的推进把握状况、防灾和恢复工作，确立灾害对策

日常巡查、检查的标准项目　　表 7–5

检查地点		检查项目	检查频率	着眼点
种植地	树木类	活力 过于繁茂 病虫害 损伤	每 6 个月 1 次 每 6 个月 1 次 春～秋每月 1 次 每 6 个月 1 次	叶色，新梢伸长量，枝色，枯叶量 枝叶过密生长，通行障碍 新梢、枝、叶有无异常，干变化，发生状况，发生量（几株几 m^2） 有无，程度，损伤位置
	地被类	活力 过于繁茂 病虫害 损伤	每 6 个月 1 次 春～秋每月 1 次 春～秋每月 1 次 每 6 个月 1 次	叶色、茎叶的生长程度等 茎叶过密，杂草的发生度等 发生量，种类（特别是草坪的金龟子、夜蛾） 过度踏压、枯死、劈裂等
	其他	杂草状态 灌水	每 6 个月 1 次 每 6 个月 1 次	杂草的覆盖度，高度等 土壤的干燥状态

体制，事前明确组织体系。

为了在风害、水害、震灾发生时实施必要的对策，在迅速、准确地把握和传达受灾状况的同时，以便能够进行准确的判断形势并采取适当的措施，需在各机关单位和民间协助团体中确立情报收集和传达的体制，在各种机会下有必要进行提高防灾意识和灾害后的恢复方法等的教育等。

2）应急对策

要时常视听电视、收音机以及时获得气象预报、灾害情报以及防灾上的注意事项，根据内容制定对策。

对于灾害发生通报，如果是上班时间根据组织进行联络通报，夜间或者节假日根据所定的联络图进行通报。

受灾状况的掌握对恢复工程的影响大，应当利用所有方法努力在早期把握受灾状况。例如，在灾害中进行巡查检查时，要努力发现由树木倒伏造成的对一般道路、周边居民的交通阻碍和住宅的破坏，由树木接触造成的漏电、冒火等危害。

对于受灾严重、恢复极其困难的情况，尽量迅速采取应急措施。例如，对于由暴雨造成的雨水泛滥，首先揭开排水井盖，通过排水管迅速排水。

（2）事故报告

利用设施确保安全性是必要的，但在事故发生时，有必要迅速进行事故处理和事故报告。

事故（灾害）报告内容：

①事故发生的日期、时间、地点；

②事故状况、原因；

③与受害者的谈话情况等。

在事故现场，因为日后对于事故发生的责任在法律上有产生争执的可能，所以要进行现场照片的拍摄、进行目击者的事故听证、事故调查书和报告书（事故措施参见第6章种植施工6.2.6安全管理（5）事故对策）。

7.2　种植管理的预算

管理费的计算是根据管理计划，对与管理作业实施有关的管理费进行预算设计。

（1）管理合约

合约制度，作为会计制度的一环必须进行公正并且严格的执行。对于合约效率的预算的执行，还要求有经济性原则。两者的调和，是制定合约制度的关键。合约制度要站在公正性的原则之上，必须讲究必要的各种措施，但作为手段，合约双方的选定方法必须以适当的各种方法进行，这些一系列事项综合起来构成合约制度。

契约的签订以总价合约为原则，但在以下例子中，例如，在害虫发生时为了进行迅速防治，或者在合约内容不能确定性质、数量的情况下，或者时间有限制的情况下只能签订单价合约。

总价合约是在确定目的、数量、金额、履行期限等要素的基础之上签订的合约，而单价合约，应用于少量、同种物件反复出现的情况，因为每次都要签订合约，事务上繁琐，所以以事务处理上的理由，定出期限和支出预定额，只决定规格、单价，根据以前的支出实例算出金额的合约形态。

单价合约，因为只有单价是合约的主要要素，若应用不当，会产生经费上的不恰当使用。因此，为了签订单价合约，必须注意以下几点：

①预定数量没有意义，或者除了物理的不可能的事情，制订一定程度上的大概预定数量；

②为了在支出预定额的范围内（竞标限度额）能够实施，依照指示书进行检查；

③为了能够确认与实施相关的支付、受领的事实，采取报告等必要的措施；

④设定对单价合约有弹性的条款，根据实际情况可以进行单价的修改。

由竞标者方面的提议，对于承包者利用“指示书”表示、实施的工程、委托的内容是兼具“草稿”和“合同”的双重行为。

突发事故，或者事故的发生可以预测的情况等，有必要直接进行适当的处理，依照所定的手续指示时间没有富余的情况，接受主管指示的监督员对于承包者进行的口头指示称为紧急指示。

进行紧急指示的情况下，对记录工程、委托地点、主要工种、概略数量、期间等的指示概要和指示理由等紧急指示记录簿应当成册进行保管（合约方式、投标的方法详细参见第6章种植施工6.1承包合约）。

（2）预算方式

预算方式有①特约经销商方式；②估价方式；③按照往年情况的工程、委托等。

①特约经销商方式

- 全年间，对于频繁发生的设施小规模补修进行迅速并且确实的应对；
- 通过进行设计、计算、合约、支付等事务的简化，达到事务量的减轻。

②估价方式

- 通过设计、预算事务的简化，达到事务处理的迅速化，事务量的减轻。

③按照往年情况的工程、委托等

- 按照工程进行预算的管理工程费；
- 通过委托的管理委托费；
- 事务的管理费。

（3）管理费的预算

预算通常与设计书相符，为了按照管理计划作业所需要的费用（预定价格），适当地进行计算的过程。具体来讲，设定进行作业时所必需的材料、人力、机械的单价、日工作量、经费等，作为工程的预算，把这些进行累加（现场管理费、一般管理费等详细参见第5章种植设计5.6种植工程预算）。

1）设计书的制作

设计书包括设计说明书、设计图纸、文本等。

①设计说明书

作为养护工程的特殊性，有分散性、小规模性，即时性、制约等，有必要对这些要素进行综合考虑。

②设计图纸

图纸根据用途和表示的内容有多种分类，一般绘制的有施工场地概况图、位置图、总平面图、施工平面图、变更图、竣工图等。

管理费用的基本构成　　表7-6

委托设计书的构成　　表7-7

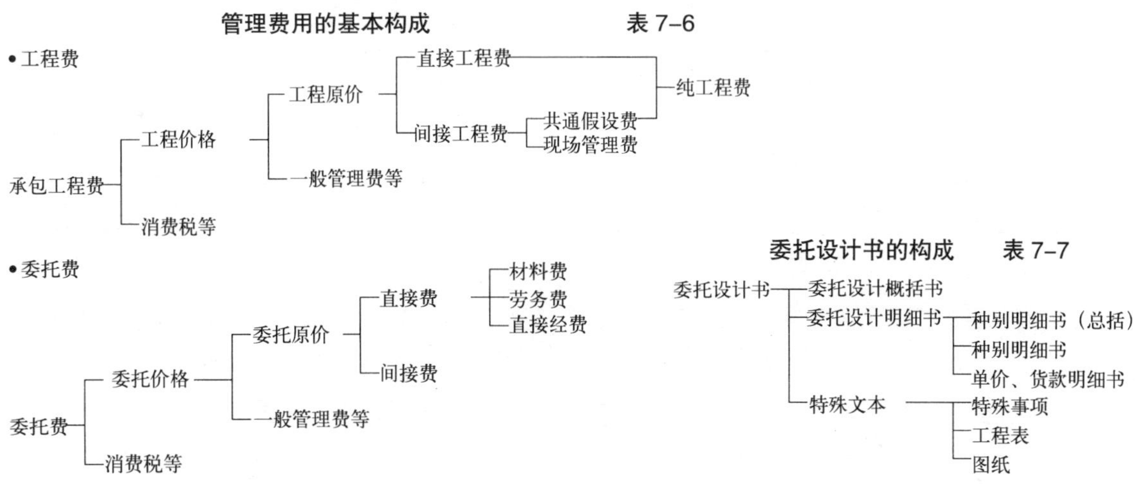

③文本

文本一般有记载共通标准的、基本事项的标准（共通）文本，记载对各种各样的工程等特有的材料、技术、最后加工等说明的特殊文本。

2）管理费的构成

在对管理内容广泛，多样的政府工程依照预算标准等统一实施预算时，在对计算体系全体使用费用的名称划分、考虑方法、范围、计算方法等进行严格定义的同时，这些合理的构成是必要的。

进行计算时，对于根据设定的作业内容抽出的管理项目、数量、作业方法、材料等按照规定的标准日工作量等，乘以所需的人数和施工时的单位进行计算（详细参照第5章种植设计5.6种植工程的预算）。

3）树木管理委托的设计

①现场调查

- 对象树的确定，现场标志；
- 修剪情况（整枝修剪、整形修剪、影响枝修剪等）的决定；
- 根据立地条件决定日工作量的增减（斜面、池畔等）；
- 与种植目的相一致的管理（造景树，外围种植等）。

②修剪时期

春、夏、秋、冬季的枯枝撤去、台风对策等。

③枯损木、支柱等的撤除

进行修剪的同时，进行枯损树的撤除以及不要的支柱、树干包裹物的撤除等。

4）草坪地等管理委托的设计

①管理面积的调查

②地形的调查

根据一般部分、水池周围、倾斜地、开放部分、处理的难易度等进行划分。

③除草机械的构成比

手割、肩背式、旋转式等机械种类的构成比例，例如树木的根际周围不能受伤，必须使用手割，对于其他部分根据倾斜程度、构造物的有无进行设定。

设定法有占全部管理面积的一定构成比的情况和各种地形有变化的情况。

④割草的处理方法

割除杂草的处理法有 a．搬出园外处理；b. 园内集中后利用其他合同条款处理（根据劳务费的单价合约等）；c. 割掉后原状放置三种。

5）花坛等管理委托设计

①种植场所、面积等的研究

- 位置的研究……在对象空间中能够发挥效果的位置的研究；
- 规模的研究……各个场所大小的研究（以最小的面积获取最好的效果）；
- 形状的研究……圆形、三角形、四角形、立体形等；
- 其他。

②作业计划的研究、制定

- 更换次数（4～6次）的研究；
- 考虑土壤、日照、其他环境，进行管理的次数、施肥、防鸟设施等的研究。

③种植规划的研究、制定

- 种植花卉的种类

在考虑空间特性、氛围、颜色、高度等前提下，选择花卉的种类。

对于最终的种植设计、色彩等根据委托者的意愿决定。

- 市场的调查

一般即使决定了设计书中的品种，但在市场中购买不到的情况也较多，应当进行市场调查。

- 开花观赏期间

即使市场中能购买的品种，因为开花期受到限定，应当调查观赏花期。

（4）管理的日工作量

日工作量是适用于种植管理预算，对于各

种作业中作业单位（棵，m^2 等）的管理所需要的劳务职位种类和数量、材料品种名和数量，使用机器的种类、规格和运转时间或者运转日数等，这些数值和计算上的注意事项以表的形式总结为日工作量表。

日工作量表等参考“公园绿地的养护管理和预算”[（财）经济调查会发行]。

7.3　树木的管理

对于树木管理，即为了能够充分地发挥树木的种植功能而进行的定期作业、不定期作业和临时作业，根据各个管理目的，按照每种树木的适当时期而进行有效的实施。

详见前述的年间作业计划。

定期作业有修剪、整形、施肥、病虫害防治、除草等，不定期作业有灌水、树木保护、枯损树撤除、支柱更换、树木的补植和更新等。

7.3.1　修剪

（1）修剪的目的

修剪是根据树木本来应发挥的功能，对树木的枝梢进行剪除的作业，修剪的目的有美观、实用及生理三个方面。

1）美观方面的目的

①自然形态优美的树木，剪去不必要的干、枝，达到健康的生长，进一步发挥树木本来的美感。

②以极端的直线和曲线培育而成的球形树、整形树等，对于不均衡的树干、枝叶的修剪，或者进行整形，以提高树木的人工美。

2）实用方面的目的

①对于防风树、防火树、遮蔽树、绿荫树等，对不必要的干、枝进行修剪，达到防风、防火、遮蔽、绿荫等目的。

②行道树主要进行夏季修剪，防止由台风造成的树木倒伏及其他危害。

③在有限的空间内栽植的树木，通过修剪调整大小，保持树木与空间的协调。

3）生理方面的目的

①枝叶茂密的树木，剪除徒长枝、过密枝，达到通风、采光良好，防止病虫害，增强对风雪害的抵抗力。

②对于开花、结果的树木，通过对徒长枝、虚弱枝、过强枝的修剪，抑制生长，促进开花结实。

③对移植树木的枝叶进行短截、疏松，使吸收水分和蒸发水分保持平衡状态，促进成活。

④由病虫害等造成的衰弱树木，对枝叶进行剪除，促进新枝再生萌发，达到恢复健康的目的。

（2）修剪的种类

修剪的种类，按照修剪目的、修剪时期、修剪技法、修剪强弱等进行分类。按照修剪目的，分为整枝修剪和整姿修剪以及整形，前者为狭

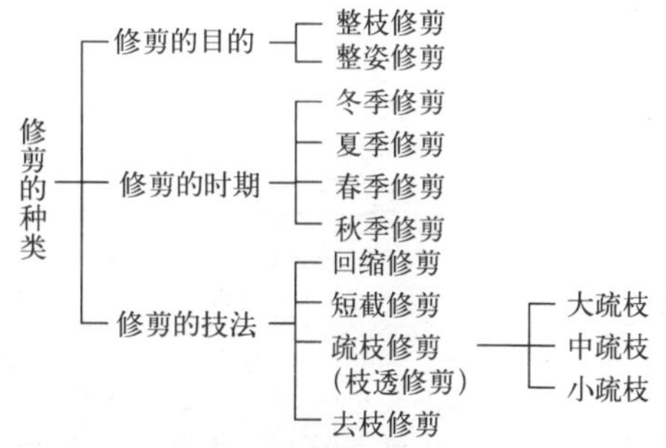

图 7–4　修剪的种类（1998~2004 年制　中岛）

照片 7–1　灯笼花的疏枝修剪（小石川后乐园）

义的修剪，后者包括整形。

按照修剪时期可分为冬季修剪、夏季修剪、春季修剪和秋季修剪。

按照修剪技法可分为回缩修剪、短截修剪、疏枝修剪和去枝修剪等方法。

（3）修剪的时期

如果在树木的适合时期以外进行修剪会增大树木的负担，树势变弱，有时造成枯死，所以选择合适时期十分重要。

修剪时期的选择注意点如下：

①蓄积物质的损失和耗费少的时期。

②修剪枝伤口愈合快的时期。

③在花木花芽分化以前的时期。

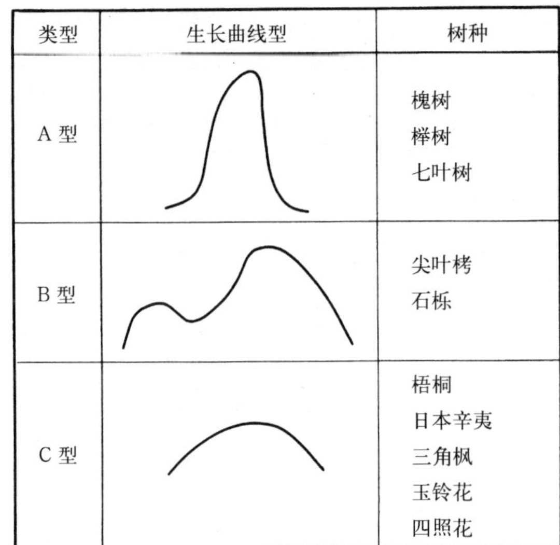

图 7–5　各种类型的生长曲线型

花芽分化时期（1992 年制　中岛）　　**表 7–8**

树种	花芽分化期	花芽位置	花期
八仙花	10 月上旬～10 月下旬	顶　芽	6 月上旬～7 月中旬
梅花	7 月上旬～8 月中旬	侧　芽	1 月中旬～3 月中旬
海棠	7 月中旬	侧　芽	4 月上旬～4 月下旬
栀子	7 月中旬～9 月上旬	顶　芽	5 月下旬～7 月上旬
麻叶绣线菊	9 月上旬～10 月下旬	侧　芽	4 月下旬～5 月上旬
樱花	6 月下旬～8 月上旬	侧　芽	3 月下旬～4 月下旬
石榴	4 月中旬	顶　芽、侧　芽	5 月下旬～6 月中旬
茶梅	6 月中旬～6 月下旬	顶　芽	11 月上旬～1 月中旬
皋月杜鹃	6 月下旬～8 月中旬	顶　芽	4 月下旬～6 月中旬
紫薇	4 月下旬	顶　芽	8 月上旬～9 月下旬
山茱萸	6 月上旬	侧　芽	2 月下旬～4 月上旬
高山杜鹃	6 月上旬～6 月中旬	顶　芽	5 月上旬～6 月中旬
瑞香	7 月上旬	顶　芽	3 月中旬～4 月下旬
杜鹃	6 月中旬～8 月中旬	顶　芽	4 月上旬～6 月中旬
山茶	6 月下旬～7 月上旬	顶　芽	11 月中旬～4 月下旬
灯笼花	8 月上旬～8 月中旬	顶　芽、侧　芽	3 月中旬～4 月下旬
郁李	8 月中旬	侧　芽	3 月中旬～4 月下旬
六月雪	3 月下旬～4 月上旬	顶　芽	5 月上旬～7 月上旬
玉兰	5 月上旬～5 月中旬	顶　芽	3 月中旬～4 月上旬
紫荆	7 月上旬	侧　芽	4 月上旬～5 月下旬
紫藤	6 月中旬～6 月下旬	顶部的侧芽	4 月下旬～5 月下旬
木瓜	8 月下旬～9 月上旬	侧　芽	3 月下旬～4 月下旬
牡丹	7 月下旬～8 月下旬	顶　芽	4 月下旬～5 月下旬
毛梾木	6 月中旬	侧　芽	4 月中旬～5 月中旬
木槿	5 月下旬	侧　芽	7 月上旬～9 月中旬
桂花	5 月中旬～6 月中旬	侧　芽	9 月下旬～10 月下旬
碧桃	8 月上旬～8 月中旬	侧　芽	3 月下旬～4 月中旬
绣线菊	9 月上旬～10 月上旬	侧　芽	3 月下旬～4 月中旬
丁香	7 月中旬～8 月上旬	顶部的侧芽	4 月中旬～5 月中旬
连翘	8 月上旬～8 月下旬	顶部的侧芽	3 月中旬～4 月下旬

1）不同树种的修剪时期

修剪时期因树种而异，一般如以下所示：

①针叶树在避开严冬的 10 ～ 11 月前后和早春合适，松类萌芽力弱、再生能力差，进行强修剪会导致树势减弱。

②常绿树在春天新枝伸长生长停止后的 5 ～ 6 月，以及初秋新芽和徒长枝生长停止后的 9 ～ 10 月前后合适，樟树、青冈栎类等伤口易受寒气和干燥寒风的伤害，应避免在冬季进行修剪。

③落叶树在新枝长齐、叶片硬化后的 7 ～ 8 月和落叶后的 11 ～ 3 月合适。

2）花灌木的修剪时期

- 花灌木的修剪，对于在春季新枝伸长、然后形成花芽，并于当年开花的猬实、夹竹桃、紫薇、胡枝子、木槿等，从秋天到第二年春天萌芽前进行修剪。胡枝子、木芙蓉等即使在该时期对地上部进行割除也可以形成花芽。
- 第二年春天开花的八仙花、梅花、海棠、碧桃、山茶、连翘、瑞香、栀子、杜鹃类、木瓜等，因为在花后萌发的新枝上于 5 月中旬～ 9 月前后进行花芽的分化和形成，所以应在花落后立即进行修剪。这些花木类的花芽多需要受到冬天的低温之后才能开花。
- 梅花、碧桃、连翘、少女蜡瓣花等树枝上花芽多的树种，虽然在花芽分化后进行修剪会减少花量，但不会产生不开花的现象，可以进行以整形为主的修剪。

（4）修剪作业

1）整枝修剪（冬季修剪、基本修剪）

整枝修剪是指以保持树木的自然形态为基础、以形成枝干骨架、配置为目的而进行的修剪，该类有落叶乔木的冬季修剪、疏枝修剪等。

整枝修剪作业，要保持各树种所具备的自

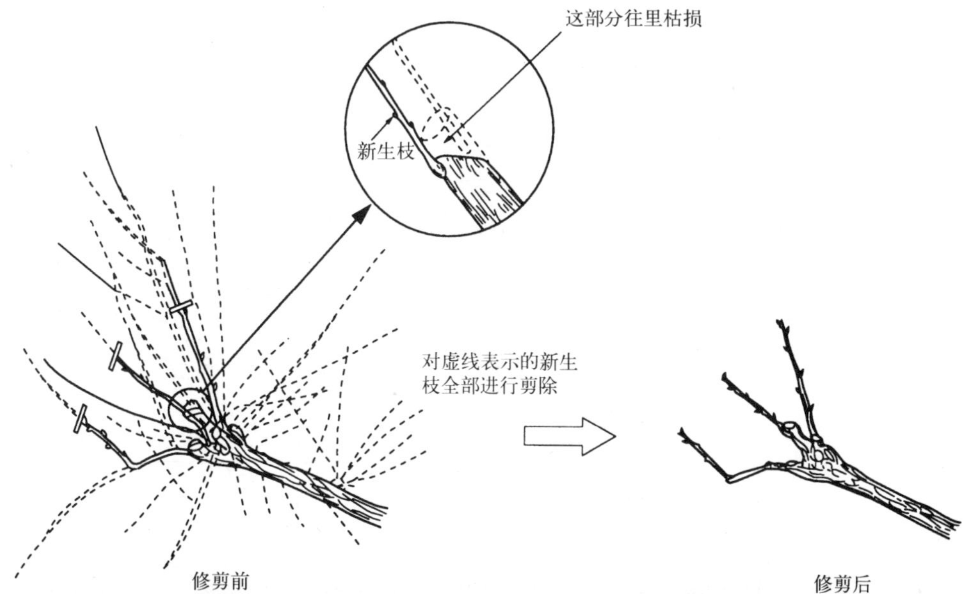

（注）图中，因为保留芽的上部进行了结疤修剪，导致切口开始枯损，或者从切口附近发出很多芽，在秋季大、小新生枝的长出，严重影响观赏效果。这种情况下，可从发出的新生枝中结合枝条生长势、伸展方向及伸展角度，留取 2 ～ 3 根，参考芽的位置进行短截或者疏枝修剪，形成树冠。

图 7–6　银杏侧枝的结疤修剪

然树形的相似形态。

对树木的基本骨架进行整理时需要注意以下几点：

①枝条的方向，从树的上侧看下来不能有重叠，要向四方伸展。

②上下枝条的间隔，要保持均衡。

③从树干的相同位置长出的轮生枝（辐射枝）要进行疏剪，保留数量不能太多。

④向同方向伸出的平行枝，要对其中的一枝进行剪除，保留另一枝。

⑤主枝的长度，要与树形整体协调。

⑥虽然树种不同主枝形态也不同，但一般修剪成水平并且稍微下垂。

⑦要对树势强的部分（南侧等）进行较强修剪（强剪），树势衰弱部分（北侧等）进行较弱修剪（弱剪）。

⑧不要进行成为腐烂和大量不定芽发生原因的“结疤修剪”。

树木一般在新枝上生有定芽，但 2 年以上的枝条没有定芽。在对该类枝条进行“结疤修剪”的情况下，在切口附近会产生很多小枝。因此，一般从没有定芽的地方长出的芽叫不定芽，这种不定芽会变成不定枝，会阻碍树木健壮的生长，损害枝条的自然形态。

2）整姿修剪（夏季修剪、轻修剪）

整姿修剪是指，要求在生长期中保持自然形状和树势繁茂的树木，主要从美观的角度出发进行树姿的整理，并以枝叶为主要对象进行修剪，这包括落叶乔木的夏季修剪，小乔木、花灌木的修剪等。

整姿修剪能够使日照、风进入树冠内，改善生长条件，防止由于树冠内过热造成枝叶

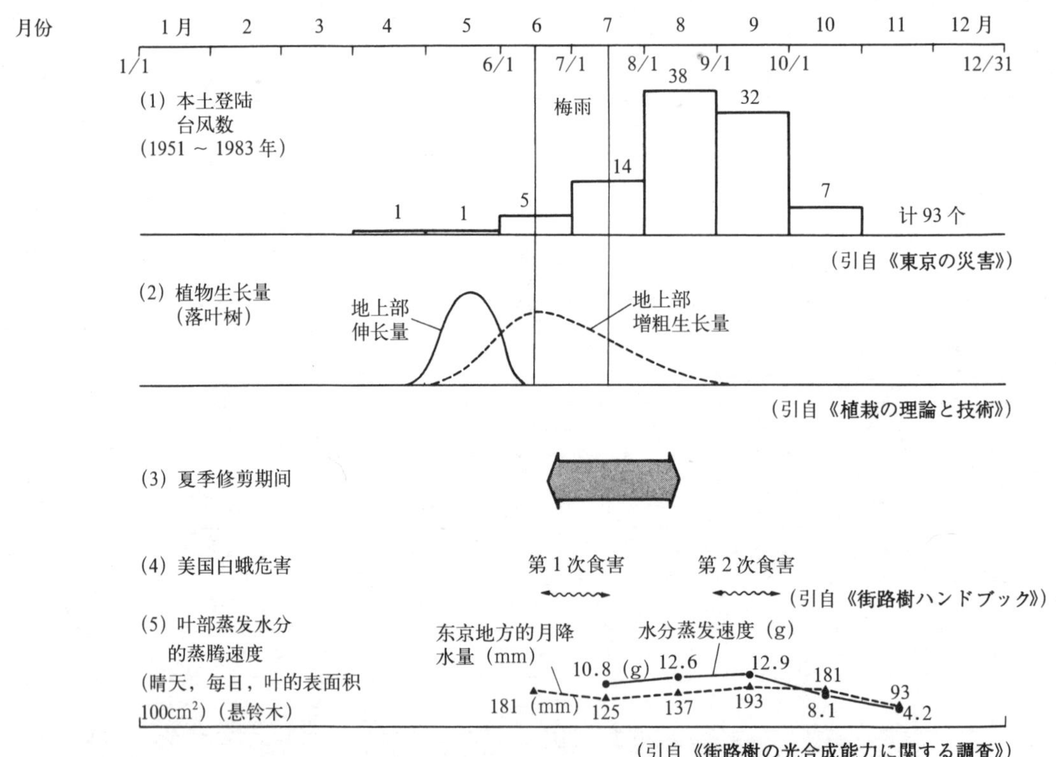

图 7–7 夏季修剪的方法（草案）（1998 年制 中岛）

枯损和病虫害的发生，在起到防止由台风引起的树木倒伏等作用的同时，通过减少枝叶量，具有在夏季需水期抑制枝叶的水分蒸发量的效果。但是，如果修剪过重，因为要进行再生长，养分被消耗，不仅会引起生理危害，而且还会对景观效果产生影响，所以应该只在防止树冠徒长和树冠过大的程度上进行轻度修剪，另外，不应该对生长不太旺盛的新枝进行修剪。

近年来，行道树的夏季修剪已经达到枝叶量的变化能够清楚的确认程度的、实属必要以上的倾向，管理者应该进行根据绿化的目的、效用进行有关修剪法的改正。本来，形成树形骨架的修剪，应在树木处于休眠期，其枝条伸展状况能够清楚分辨的冬季进行。

管理者修剪的良好效果（上）、坏的效果（中）。对于修剪不好例子（中）的修剪讲座举行过之后，工作人员重新修剪长出新枝后的照片（下）。

照片 7-2　新住宅小区的行道树修剪

3）春季修剪

春季修剪是为了对耐寒性差的暖地性树木和常绿树免受寒流和寒风的侵害造成枯损，以及对通过摘除新芽就能完成修剪的松类进行的修剪。

4）秋季修剪

秋季修剪，通过对枝叶的疏剪，使树下的灌木、草本植物接受光照，另外，对住宅庭园中松类的中疏枝、小疏枝修剪多在新年之前进行。

（5）各阶段的修剪

进行修剪时，应在参考各种树种具有的基本形态的基础上，决定完成时的目标形态，依照年周期的管理阶段进行作业。

1）养护阶段

根据完成目标形态，对将来能成为骨架的主枝在树冠整体内进行均衡配置之后进行修剪。

这个时候，对于一些侧芽根据将来能否成为主枝、副枝决定取舍。

2）培育阶段

对于当年残留的枝条和芽，根据各自是否能形成主枝、副枝，保留或者去除已经明确，考虑到 2 ～ 3 年后枝叶的伸展方向、繁茂程度，还有根据周围的状况利用回缩、疏枝、短截等基本技法进行修剪。

特别是对于行道树，对地上 2.5m 以下的枝进行去枝和剪除，另外，对于其他的枝条，在考虑建筑红线的基础上决定整体的树姿。

3）维持阶段

所谓的目标形态的完成也是计划树形规格的完成，因为树木每年都在生长，所以保护、维持树形是非常重要的。随着栽植时作为骨架被保留的枝条的生长，枝条基部的小枝条也逐渐长出，因此，在对主枝进行修剪时，作为副骨架的枝条的取舍也变得重要起来。

另外，通过新枝的选择修剪保持树形的同时，选择能成为骨架的枝条，进行培育生长。此时重要的是对靠近主枝的芽进行培育，3 ～ 4 年之后可以代替原来的枝条。

（6）修剪的顺序

无论何种树种，首先要去掉的枝条有枯枝、由于折损可能带来危险的折损枝、病枝、有碍于通风、采光、架线的枝条、生长停止的弱小枝、引起树形混乱的交叉枝以及生长上的多余枝等。

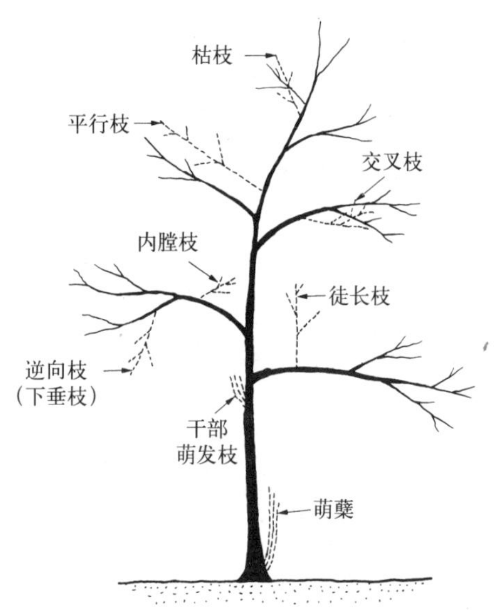

图 7–8　基本修剪枝名称图（1972 年制　中岛）

生长上不要的枝条有萌蘖枝、干部萌发枝、混乱枝（交叉枝）、徒长枝、逆向枝（下垂枝）、内膛枝等。

- 萌蘖枝是从根际处或者地下根际的近根部分发生的小枝，不仅对美观上有影响，而且如果保留的话会消耗养分、致使树势衰弱，应当尽早剪除。另外，衰弱树木的根际处也易发出很多小枝。易产生萌蘖的树木有银杏、梅花、夹竹桃、樱花、石榴、紫薇、玉兰、少女蜡瓣花等。
- 干部萌发枝是由于树木衰弱导致从树干发出的小枝，保留的话，不仅会影响到美观，还会继续导致树体的衰弱，应当剪掉。
- 混乱枝（交叉枝）是 1 个枝条与其他的主枝相缠绕、交叉，扰乱树形，影响美观，应当剪除。
- 徒长枝，一般为一长直枝，虽然长度长，但组织柔软，它扰乱树形，过多消耗养分，应该全部或者部分剪除。
- 逆向枝（下垂枝），是与树种固有的性质相反、逆向伸展的枝条，它扰乱树形，应当剪除。
- 内膛枝，树枝内部的弱小枝条，不仅会

枝叶过密，内膛枝枯死

照片 7–3　青冈栎修剪前

在保持自然树形的基础上，去除徒长枝、交叉枝、内膛枝等，疏除枝叶，进行修剪。其结果是可以看到后边的背景。

照片 7–4　青冈栎修剪中

引起通风、透光变坏，而且多数没有生长前途，应该去掉。

（7）修剪的技法

修剪的主要技法有短截、回缩、疏枝、去枝等方法。

①短截修剪，主要为了树冠的整齐而进行，对长出树冠外侧的新枝，在与树冠大小一致的位置的定芽之上进行修剪。

这种情况下，定芽的方向要保留有利于形成树冠的芽向（原则上为外芽）。如垂柳等垂枝性的树木，保留内芽（上芽）易于形成拥挤的树姿。

进行短截修剪时，若修剪过深或者留有残枝，则新梢易于折断，并有枯死的危险。

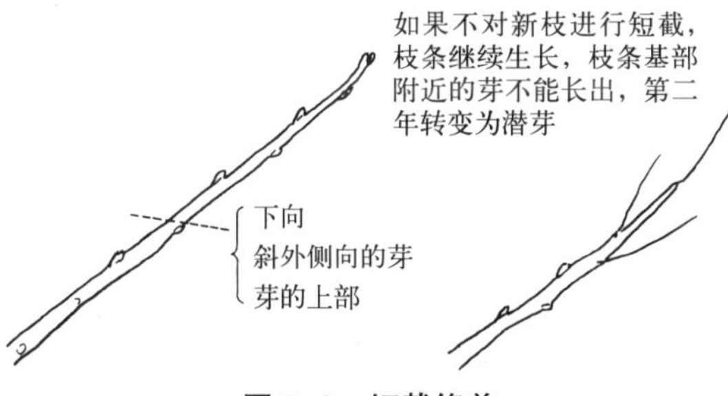

图 7-9　短截修剪

×
枯缩
×
枯缩
×
○
① ② ③ ④

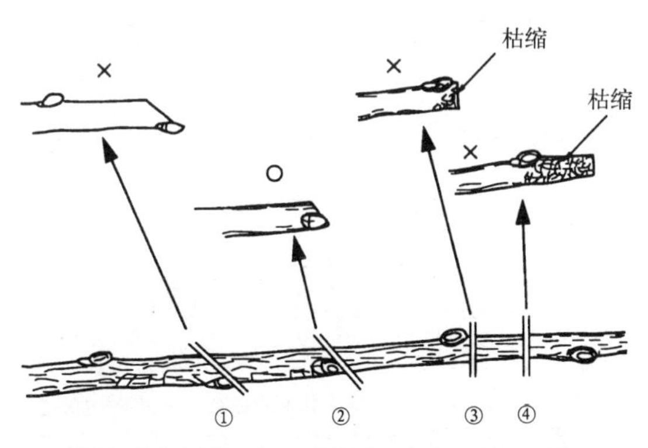

①从芽的上部的相反侧进行倾斜修剪，残芽有由于干燥导致枯死的可能。
②从芽的上部稍留一部分的芽的相反侧（背面）进行倾斜修剪。
③与枝条成直角进行修剪，芽的相反侧（背面）会出现枯缩现象。
④从芽和芽的中间进行修剪，有可能会枯缩到芽的部分。

图 7-10　修剪方法的基本要领

②回缩修剪，为了截短长出树冠外的枝条或者恢复树势、缩小树冠的情况下进行，从适当的分枝点之上对长枝进行剪除。在剪除作为骨架枝的枯枝和老枝时，要在成为后继枝的小枝或者新枝的生长部位之上进行剪除。

③疏枝修剪，主要对过于繁密的枝条进行疏枝，在考虑树形、树冠均衡的基础上，从去除枝的基部进行修剪。

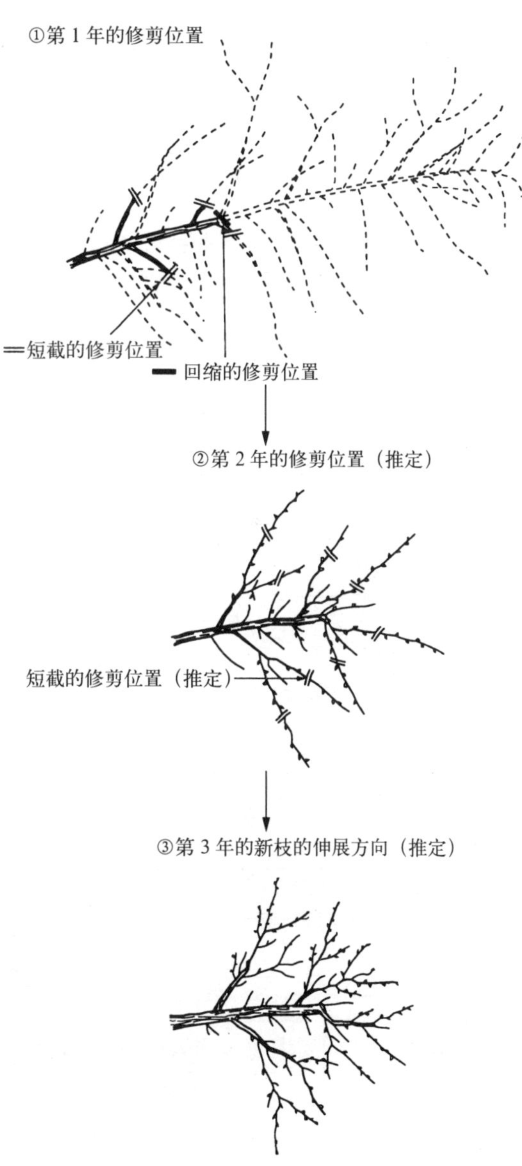

图 7-11　回缩修剪（徒长的侧枝）

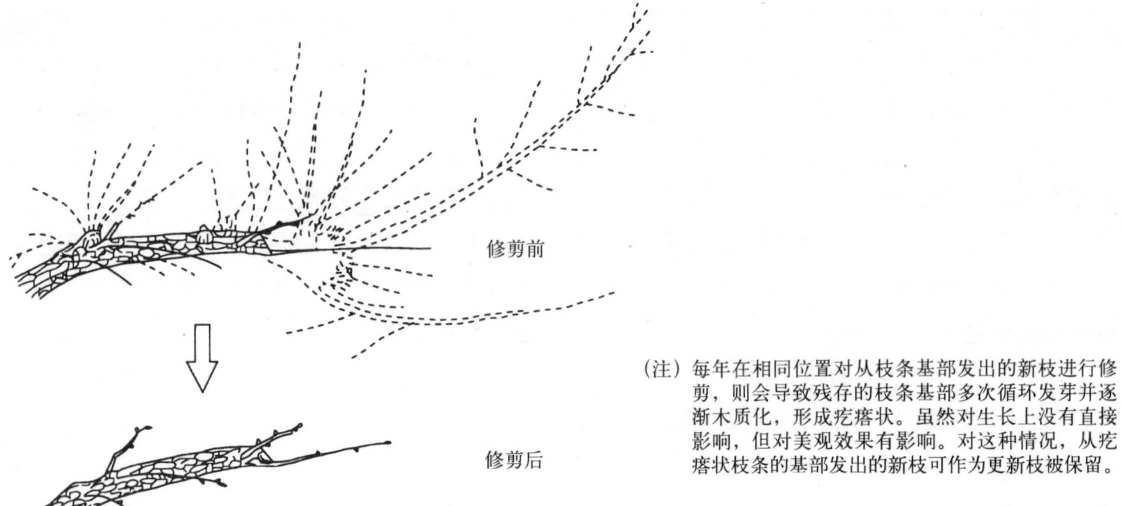

图 7–12 回缩修剪（结疤状枝）

枝条的疏除方法，首先选择作为骨架的枝条，考虑枝条的伸长方向，剪除周围的去除枝。另外，疏枝的位置在分枝枝条的基部进行，不要留太长的切口。

④去枝修剪是从大枝的基部进行切除的修剪技法，常应用于落叶树骨架形成的修剪以及需要去除粗枝的修剪中。

如果不对切断枝、面进行适当的处理，常常会发生致命的树木腐朽病。

1）切断枝的适当处理

树木在各管理阶段进行适当的修剪，应当尽量不要剪除粗大枝条。修剪粗枝时，修剪残存枝条成为腐朽的原因，不应该在干部残留粗枝短头。

近年来，建立在植物病理学观点的关于树木健康的修剪技术由美国植物病理学者希古（Alex L.Shigo）博士提出，它要求从树木的角度出发在正确的位置对树木进行修剪。

另外，因为切断面没有被树皮覆盖，病原菌易于侵入，因此，切断面易于腐烂，应当涂抹消毒、杀菌剂。

2）希古博士的修剪理论

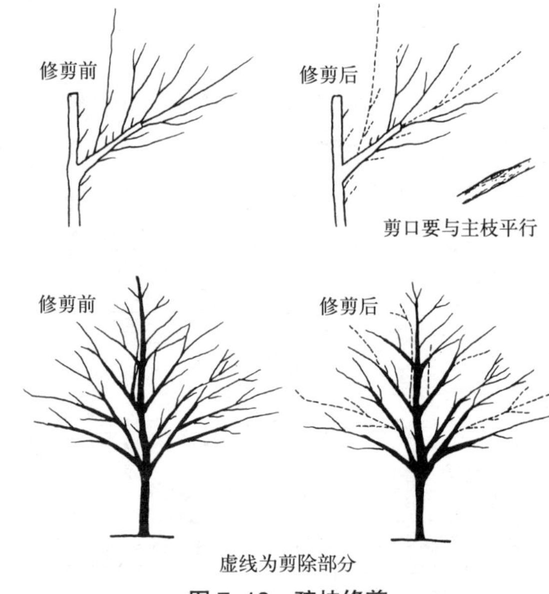

图 7–13 疏枝修剪

希古博士在其著作《现代树木医学》（《Modern Arboriculture》概要版，日本树木医会）中提出，对于材质腐朽菌的侵入，树木自身具有防御机构，它被称为 CODIT（Copartmentalization Of Decay In Trees）模型。因为树木对侵入的病原菌具有抵抗的作用，所以不破坏防御层是非常重要的，否定了

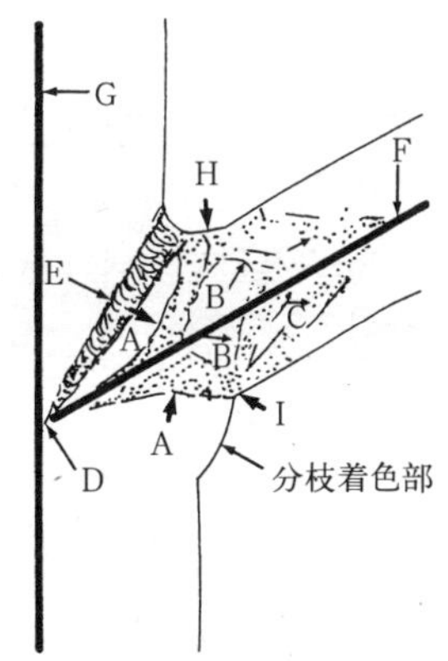

图 7-14　枝条基部的膨大与枝条的防御机构

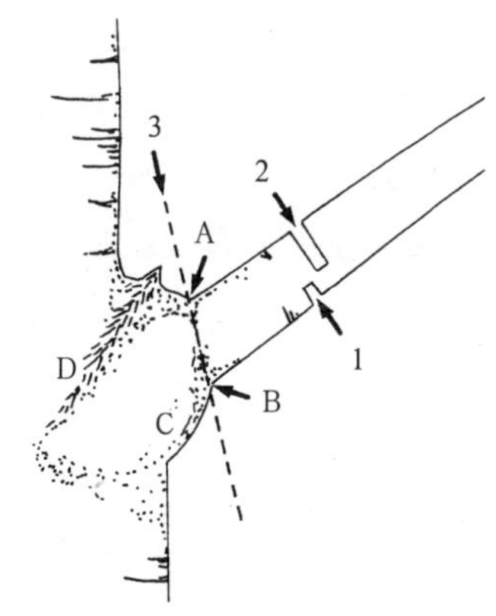

图 7-15　修剪的位置

（引自《MODERN ARBORICULTURE》より作図・《道路緑化ハンドブック》）

以前的利用刮削腐朽部位来进行树木治疗的方法。另外，关于修剪，不损伤枝条对腐朽菌的防御机构很重要，并且提出了适当修剪位置的模型。

枝条基部有膨大部分，该膨大部分的内部剖面如图 7-14 所示。A 为枝条的保护带，阔叶树以酚类为主体，针叶树以萜烯为主体。B 和 C 表示了枝条保护带的先端部位。多数树种在枝条中部从干向外侧的方向，快速形成保护带。D 是枝条的髓部 F 接近于树干髓部 G 的痕迹。E 是紧密充实的木质部，为树干和枝条的分歧（分枝）部，高高隆起，沿着枝条的树皮隆起部的角度存在着。H 表示保护带的最上部，I 表示最下部，从 H 到 I 是适当的修剪部位。

3）修剪的位置

如图 7-15 所示，尽量在接近膨大部分 C 处上部切断，是最适合的剪除位置。

为了不使枝条产生劈裂，首先从枝条 1 到枝条 2 加工成截口，最后从 A 到 B 进行切断。应当十分注意不能够损伤彭大部 C 或者切断 C。同样，也应该注意不能切断枝的树皮隆起部 D。

（8）行道树的修剪

1）行道树的树形

行道树，因为栽植于受道路空间制约的场所，通过修剪进行树形调整，要求根据空间的大小进行栽培。

日本的行道树等列植的树形，以前，以自然树形为蓝本，利用庭园树木整形的手法进行加工。但是，由于空间等制约条件、需求的多样化，现在有自然树形和人工树形两大类。

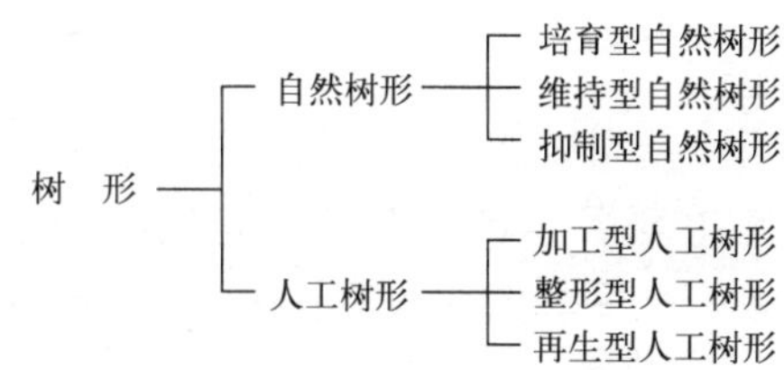

图 7-16　树形的分类（2001 ~ 2004 年制）

自然树形进一步分为培育型自然树形、维持型自然树形和抑制型自然树形，人工树形分为加工型人工树形、整形型人工树形和再生型人工树形。

①培育型自然树形是被称为“舒展型行道树”类型的行道树，只停留在剪除不要枝程度的修剪，树形很大。

②维持型自然树形是利用一般的修剪形成的、常见类型的行道树，以回缩修剪为主对侧枝进行调整、维持树形。

③抑制型自然树形，基本以短截修剪为主形成的行道树的类型，通过回缩修剪和疏枝修剪的组合使用来达到缩小树形的目的。

④加工型人工树形是经过强修剪形成的行道树类型，改变枝干的均衡和形态的人工加工形式。

⑤整形型人工树形，一般为在外国常见的行道树类型，利用整形剪刀等加工修剪成球形和角形。

⑥再生型人工树形，对杂乱的树形进行大幅度整形的行道树类型，最初，对一号枝（主枝）进行修整，第2年修剪二号枝（副主枝）进行培育，第3年调整三号枝（侧枝），调整、维持树形。剪除结疤修剪也属于该类型。

2）修剪作业的要点

行道树等列植树木，特别是对树高、分枝（枝叶）、枝下等（枝下高）等有一定要求的，为了保持整体的连续性和统一性进行修剪。同一道路之中，有必要对小的行道树采取轻微育成型修剪，大的行道树采取强抑制型修剪。

属于直干型的树木，壮年时应当维持在最下枝距地上2.5m以上，树冠和树干的比例为6 ∶ 4，或者即使少也在5 ∶ 5的状态（图7–17）。

属于分枝型树木的修剪，应当维持均等的枝条配置，树冠和树干的比例关系与属于直干

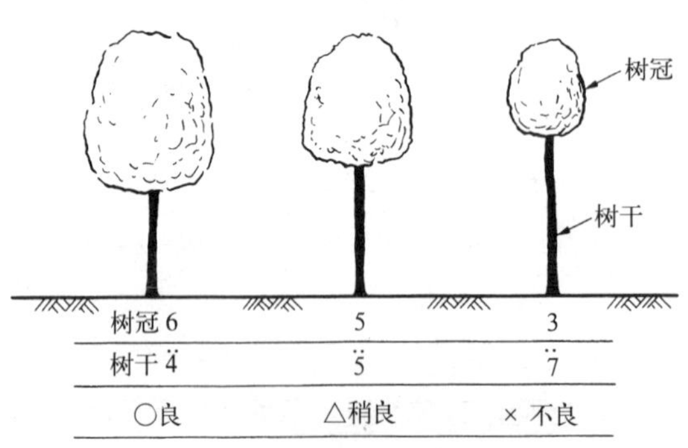

图 7–17　行道树的树冠和树干的比例

型的树木为同样状态。

枝叶的顶部处于生长优势，如果从上到下采用同样修剪状态，越往上部枝条数越多、自然树形破坏。为了保护自然形，残留枝条的比例应该为上部枝∶中部枝∶下部枝 =1 ∶ 2 ∶ 3（图 7–18，图 7–19）。

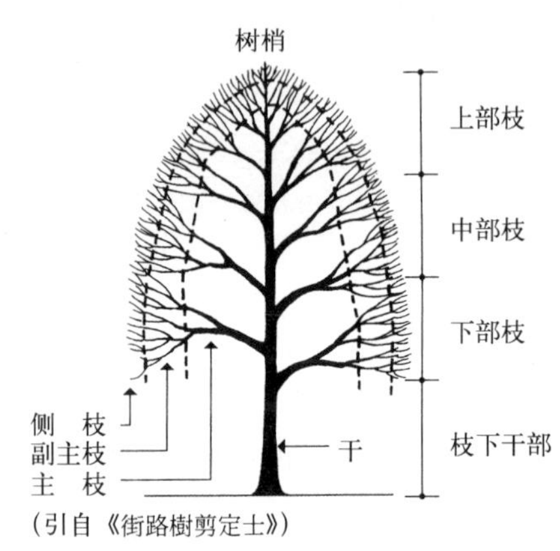

（引自《街路樹剪定士》）

图 7–18　修剪对象枝的名称

枝条中部发出的内膛枝易保持平衡，保留进行培育可以起到分散营养成分的作用，应该避免从枝条的一处萌发多根枝条，并且尽量不要在枝干上产生疤瘤现象。

- 从步道宽度和树高、冠幅比例等计算树形的方法

i）步道宽度和沿道土地利用，从种植位置（从步车道界限的位置）计算出该路线中伸长可能的树冠。

[冠幅（W）=（步道宽度 $-dx-C$）×2]

ii）根据不同树种的标准树形的树高、冠幅比例，计算与冠幅对应的树高。

根据现存资料，整理出不同树种和不同树形的树高和冠幅比例。如表 7–9 所示。

冠幅最狭窄的圆锥形树形为 0.2 ~ 0.3(冠幅 / 树高)，其他的大都在 0.4 ~ 0.7 的范围内。但是，染井吉野樱花的树形为阔卵形，达到 1.0。

（引自《街路樹剪定士のパンフレット》）

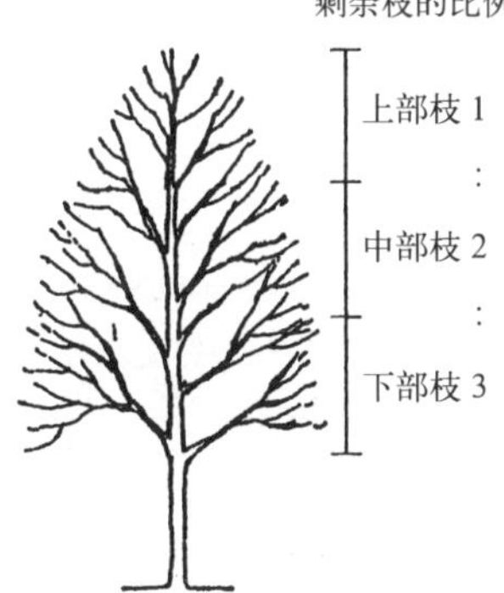

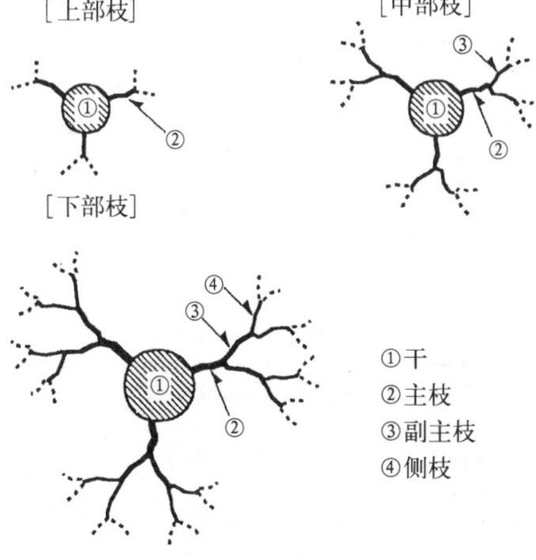

图 7–19　银杏树形再生的实例

不同树种、树形的树高和冠幅的比例　表 7–9

树形类型	《东京都行道树　检讨委员会报告书》（东京都建设局）	《道路绿化规划、种植施工、管理技术指南》（建设省九州地方建设局）	树高、冠幅比例
圆锥形	银杏　0.3 水杉　0.3	0.2	0.2 ~ 0.3
卵圆形	梧桐　0.7 连香树　0.4 铁冬青　0.5 日本木兰　0.5 青桐　0.5 椿树　0.3 悬铃木　0.5 红楠 三角枫　0.5 玉铃花　0.6 四照花　0.6 夏山茶　0.7 枫香　0.5 杨梅　0.7 北美鹅掌楸　0.6	0.4	0.4 ~ 0.7
球形	榔榆　0.5 槐树　0.5 香樟　0.6 尖叶栲　0.7	0.5	0.5 ~ 0.7
杯形	大岛樱花 榉树　0.7 里樱 苦楝 染井吉野樱花　1.0 乌桕 七叶树　0.5 山樱 狭叶四照花　0.6	0.6	1.0（染井吉野樱花） 0.5 ~ 0.7
垂枝形	垂柳　0.7		0.7

（引自《道路緑化ハンドブック》）

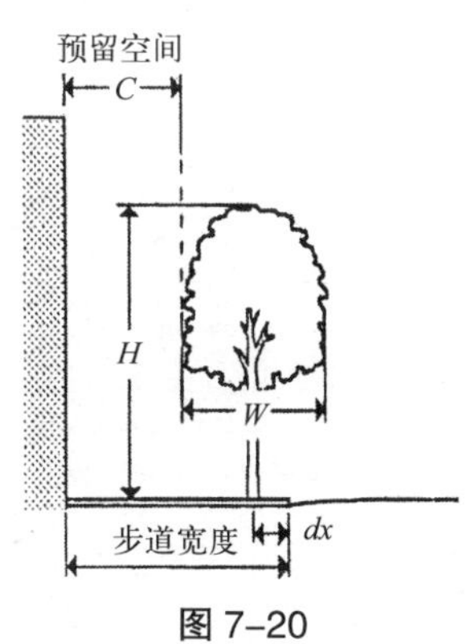

图 7–20

主要树木整姿修剪　　表 7–10

(1) 针叶树类（15 种）

树种	整姿修剪
赤松	春季进行 “摘新芽”作业，在新芽长到 3 ~ 9cm 长时，将强芽摘除 1/2，将弱芽摘除 1/3 秋季对枯叶、内膛枝或者预留之外的枝条进行剪除（如果从一处长出 3 个枝条，要对中间的 1 个枝条进行摘除），并对老叶进行摘除，促使阳光能够进入树体内部，达到整姿目的
龙柏	剪除徒长枝，对新枝进行修剪，控制树形。对新枝不进行修剪的话，长时间放任生长下部枝条会枯死
落叶松	6 月前后对枝条进行修剪，使树形保持圆锥形或者椭圆形
伽椤木	对过长的枝条进行短截修剪，达到整形的目的。东北红豆杉按照香榧的方法进行修剪，但要对同一处萌发的 3 个枝条进行全部保留
黑松	进行新叶摘除，去除老叶，达到剪刀可以自由伸入树体内部的程度
五针松	按照黑松的方法进行整形，姬小松按照赤松的方法进行整姿
日本柳杉	在秋季对于直立枝条和下垂枝条的枝梢进行剪除，对于水平枝为了产生长短变化而进行左右调整，达到均衡与透光的程度
多行松	进行新叶摘除，使枝芽保持整齐，对于一处萌发的密生小枝只保留 3 枝进行疏除，并剪除徒长枝、内膛枝、交叉枝等，使树冠保持整齐，基本上按照赤松的标准进行整形
铁杉	按照黑松的疏松度进行剪除，但没有必要进行摘叶
青杆	按照香榧的标准进行整姿。梅雨期剪除由一处萌发的 3 个枝条中的中间枝条，左右的枝条保留在 1.5cm 长度。内膛枝全部摘除，保留垂枝、剪除直立枝进行整姿。在树冠上部保留强健枝条有利于整姿。树形一般为圆锥形、长椭圆形
圆柏	梅雨期进行疏枝作业。对于枝条为圆形的树形要对新枝进行摘除整姿
雪松	对于过密枝条在 6 ~ 7 月前后进行疏枝作业。尽量保留水平伸展的小枝
扁柏	剪除交叉枝、直立枝、使树形产生混乱的枝，达到左右枝条均整的程度 可以把小枝先端修剪为扇形（银杏叶片形），或者进行规则整形。小透枝可在晚秋用两手摘除枯叶时进行 叶片粗糙者尽量不要剪除由一处萌发的 3 个枝条中的中间小枝
罗汉松	梅雨期和 10 月前后进行疏枝作业。采取与黑松相同的整姿方法。绿篱至少要在每年的 8 ~ 9 月进行 1 次修剪整形，其他时期也可以
落羽松	按照日本柳杉、扁柏的标准进行整姿，但一般只进行剪除枯枝作业

(2) 常绿阔叶树类（25 种）

树种	整姿修剪
桃叶珊瑚	梅雨季节结束时，剪除枯枝和无用枝，保留水平枝，达到整形的目的
马醉木	4 ~ 5 月剪除徒长枝和大枝，5 月前后对新枝在保留 3 片叶片之上进行剪掉
铁椆	为了整形于 4 ~ 5 月前后进行短截。一般于 7 ~ 8 月进行剪枝、整姿。对伏天长出的芽进行摘除。绿篱于栽植后第一年修剪 4 ~ 5 次可以促使新芽的萌发
乌岗栎	按照铁椆的标准进行整形修剪
红叶石楠	于 6 ~ 7 月和 8 ~ 9 月进行两次整形修剪
夹竹桃	不要从枝条中部进行短截。对于枝条混乱之处进行疏枝修剪达到整形的目的，时期在 3 ~ 4 月
金桂	4 ~ 5 月前后，对徒长枝和交叉枝等进行剪除 与枸骨的修剪方法相同 整形修剪于 3 ~ 4 月和 10 月前后在去年切口稍往上部位进行
香樟	放置 3 ~ 4 年、繁茂之后，对于下枝在适当的高度进行剪除，之后按照尖叶栲的标准进行修剪整姿
栀子	早春剪除枯枝促进新梢萌发，晚春剪除徒长枝进行整形。小栀子于 7 ~ 8 月利用枝剪进行剪枝整形

续表

树种	整姿修剪
茶梅	冬季剪掉枯枝、徒长枝、密生枝、无用枝等，并把小枝保留约 5cm 进行整姿。绿篱的整形在梅雨季结束和冬季时修剪两次
皋月杜鹃	花谢后摘花，7 月前后对无用枝、密生枝、轮生枝、徒长枝等进行疏剪，并对整体修剪成适当大小
珊瑚树	初春剪除徒长枝、萌蘖芽。对绿篱进行适当疏剪，保持植株形态
尖叶栲	按照青椆的标准进行整形，为了不产生粗密枝条而剪除徒长枝、内膛枝、交叉枝等，对于枝条保留 3 ~ 5 枚进行摘心。小枝留外芽，避免强修剪
瑞香	切除徒长枝，去掉内膛小枝，达到枝叶间通透的程度，在花后立即进行
茶树	摘心，回缩修剪在 4 ~ 5 月进行，于 6 月、9 ~ 10 月进行修剪，达到整姿目的
山茶	切除枯枝、内膛枝等进行修剪整姿，梅雨季之后对小枝保留 3 片叶片进行剪除
海桐	只对徒长枝进行剪除
南天竹	立夏的 18 天前后疏除枯枝，摘除枝干中部生出的枝条。另外，如果对下边叶片整理之后，可增强美观效果
十大功劳	3 月末去掉枯叶，花后剪除花序，7 月末疏干进行修剪整姿。修剪时，对植株高的在横枝之上进行剪除
杜鹃花属	5 ~ 6 月前后剪除枯枝、徒长枝等，进行摘心、修剪达到整姿目的
冬青卫矛	从早期开始对枝条进行强剪和整形
钝齿冬青	剪除徒长枝、内膛枝、萌蘖芽等，在 7 月和 9 月末进行两次左右修剪整姿，此法也适合小叶黄杨
细叶冬青	7 月和 9 月进行两次整形修剪。切除内膛枝、直立枝、枝干萌芽枝、交叉枝等，使植株通透，对小枝在保留 3 ~ 5 枚叶片之上进行短截。如果枝条密集则应从中部进行修剪促使萌发新芽
厚皮香	修剪方法同细叶冬青，一般使枝条处于水平状态进行整姿，对于轮生枝保留 2 ~ 3 枝后对其他枝条从基部进行疏除。秋季只对枝条梢部进行少量修剪
八角金盘	通过对干的疏除控制株形，植株高者在梅雨期在横枝和芽上进行修剪、整姿。5 ~ 6 月前后去掉老叶，尽早除去残花，保留新叶 5 ~ 6 枚去掉下面老叶，维持美观的效果

(3) 落叶阔叶树类（44 种）

树种	整姿修剪
梧桐	为了使枝条不长于 5cm 对新梢进行修剪，并对横枝也进行适当切除，达到雅致的姿态。为此，在发芽前和落叶后分别对粗枝在分枝处进行切除，促使多发小枝，小枝的长度保留 15 ~ 18cm，留 3 ~ 4 枚叶片后进行修剪。9 月前后去掉果实
鹅耳枥	整姿方法同榉树
八仙花	花后，保留 2 ~ 3 枚叶进行修剪促使新芽萌发。冬季稍稍剪除新梢防止徒长，并对直立枝、过密枝、枯枝等进行疏除整形。如果想保持小树形的情况，则应从地上部切除当年开花枝条
六道木	只去除徒长枝即可
银杏	若一年修剪 2 次则 1 次大约在梅雨期对枝条先端进行适当地修剪，剪除去除枝。也可以采取整株整形修剪法，对于 1 本多干者，对水平枝约留 3 枚叶左右进行短截
溲疏	剪除旧干，诱发新干。此外，对开花枝保留 1/2 进行切除
梅花	在冬季，切除徒长的直立枝和不要的枝条，对小枝在保留 1/3 左右进行短截。对粗壮的枝采用自由修剪法，以保持自然树形。新栽植苗木的情况，要在地上 30cm 处进行短截，保留 2 ~ 3 根树干（枝）进行培育
朴树	整姿方法见榉树
槐树	作为大型自然树木的形态进行整形
枫树	小树时需一定程度的人工修剪，而后可任其自由生长

续表

树种	整姿修剪
柞栎	整形方法同梧桐
连香树	整姿方法见榉树
榉树	不要修剪小枝顶端，只疏除枯枝、过密枝、曲枝等即可
麻叶绣线菊	若植株较小则可留下一些细柔的枝条。花后，保留基部生长势强的芽，开花之后剪除开花枝
日本辛夷	整姿方法见榉树
紫薇	秋季开花后，或者春季发芽前保留小枝长度的一半进行剪除，落叶后，疏剪无用枝条以整姿。另外，对生长过长的水平枝进行适当取舍，疏除生长过密的小枝，尽早去掉干部的萌蘖芽和从基部生出的芽
垂柳	从秋季到冬季切除影响姿态的乱枝，剩余枝条也要进行短截，促进春季可发出更多的新枝
白桦	整姿方法见榉树。枝的修剪方法同樱花
臭椿	即使整姿也很快恢复原状，应采取自由伸展的姿形
爬山虎	生长到长 30 ~ 60cm 时进行摘心，促使增加横枝。落叶后对茎顶进行轻剪
灯笼花	粗枝在梅雨季之前修剪，细枝在春、秋季修剪，促进细枝萌发而进行修剪
蜡瓣花	疏除枯枝促使新枝生长，可以放任其生长
日本七叶树	只对枯枝、无用枝条进行修剪即可
锦带花	整姿方法见日本七叶树
乌桕	初期形成树干后进行自然生长，只对枯枝、无用枝等进行修剪即可
卫矛	修剪过密枝、无用枝等增加通透感，适当保持树形即可
刺槐	以枝下高 3m 为准，此高度以上进行自然形态修剪
合欢	树形形成之后，于早春进行疏枝修剪，其后可放任生长
凌霄花	冬季进行整理开花枝条即可
胡枝子（总称）	秋季落叶后，直立性品种修剪枝顶，宿根种类留地上部分约 3 ~ 5cm 进行剪除。当生长到约 60 ~ 90cm 时，从根基部修剪，新长出的植株树姿低，可以观花
玉兰	幼苗时多少需要不同程度的修剪，后任其自由生长。需整理徒长枝和高侧芽
四照花	只对枯枝、无用枝等进行剪除即可，而后使其处于自然的生长状态
紫藤	初期摘除侧枝让其生长，当藤茎攀援生长花架 0.7 ~ 1m 时进行摘心，促进侧枝生长。落叶后对枝条保留 2 芽进行修剪，促使发出健壮的藤茎。此外，剪除枯枝、无用枝、徒长枝等
悬铃木	7 月前后剪除新枝的 2/3，冬季再次进行短截，剪掉密生枝、枯枝等达到整姿目的
木瓜	花谢后只对徒长枝、无用枝等剪除即可
杨树类	让其自由生长，只剪除枝干萌发枝、枯枝等即可
糙叶树	让其自然生长，只剪除枯枝、无用枝即可
紫玉兰	梅雨期短截徒长枝和新发出的枝，落叶后剪除枯枝，徒长枝等进行整形。此外对从植株根部发出的半数以上的小枝进行疏剪
槭树类	冬季从基部切除直立枝、无用枝等使枝条通透，对于新芽保留两枚叶片摘心促进细枝条萌发，使树形美观。此外，生长期间对于发出的无用枝条进行适宜修剪，保持枝条之间的通透
山樱	落叶后切除枯枝。但是直径 3cm 以上的枝不能进行修剪。垂樱以垂柳为标准进行整姿，枝条必须从分枝点对于同样粗细或者比预留枝条细的部位进行剪除
棣棠	疏间老枝，增加树体的通透性，促进新枝的更新。疏除植株后，不要从植株的中部进行修剪，可以对枝条先端进行短截

续表

树种	整姿修剪
珍珠绣线菊	花后，留下发育强壮的侧芽，剪除开花枝条 对于密生枝、枯枝等进行疏除使树体通透。对于萌蘖条的一半以下要进行剪除，只保留强健枝条。秋季对粗枝短截，促进分枝，并降低树姿
北美鹅掌楸	自由生长状态最好，但是根据场所要求，适当剪除徒长枝，使侧枝水平伸展，冬季进行短截、整姿
连翘	花后保留植株强健的根进行适当剪除。6 月前后进行通透性疏枝修剪

(4) 特殊树、竹类（15 种）

树种	整姿修剪
丝兰	只对枯叶和开花后花梗进行剪除即可
倭竹	剪除老干、保留新干。在进行培育低矮植株的情况下，在有叶的地方进行修剪
酒瓶椰子	整姿方法见蒲葵
箬竹	中春时从基部切除老枝。对于生长过大者，春分时从根基部切除促使新秆萌发
椰子	整姿方法见蒲葵
棕竹	切除老丛中部的高干者，进行整体整姿。及早摘除老叶、受损伤的叶片等
苏铁	在新叶发生的同时摘除老叶
棕榈	及早切除枯叶，尽可能保留老叶
业平竹	整姿方法以黄金间碧玉竹为准。疏枝法为对于过高者进行适当短截
龙血树	整姿方法见蒲葵
芭蕉	生长阶段只对扰乱树形的叶片进行剪除
蒲葵	只对老叶进行去除即可
毛竹	一般为整体培育为低矮姿形，当竹笋伸长到一定高度时，在适当的高度剪除，切口用塑料包裹，每年 10 月对 4 ～ 5 年生的干每隔 1 ～ 2 枝进行间疏以增加通透性。只对直立的小枝进行剪除即可
龙舌兰	基本上不需要修剪。树形混乱时只剪除老叶即可
华盛顿椰子	整姿方法见蒲葵

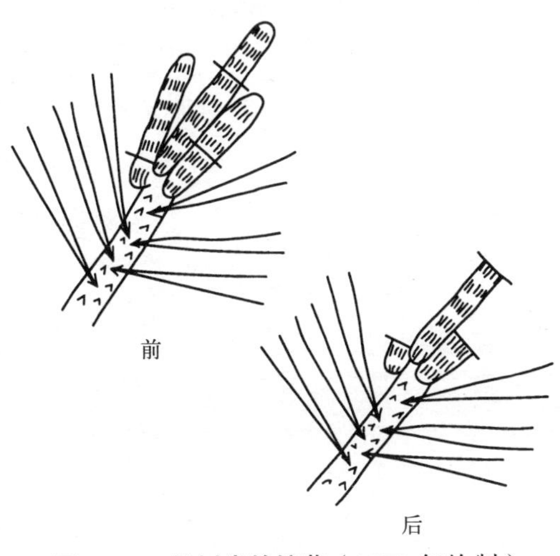

图 7-21　松树类的摘芽（1972 年绘制）

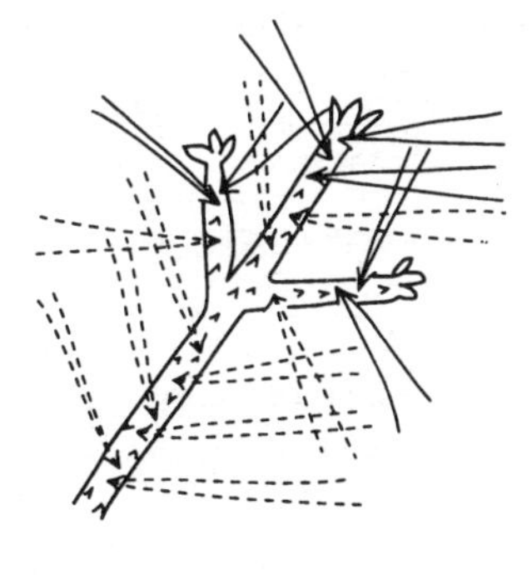

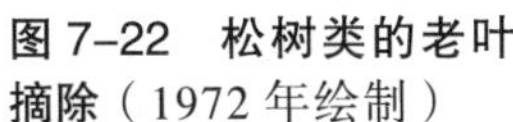

图 7-22　松树类的老叶摘除（1972 年绘制）

图 7-23　扁柏类的摘叶（1972 年制）

(9) 整形

整形是对树木的树冠进行修整缩小的作业，经过整形的树木，表面的枝叶茂密、整齐美观，通风采光良好，对病虫害的抵抗力增强。整形有单株、树丛、列植等树冠修剪为圆锥形的形式，有制作为动物及几何形状的整形形式，有绿篱、大整形形式，还有对单个枝条修剪成球形、贝壳形的形式等。

与修剪的重点放在单株树木枝条的状态相比较，整形的重点放在树形整体的平衡上。

1）整形的时期、次数

整形时期根据树木的生活周期进行对应设定非常重要，根据树势和萌芽力确定次数，分为1年1次型、1年2次型、1年3次型、多次型，一般为每年进行1～3次。

①1年1次型的情况，一般在6～7月进行。大多数树种在该时期进行不会产生问题。花木类再萌发的芽到形成花芽需要充裕的时间。对于踯躅、皋月杜鹃类花木，6月下旬则是最晚期限。

②1年2次型的情况，萌芽力强生长旺盛的种植进行该类整形，如冬青卫矛、小叶冬青等，5～6月新芽生长停止进行第一次修剪，其后继续生长的枝条扰乱树形，侧芽生长停止的9～10月进行第二次整形。但是，这个时期进行整形后发出的芽不能形成花芽，不适合在去年生枝上进行花芽分化的花木。此外，耐寒性差的种类要注意防止新梢受冻寒害。

③1年3次型，特别是萌芽力强的树种，如整形制作和造型物制作等在景观营造上常保持同一形状，有美化的作用。

2）整形的种类

整形有球形整形、丛植式整形、绿篱整形、造型整形等。

①球形整形，是把单株树进行圆形整形，形成独立的孤赏树的手法。

②丛植式整形，是把许多树木作为一个整体，可整形为圆形、方形、下垂形等。另外，在大面积的场所也适合于大整形。

③绿篱整形，是把列植的树木采用规则形的整形修剪手法，具体上是对枯枝、徒长枝等修剪整理后，制定出一定的宽度对绿篱两面进行整形，并使上部整齐。

④造型整形，是对树木按照一定的目标形态进行整形的手法，如圆锥形、蜡烛形、造型物等，还有对每个枝片进行整形的球形整形、贝状整形、层状整形等。

3）整形的技法

①对于小枝密生之处，在充分考虑树形的基础上进行疏枝修剪的同时，一边整理树冠边缘小枝形成的轮廓线，一边进行整形修剪。

②对于针叶树，在不损伤萌芽力的情况下，根据树种的特性进行摘芽。

③绿篱的整形，通过对上枝进行强修剪，对下枝进行弱修剪的措施，不使下部产生枯枝，保持底部绿篱裙线线条优美。

④对花木类进行整形时，注意花芽的分化期和着生位置。

⑤在数年期间进行整形的情况，第1次整形时不能一次完成，而是经过数次逐步地整形为预定形态。特别是对扁柏和花柏等不定

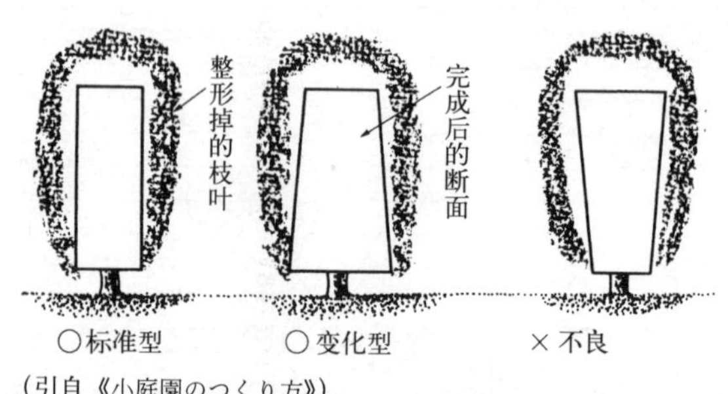

（引自《小庭園のつくり方》）

图7–24　绿篱的整形

芽难于发生的树种应当在谨慎注意的前提下进行整形。

⑥长年从同一部位进行整形会导致萌芽力减弱，有时有进行重剪的必要。

⑦造型物的整形，不单是进行剪切，还需要采用枝条弯曲、扭曲、牵引等技术方法。

作为枝条弯曲的方法，有往上抬高的“往上吊拉”、“往里吊拉”，往下弯的“下拉”、“垂拽”等。

⑧利用整形机械进行整形时，根据需要在整形之后使用枝剪进行补充整形修剪，使树冠保持整齐。

⑨迅速处理剪切的枝叶。特别是不要在树冠内残留枝叶，应及时进行清理。

⑩进入植被内进行整形作业时，注意不要踩坏损伤枝条，作业完成后整理被踩踏过的枝条。

（10）修剪机器

对于树木、绿篱等的修剪整形以前多靠人力完成，现在由于人手不足，为了缩短作业时间和提高工作效率等，有必要使用机械。

现在能够利用的机械有电动理发刀式和旋转式修剪机。理发刀式修剪机有剪裁机，适合修剪细枝，但难于修剪粗壮枝。旋转式修剪机有剪除机，除此之外还有理发刀式和旋转式的其他修剪机械。

理发刀式具有切口平滑、枝叶不乱飞的优点。然而旋转式具有切口不会污染、不必更换刀刃的优点。

器具有粗枝剪、枝剪、整形剪、手锯、树枝锯等。

7.3.2 病虫害防治

（1）病虫害防治的目的

病虫害防治的目的是为了防止由病菌或者害虫引起以下危害而进行的工作：①防止树木产生枯损；②防止破坏景观美化效果；③防止对周边地区的森林和农作物产生危害；④防止对利用者和居住者造成危害和不快感。

（2）病害的发生与防治

1）病因结构

植物的病害原因：存在病原体（主因）；植物具有易感染遗传性病害的性质（起因）；具有诱发发病的环境（诱因）等，其中的两个或者三个以上病因重复存在时就会发病。

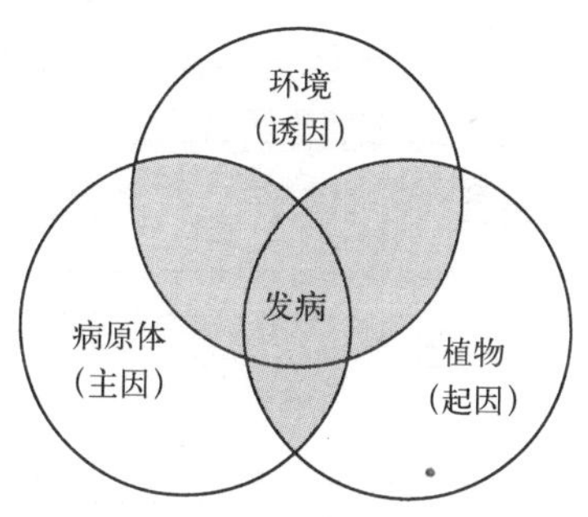

图 7–25 病因结构（2004 年制）

主因方面有，传染性病害的丝状菌、细菌、病毒、真菌、线虫等。

诱因方面有，非传染性的病害包括气象条件、土壤条件、环境污染物质、养护管理作业、自然条件和人为条件等。

从成为病害源的病原体的传播开始，经过附着→侵入→感染进行增殖，最后植物开始发病。

一般称丝状菌为霉菌，由丝状菌引起的病害占植物病害的大部分。病原体是唯一能通过植物表皮侵入植物的物质。

细菌从植物的气孔或水孔等开口部位、食害或风造成的伤口、修剪的切断面等侵入引起病害。被感染的植物，出现萎蔫、斑点、腐烂、穿孔、肥大等症状。

病毒是核酸和蛋白质组成的粒子，因为自身不能够直接侵入植物，所以借助昆虫等媒介进行传染。植物感染后出现马赛克症状、斑点症状、植株高度和花的萎缩症状等。

因为真菌自身不直接侵入植物，以昆虫和浮尘子类等为媒介进行传染。被感染的植物出现黄化、萎缩、丛生、叶和花的变形等变化，不久后枯死。

2）病害的诊断与防治

发病时，叶、茎、花等出现斑点，植株整体的色彩和形态发生变化。由于病害造成的植物的异常变化成为病症。病症之中，霉病和锈病等丝状菌的菌丝和孢子出现在植物体表面，用肉眼可以观察的特征称为标症。

在现场的诊断可以通过观察病征和标症进行。

树木发生的病害根据树木的发病部位可以分为以下几种：

①主要在叶部发生的病害

赤星病、霉病、锈病、黑粉病、炭疽病、黑斑病、褐斑病、黑点病、饼病、缩叶病、多毛孢菌病、斑点细菌病、浅红细菌病、枯叶线虫病、毛毡病等。

②主要在花部发生的病害

杜鹃等的腐花菌核病、山茶等的菌核病、各种草本植物的灰色锈病（在叶和果实上也发病）等。

③主要在果实发生的病害

葡萄的迟腐烂病（只在果实发病）、桃叶珊瑚的黑斑病等。

④主要在枝干发生的病害

膏药病、天狗病、枯萎病、红疣肿瘤病、结疤病、材线虫病等。

⑤主要在根际发生的病害

根头癌肿病、奈良竹病，白绢病、龟甲竹病、

与人体（作者）相比较可以得知大小

照片 7–5　樱花的天狗病

苗立枯病等。

⑥主要在地下根部发生的病害

白纹羽病、黄色纹羽病、紫色纹羽病、根腐线虫病、根结线虫病、水仙结疤病等。

⑦全株性的病害

病毒和真菌引起的病害、青枯病和材线虫病都会致使植株枯死。

植物病害的防治方法主要有物理防治法、化学防治法和生物防治法等。

物理防治法是利用光和热等防治病害的方法，以及通过对发病枝、叶的清理、焚烧，落叶清除等除去传染源的方法（表 7–11）。

化学防治法是利用化学物质所具有的特效防治病害的方法，亦即使用农药的方法。

生物防治法是对于某些病毒病和土壤传染病，使用特定的病毒和微生物进行防治的方法。

（3）虫害的发生与防治

1）虫害的分类

虫害的分类有动物学上的分类、根据诊断害虫所使用的危害形式的分类和根据危害部位（叶、枝、干、花、果实、根）的分类等。

危害形式就是害虫危害植物的方法，其不同之处由口器的形式决定（表 7–12）。

树木主要的病害及防治（1996 ~ 2004 年制　中岛）　表 7-11

病害名称	发病部位及树种	症状	物理防治
霉病	枝、花，主要是叶 枫树类、栎类、樱花类、皋月杜鹃类、紫薇类、杜鹃类、月季、冬青卫矛等	白色的粉状霉锈引起的丝状菌病物。 主要在凉爽的春、秋发生，导致畸形、落叶、花量减少。 晚秋生成小黑粒进行越冬	通过修剪改善通风采光，烧掉病叶和病枝
膏药病	枝、干 梅花、梧桐、榉树、樱花、尖叶栲、碧桃等	有灰色、灰褐色的菌丝膜覆盖，类似于张贴膏药一样的病斑。引起枝的衰弱、枯死。 与桑白介壳虫共生	清除与介壳虫之间的膜层后，使用药剂。 驱除介壳虫
锈病 （红星病、结疤病等）	叶、枝、干 赤松、圆柏、海棠、麻栎、黑松、樱花类、芍药、梨、枹栎、扁柏、龙柏、木瓜、牡丹等	叶上有红色星状突起（红星病），松类枝上有结疤（结疤病）等锈病菌的丝状菌引起，树种不同有多种症状。 中间宿主（木瓜为龙柏，松类为枹栎、麻栎，梨为圆柏、牡丹，芍药为赤松等）	除去中间宿主，焚烧病叶、病枝，剪除并焚烧枯枝、枯干部分，切口进行消毒
黑灰病	叶、枝 桃叶珊瑚、茶梅、山茶、冬青、厚皮香等	黑色霉状物覆盖的丝状菌病。 以蚜虫、介壳虫的排泄物和分泌物等作为营养进行繁殖者多。 虽然不会产生枯死，但既影响美观，又导致植物体衰弱	通过修剪改善通风、采光条件 驱除蚜虫、介壳虫
炭疽病	叶、枝 桃叶珊瑚、悬铃木、十大功劳、冬青卫矛	出现褐色至灰色的圆形或者不规则的组织枯死一样的病斑，是斑点性病害的一种。由于落叶、N 素和水分过多致使树体体质软弱，易遭台风危害等	焚烧病叶、病枝，使植物健全生长，通过修剪改善通风、采光条件
天狗病	枝 泡桐、樱花类、竹类	从枝的一部分发出许多小枝成为天狗巢状，染井吉野最易发病。致使不能开花、生长势衰弱。竹类和樱花类的天狗病是锈病、泡桐的天狗病是病毒的一种	切除、焚烧感染部位，切口消毒，涂抹漆、煤焦油
纹羽病 （紫纹羽病，白纹羽病）	根的地下部 梅花、栎类、榉树、樱花类、瑞香、木槿等	粗丝状的霉状物缠绕在根部树皮的纹羽病。菌丝为紫色的紫纹羽病比白色菌丝的白纹羽病的危害程度大。通过根腐烂，致使树势减弱，叶从梢部开始衰弱、枯死	修剪后涂抹杀菌剂，挖出病树、枯树并进行焚烧，更换清洁土壤，进行土壤消毒，换种禾本科植物
白绢病	根的基部 除禾本科以外的各种树木	绢丝状白色的霉状物附着在树干，扩展于地面，霉状物之间散布褐色小粒子。高温干燥时受害程度大，致使衰弱、枯死	修剪后涂杀菌剂，病树、枯树等掘取、焚烧，替换清洁土壤或者进行土壤消毒（含烧土消毒）
根茎癌肿病	地际的根 枫树类、栎类、樱花类、月季、木瓜等蔷薇科植物	地际或者根际的根形成粗皮状的结疤。导致衰弱、枯死。从害虫的啃食部位和伤口细菌侵入。嫁接苗则从接穗和砧木的接合部侵入	修剪后涂杀菌剂，掘取病树、枯树并焚烧，更换土壤，烧土消毒

口器形的分类　表 7-12

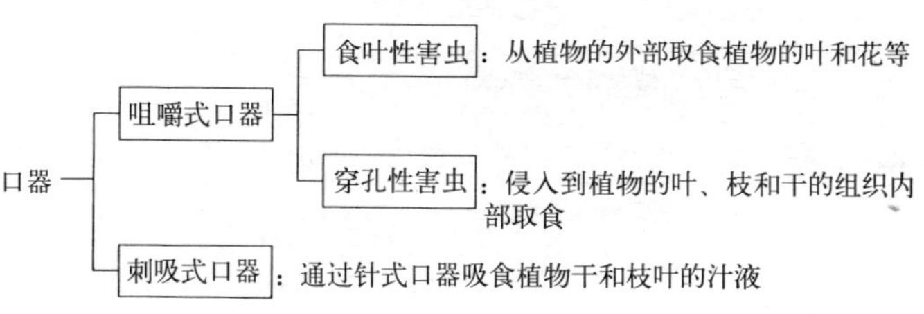

2）虫害的诊断和防治

通过危害形式特征和危害部位特征的结合，即使害虫没有着生在植物体上，可以根据虫害的症状推测出害虫名。因此，为了能够准确地诊断，观察害虫的危害特征以此确定害虫和受害情况十分必要。

树木的害虫，根据危害部位和危害形式可以进行如下的分类。

①主要危害叶的害虫

- 食叶者——毛虫类（美国白蛾、梅花毛虫、茶毒蛾、松毛虫）、樟蚕、尺蠖、蓑蛾、金花虫、金龟子、叶蜂。
- 潜叶者——潜叶蛾、潜叶苍蝇。
- 导致虫瘿者——球蝇、球蜂、蚜虫。
- 卷叶者—— 卷叶虫（卷叶蛾等）、象鼻虫。
- 切叶者—— 叶蜂。
- 缩叶者—— 蚜虫。

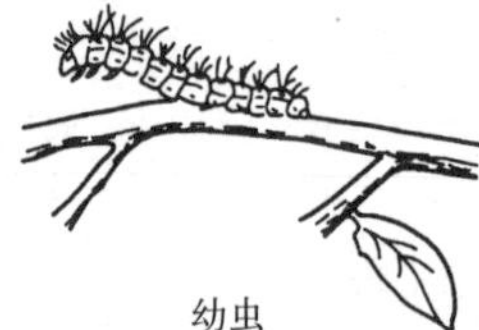

（引自《小庭園のつくり方》）

图 7-26　梅花毛虫

把松树的树皮揭开、翻过来所看到的

照片 7-6　象鼻虫的巢

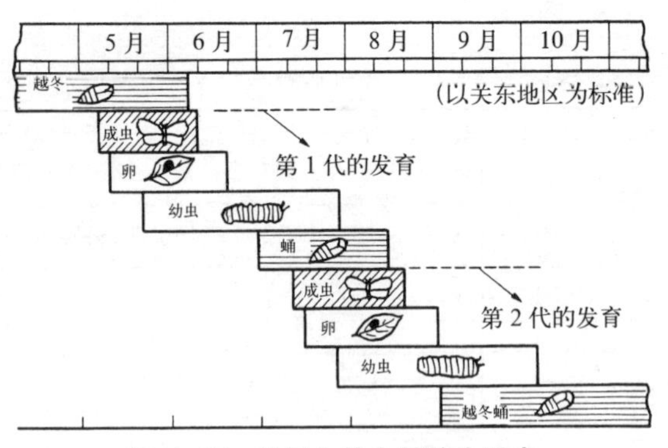

图 7-27　美国白扑火蛾的生活史

- 吸取叶片汁液者——蚜虫、介壳虫、军配虫、红蜘蛛类。

②主要危害树干和粗壮枝的害虫

- 潜入干、枝者——木蠹、长木蠹、天牛、草履虫、金花虫、树蜂、蝙蝠蛾、透翅蛾、木刀蛾。
- 吸取干、枝汁液者——蚜虫、介壳虫。

③主要危害新梢和芽的害虫

- 潜入新梢（嫩枝）者——食心虫（姬卷叶蛾）、木蠹。
- 潜入芽者——球蝇。
- 啃噬新梢、芽者——小金龟子、天牛、象鼻虫。
- 吸取新梢汁液者——蚜虫、介壳虫、树虱、羽衣。
- 潜蕾者——花虫。

④主要危害根的害虫

- 啃噬根者——小金龟子、夜盗虫。
- 吸取根汁液者——棉蚜（蚜虫）、根介壳虫。
- 潜入粗壮根者——木蠹、天牛。
- 在根中形成虫瘿者——线虫。

如果已发现虫害发生，需尽早确定其种类和性质，对可能出现危害扩大的情况，应当尽早进行防治。

虫害防治法主要有物理防治法、化学防治

法和生物防治法。

①预防

- 改良土壤、严冬期的深耕，土壤热处理等种植基础的改善。
- 使树木自身生长强健，为了增强对病虫害的抵抗力进行水肥管理。
- 通过修剪、整形，确保树木枝叶内的通风和日照条件。
- 通过净化大气污染物质，促进呼吸和光合作用。
- 通过光和色彩抑制昆虫活动。

②物理防治法

- 直接捕杀已经发生的害虫（捕杀）。
- 通过热处理杀死土壤中的害虫。
- 色诱，例如黄色的胶带可引诱捕杀蚜虫和小树虱。
- 通过包裹蒲包（带状物诱杀法）可捕杀松毛虫等害虫。
- 除去并焚烧发生虫害的枝叶。
- 火烧在小枝中集中生活的害虫。

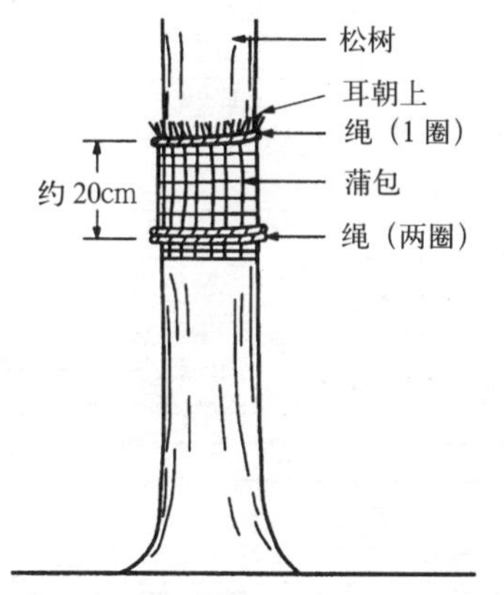

图7-28　包裹蒲包（带状物诱杀法）

③化学防治法

化学防治法，利用化学物质所具有的特效防治病害虫的方法，也称为药剂防治，例如使用杀虫剂、杀红蜘蛛剂、杀线虫剂、诱引剂、忌避剂等。

④生物防治法

- 利用害虫的天敌，例如有捕杀性、寄生性、微生物天敌等。
- 捕杀性天敌有蜘蛛类、捕食蚜虫的七星瓢虫类、红蜘蛛类等。
- 寄生性天敌有寄生于害虫的蜂类、蝇类等。
- 微生物天敌有，致使昆虫发病的细菌、丝状菌、病毒等。例如利用细菌生产的毒素BT剂已经被推广使用。

（4）农药使用和居民对策

1）农药的定义和使用

农药是根据《农药管理法》（1948年7月1日法律第82号，最后改正2002年12月11日法律第141号，2003年3月10日法及省令施行）而定义的。根据第一条第2款，农药的定义是“用于危害农作物（包含树木及农林作物在内，以下称‘农作物’）的菌类、线虫、螨类、昆虫、老鼠以及其他动植物或者病毒（以下总称为‘病害虫’）的防治的杀菌剂、杀虫剂及其他药剂（作为这些药剂的原料或者材料使用的材料中的用于防治中的依据政府的规定所包含者）以及对农作物生理机能的增强或抑制所用的生长促进剂、发芽抑制剂及其他药剂”。

此外，又规定“出于防治目的利用的天敌也被认为是农药。”

亦即，保证农药的高质量及正确恰当地使用，确保农林业全面生产的安定，保证国民健康和生活环境即是制定的目的。

一般，对公共团体等在公园等公共场所喷洒农药时，有必要注意以下相关的事项：

①作为“农药使用者”应遵守“使用农药者应当遵守的标准”。

②必须得到“地区居民”“对农药防治的理解和协助”。

主要的树木虫害及防治（1996 ~ 2004 年制作　中岛）　　**表 7–13**

害虫名	发生时期	受害树木	危害状况	防治方法
蚜虫	5 ~ 7 月 （高温时少发生 ）	新芽，新叶，花芽 槲类、栗子、樱花类、米楮、梨、月季、槭树类等	种类多。吸取汁液，阻碍生长发育，叶萎缩，落叶，损坏美观。同时并发霉病。与蚂蚁共栖。不进行交尾，相继繁殖后代（孤雌生殖）	MEP 剂，马拉松剂，DEP 剂，ESP 剂，二甲硫吸磷剂，DMTP 剂
美国白蛾	5 ~ 7 月， 7 ~ 10 月 1 年发生两次	叶 樱花类等	杂食性，啃食危害性大。幼虫颜色浅，背黑色，体侧黄色，初期如蜘蛛结网群生，后分散，食害叶片只残留叶脉，蛹过冬	除去丛生叶， MEP 剂，地亚农剂，DEP 剂
大透翅天蛾	5 月，7 月， 8 ~ 9 月 因种类不同有差异，1 年发生 3 次者也有	叶 栀子等	啃食危害大。体表无毛，俗称芋头虫类的同类。幼虫绿色，有尾角。同类中有食害冬青卫矛的透明蛾，食害爬山虎的天蛾等	捕杀 MEP 剂，DEP 剂
介壳虫	5 ~ 9 月 （种类间有差异，1 年也有发生 3 次的）	叶，枝，干 樱花类、紫薇、山茶、海桐、柃木、冬青、厚皮香、槭树类等	吸取树液，种类多，有移动的种类和不移动的种类。从表皮吸取汁液，导致叶黄化、衰弱、枯死，影响美观。并发霉病。发生初期防治容易，贝壳形成后防治困难	通过修剪改善通风、采光条件，搔落。 冬季涂机械油剂， MEP 剂，马拉松剂，NAC 剂，石灰硫磺合剂
天牛	4 ~ 9 月	枝，干 无花果、枫树类、槲树类、柞栎、枹栎、樱花类、米楮、悬铃木、杨树、槭树、桃、柳树等	树皮下产卵，幼虫穿入木质部进行食害，致使衰弱、倒伏种类多。多从受害孔排出粪便。幼虫俗称铁炮虫	移植时，对衰弱树木进行蒲包捆绑，捕杀成虫 浸过 DDVP 的药棉塞入穴中，往孔中注射 MEP 剂，DDVP 乳剂
樟蚕	4 月下旬孵化成虫 9 ~ 10 月	叶 枫香、银杏、香樟、台湾枫等	食害，根据年份会有大变化。大型蛾的成虫，淡紫褐色或黄褐色，以当年卵的形态越冬，在第二年进行羽化（4 月下旬）	除去冬卵 MEP 剂 地亚农剂
军扇虫	4 ~ 10 月 1 年发生数次	叶 海棠、山东木瓜、皋月杜鹃、杜鹃、梨、姬苹果、木瓜、苹果等	具有军扇形翅、为蚜虫的同类。吸取树液，叶受害后呈灰白色，有损美观。成虫在落叶下越冬。杜鹃军扇虫和梨军扇虫有种类上的差异	MEP 剂，马拉松剂，对于灌木可以在土壤中加入二甲硫吸磷剂
红蜘蛛类	4 ~ 10 月 （高温干燥时 1 年发生 5 ~ 10 次）	叶，新芽 铁橺、日本柳杉等	种类多。吸取树液（吸汁性害虫），叶受害后呈灰白色，落叶，有损美观。为植株的同类，有与蚜虫相似的繁殖习性，多为红色而被称为红蜘蛛	叶面洒水 栎精剂，CPCBS 剂，ESP 剂，乐果剂 灌木，在土壤中施用二甲硫吸磷剂
茶毒蛾	4 ~ 9 月 1 年发生两次	叶 茶梅、茶、山茶等	幼虫在 4 月前后发生，黄底黑斑，发生初期多在叶片背面呈现铸模状群生，后分散啃食，受害叶片变成白色透明状。幼虫有无数的毒毛，接触产生肿疼现象。为毒蛾的一种，1 年发生两次，为有体毛的毛虫的同类。同类中，在梅花的枝上结成蜘蛛巢状的网中隐藏着梅花毛虫（天幕毛虫）等	除去并焚烧丛生叶， MEP 剂，DEP 剂
卷叶虫	4 ~ 10 月 1 年发生 3 ~ 4 次	叶 茶、厚皮香等	种类多。食害叶片的幼虫栖息在卷叶中。有茶叶卷虫、茶细蛾、交角卷叶蛾、厚皮香卷叶蛾、卷叶螟等种类。由于潜藏在叶中，所以药剂效果较弱	除去卷叶。 预防用异恶唑磷剂 驱除用 MEP 剂，地亚农剂，DEP 剂，NAC 剂，DDVP 剂

2）农药使用标准的内容

作为农药使用者应遵守农药使用标准。

修订的《农药取缔法》，不仅限于公共团体等，而是所有“农药使用者”必须遵守的标准。略称“农药使用标准”，违反者成为惩罚的对象。

①农药使用者的责任和义务（第1条）

- 不对农作物等造成危害。
- 不对人畜造成危险。
- 防止农作物发生污染，同时防止被污染农作物的使用成为危害人畜的原因。
- 防止对农地等土壤的污染，同时，防止这种污染而导致农作物的使用成为危害人畜的原因。
- 防止对水生动物的危害，同时，这种危害不能够成为显著现象。
- 防止对公用水域的水质的污染，同时，防止受污染水的利用成为人畜被害的原因。

②表示事项的遵守（第2条）

农药使用者，对食用作物和饲料作物施用农药时，必须遵守在农药登录时制定的标准。

- 适用农作物
- 最高限度的使用量和最低限度的稀释倍数

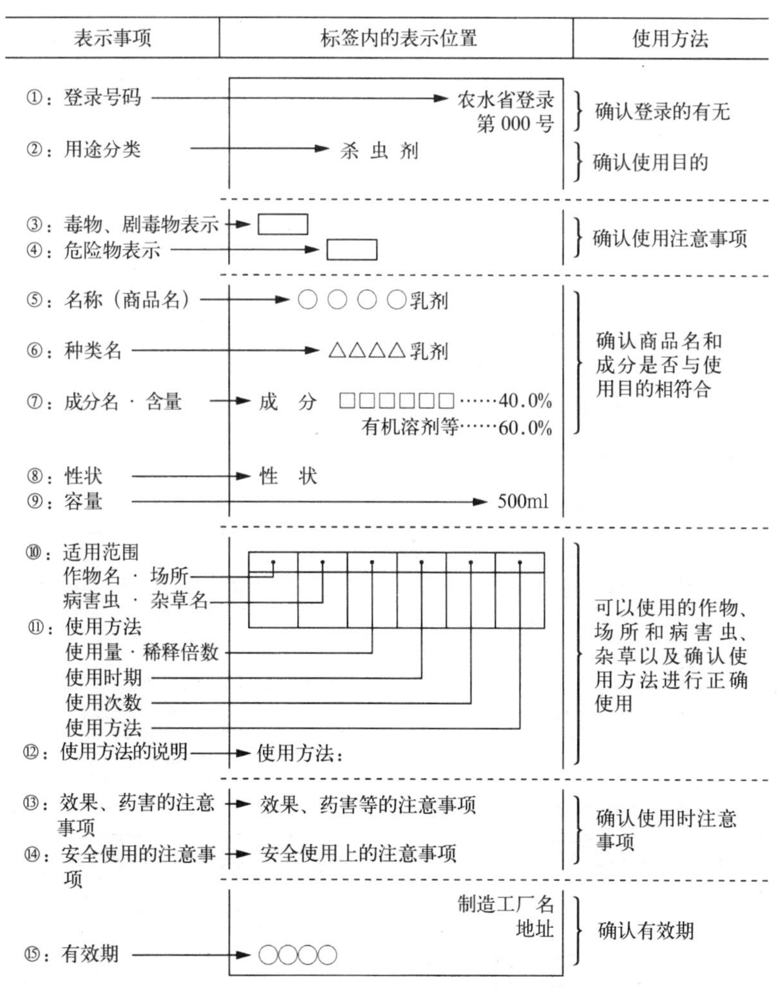

图7-29　农药标签的表示事项和读法（使用方法）的关系

- 使用时期
- 总使用次数

③在住宅地使用农药（第 6 条）

农药使用者，在住宅地和住宅地附近区域施用农药时，必须采取必要的措施努力防止农药的飞散。

④需要覆盖的农药的施用（第 8 条）

农药使用者，在使用以下的农药时，为了防止从施用过农药的土壤中挥发该农药，必须采取必要的措施。

- 含有氯化苦的制剂
- 含有溴化甲醇的制剂

⑤记录簿的记载（第 9 条）

农药使用者，在使用农药时，必须在记录簿中记载下列事项：

- 使用农药的年月日
- 使用农药的场所
- 施农药的农作物
- 使用农药的种类及名称
- 单位面积上农药的使用量和稀释倍数

3）当地居民的理解和协助

使用农药时，必须得到当地居民的理解和协助。

为了得到当地居民的理解及协助，有必要对农药的安全性进行详细的说明。

①农药的安全性

虽然说“所有的化学物质都有危害”，但是“所有的化学物质在超过各自用量时会有危害，在指定用量之下没有危害”，这才是正确的理解。

这里提到的化学物质，不只是指以农药和食品添加剂为代表的人工化学物质，而且还包括盐和砂糖等天然的化学物质。

虽然超过一定量便会有危害，但并不是全部的化学物质都有危险。在一定量以下属于无害、安全的化学物质。农药需在安全使用量范围之内正确使用。

对施药者和当地居民最有影响的毒性是剧毒性。剧毒性的程度以 LD_{50}mg/kg 表示。该指标为一定的农药经口部摄取后，在一定时间内实验动物的 50% 死亡，体重每 1kg 投与量值为 mg。因此，为了确保更加安全，比起剧毒性药物来应该选择毒性药物，比起毒性药物来应该选择普通的农药，在此同时尽量使用：①不会中毒，②对眼睛没有影响，③对野鸟、鱼等动物危害小的农药。

②农药的飞散、消失

作为减少大气中农药浓度的因素有，由施用农药粒子重力作用的自然落下，由漂流飞散的浓度降低，通过降雨落在地表，还有光分解、通过臭氧的分解等。特别是光分解很重要。杀螟松在大气中的减半期只有数十分钟（在土壤和水中的减半期为 1 ～ 2 天）。

③喷洒农药的飞散距离

喷洒药液的平均粒径，动力喷雾机为 200 ～ 300μm，高速喷头为 80 ～ 100μm。自然条件下也会有差异，粒子模型的飞散距离，动力喷雾机为 4 ～ 5m，高速喷头为 12 ～ 25m。

实际上的数值要比上述短，喷洒时这个程度的距离应当设定为危险区域。

④对周边环境的影响

被施用的农药，或者附着于植物的表面，或者落在地表。附着在植物表面的，一部分被光分解，一部分挥散在大气中，一部分被植物吸收，但最终大约喷洒量的 90% 落在土壤表面。在土壤表面，几乎全部农药被土壤强力吸附，被光分解和向大气中的蒸发少，另外，往河川中的流失也很少。土壤中农药被微生物分解。

特别是现在使用的农药，在环境中和动植物体内被迅速分解，没有残留毒性的农药被登录，作为登录的条件之一，土壤中残留的减半期为1年以上者不被登录。

（5）农药的分类

农药的分类有，1）按用途的分类，2）按剂型的分类等。

1）根据用途分为：①杀虫剂，②杀菌剂，③杀虫杀菌剂，④除草剂，⑤农药肥料，⑥杀鼠剂，⑦植物生长调节剂，⑧杀菌植物生长调节剂，⑨其他（忌避剂，引诱剂，土壤消毒剂，黏着剂）。

2）根据剂型分类为：①水溶性粉剂，②乳油，③粉剂，④悬浮剂，⑤微胶囊，⑥烟剂，⑦颗粒剂，⑧涂布剂，⑨拌种剂等。

有必要根据病害和害虫的种类进行区别使用。

主要树木的病虫害防治药剂（1972 ~ 2004年制　中岛）　**表7-14**

	名称	类型	对象病虫害名	稀释倍数
杀菌剂	铜水和剂	碱性磷酸硫酸铜	枝枯病，腐败病等细菌性病害	1000倍
	水和硫磺剂	硫磺剂	霉病，膏药病，结疤病，锈病	500倍
	代森锌剂	代森锌水和剂，粉剂	霉病，结疤病，锈病，炭疽病，斑点病	400 ~ 600倍
	代森锰剂	代森锰水和剂	霉病病，结疤病，锈病，斑点病	400 ~ 600倍
	DPC剂	开拉散水和剂、乳剂	霉病	1000倍
	链霉素	霉菌素	腐败病，其他细菌病	500倍
	克菌丹剂	克菌丹水和剂	草坪的立枯病，腐败病	500倍
	甲基托布津剂	托布津M水和剂	霉病，褐斑病，黑星病，炭疽病，分茎病，纹羽病	1000 ~ 1500倍
	苯菌灵剂	苯莱特	霉病、枝枯病、褐斑病、黑星病、炭疽病、胴枯病	2000 ~ 3000倍
	脱利福敏着尔剂	脱利福敏水和剂	赤星病、霉病、黑星病	2000 ~ 3000倍
	PCNB剂	五氯硝基苯粉剂、水和剂	立枯病、根疤病	粉剂每1a为2kg，水和剂1000倍
杀虫剂	MEP剂	杀螟松乳剂	蚜虫、美国白蛾、大透翅蛾、介壳虫、天牛、樟蚕、军扇虫、卷叶虫	500 ~ 1000倍
	马拉松剂	马拉松乳剂、粉剂	蚜虫、军扇虫、小金龟子	1000倍
	CYAP剂	杀螟腈乳剂	青虫、毛虫	1000倍
	机械油剂	机械油乳剂	介壳虫、叶螨	冬季20 ~ 30倍
	石灰硫磺合剂	石灰硫磺合剂	介壳虫、叶螨、花木诸病害	冬季20 ~ 30倍
	开乐散剂	开乐散乳剂	各种叶螨	1500倍
	CPCBS剂	杀螨酯乳剂、水和剂	各种叶螨	1500倍
	地亚农剂	地亚农乳剂、水和剂（剧毒）	美国白蛾、樟蚕、食心虫、卷叶虫	1000 ~ 1500倍
	完灭硫磷（蚜灭多）	蚜灭多液剂（剧毒）	蚜虫、螨类	1500 ~ 2000倍

续表

	名称	类型	对象病虫害名	稀释倍数
杀虫剂	DDVP 剂	DDVP，敌敌畏（剧毒）	蚜虫、美国白蛾、大透翅虫、天牛、军扇虫、食心虫、卷叶虫类	1000 ~ 2000 倍
	DMTP 剂	杀扑磷	蚜虫、介壳虫类、食心虫、梨细蛾	1000 ~ 2000 倍
	DEP 剂	敌百虫（剧毒）	蚜虫、美国白蛾、大透翅虫、椿象、食心虫、茶毒蛾、卷叶虫、松毛虫、夜盗虫	1000 ~ 1500 倍
	ESP 剂	异砜磷（剧毒）	蚜虫、叶螨、浸透性杀虫剂	1000 ~ 2000 倍
	NAC 剂	西维因水和剂（剧毒）	蚜虫、介壳虫、卷叶虫	500 ~ 800 倍
	乐果	乐果乳剂（剧毒）	蚜虫、粉介壳虫、叶螨、箭头介壳虫	1000 ~ 1500 倍
	二甲硫吸磷剂	甲基乙拌磷乳剂、粉剂，敌死通	蚜虫、粉虱、红蜘蛛	乳剂 1000 ~ 2000 倍 粉剂每公顷 3 ~ 4kg
	乙醚二甲硫吸磷剂	甲基乙拌磷 TD 剂		
杀线虫剂	D-D 剂	D-D	各种线虫	每穴 2cc
其他	氯化苦	氯化苦，等	根头癌肿病、白绢病、纹羽病	每穴 2cc

（6）药剂施用

①根据准确的现场信息制定防治方针，②以正确的农药知识为基础，制定施用作业计划，③基于综合知识进行现场管理，有效、安全地施用。

在农药施用时，还要注意以下几点：

1）施用前的注意事项

①详细阅读农药标签的表示事项。

②确认防卫装备（口罩、眼镜、防护衣等），进行防除器具的检查。

③保持作业者身体良好，注意健康状态。

2）施用中的注意事项

①遵守规定的浓度、使用量。

②作业应在早晚凉爽的时间进行。

③作业者自身注意不要被药液淋到（注意风向等）。

④慎重考虑当地居民和家畜等周边环境，采取适合天气和地形的施用方法。

⑤作业中不要吸烟和饮用食物。

3）施用后的注意事项

①在住宅的邻接地域，设定禁止踏入的标识等，对周边居民作好提醒工作。

②确定处理好残留的农药、喷施液以及空容器。

③清洗身体，并把防除衣与其他衣服分开清洗。

④施用当日要控制饮酒，保证食物的营养，尽早休息。

7.3.3 施肥

（1）施肥的目的

施肥的目的如下：

①促使树木健康生长，保持本来的优美及绿色（保持美观）。

②促使盛开色彩艳丽的花朵，提高结实率和改善果实品质（促进开花、结实）。

③增强对病虫害、风害、公害、旱灾等有害诸因子的抵抗力（增强抵抗力）。

④促进土壤微生物的繁殖，提高土壤将不

可吸收的养分转化为可吸收状态的能力（改良土壤）。

（2）肥料的要素

保证正常生长的必需元素有碳、氧、氢、氮、磷、钾、钙、镁、硫、铁、硼、锰、铅、铜、氯15种元素。

在这些元素中，碳元素（C）、氧元素（O）、氢元素（H）3种要素，可从空气和水中取得，

肥料四要素的生理作用（1991~2004年制　中岛）　**表7-15**

要素	功能	缺乏的症状	过多时的症状	施用方法
氮元素（N）	合成原生质主要成分的蛋白质（生命）和叶绿素。促进生长	不能形成叶绿素，导致叶变黄、枯萎，生长发育停止	叶色浓绿，生长旺盛，开花延迟或者不开花。易感染病害	使用氮肥。 施用基肥和追肥。又被称为叶肥
磷酸（P_2O_5）	促进植物体内的生理作用。促进细胞增殖，花芽分化。成熟期的种子、果实和花必需	叶为暗绿色，叶周边产生黑色的污点并发生变色，枯萎。花色、成熟度不良	难出现过剩症状。易引起铁缺乏。 植株矮化	施用磷酸肥料。 作为基肥与有机物一起施用。 又被称为果肥、花肥
钾肥（K_2O）	促进植物体内的新陈代谢。 根和茎生长硬化。 与碳水化合物和蛋白质的移动有关系。 与光合作用关系密切，也与淀粉合成有很大关系	缺少气孔和水分代谢的调节，吸收作用旺盛，植物变为软弱体。花色素增加，幼叶变为青绿色。叶脉之间有黄色斑点，枯萎	妨碍氮素、钙素、镁的吸收，生长不良。 出现矮化，黄化	施用钾肥。 基肥和追肥。 又被称为根肥
钙（Ca）	中和新陈代谢中产生的酸类。加强细胞间的结合。中和土壤中酸性	新叶往上卷，根的生长停止。新梢腐烂。 土壤变为酸性，磷酸、镁欠缺	微量元素不被植物吸收，出现锰、硼、铁等的缺乏症。土壤变为碱性	施用石灰。 作为基肥与有机物一起施用促进分解

肥料的分类（1991~2004年制　中岛）　**表7-16**

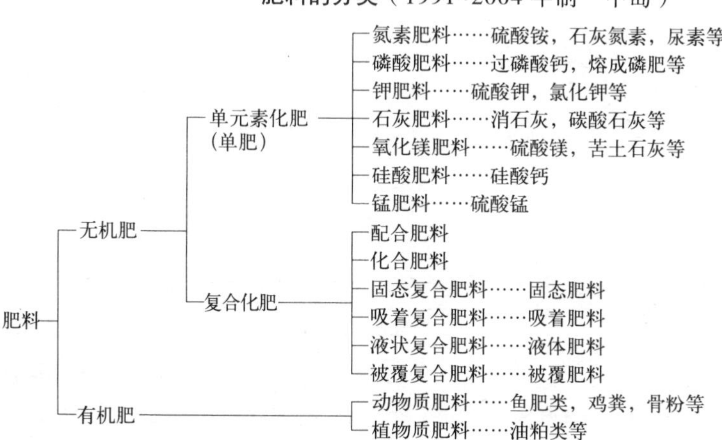

有机质肥料……有机化合物的形式。动、植物质肥料、尿素等，一部分化学肥料
无机质肥料……无机化合物的形式。大部分为化学肥料
单元素化肥……又称为单味肥料和单质肥料。不混合。3要素中只含1种成分者
复合肥料……氮、磷酸、钾中含有2种以上者
高度合成肥料……3要素总量在30%以上，30%以下的是低度合成肥料（稀薄肥料）
固型肥料……含2种成分以上的肥料，加入泥炭等形成3mm以上的固态肥料，有粒径为6～10mm的粒状固态肥料和1粒达10～15g前后的大型固态肥料
吸着肥料……被皂土等水溶液所吸着者
液体肥料……以液体状态流动的肥料，有土壤施肥用和叶面喷洒用，前者有液肥和糊状肥料。糊状肥料为有一定的黏性的高浓度成分的液状复合肥料
被覆肥料……水溶性肥料外用硫黄或合成树脂等膜被覆，可以调节肥料的溶解量和溶解时间

其他元素通常从土壤中吸取。土壤中欠缺的元素有氮（N）、磷（P）、钾（K）3元素，再加上钙元素（Ca）共四种。

因此，有必要作为肥料施用这4种元素，氮、磷、钾被称为肥料的3元素，加上钙元素被称为4种元素。（表7–15）

（3）肥料的分类

现在使用的肥料非常多，形态也各种各样。在肥料取缔法中，肥料被分为普通肥料和特殊肥料。进一步将普通肥料按照化学组成、反应、肥效、成分、形态等各种形式进行分类。

按照肥料的化学组成，分为无机肥（单肥、复合肥料）和有机肥（动物类、植物类）（表7–16）。

按照生理的反应分类，有生理酸性肥料、生理中性肥料和生理碱性肥料（表7–17）。

按照肥效的发生形式分类，有速效性肥料（持续10日）、缓效性肥料、迟效性肥料（持续约3个月～3年）。

缓效性肥料（肥效调节型肥料）分为被覆肥料、化学合成缓效性肥料（IB、CDU、尿素等），添加硝化抑制剂肥料等。

按照物理形态分类，有固体肥料、液体肥料、粉状肥料、粒状肥料等。

（4）施肥的时期

施肥作业，根据目的、方法、时间的不同，可以分为基肥和追肥。

基肥是把树木生长必需的养分，在树木的栽植、移植和休眠期（12～2月份）分别施用的肥料，根据需要施用有机质肥料、磷酸肥料、钾肥、钙肥等缓效性和迟效性的肥料。栽植时施于种植穴的下层，然后进行覆土使根坨不直接与基肥接触。

追肥是为了维持树木的健壮生长、开花结果后作为树势恢复必要养分的补充进行的施肥，通常在叶面施用速效性肥料。

花木和果树，主要为了观赏花和果实，有必要1年施肥两次，早春生长之前的1～2月的寒冷季节施用寒肥，和为了开花、结实后树势恢复而施用追肥。

被称为整形物的绿篱、球形树、造型树、群植植栽树木等，应当根据修剪的次数进行相应的施肥管理。

此外，对于迟效性肥料、缓效性肥料和被覆肥料，在施肥后，需充分把握分解、溶解所需的时间长短，以决定施肥时间。

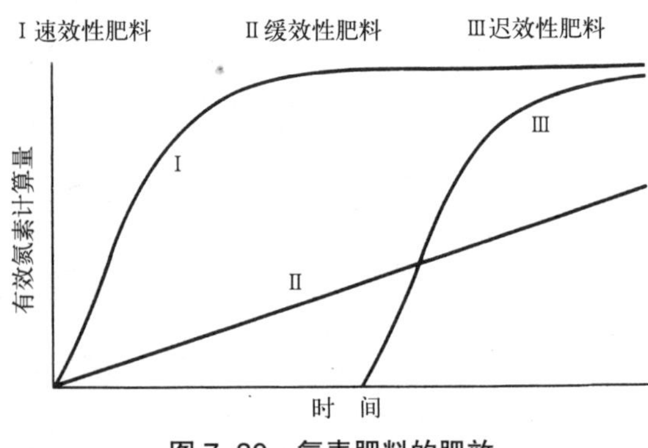

图7–30 氮素肥料的肥效

（5）施肥量

为了提高施肥效果，施肥前采取试验材料，进行pH、腐殖质、全氮素、盐基置换容量、有效磷酸、磷酸吸收系数、电导度等土壤调查，了解养分的吸收特性，根据树木的生长时期进行适量的施肥。

施肥量，根据树木的种类、形状、地域或者土壤条件虽不为定量，但能够根据下式算出。

$$施肥量=\frac{\begin{matrix}树木对养分\\的吸收量\end{matrix}-\begin{matrix}土壤天然供给\\的养分量\end{matrix}}{肥料的吸收率}$$

一次施肥过多会使土壤溶液的浓度升高，渗透压的改变使细胞中的水分外流，根的生

树木的主要肥料和性质（1996 年制　中岛）　　表 7–17

	种类	主要成分	化学组成	化学反应	生理反应	肥效	时期	摘　要
氮素肥料	硫酸铵	硫酸铵 $(NH_4)_2SO_4$	无机	弱酸性	酸性	速效	基肥、追肥	与碱一同施用，发生反应产生氨气，造成坏的效果。导致钙、锰的流失，施用后叶色变浓，肥效结束早
	尿素	$(NH_2)_2CO$	无机（当作）	中性	中性	速效	基、追肥	被氨分解为止土壤的吸着、保持少。过多会产生浓度危害，叶面喷洒，吸湿性强
	石灰氮素	氰化钙 $CaCN_2$	无机	碱性	碱性	缓效	基肥（施用后去除）	氨基氰有害，植物枯死，种子发芽受阻。氰基钙由于受土壤胶质的接触作用，变为尿素
	硝铵	硝酸铵 NH_4NO_3	无机	中性	中性	速效	追肥	由雨水产生流失、淋融，可连用但多用有害。吸湿性大，易溶于水。基肥没有作用
	油粕（菜油粕、大豆、棉籽油粕）	氮素 5%，磷 2%，钾 1.3%	有机	中性	中性	迟效	基肥	经过发酵分解，变为水溶性成分，氮素为蛋白质状态。过磷酸钙和草木灰并用效果好
磷酸肥料	过磷酸钙	磷酸二氢钙等 $CaH_4(PO_4)_2 \cdot H_2O$	无机	酸性	中性	速效	基、追肥	有特有的酸臭味。表现为优良的肥效。吸收率 20% ~ 25%。 其他为无效迟效性
	溶成磷肥	石灰、苦土、硅酸（溶成磷酸等）	无机	碱性	碱性	缓效	基肥	为熔融的统称，日本以溶成苦土磷肥为主体。与硫铵、氯化钾混合使用效果好。对酸性土壤效果好
	烧成磷肥	石灰、硅酸苏打（溶成磷酸）	无机	中性	碱性	缓效	基肥	各种烧成的统称，日本以低苏打磷酸为主体。酸性，与碱性配合良好。不被雨水淋融
	鸡粪	磷酸 1.7% ~ 3.8% 氮素 1.2% ~ 3.6% 钾 0.9% ~ 1.4%	有机	—	—	迟效	基肥	作为销售肥料，利用价值高。补充钾使用效果好。干燥风干后使用肥效大
钾肥	氯化钾	氯化钾 KCl	无机	中性	酸性	速效	基、追肥	大部分吸着硫磺被保持，比氮素易于移动。不产生流失。多少有吸湿性，注意保持
	硫酸钾	硫酸钾 K_2SO_4	无机	中性	酸性	速效	基、追肥	钾几乎全是水溶性。因为含有硫酸根，生理反应呈酸性。钾的吸收率保持为 50% ~ 60% 硫磺
	灰类	草木灰中的钾 5% ~ 10% 等石灰	有机	碱性	碱性	速效	基、追肥	秸秆灰、木灰效果良好。水溶性
钙肥	生石灰	氧化钙 CaO	无机	碱性	碱性	缓效	基肥	碱性成分含量 80%，烧酸性土壤调节石灰岩或者大理石后放出二氧化碳。在空气中吸收水和二氧化碳
	消石灰	氢氧化钙 $Ca(OH)_2$	无机	碱性	碱性	缓效	基肥	碱性成分含量为 60%。由酸性土壤调节生石灰岩在水作用下生成。难溶于水。放置在空气中可吸收二氧化碳
	碳酸钙	碳酸钙 $CaCO_3$	无机	碱性	碱性	缓效	基肥	碱性成分含量为 53%。为粉碎石灰岩而成。土壤酸性的中和力取决于粉末颗粒的大小

理作用受到危害，引起原生质分离，导致枝叶枯萎。

根据东京农业实验站的实验结果，计算一年的落叶量和落叶中的养分含量，以树冠下 $1m^2$ 计算落叶后放出的养分 N5g，$P_2O_5$1.5g，K_2O5g。以这样的形式，养分还原到土壤中，但公园和行道树在清扫落叶后，养分有所损失，有必要考虑加大施肥量。

另外，表 7–18，表 7–19 是落叶归还土壤的情况和除去落叶情况下的施肥实例。

落叶还原土壤情况下的施肥量　　表 7–18

树种		孤植木（g/ 株）			树丛（g/m^2）		
		N	P_2O_5	K_2O	N	P_2O_5	K_2O
针叶树	灌木	10～15	10	10	15	10	10
	乔木	15～20	15	15			
落叶阔叶树	灌木	10～20	10～15	10～15	10～20	10～15	10～15
	乔木	20～30	15～20	15～20			
常绿阔叶树	灌木	10～20	10～15	10～15	10～20	10～15	10～15
	乔木	20～30	15～20	15～20			

（引自《グリーンハンドブック》）

除去落叶情况下的施肥量　　表 7–19

树种		孤植木（g/ 株）			树丛（g/m^2）		
		N	P_2O_5	K_2O	N	P_2O_5	K_2O
针叶树	灌木	10～15	10	10	10～20	15	15
	乔木	20～30	20	20			
落叶阔叶树	灌木	10～20	10～15	10～15	20～30	20	20
	乔木	30～50	20～30	20～30			
常绿阔叶树	灌木	10～20	10～15	10～15	20～30	20	20
	乔木	30～50	20～30	20～30			

（引自《グリーンハンドブック》）

（6）施肥的方法

施肥的方法，为了提高肥效，以细根的伸长距离决定深度，进行施肥。

另外，树木的根易受肥料的浓度危害，因此在决定施肥位置时，有必要考虑肥料的浓度和溶解速度等。

1）乔木施肥

乔木的施肥位置有轮状施肥、车状施肥、壶状施肥。

①轮状施肥

以树木主干为中心，在树冠轮廓线地上投影部分挖深 20cm 的轮状沟，在沟底把所施用肥料进行均匀铺覆并覆土。挖沟时，尤其要注意不要伤其侧根，细根密集处则在外侧挖沟。

②车状施肥

从树木的主干以车轮辐条的形状挖放射状的沟。沟越往外侧宽度越大，并且越深，在沟底把所施用的肥料进行均匀铺覆并覆土。沟深为 15 ～ 20cm，长为冠幅的 1/3 左右，沟的中心部分正好在树冠轮廓线之下较为合适。

③壶状施肥

以树木主干为中心，在树冠轮廓线的地上投影部分进行放射状的纵穴挖掘，于穴底把所用的肥料进行铺覆并覆土。纵穴深度为 20cm。

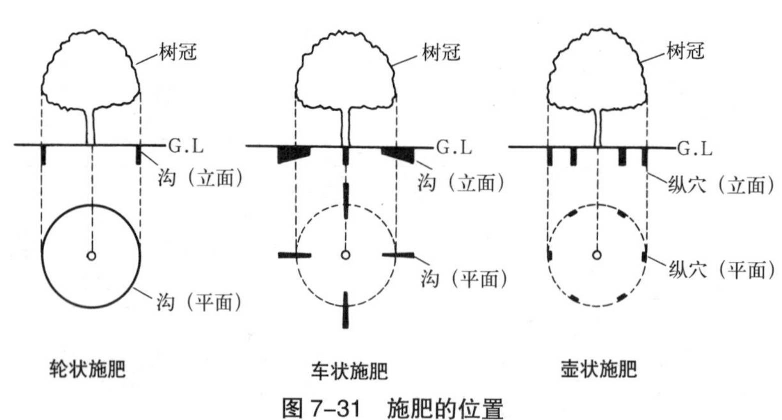

图 7–31　施肥的位置

④对于移植1年以内的树木和修剪后的树木等树冠轮廓线不明确的树木，在沟和穴的中心线从树干的中心开始到根际直径5倍的位置挖沟。

2）灌木施肥

①1棵及小规模树丛的情况

以轮状施肥和壶状施肥为主，参照乔木的施肥方法进行。纵沟和穴的深度为20cm。

②列植的情况

以绿篱的施肥方法为准。

③群植、大规模树丛的情况

施用有机质肥料，在每m^2中挖3处纵穴，于穴底把所定肥料进行均匀铺覆并覆土。对于化学肥料，要在种植坑内均匀撒铺。

3）绿篱施肥

寒肥，在绿篱的两侧各挖纵穴 1条，总计2条，于穴底把所定肥料进行均匀铺覆并覆土，纵穴深20cm。

追肥，在绿篱的两侧平行挖深20cm的沟，于穴底把所定肥料进行均匀铺覆并覆土。根据树势的强弱增减施肥量。

纵穴和沟的位置比细根的密生部分稍往外。

4）叶面施肥

叶面施肥是直接施用在植物体叶表面的肥料，多为液状复合肥料和微量元素复合肥料。

在树木的树势恢复和乔木移植时等根受损害的情况下，进行早期的养分补给以及在元素缺乏等生理障碍的情况下，在叶面施用肥料。

根据叶的成熟度的肥料的吸收率和市面出售的叶面肥

（1996年制　氏）　　**表7–20**

	吸收率	美国	日本
幼叶	表面喷施　12.5%	新绿	Yogen1号
	背面喷施　59.6%	Ulamon	Yogen2号 Homo绿
老叶	表面喷施　16.6%	Rapitoguro	Homo绿C
	背面喷施　37.0%	Folimu等	Sumilifu等

（参考《造園・管理の実際》）

7.3.4　浇水

（1）浇水的目的

树木不停地从根吸收水分，从叶蒸发，当吸收量小于蒸发量时，叶就发生萎缩导致落叶，进而枯死。为了树木进行正常的生长发育，土壤中有充足的水分是必要的，在根群区域的一定土层的水分到生长停止点减少的情况下，为了进行人为的供给水分，防止枯损就要进行浇水。另外，除了补充土壤中的水分不足之外，还为了清洗树木表面的污染物质，以及促进土壤中盐类的交换，都需要进行浇水。

（2）浇水的时期

使用简易土壤水分测定器可以了解浇水的适当时期，在检知土壤水分的不足状态以前，即到树木的生长停止点为止的水分减少以前开始进行浇水是一种方法，但一般来说，应在土壤干燥的夏天和树木发育期中的树木生长停止以前进行浇水，避免在夏季的中午、冬季的午后进行浇水。也就是在pF3.8时开始浇水，pF1.7时停止浇水。对于用手捏不到一起的土壤来说，水分容积率为5%时开始浇水，30%时停止。

树木的浇水时间一般在树木生长期的3～10月进行。特别是，在干燥夏季的干旱期、降水易流失的人工基质、容水量少的砂质土壤、树木移植后尚未完全成活时，因为水分不足易发生树木枯损现象，应当进行适宜的浇水。

必要进行浇水的状态如下：

〈春季〉

- 发芽比其他树木明显晚的落叶树。
- 新芽长出之后，叶片处于极端萎蔫的树木。
- 在栽植之后初春的季节风在不停地刮。

〈夏季〉

- 炎热持续的情况。

● 落叶树的叶开始打卷、并出现落叶的情况。

● 针叶树的枝叶部分出现变白的情况。

（3）浇水的方法

浇水的方法大致分为地上浇水、地表浇水和地下灌水 3 种。

在决定浇水方法时，有必要考虑种植地的规模、立地条件树种构成（乔木、灌木、草坪等）的施工性、管理性等。

浇水时的注意事项如下：

①浇水时夏季避开中午的直射日光，在早晨和傍晚进行。冬季最好在中午进行。

②夏季的浇水，不能够长期中断，直到降雨为止连续进行。

③需进入植被地内进行浇水的情况，注意不能使皮管等对树木造成损伤。

④进行浇水时，不能够对土壤产生侵蚀，不能使低地产生积水现象，而要花费时间耐心进行。

⑤夏季日照强烈期间，注意使每次浇水彻底到达根部，土壤浅层易于变热之处不能产生积水现象。

（4）雨水的有效利用

1）目的

为了进一步保持种植地的湿润，作为有效水确保的手段采用雨水的利用（循环）。

使雨水渗透到种植基盘，不仅对生物的生命维持，而且对自然水的循环，地下水的保护、恢复，物质循环的维持，城市生态和景观的恢复都具有效果。因此，在年降雨量多的日本，应当充分利用雨水资源，使雨水有效地还原到种植地。

2）利用的方法

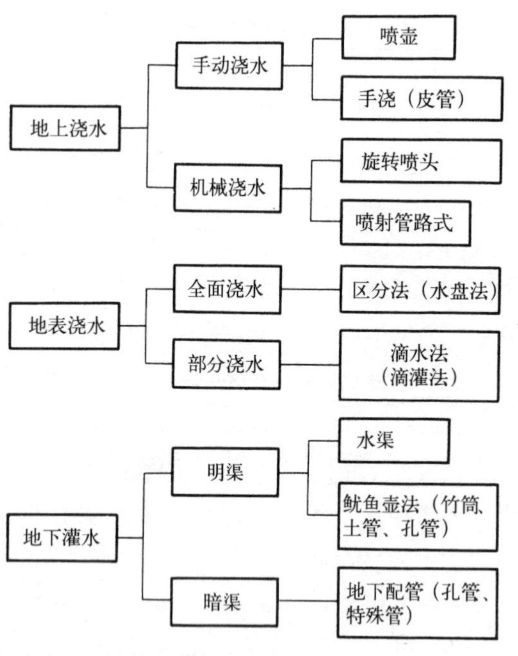

（引自《造園植物と施設の管理》）

图 7–32　浇水的方法

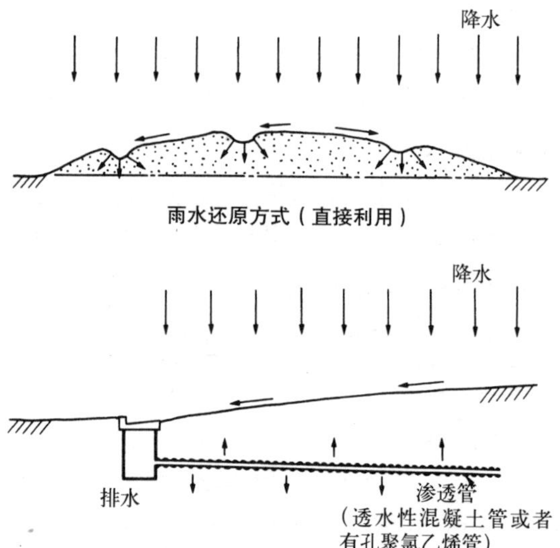

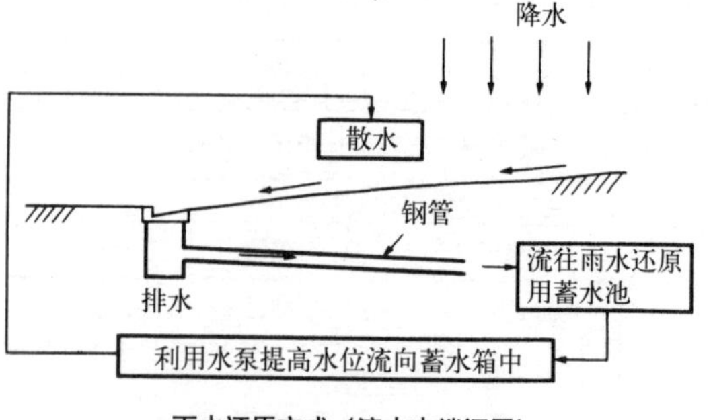

（引自《造園植物と施設の管理》）

图 7–33　雨水的利用

在种植地对雨水有效的利用方法有：①直接利用；②排水途中还原；③流水末端的还原等。

①雨水的直接利用

尽量不使雨水流出，保持渗透，在一定单位面积上利用畦和路牙石划分区域，这是最普遍的方法。

在行道树树穴和分离带的情况下，由于宽度比较窄，雨水很容易溢流，应使路牙石高出种植地面。为了利用车道街渠的雨水，在街渠路牙石处设置导入水沟，尽量争取能够利用多的雨水。

②排水途中还原

这是在种植地以外，把降雨雨水集中于排水沟，使其在流入排水沟末端之前还原于种植地，作为一种方法，在种植地集中铺设渗透管、渗透井等配管，并与排水槽相连接。在降雨多的情况下，还兼有排水方法。这种情况，在道路周边和地表铺装的邻接部分易于设置，如绿带和分离带就是好的例子。对于分离带的情况，因其宽度窄，应采用纵向的地中配管。

③流水末端的还原

该法是在雨水排水的流水末端修建水池等蓄水设施，对排往河道和大海的雨水进行收集和再利用。因为从量上来讲属于相当大的规模，比起设置专用设施，还需要设置兼用池，能够利用溢水口、水门等进行水位的调整。

3）透水设施（渗透设施）

在地下水位高的情况下，应该设置排水设施。对有必要进行灌水的地方，不仅为了保证透水性，而且为了增大通气性起到更大作用而设置雨水渗透设施。

这种渗透设施根据构造的不同有透水性铺装、透水性平板铺装、渗透槽、渗透沟等。

● 透水性铺装

雨水直接渗透到铺装，通过铺装的蓄留以及路床的渗透能力，使雨水往地中进行面状渗透的设施。

● 透水性平板铺装

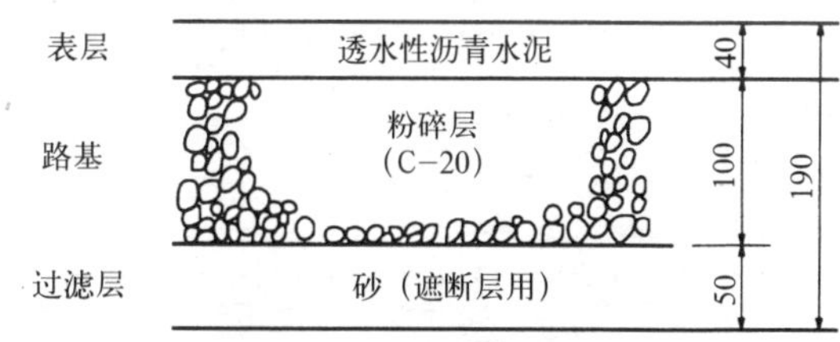

图 7–34　透水性铺装

透水设施的渗透量（东京都　备注有改变）　　**表 7–21**

设施类型	渗透层的地质	设计渗透层	说明	备注
透水性铺装	新期沃土 黑	20mm（步道）：$2m^3/100m^2$		B
透水性平板		20mm（步道）：$2m^3/100m^2$		B
渗透 U 形沟		$0.1m^3/(m \cdot h)$	每延长 1m	A
渗透槽	新期沃土 黑	$0.7m^3/(m \cdot h)$	底面积（碎石部分）每 m^2 的值 槽内的水位 1m	A
	砂砾	$1.0m^3/(m \cdot h)$		
渗透沟	新期沃土 黑	$0.7m^3/(m \cdot h)$	渗透沟（0.75m×0.75m）的标准尺寸的值 渗透沟每延长 1m	A
	砂砾	$1.0m^3/(m \cdot h)$		

注：1. 以上值为考虑到因缝眼堵塞等透水能力减少之后的值。
2. 备注栏的说明。
A：假设基础去除后的值。
B：3 ~ 5 年进行 1 次清洗，为了恢复由于缝眼堵塞等能力减少的维持管理为前提的值。

渗透原理与透水性铺装相同。通过采用透水的水泥平板和接缝具有使雨水往地中渗透功能的铺装，也包含透水性透心砖铺装。

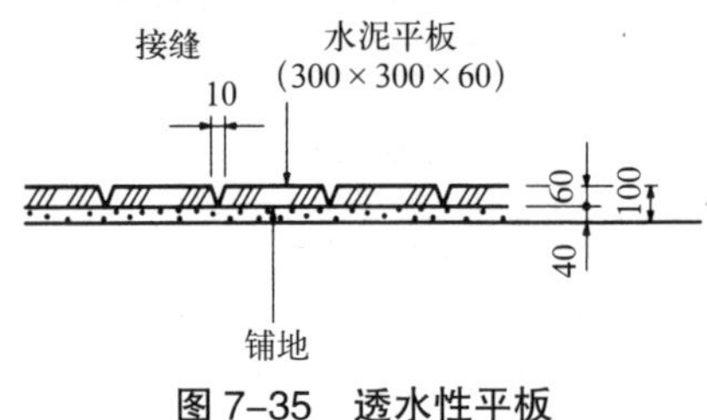

图 7–35　透水性平板

● 渗透槽

槽的底面等用碎石填充，集中的雨水通过地表浅处不饱和带进行渗透的槽。

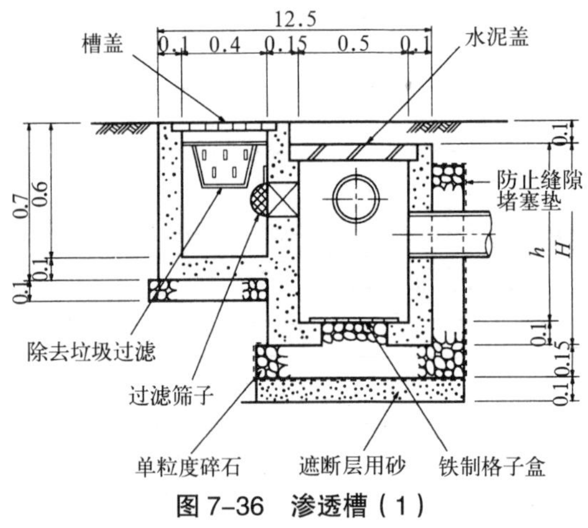

图 7–36　渗透槽（1）

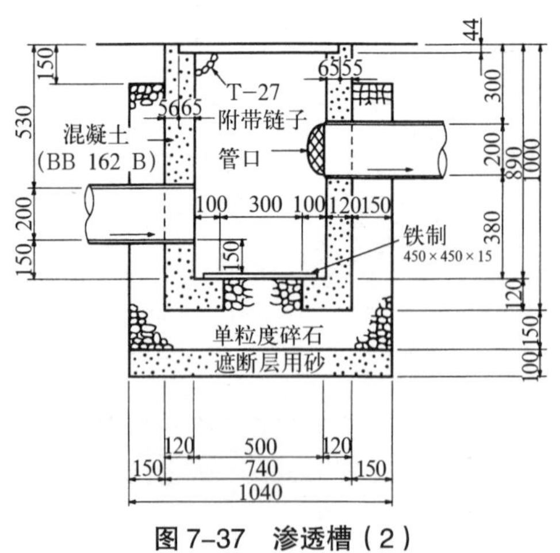

图 7–37　渗透槽（2）

● 渗透 U 形沟

利用透水性的混凝土材在 U 形沟底面填充碎石，使集中的雨水通过不饱和带进行带状分散的侧沟。

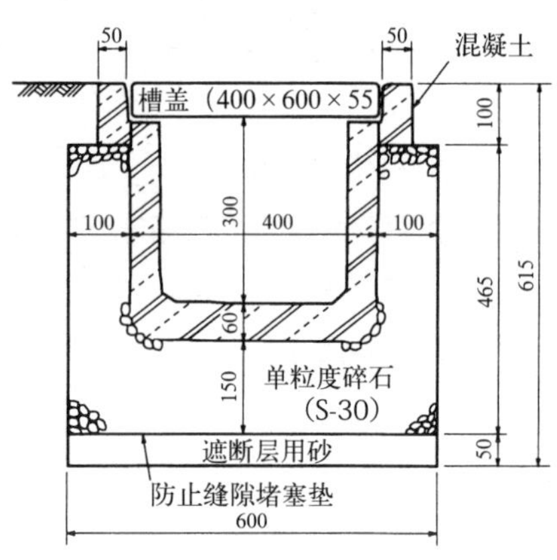

图 7–38　渗透 U 形沟

● 渗透沟

在挖掘的沟中用碎石填充，其中铺设与渗透槽连接的透水性管（又称有孔管、多孔管等），引导雨水，使雨水通过沟内填充的碎石侧面和底面的不饱和带向地中浸透的设施。

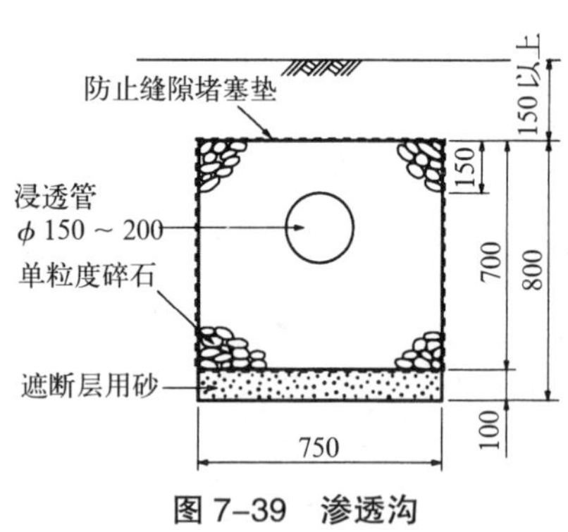

图 7–39　渗透沟

7.3.5　保护

（1）保护的目的

保护是指，通过对由气象等引起的自然灾害和环境恶化等引起的人为损害进行保护，维持树木健全生长状态的过程，在种植树木的生长、管理上十分重要。

（2）保护的种类

保护大致分为针对自然灾害的保护和针对人为损害的保护。

保护的种类　　　表 7–22

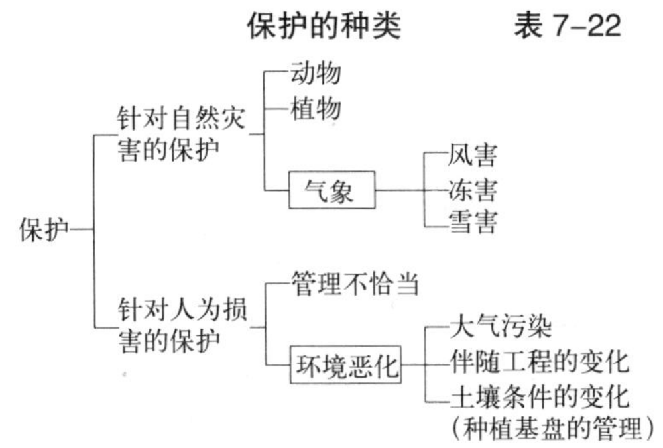

（3）针对气象灾害的保护

受气象引起灾害的主要有由风、霜、雪、雨、寒、暑等引起的各种各样的风害、霜害、雪害、水害、冻害、日照害等。

1）生物季节

获知气象变化的方法除了物理观测法之外还有通过动物、植物等生物而得认知的方法，它们分别被称为动物季节、植物季节，合在一起称为生物季节。

①生物季节的效用

通过生物了解综合的气象状态，对季节预报的决定起作用，除了称为环境污染和破坏的指标之外，对于由气象灾害引起的危害推定也发挥着很大作用。此外，对于没有气象观测地点的气象状态的推定资料，研究历史气候资料、观光事业的规划资料、病虫害的发生预测、农作物耕作适期的选择等，应用领域极广。

②生物季节的观测方法

观测对象如果为植物，则在能够代表附近一带的场所合适，都市和公害集中之处不合适。如果为动物，在每年经常出现的场所进行观测。

观测对象，根据比较来讲，在各地被当作的对象物，春、夏、秋、冬的各季节的对象物，

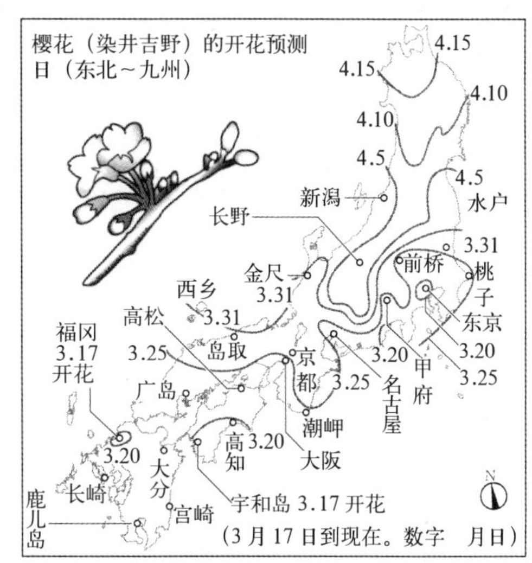

（引自《朝日新聞　2004 年 3 月 18 日》）。

（注）气象厅的开花预测表，比往年提前 7 ～ 9 日开花（观测史上的第 2 早）。

图 7–40　樱花的开花预测

成为各生态群落代表的对象物等条件，都在气象部门进行选择。

种类有在所有指定部门必须观测的规定种类，以及各部门根据必要观测的选择种类。

对于植物季节，规定种类有梅花（开花日）、山茶（开花日）、蒲公英（开花日）、染井吉野樱花（开花日、盛花日）、山杜鹃（开花日）、多花紫藤（开花日）、胡枝子（开花日）、八仙花（开花日）、茅（开花日）、银杏（发芽日、黄叶日、落叶日）、羽毛枫（红叶日、落叶日）11 种，选择种类有 21 种。动物季节的规定种类有 11 种，选择种类有 15 种。

2）针对寒风害的保护

寒风害是指西北季节风带来的寒气导致气温下降，造成土壤冻结，树木从根部的水分吸收减弱，由寒气的蒸散作用所用水分得不到补充而发生。

作为保护对策，遮挡寒气非常重要，可以进行挂防风网、竖立竹排、竖立支柱、竖立苇帘、卷叶、围圈、挂遮阴网、覆盖等处理。

进行保护时的注意事项如下：

①固定覆盖的寒冷纱，以免被风吹走。

②对地面的覆盖不要露出地表，此外，不能被风吹掉。

③防风材的设置、拆除的时期，必须分别以始霜日、终霜日为大概的标准。

3）针对海潮风的保护

由海潮风引起的危害，树冠的上风侧整体受到海潮风所含盐分的影响变色，进一步树冠整体变为赤褐色，不久便会出现落叶、枯死等状态。

作为保护对策，在早春栽植对海潮风抵抗力强的树种。然后用苇帘墙、防潮风网、土墙等进行保护。还有，由于台风使盐分附着在树木的叶、枝的情况下，应在两天内将叶面附着的盐分用水冲洗干净。

4）针对台风的保护

由台风引起的危害，根据树木的生长状态和支柱的耐久性、支柱捆绑的状态、风的强弱、降雨量的不同有所差异，在台风多见的日本，进行充分的防护是必要的。

易倒伏、倾斜的树种有雪松、黑松、悬铃木、榉树、杨树、刺槐、柳树等，野梧桐、刺槐、冬青、柳树类和干部有损伤的易发生折干现象。

树木发生倒伏后，由于生理障碍产生枯损和生长不良，在成为种植地利用危害的同时，还会影响景观，进行早期复壮处理是必要的。

①防台风的准备

在台风来袭的季节，为了使灾害达到最低程度，有必要及时进行支柱补修、配木和支柱的捆绑、夏季修剪等。为了迎接台风的到来，增强移植树的配木和支柱，在进行打桩、支柱捆绑的同时，防止由风压造成的倒坏，改善树冠通透性，夏季修剪必须在台风到来之前结束。另外，为了应付已发生的灾害，调整体制和组织，立即进行灾害场所、折干、倒伏倾斜等被害状况的调查，还有，准备和确保圆木等材料也是必要的。

②扶起倒木的方法

台风等造成树木倒伏的情况和折干等灾害严重的情况下要迅速去掉，并进行检查补植，灾害较轻、可能再生的情况下，对于倒木复壮不能使根部干燥，慎重地进行挖掘，短切受伤根，并对根部进行修剪，卷干后进行种植。

半倒伏树木的扶直作业，根据必要对根部附近进行挖掘，短切受伤根，修剪根部后，把树木垂直地进行扶直，根部进行充分培土，并浇水等处理。此外，为了树势恢复，根据必要进行以防风、防寒、防止干燥为目的的卷干以及覆盖稻草等措施，并进行速效性肥料的追施。

扶直作业，对于胸径 30 ～ 40cm 的树木可以用人力进行，对于该粗度以上的树木，使用吊车等机械力量成为必要。

5）针对冻害的保护

冻害又被称为寒害、冻霜害、霜害。

一般的植物，冬季细胞内的淀粉进行糖化，细胞液浓度升高，或者淀粉转变为油脂，增强了对低温的抵抗能力，但在生长初期的耐冻性还没有完全形成，遭受寒冷后易发生冻害现象。

对于冻害的保护措施，有对植物自身直接进行保护的措施和在地表实施防寒进行间接的保护措施。

①对植物的保护

为了保护植物免受冻害，对植物进行覆盖是最适措施，可以进行遮盖、卷干、覆盖。对象树木中的特殊树木、竹类中抗寒性差的树木，在设置防寒保护、拆除防寒保护时，必须选择适当的时期进行施工。

- 遮盖是为了覆盖抗寒性差的灌木而制作的保护物，利用稻草分束捆绑而成。除了防寒目的之外，还能够防霜、雪和北风。为了不使其中的植物产生闷蒸现象，可在南侧开口接受日照。原来是作为防

照片 7–7　庭院遮盖物的装饰

寒目的的设置，现在成为冬季庭园中的一个小品，即使在南方的暖地也多设置。这种情况，为了不被风吹倒，应在内部设立支柱。

- 卷干，不只对干部，还对树冠和根际处进行捆绑包裹，在冠部作成伞形的装饰状则兼有实用和装饰的效果，在冬季庭园与公园中成为一个可观赏的装饰品。

卷干的材料表（每株平均用量）　表 7–23

干周（cm）	范围（cm）	稻草材料（kg）	棕榈绳（把）
9	9 ~ 11	0.2	0.2
12	12 ~ 14	0.3	0.3
15	15 ~ 17	0.4	0.4
18	18 ~ 19	0.5	0.5
20	20 ~ 24	0.6	0.6
25	25 ~ 27	0.8	0.8
30	30 ~ 34	1.1	1.1
35	35 ~ 44	1.5	1.5
45	45 ~ 59	2.1	2.1
60	60 ~ 74	3.1	3.1
75	75 ~ 89	4.2	4.2
90	90 ~ 119	5.8	5.8
120	120 ~ 149	8.7	8.7

（注）本表不适合于大型树木的卷干，请参考别处。

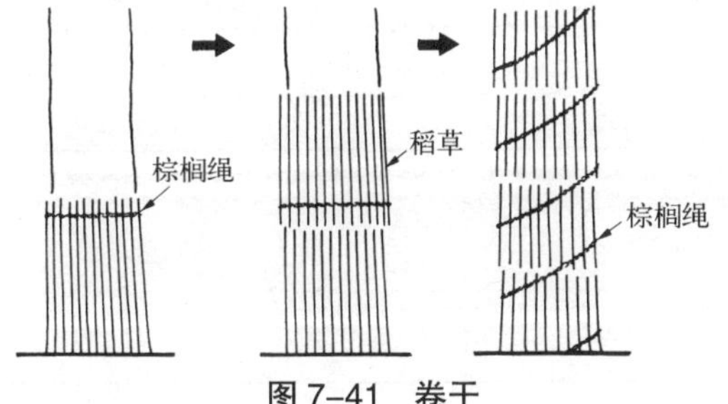

图 7–41　卷干

②对地表的保护

为了防止土壤干燥，并调节地温等，在地表覆盖有机体遮断寒气的措施，除了铺覆树叶的覆叶法之外，作为对于冻害的保护对策，还可以通过覆盖稻草、枝叶碎屑以及覆土、密植灌木类地被等进行地表面的保护（覆盖）。

6）针对雪害的保护

由于雪的重量会引起树木折干、折枝等雪害，树木由于降雪而被埋没，因为积雪压力会引起雪压害等多种危害。

对于雪害的保护对策有防雪草绳吊枝、防雪围护、增强支柱、疏枝、整形、施肥、整地、铲雪、固根等。

①防雪草绳吊枝（吊苹果式）

- 防雪草绳吊枝是为了防止由积雪造成折枝现象，同时作为冬季添景物，对成为主景的松树类实施。
- 在中心树立为对象树木高度 1.3 倍的长圆木或者竹竿，考虑到枝冠的伸张状态，从圆木最上部开始四方均等地吊拉草绳。
- 保留装饰，一般在特殊文本上有指示。

②防雪围护（挂草帘、挂蒲包）

- 对象树木为抗寒性弱的灌木类或者枝条易折断的造型树等。
- 用竹竿（3 株以上）在中心部进行交叉，为了不使其移动，用草绳固定上部交叉部。
- 在中心竖立之后，从外侧覆挂草帘，然后从上部到下部用草绳进行固定。
- 拆除时，首先把固定草帘的草绳解开，进行临时拆除，等植物适应外部气温之后，再进行正式拆除。

③捆绑（捆枝）

- 捆绑有小捆、中捆、大捆、三叉（四叉、五叉）捆、立竹捆，根据各种对象树木

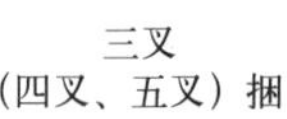

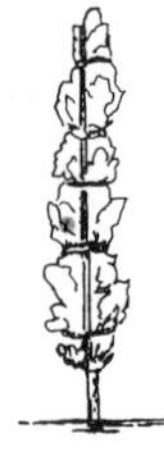

图 7-42　防雪草绳吊枝（吊苹果式）和防雪围护的方法（1）

的种类、形态和生长阶段选定最适合的形式。

- 小捆主要用于常绿灌木以及小的球形树。利用草绳把叶丛进行双重捆绑后固定。
- 中捆、大捆，主要用于主干坚硬的小乔木、乔木。利用草绳把树冠整体按螺旋状往上捆绑。捆绑过程中设留固定位置，以防草绳松软。
- 三叉（四叉、五叉）捆是在对象树木的中心处按照所定的长度把竹竿支柱按照三点（四～五点）交叉，在树木的正上方组成三叉（四叉、五叉），用草绳把叶丛和支柱一起往上捆绑。支柱上的草绳固定之处必须固定于竹竿节部，以防中途松软。
- 立柱捆是对主干软弱的树木附加支柱，利用草绳对叶丛往上捆绑。附加支柱在根际附近插入土中，以固定绳头，不能使雪的重量直接影响到树干。

④捆吊

- 捆吊应用于由小捆绑过的小灌木的丛植或者大型的球形树。
- 利用固定于三叉吊或者四叉吊的支柱上的草绳进行捆吊。
- 行道树等列植灌木的情况，利用鸟居支柱，在灌木列植之上固定横竹（水平的竹竿），利用各自的捆绳进行捆吊（称为横竹捆吊）。横竹的固定方法以插入法为原则。

⑤竹夹

- 竹夹应用于绿篱或者绿篱状列植树木。
- 在绿篱顶部的 15cm 之处下部的两侧附加竹竿，用草绳在相对的横竹上固定。
- 固定位置按照 1m 间隔为标准，两端利用固定绳对端部的叶丛进行捆绑。
- 横竹的固定方法按照插入法为原则。

⑥寒冷纱卷包

- 寒冷纱卷包主要应用于移植后的常绿阔叶树。
- 对树冠利用寒冷纱进行卷包，叶丛要完全包裹在内。
- 把寒冷纱的重要位置用麻绳固定，利用草绳对树冠整体进行卷包。

⑦其他的防雪围护

- 合掌型防雪围护，其支柱成为合掌型，用铁丝、绳子进行固定。
- 圆锥形防雪围护，其支柱称为圆锥状合

防雪草绳吊枝材料表（每 10 株所用量）　　**表 7-24**

名称	形状尺寸	单位	树木高（m）4.0～6.0	树木高（m）6.0～9.0	摘要
绳	4.0～6.0m 用 6～8mm 6.0～9.0m 用 8～10mm	kg	45.0	85.0	
支柱柳杉圆木	4.0～6.0m 用 L=8.0m 末端直径 12cm 6.0～9.0 用 L=12.0m 末端直径 12cm	本	10.0	10.0	支给品
杂材		套	1.0	1.0	2.0%

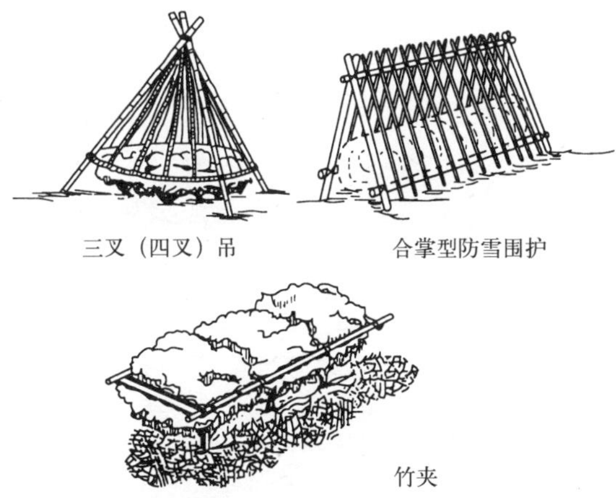

图 7-43　防雪草绳吊枝和防雪围护的方法（2）

照片 7-8　通过采取对雪的保护对策后健壮生长的树木

掌型，用铁丝、绳子进行固定。

- 在进行拆除时，让弯曲的枝条舒展开，注意不要对花芽造成伤害。

⑧二脚鸟居支柱加强型

- 在积雪深的地域，由雪的压力导致破损的情况很多。在充分考虑树木的形状、积雪量、立地条件的基础上进行决定。
- 鸟居型支柱是基本上不受雪害，面向积雪地区的支柱。与原来的支柱型相比，为了减轻雪压危害进行加固以及改良，提高了耐雪性。

（4）对于环境恶化的保护

提及环境恶化，首先想到的便是大气污染。

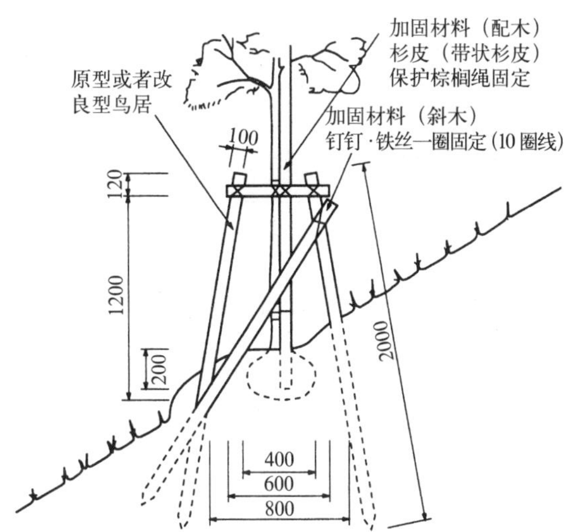

图 7-44　二脚鸟居支柱加强图

由烟雾引起的树木的生长危害，近年来越来越严重，有时会导致枯死。

另一方面，大地随着土壤条件和施工变化等环境恶化显著，植物受到各种各样的生长危害。

1）针对大气污染的保护

- 大气污染的主要物质有汽车排放尾气、工程或者空调等排出的氮素氧化物、碳化氢、亚硫酸气体和微尘，地表面吹起的沙尘等。
- 对大气污染发生源的防治的基本对策是有必要的，但要对症下药，在通过土壤改良、施肥、灌水等促使树木自身健壮生长的同时，有必要适时地对树木进行清洗和施用防护剂。
- 沙尘的粒子为较大粒子，还没有固体化状态的粒子经过较强的降雨或者水洗便可以落地，但对于细微粒子、黏着性强的微尘、经过长期蓄积而形成的微尘，适于用清洗剂进行洗净。
- 一般用来清洗的洗剂不能溶解叶表面蜡质物，但是，使用有效成分在 0.2% 以下浓度的中性非硫磺系磷酸盐类进行清

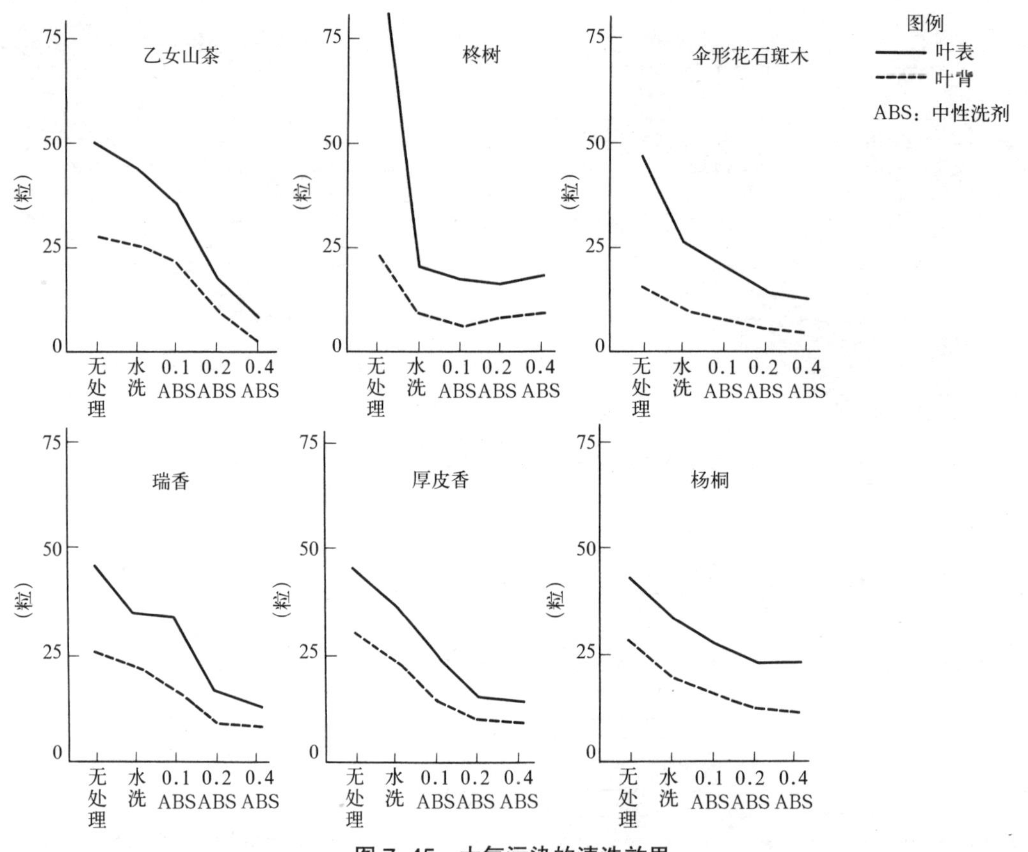

图 7–45　大气污染的清洗效果

洗的效果良好。

- 清洗的时期，以夏季高温时效果良好，雨后和梅雨期等叶面处于湿润状态时效果好。
- 洗剂对土壤的影响，对于冲积土、赤土，有效成分在 0.2% 程度时，其 pH、EC（电子传导度）的变化小，因为经过 3 个月之后，可吸收态磷酸减少到没有影响的程度，3 个月对树木清洗 1 次基本上对树木的生长没有影响。

2）针对伴随施工危害的保护

对于伴随施工危害的保护，由于人、车辆、机械的通行，施工时机械的放置，作为材料堆放场所和值班室的使用等影响，进行对树木的保护。进行保护时，充分把握对树木的影响，当影响发生时，进行树木的整枝，树干、根部的养护，灌水等必要的管理，全力保护树木。另外，在现状条件下保护养护不可能的情况下，利用在适合时期进行移植的方法，努力进行对树木的保存保护（详细请参照第 5 章种植设计 5.3.1 现存树木的保护）。

7.3.6　诊断

（1）诊断的目的

1）以健康状态评价为目的的诊断

对树势、枝叶的密度、树皮的状态、菌体的有无、生物学的健康状态和树木的损伤、树皮的龟裂、根的伸展、是否具有力学的功能等进行健康状态的外观调查。根据诊断的结果，在确定症状的情况下，进行精细检查，判断树木自身是否能够修复症状。

2）以保存处理为目的的健康诊断

树木产生缺陷、受力不均衡和树势、菌体等生物学症状局部出现的情况，要进行主要原因的探明和探索树势恢复的方法，比起对树木进行采伐来更应该为了保护而实施健康诊断。特别是，对于天然纪念物、大树、古木、乡土树木等世代相传的贵重树木等以保存为目的的，有必要进行健康诊断。

3）以危险防止为目的的健康诊断

为了防止由于强风和积雪造成折枝、折干、倒伏等对树木的危害，对于由病害和伤害等引起的树势和树形的衰退者，在干和根际等有腐朽和空洞的树木应当进行早期控制，采用适当的处理，实施健康诊断。特别是为了对行道树事故的防止，必须进行健康诊断。

（2）诊断的程序

①定期编制调查计划书，进行诊断。

②决定区域、树种的优先顺序后实施。

③由具备专业知识和经验的技术者进行调查。

④做好现场勘查、标签和标志制作等，进行调查的准备工作。

⑤根据诊断病历进行记录、诊断。

⑥有异常的场合，进行分类统计。

⑦进行树势恢复的处理方法和精细诊断的提案。

⑧把结果进行总结，作为报告书进行编制、提出。

（3）枯损的原因

枯损树木是指枯木和损伤木，由病虫害和衰老导致细胞坏死、树体枯死，这种枯死的树木称为枯木，由于强风造成的折枝、伤口、空洞的树木称为损伤树木。另外，在景观上、树木管理上甚至利用上，对于不必要或者成为危险的树木称为障碍树木，其处理手段包括为了调整密度的间伐和疏枝（病虫害的详细内容，参照7.3.2病虫害防治）。

枯损树木发生的原因，除了衰老之外，由外在原因引起较为普遍。作为外在的危害有自然危害的情况和人为危害的情况（表7–25）。

（4）材质腐朽病

由强风和积雪等造成折枝、折干、倒伏等灾害的多数情况是由树木腐朽引起的。

树木腐烂是由被称为材质腐朽菌的菌类分泌激素，分解木材的细胞壁构成成分，破坏组织构造的现象。

由材质腐朽菌引起的较大影响就是在根际、干、枝上出现蘑菇的情况。蘑菇是在木材中繁殖的腐朽菌为了生产孢子而在树木表面形成的器官，称为子实体。从子实体飞散出的孢子从根和枝等切断部位、损伤部位侵

枯损原因　　**表7–25**

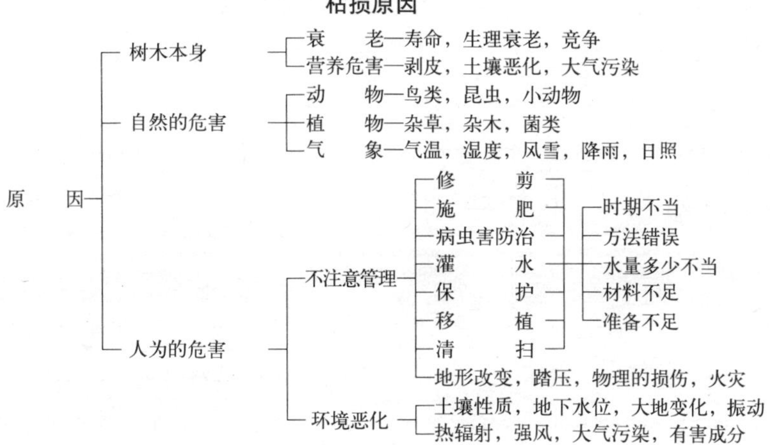

腐朽的类型和特征　　表 7-26

腐朽的类型		特　征
腐朽部位	根部腐朽	• 病原菌从根的伤口和枯损部位侵入，腐朽开始产生的类型。 • 产生的这种菌称为根腐朽菌。 • 有半漆拟层孔菌、莲花菌、斯文尼慈多孔菌等
	树干腐朽	• 菌从干的伤口和枯枝等侵入，腐朽开始产生的类型。 • 产生的这种菌称为树干腐朽菌。 • 有稀硬木层孔菌、桦革裥菌、薄皮纤孔菌等
被侵入材质的性质	白色腐朽	• 因为腐朽菌不仅分解纤维素，同时分解木质素，材色褪色变白，所以被称为“白色腐朽”。 • 腐朽的木材质轻蓬松，变为类似于海绵状。 • 作为特征的现象，腐朽面上形成有被称为“带线”的黑色或者黑褐色的不规则的线（此处没有褐色腐朽）。 • 有稀硬木层孔菌、半漆拟层孔菌、米韧栓菌、桦革裥菌、鲑贝革盖菌
	褐色腐朽	• 该腐朽是病原菌主要分解利用纤维素，残留木质素，腐朽的木材呈现褐色。 • 腐朽的木材，产生纵横的龟裂，分裂成为立方状。 • 斯文尼慈多孔菌、莲花菌、花瓣菌、俸禄菌等
被侵入材质部分	心材腐朽	• 该腐朽是根株或者树干的心材部受到危害。 • 有根株心材腐朽的根株心材腐朽和干心材腐朽的树干心材腐朽。 • 根株心材腐朽是土壤中存在的病菌从受到伤害的根侵入，腐朽从根达到根际附近的树干的心材。在行道树上，由半漆拟层孔菌造成的被害常见
	边材腐朽	• 该腐朽是指根、干的边材部受到的危害。 • 有根的边材部腐朽的根株边材腐朽和干的边材部腐朽的树干边材腐朽。 • 对于根株边材腐朽，蜜环菌和发光假蜜环菌的被害常见，侵入形成层、腐朽在根际干周围发展，导致急速凋萎、枯死

（引自《道路緑化ハンドブック》）

入后，进行发芽、生长。特别是行道树，必须注意由于铺装的改修等造成根的切断和强度的修剪。

腐朽如表 7-26，图 7-46，图 7-47 所示有多种类型。

（5）诊断的方法

诊断是指主要通过观察树木外观进行的

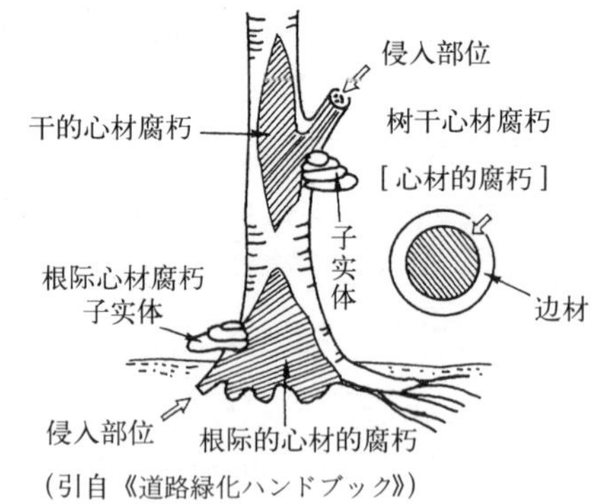

（引自《道路緑化ハンドブック》）

图 7-46　根际心材腐朽和树干心材腐朽模式图

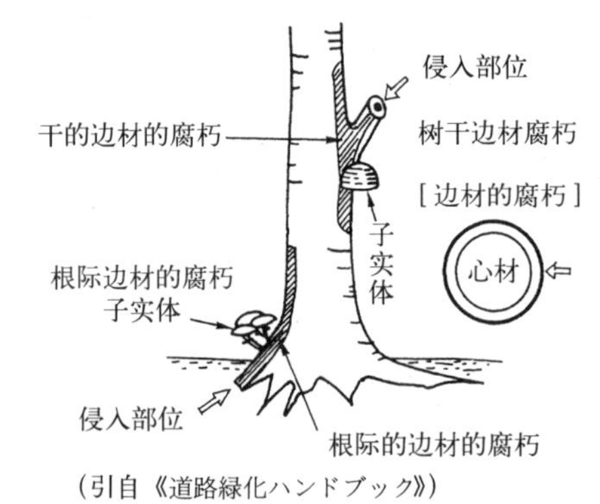

（引自《道路緑化ハンドブック》）

图 7-47　根际边材腐朽和树干边材腐朽模式

“外观诊断”，以及通过外观判断困难，但在树干内部可能存在腐朽和空洞的情况下，需要用机器进行树木内部诊断的“精密诊断”。

1）外观诊断

外观诊断可按以下方法进行调查：

①通过目视和触摸调查树势和树形等。

②利用诊断木槌对内部空洞的有无进行调查。

③利用插入试验用铁棒调查根际木材的腐朽。

④使用梯子或者高处作业车调查树冠部分的干和枝的腐朽等。

外观诊断的内容如表 7-27 中所示，有树势和树形等活力，成为骨架的大枝以及附生的根、干以及分枝部，非自然的树干的倾斜，根际的摇晃和病虫害的有无，根部颜色等（表

外观诊断的内容　　　表 7–27

诊断项目		诊断点
活力的诊断		• 通过树势和树形诊断树木整体是否活力旺盛 • 对于树势，诊断树木是处于旺盛的生长发育状态，还是有异常，或是处于恶劣的状态等 • 对于树形，诊断是否维持着理想的树形
成为骨架的大枝的诊断		• 对形成树形骨架的大枝以及大枝分枝处的树皮枯死、枯损、腐朽、空洞、蘑菇、枯枝、龟裂等的有无及其程度进行诊断
干的诊断	干以及干的分枝部	• 树干以及树干分枝部的树皮的被害和腐朽、空洞、蘑菇等程度进行诊断 • 在诊断时，注意树皮的状态和着生于干的损伤和枝条的欠落痕迹、蘑菇等，根据必要程度，使材质露出，或者用锐利的刀刃捅穿材质，确认被害范围，结合精密诊断的结果进行判定
	非自然的树干倾斜	• 树干处于非自然倾斜的场所，往下挖掘根际，进行树皮和材质的确认
	根际的摇动	• 依靠体重利用两手用力推树干时，从根际处发生不自然摇动的情况，往下挖掘根际，确认根和根部的状态
根的诊断	根际	• 利用与干的诊断相同的方法进行 • 诊断腐朽和空洞，蘑菇的有无及其程度 • 作为诊断的方法，往根际处插针，在周围往下挖掘数十厘米，在必要的范围内削材质，利用锐利的刃物进行刺穿等
	颜色	• 颜色是指自干斜向地下的根的过渡部分的颜色 • 看不见该处的树木，是因为深植和根盘伸展不良、根系的腐朽等，挖掘根际对根际的材质进行确认
	铁棒插入	• 利用先端尖锐的铁棒用力插入根际处，确认根的状态 • 铁棒容易插入拔出的情况，可能根系伸展不良，或者根和根际处的材质发生腐朽

（引自《道路緑化ハンドブック》）

7–28 ～表 7–31）。

2）精密诊断

精密诊断是指通过外观诊断怀疑树干内部存在一定腐朽的情况下，利用诊断机器测定在树干内部一定标准以上的腐朽和空洞是否存在。腐朽和空洞的断面积占 50% 以上时，有必要进行换植或者设置附加物支撑树木。

精密诊断的方法有：①电阻图等通过阻力测定机器；②冲击锤等震动波测定机器；③使用放射线利用树木腐朽诊断器的测定。

电阻图是电动式的改锥按照一定的速度插入树木内部时的抵抗值，利用折线图表示。抵抗值的测定，根据在树木中改锥前进所消耗的能量，因树木的密度、树种不同而不同，对于图的判读要熟练。注意点是直径 1.5 ～ 3mm 的改锥在插入树体后残留的树洞问题。

冲击锤是在树干周围的一侧固定声波发信螺丝，在另一侧固定检验螺丝，测定声波在树木中通过的时间。因为声波的到达时间因树木的密度、树种的不同而不同，有必要注意设置角度和设置位置。注意点是固定螺丝时要在树干内部打一个数厘米的洞穴以及残存问题。

（6）折干发生的判定标准

德国的库拉乌斯、马提库（C.Mattheck）制定了如下的判定标准。

①对于有空洞的树干，与干的半径（R）相对的残存的健全材质的厚度（t）变为 30% ～ 35% 以下时会发生折干现象。t/R 率为 0.3 表示的是，换算为面积后，腐朽面积为断面积的 50%。

②开口部的开口角度为 120° 或者以上时发生折干。120° 意味着，换算为周长后，树干周长中所占空洞与周长的比例为 1/3。

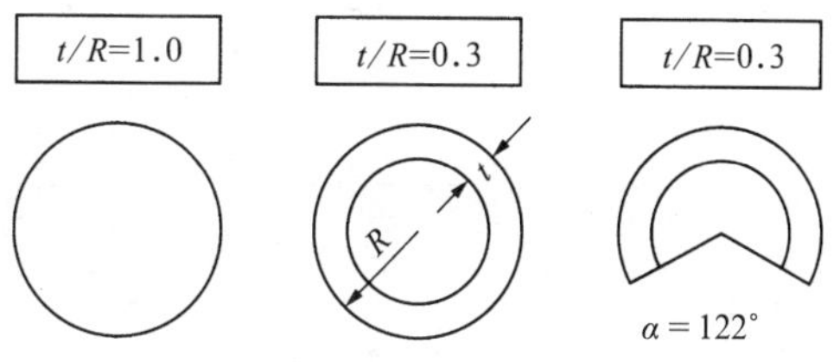

（引自《The body language of tree》）

图 7–48　树木危险性的判定

外观诊断病历（树木、行道树）①　　表 7–28

NO______________　　　　事务所名称：__________

外观诊断

道路名称		调查		树木医		诊断日		年 月 日	天气	
树种名		形状寸法	H= m， C= m， W= m， 根周长 = cm							
树木编号		种植形态	□单独 □植树带 □绿地内				支柱	□良好 □没有 □破损		

活力		
活力	树势（枝的伸长率，梢端的枯损，枝的枯损，叶的密度，叶的大小，叶色等）	0 1 2 3 4
	树形（主干、成为骨架的大枝、枝等的枯损及其缺损，枝的密度与分配等）	0 1 2 3 4

成为骨架的大枝		树皮枯死、缺损	腐朽	空洞	蘑菇	枯枝 / 龟裂
成为骨架的大枝	大枝的主要危害被害部位（部位）	（没有、小、大）	（没有、小、大）	（没有、小、大）	（没有、有＝ 种类或者特征）	枯枝（没有、有 ＝本）
	根系的主要危害被害部位（部位）	（没有、小、大）	（没有、小、大）	（没有、小、大）	（没有、有＝ 种类或者特征）	龟裂（没有、有）

干			
干	主要危害形状 纵 cm 横 cm 危害部位数 部位	树皮枯死、缺损部的周长比率	没有　1/3 未满　1/3 以上
		干材的腐朽	没有　有（状态：　）
		到达芯部的开口空洞（对于干周的开口空洞周长比率）	没有　1/3 未满　1/3 以上
		蘑菇	没有　有（种类或者特征：　）
		木槌打击	没有异常音　有异常音
	干的分枝点 □没有分枝　□有分枝		腐朽（没有、小、大）　空洞（没有、小、大）　蘑菇（没有、有＝种类或者特征） 龟裂（没有、有）
	非自然的树干倾斜		没有　有（状态：　）
	用力推干时根际摇晃		没有摇摆　有摇摆
	长年性癌肿等树干枯性病害		没有　小　大（种类或者特征：　）
	虫孔、虫粪、汁液		没有　有（种类或者特征：　）

根（部）			
根（部）	主要危害形状 纵 cm 横 cm 危害部位数 部位	树皮枯死、缺损部的周长比率	没有　1/3 未满　1/3 以上
		根材的腐朽	没有　有（状态：　）
		达到芯部的开口空洞（对于干周的开口空洞周长比率）	没有　1/3 未满　1/3 以上
		蘑菇	没有　有（种类或者特征：　）
	颜色		可以看见根际　看不见根际
	插入铁棒		没有异常　有异常
	虫孔、虫粪、汁液		没有　有（种类或者特征：　）
特殊事项			

外观判定

活力		□A 大概没有异常	□B 今后有观察必要	—	□C 有必要换植
成为骨架的大枝	大枝	□A 大概没有异常	□B 今后有观察必要	—	□C 有必要换植
	大枝的副枝	□A 大概没有异常	□B 今后有观察必要	—	□C 有必要换植
干	干	□A 大概没有异常	□B 今后有观察必要	□S 有必要精细诊断	□C 有必要换植
	干的分枝部	□A 大概没有异常	□B 今后有观察必要	□S 有必要精细诊断	□C 有必要换植
根		□A 大概没有异常	□B 今后有观察必要	□S 有必要精细诊断	□C 有必要换植
支柱		□A 大概没有异常	□B 今后有观察必要	□D 有必要排除捆绑	□D 有必要换植
特殊事项					
精密诊断		空洞率　%	判定	□B 今后有观察必要	□C 有换植必要
健全度判断		□A：健全	□B：稍不健全	□C：不健全	

（引自《道路緑化ハンドブック》）

外观诊断病历（树木、行道树）②　　**表 7-29**

场地平面略图（树木与车道、步道、建筑物、主要设施的位置关系）

树形略图（在树形上表示腐朽、空洞、损伤、 蘑菇等）

添加照片（全景照片和危害部位照片）

来历	□原有树木 □新栽树木 □新移植木	上次诊断	年 月	预定诊断次数	年 月

管理者记录栏

（引自《道路緑化ハンドブック》）

外观判定表（树木、行道树）　　表 7-30

部位	项目	危害程度	判　定
活力	树势　树形	活力度　0 或者 1 3 阶段　2 判定　3 或者　4	→ A 基本无异常 → B 今后有观察必要 → C 换植必要
成为骨架大枝以及副枝	树皮枯死、缺损　腐朽、空洞	没有 小 大	→基本无异常 →今后观察 →修剪　多数的枝剪掉后树形破坏，不可能恢复时换植
	蘑菇、枯死、龟裂	没有 有	→基本无异常 →修剪　多数的枝剪掉后树形破坏，不可能恢复时换植
干	树皮枯死、缺损和干材的腐朽（周长比率）	没有 1/3 未满 ┬ 没有干材的腐朽 　　　　 └ 有干材的腐朽 1/3 以上 ┬ 没有干材的腐朽 　　　　 └ 有干材的腐朽	→基本无异常 →今后观察 →精密诊断 →精密诊断 →换植
	到达芯部的开口空洞（周长比率）	没有 1/3 未满 1/3 以上	→基本无异常 →根据必要精密诊断 →换植
	蘑菇	没有 有	→基本无异常 →精密诊断
	木槌打击	没有异常音 有异常音	→基本无异常 →精密诊断
	干的分枝部　腐朽、空洞（周长比率）	没有 小 大	→基本无异常 →根据必要　精密诊断 →修剪　修剪后树形破坏、不可能恢复时换植
	干的分枝部　蘑菇、龟裂	没有 有	→基本无异常 →精密诊断 修剪　修剪后树形破坏、不可能恢复时换植
	非自然的树木倾斜	没有 有	→基本无异常 →根际调查，根据必要精密诊断 支柱设置
	根际的摇动	没有 有	→基本无异常 →根际调查，根据必要精密诊断 支柱设置
	长年性癌肿等病害	没有 小 大	→基本无异常 →今后观察，药剂防治 →根据必要精密检查
	虫孔、虫粪、汁液	没有 有	→基本无异常 →今后观察　害虫防治
	树皮枯死、缺损　干材的腐朽（周长比率）	没有 1/3 未满 ┬ 干材的腐朽 　　　　 └ 干材的腐朽 1/3 以上 ┬ 干材的腐朽 　　　　 └ 干材的腐朽	→基本无异常 →今后观察 →精密诊断 →今后观察　根据必要精密诊断 →换植
根际	到达芯部的开口空洞（周长比率）	没有 1/3 未满 1/3 以上	→基本无异常 →精密诊断 →换植
	蘑菇	没有 有	→基本无异常 →精密诊断　如果有龟甲竹、奈良竹等则换植
	颜色	没有 有	→基本无异常 →根际的调查　根据必要精密检查
	铁棒插入	没有异常 有异常	→基本无异常 →根际的调查　根据必要精密检查
	虫孔、虫粪、汁液	没有 有	→基本无异常 →今后观察　其他记载害虫防治

（引自《道路緑化ハンドブック》）

活力诊断标准　　表 7–31

诊断项目	诊断标准				
	0	1	2	3	4
树势	表现出旺盛的生长状态，没有发现受害症状	受到一定程度的危害，但视觉观察上不明显	有明显的异常	生长状态恶劣，没有恢复的可能	接近枯死
树形	保持着理想的树形	有些乱，但接近理想的树形	理想的树形得到破坏	理想的树形基本上破坏，呈现畸形化	理想的树形完全破坏

（7）枯损树木的处理

对于枯损树木、障碍树木的处理，最简便方法是采伐。但是，在推进绿化的当今，如果没有相应的理由，枯损树木、障碍树木的采伐是不允许的。应当在包含移植和对损伤部的处理等各种角度进行研究的基础上，带有明确的理由进行处理。

小的树木可以进行采伐处理，大树的情况下要考虑周围的状况和障碍物的关系或者树木自身的腐朽程度等，决定顺序、伐倒方法。

在进行采伐时，因为易发生事故，在事先观察现场的同时，使全体作业者理解作用分担的基础上，进行具有统一性的作业十分重要。

通常进行采伐处理作业的顺序如下：

①攀登树木

②吊挂主干和主枝

③使用两根绳子固定

④在倾倒方向拉绳子，安排人力

⑤切割口

⑥进行切口切断作业

⑦打纽带

⑧顺着倒树方向拉绳子

⑨对倒木进行分断切割

此外，在周围有障碍物，或者处理大树时车辆不能进入的场所，根据各自的状况，考虑吊（起来切）割等方法。

伐倒时，树倒的瞬间是最危险的时刻，作业者要在事先整理脚下物品，明确逃躲道路的前提下行动。另外，在草坪上伐倒时，必须铺覆帆布进行保护处理。

采伐的根部，为了不对人造成磕拌，需从根际以上进行处理。在挖掘根部处理时，挖出后，随时回填培土进行整地。根系带有病害的情况，确保对挖掘坑穴和现场进行消毒处理。

对采伐后树木的枝条进行整理，按照一定的长度切断后，在指定的场所进行处理。

（8）树木的治疗

1920 年左右开始，世界各国对于被材质腐朽病侵入的树木，采用开孔法、覆盖法、充填法等外科手术进行处理。

- 开孔法适合于伤口小的情况，削割腐朽部分，对伤口进行杀菌，涂抹愈合剂、漆、煤焦油等，进行防水处理。
- 覆盖法适用于伤口和空洞的宽度窄、树皮有可能再一次覆盖的情况，在对腐朽部分进行削割的基础上，涂抹杀菌剂、愈合剂，在其上加盖薄铁板，等待新组织的长出。但是，如果进行长期间放置的话，铁板内侧易成为病原菌和害虫的栖息地，治愈之后必须尽快拆除铁板。
- 充填法适合于损伤和空洞大的情况，对腐朽部分进行削取，涂抹杀菌剂、愈合剂之后填充硬质石棉、砂浆、沥青、水泥等，使伤口内部和表面进行固定的方法。在伤口和空洞大的情况下，使用铁丝和钢筋作成骨架，在此之上进行砂浆

照片 7-9　京都市古树名木香樟的充填法治疗

照片 7-10　横木和支柱插口的制作

处理，进行伤口的填塞。

近年来，流行比起以往的外科手术来，根系的保护和肥培管理更关键的说法。特别是，通过对干部空洞中发生的不定根进行积极的培育，成为树势恢复的手法，这在各地得到试用、推广。

根系不十分发达的情况下，设置支柱成为必要（详细参照第 6 章种植施工 6.4.1 乔木种植施工（7）支柱（备用柱）。

特别，支撑柱是用于防止古老、弯曲倾斜的干的折断和倒伏，防止伸长枝条的折断等的支柱。

种类有鸟居型和 T 字形（撞木型）。

（9）树势恢复技术

树势的衰减主要原因有养分不足、水分不足、通气不良、自然条件的恶化、有害成分的发生、病虫害、衰老等。在检查时，找出树势衰弱的真正原因进行早期处理是重要的。

1）土壤改良

土壤改良是以提高土壤的通气性、透水性、保水力、保肥力为目的。

土壤改良的方法有使用改良材料的方法和填（堆）土改良土壤的方法。

①土壤改良材料

土壤改良材料是对理化性质不良的土地进

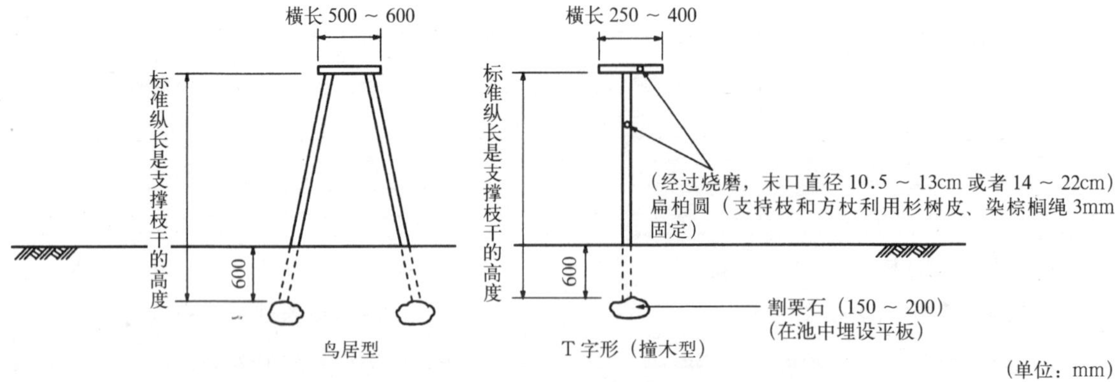

图 7-49　支撑柱的方法

行改良，以维持、增进土壤肥力为目的在土壤中添加的材料。因此，土壤改良材料有改良土壤化学性质和物理性质的材料。

为了提高保水力，与提高通气、透水的能力一样，促使土壤形成团粒，亦即改良土壤物理性质是必要的。

改良土壤物理性质的材料有，以有机质为主体者、岩石类及其加工品、高分子化合物等，其中特别是有机类的材料能起到有效作用（详细参照第3章种植基盘3.3.2种植基盘材（2）土壤改良材料，7.3.5保护）。

②填土

砂质土壤保水力差，易干燥，加入水分保持力强的赤土等进行客土，效果良好。

2）灌注

灌注是将含有植物必需矿物质成分的活力剂注于树干和根部，使其发挥作用的方法，对于由于树木自身原因引起的树势衰弱具有效果。

无论如何，对于树势的恢复，土壤改良、修剪、卷干、覆盖、灌水等都十分重要。除去树势衰弱的原因是先决条件，灌注应当作为辅助手段考虑。

7.4　树林的管理

7.4.1　树林管理的目的

（1）管理的目的

树林管理的目的是通过培育树木集合体的树林，维持、发挥树木所具有的目的和功能。

但是，种植后经过多年，一直处于以竣工当时树林地的栽植密度维持管理的现状。一方面，树木逐年生长，随着生长树林地环境（光照条件和林木间的竞争等）每天都在发生变化，自然淘汰、病虫害等引起的枯损也只会对树林地内树木密度进行功能性调节；另一方面，随着时间的推移基本上没有进行管理是目前的现状。

该种情况在大规模公园中也时有发生，作为对策，要根据公园的基本方针和树林地的目的、功能、构成树种、树龄等，研究管理计划，实施适当的管理作业（间伐、修剪、林床管理等）。其结果，不仅可以达到原有目的，还可以通过形成更加舒适的景观或者空间提高游园者的满足度。

（2）管理的程序

树林地培育管理参见表7–32所示的内容构成。

（3）树林地的把握

进行管理时，以不破坏林地内的生态系统平衡为前提，在明确林地的造林目的、功能的同时，进行林地的现状把握、评价，决定适合于树林地目的、功能的形态（树高、胸径、密度、复层结构等）是必要的（表7–33）。

对树木密度的考虑方法与林业不同，根据树林功能和树林的利用形态、构成树种有各种各样的变化，结合表《树林地景观培育类型》的分类，参考从试验结果中得出的树木密度进行计算（表7–34）。

（4）方针的制定

1）林木的管理目标显示的是经过建设阶段之后的树木的完成状态，有在施工阶段已经得到树林的完成状态的情况和施工后得到完成状态的情况。

从新的管理观点出发，根据区域不同，管理的目标有三大类。

①在以游园参观者多，要求高度造园技术的种植地为管理对象的区域，以为使用者进一步提供舒适空间为目的，对于使用者接触密切的林缘部分进行树林管理成为必要（图7–50）。

②对松林、杂木林等次生林（即存林）进

树林地培育管理的管理作业程序（2004 年制　中岛）　　表 7–32

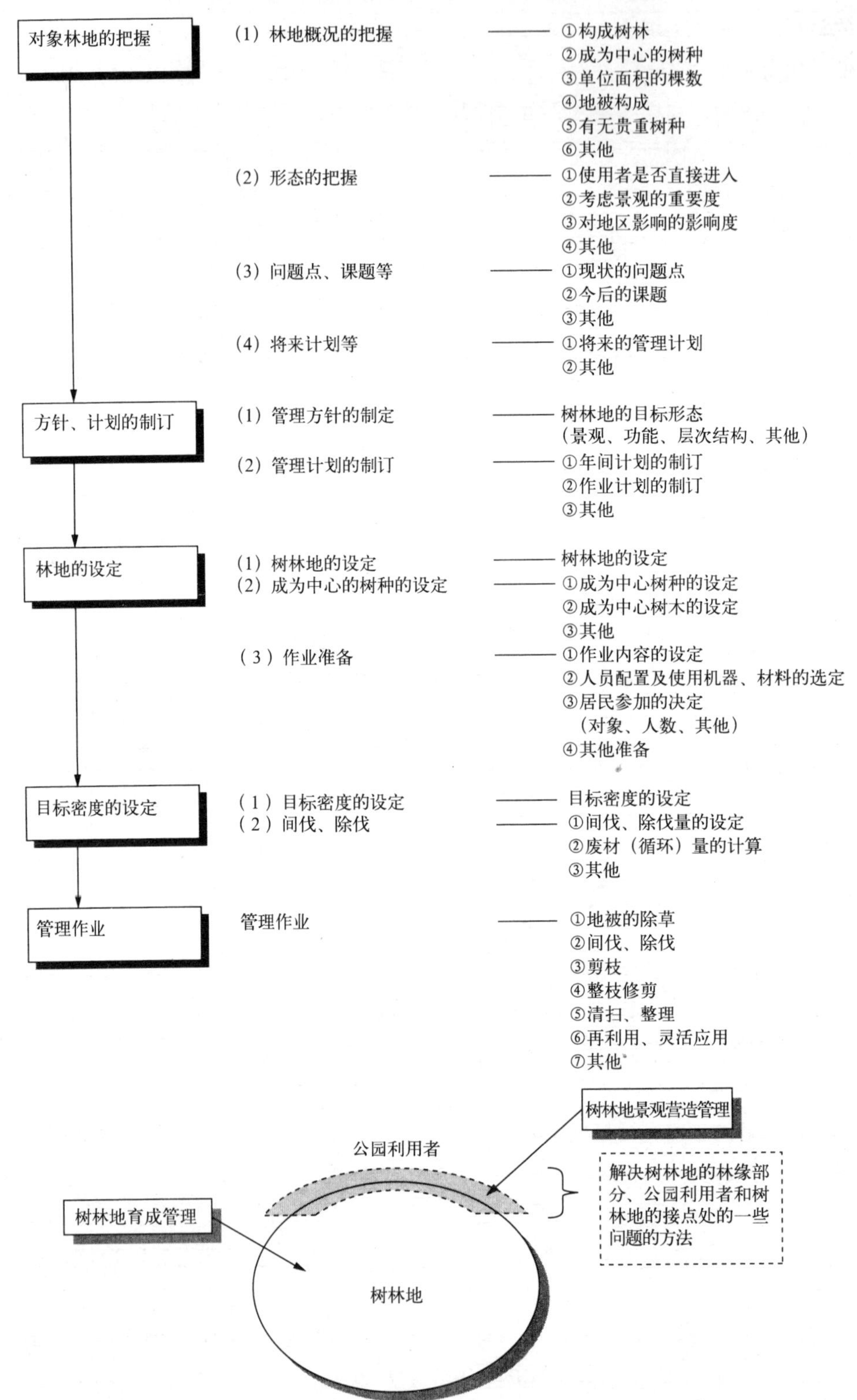

图 7–50　树林地景观管理的定位

树林的利用与树林形态的关系　　表 7-33

树林形态 / 娱乐类型	形态的要素				生态的要素	
	树林高	胸径	立木密度	层次构造	植被	生物
集会、游憩型	最好为乔木林		能够进行活动的密度，以疏林为宜	以乔木层和草本层为主体	林内的疏朗成为必要，以落叶树林（赤松林）为主体较为理想	
运动型	最好为乔木林，小乔木、灌木林亦可		能够进行活动的密度，以疏林为宜	以乔木层和草本层为主体	林内的疏朗成为必要，以落叶树林（赤松林）为主体较为理想	
林内生活体验型	具有乔木林成为必要	粗木较为理想	部分能够进行活动的密度，中等密度～疏林为宜	以乔木和灌木和草本为主体，2～3层的结构	林内的疏朗成为必要，以落叶树林（赤松林）为主体较为理想	
自然探索型	具有乔木林成为必要					生物种类丰富为宜，但并不是必要
资源活用型	根据利用资源，未必一定为乔木林，原则上以乔木为好	根据利用资源，未必一定为乔木林，原则上以粗木为好	具有疏密变化较为理想，从中等～密	多层构造为宜，根据资源利用考虑结构	资源有效利用的植被	资源有效利用的生物层的构成

（引自《国営武蔵丘陵森林公園樹林地管理調査報告書》）

行以持续可能的形态维持管理的近山林管理的树林地为对象的地区，以近山景观及动植物的多样性的维持为目标。

③在以现存林中生长、繁育的动植物以及地方特有地形和景观的保护为目的的树林地管理地区，以有关松类线虫病对策等最小限度的维持管理为目标。

2）林地管理的作业大部分为每年实施以及间隔 5 年实施，为了树林地能够反复地实施培育、维持作业，制定 10 ～ 40 年的长期管理规划是必要的。亦即，林地管理计划，对于由目的、形态决定的树林地，应明确欲满足的树林形态，为了培育成为目标树林形态并维持，有必要制定必要管理作业的时间计划（详细参照 7.1.2 种植管理规划（3）年间作业规划）。

7.4.2　多年管理计划

树林管理的技术就是为了达到树林的目的、有效发挥其功能而进行的管理，考虑经年变化制定管理规划十分重要。

①施工后 5 年内的管理

幼龄木（2、3 年生）管理的主体是除草，即为了保证幼木的生长进行割除杂草、杂木，以实现病虫害防治、火灾防止的目的。

②施工后 5 ～ 10 年的管理

在此期间，为了促进苗木生长，施肥很重要，但应以除去阻碍树林功能的主要因素（病虫害，葛藤、紫藤、乌蔹莓等藤本植物的缠绕，风压以及其他各种人为的外压等）为重点制定管理规划。

③施工后约 10 ～ 20 年的管理

在此期间，除去阻碍树林功能的主要因素很重要，但应以阻碍树林生长最小限的侵入、被压杂木（刺槐等）的除去采伐为重点制定管理规划。

④施工后约 20 ～ 30 年的管理

该期间一方面以除去阻碍树林功能的因素

适当的树木密度的标准（草案） **表 7–34**

树林地形态		对象树林地	构成树种	树龄	树林密度标准
小树林	单独树种小树林	单独树种、小规模	黑松	30 年以上	2 ～ 3 棵 /100m^2
		中央花园	赤松（伞形）	20 年左右	1 ～ 3 棵 /100m^2
		单独树种、小规模	赤松二层林	10 年以上 +30 年以上	15 ～ 20 棵 /100m^2
		单独树种、中规模	黑松	30 年以上	10 棵 /100m^2
	多种树种小树林	赤松、落叶阔叶树混交林、中规模	赤松、樱花、山杜鹃	20 年	10 ～ 15 棵 /100m^2
		各种混交林（规划种植）	黑松、榉树、樱花、尖叶栲等	20 年	2 ～ 3 棵 /100m^2
苗木树林	防风林	防风林栽植	黑松、栎类、海桐等	10 年	30 棵 /100m^2
	缓冲树林	天然更新林	赤松	10 ～ 15 年	15 ～ 20 棵 /100m^2
树林地	绿荫树林	单独树种散布园路	黑松	20 ～ 30 年	3 ～ 5 棵 /100m^2
		烧烤、运动广场	黑松	20 ～ 30 年以上	5 ～ 6 棵 /100m^2
		各种混交林（规划种植）	黑松、樱花、紫薇、山茶等	20 年	2 ～ 3 棵 /100m^2
	林下花卉景观营造	林下花坛（水仙、郁金香花园）	赤松、黑松	30 年以上	8 棵 /100m^2
		花木栽培（山杜鹃等林下花木、林床的草花类）	赤松、落叶阔叶树混交林	20 ～ 30 年	4 ～ 5 棵 /100m^2
	保全树林	单独树种	赤松	30 年以上	10 棵 /100m^2
	缓冲树林	常陆那珂湾南线附近（赤松林）	赤松	30 年以上	10 棵 /100m^2
		松类、小乔木混交林	赤松、小乔木	30 年以上	15 棵 /100m^2
	海滨环境林	大、小树混合的杂木林	鹅耳枥、麻栎、枹栎、山樱等	10 ～ 40 年 大小混合	
		粗木为中心的杂木林	鹅耳枥、麻栎、枹栎、山樱等	20 ～ 40 年	10 棵 /100m^2 7 ～ 8 棵 /100m^2
		粗木为中心的松树林	赤松	20 年	5 ～ 7 棵 /100m^2
		幼龄树的松树林	赤松幼龄木林	13 ～ 15 年	15 ～ 20 棵 /100m^2

（引自《H 15 年度樹林地の管理手法に関する検討及び実践業務報告書》）

为重要内容，但应以与树林的生长相对应的适当密度的病虫害树木、枯损树木、生长不良树木的采伐作为重点制定管理计划。

⑤施工后约 30 ～ 40 年的管理

为了促进健全的树林的培育，维持功能，根据树木的生长维持适当的树木数量，以除伐、间伐为主体的管理成为必要。

不是以每棵的个体作为管理的对象，应该把一定的区域进行集中的管理，与树木个体的管理项目不同。

树林的管理项目包括间伐、除伐、去枝、除草、剪除藤本植物、施肥、病虫害防治、补植等。

7.4.3 间伐

（1）间伐的目的

树冠郁闭的树林中，通过构成树林的树木个体间的竞争产生优劣的差别，劣势树木变多，景观效果降低，病虫害容易发生，成为对雨害、雪害抵抗力弱的树林。

为了树林能够健壮地生长，树林应该保持

适合的密度，因而通过对受害树木、不良树木的采伐，进行适当的密度管理。

（2）间伐的时期

一般在从树木进入休眠、作业易于进行的晚秋到次年初春为止的生长停止期间进行。次数根据树林地的状况、目标树林形态有差别，一般作业后2～3年期间当恢复到以前的郁闭度时进行。在国营武藏丘陵森林公园中，推测树高的生长量达到2米左右的期间，大约需要每隔5年间伐一次。

（3）间伐的对象树木

①枯损树木、病虫害树木、倒伏树木、弯曲树木。

②密生的、生长衰弱的劣势树木。

③在种植功能上，成为不需要、不适当的树木。

④生长势太强、影响到周边生长的优势树木。

⑤对各种设施和斜面的保护、交通安全的确保及防灾上产生其他不良影响的树木。

（4）间伐的方法

①以树形、树势良好者为中心设定为“保护对象树木”。

②对有病虫害危害的树木设定为“间伐对象树木”。

③种植密度过于混杂的地方，进行密度的降低作业。

④林内的树木密度，要有疏密变化。

⑤在大的树林地中，设置阳光可以集中照射到的场所。

⑥成为对象的树木以小群落作为单位，采伐其中的具有不协调感的树木。

⑦树木的生长，在幼龄期生长旺盛，在壮龄期后衰弱，生长旺盛的幼壮龄期进行强度大的间伐，壮龄期的末期要结束间伐作业。

⑧通过间伐保留的树木，根据树木的生长状态、种植目的、立地条件等来具体确定。

7.4.4　除伐

（1）除伐的目的

除伐是以树林景观的保持、病虫害的蔓延防治为目的，除去阻碍树林生长的树木的作业。在林业上，间伐是指为了缓和造林树木的个体竞争，而除伐是指除去对造林树木的生长带来影响的侵入树木和病害树木，在公园绿地内的树林中，特别是从阻碍景观和利用上被重点保护的树种和有望更新的幼龄木等生长的观点进行。

（2）除伐的时期

一般是在春天树木发芽前进行。次数与间伐的间隔程度一样，大体上为每5年1次，但对造景、利用等管理水平高的树林地则3年1次。

（3）除伐的方法

进行除伐时，确保除伐后的树木能够进行健壮的生长是重要的，作业方法按照间伐的标准进行。

另外，对于不需要的根要进行清除。

7.4.5　剪枝

（1）剪枝的目的

剪枝有剪除枯枝的枯枝剪枝和剪除活枝的活枝剪枝。前者是以病虫害的防治和景观营造为目的而进行的，而后者是为了增加林床的阳光量、促进树木的生长而进行的。

（2）剪枝的时期

比起秋天来，更适宜于早春期间（严冬除外）进行，最适期为春天树木发芽前。次数与除伐相同。

（3）剪枝的方法

剪枝要在以下的情况进行：

①枝条交叉，严重影响生长或树冠下部枝条有可能枯死的情况。

②为使枝条萌芽、更新，形成树冠的情况。

③为保持树列整齐的情况。

④树枝对周边地和各种设施造成影响的情况。

⑤在休憩林中妨碍使用者通行的情况。

剪枝时一般从下开始往上顺次进行，但在对下部枝条短截修剪时，从上部的枝条开始修剪。

生长枝条的剪枝会有导致生长减慢的可能，只对弱枝稍作整理修剪即可。

7.4.6 除草

（1）除草的目的

除草是以树林形态的维持管理、景观的保持、防灾、幼龄树的生长及林床的充分利用为目的，对林床繁茂的草本植物进行割除的作业。

1）为了树林形态的维持管理

对树林进行放任生长后，随着时间的推移，林相往极相方向演替。该演替会阻碍植被的变化，因而要进行除草作业。除草主要是在次生林的维护管理中进行。

2）为了景观营造和维持

维持林床的美观，以提供舒适的环境为目的进行，要考虑到对林床花卉的保护、培育及植株高度的维持。

3）为了防灾

防止由步行者扔弃的烟头引起火灾的发生而进行除草。

4）为了幼龄树的生长

为了对树林中的幼龄树木给予充足的阳光，促进健壮的生长，所以要割除杂草及低矮灌木。

5）为了树林内林床的充分利用

为了使树林内的散步、动态活动成为可能，以及形成并维持林床景观而进行割除杂草作业。

（2）除草的时期

①在栽植树木与杂草、杂木类在阳光、养分进行竞争时期，为了防止被压状态而进行除草。

②杂草、杂木类的再生能力进入衰退时期，即春季的生长达到最大限、储存的养分基本上消耗完的时期（一般是 5 ～ 7 个月）进行割除。

③根据杂草种类的不同，在开花、结实之前进行。

④为了保护栽植树木的生长免受冷风等的影响，应当避免在 9 月以后进行割除。

⑤以景观保存、林地空间利用为目的情况下，为了林内的通透性良好，从晚春至盛夏期间对下层草进行 1 次高强度割除，1 年进行 1 次左右。

（3）除草的方法

除草有全面除草和只对树木周边进行的部分除草。

1）全面除草

为普通的方法，对于草、地被竹、匍匐生长的杂草、低矮杂木类，从林地全面进行除草的方法。

树木为阴生树的情况和密植的情况下最应该采用该除草方法，可以在一定程度上抑制病虫害的发生。因为全面除草后，可能会导致幼龄树在冬季的寒风中受到危害、或造成地表干燥、表土流失等现象，因此必须注意除草的时期。

2）部分除草

树木的根际周边和选择对生长可能造成影响的植株较高的杂草、杂生灌木以及地被竹类、藤本植物进行除草。

在以树林的维持、更新为目的的情况下，对树木生长可能造成影响的种类，进行选择性除草。

不管何种情况下，都要考虑到周边环境、除草时期，不要把割除的杂草搬出场地外，应当尽量以抑制杂草的再生、繁茂，防止土壤的过分干燥、水土流失以及促进土壤肥沃化等为目的，把割除的杂草作为覆盖材料进行利用。

7.4.7 藤本的去除

（1）切除藤茎

藤本切除是以将影响树木生长的藤本植物切除为目的的作业。

藤本植物多为喜阳植物，如果任其繁茂生

长，将会覆盖树冠，影响树木的生长发育。

藤本切除适宜在落叶期进行，但最适期是在藤本植物将贮藏的养分消耗完、新的养分贮藏还没有完全进行的 5 ～ 7 月进行。

藤本切除的时候，在注意以下几点的基础上进行：

①在紫藤、葛藤、乌蔹莓等藤本类植物交错攀援、影响到树木的生长和美观的情况下进行。

②不要对栽植树木造成损伤的前提下进行。

③在干和枝上缠勒很深的藤本，进行分段切断，全部清除。

④即使将地上部分剪除后，根株还可以再萌发，再一次形成藤，对于该类植物要进行拔根处理，或者同时使用除草剂进行去除。

（2）葛藤的去除

葛藤，覆盖在树木林地的边缘，不仅影响到景观的美观，还会缠绕种植的树木等，有时还会出现致使枯死的情况。

葛藤去除是为了防止上述状况发生而进行的作业。但从另一方面，它可以起到保护树木低层群落的功能，对于防止斜坡的滑落也发挥着很大的作用，所以有必要慎重的进行处理。另外，葛藤的去除并不能对现场的植物维护起到根本作用，所以应该从长期的、生态学的观点采取改善措施。

葛藤去除有在 5 ～ 7 月的生长期对茎部注入药剂的方法和施用药剂的方法。为了使根部枯死，进行逐株注射药剂，效果良好，但大面积工作时工作量极大，作业难于进行。

去除的时期，在事先预测后，于葛藤的生长开始之后尽早进行处理，若能找到根部进行处理，去除效果好。

7.4.8　施肥与病虫害防治

（1）施肥

在树林管理中通常不进行施肥管理，但在瘠薄地、树木生长不良、树林的功能不能充分发挥的情况下，为了促进树木生长和树势的恢复有必要进行施肥管理。

树林的施肥，为了不使肥料对树木造成伤害而要十分注意肥料的种类、施肥量、施肥时期及施肥方法等。

详细按照树木管理的标准进行。

（2）病虫害防治

在促进树林地的健全生长和美观保持的同时，防止对周边树林地造成危害而实施。

病虫害的防治，特别是预测到危害的蔓延扩大、造成其他影响时进行实施十分重要，危害不产生蔓延、能自然消减的情况下，没有必要进行积极的防治。

一般的病虫害防治时期和方法按照树木管理的病虫害防治的标准进行。

（3）松材线虫的防治

目前，驱除松材线虫的媒介者松斑天牛是主要的防治法。其方法有以下两种：

1）被害材料的去除

去除被害材料的顺序如下：

①采伐被害木材

②将采伐的木材包括枝叶用火焚烧，或者

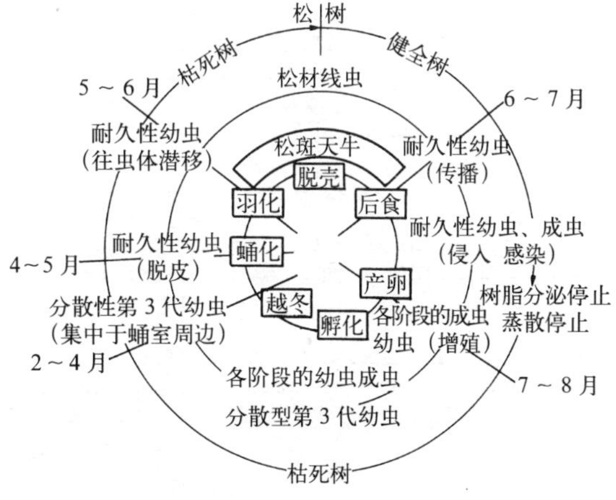

（引自《公園・緑地の維持管理と積算》）。

图 7–51　松材线虫和松斑天牛的生活史

堆积之后喷洒药剂

③不要在林内堆放采伐树木的折损枝、干

④必须对残留树干的树皮进行剥落

2）药剂使用

①地面及空中喷洒

a. 结合松斑天牛的发生进行适期喷洒是必要的，并进行气象状况的把握和与相关部门的调整，决定喷洒时期。

b. 在地面喷洒时，使用药剂能够到达树冠枝叶部分的喷雾机。

c. 在大范围使用时，要特别考虑对公园绿化区域外造成的影响，在喷洒时，考虑到天气、风向等，可采取混入飞散防止剂的方法，注意喷洒场所。

②树干注入

a. 药剂渗透到达树冠上层需要时间，最迟要在天牛发生期的 3 个月前实施。

b. 对于单棵树木的处理，与地面撒药、空中喷洒相比较，对周边的药害小，枯损率低。

7.4.9 景观、利用环境

（1）树林地景观

1）新的树林地景观的营造方法

树林地景观随着树龄的变化其形式也在发生变化。在一般庭园中因为持续进行细致的修剪管理，基本上人为阻止了这种变化，但在公共的公园和绿地中难以进行这种管理。另外，在大规模公园中，从占地规模和景观的尺度来看，进行类似于庭园的管理作业也并不是最适合的。大树反而更加与雄伟的景观相协调。

因此，树林地管理的方法，不能够像林业上采取为了育林的作业，而应该保留成为树林地中心的树木，营造与这些树木的生长相应的树林地景观。

树林地构成树木在相互竞争中，优、劣树木逐渐趋于明显化，如果任其自然淘汰，只会形成由优势树木组成的树林地，在此可以加入人为的控制，将树林地景观朝观赏者期望的方向诱导。

对于这种诱导的时期应该作为成为树林地

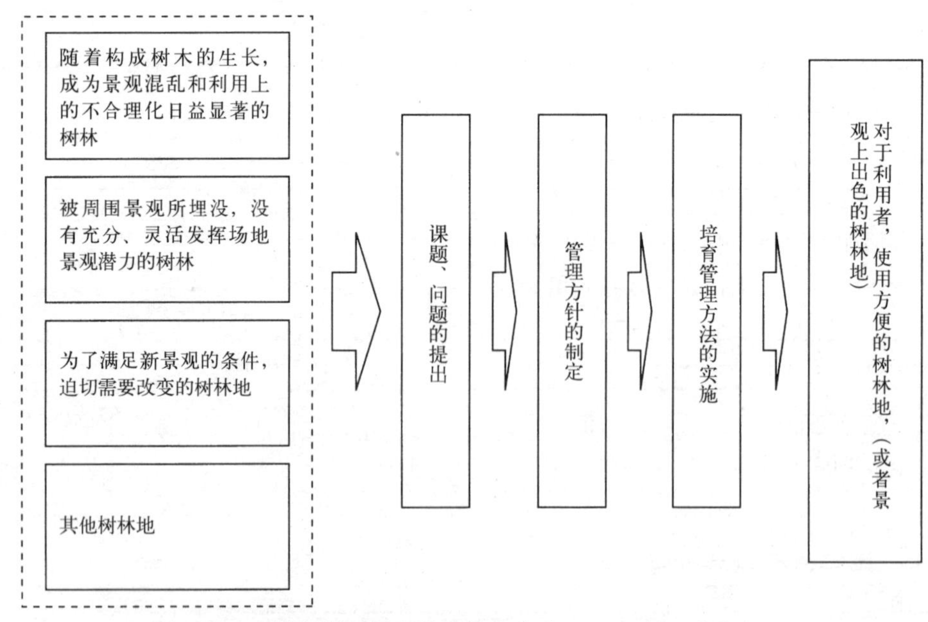

图 7–52 新的树林地景观营造的方法（2004 年制 中岛）

景观营造内容之一进行考虑。构成树林的演替不仅由某种原因引起，还根据利用者的希望和社会的一般要求来人为促成。

但是，进行除草、间伐、除伐等也有弊端。从成为视觉障碍的角度来看这些确实有必要进行去除，但从其他角度，例如遮蔽功能和审美功能，对鸟类等小动物提供隐蔽场所等方面来看发挥着多种功能。所以，在具体实行过程中，有必要在进行充分考虑的基础上，计划性地实施。

【实例　绿荫树林地】

作为国营公园的实例，对于“封闭感强，游园者不愿进入休息室”等现实状况，对此问题进行探讨、并成为一个研究课题。作为结果，得到了以下 3 点结论和做法。

①从休息室露台的眺望视线的确保。

②休息室露台和圆形广场空间的一体化。

③圆形广场和相邻的草坪假山的空间的连接。

从整体上确保对外面景观眺望的同时，在树林地内形成了景观疏密的松张感。

在该实例的基础上，对新树林地景观营造方法的顺序进行了整理，总结概括如下：

- **问题、课题的提出**：首先，提出现状中的问题和课题，并进行整理。
- **分析成为问题原因的要素**：分析成为问题点和课题的要素，作为规划的基础数据。但是，原因不只限于一个，往往有多个。
- **对课题的规划的策定**：形成问题解决后的空间景观的印象，汇总计划。
- **作业的实施**：进行除草、间伐、除伐等必要的作业。
- **确认，修整**：在大体上的作业结束阶段确认效果，必要时进行修整。
- **最后整理**：进行废弃材料的搬运、场地整理，结束。

2）进一步提高现存树林地景观的方法

在大规模公园的常年管理中，没有进行过 1 次修剪的树木不在少数。这是因为，在大规模公园中并不是所有的场所都有必要进行修剪。

原因在于对于大规模公园中植物管理与一般家庭庭园中的植物管理有不同之处。一般家庭庭园的树木体量小，数量少。为了能在有限的庭园空间中生长，要对体量进行缩小，而有必要对树木进行整形。与之相反，在大规模公园中，不仅树木数量多，而且还要与大规模的景观相协调。因此，没有必要进行太细致的修剪方法，而应实施适合于大规模公园中树木的修剪方法。在多数情况下，通过很少的修剪（整姿修剪等），有些景观会产生根本性的变化。

所以，与一般的修剪方法相比比较简单，并且使用效率高的修剪方法进行管理作业就是“进一步提高现存树林地景观的方法”。

作业的顺序整理如下：

- 整形修剪目标的构想：以整姿修剪的完成形作为印象。这种情况下，退到与树高相同距离的地方远观对象树木，以树形全体的完成形为印象图。
- 整姿修剪：设置梯子，进行短截、回缩、疏枝的修剪。
- 整体树形的确定：在大体上的修剪作业完成阶段，进行最终的确认作业。
- 场地整理：收拾整理剪下残枝和除伐树木，作业完成。

3）通过反复整形维持树林地景观的方法

通过反复整形维持树林地景观的方法，从技术上来讲不困难，但是需要很多劳动力。另外，林床整洁状态的维持和为了促进林床中草花和花木的开花进行人为的修剪和管理也是必要的。但是，1 年 2 次、连续 4 年进行除草会出现土壤板结裸地化现象，因此，在每年进行反复管理的情况时，有必要特别的注意以下事项：

①野生的卷丹、猪芽草、大叶玉簪、野生蓟类等草花，因为从春季到夏季进行展叶、开花、结实，从早春到春季应当将林床的相对照度调整到 40% ~ 50%（表 7–35）。

②为了使春季林床的相对照度调整到 40% ~ 50%，在松树混交林的情况下，松类的间伐和小乔木、低矮灌木的全部砍伐成为主要作业；在落叶阔叶树林（杂木林）中，小乔木、灌木的全部砍伐成为主要作业。

③对于从春季到夏季进行展叶、开花、

近郊次生林的野生花卉的个体群的培育管理指南（养父志乃夫制） **表 7–35**

项目 \ 植物种类		猪牙草	石蒜	日本百合	桔梗	毛果一枝黄花
营养生长期和花期		从 3 月至 5 月期间营养生长和开花结束，之后地上部植物体枯死	从 2 月至 5 月期间、叶展开进行营养生长，在没有叶片的 7 月下旬至 8 月下旬开花	从 4 月至 10 月进行营养生长，通常在 6 月上旬至 6 月下旬开花	从 4 月至 10 月进行营养生长，通常 6 月上旬至 7 月下旬开花	从 4 月至 11 月进行营养生长，10 月中旬至 11 月下旬开花
适合于群落培育的适合条件	林种	阔叶落叶树林 水青冈林的展叶开始要比猪芽花地上部展开期早，不适合	阔叶落叶树林	赤松林，阔叶落叶树林	赤松林，阔叶落叶树林	赤松林，阔叶落叶树林
	地形	斜面下部～底部（北向斜面）（倾斜 30° 以下）	斜面下部～底部（倾斜 30° 以下）	斜面下部	山脊～斜面下部	斜面上部
	指示植物	棣棠、山八仙花、日本常山、林荫银莲花等	棣棠、林荫银莲花、日本常山、黄花草等	没有	没有	没有
	林床相对照度	春季：40% ~ 50%	春季：40% ~ 50%	夏季：50% 左右	夏季：50% 左右	夏季：50% 左右
对竞争植物的抑制必要的除草频率和时期		每年夏季一次（为夏季林床相对照度为 10% 左右的情况）	每年 7 月中上旬 1 次（花茎伸张前）。但是，在夏季的照度 50% 左右的情况下，追加初夏（叶枯后）的除草	每年冬季 1 次继续除草，夏草繁茂时，每年夏季进行 1 ~ 2 次的对竞争植物进行选择性除草	山脊：每年花期结束后的 7 月下旬进行 1 次除草 斜面下部：5 月竞争植物的选择除草、7 月下旬的除草	每年冬季 1 次的除草，夏草繁茂时，每年夏季 1 ~ 2 次对竞争植物进行选择性除草
病害及其防治		猪芽花锈病。防治方法是在地上部黄化时期（4 月下旬～ 5 月），将被害叶集中烧毁。大面积危害时，数年间在同时期进行落叶集中，对落叶落枝进行烧毁	没有	没有	在桔梗蚜虫危害大的情况下，争取进行控制处理。	在蚜虫、霉病危害大的情况下，争取进行控制处理

注：以从关东和近畿的暖温带中部到寒温带下部的地域为标准。
无论哪种野生花卉在该条件下，不需要施肥、浇水。
对于各种花卉，调查在规划对象地是否有自然分布，确认之后研究个体群落的培育管理。
供于最初群生地的形成的种苗，原则上，要从规划对象地或者最近的自生地得到，但是，尽量避免从其他山区采挖花苗，应使用由采收的种子培育成的花苗。

结实的种类，在全部伐去小乔木、灌木之外，对于一定数量的上层乔木进行间伐也成为必要。

④通过栽植和播种培育新的林床草花时，考虑到对立地环境的适应性，引入草花的种类应该选择邻近现场地的野生分布的种类。

⑤在次生林中，山杜鹃等多种林床花灌木自然分布，为了使这些花木培育开花，在夏季林内必要的相对照度为30% ～ 40%。

⑥在作业之中，作为考虑到的困难要素是对高大树木的间伐作业。但是，该作业在第5 ～ 7年进行一次就可以，其他年份进行一些简单的作业。

⑦对于简单的作业，与在松树林、杂木林的近郊山地管理中进行的管理相同，在此，要进行作业的任务分担。

⑧作业顺序如下：

（第1年的作业）

- 倒木、枯枝的去除：去除林床上落下的倒木和枯枝等。
- 除草：从林床园路开始10米范围内的草本植物（除了名贵种类）都要割除，进行杂木类的实生树、小乔木、灌木的除伐。但是，对10米以外的堪氏杜鹃、三叶杜鹃、大萼杜鹃、蓝锭果、荚蒾、冬青卫矛等次生林构成种的小乔木、灌木要进行选择性保留。
- 间伐：以劣势树木为主进行间伐。
- 确认林木密度：大体的间伐作业的结束阶段，进行最终的确认作业。
- 整理：整理间伐、除伐残枝，作业结束。

（第2年开始到5、6年为止的作业）

- 枯枝等的清除：清除散落在林床上的枯枝。
- 除草：在从林床的园路开始10米的范围，保留贵重种和堪氏杜鹃等自然分布的花木，进行割草。但是，在10米以外的堪氏杜鹃、三叶杜鹃、大萼杜鹃、蓝锭果、荚蒾、冬青卫矛等次生林构成的小乔木、灌木要进行选择性保留、去除。
- 收拾落叶：根据必要性对落叶进行清扫。
- 收拾整理：进行间伐、除伐残枝的收拾整理，作业结束。

（第5 ～ 7年的作业）

- 间伐：根据树冠的郁闭状态，以劣势树木为主进行间伐。
- 确认林木密度：大体的间伐作业的结束阶段，进行最终的确认作业。
- 收拾整理：进行间伐、除伐残枝的收拾整理，作业结束。

在以上作业之中，第1年的作业和第2年开始到5、6年为止的作业由专门的造园技术者进行，第5 ～ 7年前后的作业可以以当地居民义务活动的形式进行。

（2）体验讲座

公园附近的居民，关心自然环境的人很多，类似于近郊山林的维持管理所进行的简易养护管理作业，可通过义务活动实施，这可以作为公园利用的一个内容列入计划。

作为国营公园的实例有国营常陆海滨公园、国营飞鸟历史公园、海之中道海滨公园，通过举行“大规模树林地培育管理讲座”及“松树林、杂木林近郊山林管理体验讲座”，分担树林地培育管理。

作为树林地培育管理手法，具有一定水平之上的传统造园知识、技术、技能的负责者通过“树林地景观营造表”显示作业的方向，在此基础上一边进行创新，一边进行栽植管理实践。

有效利用管理中产生的废材，不仅可以作为木屑等利用，而且在活动中（例如烧炭、手工品制作，制作比萨等）也可以灵活运用，对于增加来园者来说非常重要。

树林地景观营造表（参考） 表 7–36

分类	保护树林地	近山管理	杂木林	整理编号
树种构成	枹栎、麻栎、山樱、鹅耳枥、蓝锭果、西南卫矛、荚蒾、火炬树等			
对象树木数	多数（面积：约 700m²）			
对象树龄	10 ～ 30 年			
景观育成方针	确保以入口、主要园路附近为中心的园路的视野，保持利用者的安全、安全感 作为杂木林的近山林进行培育			
附加条件	作为当地居民的义务活动进行培育管理			
目标密度	10 株 /100m²			
施工内容	• 拣出倒伏木、枯枝等 • 割除下层草本和蔓性植物 • 蓝锭果、西南卫矛、荚蒾、火炬树等灌木类，在第一年的管理中全部去除 • 枹栎、麻栎、山樱等乔木类进行间伐 • 清扫落叶			

参考实例

管理前

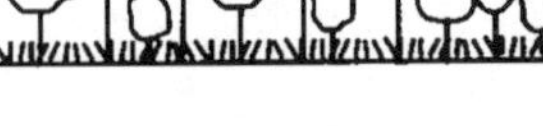

乔木：枹栎、麻栎、山樱、鹅耳枥等
灌木：蓝锭果、西南卫矛、荚蒾、火炬树
草本：白茅、倭竹（20 株 /100m²）

【管理前】

管理后 ⇩

乔木：枹栎、麻栎、山樱等（10 株 /100m²）
草本：（割草）

【管理后】

注释	• 定期地进行割草 • 作为准备阶段对大树进行管理，在新芽萌发时，并包括景观营造的价值判断检查讨论造景管理方法是必要的。 • 萌芽更新的情况，对对象树林从根际处进行割除是理想的。通过根际处的萌芽，早期形成独立根，健壮的生长。 • 通过间伐降低树林内的密度，保证林内疏朗，以便对利用者起引导作用。
参考	大树管理：保留大树，砍伐其他的被压树木、藤本植物、下部草本类的手法。 生产林的情况，树木的采伐以 10 ～ 15 年为周期进行一次。 作为“松树林、杂木林的近山管理体验讲座”，在市民义务活动的协助下的管理作业。

（引自《樹林地の管理手法に関する検討及び実践業務報告書》（国营常陆海滨公园））

【实例　杂木林的近郊山林管理】

让我们看一下国营公园内杂木林的近郊山林管理的体验实例。由各种树龄杂木类和松类组成的多层林中，从 10 年生左右到 40 年生都有分布。树木密度大约为 20 ～ 30 株 /$100m^2$ 左右。大约有 $700m^2$ 的面积，由 22 人组成的小组进行管理作业。

作业顺序如下：

- 清除倒伏树木、枯枝等：清除散落在林床上的倒伏木和枯枝等。
- **除草**：割除林床上所有的草本类（名贵种除外）、杂木类的实生树、小乔木、灌木、藤本植物等。
- **间伐**：以劣势树木和树干的伸展方向等不整齐者为主进行间伐。
- **树木密度的确认**：在以劣势树木为中心的间伐作业结束阶段，进行树木密度的确认作业。进行高密度部分的间伐：最终阶段的树木密度大约为 10 株 /$100m^2$。
- **落叶清理**：进行稍微能够看到土面程度的落叶清扫。
- **场地清理**：进行间伐和除伐后的残枝的清除，结束作业。

（3）补植和利用限制

1）补植的目的

根据目的，补植有以下四种类型：

①树林或者现存树林发生了严重的枯损或者受到危害，为了恢复而进行补植。

②对于树林的适合密度来说，树木密度低的地方，为了补充而进行补植。

③在进行培育管理过程中，为了促进演替，补充下一代的树林构成种而进行补植。

④树林老龄化、天然更新处于困难时，以树林的更新为目的进行的补植。

2）补植的时期

以种植工程为准进行。

（引自《樹林地の管理育成調査報告書》）

图 7–53　补植的断面模式图

3）补植的方法

在明确将来目标植被的基础上进行补植是非常重要的。

集体性的、多数枯损的情况以及生长不良、没有恢复可能的情况下，需调查探明枯损的原因，必要时，深入考虑树种的可行性、枯损防止对策等。对集体枯损的场地和可能功能上有障碍的场地及林缘、风障地等优先进行补植。

对于以树林的更新和演替为目的的情况，对现存树林的苗木、二期乔木林的苗木进行补植，以促进次代乔木林的培育。

4）林内的利用限制

进行林内利用的树林，或多或少都会随着利用产生不良影响。给树林造成危害，阻碍目标群落的培育的活动必须被禁止。

对于林内利用的管理有禁止进入林内和林床建设等。当由于林内利用出现树林荒废的征兆时，应该停止林内利用活动，进行树林养生。

7.5 草坪管理

①草坪可以分为游憩休息利用的草坪和以观赏、景观营造为目的的草坪，草坪管理以维持草坪的这些功能为目的实施。

②当实施作业时，根据草地所起的作用、功能可以分为几个管理级别。日本庭园和主要建筑物的前庭等对美观有强烈要求的草坪；体育场和高尔夫场等以单一目的使用的、为了能够进行体育运动而要求非常精细的管理作业的草坪；在斜面上以防止土壤流失和飞沙为目的的建设性草地；可以作为各种各样的娱乐场地进行利用，但没有必要如庭园一样美观要求的草地等。根据草地的特性，可以对修剪、施肥、除草等作业管理的次数进行调整。（表 7–37）另外，根据草坪的各种性质，所要求的管理内容不同，因此把握分析草坪各自的性质非常重要。

③草坪的管理项目

主要管理项目有修剪、病虫害防治、施肥、浇水、除草、补土、镇压、打孔、更新、修补等。

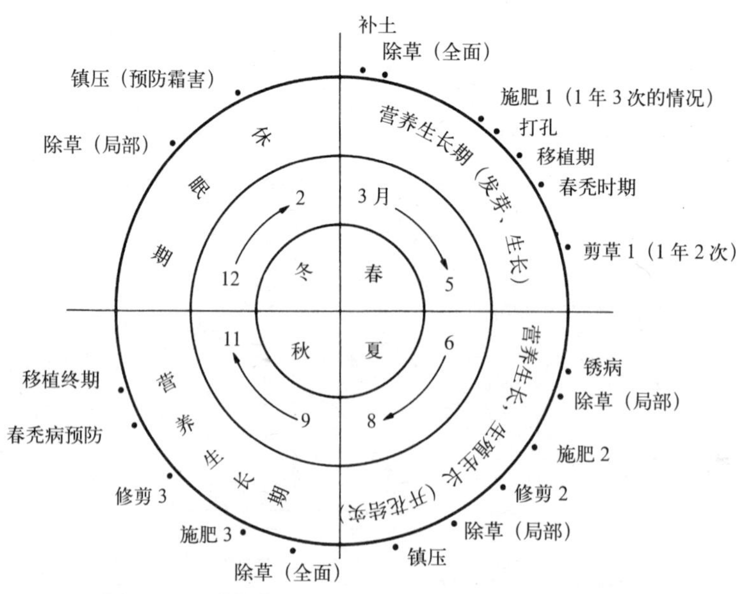

图 7–54 结缕草、沟叶结缕草的年生活周期和管理项目

影响作业频率变化的原因　表 7–37

作业项目	作业频率（次数）的变化原因
修剪	草的生长度（草种、气候条件、土壤、践踏负荷、施肥量）
施肥	肥料要求度（草种、修剪频率、肥料过敏性）
人工除草	杂草发生度（草种、气候条件）
施用除草剂	杂草发生度（草种、气候条件）、河川等周围环境
补土	践踏负荷、察觉集积度、土壤条件
打孔	践踏负荷、察觉集积度、土壤条件
病虫害防治	病虫害发生度（草种、气候条件）、河川等周围环境
浇水	草的耐旱性、气候条件、土壤条件
补植	践踏负荷、草的耐践踏性

（引自《公園管理基準調査報告書》）

7.5.1　修剪

（1）修剪的目的

修剪草坪，是为了维持草坪的生长、提高生长环境、保持美观、抑制杂草生长及防止冬天火灾的发生等促进草坪能够健壮生长而进行的。

草的生长点位于接近地面的地表，以规则的、适度的高度进行修剪，使生长点位于低的位置，在该高度范围内再生，这是修剪的原理。因此，草坪经过修剪，可促使匍匐生长旺盛，提高密度，增大对病虫害的抵抗能力。

过短修剪，不仅切断了生长点，而且由于叶面积的减小、光合产物量受抑制、茎叶的再生能力衰退，引起根系的粗恶化、浅根化和黄化现象等生理障碍。反之，若不认真修剪、草坪处于自然放任状态，则茎叶生长过高，光线的通透性以及通气性变差，内部闷蒸成为病虫害的诱因和产生枯死。

（2）草坪修剪时期

修剪草坪应在草坪草生长旺盛时期进行。

日本草（结缕草、沟叶结缕草）的生长适温为 20 ～ 30℃，生长期间是 4 ～ 10 月的 7 个月的时间，特别是 7 ～ 9 月的 3 个月生长最为旺盛，此时为修剪的适期。

西洋草坪的剪股颖类、早熟禾类、羊茅类、黑麦草类等冷季型草，4 ～ 6 月和 10 ～ 11 月为修剪适期。

修剪次数因草坪种类及种植目的不同而不同，一般对于公共草坪一年修剪 3 ～ 6 次。

草坪球、槌球草坪等在生长期内每周修剪 1 ～ 2 次，高尔夫草坪等特殊用途的草坪，除了低温期外一般每周修剪 2 ～ 3 次，生长期内每周修剪 3 ～ 5 次或者每日进行修剪。

（3）草坪修剪的方法

修剪草坪的方法有使用修剪剪刀和修剪镰刀的人工修剪，以及主要使用的动力机械修剪。

人工修剪多用于树木的根际或者植被内部、道牙、园路的下部或者相接部分、栅栏、坐凳等小品的下部或者相接部分，以及其他难于用机械修剪的部分。

1）剪草机

修剪草坪所用的机械器具，应该根据作业标准和地形进行选择。

修剪草坪原则上使用机械，力求省力化。

剪草机根据刀刃结构可分为卷盘式、旋转式、理发推子式等，运作方式有手推式、自走式、牵引式、拖拉机式等。

卷盘式通过回转刃和承受刃的开合切断叶片，切口漂亮，修剪之后美观的反面，磨合的调节非常重要。

旋转式，通过在螺旋桨上安装的刀刃进行水平旋转达到切去叶片的方式，与卷盘式比较适合修剪高的草坪，但一方面，因为刀刃回转力很强，从吐出口飞出小石头和玻璃碎片等，具有一定危险性。

通常在公园绿地中，多用自走型（7 马力）的卷盘式或者旋转式（旋转机、锤刀机、飞机

照片 7-11　锤刀式剪草机

照片 7-12　5 连组合机械

式)，在障碍物少的大面积草坪地使用裁断 3 连组合、5 连组合的联合机效率高。联合机的类型有牵引式和拖拉机式。牵引式作为割草机的历史久远，拖拉机式的裁断组合为油压驱动，修剪作业和搬运作业比较容易进行。

另外，在小规模的草地和树林、支柱等障碍物较多的地方，适合使用小型的旋转式（手推式，修剪幅度 48cm，4 马力），飞机式（手推式，没有车轮）利用气垫子使作业机升起的状态进行作业，在陡斜面、草高之处、障碍物多的地方适合使用。

理发刀式为 2 枚刀刃开合进行割草，小型者可以适用于置石、汀步石周围和绿篱、树木根际等处的作业。一方面，通过对拖拉机安装附件进行大规模面积用的修剪面很粗杂，比起草坪来更适合于草长得高的草地。

2）修剪高度

根据草坪的生长型、生长状况、气候、水分、使用目的等决定剪草的高度。原则上选择对草坪草健壮生长没有影响的草高，进行规则的修剪。草高：匍匐型草为 6 ~ 18mm，向上生长型 20 ~ 30mm，丛生型 50mm，如果比以上短的话易于造成生长障碍。

有益于草坪的生长、从视觉效果上看起来美观的修剪高度为 20 ~ 30mm。另外，草坪高度超过 40 ~ 50mm 时因光照不充足和闷蒸引起生长障碍，应该以 50mm 作为剪草的大致标准。

7.5.2　病虫害防治

（1）病虫害防治的目的

草坪的病虫害防治，是为了保护草坪、维持草坪美观、环境保护、维持草坪的健壮生长而进行。

（2）病虫害的种类

草坪的病害主要有锈病、春秃病、褐斑病等，草坪的害虫主要有食害茎叶者、食害根者、寄生于草坪草进行危害者等。

①锈病是在 5 ~ 6 月及 9 ~ 10 月的湿润时期 1 年 2 次发病。病状是在叶上产生不规则橙黄色斑点，草的叶绿素被破坏，逐渐衰弱，但一般不会枯死。该病菌只寄生于活的植物体上，侵染日本草坪草所有种类和几乎西洋草的所有种类。

②春秃病是在早春与草萌芽同时发生。病状为在萌芽同时单独形成直径为 30 ~ 50cm 的大斑点（不能发芽地方），发病草要么有非常短的新芽要么根本没有新芽萌发。

③褐斑病在 5 ~ 7 月和 9 月的高温多湿季节发生，由土壤传播。

病状为在叶片褐斑周边出现烟雾状黑色部分，病斑由水浸状开始逐渐变为茶褐色，最后

草坪主要病害与适用药剂（1991年制 中岛） 表 7-38

俗名	商品名	锈病	春秃病	褐斑病	雪腐病	叶枯病	毒性	毒鱼性
异丙醇制剂	异丙醇水和剂	○			○	○	普	B
异菌脲剂	异菌脲水和剂			○ ○		○ ○	普	A B
氯唑灵剂	氯唑灵		○				普	A
克菌丹剂	克菌丹水和剂 80			○			普	C
氯磺丙脲剂	氯磺丙脲 SP 水和剂		○	○	○		普	A
水和硫磺剂	水和硫磺，水和硫磺 75	○					普	A
福美双剂	福美联水和剂		○	○		○	普	C
甲基托布津剂	托布津 M 水和剂			○			普	A
敌菌灵剂	敌菌灵水和剂 25，乳剂	○					普	B
嗪胺灵剂	嗪胺灵乳剂	○					普	A
苯菌灵剂	苯莱特水和剂			○			普	B
代林锰锌剂	代林锰锌水和剂	○		○			普	B
溴丙巴比妥剂	水和剂，水和剂 75	○		○	○		普	B
有机铜剂	喹啉铜水和剂 80，有机铜 80				○		普	B
TPN 剂	百菌清 1000			○		○	普	C

草坪主要害虫与适用药剂 表 7-39

种类名	商品名	切筋夜盗蛾	芝苞蛾	小金龟子类	象鼻虫	毒性	毒鱼性
乙酰甲胺磷粒剂	高灭磷粒剂	○	○			普	A
乙酰甲胺磷水和剂	高灭磷水和剂	○	○			普	A
异噁唑磷乳剂	异噁唑磷乳剂	○	○			剧毒	B
地亚农乳剂	地亚农乳剂	○		○		剧毒	B-s
地亚农 · 灭多虫粒剂	地亚农粒剂 灭多虫粒剂	○	○	○	○	剧毒	B-s
打杀磷粒剂	苯哒嗪硫磷粒剂			○		普	B
低毒硫磷乳剂	低毒硫磷乳剂		○			普	B
DEP 乳剂	敌百虫乳剂	○				剧毒	B
MEP 乳剂	杀螟松乳剂	○	○	○		普	B
NAC 水和剂	西维因水和剂 50	○	○			剧毒	B

（引自《土壤・農薬・病虫害対策研修会講義要録》）

茎叶枯萎。

属于死物寄生菌，冬季以菌核的形式残留在植物组织或者土壤中，当变为适当温度时，开始活动。在土壤有效水分的范围内不进行蔓延。

④食害茎叶者有夜盗蛾以及其他蝴蝶类、蛾类的幼虫等，夜盗蛾的幼虫白天隐藏于草坪中，夜间食害茎叶。

利用药剂乙酰甲胺磷剂等灌注地表进行驱除。

⑤食害根者有小金龟子的幼虫以及其他土壤生息性害虫。小金龟子的幼虫食害草的根，有薄茶金龟子、姬金龟子、豆金龟子等种类。

利用药剂驱除往地表灌注地亚农乳剂，MEP乳剂等。此外，利用诱引灯（荧光灯）和诱引剂（香叶醇、丁香醇）诱杀成虫。

⑥寄生于草坪草进行危害者有线虫等。线虫是寄生于草坪草进行生活的害虫，把二溴氯丙烷乳剂（1500 ~ 2000倍稀释）往土壤中充分灌水注入，或者二溴氯丙烷乳剂（18 ~ 27g/m^2）与接缝覆土混合使用进行防治。

（3）病虫害的防治

1）预防

病害，对于草坪的生长环境进行良好的保持、使营养状态良好，特别是以预防为重点非常重要；虫害，尽量早期发现，防患于未然非常重要。

病虫害的预防处理，主要考虑以下事项：

①进行施肥时，不要施过多氮肥。

②使草坪土壤通气和土壤基盘的排水处于良好状态。

③避免极度的深度修剪和放任不管的自然状态。

④了解病虫害发生的危害季节，施用杀菌预防剂。

2）药剂施用

为了草坪的健全生长和维持美观，有必要进行严密的预防处理。还有，在病虫害发生的情况下，有通过早期施用进行适当处理的必要。

由药剂施用的防治考虑到环境和动植物，选择适当的时期和合适的药剂，利用合适的浓度进行正确的喷施是必要的。（具体参考7.3.2病虫害防治）

7.5.3 施肥

（1）施肥的目的

在保持草坪本来的美丽绿色的同时，使其健壮生长，以具备对干旱、冻伤、寒风、践踏、病虫害、汽车尾气等对生长发育有害的诸多因子的抵抗力。

（2）施肥的种类

对于草坪必要的肥料成分与树木一样，需要氮、磷、钾三元素以及钙、锰、铁、镁、钼、硼、铜等微量元素。其中对氮素需求量大，但过多时形成多汁质，耐病性降低，易受损害。（详见7.3.3施肥部分）

（3）施肥的时期

一般对日本草坪草等暖季型草施肥时，为了促进生长、培育健康的叶片，在初春至初夏发芽期间施肥。该时期，施用氮肥肥料较多的有机肥。另外，在秋季为了提高对冬季寒冷的抵抗能力、促使次年春天生长旺盛，与氮素相比，应该多施用含磷、钾的迟效性有机肥，或者施用缓效性化学肥料。

冷季型草坪草的施肥，基本上与暖季型草坪相同，但因为夏季高温时，草柔软，容易造成植株徒长，应在2月中旬～3月下旬以有机肥为主进行施肥。另外，秋季是冷季型草坪草的生长期，应当施用含有氮素和磷酸的有机质肥料或者缓效性化学肥料。

（4）施肥的用量

草坪的施肥量，因气象条件、施肥时期、草的生长情况、修剪的频率等的不同而不同，氮肥的标准需要量为每 1000m² 每年施用 10 ～ 25kg 左右。至于磷酸、钾，根据土壤中供给量的多少决定施用量，磷酸的标准值为每 1000m² 使用 10 ～ 25kg，钾肥为每 1000m² 使用 10 ～ 20kg。1 次施肥量根据施肥的次数、肥料性质有所不同，春、秋施肥时，氮肥为春季 6 ～ 7 成，秋季 3 ～ 4 成，磷酸、钾肥按照同样的比例，根据次数进行均等分配。

（5）施肥的方法

草坪的施肥即把确定施肥量的肥料在草坪表面均匀撒施。但是，施用肥料时，因为粉状肥料和高成分、马上溶化的肥料附着在叶面上时易造成肥料对叶面的烧伤，应尽量避免在草坪的茎叶被降雨和清晨露水打湿的情况下施肥。另外，连续干旱时，或者地面处于冻结的严寒期和积雪等气象条件不好时应当避免。

草坪施肥方法有人工施肥和机器施肥两种。

a）人工施肥（手撒）

在草坪地面上一边行走、一边用手撒肥的方法，一般是把装有肥料的桶和簸箕夹在腋下，用手抓着进行撒施。

b）机器施肥

使用机器施肥有下落式、回转式、传送带式、风压式等。

照片 7–13　肥料撒施机

7.5.4　浇水

（1）浇水的目的

浇水是保护草坪草免受干旱的危害，保持良好生长而进行的灌水作业。

一般来讲，日本草对干旱的抵抗力强，在通常的天气状态下基本上没有浇水的必要，但在种植后的养护期和夏季的干旱期时有必要进行浇水。

此外，西洋草一般为浅根性，与日本草相比耐旱能力弱，夏季浇水很重要。

（2）浇水时期

浇水时期结合降雨量和气温、病虫害的有无等其他情况来决定。

比起水分过剩来，草坪在水分不足状态时病虫害少，所以可等到第 1 次萎凋的症状出现时开始浇水。

在日本，从全年的降雨量来看雨量多，但季节分布不均匀，特别是在 7 月下旬到 9 月上旬的干旱期内有必要进行充足的浇水。

浇水的间隔和次数根据草的种类、根系的深度、蒸发量的不同而不同。

剪股颖等生长迅速的草，与生长缓慢的日本草相比，有必要进行间隔短、次数多的浇水。

（3）浇水的用量

对于草坪生长所必需的浇水量，根据草坪的种类和土壤理化性质的不同而不同。

浇水达到 10 ～ 12cm 的深度时容水量（最大量 20 ～ 25l/m²）充足，达不到 5cm 的少量浇水使草坪趋于浅根化。

（4）浇水的方法

浇水方法有地上浇水和地下灌水。地上浇水如果没有给水设备则利用洒水车等进行浇水，一般有在水管先端安装喷头进行人工手浇的方法，和利用旋转喷头的方法。而对于足球场等特殊用途的草坪，正在普及通过遥控利用全自动、半自动、旋转喷头设备的浇水方法。浇水要避开中午，早晨进行最合适。因为中午高温时植物体自身蒸发水分量大，这时进行浇水反而会使草势变弱。另外，傍晚浇水保持了草坪的湿润，成为病菌繁殖的适合气温而易发生病害。

浇水时要注意以下几点：

①浇水时，在事先调查气象状况的基础上进行。

②进入种植地浇水的时候，要注意不要使水管等对树木造成损伤。

③种植后进行浇水时，土壤比较疏松，不要使根系露出地面，而要进行特别精细的浇水作业。

④根据所定的浇水量对草坪进行全面浇灌，均匀洒水。

7.5.5 除草

（1）除草的目的

草地除草在防止杂草阻碍生长、避免杂草引起草坪草枯死、保持美观的同时，对确保人们日常生活的卫生和安全也是必要的。

施工后约 3 ～ 4 年内，草坪地中、施工时的客土和填缝土中混入杂草的种子多，易滋生杂草。

因此，在施工后的初期，通过施用除草剂和人工除草，对杂草进行彻底的清除很重要。

（2）杂草的种类

草坪的杂草大致有以下种类：

①类似于马唐草、狗尾草等从春季到秋季结束生活史的一年生杂草。

②类似于早熟禾、一年蓬等从秋天到第二年进行生长的二年生杂草。

③类似于白茅、酢浆草等具有球根、地下茎、块茎等，可进行两年以上生长的多年生杂草。

此外，根据叶的形态，分为禾本科杂草和阔叶杂草。

（3）除草的时期

人工除草作业，有在杂草结实前进行的除草，以及因为降雨后第二天杂草的根部处于容易拔出的状态，而主要在梅雨季节的中后期进行集中拔草。

以春、夏草为对象则在 5 ～ 6 月，以秋、冬草为对象则在 7 ～ 8 月进行除草。

除草剂的施用时期，在早春种子发芽、发根前使用土壤处理剂，对于发生的杂草施用选择性茎叶处理剂的效果良好，所以以春草为对象在 3 ～ 4 月，以夏草为对象在 5 ～ 6 月，以秋～冬草为对象在 9 ～ 10 月实施除草。

（4）除草的方法

除草的方法有人工除草和除草剂除草，应该根据对象杂草的种类选择合适的方法，选择适当的药剂。

1）人工除草

在雨后土壤处于松软状态时，在不对草坪造成伤害的前提下，利用除草器将杂草细致地连根拔起，并在对拔出的杂草进行快速处理的同时，对除草痕迹进行清扫处理。

这种方法依靠人力，时间和成本花费多。另外，类似于白车轴草、酢浆草、早熟禾等杂草的根细、易断，用人力难以全部拔除。

但是，考虑到对利用者以及周边环境的影响，根据场所需要，必要时即使成本高也不得不采取以人力除草为主的除草作业。

2）药剂除草

草坪中使用的除草剂，应该选择性地施用低毒、安全性高、对草坪没有药害、只使杂草枯死的药剂。

在进行除草剂的确定时，对杂草种类和周边环境等作充分的调查非常重要（对于药剂的使用方法参照 7.5.5 除草）。

草坪杂草的发生时期　　**表 7–40**

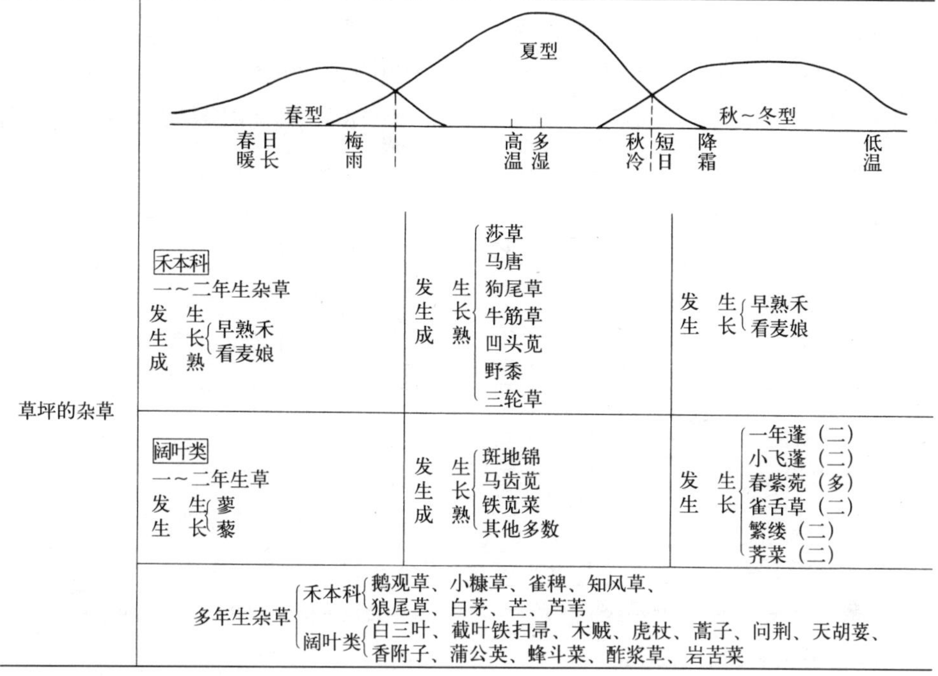

	春型	夏型	秋～冬型
	春暖　日长　梅雨	高温　多湿	秋冷　短日　降霜　低温
草坪的杂草	禾本科 一～二年生杂草 发生、生长、成熟：早熟禾、看麦娘	发生、生长、成熟：莎草、马唐、狗尾草、牛筋草、凹头苋、野黍、三轮草	发生、生长：早熟禾、看麦娘
	阔叶类 一～二年生草 发生、生长：蓼、藜	发生、生长、成熟：斑地锦、马齿苋、铁苋菜、其他多数	发生、生长：一年蓬（二）、小飞蓬（二）、春紫菀（多）、雀舌草（二）、繁缕（二）、荠菜（二）
	多年生杂草：禾本科：鹅观草、小糠草、雀稗、知风草、狼尾草、白茅、芒、芦苇；阔叶类：白三叶、截叶铁扫帚、木贼、虎杖、蒿子、问荆、天胡荽、香附子、蒲公英、蜂斗菜、酢浆草、岩苦菜		

（引自《維持管理要領(植栽編)》）

7.5.6　培土

（1）培土的目的

日本的草坪草一般通过根状茎进行繁殖。亦即从根状茎的节上发出根和芽，该芽变为根状茎，进一步又从其节上发出根和芽进行繁殖。因此，为了促使从节上发出根和芽而进行填补土壤以保持适当的温度和湿度，这种土称为培土，该作业称为培土作业。

在草坪的表面培土，具有防止草坪草的匍匐茎浮于地面，促进新根状茎生长的作用，因此在改善草坪地表面凹凸不平现象的同时，改善了草的生长状态。

（2）培土的土质

原则上，培土使用与床土相同性质的土壤，并尽量选用与床土相似材料的粗粒子的土壤。在土壤的物理性质和化学性质需要改良的情况下，可使用砂质土壤，或者把砂和土壤改良材料混合使用。

使用的土壤不要混入砖块等对植物根状茎、草坪的生长有害的杂物，根据需要使用筛过的土壤。

（3）培土时期

在生长初期和生长旺盛期进行培土效果良好，暖季型草坪 3 ～ 6 月及 9 ～ 10 月，冷季型草坪 3 ～ 4 月及 10 ～ 11 月为适期。

夏季草坪培土的次数根据草坪的利用目的、草坪的生长状态、修剪次数等不同而不同，

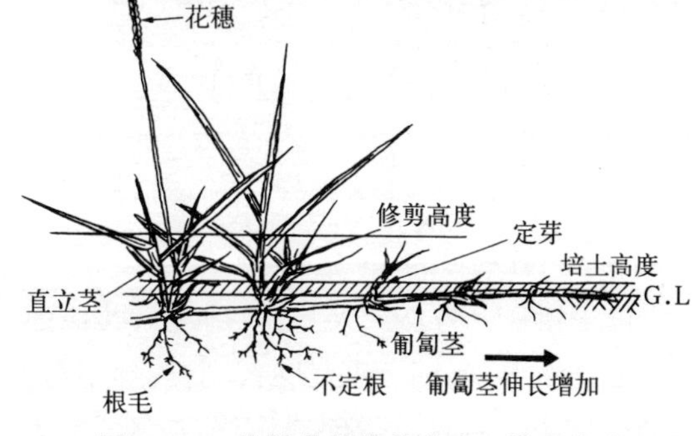

图 7–55　结缕草的修剪高度、培土高度
（1977~1996 绘制　中岛）

标准次数是每年春季使用 1 ~ 2 回。

培土的深度，在向上生长旺盛的春季即使进行培厚土也没有害处，但原则上以覆盖住草的生长点程度为宜。

1 次施用培土量 3 ~ 6mm 的厚度比较合适，但在打孔和垂直修剪后，以及刚铺好的草坪在 3 ~ 4 月之间培土 10mm 为宜。根据需要对部分草坪进行分开培土也是有效的。

（4）培土方法

培土有全面培土和部分培土，全面培土利用人工和机械，部分培土使用人工进行。在大面积没有障碍物的草坪地，可以使用拖拉机牵引式的培土施用机进行。

培土之前事先进行剪草，使土壤易进入草坪之后进行为宜。另外，利用耙子进行均匀平整，干燥之后利用水管进行细致的浇水使土壤进入草坪土壤表面。进行培土时，要考虑到周围的地盘高度，注意培土后的部分不要高于地盘。

照片 7-14　培土施用机

7.5.7　打孔

（1）打孔的目的

由于镇压（自然、人为）、踏压、其他因素致使地下茎部分土壤板结时，通气性不良、根的生长受损，地上部的生长出现衰退、老化现象。

打孔是为了减轻这种现象在草坪表面打眼、软化土壤的硬度，促使通气良好的同时，除去由培土和碎草（修剪草坪后未分解的堆积状态的碎草）产生的局部厚层，从而保护地下茎的生长和根的伸张。

（2）打孔时期

一般是在春季 3 ~ 4 月进行一次，对于特殊用途的草坪，使用动力机械在早春和秋季分别实施 1 次，1 年实施 2 次。穴的深度一般为 7 ~ 8cm，板结严重的地方可以达到 10 ~ 12cm。

（3）打孔方法

在小面积的草坪地，完全可以通过人力用杈子和排钉耙进行作业。

大面积的草坪地使用动力机械，取出通气穴内的土有多种方法。

1）勺型打孔机械

勺型主要是在动力主轴的圆筒上固定 8 ~ 10 根勺型刀刃，一边进行旋转一边插入土中挖土的机械，挖出小块的土壤使土壤变松软，会在一定程度上影响草坪表面的美观。

有勺型刀刃和排钉刃相间固定利用的机械。

照片 7-15　勺型刀刃打孔机械

2）排钉型（切片型）打孔机械

排钉型是和勺型相似的机械，数枚排钉（刀具型）在圆盘上以数厘米至数十厘米的间隔进行固定，连续切入草坪表皮的机械，又称为切片型。切入深度为 7 ~ 10cm。形成细沟，在改善通气透水的同时，通过断根促进新根再生，效果显著。

照片 7-16　排钉型打孔机械

3）管型（核心型，滚动型）打孔机械

管型，通过直径为 10 ~ 18mm、长为 7 ~ 12cm 的管的上下运动将一定深度（可以调节）的土拔出。可以不对草坪表面造成损伤，整齐地打制通气穴。

在大面积的草坪上，可使用拖拉机牵引式的回转式耙子等机械进行。

照片 7-17　管型打孔机械

7.5.8　更新

（1）更新的目的

更新是在草坪老化、立地条件变化、踏压、修剪以及病虫害和杂草危害等造成难以生长的场地，对其中一部分或者全体促进再生能力的过程。

对生长发育状态恶化或者枯死的草坪部分进行去除、改善，有必要进行补植新的草坪。

（2）更新时期

更新时期与草坪的种植一样，4 ~ 6 月或 9 ~ 10 月左右为适期。

（3）更新方法

更新，有草坪的全面更替和部分更替，无论在哪种场地，如果现场有能够使用的草坪草，可以采用下列方法进行作业：

①把可以使用的草坪切成长 40cm 左右、宽 20cm 左右，深度尽量浅的块状，在种植前进行保存。

②清除现场残留的草根和茎叶，深耕 10cm 以上。

③用土不够的情况下，进行补土、整地、混入肥料。

④翻地 1 周、平整土地后，种植保存的草坪或者购入的草苗。

⑤用滚碾或者平板平整镇压、填入缝土，充分浇水，收拾整理后完成作业。

【实例　草坪管理】

国营昭和纪念公园的中心，约 11ha 广大的“市民原野”开园时作为重要的绿化空间进行利用，现在中央作为草坪、周边作为草地进行管理。1997 年正式对外开放的日本庭园，以日本传统的造园技术为基本，融入以现代技术营造的池泉回游式庭园，在首都圈被誉为战后最大规模的庭园。在约 6ha 的庭园内有供很多人集中活动的草坪广场，为了不使对周围景观造成不良影响，比周围区域采用更高水平的管理。在此对这两类不同的草坪地（草地）进行的实际管理概要作一介绍。

1）“市民原野”草坪地的养护管理概要

1983年开园时，由结缕草和狗牙根营建“市民原野”，1991年提出了停止对草坪地施用除草剂为原则的方针后，进行以大型机械进行修剪为主的管理。从此以后，草的覆盖度逐年降低，早熟禾、马唐、狗尾草等一年生禾本科杂草，羊茅、草地早熟禾类、黑麦草系等洋草类，白三叶、红三叶、车前子、天胡荽、蒲公英等阔叶杂草的密度明显升高，也出现了这些植物占优势的地方。

1999年实际进行的养护管理作业的概要如表7−41所示。中心大约6ha 作为草坪地管理从4月到10月 每年进行12次修剪，6次修剪后把所剪草搬出，其他的6次所割草放置，在下一次修剪时一起进行处理。对于该部分分别进行两次施肥、打孔。

2）日本庭园内草坪广场的养护管理概要

在6ha庭园内，以约2800m^{2}的草坪广场为中心有超过0.5ha的日本草（沟叶结缕草），为优美景观的营造做出了贡献。草坪广场的养护管理作业的概要见表7−42。与“市民原野”不同，要求与使用传统造园技术驱使的第一级的日本庭园相调和的管理的草坪广场，10次剪草以外还有9次人工除草作业，在施肥、培土、打孔的基础上根据需要进行农药的施用。

“市民原野”的主要养护管理作业（1999年度）　　表7−41

工种	类别	年间作业次数	作业时间												备注
			4月	5月	6月	7月	8月	9月	10月	11月	12月	1月	2月	3月	
草坪地管理															
修剪	使用5连组合机械，收集杂草	6次	■		■	■	■	■	■						
	使用5连组合机械，不收集杂草	6次		■	■■	■	■	■							
施肥	机械施工	2次			■								■		
打孔	机械施工	2次			■								■		

（根据《国営昭和記念公園工事事務所　20周年記念誌》进行摘要 · 改编）

日本庭园草坪广场的主要养护管理作业（1999年度）　　表7−42

工种	类别	年间作业次数	作业时间												备注
			4月	5月	6月	7月	8月	9月	10月	11月	12月	1月	2月	3月	
修剪	人工收集杂草	10次	■	■■	■	■	■■	■■						■	
除草	人工	9次	■	■	■	■	■	■	■	■				■	
施肥	人工	2次		■						■					
翻土	人工	1次		■											
打孔	机械施工	1次		■											
药剂施用		1次												■	

（根据《国営昭和記念公園工事事務所　20周年記念誌》进行摘要 · 改编）

7.6　花卉管理

花卉管理的内容大体上可以分为换植与管理。换植包括花卉材料的购入、整地、施肥（基肥）、栽植、播种等，管理包括浇水、施肥（追肥）、除草、病虫害防治、摘心等。

花卉管理的对象是花坛、通过直播营造的花卉景观（野花混播）以及树林地内配植的野草、水生植物、湿地植物等。

7.6.1　花坛的管理

根据花期对花卉进行换植，或者进行春、夏、秋、冬各季节的花坛营造，在考虑营造季节感的同时，尽量使花开持续不断，维持美丽的花坛景观非常重要。

（1）花坛苗生产、种植计划

为了保持种植后花卉的健壮生长和对象地的美观，需进行灌水、施肥、除草、病虫害防治、摘心、摘枝、摘除花蕾、补植等。

（2）花坛的浇水

种植后为了根部与土壤的紧密接合而要进行均匀的浇水，如果浇水过多会造成根部土壤的板结，应当注意。此外，开花中的花苗对泥泞土壤耐性弱，在水管的先端安插喷头，在不使花苗受伤的基础上进行精心的浇水，应给根部浇灌足够的水分。在栽植后根系长出之前每天都要浇灌充足的水分。

对于水的需求量在种植后到成活期间与开花前最大，为了使其能开出大的花朵，在开花前应当充分进行浇水。浇水避免中午进行，以早晨为好。

浇水的方法除了人工浇水之外，还有利用旋转喷灌、洒水喷管等浇灌装置的方式。在国际花卉绿化博览会上，采用利用人工操作阀门、开栓自动进行的半自动系统，对于地栽花坛采用滴灌方式，盒式立体花坛采用链式管方式，移动式花坛采用多孔管方式。

（3）花坛的施肥

由于植物的吸收、下雨引起肥料的流失等因素，只有基肥会造成肥料的不足，为了花坛长期连续开花，应根据草花的生长状况进行追肥，效果良好。

追肥尽量使用速效肥，在施用油粕和鱼粕等缓释性肥料时，应当尽量腐熟、加水稀释使其变为速效性的液态肥后施用。在根际处施肥后吸收效果好，稀薄液态肥施用次数多效果更佳。

在植物所必需的总施肥量中，65% 为基肥，剩余的 35% 以追肥的形式施用。

进行施肥时，应当注意以下几点：

①给花卉施用的肥料成分并不能全部吸收，其中的 10% ～ 20% 会残留在土壤中，必须注意施肥成分进行施肥。

②对于生长在一年内结束的生长快的草花多施速效性肥料，生长需要多年的花木类多施缓释性肥料。

③施肥尽量在降雨后立即进行，在不得已的情况下，在降雨前施肥时应该考虑雨水的稀释作用和流失作用。

④肥料种类不同三元素的含量也不同，不要单独施用。

⑤对于有机肥，尽量使用腐熟的、旧的肥料，不要使用新鲜的肥料，特别是不要施用作为基肥而堆制的新鲜肥料，其发酵作用会引起草花的根部腐烂。

⑥施肥应当根据草花的生长状况在适当的时期施用适当的肥料。

⑦颗粒状肥料中类似于骨粉和油粕的细粉者的肥效快。

⑧草木灰和过磷酸钙、过磷酸钙和石灰、硫酸铵和石灰或者和草木灰不要混合使用，事

先混合好的也不能施用。

⑨鱼肥和草木灰、油粕和草木灰、厩肥和过磷酸钙应在事先混合之后施用效果好。

施肥的方法，当缺肥的症状出现之后用人工浇灌速效性的液肥。另外，也可以把肥料稀释之后与浇水一同进行。

（4）花坛的除草

除草是为了不影响美观、通风、生长，从春天到秋天在杂草尚未长大时将其从根部拔除的作业。另外，因为杂草是害虫的栖身场所，对于花坛周边杂草也有拔除的必要。

除草时要注意天气和土壤状况，不要对花苗造成伤害、只对杂草从根部进行拔除。此时，如果花苗的根部出现露出地面的状况，则要对其覆土，将根部埋入土壤之中。

为了在抑制杂草的同时和防止地表干燥，可用稻草进行覆盖，或与施肥一起进行，效果良好。

（5）花卉的病虫害防治

根据花卉的种类，病虫害的发生如表 7–43 所示，为了不错过时期，应选择适合于害虫种类的药剂努力进行早期发现、早期防治。作为预防尽早施用药剂，阻止危害的发生是非常重要的（药剂的施用详见 7.3.2 病虫害防治）。

花卉的主要病虫害和防治　　表 7–43

病虫害名	受害植物	受害特征	发生期	防治办法
青枯病	菊花、波斯菊、大丽花、百日草、万寿菊	生长过程中逐渐枯萎，失去生机，随之枯死	5～9月	避免连作。对发病地要进行换土或者土壤消毒
萎凋病	紫菀、香石竹、香豌豆、石竹	植株整体失去生机，萎蔫而后枯死	5～9月	同上
霉病	金盏菊、菊花、香豌豆、百日草、四季秋海棠、凤仙花	叶片表面密生白粉状霉体，不久枯死	5～10月	施用苯莱特，灭螨猛、胺磺铜、水和硫磺等药剂
疫病	鸡冠花、非洲菊、金鱼草、芍药、长春花、百合	茎和叶上出现褐色病斑，背面出现白霉体	5～9月	避免高湿、连作，发病初期施用克菌丹、铜水和剂等
褐斑病	菊花、鸡冠花、芍药、香豌豆、凤仙花	叶片出现不规则的褐色病斑，逐渐扩大，而后枯死	5～10月	少施氮肥。预防喷施代森锌、代森锰、苯莱特等
菌核病	银莲花、菊花、金鱼草、凤仙花、桂竹香、大丽花、雏菊、羽衣甘蓝、三色堇	地面部分腐烂、出现白色霉体，而后产生菌核	4～10月	为极其多发性病害。避免连作，进行土壤消毒。喷施托布津 M
黑斑病	鸢尾、菊花、三色堇、百日草	叶片出现不规则黑色病斑，逐渐扩大，而后枯死	4～10月	为了预防发病，喷施代森锌、代森锰、克菌丹、苯莱特等
白绢病	鸢尾、非洲菊、金鱼草、芍药、水仙、羽扇豆	地面部和土中球根上出现白色霉体，后来出现茶色的菌核	4～10月	为极其多发性病害，避免连作。种植前，在土混用五氯硝基苯。土壤消毒也有效果
立枯病	紫菀、鸡冠花、波斯菊、三色堇、矮牵牛、万寿菊	茎上出现病斑，随之出现直立枯死	5～9月	避免连作。发病地有必要进行换土和土壤消毒，土中混入克菌丹
炭疽病	非洲菊、金鱼草、金盏菊、香豌豆、三色堇、百合	茎叶上出现稍凹陷圆形的黑色病斑	5～10月	喷施代森锰、代森锌锰 500 倍稀释液

续表

病虫害名	受害植物	受害特征	发生期	防治办法
软腐病	鸢尾、马蹄莲、菊花、郁金香、百日草、葡萄风信子、百合	根际部和球根软化腐烂，释放恶臭气味	5～10月	避免连作。对发病植株连根拔除处理，喷施药剂
灰霉病	菊花、金鱼草、金盏菊、三色堇、矮牵牛、百合、金莲花	叶和新芽、花瓣出现水浸状腐烂，不久在该部分密生灰色霉体	3～6月 9～11月	控制氮肥量，避免密植。喷施苯莱特、克菌丹、代森锌锰
斑点病	紫菀、非洲菊、鸡冠花、石竹、三色堇、凤仙花	茎和叶出现圆形的小斑点，病状继续发展，最后叶枯萎	5～9月	从发生初期喷施代森锌、代森锌锰药剂
病毒病（马赛克病）	除朱顶红、水仙、大丽花、郁金香之外，金盏菊、鸡冠花、矮牵牛中也感染此病	在叶和花上出现浓淡不一的斑点，随后逐渐枯萎	4～10月	通过蚜虫、蓟马、剪花时的剪刀进行传染。处置被害植株，防治蚜虫等
青虫	桂竹香、旱金莲、羽衣甘蓝	叶上出现绿色的害虫食用叶片	4～10月	喷施敌百虫、DDVP、高灭磷等药剂的1000倍稀释液
蚜虫	金鱼草、金盏菊、鸡冠花、波斯菊、雏菊、三色堇等极多数	有绿、黄、黑色等，群生、吸取液汁之外，传染马赛克病	4～11月	喷施杀螟松、敌百虫、高灭磷等。高灭磷和敌死通TO等粉剂对土壤的施用也有效
芋虫	牵牛、马蹄莲、金鱼草、凤仙花	大型、没有茸毛的幼虫，食害叶片	5～9月	捕杀幼虫。喷施敌百虫、杀螟松、DDVP等
小金龟子	菊花、唐菖蒲、大丽花、百日草、万寿菊等其他多数	成虫食害叶片和花，幼虫潜入土中食害根部	5～8月	尽力捕杀成虫。飞行末期喷施杀螟松、西维因。幼虫时在土壤中施用地亚农、异恶唑磷有效果
蓟马	香石竹、马蹄莲、菊花、一串红、大丽花、德国鸢尾、万寿菊、百合	小虫寄生在叶和花里，吸收加害，之后产生褐变枯死	5～9月	在高温干燥时多发生，喷施杀螟松、DDVP、高灭磷等药剂
草履虫	各种草花发芽后	灰青色的介壳虫食害幼苗。一接触团在一起	4～10月	清除附近垃圾，保持清洁。在地面上喷施地亚农效果良好
鼻涕虫	各种草花发芽后、花瓣	夜间出来食用新芽和花	3～11月	土中可施石灰。喷施蜗牛敌等鼻涕虫驱除剂，进行诱杀
夜猛虫	紫菀、菊花、金盏菊、大丽花、三色堇、百日草等多数	土中生活的幼虫夜间咬根际部，使之枯死	3～6月 9～11月	捕杀被害植株土壤中的幼虫，撒播敌百虫、西维因药剂进行诱杀
红蜘蛛	非洲菊、金鱼草、一串红、石竹、大丽花、万寿菊等大多数花卉	在叶背面小的红蜘蛛群生，吸取液汁，使叶片变白，随之枯萎	4～10月	通过多次叶面浇水可以减轻红蜘蛛的群生。喷施三氯杀螨砜、灭螨猛等杀红蜘蛛药剂
甘蓝夜蛾	金鱼草、金盏菊、一串红、雏菊、羽衣甘蓝、三色堇、万寿菊等大多数花卉	幼虫食害叶、叶、花蕾等。杂食性，危害极大	4～6月 8～10月	幼虫变大后抗药性强，应尽量在初期喷施杀螟松、敌百虫、异恶唑磷等药剂

（引自《公園緑地の維持管理と積算》）

（6）摘心、摘枝、摘花

1）摘心、摘枝

通过摘心、摘枝防止徒长，保持花卉植株高度统一，不会产生杂乱现象，使花坛整齐优美。另外，通过摘心促进下部腋芽伸长生长，并产生花芽，使植株高度低矮紧凑，并能增加花蕾数量。

2）摘花（残花摘除）

开花中如果有开过的残花，因为形成种子要消耗养分，造成植株衰弱，成为病害发生的原因，同时，还影响美观，应当迅速摘除。

另外，若保留开过的花，不仅花色褪色，萎蔫有碍观赏，而且影响到新芽的萌发，缩短开花时期。所以，特别是对大花的种类和球根类、宿根类，在花开之后开始褪色前后进行摘除，努力维持花坛的美观。

（7）花卉的补植

栽植后，在出现花卉枯死、受损害的情况时，应当进行迅速补植，因此要充分保证补植用花卉的花苗。

开花之后的球根类在叶枯萎后将球根掘出，将种球采集阴干，到下一次栽植前要注意干燥和腐烂，进行贮藏。

此外，花坛镶边以及装饰性植物、花木等按照栽植地的各标准进行管理（表 7–44，图 7–56）。

7.6.2 直播花卉景观的管理

利用直播进行花卉景观营造之中，主要采

花坛苗生产、栽植计划表（五彩广场） 表 7–44

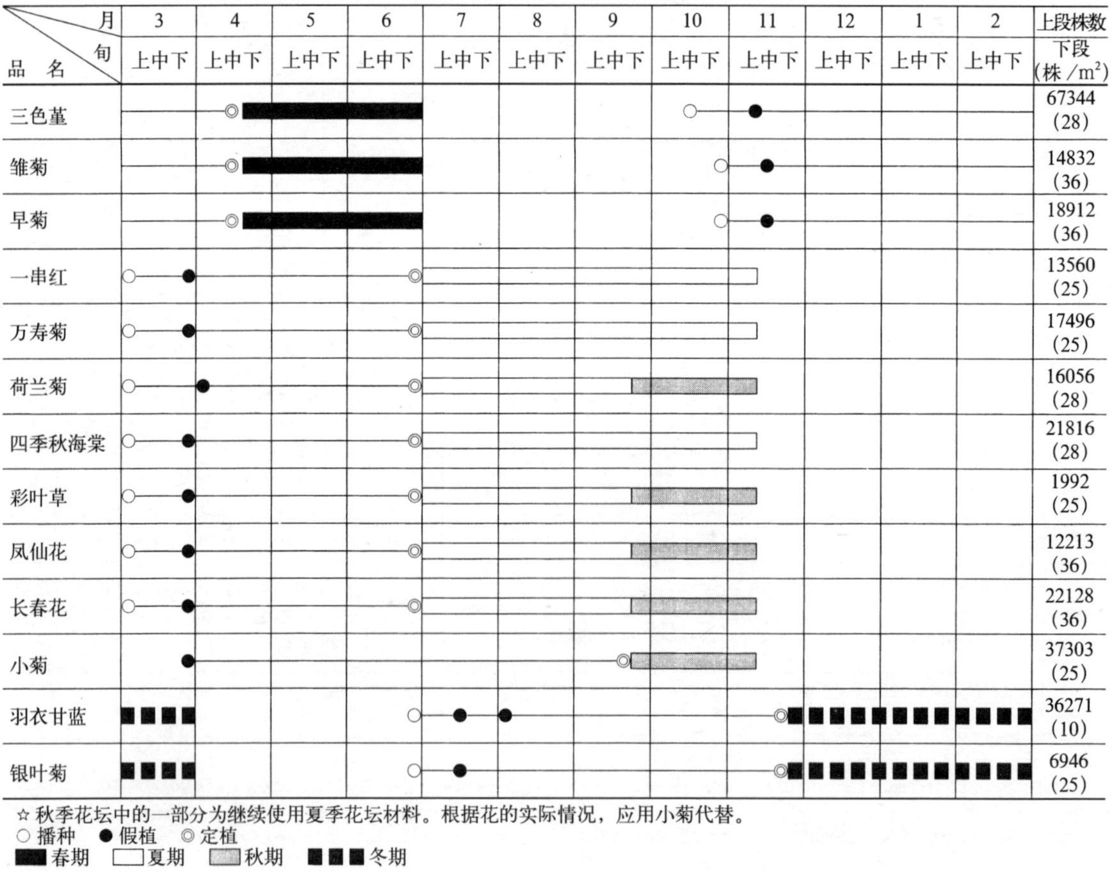

品名＼月/旬	3	4	5	6	7	8	9	10	11	12	1	2	上段株数 下段（株/m²）
	上中下	上中下	上中下	上中下	上中下	上中下	上中下	上中下	上中下	上中下	上中下	上中下	
三色堇													67344 (28)
雏菊													14832 (36)
早菊													18912 (36)
一串红													13560 (25)
万寿菊													17496 (25)
荷兰菊													16056 (28)
四季秋海棠													21816 (28)
彩叶草													1992 (25)
凤仙花													12213 (36)
长春花													22128 (36)
小菊													37303 (25)
羽衣甘蓝													36271 (10)
银叶菊													6946 (25)

☆ 秋季花坛中的一部分为继续使用夏季花坛材料。根据花的实际情况，应用小菊代替。
○ 播种 ● 假植 ◎ 定植
■ 春期 □ 夏期 ▒ 秋期 ■■■ 冬期

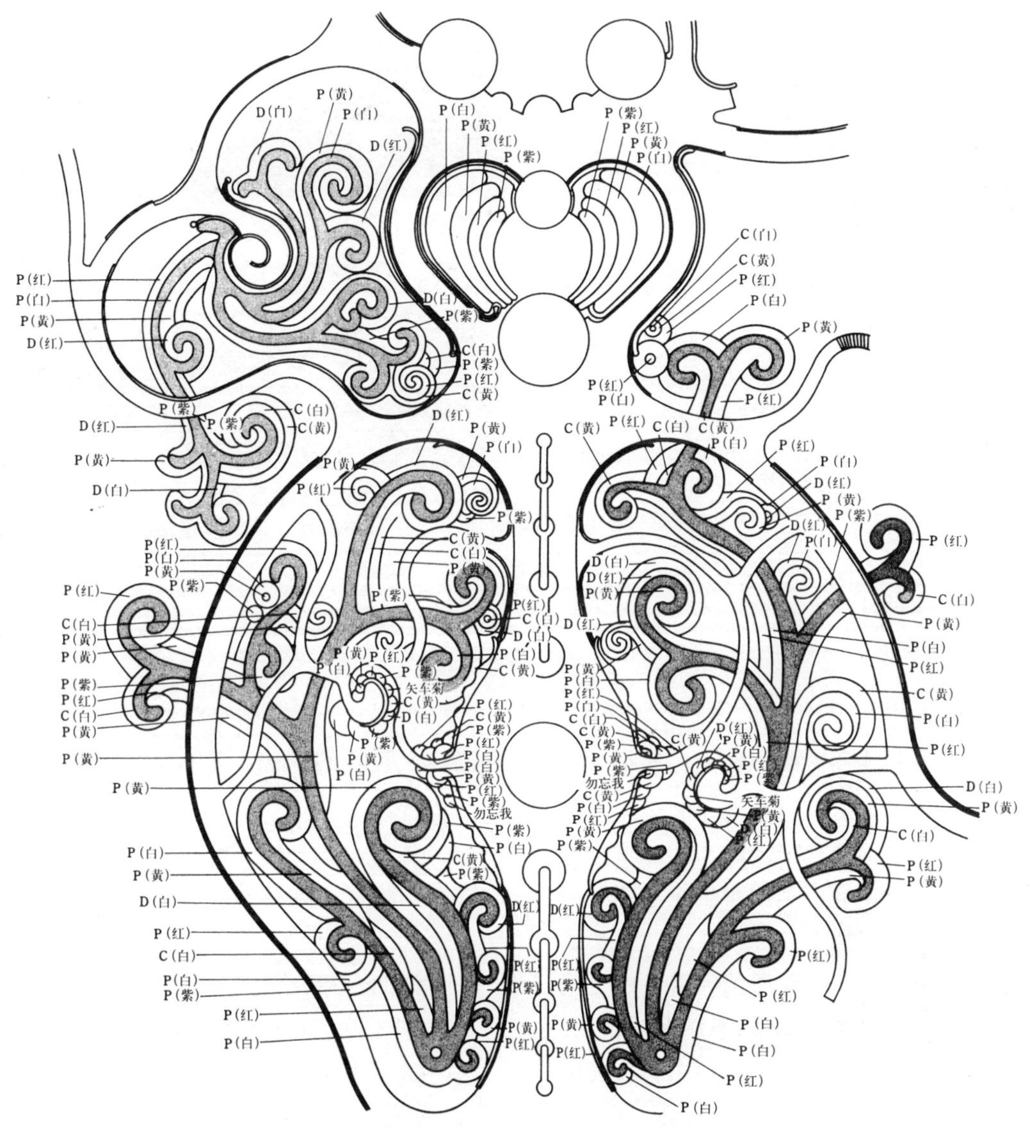

图例：P：三色堇，67344 株，D：雏菊 14832 株，C：早菊 18912 株

图 7–56　五彩广场春季花坛平面图

用园艺草花中，种子等繁殖容易，能够在贫瘠地和管理粗放的情况下，开放出美丽花朵的一类花卉。属于野生花卉混播的一种，虽然能够放任生长，但也有管理的必要，广义上还包括播种等管理内容。

在保持栽植、播种后种植地美观的同时，为了促进第二年以后的发芽、再生，需进行灌水、施肥、除草、病虫害防治、剪除、追播等。为了维持通过直播的花卉景观，浇水、施肥、病虫害防治可以作为必要最小限，但除草是必须条件。实施时，需按照花坛管理的各种作业标准进行。

（1）播种程序

直播花卉景观营造的播种如图 7–57 所示的程序进行。

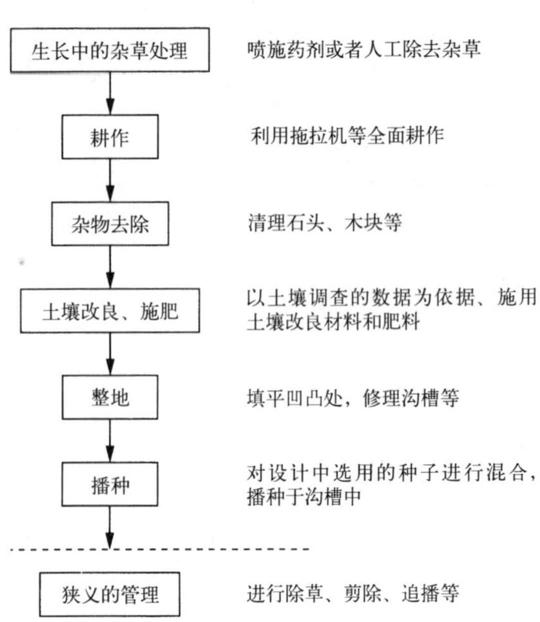

图 7–57

（2）管理标准

如果放松了第 1 年的除草作业，该年杂草的种子落入土壤中会导致以后杂草的增加。第 2 年在发芽的同时，杂草种子也发芽，杂草的生长势强，对发芽的花卉造成排挤使其不能生长（照片 7–19 ~ 照片 7–21）。因此，为了维持直播花卉景观，从第 2 年以后的管理非常重要。特别是花和杂草的生长时期基本上相同，为了不使杂草威胁花卉的生长，应当充分考虑

照片 7–18　滑雪场（高原上盛开的花）（波斯菊、法国菊、宿根鼠尾草等）

除草的时间，至少要制定 3 年的管理计划，决定管理标准。

标准 1：极力抑制杂草的繁茂生长，保持接近于花坛的状态，花卉与杂草的比率为 80% ~ 90% 比 20% ~ 10%。

标准 2：花卉中在一定程度上容许杂草的侵入，花卉与杂草的比率为 50% ~ 70% 比 50% ~ 30%。

标准 3：在杂草之中混生花卉，花卉与杂草的比率为 20% ~ 30% 比 80% ~ 70%。

从管理费用上来看，如果把标准 1 的管

照片 7–19　施工前（实验场圃）（高茎一枝黄花、禾本科植物繁茂）

照片 7–20　无处理区（没有对杂草采取对策区）（被禾本科类覆盖的比较低矮的种类）

照片 7–21　处理区（利用除草剂对杂草采取对策区）孔雀草、香雪球等

理费用指数定为100,每年需要人工除草4～5次；标准2 的管理费用指数为60，每年人工除草3次左右；标准3 的管理费用为30，每年人工除草1～2次。

（3）剪除

剪除是指因为保留花后残花影响美观，而进行残花剪除的作业。

另外，通过一起对混生的杂草进行剪除，可以抑制杂草的繁茂。

花期过后就进行剪除花茎的情况很多，但是，由于通过散落的种子次年的发芽可达到自播繁衍的目的，因此，一般种子散落之后成为剪除的最佳时期。枯茎成为植物性肥料，也可以成为散落种子的覆土，理想的方式是通过小型的粉碎机进行粉碎并且留在现场，或者利用除草机在生长场所将其割倒。

（4）追播

如果出现发芽不整齐和生长不良的情况，常年想欣赏到花卉景观时，在撒落的种子不能达到理想效果的情况下需要进行追播。

为了防止周边杂草的入侵，在可以看到裸地处除去杂草促使种子的追播发芽。方法按照换植的播种标准进行。

【实例　国营昭和纪念公园的野生花卉混播景观】

1 规划方针

规划方针的制定如下：

- 在接近入口处，在游客使用较少的场地栽植早春开花的种类，用来吸引公园的游客。
- 随着栽植地往公园内部分布，花期从春季往秋季推移过渡。
- 在主要交通干线两侧，做到一年中花期不断。

花期规划如下：

①从早春到春（2月末～4月）：早春型

②从春到初夏（4月末～7月）：春、初夏型

国营昭和纪念公园中宿根草卉一览表

（1991年绘制　中岛）　　表7–45

植物名称	花期
球根鸢尾	6月初～7月中
蜘蛛兰	7月末～8月末
虾蟆花	7月中～8月末
落新妇	6月中～7月中
美国芙蓉	8月中～10月中
鸢尾	6月初～7月初
大金鸡菊	6月初～7月初
大叶玉簪	6月中～7月末
狼尾草	6月中～7月末
败酱	8月中～10月中
燕子花	5月中～5月末
药百合	7月中～8月中
桔梗	6月末～10月初
黄菖蒲	5月中～6月中
玉簪	6月中～7月中
铁线莲	5月中～10月中
番红花	2月末～4月初
射干	5月中～6月中
芍药	5月初～6月初
滨菊	6月初～6月末
白芨	5月中～5月末
水仙	4月末～6月初
美丽百合	3月中～4月中
白带玉簪	6月末～8月初
铃兰	6月中～7月中
夏雪片莲	5月中～6月中
葱兰	4月中～4月末
蜀葵	6月中～7月中
雪光花	6月中～9月初
大吴风草	3月中～3月末
铁炮百合	10月中～12月中
紫花石蒜	6月初～6月末
野花菖蒲	9月末～10月初
芳香植物	5月中～6月中
花菖蒲	6月初～8月初
石蒜	6月初～6月末
小射干	9月中～10月初
风信子	5月中～6月中
侧金盏	2月中～3月中
佩兰	8月中～9月中
法国菊	4月中～5月中
大花萱草	7月初～8月末
紫斑风铃草	6月中～7月中
深山鸡儿肠	5月中～6月中
葡萄风信子	3月中～5月初
匍匐福禄考	3月中～5月中
槭葵	8月中～9月中
卷丹	5月末～8月初
龙胆	9月末～11月初
黑心菊	6月末～9月末
地榆	8月中～11月中

③从晚夏到秋（9月末～10月）：秋型

2 公园中的花卉种植

种植的方法有以下三种：

①播种的方法

②分株的方法

③移植植物个体的方法

（1）一年生花卉的景观营造

在国营昭和纪念公园中，“市民的原野”的东北端栽有面积5500m^{2}的一年生花卉植被。在此，可以在春、秋两季进行花卉的欣赏活动。春季（4～6月上旬）有油菜花、花菱草、虞美人，秋季（9月上旬～11月上旬）有波斯菊。

一年生花卉进行群植后，在开花期可以欣赏到五彩缤纷的花卉景观。每一种的栽种都需要进行土壤翻耕和播种，但与花坛和宿根花卉比较起来费用仍较低。

（2）宿根花卉的花卉景观营造

宿根花卉可以连续数年进行欣赏，在维持管理方面具有比花坛容易的优点，在该公园中也是以花木园为中心进行大面积种植。现在，种植面积大约为 4000m^2，种植种大约52种，株数大约为 11万株。

7.7 草本植物的管理

7.7.1 草地的管理

在城市里出现了由草本植物构成的公园中的草地、集合住宅相邻建筑之间的草原、由于宅地营造造成的斜面、多自然型河川营造、生态道路等多样的人工型草地。

人工草地是构成城市中生活环境的一部分，包括作为公园的原始风景得到多数人支持的原野、绿茵草地及生物生存环境的植被，在此是以除了草坪以外的低矮草本植物为管理对象。

在进行草地的管理时，要了解场地的立地条件、存在特性和利用形态、利用频率，野鸟和昆虫的种类，对象草种的生理、生态特性，在此基础上整理管理的思路和管理标准。（详见第8章施工实例8.4野鸟公园）。

管理手法，通过修剪和一定程度的利用限制来进行养护管理。

（1）草本植物的种类

草地是城市居民观察身边植物和动物生息环境的地方，所以熟悉草本植物很有必要。

草本植物根据叶的形态分为禾本科植物和

主要草本植物的种类（1996~2003年绘制 中岛） **表7-46**

	阔叶植物				禾本科植物		其他
	蓼科	豆科	菊科	其他	禾本科	莎草科	
一年生	假长尾蓼、尼泊尔蓼、扁蓄、春蓼	田皂角、鸡眼草	石胡荽、三裂叶猪草	灰菜、凹头苋、马齿苋、鸭跖草	稗、狗尾草、牛筋草、升马唐	莎草、碎米莎草、水莎草	
二年生		南苜蓿、野豌豆、四籽野豌豆	刺儿菜、稻搓菜、苦苣菜、鼠麹草	红萼月见草、荠菜、繁缕	早熟禾、看麦娘、多花地杨梅		
多年生	虎杖、羊蹄、酸模叶蓼	白三叶、山蚂蟥、铁马鞭	一枝黄花、西洋蒲公英、春紫菀、蒿子	车前子、博落回、天胡荽、日本天剑、山芥菜	地被竹类、芒、雀稗、白茅、狼尾草、芦苇	球穗扁莎、水莎草	问荆（木贼科）、石菖蒲、（天南星科）、薤白（百合科）

阔叶植物，根据生活型分为一年生、二年生、多年生，根据发生时期分为冬季草、春季草、夏季草。

1）冬季草

从秋季至冬季（9 月～次年 2 月）发芽，以莲座叶丛越冬，第二年春天开始生长。有的在春季开花结实，有的在秋季开花结实。

2）春季草

从早春（3 ～ 5 月）开始发芽，夏季停止生长，梅雨前后（5 ～ 7 月）开花结实。

3）夏季草

从春季到夏季（4 ～ 8 月）发芽，秋季停止生长，6 ～ 9 月开花结实。

（2）草地管理的方法

草地管理就是对草本植物进行管理的过程，可以分为：1）人工管理；2）半自然管理；3）自然管理等的方法。

1）人工管理

类似于草坪混合草地，在景观营造要素强的植被地的周边，和提供动态利用广场的草地，需要经常以低植株形态进行养护管理。

2）半自然管理

类似于草坪型和芒草型的中间状态，景观营造的要素弱，考虑到利用形态的原野型的草地，某一时期或者部分草坪应当采取高植株形式。

3）自然管理

类似于芒草型草地，属于以保护植被和保持水土为目的，基本上处于没有进入其间利用的草地，以密度管理和割除枯草的程度来进行维护。

（3）人工管理

1）人工管理的主体是除草，要注意以下几点：

- 确切把握草本植物的演替

作为把握草本演替的方法是进行优先种和现在的种组成的把握，探明标志种和指示植物，考虑生活型组成等。

- 注意割草次数、施肥

通过割草，减少一年生草本植物增加多年生草本植物。此外，因为割草次数、施肥的关系出现的杂草不同。割草次数与实施时期，要从草地的长高和损耗状况，野鸟、昆虫的生息等进行个别的判断，不仅效果良好而且具有现实性。

- 注意使用频率

因为使用频率不同，出现的杂草相异，应当根据目的进行利用的限制。

在割草作业时，要注意以下几点：

- 事先清除草地内的石头、空（果汁）管等障碍物；
- 割草的高度要根据目的、功能进行；
- 注意不要损坏树木、树根、栅栏等，不要残存割草垃圾，避免参差不齐而进行均一割草；
- 对树木、树根、栅栏等周边的杂草要进行干净的清除；

  另外，缠绕在树木、树根、栅栏等上的藤本植物也要进行整洁的清除；
- 在对割草垃圾进行搬运到每日指定的场所、进行快速处理的同时，对割草现场进行整洁的清扫。

2）割草的频率

具有 180ha 用地范围的国营昭和纪念公园，采取了以大规模绿地作为野生动植物生息环境并发挥其作用的生态环境管理方针。1998 年制订了《提高国营昭和纪念公园生态性调查业务》，在详细的植被调查结果的基础上划分了环境管理分区图。把公园内的草地（除去草坪之外）分成如表 7-47 所示的七种草地型，在制成的《各种草地型的割草频率表》的基础上制定管理计划。从 1999 年度开始实施，“市民原野”的管理也反映了该方针。一般来说，有时按照利用目的把作为植被演替过程中形态之一的草地进行反方向的养护管理十分不易。

不同草地类型的割草频率表　　表 7–47

草地类型	构成种	通常株高	割草方法	集草的有无	割草高度	割草次数（年间）	割草时期
高茎草地	**芒草**、截叶铁扫帚、**月见草**、蒿子	1 ~ 2m	挂肩式	无	5cm	1 次	5 月上旬
高茎草地	**一枝黄花**、一年蓬、小飞蓬	1 ~ 2m	挂肩式	无	5cm	1 次	7 月
低茎～高茎草地	白茅、一年蓬、**蒿子**	0.5 ~ 1.0m	手扶式	无	5cm	2 ~ 3 次	6 月下旬，8、9 月
低茎草地	北海道野羊蹄、**关东蒲公英**、绶草、白三叶	0.3 ~ 0.5m	手扶式	有	5cm	3 次	6 月上旬， 8 月，11 月上旬
低茎草地	长梗天胡荽、**鳞叶龙胆**、结缕草、**绶草**、车前草	0.1 ~ 0.3m	手扶式	有	5cm 3 月 2cm	3 次	7 月下旬，10 月上旬，3 月上旬
野生花卉型林床	东根笹、春兰、**卷丹**（目标）	0.1 ~ 0.5m	挂肩式	无	5cm	1 ~ 2 次	6 月中旬，8 月
生物保护型林床	**东根笹**、蓝锭果	0.5 ~ 2m	挂肩式	有	5cm	1 次 /1 年对 1 块	12 月

（注）黑体表示的是重要种类。

（引自《国営昭和記念公園事務所　20 周年記念誌》）

在“市民原野”中，为了保护草坪周边野生的关东蒲公英，对于割草的时期和次数进行另外的设定，进行独自的草地管理。在关东蒲公英的保护地域，在开花结实后的 6 月中旬实施第 1 次管理，之后的 8 月上旬、10 月上旬总计一年进行 3 次，在其他周边地区考虑到成为蚂蚱类的食草和蝴蝶类的吸蜜植物等低茎植物的维持和昆虫的活动、变化时期，也进行每年 3 次的割草。可以预想到，每年 3 次的除草作业会使植被每年发生变化，有必要进行与变化对应的管理手法的继续研究。

3）割草机器

割草，就是不根据草的种类、按照一定的高度进行割草的过程，根据地形的变化和面积的大小，可以分为人工割草的方法和除草机的方法。

除草机有修剪机、动力手推式除草机、动力自走式除草机，还有由人工直接操作进行作业、类似于拖拉机等大型机械适用于大规模除草的割草机。

旋转式除草机也是割草时使用的动力除草机，有动力手推式、动力自走式、动力乘坐式的旋转组合和锤刀组合。

割草机是为了割草用而制作的便携式小型机械，由小型原动机驱动，通过刀刃的回转进行除草。

割草机由原动机部、动力传达部、割草机头三部分组成，根据原动力的种类可以分为发动机式和马达式。

除草机、草坪修剪机使用的拖拉机以回转式为主，适用于使用动力除草机困难的倾斜地、表面凹凸不平的草地、较远的草地作业现场等。

（4）半自然管理

河流的堤岸、高水位平台、公园的原野等植被，可以作为半自然草地考虑。为了对该类半自然草地进行长期、稳定的维持，有必要进行割草、放火、放牧等半自然的管理。

1）放火

类似于奈良县若草山（御笹山），每年1月进行放火烧山，早春的放火对于驱除害虫和低矮灌木的入侵都有作用，对维持草本群落的多样性非常重要。

草坪型的着火力弱，芒草型强。但即使火势强对地下部基本上不会造成影响。

放火，一般1年1次，按照2年1次进行反复实施的话可以维持草地的状态。

2）放牧

作为人力和机械的代替措施放养草食性动物，通过对草地的采食维持草地的实例在国外的公园中可见。

虽然草地的规模、种植手法等与国外不同，但在日本可以通过饲养鹿、羊、牛、马等草食性动物进行尝试。在有草食性物的公园，不仅可以成为娱乐和科普教育的场所，而且可以作为草原景观，或者田园风景的主题来考虑。

照片 7-22　昆虫观察（原野中的蚂蚱观察）

照片 7-23　昆虫观察（水池周边草地的蜻蜓观察）

照片 7-24　以公园内草地的小动物为食物越冬的虎斑猫头鹰

7.7.2　草地的利用

（1）与野草的亲近

草原有作为多目的广场供娱乐用的草原，比植栽地易于遭受践踏的影响、为了不使过度利用造成裸地化，对利用强度有必要进行控制。

另外，对于被称为原野、广场的周边地区等场所，通过割草次数和时期、割草高度的调整，可以进行有利于蚂蚱、蜻蜓等草原昆虫和野鸡、猫头鹰等野鸟生存的生息环境的维持管理。此外，这些场所通过提供与生物、野草、花卉接触、亲近的平台，成为儿童游乐和环境教育的场所，为培养感性丰富的人起促进作用。

（2）草坪与野草的共生

近年来，粗放管理的、有草本类植物侵入的草坪中，可以看到植株低矮的野生小花，对心灵有安抚的效果。例如，绶草、紫花地丁、石菖蒲等，还有人为地在草坪上栽植番红花、风信子、小水仙等小球根花卉，这种美丽的庭园风景，可以在外国的庭园中见到。

在草坪中随其自然生长、开花，有的种子会落在土里继续生长、开花，这类植物的种类不是很多。

因此，与草坪进行竞争、共存，有一定程度耐践踏性的低矮、叶美、花美的花卉种类和品种的培育是今后育种需要努力的方向。

7.7.3 除草

(1) 除草的目的

1）植物的保护

杂草过于繁茂，会发生土壤养分和土壤水分的争夺、光线遮蔽、他感作用等杂草危害，需要进行除草。

2）美观维持

杂草会破坏根据设计图栽植的树木的美观，应当除草。

3）环境卫生

杂草过于繁茂，除了成为病虫害的滋生场所、对人畜造成危害之外，有些杂草种类还会引起花粉过敏等，因而需要进行除草。

4）火灾预防

放任生长，杂草繁茂，除了2年生草之外冬季基本上都会干枯，存在由抽烟等引起火灾的隐患，因而需要进行除草。

(2) 除草时期

除草时期，根据拔草、割草、药剂除草等除草方法有各种各样的适期，共同点是在杂草结实期以前进行除草较为理想。结实后再除草，在第二年发芽前如果不采用药剂处理的话，杂草种子必然发芽。另外，从美观上来看繁茂的杂草影响观赏，从卫生方面来看导致病虫害的发生，所以在生长初期阶段应当进行除草。

(3) 除草的方法

除草的方法有物理除草和药剂除草。物理除草有通过人力拔除杂草的处理方法，和利用草坪修剪机、除草机、拔草机等的处理方法。此外，一般对于群植灌丛和树木的根际处等很多地方不得不依靠人工进行除草。

1）人力拔草

将杂草连根拔除，以防止再度生长为目的的人工拔草具有有利于保持美观，对于栽植的树木也没有害处等的优点。但当种植地为大面积的情况时，有浪费时间和不经济的缺点。

2）割草

保留杂草根部，只对地上部分进行除草的方法，使用割草镰刀、割草机、旋转割草机、锤刀割草机等机械器具实施。通常在大面积的种植地，以乔木的树下和斜坡、草地等为主实施。

3）药剂除草

在使用药剂时，要遵守《农药管理法》(1948年法律第82号）等农药相关法规以及企业规定的使用安全标准、使用方法，特别注意人畜的安全以及对树木、地被植物的药害。(详见7.3.2 病虫害防治)

实施之前，要认真研究对象杂草的种类、生长阶段（休眠期、发芽期、幼叶期、旺盛期)，对于除草剂的性质及其使用的除草剂的使用方法、使用期限和使用注意事项等进行研究。

(4) 除草剂的施用

当使用除草剂时，针对对象杂草选择适当的药剂、适当的方法进行施用非常重要，首先有必要了解除草剂的性质。

1）除草剂的分类

除草剂根据作用、处理方法、性质等进行分类。

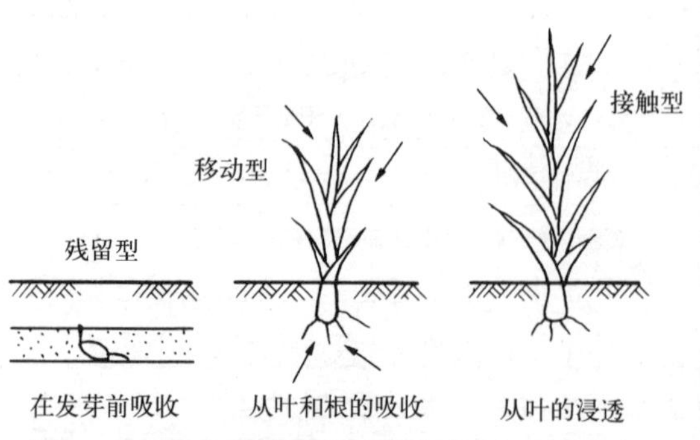

图7-58 除草剂的种类（中岛绘制 1972年）

①根据作用分类

除草剂有具有附着效果的接触型和具有往吸收部分移动效果的移动型。

②根据处理方法的分类

除草剂的处理方法有土壤处理和叶面处理。

土壤处理有表面处理（西玛津,环草定等）、注入处理、混合处理（氟氯灵等），混合处理（西玛津水和剂等）等。

③根据性质的分类

除草剂的性质有选择性和非选择性。

④根据剂型的分类

- 水溶后使用的有水和剂、水溶剂、乳剂、液剂等。
- 利用原状进行施用的有粉剂、微粒剂、粒状等。
- 涂在杂草的某一部位的有涂布剂。
- 插入棒状使用的有棒状剂。

2）除草剂的施用

除草剂之中，溶于水喷洒的可使用喷壶、无压式以及加压式洒药机等，粉剂与粒剂的喷洒利用手洒或者粉剂散布机等进行施用。

喷洒除草剂时，有以下几点需要注意（详细参照 7.3.2 病虫害防治）：

- 喷洒要在考虑风、日照、降雨等气象条件的基础上进行。
- 药量根据药剂不同有差异，错过了喷洒时期，即使药量多效果也不能变提高。
- 对于茎叶喷洒，到降雨为止的时间与除草效果有密切的关系。
- 高温时除草作用会加强，但在 30℃以上高温时效果会降低。

7.8　斜面绿化的管理

管理作业是根据绿化的目标形态、为了充分发挥种植的功能，依照各自的管理目的，在适当的时期进行有效管理的过程。

目标形态根据规划设计时设定的完成目标，分为尊重自然的植被演替的自然植被型和培育、维持造景种植形态的景观营造植被型。

管理的目的可以分为日常目的和长期目的。日常的目的是促进斜面栽植的植被的成活，通过斜面绿化技术使植被处于稳定状态，以及作为斜面绿化的效果失去时的恢复工作。此外，斜面上的植物对于邻近周边不产生不良影响等。

长期的目的是随着时间的推移，周边的自然植被开始侵入，往适合于这个地域的气候和立地条件的植被演替（称为植被演替）。

这种植被的演替正是从斜面管理上和景观上，作为环境对策最值得期待的、应当努力利用的管理方向。

但是，即使以这种演替为前提条件的场所，有时还需要进行抑制的管理。

管理作业项目有病虫害防治、施肥、浇水、除草、斜面修补等。

（1）病虫害防治

病虫害防治是以斜面绿化植物健壮生长为目的，在发生病虫害的情况下，作出相应的合适的处理。

病虫害的发生期，在日常的不断巡查、检查的同时，发现异常的情况时，尽快制定防治规划。

作为防治方法，有草的场合虽然采取割草和烧掉方式比较有效，但一般采用施用药剂的方法。

在对斜面进行燃烧时，要十分考虑时期、绿化状态、气象条件、斜面周边状况等，必须采取对周边不造成影响的方法。

斜面的植被发生病虫害，如果扩展则会影

响到周边地域的农作物和果树等，应当进行及时的防治（药剂施用详细见 7.3.2 病虫害防治（6）药剂施用）。

（2）施肥

施肥是以绿化植物的健壮生长为目的而进行的，为了不使由于肥料养分欠缺而造成植物生长的衰弱，有必要进行适宜的施肥。

植被衰退的主要原因基本上是肥料成分的缺乏。肥料的不足，首先是植被出现变黄现象，如果继续发展则出现裸地化。

在植被出现衰退征兆的情况下，应当立即进行追肥。追肥时，速效性肥料合适，应多使用合成肥料。

施肥的时期，在植物的生长开始活跃时期（4 月末～6 月中旬）进行较为理想。但是，冷季型草在 2 月中旬～3 月下旬（施用有机质肥料）和初秋进行施肥效果良好。此外，如果植被因养分不足而表现异常时，应当进行适宜施肥。

在倾斜度小的斜面上，要用手洒粒状肥料，或者使用便携式施肥机进行喷洒，在陡坡斜面或者高处时，因为危险，可以利用从斜面底部往上撒，或者由斜面上部往下撒的方法。

把肥料溶于水中利用水泵进行喷洒，可以均匀地喷洒到远处，肥效大，追肥效果良好。

（3）浇水

浇水是以养护为目的，在栽植植物的生长初期，出现干燥、当植物的生长出现危害的情况下进行。

浇水根据斜面土壤的性质、斜面的坡向、坡度、植物的繁茂状态相差较大，随时进行检查，注意不要错过浇水的时期。

浇水方法，如果在短时间浇灌大量的水，大部分水容易造成地表径流，所以用少量的水进行长时间灌水较为适宜。浇水法有手动洒水和机械洒水两种。

浇水量因斜面土壤的土质和坡度的不同而不同，通常以 0.5 ～ 1.0L/m^2 为标准。

（4）除草

除草是在栽植植物受到覆盖、妨碍视距、成为火灾、病虫害的发生源的情况下进行的作业。

因为作业是斜面上的作业，通常使用肩背式的旋转割刀和旋风式割刀。旋风式可以吸附割后的草屑。

除后的草，为了防止斜面的土壤贫瘠化，应当尽量保留在斜面之上。但是，如果为了防止火灾的发生，必须对所有的残草进行清除。

雨季之前或者雨季的除草，有可能会形成对斜面侵蚀的影响，应当尽量避免，如果不得已实施的话，则采取残留较高植株的方法。

葛藤，从用地外通过藤茎和种子侵入斜面，由于旺盛的繁殖力会在短时间内覆盖并保持长时间的生长优势，覆盖其他植物并阻碍演替。因此，对于斜面上全部葛藤都有去除的必要。

作为对策是在 5 ～ 7 月的生育期施用只对葛藤有效果的除草剂（参照除草剂 7.4.7 藤本的切除（2）葛藤的防治）。

（5）斜面修补

在进行管理时，对斜面的状态进行评价区分，然后采取对应的养护修补对策。

7.9 建筑物绿化的管理

（1）屋顶绿化的管理

对于屋顶绿化有修剪、病虫害防治等关于植物自体的管理，防止建筑物和设备的功能降低的管理以及达到维持种植功能、营造种植景观等种植目的管理。

作为有生命的生物，植物时常处于生长之中。为了实现规划、设计中的功能和景观，进行周密的管理计划的制订是非常重要的。管理规划就是根据预算等设定管理目标、管理标准。管理目标是指通过养护维持希望得到的形态而设定的目标。管理标准是指为了达到管理目标必要的修剪、整形等所需的年间次数、草花的换植次数等。

功能维持的管理是指，例如遮蔽种植的情况，为了防止乔木的下枝枯死、并使树冠下的小乔木、灌木采光充足，而对乔木进行的疏枝作业等。

为了促进植物的生长，应当使用有空隙、不发生根腐现象而能快速排水、同时保水能力强的轻质土壤等。此外，屋顶空间存在比地上风强、容易干燥、无地下的水分补给等问题，为了使规划设计的目的、功能得以有效的实施，对树木、草坪、花卉等分别进行管理，有必要进行以下的调查检查和养护管理。

1）调查检查

- 树木的生长状况调查

根据第 4 章种植规划 4.2 调查、分析（2）现状的把握 3）植被调查中提出的“树木活力度调查”，进行活力度调查。

- 土壤的飞散状况调查
- 对于土壤的干燥、湿润状态，特别是灌水用水泵要每年进行 1 次分解检查
- 防风支柱的检查
- 对于排水设施，特别是排水篦子周边要每年进行 1 次检查
- 对防水层全体进行每年 1 次检查

2）生长、板结对策

对于荷载和根部板结进行适当的管理。

- 因为建筑物的荷载力有限，为了避免由于植物的生长引起荷载的大幅度增加而要进行管理，因为树木的生长每年都会增加，所以在维持植物健壮生长的同时还要抑制生长，并且有必要进行间伐或者用小树木置换大树木。
- 在人工土壤中栽植的植物与盆栽相同，长时期之后会发生板结现象。虽然由于土壤量、土质以及树种不同而不同，但在快的地方在 5 年左右就会发生板结。

发生板结、生长状况不良的植物，有必要进行切除老根、更换新土。根据树木的状况难以 1 次完成的，应在树木之间挖掘沟槽、填入新土，并每年变换场所进行。

3）枯损木的清除

探明枯损木的原因，进行补植。

- 在建筑物绿化之中，由于各种环境压力，不能进行类似于地面栽植植物的良好生长，枯死的可能性高。

在对枯损树木进行快速清除的同时，找出枯损原因，作为解决方法进行补植，如果是由于树种引起的原因应当更换树种。

- 在密植的地方，随着树木的生长，生长

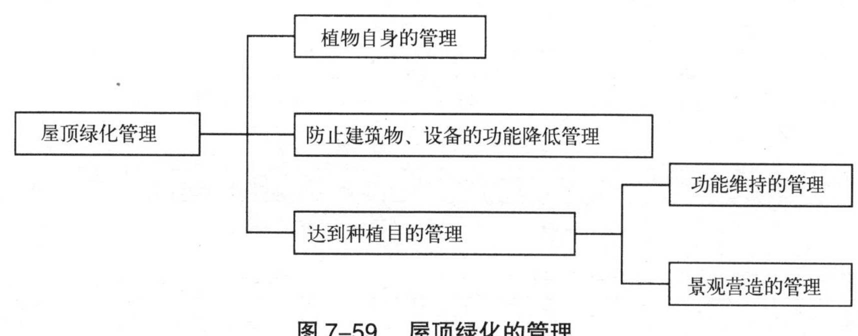

图 7–59　屋顶绿化的管理

势弱的会有枯死的情况。在这种情况下，如果空间得不到扩大不要进行补植，利用周边树木的生长填充该空间。

- 全体枯死的情况下，原因可能是浇水不足或者灌水装置的问题。对这些问题解决之后再换植新的树木。

4）灌水

与地面（平地）相比，屋顶的种植基盘不充分、通常有强风吹刮，植物全体易发生干燥危害现象。

因此，灌水时期、量、方法等都很重要。

- 灌水的时期依照无降雨天数、雨量和土壤的轻质度、薄层等，根据保水性决定灌水间隔和灌水量。今后可以考虑使用收集雨水的循环利用灌水。
- 把感知土中水分的感应器埋在最易干燥场所的地下 30cm 处，用电信号控制阀门开闭，进行一定时间的浇水可以起到节约用水的作用。
- 如果每天进行浇水，不仅使根不能扎往深处，而且成为根腐烂的原因，应当进行间隔浇水。每次灌水量是土壤的保水可能水分的约 1/3 ～ 1/5。
- 灌水量随气候不同而不同，如果在 1 周以上没有 10mm 以上的降雨，采用 3 日 1 次、12L/m^2 程度为标准进行浇水。
- 根据土壤，强力水压有时会引起土的飞散，有时会在土壤表面形成土膜，应当注意水量和水压。
- 利用装置灌水的情况，有必要对装置是否进行正常操作进行定期的检查。特别是使用电池阀门的情况，电池必须进行定期的更换。过滤器的检查在设置初期为每月进行 1 次，以后每半年进行 1 次。利用中水和雨水的情况，注意黏土对末端装置的堵塞，利用末端的闪光阀进行水管内部的清扫。

表 7–48

	装置灌水	
	手动	自动
设备费	高价（比自动便宜）	高价
优点	根据干燥状态进行灌水	通过感应器进行自动灌水，不费力费时
缺点	通常需要劳力	有检查故障的必要
种类	旋转喷头、浇水管、点滴管、渗透管	

5）支柱的补修

树木遭受的风力因绿化的位置不同而不同，随着楼层的增高风力也增强。

另外，以轻质化为目的使用人工土壤的情况，很难像自然土一样坚硬固定，有必要进行支柱的修补。

对于建筑物绿化，存在强风将树木吹倒、树枝和花盆的飞出等重大危险和可能性。轻质土壤时不能用圆棒固定，而利用绳索支柱等对树木进行坚固的支持。

此外，除了地上部支柱之外，还应与地下支柱并用方法，通过对根坨的固定，效果更好。

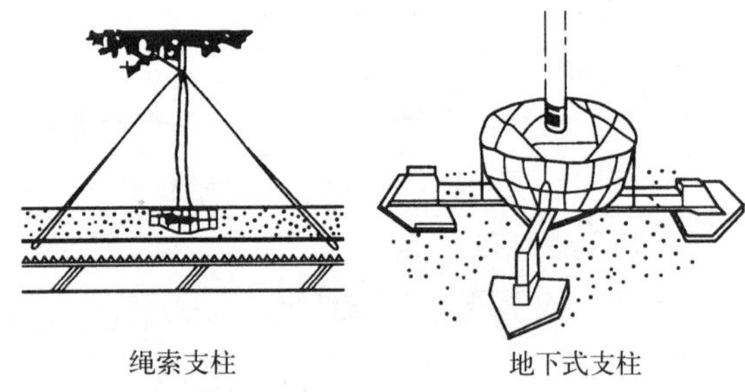

图 7–60　支柱的固定方法

6）防止漏水

应当注意不能使落叶等引起排水孔的阻塞和漏水等事故。

- 屋顶排水孔会因流出土壤、落叶、鸟粪等引起排水阻塞，应当进行检查，不使排水孔产生堵塞现象。
- 对于秋季落叶的树木一般都能考虑到，

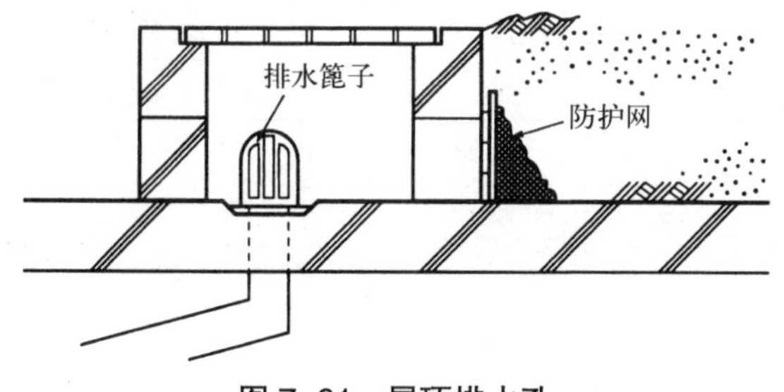

图 7-61　屋顶排水孔

但是应当注意常绿树是在初夏老叶脱落，不能疏忽检查工作。

- 建筑物绿化中建筑物漏水事故的原因大多是由于管理检查的不足引起排水孔的堵塞，当积水超过防水线时发生漏水。
- 在露出防水技法中，在充分注意土壤返挖的同时，在当作菜园等利用时，预先进行耐冲击层的加强作业。
- 在现存建筑物的阳台，没有进行完全防水处理的实例多以盆栽和容器栽培为主。另外，在栏杆上设置盆器、容器时，不仅存在有往外部落下的危险性，而且水、土壤、叶片等也有落下的可能性，必须把盆钵、容器等固定在栏杆的内侧。

7）其他

①施用药剂

出于对建筑防水的考虑，在规划阶段就要在考虑防水的基础上，特别针对耐压性、耐根性、耐腐性、耐细菌性、耐药性、水密性等，采用相应的技术、材料等，对于由于病虫害防治和除草的药剂施用，有必要选择不对防水造成影响的药剂（详细参照 7.3.2 病虫害防治）。

②防止轻质土壤的飞散

轻质土壤易于飞散。对于防止飞散，在土壤表面覆盖地被植物和覆盖材料是有效的方法。另外，覆盖材料对于防止从土壤表面的水分蒸发和防止干燥也有效果。

（2）墙面绿化的管理

提高成为墙面绿化主体的攀援植物的成活性，促进其后的健壮生长，并使其充实，在种植后 1 ～ 2 年的初期管理特别重要。

攀援植物的管理主要有在种植后 1 ～ 2 年的管理和 3 年以后的管理。

种植后 1 ～ 2 年内的管理作业项目主要有牵引、灌水、除草等。

3 年以后的管理作业项目有修剪、病虫害防治、施肥、绿化补助材料的补修等。

其中，灌水、除草根据树木管理的各作业标准进行。

1）牵引

攀缘性植物的牵引是为了促进健壮的生长和墙面的早期绿化，进行攀缘的牵引。

具有吸附性根的植物没有必要进行牵引，但如果对象物的表面凹凸不平，或者有一定的牵引方向时，更具效果。但是，缠绕其他物件往上生长者，牵引的辅助材料多成为绿化的有效手段，应该有必要根据绿化的对象物、植物的种类考虑牵引。

调整网眼的大小和蔓性植物的适应性的关系如下。

①比较小的网眼（5 ～ 10cm × 10cm）易于攀援，绿化状态优美者

素馨、络石、南五味子、常春藤类（使用缠绕类型）、爬山虎（使用缠绕类型）、七姐妹藤、木通。

②比较大的网眼（20cm 以上 × 20cm 以上）的易于攀援者

凌霄、山葡萄、葡萄、紫藤（100 × 100cm 可以）、猕猴桃（100 × 100cm 可以）。

③网眼大小不限者

比格诺藤、金银花、南蛇藤。

另外，根据绿化对象物种类的辅助材料例示如下：

不同藤本植物种类、攀缘方式适合的攀缘辅助材料 表 7–49

攀援方式	植物名	没有攀缘辅助材料	表面处理附属物的安装	网	眼细的铁线网	眼粗的铁线网	栅状的竿
吸附型	薜荔	◎	◎	△	△	×	×
	扶芳藤	○	◎	○	○	×	×
	络石	○	◎	△	△	×	×
	爬山虎	◎	◎	○	○	×	×
	常春藤	△	○	○	○	×	×
		○	◎	○	○	×	×
卷须型	木通	×	×	○	○	○	○
	美国地锦	×	△	◎	◎	○	△
	素馨	×	×	◎	◎	○	○
	南五味子	×	×	○	○	△	△
	金银花	×	×	◎	◎	◎	◎
	比格诺藤	×	△	◎	◎	◎	◎
	南蛇藤	×	×	○	○	○	△
	凌霄	×	×	○	○	○	△
	紫藤	×	×	◎	◎	◎	◎
	七姐妹藤	×	×	○	○	○	○
下垂性	长春花	×	×	×	×	×	×

（注）◎：十分攀缘
○：攀缘
△：一定程度上攀缘
×：不攀缘
（引自《ツル植物による環境緑化の手引》）

①金属制吸声类型遮声壁：方格框架、金属丝、列状框、自由把手、网。

②混凝土制反射板类型遮声壁：网（渔网、金属等）格框架、突出物。

③混凝土喷附斜面、混凝土、砖挡土墙：苔藓状的吸湿性材料、各种网、竹支柱。

另外，金属制遮声壁、混凝土喷附斜面的表面温度在夏季达到 50 ~ 60℃，对藤本植物的侧芽有灼伤损坏，应当设置使其攀缘效果良好的攀援辅助材料。

从斜面顶部、中间小平台下垂的情况，在道路附近风力强，经常会发生伸长的藤本植物的茎被混凝土角切断枯死的现象，作为对策，使用网框进行诱导保护，即使风吹也不会摆动的处理是必要的。

2）修剪

藤本植物的修剪是为了保持藤本植物健壮、美观的状态，对过密枝和过长枝或者遭受病虫害侵害的枝条进行剪除的作业。

修剪的时期从 11 月的落叶到次年 3 月的萌芽之前进行为宜。另外，在梅雨时期也适合，从 6 月末开始最晚到 8 月末结束。

修剪频率原则上为 1 年 1 次。

藤本植物，在徒长枝和强侧枝伸出的情况下，通过修剪可以加工成为密度高、优美的表面覆盖。此外，藤本植物缠绕于附近的树木，若只朝一个方向伸长，有必要进行适当的修剪、促进分枝。

藤本植物经过数年之后，生长于老枝上的新枝不仅影响景观、有碍观赏，而且枝叶重合造成内部闷蒸，成为生理障碍和病虫害发生的原因。另外，附着力衰退的老枝会从壁面剥落。因此，应当尽早进行疏枝修剪，除去老枝，使其更新非常重要。同时，从地表部匍匐的藤茎上直立发出的藤茎，应从藤茎的分枝处进行短截。

藤本植物的主要病虫害和防治 表 7–50

藤本植物名	病害		虫害	
	病害名	防治法	虫害名	防治法
木通	霉病	喷施苯莱特水和剂 2000 倍液	蚜虫	喷施异砜磷乳剂 1000 倍液，蚜灭多乳剂 1000 倍液
薜荔	不特别明显		不特别明显	
素馨	不特别明显		不特别明显	
南五味子	霉病	喷施水和硫磺剂 500 倍液，苯莱特水和剂 2000 倍液	小蓑蛾幼虫 介壳虫类	敌百虫乳剂，喷施异恶唑磷乳剂 1000 倍液，喷施机械油乳剂 20 倍液
金银花	不特别明显		不特别明显	
爬山虎	锈病	喷施代森锌水和剂 500 倍液	葡萄天蛾幼虫 虎斑天牛类 茶褐色毒蛾	异恶唑磷乳剂 1000 倍液，喷施敌百虫乳剂 1000 倍液 喷施螟二乳剂 200 倍液 喷施敌百虫乳剂 1000 倍液
沙参	不特别明显		红螨	喷施开乐散等等杀虫剂
南蛇藤	不特别明显		蚜虫 介壳虫	切除被害叶 喷施异砜磷乳剂 1000 倍液，蚜灭多乳剂 1000 倍液 喷施机械油乳剂 20 倍液
扶芳藤	霉病	喷施苯莱特水和剂 2000 倍液		异恶唑磷乳剂 1000 倍液
花蔓草	不特别明显		卷叶虫	喷施西维因、杀螟松的乳剂、水和剂 1000 倍液
络石	不特别明显		蚜虫 介壳虫类 甲叶虫	喷施异砜磷乳剂 1000 倍液，喷施机械油乳剂 20 倍液 异恶唑磷乳剂 1000 倍液
凌霄	枝条枯死病	病枝烧却，喷施石灰硫磺合剂 10 倍液	介壳虫类幼虫 蚜虫类成虫 蛾类幼虫	喷施异恶唑磷乳剂 1000 倍液， 杀螟松乳剂 1000 倍液 喷施机械油乳剂 20 倍液 喷施异恶唑磷乳剂 1000 倍液， 敌百虫乳剂 1000 倍液
紫藤	肿瘤病 锈病 斑点病	削去病部，涂抗生物质，涂布克里苏油 喷施代森锰剂 500 倍液，喷施代森锌水和剂 500 倍液 喷施代森锌水和剂 500 倍液	豆毒蛾 介壳虫类 金龟子 舞毒蛾 鼻涕虫	喷施敌百虫乳剂 1000 倍液 喷施机械油乳剂 20 倍液 喷施异恶唑磷乳剂 1000 倍液， 敌百虫乳剂 1000 倍液 喷施异恶唑磷乳剂 1000 倍液， 敌百虫乳剂 1000 倍液
常春藤类	不特别明显		介壳虫 蚜虫 卷叶虫 螨类	喷施杀扑磷乳剂 500 倍液 喷施异砜磷乳剂 1000 倍液， 蚜灭多乳剂 1000 倍液
野木瓜	锈病	烧掉病叶	介壳虫	喷施杀扑磷乳剂 500 倍液

（引自《ツル植物による環境緑化の手引》）

3）病虫害防治

病虫害防治是为了维持藤本植物的美观，保持植物健壮生长而进行的作业。

藤本植物，由同一种类进行大面积覆盖的情况多，一个地方发生病虫害则会有蔓延的可能，所以对于发生的病虫害，在正确判断种类和发生状况的基础上，施用最适当的药剂进行防治。

药剂使用的时期和方法，按照 7.3.2 病虫害防治（6）药剂施用标准进行。

4）施肥

为了使藤本植物生长旺盛，提高对病虫害的抵抗力，维持美观，以 1 ～ 2 年施肥 1 次作为原则。

藤本植物绿化面积大的墙面、斜面，因为 1 株长大后支持着大面积的茎叶，所以充分的养分供给十分必要。

施肥时期为基肥在 12 ～次年 2 月，追肥在 6 ～ 9 月施用。

由于地被植物的细根分布在大范围的植株周围，基肥要在地表面薄施。

主要施用迟效性肥料，如果施用粒状固型肥料则每株为 100 ～ 200g。

如果施用高浓度肥料，植物易受寒害，所以施用追肥时，应当稀释后分数次进行（肥料的种类参照 7.3.3 施肥）。

5）其他

在空间有限的容器中栽种藤本植物进行绿化时，栽种 10 年左右后，根充满容器内，土壤的理化性质恶化，废物集聚，土壤全体环境变坏，有时植物的生长会降低。为了促进植物持续健壮的生长采用切断旧根的方法，促进新根产生。或换去栽种植株土壤的一部分，更新土壤环境。

● 维持管理的考虑事项

a. 检查

详细检查排水孔，防止被落叶、污泥、塑胶等物体堵塞。

b. 植物的管理

根据建筑物的荷载，对树木进行剪枝等管理。

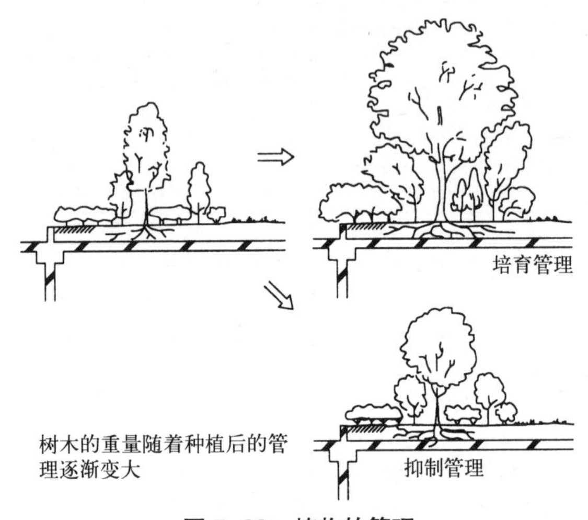

图 7–62 植物的管理

（3）中庭绿化的管理

室内的绿化空间和室外的绿化空间相比，光被限制，没有降雨，没有风，由冷暖气设备引起的温差变化显著，对植物来说成为苛刻的环境条件，养护管理工作不可缺少。

作为管理工作项目，室外植物管理工作以外的特殊措施有：1）采光，2）温度调整，3）清洗，4）通风，5）防治病虫害，6）施肥，7）剪枝，8）其他（打孔眼、交换等）。

1）采光

通过光合作用合成碳水化合物，对植物的生长来说最重要的要素是光照。光变弱的话光合作用降低，随后由叶放出的氧量和植物呼吸所吸收的氧量相等。这意味着植物生产的碳水化合物的量与消费的碳水化合物的量相等，植物停止生长。

- 为了确保采光，防止采光面玻璃变脏，清扫、清洗叶片、修剪、疏枝成为必要。
- 采用人工光照时，注意灯具的清扫、更换。

2）温度调整

温度与植物的自然分布有关系，室内即使不使用冷暖气设备也会产生和室外不同的温度变化。

在开放冷暖气的楼房内，应该考虑到冬季中午的高温、冬天昼夜的温差大、夏季的白天低温、暑期的昼夜温差小、年周期紊乱、在冷暖气设备停止时的低温和高温等。

在没有降雨的室内，气温和湿度的关系密切，湿度极端低时土壤中即使有水分，根也来不及吸收，出现干燥危害。特别是白天，植物光合作用时需要很多水分，低湿度对生长有很大的影响。一般不应该使湿度降到50%以下每进行管理。

- 对策有通风换气、用加湿器加湿、浇水时向叶面喷洒水，喷雾，对植物进行混植。
- 防止浇水和喷雾飞散到种植地以外的对策、对加湿器引起窗外露水凝聚的去除对策是必要的。

3）清洗

室内发生的灰尘大多数附着在植物的枝叶上。室外枝叶上附着的灰尘通过风被吹掉，通过雨水被冲洗。但是，在没有雨水的室内的植物缺少对叶的清洗。不进行该项作业的话，叶的光合作用降低，蒸发作用和呼吸作用也降低，病虫害发生，影响美观。

- 有通过压缩空气喷吹污染物的方法，但紧密附着在叶片上的污物难以掉落，有必要每年进行数次用水清洗。用水清洗的情况，即使施加压力使水成为雾状也需要相当的水量。
- 用水处理时，利用塑胶布作成临时的养护水池，结束后排掉集水。
- 清洗次数，对于观叶植物、耐阴性强、抗病虫害强的植物每年2～4次左右，然而落叶树等对弱光弱、抗病虫害弱的植物，有必要进行更多次数清洗。

4）通风

风使空气混合均匀，对保持空气的一定组成成分发挥作用。提供蒸腾作用产生的水蒸气和光合作用必需的二氧化碳，呼吸必需的氧气，以提高植物的活性等，但是，强风一直吹的话会使植物干燥，对生长也产生障碍，产生叶片萎缩、折枝，倒伏等现象。植物不仅需要地上部的空气，而且地下部的空气也是必要的，地下部的空气由风和雨共同作用，进行缓慢移动。

- 在室内由风为主要原因造成的危害是无风与出风口等人为恒常风。无风通过阻碍地下部的空气流动，引起地下的氧气不足，出风口等恒常风引起干燥危害。
- 作为无风的对策，可以考虑通风换气、强制通风、地下通风、粗粒土壤的使用等。
- 对于出风口的恒常风，选用耐干性树种，避开出风口进行栽植，并考虑出风口方向的变更。

5）防治病虫害

在室内，由于没有降雨和通风，由暖气设备进行加温，病虫害容易发生，而且会传播蔓延，但是如果能完全地排除，几乎不会发生。

- 在室内发生的害虫有红蜘蛛、蚜虫、介壳虫、温室风虱等。病有锈病、炭疽病、病毒性病等。
- 作为病虫害的防治对策，i）定期地进

行巡查检查，尽量早期发现；ii）通过清洗等物理方式除掉；iii）促进植物的活性，增强抗性；iv）利用天敌等生物农药；v）通过施用药剂进行预防、治理等。

- 为了安全、快适的实施，i）–iv）的方法较为理想。
- v）的药剂的情况，使用毒性和臭味小的药剂或者浸透移行性的粒剂，在人出、入间隔时间充裕时进行，并挂防止药剂飞散的帆布，进行换气等措施。

6）施肥

室内的栽种基础多为人工基盘，和自然界不同，没有叶和树枝落下被分解成为腐殖质成为肥料的自我施肥过程。

- 在室内为了避开臭味、发霉、虫害的发生等问题，比起有机质肥料来应当以化合肥料、固体肥料为主体。
- 肥料不会由于雨水造成流失，而是残存在土壤中，为了不发生盐类障碍可以考虑酸性肥料。
- 通过每年1次、2次检查pH、EC，决定施肥量、种类等，要求细心检查。
- 在水培中，因为施肥易引起水质的变化，应当在不断进行检查的同时，制定对应方法。

7）修剪

- 室内的植物，由于光的绝对量不足，出现叶少、叶薄问题，如果进行强修剪会造成衰弱，应当分为数次慎重进行轻度修剪。
- 来自天窗的采光量比地面多，下枝和下边的叶容易枯萎。因此，在去掉枯萎的下枝和下边叶片的同时，为了下枝得到光照而修剪上部枝条。
- 采光量限于建筑物构造上特定方向的情况，在向光的方向上枝条徒长，树形变坏。因此，有必要通过修剪来矫正树形。

8）其他管理

- 打孔眼是对由于自然变硬、踏压等造成固结的土壤进行软化，在改善通风条件的同时，为了使地下茎的根系生长健壮发达而进行。此外，在挖掘土壤时，不要损坏了防水层而造成漏水。
- 在同一地点长时间栽培同一植物，有时生长会较为困难。在这种情况下，根据需要在每个季节、每月或者每周替换植物。

7.10 校园设施绿化的管理

7.10.1 校园的草坪管理

校园的草坪管理，一般参考普通草坪的管理措施。但是，最近，千叶大学的浅野义人等对于和公园绿地等不同的校园中以新型省力、粗放型的草坪管理为目标进行推广，下面进行介绍。

（1）修剪

草坪的修剪高度的标准为2～2.5cm左右，但作为校园草坪，大多数人认为太低，在不损害利用功能的范围内，应该尽可能采用高修剪，至少4～5cm左右的修剪高度较为理想。

主要理由为，低剪可以导致灌水需求大、裸地化、杂草易于发生等缺点。

1）抑制根系发达

草坪进行强度修剪时，叶面积减少导致光合作用产物量减少，由于流动量的减少引起根系变弱。浅根化会减弱从土壤深层的吸水力，因此夏季干旱时进行灌水是必要的。

2）土壤的板结

由低剪引起的叶群层变薄，疏松功能降低，对于土壤踏压的冲击增大，易于引起板结，引起草坪的生长衰退。

3）促进杂草发生

由于低剪减少了叶片量，透过叶片的光对杂草的发芽抑制效果变低，还有相克相生和养分、水分的竞争等抑制效果减弱，会促进杂草种子的发芽和生长。

草坪修剪时，产生的草和枯叶残留在地表面，逐渐聚集形成腐叶层。腐叶层的集聚，在有优点的同时，由于过度集聚还会带来缺点，一般来说，尽可能清除。

（2）病虫害防治

植被的多样性可以抑制特定病害的急剧扩大，从管理的立场看对于病害的敏感度也不同，探讨由多样的草坪草种类、品种的组合混植具有意义。

（3）施肥

施肥量与修剪有密切的关系，践踏也会造成很大影响，根据校园利用、管理状况施用适当的量十分必要。

如过度的施用，使草坪的杂草管理棘手的升马唐、日本早熟禾等杂草类繁茂，从而要频繁修剪，所以适量的施肥是十分重要的。

与暖季型草坪草相比，冷季型草坪草属于光合作用型植物，水分蒸腾比大，氮肥利用效率低，需要大量的浇水和施肥。

除了施用氮、磷、钾三要素肥料，通过施用硅酸肥料，可以提高茎叶的强度，在减轻践踏损伤的同时，也可以增强对摩擦切割和病虫害的抵抗力。

作为实例，根据浅野义人等对千叶县各中小学草坪操场年间施肥量的调查发现，暖季型草坪草的施肥量，平均为40g/m^2·年，比一般草坪的施肥量（100～400g/m^2·年：化合肥料换算）要少。

（4）除草

冬天暖季型草坪草的地上部枯死，由于日阴导致失去杂草抑制能力、造成冬季杂草的侵入，杂草的繁茂会成为草坪的衰退和裸地化开始的原因。因此，在草坪管理中对于减轻最费力的除草工作，暖季型草坪草和冷季型草坪草混植是十分有效的。

（5）年间保绿

年间保绿是指为了补充基础草坪草的休眠时期，补种其他草坪草的种子以保持草坪草全年的绿色，又被称为冬季保绿。

冬季保绿最初使用于美国的高尔夫球场中，在成为基础的绢草类中加入作为补充种子的黑麦草。

在日本，可在成为基础的暖季型草坪草中作为补充种子加入冷季型草坪草。

年间保绿的必要工作步骤如下：

①播种应当选择在基础草坪草活力变弱的秋季进行，有时也在春天进行。

②进行保湿、覆盖等为了提早发芽和生长的准备作业。

③通过播种和填充缝土促使种子与土壤密实，通过浇水进行水分的补充。

④如果平均气温大约在20℃左右，在数日内发芽。

（6）更新

出现草坪草恶化、需要更新的主要原因如下：

①排水不良；

②杂草侵入；

③施肥带来危害；

④病虫害危害；

⑤修剪垃圾的过剩堆积；

⑥践踏造成土壤的板结；

⑦寒害、高温危害、干燥危害等。

在学校设施绿化的管理中，屋顶绿化的管理参考建筑空间绿化的管理。

7.10.2 学校生态区的管理

生物多样性是对种内多样性、种间多样性以及生态系统的多样性进行保护。通过对人为营造出的第二自然，若任其自然演替，有可能失去种类多样性。因此，①设定当前的管理计划；②继续进行监测；③边进行预测和评价，边实行管理；④如果发生问题重新改正计划，进行相应的管理、适当的管理很重要。该过程本身还关系到学生的综合素质和性格的培养。

（1）水边的形态

学校是小学生、学生和居民以各式各样目的来往的地方。所以，必须时常注意人为对生态环境的不良影响。特别是，草地、树林地等陆地和水域邻接场所的水边，营造了生物生长、发育环境条件逐渐变化的移动地带（生态过渡带），成为维持湿生植物、水生植物、各种各样的动物等生物多样性极其重要的场所。学校的水边生态环境，一方面可以避免人为的危害；另一方面能够满足来访者所追求的与自然的接触。所以，应该有必要使生态环境变为具有柔软性的生命力强的场所。注意对环境要素的微妙变化采取适当的措施，培育与当地自然相融合的环境十分重要。然后，溪流的水边生态环境是小学生、学生所期待的宝贵的绿洲。

（2）以蜻蜓为核心的生态保护

关于鸟类请参照第8章施工实例8.4野鸟公园部分，在这里，对于以蜻蜓为核心的生态保护进行阐述。

1）管理方针

①只招引自然飞来的、产卵的种类，不招引以其他途径迁移来的种类。

②进行以水生昆虫为主、对生物多样的生活环境保护的管理。

③进行管理，使其成为在是发生源的同时，又能成为生活密度高的标本园。

④进行不给予入园者不快感的管理。

⑤避免施用药剂、化学肥料等人为作业活动。

2）有水环境的管理

①水的补充，避免长时间的停止供水，保持少量多次的供水。

②对于水质，没必要太在意，但是要经常注意生活排水、农药等携带而来的人为污染。

③ COD、BOD 限定在 10mg/L 以下。但是，在无色透明、不满 2 ～ 3mg/L 的情况下，通过放入枯草、枯叶、枯枝，在基质上混入腐殖质土壤等，使有机质增加。

④ pH 值，从中性到弱酸性较为理想，由于藻类的作用即使在 10 以下，属于弱碱性也影响不大。

⑤尽量不使水温、水位产生大幅度的变化。

⑥注意定期检查水底泥土的质、色、臭气、堆积物等。

3）水生植物、藻类

①对水面进行维持管理，由水生植物的覆盖达到 50% ～ 60% 的斑块状。

②水生植物过于繁茂、达到水面 70% 以上时，通过疏苗或者修剪确保一定的水面。

③对于挺水植物、浮叶植物、沉水植物等，为了能维持生态平衡，注意管理中不能使特定的种类成为优势种。

④以绿藻为代表的蓝藻类，是人为富营养化的主要原因，为防止进行异常繁殖，根据水质调查结果，采取换水和停止有水流入等对策是十分必要的。

4）动物相

①鲤鱼、大口黑鲈等大型肉食性鱼类，牛蛙、美国龙虾、乌龟等威胁到蜻蜓、豆娘等昆虫幼虫的生存，发现后立即捕获。

②到确立生态系统平衡为止，特别是在荫蔽处和积水的地方，类似于蚊子幼虫的孑孓等不为人所喜欢的生物会大量滋生，作为当前的对策是引进捕食孑孓的日本产的大眼贼。但是，如果环境得到很好治理的话，则不会大量发生。

5）周边环境

①对草地进行区域划分，决定管理标准，进行粗放管理，管线管理，保持不使人产生不快感的自然性是十分必要的。

②在修剪区域，不进行全面整齐的割草，对部分割草反复进行，把不同高度的草地进行块状配置。

③如果树木过于繁茂、日照被遮挡的情况下，考虑到动物相的环境，进行剪枝和砍伐等。

④为了维持动物的多样性，在湿地和四周设置砌石和枝叶等多孔质环境，提供动物的栖息场所和繁殖场所。

（3）使用者指导

①把握人的动向和流向，根据需要进行观察地点的扩大，但尽量不要损害生态系统。

②在不进行管理、保持自然性的场所，通过设立展牌等，对来园者进行说明、获得了解。

③为了能够从一定的高度观察水池整体的形态，设置研究观察台。

④在明确表示禁止进入区域理由的同时，原则上禁止捕获、采摘动植物。

7.11　绿色废品再利用（再生资源化）

在自然界，有各种各样的动植物共生着，就像死亡的尸体经过小动物和微生物分解、成为肥沃的土壤一样，以绿色植物为主体的自然生态系统，形成了没有废弃物产生的零排放的循环系统。

现在，作为削减造成地球变暖原因的 CO_2 的对策之一，具有碳素吸收源和循环功能的树木的栽植成为重要的课题。

一方面，在日本于 2000 年 6 月制订了废弃物、循环利用对策的基本原则和政策方针，颁布了《循环型社会形成推进基本法》，随着该法的制定进行了废弃物处理法和废品再利用法的修正。同时，通过以建筑材料为主的三个单独的循环利用法的制订，使企业对环境的责任更加明确化，并要求有新的对应。

在建筑材料循环利用法中，不进行再生资源化的竞标者、投标者同时受到罚款，即使在施工领域，也要求努力进行施工方法的革新和施工技术的开发。

在公园、道路、河川、建筑物产生的修剪枝叶、割草等，作为有用资源的绿色产生物，通过在产生场所适当处理加工为木屑、堆肥、木炭等，减少产生物，通过对不得已产生的绿色产生物的大地还原，达到减低成本和减低环境负担等社会效果，提高政界、业界的印象和扩大业务量等实利效果，提供 IT 的促进和学习环境的场所等，能够达到附带效果。

在国家和地方政府团体优先购买环境意识型的产品的《绿色购入法》于 2001 年 4 月施行的时期，参考江户时代的生物循环型社会，以大规模进行绿色循环利用成为努力的目标。市区和近郊农户，行政机关和企业互相联系，绿色循环利用不单是消除废弃物，从资源有用性的观点来看考虑生活环境和地球环境的循环型社会、为可持续社会作贡献时代或许已经到来。

7.11.1 绿色产物的有效利用

（1）产物的有效利用方法

绿色产物的利用分为在不经过当地加工而利用的原型利用和经过加工而利用的加工利用。

可以将绿色产物的有效利用方法总结如表7–51所示。现在的绿色产物的循环利用，大部分是进行木屑化和堆肥化处理。

（2）产物的设施利用

作为绿色的产物的设施利用如图7–63所示。

- 粗干物……桌子、圆木长凳、圆木玩具等。
- 细干物……木质台阶、标识牌、圆木栅栏、木栅、木桩护岸等。
- 细枝物……作为池塘和水流的护岸设置的栅栏等。

属于自然素材的绿色产物当然要进行腐烂，例如桌子在不能利用后进行解体可以用作燃料木柴，更加腐烂的东西可以作为昆虫的栖息场所。对于绿色产物在发生场所要考虑使其达到最后利用，并还原土地。

在打入土中的木桩上编织竹条和树枝作成栅栏，该栅栏的特征为多孔质。因为不隔绝水和生物的通道、腐烂后还原土壤，可以称为保护自然的方法。为了防治斜面的水土流失，该方法多利用于斜面和护岸。从景观上来讲，也能够感觉到柔和的自然感，在庭园溪流等造景设施中也被利用。

产物的有效利用法　　表7–51

种类	形态	利用技术	具体实例
树木	—	移植	绿色银行、园林树木交换会等
绿色材料 枝、叶 干 根 草 落叶	原型	材料利用	蘑菇栽培 昆虫类饲养 教育材料 手工艺品 玩具工艺品 自己带走等
		设施利用	粗糙叶散置 固定土表 沉床 圆木凳 树名标牌等
	物理加工	裁断	燃料 木柴等
		木屑	覆盖 缓冲材 铺装材 平板砖 堆肥前处理等
	化学加工	加热	炭 燃料等
		添加	饲料等
	生物加工	养料	堆肥 染料等

（3）土壤还原的周期

在自然界，落叶、倒树全部还原于大地、成为土壤，每年营造数毫米厚度的土壤，丰富树木的生活并不断持续着。

因此，管理工作产生的落叶、剪下的枝叶、枯木、砍伐木、杂草、割除的草等，从自然生态系统的周期作为土壤形成的材料还原于大地。而且，在城市中，为了确保植物生长上的有效水分、防止中小河川和下水道的泛滥，抑制雨水的急速流出成为必要（图7–64，图7–65）。

对于土壤还原，就如图7–65所示的不能使周期间断的管理是十分必要的。

（引自《月刊日造協》）

图 7-63

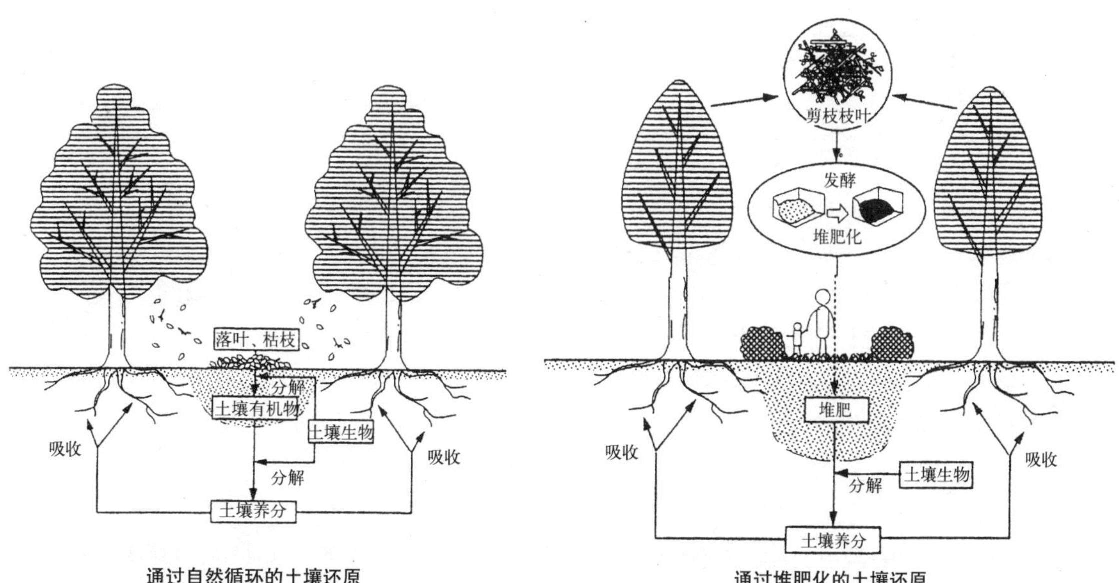

通过自然循环的土壤还原

通过堆肥化的土壤还原

（引自《造園工事業におけるみどりのリサイクルシステムの構築報告書》）

图 7-64

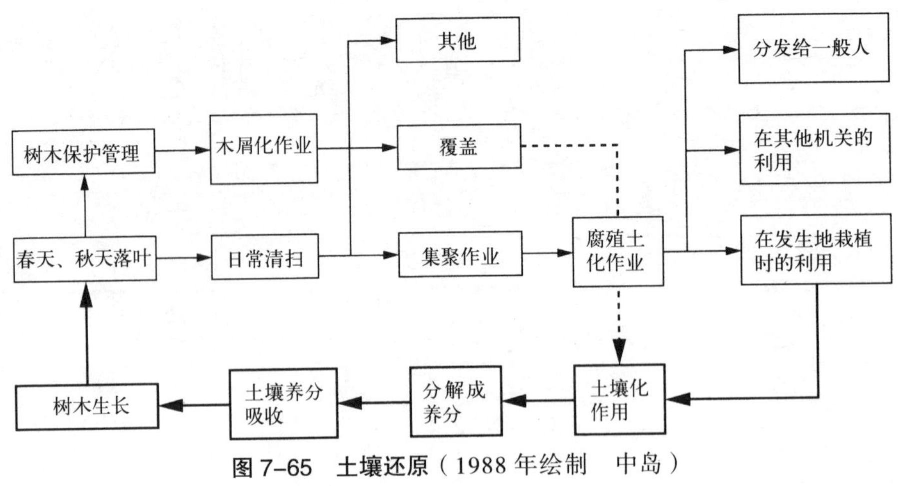

图 7–65　土壤还原（1988 年绘制　中岛）

（4）修剪枝叶的处理

在修剪枝叶的处理上使用枝叶粉碎机，作为以下用途使用：

1）覆盖材料

通过采用厚度为 5 ～ 10cm 左右的均匀铺覆，在夏季具有防止地表面干燥、调整地温、防止杂草等效果。

但是，未腐熟木屑往栽植地的大量施用和在易积水的场所、湿地的施用会成为树木等的生长危害，有注意的必要。

2）缓冲材料

通过在庭园道路上均匀铺设，可以营造出具有缓冲效果的易于步行的园路。同时，在游乐设施周围铺设，具有在摔倒时防止事故的效果，关系到安全游乐场所的确保。

但是，在坡度大的斜坡上施用时有注意流失问题的必要，在游乐场所，应当使用不起毛刺的木屑材料。

（5）均匀铺设的注意事项

进行修剪枝叶的均匀铺设时，在指定场所按照所定的厚度达到均匀使用的效果。还有，均匀使用的场所杂草难以滋生，应当注意不要在不必要的面积内铺设，或以不必要的厚度铺设。

而且，在树木周围有积水的场所和湿地铺设的话，会因产生缺氧导致树木枯死现象，应当注意。

7.11.2　枝叶的木屑化

（1）木屑的性质

1）修剪枝叶木屑的一般性质

枝叶经过机械的粉碎（木屑）化，作为覆盖材料、缓冲材料、铺装材料，在园路、栽植处、游乐设施之下等铺设，在还原土壤的同时，作为堆肥的材料使土壤松软，提高保肥能力和保水性。

2）不同直径大小的木屑的性质

木屑化的方法，根据机械的种类，大小从锯末状到直径 4cm 左右为止，有各种各样的木屑。锯末状木屑易于土壤化，但并不一定适合于野外施用。相反直径大的具有缓冲材料的效果，但作为土壤改良的效果需要较长的时间才出现。

3）木屑化方法不同的性质

木屑化的方法，有用锋利刀具切割的方法和用铁槌敲打的方法，用锋利刀具切割的木屑难于腐烂，有长期保持原来形状的倾向。而且，木屑的机理能够加工成细微的一定尺寸，但不适用于粗枝和大量处理的情况。

用铁槌敲打方法处理的木屑，大小直径不同，看起来不整齐，但可以进行大量的并且对粗枝的处理，由于组织被破坏，土壤还原所需时间短。

4）不同树种的性质

一般针叶树比阔叶树含有蜡质成分丰富，难以腐烂，在比较长的时期内有保持原来形状的倾向。

（2）枝叶树根粉碎机（粉碎机）

1）粉碎机的分类

①根据移动性的分类

- 车载式：即使轻型卡车也能容易移动的紧凑类型。
- 自走式：标准类型。
- 固定式：设置于粉碎工厂的大型类型。多用于废材处理，而多不适用于类似修剪枝条的自然材料。

②根据机械性能分类

- 粉碎类型：在现场进行粉碎的机械，根据排出通风管形式有放置与直接装载于卡车的类型。
- 粉碎、贮藏、搬运类型：具有收纳功能的输送效率型类型。
- 修剪、吸引、粉碎、贮藏、搬运类型：装备有切削小乔木、灌木、附带有吸引功能的裁断机的多功能类型。

③根据目的性分类

- 粉碎化类型：通过木屑化达到减少容量目的的类型。
- 混合肥料化类型：在修剪枝叶的同时，能够投入未腐熟垃圾。以混合肥料化为目的的类型。

④根据投入材料种类的分类：

- 间伐、拔根木材处理类型：用于森林开发的大型木材粉碎机。
- 修剪枝叶处理类型：使用于公园、行道树等的标准类型。
- 落叶、割草处理类型：比起木屑化更注重减少容量、混合肥料化为目的的类型。

2）粉碎方式

粉碎机的粉碎方式根据投入材料的种类、目的性而不同。以下是以修剪枝叶为对象的对一般粉碎方式的分类。

主要粉碎方式一览　　表 7-52

粉碎方式	粉碎形态	移动性	投入材料			最大处理直径	特征
			枝叶	叶	草		
2 轴式切割	填入、碾碎	自走式	○	×	×	8cm	粉碎减容、收纳搬运
鼓式切割、合成速度方式（二次处理）	切成碎片	车载式	○	△	×	15cm	紧凑型 整体大小 1.0m
鼓式切割	切断	自走式	○	○	×	15cm	可以调整粒度（从木屑到锯末）
粉碎刀、切碎刀（二次处理）	切断之后敲碎	自走式	○	○	×	13cm	油压式
粉碎刀片、切碎刀片（二次处理）	切断之后敲碎	自走式	○	○	×	12cm	落叶也可以，需要填入口部
切割圆盘、锤（二次处理）	切断之后敲碎	自走式	○	○	△	7.5cm	装备有裁断机、吸引装置的多功能机械
三层鼓方式（同时三次处理）	切、敲、捣碎	自走式	○	○	○	50cm	带有粒度分布 带根树木可以
摇动铁槌	敲捣碎	固定式	—	—	—	—	不适合于未腐熟木材 处理能力强
大锯驱动式	切断之后揉碎	自走式	○	○	○	7cm	混合肥料用 可以投入未腐熟垃圾

- 2 轴式切割方式：拉入、碾碎
- 鼓式切割方式：切成薄片后粉碎
- 切割、槌打二次处理方式：切断、敲碎
- 三层鼓方式：切割、敲打、粉碎

切割、槌打二次处理方式以及三层鼓方式对叶片也能够进行细小粉碎，但其他方式不能够对叶片进行细小粉碎。

3）投入材料的大小

最大处理直径为 12 ～ 15cm 居多；到 8cm 左右为止是以混合肥料为目的；三层鼓式可以处理直径达 50cm。

4）排出木屑的形状

木屑形状根据现在的粉碎方式，可以分为捣碎、切断、粉末三种。加工成哪一种形状，根据加工成覆盖材料还是混合肥料用目的，由之后的加工工序等所决定，很难一概定论。同时，如果着眼于木屑化的目的之一的减少容量，粉末状效率最高。

（3）木屑的品质标准

以覆盖材料、铺设等为目的考虑木屑供给情况的品质，应当注意下列事项，结合使用目的、地区等进行使用。

①分类

- 修剪、整形枝叶
- 带根植株、竹竿
- 草坪、草、花草

②粒度

- 粒度粗的木屑材料，根据使用目的有必要进行二次粉碎或者过筛处理。
- 粒度细小的木屑在堆肥化过程中分解快，细菌的繁殖能力强，适于自然发酵型堆肥。
- 作为覆盖材料使用对粒度没有特殊要求。
- 细小粒度的木屑会被风吹散，被雨冲刷，难以着火，在斜面上使用安全。

③使用目的

根据使用目的调整素材、粒度。覆盖材料用、家畜垫料代替稻草用、缓冲材料、铺装铺覆盖材料等。

表示项目

作为覆盖材料、铺设材料供给的情况，表示以下的项目：

①原材料：由植物的修剪枝条等制造的能够放心使用的堆肥。

②粒度：G−30、G−50、无调整

③使用目的：主要使用于△△

④使用上的注意：

- 作为家畜垫料使用的情况，确认有无有毒植物的混入。
- 因为为天然素材，可以作为蘑菇的培养基材。

粒度　　表 7–53

名称	粒度（直径）	筛子眼大小（mm）通过品质		目的	备注
G−30	30mm 以下（0 ～ 30mm）	4.75 31.5	30% 90%	堆肥化	木片小，叶片不能保持原来形状
G−50	50mm 以 下（0 ～ 50mm）	53.0	90%	斜面覆盖材料 覆盖材料 缓冲材料 铺装铺设材料	对于覆盖材料等，在人直接接触的场合，要考虑注意安全性和形状。
	无调整			一次处理 燃料用途 减少容量	根据使用目的、依照上述条件，有必要进行粒度调整

（引自《チップ及び堆肥の特記仕様書（案）》）

将修剪枝叶木屑化，并用卡车装载、搬运。

照片 7-25　木屑搬运

- 根据素材，有的会发出植物固有的香气。
- 两周以上装载、放置的情况下，有些会发生发酵臭味，木屑化处理之后应当迅速铺设。
- 为了在斜面上均匀铺设，根据需要，必要时设置辅助设施。
- 在现状土壤透水性差的地方，有可能会发生臭味，应当避免铺设。
- 为了不产生发热、厌氧发酵等危害，应当考虑适当的厚度。

7.11.3　腐叶土化、堆肥化

腐叶土是指用如下方法得到的腐殖土，是腐朽物质的程度。

腐叶土化的方法有：①在栽植地内铺设落叶、杂草、割除的草，由土壤动物使其腐叶土化的方法；②枝叶等作为覆盖材料进行灵活运用，经过长年使其腐叶土化的方法；③在特定的场所集聚枝叶等，使其腐叶土化的方法。

在特定的地点上集聚枝叶等，使其腐叶土化的方法是指，在庭园和苗圃等从过去一直使用的腐叶土化、堆肥化。

目前，随着绿化事业的发展，结合枝叶的木屑化设置正式培养设施的地方公共团体数量正在增加。

（1）腐叶土、堆肥的功效

- 包含氮、磷、钾等植物生长必需的有效成分。
- 通过盐基交换容量，具有增加土壤保肥力的作用。
- 通过适当混入腐熟有机物，具有改善保水性、通气性的作用。
- 由农药带来的微生物干扰扰乱，容易发生连作危害，完全腐熟的有机物对其有改善的功效。

（2）堆肥化的程序

堆肥制造的标准流程如图 7-66 表示。

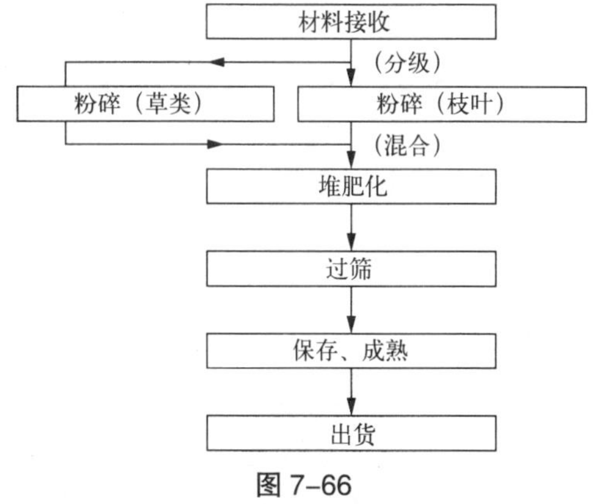

图 7-66

1）接收

对搬进的植物材料进行称重，堆积于临时放置场所。

- 把割下的杂草、割下的草坪草等草类和修剪的枝叶、根、粗干等分开放置。
- 除去罐、瓶子、塑料袋、塑料制品、碎石之类的砖块、垃圾。
- 接收时，在记录搬进的每种植物材料种类的重量同时，还要记录产生场所。
- 使用供卡车使用的称重机器。
- 为了清除垃圾，在摊开材料、搬运整理搬入物时，使用推土机（附带叉具）以及油压装载机。

2）粉碎

- 事先除去根部的泥土。
- 根和粗干由劈木机进行预先处理，使之粗细度成为可以放入粉碎机内的程度。还有，对于根的预先处理，有的还采用压碎机。

对枝叶和草类进行混合制作堆肥的程序如下：

- 利用粉碎机粉碎修剪下的枝叶。
- 草类用粉草机进行粉碎，在草类粉碎的同时投入事先用粉碎机粉碎的枝叶进行混合。混合时间在 30 分钟左右。
- 如果枝叶和草类的混合比率是 1：5 左右，则可以得到高品质的堆肥。如果只有草，则过于柔软，变为泥糊状。
- 往粉碎机中投入枝叶时利用推土机进行。

3）堆肥化

- 把利用粉碎机混合之后的材料使用推土机或者油压装载机堆积成垄状。因为温度管理和水分管理的需要，堆积的高度在 1.5 ～ 2.0m 以下比较理想。
- 为了往堆积中输送新的空气，每月 2 次左右利用推土机进行翻覆。有时还会使用专用机械在进行翻覆的同时进行洒水。
- 理想的水分比是 50% ～ 60%，但是可以在 40% ～ 70% 的范围内进行适当的洒水。
- 从开始到过筛为止的发酵、堆肥化所用时间，因使用材料的种类、混合比率、发酵系统的不同而不同，快者需要发酵 3 ～ 4 个月左右，通常是 6 个月左右，然而制作完全腐熟的堆肥需要 1 年以上的时间。

4）过筛

- 为了使经过发酵的堆肥具有稳定的品质，需要利用油压装载机进行过筛，进行粒度调整。

5）保存、成熟

- 完成的堆肥放入保存仓库中，一边调整水分一边保存。

6）出货

- 使用装袋机进行装袋。
- 在袋上标明品质、制造年月日等。还有，将来有必要印制造园行业独自的标志。

（3）堆肥的品质标准

作为堆肥供给时的品质标准需要注意以下事项，并考虑使用目的和地区。

堆肥的品质标准根据制造过程和完成品来决定。

为了堆肥有稳定的质量供给，需要从客户的立场关注质量问题。

1）堆肥制造过程的品质标准

确认与品质有关的下列事项，去除作为堆肥的不良因素。

- 不要有树种的偏向
- 不要有枝叶比率的偏向
- 水分
- 发酵期温度、成熟期温度
- 养护期限、状态
- 保管状态

制造过程的管理标准

成熟期是发酵结束后的期限，到发酵结束需要 3 个月。

表 7–54

温度管理和水分管理	1 次 /10 天，并进行记录
温度管理	1 个月以上保持在 60℃以上
腐熟期间的水分比	理想为 50% ～ 60% （在 40% ～ 70% 的范围进行管理）
腐熟期限	根据发酵的方法、原材料的种类决定适当期限

（引自《チップ及び堆肥の特記仕様書（案）》）

2）关于完成堆肥的品质标准

完成堆肥的品质标准根据以下事项进行确认，排除不良制品。

- 原料：属于庭园的植物原材料。
- C/N 比
- 全氮含量
- 全磷酸含量
- 全钾含量
- pH
- 水分

但是，表 7–55 中的标准不适用于自己使用的情况。

表 7–55

标准值	肥料管理法、自主管理标准
品质判定	品质判定标准
产品的分析	每年实施一次以上 原材料变更时，进行重金属类含量的分析
原材料的标明	必要
C/N 比	35 以下

（注）但是，上述标准不适用自己使用的情况。
（引自《チップ及び堆肥の特記仕様書（案）》）

3）品质判定标准

完成的堆肥的品质判定，从堆肥为有机物，在制造过程中利用了微生物的自然发酵，堆肥条件由于制造时期、环境、地区等不同而不同，在数值化的同时，由人进行判断是很重要的。

根据经验、感觉判定的标准，根据以下方法进行：

- 没有恶臭气味的堆肥。
- 握起来时保持有适度的弹性。
- 握起来时保持有适度的湿度。
- 颜色从深褐色到近黑色。

第8章

施工实例

8.1　屋顶花园

8.1.1　概要

表 8-1

名称 种类	城市公园，小菅东运动公园
用地面积	总体面积约 36000m^2，游览面积约 36000m^2
种植概要	乔木 1360 棵，小乔木 1300 棵，灌木 20000 棵，地被类 7000m^2，花菖蒲 2400 棵
设施概要	日式庭园，中央广场，儿童活动角，自由运动广场，竞走路线与散步园路，草坪广场，网球场等

8.1.2　实例介绍

该运动公园是通过市、区、地方居民协议会的决定事项，以污水处理场上部（高于地面约 12.0m）的有效利用和地区的环境改善，满足居民运动、娱乐的需要为目的，进行建设的屋顶花园。

（1）基本思路

①水面和绿地相搭配协调的花园。

②作为地域交流活动的场所。

③设置居民随时利用的运动设施。

④作为家族、朋友等一起娱乐的场所，可以进行野炊、运动的娱乐场所。

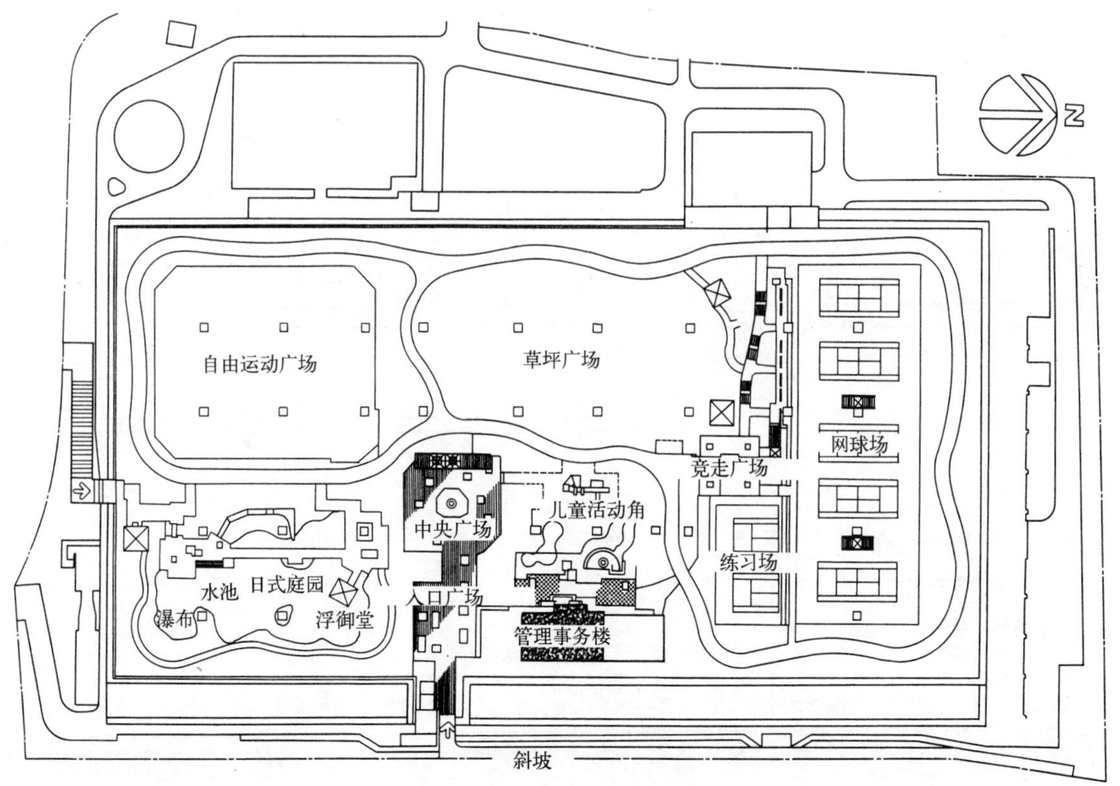

图 8-1　设施配置图

(2) 种植的基本方针

①在草坪和广场中人力种植绿色植物，提高园内的舒适性，进一步促进地区整体环境的改善。

②克服污水处理厂屋顶上的恶劣环境条件，创造出可持续性的植物景观。

③为了充分享受自然环境的变迁和四季景观的变化，以花灌木、彩色树木、观果树木等表现出季节感。

④通过二层种植、天际线形成、轴线等手法，进行印象性的景观构成。

⑤为了充分发挥种植功能，有必要明确各区的种植目标。

⑥通过种植可食果实的树木，营造可以满足鸟类来访的环境。

(3) 种植分区

如图 8-2 所示。

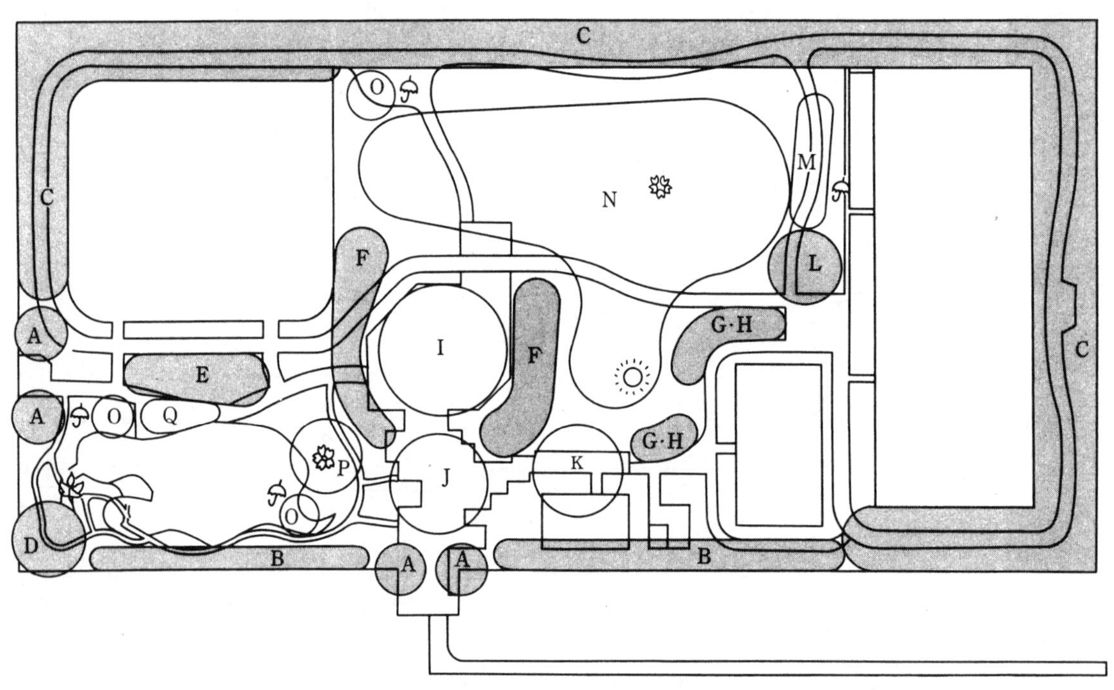

图例

：以常绿树为中心的种植

：以落叶树为中心的种植

：早春～春

：梅雨，初夏

：夏

：秋

A 作为营造入口聚集气氛的绿化

B 周边绿化

C 外围的遮挡绿化

D 瀑布背景的绿化

E 分隔运动设施和造景设施的绿化

F 包围中央广场的绿化

G，H 隐藏儿童广场、网球场入口广场的绿化

I 中央广场的绿荫种植

J 主入口的绿化

K 管理事务所前广场的绿化

L 花架，网球场的强调绿化

M 胡枝子的花洞

N 草坪广场绿化

O 树干旁用作造景区域的绿化

P 沿地绿化

Q 菖蒲田

图 8-2 种植分区图

（4）基盘营造

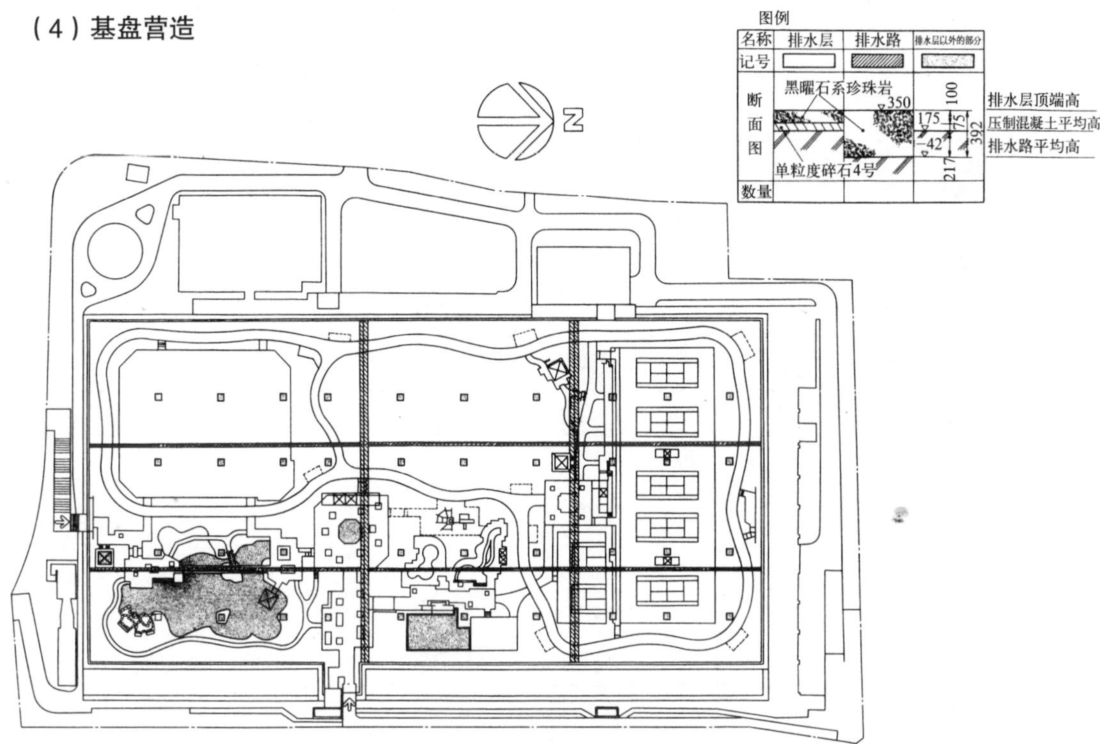

图 8–3　排水层铺设平面图

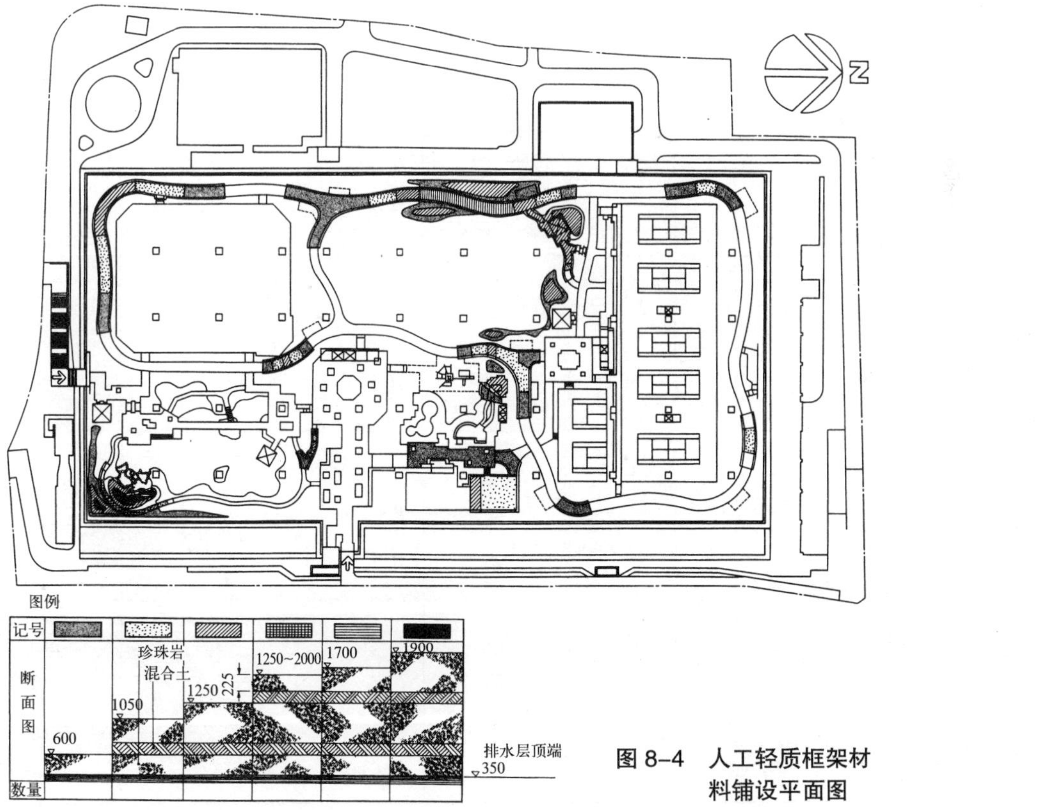

图 8–4　人工轻质框架材料铺设平面图

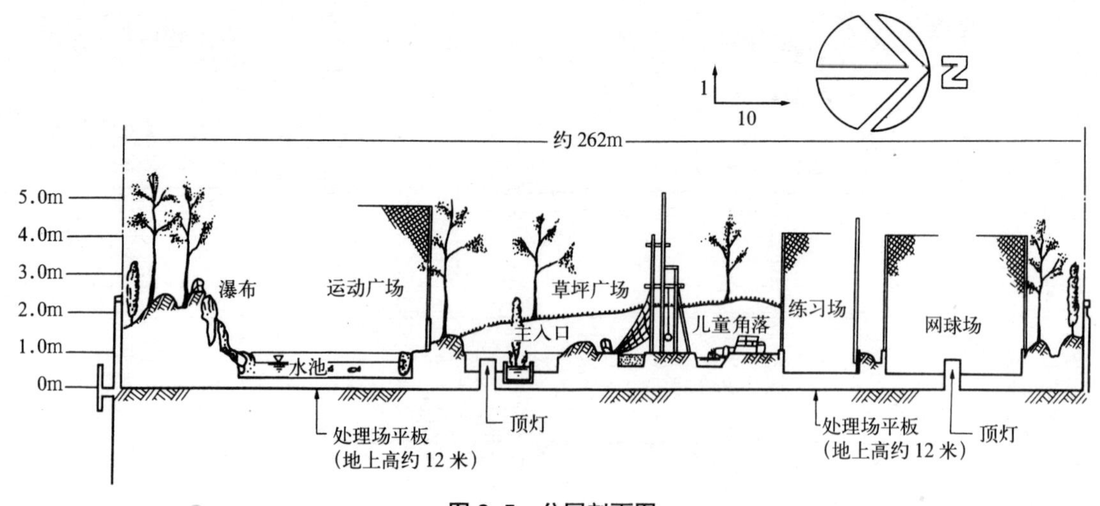

图 8–5　公园剖面图

（5）种植设计

图例

记号	树种	单位	数量	记号	树种	单位	数量
ヤ	杨梅	棵	241	コ	日本辛夷	棵	4
マ	米槠	〃	12	ハ	玉兰	〃	2
マ	米槠	〃	210	ナ	假山茶	〃	6
シ	青椆	〃	82	モ	鸡爪槭	〃	9
ス	尖叶栲	〃	65	ウ	梅花（白）（红）	〃	22 7
モ	细叶冬青	〃	139	ウシ	垂枝梅	〃	2
ケ	榉树	〃	13	サル	紫薇	〃	4
ネ	合欢	〃	15	ハナ	多花狗木	〃	（白 5 红 3）8
エ	国槐	〃	27	シモ	紫玉兰	〃	3
エ	国槐	〃	33	○	珊瑚树	〃	113
ア	榔榆	〃	19	⊘	乌岗栎	〃	24
∴	杂木类	〃	72	○	日本毛女贞	〃	126
·	杂木类	〃	70	⊕	厚皮香	〃	18
ナ	乌柏	〃	8	●	枸骨	〃	81
ナナ	花楸	〃	16	◉	桂花	〃	9
ソ	染井吉野樱花	〃	4	◑	桂花	〃	38
サ	重瓣樱花	〃	6	○	茶梅	〃	200
ヤ	紫叶李	〃	10	◐	山茶	〃	273
シダ	垂樱	〃	1	◬	西府海棠	〃	15
オオ	大岛樱	〃	2	☮	海棠果	〃	20

续表

记号	树种	单位	数量	记号	树种	单位	数量
	杨梅	棵	241		珍珠花	株	36
	四照花	〃	5		连翘	〃	44
	山茱萸	〃	5		卫矛	〃	55
	木槿	〃	10		八仙花	〃	37
	白蜡	〃	10		野生八仙花	〃	81
	荚蒾	〃	30		金雀花	〃	8
	紫荆	〃	20		金丝梅	〃	168
	落霜红	〃	10		绣线菊	〃	20
	南天竹	株	8		吊钟花	〃	128
	桃叶珊瑚	〃	666		贴梗海棠	〃	40
	桃叶珊瑚	〃	208		日本杜鹃花	〃	30
	夹竹桃	〃	12		三叶杜鹃	〃	5
	秋胡颓子	〃	152		胡枝子	〃	20
	八角金盘	〃	222		棣棠	〃	55
	乌岗栎	〃	1647		白花棣棠	〃	25
	马醉木	〃	212		丁香	〃	20
	六道木	〃	2412		萼状金丝桃	〃	2275
	大紫杜鹃	〃	2928		筋骨草	〃	5532
	琉球杜鹃	〃	1440		萱草	〃	1475
	雾岛杜鹃	〃	2800		匍匐福禄考	〃	1274
	皋月杜鹃	〃	2262		斑点珍珠菜	〃	1188
	栀子	〃	76		花蔓草	〃	2225
	石斑木	〃	1200		平枝栒子	〃	1150
	火棘	〃	145		玉簪	〃	30
	柃木	〃	30		大吴风草	〃	50
	十大功劳	〃	60		射干	〃	200
	金丝桃	〃	705		石菖蒲	〃	150
	红花石斑木	〃	141		贯叶忍冬	〃	30
	日本荚蒾	〃	20		金银花	〃	30
	寒山茶	〃	246		络石	〃	30
	浜柃	〃	66		素馨	〃	30
	瑞香	〃	128		凌霄	〃	8
	圆叶石斑木	〃	39		紫藤	〃	5
	海桐	〃	954		木通	〃	8
	小栀子	〃	255		细叶结缕草	m^2	1769
	圆柏	〃	60		小叶麦冬	钵	3348
	锦带花	〃	54		小熊竹	〃	5688
	麻叶绣球	〃	57		花菖蒲	株	2400
	少女蜡瓣花	〃	155		睡莲	〃	40
	紫珠	〃	18				

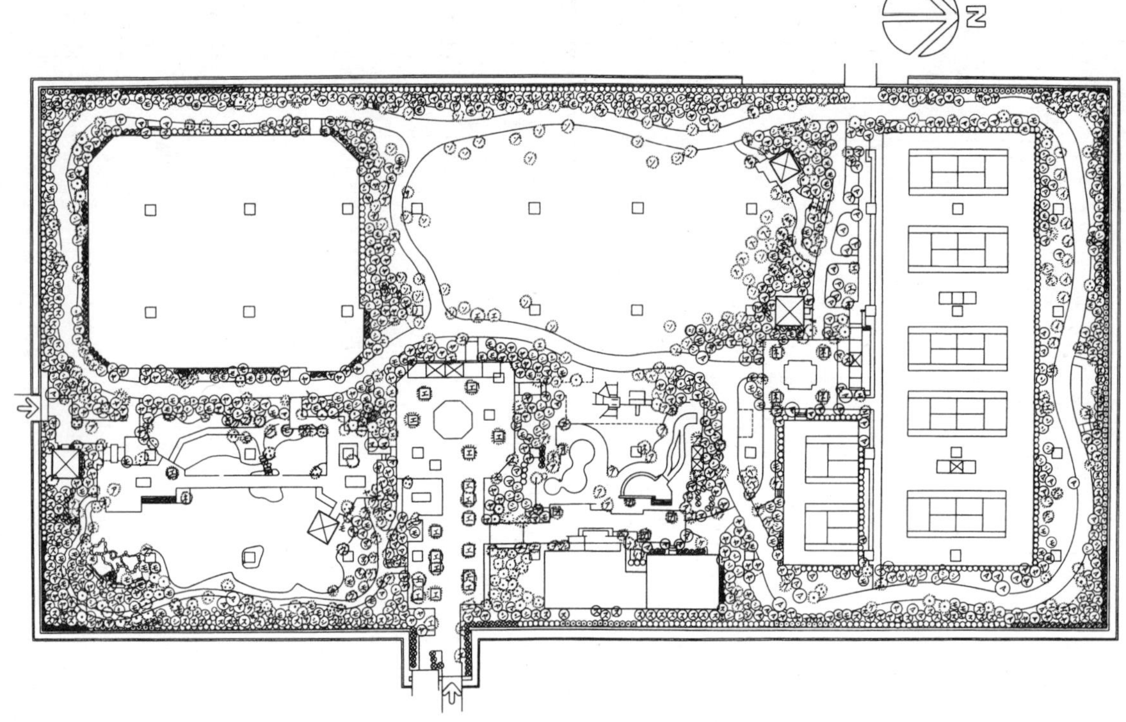

图 8-6　种植（乔木）平面图

照片 8-1　日式庭园部分（从南向北拍摄）

8.2　防灾公园

8.2.1　概要

表 8-2

名称 种类	地区公园，和平森林公园
用地面积	总体面积 $6.6m^2$，展览面积约 $2.5m^2$
种植概要	乔木、小乔木 2224 棵，灌木 8325 棵，草坪（细叶结缕草）$10333m^2$，地被类 1270 株
设施概要	少年运动广场，水边游憩广场，儿童角，儿童用水池，蓄水槽兼灾害时厕所，弥生时代复原民居，给水设备，旋状喷头配管（888m）

8.2.2　实例介绍

这个防灾公园以确保居民的避难场所为目标、是在监狱搬迁之后的土地上建造的，区和都一起取得土地使用权，区政府利用该土地作为防灾公园对外开放。都政府收回用地中的约 4ha 几乎将其全部建设为地下式污水处理场，在区民协议会决定基本规划方案的基础上，作为防灾公园进行了整体的建设营造。

（1）基本思路

1）综合防灾功能的确保

规划用地不是单独作为具有防灾功能的空间。为了最大限度地发挥广场的防灾功能，确保周边避难道路、河流、救援中心、公园等不燃烧空间的连续性是必要的。

2）公园易于日常使用的确保

确保公园日常使用的便利性，提高利用度，当灾害发生时容易发挥避难功能。

3）植物和水系网络的确保

使妙正寺川沿岸绿道化，并使之与本公园连接为一体，创造植物和水系网络。此外，本公园能够利用污水处理设施处理过的水引入水景，对公园来说可以提高观赏价值。

（2）种植的基本方针

①在公园周边围绕防火树林带，利用下水的处理水进行水幕设置，并在东南、南、西南面栽植特别宽的林带。

②因为热气流具有不断向高空上升的性质，植被带为了促进空气上升，从市街地一侧开始按照顺序栽植灌木、小乔木、乔木。

③树木配置上，以常绿树为中心，利用多样的树种构成植被带，使人欣赏到四季季相变化的自然景观。

④无论哪位区民都可以随时在污水处理厂的覆盖部顶部进行娱乐休憩活动，同时为了灾害时能够容纳更多的人，将该处修建成为草坪广场。

（3）种植分区

1）防火树林带区域

围绕外围部约 15 ~ 30m 的宽度范围，高密度栽植常绿树，形成本公园发挥防灾功能的主要树林带，同时考虑周边的景观效果混植落叶树。

2）花木园第 1 区域

妙正寺河邻接的新造成的倾斜地，成为从妙正寺河西北侧新的眺望空间。利用倾斜地上部的平坦处，主要通过栽植樱花营造花木园。监狱北侧附近现存观赏价值高的樱花，成为居民娱乐休憩之处。该处营造的花木园，在作为樱花赏花广场利用的同时，远观也非常引人注目，可以为周边居民提供休憩场所。

3）花木园第 2 区域

水广场的周围是花木园，中心栽植开花美丽的灌木类，与水面一起形成了明亮华丽的空间。

4）杂木林第 1 区域

在自然式溪流的周边种植密度高的杂木林，在表现寂静空间氛围的同时，种植野鸟可以采食果实的树木，与水面共同形成观测鸟类的区域。

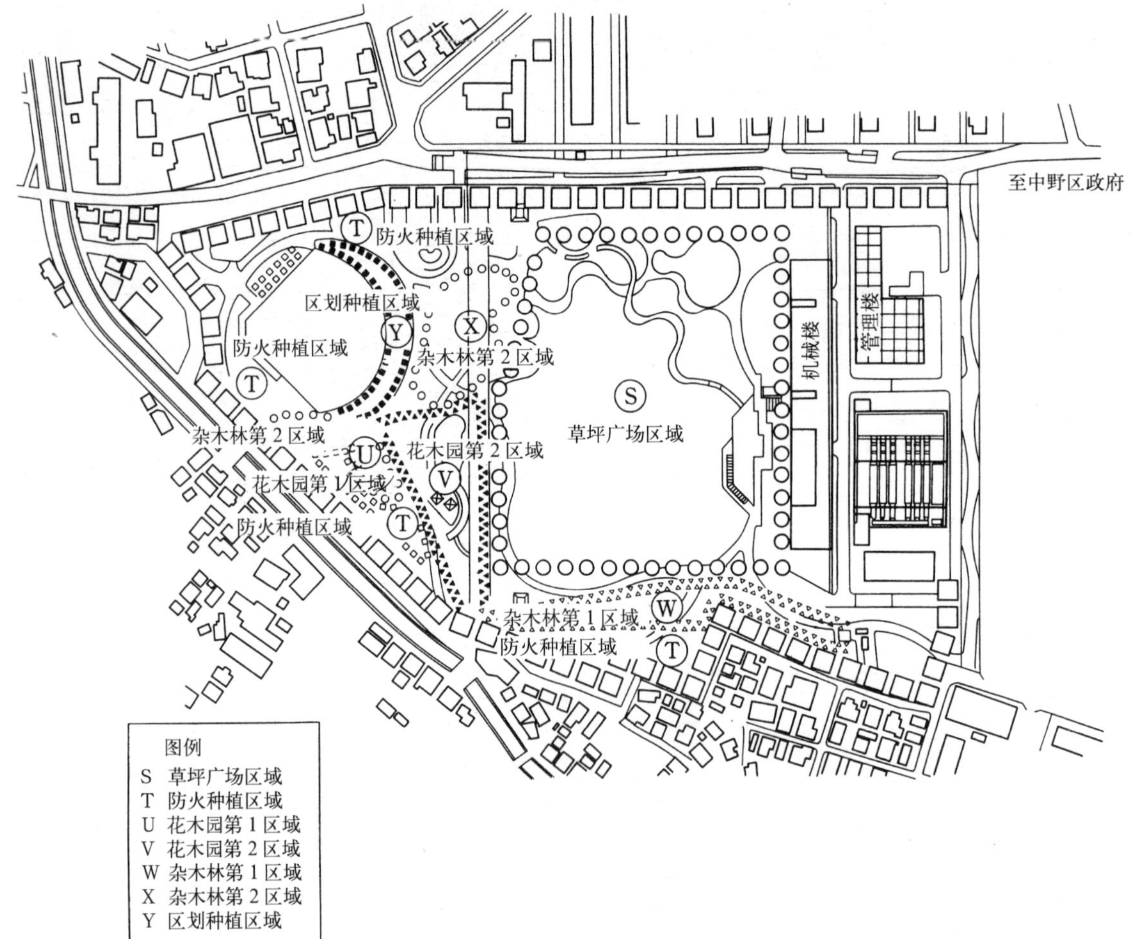

图 8–7　种植规划图

5）杂木林第 2 区域

与种植密度高的杂木林第 1 区域相比，杂木林第 2 区域是疏林式的明朗杂木林，发挥着休憩以及造景的功能。

6）种植区域

少年运动广场的南侧（外野部），高密度栽植以常绿树为中心的树木，隔离广场和公园的其他部分。因为从避难广场的必要性来看不能设置栏杆等，树林带和小山形成一体发挥防止练习球飞出的作用。此外，在非常时期可以作为安全性高的避难广场。

各种植分区构成树种　　表 8-3

图例	种植区域	功能	构成模式图	构成树种		
				乔木	小乔木	灌木
T	防火种植区域	遮蔽种植 • 防火 • 公园的骨架形成	乔木＋小乔木＋灌木（密度高）	铁冬青 交让木 杨梅 尖叶栲 青棡 银杏　等	珊瑚树 山茶 茶梅 柊树等	石斑木 桃叶珊瑚 海桐 柃木　等
U	花木园第 1 区域	造景种植 • 赏花 • 远景	乔木＋草坪	樱花 等		
V	花木园第 2 区域	造景种植 • 休憩	灌木中心	樱花 多花狗木 玉兰 日本辛夷 等	山茶 茶梅等	杜鹃 大紫杜鹃 八仙花 吊钟花　等
W	杂木林第 1 区域	造景种植 • 鸟类观测	落叶乔木（密度高）	麻栎 枹栎 朴树 冬青 日本辛夷 榉树等		紫珠 荚蒾 花楸 西南卫矛等
X	杂木林第 2 区域	造景种植 • 休憩 • 鸟类观测	落叶乔木（疏林）	麻栎 枹栎 朴树 野茉莉等		桃叶珊瑚 钝齿冬青 柃木等
Y	隔离种植区域	隔离种植 • 防球 • 防火	乔木＋小乔木＋灌木（密度高）	石栎 尖叶栲 青棡 榉树等	珊瑚树 厚皮香 山茶等	杜鹃 桃叶珊瑚 马醉木 钝齿冬青等

（4）种植设计

记号	树种	数量棵数	记号	树种	数量棵数
	（常绿乔木）			（落叶乔木）	
8-カク	树参	34	(いA)	银杏	5
8-キン	金桂	142	(いB)	银杏	6
(クA)	樟树	38	(も)	鸡爪槭	6
(クB)	樟树	4	(うA)	梅花（白）	2
(クロ)	尖叶栲	36	(うB)	梅花（红）	1
8-サザ	茶梅	180	(え)	朴树	10
8-サン	珊瑚树	280	(モA)	杂木类	12
(シA)	青桐	53	(モB)	杂木类	20
(シB)	青桐	38	(けA)	榉树	9
(スA)	尖叶栲	78	(けB)	榉树	32
(スB)	尖叶栲	54	(けC)	榉树	17
(タ)	鳄梨	59	(こ)	日本辛夷	22
8-ヤブ	山茶	378	(お)	大岛樱花	20
8-ネズ	日本毛女贞	259	(よ)	染井吉野樱	1
8-ヒイ	柊树	197	(さ)	紫薇	6
(マA)	石栎	8	(し)	紫木兰	2
(マB)	石栎	4	(は)	白玉兰	2
(マC)	石栎	10	(みA)	多花狗木（白）	7
8-モッ	厚皮香	70	(みB)	多花狗木（红）	8
(モA)	杨梅	59	8-むく	木槿	23
(モB)	杨梅	11		（移植树木）	
(ユ)	小交让木	20	○	—	85

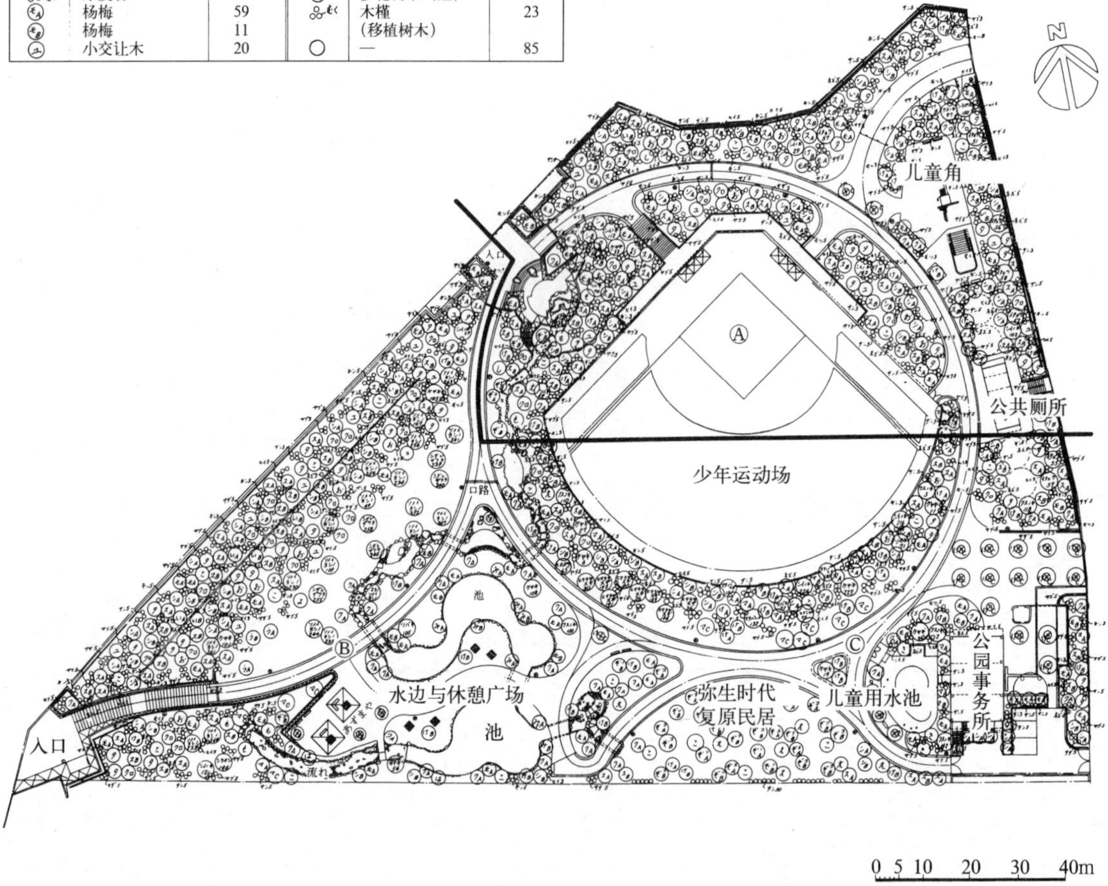

图 8–8 种植（乔木）平面图

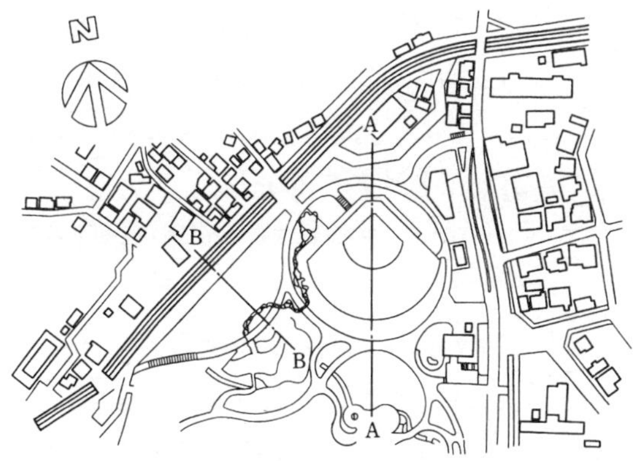

图 8-9　断面位置图

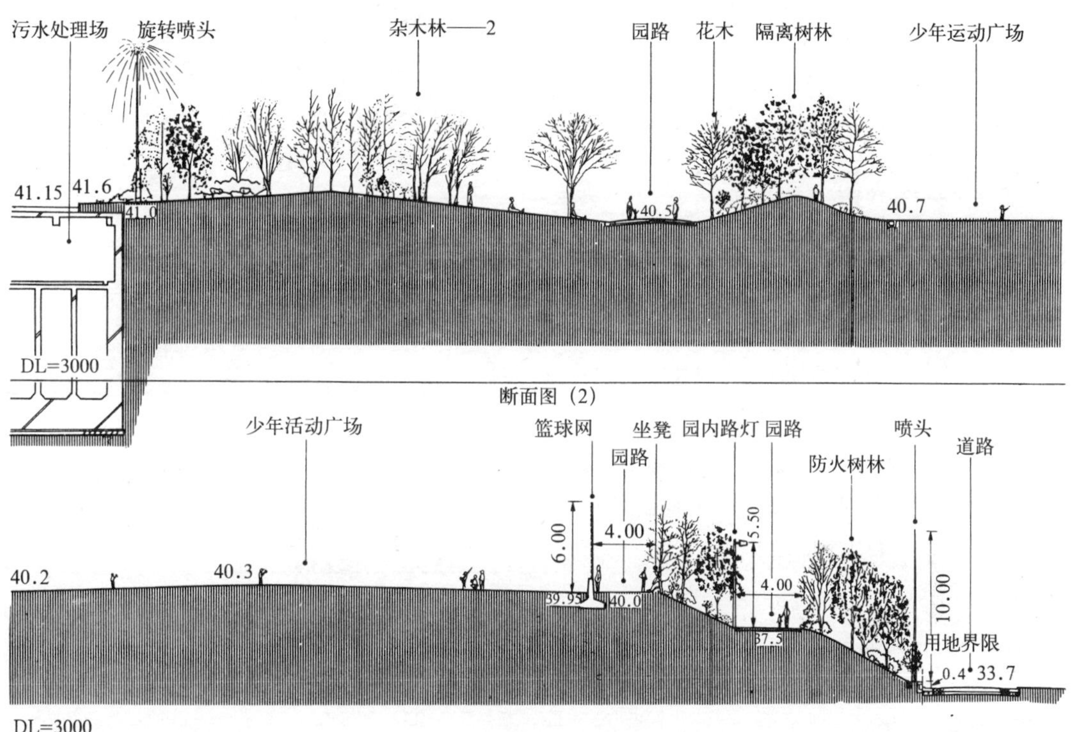

图 8-10　A-A 断面图

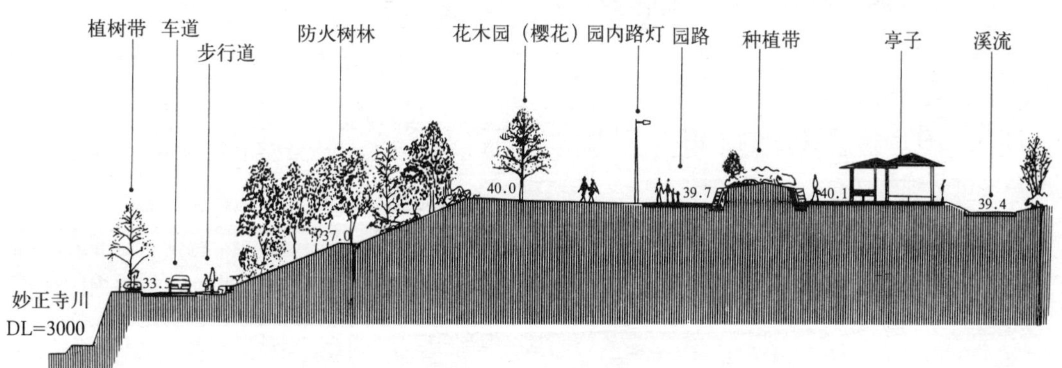

图 8-11　B-B 断面图

8.3 草地公园

8.3.1 概要

表 8–4

名称 公园类别	综合公园，武藏野中央公园
用地面积	公园整体面积 10.1m², 游览面积 10.1m²
种植概要	原有树木 294 棵，移植树木 74 棵，种植树木 161 棵，枯损树木 28 棵（移除）
设施概要	草坪、运动广场、门球场、体力保持运动场、花坛、网球场等

8.3.2 实例介绍

该公园在成为东京都所有地之前作为重要的开放空间，一直是当地及周边地区居民休憩的场所。特别是对相当于规划地面积2/3的草地，根据利用者提出的强烈要求进行了整治建设。

（1）基本思路

1）规划地在绿地网络构成上占有重要的位置，在考虑这一点的基础上进行公园的建设。

2）规划地中有大规模的草地，作为通用的草地公园受到居民的喜爱。所以就在对草地进行灵活运用的基础上建设公园。

3）考虑到轻体育运动和健康锻炼的需要，建造为相应的公园。

4）在考虑作为灾害时的紧急避难场所的功能以及提供交流的娱乐功能的基础上建设为综合性公园。

（2）种植的基本方针

1）对于作为该规划地象征的树林以及广阔的草地进行现状保存。

2）虽然对现存树林进行了极力保存，在公园建设上，对于出现障碍的树木采取适合的移植措施，尽量加以利用。

3）外周树林以落叶乔木类的榉树和杂木为主构成，以形成明朗的开放空间为目标。

4）为了灌木、地被、草本能富有四季变化，引入了各种各样的野花。

5）根据色彩制定了如下的主题，进行特色营造。

- 野花道路：四季野花。
- 紫色原野：以紫色为主题的原野。
- 萌发黄绿原野：早春萌芽的黄绿色的原野。
- 茜野：呈现红色至暗红色的原野。

（3）种植分区

Ⓐ 海棠果疏林区域

为沿网球场的休养区域，表现明亮华丽花木的广场景观。

Ⓑ 停车场区域

沿网球场和管理事务所，由常绿阔叶树（桧柏、青椆，金桂等）构成，形成遮蔽的种植空间。

Ⓒ 榉树行道树区域

为该公园的主要入口，从形成具有长期特色的空间出发，栽植榉树作为行道树。

Ⓓ 旱冰场区域

为了提高地域特色，栽植玉铃花作为景观树木。周围用枹栎、野茉莉、鹅耳枥等杂木围合，以此与公园整体协调。

Ⓔ 绿道、行道树区域

为了建成代表城市印象的公园，把柔软轻快的南京椴作为行道树栽植。

Ⓕ 象征树区域

灵活运用该公园的象征树赤松、染井吉野樱花的空间，由草坪和原野构成明快的气氛。

Ⓖ 花坛区域

在以花坛为中心的区域中，以能够结果的植物为中心进行配植。另外，将其作为景观树木栽植，可使之成为种植规划的焦点。

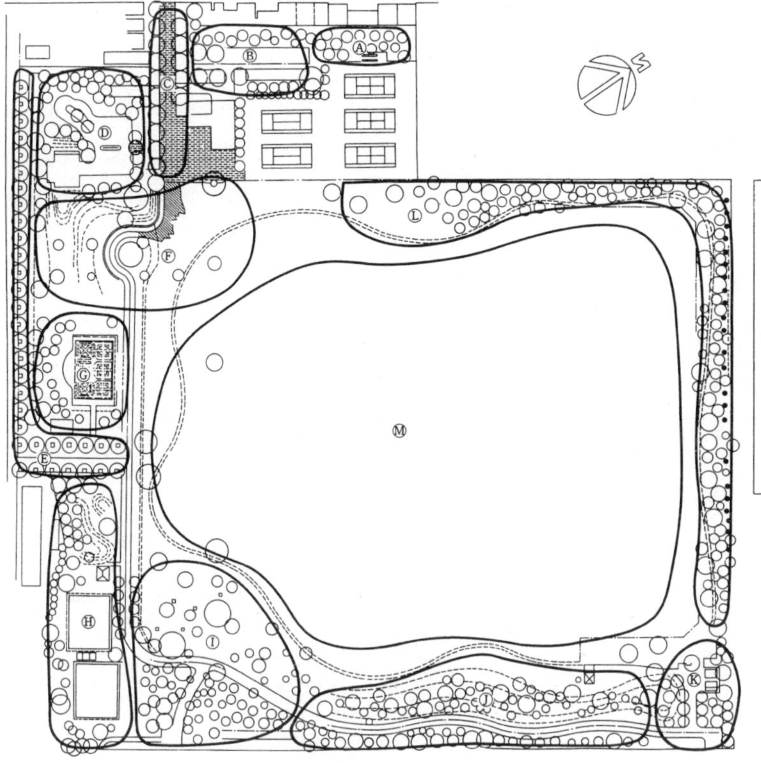

图 8-12　种植（乔木、小乔木）规划图

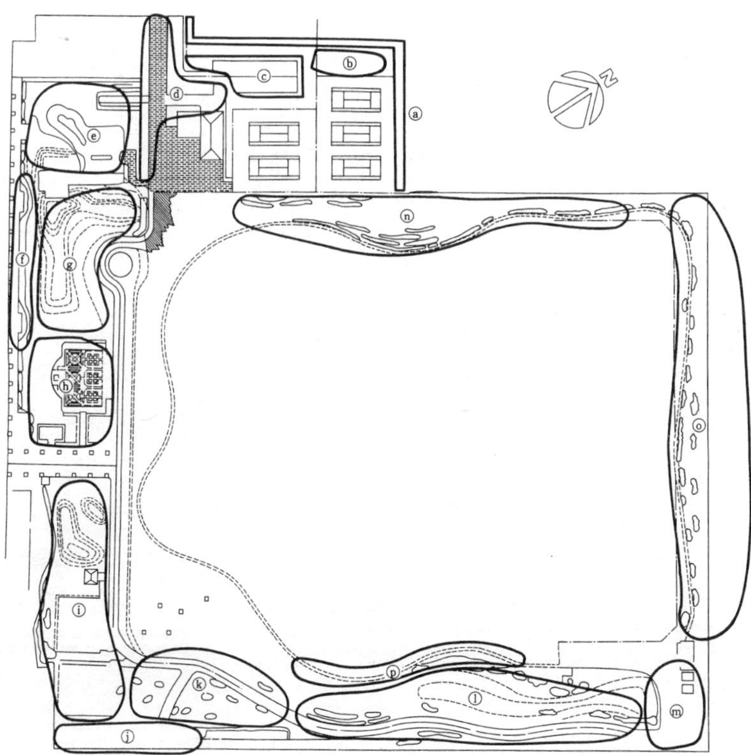

图 8-13　种植（灌木、地被、草本类）规划图

Ⓗ 运动广场区域

运动广场的造景林，考虑到相邻的JR（日本铁道公司）宿舍的景观，以常绿阔叶林为中心构成。

Ⓘ 现存树林保护区域

进行现存树林的保护。

Ⓙ 野花道路区域

从主入口方向到中轴线终点为止的区域，在林下栽植有四季变化的野花。

Ⓚ 入口区域

都营住宅侧的入口广场，由常绿阔叶树（樟树）构成。

Ⓛ 外周林区域

为草地的外周林，由榉树、青椆、尖叶栲、枹栎等乔木以及紫色、暗红色的花木类构成。

Ⓜ 草地区域

现状的草地原样保存。

8.4 野鸟公园

8.4.1 概要

表 8–5

类别＼名称	海滨公园，东京湾野鸟公园
占地面积	26.6hm^2（陆地 24.2hm^2，水域 2.4hm^2）
种植概要	乔木、小乔木 3946 棵，灌木 27643 棵，下草类 1210 棵
鸟类概要	33 科，125 种
设施概要	自然生态圈、草坪广场、淡水池、涨潮水池、芦苇林、前浜海滩、自然中心、观察广场、观察小屋

8.4.2 实例介绍

该野鸟公园是以野鸟的保护和观察为目的的公园，基于下列背景建造而成：

东京港大井阜头之1南部，经过填海造地之后，营造了淡水水池、淡海水水池、芦苇丛、海滩等，并形成了相当于建设区的自然环境。在这种环境下，有很多野鸟飞来，在种类数、个体数方面都形成了东京第一的野鸟栖息地。

鉴于此种情况，东京市在港湾规划中把原计划的市场用地、运河预定地作为野鸟生息地进行了搬迁、保护、调整。

结果变更了土地利用的用途，建设了包含该栖息地一部分的海滨公园。

（1）基本思路

1）进行野鸟栖息地的迁移和保护。

2）东京都居民与自然接触、与人亲近的公园。

3）居民观察自然、学习自然的场所。

4）吸引居民到东京临海区，使之成为认识东京湾风貌和功能的场所。

（2）种植的基本方针

1）除以前的人工种植规划之外，建设包含自然产生的植被群落公园。

2）在建成适合野鸟生息环境的同时，配置可以与自然进行接触的树林、草地等。

3）考虑临海区域填海地、接近海最近处的环境条件，恢复自然环境。

4）现状环境的移设、保护以及恢复被认为是东京湾内存在的自然环境。

5）在一定程度上保持自然状态的同时，把迁移的自然环境营建为在人工控制之下的环境。

6）考虑到繁殖、采食、休息、作巢、避难等野鸟的利用形态，选定植物类型。

7）在自然观察和与自然接触的利用区域，为了提高接触的效果营造多样的植被群落。

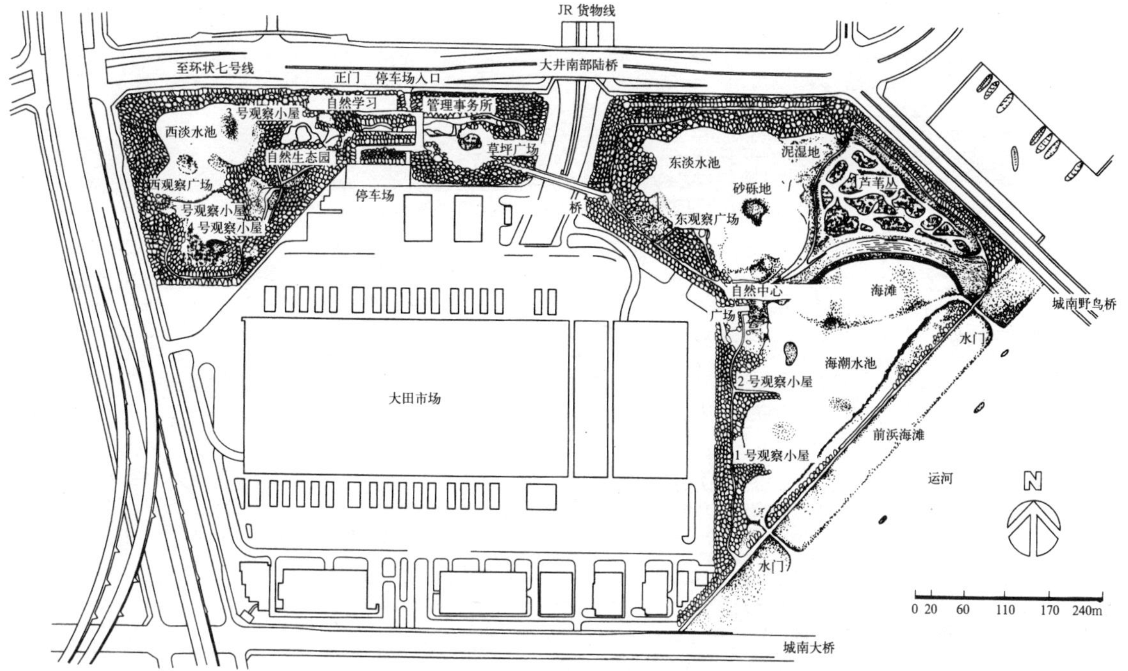

图 8–14　设施配置图

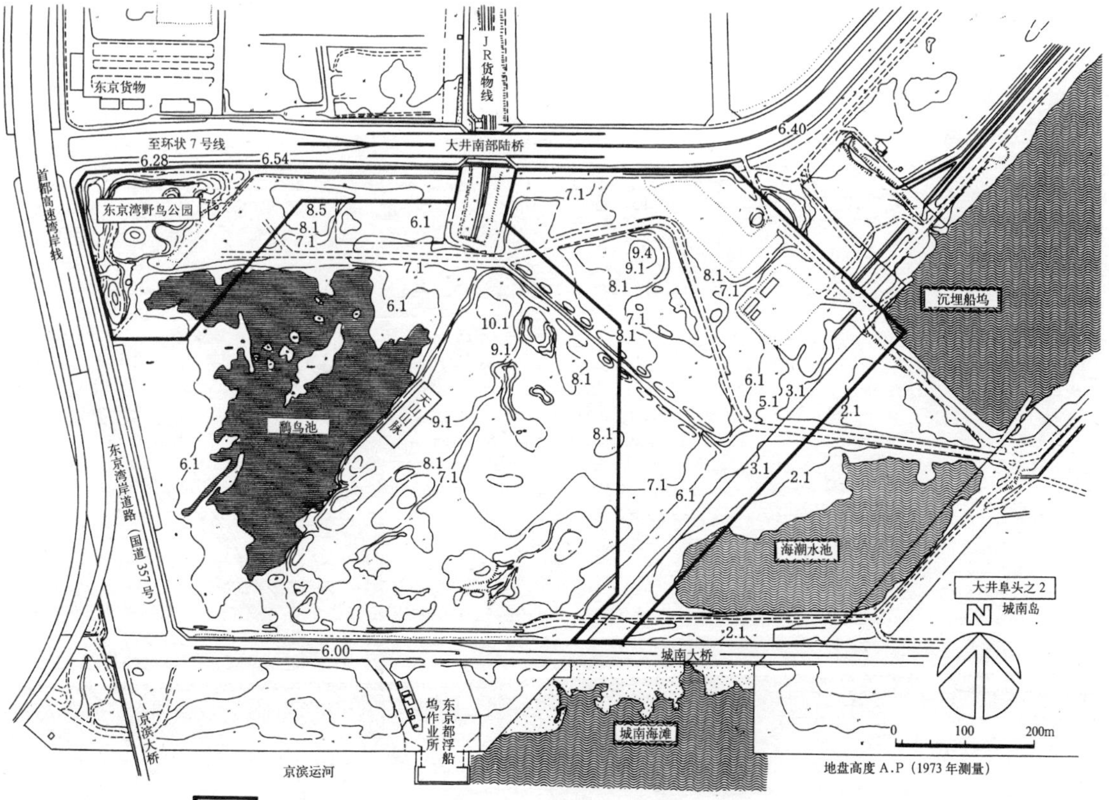

: 东京港野鸟公园区域

图 8–15　现状图

（3）种植分区

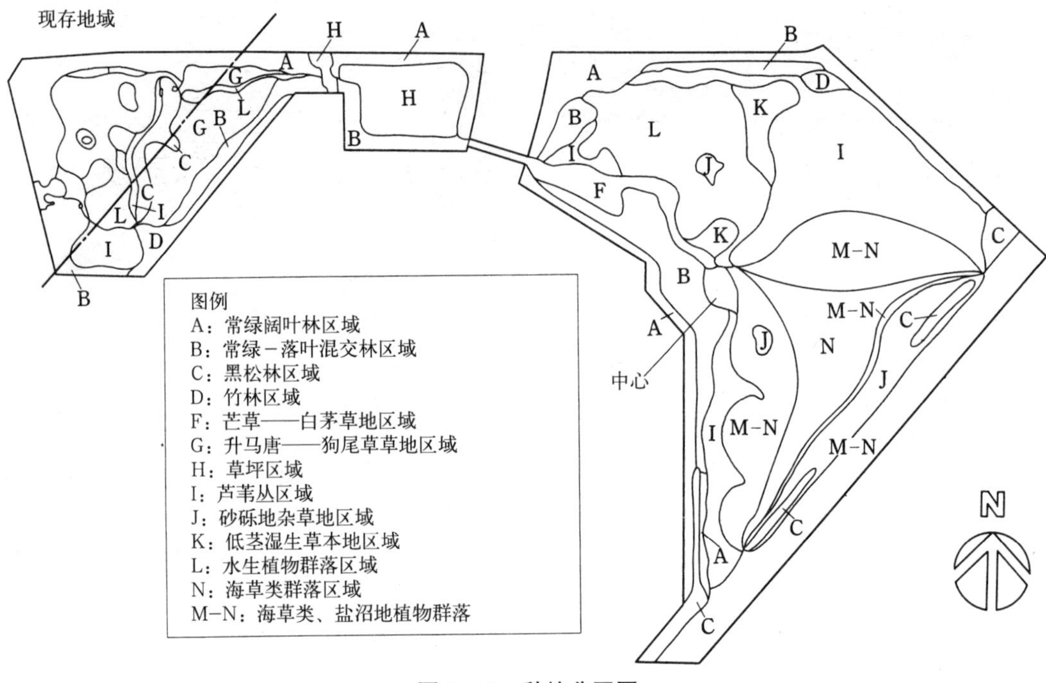

图 8–16　种植分区图

（4）基盘营造

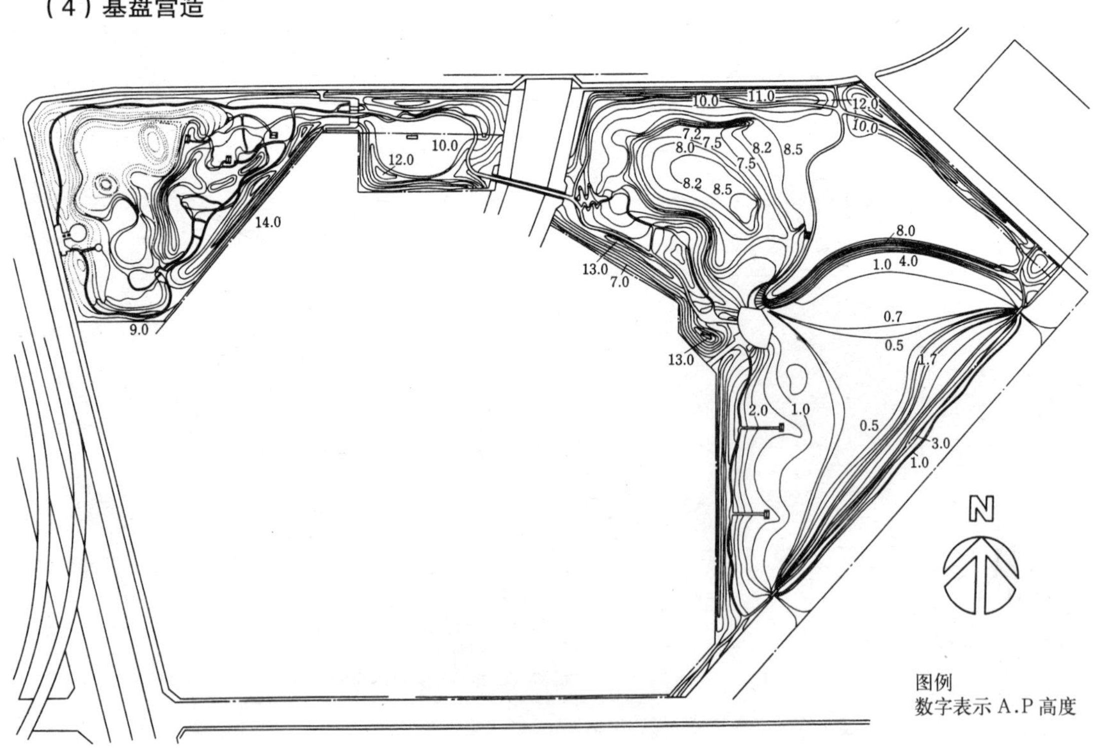

图 8–17　营造平面图

（5）环境设施设计

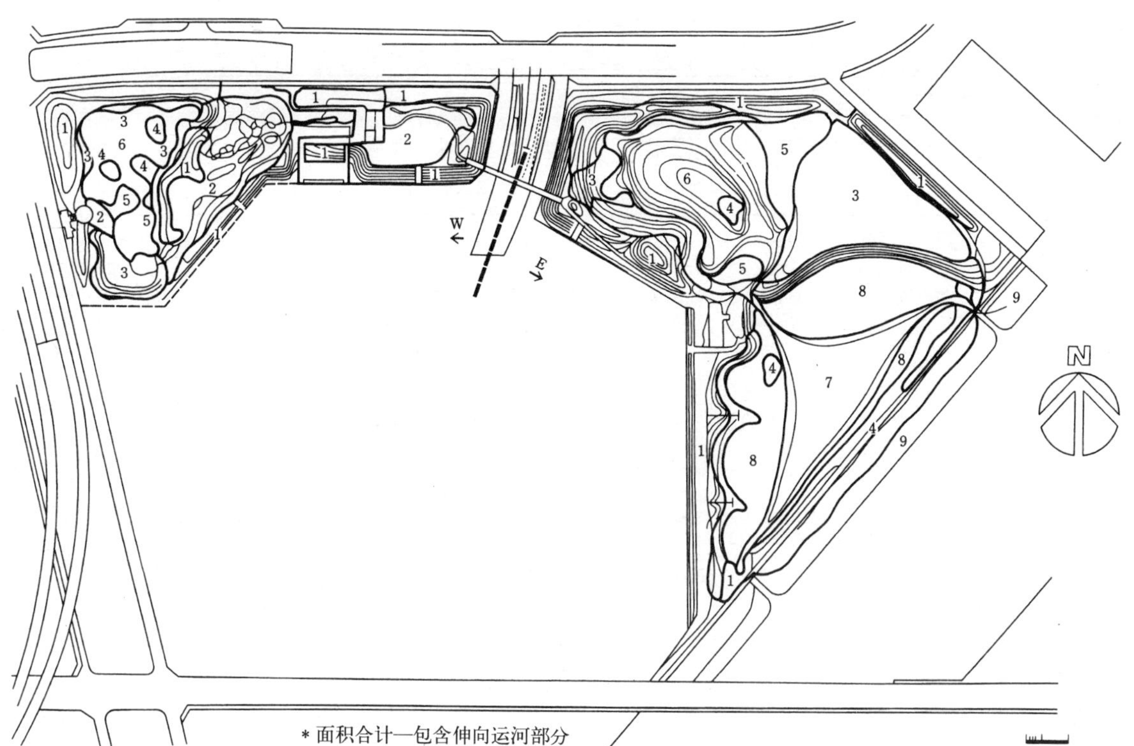

* 面积合计—包含伸向运河部分

面积表

图例记号	地域 / 环境设施	W：西地区 (hm^2)	F：东地区 (hm^2)	合计 (hm^2)	占用率 (%)
1	树林地	3.3	4.5	7.7	29.1
2	低茎草本地	1.9	1.0	2.9	10.8
3	高茎草本地	0.6	2.6	3.2	11.9
4	砂砾地	0.2	1.1	1.3	4.9
5	淡水泥湿地	0.1	0.5	0.6	2.2
6	淡水池	1.2	2.2	3.4	12.7
7	海淡水池	—	1.7	1.7	6.3
8	内陆海滩	—	3.0	3.0	11.2
9	前浜海滩	—	2.0	1.88	7.5
—	其他	0.6	0.3	0.9	3.4
	合计	7.9	18.9	26.58	100.0

图 8-18　环境设施配置图

环境概要 **表 8–6**

构成要素 / 环境区分	鸟类生息状况		鸟类生息环境	
	特性	种类	主要构成植物	概况
树林 （东京港野鸟公园） （东海绿道）	树林性种的生息地 过往鸟的中转地 和休息地	北红尾鸲、 斑鸫、 斑鸠 Br 伯劳	种植树林 刺槐、盐肤木、锦鸡儿	种植林以东京港野鸟公园为中心分布。刺槐、盐肤木、锦鸡儿为填海地的先锋树种
低茎草本地 （台地上）	鸭类的采食场所 等繁殖环境 云雀、棕扇尾莺的栖息地	茶隼、 云雀 Br、 棕扇苇莺 Br、 黑鸭 Br	白茅、 蒿子、 狗尾草、 狗牙根	白茅群落是仅次于芦苇群落的分布面积较广的群落。每年的分布面积在减少，湿性地中被芦苇、干性地中被芒草侵入
高茎草本地 （湿润～干性地）	大苇莺、苇鸻、鹬等繁殖环境，鸟类的隐蔽场所	尾鸻 Br、 大苇莺 Br、 鹬 Br、 大鹬 Br	芦苇、水烛、荻、 高茎一枝黄花、 芒草	芦苇为最优势种。水烛群落生长在比芦苇水深处。芦苇群落为分布面积最广的群落，现在的生长面积也在不断扩展
砂砾地（填海土上）	小白鸻、小燕鸥的营巢环境	小蜡嘴鸻 Br、 白蜡嘴鸻 Br、 小燕鸥 Br	剑叶藜、漆姑草、扫帚菊	直到数年前，在填海地的新土上生长，现在难以确认
淡水泥湿地（鹬鸟池）	鸭、鹭鸶、鹬、蜡嘴鸻类的采食场所	白鹭、小鹭鸶、黑鸭、白蜡嘴鸻、鹰斑鹬	小荆三棱、水烛、芦苇、水芹	在以前鹬池周边，大面积泥湿地被确认。小荆三棱群落在野鸟公园内有小面积分布。鹬池周边在芦苇群落之下有少量生长
淡水池（鹬鸟池）	鸊鷉、翠鸟的采食场所 鸭、海鸥等的栖息地	鸊鷉 Br、黑鸭 Br、大鹬 Br、翠鸟	水烛、芦苇、水葱、小荆三棱	现在的鹬池相当于该种。周边的芦苇、水烛群落是大苇莺、鹬等重要的繁殖地
海淡水池（海潮水池）	鸭、海鸥等的栖息环境	鸊鷉 Br、小鹭鸶、黑鸭 Br、大鹬 Br、 翠鸟	芦苇	现在的海潮水池相当于该种。近年来脱盐化现象显著，逐渐接近淡水
内陆海滩（海潮水池）	鸭、鹬、蜡嘴鸻类的采食场所 鸭类的休息地 海滨性鸟类的利用性大	白鹭、小鹭鸶、白蜡嘴鸻、海滨鹬、鹰斑鹬、滩鹬、鹬	三褶脉紫菀、剑叶藜、漆姑草、狗牙根	相当于现在海潮水池的海滩部分。这些盐沼地群落现在基本上已全部消失
前浜海滩（城南海滩）	鹬、蜡嘴鸻类的采食场所 鸭、海鸥类的休息地	白蜡嘴鸻、黑鸭、白鹭、赤味鸥	三褶脉紫菀、浅红漆姑草、矮生苔草、水毛花	在规划地外城南大桥下方的滩涂上小面积分布着这些群落

图例

Br：表示繁殖（Breeding）期。

定居种的利用环境　　　　**表 8-7**

科名	种名（利用环境／利用形态）	树林			低茎草本地			高茎草本地			砂砾地			淡水泥湿地			淡水池			淡海水池			内陆沙滩			前滨沙滩		
		B	F	R	B	F	R	B	F	R	B	F	R	B	F	R	B	F	R	B	F	R	B	F	R	B	F	R
鹭鸊科	鹭鸊																○	○		○	○							
	鹭鸊																	○			○							
鸬鹚科	河鸬鹚																	○			○							
	尾鸻							○							○		○			○				○				
	苍鸻			○											○			○			○			○				
	雨鸻			○		○									○			○			○			○				
鹭鸶科	白鹭			○											○			○			○			○			○	
	中鸻			○											○			○			○			○			○	
	小鸻			○											○			○			○			○			○	
	青鸻			○											○			○			○			○			○	
	野鸭					○			○			○			○			○			○			○			○	
	黑鸭				○	○			○		○	○			○			○			○			○			○	
	小鸭					○			○			○			○			○			○			○			○	
	鸭								○						○			○			○							
	鸭					○			○			○			○			○			○			○			○	
寒鸭科	长尾鸭								○						○			○			○			○			○	
	白鸭								○						○			○			○							
	金白								○						○			○			○			○				
	铃鸭														○			○			○							
	斑头秋沙鸭																	○			○							
																		○			○							
																		○			○							
鹫鹰科	老鹰			○								○			○			○						○			○	
	长尾鹰					○			○			○									○							
隼科	茶隼			○		○						○			○													
秧鸡科	鷭								○			○			○		○	○		○	○			○				
	大鷭								○			○			○		○	○		○	○			○				
蜡嘴鸻科	小蜡嘴鸻										○	○			○									○			○	
	白蜡嘴鸻										○	○			○									○			○	
	蜡嘴鸻											○			○									○			○	
	斑鸻											○			○									○			○	
	鹬					○									○									○			○	
鹬科	雅鹬											○			○									○			○	
	白尾雅鹬														○									○			○	
	鹌鹑鹬														○									○				
	岛鹬														○									○				
	围巾鹬														○									○			○	
															○									○				
	鹤鹬														○									○			○	
	小青足鹬														○						○			○				
	青足鹬														○						○			○				
	鹰斑鹬														○									○			○	
	黄足鹬														○									○				
	海滩鹬														○									○			○	
	鹬														○									○			○	
	黑尾鹬																							○			○	
	注释鹬																				○			○			○	
	田鹬														○						○			○			○	
															○									○				

续表

利用环境 利用形态 科名 种名		树林			低茎草本地			高茎草本地			砂砾地			淡水泥湿地			淡水池			淡海水池			内陆沙滩			前滨沙滩		
科名	种名	B	F	R	B	F	R	B	F	R	B	F	R	B	F	R	B	F	R	B	F	R	B	F	R	B	F	R
海鸥科	赤味鸥												○		○			○			○			○			○	
	黑背鸥												○								○			○			○	
	大黑背鸥												○								○			○			○	
	海鸥												○								○			○			○	
	海猫												○								○			○			○	
	燕鸥																	○			○							
	小燕鸥										○							○			○							
鸽科	斑鸠	○	○			○						○																
猫头鹰科	小耳鹰			○		○			○			○																
云雀科	云雀				○	○					○	○																
燕子科	燕子									○																		
鹡鸰科	木鹡鸰											○			○													
	白鹡鸰											○			○									○			○	
	鹨					○						○			○									○				
鹎科	鹎	○	○																									
伯劳科	伯劳	○	○			○			○			○			○													
鹟科	北红尾鸲		○			○			○			○																
	野鹟					○			○			○																
	斑鸫		○			○			○			○			○									○				
	黄莺		○			○			○																			
	大苇莺		○			○		○	○																			
	棕扇苇莺				○	○			○																			
黄道眉科	黄道眉		○			○			○			○																
	红颊					○			○																			
	蒿雀		○			○			○																			
	芦燕					○			○																			
獦子鸟科	河金翅雀	○	○			○			○			○																
促织鸟科	麻雀		○			○			○			○			○													
白头翁科	白头翁		○			○			○			○			○									○				
乌鸦科	小嘴鸦		○			○						○			○									○			○	
	大嘴鸦	○	○			○						○			○									○			○	
利用形态种类数	水鸟	0	0	6	2	8	0	1	11	0	5	11	5	0	39	0	4	26	0	4	32	0	0	42	0	0	29	0
	陆鸟	5	14	3	2	22	0	1	16	1	1	19	0	0	11	0	0	1	0	0	1	0	0	7	0	0	4	0
	合计	5	14	9	4	30	0	2	27	1	6	30	5	0	50	0	4	27	0	4	33	0	0	49	0	0	33	0
利用种类数	水鸟		6			8			12			17			39			27			35			42			29	
	陆鸟		17			22			17			19			11			1			1			7			4	
	合计		23			30			29			36			50			28			36			49			33	

图例

B：繁殖，F：采食，R：休息、睡觉

（引自《東京港大井ふ頭埋立地野鳥生息地保全基本計画報告書》）

准培育型种植　表 8–8

植被类型		种植方法		
		规格 · 形状 · 取得	种植密度	配植形式
A	常绿阔叶林	• 种植时使用高度为 2.0 ~ 4.0m 的苗木以及盆栽苗(H0.8 ~ 1.0m)。 • 地被使用盆栽苗	• 乔木、灌木为 25 ~ 30 棵 / $100m^2$ 左右	• 分别以 3、5、7 棵为一组进行丛植。 • 地被植物以 5 ~ 10 株为一组进行丛植
B	常绿落叶混交林	• 种植时使用高度为 2.0 ~ 4.0m 的苗木以及盆栽苗(H0.8 ~ 1.0m)。 • 地被使用盆栽苗	• 为了确保多样空间，营造密林区和疏林区。 • 高密度种植部分为 25 ~ 30 棵 / $100m^2$，以乔木为中心种植。 • 低密度种植部分为 10 ~ 20 棵 / $100m^2$，以落叶灌木为中心种植。 • 种类构成根据场地有变化	• 确保高密度丛植部分达到 40 ~ $50m^2$ 的面积，低密度部分、裸地在其间呈现马赛克状分布。 • 树木分别以 3、5、7 棵为一组进行丛植。 • 地被植物以 5 ~ 10 株为一组进行丛植
C	黑松林	• 种植时使用高度为 1.0 ~ 1.3m 的苗木	• 在林缘部，高密度种植灌木(100 ~ 200 棵 / $100m^2$) • 黑松以 30 ~ 40 棵 / $100m^2$ 的密度种植	• 植被断面呈现放射线状配置。 • 从靠近海岸处依次栽植灌木、小乔木、乔木
D	竹林	• 种植时使用高度为 1.0 ~ 1.3m 的苗木	• 营造高密度区域、低密度区域。 • 高密度区域达到 3 ~ 5 株 / m^2 的程度。 • 低密度区域达到 1 株 / m^2 的程度	• 高密度区域在与环境邻接场所栽植，内侧为裸地，疏、密度区呈现马赛克分布
E	林缘灌木林	种植时使用高度为 1.0 ~ 1.5m 的苗木	高密度种植达到 3 ~ 5 株 / m^2	• 种植宽度为 3.0m 左右。 • 沿外周墙壁列植树木
L	水生植物群落	规格 · 形状 · 修剪	种植	配植
		• 香蒲从有场进行移植	• 香蒲等栽植于沉水容器中。沉水容器尽量可以移动	• 水深 0 ~ 0.2m 处，栽植慈菇、小荆三棱等。 • 水深 0.2 ~ 1.0m 处，栽植荷花、睡莲等。 • 水深 1m 处，栽植浮叶植物

（引自《東京港大井ふ頭埋立地野鳥生息地基本計画報告書》）

培育型种植　表 8–9

植被种类		种植方法	
		形状 · 规格	种植方法
F	芒草—茅草草地	• 木本类高度为 1.0 ~ 1.5m。 • 芒草、茅草为移植原有植株。 • 利用市场现有的绿化植物	• 木本类与芒草采用斑状配植，每 $10m^2$ 种植 3 ~ 5 处。 • 茅草栽植植株，或者进行播种
G	升马唐—狗尾草草地	• 移植原有植株。 • 利用市场有的绿化植物	• 茅草栽植植株。 • 进行播种
H	草坪草地	• 利用市场现有的植株和种子	• 铺覆草坪或者直播种子
I	芦苇草地	• 移植原有植株	• 芦苇、香蒲呈现斑状配植，每 $10m^2$ 成丛植栽 10 ~ 20 处。 • 香蒲栽植于沉水容器中。沉水容器尽量可以移动

（引自《東京港大井ふ頭埋立地野鳥生息地基本計画報告書》）

8.5 道路绿化

8.5.1 概要

表 8–10

名称 / 对象	道路绿化，不忍大道的道路绿化
长度	480.0m
种植概要	乔木、小乔木 164 棵，灌木 2485 棵，地被类 10821 棵，攀援性植物 587 棵
设施概要	地下电线，照明设施，景观用石，踏步石，伊势鹅卵石铺装，中间大石铺装

8.5.2 实例介绍

这条绿化道路通过连接上野恩赐公园和特例都路 437 号（不忍大道）双方的绿化为一体进行建设、管理；①提高步行空间的安全性和舒适性；②实现沿路公共设施的造景功能，提高公共设施印象和营造植物丰富的都市环境。

（1）基本思路

1）空间设计

以道路和公园的一体设计为目标。在两者的交界上，尽量避免设置隔断空间的墙或栏杆，在不可避免设置的情况下，要充分考虑设计、配置方面的两者一体化。

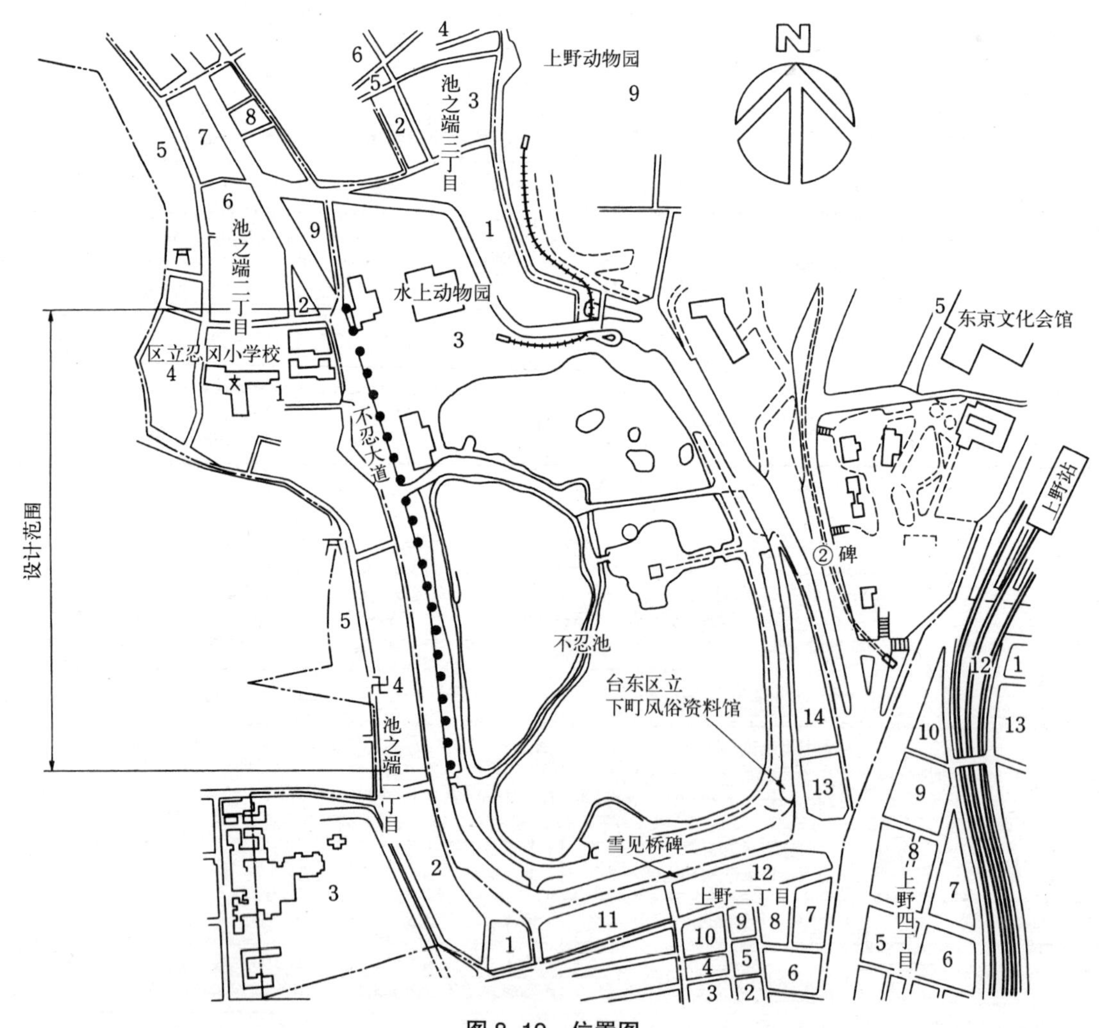

图 8–19 位置图

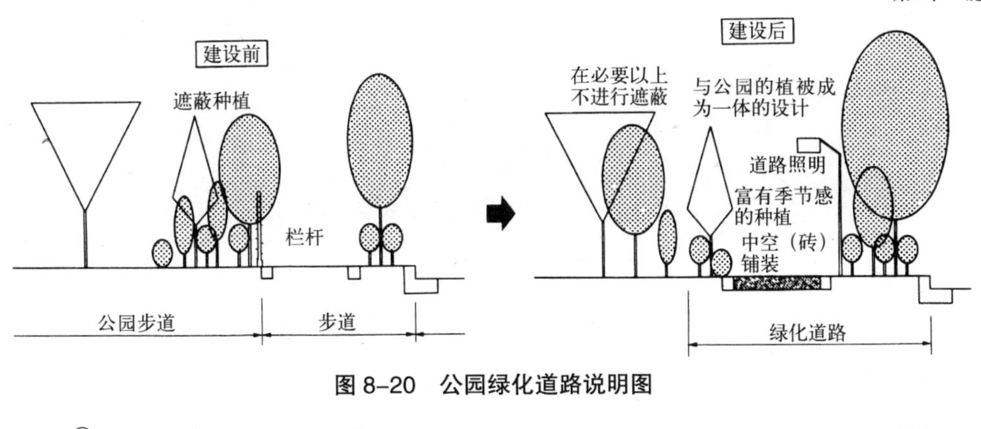

图 8-20　公园绿化道路说明图

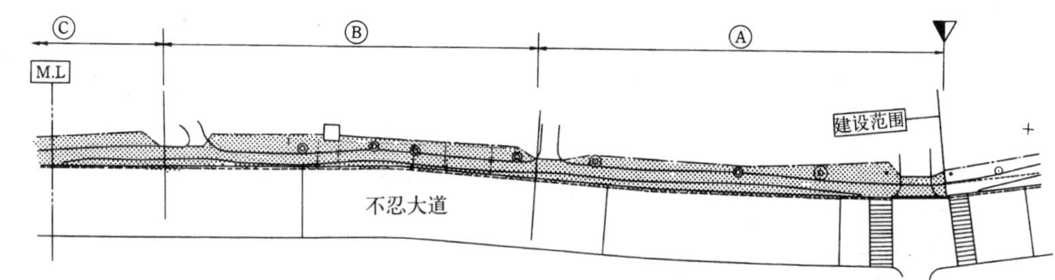

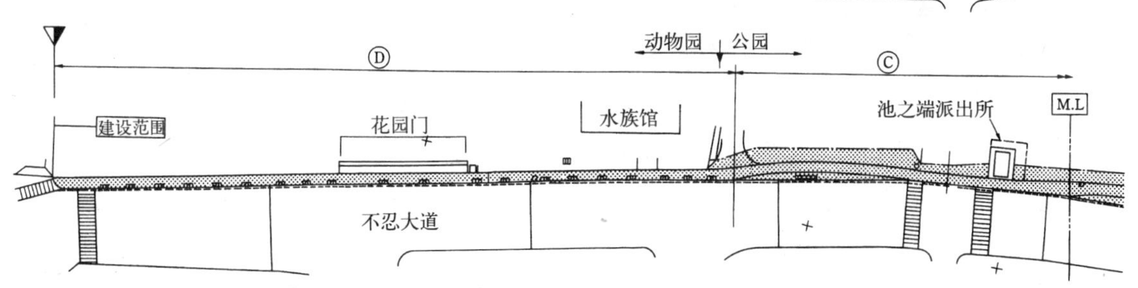

图 8-21　区域平面图

绿化道路的建设、管理形态　　　　**表 8-11**

		步道功能		沿路设施建设		道路铺装建设		管理
		设施侧	道路侧	费用	执行人员	费用	执行人员	平常养护管理
1	日比谷公园——主 301	○ （互相独立）	◎	公园建设费	公园管理者	道路补修费	道路管理者	各自区域的管理者进行
2	日比谷公园——特 409	—	◎	—	—	道路补修费	道路管理者	道路管理者
3	井之头公园——都 114	○ （全体 ◎）	○	公园建设费 道路补修费	公园管理者 道路管理者	道路补修费	道路管理者 公园管理者	各自的区域管理者
4	砧公园——主 311	○	◎	公园建设费 道路补修费	公园管理者 道路管理者	道路补修费	道路管理者 公园管理者	区域管理者
5	代代木公园——特 413	○ （全体 ◎）	○	道路补修费	道路管理者	道路补修费	道路管理者	道路管理者
6	上野公园——特 437	○	◎	道路补修费	道路管理者	道路补修费	道路管理者	同上
7	府中工业高校——特 248	—	◎	教育厅	教育厅	道路补修费	道路管理者	同上

○：有些部分不具有。◎：各个部分都具有。

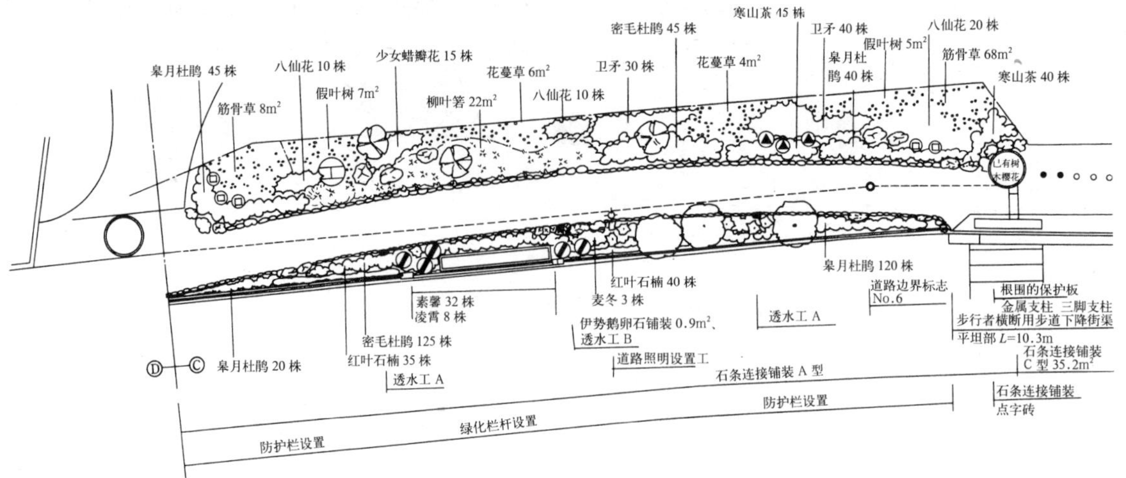

图 8-22　C 区域种植平面图（1）

图例	名称	图例	名称	图例	名称
	路牙石——A 型		景石——C		道路照明设置
	路牙石——B 型		景石——D		道路边界
	伊势鹅卵石铺装		景石——E		坟石技术 B 型
	景石——A		透水技术 A		
	景石——B		透水技术 B		

图例	树种	形状尺寸（m）			单位	数量	摘要
		H	*C*	*W*			
	常绿乔木、小乔木						（支柱）
	金桂	2.0		0.7	棵	5	附加支柱
	茶梅	2.0		0.6	棵	5	附加支柱
	山茶	2.0		0.6	棵	8	附加支柱
	落叶乔木、小乔木						
	连香树	5.0	0.25	1.5	棵	3	二脚鸟居（添加支柱）
	日本辛夷	3.5	0.18	1.2	棵	2	二脚鸟居（添加支柱）
	鸡爪槭	3.0	0.18	1.5	棵	3	八字支撑－1
	多花狗木（赤）		0.35	枝下 2.5m 以下	棵	1	金属支柱（三角形）
	多花狗木（白）		0.35		棵	1	金属支柱（三角形）
	多花狗木（白）	3.0	0.15	1.0	棵	1	八字支撑－1
	多花狗木（赤）	3.0	0.12	1.0	棵	1	八字支撑－1
	野茉莉	3.5	0.20	一本 3 干以上	棵	1	八字支撑－1
	木槿	2.0		0.6	棵	9	添加支柱

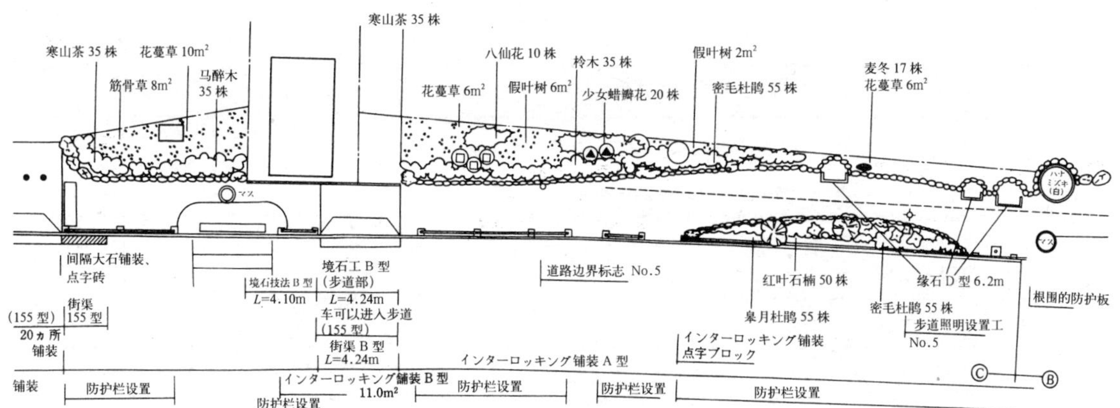

图 8-23　C 区域种植平面图（2）

图例	树种	形状尺寸（m）			单位	数量	摘要
		H	*C*	*W*			
	常绿灌木						
	西洋红叶光叶石楠	1.0	15cm		棵	35	5 棵 /m
	马醉木	0.5		0.4	株	35	6 株 /m²
	密毛杜鹃	0.5		0.4	株	280	6 株 /m²
	柃木	0.5		0.4	株	35	6 株 /m²
	寒山茶	0.3		0.3	株	155	9 株 /m²
	皋月杜鹃	0.3		0.4	株	280	6 株 /m²
	落叶灌木						
	八仙花	0.5	一本 3 干以上		株	50	5 株 /m²
	卫矛	0.8		0.5	株	70	5 株 /m²
	少女蜡瓣花	0.8		0.4	株	35	5 株 /m²
	地被类						
	柳叶箬	VP10.5cm	一本 3 芽		m²	22	44 株 /m²
	筋骨草	VP9.0cm			m²	17	44 株 /m²
	假叶树	VP10.5cm	一本 3 干		m²	20	25 株 /m²
	麦冬	VP10.5cm	一本 3 芽		株	20	
	花蔓草	VP9.0cm	一本 3 干		m²	27	25 株 /m²
	攀援植物						适用于绿化栏杆
カロライナ		VP9.0cm	*l*=0.2m		株	32	4 株 /m
ノウゼン	凌霄	VP10.5cm	*l*=0.3m		株	8	1 株 /m
	树名板				枚	7	

现存树木　银杏、尖叶栲、悬铃木等

落叶乔木　鸡爪槭、野茉莉、多花狗木

落叶乔木或者常绿小乔木
日本辛夷、山茶类
金桂

常绿小乔木
山茶类、金桂

疏朗、通透性好

红叶石楠

常绿灌木
杜鹃、皋月类

常绿灌木
杜鹃类
寒山茶
柃木
马醉木
山花石斑木

景石

地被植物
花蔓草、狭叶麦冬、地被竹类、
筋骨草、假叶树、麦冬

落叶灌木
八仙花、少女蜡瓣花

W=2500

图 8-24　不忍池部剖面图

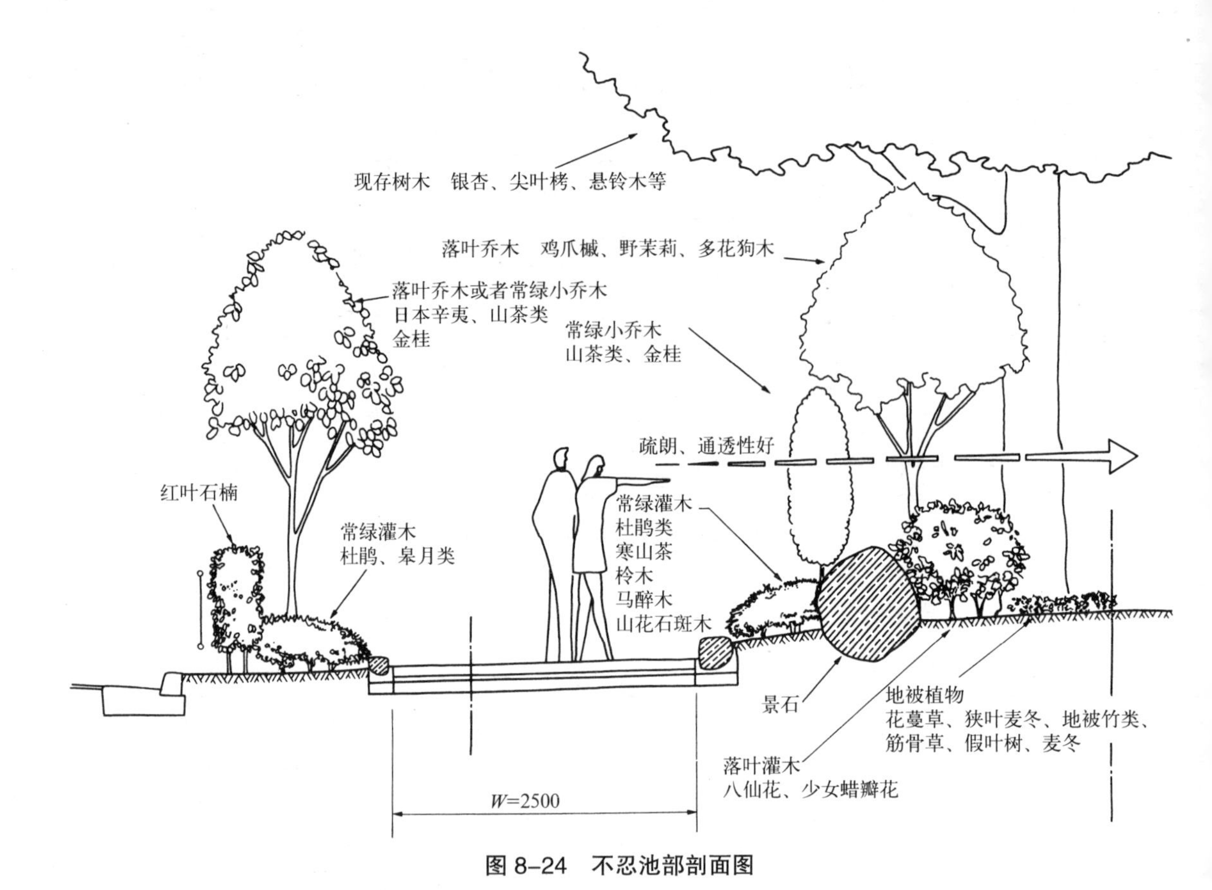

图 8-25　局部效果图（可以看到每棵树木的不忍池）

图 8-26　局部效果图（灵活运用自然曲线的充满绿色的步道）

2）种植

考虑到道路、公园双方的利用状况、管理规划等，将来以绿化一体化进行养护管理的同时，大量的使用季节感强的植物材料，使之成为“步行与娱乐结合的道路”、“绿色植物丰富的公共设施”。

3）铺装和照明

从营造人的步行道的角度出发，考虑使用安全、适于环境的铺装材料和照明方法。

4）其他

根据需要设置绿化道路的设施（藤架、景石、导游板等）。

（2）种植的基本方针

①不忍池部分靠不忍大道一侧视野开阔，力求创造疏朗的绿道。

②乔木种植选取富有季节感的鸡爪槭、杂木（野茉莉）、多花狗木等，确保枝下的视线。

③沿着车道，在种植坑比较充裕的地方种植日本辛夷，创造树林的一体感（绿色的连接感）。

④整理现存树木，在较大空间的场所加植小乔木。小乔木选用不易长大（管理容易）的花灌木，如山茶、茶梅、金桂等。

⑤在林缘种植常绿灌木（或者地被竹类）以限定边界，后方添置落叶灌木，散置景石，营造自然式绿道的氛围。这些植被同时兼有防止外来物种侵入种植地的功能。

⑥作为树种，选用了常绿灌木——杜鹃类、寒山茶、柃木、马醉木、伞形花石斑木等，落叶灌木——八仙花、少女蜡瓣花、金丝桃（半落叶），或者花木类、红叶美丽而富有季节感的树木。

⑦种植池周围，以地被植物为主体，选择放任生长下能高密度繁殖或者触摸叶片后产生痛觉的植物材料，例如花蔓草、狭叶麦冬、地被竹类、假叶树、麦冬等。

⑧沿车道种植常绿灌木，杜鹃、踯躅类等，宽度有窄的地方以纵向发展绿化为目的，种植红叶石楠。

8.6　昆虫生态园

8.6.1　概要

表 8-12

名称 各类	大温室，昆虫生态园
建筑面积	2309.5m^2（地板面积 2480.1m^2）
种植概要	乔木、小乔木 79 棵，灌木 1550 棵，地被类 3345 棵
昆虫概要	蝴蝶类、蜻蜓类、萤火虫类、蝗虫类、独角仙类、锹形甲虫类、蝉类、龙虱类、水马类等
设施概要	• 构造：铁骨架，一部分为钢筋混凝土造，地上 1 层，地下 1 层 • 大温室的容量：12900m^3 • 高度：建筑高度 9.5m，天井最高高度 16m • 其他用途：昆虫乌托邦，外国昆虫角，夜行性昆虫角等

8.6.2　实例介绍

该昆虫生态园，以伸展翅膀巨大的蝴蝶为展示印象，是世界上最大的昆虫乐园。外形似蝴蝶躯体的大温室中有 14 种 700 只蝴蝶在飞舞，人们可以在树林、草原、小溪流、水池旁边散步边进行昆虫观察。

（1）展示的基本方针

1）以周年展示为基础。

2）以生态展示为根本。

3）进行相关昆虫的展示，进行新的尝试。

①飞翔距离大的蝴蝶（例如大紫蝴蝶等蛱蝶类）在现存温室不能进行放养，为了挑战饲养的可能性，设置了大型温室。

②通过引入数种萤火虫，进行重叠式展示，延长萤火虫的展示期间。

③进行外国昆虫的展示。

4）通过宣传板展示、模型展示，还有食草的展示等，补充生态展示的内容。

（2）种植的基本方针

1）按照展示的基本方针进行栽植。

2）结合昆虫生息环境的同时，考虑景观种植。

3）栽植在 18 ～ 35℃范围内能够健壮生长的种类。

4）选用与小笠原、冲绳的亚热带和东京近郊的景观为共同形态的植物种类。

（3）种植分区

1）蜜源树园区

- 五彩缤纷的花木与飞舞的蝴蝶，形成蝴蝶包围游客的景象。
- 为了统一景观目的栽植乔木，以灌木、草本（蜜源）为主体。

2）深山树林区

- 透过草原和花田的景色，表现泉水叮咚音响的景象。
- 以乔木为主体，同时以小乔木、灌木和草本表现出山中景色。

3）杂木林区

- 以斜面上的乔木和山地露出的赤土表现自然的景色。
- 形成以乔木、灌木为主体的树林，岩石上攀附藤本植物。

4）溪流区

- 通过瀑布、水滩、水流等景色和岩石上的叠水，表现蝴蝶集于水边的景象。
- 散植山崖的攀援性植物、灌木、草本类。

5）池和沼区

- 表现生物隐藏于乡村的池塘和湿地、倒木、乱树等的栖息景象。
- 使水生和湿生植物繁茂生长，在池畔种植乔木。

6）花田和草原区

- 以乡村的草原、周边花田（花园）中飞舞的蝴蝶、草原的蚂蚱为表现景象。
- 营造以杂草为主体的草原和以花草为主体的花田景观。

7）背景种植区

- 作为大温室的背景，使人能够感觉到自然明快的景象。
- 形成以开花的小乔木、灌木为主体的植被。

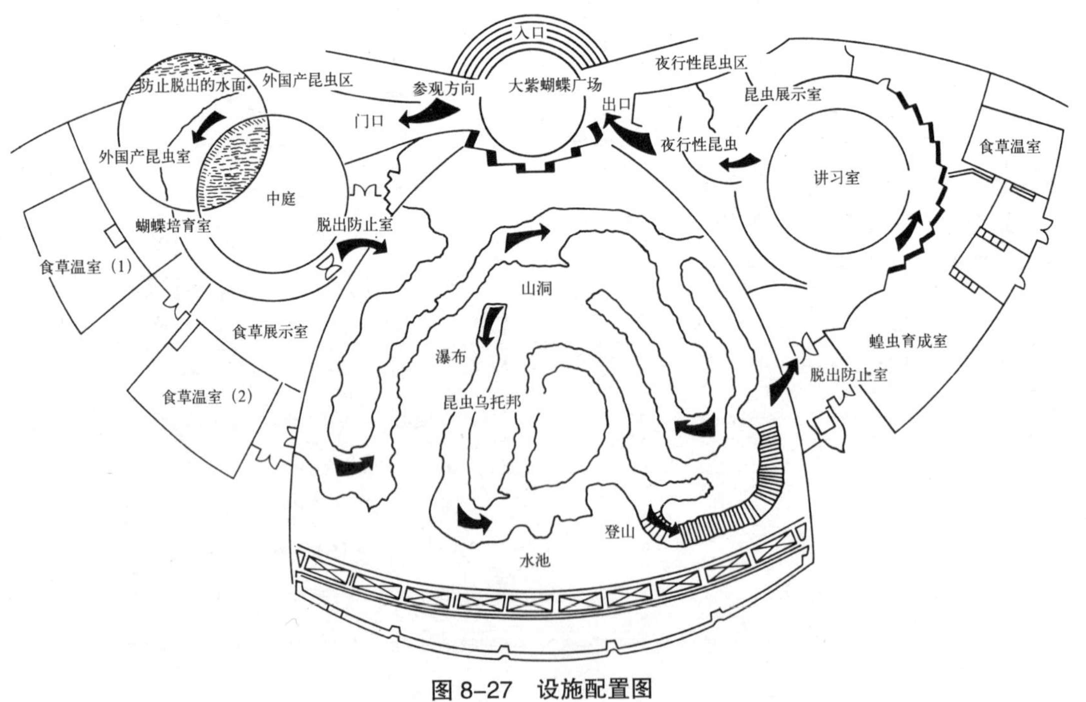

图 8-27　设施配置图

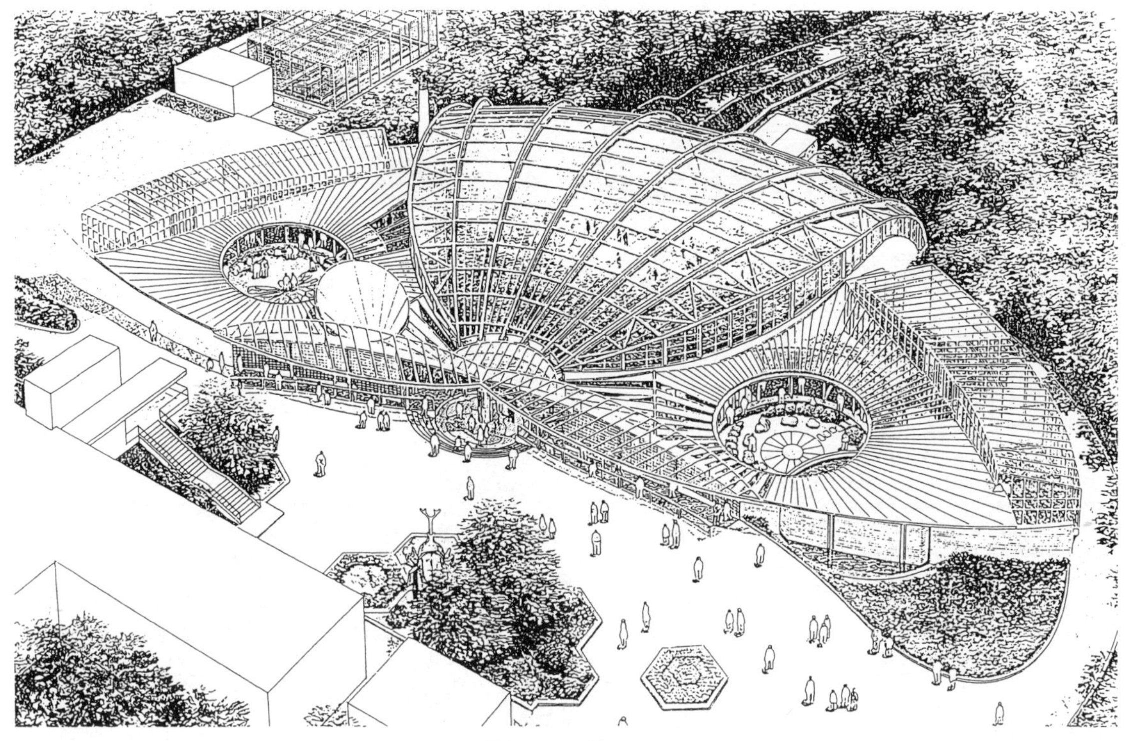

图 8-28　外观图

（4）基盘营造

（单位：mm）

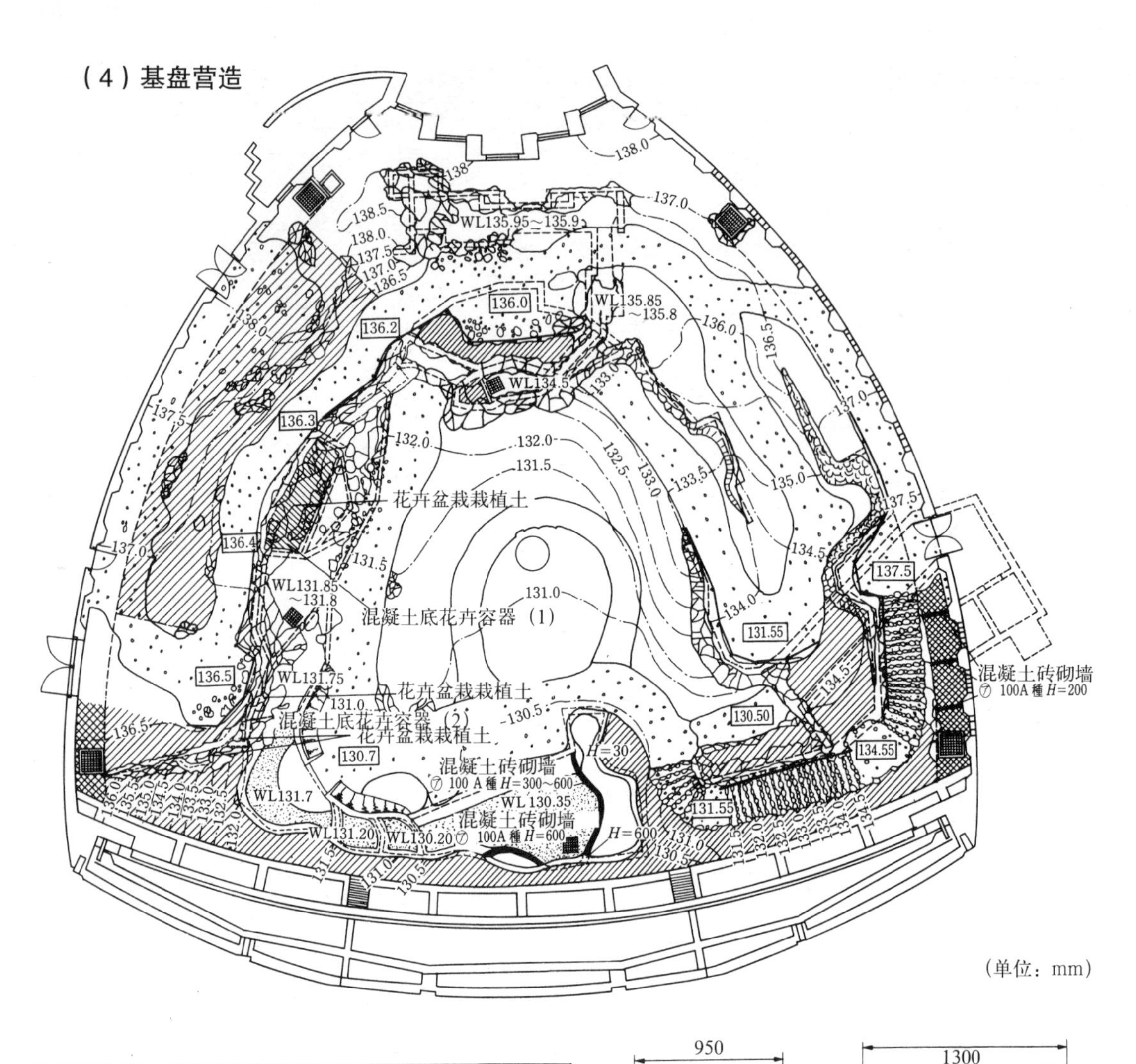

图例	名称	式样
	种植客土（1）	种植用土 H=600mm
	种植客土（2）	种植用土 H=300mm
	仿木栅栏	参照详细图（省略）
	混凝土砖砌	混凝土砖 100A 种
	堤坝仿造装饰	杂木组木（50mm 程度的棒状材料 300mm 格子）黏性种植土立面整形之上铺设砂与麦秆混合土，利用木棒进行镇压（木桩 l=300@300）

混凝土底花卉容器（1）平面图

混凝土底花卉容器（2）平面图

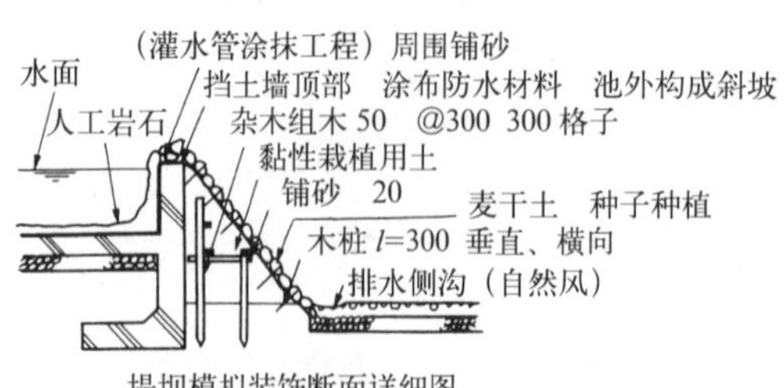

堤坝模拟装饰断面详细图

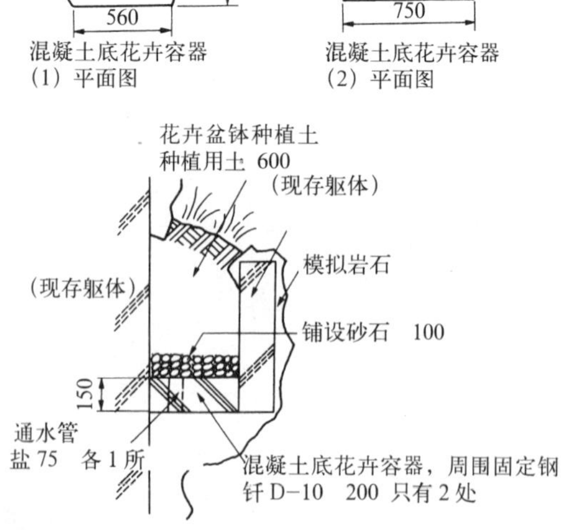

图 8-29 种植基盘平面图

（5）种植设计

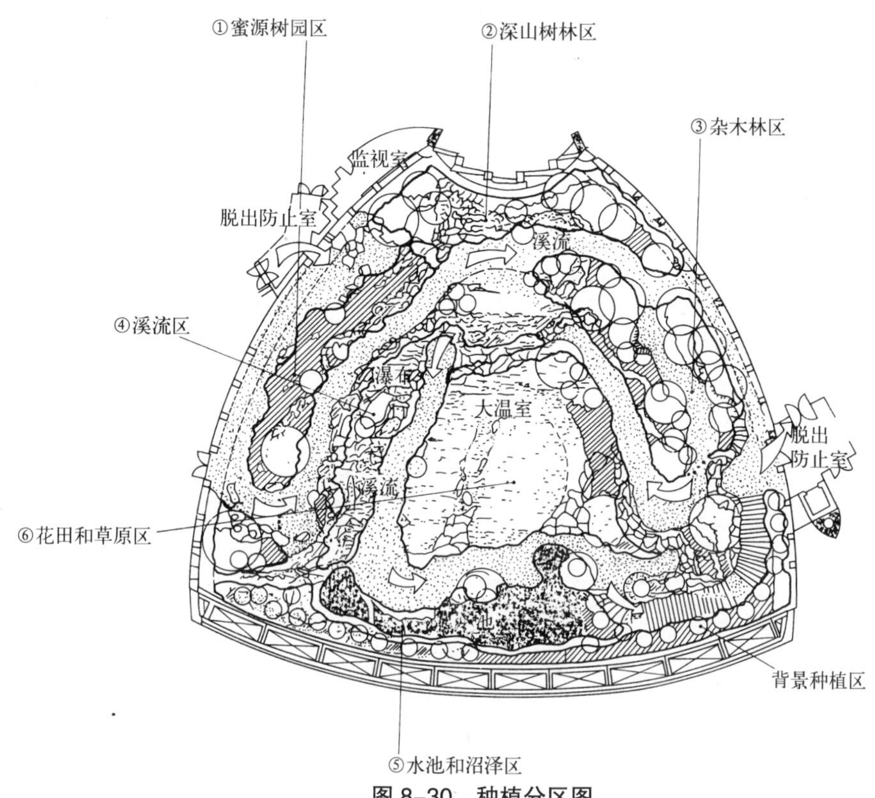

图 8-30　种植分区图

冬青 H=1.0 W=0.6
榕树 H=3.0 C=0.45
木槿 H=2.0
山茶 H=2.0
美国象牙红 H=1.0
美国象牙红 H=1.0
日本毛女贞 H=2.5 H=2.0
金凤花 H=1.0 W=0.4
木槿 H=2.0
试管红 H=1.0 W=0.2
合欢 H=3.5 C=0.15 3 棵
金凤花 H=1.0 W=0.4
叶子花 H=2.0 10 棵

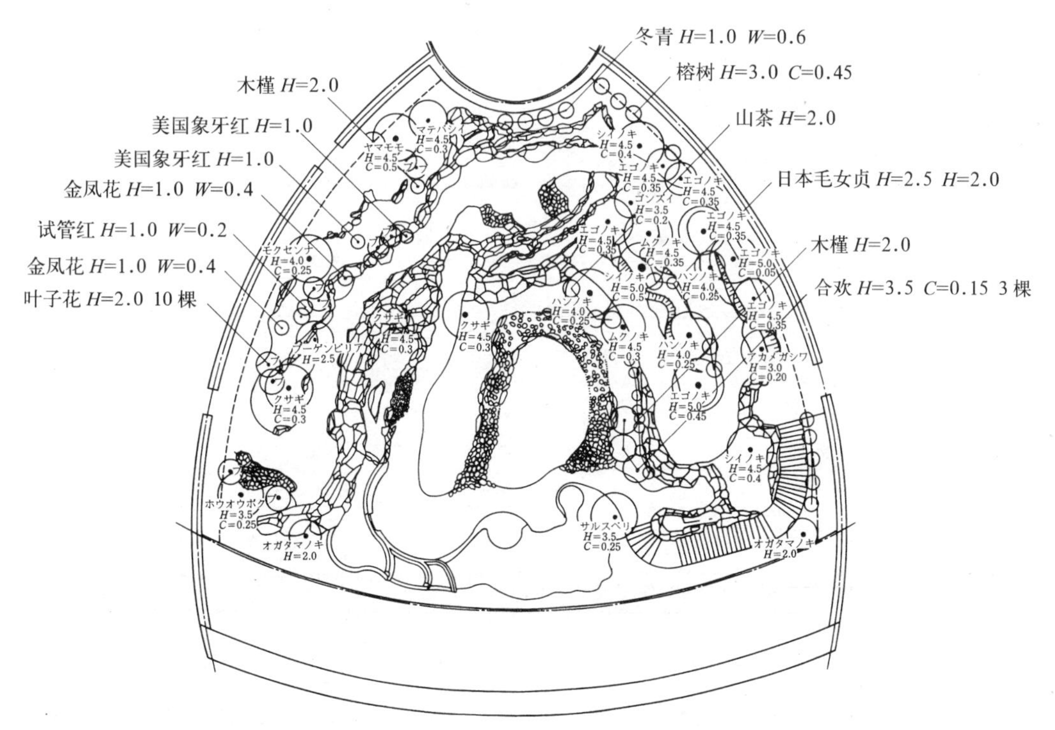

图 8-31　种植（乔木 · 小乔木）平面图

主要种植植物一览表　表 8–13

杨梅	龙船花	含笑	小熊竹
尖叶栲	杜鹃	叶子花	狭叶麦冬
青冈栎	猩猩木	木槿	条纹钝叶草
野茉莉	凤仙花	美国象牙红	石菖蒲
糙叶树	玫瑰	金凤花	单叶双盖蕨
赤杨	美女樱	试管红	鞍马蕨
榕树	蛇目菊	夹竹桃	疏叶卷柏
海州常山	花蔓草	大紫杜鹃	黄蝉
黄花槐	石蒜	琉球杜鹃	火焰藤
紫薇	藿香蓟	六道木	蔷薇牵牛
凤凰木	南美蟛琪菊	琉球胡枝子	珍珠莲
野梧桐	野白芨	琉球马醉木	辟荔
合欢	麦冬	连翘	眼子菜
野鸭椿	蜘蛛抱蛋	满天星	水毛花
日本毛女贞	茅草	六月雪	泽泻
冬青	灯心草类	马缨丹	香蒲
山茶	琉球竹		

（6）代表昆虫种类

代表种展示昆虫一览表　表 8–14

<table>
<tr><th colspan="2">展示场所</th><th colspan="3">主要展示昆虫</th></tr>
<tr><td rowspan="17">昆虫乌托邦</td><td rowspan="3">种植区域</td><td>斑蝶类</td><td colspan="2">浅黄斑蝶、琉球浅黄斑蝶、大芝麻斑蝶、黑筋桦木斑蝶、桦木斑蝶</td></tr>
<tr><td>凤类</td><td colspan="2">白带凤蝶、长崎凤蝶、并凤蝶、麝香凤蝶</td></tr>
<tr><td>蛱蝶类</td><td colspan="2">红边蛱蝶、纹白蛱蝶、黑筋白蛱蝶</td></tr>
<tr><td rowspan="4">流水区域</td><td>瀑布下的溪流</td><td colspan="2">红蜻蜓的幼虫、岛水马、昔蜻蜓的幼虫</td></tr>
<tr><td>洞中的溪流</td><td colspan="2">溪流鱼（丁斑鱼、雅罗鱼、真吻鰕虎鱼）</td></tr>
<tr><td>中部的流水</td><td colspan="2">大龙马、跳蝼蛄的幼虫</td></tr>
<tr><td>源氏萤火虫</td><td colspan="2">源氏萤火虫的幼虫</td></tr>
<tr><td>止水区域</td><td>水中眼镜</td><td colspan="2">龙虱、蛾幼虫、豉母虫、田龟、水螳螂、龙马</td></tr>
<tr><td rowspan="5">杂木林集中的昆虫</td><td>杂木林</td><td colspan="2">独角仙、锹形甲虫类、象鼻虫类</td></tr>
<tr><td>树干和叶上</td><td colspan="2">天牛类、花鼹鼠类、食虫椿象类、椿象类</td></tr>
<tr><td>树洞</td><td colspan="2">朽木蟑螂、木回（甲虫）</td></tr>
<tr><td>岩石缝隙</td><td colspan="2">蜗牛、步行虫类、蠼螋类</td></tr>
<tr><td>土地（表、中）</td><td colspan="2">蝉的幼虫、独角仙的幼虫、岩崎草蝉</td></tr>
<tr><td rowspan="4">展示区域</td><td>洞中昆虫</td><td colspan="2">厨马儿、多足虫、盲蜘</td></tr>
<tr><td>堤坝断面</td><td colspan="2">尘芥虫类、蝼蛄、蛟蜻蛉（幼虫）</td></tr>
<tr><td>触摸区</td><td colspan="2">冲绳竹节虫（雄虫）、王爷蝗虫（幼虫）</td></tr>
<tr><td>季节性展示（蝴蝶、蛾的幼虫、蛹）</td><td colspan="2">樟蚕、天蛾、竹叶枯蛾、大透翅蛾</td></tr>
<tr><td rowspan="3">夜行性昆虫角</td><td>蝗虫的生长阶段</td><td>王爷蝗虫的幼虫（1 令、5 令）独居相、群居相</td><td>萤火虫角</td><td>源氏萤火虫、平家萤火虫、陆地萤火虫类</td></tr>
<tr><td>蝗虫的饲育</td><td>冲绳森蝗虫、将领蝗虫等 5 种</td><td>节足动物角</td><td>节足动物（利比亚产的蝎子、胖马陆）</td></tr>
<tr><td>一般昆虫</td><td>螳螂类、虎虫类、竹节虫类、椿象类</td><td>夜行性昆虫</td><td>埋葬虫类、台湾独角仙等</td></tr>
</table>

引用、参考文献

- 造園ハンドブック，日本造園学会編，技報堂出版

  造園実務集成，計画と設計の実際，北村信正監修，技報堂出版

  造園実務集成，造園施工の実際，北村信正監修，技報堂出版
- 造園実務集成，造園管理の実際，北村信正監修，技報堂出版

  造園技術必携，造園計画と設計，川本昭雄・樋渡達也著，鹿島出版会

  造園技術必携，造園植物の設計と施工，三橋一也・相川貞晴著，鹿島出版会
- 造園技術必携，造園植物と施設の管理，三橋一也・中島宏著，鹿島出版会

  植栽の理論と技術，新田伸三箸，鹿島出版会

  体系農業百科辞典Ⅶ，農政調査委員会農業百科辞典編纂室，(財)農政調査委員会
- 公園・緑化工事の積算，公園・緑化工事積算研究会編，(財)経済調査会
- 公園・緑地の維持管理と積算，公園・緑地維持管理研究会編，(財)経済調査会

  造園緑化材の知識，印藤孝・椎名豊勝著，(財)経済調査会
- 造園施工管理用語辞典，小澤幸四郎・直江宏・中島宏他著，山海堂
- みどり一行雲流水・花と樹の話，中島宏・一恵著，山海堂

  造園施工管理技士受験100講，小澤幸四郎・直江宏著，山海堂

  日曜庭づくり，飯島亮著，池田書店

  農薬便覧，香月繁孝他著，農山漁村文化協会
- ガーデンシリーズ，芝生と芝庭づくり，ガーデンライフ編，誠文堂新光社

  肥料と施肥の新技術，農耕と園芸，誠文堂新光社
- やさしい庭作り，三橋一也・中島宏著，主婦の友社
- 水の庭（つくり方と実例），中島宏著，立風書房

  病害虫退治早わかり，村田道雄著，主婦の友社
- 人気花木と家庭果樹百科，園芸百科シリーズ編，サンケイ新聞社出版局
- 四季の庭木・育て方百科，住まいの設計臨時増刊，サンケイ新聞社出版局

  最先端の緑化技術，近藤三雄他著，ソフトサイエンス社

  肥料便覧，前田正男他著，農山漁村文化協会
- 印は著書？執筆および委員として・携わったもの

  日本のお天気，大野義輝著，大蔵省印刷局

  日本庭樹要説，丹羽鼎三著，日本農林社

  天敵，安松高三著，日本放送出版社

  花壇と芝生，関倫三郎著，雄山閣

  花壇づくりの手びき，浅出英一著，明文堂

  公園緑地マニュアル，建設省公園緑地課緑地対策室監修，(社)日本公園緑地協会
- 造園施工管理(技術編)，建設省公園緑地課監修，(社)日本公園緑地協会

  都市公園技術標準解説書，建設省公園緑地課監修，(社)日本公園緑地協会

  公園管理ガイドブック，建設省公園緑地課監修，(財)公園緑地管理財団

  緑化技術ハンドブック，林野庁監修，全国林業改良普及協会

  アメリカシロヒトリの知識，農林省農政局植物防疫課監修，日本植物防疫協会

  賃貸住宅団地植物管理の基本的考え方，日本住宅公団管理部

  賃貸住宅団地造園管理の手引き，日本住宅公団管理部

  監督必携，住宅・都市整備公団

  造園設計要領，日本道路公団

  維持管理要領（植栽編），日本道路公団

  道路緑化の実務（植栽編），(社)道路緑化保全協会

  ツル植物による環境緑化の手引，(社)道路緑化保全協会

  港湾緑地整備マニュアル，(社)日本港湾協会

  JISハンドブック品質管理，(社)日本規格協会

  公園緑地，植栽緑化，(財)全国建設研修センター
- 公共造園工事現場代理人必携，(社)日本造園建設業協会
- 造園工事現場責任者マニュアル，(社)日本造園組合連合会

  造園施工必携，造園技能検定推進協議会

  道路の緑化ハンドブック，東京都建設局公園緑地部

  東京都の街路樹，東京都建設局公園緑地部

工事監督要領，東京都建設局公園緑地部
衰退樹保護実施要領，東京都建設局公園緑地部
材料検査実施基準，東京都建設局
請負人提出書類処理基準，東京都建設局
工事記録写真撮影基準，東京都建設局
庭木の仕立方—グリーンアシスタントブック—，東京都経済局
グリーンハンドブック—植木管理の要点—東京都経済局
• 庭 3 号 ~ 20 号，建築資料研究社
緑の読本，アトリウムとパティオ，Vol.23，No.8，公害対策技術同友会
緑の読本，壁と屋上の緑化，Vol.26，No.5，公害対策技術同友会
都市緑化と緑のマスタープラン，グリーンエージ別刷，(財)日本緑化センター
• 都市公園，No.108，No.110，(財)東京都公園協会
• 積算資料，1988年7月号，公園・緑化・体育資材集，(財)経済調査会
公共用緑化樹木植栽適正化調査報告書，昭 61 年・62 年，建設省関東地方建設局
• 公共用緑化樹木植栽適正化調査報告書—マニュアル案—，昭 63 年，建設省関東地方建設局・(財)日本緑化センター
• 公園管理基準調査報告書，昭 53 年・54 年，(財)公園緑地管理財団
公園管理基準調査報告書，昭 63 年，建設省公園緑地課・(財)公園緑地管理財団
植栽管理システムに関する調査報告書，昭 59 年，建設省土木研究所・(財)公園緑地管理財団
都市緑化における植栽密度の調査研究報告書，昭 52 年，(財)公園緑地管理財団
芝生地等の管理手法調査研究報告書，昭 52 年，(財)公園緑地管理財団
• 公園サイン計画に関する調査報告書，昭 63 年，(財)公園緑地管理財団
ワイルドフラワーの育成及び管理運営調査その他業務報告書，平元年，(財)公園緑地管理財団，昭和管理センター
• 植栽樹木の活着・生長とその阻害要因に関する調査研究，平元年，住宅・都市整備公団
• 公共緑化の植栽管理に関する調査研究，平 2 年，住宅・都市整備公団・(財)住宅管理協会
防災観点がらみたオープンスペースと都市更新の構成に関する研究，昭 45 年，(財)都市防災美化協会・(社)日本造園学会
樹木を主体とした都市の景観構成に関する研究，昭 55 年，(財)都市防災美化協会・(社)日本造園学会
都市構築物表層の緑化に関する研究，昭 50 年，(財)都市防災美化協会
• 公園の変遷ヒ利用形態に関する研究，昭 57 年，(財)都市防災美化協会
• 都市内緑地空間の防災効果に関する研究，昭 59 年，(財)都市防災美化協会
• 壁面緑化の有効性に関する研究，昭 61 年，(財)都市防災美化協会
• 都市における接道部の緑化についての実態と推進に関する研究，昭 62 年，(財)都市防災美化協会
• 市街地における小規模空間の実態と活用に関する調査研究，平 2 年，(財)都市防災美化協会
供給可能量・調達難易度調査書(公共用緑化樹木市場調査)，平 2 年，(社)日本植木協会
南多摩新都市開発事業公園緑地基本計画，昭 45 年，(社)日本公園緑地協会
南多摩地区造園植栽基本計画，昭 46 年，日本住宅公団南多摩開発局
多摩ニュータウン植栽基本計画，昭 47 年，(財)都市計画協会
• 多摩ニュータウン B-4 地区緑化空間整備のあり方に関する調査報告書，—里山公園構想と街づ;りの検討—，昭 59 年，住宅・都市整備公団・(財)都市計画協会
• 武蔵野の路・多摩ニュータウン広域緑道基本調査報告，昭 60 年，(財)国土開発技術研究センター
道路造園の維持管理に関する調査研究報告書，昭 46 年，(財)高速道路調査会
東北地方における緑化用樹種とその植栽方法に関する調査研究報告書，昭 51 年，(社)道路緑化保全協会
第 1 回海外調査団報告書　道路の環境と緑化，(社)道路緑化保全協会
道路の環境施設帯における植栽の育成管理に関する研究，昭 52 年，日本道路公団・(社)道路緑化保全協会
東京湾埋立緑化計画調査報告書，昭 47 年，東京都港湾局
東京都埋立地公園基本計画，昭 47 年，東京都・(社)日本公園緑地協会
東京港湾埋立地緑化対策報告書，昭 49 年，(社)日本公園緑地協会

東京湾臨海部緑化のためり土壌および植生調査報告書，昭 52 年 ・53 年 ・54 年 ・55 年 ・56 年，東京都港湾局
浦安地区緑化基盤整備計画報告書，昭 55 年，日本住宅公団首都圏宅地開発本部
東京港臨海部緑化のための土壌，根系，生態調査報告書，昭 55 年，東京都港湾局
東京港大井ふ頭埋立地野鳥生息地保全基本計画調査報告書，昭 59 年，日本野鳥の会
15 号地海浜公園緑化試験調査報告書，昭 59 年，東京都港湾局 ・（株）愛植物設計事務所
東京港埋立地の樹林造成に関する調査報告書，昭 60 年，東京都農業試験所
都営住宅の緑化方針策定のための調査研究，昭 61 年，東京都住宅局 ・（財）日本緑化センター
東京光化学スモッグに関する調査研究，昭 48 年，東京都公害研究所
緑化指導指針策定のための基礎調査報告書，昭 60 年，東京都環境保全局
国営武蔵丘陵森林公園樹林地管理調査報告書，1988 年，建設省関東地方建設局，（財）公園緑地管理財団
• 緑化に関する調査報告（その 1 ～その 18），東京都建設局公園緑地部
保全緑地公園における植生の保護及び保全管理技術に関する調査報告書，昭 52 年，東京都建設局 ・（社）日本造園学会
• 東京都における文化財造園の保存，復原，管理等に関する調査報告書，平元年，東京都公園緑地部 ・（社）日本造園学会
• 街路樹マスタープラン検討委員会報告書，平元年，東京都建設局
• 公園の維持管理計画書，平元年，東京都建設局公園緑地部
中野刑務所跡地利用基本構想に関する調査報告書，昭 52 年，東京都中野区 ・ 防災都市計画研究所
• 中野区立哲学堂公園整備計画，平元年，中野区
• 荒川区みどりの基本計画，平 2 年，東京都荒川区
• 荒川区隅田川ウォーターフロント整備基本構想，平 2 年，東京都荒区
• 仮称二子玉川公園基本計画報告書，平 2 年，世田谷区土木部 ・（社）日本公園緑地協会
• 世田谷区公園緑地整備方針および整備手法の検討報告書，平 2 年，世田谷区
• 飛鳥山公園整備基本構想，平 2 年，飛鳥山公園整備基本構想懇談会
• 都市計画（公園）科研修テキスト，昭 50 ～ 53 年，建設省建設大学校
土壌 ・ 農薬 ・ 病虫害対策研修会講義要録，平元年，15 年，（財）日本造園修景協会
• 造園夏期大字講義要録，平 3 年，（財）日本造園修景協会
造園科研修テキスト，昭 50 年，東京都建設局
• 公園維持業務科研修テキスト，平元年，東京都建設局
樹林地の管理育成調査報告書，1982 年，（財）公園緑地管理財団
• 都市緑化技術講習会講義録（第 20 回），（財）公園緑地管理財団
公園設計実務講習会講義録（第四回），（財）公園緑地管理財団
• 公園管理運営講習会講義録（第 1 回），（財）公園緑地管理財団
道路緑化研究発表会（第 2 回）資料，昭 57 年，（社）道路緑化保全協会
• 芝草農薬に関するシンポジゥム講演要旨，昭 55 年，（社）日本植物防疫協会
• 日本芝草学会平成 2 年度春季大会講演要旨集，平 2 年，（社）日本芝草学会
都市建築物緑化の手引き，平 4 年，新宿区
今後の河川環境管理のあり方について，昭 56 年，河川審議会答申
造園製図規格，昭 63 年，（社）日本造園学会
安全作業の手引き，平 3 年，（財）東京都公園協会安全衛生委員会
造園施工管理（法規編，建設省都市局公園緑地課監修，（社）日本公園緑地協会発行事務マニュアル，昭 63 年，（財）東京都公園協会
単価契約工事実施要領，昭 61 年，東京都建設局
グリーンハンドブック，平 5 年，東京都労働経済局
• 雑誌積算資料臨時増刊，公園 ・ 緑化体育資材，平 6 年，（財）経済調査会
• 公園造園工事施工適正化に関する調査報告書，平 6 年，（社）日本造園建設業協会
• 造園の辞典，田畑貞寿 ・ 樋渡達也編集，朝倉書房
• 改訂 5 版 公園 ・ 緑化工事の積算，公園 ・ 緑化工事積算研究会編，（財）経済調査会
• 改訂 3 版 公園 ・ 緑地の維持管理と積算，公園 ・ 緑地維持管理研究会編，（財）経済調査会
• 庭園施エ管理 ・ 庭園用語，三橋一也 ・ 中島宏著，加島書店
• 林試の森公園，小林安茂 ・ 中島宏著，（財）東京都

公園協会
- 水元公園，中島宏他著，（財）東京都公園緑地協会
- 東京の公園 120 年，東京都建設局公園緑地部
- 上野公園開園式典 120 周年事業報告，東京都北部公園緑地事務所編，（財）東京都公園協会
  歴史と文化の散歩道，東京都生活文化局
  東京公園史話，前島康彦著，（財り東京都公園協会
  国際花と緑の博覧会公式ガイドブック，1990 年，国際花と緑の博覧会協会
- 公園緑地「花の万博特集号 50」，（社）日本公園緑地協会
- 都市公園，104，（財）東京都公園協会
- 緑の読本，24，公害対策技術同友会刊
- チップ及び堆肥の特記仕様書（案），（社）日本造園建設業協会
- ガーデニング？ハンドブック，ふたば庭園研究会編，（株）インタラクション
- 造園施工管理用語辞典，造園施工管理用語編集委員会，（株）山海堂
- 緑地計画・維持管理の手引き，平成 7 年版，文部省大臣官房文教施設部
- 緑空間の計画と設計，中島宏，五十嵐誠，近藤三雄著，（財）経済調査会
- 文教施設，06，（社）文教施設協会
- 建设管理技术，2002 年 11 月号，（财）经济调查会
- 东京和绿色「校园绿化环境的充实」的推荐，（公司）东京都绿化业协会
- 積算資料，1995 年 7 月号，（財）経済調査会
- トンボ相創出に関する湿地生態調査報告書，（財）公園緑地管理財団昭和管理センター
  環境・エコビジネスガイド 2002，インタラクションソ / 環境緑化新聞
  緑化植物の保護管理と農業薬剤，職業能力開発大学校研修研究センター編
  芝生の校庭，近藤三雄編，ソフトサイエンス社
  新空間デザイン技術マニュアル，（財）都市緑化技術開発機構，誠文堂新光社
  港湾緑地の植栽設計・施工マニュアル，運輸省港湾局監修，（財）港湾空間高度化センター港湾・海域環境研究所
  河 11 における樹木管理の手引き，（財）リバーフロント整備センター編，（株）山海堂
  新土木工事積算大系用語定義集（公園緑地編），建設省都市局公園緑地課監修，（社）日本公園緑地協会企画，（財）経済調査会
  平成 14 年度版東京都緑化白書，特集屋上緑化の動向，（社）東京都緑化業協会
  造園夏期大学講義要録，平 15 年，（財）日本造園修景協会
  植栽基盤整備：基礎編　平 15 年，（社）日本造園建設業協会
  ルーフ・スケーピング技術と市場への展開手法調査報告書，平成 14 年 3 月，（社）日本造園建設業協会
  日道協，第 324，325，330，334 号，（社）日本造園建設業協会
  緑と環境のはなし，「緑と環境のはなし」編集委員会編，技報堂出版
  生物学一地球に生きる命を考える，赤堀洋子他著，（株）宣協社
  造園工事基幹技能者認定研修会研修テキスト及び資料編，（社）日本造園建設業協会・日本造園組合連合会
  樹木移植工事円滑化に関する検討報告書，平成 14 年 3 月，（社）日本造園建設業協会
- 道路绿化手册，中岛屿宏主编，（株）山海堂
- 对营造庭园工程业的美土里废品再利用系统的建筑报告书，平成 13 年 2 月，（社）日本营造庭园建设业协会
- 平成 15 年关于树林地管理手法的研讨和实践业务，国土交通省关东地方整备局国营常陆海边公园工程事务所・（财）日本营造庭园修景协会

著者简介

中岛　宏（Nakajima hirosi）

千叶大学园艺学部造园学科毕业。1962 年被东京都奥林匹克准备局录用，曾任国营昭和纪念公园昭和管理中心主任，东京都公园绿地部长等，2004 年起担任财团法人日本造园修景协会常务理事兼事务局长。

主要社会活动：曾任日本大学研究生院、文化学院客座讲师，行道树修剪士指导员，基干技能者认定研修会讲师等，现在担任中央技能检查委员，都市防灾美化协会理事，日本庭园学会理事，千叶大学制作大学客座讲师等。

主要著者：参见《引用、参考文献》中有●记号者。

译者简介

李树华

现任清华大学建筑学院景观学系教授、博士生导师，兼任日本东京农业大学（地域环境科学部造园科学科）客座教授，西北农林科技大学（林学院园林系）客座教授。

主要研究领域为园林绿地生态与植物景观设计、园艺疗法、东亚园林历史与文化等。

1985 年北京林学院园林系毕业，获取农学学士学位；1988 年北京林业大学园林系硕士研究生毕业，获取农学硕士学位；1997 年日本国立京都大学研究生院博士后期课程毕业，获取农学（造园学）博士学位。

曾任北京市园林科学研究所工程师、研究室副主任，日本盆栽协会技术交流员，日本京都大学人文科学研究所招聘外国人学者，日本姬路工业大学自然环境科学研究所副教授，中国农业大学观赏园艺与园林系教授、博士生导师、系主任。